LES MERVEILLES

DE LA SCIENCE

CORBEIL. — IMPRIMERIE CRÉTÉ.

LES MERVEILLES
DE LA SCIENCE

OU

DESCRIPTION POPULAIRE DES INVENTIONS MODERNES

PAR

LOUIS FIGUIER

PHOTOGRAPHIE — STÉRÉOSCOPE — POUDRES DE GUERRE
ARTILLERIE ANCIENNE ET MODERNE — ARMES A FEU PORTATIVES
BATIMENTS CUIRASSÉS — DRAINAGE — PISCICULTURE

★★★

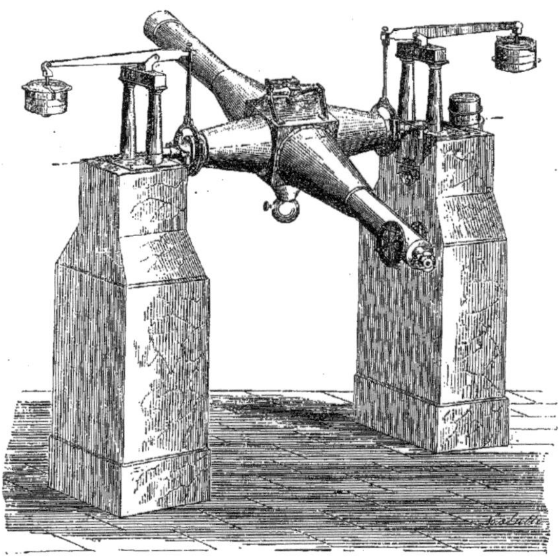

PARIS
LIBRAIRIE FURNE
JOUVET ET Cie, ÉDITEURS
5, RUE PALATINE, 5

LA PHOTOGRAPHIE

Il y a bien des motifs divers pour aimer, pour admirer cette invention brillante de la photographie, qui sera l'honneur de ce siècle et la gloire de notre patrie. Mais parmi les titres si nombreux qui la désignent à nos hommages, il en est un qui frappe surtout : c'est le témoignage éclatant qu'elle a fourni, de la puissance et de la haute portée des sciences physiques à notre époque. Si l'on demandait quelque preuve irrécusable de la valeur des méthodes scientifiques actuelles, et des résultats auxquels peut conduire leur application, il ne faudrait pas chercher cette preuve ailleurs que dans la découverte de la photographie et dans la série admirable de ses perfectionnements successifs. Où trouver, en effet, un plus merveilleux enchaînement de créations fécondes? Il y a trois siècles, un physicien napolitain, Jean-Baptiste Porta, imagina la chambre obscure. En plaçant une lentille convergente au devant de l'orifice percé sur l'une des parois d'une boîte fermée, on obtenait, sur un écran placé à l'intérieur, la reproduction exacte de toutes les vues environnantes. Dans cet espace étroit venaient se peindre, avec une fidélité et une précision extraordinaires, le spectacle changeant, les aspects variés, du paysage extérieur. Mais ces tableaux si parfaits n'étaient qu'une fugitive empreinte, qui s'évanouissait avec la clarté du jour. Trois siècles durant, on les considéra d'un œil d'envie, avec le regret de n'en pouvoir fixer la trace éphémère : le petit nombre de physiciens qui, dans ce long intervalle, avaient essayé d'aborder un tel problème, avaient reculé tout aussitôt, effrayés et comme honteux de leur audace. Plus tard, la physique et la chimie naissantes vinrent s'exercer tour à tour sur cet objet difficile. Le physicien Wedgwood, le chimiste Humphry Davy, tentèrent de mettre à profit, pour fixer et conserver les images de la chambre obscure, la modification que les composés d'argent subissent au contact des rayons lumineux. Mais Wedgwood et Davy furent contraints l'un après l'autre d'abandonner l'entreprise.

Tout espoir sous ce rapport semblait donc à jamais perdu, lorsque tout à coup vint à circuler un bruit étrange. Un homme s'était rencontré qui avait résolu le problème extraordinaire de fixer à jamais les dessins de la chambre obscure. Cet homme, cet artiste habile s'il en fut, c'était Daguerre. Jamais la science n'avait remporté une aussi brillante victoire ; jamais preuve aussi merveilleuse de son pouvoir n'était venue s'offrir à l'admiration de tous. On ne peut se faire une idée du concert d'acclamations enthousiastes qu'excita l'annonce de cette découverte imprévue.

Tout n'était pas dit néanmoins, car bientôt la rapide série des perfectionnements apportés à l'art photographique, vint ajouter encore à l'admiration qu'avaient provoquée ses débuts.

Quand les produits du daguerréotype furent connus pour la première fois, c'est à peine si l'on osait s'attendre à les voir s'enrichir de quelques progrès importants. Cet étrange problème de fixer l'image des objets extérieurs par l'action spontanée de la lumière, paraissait alors résolu d'une manière si complète, qu'exiger des perfectionnements nouveaux, semblait, à cette époque, une injustice et comme une offense envers l'inventeur. Cependant, les améliorations progressivement apportées à la méthode primitive, changèrent peu à peu la face entière de la photographie ; de telle sorte que les résultats obtenus à l'origine, ne devaient plus être considérés que comme les ébauches de l'art.

L'empreinte du dessin photographique, d'abord si légère et si fugace que le souffle d'un enfant aurait suffi pour l'enlever, fut bientôt fixée d'une manière inaltérable. Le miroitement métallique, qui ôtait tant de charme à ces images, disparut en grande partie, et le trait acquit, en même temps, une netteté incomparable. Grâce aux procédés électro-chimiques, l'or, le cuivre ou l'argent, déposés en minces pellicules, prêtèrent des tons séduisants à ces petits tableaux. Grâce à l'emploi des agents *accélérateurs*, les épreuves qui, au début, exigeaient un quart d'heure d'exposition à la lumière, purent s'obtenir en quelques secondes.

Bientôt, cet art, déjà si merveilleux, entra dans une phase nouvelle. Le vœu, tant de fois exprimé, d'obtenir sur le papier les images photographiques, fut rempli avec un entier bonheur, et la découverte de procédés irréprochables pour l'exécution de la photographie sur papier, vint marquer un pas de plus dans cette carrière de précieuses inventions. Vint ensuite la méthode des agrandissements et des réductions, qui permit d'amplifier démesurément une épreuve, ou de la réduire à de si microscopiques dimensions qu'on put porter sur une bague, une image ou un portrait, et que l'on put entendre crier par les rues : *La vue photographique de l'Exposition de* 1867, *sur une tête d'épingle !*

Enfin une découverte fondamentale, objet de tous les vœux, est venue terminer cette série de merveilles de l'art. Grâce à l'application des procédés galvanoplastiques, on a transformé en planches propres à la gravure, les épreuves photographiques, et l'on a pu multiplier à volonté ces types, en tirant les épreuves sur la pierre lithographique, ou sur la planche d'acier, comme une gravure ordinaire. Ainsi a été atteint le comble et la dernière limite de cet art.

Tout est surprenant, tout est merveilleux dans les mille inventions nouvelles qui se rattachent aux perfectionnements de la photographie. La lumière est domptée, le fluide électrique est un serviteur obéissant; de la lumière on fait un pinceau, et de l'électricité un burin. Partout la main de l'homme est bannie. A la main tremblante de l'artiste, au regard incertain, à l'instrument rebelle, on substitue les forces irrésistibles des agents naturels. C'est ainsi que les puissances aveugles de la nature tendent à remplacer la main et presque l'intelligence de l'homme.

Rien ne peut donc mieux caractériser la haute portée de nos sciences physiques, que cette rapide série de créations et de perfectionnements, qui, en quelques années, ont conduit la photographie à des résultats qu'il était à peine permis de soupçonner au début. Cette découverte, la plus curieuse de notre siècle, est encore celle qui fait le mieux apprécier le pouvoir et les ressources de la science contemporaine.

Tel est aussi le double motif qui nous porte à présenter avec une certaine étendue les faits qui concernent la photographie. Rappeler les circonstances qui ont présidé à sa découverte, faire connaître les perfectionnements divers qu'elle a reçus depuis son origine, indiquer son état présent, signaler enfin les applications principales qu'elle a déjà reçues, tel est l'objet que nous avons à remplir pour cette notice.

CHAPITRE PREMIER

ORIGINE DE LA PHOTOGRAPHIE. — LA LUNE CORNÉE DES ALCHIMISTES. — FABRICIUS OBSERVE LE PREMIER, AU SEIZIÈME SIÈCLE, L'ACTION DE LA LUMIÈRE SUR LE CHLORURE D'ARGENT. — LE PROFESSEUR CHARLES. — SCHÈELE. — WEDGWOOD. — HUMPHRY DAVY. — JAMES WATT.

La *lune cornée*, ou l'*argent corné*, en d'autres termes, le chlorure d'argent, fut découvert par les alchimistes, à l'époque de la Renaissance. Ce composé a la propriété essentielle, de se colorer en bleu foncé, quand il reste exposé au soleil, ou à la lumière diffuse. Le premier opérateur qui eut entre les mains, dans un laboratoire, l'*argent corné*, dut constater aussitôt la modification qu'il subit par l'action des rayons lumineux. D'après Arago, ce serait un alchimiste, nommé Fabricius, qui aurait le premier, en 1566, obtenu l'*argent corné*, en versant du sel marin dans une dissolution d'un sel d'argent, et qui aurait remarqué la coloration de ce produit, par l'action de la lumière. C'est donc dans le laboratoire d'un alchimiste qu'il faut chercher l'origine historique du principe général de la photographie.

En 1777, le chimiste suédois Schèele reconnut que l'*argent corné* est plus sensible aux rayons bleus et violets du spectre solaire, qu'aux rayons rouges.

Le professeur Charles, ce même physicien à qui l'aérostation naissante dut, comme nous l'avons raconté, son organisation régulière et tous ses moyens d'action, eut aussi le mérite de faire, le premier, usage de la chambre obscure inventée, au seizième siècle, par J.-B. Porta, pour exécuter des photographies rudimentaires.

Dans les cours publics qu'il donnait, à Paris, vers 1780, Charles montrait aux assistants le curieux spectacle que voici. Il formait une image sur l'écran de la chambre obscure, recouvert d'avance d'une feuille de papier enduite de chlorure d'argent, et les parties lumineuses de l'image s'imprimaient en noir sur le papier. D'autres fois, Charles s'amusait à former la silhouette de l'un des assistants, en plaçant la personne dans un lieu fortement éclairé. L'ombre du modèle se projetait sur l'écran. Une feuille de papier enduite de chlorure d'argent, disposée sur cet écran, recevait la silhouette, qui se maintenait visible tant que la lumière ambiante ne l'avait pas altérée. On se passait de main en main, ce papier qui bientôt, noircissant en entier, offrait un second phénomène aussi curieux que le premier.

Fig. 2. — Wedgwood.

C'était là une pure récréation scientifique, et comme le jeu d'une idée pleine d'avenir. D'autres savants eurent à cœur d'étudier plus sérieusement le même phénomène.

Wedgwood, physicien et industriel anglais, bien connu par le *pyromètre* qui porte son nom et par ses travaux dans l'art de la céramique, copiait, au soleil, le profil d'une personne dont l'ombre était projetée sur un papier enduit d'azotate d'argent. C'était l'expérience de Charles, dans laquelle l'azotate d'argent remplaçait le chlorure. En 1802, parut un mémoire posthume de Wedgwood, dans lequel l'auteur faisait connaître le moyen de copier sur du papier enduit d'azotate d'argent, des estampes et des vitraux d'église.

Humphry Davy essaya, à la suite de Wedgwood, de fixer sur le papier imprégné d'azotate ou de chlorure d'argent, les images de la chambre obscure. Mais l'azotate d'argent était trop peu impressionnable à la lumière ; Davy ne réussit qu'en se servant d'un microscope solaire, c'est-à-dire en éclairant les corps par les rayons du soleil concentrés par une lentille dans une chambre obscure. Seulement les images qu'il formait ainsi, disparaissaient rapidement par l'action ultérieure du jour, car les parties non influencées par la lumière dans la chambre obscure, à leur tour sous l'influence de la lumière diffuse, faisaient disparaître les dessins sous une masse uniformément noire.

« Il ne manque, écrivait Humphry Davy, en parlant du procédé de Wedgwood, qu'un moyen d'empêcher que les parties éclairées du dessin ne soient colorées par la lumière du jour, pour que ce procédé devienne aussi utile qu'il est simple dans son exécution.

« La copie d'un dessin, dès qu'elle est obtenue, ajoutait Humphry Davy, doit être conservée dans un lieu obscur. On peut bien l'examiner à l'ombre, mais ce ne doit être que pour peu de temps. Aucun des moyens que nous avons mis en œuvre pour empêcher les parties incolores de noircir à la lumière n'a pu réussir.... Quant aux images de la chambre obscure, elles se sont trouvées trop faiblement éclairées pour former un dessin avec le nitrate d'argent, même au bout d'un temps assez prolongé. C'était là cependant l'objet principal des expériences. Mais tous les essais ont été inutiles (1). »

Humphry Davy ne fut donc pas plus heureux que ne l'avait été Wedgwood, dans ses tentatives pour rendre inaltérables à l'action ultérieure de la lumière, les images formées dans la chambre obscure, sur le papier imprégné d'un sel d'argent.

(1) *Description d'un procédé pour copier les peintures sur verre et pour faire des silhouettes par l'action de la lumière sur le nitrate d'argent* (*Journal de l'Institution royale de Londres*, 1802, t. I, p. 170).

Le célèbre James Watt, à qui revient la gloire d'avoir créé, pièce à pièce, la machine à vapeur, en perfectionnant les appareils primitifs de Newcomen et de Savery, s'occupa également du problème de la fixation des images formées dans la chambre obscure sur du papier enduit de chlorure d'argent. On a retrouvé une épreuve photographique sur papier représentant la *manufacture de Soho ;* mais il n'a pas été possible d'établir avec assez d'exactitude la véritable origine et la date de cette curieuse pièce, pour que l'on puisse faire figurer James Watt parmi les précurseurs de la photographie.

En résumé, toutes ces tentatives n'ont que très-faiblement influé sur la création de la photographie moderne. Elles marquent seulement son origine historique, et font comprendre toutes les difficultés du problème à résoudre. Au temps de Wedgwood et de Davy, la photographie était encore dans les limbes de l'avenir.

CHAPITRE II

TRAVAUX DE JOSEPH NIÉPCE. — SA MÉTHODE POUR LA FIXATION DES IMAGES DE LA CHAMBRE OBSCURE.

Le premier nom que nous ayons à inscrire après ceux de Wedgwood et de Davy, dans l'histoire des premiers temps de la photographie, est celui de Joseph-Nicéphore Niépce.

Né à Châlon-sur-Saône, en 1765, Joseph-Nicéphore Niépce était fils de Claude Niépce, écuyer, receveur des consignations au bailliage de Châlon. Élevé dans une certaine aisance, il avait atteint l'âge de vingt-sept ans sans trop se presser de choisir une profession. Un moment on avait eu la pensée de le faire entrer dans les ordres ecclésiastiques, mais il ne fut pas donné suite à ce projet.

Le 10 mars 1792, Nicéphore Niépce fut admis, en qualité de sous-lieutenant, au *régiment de Limousin*, plus tard 42e régiment de ligne. Il passa de là, en qualité de lieutenant, au deuxième bataillon de la 83e demi-brigade. Le 6 mai 1793, il partit, avec sa compagnie, pour la Sardaigne, et fit la campagne de Cagliari. Pendant la même année, il entra à l'armée d'Italie. Le 9 mars 1794, il fut attaché à l'état-major du général Frottier.

Il se trouvait à Nice, lorsqu'il fut atteint d'une maladie épidémique qui sévissait sur l'armée et les habitants de la ville, et qui affecta gravement sa vue. Les suites de cette maladie l'obligèrent à abandonner l'état militaire. Il donna sa démission d'officier, le 21 novembre 1794. Peu de temps auparavant, il s'était marié à Nice. Il avait épousé la fille de son hôtesse, mademoiselle Marie Romero, aux soins intelligents de laquelle il avait dû la vie.

Nicéphore Niépce demeura à Nice après son mariage. Au mois de janvier 1795, lors du renouvellement des autorités de cette ville, alors française, il fut nommé, par les représentants du peuple, commissaires de la Convention, *administrateur du district de Nice*.

Mais le mauvais état de sa santé l'obligea à se démettre de cette nouvelle fonction. Il loua, à peu de distance de Nice, près du village de Saint-Roch, une maison de campagne, et s'y installa avec sa femme. La tranquillité d'une vie exempte des soucis de la carrière publique, jointe à l'air vivifiant des environs de Nice, lui eut bientôt rendu la santé.

Le bonheur dont jouissait Nicéphore Niépce, fut encore augmenté par l'arrivée imprévue de son frère aîné, Claude Niépce.

Claude Niépce avait embrassé, comme Nicéphore, la carrière militaire. Il s'était embarqué en 1791, comme soldat volontaire, sur un bâtiment de l'État, et avait couru les mers jusqu'en 1794. Au bout de ce temps, il avait quitté le service, et il rejoignait son frère à Nice.

Claude Niépce était un très-habile mécanicien; de son côté, Joseph-Nicéphore avait l'esprit tourné vers les études scientifiques. Les deux frères firent comme avaient fait, avant eux, les deux Montgolfier : ils mirent en commun leurs idées, leur bourse, leurs espérances, pour se lancer à la poursuite d'inventions mécaniques. Une intimité touchante ne cessa, pendant leur vie entière, de lier ces deux hommes de bien.

Pendant leur séjour à la campagne, dans les environs de Nice, les frères Niépce conçurent l'idée d'une machine, qu'ils nommaient *pyréolophore*, dans laquelle l'air brusquement chauffé, puis refroidi, devait produire les effets de la vapeur. C'était le principe des *machines à air chaud*, ou *machines d'Ericsson*, dont nous avons parlé dans le premier volume de cet ouvrage, et sur lesquelles l'attention des mécaniciens se reporte aujourd'hui d'une manière décidée. On voit que les frères Niépce avaient le pressentiment des grandes choses.

Mais pour se livrer à des expériences mécaniques et entreprendre la construction d'appareils nouveaux, les deux frères étaient mal à l'aise dans un pays étranger pour eux. Le 23 juin 1807, ils revinrent tous les deux à la maison paternelle de Châlon-sur-Saône. Là, ils reprirent le cours de leurs travaux.

Le 3 août 1807, ils obtinrent un brevet d'invention de dix ans, pour leur *pyréolophore*. Cette machine, qui reposait sur la brusque dilatation de l'air par le calorique, développait une assez grande puissance. Les frères Niépce firent marcher pendant plusieurs jours, un bateau mû par cet appareil, sur les eaux de la Saône, ainsi que sur l'étang de Batterey, situé au milieu du bois de la Charmée, près de la maison de campagne des inventeurs, qui était située à Saint-Loup de Varennes, près de Châlon.

Cette machine fut l'objet d'un rapport flatteur adressé à l'Académie des sciences, par Carnot (1).

Peu de temps après, le gouvernement impérial ayant mis au concours les plans d'une machine hydraulique, destinée à remplacer celle de Marly, qui élevait les eaux de la Seine jusqu'à Versailles, les frères Niépce envoyèrent, pour ce concours, le modèle d'une pompe, qu'ils nommaient *hydro-statique*, et qui renfermait un *marteau d'eau*, comme le *bélier hydraulique* de Montgolfier. Carnot adressa aux frères Niépce une lettre flatteuse à l'occasion de cette nouvelle machine, dont le projet ne fut pas, d'ailleurs, poussé plus loin.

Sous l'Empire, le blocus continental privait la France de la plupart des produits nécessaires à son industrie. Il fallait adresser un appel au génie des inventeurs, pour suppléer, par la fabrication nationale, aux produits du dehors, sévèrement consignés à nos frontières. La plante indigène qui porte le nom de *pastel* (*Isatis tinctoria*) peut remplacer l'indigo, matière tirée des Indes, et qui alors manquait totalement en France, par suite de l'interruption des relations commerciales avec le dehors. Le gouvernement encouragea donc la culture du pastel, par un décret du 14 janvier 1813, accordant des primes aux producteurs de cette matière colorante. Les frères

(1) Voici ce rapport de Carnot :

« Le combustible employé ordinairement par MM. Niépce est le *lycopode*, comme étant de la combustion la plus vive et la plus facile ; mais comme cette matière est coûteuse, ils la remplaceraient en grand par la houille pulvérisée, et mélangée, au besoin, avec une très-petite portion de résine, ce qui réussit très-bien, ainsi que nous nous en sommes assurés par plusieurs expériences.

« Dans l'appareil de MM. Niépce aucune portion du calorique n'est dissipée d'avance ; la force mouvante est un produit instantané, et tout l'effet du combustible est employé à produire la dilatation qui sert de force mouvante.

« Suivant une autre expérience, la machine placée sur un bateau qui présentait une proue d'environ deux pieds de largeur sur trois pieds de hauteur, réduite dans la partie submergée, et pesant environ neuf quintaux, a remonté la Saône par la seule action du principe moteur, avec une vitesse plus grande que celle de la rivière dans le sens contraire ; la quantité de combustible employée étant d'environ cent vingt-cinq grains par minute, et le nombre de pulsations de douze ou treize dans le même temps.

« Les commissaires pensent donc que la machine proposée sous le nom *Pyréolophore* par MM. Niépce est ingénieuse, qu'elle peut devenir très-intéressante par ses résultats physiques et économiques, et qu'elle mérite l'approbation de la classe. »

Niépce s'adonnèrent, sur leur domaine, à la culture en grand du pastel, et se mirent, à cette occasion, en rapport, par l'intermédiaire du préfet, avec le ministre de l'intérieur, à qui ils faisaient parvenir les produits de leur fabrication.

« La culture du *pastel-indigo*, dit M. Fouque, dans un ouvrage consacré aux travaux de Joseph-Nicéphore Niépce, sur lequel nous aurons à revenir, a laissé de nombreuses traces dans ce qui constituait autrefois le beau domaine Niépce, aux Gras, commune de Saint-Loup de Varennes. Les jardins de la résidence de cette famille, les champs, voire même les fossés de la grande route, sur une étendue de plusieurs kilomètres, renferment des plants de *Pastel* soit par groupes plus ou moins nombreux, soit par plants isolés, et qui se reproduisent naturellement sans culture, depuis plus d'un demi-siècle (1). »

Mais il n'est rien de plus difficile que l'extraction de la matière colorante du *pastel*. Les frères Niépce, pas plus que d'autres expérimentateurs, ne purent obtenir aucun résultat utile.

De 1813 à 1816, ils s'occupèrent de la culture du pastel, concurremment avec d'autres travaux industriels ou agricoles. Ils entreprirent l'extraction du sucre de betterave. Mais ils ne poussèrent pas bien loin cette tentative, qui, à la même époque, commençait à fournir, dans le nord de la France, de si remarquables résultats. Ils entreprirent aussi d'extraire d'une espèce de courge, de la fécule, qui prit le nom de *fécule Giraumont*.

Les travaux industriels et agricoles auxquels les frères Niépce se livraient en commun, dans leur domaine des Gras, furent interrompus par le départ de l'un d'eux.

Claude Niépce avait avant tout à cœur son *pyréolophore*. Au mois de mars 1816, il quitta Châlon, pour n'y plus revenir. Il se rendait à Paris, dans l'espoir d'y perfectionner cette machine à air chaud, et de la faire adopter comme rivale des machines à vapeur, qui commençaient à s'introduire en France.

(1) *La Vérité sur l'invention de la photographie; Nicéphore Niépce, sa vie, ses essais, ses travaux.* In-8, Paris, 1867, p. 42.

Quittant la tranquille retraite de sa maison de campagne des Gras et s'arrachant aux douceurs de la vie de famille, Claude Niépce va donc s'installer à Paris. Là, il invente, il combine de nouveaux perfectionnements à sa machine à air chaud. Il fait construire, à Bercy, un bateau destiné à recevoir ce nouveau moteur : il s'efforce de réunir des fonds et des actionnaires, pour tenter l'exécution en grand de sa machine.

Mais il échoua dans toutes ses démarches. Le gouvernement lui refusa la bien minime faveur de prolonger de cinq ans, comme il le demandait, son brevet d'invention, et il ne put parvenir à convaincre les gens d'affaires des bonnes qualités de sa machine. Il se décida alors à quitter la France.

Il se rendit en Angleterre, pour y poursuivre l'idée de son *pyréolophore*. Mais les Anglais firent la sourde oreille, comme ses compatriotes, et la malheureuse machine ne put jamais voir le jour.

Claude Niépce, une fois en Angleterre, ne la quitta plus. Il s'établit à Kiew, près de Londres, toujours occupé d'inventions mécaniques, et en correspondance continuelle avec son frère Nicéphore. Il est touchant de lire dans l'ouvrage consciencieux que M. Victor Fouque a consacré à Nicéphore Niépce, quelques extraits de la correspondance entre les deux frères, séparés par les événements et la distance. C'est un épanchement continuel, une tendresse incessante, qui ont pour objet, tout à la fois, les conceptions mécaniques et les affections du cœur. Les frères Niépce rappellent les Montgolfier, par leur attachement mutuel et par la constante communauté de leurs vues.

Demeuré seul, Nicéphore reprit la suite de ses travaux. Il fixa sa principale demeure à sa maison de campagne des *Gras*. La maison paternelle de Châlon ne fut pour lui, à partir de ce moment, qu'une sorte de pied-à-terre. Possédant une fortune, que l'on peut évaluer à quinze mille livres de revenu, il vivait avec une grande aisance, des produits de sa terre.

Nous avons fait dessiner (fig. 3) d'après une épreuve photographique, exécutée en 1845, la maison de campagne des *Gras*, où Nicéphore Niépce se livrait à ses travaux. On ne peut contempler sans émotion cet asile modeste qui fut le berceau de la photographie naissante. C'est un simple et bourgeois manoir, tout entouré de foisonnantes charmilles. Derrière cet humble séjour, la Saône coule lentement, à travers un paysage d'une monotone sérénité. Au-devant, passe sans façon la grande route, tachant de sa poussière jaunâtre et siliceuse, les verts buissons dont le domaine est entouré. Sous les combles de cette honnête maison, l'œil recherche avec intérêt une étroite fenêtre, que bien des amateurs de mes amis ne verraient pas sans un attendrissement délicieux, car c'est dans cette mansarde, ouvrant sur la Saône, que Niépce avait installé ses appareils. C'est là qu'il passa dix années de sa vie laborieuse, poursuivant en silence le grand problème de la fixation des images de la chambre obscure.

C'est vers 1815 que Nicéphore Niépce songea, pour la première fois, à obtenir des images par l'action chimique de la lumière sur des substances impressionnables. Il fut mis sur la voie de ce genre de recherches, par l'invention de la lithographie, qui, découverte en Allemagne par Senefelder, avait été importée en France en 1814 par M. de Lasteyrie.

Cet art nouveau fixait alors l'attention générale, et excitait un intérêt sans égal. On s'étonnait avec raison, de voir imiter en quelques instants, avec un bout de crayon et un fragment de pierre polie, les produits de l'art pénible et compliqué du graveur. Saisi pour cet art nouveau d'un engouement qui dura plus de dix années, le public recherchait avec empressement les produits, encore fort imparfaits, sortis des mains des artistes. Les amateurs eux-mêmes s'essayaient à ces procédés intéressants, et jusque dans les châteaux on trouvait des presses lithographiques.

En réfléchissant sur le principe de la lithographie, Niépce osa penser qu'il ne serait peut-être pas impossible d'aller encore plus loin. Dans ces curieuses productions qui étonnaient et qui charmaient l'Europe, le génie de Senefelder avait banni la main du graveur, et laissé au seul dessinateur l'exécution du travail ; Niépce rêva d'exclure à son tour la main du dessinateur même, et de demander à la nature seule tous les frais de l'opération.

Niépce fit des essais de lithographie sur quelques pierres d'un grain délicat destinées à être jetées sur la route de Lyon. Ces tentatives ayant échoué, il imagina de substituer à la pierre un métal poli. Il essaya de tirer des épreuves sur une lame d'étain, avec des crayons lithographiques, et c'est dans le cours de ces recherches que lui vint l'idée d'obtenir sur une plaque métallique la représentation des objets extérieurs par la seule action des rayons lumineux.

Il est assez difficile de connaître la suite et l'enchaînement des tentatives de Niépce pour fixer les images des objets extérieurs par l'action de la lumière. On n'en trouve les traces que dans la correspondance qu'il entretenait avec son frère Claude, établi à Kiew; mais, comme dans cette correspondance, Nicéphore Niépce s'abstenait avec soin de nommer les substances dont il faisait usage, dans la crainte que ses lettres ne tombassent entre les mains de quelque indiscret, il est très-difficile de ressaisir aujourd'hui les anneaux perdus de cette chaîne d'expériences.

M. Victor Fouque, dans son intéressante biographie de Nicéphore Niépce, a publié un certain nombre de ces lettres, les seuls documents qui puissent nous éclairer sur ces questions, et elles laissent bien des points indécis. Ce que nous y voyons de plus clair, c'est que

Fig. 3. — Maison de campagne des Gras, près de Châlon-sur-Saône, où Nicéphore Niépce exécuta ses recherches sur *l'héliographie*.

Nicéphore Niépce commença par faire usage du chlorure d'argent, c'est-à-dire qu'il suivit les traces de Charles et de Wedgwood, mais que bientôt il abandonna ces substances impressionnables, pour en chercher d'autres.

Il copiait des estampes en soumettant à l'action de la lumière cette estampe rendue transparente par un vernis, et l'appliquant sur la substance impressionnable, préalablement étalée, en couche mince, sur une planche d'étain. Il essayait, en même temps, de faire usage de la chambre obscure, car dès l'année 1816, il avait construit une sorte de chambre obscure, en adaptant une lentille à une boîte, qui avait servi de baguier. Tout cela était fort grossier, fort imparfait; mais pouvait-on faire mieux au fond d'une province et dans une campagne isolée?

Quelques passages des lettres publiées par M. Victor Fouque, sont tout ce que l'on possède concernant les premières recherches de Nicéphore Niépce. Nous les rapporterons, pour que le lecteur puisse se former lui-même une opinion sur la véritable portée des premiers essais du physicien de Châlon.

Le 12 avril 1816, Joseph-Nicéphore écrivait à son frère Claude :

« Je profite du peu de temps que nous avons à passer ici, pour faire faire une espèce d'œil artificiel qui est tout simplement une petite boîte carrée de six pouces de chaque face. laquelle sera munie d'un tuyau susceptible de s'allonger et portant un verre lenticulaire. Je ne pourrais sans cet appareil me rendre complétement raison de mon procédé. Je m'empresserai de t'informer du résultat de l'expérience que je compte faire lorsque nous serons de retour à Saint-Loup. »

Mais, en arrangeant la lentille dans cette boîte, il cassa son objectif. Il écrivait donc à son frère, le 22 du même mois :

« Je comptais faire hier l'expérience dont je t'ai parlé ; mais j'ai cassé mon objectif dont le foyer était le mieux assorti aux dimensions de l'appareil. J'en ai bien un autre, mais qui n'a pas le même foyer ; ce qui nécessitera quelques petits changements dont je vais m'occuper. Ce retard ne sera pas long, et bien sûrement j'aurai le plaisir de te mander dans une prochaine lettre le résultat que j'aurai obtenu. Je souhaite, sans trop l'espérer, qu'il justifie l'intérêt que tu veux bien me témoigner à ce sujet. »

Il écrivait ensuite le 5 mai 1816 :

« Tu as vu par ma dernière lettre que j'avais cassé l'objectif de ma chambre obscure, mais qu'il m'en restait un autre dont j'espérais tirer parti. Mon attente a été trompée : ce verre avait le foyer plus court que le diamètre de la boîte ; ainsi je n'ai pu m'en servir. Nous sommes allés à la ville lundi dernier ; je n'ai pu trouver chez Scotti qu'une lentille d'un foyer plus long que la première ; et il m'a fallu faire allonger le tuyau qui la porte, et au moyen duquel on détermine la vraie distance du foyer. Nous sommes revenus ici mercredi soir ; mais depuis ce jour-là, le temps a toujours été couvert, ce qui ne m'a pas permis de donner suite à mes expériences. Et j'en suis d'autant plus fâché qu'elles m'intéressent beaucoup. Il faut se déplacer de temps en temps, faire des visites ou en recevoir : c'est fatigant. Je préférerais, je te l'avoue, être dans un désert.

« Lorsque mon objectif fut cassé, ne pouvant plus me servir de ma chambre obscure, je fis un œil artificiel avec le baguier d'Isidore, qui est une petite boîte de seize à dix-huit lignes en carré. J'avais heureusement les lentilles du microscope solaire qui, comme tu le sais, vient de notre grand-père Barrault. Une de ces petites lentilles se trouva précisément du foyer convenable ; et l'image des objets se peignait d'une manière très-nette et très-vive sur un *champ* de treize lignes de diamètre.

« Je plaçai l'appareil dans la chambre où je travaille, en face de la volière, et les croisées ouvertes. Je fis l'expérience d'après le procédé que tu connais, mon cher ami, et je vis sur le papier blanc toute la partie de la volière qui pouvait être aperçue de la fenêtre et une légère image des croisées qui se trouvaient moins éclairées que les objets extérieurs. On distinguait les effets de la lumière dans la représentation de la volière et jusqu'au châssis de la fenêtre. Ceci n'est qu'un essai encore bien imparfait ; mais l'image des objets était extrêmement petite. La possibilité de peindre de cette manière me paraît à peu près démontrée ; et si je parviens à perfectionner mon procédé, je m'empresserai, en t'en faisant part, de répondre au tendre intérêt que tu veux bien me témoigner. Je ne me dissimule point qu'il y a de grandes difficultés, surtout pour fixer les couleurs ; mais avec du travail et beaucoup de patience on peut faire bien des choses. Ce que tu avais prévu est arrivé. Le fond du tableau est noir, et les objets sont blancs, c'est-à-dire plus clairs que le fond.

« Je crois que cette manière de peindre n'est pas inusitée, et j'ai vu des gravures de ce genre. Au reste, il ne serait peut-être pas impossible de changer cette disposition des couleurs ; j'ai même là-dessus quelques données que je suis curieux de vérifier (1)... »

Nous ne pouvons savoir quelle était la substance impressionnable sur laquelle Niépce recevait l'image de la chambre obscure ; mais il est certain qu'il obtenait déjà par la lumière, de véritables impressions à *effet lumineux inverse*, c'est-à-dire des plaques sur lesquelles les tons blancs de la nature étaient représentés par des noirs, et les ombres accusées au contraire par des clairs. C'est ce qui ressort de la lettre suivante adressée par Nicéphore Niépce à son frère, le 19 mai 1816 :

« Je m'empresse de répondre à ta lettre du 14, que nous avons reçue avant-hier, et qui nous a fait un bien grand plaisir. Je t'écris sur une simple demi-feuille, parce que la messe ce matin, et ce soir une visite à rendre à madame de Mortenil ne me laisseront guère de temps, et, en second lieu, pour ne pas trop augmenter le port de ma lettre, à laquelle je joins deux gravures faites d'après le procédé que tu connais. La plus grande provient du baguier, et l'autre de la boîte dont je t'ai parlé, qui tient le milieu entre le baguier et la grande boîte. Pour mieux juger de l'effet, il faut se placer un peu dans l'ombre ; il faut placer la gravure sur un corps opaque et se mettre contre le jour. Cette espèce de gravure s'altérerait, je crois, à la longue, quoique garantie du contact de la lumière, par la réaction de l'acide nitrique, qui n'est pas neutralisé. Je crains aussi qu'elle ne soit endommagée par les secousses de la voiture. Ceci n'est encore qu'un essai ; mais si les effets étaient un peu mieux sentis (ce que j'espère obtenir), et surtout si l'ordre des teintes était interverti, je crois que l'illusion serait complète. Ces deux gravures ont été faites dans la chambre où je travaille, et le champ n'a de grandeur que la largeur de la croisée. J'ai lu, dans l'abbé Nollet, que, pour pouvoir représenter un plus grand nombre d'objets éloignés, il faut des lentilles d'un plus grand foyer, et mettre un verre de plus au tuyau qui porte l'objectif. Si tu veux conserver ces deux *rétines*, quoiqu'elles n'en valent guère la peine, tu n'as qu'à les laisser dans le papier gris, et placer le tout dans un livre.

(1) V. Fouque, *la Vérité sur l'invention de la pohtographie; Nicéphore Niépce, sa vie, ses essais, ses travaux.* In-8, Paris, 1867, p. 62-65.

« Je vais m'occuper de trois choses : 1° de donner plus de netteté à la représentation des objets ; 2° de transposer les couleurs ; 3° et enfin de les fixer, ce qui ne sera pas le plus aisé. Mais, comme tu le dis fort bien, mon cher ami, nous ne manquons pas de patience, et avec de la patience on vient à bout de tout. Si je suis assez heureux pour perfectionner le procédé en question, je ne manquerai pas de t'adresser de nouveaux échantillons pour répondre au vif intérêt que tu veux bien prendre à une chose qui pourrait être utile aux arts, et dont nous pourrions tirer un bon parti (1). »

Par le mot *transposer les couleurs*, il faut entendre rétablir les véritables tons de la nature, c'est-à-dire obtenir, au lieu d'une image négative, une image positive, représentant les ombres et les clairs tels qu'ils sont dans la nature.

Le 28 du même mois, Joseph-Nicéphore envoyait à son frère les plaques sur lesquelles il avait obtenu ce qu'il nomme « les gravures », et qui n'était que des planches métalliques portant les impressions produites par la lumière.

« Je m'empresse, écrivait-il, de te faire passer quatre nouvelles épreuves, deux grandes et deux petites, que j'ai obtenues plus nettes et plus correctes à l'aide d'un procédé très-simple, qui consiste à rétrécir avec un disque de carton percé, le diamètre de l'objectif. L'intérieur de la boîte étant moins éclairé, l'image en devient plus vive, et ses contours, ainsi que les ombres et les jours, sont bien mieux marqués. Tu en jugeras par le toit de la volière, par les angles de ses murs, par les croisées dont on aperçoit les croisillons ; les vitres mêmes paraissent transparentes en certains endroits ; enfin le papier retient exactement l'empreinte de l'image colorée ; et si l'on n'aperçoit pas tout distinctement, c'est que l'image de l'objet représenté étant très-petite, cet objet paraît tel qu'il serait s'il était vu de loin. D'après cela, il faudrait, comme je te l'ai dit, deux verres à l'objectif pour peindre convenablement les objets éloignés, et en réunir un plus grand nombre sur la rétine ; mais ceci est une affaire à part. La volière étant peinte renversée, la grange ou plutôt le toit de la grange est à gauche au lieu d'être à droite. Cette masse blanche qui est à droite de la volière, au-dessus de la claire-voie, qu'on ne voit que confusément, mais telle qu'elle est peinte sur le papier par la réflexion de l'image, c'est le poirier de beurré blanc qui se trouve beaucoup plus éloigné ; et cette tache noire au haut de la cime, c'est une éclaircie qu'on aperçoit entre les branches. Cette ombre, à droite, indique le toit du four qui paraît plus bas qu'il ne doit être, parce que les boîtes sont placées à cinq pieds (1^m, 62) environ au-dessus du plancher. Enfin, mon cher ami, ces petits traits blancs marqués au-dessus du toit de la grange, ce sont quelques branches d'arbres du verger qu'on entrevoit et qui sont représentées sur la rétine. L'effet serait bien plus frappant, si, comme je te l'ai dit, ou plutôt comme je n'ai pas besoin de te le dire, l'ordre des ombres et des jours pouvait être interverti ; c'est là ce dont je vais m'occuper avant de tâcher de fixer les couleurs, et ça n'est pas facile.

« Jusqu'à présent je n'ai peint que la volière, afin de pouvoir comparer entre elles les épreuves. Tu trouveras une des deux grandes et des deux petites moins colorées que les deux autres, quoique les contours des objets soient très-bien marqués ; ceci provient de ce que j'ai trop rétréci l'ouverture du carton qui couvre l'objectif. Il paraît qu'il y a des proportions dont on ne peut pas trop s'écarter ; et je n'ai peut-être pas encore trouvé la meilleure. Lorsque l'objectif est à nu, l'épreuve qu'on obtient paraît estompée, et le spectre coloré a cette apparence-là, parce que les contours des objets sont peu prononcés et semblent en quelque sorte se perdre dans le vague.

« Je souhaite, sans cependant trop l'espérer, que ces épreuves te parviennent en bon état, pour que tu sois, mon cher ami, plus à portée de juger de l'amélioration que j'ai cru obtenir (1). »

Après avoir obtenu ces impressions lumineuses, Nicéphore Niépce songea à transformer ses plaques en planches propres à la gravure. Il espérait arriver à ce résultat en les attaquant par un acide faible, c'est-à-dire en imitant le procédé employé pour obtenir les pierres lithographiques ou les planches métalliques destinées au tirage des gravures en taille-douce. C'est ce qui résulte de la lettre suivante :

« Je présume que tu auras reçu hier, mon cher ami, ma lettre du 28 mai, laquelle contenait quatre nouvelles épreuves qui m'ont paru plus correctes que les précédentes. Je suis on ne peut plus sensible aux choses honnêtes que tu veux bien me dire à ce sujet, et, quoique je sois loin de les mériter, elles n'en sont pas moins pour moi un grand motif d'encouragement. Si je parvenais à fixer la couleur et à changer la disposition des jours et des ombres, le procédé que j'emploie maintenant, serait, je pense,

(1) V. Fouque, *la Vérité sur l'invention de la photographie; Nicéphore Niépce*, etc. In-8°, Paris, 1867, p. 67-69.

(1) Fouque, *ouvrage cité*, p. 69-71.

le meilleur. Car il est impossible de trouver une substance qui soit plus susceptible de retenir les moindres impressions de la lumière. L'enduit de la volière du côté de la basse-cour, est d'une couleur rembrunie. Mais au-dessus de la porte et jusqu'à celle du tecq-à-pourceaux, il y a une plaque blanche qui se trouve marquée très-distinctement en noir sur la gravure.

« Quoique j'aie encore beaucoup à faire avant d'atteindre le but, c'est déjà quelque chose. J'ai bien essayé de graver sur le métal à l'aide de certains acides, mais jusqu'ici je n'ai rien obtenu de satisfaisant, le fluide lumineux ne paraît pas modifier d'une manière sensible l'action des acides. Cependant mon intention n'est pas d'en rester là, parce que ce genre de gravure serait encore supérieur à l'autre, toute réflexion faite, à raison de la facilité qu'il donnerait de multiplier les épreuves, et de les avoir inaltérables. Si je parviens à obtenir d'une manière ou de l'autre de bons résultats, je m'empresserai, mon cher ami, de te les faire connaître (1). »

Nous disons qu'il est impossible de savoir aujourd'hui quelle était la substance chimique dont Niépce faisait usage pour obtenir ses impressions lumineuses. En effet, le nom de la substance n'est pas prononcé dans les lettres que nous venons de citer.

Cette substance ne devait pas le satisfaire sans doute, car nous allons le voir faire des essais photographiques avec des matières nouvelles qu'il fait connaître à son frère, et qui sont d'abord le chlorure de fer, ensuite l'oxyde noir de manganèse. Le 16 juin, il écrivait à son frère, la lettre suivante :

« .... J'avais lu qu'une solution alcoolique de muriate de fer, qui est d'un beau jaune, devenait blanche au soleil, et reprenait à l'ombre sa couleur naturelle. J'ai imprégné de cette solution un morceau de papier que j'ai fait sécher, la partie exposée au jour est devenue blanche, tandis que la partie qui se trouvait hors du contact de la lumière, est restée jaune. Mais cette solution attirant trop l'humidité de l'air, je ne l'ai plus employée, parce que le hasard m'a fait trouver quelque chose de plus simple et de meilleur.

« Un morceau de papier couvert d'une ou de plusieurs couches de rouille ou safran de Mars, et exposé aux vapeurs du gaz acide muriatique oxygéné, devient d'un beau jaune jonquille, et blanchit mieux et plus vite que le précédent. Je les ai placés l'un et l'autre dans la chambre obscure, et cependant l'action de la lumière, n'a produit sur eux aucun effet sensible, quoique j'aie eu soin de varier la position de l'appareil. Peut-être n'ai-je pas attendu assez longtemps, et c'est ce dont il faudra encore m'assurer ; car je n'ai fait qu'effleurer la matière.

« Je croyais aussi comme toi, mon cher ami, qu'en mettant dans la boîte optique une épreuve bien marquée sur un papier teint d'une couleur fugace, ou recouvert de la substance que j'emploie, l'image viendrait se peindre sur ce papier avec ses couleurs naturelles ; puisque les parties noires de l'épreuve, étant plus opaques, intercepteraient plus ou moins le passage des rayons lumineux ; mais il n'y a eu aucun effet de produit. Il est à présumer que l'action de la lumière n'est point assez forte ; que le papier que j'emploie est trop épais, ou qu'étant trop couvert, il offre un obstacle insurmontable au passage du fluide ; car j'applique jusqu'à six couches de blanc. Tels sont les résultats négatifs que j'ai obtenus ; heureusement qu'ils ne prouvent encore rien contre la bonté de l'idée, et qu'il est même permis de revenir là-dessus avec quelque espoir de succès.

« Je suis aussi parvenu à décolorer l'oxyde noir de manganèse, c'est-à-dire qu'un papier peint avec cet oxyde, devient parfaitement blanc lorsqu'on le met en contact avec le gaz acide muriatique oxygéné. Si, avant qu'il soit tout à fait décoloré, on l'expose à la lumière, il finit par blanchir en très-peu de temps ; et lorsqu'il est devenu blanc, si on le noircit légèrement avec ce même oxyde, il est encore décoloré par la seule action du fluide lumineux. Je pense, mon cher ami, que cette substance mérite d'être soumise à de nouvelles épreuves, et je compte bien m'en occuper plus sérieusement.

« J'ai voulu aussi m'assurer si ces différents gaz pourraient fixer l'image colorée ou modifier l'action de la lumière, en la faisant communiquer à l'aide d'un tube avec l'appareil, pendant l'opération. Je n'ai encore employé que le gaz muriatique oxygéné, le gaz hydrogène et le gaz carbonique ; le premier décolore l'image, le second ne m'a paru produire aucun effet sensible ; et le troisième détruit en grande partie, dans la substance dont je me sers, la faculté d'absorber la lumière. Car cette substance, tant que le contact du gaz a lieu, se colore à peine dans les parties même les plus éclairées ; et cependant ce contact a duré plus de huit heures. Je reprendrai ces expériences intéressantes, et j'essayerai successivement plusieurs autres gaz, surtout le gaz oxygène qui, à raison de ses affinités avec les oxydes métalliques et la lumière, mérite une attention particulière.

« Enfin, mon cher ami, j'ai fait de nouveaux essais pour parvenir à graver sur le métal à l'aide des acides minéraux ; mais les acides que j'ai employés, c'est-à-dire l'acide muriatique, l'acide nitreux, ainsi que l'acide muriatique oxygéné, soit sous forme ga-

(1) *La Vérité sur l'invention de la photographie*, p. 71-72.

zeuse, soit en liqueur, n'ont laissé pour toute empreinte qu'une tache noirâtre, plus ou moins foncée, suivant la force du dissolvant. L'acide muriatique oxygéné est le seul dont on pourrait tirer parti; mais il n'est décomposé par la lumière que lorsqu'il est uni à l'eau, et, dans cet état même, il n'agit pas sur les métaux avec assez d'énergie pour les creuser sensiblement; car il ne produit aucune effervescence avec eux, et les oxyde comme ferait le foie de soufre, ce qui n'est pas notre affaire. Mais j'ai reconnu avec plaisir que, sans produire le bouillonnement incommode des autres acides, il attaque très-bien et d'une manière très-nette la pierre calcaire dont nous nous servons pour graver; il l'attaque lentement, c'est-à-dire comme il le faut pour que l'influence de la lumière soit plus sensible, et que cet acide puisse creuser plus ou moins à raison de la différence des teintes.

« Je m'occuperai donc, toute affaire cessante, de préparer une de ces pierres qui remplacera le papier, et sur laquelle l'image colorée doit se peindre. Je la laisserai tremper quelque temps dans l'eau chaude, et ensuite je la mettrai en contact avec le gaz acide muriatique oxygéné qui, d'après mon procédé, communique dans l'intérieur de l'appareil. Je crois qu'à l'aide de cette disposition, on doit obtenir un résultat décisif, si, comme on n'en peut douter, l'acide en question est décomposé par la lumière, et si par là sa force dissolvante se trouve modifiée.

« Tu vois, mon cher ami, que depuis quelques jours je n'ai guère fait que battre la campagne; mais c'est toujours quelque chose que de multiplier les données qui peuvent conduire à la solution du problème proposé. Aussitôt que j'aurai trouvé quelque perfectionnement utile et vraiment propre à atteindre ce but, je m'empresserai de t'en instruire (1). »

Mais ces nouvelles tentatives n'amenaient à aucun résultat, d'après les termes d'une autre lettre, en date du 2 juillet suivant :

« D'après des expériences réitérées, j'ai reconnu l'impossibilité de pouvoir fixer l'image des objets à l'aide de la gravure sur pierre par l'action des acides aidée du concours de la lumière. Ce fluide ne m'a paru avoir aucune influence sensible sur la propriété dissolvante de ces agents chimiques; j'y ai donc entièrement renoncé; et je doute fort que l'on eût pu par ce procédé faire ce que l'on peut faire avec la substance que j'emploie, puisqu'elle rend sensibles les différentes teintes que réfléchit l'enduit de la volière, qui est blanc dans certaines parties, et noir dans d'autres. Je fais dans ce moment de nouvelles recherches pour parvenir à fixer et à transposer les couleurs de l'image représentée. Le champ à parcourir est assez vaste, et je ne le quitterai pas que je n'aie épuisé toutes les combinaisons (1). »

(1) *La Vérité*, etc. p. 77, 81.

Pendant près d'une année, Niépce paraît occupé d'autres travaux, car ce n'est que dans

Fig. 4. — Joseph-Nicéphore Niépce.

une lettre du 20 avril 1817, citée par M. Fouque, que l'on trouve signalée la reprise des travaux *héliographiques*, comme les appelle déjà le physicien de Châlon. Dans cet intervalle, il avait essayé d'appliquer sur la pierre d'autres substances, entre autres le chlorure d'argent, mais il n'avait pu rien obtenir. Il s'adressa alors à des matières organiques, c'est-à-dire à la résine de gaïac, qui, exposée à la lumière, par une cassure récente, prend, en quelques heures, une couleur verte. Bientôt, mécontent de cette substance, il s'adresse au phosphore, corps simple, qui, exposé à la lumière, noircit. Mais il se dégoûte de ce nouvel agent, parce qu'il trouve son effet insuffisant, et qu'il se brûle la main en maniant ce « dangereux combustible. »

(1) *Ibidem*, p. 81, 82.

« Tu auras pu voir, écrit-il à son frère, le 20 avril 1817, que je me proposais de te donner des détails circonstanciés sur les recherches qui m'occupent, et auxquelles tu as la bonté de prendre un intérêt que je serais bien heureux de pouvoir justifier. Je n'ai point encore la certitude démontrée du succès ; mais j'ai acquis quelques probabilités de plus, ce qui ranime mon courage et me porte à reprendre la suite de mes expériences.

« Je crois t'avoir mandé, mon cher ami, que j'avais renoncé à l'emploi du muriate d'argent, et tu sais les raisons qui m'y ont déterminé. J'étais fort embarrassé de savoir par quelle autre substance je pourrais remplacer cet oxyde métallique, lorsque je lus, dans un ouvrage de chimie, que la résine de gaïac, qui est d'un gris jaunâtre, devenait d'un fort beau vert quant on l'exposait à la lumière ; qu'elle acquérait par là de nouvelles propriétés, et qu'il fallait, pour la dissoudre dans cet état, un alcool plus rectifié que celui qui la dissout dans son état naturel. Je m'empressai donc de préparer une forte dissolution de cette résine, et je vis en effet, qu'étendue en couches légères sur du papier, et soumise au contact du fluide lumineux, elle devenait d'un beau vert foncé en assez peu de temps ; mais, réduite en couches aussi minces qu'elles devaient l'être pour l'objet proposé, sa solution dans l'alcool ne m'offrit pas la moindre différence sensible. De sorte qu'après plusieurs tentatives également infructueuses, j'y renonçai, bien convaincu de l'insuffisance de ce nouveau moyen.

« Enfin, en jetant les yeux sur une note du *Dictionnaire* de Klaproth, article PHOSPHORE, et surtout en lisant le mémoire de M. Vogel, sur les changements que l'action de la lumière fait subir à ce combustible, je m'imaginai qu'il serait possible de l'appliquer avantageusement à mes recherches.

« Le phosphore est naturellement jaunâtre ; mais, fondu convenablement dans l'eau chaude, il devient presque aussi blanc, aussi transparent que le verre, et alors il est peut-être plus susceptible qu ele muriate d'argent lui-même, des impressions de la lumière. Ce fluide le fait passer très-rapidement du blanc au jaune, et du jaune au rouge foncé, qui finit par devenir noirâtre. L'alcool de Lampadius, qui dissout aisément le phosphore blanc, n'attaque point le Phosphore rouge, et il faut pour fondre ce dernier une chaleur beaucoup plus forte que pour fondre le premier. Le Phosphore rouge exposé à l'air, ne tombe pas en déliquescence comme le Phosphore blanc, qui, après avoir absorbé l'oxygène, se convertit en acide phosphoreux. Cet acide a la consistance de l'huile et corrode la pierre comme les acides minéraux. J'ai constaté la vérité de toutes ces assertions, et sans m'étendre davantage là-dessus, je suis persuadé que tu sentiras comme moi, mon cher ami, combien cet agent chimique peut offrir de combinaisons utiles pour la solution du problème qu'il s'agit de résoudre.

« La seule difficulté qui m'embarrasse maintenant, c'est d'étendre le phosphore comme un vernis sur la pierre. Il faut qu'il soit en couche très-mince, autrement la lumière ne le pénétrerait pas à fond, et, le phosphore n'étant pas oxydé dans toute son épaisseur, on manquerait ainsi le but qu'on se propose d'atteindre. Cette substance est attaquée par l'alcool et surtout par les huiles ; mais ces dissolvants lui enlèvent la propriété qu'il importe le plus de lui conserver, ainsi que l'expérience me l'a démontré. Je suis parvenu à l'étendre sur la pierre à l'aide du calorique, dans mon appareil qui est une espèce de soufflet rempli de gaz nitreux, dont l'âme inférieure reçoit la pierre en question, et qui porte à son âme supérieure un petit mécanisme pour répandre également le phosphore, ainsi qu'un verre pour éclairer l'intérieur ; mais cet appareil ne fermait point assez exactement pour empêcher l'air ambiant d'y pénétrer ; et le phosphore s'enflammait avant que l'opération fût terminée. Pour arriver à une démonstration complète, il faut donc que je tâche d'abord de remédier à cet inconvénient majeur, et j'espère y parvenir d'une manière ou de l'autre. Je m'empresserai de te faire connaître, mon cher ami, le résultat de mes recherches ultérieures à cet égard (1). »

Au bout de trois mois, il signifie à son correspondant, l'insuccès définitif de ses expériences avec le phosphore, dans la lettre suivante, datée du 2 juillet 1817 :

« Mes expériences les plus importantes sur le phosphore n'ont pas réussi ; je n'ai pu parvenir jusqu'ici à fixer avec cette substance, l'image des objets à l'aide de l'appareil dont tu sais que je me servais. Je crois qu'il y a une grande différence, ainsi que je l'ai observé, entre les corps qui retiennent la lumière en l'absorbant, et ceux qu'elle ne fait qu'altérer en changeant ou modifiant leur couleur. Au reste, je n'ai pas encore assez varié mes expériences pour me regarder comme battu, et je ne me décourage point (2). »

Il ajoute, dans une lettre du 11 juillet 1817 :

« Je viens de m'occuper de l'analyse de la gomme-résine de gaïac. Mon objet était de mettre à nu la partie de cette substance qui est susceptible des impressions de la lumière. J'ai déjà reconnu avec plaisir que cette singulière propriété n'existe point dans la matière gommeuse que l'eau dissout aisément ; et que

(1) V. Fouque, *la Vérité*, etc., p. 87-90.
(2) *Ibidem*, p. 93.

la résine débarrassée de cette gomme rougeâtre, est bien plus sensible à l'action du fluide lumineux; mais cette même résine est encore unie à un principe qui n'est soluble ni dans l'eau ni dans l'alcool, ce qui m'offre le moyen de l'obtenir (la résine) parfaitement pure. Si dans cet état, sa combinaison avec l'oxygène à l'aide de la lumière, la rend moins attaquable par l'alcool, j'aurai fait un grand pas vers la solution du problème que je me suis proposé.

« Tu sais que le phosphore ne m'a fourni que des résultats peu satisfaisants; son emploi d'ailleurs est dangereux, et une forte brûlure que je me suis faite à la main, n'a pas peu contribué à me dégoûter entièrement de ce perfide combustible.

« Je vais donc reprendre mes expériences, et je ne manquerai pas de t'instruire du résultat, bon ou mauvais, que j'aurai obtenu. Tu vois, d'après cela, que je n'ai pas encore perdu l'espoir de réussir (1). »

Ici s'arrêtent les documents qui peuvent éclairer l'histoire des travaux photographiques de Nicéphore Niépce. M. Fouque n'a pu trouver une seule lettre relative à ses expériences, dans un intervalle de neuf ans, c'est-à-dire de 1817 jusqu'à 1826.

Ce n'est pas qu'il eût abandonné ses recherches, il les continuait au contraire avec ardeur. En 1826, il avait renoncé à tous les agents chimiques expérimentés par lui pendant dix ans, et s'était arrêté à l'emploi du *bitume de Judée*, substance résineuse qui, étalée en couche mince et soumise à l'action de la lumière solaire, s'oxyde, blanchit, et reproduit en traits blanchâtres, quand on la place dans la chambre obscure, l'image formée au foyer de cet instrument.

Nous allons décrire, d'après le mémoire qu'il rédigea plus tard, c'est-à-dire lors de son association avec Daguerre, la méthode que Nicéphore Niépce employait, sous le nom d'*héliographie*. Cette méthode permettait : 1° d'obtenir la reproduction des estampes en les exposant à la lumière extérieure ; 2° de fixer l'image formée au foyer de la chambre obscure.

En ce qui concerne le premier objet, Niépce prenait une estampe ; il la vernissait sur le *verso*, pour la rendre transparente, et l'appliquait sur une lame d'étain, préalablement recouverte d'une couche de bitume de Judée. Les parties noires de l'estampe arrêtaient les rayons lumineux; au contraire, les parties transparentes ou qui ne présentaient aucun trait de burin, les laissaient passer librement. Les rayons lumineux, traversant les parties diaphanes du papier, allaient blanchir la couche de bitume de Judée appliquée sur la lame métallique, et l'on obtenait ainsi une reproduction fidèle du dessin, dans laquelle les clairs et les ombres conservaient leur situation naturelle. En plongeant ensuite la lame métallique dans l'essence de lavande, les portions du bitume non impressionnées par l'agent lumineux, étaient dissoutes, tandis que les parties modifiées par la lumière restaient sans se dissoudre; l'image se trouvait ainsi mise à l'abri de l'action du jour.

Mais la copie des gravures n'était qu'une opération sans aucun intérêt; le problème consistait à reproduire les dessins de la chambre obscure.

Tout le monde connaît la chambre obscure. C'est une sorte de boîte fermée de toutes parts, dans laquelle la lumière s'introduit par un petit orifice. Les rayons lumineux émanant des objets placés au dehors, traversant l'orifice et continuant leur marche rectiligne, produisent, sur un écran disposé à l'intérieur de la boîte, une image, renversée et très-petite, de ces objets. Pour donner plus de champ à l'image et pour en augmenter la netteté, on place devant l'orifice lumineux, une lentille convergente.

La figure 5 montre la marche des rayons lumineux passant à travers un simple orifice percé dans une boîte fermée de toutes parts. On voit que, par suite de la marche rectiligne des rayons lumineux, l'objet extérieur, c'est-à-dire la flèche AB, vient se peindre sur l'écran de la chambre obscure, renversé et de dimensions plus petites, parce que le rayon lumineux partant du point A, ou de la pointe de la flèche, et traversant l'orifice O, vient,

(2) V. Foulque, *la Vérité*, etc., p. 94.

d'après sa direction rectiligne, se peindre au point A', à l'intérieur de la boîte. Il en est de même de la base B de la flèche, qui vient se peindre au point B'. Les parties intermé-

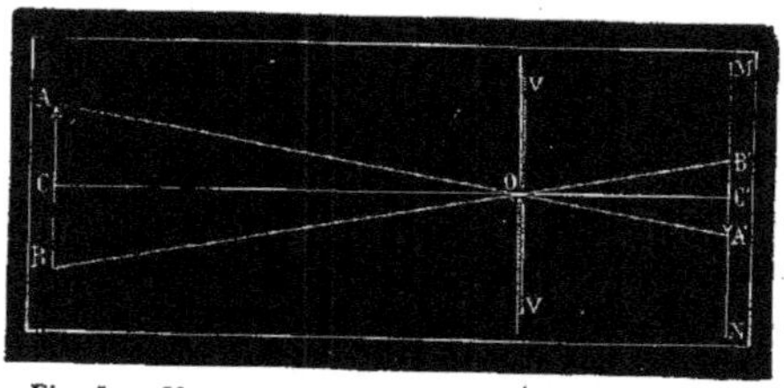

Fig. 5. — Marche des rayons lumineux à travers un orifice percé à l'une des parois d'une chambre obscure.

diaires de la flèche occupant des points correspondants, l'image de l'objet, formée à l'intérieur de la boîte, est, comme le représente la figure, renversée et de dimensions réduites.

La chambre obscure n'est autre chose que cette boîte percée d'un trou, et destinée à produire le mécanisme optique qui vient d'être décrit. Seulement, pour embrasser un champ de vision plus vaste et pour donner plus de netteté à l'image, on enchâsse dans l'ouverture O du volet, une lentille convergente, biconvexe. Cette lentille recueille plus de lumière que le simple trou percé dans la paroi de la boîte, et, la concentrant en un seul point, elle produit le même effet que cet orifice, mais avec infiniment plus de netteté, et en embrassant un espace beaucoup plus étendu.

La *chambre noire* ou *chambre obscure* des physiciens, que les photographes ont adoptée, consiste, en définitive, en une boîte fermée de toutes parts, munie d'une lentille convergente, ou objectif, et d'un écran en verre dépoli.

La figure 6 représente cet appareil. A est la boîte portée sur le trépied de bois B; CC, l'écran; DD, le tuyau dans lequel est enchâssée la lentille convergente, ou objectif.

La chambre obscure est donc un œil artificiel dans lequel viennent se peindre toutes les vues extérieures.

Ces images, il fallait les fixer; la chambre obscure est un miroir; de ce miroir il fallait faire un tableau.

C'est ce qu'avaient déjà essayé Charles, en France, Wedgwood et Davy, en Angleterre, et ce que Niépce tenta après eux.

Le procédé qui lui permit de fixer les dessins de la chambre noire, était fondé sur la même action chimique qu'il avait appliquée à la copie des gravures. Il reposait sur ce fait, que le bitume de Judée, exposé pendant un certain temps aux rayons lumineux, s'oxyde, et devient insoluble dans certains liquides, notamment dans l'essence de lavande; tandis que les parties non touchées par la lumière, conservent la propriété de se dissoudre dans cette essence.

Fig. 6. — Chambre obscure.

Quant à la pratique de l'opération, Niépce procédait de la manière suivante. Il appliquait une couche de bitume de Judée sur une lame d'étain, qu'il plaçait dans la chambre noire, et il faisait tomber à sa surface, l'image transmise par la lentille de l'instrument. Au bout d'un temps fort long, la lumière avait agi sur la surface résineuse. En plongeant alors la plaque dans un mélange d'essence de lavande et de pétrole, les parties de l'enduit bitumineux que la lumière avait frappées, restaient intactes, tan-

Fig. 7. — Un inventeur inconnu (page 19).

dis que les autres se dissolvaient. On obtenait ainsi un dessin, dans lequel les clairs correspondaient aux clairs, et les ombres aux ombres; les clairs étaient formés par l'enduit blanchâtre de bitume, les ombres par les parties polies et dénudées du métal; les demi-teintes, par les portions du vernis sur lesquelles le dissolvant avait partiellement agi. Comme ces dessins métalliques n'avaient qu'une médiocre vigueur, Niépce essaya de les renforcer en exposant la plaque à l'évaporation spontanée de l'iode, ou aux vapeurs émanées du sulfure de potasse, afin de produire un fond noir, sur lequel les traits se détacheraient avec plus de fermeté; mais il ne réussit nullement à obtenir ce dernier résultat.

L'inconvénient capital de ce moyen, c'était le temps considérable qu'exigeait l'impression lumineuse. Le bitume de Judée est une substance qui ne se modifie par l'action de la lumière qu'avec une lenteur excessive; il ne fallait pas moins de dix heures pour produire un dessin. Pendant cet intervalle, le soleil, qui n'attendait pas le bon plaisir de cette substance paresseuse, déplaçait les lumières et les ombres avant que l'image fût saisie. Ce procédé était donc fort imparfait.

Niépce s'occupa ensuite d'appliquer sa découverte à l'art de la gravure; car tel était, il faut bien le remarquer, le but qu'il se proposait dans les essais que nous venons de rapporter. En attaquant ses plaques par un acide affaibli, il creusait le métal, en respectant les traits abrités par l'enduit résineux, et formait ainsi des planches à l'usage des graveurs en taille-douce.

Il avait donc à peu près résolu le problème qu'il s'était posé dix ans auparavant, et qui consistait à créer une branche nouvelle de la gravure ou de la lithographie sur métal, dans laquelle la lumière seule produirait directement, sur une plaque métallique, un dessin qu'il suffirait ensuite d'attaquer par un acide pour rendre la plaque immédiatement propre au tirage sur papier. Niépce désignait ce nouveau procédé de gravure sous le nom d'*héliographie*. M. Lemaître, graveur à Paris, à qui Niépce avait confié le tirage de ses planches, possède encore quelques gravures de ce genre, que nous avons pu examiner.

On a beau cependant être homme d'habileté exquise, de patience infatigable ou d'imagination féconde, il est, dans les recherches scientifiques, quelque chose qui rend toute habileté vaine, qui déconcerte la patience la plus obstinée et qui impose une barrière à l'imagination la plus active : c'est l'imperfection de l'instrument dont l'opérateur fait usage. Tel fut l'obstacle que Nicéphore Niépce rencontra. Les lentilles que l'on appliquait, de son temps, aux chambres noires, étaient loin de réunir les conditions si remarquables de réfrangibilité qu'elles présentent de nos jours; on ne pouvait pas alors, comme on le fait aujourd'hui, se procurer, pour un prix modique, des objectifs d'une pureté irréprochable. En outre, l'extrême longueur que l'on donnait au foyer de la lentille, faisait perdre la plus grande partie de la lumière qui traversait l'instrument. Toutes ces causes devaient empêcher l'inventeur de réaliser ses espérances. Par son procédé héliographique, on fixait sans doute les images de la chambre obscure, mais il fallait, pour arriver à ce résultat, un temps considérable : huit à dix heures d'exposition étaient nécessaires pour obtenir une épreuve, et cette circonstance suffisait pour empêcher toute application sérieuse d'un tel procédé.

C'est pour cela que, malgré dix ans d'études et d'expériences, Nicéphore Niépce n'était parvenu, en fin de compte, qu'à des résultats très-médiocres. Il avait suivi la voie ouverte par Charles en France, et Wedgwood en Angleterre. Au lieu de chlorure d'argent, dont ces deux chimistes faisaient usage, il avait employé le bitume de Judée, substance assez mal choisie, d'ailleurs, comme agent photographique, car elle ne s'impressionne qu'avec lenteur à la lumière, et les contrastes entre les blancs et les noirs sont à peine accusés. Il fallait se placer sous un jour particulier, pour apercevoir l'image, qui était toujours fort peu appréciable.

Niépce n'eut jamais aucune idée de l'existence des *agents révélateurs*, c'est-à-dire des substances qui font apparaître subitement l'image formée par la lumière, image qui existe à l'état latent, pour ainsi dire ensevelie dans les profondeurs de la substance, et d'où le *révélateur* vient les faire sortir, comme par un miracle scientifique. Ces agents révélateurs qui constituent la véritable photographie, ne furent pas même soupçonnés par lui. C'est à Daguerre qu'il fut donné d'accomplir cette magnifique découverte, et de créer ainsi la photographie. Niépce n'avait fait autre chose qu'essayer l'action directe de la lumière sur différentes substances impressionnables, et le bitume de Judée, qu'il avait choisi, était bien défavorable sous ce rapport. On ne s'explique guère qu'ayant sous la main les sels d'argent, qui s'impressionnent à la lumière avec tant de rapidité, il soit allé s'adresser à une matière résineuse qui exige pour être influencée chimiquement par l'agent lumineux, une demi-journée d'exposition dans la chambre obscure.

Niépce n'eut jamais la notion des épreuves *négatives* et *positives*, qui sont la base de la photographie. Il ne songea pas à faire usage des épreuves *négatives*, c'est-à-dire dans lesquelles les blancs de la nature sont représentés par des noirs, pour obtenir des épreuves directes présentant les tons réels de la nature. Ce fut la découverte particulière de Talbot, expérimentateur anglais.

Niépce s'était proposé de transformer ses plaques d'étain, ou d'argent plaqué, en planches propres à la gravure en taille-douce. Mais la pratique démontra bien vite que ce résultat n'était pas possible. Le graveur Lemaître, à qui il avait confié le soin de terminer ses planches, s'assura qu'elles ne pouvaient tirer plus d'une vingtaine d'épreuves. Il n'avait donc pas été plus heureux sous le rapport de la gravure, que sous le rapport de la photographie simple.

Malgré ses longs efforts, Niépce ne fit donc qu'entrevoir la photographie. Les résultats qu'il obtint n'étaient que les préludes de la grande découverte que nous essayons de raconter. C'était l'embryon de l'art, et non l'art lui-même. Nous allons arriver aux véritables inventeurs : à Daguerre et à Talbot.

CHAPITRE III

UN INVENTEUR INCONNU. — TRAVAUX DE DAGUERRE. — ASSOCIATION DE NIÉPCE ET DE DAGUERRE. — TRAITÉ CONCLU ENTRE NIÉPCE ET DAGUERRE.

Tandis qu'au fond de sa province et dans sa tranquille maison de campagne des bords de la Saône, Nicéphore Niépce cherchait péniblement, et sans y parvenir, à tirer la photographie de ses langes, un autre expérimentateur poursuivait, de son côté, la même voie, et était parvenu, à la même époque, à un résultat important. Le nom même de cet inventeur est resté inconnu, par les circonstances que nous allons raconter.

Tout le monde a entendu parler de l'opticien Charles Chevalier. Sa boutique était située sur le quai de l'Horloge. Un jour, — c'était vers la fin de l'année 1825 — comme Charles Chevalier était seul, il voit entrer un jeune homme, pauvrement vêtu, à l'air souffrant et timide, et dont l'extérieur dénotait la misère. Le jeune homme désirait connaître le prix d'une des nouvelles chambres obscures que Charles Chevalier venait de construire, en remplaçant l'objectif ordinaire, par un objectif à ménisque convergent.

Le prix qui lui fut demandé fit pâlir le visiteur; car si son désir était grand de se procurer le précieux appareil optique, ses goussets étaient absolument vides.

En sa qualité de marchand, Charles Chevalier ne pensa pas une minute à offrir à crédit la chambre obscure à un pauvre diable dont la mine et l'extérieur plaidaient peu en faveur de sa solvabilité. Cependant il pouvait donner ce qui ne lui coûtait rien, c'est-à-dire un conseil. Il demanda donc au jeune homme ce qu'il voulait faire d'une chambre noire.

« Je suis parvenu, lui répondit l'inconnu, à fixer sur le papier l'image de la chambre obscure. Mais je n'ai qu'un appareil grossier, une espèce de caisse de bois de sapin, garnie d'un objectif, que je place à ma fenêtre, et qui me sert à obtenir des vues de l'extérieur. Je voudrais me procurer votre nouvelle chambre noire à prisme, afin de continuer mes essais avec un appareil optique plus puissant et plus sûr. »

Charles Chevalier resta frappé d'étonnement. Il savait que le problème consistant à fixer les images de la chambre obscure, était poursuivi, en ce moment, par bien des expérimentateurs, entre autres par M. Talbot, en Angleterre, et par Daguerre, à Paris. Mais lui, Chevalier, regardait ces tentatives comme des entreprises chimériques, bonnes tout au plus à lui procurer, de temps en temps, l'occasion de vendre des objectifs et des appareils optiques à ces chercheurs de l'impossible. L'assurance et la tranquillité avec laquelle l'inconnu lui annonçait une découverte aussi capitale, bouleversaient notre opticien. Il aurait cru que son interlocuteur était fou, s'il n'eût été rassuré à cet égard par sa contenance et par ses paroles. Il se borna donc à lui répondre :

« Je connais plusieurs physiciens qui s'occupent de cette question. Mais ils ne sont encore arrivés à aucun résultat. Auriez-vous été plus heureux? Je serais charmé d'en avoir la preuve. »

Pour toute réponse, le jeune homme tira de sa poche un vieux portefeuille usé et rapiécé. Dans ce portefeuille, il prit une feuille de papier enveloppée avec soin ; puis, la dépliant, il la plaça sur la vitrine de l'opticien :

« Voilà ce que je puis obtenir, » dit-il avec simplicité.

La surprise de l'opticien fut alors à son comble. Ce qu'il avait sous les yeux n'était rien moins qu'une *photographie sur papier*, et non une image imparfaite, mais une véritable *épreuve positive*, comme on l'appela plus tard. Le dessin, quoique confus sur les bords, en raison de l'imperfection de l'objectif employé, représentait une vue de Paris, celle que le pauvre inventeur avait devant ses fenêtres : une réunion de cheminées et de toits, avec le dôme des Invalides au second plan. Cette image prouvait que le pauvre jeune homme habitait quelque grenier des environs de la rue du Bac.

« Pourrai-je vous demander, dit l'opticien, avec quelle substance vous opérez pour obtenir un tel résultat? »

Le jeune homme fouilla encore dans sa poche. Il en tira une fiole pleine d'un liquide noirâtre, et la posant sur la vitrine, à côté de l'épreuve photographique :

« Voilà, dit-il, la liqueur avec laquelle j'opère ; et vous pourrez, ajouta-t-il, en suivant mes instructions, obtenir le même résultat que moi. »

Après avoir donné à l'opticien les indications nécessaires pour opérer avec sa liqueur, l'inconnu se retira, emportant son épreuve photographique, et lui laissant sa fiole.

Resté seul, Chevalier se hâta de mettre à profit les indications de l'inconnu. Il exécuta les opérations prescrites. Seulement, telle était alors l'ignorance générale en fait de photographie, qu'il fit maladresses sur maladresses, et par exemple, qu'il n'eut pas l'idée de préparer son papier impressionnable, dans l'obscurité. Il opéra en pleine lumière. Toute réussite était impossible, car, nous n'avons pas besoin de le dire, pour qu'un papier photogénique puisse fournir une épreuve dans la chambre noire, il faut qu'il ait été préparé dans une obscurité complète. Charles Chevalier ne pouvait donc obtenir aucun résultat en opérant comme il le fit, en plein jour.

Il attendait une seconde visite de l'inconnu ; mais ce dernier ne reparut pas, et on ne le revit jamais.

Que devint ce pauvre inventeur? La misère et la maladie se lisaient sur son visage. Quoique jeune encore, il était pâle et amaigri ; les privations matérielles et les angoisses de recherches passionnées, avaient altéré son organisation ; la lame avait usé le fourreau, *Povreté empesche les bons espritz de parvenir*, a dit Bernard Palissy (1). L'hiver était triste et froid ; la vie était dure et difficile aux malheureux abandonnés sans ressources, dans la grande et égoïste capitale. La Seine

(1) Telle était la devise du célèbre potier, qui prouva pourtant, par l'exemple de sa vie, que la pauvreté peut gêner les *bons esprits* dans leur voie, mais qu'elle ne les empêche pas de *parvenir*. Bernard Palissy avait gravé sur son cachet cette douloureuse devise, que l'on trouve également inscrite autour d'un plat ovale de faïence émaillée, sorti des mains de l'immortel artiste. Le dessin représente un homme à moitié vêtu qui tend à s'élancer vers le ciel, ou vers Dieu, mais qui en est empêché par le poids d'une lourde masse de pierre, qu'il porte à sa main droite. C'est le symbole du pénible poids que traîne avec elle la pauvreté et qui l'empêche de *parvenir*.

fut-elle le dernier et sinistre refuge du malheureux? Alla-t-il languir et expirer sur un lit d'hôpital? Ou bien, — fin tout aussi déplorable, pour un homme voué à la poursuite ardente d'une idée, — alla-t-il s'ensevelir et vivre obscurément dans quelque place infime d'employé ou de commis? Toutes les suppositions peuvent se faire sur ce personnage mystérieux, qui n'a laissé à l'histoire d'autre trace que l'apparition fugitive que nous venons de raconter.

Charles Chevalier, qui a fait connaître cette intéressante anecdote dans une de ses brochures : *Guide du photographe*, ajoute :

« J'attendis le retour de mon inconnu, mais jamais il ne revint, jamais personne n'en entendit parler! Je ne sais autre chose de cet inventeur ignoré, sinon qu'il demeurait rue du Bac.

« Aujourd'hui je ne puis penser à cette singulière apparition sans éprouver un remords. Lorsque ce pauvre jeune homme me témoigna le regret de ne pouvoir se procurer une chambre obscure à prisme, j'aurais dû, j'en conviens, dans l'intérêt de l'art, lui faciliter les moyens de réaliser son désir; mais tout en confessant le tort grave que j'eus en cette circonstance, j'ajouterai que je n'étais pas alors maître de disposer d'un appareil, et puis, j'avais aussi une marotte! le perfectionnement du microscope étant l'unique but de toutes mes pensées, je n'accordai pas à cette intéressante communication l'attention qu'elle méritait (1). »

Oui, Charles Chevalier, vous auriez dû, sinon faire cadeau à ce pauvre jeune homme de l'instrument qu'il désirait, du moins le lui prêter pour quelque temps, sur l'annonce de la découverte extraordinaire qui, d'après votre propre témoignage, vous frappa d'une si vive admiration. Ainsi vous auriez contribué à hâter l'apparition de l'une des plus curieuses découvertes des temps modernes, et vous auriez donné à la postérité le moyen de prononcer avec reconnaissance le nom de l'inventeur ignoré, qui, le premier, parvint à remporter ce beau triomphe sur la nature.

Tout ce que fit Charles Chevalier, après avoir essayé, tant bien que mal, la liqueur de son inconnu, et quand il ne le vit plus reparaître, ce fut de remettre la fiole à un peintre qui s'occupait, de recherches sur le même sujet, c'est-à-dire qui travaillait à fixer les images de la chambre obscure.

Ce peintre s'appelait Daguerre.

Daguerre venait souvent voir l'opticien Chevalier, pour faire l'acquisition d'instruments, ou pour s'entretenir de son idée favorite : la fixation des images de la chambre obscure.

« Vous n'êtes pas le seul, lui dit l'opticien, la première fois qu'il vit Daguerre, à chercher la pierre philosophale. On marche sur vos brisées. Vous avez un rival, et un rival heureux. »

Lui racontant alors la visite de l'inconnu et les choses merveilleuses qu'il avait apprises de lui, Charles Chevalier dit à Daguerre, en lui remettant la fiole de l'inventeur :

« Voici l'or potable! Essayez cette liqueur. Il est vrai que je n'en ai retiré rien de bon; mais vous êtes plus expert que moi, et peut-être réussirez-vous. »

Daguerre emporta la fiole. Il la garda deux mois, et revint au bout de ce temps, chez l'opticien :

« Tous mes essais avec cette liqueur ont échoué, dit-il à l'opticien. Le secret de votre jeune homme n'était pas dans sa bouteille. »

Mais il est temps de faire plus ample connaissance avec Daguerre, dont le nom vient d'apparaître incidemment dans notre récit.

Daguerre était un artiste; il n'était rien moins qu'un savant. Il appartenait à cette classe d'infatigables chercheurs, qui, sans trop de connaissances techniques, avec un bagage des plus minces, s'en vont loin des chemins courus, par monts et par vaux, cherchant l'impossible, appelant l'imprévu, invoquant tout bas le dieu Hasard : Daguerre, pour tout dire, était un demi-savant.

La race des demi-savants est assez dédaignée, l'ignorance surtout aime à l'accabler de ses mépris; cependant il est peut-

(1) *Guide du photographe.* Paris, 1854, grand in-8, page 21.

être bon de n'en pas trop médire. Les demi-savants font peu de mal à la science, et de loin en loin, ils font des trouvailles inespérées. Précisément parce qu'ils sont malhabiles à apprécier d'avance les éléments infinis d'un problème scientifique, ils se jettent du premier abord, au travers des difficultés les plus ardues; ils touchent intrépidement aux questions les plus élevées et les plus graves, comme un enfant insouciant et curieux touche, en se jouant, aux ressorts d'une machine immense. Et parfois ils arrivent ainsi à des résultats si étranges, à de si prodigieuses inventions, que les véritables savants en restent eux-mêmes confondus d'admiration et de surprise. Ce n'est pas un savant qui a découvert la boussole, c'est un bourgeois du royaume de Naples. Ce n'est pas un savant qui a découvert le télescope, ce sont deux enfants qui jouaient dans la boutique d'un lunetier de Middlebourg. Ce n'est pas un savant qui a réalisé les applications pratiques de la vapeur, ce sont deux ouvriers du Devonshire, le serrurier Thomas Newcomen et le vitrier Jean Cawley; et l'illustre James Watt, qui porta la machine à vapeur à un si haut degré de perfection, n'était, dans sa jeunesse, qu'un pauvre fabricant d'instruments de la ville de Glasgow. Ce n'est pas un savant qui a découvert la vaccine, ce sont des bergers du Languedoc. Ce n'est pas un savant qui a imaginé la lithographie, c'est un chanteur du théâtre de Munich. Il est donc prudent de ménager un peu cette race utile des demi-savants. C'est parce que Daguerre n'était qu'un demi-savant, que la photographie existe. Assurément, s'il eût été un savant complet, il n'eût pas ignoré qu'en se proposant de créer des images par l'action chimique de la lumière, il se posait en face des plus graves difficultés de la science; il se fût rappelé qu'en France, le physicien Charles, en Angleterre l'illustre Humphry Davy, et le patient Wedgwood, après mille essais infructueux, avaient regardé ce problème comme insoluble. Le jour où cette pensée audacieuse entra dans son esprit, il l'eût donc reléguée aussitôt à côté des rêveries de Cyrano Bergerac; il eût tout au plus poussé un soupir de regret et passé outre. Heureusement pour la science et les arts, Daguerre n'était qu'un artiste, un amateur de sciences.

Louis-Jacques-Mandé Daguerre était né ne 1787, à Cormeilles, village des environs de Paris (1). Ses premières études furent négligées, comme celles de tous les hommes venus à cette époque pleine d'agitation et de gloire. Ses parents l'avaient laissé libre de travailler à sa guise, et comme il ressentait une véritable vocation pour la peinture, il s'y livra avec ardeur dès sa jeunesse. Mais il se trouvait à l'étroit sur une toile de chevalet, et il avait une prédilection marquée pour la peinture à effet. Il excellait à retracer, dans le paysage, les résultats de la perspective. C'est pour cela qu'il se voua à la peinture théâtrale. Il entra chez Degotti, qui était chargé des décors du grand Opéra.

Degotti reconnut bien vite les heureuses qualités de son élève, la promptitude de sa main et le fini de son exécution.

L'art des décorations théâtrales était demeuré, jusque-là, dans un véritable état d'enfance. On ne demandait les effets qu'à l'agencement des couleurs. Daguerre voulut leur ajouter les combinaisons et les jeux de la lumière. Il fut le premier à remplacer les simples châssis des coulisses, par de grands tableaux de fond, peints avec recherche et avec étude, et qui empruntaient une valeur nouvelle aux artifices d'un éclairage puissant, distribué avec art.

C'est au théâtre de l'Ambigu-Comique que Daguerre se produisit, pour la première fois, comme décorateur hors ligne. La lune mobile, du *Songe;* le soleil tournant, de la *Lampe merveilleuse;* l'effet de nuit, du *Vampire;* le

(1) *Cormeilles-en-Parisis* est situé dans le département de Seine-et-Oise, canton d'Argenteuil, non loin de Franconville, sur la rive droite de la Seine.

décor du second acte de *Calas*, du *Belvédère*, des *Machabées*, etc., firent une révolution dans l'art de la peinture théâtrale.

Outre cela, Daguerre était excellent danseur ; il avait la passion de l'art qui illustra Vestris. Il aimait à se mêler, pendant les répétitions, et même les représentations de l'Opéra, aux groupes chorégraphiques, et plus d'une fois on put l'admirer sans que son nom fût sur l'affiche. Il paraissait *incognito* dans les féeries; il dansait par amour de l'art, et recueillait pour son plaisir les applaudissements de la salle. Il était même excellent acrobate, et aimait à faire son entrée dans un salon d'artiste, la tête en bas, en marchant sur les mains. C'était, on le voit, un homme de fantaisie.

Cependant son esprit ne pouvait se contenter longtemps des travaux de peintre décorateur, ni de ces amusements de jeunesse. Il y avait alors, à Paris, un peintre aujourd'hui tout à fait oublié, mais qui fut un moment le rival d'Horace Vernet : c'était Bouton. Daguerre s'associa à lui, et tous deux inventèrent une véritable merveille, qui reçut le nom de *Diorama*.

Le 1er juillet 1822, le public se rendait en foule à l'ouverture d'un établissement nouveau situé sur les boulevards, et dont quelques personnes privilégiées, qui avaient pu en jouir par avance, avaient raconté les surprises merveilleuses. Pendant plusieurs années ce spectacle fut l'objet d'une admiration universelle. C'étaient d'immenses toiles, d'un fini d'exécution parfait et qui représentaient la nature avec une prodigieuse vérité.

Mais ce n'était là que l'une des faces de ce spectacle nouveau. L'intérêt particulier et la nouveauté de ce spectacle, c'était le changement graduel de scènes, qui se fondaient, pour ainsi dire, les unes dans les autres, pour se remplacer sous les yeux du spectateur, sans aucun changement apparent. On entrait, et l'on se voyait, par exemple, devant la *vallée de Sarnen*, en Suisse. Un instant après, grâce à un simple changement dans la manière d'éclairer le tableau, changement dont le spectateur n'avait aucunement conscience, on se trouvait en face d'une chapelle, aux vitraux gothiques, dont la cloche, tintant avec régularité, invitait à la prière. Ce n'était plus un paysage, c'était une chapelle : la *chapelle d'Holyrood* et le tombeau de Charles X.

Apparaissait ensuite une tranquille vallée de la Suisse : la *vallée de Goldau*. C'était un lac paisible, dormant au-dessous d'une montagne couverte de sapins et baignant les dernières maisons d'un village. La tranquillité de cette scène champêtre, l'harmonie et la vérité du tableau, transportaient le spectateur au milieu des plus riantes scènes de la nature. Mais tout à coup, le ciel s'assombrissait ; une violente secousse ébranlait la montagne, qui s'abattait tout entière sur le malheureux village, et couvrait la moitié du lac de ses débris. Au lieu de la scène paisible et sereine de tout à l'heure, on avait sous les yeux le spectacle confus de la destruction et des ruines : c'était l'*éboulement de la montagne dans la vallée de Goldau*.

Une autre fois c'était la *basilique de Saint-Pierre* qui se montrait aux yeux des spectateurs; puis insensiblement l'église métropolitaine de la chrétienté, disparaissait, pour faire place à une *vue de la campagne romaine* (1).

(1) Les deux sujets qui devaient se remplacer sous les yeux du spectateur, étaient peints de chaque côté de la même toile, et c'est en éclairant cette même toile par devant, ensuite par derrière, que la première scène, devenant invisible, laissait apparaître la seconde seulement. Là était le secret de l'invention de Bouton et Daguerre.

Nous avons pensé qu'on ne lirait pas sans profit ni sans intérêt la description de la manière d'exécuter et d'éclairer ces tableaux. Nous allons donc reproduire la *notice* que Daguerre publia pour divulguer son procédé, après la récompense nationale qu'il reçut, en 1839, du gouvernement français, et qui s'appliquait à la découverte du diorama en même temps qu'à celle de la photographie.

Voici donc cette notice qui a pour titre : *Description des procédés de peinture et d'éclairage inventés par Daguerre, et appliqués par lui aux tableaux du diorama.*

PROCÉDÉ DE PEINTURE

« La toile devant être peinte des deux côtés, ainsi qu'éclairée par réflexion et par réfraction, il est indispen-

La perfection de tous ces tableaux était poussée si loin, que plus d'une fois on vit

Fig. 8. — Louis Daguerre.

un spectateur jeter contre la peinture, des boulettes de papier, pour s'assurer si l'espace était devant lui, ou si c'était une simple toile.

Un fait qui a été cité par le secrétaire de la *Société des beaux arts*, prouve suffisamment la perfection de ces imitations de la nature.

sable de se servir d'un corps très-transparent, dont le tissu doit être le plus égal possible. On peut employer de la percale ou du calicot. Il est nécessaire que l'étoffe que l'on choisit soit d'une grande largeur, afin d'avoir le plus petit nombre possible de coutures, qui sont toujours difficiles à dissimuler, surtout dans les grandes lumières du tableau.

« Lorsque la toile est tendue, il faut lui donner de chaque côté au moins deux couches de colle de parchemin.

PREMIER EFFET

« Le premier effet, qui doit être le plus clair des deux, s'exécute sur le devant de la *toile*. On fait d'abord le trait avec de la mine de plomb, en ayant soin de ne pas salir la toile, dont la blancheur est la seule ressource que l'on ait pour les lumières du tableau, puisque l'on n'emploie pas de blanc dans l'exécution du premier effet. Les couleurs dont on fait usage sont broyées à l'huile, mais employées sur la toile avec de l'essence, à laquelle on ajoute quelquefois un peu d'huile grasse, seulement pour les vigueurs, que du reste on peut vernir sans inconvénient. Les moyens que l'on emploie pour cette peinture ressemblent entièrement à ceux de l'aquarelle, avec cette seule différence que les couleurs sont broyées à l'huile au lieu de gomme, et étendues avec de l'essence au lieu d'eau. On conçoit qu'on ne peut employer ni blanc, ni aucune couleur opaque quelconque par épaisseurs, qui feraient, dans le second effet, des taches plus ou moins teintées, selon leur plus ou moins d'opacité. Il faut tâcher d'accuser les vigueurs au premier coup, afin de détruire le moins possible la transparence de la toile.

DEUXIÈME EFFET

« Le second effet se peint derrière la toile. On ne doit avoir, pendant l'exécution de cet effet, d'autre lumière que celle qui arrive du devant du tableau en traversant la toile. Par ce moyen, on aperçoit en transparent les formes du premier effet; ces formes doivent être conservées ou annulées.

« On glace d'abord sur toute la surface de la toile une couche d'un blanc transparent, tel que le blanc de Clichy, broyé à l'huile et détrempé à l'essence. On efface les traces de la brosse au moyen d'un blaireau. Avec cette couche, on peut dissimuler un peu les coutures, en ayant soin de la mettre plus légère sur les lisières dont la transparence est toujours moindre que celle du reste de la toile. Lorsque cette couche est sèche, on trace les changements que l'on veut faire au premier effet.

« Dans l'exécution de ce second effet, on ne s'occupe que du modelé en blanc et noir, sans s'inquiéter des couleurs du premier tableau qui s'aperçoivent en transparent; le modelé s'obtient au moyen d'une teinte dont le blanc est la base et dans laquelle on met une petite quantité de noir de pêche pour obtenir un gris dont on détermine le degré d'intensité en l'appliquant sur la couche de derrière et en regardant par devant pour s'assurer qu'elle ne s'aperçoit pas. On obtient alors la dégradation des teintes par le plus ou moins d'opacité de cette teinte.

« Il arrivera que les ombres du premier effet viendront gêner l'exécution du second. Pour remédier à cet inconvénient, et pour dissimuler ces ombres, on peut en raccorder la valeur au moyen de la teinte employée plus ou moins épaisse, selon le plus ou moins de vigueur des ombres que l'on veut détruire.

« On conçoit qu'il est nécessaire de pousser ce second effet à la plus grande vigueur, parce qu'il peut se rencontrer que l'on ait besoin de clairs à l'endroit où se trouvent des vigueurs dans le premier.

« Lorsqu'on a modelé cette peinture avec cette différence d'opacité de teintes, et qu'on a obtenu l'effet désiré, on peut alors la colorer en se servant des couleurs les plus transparentes broyées à l'huile. C'est encore une aquarelle qu'il faut faire ; mais il faut employer moins d'essence dans ces glacis, qui ne deviennent puissants qu'autant qu'on y revient à plusieurs reprises et qu'on emploie plus d'huile grasse. Cependant, pour les colorations très-légères, l'essence seule suffit pour étendre les couleurs.

ÉCLAIRAGE

« L'effet peint sur le devant de la toile est éclairé par réflexion, c'est-à-dire seulement par la lumière qui vient du devant, et le second reçoit sa lumière par réfraction, c'est-à-dire par derrière seulement. On peut dans l'un et l'autre effet employer à la fois les deux lumières pour modifier certaines parties du tableau.

« La lumière qui éclaire le tableau par devant doit, autant que possible, venir d'en haut ; celle qui vient par derrière doit arriver par des croisées verticales ; bien entendu que

Fig. 9. — Vue du Diorama de Daguerre et du mode de changement d'éclairage du tableau.

Daguerre avait exposé la vue du *tombeau de Napoléon à Sainte-Hélène*. Le lieu était sauvage, le terrain pierreux, entouré de rochers abrupts; la mer terminait, au loin, l'horizon. Un jeune élève peintre se présente un jour, sa boîte à couleurs sous le bras, et demande à Daguerre la permission de travailler et de faire des études, comme devant

ces croisées doivent être tout à fait fermées lorsqu'on voit le premier tableau seulement.

« S'il arrivait qu'on eût besoin de modifier un endroit du premier effet par la lumière de derrière, il faudrait que cette lumière fût encadrée de manière à ne frapper que sur ce point seulement. Les croisées doivent être éloignées du tableau de deux mètres au moins, afin de pouvoir modifier à volonté la lumière en la faisant passer par des milieux colorés, suivant les exigences de l'effet; on emploie le même moyen pour le tableau du devant.

« Il est reconnu que les couleurs qui apparaissent des objets en général ne sont produites que par l'arrangement des molécules de ces objets. Par conséquent, toutes les substances employées pour peindre sont incolores; elles ont seulement la propriété de réfléchir tel ou tel rayon de la lumière qui porte en elle-même toutes les couleurs. Plus ces substances sont pures, mieux elles réfléchissent les couleurs simples, mais jamais cependant d'une manière absolue, ce qui, du reste, n'est pas nécessaire pour rendre les effets de la nature.

« Pour faire comprendre les principes sur lesquels ont été faits et éclairés les tableaux du Diorama ci-dessus mentionnés, voici un exemple de ce qui arrive lorsque la lumière est décomposée, c'est-à-dire lorsqu'une partie de ses rayons est interceptée :

« Couchez sur une toile deux couleurs de la plus grande

la nature même. Si ce n'était pas de la naïveté, c'était l'éloge le plus désintéressé que pût rêver un artiste ; mais Daguerre n'en abusa pas :

« Venez me voir, tant que vous voudrez, dit-il au jeune enthousiaste, mais ne travaillez pas ici : on ne copie pas des copies. Pour étudier sérieusement, allez dans la campagne. »

Daguerre faisait ses tableaux de mémoire. Il avait exposé le *Diorama de la forêt Noire*, prise de nuit, par un clair de lune. Sur le premier plan, était un feu, abandonné sans doute par des voleurs; et cette vue faisait courir, parmi les spectateurs, un frisson d'effroi. On se croyait en pleine forêt, par une nuit obscure, et l'on s'imaginait que quelque voleur était encore caché dans les taillis. Daguerre était là, entendant les sourdes exclamations qu'arrachait l'admiration, ou la crainte involontaire et vague, d'un danger imaginaire.

« Comment avez-vous pu, lui demanda quelqu'un, peindre vos esquisses la nuit, au milieu d'une forêt.

— Je n'ai pas fait d'esquisse sur les lieux, répondit Daguerre. Je me suis promené une nuit, seul dans la forêt, et de retour à Paris, j'ai peint ma *Forêt Noire* de souvenir. »

Les peintres voyaient dans cette exécution de mémoire un tour de force, qu'aurait pu seul accomplir Horace Vernet, cet improvisateur extraordinaire, à qui il suffisait d'avoir vu une fois une scène ou une personne, pour les représenter sur la toile.

Le succès de son diorama et la juste réputation qu'il en retirait, auraient suffi à la fortune et à l'ambition d'un autre: Daguerre voulut aller plus loin.

Il faisait un usage constant de la chambre obscure, pour certaines études d'éclairage de son Diorama. Aucun tableau n'est plus ravissant, aucune vue n'est plus harmonieuse, que ceux qui viennent se former sur l'écran d'une chambre obscure. C'est la nature colorée et vivante. Daguerre s'était écrié cent fois, en contemplant les tableaux qui se succédaient sur la glace dépolie de sa chambre obscure : « Ne réussira-t-on jamais à fixer des images aussi parfaites ! »

Cette idée séduisante, ce désir presque fantastique, ce rêve de l'impossible, avaient fini par s'emparer de son imagination, et par la subjuguer. Il avait assisté aux cours du professeur Charles, et il avait admiré, comme tous les auditeurs de ce physicien si écouté,

vivacité, l'une rouge et l'autre verte à peu près de la même valeur, faites traverser à la lumière qui devra les éclairer un milieu rouge, tel qu'un verre coloré, la couleur rouge réfléchira les rayons qui lui sont propres et la verte restera noire. En substituant un milieu vert au milieu rouge, il arrivera au contraire que le rouge restera noir, tandis que le vert réfléchira la couleur verte. Mais ceci n'a complétement lieu que dans le cas où le milieu employé refuse à la lumière le passage de tous ses rayons, excepté un seul. Cet effet est d'autant plus difficile à obtenir entièrement, qu'en général les matières colorantes n'ont pas la propriété de ne réfléchir qu'un seul rayon; néanmoins, dans le résultat de cette expérience, l'effet est bien déterminé.

Pour en revenir à l'application de ce principe aux tableaux du Diorama, bien que dans ces tableaux il n'y eût effectivement de peints que deux effets, l'un de jour peint par devant, et l'autre de nuit peint par derrière, ces effets, ne passant de l'un à l'autre que par une combinaison compliquée des milieux que la lumière avait à traverser, donnaient une infinité d'autres effets semblables à ceux que présente la nature dans ses transitions du matin au soir, et *vice versâ*. Il ne faut pas croire qu'il soit nécessaire d'employer des milieux d'une couleur très-intense pour obtenir de grandes modifications de couleur, car souvent une faible nuance suffit pour opérer beaucoup de changement.

« On comprend, d'après les résultats qui ont été obtenus au Diorama par la seule décomposition de la lumière, combien il est important d'observer l'état du ciel pour pouvoir apprécier la couleur d'un tableau, puisque les matières colorantes sont sujettes à des décompositions si grandes. La lumière préférable est celle d'un ciel blanchâtre, car lorsque le ciel est bleu, ce sont les tons bleus et en général les tons froids qui sont les plus puissants en couleur, tandis que les tons colorés restent ternes. Il arrive au contraire, lorsque le ciel est coloré, que ce sont les tons froids qui perdent de leur couleur, et les tons chauds, le jaune et le rouge par exemple, qui acquièrent une grande vivacité. Il est facile de conclure de là que les rapports d'intensité des couleurs ne peuvent pas se conserver du matin au soir; on peut même dire qu'il est physiquement démontré qu'un tableau ne peut pas être le même à toutes les heures de la journée. C'est là probablement une des causes qui contribuent à rendre la bonne peinture si difficile à faire et si difficile à apprécier, car les peintres, induits en erreur par les changements qui s'opèrent du matin au soir dans l'apparence de leurs tableaux, attribuent faussement ces changements à une variation dans leur manière de voir, tandis qu'ils ne sont souvent causés que par la nature de la lumière. »

les silhouettes qu'il exécutait en recevant sur une feuille de papier, enduite de chlorure d'argent, les images formées dans la chambre obscure. Il avait sans cesse devant les yeux ce résultat matériel et visible de la possibilité de fixer les images de la chambre noire, et il se disait : « J'irai plus loin ! je fixerai définitivement ces fugitives empreintes ! »

Daguerre employait donc tous les instants de loisir que lui laissaient ses occupations et ses travaux du Diorama, à étudier les procédés et les moyens physiques ou chimiques, propres à conserver et à rendre durables les images de la chambre noire. C'est dans ce but qu'il fréquentait, comme nous l'avons vu, l'atelier et la boutique de Charles Chevalier. Aucune semaine ne se passait sans qu'il allât consulter cet opticien, sur les appareils dont il faisait usage, ou sur les moyens de procéder à ses expériences.

« Il était fort rare, dit Charles Chevalier, qu'il ne vînt pas une fois par semaine à notre atelier. Comme on le pense bien, le sujet de la conversation ne variait guère, et si parfois on se laissait aller à quelque digression, c'était pour revenir bientôt, avec une ardeur nouvelle, à la disposition de la chambre obscure, à la forme des verres, à la pureté des images (1). »

Il était écrit que la boutique de l'opticien du quai de l'Horloge, serait le théâtre de tous les événements qui préparaient la venue et la création de la photographie. On vient de voir que Daguerre y fut mis en rapport avec le mystérieux inconnu, qui avait emporté avec lui son secret. Nous allons dire maintenant comment ce fut dans cette même boutique, que Daguerre connut les travaux de Nicéphore Niépce, avec lequel il devait contracter plus tard une association ayant pour but la poursuite de leurs découvertes respectives.

Pendant que Daguerre s'occupait, à Paris, avec la plus grande ardeur, d'approfondir le problème pratique de la fixation des images de la chambre obscure, Nicéphore Niépce continuait, à Châlon, le même ordre de recherches. Mais ils ignoraient l'un et l'autre cette communauté de travaux. Le peintre parisien, qui se flattait de parvenir à fixer les images de la chambre noire, ne connaissait pas l'existence de l'officier en retraite qui s'occupait du même problème, dans sa maison de campagne des bords de la Saône. Ce fut Charles Chevalier qui les mit en rapport.

Peu de temps après la visite du jeune homme que nous avons racontée, c'est-à-dire au mois de décembre 1825, Daguerre revint chez Charles Chevalier, tout rayonnant de joie :

« J'ai réussi, s'écria-t-il, j'ai saisi la lumière au passage, et je l'ai enchaînée. J'ai forcé le soleil à peindre des tableaux ! j'ai fixé l'image de la chambre obscure ! »

Malgré ses exclamations enthousiastes, Daguerre aurait été fort en peine de prouver ce qu'il annonçait. Comme il ne montrait aucun spécimen à l'appui de ses affirmations, on prenait ses dires comme le résultat de son exaltation de chercheur. Peut-être avait-il, en effet, réussi à obtenir une image ; il n'y avait pas de raison sérieuse de douter de ses paroles, mais sans doute il avait échoué pour la fixer à jamais. La captive s'était évanouie ; elle était remontée vers la source suprême d'où elle émanait.

Charles Chevalier avait regardé jusque-là comme assez chimériques toutes les idées de Daguerre ; mais l'aventure du jeune inconnu l'avait fait réfléchir. Dans les derniers jours du mois de janvier 1826, comme Daguerre revenait encore devant lui sur son sujet favori, il lui dit :

« Outre notre jeune homme de la rue du Bac, il y a encore, en province, une personne qui se flatte d'avoir obtenu, de son côté, le même résultat que vous. Peut-être feriez-vous bien de vous mettre en rapport avec elle.

— Et quel est cet heureux émule ? demanda Daguerre

— Voici, reprit Chevalier, ce qui s'est passé

(1) *Guide du photographe*. Paris, 1854, in-8° (*Souvenirs historiques*, page 18).

ici, il y a peu de jours. Un officier en retraite, le colonel Niépce de Senneçay, qui habite Châlon-sur-Saône, est venu m'acheter un objectif destiné à une chambre obscure. Il a ajouté qu'il faisait cette acquisition pour un de ses cousins, lequel s'occupe de fixer l'image de la chambre obscure, et même y serait parvenu. Plusieurs personnes se trouvaient avec moi, quand cette communication me fut faite. Notre surprise à tous a été grande, vous pouvez le croire ; et il s'est même élevé une discussion assez sérieuse sur la possibilité d'un tel résultat. Quoi qu'il en soit, le colonel acheta et paya la chambre obscure, que j'ai expédiée le lendemain à son parent de Châlon-sur-Saône. Peut-être, je le répète, feriez-vous bien de vous mettre en rapport avec lui et de joindre vos efforts aux siens, pour arriver au but que vous poursuivez chacun de votre côté. »

Comme tous les hommes pénétrés de leur supériorité et confiants en eux-mêmes, Daguerre n'aimait pas les conseils.

« A quoi bon? répondit-il, et pourquoi me mettre en rapport avec la personne dont vous me parlez? J'ai déjà trop donné dans les utopies. Votre homme est encore quelque songe-creux. »

Cependant il se ravisa, et demanda l'adresse de l'utopiste de province.

Charles Chevalier prit une plume, et écrivit ces mots sur une carte : « *M. Niépce, propriétaire, aux Gras, près Châlon-sur-Saône.* »

Daguerre sortit, sans en dire davantage. Il reprit ses expériences et ses recherches, et pendant quelques jours il se laissa totalement absorber par elles. Mais le résultat ne répondait pas à son attente. Il songea alors à ce propriétaire de Châlon-sur-Saône, qui se flattait d'avoir triomphé des difficultés devant lesquelles il se heurtait en vain lui-même, et il se décida à lui écrire.

Niépce accueillit avec défiance les ouvertures de Daguerre. Lui qui, dans sa correspondance avec son frère, évitait de décrire les noms des substances qu'il essayait, de peur que ses lettres ne fussent lues par quelque indiscret, ne pouvait que répondre avec la plus excessive réserve aux demandes d'un étranger. Les provinciaux de la bonne roche nourrissent de grandes défiances à l'endroit des Parisiens : « Bon, disait Nicéphore Niépce, voilà un de ces Parisiens qui veut me tirer les vers du nez (1). » Il se décida à lui répondre, mais il le fit « avec toute la circonspection d'un homme qui craint de compromettre son secret (2). »

La première lettre adressée par Daguerre à Nicéphore Niépce, et la réponse de ce dernier, sont des 25 et 26 janvier 1826. Daguerre, après cette première ouverture, laissa s'écouler plus d'un an, sans revenir à la charge. Ce ne fut qu'à la fin de janvier 1827, qu'il écrivit de nouveau à Niépce.

Daguerre annonçait au physicien de Châlon, que, depuis longtemps, il s'occupait, lui aussi, de la fixation des images de la chambre obscure, et qu'il était arrivé à quelques résultats. Il désirait connaître ceux que Niépce avait obtenus de son côté, et le priait, en conséquence, de lui faire parvenir une de ses épreuves.

Devant cette insistance, Nicéphore Niépce, en homme bien avisé, commença par demander à Paris, des renseignements sur Daguerre. Il était en correspondance suivie avec Lemaître, graveur habile, à qui il avait confié les essais pour la gravure de ses planches héliographiques. Dans le *post-scriptum* d'une lettre qu'il écrivait à cet artiste, le 2 février 1827, il lui demanda des renseignements sur Daguerre. Ce ne fut que sur la réponse extrêmement favorable de Lemaître, que Niépce se décida à répondre à la nouvelle

(1) *Historique de la découverte improprement nommée Daguerréotype, précédé d'une notice sur son véritable inventeur, feu M. Joseph-Nicéphore Niépce, de Châlon-sur-Saône*, par son fils, Isidore Niépce, Paris, Astier, août 1841, in-8°, p. 21.

(2) *Ibidem.*

lettre du peintre parisien. Il n'eut garde, toutefois, de lui rien envoyer qui se rapportât à ses travaux. Voici les termes de sa réponse, chef-d'œuvre de laconisme et de prudence :

« Monsieur,

« J'ai reçu hier votre réponse à ma lettre du 25 janvier 1826. Depuis quatre mois je ne travaille plus; la mauvaise saison s'y oppose absolument. J'ai perfectionné d'une manière sensible mes procédés pour la gravure sur métal; mais les résultats que j'ai obtenus ne m'ayant point encore fourni d'épreuves assez correctes, *je ne puis satisfaire le désir que vous me témoignez*. Je dois sans doute le regretter plus pour moi que pour vous, Monsieur, puisque le mode d'application auquel vous vous livrez est tout différent, et *vous promet un degré de supériorité que ne comporterait pas celui de la gravure*; ce qui ne m'empêche pas de vous souhaiter tout le succès que vous pouvez ambitionner. »

Daguerre, qui espérait recevoir une des épreuves de Niépce, et découvrir peut-être la substance impressionnable employée par l'expérimentateur de Châlon, ne fut pas satisfait de cette réponse. Ce fut sans doute pour provoquer l'envoi d'une des épreuves qu'il désirait tant, qu'au mois de mars suivant, il fit hommage à Niépce d'un dessin à la *sépia*, terminé par un procédé qui lui était particulier.

C'est ce qui résulte d'une lettre de Niépce au graveur Lemaître, lettre citée, comme la précédente, par M. Fouque, à l'ouvrage duquel nous empruntons tous ces documents, précieux pour l'histoire des origines de la photographie.

« J'avais oublié de vous dire, dans ma dernière lettre, écrit Niépce le 3 avril 1827, que M. Daguerre m'a écrit et m'a envoyé un petit dessin très-élégamment encadré, fait à la sépia et terminé à l'aide de son procédé. Ce dessin, qui représente un intérieur, produit beaucoup d'effet, mais il est difficile de déterminer ce qui est uniquement le résultat de l'application du procédé, puisque le pinceau y est intervenu. Peut-être, Monsieur, connaissez-vous déjà cette sorte de dessin que l'auteur appelle *Dessin-fumée*, et qui se vend chez Alphonse Giroux.

« Quelle qu'ait pu être l'intention de M. Daguerre, comme une prévenance en vaut une autre, je lui ferai passer une planche d'étain, légèrement gravée d'après mes procédés, en choisissant pour sujet une des gravures que vous m'avez envoyées, cette communication ne pouvant en aucune manière compromettre le secret de ma découverte (1). »

Ce que Niépce envoyait à Daguerre, ne pouvait, en effet, mettre le chercheur parisien sur la voie de ses travaux. C'était simplement une planche d'étain, sur laquelle il avait transporté l'empreinte d'une gravure, *la Sainte Famille*, et qu'il avait ensuite légèrement attaquée par l'eau-forte, pour en faire une planche en taille-douce. Il avait eu bien soin, d'ailleurs, d'enlever de cette planche toute trace du bitume de Judée qui avait servi à recevoir l'empreinte de la lumière, à travers les blancs de l'estampe à reproduire. Il accompagna cet envoi à Daguerre de la lettre suivante :

Châlon-sur-Saône, le 4 juin 1827.

« Monsieur,

« Vous recevrez presque en même temps que ma lettre, une caisse contenant une planche d'étain gravée d'après mes procédés héliographiques, et une épreuve de cette même planche, très-défectueuse et beaucoup trop faible. Vous jugerez par là que j'ai besoin de toute votre indulgence, et que si je me suis décidé à vous adresser cet envoi, c'est uniquement pour répondre au désir que vous avez bien voulu me témoigner. Je crois, malgré cela, que ce genre d'application n'est pas à dédaigner, puisque j'ai pu, quoique étranger à l'art du dessin et de la gravure, obtenir un semblable résultat. Je vous prie, Monsieur, de me dire ce que vous en pensez. Ce résultat n'est pas même récent, il date du printemps passé; depuis lors j'ai été détourné de mes recherches par d'autres occupations. Je vais les reprendre, aujourd'hui que la campagne est dans tout l'éclat de sa parure, et me livrer exclusivement à la copie des points de vue d'après nature. C'est sans doute ce que cet objet peut offrir de plus intéressant; mais je ne me dissimule point non plus les difficultés qu'il présente au travail de la gravure. L'entreprise est donc bien au-dessus de mes forces; aussi toute mon ambition se borne-t-elle à pouvoir démontrer par des résultats plus ou moins satisfaisants la possibilité d'une réussite complète, si une main

(1) *La Vérité sur l'invention de la photographie*, p. 132.

habile et exercée aux procédés de l'*aqua tinta* coopérait par la suite à ce travail. Vous me demanderez probablement, Monsieur, pourquoi je grave sur étain au lieu de graver sur cuivre. Je me suis bien servi également de ce dernier métal, mais pour mes premiers essais j'ai dû préférer l'étain, dont je m'étais d'ailleurs procuré quelques planches destinées à mes expériences dans la chambre noire; la blancheur éclatante de ce dernier métal le rendait bien plus propre à réfléchir l'image des objets représentés.

« Je pense, Monsieur, que vous aurez donné suite à vos premiers essais; vous étiez en trop beau chemin pour en rester là! Nous occupant du même objet, nous devons trouver un égal intérêt dans la réciprocité de nos efforts pour atteindre le but. J'apprendrai donc avec bien de la satisfaction que la nouvelle expérience que vous avez faite à l'aide de votre chambre noire perfectionnée a eu un succès conforme à votre attente. Dans ce cas, Monsieur, et s'il n'y a pas d'indiscrétion de ma part, je serais aussi désireux d'en connaître le résultat que je serais flatté de pouvoir vous offrir celui de mes recherches du même genre qui vont m'occuper (1). »

En adressant à Daguerre un échantillon de ses produits, Niépce manifestait le désir, assez naturel, de connaître le résultat des travaux de son correspondant sur le même sujet; mais rien ne lui fut envoyé.

Deux mois après, c'est-à-dire au mois d'août 1827, Nicéphore Niépce reçut une affligeante nouvelle : son frère Claude Niépce était dangereusement malade à Kew. Depuis dix ans Claude Niépce se fatiguait l'esprit à la poursuite de toute sorte d'inventions mécaniques; ce qui avait fini par compromettre sa santé sans retour.

Nicéphore Niépce se hâta de partir pour l'Angleterre, accompagné de sa femme, pour prodiguer à son frère ses soins affectueux. Mais la difficulté de trouver place dans les voitures publiques de Paris à Calais, ou les retards que lui occasionnèrent ses démarches pour obtenir un passe-port, lui firent prolonger son séjour à Paris, plus qu'il ne l'aurait voulu.

Il profita de ce séjour forcé dans la capitale, pour aller trouver Daguerre, ainsi que le graveur Lemaître.

(1) *La Vérité sur l'invention de la photographie*, p. 136-138.

La lettre suivante, écrite par Nicéphore Niépce à son fils Isidore, et citée par M. Victor Fouque, donne d'intéressants détails sur les rapports qui s'établirent alors entre Niépce et Daguerre.

Paris, le 4 septembre 1827.

« J'ai eu, écrit Nicéphore Niépce à son fils, de fréquentes et longues entrevues avec M. Daguerre. Il est venu nous voir hier. La séance a été de trois heures; nous devons retourner chez lui avant notre départ, et je ne sais trop le temps que nous y resterons; car ce sera pour la dernière fois, et la conversation, sur le chapitre qui nous intéresse, est vraiment intarissable.

« Je ne puis, mon cher Isidore, que te répéter ce que j'ai dit à M. de Champmartin. Je n'ai rien vu ici, qui m'ait plus frappé, qui m'ait fait plus de plaisir que le *Diorama*. Nous y avons été conduits par M. Daguerre, et nous avons pu contempler tout à notre aise les magnifiques tableaux qui y sont exposés. La vue intérieure de Saint-Pierre de Rome, par M. Bouton, est bien à coup sûr quelque chose d'admirable et qui produit l'illusion la plus complète. Mais rien n'est au-dessus des deux vues peintes par M. Daguerre: l'une d'Edimbourg, prise au clair de lune, au moment d'un incendie; l'autre d'un village suisse, prise à l'entrée d'une grande rue, et en face d'une montagne d'une hauteur prodigieuse, couverte de neiges éternelles. Ces représentations sont d'une telle vérité, même dans les plus petits détails, qu'on croit voir la nature agreste et sauvage avec tout le prestige que lui prêtent le charme des couleurs et la magie du clair-obscur. Le prestige est même si grand, qu'on serait tenté de sortir de sa loge pour parcourir la plaine et gravir jusqu'au sommet de la montagne. Il n'y a pas, je t'assure, la moindre exagération de ma part, les objets étant d'ailleurs ou paraissant de grandeur naturelle. Ils sont peints sur toile ou taffetas enduits d'un vernis qui a l'inconvénient de poisser; ce qui nécessite des précautions lorsqu'il s'agit de rouler cette sorte de décoration pour la transporter : car il est difficile, en la déroulant, de ne pas faire quelque déchirure.

« Mais revenons à M. Daguerre. Je te dirai, mon cher Isidore, qu'il persiste à croire que je suis plus avancé que lui dans les recherches qui nous occupent. Ce qui est bien démontré maintenant, c'est que son procédé et le mien sont tout à fait différents. Le sien a quelque chose de merveilleux, et dans les effets une promptitude qu'on peut comparer à celle du fluide électrique. M. Daguerre est parvenu à fixer sur *sa substance chimique* quelques-uns des rayons colorés du prisme; il en a déjà réuni quatre et il travaille à réunir les trois autres, afin d'avoir les sept couleurs primitives. Mais les difficultés qu'il rencontre croissent dans le rapport des modifications que cette même substance doit subir pour pouvoir retenir plusieurs couleurs à la fois; ce qui le contrarie le plus surtout, et le déroute entièrement, c'est qu'il résulte de ces combinaisons diverses des effets tout opposés. Ainsi, un verre bleu, qui projette sur ladite substance une ombre plus foncée, produit une teinte plus claire que la partie soumise à l'impression directe de la lumière. D'un autre côté, cette fixation des couleurs élémentaires se réduit à des nuances fugitives si faibles qu'on ne les aperçoit point en plein jour; elles ne sont visibles que dans l'obscurité, et voici pourquoi : La substance en question est de la nature de la *pierre de Bologne* et du *pyrophore*; elle est très-avide de lumière, mais elle ne peut la retenir longtemps, parce que l'action un peu prolongée de ce fluide finit par la décomposer; aussi M. Daguerre ne prétend point fixer par ce procédé l'image colorée des objets, quand bien même il parviendrait à surmonter tous les obstacles qu'il rencontre : il ne pourrait employer ce moyen que comme intermédiaire. D'après ce qu'il m'a dit, il aurait peu d'espoir de réussir, et ses recherches ne seraient guère autre chose qu'un objet de pure curiosité. Mon procédé lui paraît donc préférable et beaucoup plus satisfaisant à raison des résultats que j'ai obtenus. Il sent combien il serait intéressant pour lui de se procurer des points de vue à l'aide d'un procédé également simple, facile et expéditif. Il désirerait que je fisse quelques expériences avec des verres colorés, afin de savoir si l'impression produite sur ma substance serait la même que sur la sienne. Je viens d'en demander cinq à Chevalier (Vincent), qui en a déjà fait pour M. Daguerre. Celui-ci insiste principalement sur la grande célérité dans la fixation des images; condition bien essentielle, en effet, et qui doit être le premier objet de mes recherches. Quant au mode d'application à la gravure sur métal, il est loin de le déprécier; mais comme il serait indispensable de retoucher et de creuser avec le burin, il croit que cette application ne réussirait que très-imparfaitement pour les points de vue. Ce qui lui semble bien préférable pour ce genre de gravure, c'est le verre en employant l'acide fluorique. Il est persuadé que l'encre d'impression appliquée avec soin à la surface corrodée par l'acide, produirait sur un papier blanc l'effet d'une bonne épreuve, et aurait de plus quelque chose d'original qui plairait encore davantage. Le composé chimique de M. Daguerre est une poudre très-fine qui n'adhère point au corps sur lequel on la projette : ce qui nécessite un plan horizontal. Cette poudre au moindre contact de la lumière devient si lumineuse que la chambre noire en est parfaitement éclairée. Ce procédé a la plus grande analogie, autant que je puis me le rappeler, avec le *sulfate de baryte* ou la *pierre de Bologne*, qui jouit également de la propriété de retenir certains rayons du prisme...

« Nos places sont retenues pour Calais, et nous partons décidément samedi prochain, à 8 heures du matin. Nous n'avons pas pu les avoir plus tôt; le voyage du Roi à Calais attire beaucoup de monde de ce côté..... Adieu, reçois, ainsi que *Génie* et votre cher enfant, nos embrassements et l'assurance de notre tendre affection (1). »

Il paraît résulter de cette lettre que le procédé employé par Daguerre pour fixer l'image de la chambre obscure, consistait à projeter sur la plaque du *sulfate de baryte calciné*, ou plutôt du *sulfure de barium*, ou *pierre de Bologne*, qui devient lumineux par l'exposition à la lumière solaire ou diffuse. Mais comment cette impression était-elle ensuite conservée? Il est probable que Daguerre n'avait pu y parvenir.

Nicéphore Niépce, en arrivant en Angleterre, trouva son frère assez gravement malade. Ce trop ardent chercheur avait fini par trouver le mouvement perpétuel, ce qui veut dire qu'un travail excessif avait altéré les facultés de son intelligence. A cela se joignait une hydropisie grave.

Nicéphore Niépce passa plusieurs semaines auprès de son frère, puis il repartit pour la France.

Pendant son séjour à Kew, il avait fait la connaissance d'un physicien très-instruit, membre de la *Société royale de Londres*, sir Francis Bauer, et il lui avait communiqué les résultats de ses travaux héliographiques. Sir Francis Bauer l'engagea à soumettre sa découverte à la *Société royale de Londres*.

En effet, Niépce rédigea une *note sur l'héliographie*, dont M. Victor Fouque cite le texte (2), et qu'il serait superflu de reproduire, car on n'y trouve mentionnés que les résultats de la méthode de Niépce, et non ses procédés opératoires.

Ce fut précisément cette absence de des-

(1) Victor Fouque, *la Vérité sur l'invention de la photographie*, p. 140-144.

(2) *Ibidem*, p. 149-151.

cription des procédés, qui empêcha le mémoire de Nicéphore Niépce d'être accepté par la *Société royale de Londres*. Dans cette société savante, comme dans l'Académie des sciences de Paris, on n'admet aucun travail, quand l'auteur persiste à tenir ses opérations secrètes. Comme Nicéphore Niépce refusait de donner communication de ses procédés, le mémoire qu'il avait adressé à la *Société royale*, ainsi que les épreuves qu'il avait présentées, lui furent rendus, et la Société ne s'occupa plus de cet objet.

Niépce, traversant de nouveau Paris, à son retour de Londres, se présenta de nouveau chez Daguerre ; mais il n'emporta que le regret de n'avoir rien acquis sur ses travaux.

Cependant la correspondance ne fut pas interrompue entre eux. Daguerre assurait avoir découvert, de son côté, un procédé pour la fixation des images de la chambre obscure, procédé *tout différent de celui de M. Niépce, et qui avait même sur lui un degré de supériorité ;* il parlait aussi d'un perfectionnement qu'il avait apporté à la construction de la chambre noire.

Séduit par cette assurance et estimant que ses procédés en étaient parvenus à un point tel qu'il lui serait difficile, en restant livré à ses seules ressources au fond de sa province, de les faire beaucoup avancer, Niépce proposa à Daguerre de s'associer à lui, pour s'occuper en commun des perfectionnements que réclamait son invention.

Après de longs pourparlers, Daguerre se rendit à Châlon. Là, un traité fut passé entre eux, le 14 décembre 1829.

Nous reproduirons ici le texte de cette pièce historique :

« Entre les soussignés, M. Joseph-Nicéphore Niépce propriétaire, demeurant à Châlon-sur-Saône, département de Saône-et-Loire, d'une part ; et

M. Louis-Jacques-Mandé Daguerre, artiste peintre, membre de la Légion d'honneur, administrateur du Diorama, demeurant à Paris, au Diorama, d'autre part ;

« Lesquels pour parvenir à l'établissement de la société qu'ils se proposent de former entre eux, ont préalablement exposé ce qui suit :

« M. Niépce, désirant fixer par un moyen nouveau sans avoir recours à un dessinateur, les vues qu'offre la nature, a fait des recherches à ce sujet ; de nombreux essais, constatant cette découverte, en ont été le résultat. Cette découverte consiste dans la reproduction spontanée des images reçues dans la chambre noire.

« M. Daguerre, auquel il a fait part de sa découverte, en ayant apprécié tout l'intérêt, d'autant mieux qu'elle est susceptible d'un grand perfectionnement, offre à M. Niépce de s'adjoindre à lui pour parvenir à ce perfectionnement, et de s'associer pour retirer tous les avantages possibles, de ce nouveau genre d'industrie.

« Cet exposé fait, les sieurs comparants ont arrêté entre eux de la manière suivante les statuts provisoires et fondamentaux de leur association :

« Article 1er. Il y a entre MM. Niépce et Daguerre, société, sous la raison de commerce *Niépce-Daguerre*, pour coopérer au perfectionnement de ladite découverte, inventée par M. Niépce, et perfectionnée par M. Daguerre.

« Art. 2. La durée de cette société sera de dix années, à partir du 14 décembre courant; elle ne pourra être dissoute avant ce terme, sans le consentement mutuel des parties intéressées. En cas de décès de l'un des deux associés, celui-ci sera remplacé dans ladite société, pendant le reste des dix années qui ne seraient pas expirées, par celui qui le remplace naturellement. Et encore en cas de décès de l'un des deux associés, ladite découverte ne pourra jamais être publiée que sous les deux noms désignés dans l'article 1er.

« Art. 3. Aussitôt après la signature du présent traité, M. Niépce devra confier à M. Daguerre, sous le sceau du secret qui devra être conservé à peine de tous dépens, dommages et intérêts, le principe sur lequel repose sa découverte, et lui fournir les documents les plus exacts et les plus circonstanciés, sur la nature, l'emploi et les différents modes d'application des procédés qui s'y rattachent, afin de mettre par là plus d'ensemble et de célérité dans les recherches et les expériences dirigées vers le but du perfectionnement et de l'utilisation de la découverte.

« Art. 4. M. Daguerre s'engage sous les susdites peines, à garder le plus grand secret, tant sur le principe fondamental de la découverte, que sur la nature, l'emploi et les explications des procédés qui lui seront communiqués, et à coopérer autant qu'il lui sera possible aux améliorations jugées nécessaires, par l'utile intervention de ses lumières et de ses talents.

« Art. 5. M. Niépce met et abandonne à la Société, à titre de mise, son invention, représentant la valeur de la moitié des produits dont elle sera susceptible ;

Fig. 10. — Niépce lisant à Daguerre, après leur association, la description de son procédé pour la fixation des images de la chambre obscure.

et M. Daguerre y apporte une nouvelle combinaison de chambre noire, ses talents et son industrie équivalant à l'autre moitié des susdits produits.

« Art. 6. Aussitôt après la signature du présent traité, M. Daguerre devra confier à M. Niépce, sous le sceau du secret, qui devra être conservé à peine de dépens, dommages et intérêts, le principe sur lequel repose le perfectionnement qu'il a apporté à la chambre noire, et lui fournir les documents les plus précis sur la nature dudit perfectionnement.

« Art. 7. Les sieurs Niépce et Daguerre fourniront par moitié à la caisse commune, les fonds nécessaires à l'établissement de cette Société.

« Art. 8. Lorsque les associés jugeront convenable de faire l'application de ladite découverte au procédé de la gravure, c'est-à-dire de constater les avantages qui résulteraient pour un graveur de l'application desdits procédés, qui lui procureraient par là une ébauche avancée, MM. Niépce et Daguerre s'engagent à ne choisir aucune autre personne que M. Lemaitre, pour faire ladite application.

« Art. 9. Lors du traité définitif, les associés nommeront entre eux le directeur et le caissier de la Société, dont le siége sera à Paris. Le directeur dirigera les opérations arrêtées par les associés ; et le caissier recevra et payera les bons et mandats délivrés par le directeur, dans l'intérêt de la Société.

Après la signature de cet acte d'association, Niépce donna connaissance à Daguerre de *son procédé héliographique*. Ce procédé était décrit dans une *Notice sur l'héliographie*, qui fut annexée au traité, et que nous allons reproduire, parce qu'elle renferme l'idée la plus précise que l'on puisse désirer de la méthode de Niépce et des résultats auxquels l'inventeur avait été conduit, résultats assez médiocres, comme on va le voir, malgré les longues années qu'il avait consacrées à ses recherches.

« *Notice sur l'Héliographie.* — La découverte que j'ai faite et que je désigne sous le nom d'*Héliographie*, consiste à reproduire *spontanément*, par l'action de la lumière, avec les dégradations de teintes du noir au blanc, les images reçues dans la chambre obscure.

« *Principe fondamental de cette découverte.* — La lumière, dans son état de composition et de décomposition, agit chimiquement sur les corps; elle est absorbée, elle se combine avec eux, et leur communique de nouvelles propriétés. Ainsi, elle augmente la consistance naturelle de quelques-uns de ces corps; elle les solidifie même, et les rend plus ou moins insolubles, suivant la durée ou l'intensité de son action. Tel est, en peu de mots, le principe de la découverte.

« *Matière première. — Préparation.* — La substance, ou matière première que j'emploie, celle qui m'a le mieux réussi, et qui concourt plus immédiatement à la production de l'effet, est l'*asphalte* ou *bitume de Judée*, préparé de la manière suivante :

« Je remplis à moitié un verre de ce bitume pulvérisé. Je verse dessus, goutte à goutte, de l'huile essentielle de lavande, jusqu'à ce que le bitume n'en absorbe plus et qu'il en soit seulement bien pénétré. J'ajoute, ensuite, assez de cette huile essentielle pour qu'elle surnage de trois lignes (0^m,007) environ au-dessus du mélange, qu'il faut couvrir et abandonner à une douce chaleur, jusqu'à ce que l'essence ajoutée soit saturée de la matière colorante du bitume. Si ce vernis n'a pas le degré de consistance nécessaire, on le laisse évaporer à l'air libre, dans une capsule, en le garantissant de l'humidité qui l'altère et finit par le décomposer. Cet inconvénient est surtout à craindre dans cette saison froide et humide, pour les expériences faites dans la chambre obscure.

« Une petite quantité de ce vernis appliquée à froid avec un tampon de peau très-douce, sur une planche d'argent plaqué, bien polie, lui donne une belle couleur de vermeil, et s'y étend en couche mince et très-égale. On place ensuite la planche sur un fer chaud, recouvert de quelques doubles de papier, dont on enlève ainsi, préalablement, toute l'humidité; et lorsque le vernis ne poisse plus, on retire la planche pour la laisser refroidir et finir de sécher à une température douce, à l'abri du contact d'un air humide. Je ne dois pas oublier de faire observer, à ce sujet, que cette précaution est indispensable. Dans ce cas, un disque léger, au centre duquel est fixée une courte tige que l'on tient à la bouche, suffit pour arrêter et condenser l'humidité de la respiration.

« La planche ainsi préparée peut être immédiatement soumise aux impressions du fluide lumineux; mais même après y avoir été exposée assez de temps pour que l'effet ait eu lieu, rien n'indique qu'il existe réellement; car l'empreinte reste inaperçue. Il s'agit donc de la dégager, et on y parvient à l'aide du dissolvant.

« *Du dissolvant. — Manière de le préparer.* — Comme ce dissolvant doit être approprié au résultat que l'on veut obtenir, il est difficile de fixer avec exactitude les proportions de sa composition. Mais, toutes choses égales d'ailleurs, il vaut mieux qu'il soit trop faible que trop fort. Celui que j'emploie de préférence, est composé d'une partie, non pas en poids, mais en volume, d'huile essentielle de lavande, sur six parties, même mesure, d'*huile de pétrole blanche*. Le mélange, qui devient d'abord laiteux, s'éclaircit parfaitement au bout de deux ou trois jours. Ce composé peut servir plusieurs fois de suite. Il ne perd sa propriété dissolvante que lorsqu'il approche du terme de sa saturation, ce qu'on reconnaît parce qu'il devient opaque et d'une couleur très-foncée; mais on peut le distiller et le rendre aussi bon qu'auparavant.

« La plaque ou planche vernie étant retirée de la chambre obscure, on verse dans un vase de fer-blanc d'un pouce (0^m,027) de profondeur, plus long et plus large que la plaque, une quantité de ce dissolvant assez considérable pour que la plaque en soit totalement recouverte. On la plonge dans le liquide, et en la regardant sous un certain angle, dans un faux jour, on voit l'empreinte apparaître et se découvrir peu à peu, quoique encore voilée par l'huile qui surnage, plus ou moins saturée de vernis. On enlève alors la plaque, et on la pose verticalement pour laisser bien écouler le dissolvant. Quand il ne s'en échappe plus, on procède à la dernière opération, qui n'est pas la moins importante.

« *Du lavage. — Manière d'y procéder.* — Il suffit d'avoir pour cela un appareil fort simple, composé d'une planche de quatre pieds (1^m,30) de long et plus large que la plaque. Cette planche est garnie, sur champ, dans sa largeur, de deux liteaux bien joints, faisant une saillie de deux pouces (0^m,054), elle est fixée à un support par son extrémité supérieure à l'aide de charnières qui permettent de l'incliner à volonté, pour donner à l'eau que l'on verse, le degré de vitesse nécessaire. L'extrémité inférieure de la planche aboutit dans un vase destiné à recevoir le liquide qui s'écoule.

« On place la plaque sur cette planche inclinée; on l'empêche de glisser en l'appuyant contre deux petits crampons qui ne doivent pas dépasser l'épaisseur de la plaque. Il faut avoir soin, dans cette saison froide, de se servir d'eau tiède; on ne la verse pas sur la plaque, mais au-dessus, afin qu'en y arrivant elle fasse nappe, et enlève les dernières portions d'huile adhérentes au vernis.

« C'est alors que l'empreinte se trouve complétement dégagée, partout d'une grande netteté, si l'opération a été bien faite, et surtout si on a pu disposer d'une chambre noire *perfectionnée*.

« *Application des procédés héliographiques.* — Le vernis employé, pouvant s'appliquer indifféremment sur pierre, sur métal et sur verre, sans rien changer à la manipulation, je ne m'arrêterai qu'au mode d'application sur argent plaqué et sur verre, en faisant toutefois remarquer, quant à la gravure sur cuivre, que l'on peut sans inconvénient ajouter à la composition du vernis, une petite quantité de cire dissoute dans l'huile essentielle de lavande.

« Jusqu'ici, l'argent plaqué me paraît être ce qu'il y a de mieux pour la reproduction des images, à cause de sa blancheur et de son éclat. Une chose certaine, c'est qu'après le lavage, pourvu que l'empreinte soit bien sèche, le résultat obtenu est déjà satisfaisant. Il serait pourtant à désirer que l'on pût, en noircissant la planche, se procurer toutes les dégradations de teintes du noir au blanc. Je me suis donc occupé de cet objet en me servant d'abord de sulfure de potasse liquide ; mais il attaque le vernis, quand il est concentré, et si on l'allonge d'eau, il ne fait que rougir le métal. Ce double inconvénient m'a forcé d'y renoncer. La substance que j'emploie maintenant avec le plus d'espoir de succès, est l'*iode* qui a la propriété de se vaporiser à la température de l'air. Pour noircir la planche par ce procédé, il ne s'agit que de la dresser contre une des parois intérieures d'une boîte ouverte dans le dessus, et placer quelques grains d'iode dans une petite rainure pratiquée le long du côté opposé, dans le fond de la boîte. On la couvre ensuite d'un verre, pour juger de l'effet qui s'opère moins vite, mais bien plus sûrement. On peut alors enlever le vernis avec l'alcool, et il ne reste plus aucune trace de l'empreinte primitive. Comme ce procédé est encore tout nouveau pour moi, je me bornerai à cette simple indication, en attendant que l'expérience m'ait mis à portée de recueillir, là-dessus, des détails plus circonstanciés.

« Deux essais de points de vue sur verre, pris dans la chambre obscure, m'ont offert des résultats qui, bien que défectueux, me semblent devoir être rapportés, parce que ce genre d'application peut se perfectionner plus aisément, et devenir par la suite d'un intérêt tout particulier.

« Dans l'un de ces essais, la lumière ayant agi avec moins d'intensité, a découvert le vernis de manière à rendre les dégradations de teintes beaucoup mieux senties; de sorte que l'empreinte, vue par transmission, reproduit, jusqu'à un certain point, les effets connus du *Diorama*.

« Dans l'autre essai, au contraire, où l'action du fluide lumineux a été plus intense, les parties les plus éclairées, n'ayant pas été attaquées par le dissolvant, sont restées transparentes, et la différence des teintes résulte uniquement de l'épaisseur relative des couches plus ou moins opaques du vernis. Si l'empreinte est vue par réflexion dans un miroir, du côté verni, et sous un angle déterminé, elle produit beaucoup d'effet; tandis que, vue par *transmission*, elle ne présente qu'une image confuse et incolore ; et ce qu'il y a d'étonnant, c'est qu'elle paraît affecter les couleurs locales de certains objets. En méditant sur ce fait remarquable, j'ai cru pouvoir en tirer des inductions qui permettraient de le rattacher à la théorie de Newton, sur le phénomène des anneaux colorés. Il suffirait pour cela de supposer que tel rayon prismatique, le rayon vert par exemple, en agissant sur la substance vernie et en se combinant avec elle, lui donne le degré de solubilité nécessaire pour que la couche qui en résulte après la double opération du dissolvant et du lavage, réfléchisse la couleur verte. Au reste, c'est à l'observation seule à constater ce qu'il y a de vrai dans cette hypothèse, et la chose me semble assez intéressante par elle-même, pour provoquer de nouvelles recherches, et donner lieu à un examen plus approfondi. »

Daguerre demeura quelques jours à Châlon, chez Nicéphore Niépce, qui répéta devant lui les differentes opérations décrites dans la notice que l'on vient de lire. Quand il fut bien initié au secret de cet art nouveau, il repartit pour Paris, chacun des associés ayant pris l'engagement de poursuivre le perfectionnement de cette méthode.

Nous avons rapporté le traité conclu entre les deux associés et la notice de Nicéphore Niépce sur l'héliographie, parce que nous voulons en dégager nettement un fait historique. Ce fait, c'est que dans l'association entre les deux chercheurs, Daguerre n'apporta rien et Niépce que peu de chose.

C'était peu de chose, en effet, que d'avoir substitué au chlorure et au nitrate d'argent, dont faisaient usage Charles et Wedgwood, le bitume de Judée, substance si peu impressionnable à la lumière, qu'il faut huit ou dix heures d'exposition dans la chambre obscure, pour obtenir une image. Quant à la transformation des planches de métal recouvertes de bitume de Judée et impressionnées par la lumière, en planches de gravure, c'était chose impossible, avec les procédés par trop simples dont Niépce faisait usage. C'est ce que le graveur Lemaître reconnut bien vite, et ce que l'on a reconnu bien mieux encore, quand on a été amené, de nos jours, à reprendre les essais de gravure héliographique avec le bitume de Judée. Niépce, d'ailleurs, avait fini par renoncer à cette application à la gravure, car il n'en est pas fait mention dans sa *Notice sur l'héliographie*, que nous venons de rapporter, ni dans l'acte d'association avec Daguerre. Son objet principal c'était de produire, sur des planches d'étain ou de cuivre plaqué d'argent, des types uniques, dans lesquels les lumières de la nature étaient traduites par la résine oxydée et les noirs par le fond métallique. Comme ces fonds n'étaient jamais assez sombres, Niépce les noircissait avec le sulfure de potasse, qui formait un sulfure métallique noir. Il avait aussi songé à noircir ces mêmes fonds métalliques avec de l'iode. Mais cette substance était singulièrement choisie pour produire un tel résultat; en effet, l'iodure d'argent, qui se forme par l'action des vapeurs d'iode sur l'argent, n'est pas noir, il est jaune-d'or; et s'altérant rapidement à la lumière, il passe à des tons divers. Il ne donne d'ailleurs, à la surface du métal, qu'une poussière sans adhérence. Un dessin métallique ainsi *renforcé*, comme le voulait Niépce, n'aurait eu que la durée et la résistance les plus éphémères.

Ce qui constitue la photographie, c'est, comme nous le verrons bientôt, le *développement*, c'est-à-dire l'action des substances dites *révélatrices*, qui, appliquées sur la substance ayant reçu l'action de la lumière, font apparaître subitement une image, qui est formée dans les profondeurs de la couche sensible mais n'est nullement apparente avant l'emploi des *agents révélateurs*, et ne se manifester ait pas sans leur intervention.

C'est à Daguerre que revient la découverte des *agents révélateurs;* c'est pour cela que nous le considérons comme le véritable inventeur de la photographie.

Après leur association, Niépce et Daguerre s'occupèrent, chacun de son côté, de perfectionner l'*héliographie*, qui en avait grand besoin, comme on vient de le voir. Daguerre s'adonna, avec l'ardeur qui lui était propre, à ces recherches nouvelles.

« Tout à coup, dit M. Charles Chevalier, Daguerre devint invisible! Renfermé dans un laboratoire qu'il avait fait disposer dans les bâtiments du Diorama, où il résidait, il se mit à l'œuvre avec une ardeur nouvelle, étudia la chimie, et, pendant deux ans environ, vécut presque continuellement au milieu des livres, des matras, des cornues et des creusets. J'ai entrevu ce mystérieux laboratoire, mais il ne fut jamais permis ni à moi ni à d'autres d'y pénétrer. Madame veuve Daguerre, MM. Bouton, Sibon, Carpentier, etc., peuvent témoigner de l'exactitude de ces souvenirs (1). »

La première découverte de Daguerre, ce fut l'impressionnabilité de l'iodure d'argent, par la lumière. On a vu que Niépce avait fait usage de l'iode, pour essayer de noircir le fond de ses plaques métalliques. Le hasard révéla à Daguerre la propriété dont jouit l'iodure d'argent, de se modifier avec une promptitude extraordinaire sous l'influence de l'agent lumineux. Un jour, comme il avait laissé par mégarde, une cuiller sur une plaque qu'il venait de traiter par l'iode, il trouva l'image de cette cuiller dessinée en noir sur le fond de la lame métallique recouverte d'iodure d'argent (*fig.* 11.) La cuiller, superposée à la plaque iodurée, avait garanti les parties sous-jacentes de l'action de la lumière, et ainsi s'était produite la silhouette de la cuiller sur la surface de la plaque.

Cette observation fut un trait de lumière. Daguerre, à partir de ce moment, substitua l'iodure d'argent au bitume de Judée, pour

(1) *Guide du photographe* (Souvenirs historiques, p. 23).

Fig. 11. — Daguerre découvre la propriété de l'iodure d'argent de s'impressionner par l'action de la lumière.

obtenir les images photographiques. Il prenait une lame de plaqué d'argent, et la plaçait dans une boîte contenant des cristaux d'iode; la vapeur qui se dégageait spontanément de l'iode, formait de l'iodure d'argent avec l'argent de la plaque. Ainsi préparée dans l'obscurité, la plaque iodurée servait à recevoir l'image de la chambre obscure.

Dès ce moment le bitume de Judée ne fut plus employé par Daguerre.

Le peintre du Diorama s'empressa de communiquer cette découverte à son associé de Châlon. Mais Niépce n'ajoutait aucune confiance aux vertus de ce nouvel agent héliographique. C'était le 21 mai 1831 que Daguerre avait annoncé à Niépce ce fait nouveau. Ce dernier lui répondait, le 24 juin :

« Monsieur et cher associé,

« J'attendais depuis longtemps de vos nouvelles avec trop d'impatience pour ne pas recevoir et lire avec le plus grand plaisir vos lettres des 10 et 21 mai dernier. Je me bornerai, pour le moment, à répondre à celle du 21, parce que, m'étant occupé, dès qu'elle me fut parvenue, de vos recherches sur l'iode, je suis pressé de vous faire part des résultats que j'ai obtenus. Je m'étais déjà livré à ces mêmes recherches antérieurement à nos relations, mais sans espérer de succès, vu la presque impossibilité, selon moi, de fixer, d'une manière durable, les images reçues, quand bien même on parviendrait à replacer les jours et les ombres dans leur ordre naturel. Mes résultats à cet égard avaient été totalement conformes à ceux que m'avait fournis l'emploi de l'oxyde d'argent ; et la promptitude était le seul avantage réel que ces deux substances parussent offrir. Cependant, Monsieur, l'an passé, après votre départ d'ici, je soumis l'iode à de nouveaux essais, mais d'après un autre mode d'application. Je vous en fis connaître les résultats, et votre réponse, peu satisfaisante, me décida à ne pas pousser plus loin mes recherches. Il paraît que depuis vous avez envisagé la question sous un point de vue moins désespérant, et je n'ai pas dû hésiter à répondre à l'appel que vous m'avez fait, etc. J.-N. Niépce. »

Il lui écrivait encore, le 8 novembre 1831 :

« Monsieur et cher associé,

« Conformément à ma lettre du 24 juin dernier, en réponse à la vôtre du 21 mai, j'ai fait une longue suite de recherches sur l'iode mis en contact avec l'argent poli, sans toutefois parvenir au résultat que me faisait espérer ce désoxydant. J'ai eu beau varier mes procédés et les combiner d'une foule de manières, je n'en ai pas été plus heureux pour cela. J'ai reconnu, en définitive, l'impossibilité, selon moi du moins, de ramener à son état naturel l'ordre interverti des teintes, et surtout d'obtenir autre chose qu'une image fugace des objets. Au reste, Monsieur, ce non-succès est absolument conforme à ce que mes recherches sur les oxydes métalliques m'avaient fourni bien antérieurement, ce qui m'avait décidé à les abandonner. Enfin, j'ai voulu mettre l'iode en contact avec la planche d'étain ; ce procédé, d'abord, m'avait semblé de bon augure. J'avais remarqué avec surprise, mais une seule fois, en opérant dans la chambre noire, que la lumière agissait en sens inverse sur l'iode, de sorte que les teintes, ou, pour mieux dire, les jours et les ombres, se trouvaient dans leur ordre naturel. Je ne sais comment et pourquoi cet effet a eu lieu sans que j'aie pu parvenir à le reproduire, en procédant de la même manière. Mais ce mode d'application, quant à la fixité de l'image obtenue, n'en aurait pas été moins défectueux. Aussi, après quelques autres tentatives, en suis-je resté là, regrettant bien vivement, je l'avoue, d'avoir fait fausse route pendant si longtemps, et, qui pis est, si inutilement, etc., etc. »

« Saint-Loup de Varennes, le 29 janvier 1832.

« Monsieur et cher associé,

« Aux substances qui, d'après votre lettre, agissent sur l'argent comme l'iode, vous pouvez ajouter le thlaspien décoction, les émanations du phosphore et surtout du sulfure ; car c'est principalement à leur présence dans ces corps qu'est due la similitude des résultats obtenus. J'ai aussi remarqué que le calorique produisait le même effet par l'oxydation du métal, d'où provenait, dans tous les cas, cette grande sensibilité à la lumière ; mais ceci, malheureusement, n'avance en rien la solution de la question qui *vous occupe*. Quant à moi, je ne me sers plus de l'*iode*, dans mes expériences, que comme terme de comparaison de la promptitude relative de leurs résultats. Il est vrai que depuis deux mois le temps a été si défavorable, que je n'ai pu faire grand'chose. Au sujet de l'*iode, je vous prierai, Monsieur, de me dire d'abord: Comment vous l'employez? Si c'est sous forme concrète ou en état de solution dans un liquide?* parce que, dans ces deux cas, l'évaporation pourrait bien ne pas agir de la même manière sous le rapport de la promptitude, etc., etc. J.-N. Niépce. »

« Saint-Loup de Varennes, le 3 mars 1832.

« Mon cher associé,

« Depuis ma dernière lettre, je me suis, à peu de chose près, borné à de nouvelles recherches sur l'iode, qui ne m'ont rien procuré de satisfaisant, et que je n'avais reprises que parce que vous paraissiez y attacher une certaine importance, et que, d'un autre côté, j'étais bien aise de me rendre mieux raison de l'application de l'iode sur la planche d'étain. Mais, *je le répète*, Monsieur, je ne vois pas que *l'on puisse se flatter de tirer parti de ce procédé*, pas plus que de tous ceux qui tiennent à l'emploi des oxydes métalliques, etc., etc. (1). »

La découverte des agents révélateurs fut faite bientôt après, par Daguerre. Au lieu de laver la plaque impressionnée par le bitume de Judée, avec de l'essence de lavande, Daguerre trouva que, si on l'expose aux vapeurs de l'huile de pétrole, ces vapeurs font apparaître subitement l'image, qui, jusque-là, n'apparaissait qu'imparfaitement sur le métal. Voici, en effet, ce qu'on lit dans une note relative aux *modifications apportées par Daguerre au procédé de Niépce*, et rapportée par Daguerre dans la brochure qu'il a consacrée à l'histoire de ses travaux.

« Comme il arrive très-souvent qu'au sortir de la chambre noire on n'aperçoit aucune trace de l'image, il s'agit de la faire paraître. Pour cela, il faut prendre un bassin en cuivre étamé ou en fer-blanc plus grand que la plaque, et garni tout autour d'un

(1) *Historique et découverte du Daguerréotype*, par Daguerre, in-8. Paris, 1839, p. 53-56.

rebord d'environ 50 millimètres de hauteur. On remplit ce bassin d'huile de pétrole, jusqu'à peu près un quart de sa hauteur; on fixe la plaque sur une planchette en bois qui couvre parfaitement le bassin. L'huile de pétrole, en s'évaporant, pénètre entièrement la substance dans les endroits sur lesquels l'action de la lumière n'a pas eu lieu, et lui donne une transparence telle, qu'il semble ne rien y avoir dans ces endroits; ceux, au contraire, sur lesquels la lumière a vivement agi ne sont point attaqués par la vapeur de l'huile de pétrole.

« C'est ainsi qu'est effectuée la dégradation des teintes, par le plus ou moins d'action de la vapeur de l'huile de pétrole sur la substance.

« Il faut de temps en temps regarder l'épreuve, et la retirer aussitôt qu'on a obtenu les plus grandes vigueurs; car en poussant trop loin l'évaporation, les plus grands clairs en seraient attaqués et finiraient par disparaître. L'épreuve est alors terminée. Il faut la mettre sous verre pour éviter que la poussière ne s'y attache, et, pour l'enlever, il ne faut employer d'autre moyen que de la chasser en soufflant. En mettant les épreuves sous verre, on préserve aussi la feuille d'argent plaqué des vapeurs qui pourraient l'altérer (1). »

L'huile de pétrole était un agent révélateur d'une faible puissance, comparée à celle d'une substance nouvelle que Daguerre essaya bientôt après, et qui donna des résultats vraiment merveilleux. Nous voulons parler des vapeurs de mercure dirigées sur la plaque recouverte d'iodure d'argent. Quand on retire de la chambre noire une plaque iodurée, elle ne présente aucun dessin appréciable. Mais si on l'expose à l'action des vapeurs de mercure, l'image apparaît peu à peu, et cela avec une finesse, une perfection incomparables. L'image a alors toute sa fixité, car on pourrait même se passer d'enlever l'excès d'iodure d'argent non impressionné, elle ne s'altérerait qu'après quelques jours. A nos yeux, la découverte des agents révélateurs, et particulièrement de l'action révélatrice des vapeurs de mercure, marque la date de la création de la photographie.

Mais il n'était pas réservé à Nicéphore Niépce de connaître le perfectionnement inattendu apporté à sa méthode primitive. Il

(1) *Historique et découverte du Daguerréotype*, par Daguerre, in-8. Paris, 1839, p. 749.

mourut subitement, à Châlon, d'une congestion cérébrale, le 5 juillet 1833, à l'âge de 69 ans. Il fut enterré dans le petit cimetière du village de Saint-Loup de Varennes.

« La tombe, dit M. V. Fouque, est surmontée à l'un des bouts, du côté de la tête d'une croix de pierre grise unie ; elle est, comme les autres tombes voisines, enfouie au milieu des grandes herbes qu'il nous a fallu écarter, afin de pouvoir lire et copier l'épitaphe, devenue presque illisible (1).

CHAPITRE IV

PROCÉDÉ PHOTOGRAPHIQUE DE DAGUERRE. — RAPPORT À LA CHAMBRE DES DÉPUTÉS ET A LA CHAMBRE DES PAIRS. — COMMUNICATION DE SA DÉCOUVERTE A L'ACADÉMIE DES SCIENCES PAR ARAGO. — RÉCOMPENSE NATIONALE ACCORDÉE A DAGUERRE ET NIÉPCE.

Après la mort de Nicéphore Niépce, Daguerre continua ses recherches avec ardeur. Nous venons de dire qu'il avait découvert en 1831, ce fait extraordinaire, que l'image formée par l'action de la lumière sur une plaque recouverte d'iodure d'argent, est invisible, mais qu'elle apparaît subitement si l'on expose la plaque aux vapeurs du mercure. Ce phénomène, absolument ignoré jusque-là, était d'un avenir immense; en même temps qu'il fournissait les moyens de créer la photographie, il ouvrait à la physique tout un champ nouveau d'observations et de recherches. Avec une habileté remarquable, Daguerre sut tirer parti de ce fait pour la formation des images photographiques. Deux ans après la mort de Niépce, il avait imaginé la méthode admirable qui immortalisera son nom.

En 1835, Daguerre informe le fils de Nicéphore Niépce, Isidore, des perfectionnements qu'il vient d'apporter à l'exécution des épreuves, grâce à l'emploi d'un agent nouveau, et il obtient de ce dernier, un acte additionnel, dans lequel, en raison des perfection-

(1) *La Vérité sur l'invention de la photographie*, p. 177.

nements réalisés par le peintre du Diorama, on déclare que le moment est venu d'exploiter la découverte de l'*héliographie*. Par le même acte, le nom d'Isidore Niépce remplace celui de son père, décédé.

Voici le texte de cet acte :

« Acte additionnel aux bases du traité provisoire passé entre MM. Joseph-Nicéphore Niépce, et Louis-Jacques-Mandé Daguerre, le 14 décembre 1829, à Châlon-sur-Saône.

« Entre les soussignés Louis-Jacques-Mandé Daguerre, artiste-peintre, membre de la Légion d'honneurs, administrateur du Diorama, demeurant à Paris; et Jacques-Marie-Joseph-Isidore Niépce, propriétaire, demeurant à Châlon-sur-Saône, fils de M. feu Nicéphore Niépce, en sa qualité de seul héritier, conformément à l'article 2 du traité provisoire, en date du 14 décembre 1829, il a été arrêté ce qui suit, savoir :

« 1° Que la découverte dont il s'agit, ayant éprouvé de grands perfectionnements par la collaboration de M. Daguerre, lesdits associés reconnaissent qu'elle est parvenue au point où ils désiraient atteindre, et que d'autres perfectionnements deviennent à peu près impossibles.

« 2° Que M. Daguerre ayant, à la suite de nombreuses expériences, reconnu la possibilité d'obtenir un résultat plus avantageux, sous le rapport de la promptitude, à l'aide d'un procédé qu'il a découvert, et qui (dans la supposition d'un succès assuré) remplacerait la base de la découverte exposée dans le traité provisoire, en date du 14 décembre 1829, l'article premier dudit traité provisoire, serait annulé et remplacé ainsi qu'il suit :

« Article 1er. Il y aura entre MM. Daguerre et Isidore Niépce, Société sous la raison de commerce *Daguerre et Isidore Niépce*, pour l'exploitation de la découverte, inventée par M. Daguerre et feu Nicéphore Niépce.

« Tous les autres articles du traité provisoire, sont et demeurent conservés.

« Fait et passé double entre les soussignés, le 9 mai 1835, à Paris. »

Deux ans après, c'est-à-dire en 1837, Isidore Niépce se rend à Paris, sur l'invitation de Daguerre. Ce dernier lui montre les épreuves obtenues par son nouveau procédé, et la vue de ces épreuves excite l'admiration d'Isidore Niépce. Daguerre l'invite alors à adhérer aux conditions d'un acte nouveau, stipulant la manière dont on procédera à l'exploitation de la découverte.

Il y avait dans cet acte d'association quelque chose qui blessait Isidore Niépce. Le fils de Nicéphore trouvait qu'il était fait trop bon marché des travaux de son père. Ce ne fut donc qu'après une résistance assez vive qu'Isidore Niépce se décida à signer un acte définitif d'association, conçu dans les termes suivants :

« Je soussigné, déclare par le présent écrit que M. Louis-Jacques-Mandé Daguerre, peintre, membre de la Légion d'honneur, m'a fait connaître un procédé dont il est l'inventeur; ce procédé a pour but de fixer l'image produite dans la chambre obscure, non pas avec les couleurs, mais avec une parfaite dégradation de teintes du blanc au noir. Ce nouveau moyen a l'avantage de reproduire les objets avec soixante ou quatre-vingts fois plus de promptitude que celui inventé par M. Joseph-Nicéphore Niépce, mon père, perfectionné par M. Daguerre, et pour l'exploitation duquel, il y a eu un acte provisoire d'association, en date du quatorze décembre mil huit cent vingt-neuf, et par lequel acte il est stipulé que ledit procédé serait publié ainsi qu'il suit :

« Procédé inventé par M. Joseph-Nicéphore Niépce, et perfectionné par M. L.-J.-M. Daguerre.

« Ensuite de la communication qu'il m'a faite, M. Daguerre consent à abandonner à la Société formée en vertu du traité provisoire ci-dessus relaté, le nouveau procédé dont il est l'inventeur et qu'il a perfectionné, à la condition que ce nouveau procédé portera le nom seul de Daguerre, mais qu'il ne pourra être publié que conjointement avec le premier procédé, afin que le nom de M. J.-Nicéphore Niépce figure toujours comme il le doit dans cette découverte.

« Par ce présent traité il est et demeure convenu que tous les articles et bases du traité provisoire, en date du 14 décembre 1829, sont conservés et maintenus.

« D'après ces nouveaux arrangements pris entre MM. Daguerre et Isidore Niépce, et qui forment le traité définitif dont il est parlé à l'article 9 du traité provisoire, lesdits associés ayant résolu de faire paraître leurs divers procédés, ils ont donné le choix au mode de publication par souscription.

« L'annonce de cette publication aura lieu par la voie des journaux. La liste sera ouverte le 15 mars 1838, et close le 15 avril suivant.

« Le prix de la souscription sera de mille francs.

« La liste de souscription sera déposée chez un notaire; l'argent sera versé entre ses mains par les souscripteurs, dont le nombre sera porté à quatre cents.

« Les articles de la souscription seront rédigés sur

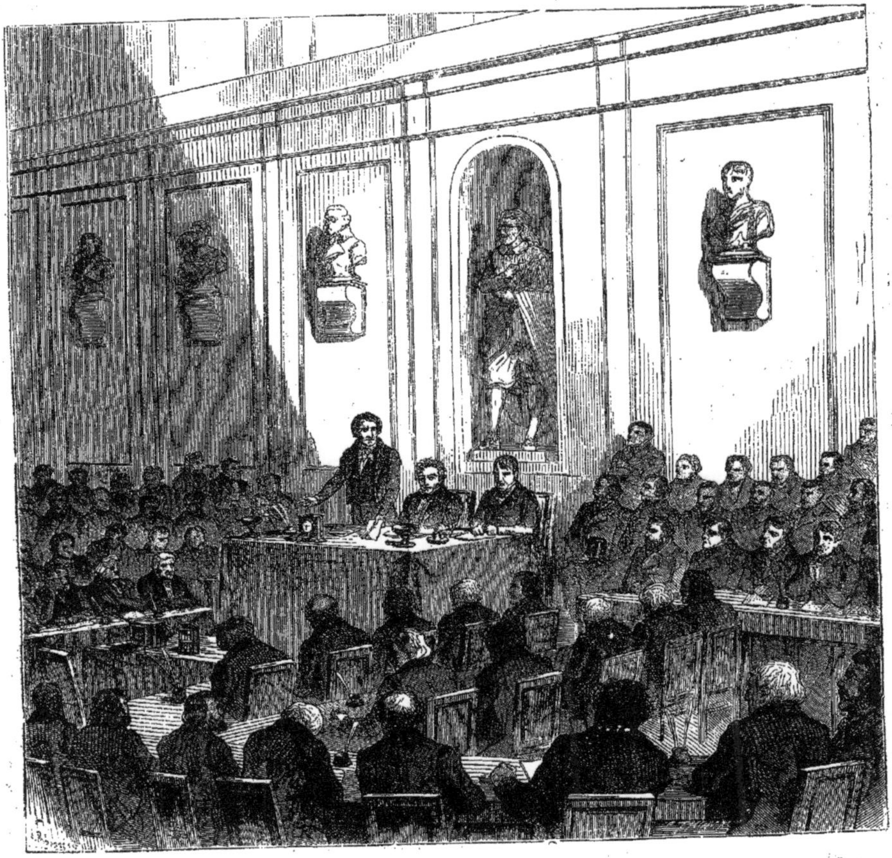

Fig. 12. — Arago annonce la découverte de Daguerre, dans la séance publique de l'Académie des sciences, du 10 août 1839 (page 44).

les bases les plus avantageuses, et les procédés ne pourront être rendus publics, qu'autant que la souscription atteindrait au moins le nombre de cent; alors, dans le cas contraire, les associés aviseront à un autre mode de publication.

« Si avant l'ouverture de la souscription, on trouvait à traiter pour la vente des procédés, ladite vente ne pourrait être consentie à un prix au-dessous de deux cent mille francs.

« Ainsi fait double et convenu, à Paris, le 13 juin 1837, en la demeure de M. Daguerre, au Diorama, et ont signé

« Isidore Niépce. Daguerre. »

Après la signature de cet acte définitif, les deux associés s'occupèrent de l'exploitation de la découverte. Comme on vient de le lire dans le traité précédent, on voulait faire appel aux amateurs des beaux-arts et aux capitalistes, pour lancer des actions dans le public. La souscription fut, en effet, ouverte le 15 mars 1838; mais elle n'obtint aucun succès, on ne put réunir aucuns fonds.

Il fut alors décidé que le procédé serait cédé au gouvernement. Il était évident, en effet, que l'invention ne pouvait être sauvegardée par un brevet, car, dès que les principes en auraient été connus, chacun pourrait s'en servir. Daguerre s'adressa donc à divers savants, et il s'en ouvrit d'une façon plus particulière, à Arago, à qui il révéla, sous le sceau du secret, toutes les opérations.

Arago fut saisi d'un véritable enthousiasme, à la vue des épreuves obtenues, devant lui, par Daguerre. Il admira surtout la promptitude avec laquelle s'accomplissent les phénomènes du développement de l'image par l'action des vapeurs mercurielles. Arago se fit dès lors l'avocat, ardent et convaincu, de l'invention nouvelle.

Grâce à son entremise, Daguerre fut mis en rapport avec le ministre de l'Intérieur, Duchâtel. Daguerre demandait deux cent mille francs pour la cession de ses procédés photographiques, auxquels il s'engageait à joindre le secret du mode d'exécution des tableaux de son Diorama. Des offres venues des gouvernements étrangers, justifiaient le chiffre de cette demande. Le ministre offrit, au lieu de la somme, l'intérêt viager de deux cent mille francs, c'est-à-dire une rente de dix mille francs.

Cet arrangement ayant été accepté, un traité provisoire, destiné à être soumis à la ratification des chambres, fut conclu entre les associés et le ministre de l'Intérieur. Par ce traité, qui fut signé le 14 juin 1839, les deux associés cédaient leurs procédés à l'État, moyennant ces conditions :

1° Pour Daguerre, une pension annuelle et viagère de six mille francs, dont quatre mille pour les procédés héliographiques, et deux mille pour les procédés de peinture et d'éclairage appliqués aux tableaux du Diorama ;

2° Pour M. Isidore Niépce, une pension annuelle et viagère de quatre mille francs, en raison de l'invention de son père.

Ces pensions étaient réversibles par moitié sur les veuves de MM. Isidore Niépce et Daguerre.

Un projet de loi fut présenté, dès le lendemain, c'est-à-dire le 15 juin 1839, à la Chambre des députés. Le projet de loi, suivant l'usage, était précédé d'un *Exposé des motifs* présenté par le ministre de l'Intérieur.

Nous reproduirons cette pièce officielle, désireux de ne négliger aucun document dans l'histoire de la belle invention qui nous occupe, et qui a le mérite d'être exclusivement française. Voici donc l'*Exposé des motifs* qui fut présenté à la Chambre des députés, par le ministre de l'Intérieur.

« Nous croyons aller au-devant des vœux de la Chambre en vous proposant d'acquérir, au nom de l'État, la propriété d'une découverte aussi utile qu'inespérée, et qu'il importe, dans l'intérêt des sciences et des arts, de pouvoir livrer à la publicité.

« Vous savez tous, et quelques-uns d'entre vous ont déjà pu s'en convaincre par eux-mêmes, qu'après quinze ans de recherches persévérantes et dispendieuses, M. Daguerre est parvenu à fixer les images de la chambre obscure et à créer ainsi, en quatre ou cinq minutes, par la puissance de la lumière, des dessins où les objets conservent mathématiquement leurs formes jusque dans leurs plus petits détails, où les effets de la perspective linéaire, et la dégradation des tons provenant de la perspective aérienne, sont accusés avec une délicatesse inconnue jusqu'ici.

« Nous n'avons pas besoin d'insister sur l'utilité d'une semblable invention. On comprend quelles ressources, quelles facilités toutes nouvelles elle doit offrir pour l'étude des sciences ; et, quant aux arts, les services qu'elle peut leur rendre ne sauraient se calculer.

« Il y aura pour les dessinateurs et pour les peintres, même les plus habiles, un sujet constant d'observations dans ces reproductions si parfaites de la nature. D'un autre côté, ce procédé leur offrira un moyen prompt et facile de former des collections d'études qu'ils ne pourraient se procurer, en les faisant eux-mêmes, qu'avec beaucoup de temps et de peine, et d'une manière bien moins parfaite.

« L'art du graveur, appelé à multiplier, en les reproduisant, ces images calquées sur la nature elle-même, prendra un nouveau degré d'importance et d'intérêt.

« Enfin, pour le voyageur, pour l'archéologue, aussi bien que pour le naturaliste, l'appareil de M. Daguerre deviendra d'un usage continuel et indispensable. Il leur permettra de fixer leurs souvenirs sans recourir à la main d'un étranger. Chaque auteur désormais composera la partie géographique de ses ouvrages ; en s'arrêtant quelques instants devant le monument le plus compliqué, devant le site le plus étendu, il en obtiendra sur-le-champ un véritable *fac-simile*.

« Malheureusement pour les auteurs de cette belle découverte, il leur est impossible d'en faire un objet d'industrie, et de s'indemniser des sacrifices que leur ont imposés tant d'essais si longtemps infructueux. Leur invention n'est pas susceptible d'être protégée par un brevet. Dès qu'elle sera connue, chacun pourra s'en servir. Le plus maladroit fera des dessins aussi exactement qu'un artiste exercé. Il faut donc nécessairement que ce procédé appartienne à tout le monde ou qu'il reste inconnu. Et quels justes regrets n'exprimeraient pas tous les amis de l'art et de la science, si un tel secret devait demeurer impénétrable au public, s'il devait se perdre et mourir avec les inventeurs !

« Dans une circonstance aussi exceptionnelle, il appartient au gouvernement d'intervenir. C'est à lui de mettre la société en possession de la découverte dont elle demande à jouir dans un intérêt général, sauf à donner aux auteurs de cette découverte le prix ou plutôt la récompense de leur invention.

« Tels sont les motifs qui nous ont déterminés à conclure avec MM. Daguerre et Niépce fils une convention provisoire, dont le projet de loi que nous avons l'honneur de vous soumettre, a pour objet de vous demander la sanction.

« Avant de vous faire connaître les bases de ce traité, quelques détails sont nécessaires.

« La possibilité de fixer passagèrement les images de la chambre obscure était connue dès le siècle dernier ; mais cette découverte ne promettait aucun résultat utile, puisque la substance sur laquelle les rayons solaires dessinaient les images n'avait pas la propriété de les conserver et qu'elle devenait complétement noire aussitôt qu'on l'exposait à la lumière du jour.

« M. Niépce père inventa un moyen de rendre ces images permanentes. Mais, bien qu'il eût résolu ce problème difficile, son invention n'en restait pas moins encore très-imparfaite. Il n'obtenait que la silhouette des objets, et il lui fallait au moins douze heures pour exécuter le moindre dessin.

« C'est en suivant des voies entièrement différentes, et en mettant de côté les traditions de M. Niépce, que M. Daguerre est parvenu aux résultats admirables dont nous sommes aujourd'hui témoins, c'est-à-dire l'extrême promptitude de l'opération, la reproduction de la perspective aérienne et tout le jeu des ombres et des clairs. La méthode de M. Daguerre lui est propre, elle n'appartient qu'à lui et se distingue de celle de son prédécesseur, aussi bien dans sa cause que dans ses effets.

« Toutefois, comme avant la mort de M. Niépce père, il avait été passé entre lui et M. Daguerre un traité par lequel ils s'engageaient mutuellement à partager tous les avantages qu'ils pourraient recueillir de leurs découvertes, et comme cette stipulation a été étendue à M. Niépce fils, il serait impossible aujourd'hui de traiter isolément avec M. Daguerre, même du procédé qu'il a non-seulement perfectionné, mais inventé. Il ne faut pas oublier, d'ailleurs, que la méthode de M. Niépce, bien qu'elle soit demeurée imparfaite, serait peut-être susceptible de recevoir quelques améliorations, d'être appliquée utilement, en certaines circonstances, et qu'il importe, par conséquent, pour l'histoire de la science, qu'elle soit publiée en même temps que celle de M. Daguerre.

« Ces explications vous font comprendre, Messieurs, par quelle raison et à quel titre MM. Daguerre et Niépce fils ont dû intervenir dans la convention que vous trouverez annexée au projet de loi. »

A la suite de cet exposé des motifs, venait l'énoncé du projet de loi qui attribuait à Daguerre une pension annuelle et viagère de 6,000 francs, à Isidore Niépce une pension annuelle et viagère de 4,000 fr. réversibles toutes deux par moitié, sur les veuves de Daguerre et de Niépce.

Le chiffre mesquin de cette rémunération s'efface devant la pensée qui l'avait dictée. Nul, dans le gouvernement ni dans les Chambres, ne prétendit payer la découverte à sa juste valeur. Le titre de *récompense nationale* témoigne suffisamment que c'était là surtout un hommage solennel de la reconnaissance du pays, au talent et au désintéressement des inventeurs.

La Chambre nomma, pour faire un rapport sur ce projet de loi, une commission composée de MM. Arago, Étienne, Carl, Vatout, de Beaumont, Tournouër, François Delessert, Combarel de Leyval et Vitet.

Chargé du rapport, Arago en donna lecture à la Chambre, dans la séance du 3 juillet 1839. A la suite de cette lecture, la loi fut votée par acclamation.

Il en fut de même à la Chambre des pairs, où Gay-Lussac, nommé rapporteur de la loi, lut son rapport le 30 juillet.

Après la promulgation de cette loi, rien ne s'opposait plus à la divulgation des procédés du *Daguerréotype*, c'est le nom que reçut l'invention nouvelle. Arago, en sa qualité de secrétaire perpétuel de l'Académie des sciences, le communiqua à l'Académie le 10 août 1839.

Ceux qui eurent le bonheur d'assister à cette séance, en conserveront longtemps le souvenir. Il serait difficile, en effet, de trouver dans l'histoire des compagnies savantes, une plus belle, une plus solennelle journée. L'Académie des beaux-arts s'était réunie à l'Académie des sciences. Sur les bancs réservés au public, se pressait tout ce que Paris renfermait d'hommes éminents dans les sciences, dans les lettres, dans les beaux-arts. Tous les yeux cherchaient l'heureux artiste qui avait conquis si vite une renommée européenne ; on espérait l'entendre prononcer lui-même la révélation si désirée. Lui, cependant, s'était modestement dérobé à ce triomphe si légitime; il avait déféré cet insigne honneur à Arago, qui avait pris l'invention nouvelle sous son savant et bienveillant patronage.

Si les rangs étaient pressés dans la salle des séances, au dehors l'affluence était énorme; le vestibule regorgeait de curieux, gens malavisés qui n'étaient venus que deux heures avant l'ouverture de la séance. Enfin, tout d'un coup la porte s'ouvre, et l'un des assistants arrive, tout empressé de communiquer au dehors le secret si impatiemment attendu. « Le procédé consiste, dit-il, dans « l'emploi de l'iodure d'argent et de vapeurs « de mercure ! » Je vous laisse à penser l'embarras, la surprise et les mille questions. L'iodure d'argent ! la vapeur de mercure ! Mais que peuvent avoir de commun et l'iodure d'argent et la vapeur de mercure, avec ces charmantes images que nos yeux ne se lassent pas de contempler ! Attendez cependant, voici un autre officieux, et mieux renseigné cette fois : « Il est bien question du mercure ! « C'est de l'hyposulfite de soude ! » Comprenne qui pourra. Cependant le mystère finit par s'éclaircir, et la foule se retire peu à peu, encore tout agitée de ces émotions délicieuses, heureuse d'applaudir à une création nouvelle du génie de la France, fière d'accorder à l'Europe un si magnifique présent.

Quelques heures après, les boutiques des opticiens étaient assiégées ; il n'y avait pas assez de chambres obscures pour satisfaire le zèle de tant d'amateurs empressés. On suivait d'un œil de regret, le soleil qui déclinait à l'horizon, emportant avec lui la matière première de l'expérience. Mais, dès le lendemain, on put voir à leur fenêtre, aux premières heures du jour, un grand nombre d'expérimentateurs s'efforçant, avec toute espèce de précautions craintives, d'amener sur une plaque préparée, l'image de la lucarne voisine, ou la perspective d'une population de cheminées. Quelles joies innocentes, quelles ravissantes angoisses ; mais quels désappointements cruels ! Lorsque, après un quart d'heure de mortelle attente, on retirait la plaque de la chambre noire, on trouvait un ciel couleur d'encre ou des murailles en deuil. Cependant, dans ces tableaux informes, il y avait toujours quelque trait furtif d'une délicatesse achevée ; la masse était confuse, mais on pouvait y saisir quelque détail admirablement venu, qui arrachait un cri de surprise et presque des larmes de plaisir. C'était la balustrade d'une fenêtre qui était superbe ; c'était le grillage voisin qui avait imprimé sur le fidèle écran son image de dentelle. Sur cette plaque, où tout paraît confus, vous n'apercevez rien, mais regardez mieux, prenez une loupe : là, dans ce petit coin du tableau, il y a une mince ligne, c'est la tige éloignée de ce paratonnerre que vos yeux aperçoivent à peine ; mais le merveilleux instrument l'a vu, et il vous l'a rapporté.

Au bout de quelques jours, sur les places de Paris, on voyait des daguerréotypes braqués contre les principaux monuments. Tous les physiciens, tous les chimistes, tous les savants de la capitale, mettaient en pratique, avec un succès complet, les indications de l'inventeur.

CHAPITRE V

DESCRIPTION DES PROCÉDÉS DE LA PHOTOGRAPHIE SUR PLAQUE MÉTALLIQUE. — PERFECTIONNEMENTS SUCCESSIFS APPORTÉS AUX OPÉRATIONS DU DAGUERRÉOTYPE.

Les images photographiques obtenues au moyen du procédé de Daguerre, c'est-à-dire sur métal, se forment à la surface d'une lame de cuivre argenté, ou *plaqué d'argent*. On expose, pendant quelques minutes, une lame de plaqué d'argent aux vapeurs spontanément dégagées par l'iode, à la température ordinaire; elle se recouvre d'une légère couche d'iodure d'argent, par suite de la combinaison de l'iode et du métal, et le mince voile d'iodure d'argent ainsi formé, présente une surface éminemment sensible à l'impression des rayons lumineux. La plaque iodurée est placée alors au foyer de la chambre noire, et l'on reçoit sur sa surface l'image formée par l'objectif. La lumière a la propriété de décomposer l'iodure d'argent; par conséquent, les parties vivement éclairées de l'image décomposent, en ces points, l'iodure d'argent; les parties obscures restent au contraire, sans action; enfin les espaces correspondant aux demi-teintes, sont influencés selon que ces demi-teintes se rapprochent davantage des ombres ou des clairs.

Quand on la retire de la chambre obscure, la plaque ne présente encore aucune empreinte visible; elle conserve uniformément sa teinte jaune d'or. Pour faire apparaître l'image, une autre opération est nécessaire : le *développement*.

Le *développement* de l'image s'obtient en soumettant la plaque qui sort de la chambre noire, à l'action des vapeurs du mercure. On la dispose donc dans une petite boîte, et l'on chauffe légèrement du mercure, contenu dans un réservoir, qui se trouve à la partie inférieure de la boîte. Les vapeurs du mercure viennent se condenser sur le métal; mais le mercure ne se dépose pas uniformément sur toute la surface, et c'est précisément cette condensation inégale qui donne naissance au dessin. En effet, par un phénomène étrange, que la science a jusqu'ici vainement tenté d'expliquer, les vapeurs de mercure viennent se condenser uniquement *sur les parties que la lumière a frappées*, c'est-à-dire sur les portions de l'iodure d'argent que les rayons lumineux ont chimiquement décomposées; les parties restées dans l'ombre ne prennent pas de mercure. Le même effet se produit pour les demi-teintes. Il résulte de là que les parties éclairées sont accusées par un vernis brillant de mercure, et les ombres par la surface même de l'argent.

Pour les personnes qui assistent pour la première fois à cette curieuse partie des opérations photographiques, le *développement* est un spectacle étrange et véritablement merveilleux. Sur cette plaque, qui ne présente aucun trait, aucun dessin, aucun aspect visible, on voit tout d'un coup se dégager une image d'une perfection sans pareille, comme si quelque divin artiste la traçait de son invisible pinceau.

Cependant tout n'est pas fini. La plaque est encore imprégnée d'iodure d'argent; si on l'abandonnait à elle-même en cet état, l'iodure continuant à noircir sous l'influence de la lumière, tout le dessin disparaîtrait. Il faut donc débarrasser la plaque de cet iodure. On y parvient en la plongeant dans une dissolution d'un sel, l'hyposulfite de soude, qui a la propriété de dissoudre l'iodure d'argent non altéré par la lumière, et en opérant dans un lieu obscur. Après ce lavage, l'épreuve peut être exposée sans aucun risque à l'action de la lumière la plus intense. Tout à l'heure on ne pouvait la manier que dans l'obscurité, ou tout au plus à la lueur d'une bougie, on peut maintenant l'exposer sans crainte en plein soleil.

On voit, en définitive, que dans les épreuves daguerriennes, l'image est formée par un mince voile de mercure déposé sur une surface d'argent; les reflets brillants du mercure représentent les clairs, les ombres sont produites par le fond bruni de l'argent métallique; l'opposition, la réflexion inégale de la teinte de ces deux métaux, produisent les effets du dessin.

Tel est le procédé de Daguerre; telle est la série d'opérations qu'exécutait l'inventeur, et que tout le monde put répéter comme lui, après que sa méthode eut été rendue publique, par la communication faite par Arago à l'Académie des sciences, le 10 août 1839.

Une fois tombé dans le domaine public, une fois livré à l'expérience et à l'émulation de tous, le *Daguerréotype* devait faire des progrès rapides. Nous allons faire connaître, selon l'ordre historique, les perfectionnements qui furent apportés à la méthode originelle.

Les épreuves obtenues d'après le procédé de Daguerre, bien que remarquables à divers titres, avaient pourtant un grand nombre de défauts qui en diminuaient beaucoup la valeur. Les amateurs et les curieux conservent aujourd'hui, avec soin, quelques spécimens de photographie sur plaque remontant à cette époque : la génération des opérateurs actuels ne peut regarder sans un sourire ces témoignages authentiques de l'état de la photographie à sa naissance. Ces épreuves, telles qu'on les obtenait en 1839, offraient un miroitage des plus désagréables; le trait n'était visible que sous une certaine incidence de la plaque, et quelquefois, ce défaut allait si loin, que l'épreuve ressemblait plutôt à un moiré métallique qu'à un dessin. Le champ de la vue était extrêmement limité. Les objets animés ne pouvaient être reproduits. Les masses de verdure n'étaient accusées qu'en silhouette. Enfin, il était à craindre que, par suite de la volatilisation spontanée du mercure, l'image ne finît, sinon par disparaître entièrement, au moins par perdre de sa netteté et de sa vigueur.

La plupart de ces défauts étaient la conséquence du temps considérable exigé pour l'impression lumineuse : en effet, un quart d'heure d'exposition à une vive lumière, était indispensable pour obtenir une épreuve. Aussi les premiers efforts de perfectionnement eurent-ils pour but de diminuer la durée de l'exposition de la plaque dans la chambre obscure.

Ce résultat fut obtenu très-vite par des modifications apportées à l'objectif de la chambre noire. Daguerre avait fixé avec beaucoup de soin les dimensions de l'objectif correspondant à la grandeur de la plaque; mais on reconnut bientôt que les règles qu'il avait posées à cet égard, excellentes pour la reproduction des vues et des objets éloignés, ne pouvaient s'appliquer aux objets plus petits ou plus rapprochés. On imagina alors de raccourcir le foyer de la lentille. Par cet artifice, on condensa sur la plaque une quantité de lumière beaucoup plus grande, et la plaque étant ainsi plus vivement éclairée, on put diminuer d'une manière notable la durée de l'exposition dans la chambre noire.

Bientôt l'opticien Charles Chevalier, le même qui a joué, dans l'invention de la photographie, le rôle accessoire que nous avons fait connaître, imagina une modification de l'objectif, qui en doubla, pour ainsi dire, la puissance. La chambre noire qu'avait employée Daguerre, n'avait qu'un objectif. Charles Chevalier eut l'idée de réunir et de combiner deux objectifs achromatiques, pour en faire la lentille de l'instrument. Cette disposition permit tout à la fois, de raccourcir les foyers, pour concentrer sur le même point une grande quantité de lumière, d'agrandir le champ de la vue, et de faire varier à volonté les distances locales. La disposition et la combinaison de ces deux lentilles sont tellement ingénieuses, que, sans même employer, si on le veut, de diaphragme, on conserve à la lumière toute sa netteté et toute son intensité. Le système du double objectif permit de réduire de beaucoup la durée de l'exposition lumineuse; on put dès ce moment opérer en deux ou trois minutes.

Toutefois ce problème capital d'abréger la durée de l'exposition lumineuse ne fut complétement résolu qu'en 1841, grâce à une découverte d'une haute importance. Claudet, artiste français qui avait acheté à Daguerre le privilége exclusif d'exploiter en Angleterre les procédés photographiques, découvrit, en 1841, les propriétés des *substances accélératrices*.

On donne, en photographie, le nom de substances accélératrices à certains composés qui, appliqués sur la plaque *préalablement iodée*, en exaltent à un degré extraordinaire, la sensibilité lumineuse. Par elles-mêmes, ces substances ne sont pas *photogéniques*, c'est-à-dire qu'employées isolément elles ne formeraient point une combinaison capable de s'influencer chimiquement au contact de la lumière; mais si on les applique sur une plaque déjà iodée, elles communiquent à l'iode la propriété de s'impressionner en quelques secondes.

Les composés capables de stimuler ainsi l'iodure d'argent, sont nombreux. Le premier, dont la découverte est due à Claudet, est le chlorure d'iode; mais il le cède de beaucoup en sensibilité aux composés qui furent découverts postérieurement. Le brome en vapeur, le bromure d'iode, la chaux bromée, le chlorure de soufre, le bromoforme, l'acide chloreux, la liqueur hongroise, la liqueur de Reiser, le liquide de Thierry, sont les substances accélératrices les plus actives. Avec l'acide chloreux on a pu obtenir des épreuves irréprochables dans une demi-seconde.

La découverte des substances accélératrices permit de reproduire avec le daguerréotype l'image des objets animés. On put dès lors satisfaire au vœu universel formé depuis l'origine de la photographie, c'est-à-dire obtenir des portraits. Déjà, en 1840, on avait essayé de faire des portraits au daguerréotype; mais le temps considérable qu'exigeait l'impression lumineuse avait empêché toute réussite. On opérait alors avec l'objectif à long foyer, qui ne transmet dans la chambre obscure qu'une lumière d'une faible intensité; aussi fallait-il placer le modèle en plein soleil et prolonger l'exposition pendant un quart d'heure. Comme il est impossible de supporter si longtemps, les yeux ouverts, l'éclat des rayons solaires, on avait dû se résoudre à faire poser les yeux fermés. Quelques amateurs intrépides osèrent se dévouer, mais le résultat ne fut guère à la hauteur de leur courage. On voyait en 1840, à l'étalage de Susse, à la place de la Bourse, une triste procession de *Bélisaires*, sous l'étiquette usurpée de portraits photographiques.

Grâce aux objectifs à court foyer, on put réduire l'exposition à quatre ou cinq minutes; alors le patient put ouvrir les yeux. Néanmoins il fallait encore poser en plein soleil. Ce soleil, qui tombait d'aplomb sur le visage, contractait horriblement les traits, et la plaque conservait la trop fidèle empreinte des souffrances et de l'anxiété du modèle. On s'asseyait avec cet air agréable que prend toute personne ayant la conscience de poser pour son portrait, et l'opérateur vous apportait l'image d'un martyr ou d'un supplicié. Pendant six mois, avec la prétention d'obtenir des portraits photographiques, on ne fit guère que multiplier les copies d'un même type : la tête du Laocoon. Rien qu'à voir ces traits crispés, ces faces contractées, ces spécimens cadavéreux, on eût pris en horreur la photographie. C'est là qu'ont trouvé leur source la plupart des préventions défavorables que les productions daguerriennes eurent longtemps à combattre. Les artistes passaient en ricanant devant ces déplorables ébauches.

Cependant toutes les préventions durent disparaître, tous les préjugés durent tomber, en présence des résultats qu'amenèrent la découverte et l'emploi des substances accélératrices. Dès ce moment, la physionomie put être saisie en quelques secondes, et reproduite avec cette continuelle mobilité d'expression qui forme le signe et comme le cachet de la vie. C'est à partir de cette époque que l'on vit paraître, de jour en jour perfectionnés, ces admirables portraits où l'harmonie de l'ensemble est encore relevée par le fini des détails. C'est alors que put être pleinement réalisé le rêve fantastique du conteur d'Hoffmann : « Qu'un amant, voulant laisser à sa « maîtresse un souvenir durable, se mire « dans une glace, et la lui donne ensuite, « parce que son image s'y est fixée. »

Fig. 13. — M. Fizeau.

Après la découverte des substances accélératrices, le perfectionnement le plus important que reçut la photographie sur métal, consista dans la *fixation des épreuves*. Les images daguerriennes obtenues à l'origine, étaient déparées par un miroitement des plus choquants. En outre, le dessin ne présentait que peu de fermeté, puisque le ton résultait seulement du contraste formé par l'opposition des teintes du mercure et de l'argent. Enfin (et c'était là un inconvénient des plus graves), l'image était extrêmement fugitive ; elle ne pouvait supporter le frottement : le pinceau le plus délicat, promené à sa surface, l'effaçait en entier. Un physicien français, M. Fizeau, fit disparaître tous ces inconvénients à la fois, en recouvrant l'épreuve photographique d'une légère couche d'or. Il suffit, pour obtenir ce résultat, de verser à la surface de l'épreuve, une dissolution de chlorure d'or mêlée à de l'hyposulfite de soude, et de chauffer légèrement : la plaque se recouvre aussitôt d'un mince vernis d'or métallique.

La découverte du *fixage* des épreuves, faite par M. Fizeau, est le complément le plus utile qu'ait reçu la photographie sur métal. Elle permit, tout à la fois, de rehausser le ton des dessins photographiques, de diminuer beaucoup le miroitage, et de communiquer à l'épreuve une grande solidité, c'est-à-dire une résistance complète au frottement et à toutes les actions extérieures

Comment la dorure d'un dessin photographique peut-elle communiquer à celui-ci la vigueur de ton qui lui manquait, et faire disparaître en grande partie le miroitage ? C'est ce qu'il est facile de comprendre. L'or vient recouvrir à la fois l'argent et le mercure de la plaque ; l'argent, qui forme les noirs du tableau, se trouve bruni par la mince couche d'or qui se dépose à sa surface : ainsi les noirs sont rendus plus sensibles, et le miroitage de l'argent n'existe plus ; au contraire, le mercure, qui forme les blancs, acquiert, par son amalgame avec l'or, un éclat beaucoup plus vif, ce qui produit un accroissement notable dans les clairs. Le ton général du tableau est, d'ailleurs, singulièrement rehaussé par l'opposition plus vive que prennent les teintes des deux métaux superposés. Tous ces avantages ressortent d'une manière surprenante, si l'on compare deux épreuves daguerriennes, dont l'une est fixée au chlorure d'or, et l'autre non fixée. La dernière, d'un ton gris-bleuâtre, paraît exécutée sous un ciel brumeux et par une faible lumière; l'autre, par la richesse de ses teintes, semble sortir de la chaude atmosphère et du beau ciel des contrées méridionales. Quant à la résistance qu'une épreuve ainsi traitée oppose au frottement, elle s'expliquera sans peine, si l'on remarque que le mercure, qui tout à l'heure formait le dessin à l'état de globules infiniment petits et d'une faible adhérence, est maintenant recouvert d'une lame d'or, qui, malgré son extraordinaire ténuité, adhère à la plaque en vertu d'une véritable action chimique.

Les perfectionnements divers apportés au procédé primitif de Daguerre, ont sensiblement modifié ce procédé; il ne sera donc pas inutile de préciser la méthode actuellement suivie.

Voici la série des opérations qui s'exécutent pour obtenir l'épreuve daguerrienne : Exposition de la lame métallique aux vapeurs spontanément dégagées par l'iode, à la température ordinaire, afin de provoquer à la surface de la plaque, la formation d'une légère couche d'iodure d'argent; — exposition aux vapeurs fournies par la chaux bromée, le brôme ou toute autre substance accélératrice; — exposition à la lumière, dans la chambre obscure, pour obtenir l'impression chimique; — exposition aux vapeurs mercurielles, pour faire apparaître l'image; — lavage de l'épreuve dans une dissolution d'hyposulfite de soude, pour enlever l'iodure d'argent non attaqué; — fixage de l'épreuve par le chlorure d'or.

La *daguerréotypie* est très-rarement mise en usage aujourd'hui, bien qu'elle fournisse un dessin d'une finesse prodigieuse, et vraiment sans rivale. Comme elle ne permet d'obtenir qu'un type unique, très-difficile à multiplier, et que les opérations à accomplir sont assez délicates; comme le miroitage de la plaque est d'un effet peu agréable, et que l'image est renversée, si l'on n'opère pas avec une glace disposée devant l'objectif pour redresser l'image et la placer dans sa position naturelle, elle est universellement remplacée de nos jours, par la photographie sur papier. Cependant, nous décrirons sommairement ses procédés.

Préparation de la plaque. — Le commerce fournit des lames de cuivre recouvertes d'argent (au 30e environ d'argent), connues sous le nom de *plaqué*, et qui sont de la dimension nécessaire pour être placées dans la chambre obscure des photographes. Ce sont des plaques de cuivre recouvertes, par la pression du laminoir, d'une lame d'argent pur. On prépare aussi par la galvanoplastie du plaqué d'argent, qui est excellent pour la photographie.

Ces plaques sont conservées dans des boîtes à rainures, afin de les défendre de la poussière et des corps étrangers, qui pourraient les rayer.

Avant de nettoyer et de polir une plaque, il faut courber légèrement ses quatre côtés, afin que ses vives arêtes ne déchirent pas le polissoir. A cet effet, on pose la plaque

Fig. 14. — Planchette à polir.

sur le bord d'une table; puis, on passe avec force, sur chacun des côtés, une baguette de fer ronde. Quand les quatre côtés sont ainsi légèrement renversés, on courbe les quatre coins, avec une pince; on engage alors ces quatre coins ainsi pliés sous les quatre vis de pression de la *planchette à polir*.

La *planchette à polir* (*fig.* 14) se compose d'une petite planche de bois, recouverte de drap, et pourvue, à ses quatre angles, de petites vis de pression, destinées à maintenir la plaque bien fixe pendant le nettoyage et le polissage. Cette planchette est assujettie sur une table, au moyen d'une vis de pression en bois ou en fer.

Le nettoyage, ou *décapage*, de la plaque, se fait avec du coton cardé imbibé d'alcool et saupoudré de tripoli en poudre très-fine. On commence par jeter du tripoli sur la plaque; puis on imbibe d'alcool un tampon de coton cardé, et l'on frotte, en traçant des cercles sur toute la surface de la plaque. On la frotte ensuite avec du coton sec, et sans employer de tripoli.

On reconnaît que cette première préparation de la plaque est bonne, lorsque la vapeur de l'haleine qu'on y projette, y produit une couche d'un beau blanc mat, qui disparaît d'une manière régulière, sans laisser de taches. S'il en est autrement, on recommence le décapage avec du coton sec et un peu de tripoli, jusqu'à ce que la vapeur de l'haleine ne laisse aucune tache en s'évaporant.

La surface métallique étant ainsi bien décapée, bien nettoyée, on procède au *polissage*, qui se fait avec le polissoir, composé d'une peau de daim tendue sur une planche munie d'une poignée (*fig.* 15).

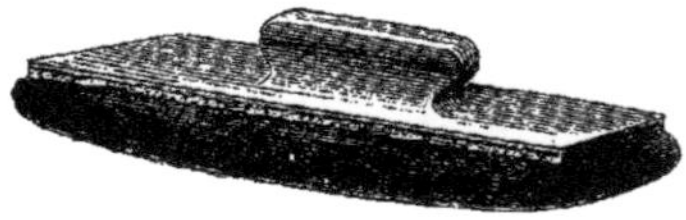

Fig. 15. — Polissoir.

On se sert de deux *polissoirs :* avec le premier, on polit la plaque rapidement; avec le second, on termine l'opération. Le premier polissoir est imprégné de rouge d'Angleterre, le second n'en contient que des traces provenant d'un usage prolongé. Prenant le *polissoir au rouge*, on frotte vivement la plaque, jusqu'à ce qu'elle prenne l'aspect d'une glace bien nette : on frotte dans le sens de la longueur de la plaque. On prend ensuite le *polissoir sans rouge*. On reconnaît que la plaque est suffisamment polie, lorsque la vapeur de l'haleine, en s'évaporant, n'y laisse aucune tache.

Une plaque qui a déjà servi à recevoir une image, doit être polie avec plus de soin et demande plus de temps qu'une plaque neuve.

Ainsi polie, la plaque est prête à recevoir la couche sensible.

Préparation de la couche sensible. — Pour revêtir la plaque de la couche d'iodure d'argent, sur laquelle doit s'imprimer l'image de la chambre obscure, il faut la placer dans la *boîte à iode*. Dans l'origine, ces boîtes ne renfermaient que de l'iode. Elles se composaient d'une cuvette de porcelaine, contenant des cristaux d'iode, et recouverte d'une lame de verre dépolie. En tirant ce couvercle de verre, la plaque recevait l'action de la vapeur d'iode. Depuis la découverte des *agents accélérateurs*, c'est-à-dire depuis l'emploi du bromure ou du chlorobromure de chaux, on se sert de boîtes dites *jumelles*, réunissant la cuvette à iode et la cuvette à chaux bromée.

La *boîte jumelle à iode* (*fig.* 16), se compose donc d'une boîte de sapin, renfermant deux cuvettes en porcelaine, dont l'une contient de l'iode à l'état solide, et l'autre de la chaux bromée. La plaque est posée sur un cadre de bois A, qui peut glisser dans une rainure, pour être soumise d'abord à l'action de l'iode, ensuite à celle du brôme. Dans la première cuvette sont des cristaux d'iode, recouverts d'une feuille de papier buvard; dans l'autre est le bromure de chaux. La plaque polie étant déposée sur le cadre de bois A, d'abord au-dessus de la cuvette d'iode, on tire au dehors la lame de verre B, et les vapeurs d'iode se dégagent ainsi librement sur la plaque, à l'intérieur de la boîte, dont on a préalablement abaissé le couvercle D.

La durée de l'exposition aux vapeurs d'iode est d'environ une demi-minute. La nuance que doit prendre la plaque est celle du jaune d'or. La durée de cette exposition dépend, d'ailleurs, de la température de l'atelier.

On fait ensuite glisser la plaque dans la rainure horizontale, pour l'amener sur la cuvette à bromure de chaux, que l'on découvre à son tour, en tirant la lame de verre C. L'exposition aux vapeurs de brôme doit être très-courte. Elle ne doit pas dépasser 10 secondes en moyenne. La couleur de la plaque doit alors tourner au violet.

Fig. 16. — Boîte jumelle à ioder et à bromer.

On termine en passant la plaque une seconde fois, sur l'iode, et l'y laissant le tiers du temps qu'on a employé pour la première exposition. Après ce second iodage, la plaque a pris une teinte bleu d'acier.

Nous n'avons pas besoin de dire que toutes ces opérations doivent être faites dans un lieu obscur. Pour examiner et manier la plaque, il faut se servir d'une bougie entourée de verres jaunes, car telle est la sensibilité de la couche photogénique, que la faible lumière d'une bougie pourrait l'impressionner.

Exposition dans la chambre obscure. — La plaque ainsi sensibilisée, pourrait se conserver plusieurs heures sans altération, avant d'être introduite dans la chambre obscure. Cependant on fait d'ordinaire ces opérations successives dans un court intervalle.

La plaque sensibilisée étant placée sur un châssis fermé par un couvercle mobile, on introduit ce châssis dans la chambre obscure. Quand on veut opérer, on commence par faire arriver l'image du modèle sur une plaque de verre dépoli. Quand l'image paraît bien à point, on remplace le verre dépoli par le châssis contenant la plaque sensible. A cet effet, on tire une planchette verticale qui couvre la plaque, et l'on reçoit sur sa surface sensible l'image du modèle.

La durée de l'exposition de la plaque daguerrienne dans la chambre noire, ne peut être fixée que par l'expérience de chaque opérateur. Elle varie suivant la température de l'atelier et l'intensité de la lumière. Il suffit habituellement, d'une demi-minute d'exposition pour le portrait, et de trois minutes pour une vue extérieure, un monument, etc.

Développement de l'image. — Quand la plaque daguerrienne sort de la chambre obscure, elle ne présente aucune modification visible ; c'est aux vapeurs de mercure qu'appartient la mystérieuse puissance de faire paraître, c'est-à-dire de *développer* l'image.

La *boîte à mercure* (*fig.* 17), est une petite caisse de noyer, portant à l'intérieur une rainure inclinée à 45 degrés, dans laquelle on engage le châssis porteur de la plaque qui a été impressionnée dans la chambre obscure. Au-dessous de la plaque et vers le milieu de la boîte, se trouve une cuvette en fer contenant du mercure. Une lampe à alcool placée à l'extérieur et au-dessous de la cuvette de mercure (c'est-à-dire à la place indiquée par la lettre A), permet de chauffer ce métal, et de le réduire en vapeurs, qui doivent venir se condenser sur la plaque. Un thermomètre à mercure B, dont la tige est coudée, de telle sorte que sa boule plonge dans le mercure chauffé, et que la tige soit apparente à l'extérieur, permet de surveiller la température que l'on communique au métal, par la lampe à alcool. Cette température doit être de 50 à 60 degrés. Ce n'est, d'ailleurs, qu'au moment où le thermomètre indique cette température,

Fig. 17. — Boîte à mercure.

qu'on introduit dans la boîte la plaque daguerrienne. La surface sensible se trouve exposée aux vapeurs mercurielles, sous un angle de 45 degrés.

On laisse réagir les vapeurs de mercure pendant deux minutes. On peut suivre les progrès de l'opération, grâce à un carreau de vitre, de couleur jaune, C, qui se trouve sur un côté de la boîte, et qui permet de regarder à l'intérieur, à l'aide d'une bougie approchée du carreau D. L'image se développe peu à peu, sous les yeux de l'opérateur. Si le temps de l'exposition aux vapeurs du mercure est insuffisant, les blancs de l'image apparaissent en bleu, ils s'effacent, au contraire, si l'exposition aux vapeurs de mercure a été trop longue.

La manière dont l'image se développe, permet aussi à l'opérateur de reconnaître si la durée de l'exposition à la lumière a été convenable. Si l'exposition dans la chambre obscure a été trop courte, l'image est noire ; si elle a été trop longue, elle est blafarde et ses contours sont effacés : on dit alors que l'épreuve est *solarisée*, ou *brûlée*.

Quand l'image a atteint la perfection désirée, on la retire de la boîte à mercure pour la *fixer*.

Fixage. — Au sortir de la boîte à mercure, l'image pourrait se conserver pendant quelques heures, à une faible lumière ; mais comme elle demeure imprégnée, dans sa masse, d'iodure d'argent, ce composé finirait par noircir par l'action de la lumière. Il faut donc la débarrasser de cet iodure d'argent. On y parvient à l'aide d'une dissolution d'hyposulfite de soude, contenant un gramme de ce sel, pour dix grammes d'eau. La dissolution d'hyposulfite de soude est placée dans une cuvette de porcelaine, dans laquelle on introduit la plaque. Cinq minutes suffisent pour dissoudre l'iodure d'argent, quand on a la précaution d'agiter la plaque au sein du liquide.

On termine en lavant la plaque sous un courant d'eau, ou en la jetant dans une cuvette pleine d'eau.

Avivage. — L'image est alors fixée ; mais elle est grise, et de plus, elle s'effacerait au moindre frottement. C'est pour cela qu'on procède à l'*avivage*, c'est-à-dire à la dorure de toute sa surface, au moyen d'un composé d'or. Le composé d'or employé par les photographes est un hyposulfite d'or et de soude, connu sous le nom de *sel d'or*, ou *sel de Fordos et Gélis*. On le trouve tout préparé chez les marchands de produits chimiques. On dissout un gramme de ce sel dans un kilogramme d'eau.

Voici comment on opère pour dorer la plaque au moyen de cette dissolution. La plaque bien lavée à l'eau claire, et encore humide, est placée sur le *pied à chlorurer* (*fig.* 18). C'est un support métallique, sur lequel on dépose la plaque. On arrose cette plaque avec la dissolution du sel d'or, et l'on chauffe par-dessous, au moyen d'une lampe à alcool, la plaque, couverte de cette dissolution. On voit alors, sous l'influence de la chaleur, de petites bulles de gaz se dégager de toute la masse du liquide. Le sel d'or se décompose, le mercure se dissout à la place de l'or, qui se dépose sur l'argent. Les parties claires de l'épreuve, qui présentaient une teinte bleuâtre, deviennent d'un blanc éclatant, tandis que les parties sombres se

Fig. 18.— Pied à chlorurer.

renforcent. C'est ainsi que le dessin s'avive, prend le ton et la vigueur qui lui manquaient.

On saisit alors la plaque chaude avec une pince ; on rejette le *sel d'or* qui la couvre, et on la fait tremper dans de l'eau distillée. On la lave ensuite sous un robinet d'eau claire. On finit ce lavage par de l'eau distillée ; enfin on sèche la plaque à la flamme d'une lampe à alcool.

L'épreuve est alors terminée : elle est inaltérable à la lumière, et résiste à un certain frottement. On peut l'encadrer.

Telle est, avec les modifications qu'elle reçut peu de temps après sa divulgation dans le public, la méthode qui reçut, à juste titre, le nom de *daguerréotypie*.

Nous devons ajouter quelques mots, en terminant ce chapitre, sur l'auteur de cette invention admirable.

Daguerre se tenait un peu à l'écart des progrès que nous venons de rappeler. Il s'était retiré dans une maison de campagne, à Bry-sur-Marne, recevant, par intervalles, la visite de quelques savants, désireux de connaître l'auteur d'une découverte qui avait fait si rapidement le tour du monde. Son Diorama avait été consumé par un incendie en 1839, quelques mois avant la communication faite par Arago à l'Académie des sciences. Dès lors il s'était consacré tout entier à l'art nouveau qu'il venait de créer.

Il aurait pu réaliser une grande fortune, en attachant son nom à quelque établissement photographique ; mais il avait refusé toute exploitation de ce genre. La vente de son brevet en Angleterre, et la pension qu'il recevait du gouvernement, lui donnaient une honnête aisance, dont il jouissait avec le calme d'un sage. Il composa, pour l'église du village où il s'était retiré, un tableau à grand effet, comme son pinceau savait les rendre, et qui donnait à la petite église la profondeur et la physionomie d'une cathédrale. Ce peintre de théâtre avait voulu, pour son dernier ouvrage, peindre une église de hameau (1).

Daguerre est mort à Bry-sur-Marne, le 10 juillet 1851, au moment où la photographie, abandonnant la voie qu'il lui avait tracée, allait s'élancer vers des horizons nouveaux. Sa mort passa assez inaperçue en France. Seulement la *Société des beaux-arts* fit décider l'érection d'un monument à sa mémoire.

Ce mausolée modeste fut inauguré le 4 novembre 1852, dans le petit cimetière de

(1) M. Dumas, dans un *Discours sur l'invention*, lu devant la *Société d'encouragement pour l'industrie nationale*, a rendu pleine justice à Daguerre, qu'il avait connu, parce qu'il lui avait donné accès dans son laboratoire de la rue Cuvier. M. Dumas loue Daguerre de ne pas s'être contenté de produits imparfaits, d'une solution du problème par à peu près, mais de s'être appliqué pendant quinze ans à perfectionner ses procédés, jusqu'au moment où il put obtenir des épreuves irréprochables au point de vue de l'art. M. Dumas peint avec énergie les angoisses et les inquiétudes de tout genre qui tourmentèrent Daguerre à cette époque de sa vie : il le compare à un alchimiste du moyen âge. Il raconte même que vers 1824, il fut consulté confidentiellement par un membre de la famille de Daguerre, qui s'était émue de ses allures étranges, et qui craignait que sa raison fût menacée. (*Bulletin de la Société d'encouragement*, 1864, p. 198-199.)

Bry-sur-Marne. Une grille en fer entoure un socle de granit, servant de piédestal à un pilastre tumulaire, à la partie inférieure duquel se voit un médaillon reproduisant les traits de l'artiste. Sur l'une des faces du piédestal, on lit :

A DAGUERRE
LA SOCIÉTÉ LIBRE DES BEAUX-ARTS
M DCCC LII

La cérémonie de l'inauguration de ce monument se fit en présence de toute la population de la commune, et sous les auspices d'une commission de la *Société des beaux-arts*. On se rendit à l'église, où fut célébré un *requiem* en l'honneur de l'illustre défunt. Ensuite, on se rendit processionnellement au cimetière, escorté de quelques congrégations religieuses du voisinage, et du clergé paroissial, en habits sacerdotaux. Quand le cortége fut arrivé dans le cimetière du village, et après la cérémonie religieuse, le secrétaire de la *Société des beaux-arts* lut un *Éloge de Daguerre*.

Voilà le seul hommage public qui ait été accordé à l'inventeur de la photographie.

Un témoignage touchant lui a été rendu en Amérique. A New-York, les photographes, sur l'annonce de la mort de Daguerre, portèrent pendant quinze jours, un crêpe au bras, en signe de deuil ; et ils réunirent, par souscription, une somme de 50,000 francs, pour élever un monument à sa gloire. Cette noble initiative contraste avec notre indifférence. L'Amérique s'est montrée reconnaissante envers notre compatriote, alors que la France demeurait oublieuse envers lui. Puisque tant de nos illustrations nationales ont aujourd'hui leur statue, serait-ce trop demander que d'exprimer le vœu que le même hommage soit rendu un jour, à l'inventeur de la photographie, dans cette ville de Paris aux portes de laquelle il a vu le jour ?

CHAPITRE VI

PHOTOGRAPHIE SUR PAPIER. — M. TALBOT, — M. BAYARD, — SIR JOHN HERSCHELL. — PROCÉDÉS GÉNÉRAUX DE LA PHOTOGRAPHIE SUR PAPIER.

Lorsqu'un amateur de Lille, M. Blanquart-Évrard, publia, au commencement de l'année 1847, la description d'un excellent procédé pratique pour la photographie sur papier, cette communication fut accueillie par les amateurs et les artistes avec un véritable enthousiasme, car elle répondait à un vœu qui avait été formé depuis longtemps et qui était resté jusque-là stérile.

On comprend sans peine les nombreux avantages que présentent les épreuves photographiques obtenues sur papier, et leur supériorité sur les produits de la plaque. Elles n'ont rien de ce miroitage désagréable qu'il est impossible de bannir complétement dans les épreuves sur métal, et qui a l'inconvénient de rompre toutes les habitudes artistiques ; elles présentent l'apparence ordinaire d'un dessin : une bonne épreuve sur papier ressemble à une *sépia* faite par un habile artiste. L'image n'est pas simplement déposée à la surface, comme dans les épreuves sur argent, elle fait corps jusqu'à une certaine profondeur avec la substance du papier, ce qui lui assure une durée indéfinie et une résistance complète au frottement. Grâce à l'épreuve positive succédant à l'épreuve négative, le trait n'est point renversé, comme dans les dessins du daguerréotype ; il est au contraire parfaitement correct pour la ligne, c'est-à-dire que l'objet est reproduit dans sa situation absolue au moment de la pose. En outre, un dessin-type une fois obtenu, on peut en tirer un nombre indéfini de copies, ce qui constitue un avantage extraordinaire, et suffirait pour établir la supériorité de cette méthode sur celle qui l'a précédée. Enfin, la faculté de pouvoir substituer une feuille de papier aux plaques métalliques, d'un prix élevé, d'une détérioration facile, d'un poids considérable, d'un transport incommode ; l'absence de tout ce matériel embarrassant, si bien nommé *bagage daguerrien*, qui rendait difficiles aux voyageurs les opérations photographiques ; la simplicité du procédé, le bas prix des substances chimiques dont on fait usage, tout se réunit pour assurer à la photographie sur papier une utilité pratique véritablement sans limites.

Il est donc facile de comprendre l'intérêt avec lequel le monde des savants et des artistes accueillit, en 1847, les premiers résultats de la photographie sur papier. Le nom de M. Blanquart-Évrard, qui n'était qu'un marchand de draps de Lille, conquit rapidement les honneurs de la célébrité.

Cependant, il se passait là un fait étrange, et qui compte peu d'exemples dans la science. Les procédés publiés par M. Blanquart-Évrard, n'étaient, à cela près de quelques modifications secondaires dans le manuel opératoire, que la reproduction d'une méthode qui avait été publiée six années auparavant, par un amateur anglais, M. Fox Talbot, méthode dont M. Blanquart-Évrard avait eu connaissance, à Lille, par un élève de M. Talbot, M. Tanner. Or, dans son mémoire, M. Blanquart-Évrard n'avait pas même prononcé le nom du premier inventeur, et cet oubli singulier ne provoqua, au sein de l'Académie, ni ailleurs, aucune réclamation. M. Talbot lui-même ne prit pas la peine d'élever la voix pour revendiquer la gloire de l'invention qui lui appartenait. Il se borna à adresser à quelques amis de Paris, deux ou trois de ses dessins photographiques.

En effet, depuis l'année 1834, alors que l'art photographique était encore à naître, M. Talbot avait essayé de reproduire sur le papier, les images de la chambre obscure.

Déjà d'ailleurs, et longtemps avant cette époque, d'autres physiciens, comme nous l'avons dit dans le premier chapitre de cette notice, avaient abordé cette question ; car c'est un fait à remarquer, que les premiers essais de photographie eurent pour objet le dessin sur papier. En 1802, Humphry Davy s'en était occupé, après Wedgwood. Ces deux savants avaient réussi à obtenir, sur du papier enduit d'azotate ou de chlorure d'argent, des reproductions de gravures et d'objets transparents. Ils avaient essayé de fixer également les images de la chambre obscure; mais la trop faible sensibilité lumineuse de l'azotate d'argent leur avait opposé un obstacle insurmontable. Mais on n'obtenait de cette manière que des silhouettes ou des images inverses, dans lesquelles les noirs du modèle étaient représentés par des blancs, et *vice versâ*. En outre, l'épreuve obtenue, ni Wedgwood ni Davy n'avaient pu réussir à la préserver de l'altération consécutive de la lumière.

Heureusement M. Talbot n'eut point connaissance des essais de Wedgwood et de Davy ; il ignora l'échec que ces grands chimistes avaient éprouvé dans leur tentative. Il avoue que, devant l'insuccès de tels maîtres, il eût immédiatement abandonné ses recherches, comme une poursuite chimérique. Cependant, par un travail de plusieurs années, il parvint à surmonter tous les obstacles. Il résolut complétement la double difficulté de fixer sur le papier les images de la chambre obscure et de les préserver de toute altération consécutive.

Mais la découverte capitale de M. Talbot, celle qui constitue dans son entier la photographie sur papier, ce fut celle du meilleur et du plus puissant *agent révélateur* que l'on connaisse, c'est-à-dire de l'acide gallique. L'effet de la lumière sur l'iodure d'argent qui recouvre le papier, n'est pas plus appréciable quand on le retire de la chambre obscure, que ne l'est l'image formée sur la plaque daguerrienne. Ces deux images sont également *latentes*, et il faut un agent révélateur pour les faire apparaître, pour les tirer des profondeurs de la masse où elles sont ensevelies. Daguerre a découvert dans les vapeurs de mercure, l'*agent révélateur* des images formées sur le métal ; Talbot découvrit dans l'acide gallique, l'agent révélateur propre aux

Fig. 19. — M. Fox Talbot.

images formées sur le papier. Le nom de l'amateur anglais doit donc venir après celui de Daguerre, dans l'ordre d'importance des découvertes qui ont créé la photographie.

M. Talbot continuait ses recherches, lorsqu'il fut surpris par la publication des travaux de Daguerre. Quelques mois après, il fit connaître en Angleterre, l'ensemble de sa méthode. La *Société royale de Londres* en reçut la communication, et le *Philosophical Magazine* du mois de mars 1839, publia un article de M. Talbot, contenant la description de ses procédés et de sa méthode générale, que l'auteur appelait *Calotypie*.

Le 7 juin 1841, dans une lettre adressée à M. Biot, et présentée par ce savant à l'Académie des sciences de Paris, M. Talbot donna la description de son procédé pour obtenir des reproductions photographiques sur papier.

On a peine à comprendre comment la publication faite en Angleterre, de la méthode de M. Talbot, en 1839, et la communication de cette même méthode faite par Biot, à l'Académie des sciences de Paris, en 1841, n'attirèrent pas davantage l'attention. Mais on était alors au milieu de l'enivrement causé par la découverte de Daguerre, et la communication de M. Talbot à l'Académie des sciences de Paris, confondue avec une foule de procédés sans intérêt, qui surgissaient de toutes parts, à cette époque, ne fut pas appréciée à sa juste valeur. Quelques personnes essayèrent d'obtenir des images en suivant les indications fournies par M. Talbot ; mais elles ne réussirent qu'imparfaitement, ce qui fit croire que l'inventeur n'avait dit son secret qu'à moitié.

La photographie sur papier tomba donc parmi nous dans un délaissement complet. Seulement quelques artistes anglais, munis de quelques renseignements plus ou moins précis, empruntés à la communication faite par M. Talbot à la *Société royale de Londres*, parcouraient la France, vendant aux amateurs le secret de cette nouvelle branche des arts photographiques, et dans Paris circulaient un certain nombre d'épreuves représentant des modèles inanimés, obtenues par un employé du ministère des finances, M. Bayard, qui toutefois cachait avec grand soin le procédé dont il faisait usage.

C'est dans ces circonstances que M. Blanquart-Évrard, qui avait eu connaissance, comme nous l'avons dit, des procédés de M. Talbot par M. Tanner, fit paraître son mémoire. Ce travail reproduisait, avec peu de changements, la méthode de M. Talbot, seulement, les descriptions qu'il renfermait étaient plus précises et plus complètes que celles qu'avait données le physicien anglais dans sa

Fig. 20. — Un miracle fait par le soleil (page 59).

communication à l'Académie des sciences de Paris, car après leur lecture chacun était en état de mettre en pratique le procédé nouveau.

Les changements apportés par M. Blanquart-Évrard au manuel opératoire de M. Talbot, consistaient : 1° à plonger le papier dans les liquides impressionnables, au lieu de déposer les dissolutions sur le papier, à l'aide d'un pinceau, comme le faisait M. Talbot; 2° à serrer entre deux glaces le papier chimique exposé dans la chambre obscure, au lieu de l'appliquer contre une ardoise. Tout le reste de l'opération : l'emploi de l'iodure d'argent comme agent impressionnable, pour obtenir l'épreuve positive sur papier, et du chlorure d'argent sur le papier négatif, l'action fondamentale de l'acide gallique employé comme *agent révélateur* pour faire apparaître l'image, l'idée capitale de préparer une image négative, et de s'en servir pour obtenir une image directe; en un mot, tout l'ensemble de l'opération de la photographie sur papier, appartient incontestablement au physicien anglais.

Nous avons prononcé plus haut, le nom de

M. Bayard, comme l'auteur de dessins photographiques sur papier, qui étaient déjà connus en France à l'époque où M. Blanquart-Évrard popularisa parmi nous la découverte de M. Talbot. Nous nous souvenons, en effet, qu'en 1846, M. Despretz, dans son cours de physique à la Sorbonne, montrait des épreuves de photographie sur papier, que les auditeurs du cours admiraient beaucoup. L'*Académie des beaux-arts* avait déjà remarqué ces intéressants produits, et les avait fait connaître dans un de ses rapports. Mais M. Bayard persistait à tenir secret le procédé dont il faisait usage ; ce qui nuisait aux progrès de cette branche nouvelle de la photographie, comme à sa propre renommée.

M. Bayard, employé au ministère des finances, n'est point de ces artistes amoureux de la renommée et du bruit, toujours impatients de jeter leur nom aux échos de la publicité. C'est un praticien modeste, qui ne vit que pour la photographie, et qui se montre toujours surpris et presque gêné quand on le proclame habile entre tous dans cet art merveilleux. Mais parce que M. Bayard ne tient pas à être distingué du reste de ses laborieux confrères, ce n'est pas une raison pour que l'historien passe son nom sous silence. M. Bayard a été l'un des créateurs de la photographie sur papier. Au moment où cette découverte n'existait encore que dans les limbes de l'avenir, c'est-à-dire avant les publications de M. Talbot, il avait déjà trouvé la manière de fixer sur le papier les images de la chambre obscure.

Ce fait est très-peu connu. C'est pour cela que nous raconterons, par forme de digression, comment M. Bayard fut conduit à découvrir la photographie sur papier, et comment sa découverte demeura un secret pour tous. Le récit n'est point long, d'ailleurs ; ce n'est guère, on va le voir, que l'histoire d'une pêche.

M. Bayard est le fils d'un honnête juge de paix, qui exerçait ses fonctions dans une petite ville de province. Pour occuper ses loisirs, le magistrat cultivait un jardin. Dans ce jardin était un petit verger, où des pêches admirables mûrissaient au soleil d'automne. M. Bayard père se plaisait, chaque année, à envoyer à ses amis quelques corbeilles de ces beaux fruits, et dans son naïf orgueil de propriétaire, il tenait, en les envoyant, à indiquer, par un signe irrécusable, que ces fruits sortaient de son verger. Il avait imaginé, pour cela, un moyen singulier, et qui n'était, à l'insu de son auteur, qu'un véritable procédé photographique. Sur l'arbre, en train de mûrir ses produits, il choisissait une pêche. C'était, comme bien vous pensez, la plus belle, une de ces *pêches à trente sous*, qui étaient destinées plus tard, grâce à M. Alexandre Dumas fils, à jouer un si grand rôle dans le monde, ou plutôt dans le *demi-monde* dramatique. Pour la préserver de l'action du soleil, notre juge de paix avait soin d'envelopper de feuilles cette pêche prédestinée. Lorsque, ainsi abrité des rayons solaires, le fruit avait acquis les dimensions voulues, il le dépouillait de son enveloppe de feuilles, et le laissait alors librement exposé à l'influence du soleil. Seulement, il collait sur le fruit les deux initiales de son nom, artistement découpées en caractères de papier. Au bout de quelques jours, quand on venait à enlever ce papier protecteur, les deux initiales se détachaient en blanc sur le fond rouge de la pêche, qu'elles marquaient ainsi d'une estampille irrécusable dont le soleil avait fait les frais.

Ce phénomène, dont il était témoin chaque année, avait naturellement frappé le jeune esprit de M. Bayard fils. Enfant, il s'était amusé à répéter ce même jeu de la lumière docile, sur des morceaux de papier rose tressés en forme de croix. Les parties du papier cachées par la superposition d'autres bandes, conservaient leur couleur rose, tandis que les autres étaient promptement décolorées.

Plus tard, ayant essayé, comme tant d'autres, de fixer les images de la chambre obscure, M. Bayard eut l'idée d'employer, pour arriver à ce résultat, ce papier rose de carthame qui avait servi aux distractions de son enfance. Mais, placé dans la chambre noire, ce papier rebelle ne s'impressionnait point par l'agent lumineux. C'est alors que M. Bayard eut l'idée de remplacer cette matière paresseuse par le chlorure d'argent, c'est-à-dire par l'agent photographique dont on fait usage aujourd'hui. Il parvint ainsi à obtenir de véritables épreuves de photographie sur papier, avec cette condition, si remarquable pour l'époque, d'être des *images directes*, c'est-à-dire qui n'exigeaient point la préparation préalable d'un type négatif. Sur l'épreuve obtenue dans la chambre noire, les clairs correspondaient aux lumières du modèle, et les noirs aux ombres.

Le procédé de M. Bayard consistait à exposer le papier imprégné de chlorure d'argent, à l'action de la lumière, mais seulement *jusqu'à un certain degré*, que l'expérience lui avait appris à connaître. Quand on voulait s'en servir pour obtenir l'image photographique, on faisait tremper ce papier imprégné d'avance de chlorure d'argent, dans une dissolution d'iodure de potassium et on l'exposait, dans la chambre obscure, à l'action de la lumière. Les rayons lumineux avaient pour effet de blanchir, ou, pour mieux dire, de jaunir faiblement le sel d'argent dans les parties éclairées. Il ne restait plus qu'à fixer l'épreuve, au moyen de l'hyposulfite de soude.

Tel est le procédé de photographie sur papier qu'avait imaginé M. Bayard, et qu'il eut, pour sa réputation future, le tort de vouloir garder secret. C'est ainsi qu'étaient obtenues ces belles épreuves que M. Despretz nous montrait, en 1846, dans son cours de physique à la Sorbonne, et que nous nous faisions passer de main en main, sans pouvoir deviner par quels procédés magiques se réalisaient de telles merveilles. Comment deviner aussi que ces beaux effets ne dérivaient que de l'observation attentive de l'action du soleil sur une pêche !

Cette histoire d'une pêche étiquetée par le soleil d'automne, excitera peut-être un sourire d'incrédulité chez quelques lecteurs. Pour convaincre les sceptiques de la réalité de cette action chimique de l'astre solaire, nous emprunterons aux traditions de l'Orient une autre histoire, tout à fait analogue, et qui s'explique par les mêmes influences.

Deux juifs arrivent, un jour, à Constantinople, pour faire fortune. Comme leur religion était un obstacle à leurs projets, ils en font bon marché, et se déclarent prêts à embrasser le mahométisme.

Ce n'est pas une grande affaire que deux juifs se disposant à abjurer leur religion ; on n'y aurait donc pas fait grande attention dans la bonne ville de Constantinople. Aussi nos deux personnages voulurent-ils donner plus d'éclat à leur conversion. Ils invoquèrent un miracle que le prophète aurait daigné accomplir sur leur personne. Ils firent savoir que Mahomet était apparu à l'un d'eux ; qu'il l'avait appelé à haute voix, et après l'avoir éveillé, lui avait ordonné de se rendre à Constantinople, pour y embrasser la religion du Dieu des musulmans.

Les ulémas de Constantinople ne brillent point par la crédulité ; ils aiment, avant de prendre un parti, ou de croire aux paroles d'un inconnu, que cet inconnu fournisse la preuve de ce qu'il avance ; les ulémas demandèrent donc à nos deux juifs la preuve de cette apparition divine.

« Je porte sur mon corps, cette preuve, dit l'un des deux juifs. Quand la main du prophète s'est posée sur moi, pour me tirer du sommeil ; cette main a laissé sa trace sur ma poitrine, et cette marque persiste encore. »

Et découvrant aussitôt sa poitrine, le juif montre en effet, imprimée sur sa peau brune, la silhouette d'une main, qui s'y découpait en une teinte plus claire.

On examina avec soin la peau du juif ; on

la soumit à tous les lavages, à toutes les frictions possibles. Aucune supercherie ne fut découverte, aucune substance ne fut reconnue comme ayant été appliquée frauduleusement sur la peau, pour produire cet étrange stigmate. Le miracle fut donc tenu pour authentique, et les deux nouveaux convertis furent, à partir de ce jour, en grande vénération à Constantinople.

Si les bons musulmans avaient été mieux inspirés, ils auraient reconnu que la marque de la main imprimée sur la poitrine de l'un des juifs, était la reproduction exacte, par ses dimensions et sa structure, de la main de l'autre juif.

Voici, en effet, comment s'y étaient pris nos deux fripons. L'un s'était couché au soleil, la poitrine nue, et l'autre avait tenu sa main ouverte sur la poitrine du premier. Ils avaient eu la patience, tout orientale, de passer ainsi trois semaines. Au bout de ce temps, le soleil avait répandu sur la peau du juif couché, une teinte brun foncé, tandis que la partie protégée par la main ouverte, était demeurée blanche.

Ce stigmate miraculeux n'était qu'une impression photographique, dans laquelle la peau était la substance impressionnée, et le soleil la substance impressionnante.

Après cette digression, nous reviendrons à l'histoire de la photographie, que nous terminerons en revendiquant pour un savant anglais, pour l'astronome John Herschell, la découverte de l'un des plus importants agents de la photographie sur papier.

Ce n'est pas tout, en effet, de posséder, avec l'acide gallique, un excellent agent révélateur. Il faut aussi un réactif chimique d'une efficacité certaine pour obtenir la *fixation de l'image*, pour la rendre absolument inaltérable à l'action ultérieure de la lumière. L'agent fixateur universellement en usage, et le meilleur pour cette opération, c'est l'hyposulfite de soude.

Selon M. Van Monckhoven, auteur d'un excellent *Traité de photographie*, l'œuvre la plus sérieuse qui ait paru sur cette matière, on doit la découverte de l'efficacité de l'hyposulfite de soude comme fixateur des images

Fig. 21. — John Herschell.

sur papier, au physicien astronome John Herschell.

Il nous reste à décrire le procédé de photographie sur papier découvert par M. Talbot et vulgarisé en France par M. Blanquart-Evrard.

Avant de faire connaître ce procédé pratique, exposons la théorie générale de l'opération.

Tout le monde sait que les sels d'argent, naturellement incolores, particulièrement le chlorure, le bromure et l'iodure d'argent, étant exposés à l'action de la lumière solaire ou diffuse, noircissent promptement, par suite d'une décomposition chimique provoquée par l'agent lumineux. D'après cela, si l'on place au foyer d'une chambre obscure, une feuille de papier imprégnée d'iodure d'argent, l'image formée par l'objectif s'imprimera sur le papier, parce que les parties vivement éclairées noirciront la couche sensible, tandis que les parties obscures, restant sans action, laisseront au papier sa couleur blanche.

L'impression produite par la lumière sur le chlorure d'argent, n'est pas appréciable quand on retire le papier de la chambre obscure : cette image est latente. Il faut la faire apparaître, par l'action d'un *agent révélateur*. Cet agent révélateur, c'est l'*acide gallique*. Comment l'acide gallique produit-il cet effet? En se combinant avec l'oxyde d'argent rendu libre par l'action de la lumière. Il se forme ainsi un sel d'une coloration noire très-intense, le gallate d'argent. Les parties que la lumière a touchées se chargent de gallate d'argent, les parties restées dans l'ombre demeurent exemptes de ce sel coloré. Ainsi se produit et apparaît sous les yeux de l'opérateur, un dessin qui reproduit l'image du modèle avec des tons inverses de ceux de la nature.

Maintenant, si, grâce à l'action dissolvante de l'hyposulfite de soude, on débarrasse le papier de l'excès du chlorure d'argent non impressionné par la lumière, on obtiendra une sorte de silhouette, dans laquelle les parties éclairées du modèle seront représentées sur l'épreuve, par une teinte noire, et les ombres par des blancs. C'est ce que l'on nomme une image inverse, ou *négative*, selon l'expression consacrée.

Enfin, si l'on place cette image sur une feuille de papier imprégnée de chlorure d'argent, et qu'on expose le tout à l'action directe du soleil, l'épreuve négative laissera passer la lumière à travers les parties transparentes du dessin et lui fermera passage dans les portions opaques. Le rayon solaire, allant ainsi agir sur le papier sensible placé au contact de l'épreuve négative, donnera naissance à une image sur laquelle les clairs et les ombres seront placés dès lors dans leur situation naturelle. On aura donc formé ainsi une image directe, ou *positive*.

Le procédé pratique de la photographie sur papier se compose, d'après cela, de deux séries distinctes d'opérations : la première ayant pour effet de préparer l'image négative ; la seconde, de former l'épreuve redressée ou positive.

On obtient l'épreuve négative en recevant l'image de la chambre obscure sur un papier enduit d'iodure d'argent mélangé d'une petite quantité d'acide acétique ; ce papier sensible est appliqué contre un carton léger, auquel il adhère par son humidité.

Au bout de trente à cinquante secondes, l'effet chimique provoqué par la lumière est produit ; l'iodure d'argent se trouve décomposé dans les parties éclairées, et dans tous les points sur lesquels a porté la lumière, l'oxyde d'argent est devenu libre.

La faible altération chimique qui vient d'avoir lieu, n'est en aucune façon, accusée à la surface du papier, qui n'offre encore aucune trace visible de dessin. Il faut pour la faire apparaître, pour la *développer*, selon le terme consacré, un agent chimique spécial. Si l'on arrose l'épreuve avec une dissolution d'acide gallique, ce composé forme, avec l'oxyde d'argent qui existe à l'état de liberté à la surface du papier, un sel, le gallate d'argent, d'une couleur noir foncé, et l'image apparaît subitement. Il ne reste plus qu'à enlever l'excès du composé d'argent non influencé, afin de préserver le dessin de l'action ultérieure de la lumière. On y parvient en lavant l'épreuve avec une dissolution d'hyposulfite de soude ou de sel marin qui dissout immédiatement l'iodure d'argent non altéré par la lumière.

Pour obtenir l'image positive, on place l'épreuve négative obtenue par les moyens qui viennent d'être indiqués, sur un papier imprégné de chlorure d'argent; on les serre tous les deux entre deux glaces, l'épreuve négative en dessus, et l'on expose le tout au soleil, ou à la lumière diffuse. La durée de cette exposition varie depuis une demi-heure jusqu'à huit heures à la lumière diffuse, et au soleil depuis quinze jusqu'à vingt-cinq minutes. Au reste, comme on peut suivre de l'œil la formation du dessin, en le portant pendant quelques instants dans un lieu obscur et en se servant d'une bougie, on est toujours le maître de s'arrêter quand on juge le trait suffisamment renforcé.

Pour fixer l'image positive, c'est-à-dire pour enlever l'excédant du composé chimique qui, sans cette précaution, continuerait de noircir en présence de la lumière, on opère comme pour l'image négative, c'est-à-dire que l'on place l'épreuve dans une dissolution d'hyposulfite de soude ou de sel marin qui dissout l'excès de chlorure d'argent non influencé. En prolongeant plus ou moins la durée de son séjour dans le bain d'hyposulfite de soude, on peut communiquer à l'épreuve une couleur qui varie, en parcourant toute l'échelle des tons bruns et des bistres, jusqu'au violet foncé et au noir intense.

Nous n'avons pas besoin d'ajouter que l'épreuve négative peut servir à donner un très-grand nombre d'autres épreuves positives, et qu'une fois obtenu, ce type peut fournir des reproductions en nombre indéfini.

CHAPITRE VII

PERFECTIONNEMENTS APPORTÉS A LA PHOTOGRAPHIE SUR PAPIER. — DÉCOUVERTE DU NÉGATIF SUR VERRE PAR M. NIÉPCE DE SAINT-VICTOR. — DÉCOUVERTE DU COLLODION PAR MM. ARCHER ET LE GRAY.

En dévoilant au public les procédés de la photographie sur papier, avec un désintéressement et une libéralité assez rares parmi ses confrères, M. Blanquart-Évrard rendit aux arts photographiques un immense service. De toutes parts on s'empressa de mettre en pratique ces moyens, si simples dans leur exécution, si intéressants dans leurs résultats, et la photographie sur papier reçut bientôt une impulsion extraordinaire. Aussi ne fut-il pas difficile de prévoir dès ce moment, qu'elle ne tarderait pas à s'enrichir de modifications importantes et à marcher rapidement vers le degré de perfection qui lui manquait.

Obtenus en effet par les procédés décrits en 1847, par M. Blanquart-Évrard, les dessins photographiques étaient encore fort au-dessous des produits de la plaque daguerrienne. On y cherchait en vain la rigueur, la délicatesse du trait, l'admirable dégradation de teintes qui font le charme des épreuves métalliques. Le motif de cette infériorité est, d'ailleurs, facile à comprendre. La surface plane et polie d'un métal offre, pour l'exécution d'un dessin photographique, des facilités sans pareilles ; au contraire, la texture fibreuse du papier, ses aspérités, la communication capillaire qui s'établit entre les diverses parties de sa surface inégalement impressionnées, sont autant d'obstacles qui s'opposent à la rigueur absolue des lignes, comme à l'exacte dégradation des lumières et des ombres. Les défauts des images obtenues par les procédés de M. Talbot, ne tenaient donc qu'au papier lui-même. La nature fibreuse du papier, l'inégalité de son grain, l'impureté de sa pâte, son extension variable et irrégulière pendant son immersion dans les différents liquides, telles étaient les causes des difficultés que rencontraient les opérateurs. Le problème du perfectionnement de cette nouvelle branche de la photographie, consistait à remplacer la surface inégale et rugueuse employée à recevoir l'épreuve négative, par une surface homogène et parfaitement plane, imitant le poli si parfait des plaques métalliques.

Ce problème capital fut résolu par la découverte des *négatifs sur verre*. Au lieu de former sur le papier l'image négative, on la forme sur une lame de verre ou de glace que l'on a préalablement revêtue d'une couche d'albumine ; le dessin négatif produit sur cette glace sert ensuite à obtenir sur le papier, l'image positive.

Les moyens pratiques sont les suivants. Sur la glace qui doit recevoir l'image négative, on étend une légère couche d'albumine liquide, ou de blanc d'œuf, dans laquelle on a dissous un peu d'iodure de potassium. Une fois sèche, cette couche d'albumine forme une surface homogène et d'un poli parfait, éminemment propre à donner aux lignes du dessin un contour arrêté. Ainsi recouverte d'albumine, la lame de verre est imbibée d'iodure d'argent; pour cela on immerge la plaque dans une cuvette contenant une dissolution de ce sel. Ensuite on l'expose au foyer de la chambre obscure, et l'on exécute sur sa surface, les opérations ordinaires que l'on fait sur le papier quand on veut obtenir une image négative. Celle-ci, une fois obtenue, constitue un cliché, ou épreuve négative sur verre, qui sert à produire l'image directe. Cette dernière image se forme sur une feuille de papier en se servant des moyens habituels. Le verre ne sert donc qu'à préparer l'image négative; c'est là un point qu'il importe de bien faire remarquer, pour éviter une confusion que commettent beaucoup de personnes.

Les épreuves obtenues par l'intermédiaire de la glace albuminée, se reconnaissent à la rigueur extraordinaire, à la correction du dessin, à ses contours admirablement arrêtés : elles peuvent presque rivaliser, sous ce rapport, avec les produits de la plaque daguerrienne.

Ce perfectionnement fondamental dans la manière d'obtenir les négatifs, a été l'œuvre de M. Niépce de Saint-Victor, cousin de Nicéphore Niépce, et non son neveu, comme nous l'apprend M. Victor Fouque, qui a établi avec grand soin toute la généalogie des Niépce (1).

M. Niépce de Saint-Victor, que son nom prédestinait aux études et aux recherches sur la photographie, ne se voua pas, dès le début, à cette carrière. Il entra à l'école de cavalerie de Saumur, d'où il sortit en 1827, avec le grade de maréchal des logis instructeur. En 1842, il fut admis, en qualité de lieutenant, au premier régiment de dragons.

A cette époque, le goût lui vint des manipulations scientifiques, et il commença de s'adonner aux expériences de physique et de chimie.

En 1842, le ministre de la guerre manifesta l'intention de changer en couleur *aurore*, la couleur distinctive *rose* des premiers régiments de dragons : on désirait n'être pas obligé de défaire les uniformes confectionnés. La question des moyens à employer pour remplir cet objet délicat, ne laissait pas que d'embarrasser l'administration, lorsqu'on apprit qu'un lieutenant de dragons de la garnison de Montauban s'offrait à remplir cette condition difficile. Le lieutenant fut mandé à Paris; on soumit à une commission le moyen qu'il proposait, et qui consistait à passer avec une brosse un certain liquide qui opérait la réforme désirée, sans qu'il fût même nécessaire de découdre les fracs. L'exécution de ce procédé expéditif épargna au trésor un déboursé de plus de 100,000 fr. Après avoir reçu, avec les compliments de ses chefs, une gratification de 500 francs du maréchal Soult, le lieutenant reprit le chemin de Montauban.

Ce lieutenant était M. Abel Niépce de Saint-Victor, cousin de Nicéphore Niépce, le Christophe Colomb de la photographie.

Pendant son séjour à Paris, M. Abel Niépce

(1) « ...De cette union, dit M. Fouque, est né à Saint-Cyr, le 26 juillet 1805, M. Abel Niépce de Saint-Victor.

« Son père, afin de pouvoir être distingué de ses frères, avait ajouté à son nom, celui de sa femme; et naturellement, M. Abel signe : Niépce de Saint-Victor.

« De cet exposé, il résulte que M. Abel Niépce de Saint-Victor est cousin issu de germain de Nicéphore Niépce, et non son neveu, ainsi qu'il en prend volontiers la qualification. Il est vrai qu'en Bourgogne, ainsi que dans d'autres provinces de la France, on donne habituellement, comme une marque de déférence et de respect, le titre d'*oncle* aux grands cousins : c'est ce que fait M. Niépce de Saint-Victor à l'égard de son illustre parent. » (*La vérité sur l'invention de la photographie*, p. 202.)

de Saint-Victor avait senti s'accroître son goût des manipulations scientifiques. La découverte de son parent avait jeté sur le nom qu'il portait une gloire impérissable, et, comme par

Fig. 22. — M. Niépce de Saint-Victor.

une sorte de piété de famille, il se sentait instinctivement poussé dans les voies de la science. Il commença donc à s'occuper de physique et de chimie, et s'attacha particulièrement à l'étude des phénomènes daguerriens. Mais une ville de province offre peu de ressources à une personne placée dans la situation où se trouvait M. Niépce. Convaincu que la capitale lui offrirait plus d'avantages pour continuer ses recherches, il demanda à entrer dans la garde municipale de Paris.

Il y fut admis, en 1845, avec le grade de lieutenant, et fut caserné, avec sa brigade, au faubourg Saint-Martin. C'est alors que M. Niépce de Saint-Victor découvrit les curieux phénomènes auxquels donne naissance la vapeur d'iode quand elle se condense sur les corps solides. Il démontra, en 1847, que l'inégale absorption de la vapeur d'iode par les différents corps qui la reçoivent, se trouve liée à la *couleur des corps absorbants*, phénomène physique singulier, dont l'explication soulève beaucoup de difficultés, et qui mériterait d'être étudié d'une manière approfondie.

A la suite de ce premier travail, qui commença à attirer sur lui l'attention, M. Niépce de Saint-Victor imagina le négatif photographique sur verre, dont nous venons de parler, découverte qui sera pour lui un titre de gloire durable.

Ces intéressantes recherches, qui apportaient un puissant secours aux progrès de la photographie, M. Niépce les exécutait dans le plus étrange des laboratoires. Il y avait à la caserne de la garde municipale du faubourg Saint-Martin, une salle toujours vide : la salle de police des sous-officiers ; c'est là qu'il avait installé son officine. Le lit de camp formait sa table de travail, et sur les étagères qui garnissaient les murs, se trouvaient disposés les appareils, les réactifs et tout le matériel indispensable à ses travaux. C'était un spectacle assez curieux que ce laboratoire installé en pleine caserne ; c'était surtout une situation bien digne d'intérêt que celle de cet officier poursuivant avec persévérance des travaux scientifiques, malgré les continuelles exigences de sa profession. Nos savants sont plus à l'aise d'ordinaire ; ils ont, pour s'adonner à leurs recherches, toute une série de conditions favorables, entretenues et préparées de longue main par un budget clairvoyant. Ils ont de vastes laboratoires, où tout est calculé pour faciliter leurs travaux ; après avoir eu des maîtres pour les initier, ils ont des disciples auxquels ils transmettent les connaissances qu'ils ont acquises. Quand le succès a couronné leurs efforts, ils ont le public qui applaudit à leurs découvertes, l'Académie qui les récompense, et au loin la gloire qui leur sourit. M. Niépce était seul ; comme il avait été sans maître, il était sans disciples ; sa solde de lieutenant formait tout son budget; une salle de police lui servait de laboratoire. Le jour, dans tout l'attirail du

Fig. 23. — Le laboratoire de M. Niépce de Saint-Victor, dans la salle de police de la caserne de la garde municipale du faubourg Saint-Martin, en 1848.

savant, il se livrait à des recherches de laboratoire, entrecoupées des mille diversions de son état; la nuit, il s'en allait par la ville, le casque en tête et le sabre au côté, veillant en silence à la tranquillité de la rue, et s'efforçant de chasser de son esprit le souvenir inopportun des travaux de la journée.

En dépit des obstacles d'une position si exceptionnelle, M. Niépce de Saint-Victor avançait dans la voie scientifique, et tout faisait espérer qu'une réussite brillante viendrait couronner ses efforts. Mais il avait compté sans la révolution de février. Les révolutions sont impitoyables; elles n'épargnent pas plus l'asile du savant que le palais des rois. Le 24 février 1848, l'insurrection triomphante entra dans la caserne du faubourg Saint-Martin; elle commença par la saccager, puis elle y mit le feu. Ce laboratoire élevé avec tant de soins et de sollicitude, les produits, les spécimens de ses travaux, le modeste mobilier du lieutenant, tout périt dans ce désastre.

Nous eûmes occasion de voir M. Niépce après cette journée. Il s'était retiré dans le haut du faubourg Saint-Martin, chez un ecclésiastique de ses parents : peu de jours auparavant, sur la place de l'Hôtel-de-Ville, quelques gardes municipaux, reconnus, avaient manqué d'être victimes de la fureur d'un peuple égaré. Il vivait donc chez son parent, attendant des jours meilleurs ; et c'était, je vous l'assure, un spectacle pénible que cet homme de cœur contraint de suspendre à son chevet son épée devenue inutile à la défense des lois, que ce savant réduit à pleurer la perte de son sanctuaire dévasté. Cependant, comme à la fin tout devait reprendre sa place, M. Niépce de Saint-Victor fut incorporé dans la garde républicaine, au moment de son organisation. Quand elle prit le nom de Garde de Paris, M. Niépce de Saint-Victor reçut le grade de capitaine, et en 1854 celui de chef d'escadron.

En 1855 il fut appelé par l'Empereur, au poste de commandant du Louvre, où il continue de poursuivre ses travaux. Mais en acceptant ce poste de confiance, M. Niépce de Saint-Victor dut renoncer à son avancement dans l'armée et à une partie notable de son traitement, par suite d'une décision du ministre de la guerre, qui prescrit que les commandants des résidences impériales ne peuvent entrer en fonction qu'après avoir été mis en non-activité.

Grâce à ses nouvelles fonctions, M. Niépce de Saint-Victor trouve plus de loisirs qu'autrefois, pour s'adonner aux études concernant la photographie. Nous aurons souvent à citer son nom dans cette notice, particulièrement en ce qui concerne l'application de la photographie à la gravure et les essais de fixation des couleurs des images de la chambre noire. Mais son invention des *négatifs sur verre* a été l'une des plus utiles, en ce qu'elle a rendu à la photographie un service pratique d'une valeur incontestable. Malgré tous les progrès qu'a faits la photographie, tous les opérateurs s'en tiennent aujourd'hui à l'usage des clichés négatifs sur verre, dont M. Niépce de Saint-Victor eut le premier l'idée en 1848.

Cependant la préparation d'un cliché négatif sur verre avec l'albumine, est une opération assez délicate. Il faut que l'albumine soit étendue avec soin sur la glace, et séchée avec précaution. En outre, l'enduit albumineux a l'inconvénient de diminuer la sensibilité du sel d'argent à l'action de la lumière; de telle sorte que, pour la rapidité d'impression, la glace albuminée laissait beaucoup à désirer.

On s'efforça donc de perfectionner ce procédé, en cherchant à diminuer le temps de l'impression lumineuse. Une heureuse découverte vint répondre, sous ce rapport, à tous les désirs des photographes.

Dans une brochure qui parut en janvier 1851, M. Gustave Le Gray annonçait avoir fait usage du *collodion*, pour remplacer l'albumine, dans la photographie sur verre; mais il ne donnait aucun renseignement sur son mode d'emploi. Pendant la même année, un photographe de Londres, M. Archer, publia une description très-complète des procédés et moyens qui sont nécessaires pour faire usage du collodion en photographie. Les procédés publiés par M. Archer furent aussitôt mis en pratique, et l'on reconnut promptement toutes les ressources que cette matière nouvelle fournit aux opérateurs.

Le *collodion* est le produit de l'évaporation d'une dissolution de coton-poudre dans l'éther sulfurique mélangé d'alcool. En s'évaporant, cette dissolution laisse un enduit visqueux, qui s'obtient en quelques minutes. Or, cette pellicule organique se prête merveilleusement aux opérations photogéniques. Elle s'imprègne très-bien du composé d'argent, et s'impressionne au contact des rayons lumineux avec une rapidité étonnante. Le collodion active à un tel point l'impression photogénique, que l'on peut reproduire, par son emploi, l'image des corps animés d'un mouvement rapide, tels que les vagues de la mer soulevées par le vent, une voiture emportée sur un chemin, un cheval au trot, un bateau à vapeur en marche avec son panache de fumée et l'écume qui jaillit au choc de ses roues.

On comprend sans peine, dès lors, que le collodion ait été accueilli avec une grande faveur par les photographes. Le portrait, qui ne pouvait s'obtenir qu'à grand'peine sur la glace albuminée, en raison de la lenteur d'impression de la matière sensible, s'exécute au moyen du collodion, avec la plus grande facilité; aussi cette matière est-elle aujourd'hui la seule en usage pour l'exécution des portraits.

Un jeune physicien enlevé prématurément aux sciences, Taupenot, donna le moyen de communiquer aux plaques de verre recouvertes de collodion, la propriété de conserver pendant plusieurs jours leur sensibilité. Quand on opère avec le collodion, il faut agir extemporanément ; car la sensibilité de l'enduit disparaît au bout de peu de minutes, par sa dessiccation, ce qui prive le paysagiste et le photographe voyageur, de l'avantage d'emporter au loin, avec lui, des lames de verre collodionnées préparées d'avance. C'était là un grave inconvénient pour la pratique de la photographie. Taupenot a parfaitement obvié à cette difficulté en ajoutant au collodion ioduré un peu d'albumine. Grâce à cette addition, la plaque sèche conserve toute la sensibilité de la plaque humide, et on peut l'employer après plusieurs jours de préparation.

Il a été reconnu depuis, que le miel et quelques autres substances agglutinatives qui s'opposent au fendillement qu'éprouve par la dessiccation, la couche de collodion, produisent le même effet, c'est-à-dire permettent de conserver pendant plusieurs jours aux plaques collodionnées, leur sensibilité à la lumière.

Le collodion étendu sur une lame de verre, est donc le meilleur moyen que l'on possède aujourd'hui pour la production des négatifs. Le cliché négatif sur verre donne des images d'une finesse presque égale à celle de la plaque daguerrienne.

CHAPITRE VIII

TRAVAUX DE M. POITEVIN ; DÉCOUVERTE DE L'ACTION DE LA LUMIÈRE SUR LES CHROMATES MÉLANGÉS DE SUBSTANCES ORGANIQUES. — APPLICATIONS DE CETTE DÉCOUVERTE A LA GRAVURE DES PHOTOGRAPHIES. — LES ÉMAUX PHOTOGRAPHIQUES DE M. LAFON DE CAMARSAC.

Nous négligeons plusieurs perfectionnements de détail, — tels que la manière d'obtenir les épreuves positives directes, — l'artifice qui consiste à détacher du verre la couche de collodion transformée en positif direct, et à la rapporter sur toile ou sur papier, etc., — pour arriver à la découverte la plus importante qui ait été faite dans ces derniers temps. Nous voulons parler des observations de M. Auguste Poitevin concernant la modification chimique qu'éprouvent, par l'action de la lumière, les chromates, mélangés de substances gélatineuses ou albumineuses. Les découvertes de M. Poitevin ont donné le signal d'une foule d'applications nouvelles, et ont conduit, en particulier, à la solution du grand problème de la photographie, c'est-à-dire à la transformation des épreuves photographiques en gravures semblables aux gravures en taille-douce.

C'est en 1855 que M. Poitevin fit la découverte de la propriété que possèdent les matières gommeuses, gélatineuses, albumineuses, ou mucilagineuses, quand on les a mêlées avec du bichromate de potasse, et qu'on les a exposées à l'action de la lumière, de pouvoir prendre et retenir l'encre d'impression. Cette observation était fondamentale ; elle devint le signal d'une foule de recherches.

Elle donna d'abord le moyen de tirer des épreuves positives en excluant les sels d'argent. On n'a pas, en effet, tardé à reconnaître que les épreuves photographiques positives, quand elles ne sont pas tirées avec les soins nécessaires, surtout quand elles sont mal lavées et retiennent encore de l'hyposulfite de soude, s'altèrent, pâlissent, et finissent, au bout de quelques années, par disparaître en partie. De là le précepte théorique qui avait été posé, d'effectuer le tirage avec l'encre ordinaire d'impression, qui sert à tirer les gravures et les lithographies. Le fait découvert par M. Poitevin, de l'impressionnabilité d'un mélange de bichromate de potasse et de gélatine par la lumière, de telle sorte que la gélatine ainsi modifiée peut retenir l'encre d'imprimerie, vint répondre à cette indication de la théorie, et la gélatine chromatée fut appliquée au tirage des positifs. Ainsi fut créée la méthode du tirage des *positifs inaltérables au charbon*.

Mais là ne se sont pas bornées les applications de la découverte de M. Poitevin. La gravure des épreuves photographiques en a été la conséquence.

Fig. 24. — M. A. Poitevin.

M. Poitevin lui-même est entré le premier avec éclat dans cette voie, qui a ouvert un horizon imprévu à la photographie. Il a, le premier, donné la solution du problème général de la gravure héliographique. M. Poitevin créa la *photo-lithographie*, c'est-à-dire l'art de transporter sur pierre une épreuve photographique, et de la tirer avec l'encre lithographique, comme une lithographie ordinaire.

Sur une pierre convenablement grainée, on dépose un mélange d'albumine et de bichromate de potasse; on place par-dessus le cliché négatif sur verre, d'une épreuve photographique, et on expose le tout à la lumière. La lumière modifie les parties de la pierre gélatinée qu'elle touche, de telle façon que l'encre ne pourra adhérer que sur les parties éclairées. L'encrage et le tirage s'opèrent ensuite comme pour une lithographie ordinaire

M. Poitevin fit aussi cette autre découverte importante, que la gélatine mélangée de bichromate de potasse, ne peut plus se gonfler par l'eau, lorsqu'elle a été frappée par la lumière, tandis que les parties non influencées par l'agent lumineux, se gonflent rapidement en absorbant l'eau. En prenant une empreinte de cette gélatine ainsi gonflée inégalement, et reproduisant ce moulage de gélatine en une planche de cuivre, grâce aux procédés galvanoplastiques, on arrive à former d'assez bonnes planches pour la gravure ou la typographie.

La méthode de M. Poitevin, pour la gravure photographique, repose donc sur la propriété que possède la gélatine imprégnée de bichromate de potasse, et soumise ensuite à l'action de la lumière, de perdre la faculté de se gonfler dans l'eau, tandis que la gélatine ainsi préparée, mais non impressionnée par l'action lumineuse, se gonfle considérablement (au point d'augmenter d'environ six fois son volume), quand on la plonge dans l'eau.

La curieuse modification subie, dans cette circonstance, par la gélatine imprégnée de bichromate de potasse, tient à ce que les sels d'acide chromique, et surtout les bichromates, quand ils sont mêlés à des substances organiques, s'altèrent chimiquement au contact des rayons lumineux, l'acide chromique passant, sous cette influence, à l'état d'oxyde de chrome. L'acide chromique, réduit par l'action de la lumière et changé en oxyde de chrome, transforme la gélatine en une substance particulière, qui diffère de la gélatine ordinaire en ce qu'elle n'est pas pénétrable par l'eau et, par conséquent, n'est pas susceptible de se gonfler par l'absorption de ce liquide.

Grâce à la propriété du mélange qui vient d'être décrit, M. Poitevin transporte à volonté une épreuve photographique sur une pierre lithographique ou sur une lame de cuivre, pour en tirer des épreuves lithographiques sur papier ou des gravures sur cuivre.

Fig. 25. — Spécimen des premières gravures héliographiques obtenues par M. Poitevin.

Pour le premier cas, c'est-à-dire pour la litho-photographie, le procédé de M. Poitevin consiste à déposer à la surface d'une pierre lithographique, de la gélatine mêlée avec une solution de bichromate de potasse ; on laisse sécher, puis on recouvre cette pierre avec un cliché négatif, et on l'expose à l'influence de la lumière solaire : sous cette influence, le bichromate passe à l'état d'oxyde de chrome et devient insoluble. Au moyen de lavages à l'eau, on enlève la gélatine qui n'a pas été altérée ; on passe sur la pierre le rouleau lithographique ou le tampon, et l'encre s'attache seulement aux endroits où il est resté de l'oxyde de chrome.

Voici maintenant la manière d'obtenir avec une épreuve photographique, une planche de cuivre propre à fournir des gravures sur papier.

On applique une couche plus ou moins epaisse de dissolution de gélatine sur une surface plane, sur une lame de verre par exemple ; on la laisse sécher et on la plonge ensuite dans une dissolution de bichromate de potasse ; on laisse sécher de nouveau, et l'on impressionne, soit à travers un négatif photographique sur verre, soit à travers un dessin positif. Après l'impression lumineuse, dont la durée doit varier selon l'intensité de la lumière, on plonge dans l'eau la couche de gélatine ; alors toutes les parties qui n'ont pas reçu l'action de la lumière, se gonflent et forment des reliefs, tandis que celles qui ont été impressionnées, ne prenant pas d'eau, restent en creux. On transforme ensuite cette surface de gélatine gravée, en planches métalliques, en la moulant, au moyen du plâtre, avec lequel on obtient immédiatement, par la galvanoplastie, des planches métalliques, ou bien on la moule directement par la galvanoplastie, après l'avoir métallisée.

Fig. 26. — Spécimen des premières gravures héliographiques obtenues par M. Poitevin.

Par ce procédé, les dessins négatifs au trait fournissent des planches métalliques en relief, pouvant servir à l'impression typographique, tandis que les dessins positifs donnent des planches en creux pouvant être imprimées en taille-douce.

Tel est le principe du procédé qui a servi à créer, entre les mains de M. Poitevin, la *photo-lithographie* et la *gravure héliographique*. Le procédé primitif de M. Poitevin a été singulièrement perfectionné, mais il est juste de proclamer les droits du véritable créateur de cet art.

Nous donnons à titre de spécimens historiques (*fig.* 25 et 26), deux figures gravées par M. Poitevin, par les procédés que nous venons de décrire. Ces gravures sont imparfaites, sans doute, mais elles ont l'avantage de mettre sous les yeux du lecteur les premiers résultats des tentatives ayant pour objet la création de la *gravure héliographique*.

Une autre découverte importante de la branche des arts scientifiques qui nous occupe, est celle des *émaux photographiques* due à M. Lafon de Camarsac, qui permet de transformer en médaillons sur porcelaine les épreuves de photographie, lesquelles peuvent alors remplacer les émaux obtenus par les procédés de peinture sur porcelaine ou sur émail.

C'est dans le brevet pris par l'auteur, en 1854, que l'on trouve très-nettement formulé le principe sur lequel les opérateurs ont fondé plus tard la production de toutes sortes d'épreuves vitrifiées. Ce principe consiste à renfermer des matières colorées inaltérables et réduites en poudre impalpable, dans une couche de substance impressionnable à la lumière, et adhésive. M. Lafon de Camarsac obtenait ce résultat soit en mélangeant la poudre colorée à l'enduit avant son exposition à la lumière, soit après cette exposition. Dans les deux cas, toute la matière photogénique est éliminée après l'exposition au feu, et il ne reste à la surface de la porcelaine que des couleurs inaltérables.

L'inventeur avait eu recours à toutes les couleurs employées en céramique, et obtenu, dès l'origine de cet art nouveau, des épreuves photographiques vitrifiées de la plus belle intensité de ton.

L'exploitation a suivi de près l'invention scientifique. En 1856, M. Lafon de Camarsac produisait déjà un nombre considérable d'émaux photographiques pour la bijouterie. Depuis ces périodes de début, des clichés de ce genre ont été envoyés dans toutes les parties du monde, et plus de quinze mille émaux ont été répandus dans le public. Cette production paraîtra immense, si l'on réfléchit aux difficultés attachées au maniement des matières céramiques, et aux soins qu'il faut apporter à chaque épreuve pour en faire une petite œuvre d'art. L'auteur a dû tout créer dans cette voie, puisque ses recherches ne pouvaient s'appuyer sur aucune découverte antérieure.

Toute une industrie nouvelle est sortie des travaux de M. Lafon de Camarsac. Pour en donner une idée, il suffira de dire que l'émailleur formé dès l'origine par l'inventeur a déjà fabriqué plus de cent mille plaques d'émail destinées à la photographie.

Si nous signalons maintenant la découverte des *procédés d'agrandissement* des épreuves photographiques, qui permet d'amplifier à volonté ces épreuves, découverte à laquelle a pris une très-grande part un des physiciens photographes les plus distingués de notre temps, M. Van Monckhoven ; si nous citons enfin l'application de la lumière électrique, et de celle de l'éclairage par la combustion du magnésium, au tirage des épreuves positives, nous aurons terminé cette revue historique de la photographie, ces sortes d'éphémérides de l'art merveilleux créé par la persévérance et le talent de Daguerre.

CHAPITRE IX

REPRODUCTION DES COULEURS PAR LA PHOTOGRAPHIE. — EXPÉRIENCES DE M. EDMOND BECQUEREL. — RECHERCHES DE M. NIÉPCE DE SAINT-VICTOR, ESSAI DE FIXATION DES COULEURS NATURELLES SUR LE PAPIER DE M. NIÉPCE. — UN PUFF AMÉRICAIN. — M. HILL ET SA PRÉTENDUE DÉCOUVERTE DE LA REPRODUCTION PHOTOGÉNIQUE DES COULEURS.

Nous venons de présenter l'histoire de la photographie, et d'exposer ses perfectionnements successifs. Est-il nécessaire d'ajouter que, pour clore la série de ces créations remarquables, un dernier pas reste à franchir ? Tous nos lecteurs l'ont dit avant nous, car c'est là le problème que l'impatience des gens du monde ne cesse de poser à la sagacité des savants : il reste à reproduire les couleurs. Aux remarquables produits de l'appareil de Daguerre, à ces images d'une si admirable délicatesse, d'une fidélité si parfaite, il faut ajouter le charme du coloris. Il faut que le ciel, les eaux, toute la nature inanimée ou vivante, puissent s'imprimer sous nos yeux en conservant la richesse, la variété, l'harmonie de leurs teintes. L'action de la lumière nous donne aujourd'hui des dessins, il faut que ces dessins deviennent des tableaux.

Mais, avant tout, le fait est-il réalisable, et la reproduction spontanée des couleurs ne dépasse-t-elle point la limite des moyens dont la science dispose de nos jours ?

Si l'on eût adressé cette question à un savant initié aux lois générales de l'optique, il n'eût guère hésité à condamner une telle espérance. « Rien n'autorise, aurait-il dit, rien ne justifie l'espoir de fixer un jour les images de la chambre obscure en conservant leurs teintes naturelles ; aucune des notions que nous avons acquises sur les propriétés et les aptitudes de l'agent lumineux, n'a encore dévoilé de phénomène de cet ordre. On comprend, au point de vue théorique, l'invention de Daguerre et le parti qu'on en a tiré. Il a suffi, pour en venir là, de trouver une substance qui, au contact des rayons lumineux, passât du blanc au noir ou du noir au blanc. Il n'y avait dans cette action rien de très-surprenant en fin de compte, rien qui ne fût en harmonie avec les faits que l'optique nous enseigne ; mais de là à l'impression spontanée des couleurs il y a véritablement tout un monde de difficultés insurmontables. Remarquez, en effet, qu'il s'agit de trouver une substance, *une même substance* qui, sous la faible action chimique des rayons lumineux, puisse être influencée de telle manière que chaque rayon inégalement coloré provoque en elle une modification chimique particulière, et de plus que cette modification ait pour résultat de donner autant de composés nouveaux reproduisant intégralement la couleur propre au rayon lumineux qui les a frappés. Il y a dans ces deux faits, et surtout dans l'accord de ces deux faits, des conditions tellement en dehors des phénomènes habituels de l'optique, que l'on peut affirmer sans crainte qu'un tel problème est au-dessus de toutes les ressources de l'art. »

Ainsi eût parlé notre physicien, et certes il eût trouvé peu de contradicteurs. Cependant quelques observations intéressantes, et que nous allons rapporter, sont venues faire concevoir à cet égard quelques légères espérances.

En 1848, M. Edmond Becquerel a réussi à imprimer sur une plaque d'argent, l'image du *spectre solaire*. On sait ce que les physiciens entendent par spectre solaire. La lumière blanche, la lumière du soleil, résulte de la réunion d'un certain nombre de rayons diversement colorés, dont l'impression simultanée sur notre œil, produit la sensation du blanc. Si l'on dirige, en effet, un rayon de soleil sur un verre transparent taillé en prisme, les différents rayons composant ce faisceau de lumière, sont inégalement réfractés dans l'intérieur du verre ; au sortir du prisme, ils se séparent les uns des autres, ils divergent en éventail, et viennent former, sur l'écran où on les reçoit, une image oblongue dans laquelle on retrouve isolées toutes les couleurs simples qui composent la lumière blanche ; on y voit assez nettement indiqués le rouge, l'orangé, le jaune, le vert, le bleu, l'indigo et le violet. On donne le nom de *spectre solaire* à cette bande colorée qui provient de la décomposition de la lumière.

C'est là l'image que M. Edmond Becquerel est parvenu, en 1848, à imprimer sur une plaque d'argent préalablement exposée à l'action du chlore. Ce fait démontre que la reproduction photogénique des couleurs n'est pas impossible, puisqu'il existe des agents chimiques capables de s'impressionner au contact des rayons lumineux, de manière à conserver les teintes des rayons qui les ont frappés.

Antérieurement, le physicien Seebeck et sir John Herschell, avaient vu le chlorure d'argent prendre quelques nuances analogues à celles de la région du spectre qui le frappait ; et M. Hunt, en 1840, avait vu la même substance, exposée au soleil sous des verres colorés, se revêtir de nuances rappelant celles de ces verres.

De l'ensemble de ces faits, on pouvait conclure que la production photogénique des couleurs n'est pas impossible, puisqu'il existe des substances capables de s'impressionner diversement au contact des rayons lumineux différemment colorés.

Voici comment opérait M. Edmond Becquerel. Il plongeait une lame de plaqué d'argent dans une dissolution aqueuse d'acide chlorhydrique, où elle se recouvrait d'une couche de sous-chlorure d'argent, d'un violet rose, sous l'action d'une faible pile de Bunsen. La plaque ainsi préparée, exposée aux rayons du spectre solaire, ne tardait pas à s'impressionner de teintes correspondantes. Quand cette exposition était prolongée, les teintes se prononçaient davantage, mais, en même temps, elles s'assombrissaient. Recuite dans l'obscurité, à une température de 80 à 100 degrés, la plaque prenait une couleur de bois; mais dès qu'elle s'était refroidie, le spectre s'y imprimait avec des nuances vives et claires.

L'expérience de M. Becquerel, tout en présentant une valeur théorique très-grande, ne fournissait malheureusement aucun moyen pratique d'arriver à la reproduction des couleurs. En effet, cette image colorée ne peut être fixée par aucun agent chimique ; lorsqu'on l'expose à la clarté du jour, le chlorure d'argent continuant de s'impressionner, la surface entière de la plaque devient noire, et toute image disparaît ; pour l'empêcher de se détruire, il faut la conserver dans une obscurité complète.

Une autre circonstance défavorable, c'est l'extrême lenteur avec laquelle s'accomplit l'impression lumineuse. L'action directe du soleil s'exerçant pendant deux heures, est indispensable pour obtenir un effet : aussi les images de la chambre obscure sont-elles trop faiblement éclairées pour agir ainsi sur la plaque ; des journées entières n'y suffiraient pas.

Il faut mentionner enfin une circonstance plus grave. Les couleurs simples, les teintes isolées du spectre, sont jusqu'ici les seules que l'on ait pu fixer par le procédé qui vient d'être décrit; les teintes composées, c'est-à-dire toutes celles qui appartiennent aux objets éclairés par la lumière ordinaire, ne s'impriment jamais sur le chlorure d'argent : les objets blancs, par exemple, au lieu de laisser cette couleur sur la plaque, s'y impriment en noir.

Néanmoins, en choisissant convenablement les modèles, M. Edmond Becquerel a pu obtenir la reproduction de certaines estampes coloriées. Ayant appliqué une estampe enluminée sur la couche métallique traitée comme on l'a dit plus haut, et exposé le tout au soleil, M. Becquerel a vu l'estampe s'imprimer avec ses couleurs. Il a reproduit de la même manière, les images de la chambre obscure.

Toutefois, aucune de ces images photochromatiques n'a pu être fixée. Toutes les dissolutions, tous les vernis, qu'on a essayés, font disparaître ces couleurs trop délicates, ne laissant qu'une image en noir.

Ainsi, le fait découvert par M. Becquerel est loin de justifier toutes les espérances que l'on avait conçues un moment. Il démontre seulement que le problème de la reproduction photogénique des couleurs pourra recevoir un jour quelque solution, et que les personnes qui s'adonnent à ce genre de recherches ne trouveront plus, comme autrefois, dans les principes de la science, la condamnation anticipée de leurs tentatives. Quelque limitée qu'elle soit dans ses conséquences actuelles, cette observation n'en conserve pas moins son importance. On peut espérer, en effet, que des travaux bien dirigés feront découvrir d'autres agents chimiques jouissant des propriétés du chlorure d'argent et répondant mieux que ce composé aux exigences de l'application pratique.

Déjà M. Niépce de Saint-Victor, se vouant avec persévérance à ces difficiles recherches, a été conduit à quelques résultats intéressants. M. Edmond Becquerel a découvert, avons-nous dit, qu'une lame de plaqué d'argent immergée dans une dissolution de chlore, acquiert la propriété de reproduire les couleurs du spectre solaire. Poursuivant l'examen de ce phénomène, M. Niépce de Saint-Victor a reconnu que la coloration du chlorure d'argent en diverses teintes, sous l'influence de la lumière, dépend de la proportion de chlore qui existe dans les bains où l'on plonge la lame d'argent, de telle manière que l'on peut voir apparaître telle ou telle couleur, selon la quantité de chlore contenue dans le bain. Ainsi, selon M. Niépce, lorsque la quantité de chlore est la plus petite possible, la couleur dominante est le jaune; à mesure que le chlore devient plus abondant, la couleur dominante est tour à tour le vert, le bleu, l'indigo, le violet, le rouge, l'orangé: ces deux dernières couleurs n'apparaissent que lorsque la solution est entièrement saturée de chlore. M. Niépce de Saint-Victor a

Fig. 27. — M. Edmond Becquerel

encore reconnu que certains chlorures métalliques, et particulièrement le chlorure de cuivre et le deutochlorure de fer, donnent beaucoup plus facilement naissance à des images colorées que la simple dissolution aqueuse de chlore employée par M. Becquerel.

Partant de ces remarques, M. Niépce de Saint-Victor a pu reproduire sur une plaque chlorurée certaines couleurs naturelles. Pour obtenir telle ou telle couleur, le jaune, par exemple, M. Niépce prend une dissolution de chlorure de fer ou de chlorure de cuivre, contenant à peu près la quantité de chlore nécessaire pour faire apparaître la teinte jaune dans le spectre solaire; pour donner naissance, sur une même plaque, à toutes les couleurs à la fois, il se sert d'une dissolution de chlorure contenant à peu près la quantité de chlore qui correspond aux rayons jaunes ou verts, c'est-à-dire aux rayons moyens du spectre.

Voici comment opère M. Niépce pour obtenir des reproductions de gravures coloriées. Il prépare, avec une quantité convenable de chlorure de fer ou de cuivre, une dissolution, dans laquelle il immerge, pendant huit à dix minutes, une plaque de cuivre argentée ; cette plaque se recouvre de chlorure d'argent, par suite de la réaction du chlorure sur le métal. Chauffée légèrement, au sortir du bain, à la flamme d'une lampe à esprit-de-vin, elle est propre à recevoir l'image colorée. Si l'on applique, en effet, contre cette lame métallique, une de ces gravures sur bois grossièrement enluminées que le commerce fournit à bas prix, et qu'on expose le tout à l'action directe du soleil, au bout d'un quart d'heure la gravure se trouve reproduite sur le métal, avec des teintes qui ne s'éloignent pas trop de celles du modèle.

Le fait découvert par M. Niépce, de la reproduction spontanée de certaines couleurs, offre beaucoup d'intérêt ; cependant il ne faudrait pas vouloir en pousser trop loin les conséquences, ni prétendre qu'il doive conduire à la reproduction photogénique des couleurs. De graves considérations, empruntées aux principes les mieux établis de la physique, démontreraient sans peine la proposition contraire. Ces considérations, nous les présenterons en peu de mots.

L'image colorée que l'on obtient sur le chlorure d'argent n'est point le résultat final de l'action chimique de la lumière, ce n'est qu'une période, qu'un degré transitoire de cette action. Si l'influence des rayons lumineux continue de s'exercer, les couleurs primitivement obtenues ne tardent pas à disparaître, et la plaque revêt, dans toutes ses parties, une teinte uniforme. Aussi, pour conserver intacte cette impression colorée, faut-il, en quelque sorte, la saisir au passage, arrêter à un certain moment l'exposition à la lumière, et conserver ensuite dans un lieu obscur, la plaque ainsi modifiée. Si on l'abandonnait plus longtemps à l'action des rayons lumineux, le chlorure d'argent continuerait de s'altérer, et tout disparaîtrait. Pour rendre permanente l'impression colorée, il faudrait donc posséder un moyen de la fixer, comme on fixe l'image ordinaire du daguerréotype sur plaque. Mais ici les difficultés naissent en foule. En effet, la matière à laquelle on pourrait recourir pour fixer les couleurs formerait, à la surface de la plaque, une couche qui serait ou translucide ou opaque. Si la couche était translucide, la lumière, la traversant, irait agir sur l'image, et, par son action chimique, détruirait en quelques instants ses couleurs. Si la couche fixante était opaque, elle ne pourrait reproduire les teintes de l'image primitive qu'à la condition de revêtir, aux différents points de la plaque, des tons correspondants aux parties de l'image photogénée qu'elle recouvrirait. On voit à quelles impossibilités on se trouve conduit par là. Il ne faut point oublier, en effet, que dans les images obtenues sur plaque par les procédés de Daguerre, rien ne subsiste de la substance primitive qui a reçu l'impression de la lumière ; les différents composés dont on a fait usage, l'iodure, le bromure d'argent que la lumière a modifiés, sont remplacés par un dépôt de mercure, de telle manière que les sels d'argent n'ont servi que d'intermédiaire, et qu'en fin de compte et toutes les manipulations terminées, il ne reste plus sur la plaque daguerrienne que du mercure et de l'argent. De même, sur une épreuve positive de photographie sur papier, il ne reste plus qu'une couche inaltérable d'argent métallique. Ce sont des opérations du même genre qu'il faudrait pouvoir accomplir pour rendre permanentes les images colorées de M. Niépce de Saint-Victor. Mais rien jusqu'à ce moment n'a donné l'espoir d'atteindre un tel résultat.

Une seconde considération concourt à enlever beaucoup de leur valeur pratique aux faits observés par M. Niépce de Saint-Victor. On démontre en physique, que la lumière colorée qui émane des différents objets, est toujours mêlée d'une certaine quantité de lumière blanche. Le rouge le plus vif, le bleu le plus intense, émettent, en même temps que les rayons colorés qui leur sont propres, une notable quantité de lumière blanche. Par conséquent, toutes les fois que l'on essayera de reproduire par le daguerréotype les couleurs naturelles, cette lumière blanche, venant se mêler aux rayons colorés qui émanent de chaque objet, introduira, dans les résultats de l'action chimique, des effets complexes et dont il sera impossible de tenir compte par avance. Cette circonstance explique le fait que jusqu'à ce moment M. Niépce de Saint-Victor ait toujours échoué, lorsque, au lieu de reproduire simplement des gravures coloriées par l'action de la lumière solaire, il a essayé de fixer une image prise dans la chambre obscure. Dans ce cas, l'impression, au lieu d'être revêtue de diverses couleurs, présente une teinte uniforme.

Poursuivies dans leurs dernières conséquences, ces réflexions amèneraient à rejeter tout espoir de fixer par un agent photographique l'image colorée des objets extérieurs; elles conduiraient à regarder pour ainsi dire ce genre de recherches comme la *pierre philosophale de la photographie*. On pourrait cependant ne pas laisser ces objections sans réponse; on pourrait dire que l'étude chimique de la lumière est féconde en surprises, que la lumière est encore aujourd'hui le moins connu de tous les agents physiques, et que l'on a vu depuis quelques années, se succéder, dans les phénomènes de cet ordre, tant de faits extraordinaires, qu'il se pourrait bien que quelque observation soudaine vînt renverser l'échafaudage de nos raisonnements théoriques. Cette réplique aurait sa justesse, et nous la laissons subsister comme un encouragement aux physiciens qui continuent à s'adonner à l'examen des faits curieux que nous avons signalés.

Parmi les expérimentateurs qui persistent dans les tentatives de la fixation des couleurs des images de la chambre obscure, il faut citer M. Poitevin, à qui l'on doit la grande découverte de l'action réductrice de la lumière sur les chromates mélangés de matières organiques. M. Poitevin, a fait, en 1866, une série d'expériences intéressantes dans le but d'arriver à la fixation des couleurs naturelles, et cette fois, non sur une plaque métallique, mais sur le papier.

M. Poitevin a cherché si l'action de la lumière ne serait pas facilitée et rendue plus complète sur le chlorure d'argent violet, par le mélange de ce produit avec différentes autres substances sensibles. L'emploi des corps réducteurs, c'est-à-dire ceux qui absorbent le chlore, n'a donné à M. Poitevin aucun résultat avantageux; mais il en a été autrement des corps qui fournissent soit de l'oxygène, soit du chlore, pourvu qu'ils n'exercent aucune action directe sur le chlorure d'argent. Les composés qui ont donné les meilleurs résultats, sont les bichromates alcalins, l'acide chromique et l'azotate d'urane.

Le fait essentiel constaté par M. Poitevin, c'est que le chlorure d'argent violet qui, sur papier, ne se colore que très-lentement et très-incomplétement lorsqu'il est exposé à la lumière solaire, à travers un dessin transparent ou colorié, est, au contraire, modifié, même à la lumière diffuse, lorsqu'on l'a préalablement recouvert de la dissolution d'une des substances indiquées plus haut. Le chlorure d'argent prend alors les teintes propres aux rayons colorés qui agissent sur lui.

Cette action simultanée des sels oxygénés et de la lumière sur le chlorure d'argent violet, est très-importante, en ce qu'elle permet d'obtenir sur papier, des images colorées qui se rapprochent beaucoup de celles obtenues sur les plaques.

Décrivons maintenant le procédé employé par M. Poitevin.

Sur du papier recouvert préalablement d'une couche de chlorure d'argent violet, obtenu lui-même par l'exposition à la lumière du chlorure blanc, en présence d'un sel réducteur, on applique un liquide formé par le mélange d'un volume de dissolution saturée de bichromate de potasse, un volume de dissolution saturée de sulfate de cuivre et un volume de dissolution à 5 pour 100 de chlorure de potassium ; on laisse sécher le papier ainsi préparé et on le conserve à l'abri de la lumière. Le bichromate de potasse pourrait être remplacé par l'acide chromique ou par l'azotate d'urane. Avec ce papier, pour ainsi dire *supersensibilisé*, l'exposition à la lumière directe n'est que de cinq à dix minutes, lorsqu'elle a lieu à travers des peintures sur verre, et on peut très-bien suivre la venue de l'image en couleur. Ce papier n'est pas assez impressionnable pour qu'on puisse l'employer utilement dans la chambre noire ; mais, tel qu'il est, il donne des images en couleur dans l'appareil d'agrandissement qu'on appelle *mégascope solaire*.

On peut conserver ces images photo-chromatiques dans un album, si l'on a eu la précaution de les laver à l'eau acidulée par de l'acide chromique, de les traiter ensuite par de l'eau contenant du bichlorure de mercure, et de les laver encore à l'eau chargée de nitrate de plomb, et enfin à l'eau pure. Dans cet état, elles ne s'altèrent pas à l'abri de la lumière.

Malheureusement, ces nouvelles images photogéniques ne sont guère plus stables à la lumière que les images que MM. Edmond Becquerel et Niépce de Saint-Victor, avaient obtenues en 1848, sur des plaques chlorurées. M. Edmond Becquerel affirme que les impressions ne lui ont pas paru se faire plus rapidement sur papier que sur plaques ; il y aura probablement peu de différence sur ce point. Mais comme les images sur papier s'obtiennent avec beaucoup plus de facilité, les recherches de M. Poitevin permettent d'étendre l'étude de ces phénomènes curieux, et peut-être de faire un pas de plus vers la solution du grand problème de la fixation des couleurs par la photographie.

On voyait à l'Exposition universelle de 1867, les spécimens de l'état actuel de la question de la fixation des couleurs en photographie. M. Niépce de Saint-Victor avait présenté ses photographies colorées obtenues sur plaque métallique. Seulement, on ne pouvait jeter sur ces images qu'un coup d'œil rapide, car elles ne peuvent, hélas ! être fixées par aucun moyen ; de sorte que si on les laissait exposées à la lumière, elles ne tarderaient pas à s'altérer et à disparaître. Aussi étaient-elles renfermées dans un album tenu sous clef, qui ne s'ouvrait que grâce à une requête adressée au gardien.

M. Niépce, avait disposé, dans un stéréoscope, une de ces images colorées. Tout le monde pouvait les voir dans l'instrument ; on était seulement prié de remettre, après avoir vu, les deux tampons, qui, dans l'état ordinaire, bouchaient les lentilles du stéréoscope.

Un album d'*héliochromie sur papier* présentant des images de couleurs assez peu variées et toujours rougeâtres, composé par M. Poitevin, figurait également à l'Exposition ; Mais il était enfermé sous serrure et cadenas, pour conserver ses fugitives couleurs.

Nous venons de signaler les études sérieuses et les travaux scientifiques qui ont eu pour objet la fixation photogénique des couleurs naturelles. Nous mentionnerons, en quittant ce sujet, un célèbre *puff* américain, qui se rapporte à ce même problème. Cette mystification qui, hardiment conduite, a valu à son auteur un bénéfice net de deux cent mille francs, vaut la peine d'être racontée.

Les États-Unis sont sans aucun doute le pays de la terre où la photographie compte le plus d'adeptes : on y trouve dix mille photographes. De ce nombre était M. Hill, pasteur retraité à New-York. Le problème de la reproduction des couleurs par les agents photographiques, avait séduit l'imagination de ce praticien ; il s'occupa quelque temps avec zèle et conscience de recherches sur ce sujet. Mais, comme tant d'autres, il échoua dans cette entreprise. Seulement M. Hill, qui connaît le prix du temps, ne voulut pas avoir perdu son année en essais inutiles, et ne pouvant, avec les résultats de son travail, s'élever à la gloire, il résolut de s'en servir pour arriver à la fortune. Voici comment il y parvint.

Au mois de janvier 1851, un journal de New-York spécialement consacré à la photographie, le *Photographic art Journal*, annonça que, par de longues et minutieuses recherches, un photographe américain venait de découvrir le moyen de reproduire avec leurs couleurs naturelles, les images de la chambre obscure : cet heureux inventeur, c'était M. Hill, qui affirmait avoir en sa possession un grand nombre d'épreuves colorées obtenues par le daguerréotype. L'auteur de cet article du journal n'avait pu obtenir encore la faveur d'examiner les épreuves, mais un *gentleman* honorablement connu dans la ville, et dont il citait le nom, les avait tenues entre ses mains et se portait garant de la découverte.

Cette annonce ayant produit tout l'effet qu'il en attendait, M. Hill expédia à tous les photographes des États-Unis, une circulaire, dans laquelle il promettait de publier prochainement un ouvrage qui fournirait des éclaircissements sur sa découverte. L'auteur ajoutait qu'un exemplaire de ce livre serait envoyé à toutes les personnes qui lui feraient parvenir, avec leur adresse, la somme de cinq dollars (25 francs). Au bas de la circulaire, se trouvait un certificat signé de plusieurs noms, attestant que M. Hill était un respectable ecclésiastique à qui toute confiance pouvait être accordée.

Le volume annoncé ne tarda pas à paraître; il contenait cent pages d'impression, et pouvait avoir coûté à l'auteur 30 centimes l'exemplaire. Il y a, avons-nous dit, dix mille photographes aux États-Unis, trois mille au moins achetèrent le livre : M. Hill retira donc de sa spéculation environ 14,000 dollars. Il est bien entendu que l'ouvrage ne disait pas un mot de la reproduction des couleurs; il ne renfermait que quelques descriptions banales des procédés ordinaires du daguerréotype.

Peu de temps après, M. Hill adressait au *Photographic art Journal* une lettre pour expliquer les motifs qui l'avaient détourné de donner, dans sa brochure, la description de son procédé. Ces raisons étaient sans réplique. Il lui restait à découvrir le moyen de fixer la couleur jaune, et dans l'intérêt de sa découverte, il ne voulait rien publier avant d'avoir terminé son œuvre. Une maladie avait interrompu ses travaux, mais il allait avant peu les reprendre, et publier une nouvelle brochure où ses procédés seraient fidèlement décrits.

La seconde édition annoncée parut au bout d'un mois. Elle coûtait trois dollars, et rapporta à l'auteur la moitié de ce que la première édition avait produit, 35,000 francs environ.

Cependant ce n'était pas tout encore, car bientôt un nouveau livre fut promis, qui devait dévoiler « les quatre grands secrets de l'art photographique. » Prix : cinq dollars. Cette brochure fut aussi discrète que ses aînées sur les procédés *chromotypiques* de M. Hill. Seulement on lisait l'avis suivant sur la couverture :

« Plusieurs années d'expériences et d'études nous ont amené à la découverte de quelques faits remarquables qui touchent à l'obtention des *couleurs naturelles* dans la photographie : par exemple, nous pouvons produire le bleu, le rouge, le violet et l'orangé ensemble sur une même plaque. Nous pouvons aussi reproduire un paysage avec ses couleurs parfaitement développées, et cela dans un espace de temps trois fois moindre que pour obtenir une image ordinaire : le grand problème est résolu, bientôt le résultat en sera confié à tous ceux qui voudront payer un prix modéré. »

En même temps, le *Daguerrian Journal*, autre recueil américain consacré aux arts photographiques, se répandait en éloges sur la découverte de M. Hill. L'éditeur de ce journal se présentait comme le confident secret de l'inventeur, et fatiguait sa plume de descriptions enthousiastes. Il écrivait dans son numéro de mai 1851 : « Si Raphaël avait vu « une seule de ces épreuves avant de termi- « ner la *Transfiguration*, il eût jeté sa palette « et pour jamais renoncé à peindre. » Il baptisait du nom de *Hillotype* un instrument que personne n'avait vu, et publiait le portrait de M. Hill, qu'il considérait comme « l'un des plus grands hommes qui aient « vécu. »

Le résultat de ces manœuvres était facile à deviner. Un véritable enthousiasme éclata pour le nouveau révélateur. Au milieu des élans de l'admiration générale, on ne remarquait aucune des contradictions qui éclataient à chaque assertion nouvelle émise par l'inventeur. Sa maison était assiégée de personnes qui venaient lui offrir une association ou lui proposer d'acheter son brevet. A toutes ces offres, M. Hill répondait, avec beaucoup de calme, que, pour bien s'entendre, il fallait commencer par étudier avec lui les éléments de la photographie ; il recueillait ainsi des élèves au prix de 50 dollars pour quelques leçons.

Bientôt le nombre des visiteurs et des élèves devint si grand, que M. Hill fit annoncer qu'à dater de ce jour il fermait sa porte à tout le monde.

Cependant quelques personnes douées de pénétration n'hésitèrent pas à prédire que le révérend trouverait quelque autre moyen d'exploiter l'enthousiasme public, et qu'à cet effet, une nouvelle brochure ne tarderait pas à voir le jour. On ne se trompait pas. Les photographes reçurent le prospectus d'une quatrième édition du même ouvrage, au prix de trois dollars. Ce prospectus reproduisait les articles pleins d'éloges publiés jusque-là par les différents journaux, et citait les noms de plusieurs personnes honorables qui avaient visité l'auteur, ce qui semblait placer l'invention sous leur patronage. En même temps le lecteur était informé que le meilleur moyen de prendre place dans les souvenirs de M. Hill, était de lui adresser la demande d'un exemplaire au prix indiqué.

Cette quatrième publication parut au mois de mai, avec les fleurs et les beaux jours. Comme la précédente, elle procura un bénéfice considérable à son heureux auteur.

Mais les plus belles choses ont leur terme en ce monde, et, si bien ourdie qu'elle fût, cette mystification ne pouvait pas toujours durer. Elle se termina par la circonstance même qui l'avait produite; née de l'intérêt particulier, elle s'évanouit par la résistance des intérêts qu'elle menaçait. Les fabuleuses annonces de M. Hill portaient un immense préjudice aux photographes de New-York et des États environnants. Partout leurs travaux étaient suspendus : chacun voulait attendre la mise en pratique du nouveau système, et traitait fort cavalièrement les anciens procédés. L'inventeur se trouva donc assailli de réclamations, et sommé, sous toutes les formes, de s'expliquer, sans plus de détours, sur la réalité de sa découverte.

Le directeur du *Photographic Journal*, qui avait plus particulièrement prôné et patronné M. Hill, fatigué de ses réponses évasives, voulut le mettre en demeure de s'expliquer d'une manière catégorique. Il lui proposa donc de désigner dix à douze photographes auxquels il se contenterait de montrer ses épreuves, avec toutes les précautions qu'il jugerait nécessaires, et en exigeant d'eux toutes les garanties de discrétion qu'il pourrait imaginer. Cette proposition si modérée, puisque tout se bornait à constater le fait de sa découverte, M. Hill la rejeta, sous ce prétexte qu'il avait juré de ne montrer ses spécimens à personne, de peur que la vue d'une seule épreuve ne fît découvrir son procédé.

Comme l'inventeur ne paraissait arrêté que par la crainte de perdre le bénéfice qu'il attendait de ses travaux, un praticien de New-York résolut de lui enlever ce dernier genre de scrupules. Le *Photographic Journal* publia une lettre d'un photographe, M. Anthony, qui proposait d'ouvrir, dans toutes les villes des États-Unis, une souscription, dont le chiffre serait fixé par M. Hill lui même. Une fois ce chiffre atteint, la somme demandée par l'inventeur lui serait remise, après constatation, par un jury compétent, de la réalité de sa découverte. En acceptant cette proposition, M. Hill pouvait tout à la fois s'assurer une grande fortune et contribuer au progrès de son art. Or, il la déclina catégoriquement.

A dater de ce jour, les photographes des États-Unis se sont tenus pour rassurés, et, s'applaudissant d'avoir échappé au danger qui avait paru un moment menacer leur industrie, ils ont repris le chemin de leurs ateliers, en répétant entre eux le titre de la pièce de Shakespeare : *Much ado about nothing* (Beaucoup de bruit pour rien).

CHAPITRE X

DESCRIPTION DES OPÉRATIONS PRATIQUES DE LA PHOTOGRAPHIE. — IMPRESSION DANS LA CHAMBRE OBSCURE. — DÉVELOPPEMENT. — FIXAGE. — TIRAGE DE L'ÉPREUVE POSITIVE. — PROCÉDÉ AU COLLODION HUMIDE. — ÉPREUVE NÉGATIVE, ÉPREUVE POSITIVE.

Le lecteur a été suffisamment initié, par ce qui précède, à l'historique et aux principes généraux de la photographie. Il nous reste à décrire les moyens qui sont suivis aujourd'hui pour obtenir les épreuves.

Nous parlerons d'abord des opérations à exécuter, ensuite des appareils optiques qui sont employés en photographie.

Nous avons dit, plusieurs fois, que les sels d'argent, naturellement incolores, particulièrement le bromure, le chlorure et l'iodure d'argent, étant exposés à l'action de la lumière solaire ou de la lumière diffuse, noircissent, par suite d'une modification chimique ou physique provoquée dans leur substance, par la lumière. D'après cela, si l'on place au foyer d'une chambre noire, une surface imprégnée d'iodure d'argent, une feuille de papier, par exemple, l'image formée par l'objectif s'imprimera sur le papier, parce que les parties éclairées noirciront, et noirciront d'autant plus qu'elles recevront plus de lumière, tandis que les parties obscures, soustraites à l'influence lumineuse, laisseront au reste du papier sa blancheur.

L'empreinte, ainsi obtenue, n'est que très-peu visible au moment où l'on retire la feuille de papier de la chambre obscure. On la fait apparaître à l'aide de certains agents chimiques, qu'on nomme, pour cette raison, *révélateurs :* tels sont l'acide gallique, l'acide pyrogallique et le sulfate de fer.

Une pareille image ne pourrait être conservée en plein jour, car le papier est encore imprégné d'iodure d'argent non décomposé, qui noircirait à la lumière. Il faut donc le débarrasser de ce sel d'argent. On y parvient en plongeant l'épreuve dans une dissolution d'hyposulfite de soude ou de cyanure de potassium ; le sel d'argent non impressionné par la lumière est dès lors enlevé. Cette opération s'appelle *fixage*.

On obtient ainsi une espèce de silhouette (*fig.* 28) dans laquelle les parties éclairées du modèle sont représentées par une teinte noire, et les ombres par des blancs ; c'est ce que l'on nomme une image *négative*.

Maintenant, si l'on place cette image négative sur une feuille de papier imprégnée de chlorure d'argent, et que l'on expose le tout à l'action du soleil, ou de la lumière diffuse, l'épreuve négative laissera passer le jour à travers les parties transparentes du dessin, et lui fermera passage dans les portions opaques. Les rayons lumineux allant ainsi agir sur le papier sensible, placé au contact de l'épreuve négative, donneront naissance à une image sur laquelle les clairs et les ombres seront placés dès lors dans leur situation naturelle. On aura formé ainsi une image directe ou *positive* (*fig.* 29). Bien entendu qu'il faut fixer cette image définitive, comme on l'a fait pour le cliché négatif, à l'aide des agents fixateurs déjà employés pour l'image négative.

Fig. 28. — Spécimen d'épreuve négative.

Fig. 29. — Spécimen d'épreuve positive.

Les procédés qui servent à obtenir les épreuves positives, sont très-nombreux. On peut les diviser en quatre groupes principaux : *Procédé au collodion humide*, — *procédé au collodion sec*, — *procédé à l'albumine*, — *procédé au papier sec ou humide*.

Procédé au collodion humide. — Nous décrirons d'abord le procédé au *collodion humide*, qui est le plus généralement employé, tant à cause de la sensibilité des agents employés que de la simplicité des opérations.

Le collodion est le produit de la dissolution de coton-poudre dans un mélange d'alcool et d'éther. En s'évaporant, cette dissolution laisse un enduit visqueux, qui se forme en quelques minutes. Cette pellicule organique se prête merveilleusement aux opérations photographiques. Elle s'imprègne très-bien des sels d'argent, et quand elle est mélangée d'un de ces sels, elle s'impressionne au contact des rayons lumineux avec une rapidité étonnante.

Le collodion est, disons-nous, le résultat de la dissolution du coton-poudre dans un mélange d'alcool et d'éther. Pour le préparer, on prend deux tiers en volume d'éther sulfurique et un tiers d'alcool, tous deux parfaitement purs. Il ne serait pas indifférent de changer ces proportions. Si l'éther est en excès, la fluidité augmente; si, au contraire, c'est l'alcool qui prédomine, la viscosité est plus grande. Ce dernier cas serait d'ailleurs préférable, car l'éther, étant en plus grande quantité et s'évaporant plus rapidement que l'alcool, produirait des raies sur la plaque, par la dessiccation irrégulière du collodion. On prend 1 gramme de coton-poudre pour 100 centimètres cubes du mélange spiritueux.

Il s'agit maintenant d'introduire dans le collodion ainsi formé, les iodures et les bromures, destinés à fournir plus tard, par voie de double décomposition, des iodures et des bromures d'argent, à l'aide de l'azotate d'argent qui sera déposé à sa surface, comme nous le dirons bientôt.

Les iodures de potassium, d'ammonium et de cadmium, sont généralement préférés. On pourrait, au point de vue théorique, prendre des iodures et des bromures solubles quelconques ; mais les iodures de potassium, d'ammonium et de cadmium, offrent de nombreux avantages. Si l'on employait l'iodure de potassium seul, ce sel étant très-peu soluble dans l'alcool, le collodion en contiendrait peu, et de plus, on ne pourrait y ajouter de l'eau sans altérer le liquide. Quant à l'iodure d'ammonium, pris en grande quantité, il provoque la coloration en rouge et la décomposition du collodion. L'iodure de cadmium ne présente aucun de ces inconvénients, il donne seulement un collodion un peu moins fluide.

L'expérience indique que le meilleur collodion ioduré s'obtient en faisant un mélange de trois quarts d'iodures de potassium, d'ammonium et de cadmium, avec un quart de bromure de potassium. On ajoute ce dernier sel parce que le bromure d'argent qu'il fournit est mieux impressionné par certaines couleurs. On prend pour 100 centimètres cubes de collodion, 1gr,25 de ce mélange de sels composé comme il vient d'être dit.

Le collodion s'altère avec le temps : il rougit ou se décolore. La coloration en rouge est due à une certaine quantité d'iode mis en liberté par l'acide qui peut exister dans le coton-poudre employé, ou à certaines réactions qui se produisent entre ces corps ; mais on peut y remédier facilement. Il suffit de plonger dans le collodion ainsi altéré, des lames de zinc ou de cadmium, qui en se combinant avec l'iode libre, ramènent le liquide à son état normal.

Quant à la décoloration, sans en bien connaître la cause, on a trouvé le moyen de la faire disparaître : il suffit d'ajouter au liquide quelques cristaux d'iode et une nouvelle quantité de coton-poudre.

Le collodion ainsi préparé contient toujours quelques traces de matières solides ; il est donc nécessaire de le filtrer. Seulement, il faut, pendant la filtration, couvrir l'entonnoir avec une plaque de verre. Si la filtration s'effectuait à l'air libre, l'éther et l'alcool, en se volatilisant partiellement, changeraient la composition et les propriétés du mélange.

Le collodion préparé et filtré, doit être renfermé, en raison de la volatilité des liquides spiritueux qu'il renferme, dans des flacons bouchés avec soin.

Pour étendre le collodion et préparer le cliché négatif, on prend une lame de verre ou de glace. La glace est préférable, parce que sa surface est exempte d'aspérités et parfaitement plane, condition qui n'est pas toujours remplie par les lames de verre.

La plaque étant choisie, il faut la nettoyer. Si elle n'a pas encore servi, elle est recouverte de matières organiques, dont on la débarrasse en la lavant avec une dissolution concentrée de carbonate de potasse. Si elle a déjà servi, on enlève le vieux collodion dont elle est encore recouverte, puis on la lave avec de l'acide azotique.

Fig. 30. — Cuvette à recouvrement pour le nettoyage des glaces.

Toutes ces manipulations se font dans des cuvettes de gutta-percha, de porcelaine ou de verre, à recouvrement (*fig.* 30) ou plates (*fig.* 31).

Fig. 31. — Cuvette plate pour le nettoyage des glaces.

Quand le nettoyage de la plaque est terminé, on procède à son polissage. Cette opération se fait à l'aide d'une planchette de forme particulière, sur laquelle on assujettit fortement la glace. On voit cet appareil représenté ici (*fig.* 32). Sur la planche AB,

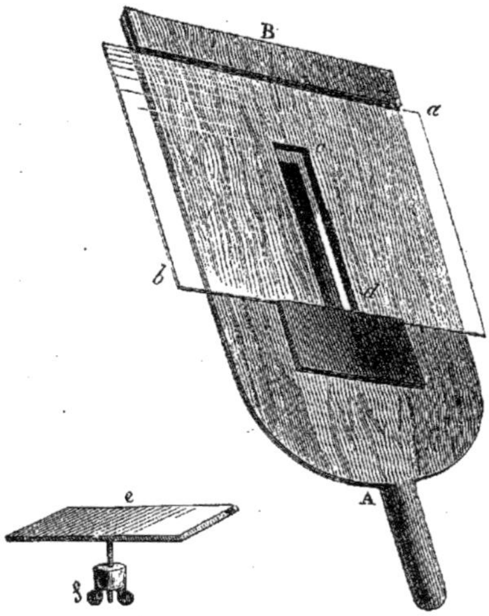

Fig. 32. — Planchette pour le polissage des glaces.

plate et munie d'un manche, on place la glace *ab*, que l'on maintient fixe contre le rebord B, au moyen d'un arrêt mobile *e*. Cet arrêt *e* peut glisser dans la coulisse *cd*. Quand il touche la plaque, on le fixe à l'aide de la vis de fer *f*, qui est placée derrière la planchette, et que nous représentons à part.

La glace étant ainsi assujettie, on la frotte avec un tampon de papier de soie, enduit d'une pâte, composée de terre pourrie, imbibée d'alcool et d'ammoniaque.

Lorsque la plaque est suffisamment polie, on la détache de la planchette, pour la placer sur des feuilles de papier; puis on l'essuie parfaitement avec un linge sec, ou une peau de daim. On reconnaît qu'elle est bien nettoyée, lorsqu'en y projetant l'haleine, la vapeur aqueuse se condense uniformément à sa surface, sans laisser à découvert ni points ni lignes.

Les glaces ainsi polies, sont conservées à l'abri de l'air et de la poussière dans des boîtes à rainures, en zinc ou en fer-blanc (*fig.* 33).

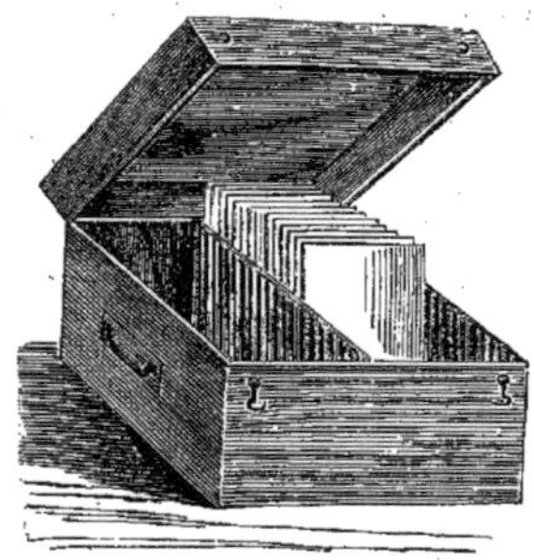

Fig. 33. — Boîte à rainures pour conserver les glaces polies.

L'application du collodion sur la glace est une opération délicate, qui exige quelque habileté de la part de l'opérateur. Voici comment on l'effectue. On place la glace horizontalement, sur un tampon d'étoffe, ou sur une ventouse en caoutchouc; ou bien, on la tient dans une main, puis de l'autre main, on verse le collodion dans un coin de la glace

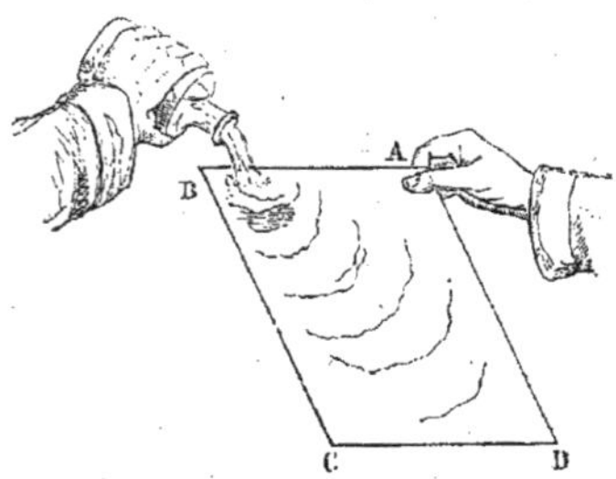

Fig. 34. — Collodionnage d'une glace.

comme le représente la figure 34. En inclinant légèrement cette dernière, on fait descendre le collodion vers la partie inférieure de la plaque, de façon à la recouvrir entièrement. Il faut éviter les temps d'arrêt, car, si petits qu'ils soient, ils suffisent pour produire à la surface de la couche de collodion, des stries qui seraient nuisibles à la pureté du cliché.

La glace étant entièrement recouverte de liquide, on reçoit l'excédant dans un flacon, en le faisant écouler par l'angle opposé à celui sur lequel on l'a versé (*fig.* 35). Puis, en agitant légèrement, on favorise l'évaporation du liquide spiritueux. La glace reste recouverte d'une couche bien égale de collodion et prend une apparence terne et mate.

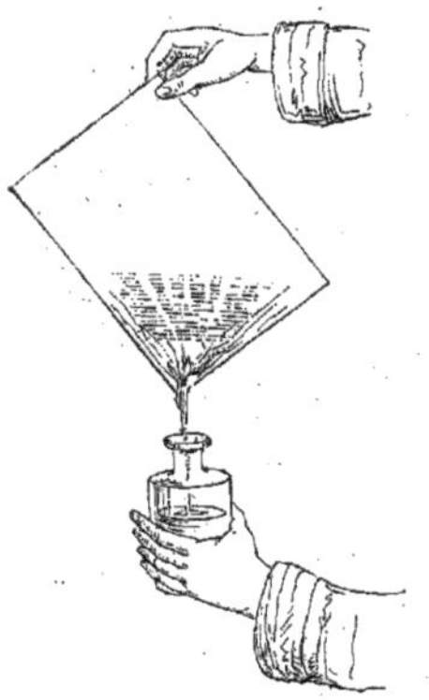

Fig. 35. — Manière de survider le collodion en excès.

Il s'agit maintenant de rendre cette couche de collodion qui recouvre la plaque, impressionnable à la lumière, en d'autres termes de la *sensibiliser*. Le collodion est déjà imprégné, comme nous l'avons dit, d'un mélange d'iodures alcalins; il faut maintenant la plonger dans la dissolution d'un sel d'argent, qui puisse transformer l'iodure, que renferme le collodion, en iodure d'argent.

On forme donc un bain, en dissolvant de 5 à 10 grammes d'azotate d'argent dans 100 grammes d'eau distillée.

Il est essentiel de prendre pour dissoudre le sel d'argent, de l'eau parfaitement pure, car l'eau ordinaire contient des carbonates et des chlorures alcalins, qui précipiteraient l'argent de ses combinaisons. Ce qui importe surtout, c'est que l'eau ne renferme pas de matières organiques, qui se combinent très-facilement avec l'azotate d'argent, et donnent des produits insolubles dans l'eau.

On a remarqué depuis longtemps, qu'un bain un peu acide donne plus de netteté aux épreuves, parce qu'il ralentit leur production. L'azotate d'argent cristallisé a, par lui-même, une réaction acide qui serait favorable à l'opération. Cependant les photographes n'emploient pas ce sel cristallisé, à cause des matières organiques qu'il renferme presque toujours. On emploie l'azotate d'argent fondu. Seulement, comme ce sel subit, par la fusion, un commencement de décomposition chimique, et qu'il devient ainsi alcalin, il faut ajouter à la dissolution d'azotate d'argent fondu quelques gouttes d'acide azotique ou acétique, qui lui donnent une réaction légèrement acide. La neutralité parfaite du bain serait certainement la condition la plus favorable; mais comme il serait impossible, dans la pratique, d'arriver à cette parfaite neutralité chimique, on donne au bain une réaction un peu acide, comme il vient d'être dit.

La dissolution aqueuse d'azotate d'argent a la propriété de dissoudre l'iodure d'argent; de sorte que si l'on plongeait la glace collodionnée dans un tel bain, l'iodure d'argent, au fur et à mesure de sa formation, au lieu de rester sur la plaque, mêlé au collodion, se dissoudrait dans le liquide. Il faut donc avoir soin de saturer à l'avance, le bain d'azotate d'argent avec de l'iodure d'argent. Pour cela, on ajoute au bain quelques centimètres cubes du collodion qui a servi à sensibiliser la plaque, et qui renferme, comme on le sait, un iodure soluble. Il se forme de l'iodure d'argent qui se dissout dans l'azotate d'argent en excès, à mesure qu'il se forme et sature le bain de ce composé, de telle manière qu'il ne pourra plus en dissoudre d'autre. Il ne reste plus qu'à filtrer, pour pouvoir employer le bain.

Avec le temps et l'usage, le bain d'azotate d'argent peut s'altérer. En effet, si ce bain n'a pas été entièrement saturé d'iodure d'argent, il se charge d'une nouvelle quantité de ce sel, en même temps que d'alcool et d'éther provenant de glaces collodionnées, et de poussières organiques qui tombent de l'atmosphère. De plus, le collodion employé peut contenir de l'ammoniaque ou de l'iode, ce qui rend le bain, alcalin dans le premier cas, acide dans le second. On remédiera à cet inconvénient, en ajoutant au bain usé, quelques gouttes d'acide azotique, si le bain est alcalin, et s'il est acide, un peu d'ammoniaque ou d'acétate d'ammoniaque.

Pour sensibiliser la plaque collodionnée, on la plonge dans le bain d'azotate d'argent.

Fig. 36. — Préparation de la couche sensible d'iodure d'argent sur la glace collodionnée.

Il faut avoir soin de la recouvrir entièrement de liquide. Pour cela (*fig.* 36), on appuie l'un des bords de la plaque contre un des coins de la cuvette pleine de liquide ; de la main gauche A, on soulève cette cuvette du côté opposé, pour faire descendre le liquide de ce côté ; puis de la main droite B, et à l'aide d'un crochet d'argent, on plonge la glace *i*, sur le fond de la cuvette ; enfin, on ramène brusquement cette dernière dans la position horizontale, et le liquide se répand ainsi uniformément à la surface de la plaque.

On fait quelquefois usage d'un double crochet en baleine (*fig.* 37) entre les extrémités duquel on place la glace, la couche collodionnée en dessus. On plonge alors la plaque d'un seul coup dans le liquide.

Il est bon de laisser la glace séjourner quelques minutes dans le bain, afin qu'elle soit mouillée en tous ses points. Lorsque ce résultat est obtenu, on peut procéder à l'exposition dans la chambre obscure.

Il faut empêcher que la glace sensibilisée ne subisse l'influence de la lumière dans le trajet du laboratoire à l'atelier de pose, ainsi que dans la chambre noire, tant que le sujet à

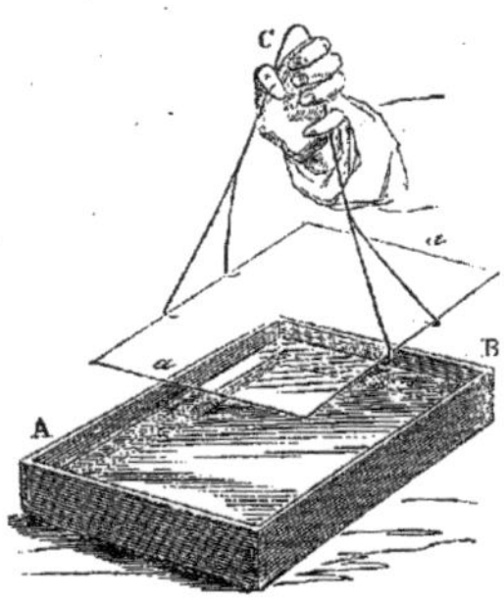

Fig. 37. — Même préparation, 2me procédé.

reproduire n'est pas disposé pour cette opération. On se sert, dans ce but, d'un appareil qui porte le nom de *châssis à épreuves* (*fig.* 38).

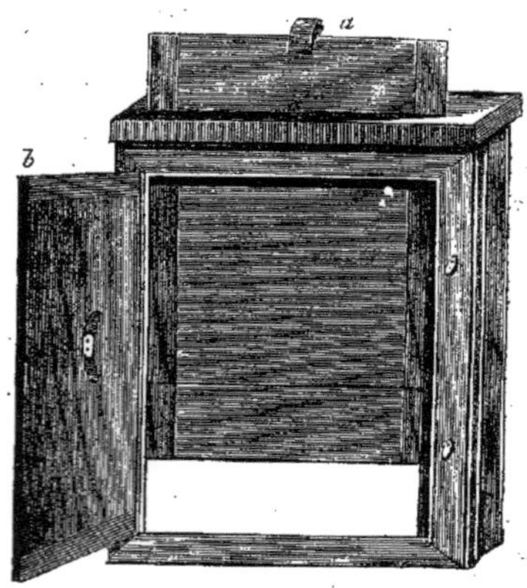

Fig. 38. — Châssis à épreuves.

C'est une boîte plate en bois, dont les deux fonds sont mobiles ; l'un *b* s'ouvre comme une porte, l'autre *a* (c'est celui qui se trouve sur le côté sensible de la glace collodionnée), glisse entre deux rainures et peut être tiré de bas en haut, de façon à découvrir, quand on le veut, entièrement la glace.

La glace (*fig.* 39), au sortir du bain d'argent, est donc placée dans ce châssis, que l'opérateur tient fermé. Puis il emporte le tout dans la chambre noire. Au moment voulu, il tire, de bas en haut, le couvercle *a* du châssis (*fig.* 38), et l'image de l'objet à reproduire vient impressionner le côté sensible de la glace.

Fig. 39.— Glace sensibilisée prête à être placée dans le châssis à épreuves.

Après cette exposition on la rapporte dans le laboratoire, où l'on s'occupe de développer l'image à l'abri de la lumière. En effet, l'image produite par la lumière, n'est pas encore visible au sortir de la chambre noire, il faut la faire apparaître à l'aide d'un bain révélateur, dont nous allons maintenant décrire la préparation.

Il existe un grand nombre de matières susceptibles de développer les images. Nous citerons, entre autres, l'acide gallique et l'acide pyrogallique, le sulfate de protoxyde de fer, le sulfate double de fer et d'ammoniaque.

Le *révélateur* le plus employé aujourd'hui, est le sulfate de fer en dissolution dans l'eau acidulée par l'acide acétique. L'addition de cet acide a pour but de ralentir le développement, et de donner par là une plus grande intensité aux teintes noires du cliché. Si le sulfate de fer était employé seul et en dissolution saturée, l'image apparaîtrait immédiatement; mais les parties foncées seraient dénuées de vigueur. La dissolution dont on fait usage ordinairement, est ainsi formée : dans un litre d'eau pure, on verse 100 centimètres cubes d'une dissolution aqueuse saturée de sulfate de fer, à laquelle on ajoute 20 centimètres cubes d'acide acétique et d'alcool.

L'alcool est destiné à permettre au liquide du bain de mouiller uniformément la plaque. En sortant du bain d'argent, elle est encore, en effet, recouverte d'une couche liquide d'éther et d'alcool, qui ne se laisserait pas mouiller par les dissolutions aqueuses.

On emploie, depuis quelque temps, de préférence au sulfate de fer simple, le sulfate double de fer et d'ammoniaque, car ce dernier sel se conserve mieux que le sulfate ordinaire, qui se décompose assez vite, en abandonnant du sesquioxyde de fer insoluble. De plus, le sulfate double de fer et d'ammoniaque, en ralentissant le développement, donne des épreuves plus vigoureuses.

L'acide acétique a été quelquefois remplacé par l'acide citrique; seulement ce réactif donne aux clichés une teinte bleu foncé, qui, si elle n'est pas assez intense, est perméable à la lumière.

Quelques expérimentateurs ont employé, comme révélateur, l'acide pyrogallique additionné d'acide formique. Ce mélange a l'avantage d'exiger une exposition moins longue à la chambre noire ; mais d'un autre côté, il est très-difficile de se procurer l'acide formique pur. Cet inconvénient limite beaucoup l'usage de ce dernier agent révélateur.

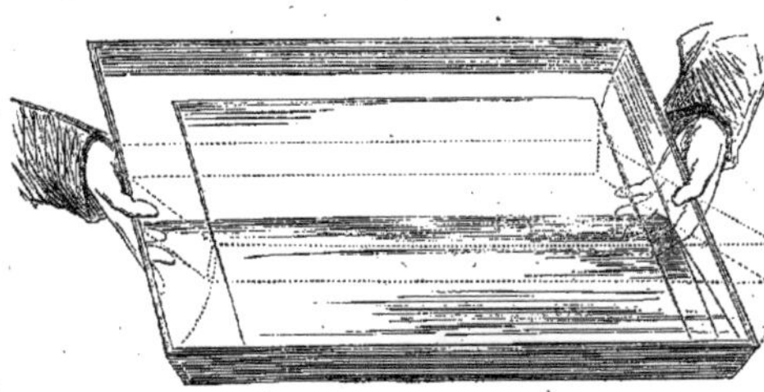

Fig. 40. — Développement de l'image négative.

L'opération pratique du *développement* de l'image par l'emploi du liquide révélateur, est fort simple. Si la glace est de dimensions assez grandes pour ne pouvoir être maniée facilement, on la plonge tout entière dans une cuve de gutta-percha contenant la dissolution (*fig.* 40); l'image apparaît alors graduellement. Si l'épreuve est de petites dimensions, on se contente de verser à sa surface la dissolution de sulfate de fer, et d'en recevoir l'excédant dans le même verre (*fig.* 41).

Fig. 41. — Développement de l'image négative sur la glace collodionnée.

Si elle n'est pas assez vigoureuse, on la renforce en la recouvrant d'une dissolution étendue d'acide pyrogallique, puis on la soumet à un lavage parfait à l'eau.

Fig. 42. — Lavage de l'épreuve après le développement.

Ce lavage s'opère à l'aide d'une pipette. La figure 42 montre comment on procède à ce lavage. Cependant le *renforçage* peut s'effectuer sans inconvénient après le *fixage*.

Après son développement, l'image doit être *fixée*, c'est-à-dire débarrassée de l'iodure et du bromure d'argent, qui n'ont pas été impressionnés par la lumière; car ces sels d'argent noirciraient par l'action du jour et empêcheraient de conserver l'épreuve.

L'hyposulfite de soude et le cyanure de potassium, sont les composés employés pour le fixage. Cependant, il est prudent de s'abstenir, le plus possible, de l'emploi du cyanure de potassium, car ce sel est un des plus violents poisons que l'on connaisse. La plus légère écorchure aux mains, expose aux accidents les plus graves les opérateurs qui se servent de ce sel. D'ailleurs, le cyanure de potassium détruit facilement les demi-teintes des épreuves sur lesquelles on prolonge son action. Il faut donc lui préférer l'hyposulfite de soude, dont le seul inconvénient est d'occasionner quelquefois des taches.

Il existe un sel exempt de tous ces défauts; c'est le sulfocyanure de potassium ou d'ammonium. Il jouit, au point de vue de la photographie, de toutes les propriétés des deux composés précédents, sans avoir les propriétés toxiques du cyanure de potassium. Le seul obstacle qui s'oppose encore à son emploi, c'est son prix trop élevé.

Le *développement* et le *fixage* doivent se faire dans l'obscurité. Comme il serait difficile de procéder à tâtons, on a d'abord toléré une bougie dans le cabinet obscur du photographe. Cependant, cet éclairage, si faible qu'il fût, avait des inconvénients, et l'on a fait l'heureuse découverte, qu'un cabinet obscur éclairé par des carreaux de couleur jaune, permet d'opérer en toute sécurité. La lumière transmise à travers les carreaux jaunes, étant absolument sans action sur les couches sensibles, permet de supprimer la bougie.

Nous représentons (*fig.* 43) le *cabinet noir* du photographe éclairé par des carreaux de vitre de couleur jaune. Afin de pouvoir augmenter ou diminuer, selon les besoins et selon l'état du temps, l'intensité de la lumière ou du jour, on place devant la fenêtre éclairée par les vitres jaunes, un châssis, que l'on peut élever ou abaisser à la distance que l'on désire, au moyen d'une corde.

Fig. 43. — Cabinet noir du photographe, éclairé par des carreaux jaunes.

Après avoir exécuté toutes les opérations qui viennent d'être décrites, on a entre les mains un cliché négatif sur verre, qui peut servir au tirage des épreuves positives. Il faut seulement avoir le soin de le recouvrir d'un vernis qui maintienne l'adhérence parfaite de la couche de collodion sur la glace.

Si le cliché ne doit pas être conservé, on se contente de le vernir avec une dissolution de gomme arabique dans l'eau. Dans le cas contraire, il faut un enduit plus résistant. On obtient ce dernier enduit en dissolvant dans de l'alcool, un mélange de gomme laque et de gomme élémi. On peut encore se servir du vernis copal du commerce, auquel on ajoute de la benzine rectifiée.

Nous n'avons rien dit jusqu'ici, du temps de la pose. Il est, en effet, très-difficile d'en fixer la durée. Cette appréciation est excessivement délicate, et ne peut se faire qu'après une longue pratique, de la part de chaque opérateur. On ne peut donner que quelques conseils généraux; le reste dépend de l'expérience du praticien.

Le temps de la pose doit varier selon l'intensité de la lumière et surtout la température; l'exposition est beaucoup plus courte en été qu'en hiver, et en hiver, dans un lieu chaud que dans un atelier froid.

Si le sujet à reproduire présente des couleurs rouges, qui sont, au point de vue photogénique, dépourvues d'activité, il faut augmenter la durée de la pose.

Quand le temps de pose a été trop court, les parties noires du cliché sont à peine accusées, et l'on ne distingue aucun détail dans les ombres. On reconnaît, au contraire, que la pose a été trop longue, au ton rouge et uniforme du cliché, ainsi qu'au voile gris qui le recouvre. Dans l'un et l'autre cas, il n'y a aucun remède : il faut refaire un nouveau cliché négatif.

Le cliché négatif sur verre obtenu comme il vient d'être dit, sert à tirer les épreuves positives sur papier.

Les moyens qui servent à tirer les épreuves positives sur papier, sont plus simples et plus faciles à exécuter que ceux qui fournissent le cliché négatif sur verre. On tire les épreuves positives sur des feuilles de papier imprégnées de sel marin, qu'on plonge dans un bain d'azotate d'argent : il se fait, par double décomposition chimique, du chlorure d'argent impressionnable à la lumière, qui reste incorporé dans la pâte du papier, et de l'azotate de soude, qui se dissout dans le bain argentifère. En exposant à la lumière une pareille feuille recouverte d'un cliché négatif sur verre, on obtient une image positive, au bout d'un certain temps, que l'expérience apprend à déterminer.

Cette image présente généralement une belle couleur rouge, mais excessivement fugace et qui passe dans le *bain de fixage*.

Avant cette dernière opération, on en effectue donc une autre, qu'on appelle *virage*, qui sert à donner à l'image positive une coloration plus riche et plus stable, et lui permet de résister aux agents fixateurs. On emploie pour ce *virage* une dissolution aqueuse de chlorure d'or. Il ne reste plus, après cela, qu'à fixer l'épreuve, c'est-à-dire à dissoudre le chlorure d'argent non influencé qu'elle contient encore.

Nous allons entrer dans le détail pratique des opérations successives, que nous venons d'indiquer sommairement.

Les feuilles de papier dont on se sert pour le tirage des épreuves positives, ne sont pas prises arbitrairement; elles doivent avoir certaines qualités qu'on ne rencontre pas dans toutes les espèces de papier. Il faut que leur surface soit parfaitement unie et exempte de taches. Il ne faut pas que la pâte contienne, comme cela se rencontre parfois, des parcelles métalliques. L'encollage du papier doit être bien fait et abondant. Cette dernière condition influe beaucoup sur la vigueur et la finesse des images; aussi est-on quelquefois obligé de faire subir un second encollage aux papiers du commerce.

On a observé que si l'on emploie pour cet encollage, la gélatine, l'image prend, après le *virage*, une coloration rouge-pourpre. L'encollage fait avec l'amidon, donne aux images une couleur rouge orangé, et l'encollage à l'albumine une couleur pourpre foncé.

Le papier étant choisi, on commence par l'imprégner de chlorure de sodium, en le plongeant dans une dissolution de ce sel. On prend 30 grammes de sel par litre d'eau distillée. Les feuilles doivent séjourner environ deux minutes dans ce bain; après quoi on les laisse sécher à l'air. Les photographes se dispensent quelquefois de faire ces opérations, car on trouve dans le commerce des papiers encollés et salés, mais leur préparation est toujours moins bonne que celle qu'on fait soi-même.

Pour sensibiliser le papier, on le plonge (*fig.* 44) dans le bain d'argent, qu'on prépare

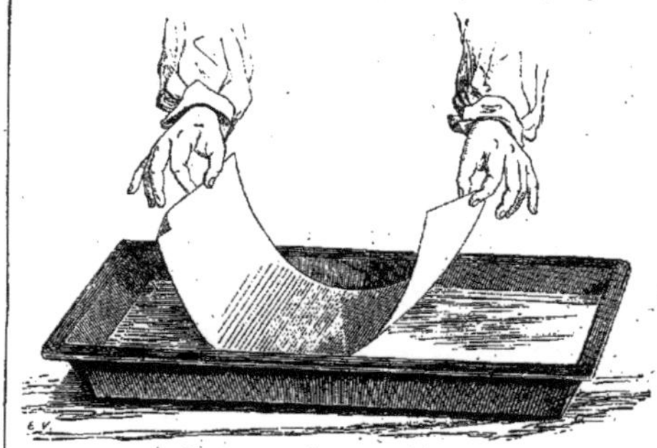

Fig. 44. — Sensibilisation du papier chloruré dans le bain d'argent, pour le tirage des épreuves positives.

en dissolvant 200 grammes d'azotate d'argent dans un litre d'eau distillée. Comme la quantité de sel d'argent diminue très-rapidement par l'emploi du bain, on est bientôt obligé d'en ajouter une nouvelle dose.

Lorsque la feuille ainsi imprégnée de chlorure d'argent, est sèche, on la recouvre du cliché à reproduire, et on la place dans le *châssis à reproduction* à fond de verre. Cet appareil peut affecter différentes formes. La figure 45 représente celui qui est le plus généralement employé. C'est un cadre de bois au fond duquel est placée une glace. Sur cette glace, on pose le cliché de verre, par sa face non couverte de collodion, puis on met le papier sensibilisé.

Fig. 45. — Châssis à reproduction.

Il est nécessaire de pouvoir juger, à cha-

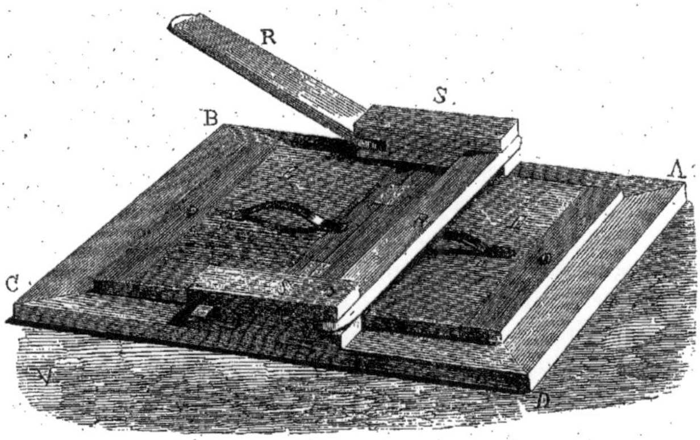

Fig. 46. — Châssis à reproduction (modèle anglais).

que instant, de la formation de l'image, afin de pouvoir arrêter l'exposition à la lumière au moment convenable. Pour cela, le fond du châssis, comme le montre la figure 45, est formé de deux parties reliées entre elles par une charnière. De cette manière, tandis que l'une de ces moitiés est comprimée par une pointe ou une vis en bois, et maintient ainsi la feuille de papier dans une position fixe, on peut ouvrir l'autre moitié, et aller observer la venue de l'image dans une chambre à l'abri de la lumière.

La figure 46 représente un modèle de châssis employé en Angleterre et très-recommandé par M. Monckhoven (1). Un cadre, ABCD, garni, au fond, de sa glace, est recouvert d'une planchette EE, divisée, par deux charnières, en deux portions que viennent presser deux ressorts *o*, *o*. La planchette repose sur le papier posé contre le cliché, et le cliché sur la glace du cadre. Le tout est maintenu et pressé par deux fermoirs de bois R, R, que l'on fait entrer dans les échancrures de deux pièces de bois S, S, portées sur le cadre ABCD.

Le châssis contenant le négatif et le papier sensibilisé, est exposé à la lumière diffuse ou à la lumière du soleil. Quand on a un grand nombre d'épreuves à tirer, on place les châssis à reproduction sur un portant mobile (*fig.* 47) qui a l'avantage de faire arriver la lumière selon l'inclinaison que l'on désire, sur un grand nombre de châssis à la fois.

La durée de l'exposition pour le tirage des positifs, varie, non-seulement avec la coloration qu'on veut obtenir, mais encore avec

Fig. 47. — Portant mobile garni de plusieurs châssis à reproduction.

l'intensité de la lumière ambiante. Ainsi, une image qui, par un jour de soleil, peut venir en dix minutes, mettra, au con-

(1) *Traité général de photographie*, 5e édition, in-8, Paris, 1865, p. 169.

traire, un jour entier à se produire, si le temps est couvert. Nous avons déjà vu que plus l'épreuve se développe lentement, plus il y a d'opposition entre les blancs et les noirs. Si donc on veut qu'il en soit ainsi, on exposera le châssis à la lumière diffuse. Dans le cas contraire, on opérera au soleil, dont les rayons pénétrants agissent avec rapidité.

La couleur de l'image commence par être bleu très-pâle; puis la teinte augmente d'intensité, en passant successivement par toutes les nuances intermédiaires, telles que bleu pourpre, pourpre foncé, noir, jusqu'à ce qu'elle atteigne finalement une couleur olive.

Il est bon que la teinte du cliché soit un peu exagérée, c'est-à-dire qu'il ait une coloration très-intense, car le *fixage* en atténue beaucoup la vigueur.

Lorsqu'il s'agit de portraits, on peut former, à volonté, autour de l'image, un fond blanc, noir ou dégradé.

Pour obtenir un fond blanc, on recouvre le châssis d'un verre jaune à fond blanc; pour le fond noir, c'est le contraire : le verre est blanc à fond jaune. Quant aux fonds dégradés, on les obtient à l'aide de verres jaunes à teinte dégradée qui produisent autour du portrait une espèce d'auréole d'un effet agréable à l'œil.

Au sortir du *châssis à reproduction* l'épreuve positive possède, ainsi que nous l'avons dit, une couleur purpurine très-peu stable, qui devient jaune orangé dans le bain de fixage. Avant donc de la fixer on la fait *virer* dans un bain formé d'un gramme de chlorure double d'or et de potassium dissous dans un litre d'eau. On ajoute quelquefois au sel d'or, un peu de carbonate de chaux pulvérisé, afin de neutraliser l'acide libre. Quelques praticiens remplacent le carbonate de chaux par de l'acétate de soude, par le phosphate ou le borate de la même base; mais ce ne sont là que des modifications de peu d'importance.

On doit rejeter tous les procédés de virage se produisant par sulfuration de l'argent : tels sont les procédés de virage au sulfure de potassium, à l'hyposulfite de soude acidulé, ou mélangé de sel de fer. Dans tous ces cas, la présence du soufre est nuisible à l'épreuve, qui ne tarderait pas à s'altérer complétement.

On laisse l'image atteindre la couleur bleue, en ayant bien soin de ne pas la toucher avec les doigts, car tous les points qui ont subi le contact des doigts, ne sont plus mouillés par les liquides, probablement par suite d'un dépôt de matières grasses.

On soumet ensuite les épreuves à un lavage prolongé dans l'eau pure, et l'on procède au *fixage*. Il est essentiel que le lavage soit bien complet, car s'il restait dans le papier des traces de sel d'argent, la dissolution d'or en serait altérée. Il en est de même lorsque l'épreuve est soumise au virage étant encore imprégnée d'un peu de sel d'argent.

On *fixe* l'épreuve positive comme l'épreuve négative, c'est-à-dire avec une dissolution d'hyposulfite de soude ou de cyanure de potassium. Pour les raisons que nous avons données précédemment, il vaut mieux se servir de sulfocyanure de potassium ou d'ammonium, que de cyanure simple.

On peut encore employer pour le fixage, l'ammoniaque, étendue de 3 fois son volume d'eau. Seulement, dans ce cas, le fixage doit précéder le virage. Cette dernière opération se fait alors à l'aide d'une dissolution de cyanure de potassium à laquelle on ajoute une petite quantité d'iode.

L'action de ce dernier bain de virage ne doit pas être prolongée, car l'épreuve est rongée de plus en plus, et disparaît bientôt entièrement.

Quel que soit le procédé suivi pour fixer les épreuves, ces dernières doivent être soumises à un lavage prolongé, sous l'action d'un courant d'eau continu. Après quoi, on les laisse sécher à l'air.

Il n'y a plus qu'à coller ces épreuves sur des feuilles de carton.

Seulement, comme il existe toujours à la surface de l'épreuve des inégalités, dues soit à son encollage, soit à la pâte du papier, il est bon de faire disparaître ces reliefs à l'aide de la *presse à satiner*.

La figure 48 représente la *presse à satiner* employée par les photographes. Une plaque d'acier poli, ou une pierre lithographique AB, bien plane, reçoit un mouvement horizontal de va-et-vient, au moyen d'une roue à manivelle CD. Sur cette plaque d'acier, on place des feuilles de carton bien unies, entre lesquelles, on dispose les épreuves à satiner. La seconde partie de l'appareil est un rouleau d'acier EF, qui peut monter et descendre dans une rainure, quand il est pressé par les vis G, G, que l'on met en action en tournant les manivelles H, H.

Pour satiner les épreuves, on serre les vis G, G au moyen des manivelles H,H, le rouleau EF presse la plaque d'acier, et quand on fait passer les épreuves entourées de carton sur ce rouleau, au moyen de

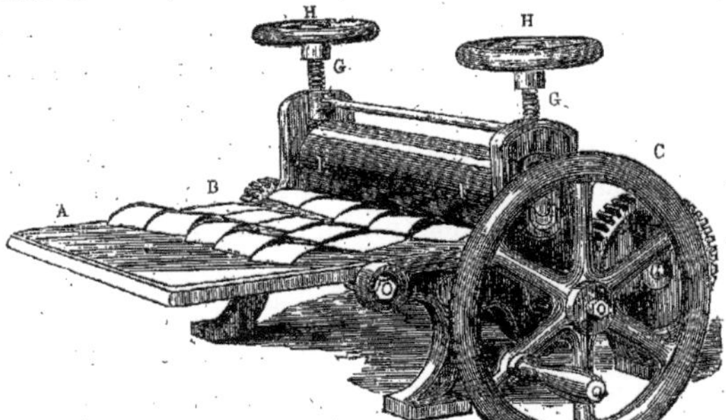

Fig. 48. — Presse à satiner les épreuves positives.

la manivelle CD, on les soumet à une pression considérable, qui détruit le relief, les inégalités du papier, et produit, en un mot, l'effet connu sous le nom de *satinage*.

Nous représentons (*fig.* 49) un autre modèle de *presse à satiner les épreuves photographiques*. Ce modèle, construit par M. Arthur Chevalier, fonctionne à peu près comme celui dont nous venons de donner la description.

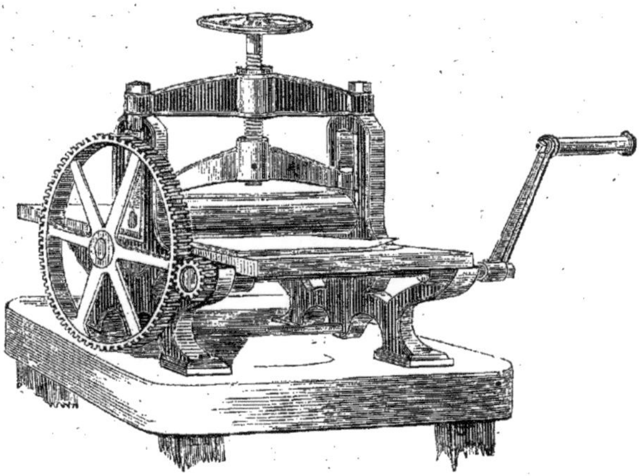

Fig. 49. — Presse à satiner.

On a aussi l'habitude, pour ajouter à l'effet du satinage, de vernir les épreuves sur papier, avec une couche de vernis, composé d'essence de térébenthine, de cire rouge et de mastic. Les épreuves acquièrent ainsi une surface luisante, qui donne des jeux de lumière agréables, et fait ressortir les images, en leur donnant des tons changeants.

On reconnaît quelquefois que les épreuves positives présentent certains défauts, qui tiennent au négatif lui-même. Il n'y a alors d'autre remède que de retoucher le cliché négatif. Nous terminerons ce chapitre en donnant la description de l'appareil dont se servent les photographes pour effectuer ces retouches.

L'*appareil à retouches* (*fig.* 50) est une sorte de table sans couvercle. Ce couvercle est remplacé par une plaque de verre inclinée ABCD. Au-dessous, se trouve un châssis E, garni d'une toile blanche, et ayant, en sens inverse une inclinaison qu'on peut faire varier à volonté, au moyen d'une tige F, garnie de crans. Cette surface blanche sert à

Fig. 50. — Appareil pour la retouche des clichés.

renvoyer la lumière sur le cliché négatif de verre, de façon à l'éclairer vivement et à en bien reconnaître les défauts. Pour écarter la lumière diffuse ambiante, on s'entoure d'un rideau noir. Les retouches se font avec un pinceau très-délicat et de l'encre de Chine, mêlée de bleu de Prusse.

CHAPITRE XI

PROCÉDÉ AU COLLODION SEC. — PROCÉDÉ A L'ALBUMINE. — PROCÉDÉ AU PAPIER CIRÉ OU ALBUMINÉ.

Procédé au collodion sec. — Le procédé au *collodion humide*, qui est universellement suivi et que nous venons de décrire dans tous ses détails, exige que la plaque de verre recouverte de la couche de collodion sensibilisé, soit presque aussitôt portée dans la chambre obscure. Il arrive, en effet, que l'azotate d'argent qui demeure en excès, mélangé au collodion, finit par se combiner avec l'iodure d'argent, et forme un sel double qui cristallise sur toute la surface de la glace. En *développant* ensuite l'image formée sur une pareille glace, on obtiendrait des taches blanches, sur tous les points où la cristallisation s'est effectuée. Telle est du moins l'explication théorique donnée par MM. Barreswill et Davanne, dans leur excellent ouvrage, *Chimie photographique* (1).

Quelle qu'en soit la cause, il est certain que la glace collodionnée et sensibilisée, doit être portée sans aucun retard dans la chambre obscure. Si on la laisse sécher, elle n'est plus impressionnable, ou ne l'est que très-imparfaitement. Il faudrait, en effet, avec une glace sèche une exposition très-longue à la chambre noire, encore n'obtiendrait-on que des images dénuées de vigueur, et présentant une coloration grise uniforme et désagréable à l'œil.

L'obligation de ne laisser aucun intervalle entre la préparation de la couche sensible, et l'exposition dans la chambre obscure, rend le *procédé au collodion humide* inapplicable dans certains cas, et particulièrement pour les voyageurs, qui, ne pouvant effectuer en plein air toutes les opérations photographiques, doivent se borner à recevoir à l'extérieur l'impression du paysage ou du monument, et terminer l'opération dans leur laboratoire.

Il était donc à désirer que l'on pût modifier le procédé qui vient d'être décrit, de manière à conserver assez longtemps à la glace collodionnée son impressionnabilité à la lumière. Le collodion est, en effet, la seule matière qui réponde à toutes les exigences des opérations photographiques, à savoir : une rapidité prodigieuse pour l'exposition dans la chambre obscure, une extrême simplicité dans les opérations, et une grande finesse dans les épreuves obtenues.

Les expérimentateurs ont donc cherché à obtenir des plaques qui fussent sensibles quoique sèches, et par suite, susceptibles d'être transportées et utilisées à un moment quelconque. De nombreuses tentatives ont

(1) 4e édition. Paris, 1864, in-8°, p. 203.

été faites dans ce sens. Elles demeurèrent assez longtemps infructueuses, mais on a fini par trouver un *procédé au collodion sec* assez avantageux, pour qu'on puisse l'employer avec confiance et obtenir de bons résultats.

Pourquoi la glace collodionnée perd-elle par la dessiccation son impressionnabilité? Nous avons donné plus haut une explication chimique du fait ; voici une autre explication physique du même phénomène qui a été présentée, et qui a eu l'avantage de conduire à la découverte du procédé cherché.

Quand la couche sensible, formée de collodion mêlé d'iodure d'argent, se dessèche, les molécules du collodion se rapprochent, et emprisonnent, pour ainsi dire, l'iodure d'argent. Dès lors, les réactifs dont l'intervention est nécessaire, n'agissent plus, ou du moins n'agissent que très-imparfaitement sur le sel d'argent ; ce qui explique pourquoi on n'obtient, dans ce cas, aucun résultat satisfaisant.

Le problème à résoudre était donc celui-ci : ajouter au collodion une substance qui, s'interposant entre ses molécules, quand il se dessèche, le laissât dans un état spongieux capable de le rendre perméable aux agents chimiques.

En partant de ce principe, on a ajouté d'abord, au collodion, des matières ne pouvant ni sécher, ni cristalliser, telles que l'azotate de magnésie, qui est un sel déliquescent, le miel en dissolution dans l'eau, la glycérine, la gélatine, la dextrine, etc. Ces modifications, proposées par MM. Spiller et Crookes, Shadbolt, Ziégler, Norris et Maxwell Lyte, ne donnaient pas encore le procédé cherché, car elles avaient pour résultat d'entretenir la couche de collodion dans un état constant d'humidité, qui provoquait sa décomposition. Le problème ne fut résolu que du jour où l'on eut l'idée d'introduire dans le collodion des matières résineuses.

MM. Duboscq et Robiquet ont proposé, comme propres à remplir cette condition, l'ambre jaune ; M. l'abbé Despretz, la résine ordinaire. Le procédé aujourd'hui le plus généralement pratiqué, est celui qui a été indiqué par Taupenot.

Ce physicien eut l'idée d'introduire de l'albumine dans le collodion. Le liquide ainsi obtenu, étendu sur une glace, donne une pellicule qu'on laisse sécher, et qui peut servir à un moment quelconque, en ayant soin de la sensibiliser, quelques instants avant de l'exposer dans la chambre obscure.

Le *procédé au collodion sec* diffère peu, dans la pratique, du *procédé au collodion humide;* aussi n'insisterons-nous que sur les parties de l'opération réellement distinctes de celles que nous avons décrites en parlant du premier de ces procédés.

Le nettoyage de la glace est, dans ce cas particulier, extrêmement important, car il exerce une très-grande influence sur les résultats. Si ce nettoyage est défectueux, il se produit dans la couche sensible, des reliefs qui en altèrent la forme, et nuisent à la production de l'image. On procède au nettoyage et au polissage de la plaque, comme nous l'avons déjà dit, à propos du collodion humide, en apportant, toutefois, le soin le plus scrupuleux à ces deux opérations.

On étend ensuite le collodion ioduré. C'est ici que se place une précaution toute particulière pour l'application de l'albumine. On place dans un vase, un certain nombre de blancs d'œufs, auxquels on ajoute de l'iodure et du bromure d'ammonium, de l'ammoniaque et du sucre candi. Ce dernier corps est employé pour rendre le liquide plus fluide et faciliter son extension sur la plaque. On bat le mélange, jusqu'à ce qu'on l'ait transformé en une mousse épaisse. Cette mousse, abandonnée à elle-même pendant un jour, se réduit en un liquide filant, qu'on décante, et qui est alors prêt à servir. On l'étend sur la glace, comme on l'a fait pour le collodion, et on fait sécher dans une pièce à l'abri de l'humidité.

Le bain d'argent est toujours formé par la

dissolution d'azotate d'argent, additionnée de quelques gouttes d'acide acétique. Dans l'immersion de la glace, on évite le moindre temps d'arrêt, dont le résultat serait la production de stries à la surface de l'albumine.

Le développement de l'image, après sa production dans la chambre noire, se fait dans un bain formé d'eau, d'acides gallique, pyrogallique et acétique, le tout additionné d'alcool. Quant au fixage, il se fait à l'hyposulfite de soude.

Les clichés qu'on obtient ainsi, servent à donner des épreuves positives sur papier, par le procédé habituel que nous avons déjà décrit.

Le major Russell a obtenu d'excellents résultats en remplaçant l'albumine par une dissolution aqueuse de tannin.

Le *procédé au collodion sec* est plus lent, il est vrai, que le procédé au collodion humide; mais il est beaucoup plus rapide que les autres procédés à l'albumine seule, ou au procédé *sur papier sec*, qu'il nous reste à décrire. Il rend les plus grands services au paysagiste, au photographe voyageur, en permettant de fixer rapidement, et d'une manière définitive, les vues les plus diverses et les effets les plus variés. C'est, du reste, la seule application que l'on fasse aujourd'hui du *procédé au collodion sec.*

Procédé à l'albumine. — Dans l'exposé que nous faisons des différents procédés photographiques, nous ne suivons pas l'ordre historique de leur découverte. Nous avons déjà parlé des plus récents, parce que ce sont les plus employés aujourd'hui : il nous reste, en traitant du *procédé à l'albumine*, ainsi que du *procédé au papier ciré ou albuminé*, à passer en revue quelques procédés particuliers qui présentent de l'intérêt plutôt comme recherches scientifiques que comme méthodes opératoires.

Les photographes avaient, depuis longtemps, été frappés des propriétés remarquables de l'albumine. Cette matière, étendue en couche mince, sur une glace, donne, en se desséchant, une pellicule insoluble dans l'eau, mais qui se laisse pénétrer par tous les réactifs usités en photographie. M. Niépce de Saint-Victor, comme nous l'avons dit dans la partie historique de ce travail, a donné le premier le procédé à suivre pour obtenir de bonnes épreuves sur une lame de verre recouverte d'albumine. Ce procédé fut suivi jusqu'au jour où le collodion fut découvert. C'est ce même procédé, c'est-à-dire le *procédé à l'albumine*, sur lequel nous avons maintenant à revenir, et que nous allons décrire.

Pour préparer l'albumine destinée à être étendue en couche mince sur la lame de verre, on prend des blancs d'œufs, et on y ajoute de l'iodure de potassium ; puis on bat ce mélange, jusqu'à ce qu'on l'ait entièrement transformé en mousse épaisse. Cette mousse, abandonnée à elle-même pendant vingt-quatre heures, se réduit en un liquide qu'on peut employer après l'avoir décanté.

Avant d'étendre l'albumine sur la glace, il faut nettoyer cette dernière avec le plus grand soin, pour les raisons que nous avons données en parlant du procédé au collodion sec.

L'application de l'albumine est une opération délicate, qui exige quelque attention de la part de l'opérateur. Voici comment on y procède. On place la glace sur une table ; puis, avec une pipette pleine d'albumine, on va d'un bord à l'autre en laissant écouler le liquide successivement, et en ne mettant aucun intervalle entre deux traînées d'albumine. On avance peu à peu, et bientôt la glace est entièrement recouverte.

On peut encore verser, au centre de la glace, une quantité d'albumine suffisante pour la recouvrir entièrement ; puis, avec une baguette, on l'étend dans tous les sens. L'important est que la couche d'albumine se dessèche promptement, afin qu'elle ne soit pas altérée par les poussières atmosphériques qui feraient corps avec elle.

On fait usage, pour obtenir le double résultat d'étaler bien régulièrement la couche liquide et d'activer son évaporation, de l'artifice suivant. On place la glace B (*fig.* 51) entre

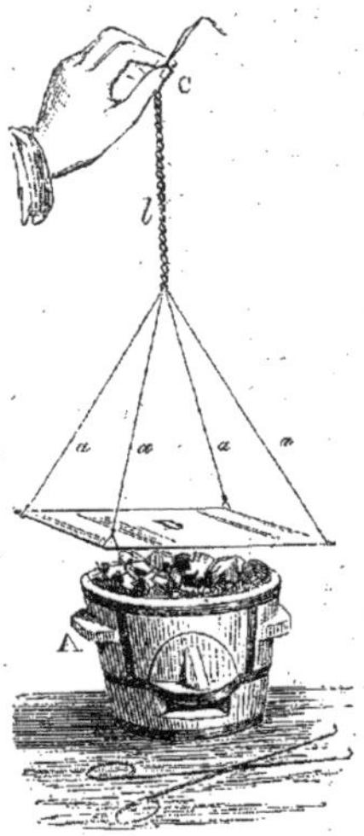

Fig. 51. — Préparation d'une glace albuminée.

quatre crochets supportés par quatre fils de soie *a*, *a*, réunis en une torsade *cb*, que l'on tient à la main. En l'abandonnant à elle-même, cette torsade de fil se détend, et imprime à la plaque B un mouvement de rotation très-rapide, qui a pour effet d'égaliser la couche liquide et de la répartir uniformément sur la glace. Si, en même temps, on approche la glace d'un fourneau A contenant quelques charbons allumés, on active son évaporation.

Les photographes qui font un grand usage du procédé à l'albumine, ont un petit appareil, qu'ils appellent *tournette* (*fig.* 52), et qui sert à étendre rapidement l'albumine en couche mince sur la glace. C'est un disque de bois, qui porte la lame de verre A, et que l'on fait tourner rapidement à l'aide d'un autre disque, B, muni d'une poignée. Un écran, C, met la couche liquide, déposée sur la plaque, à l'abri des poussières contenues dans l'appartement, et que l'opérateur pourrait diriger vers sa surface. Seulement, avec cet appareil, il faut enlever la glace quand la couche liquide est bien étalée, pour la sécher à une douce chaleur.

La glace étant ainsi recouverte, il faut la

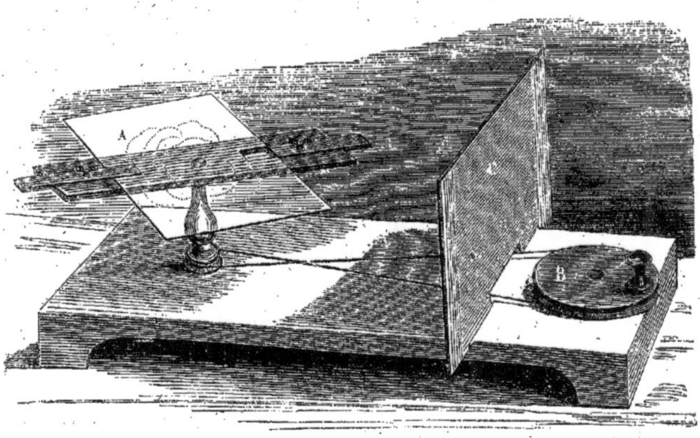

Fig. 52. — Tournette pour l'albuminage des glaces.

sensibiliser. Pour cela, on la plonge dans un bain d'acétonitrate d'argent, c'est-à-dire dans le bain d'azotate d'argent acidulé par l'acide acétique, puis on l'expose dans la chambre noire.

Le développement de l'image se fait en versant d'abord une dissolution d'acide gallique, puis une dissolution du même composé, additionnée d'azotate d'argent. Quant au fixage, il se fait à l'hyposulfite de soude.

Le cliché est alors propre au tirage des épreuves positives sur papier. Nous ne dirons rien de cette dernière opération, c'est-à-dire du tirage des positifs, que nous avons décrite plus haut (pages 88-90) et qui est toujours la même, quelle que soit la méthode dont on fasse usage.

A côté de nombreux avantages, le *procédé à l'albumine* présente divers inconvénients. Il est presque impossible de s'en servir pour les portraits, à cause de la longue exposition à la chambre noire qu'il nécessite. Il faut, en outre, une demi-heure pour développer l'image après sa production. Aussi la découverte du collodion a-t-elle fait généralement abandonner l'usage du procédé à l'albumine. On ne s'en sert plus aujourd'hui que pour la reproduction de dessins, de tableaux, de paysages, en un mot de tous les objets sur lesquels la durée de pose n'a pas d'influence.

L'albumine offre des qualités précieuses pour ces applications particulières de la photographie. Elle donne des images d'une finesse merveilleuse et d'un ton excessivement agréable à l'œil. De plus, on peut l'employer indifféremment à l'état humide ou à l'état sec.

Procédé au papier ciré ou albuminé. — Ce procédé a pour but de remplacer la lame de verre des épreuves négatives, par du papier, et de se servir de ce cliché de papier pour le tirage des épreuves positives. La fragilité du verre est, en effet, un grand inconvénient, et il serait important de pouvoir composer des négatifs avec une autre substance que le verre, qu'un accident ou une distraction suffit à mettre en pièces.

Le papier que l'on prend pour en faire le cliché négatif, peut être enduit de cire, — et dans ce cas l'opération se fait à sec, — ou bien il peut être recouvert de matière organique, et le procédé s'exécute alors par voie humide; nous décrirons l'un et l'autre.

Le papier ciré pour en faire un négatif, a été employé pour la première fois par M. Legray, l'habile praticien français auquel on doit la découverte du collodion. Le papier doit être pur, ni trop épais, ni trop mince. Trop épais, il est peu transparent, et exige trop de temps pour la venue des images positives; trop mince, il n'est pas assez résistant. On doit préférer le papier collé à la gélatine à celui qui est collé à l'amidon, car sa texture est plus uniforme.

Le rôle de la cire se comprend d'ailleurs sans peine. Ce corps gras a l'avantage de séparer les sels d'argent de la substance du papier, de donner une couche d'un poli parfait, de communiquer au cliché négatif toute la transparence du verre, enfin d'assurer la conservation du papier.

L'application de la cire se fait en chauffant au bain-marie, de la cire vierge, et immergeant le papier dans la cire fondue. Mais la cire se trouvant toujours en excès, il faut procéder à un *décirage* partiel. Pour cela, on interpose chaque feuille cirée entre des feuilles de papier buvard, et l'on passe un fer chaud sur le tout. Le papier en se refroidissant, conserve une surface luisante. Il faut éviter, quand on le conserve, d'y produire des cassures, qui se traduiraient par des défauts sur l'épreuve.

Après cette préparation, on plonge le papier dans une dissolution aqueuse de bromure et d'iodure de potassium. Pour que ce liquide puisse mouiller la surface cirée, on ajoute au bain ordinaire d'iodure, du petit-lait clarifié et du sucre de lait, qui, par leur viscosité, permettent l'imbibition du papier par les liquides. On peut remplacer le petit-lait par de l'eau de riz, comme le faisait M. Legray.

Quand le papier a séjourné deux heures dans ce bain, on le laisse sécher à l'air. Les feuilles de papier ont alors un aspect différent de celui qu'elles avaient avant leur immersion dans le bain d'iodure. Pénétré par le liquide ioduré, le papier ciré est devenu spongieux, grenu ; il a perdu le luisant, la fermeté et la transparence qu'il avait primi-

Fig. 53. — Atelier de pose pour la photographie.

tivement. Il se passe quelquefois, entre l'encollage et l'iodure de potassium, une réaction particulière, dont le résultat est la mise en liberté d'une certaine quantité d'iode, qui donne au papier une coloration caractéristique.

La sensibilisation de ce papier, c'est-à-dire la transformation de l'iodure de potassium qu'il contient, en iodure d'argent, se fait avec le bain ordinaire d'acéto-nitrate d'argent. La coloration que le papier avait prise dans le bain ioduré, disparaît dans ce second bain, après un séjour de deux minutes au plus. A ce moment, on retire, à l'aide d'une pince en corne, les feuilles, qui sont devenues très-blanches. On les laisse égoutter et on les lave; puis on les presse entre des doubles de papier buvard, auquel elles abandonnent l'excédant du liquide dont elles sont recouvertes, et on les laisse sécher.

Ces feuilles sensibilisées peuvent être conservées huit ou dix jours avant d'être portées dans la chambre obscure.

Il est bon de développer l'image le jour même de sa production ; cependant on peut mettre un intervalle de quelques jours entre ces deux opérations.

Le bain révélateur est une dissolution d'acide gallique, additionnée de quelques gouttes d'acéto-nitrate d'argent. Si l'opération a été bien conduite, on doit voir l'image se former graduellement.

La manière dont cette image apparaît dans le bain révélateur, permet de reconnaître si la durée de la pose a été convenable. En effet, si l'exposition à la lumière a été trop longue, l'image se montre instantanément, et elle prend une coloration grise uniforme, contre laquelle il n'y a aucun remède. Si l'exposition a été trop courte, les noirs seuls apparaissent rapidement; les demi-teintes viennent, au contraire, avec lenteur; de sorte qu'il n'y a aucune transition entre les clairs et les ombres, qui forment, par leur contraste, un effet désagréable à l'œil.

Lorsque l'image est bien développée, on lave l'épreuve sous un courant d'eau.

Le fixage, qui se fait, comme à l'ordinaire, avec l'hyposulfite de soude, peut s'effectuer immédiatement, ou se faire au moment qu'on le veut. Cette facilité offerte aux opérateurs, est précieuse en voyage.

On a proposé de remplacer l'hyposulfite de soude, comme fixateur, par le bromure de potassium ; mais ce sel n'est pas un fixateur à la manière ordinaire : il ne dissout pas le sel d'argent non impressionné, il ne fait que le mettre momentanément dans l'impossibilité d'être influencé par la lumière.

Après le fixage, l'épreuve prend, par la dessiccation, un ton gris, qu'on fait disparaître en soumettant la face enduite de cire à l'action de la chaleur.

Les clichés négatifs ainsi préparés, doivent être conservés avec soin, afin qu'il ne se produise pas, à la surface de la couche de cire, des cassures, qui donneraient, sur l'image définitive, des raies nuisibles à la pureté et à la netteté de l'épreuve.

Avec ce cliché négatif, composé d'une simple feuille de papier, on tire les positifs à la manière ordinaire.

Quelques habiles opérateurs, parmi lesquels nous devons citer M. le comte Vigier, MM. Baldus, Roman, etc., ont modifié le procédé précédent, en supprimant le cirage du papier ; mais la méthode qu'ils emploient est très-délicate et ne peut être suivie que par des praticiens très-exercés.

Cette méthode consiste à tremper la feuille de papier dans une liqueur composée d'iodure d'argent dissous dans l'iodure de potassium. Le papier qui contient ces sels n'est pas impressionnable à la lumière, à cause de la présence de l'iodure de potassium ; mais quand on vient à plonger les feuilles qui contiennent ce mélange, dans le bain d'azotate d'argent, il ne reste plus à leur surface, que de l'iodure d'argent, et la couche est impressionnable à la lumière. Le reste de l'opération se fait comme dans le cas précédent.

Tel est le procédé du comte Vigier.

M. Roman dissout l'iodure de potassium dans de l'albumine, qui se coagule au moment de l'immersion dans l'azotate d'argent. On obtient par cette méthode, un négatif susceptible de donner des épreuves positives qui se distinguent, comme celles sur verre albuminé, par la vigueur extraordinaire, la correction du dessin et les contours admirablement arrêtés de l'image.

Les épreuves négatives sur papier, préparées par les procédés que nous venons de décrire, sont obtenues à sec, et c'est là un des grands avantages de cette méthode pour les photographes en campagne et les voyageurs. Mais on peut aussi les obtenir par voie humide. Il suffit d'exposer dans la chambre noire, les feuilles de papier immédiatement après leur sensibilisation. Le papier employé est soumis aux mêmes préparations que dans le cas précédent, sauf le cirage qui n'aurait ici aucune utilité.

C'est en faisant usage de ce procédé, c'est-à-dire du procédé sur papier sec ou humide que M. Baldus, l'un de nos photographes les plus renommés, a obtenu les admirables reproductions de paysages et de monuments que chacun a pu admirer chez les marchands d'estampes. Mais pour obtenir d'aussi remarquables résultats avec le seul emploi du papier, il faut toute l'habileté et la science qui distinguent cet opérateur.

CHAPITRE XII

PROCÉDÉS PARTICULIERS POUR LE TIRAGE DES ÉPREUVES POSITIVES.

Les épreuves photographiques, telles qu'on les obtient aujourd'hui, sont entachées d'un vice fondamental. Longtemps exposées à la lumière, ou mal défendues contre l'humidité, elles pâlissent, s'altèrent, et semblent menacées de disparaître entièrement. Les photographes se sont émus, à juste titre, d'un danger qui menaçait les bases mêmes de leur art, et ils ont cherché la cause de cette grave altération. On a ainsi reconnu que cette demi-disparition des images tient à ce que l'argent métallique qui les constitue, est sujet à s'altérer chimiquement au contact de l'air :

le gaz hydrogène sulfuré qui existe toujours, en faible proportion, dans l'atmosphère, transforme l'argent métallique en sulfure; lequel, par l'oxygène de l'air, passe plus tard à l'état de sulfate, et disparaît par l'action de l'humidité atmosphérique, car ce composé est soluble dans l'eau. Il faut ajouter que les sels d'argent sont d'un prix assez élevé.

Par ces diverses considérations il était essentiel de chercher à remplacer les sels d'argent, pour le tirage des épreuves positives, par des substances tout à fait inaltérables à l'air.

Il n'est guère qu'une substance vraiment inaltérable : c'est le charbon. La typographie et la gravure ne font usage que de charbon pour leurs impressions; l'encre d'imprimerie, ainsi que l'encre des graveurs, n'est autre chose que du charbon délayé dans des corps gras; et, comme on le sait, les livres et les gravures bravent l'injure du temps et les outrages de l'air. C'était donc au charbon qu'il fallait s'adresser pour tirer les épreuves photographiques positives. Pour assurer la durée indéfinie des épreuves, il fallait substituer aux anciens systèmes des positifs par les sels d'argent, le tirage avec une encre à base de charbon.

C'est M. V. Regnault, de l'Institut, qui signala cette voie nouvelle à la photographie : elle ne tarda pas à réaliser ce perfectionnement utile.

La méthode qui est en usage pour tirer les positifs au charbon, est une application des découvertes de M. Alphonse Poitevin. Elle repose sur le principe de l'insolubilité dans l'eau, d'un mélange de gélatine et de bichromate de potasse, quand ce mélange a été touché par la lumière.

Le procédé pratique pour le tirage des positifs au charbon, consiste à tirer l'épreuve positive sur du papier enduit, au lieu de chlorure d'argent, de gélatine et de bichromate de potasse, le cliché négatif ayant été obtenu, d'ailleurs, par un procédé quelconque. Les parties de la gélatine qui sont soumises à l'action de la lumière, sont devenues insolubles dans l'eau; dès lors, si l'on recouvre de charbon en poudre, de noir de fumée par exemple, le papier qui vient d'être impressionné, et que l'on soumette une pareille épreuve à un lavage par l'eau, les parties solubles de la gélatine se dissoudront, entraînant avec elles les particules de charbon qui s'y étaient déposées, tandis que celles qui sont devenues insolubles resteront sur le papier, retenant le charbon qui les recouvrait. Inutile d'ajouter que l'altération que subit la gélatine est d'autant plus profonde, que la lumière l'a plus vivement frappée; de sorte que les parties de gélatine insoluble, et par suite les parcelles de charbon qui les couvrent, dépendent de l'intensité des lumières ou des ombres, et reproduisent ainsi les nuances, les oppositions de teintes, en un mot les ombres, les clairs et les demi-teintes. Sur des épreuves positives tirées au charbon, les nuances et les dégradations sont presque aussi exquises que sur les positifs tirés au chlorure d'argent.

Le tirage des positifs au charbon est employé aujourd'hui par un certain nombre de photographes, tant à cause de l'économie de ce système, que parce qu'il assure la conservation perpétuelle des images.

On doit à MM. Garnier et Salmon un autre procédé, qui dispense également de l'emploi des sels d'argent. On forme un mélange de bichromate d'ammoniaque et de sucre. A ce mélange, préalablement dissous dans l'eau, on ajoute de l'albumine. C'est ce composé définitif qu'on étend sur le papier, et qu'on recouvre ensuite de charbon extrêmement divisé. On soumet le papier, ainsi préparé, à l'action de la lumière à travers une épreuve négative; on obtient ainsi l'image positive, qu'il n'y a plus qu'à laver. Comme dans le cas précédent, les parties non impressionnées se dissolvent, entraînant avec elles le noir qui les recouvre. Quant aux parties influencées, elles restent, en formant l'image à l'aide du charbon dont elles sont couvertes.

MM. Garnier et Salmon ont indiqué une autre matière, le citrate de fer, pour servir à l'impression photographique. La dissolution aqueuse de ce sel est de consistance sirupeuse ; de sorte qu'une feuille de papier, qui en est enduite, s'imprègne facilement d'une matière réduite en poudre. Mais si ce sel a subi l'influence de la lumière, il fixe d'autant moins de poudre colorante qu'il a été plus vivement impressionné par l'agent lumineux. Pour obtenir une image positive sur un papier soumis à une pareille préparation, il faut donc le recouvrir d'un positif, et non d'un négatif, comme dans les autres cas.

M. Alphonse Poitevin a indiqué un second procédé de tirage des positifs sans sels d'argent. Ce procédé a pour base la modification que la lumière fait subir aux sels de fer, particulièrement au mélange de perchlorure de fer et d'acide tartrique.

A l'état ordinaire, la dissolution de ce mélange est parfaitement fluide. Mais si on l'étend sur une plaque de verre et qu'on la soumette à l'action de la lumière, elle devient gommeuse, sirupeuse, et, par suite, susceptible de s'imprégner de corps réduits en poudre, tels que le charbon très-divisé ; de plus, elle devient insoluble dans l'eau. Pour obtenir le positif d'un cliché, il suffit donc de recouvrir avec ce cliché, une glace préparée comme nous venons de le dire, et après l'impression lumineuse, de la saupoudrer de charbon en poudre. On transporte les images qu'on obtient ainsi, sur des feuilles de papier albuminé, pour éviter le miroitage désagréable occasionné par la surface luisante de la plaque de verre.

M. Niépce de Saint-Victor a fait connaître un procédé de tirage avec les sels d'urane ; mais il faut encore ici avoir recours aux sels d'argent.

L'azotate d'urane a la propriété de réduire les composés d'argent, lorsqu'il a été soumis à l'influence lumineuse. On enduit le papier de ce sel, en ayant soin de faire cette opération à l'abri de la lumière ; puis on l'expose à la lumière, après l'avoir recouvert du cliché à reproduire. Il se forme ainsi une image, qu'il est nécessaire de développer dans un bain d'azotate d'argent, et de fixer dans une dissolution de chlorure d'or acidulée par l'acide chlorhydrique.

M. Niépce de Saint-Victor a donné aussi le moyen d'obtenir des épreuves de couleurs diverses. Si l'on plonge le papier à l'azotate d'urane, après l'impression lumineuse dans la chambre obscure, dans une dissolution de ferrocyanure de potassium, on obtient une image présentant une belle coloration rouge-pourpre. La même épreuve peut prendre une couleur verte, si on la plonge dans une dissolution d'azotate de cobalt.

Le chlorure d'or communique à ces épreuves la couleur violette. Si le papier est imprégné de prussiate rouge de potasse, et qu'après l'impression lumineuse on le plonge dans une dissolution de bichlorure de mercure, l'épreuve prendra une coloration bleue par l'action de l'acide oxalique.

Nous pourrions citer un très-grand nombre d'autres procédés pour le tirage des positifs sans sels d'argent. Tous ces procédés reposent sur les modifications que la lumière fait subir à certains sels métalliques. Nous venons de décrire les principaux : pour ne pas sortir des limites de cette notice, nous nous contenterons de mentionner les autres. Signalons, en conséquence, par un seul mot, le procédé aux sels de mercure inventé par sir John Herschell; par les sels de cuivre, dû à M. Robert Hunt; par les sels de manganèse, de platine, etc., etc.

CHAPITRE XIII

UN PEU DE THÉORIE.

Après les chapitres consacrés à la description des opérations pratiques de la photographie, nous placerons quelques mots sur la théorie qui permet d'expliquer ces divers phénomènes. Il est, en effet, plus d'une de ces opérations dont l'explication est difficile, et sur laquelle physiciens et chimistes sont en dissidence complète. Il n'est donc pas hors de propos de toucher, en passant, à cette question.

Il y a, comme on vient de le voir, deux ordres bien distincts de phénomènes, dans les opérations photographiques : l'action des réactifs qui servent à développer ou à fixer l'image, et l'action de la lumière qui provoque sa formation sur la surface sensible. Les chimistes sont généralement d'accord sur l'explication à donner de l'action des réactifs, et nous avons présenté cette explication à mesure que nous parlions de chacun de ces réactifs. Le *développement* de l'image, par exemple, tient à ce que l'acide gallique forme avec l'oxyde d'argent un gallate d'argent noir et insoluble. Le *fixage* par l'hyposulfite de soude, ou le cyanure de potassium, s'explique par la solubilité de l'iodure, du bromure et du chlorure d'argent, dans l'hyposulfite de soude et dans le cyanure de potassium, etc.

Il est, au contraire, difficile d'expliquer d'une manière satisfaisante la formation de l'image dans la chambre obscure ; en d'autres termes, de dévoiler la véritable action de la lumière sur l'iodure et le bromure d'argent déposés sur le papier. Les théoriciens sont ici partagés en deux camps. Les uns admettent que la lumière agit chimiquement sur le corps sensible soumis à son influence ; les autres voient dans ce phénomène une action purement physique.

Les partisans de la première théorie expliquent la modification que le chlorure d'argent subit par l'action de la lumière, en disant que le chlorure d'argent passe d'abord à l'état de sous-chlorure, et que, la réduction continuant, il reste de l'argent réduit. Cet argent métallique n'est pas d'abord visible ; mais il le devient par l'emploi des réactifs spéciaux. Il se dépose par l'action de la lumière des molécules d'argent en quantité infiniment petite, ce qui explique pourquoi l'image n'est pas visible au sortir de la chambre obscure. Ensuite, les réactifs employés fournissent de nouvelles molécules d'argent, qui, en venant s'ajouter aux premières, rendent l'image visible.

Si cette théorie est exacte, une exposition à la lumière plus longue qu'à l'ordinaire, doit rendre l'image visible avant le développement, et rendre inutile l'opération du développement. L'expérience suivante, due à M. Young, dépose en faveur de cette explication. On produit une image sur une glace albuminée et imprégnée d'un sel d'argent ; puis, sans développer cette image à l'aide d'aucun agent révélateur, on la fixe à l'hyposulfite de soude, et elle apparaît aussitôt. Voici l'explication de ce fait. L'exposition à la lumière étant assez longue par le procédé à l'albumine, la lumière provoque la réduction d'une plus grande quantité d'argent qu'à l'ordinaire ; dès lors, l'intervention des agents révélateurs, pour ajouter une nouvelle quantité d'argent, n'est plus nécessaire, l'image est immédiatement visible. Si l'on plonge l'épreuve dans la dissolution d'hyposulfite de soude, ce sel dissolvant la combinaison d'argent non altérée, respecte l'argent déposé par l'action de la lumière, et l'image apparaît sans l'intervention d'aucun révélateur.

A cette expérience, qui paraît convaincante, les partisans de l'action physique opposent une objection excellente. C'est qu'une glace collodionnée soumise à une exposition aussi longue qu'on le désire, ne donne jamais d'épreuve, sans l'intervention de l'agent révélateur. L'expérience de M. Young s'expliquerait donc par cette circonstance, qu'il se ferait, dans le cas d'une longue exposition à la lumière, c'est-à-dire avec la glace albuminée, une combinaison entre l'argent et l'albumine, combinaison qui noircirait sous l'influence de la lumière, en se décomposant et formant un sous-sel d'argent, de couleur noire.

Ce n'est pas là, d'ailleurs, la seule objection que l'on puisse faire à la théorie chimique. S'il y a réellement de l'argent métallique déposé dans l'image par l'action de la lumière, en traitant cette image par l'acide azotique, on doit dissoudre ce métal, et l'agent révélateur ne pourra plus alors développer aucune image. Or, si l'on soumet cette image à un lavage à l'acide azotique étendu, on obtient néanmoins, après le développement, une image, quoique plus faible que dans les autres cas.

On peut encore présenter cette autre remarque, que si le phénomène était purement chimique, l'action de la lumière devrait être d'autant plus intense, que l'on ferait usage d'une plus grande quantité d'iodure d'argent. Or il n'en est pas ainsi.

Les partisans de l'action physique expliquent donc la modification subie par les sels d'argent au contact de la lumière, en supposant qu'il se produit un simple changement dans la constitution moléculaire de l'iodure d'argent, une disposition différente de ses molécules, disposition qui leur permet d'exercer une attraction plus grande sur l'argent fourni par les bains révélateurs.

Comme preuve à l'appui de cette dernière hypothèse, on invoque les expériences suivantes, dues au physicien Moser.

Si l'on soumet à l'action de la lumière, une glace, préalablement recouverte d'un papier noir découpé, et qu'ensuite on projette sur la glace ainsi impressionnée, la vapeur de l'haleine, la vapeur aqueuse se dépose seulement sur les parties que la lumière a touchées. C'est, d'ailleurs, seulement ainsi que l'on peut expliquer le développement de l'image par les vapeurs de mercure, dans le procédé de Daguerre. En effet, une lame d'argent, après avoir été exposée à la lumière, recouverte d'un papier noir découpé, donnera un résultat identique, soit avec la vapeur d'eau, soit avec la vapeur de mercure; c'est-à-dire, que le mercure ou la vapeur d'eau ne se déposeront que sur les parties qui auront été touchées par la lumière.

En résumé, d'après cette théorie, la lumière n'agirait sur l'iodure d'argent que d'une manière purement physique, en changeant les dispositions moléculaires de ce composé. Si dans quelques cas, comme dans l'expérience de M. Young, on voit se produire une image sans l'emploi d'aucun agent révélateur, elle est due à une combinaison organo-métallique, qui se fait entre l'albumine et l'argent. Mais il n'y a jamais de décomposition chimique proprement dite, provoquée par la lumière dans les sels d'argent.

Telles sont les deux théories qui divisent les savants pour l'interprétation du phénomène général de l'action de la lumière. Nous laisserons à nos lecteurs le soin de se prononcer entre ces deux systèmes, tout en estimant que la théorie des physiciens est la plus exacte expression des faits.

CHAPITRE XIV

APPAREILS OPTIQUES EMPLOYÉS EN PHOTOGRAPHIE.

Dans tous les procédés de photographie que nous avons décrits, on se sert toujours des mêmes appareils optiques. C'est pour cela que nous avons renvoyé à un chapitre particulier la description de ces appareils : cette description doit maintenant nous occuper.

Au point de vue théorique, l'appareil optique employé en photographie, se réduit à l'objectif et à la chambre noire. Les instruments accessoires qu'on a successivement introduits dans le matériel du photographe, n'ont pour but que de simplifier et d'accélérer les opérations. Nous n'avons donc à parler que de l'objectif et de la chambre noire.

L'objectif est une lentille convergente, enchâssée à l'extrémité d'un tube de cuivre. Cette lentille a pour effet de produire l'image renversée et réduite des objets extérieurs, sur un écran de verre dépoli, disposé au foyer de la lentille. La chambre noire sert à défendre l'écran intérieur de la lumière du dehors, et à permettre à l'opérateur d'apercevoir facilement cette image.

La grandeur de l'image dépend évidemment de la grandeur de la lentille, et des distances relatives des différentes parties de la lentille et du modèle. Il est donc important de faire choix d'un objectif approprié à la grandeur de l'image que l'on désire former, et de disposer les différentes parties de l'appareil, de façon à obtenir cette grandeur, enfin de placer le modèle à une distance convenable, pour arriver à une netteté parfaite dans l'image.

La figure 54 représente les tuyaux de

Fig. 54.— Tuyaux porteurs des objectifs d'une chambre noire.

deux objectifs adaptés à une chambre noire. Le tuyau porteur de l'objectif peut avancer ou reculer, grâce à une crémaillère mue par un bouton; ce qui permet d'arriver assez vite à donner à l'image la plus grande netteté désirable, en la plaçant bien au foyer de l'instrument.

Cette dernière opération se nomme *mise au point*, dénomination parfaitement juste, car il n'y a qu'un seul point auquel l'image présente une netteté parfaite ; et c'est ce point ou *foyer*, que l'on recherche par tâtonnement, en déplaçant graduellement l'objectif, ou le verre dépoli, de la chambre obscure, au lieu de changer la position du modèle.

On distingue deux sortes d'objectifs : l'*objectif simple* et l'*objectif double*. Le premier, malgré ce que pourrait faire croire son nom, est formé de deux lentilles juxtaposées, l'une concave et l'autre convexe, la partie saillante de cette dernière s'emboîtant exactement dans le creux de la première, ce qui ne fait, en réalité, qu'une lentille et ce qui permet de conserver le terme d'*objectif simple*. L'emploi de deux lentilles accolées, l'une concave, l'autre convexe, mais faites de deux espèces de verres différents, de *crown* et de *flint*, a pour but de rendre le système *achromatique*, c'est-à-dire d'empêcher la coloration de l'image sur les bords. Cette coloration est due, comme on le sait, à la sphéricité imparfaite de la lentille convergente, défaut qui fait que les rayons qui constituent la lumière blanche ne vont pas tous converger au même point.

L'objectif simple a l'inconvénient d'exiger une très-grande distance entre l'appareil photographique et le modèle ; aussi n'est-il employé que pour les reproductions de paysages et de monuments, en un mot des objets pour lesquels la distance n'altère en rien la netteté de l'image.

L'*objectif double* découvert par Charles

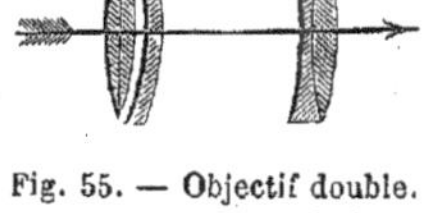

Fig. 55. — Objectif double.

Chevallier, se compose du système précédent, auquel on en joint un second formé par la réunion d'une lentille convergente et d'une lentille concave-convexe. La figure 55 montre les rapports des deux lentilles convergentes qui constituent l'objectif double.

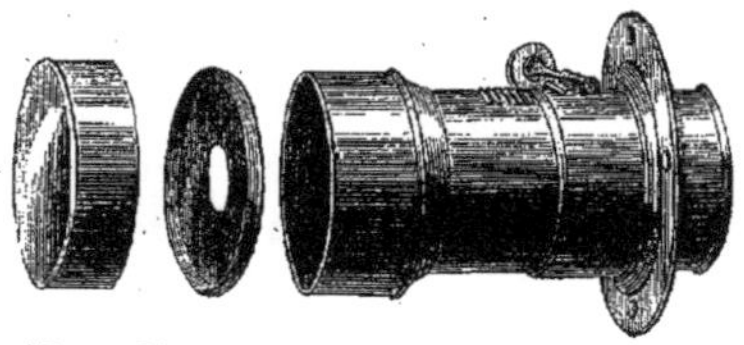

Fig. 56. — Objectif, diaphragme et tube à crémaillère.

Les deux lentilles achromatiques sont placées en A (*fig.* 56); le tuyau qui les porte est mobile à l'aide d'un pignon et d'une crémaillère B. Quand l'appareil ne doit pas recevoir de lumière, il est fermé par l'obturateur D. A l'intérieur se trouve le diaphragme H, que l'on introduit par le tuyau L, quand on veut obtenir une image plus petite, et par conséquent plus nette.

L'objectif double est employé pour les portraits, parce qu'il n'exige pas, comme l'objectif simple, un éloignement considérable du sujet à reproduire. L'objectif simple ne donne pas une image aussi éclairée, aussi lumineuse que celle que fournit l'objectif double; aussi exige-t-il une plus longue durée d'exposition que ce dernier. C'est une raison de plus pour que l'objectif double soit préféré à l'objectif simple. Dix secondes suffisent, avec l'objectif double, pour obtenir un portrait.

On sait que plus une image a d'étendue, moins elle est nette et lumineuse, ce qui se comprend très-aisément, puisque c'est la même quantité de lumière qui s'étale sur une plus grande surface. Cette circonstance oblige quelquefois à recouvrir l'objectif double d'un second diaphragme, évidé au centre de façon à diminuer encore le champ de l'objectif. On obtient de la sorte une image plus lumineuse et plus nette, parce qu'elle est devenue plus petite; mais on perd un peu de la rapidité des opérations. Les diaphragmes se placent donc ou se retirent, au gré de l'opérateur.

La chambre noire est une boîte hermétiquement fermée, pour ne laisser aucun passage à la lumière; elle porte à sa partie antérieure, l'objectif, et à sa partie postérieure, le verre dépoli destiné à recevoir l'image formée par l'objectif.

L'objectif est placé sur une planchette de bois, laquelle est mobile dans le sens vertical, c'est-à-dire glisse dans des rainures pratiquées aux parois de la chambre. Il en est de même de la plaque de verre, qui est mobile dans le même sens, et qui est remplacée, au moment d'opérer, par le châssis à glace contenant la plaque sensible.

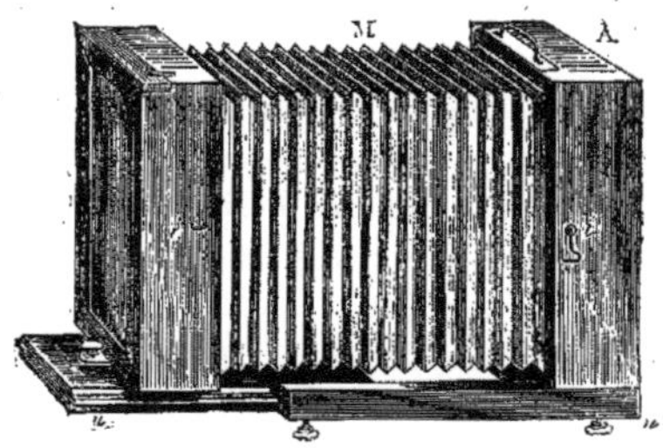

Fig. 57. — Chambre noire à soufflet

Le corps de la chambre noire se compose de deux parties, rentrant l'une dans l'autre de façon à pouvoir approcher ou éloigner l'écran de l'objectif.

On a réalisé d'une manière très-ingénieuse, la mobilité des deux parties de la chambre obscure, grâce à la disposition que représentent les figures 57 et 58. Les deux parties de la boîte constituant la chambre noire, sont réunies à l'aide d'un soufflet qui, par une dilatation ou une compression convenables, peut amener les différentes parties de l'appareil dans la position cherchée.

Tantôt la base de la chambre noire est fixe (*fig.* 57) et la partie mobile glisse dans une rainure pratiquée sur cette base; tantôt elle est pliante et munie d'une charnière (*fig.* 58). Dans ce dernier cas, la chambre noire est portative; car les deux parties de la base se referment après qu'on a comprimé le soufflet.

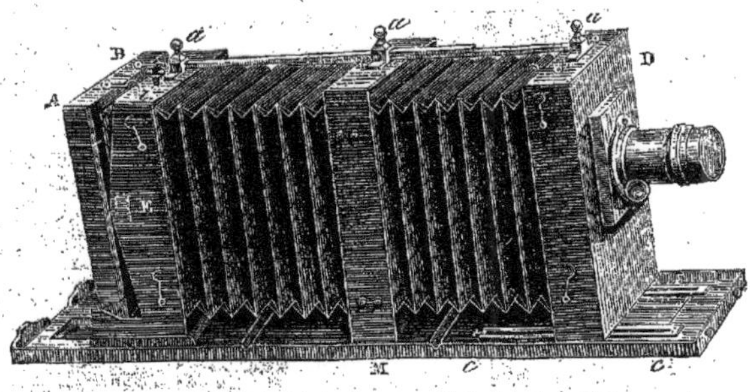

Fig. 58. — Chambre noire a soufflet et à charnière.

La chambre noire est portée sur un pied que nous représentons (*fig.* 59). Voici l'explication de ses différentes parties. A, est la table pour supporter l'appareil; E, la vis pour l'incliner; C, B, sont les pièces à coulisses pour fixer fortement cette table lorsque la vis E a marché; F, H, sont les pièces de bois à crémaillère pour hausser et abaisser la table,

Fig. 59. — Support de la chambre noire.

à l'aide de la vis sans fin et du pignon PO; IJ, KLM, est le trépied qui porte le tout.

Les châssis qu'on emploie pour l'exposition des plaques sensibles, ont déjà été décrits à propos de la préparation de ces plaques, aussi n'y reviendrons-nous pas.

Lorsque l'appareil est mis au point, et la glace prête à recevoir l'image, l'objectif est fermé par un couvercle. Quand on veut recevoir la lumière, on lève la planchette qui recouvre le côté sensible de la glace, et l'image se produit au moment où l'on enlève l'opercule de l'objectif. Cependant cette opération n'est jamais instantanée; de plus on risque de déranger l'appareil en agissant trop brusquement. Un constructeur, M. Dallmeyer, a imaginé un obturateur instantané, qui se lève entièrement par la simple rotation d'une vis.

Fig. 60. — Chambre noire à obturateur instantané.

Cet appareil est représenté par la figure 60.

Une autre forme d'obturateur instantané

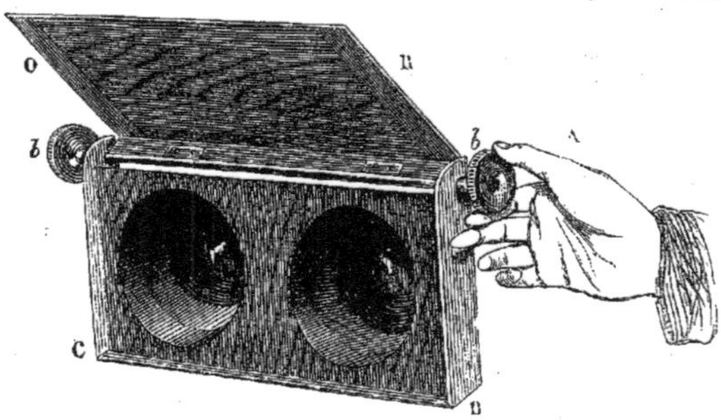

Fig. 61. — Autre modèle d'obturateur instantané.

est représenté par la figure 61. Il suffit de tourner la tête de la vis *b* pour que l'obturateur OR s'abaisse devant les deux objectifs.

La figure 60 représente une chambre noire munie de deux objectifs. Cet appareil est, en effet, destiné à prendre deux vues du même objet au même instant ; il sert surtout pour les images stéréoscopiques. Le châssis à glace dont il est muni peut être disposé de deux manières différentes. La planchette qui le recouvre peut se lever tout entière, ou en deux parties, de manière à prendre les deux images à la fois, ou l'une après l'autre. Dans ce but, la glace dépolie qui sert à mettre l'appareil au point, est mobile. Elle glisse dans deux rainures horizontales, ce qui lui permet de se placer, successivement, derrière l'un des deux objectifs.

La figure 62 représente le châssis porteur de la glace dépolie. Il est muni d'une coulisse, pour faire glisser la glace dépolie, et d'un petit ressort, pour la maintenir en place. Quand on a pris une épreuve, on lève le ressort, et l'on pousse la glace dépolie dans sa coulisse, pour prendre la seconde épreuve. Le *châssis à épreuves*, qui remplace la glace dépolie, au moment de recevoir l'image sur la glace collodionnée, est représenté par la figure 63.

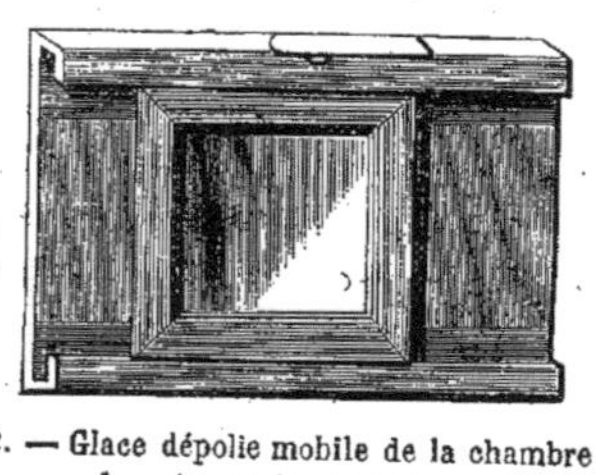

Fig. 62. — Glace dépolie mobile de la chambre noire fournissant deux images.

Les chambres noires que nous venons de

décrire, servent toutes à la production de grands portraits ou de vues d'après nature, dont quelques exemplaires suffisent. Quand

Fig. 63. — Châssis à épreuves.

il s'agit de portraits-cartes de visite, il faut avoir à sa disposition plusieurs clichés, de façon à opérer plus rapidement le tirage des positifs. Les chambres noires pour les cartes de visite, sont munies de quatre objectifs. On obtient ainsi sur une plaque quatre images.

Les figures 64, 65 et 66, représentent la chambre noire employée par les photographes pour les portraits-cartes.

On voit sur la première l'ensemble de l'appareil, c'est-à-dire le support mobile et le pied, muni d'un cran, qui permet de placer la chambre noire à la hauteur que l'on désire.

La figure 65 fait voir la partie antérieure de la chambre noire, avec ses quatre objectifs; la figure 66, la partie postérieure, du côté du verre dépoli.

Sur le côté de la chambre noire (*fig.* 64 et 66) on voit une petite fente qui permet d'intro-

Fig. 64.— Chambre noire pour les cartes de visite donnant quatre épreuves dans la même opération.

duire la main dans la boîte, pour régler les quatre objectifs, de telle manière que les quatre images soient toutes bien au point; car il est rare que les objectifs aient tous la même distance focale, et leur hauteur n'est pas la même pour les quatre lentilles. On ferme cette petite porte quand la mise au point est obtenue.

On prend les images deux à deux : à cet effet, on abaisse l'obturateur qui cache une paire d'objectifs, et on laisse libre l'autre paire. On voit sur la figure 65, cet obturateur, qui

Fig 65. — Chambre noire pour les cartes de visite, côté des objectifs.

consiste en une sorte de rideau de bois, que l'on abaisse en tirant le bouton.

Nous terminerons ce chapitre en parlant

Fig. 66. — Chambre noire pour les cartes de visite, côté du verre dépoli.

des appareils optiques qui permettent d'obtenir de grandes vues d'ensemble, ou des *panoramas*.

On entend en photographie, par *appareil panoramique*, les chambres obscures munies d'un objectif disposé de manière à embrasser une vaste étendue d'horizon et à donner, par conséquent, la reproduction du plus grand espace possible de la vue extérieure.

Les vues que l'on peut prendre avec les appareils ordinaires en usage en photographie, sont limitées par un angle de 32 à 36 degrés d'amplitude ; il en résulte que, pour reproduire un monument de 100 mètres de façade, il faut se placer à une distance d'au moins 175 mètres. Pour un ouvrage d'art de grande étendue, tel, par exemple, que le viaduc de Nogent-sur-Marne, qui a 800 mètres de longueur, il faudrait se placer à 1,400 mètres. Mais, dans les reproductions photographiques de ces vastes étendues obtenues avec la chambre obscure ordinaire, on remarque toujours sur les bords une absence de netteté et une déformation visible des lignes, surtout des lignes verticales, qui sont toujours infléchies vers le centre, et qui, dans leurs parties supérieures, inclinent vers le milieu du tableau. Ce dernier défaut est surtout très-sensible dans les vues de monuments qui offrent des aiguilles ou des clochers élancés ; c'est ainsi que dans les vues de la Sainte-Chapelle, de l'église Sainte-Clotilde, de l'église de la Trinité, etc., les clochers paraissent tous incliner vers le centre de l'image.

Ces inconvénients n'existeraient pas dans un appareil panoramique dont l'objectif serait mobile et viendrait se présenter successivement vers tous les points de l'horizon à reproduire. En effet, en opérant de cette manière, on ne recevrait sur la couche sensible que les rayons émanés du milieu de l'objet reproduit, et dès lors nulle déformation de lignes ne serait à craindre.

En 1846, M. Martens, imagina son *appareil panoramique*, qui repose sur le principe suivant. Si l'on courbe une plaque daguerrienne en forme de demi-cylindre posé verticalement; que dans l'axe de ce demi-cylindre on place l'objectif, que l'on donne ensuite à la plaque daguerrienne un mouvement vers tous les points de l'horizon, l'objectif restant d'ailleurs fixe, on pourra amener successivement sur la couche sensible, les divers plans qui composent l'horizon total embrassé par l'instrument.

Ce système constituait un grand progrès en photographie, et l'appareil de M. Martens a rendu de sérieux services. Mais il avait nécessairement l'inconvénient de ne pouvoir s'appliquer qu'aux plaques métalliques, car les lames de verre dont on se sert aujourd'hui pour produire les clichés photographiques, ne peuvent nécessairement se prêter à une courbure quelconque.

Un ingénieur des Ponts et chaussées, mort en 1858, Garella, a imaginé une disposition qui permet de prendre une vue panoramique avec une lame de verre collodionnée. Voici quelles sont les dispositions de cet appareil.

L'instrument entier est mobile autour d'un axe vertical, placé à une distance de la plaque sensible égale à la distance focale de l'objectif. L'appareil, reposant sur son axe de rotation et sur deux galets, tourne, en entraînant avec lui l'objectif, qui est par conséquent dirigé ainsi, successivement, vers tous les points de l'horizon à reproduire. Le mécanisme qui imprime le mouvement de rotation, se compose d'une roue dentée horizontale engrenant avec une vis sans fin, mise en mouvement elle-même par l'opérateur à l'aide d'une manivelle.

Le châssis portant la plaque sensible est entraîné dans le mouvement général de l'appareil. Ce châssis a en même temps un mouvement rotatif destiné à assurer la netteté des images, et qui est calculé de manière qu'un point quelconque du paysage vienne se reproduire toujours sur le même point de la plaque.

Avec cet appareil, il n'y a d'autre limite à l'étendue de l'horizon à reproduire, que les dimensions que l'on peut donner à l'appareil. Comme, au delà de certaines limites, ils deviendraient d'un transport embarrassant, on a borné les appareils construits jusqu'à ce jour à une étendue de 100°. Garella a fait connaître les diverses conditions à observer, selon le développement des vues qu'on veut obtenir, les dimensions du plateau, celles de l'objectif, la distance focale, les positions respectives, etc. Si l'on voulait reproduire un panorama complet de 360 degrés d'amplitude, la glace devrait avoir en longueur le développement d'un cercle ayant la distance focale pour rayon. Mais les appareils à panorama complet ne seraient guère qu'une simple curiosité qu'on ne ferait exécuter que pour montrer aux yeux ce que permettrait d'obtenir le système imaginé par l'auteur. Une étendue angulaire de 90° (le quart de la circonférence) est plus que suffisante dans la plupart des cas.

Nous avons vu une photographie des bords de la Seine aux environs du Louvre, prise par M. Baldus, avec l'appareil panoramique de Garella, et embrassant un horizon de 100°. La rectitude des lignes, même jusque sur les bords extrêmes de l'image, était parfaite, sans la moindre déformation, et montrait bien avec quelle rigoureuse précision sont conservées, avec cet appareil, les proportions naturelles des diverses parties de l'image, quelle que soit leur situation sur cette vaste étendue d'horizon.

En 1868, M. Silvy, photographe français établi à Londres, a perfectionné encore cet appareil panoramique, en remplaçant la lame de verre destinée à recevoir l'image panoramique par une simple feuille de papier. On comprend les avantages pratiques qui doivent résulter de la possibilité de recevoir l'image panoramique sur une feuille de papier qui peut prendre toutes les courbures de l'instrument, et en simplifier singulièrement le mécanisme. L'*appareil panoramique* de M. Silvy rendra donc de grands services à la photographie.

CHAPITRE XV

LES ÉMAUX PHOTOGRAPHIQUES. — PROCÉDÉS DE MM. LAFON DE CAMARSAÇ ET ALPHONSE POITEVIN. — PHOTOGRAPHIE SUR ÉMAIL DE MM. DEROCHE ET LOCHARD. — LES PHOTOGRAPHIES VITRIFIÉES ET LES PHOTOGRAPHIES TRANSPARENTES.

Ce n'est pas seulement sur le métal, sur le verre et sur le papier, que l'on peut former des épreuves héliographiques ; on peut également les obtenir sur porcelaine ou sur émail. Si l'on transporte sur la porcelaine ou sur l'émail, une image positive mélangée de substances pouvant être vitrifiées au feu, on obtient, en les cuisant dans le four à porcelaine, de véritables émaux photographiques, qui ont une précieuse qualité : une indestructibilité absolue.

C'est à M. Lafon de Camarsac qu'est due l'invention des émaux photographiques. M. Alphonse Poitevin a, de son côté, fait beaucoup avancer cette branche spéciale de l'héliographie ; mais il faut reconnaître que le premier de ces deux artistes a eu le mérite de se consacrer, pendant une longue suite d'années, à l'application spéciale dont il est l'inventeur et de la porter à son degré de perfection.

M. Lafon de Camarsac s'occupe de cette question depuis l'année 1854. Il s'était proposé, dès cette époque, de fixer sur les matières céramiques des images obtenues par la lumière, et rendues absolument inaltérables, afin de former des collections de portraits et de scènes historiques destinés à décorer l'intérieur des monuments.

C'est dans le brevet pris, en 1854, par M. Lafon de Camarsac, que l'on trouve très-nettement formulé le principe sur lequel les opérateurs ont fondé plus tard la production de toutes sortes d'épreuves vitrifiées. Ce principe consiste à renfermer des matières colorées inaltérables et réduites en poudre impalpable, dans une couche de substance impressionnable à la lumière et adhésive. L'auteur obtenait ce résultat, en mélangeant la poudre colorée à l'enduit, soit avant son exposition à la lumière, soit après cette exposition. Dans les deux cas, toute la matière photogénique est éliminée après l'exposition au feu, et il ne reste à la surface de la porcelaine que des couleurs inaltérables.

Nous croyons devoir rapporter les termes du mémoire dans lequel M. Lafon de Camarsac faisait connaître les principes de sa découverte.

« C'est aux procédés de la décoration céramique, écrivait M. Lafon de Camarsac, que je demande les moyens d'atteindre le but que je me suis proposé ; c'est par eux que je transforme les dessins héliographiques en peintures indélébiles ; je profite à la fois de l'éclat des couleurs vitrifiables et de leur inaltérabilité.

« Je compose un enduit sensible susceptible de recevoir l'application du cliché sans y adhérer et d'être rendu facilement adhésif après l'exposition à la lumière. L'exposition terminée et le dissolvant ayant formé l'image, qui est parfaitement nette et visible, je procède à la substitution des couleurs céramiques à cet enduit qui doit être détruit par le feu.

« Les matières colorantes vont être fixées par la fusion ; il faut les approprier aux subjectiles qui doivent les recevoir : les métaux, le verre, le cristal, la porcelaine, les plaques d'émail recevront ces couleurs; l'or, l'argent, le platine fourniront leur éclat; les émaux seront appliqués sur la porcelaine, les émaux de grand feu eux-mêmes. Il suffit d'accorder entre elles les matières qui doivent se trouver en présence; mais c'est là l'objet d'arts spéciaux dont je n'ai pas à m'occuper ici.

« Quel que soit le subjectile, l'or, l'argent, le platine et leurs fondants, les oxydes métalliques purs ou mélangés de fondants seront réduits en poudre impalpable par un broyage parfait.

« Le subjectile qui porte l'image est soumis à une égale et douce chaleur, qui restitue à l'enduit la propriété qu'il avait perdue en séchant.

« Avec un fin tamis de soie, je dépose bien également à la surface les poudres colorées que j'y promène doucement, soit avec un pinceau, soit par un mouvement rapide, en augmentant progressivement la chaleur. Ces poussières d'émail ou de métal viennent suivre avec une grande délicatesse tous les accidents du dessous, qu'elles pénètrent en partie et dont elles traduisent fidèlement les vigueurs et les finesses; après refroidissement, j'époussette avec soin pour débarrasser les blancs de l'image des parcelles de couleurs qui peuvent y demeurer faiblement attachées.

« La pièce est prête alors pour le feu; le degré de chaleur à donner ici dépend seul des matières employées. Le mode nouveau d'application des couleurs change peu de chose aux précautions usitées dans les ateliers pour la cuisson des porcelaines peintes.

« Le feu détruit les matières organiques, l'image formée de matières indestructibles demeure fixée sur le subjectile par la vitrification.

« Un des caractères remarquables de ces images, c'est l'aspect de sous-émail qu'elles présentent et qu'aucune autre peinture ne saurait fournir avec ce degré de délicatesse. Cette circonstance prouve bien que la poussière d'émail est venue prendre exactement la place de la matière organique, car il faut reconnaître que cette apparence est due à la remarquable finesse du dépôt photographique, qui procède par des dégradations d'épaisseur inappréciables à l'œil, etc.

« On voit qu'il n'est point de coloration que ne puisse prendre l'image héliographique, et qu'elle peut être transformée en or et en argent aussi facilement qu'en bleu et en pourpre. »

Les procédés de vitrification des épreuves photographiques, ont été appliqués depuis plusieurs années, à l'ornementation des bijoux. On sait que les arts industriels font une consommation considérable d'émaux peints, que l'on enchâsse dans des bracelets, des bagues, des broches, des bijoux. A ces peintures toujours coûteuses et souvent détestables, la photographie sur émail est venue substituer des reproductions, monochrômes ou coloriées, qui luttent d'éclat avec les anciens bijoux, et qui l'emportent sur eux par la perfection du dessin, mais surtout par la modicité du prix. Il ne serait pas sans importance, pour l'éducation des masses, pour le développement du sentiment artistique, que ce genre de bijoux se généralisât.

En raison de leur inaltérabilité absolue, les photographies céramiques peuvent braver l'action du temps et des agents atmosphériques. Rien ne serait donc plus facile que d'enrichir nos musées de collections de types et de portraits contemporains, qui fourniraient à l'histoire des documents irrécusables. De grandes épreuves photographiques sur porcelaine, formeraient un des plus intéressants ornements des musées publics.

Les émaux photographiques ne sont pas, d'ailleurs, demeurés de purs objets d'art. L'industrie de la décoration des porcelaines s'en est emparée dans plus d'un pays. On voyait à l'Exposition universelle de 1867, beaucoup de vases de porcelaine portant ce genre de décor. La manufacture de porcelaine de M. Poyard, à Paris, celle de MM. Pinel et Perchardière, présentaient un assez grand nombre de vases décoratifs en porcelaine, portant des émaux photographiques. Un fabricant du Havre, M. Kaiser; un manufacturier de Berlin, M. Grün, s'étaient distingués dans la même voie.

Depuis quelques années la photographie sur émail s'applique avec succès au portrait photographique. Ces portraits obtenus sur une plaque de cuivre couverte d'émail, et peints d'harmonieuses couleurs, sont remarquables par la douceur des contours, la transparence et l'éclat du ton, qualités dues à la fusion des matières. Ces petits objets d'art ont, en outre, l'avantage d'être d'une durée indéfinie, comme les émaux peints et les peintures sur porcelaine. On encadre ces portraits comme des miniatures, ou bien on les monte en bijoux, à nu ou en relief, à la manière des camées et des pierres gravées.

M. Lafon de Camarsac et M. V. Deroche se sont fait, à Paris, une juste réputation pour leurs portraits photographiques sur émail.

Le premier de ces opérateurs a publié, en 1868, sous ce titre : *Portraits photographiques sur émail*, une brochure dans laquelle on cherche en vain une description précise du procédé qui sert à obtenir ces nouveaux produits. L'auteur, n'ayant pas voulu sans doute divulguer ses méthodes particulières, ne cite aucune des substances dont il fait usage, et se tient dans des termes vagues et généraux.

Après avoir rappelé le procédé général en usage pour obtenir les épreuves de photographie sur papier, M. Lafon de Camarsac s'exprime ainsi :

« Dans les opérations ordinaires de la photographie sur papier, c'est toujours la matière sensible elle-même, plus ou moins modifiée, qui constitue l'image définitive.

« Il semblerait que l'on dût facilement obtenir, par les procédés ordinaires de la photographie, une épreuve vitrifiée, en produisant une image sur la plaque d'émail et en l'y incorporant par la fusion; mais il s'en faut de beaucoup qu'aucun des corps sensibles dont serait formée cette image puisse résister au feu d'émailleur : ils sont tous volatilisés, brûlés, anéantis, bien avant que la chaleur ait même ramolli les surfaces émaillées.

« Le problème ne pouvait donc pas être résolu avec les procédés ordinaires; et aucun fait, en photographie, ne devait même autoriser à considérer cette solution comme possible.

« Ce n'est donc pas en cherchant dans les diverses matières sensibles les éléments de la vitrification de l'épreuve, que nous avons atteint le but ; c'est au contraire en leur substituant les couleurs vitrifiables dans la formation de l'épreuve elle-même. Deux méthodes, reposant sur ce principe, peuvent être pratiquées :

« 1° La couleur d'émail, celle-là même employée dans la peinture, est mélangée intimement à une solution de matière sensible à la lumière, qu'on étend en couche mince. Le cliché superposé à cette surface ainsi composée, on laisse agir la lumière : tous les points atteints deviennent insolubles.

« Il suffit donc, pour dégager l'image vitrifiable, de faire agir le dissolvant de la matière sensible sur toute la surface de la couche : les parties non attaquées par la lumière seront dissoutes et disparaîtront, entraînant avec elles la couleur d'émail qui leur était mêlée; les parties insolées demeurent seules et forment l'image qui se trouve ainsi composée de matière sensible et de couleur vitrifiable. Le feu détruit la matière sensible et vitrifie la couleur d'émail, qui seule a subsisté après ces diverses opérations.

« 2° Une couche sensible est formée; cette fois, elle ne contient pas de couleur d'émail. Après l'exposition sous le cliché, on la traite par un dissolvant dont l'action puisse être facilement conduite et ménagée. Sous cette action, les parties non insolées s'amollissent ou s'imprègnent d'abord du dissolvant : on arrête l'opération, et l'on procède à l'inclusion de la couleur vitrifiable. Cette couleur, broyée en poudre impalpable, est promenée au pinceau sur toute la couche ; elle prend et adhère partout où le dissolvant a agi ; elle ne s'attache point ailleurs. L'image est donc encore formée de couleur vitrifiable et de matière sensible ; le feu élimine cette dernière et fixe la poudre d'émail par la fusion.

« Dans les deux cas, la lumière a en quelque sorte sculpté la matière molécule par molécule, et la couleur d'émail s'est modelée et comme moulée sur cette matrice ; elle en traduit absolument toutes les finesses.

« Cette propriété qu'acquièrent certaines substances de devenir insolubles dans les parties où la lumière les a frappées, est connue depuis l'origine de la photographie, depuis Talbot, depuis Niépce et Daguerre eux-mêmes ; on voit comment elle a été utilisée pour l'inclusion des matériaux qui doivent former l'image inaltérable.

« .... Nous n'entrerons point dans les détails infinis des opérations pratiques : elles donnent lieu à des manipulations trop nombreuses et trop spéciales pour être décrites dans un exposé sommaire. »

Nous suppléerons au silence de M. Lafon de Camarsac, en décrivant le procédé qui est suivi par le plus grand nombre des opérateurs pour la préparation des photographies sur émail. On va voir que ce procédé est extrêmement curieux, extrêmement délicat, et qu'il présente de grandes difficultés, dont on ne peut triompher que par une longue pratique et la connaissance exacte des procédés du peintre décorateur sur porcelaine et sur émail.

On prend un cliché positif sur verre, du portrait, ou du modèle à reproduire. D'autre part, on prépare une surface sensible, en versant sur une lame de verre (*fig.* 67) une couche impressionnable, consistant en une dissolution de bichromate de potasse mélangée de gomme.

Fig. 67. — Préparation de la couche sensible de bichromate de potasse et de gomme, pour obtenir le cliché positif destiné à la photographie sur émail.

Sur la lame de verre qui a reçu cette couche sensible, on applique le cliché *positif* du modèle à reproduire, et on l'expose à l'action de la lumière, dans un *châssis à reproduction*. Nous avons déjà dit plusieurs fois que la lumière frappant le mélange d'un bichromate alcalin et d'une matière gommeuse ou mucilagineuse, modifie de différentes manières les propriétés de ce mélange. Ici, la lumière frappant à travers les transparents du cliché positif, le mélange de bichromate de potasse et de gomme donne aux parties ainsi touchées par la lumière la propriété de happer, de saisir, de retenir les matières pulvérulentes, telles que le charbon. Si donc on retire, après un temps d'exposition convenable, la lame de verre du *châssis à reproduction*, et que l'on saupoudre la couche sensible impressionnée par la lumière, soit avec un pinceau, soit avec un léger tamis de soie, de poudre de charbon (charbon de pêcher), la fine poussière charbonneuse s'attachera seulement aux parties que la lumière a touchées, c'est-à-dire aux noirs, et ne se fixera point sur les parties claires non touchées par la lumière à travers les transparents du cliché. On verra dès lors apparaître une image positive. Rien n'était visible sur la surface impressionnée par la lumière, avant qu'on y promenât le pinceau chargé de poudre de charbon ; mais à mesure qu'on y promène cette poudre, on voit l'image apparaître, absolument comme si le pinceau d'un artiste invisible crayonnait cette surface.

Rien n'est plus curieux que cette opération, qui correspond au *développement* dans la photographie ordinaire : la poudre de charbon développe l'image latente sur la couche de bichromate de potasse et de gomme, comme l'acide gallique développe et fait apparaître l'image latente sur la glace collodionnée sortant de la chambre noire. Ce qu'il y a d'extraordinaire, c'est la finesse et la fidélité avec lesquelles les demi-teintes apparaissent dans cette opération. Ce qui est vraiment merveilleux dans les propriétés du mélange dont nous parlons, c'est que ce ne sont pas seulement les grandes masses d'ombre et de lumière, mais encore les nuances et dernières dégradations des demi-teintes, qui l'impressionnent. Cette dernière circonstance est ce qui fait la grande portée, ce qui a permis les applications si nombreuses de la découverte de M. Alphonse Poitevin.

L'épreuve photographique ainsi développée par la poudre de charbon, n'aurait pas une stabilité suffisante. Pour la consolider et lui donner la résistance nécessaire, on y passe, à l'aide d'un pinceau, une couche de *collodion normal*, c'est-à-dire de collodion ne renfermant ni sel d'argent, ni aucun autre produit étranger. Le collodion, en s'évaporant, laisse un enduit transparent, qui fixe et maintient les particules du charbon composant le dessin.

C'est alors qu'on exécute une opération fort délicate, et qui exige une main exercée. Il s'agit de détacher de la lame de verre, toute la pellicule organique qui compose l'épreuve, de la séparer du support, comme une feuille de papier qui s'y trouverait appliquée. On a trouvé dans l'acide azotique un peu étendu, un intermédiaire qui permet d'exécuter avec une assez grande facilité, cette séparation de l'épreuve. Quand on l'a laissée quelque temps séjourner dans l'acide azotique, on peut détacher un ou deux coins de la pellicule organique, et, avec quelque précaution, l'enlever tout d'une pièce.

On applique alors cette pellicule sur une plaque d'émail.

Ces plaques que l'industrie fabrique, pour la bijouterie, en quantités considérables, se composent d'une lame de cuivre légèrement bombée, et couverte, sur ses deux faces, d'une couche d'émail blanc. On choisit une de ces plaques de la dimension nécessaire pour l'épreuve que l'on a à traiter, et l'on y applique la pellicule organique détachée de la lame de verre.

Il faut maintenant obtenir, avec cette épreuve, un émail noir. A cet effet, on promène sur sa surface, un pinceau imprégné d'un *fondant*, dont la composition peut varier, et qui n'est autre que le fondant employé par les émailleurs et les peintres sur porcelaine. Par l'action du feu, ce fondant fera corps avec le charbon qui compose l'épreuve, et provoquera ainsi la vitrification du dessin.

On place donc dans le moufle d'un four à porcelaine, convenablement chauffé, les plaques d'émaux qui ont subi les différentes opérations que nous venons de décrire. Par l'action de la chaleur rouge, toutes les matières organiques sont détruites ; tandis que le fondant retient le charbon qui forme le dessin ; ce qui laisse, en définitive, une épreuve noire sur l'émail retiré du four.

Voilà comment s'obtiennent les photographies sur émail, en dessin noir. Elles rappellent les teintes ordinaires des photographies sur papier. Quand on veut obtenir une épreuve coloriée, ressemblant aux miniatures ou aux peintures sur porcelaine, on a recours aux procédés ordinaires de la peinture sur porcelaine. Ce qui veut dire que l'on peint ce dessin noir avec les couleurs vitrifiables employées pour la décoration des porcelaines. Ensuite on porte au four la pièce ainsi préparée. Comme pour les peintures sur porcelaine ou sur émail, il faut quelquefois deux ou trois cuissons consécutives, pour obtenir toutes les couleurs cherchées, le point de fusion de chacune des couleurs n'étant pas le même, ou bien la réaction qu'elles exercent les unes sur les autres, obligeant à les appliquer séparément et à des températures différentes.

On voit, en définitive, que la photographie sur émail consiste à produire, avec un cliché positif, une image, positive elle-même, grâce aux propriétés bien connues du bichromate de potasse ; ensuite à transporter cette épreuve positive sur une plaque d'émail, et à en faire un dessin noir sur émail, grâce aux procédés de l'art de l'émailleur ; enfin, si l'on veut obtenir une peinture coloriée, à traiter ce dessin noir par les procédés ordinaires du décorateur de porcelaine.

On doit à M. Alphonse Poitevin la découverte d'une autre couche sensible destinée à former l'épreuve céramique. Au lieu de bichromate de potasse et de gomme, M. Poitevin fait usage de perchlorure de fer et d'acide tartrique. Ce mélange, impressionné par la lumière à travers un cliché positif, a la propriété, comme le mélange de bichromate de potasse et de gomme, de happer, de retenir la poudre de charbon. Le mélange de perchlorure de fer et d'acide tartrique, présente certains avantages sur le bichromate de potasse, pour la photographie céramique. Le reste du procédé pour la préparation de l'émail noir ou coloré, s'opère, d'ailleurs, comme il a été dit plus haut.

C'est par une méthode de ce genre qu'opère M. V. Desroche, photographe et peintre parisien d'un grand mérite. Les portraits coloriés sur émail et sur porcelaine qu'il exécute, sont de véritables œuvres d'art, justement appréciés des amateurs et des artistes.

M. V. Desroche ressuscite ainsi le genre charmant, et presque oublié, de la miniature. Ses portraits ont toute la douceur des miniatures anciennes, avec le cachet et la certitude de ressemblance que leur assure la photographie. La mode se prononce de plus en plus en faveur de cette nouvelle et intéressante application des arts photographiques.

Un autre artiste peintre et photographe, M. Félix Lochard, exécute sur émail des portraits photographiques, mais il s'adonne plus spécialement à la fabrication des émaux photographiques pour la bijouterie, branche du commerce parisien qui tend à prendre une grande extension.

Une des nouveautés qui ont été les plus remarquées à l'Exposition de 1867, comme application de la photographie, c'est la vitrification, transparente ou opaque, des épreuves photographiques. Dans l'élégant pavillon où MM. Tessié du Motay et Maréchal avaient réuni leurs diverses inventions, la foule se pressait, pour admirer de magnifiques vitraux obtenus, non par les anciens procédés de l'art du verrier, mais par de véritables méthodes photographiques.

La méthode au moyen de laquelle messieurs Maréchal et Tessié du Motay produisent des images photographiques, transparentes ou opaques, sur le verre, l'émail, la lave, la porcelaine ou la faïence, consiste en principe à faire usage de caoutchouc et de collodion, pour former des surfaces que l'on rend impressionnables à la lumière par de l'iodure d'argent. Après avoir fait apparaître l'image latente, avoir développé et fixé cette image par des lavages dans des bains contenant des cyanures alcalins et des iodocyanures, on arrive à produire des vitraux de teintes pures et éclatantes.

La méthode de M. Tessié du Motay s'applique à la décoration de toutes les matières siliceuses, et d'une façon spéciale, sur le cristal et sur le verre; car on obtient sur ces deux substances des images vitrifiées, visibles soit par réflexion, soit par transparence.

A côté des vitraux de M. Tessié du Motay, se voyaient, à l'Exposition universelle, des produits du même genre, exécutés par M. Moisson. Le procédé qui permet de les obtenir a été décrit par l'inventeur dans le *Bulletin de la Société française de photographie* (1).

Il est une autre catégorie de vitraux photographiques qui produit les plus doux effets, grâce au jeu de la lumière, et que nous ne pouvons manquer de signaler. Il ne s'agit pas ici de photographies vitrifiées proprement dites, c'est-à-dire obtenues par l'action du feu. Ce n'est autre chose qu'une épreuve positive obtenue sur verre, par le procédé à l'albumine, épreuve que l'on interpose entre la lumière et l'œil, à la manière des vitraux.

Assurément, la durée, la résistance au frottement, ne sont point assurées par ce système, et sous ce rapport, ce genre de produits est infiniment au-dessous des émaux photographiques. Mais leur charme et leur douceur sont infinis, et la blancheur mate de la lumière qui traverse la substance du verre donne de ravissantes sensations. Il faut dire aussi que l'habileté spéciale de l'artiste est peut-être pour beaucoup dans ce séduisant résultat. Les vitraux sur albumine que l'on remarquait le plus à l'Exposition, sortaient des mains de M. Soulier. Or, nous ne connaissons pas aujourd'hui, dans ce que l'on peut appeler les œuvres générales de la photographie, d'artiste supérieur à M. Soulier, à qui l'on doit de véritables chefs-d'œuvre en fait de monuments et de vues.

Les mêmes remarques peuvent s'appliquer à M. Ferrier, qui présentait également des vitraux sur albumine. M. Ferrier, ce photographe cosmopolite qui a fait défiler devant son objectif toutes les parties du monde, et qui a toujours cherché et souvent atteint la perfection, s'est appliqué, comme M. Soulier, à produire des vitraux sur albumine, et nous n'avons pas besoin de dire qu'il y a réussi.

(1) Avril 1865.

CHAPITRE XVI

APPAREIL PHOTOGRAPHIQUE PORTATIF DE M. DUBRONI. — LES PHOTOGRAPHIES MAGIQUES.

Nous terminerons cet exposé des procédés de la photographie, en parlant des appareils portatifs de M. Dubroni, qui permettent de faire des épreuves photographiques sans aucun cabinet noir, c'est-à-dire dans une chambre ou dans un salon. Un grand nombre de personnes désireuses de pratiquer elles-mêmes la photographie, à titre de distraction, n'avaient pu y parvenir à cause du nombreux matériel et de l'aménagement tout particulier qu'exige un laboratoire. Il était donc à désirer qu'on imaginât un appareil qui fût à la portée de tout le monde, tant par la simplicité que par le bas prix.

Un jeune ingénieur, élève de l'École polytechnique, et qui cache, sous l'anagramme de *Dubroni*, le nom de Bourdin, honorablement connu dans le commerce de la librairie, a résolu ce problème. Aujourd'hui, dans une boîte de 25 centimètres de long sur 20 de large, légère, et qui ne tient pas plus de place qu'un *Dictionnaire des adresses* de Didot, on emporte avec soi son laboratoire, ses produits, sa chambre noire et son objectif.

M. Dubroni, appliquant les propriétés qu'a le verre coloré en brun jaunâtre, d'empêcher le passage des rayons chimiques de la lumière, qui agissent seuls sur la plaque sensibilisée, a fait souffler, avec ce verre, de petites bouteilles de 10 centimètres de diamètre environ. Il renferme une de ces bouteilles de verre jaune dans une boîte en bois, de forme rectangulaire, dans laquelle on a pratiqué un trou, à la partie antérieure et un autre à la partie supérieure. Le premier orifice est destiné à recevoir l'objectif, le second, c'est-à-dire celui qui est placé au haut de la boîte, doit permettre l'introduction des liquides dans la bouteille de verre jaune.

Cette dernière porte aussi deux trous circulaires, correspondant à ceux de la boîte, et, de plus, sa paroi postérieure est complétement enlevée, de façon qu'on peut la remplacer, soit par une plaque de verre

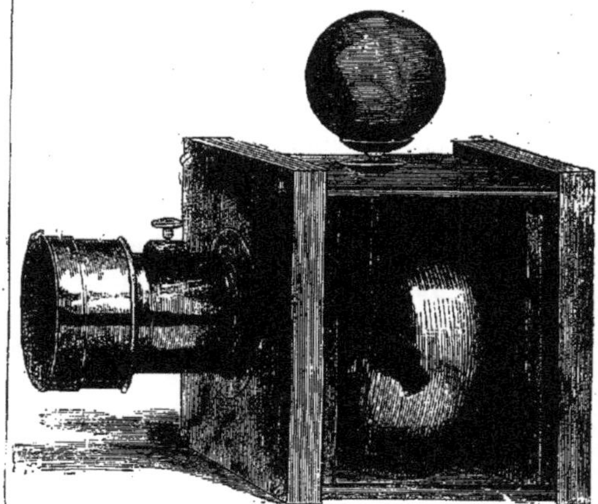

Fig. 68. — Appareil photographique portatif.

dépoli pour la mise au point, soit par la glace sensibilisée, sur laquelle doit se former l'image négative. La boîte contient, en outre, un flacon d'alcool, un autre flacon renfermant du collodion préparé à l'iodure de cadmium; un troisième contient une solution de nitrate d'argent, le quatrième du sulfate de fer, le cinquième des cristaux d'hyposulfite de soude, le sixième du vernis. Dans la boîte se rangent encore, un petit blaireau pour épousseter les plaques nettoyées à l'alcool, — une plaque de verre dépoli pour prendre le point, — une petite presse pour tirer les épreuves. Dans le couvercle s'ouvre un portefeuille où s'entassent une provision de papier non collé, pour dessécher les épreuves tirées, et du papier blanc mince et non collé pour les différents nettoyages. — Un compartiment renferme un petit cône en bois qui se visse dans une petite planchette de bois à rainures; on met ce cône de bois dans le premier chandelier venu, qui sert alors de pied au petit appareil que l'on pose sur la planchette.

Voici comment on procède à l'opération.

On nettoie parfaitement la glace destinée à recevoir le collodion. Cette précaution est très-importante, car la réussite des épreuves en dépend. Nous avons déjà indiqué, à propos du procédé au collodion humide, la méthode à suivre. Cela fait, on procède à la *mise au point*.

Pour cela, on assujettit le pied de l'instrument, et l'on y place cet appareil. On dirige l'objectif vers le sujet qu'on veut reproduire ; on l'éloigne, on le rapproche à l'aide d'une crémaillère, comme dans une lorgnette, en regardant sur la plaque de verre dépoli jusqu'à ce que l'image se présente parfaitement nette. Il faut pour mettre au point s'entourer la tête d'un voile noir, comme on

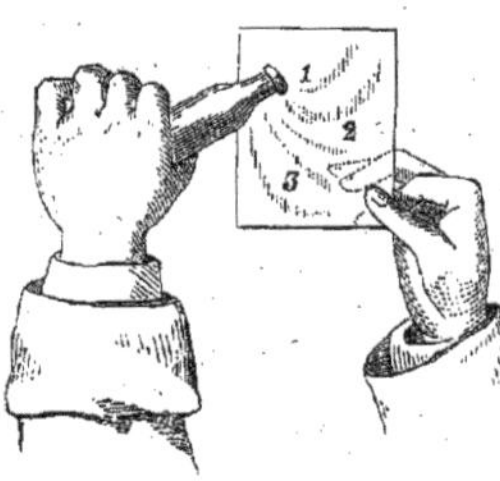

Fig. 69. — Collodionnage (1er temps).

le fait pour la pose du modèle, dans les cas ordinaires. On enlève alors le verre dépoli et on le remplace par la glace nettoyée et recouverte de collodion.

Fig. 70. — Collodionnage (2e temps).

Le collodionnage de la plaque exige une certaine expérience pour être fait convenablement. On tient la glace horizontalement et on verse le liquide par un des angles, en inclinant doucement la plaque, le liquide descend vers le coin opposé à celui par lequel on a versé, en recouvrant toute la glace (*fig*. 69 et 70).

Cela fait, on place la glace dans l'appareil, on le ferme, en ayant soin de mettre l'obturateur sur l'objectif. On prend alors une ventouse en caoutchouc, terminée par un tube d'ivoire et l'on enfonce le tube dans le flacon de nitrate d'argent, après avoir comprimé la ventouse ; on ouvre les doigts, et le bain de nitrate d'argent monte dans la ventouse (*fig*. 71).

Fig. 71. — Manière de puiser le bain d'argent.

On plonge alors le tube d'ivoire dans la bouteille de verre jaune de l'appareil, et en pressant la ventouse avec le doigt, on fait écouler le liquide (*fig*. 72).

Fig. 72. — Manière d'introduire le bain d'argent.

On renverse ensuite l'appareil en arrière, et d'un seul coup (*fig*. 73), de façon à ce que la glace soit entièrement et instantanément recouverte par le bain d'argent. On remue légèrement pour éviter à la surface de la plaque le dépôt des impuretés qui pourraient se trouver dans le liquide. On redresse l'appareil, après une ou deux minutes, on retire le bain avec la ventouse, et on le remet dans

Fig. 73. — Manière de répandre le bain d'argent sur la plaque.

le flacon qui contient ordinairement ce liquide (*fig.* 74).

Fig. 74. — Manière de verser dans le flacon le bain qui a servi.

La plaque est dès lors prête à être impressionnée par la lumière. Après un temps de pose variable suivant l'intensité du jour, on remet l'obturateur.

Il ne s'agit plus que de faire apparaître et de fixer l'image.

Au moyen d'une seconde ventouse semblable à la première, on coule le sulfate de fer dans l'appareil, qu'on renverse de nouveau et qu'on vide au bout de deux minutes. L'épreuve est alors développée. On enlève la plaque portant son empreinte. On la lave et on la couvre d'une solution très-concentrée d'hyposulfite de soude pour la fixer.

Quand la plaque est sèche, on la vernit, et on se sert de ce négatif sur verre pour tirer les épreuves positives sur papier.

Pour tirer ces épreuves sur papier, il suffit de placer bien exactement la glace dans la petite presse, d'appliquer le papier sensible sur le côté collodionné de la glace et de l'exposer au soleil pendant une demi-heure environ; cela fait, on retire l'épreuve de la presse et on la plonge dans un verre d'eau pendant trois quarts d'heure, jusqu'à ce que les blancs soient bien venus. Les clichés vigoureux demandent une plus longue exposition.

Avec cet appareil, toute personne, pourvu qu'elle soit adroite et soigneuse, peut obtenir des résultats assez satisfaisants : seulement les épreuves sont toujours de très-petite dimension.

Nous terminerons ce chapitre en disant quelques mots des *photographies magiques*, sorte de jouet que l'on vend chez quelques opticiens.

On vous donne une feuille de carton blanc, sur laquelle l'œil ne découvre aucune tache; mais il suffit d'y appliquer une feuille de papier blanc, et de verser de l'eau sur cette feuille de papier, pour y faire apparaître une photographie. L'épreuve s'améliore encore beaucoup et acquiert plus de stabilité, si on la laisse séjourner quelque temps dans l'eau.

Voici le procédé employé pour produire ces images, qui n'apparaissent qu'à la volonté de l'opérateur.

Une épreuve photographique obtenue à la manière ordinaire sur papier albuminé, est traitée comme il suit.

Dès qu'elle sort du négatif, on la lave avec soin dans une chambre obscure, pour enlever tout l'azotate d'argent. Ensuite, au lieu de la faire *virer* au chlorure d'or, on la plonge, dans une chambre noire, au sein d'un bain formé de 8 parties d'une solution saturée de bichlorure de mercure (sublimé corrosif) et d'une partie d'acide chlorhydrique. Ce bain *blanchit* l'épreuve et fait disparaître l'image, mais sans la détruire ; il change simplement la substance qui compose les parties obscures en un sel double incolore de mercure et d'argent. Dès que cet effet a été produit, on lave parfaitement le papier sur lequel est l'image maintenant invisible, et on le fait sécher à l'obscurité.

Comme sa surface est encore légèrement sensible, on la conserve entre des feuilles de papier d'une nuance orangée, pour la protéger contre l'action de la lumière.

Avec ces *épreuves latentes*, on vend du papier blanc non collé, qui a été également préparé d'une manière spéciale. Ce papier est imprégné d'une solution d'hyposulfite de soude. Lorsqu'on l'applique sur le papier albuminé préparé comme il vient d'être dit, et qu'on plonge les deux feuilles ensemble dans une assiette remplie d'eau, l'hyposulfite de soude du papier buvard agit instantanément sur le sel de mercure de l'épreuve, et il se forme un sulfure de mercure brun, qui accuse les lignes du dessin primitif. On voit donc alors reparaître ce dessin dans tous ses détails, avec une teinte de sépia très-riche et vigoureuse. On peut le faire disparaître de nouveau en plongeant l'épreuve encore une fois dans un bain de sublimé corrosif, puis l'évoquer de nouveau par l'application d'un nouveau buvard humecté d'eau, et ainsi de suite.

Cette expérience est d'un charmant effet ; malheureusement, elle n'est pas sans danger. On sait que le bichlorure de mercure est un poison terrible. Les *photographies magiques* ne devront donc pas être confiées aux très-jeunes enfants, toujours prêts à porter à la bouche ce qu'ils ont entre les mains. Le danger que pourraient offrir ces photographies est tout aussi sérieux que celui des jouets peints avec des couleurs arsenicales.

M. Édouard Delessert a indiqué un autre procédé qui permet de se passer du bichlorure de mercure. Le papier, imprégné d'un mélange de bichromate de potasse et de gélatine, est exposé sous un cliché négatif; on le lave d'abord dans un bain d'acide sulfurique étendu d'eau, puis dans l'eau pure, et on le fait ensuite sécher. L'image disparaît quand le papier est sec ; elle reparaît quand le papier est mouillé dans l'eau.

Ce procédé donne un produit tout à fait exempt de danger; mais ses effets ont moins de *magie*, puisque magie il y a !

CHAPITRE XVII

AGRANDISSEMENT DES ÉPREUVES POSITIVES. — APPAREIL DE WOODWARD. — APPAREIL DE M. VAN MONCKHOVEN.

Un des principaux objets que doit se proposer la photographie, pour répondre à des conditions assez diverses, c'est l'agrandissement des petites images qu'elle fournit.

Cette branche de la photographie ne s'est développée que longtemps après les autres. Il semble pourtant, au premier abord, qu'étant donné un cliché, il n'était rien de plus facile que de l'amplifier à l'aide du *mégascope*. Cette idée est juste en théorie; mais la pratique a révélé des obstacles qu'il n'était pas facile de prévoir.

La méthode générale de l'amplification des épreuves photographiques, consiste à faire passer une vive lumière à travers un cliché négatif, à agrandir cette image, en lui faisant traverser la lentille d'un *mégascope*, c'est-à-dire d'une lanterne magique, et à fixer sur le papier sensible cette image amplifiée. Cette opération exige des appareils optiques particuliers, destinés à l'agrandissement du négatif. Nous commencerons par faire connaître ces appareils spéciaux.

Pour éclairer le cliché de verre destiné à subir l'amplification, on reçoit sur un miroir plan, la lumière du soleil ou de la lampe électrique, et, par une puissante lentille convergente, on concentre cette lumière sur le cliché, en ayant soin que le faisceau de rayons lumineux qui le traverse, soit divergent, c'est-à-dire aille en s'élargissant à mesure qu'il s'éloigne de ce cliché. Si l'on interpose sur le trajet de ces rayons, une feuille de papier sensibilisée, il s'y formera une image agrandie et positive du cliché.

La figure 75 montre théoriquement le mécanisme physique de cet agrandissement.

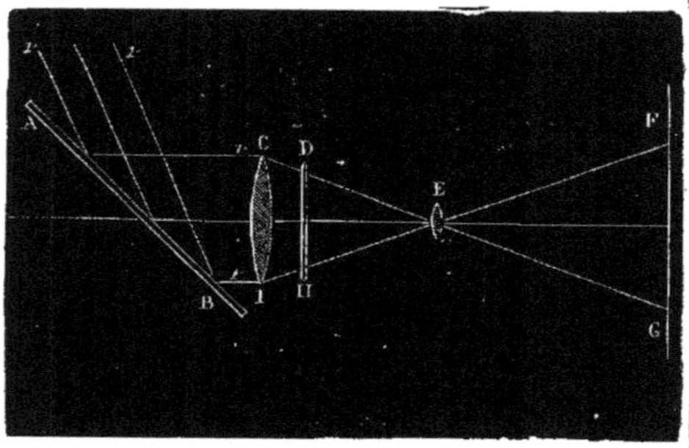

Fig. 75. — Théorie de l'appareil d'agrandissement.

Supposons un miroir plan AB, recevant les rayons solaires, et les réfléchissant de manière à les rendre parallèles après cette réflexion. Les rayons r, r, tombant sur le miroir plan AB, prendront la direction rectiligne et parallèle $r'r'$. Plaçons sur le trajet de ces rayons une puissante lentille convergente CI ; les rayons solaires, qui traversent cette lentille, se réuniront, par l'effet de la réfraction, en un point unique, ou foyer, E, et éclaireront très-vivement ce point. Si un peu en avant de ce foyer E, on place un cliché négatif de verre, DH, ce cliché sera très-vivement éclairé, puisque presque tous les rayons solaires qui sont réfléchis par le miroir, viendront traverser e verre. Maintenant, plaçons au delà de cette glace DH, une lentille convergente achromatique E ; cette lentille formera une image redressée de cet objet, par des rayons qui iraient en divergeant jusqu'à l'infini. Mais si, à une distance convenable, on interpose sur le passage de ces rayons, un écran FG, l'image se formera sur cet écran, et elle sera plus ou moins grande, selon que l'on écartera davantage l'écran FG, de la lentille convergente E.

Tel est le mécanisme physique du *mégascope*, celui de la lanterne magique et de la *fantasmagorie*, appareils qui servent à amplifier les images d'un objet, préalablement très-éclairé par une source lumineuse. Sur le même principe est basé l'appareil qui a reçu d'un photographe américain, M. Woodward, le nom de *chambre solaire*, et qu'il a appliqué à l'agrandissement des épreuves photographiques.

Après cette idée générale sur l'ensemble de l'appareil pour l'agrandissement des épreuves photographiques, arrivons aux détails de chacune de ses parties, c'est-à-dire au miroir plan, ensuite à la *chambre solaire* proprement dite.

La figure 76 représente le miroir plan,

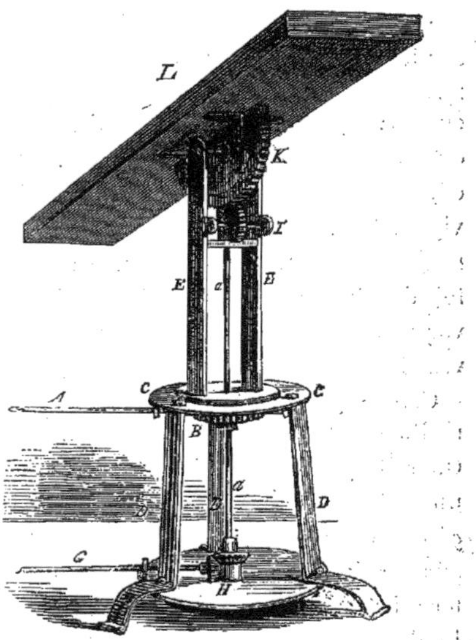

Fig. 76. — Miroir plan, ou porte-lumière.

ou *porte-lumière*, employé pour projeter un faisceau de lumière sur la lentille du mégascope. C'est une surface plane, en cuivre argenté, portée sur un cadre de bois et fixée à une demi-roue dentée, K. La tige G, qui aboutit à l'intérieur du cabinet noir, dans lequel est placé l'opérateur, commande une seconde tige *aa*, à l'aide d'une roue d'angle H. Cette tige *a* porte à sa partie supérieure une vis sans fin qui met en action la petite roue dentée I, et celle-ci fait tourner la grande roue K, pour mouvoir le miroir de bas en haut. L'opérateur placé dans le cabinet noir, n'a donc qu'à tourner la poignée qui termine la tige G pour imposer au miroir un mouvement vertical.

Quant au mouvement horizontal, il est produit par la tige AC, à l'extrémité de laquelle se trouve une vis sans fin, qui fait tourner la roue dentée B. Celle-ci porte les deux tiges E, E, qui à leur tour portent les axes des roues I et K. Cette roue B est percée à son centre, pour donner passage à la tige *a*, et tourne à frottement doux dans la pièce de fer circulaire CC, qui porte tout l'appareil sur trois pattes D, D.

En mettant en mouvement les deux tiges A et G, qui sont parallèles, l'opérateur, de l'intérieur de son cabinet noir, peut donc imprimer au miroir toutes les positions possibles.

Fig. 77. — *Chambre solaire* de Woodward, ou appareil pour l'agrandissement des épreuves photographiques.

L'*appareil de Woodward* est représenté par la figure 77. Dans le côté exposé au midi, d'une chambre entièrement fermée et privée de toute autre lumière, on fait une entaille carrée. On place dans cette ouverture un châssis de bois, contenant une puissante lentille convergente O, destinée à concentrer à son foyer les rayons du faisceau de lumière horizontale, réfléchie par le miroir plan, ou *porte-lumière*, établi au dehors. La hauteur de cette ouverture au-dessus du parquet, doit être, selon M. Monckhoven, de $1^m,25$.

A 3 ou 4 mètres de la lentille convergente O, on place un large écran de bois, A, recouvert d'une feuille de papier blanc, placée parallèlement à l'ouverture O. On prend ensuite un pied à support mobile, I, sur lequel on place une chambre noire ordinaire, CD. Seulement, on remplace le verre dépoli qui, dans les opérations photographiques, sert à mettre au point l'image de cette chambre noire, par le cliché de verre négatif qu'il s'agit d'amplifier. La lumière solaire, arrivant par le miroir plan, traverse la lentille O, ensuite le cliché placé en D, qu'elle éclaire avec puissance. L'objectif B de la chambre obscure, qui se trouve sur le passage des rayons lumineux venant de traverser le cliché D, forme une image amplifiée de ce cliché, qui vient se peindre sur l'écran A.

Si l'on reçoit sur une plaque de verre collodionnée, l'image qui vient se peindre sur l'écran A, on obtiendra un cliché négatif sur verre, qu'il n'y aura plus qu'à fixer par les moyens ordinaires et qui servira ensuite à tirer des épreuves positives sur papier.

L'appareil que nous venons de décrire est connu sous le nom d'*Appareil de Woodward*, du nom de l'inventeur américain à qui l'on doit cette application à la photographie, du mécanisme physique du mégascope ou de la lanterne magique. Mais l'*appareil de Woodward* présente, selon M. Monckhoven, quelques inconvénients. La forme des lentilles dont on se sert, influe sur la netteté de l'image. Cette dernière est, en effet, trouble sur les bords, par suite du phénomène d'optique connu sous le nom d'*aberration de sphéricité*. De plus,

Fig. 78. — Appareil d'agrandissement des épreuves photographiques de M. Monckhoven.

la lumière s'étalant sur une grande surface, il passe une certaine quantité de lumière diffuse qui ternit les blancs de l'image, en y décomposant légèrement le sel d'argent. Enfin, la lumière étant inégalement répartie sur le cliché, ce dernier est inégalement chauffé dans ses différentes parties ; il en résulte le fendillement de la couche de collodion, et quelquefois la rupture du cliché de verre (1).

M. Monckhoven a légèrement modifié cet appareil en y adaptant une seconde lentille destinée à corriger l'aberration de sphéricité. La figure 78 montre la disposition adoptée par M. Monckhoven, ainsi que le mode de suspension du cliché, qui permet d'éviter un échauffement inégal de ce cliché par les rayons solaires et le danger de sa rupture.

Un *miroir plan* semblable à celui qui est représenté par la figure 76 (page 120) est fixé dans le volet d'une chambre tenue dans l'obscurité. Une manivelle et sa tige font mouvoir ce miroir de manière à lui donner la position convenable pour que le faisceau lumineux se réfléchisse horizontalement à l'intérieur de l'appareil. La lentille destinée à concentrer les rayons solaires est placée dans l'ouverture pratiquée au volet de la fenêtre.

La lentille AA (*fig.* 78) est donc le *condensateur de lumière*. A cette première lentille M. Monckhoven en ajoute une seconde, BB, très-mince et de la forme d'un verre de montre, qui a pour but de remédier complétement à l'aberration de sphéricité de la première lentille. Le cliché est placé dans le chassis EF ; l'objectif destiné à produire l'amplification du cliché se trouve dans le

(1) Monckhoven, *Traité général de photographie*, 5e édition, p. 356.

tube G, porté par le châssis DH. L'image amplifiée vient se peindre sur un écran placé à quelques mètres au delà de l'objectif amplificateur G.

La figure 78 montre à découvert les éléments de l'appareil d'agrandissement de M. Monckhoven; la figure 79 fait voir ce même appareil en action. Le *condensateur de lumière*, ou lentille éclairante, est enchâssé dans l'ouverture B, pratiquée au volet de la fenêtre A. La *chambre solaire*, C, est portée sur un pied DE. L'image agrandie se forme sur l'écran LM. La distance entre la chambre solaire et l'écran doit être de 3 mètres pour des feuilles de $1^m,20$ de haut, et de 2 mètres pour des feuilles de $0^m,90$.

Fig. 79. — Effet de l'appareil de M. Monckhoven pour l'agrandissement des épreuves photographiques.

Nous mentionnerons, pour terminer, le *mégascope héliographique* de M. Bertsch, qui est fondé sur les mêmes principes que les précédents appareils, et dont le lecteur s'expliquera facilement la construction et l'emploi, à l'aide de la figure 80.

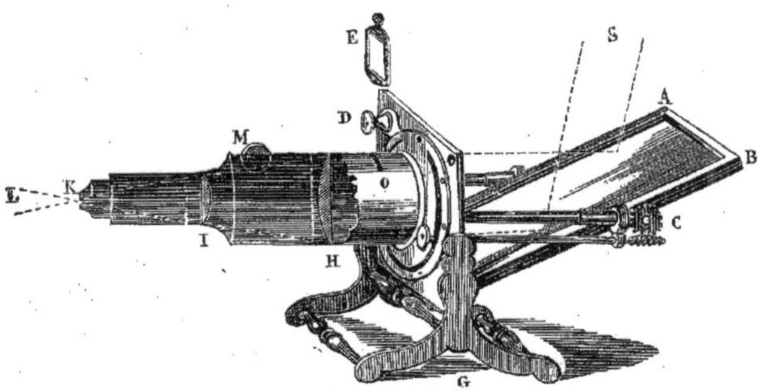

Fig. 80. — Appareil de M. Bertsch pour l'agrandissement des épreuves photographiques.

AB est le miroir destiné à réfléchir les rayons solaires, S. Il reçoit les deux mouvements, horizontal et vertical, à l'aide de deux boutons, D et D', qui agissent alternativement sur une vis et une roue C, de manière à amener les rayons du soleil dans l'axe de l'instrument. Ce *porte-lumière* est fixé dans le volet d'une chambre bien obscure. Le cliché, qui ne peut avoir plus de 8 centimètres de côté, est fixé dans un petit cadre E, introduit, par l'orifice M, dans le tube de l'instrument, et placé ainsi entre les deux lentilles. Ces deux lentilles achromatisées, H et I, qui peuvent, à l'aide de vis, se rapprocher ou s'éloigner du cliché, forment l'image sur un écran convenablement distant. Un diaphragme K, qui termine l'instrument, écarte la lumière diffuse.

Dans tous les appareils d'amplification des photographies à l'aide de la lumière solaire, le miroir réflecteur doit être mû à la main, à cause de la variation continuelle de direction des rayons lumineux, produite par la marche de la terre. On y substituera donc, avec grand avantage, un *héliostat*, c'est-à-dire un miroir mobile grâce à un mouvement d'horlogerie, et qui, suivant le soleil au fur et à mesure de son déplacement dans le ciel, envoie toujours ses rayons parallèles dans la même direction. Seulement, nous n'avons pas besoin de le dire, cet appareil de physique n'est pas à la portée de tous les acheteurs, en raison de son grand prix.

Il nous reste à parler de la préparation du cliché. Cette opération est assez délicate ; elle doit être faite habilement et promptement. On choisit d'abord un verre très-mince et offrant une surface parfaitement unie et polie ; le peu d'épaisseur est indispensable à la réussite de l'opération, parce qu'elle permet à la plaque de se dilater également dans tous les sens. On emploie le collodion humide, parce que c'est le seul corps qui donne une couche suffisamment transparente : c'est là, en effet, le point capital. Le collodion employé pour préparer ces clichés, n'a pas la même composition que celui qui sert aux opérations ordinaires de la photographie ; il ne contient que de l'iodure de cadmium. Ce collodion est un peu épais, mais il a l'avantage de se conserver très-longtemps. Le bain d'argent est le bain ordinaire ; il faut seulement éviter au sein de ce liquide, la présence de toute matière solide, organique ou minérale.

Le cliché, devant être parfaitement transparent, ne doit pas être vigoureux, ni fortement accusé ; il faut, au contraire, qu'il soit très-faible, quoique parfait dans les détails. On évitera donc, pour la formation du bain révélateur, l'emploi des acides citrique, tartrique ou acétique, en un mot de toutes les substances destinées à augmenter l'intensité du cliché.

Le bain révélateur est la dissolution ordinaire de sulfate de fer dans l'eau alcoolisée. Lorsqu'on le verse sur le cliché, il faut avoir soin de recouvrir ce dernier complétement et instantanément.

On reconnaît que le cliché est propre à l'amplification lorsqu'il ne laisse presque pas apercevoir au jour les détails ; on doit pouvoir lire à travers les noirs. S'il remplit ces conditions, on peut l'employer, mais sans le recouvrir d'une couche de vernis, qui pourrait, sous l'influence de la chaleur des rayons solaires, altérer l'image.

CHAPITRE XVIII

LES PHOTOGRAPHIES MICROSCOPIQUES. — PREMIÈRES PHOTOGRAPHIES RÉDUITES EXÉCUTÉES, EN 1858. — APPLICATION DU MICROSCOPE STANHOPE AUX PHOTOGRAPHIES MICROSCOPIQUES PAR M. DAGRON. — APPAREILS EMPLOYÉS PAR M. DAGRON POUR L'EXÉCUTION DES BIJOUX MICROSCOPIQUES.

En 1858, un photographe de Manchester exécuta des photographies excessivement réduites, en adaptant à la chambre obscure un objectif qui produisait une toute petite miniature du cliché. Les photographies microscopiques furent la merveille de l'Exposition de photographie qui se tint, en 1859, au palais de l'Industrie. Elles attiraient l'attention générale, car elles donnaient la plus prodigieuse idée de la délicatesse des impressions photographiques, et confondaient véritablement l'imagination. C'était un imperceptible fragment de papier, de la grosseur d'une tête d'épingle, collé sur une lame de verre. A la vue simple on ne distinguait qu'un carré de papier, avec une tache noire au milieu ; mais si l'on regardait cette tache noire à travers un microscope grossissant deux à trois cents fois, une véritable photographie, très-nette et très-nuancée, apparaissait dans l'instrument.

L'une de ces photographies microscopiques renfermait le texte imprimé de la proclamation de l'empereur Napoléon III à l'armée d'Italie. Vue à l'œil nu, elle était comme un atome; si on la regardait au microscope, on lisait : *Soldats! je viens me mettre à votre tête*, etc.

Outre le photographe de Manchester, M. Wagner, M. Bernard et M. Nachet avaient présenté à l'Exposition de 1859, des échantillons de photographies microscopiques.

Mais la nécessité d'employer un microscope aurait empêché les *photographies réduites* de prendre aucune extension. Vers 1860, un photographe de Paris, M. Dagron, aborda cette question en face, et parvint à triompher de toutes les difficultés qu'elle présentait. Aujourd'hui, on trouve dans le commerce, en quantités considérables, des lorgnettes lilliputiennes, dans lesquelles on aperçoit des portraits, des monuments, des vues, quand on les interpose entre l'œil et la lumière. Ces petits bijoux se placent également dans une bague ou dans un porte-plume. Quand on dévisse la minuscule lorgnette, pour en examiner l'intérieur, on n'y voit qu'un point noir : c'est l'épreuve photographique, appliquée elle-même sur une petite tige de verre bombée, longue de 5 à 6 millimètres, et grosse comme une allumette de cire. C'est ce bout de baguette de verre qui fait fonction de microscope, pour agrandir et rendre visible l'épreuve photographique.

Par quel procédé s'obtient cet infiniment petit, qu'il faut obtenir parfait du premier coup, parce qu'ici toute retouche est impossible? C'est ce que nous allons expliquer.

Les épreuves s'obtiennent par le procédé à l'albumine, qui, seul, donne les grandes finesses indispensables au cliché.

Le cliché que l'on prépare pour le réduire à des dimensions microscopiques, est à peu près de la grandeur d'une carte de visite photographique ; on le réduit à l'état microscopique au moyen d'une lentille biconvexe à très-court foyer. L'image reçue dans une chambre noire, vient impressionner une plaque de verre collodionnée, de 2 centimètres de hauteur sur 7 centimètres $^1/_2$ de longueur, sur laquelle se produisent à la fois, 20 photographies microscopiques, comme il sera expliqué plus loin. On fixe, par les procédés ordinaires, cette image qui, obtenue avec un cliché négatif, est positive. C'est ce petit cliché positif qui, découpé ensuite en petits fragments, fournit les bijoux photographiques.

Le mérite de M. Dagron, c'est d'avoir appliqué le *microscope Stanhope* à rendre visible cette miniature.

On appelle *microscope Stanhope* une demi-lentille obtenue simplement en coupant en deux un globule de cristal de crown. En appliquant sur une baguette de verre cette demi-sphère de cristal de crown, on obtient un microscope dont l'effet grossissant est de trois à quatre cents fois. M. Dagron eut donc l'idée de placer ces petites images microscopiques devant un microscope Stanhope, composé simplement d'une baguette de verre portant à l'un de ses bouts la petite calotte de crown. Il suffisait dès lors d'appliquer entre l'œil et la lumière la photographie ainsi disposée, pour agrandir et permettre de voir très-nettement l'épreuve lilliputienne.

Tel est le principe général des photographies microscopiques de M. Dagron. Seulement, la préparation de ces clichés en miniature est tellement en dehors des opérations habituelles de la photographie, qu'il a fallu créer tout un matériel et tout un outillage spécial. Autant il est facile de mettre l'image au foyer, dans la chambre obscure ordinaire, autant il est difficile d'y parvenir avec une épreuve de la dimension d'un grain de sable. Pour cette mise au point, l'œil ne suffit pas, il faut un microscope. C'est ainsi que M. Dagron a dû modifier complétement les appareils photographiques, pour les appliquer à ce cas spécial. Voici en quoi ses appareils consistent.

Le châssis qui, dans la chambre obscure ordinaire des photographes, doit recevoir la glace collodionnée, est remplacé par un support métallique AB (*fig.* 81), qui, outre la glace collodionnée, porte 20 petits objectifs devant produire à la fois vingt réductions microscopiques de ce cliché ; ces vingt épreuves seront séparées plus tard, en coupant avec un diamant, la lame de verre en vingt fragments. Sur ce même support. A B, sont les verres et le tuyau d'un microscope composé, D, destiné à diriger la mise au point.

Les objectifs qui doivent produire les réductions microscopiques, sont placés, à l'intérieur de la chambre obscure, en regard et à une assez grande distance du cliché à reproduire. Après ces objectifs, vient la petite glace collodionnée, sur laquelle se peint l'image réduite formée par les objectifs. Des diaphragmes, qui diminuent la quantité de lumière, donnent une grande netteté à l'image. Une crémaillère et des roues dentées permettent de faire avancer ou reculer les objectifs pour exécuter la mise au point.

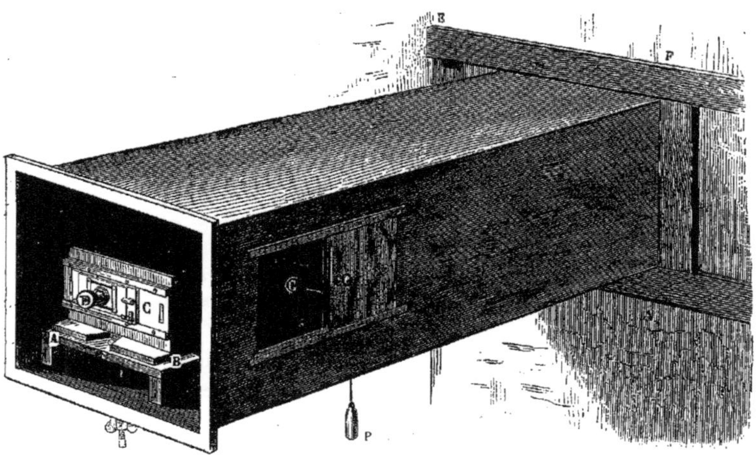

Fig. 81. — Chambre obscure et appareil de M. Dagron pour la réduction microscopique des épreuves photographiques.

Tous ces petits organes, c'est-à-dire les objectifs formant les épreuves réduites, la glace collodionnée, qui doit recevoir les images microscopiques, sont à l'intérieur de l'appareil. C'est au dehors que se trouve, le microscope D, qui sert à effectuer la mise au point.

Quand on veut opérer, on dispose l'appareil en face d'une fenêtre, et l'on place le cliché négatif à l'extrémité EF de la chambre obscure, on lève l'obturateur, et l'on reçoit, pendant deux ou trois secondes, la lumière qui traverse le cliché, et vient peindre sur la plaque de verre collodionnée, les vingt images microscopiques.

Pour exécuter la mise au point, on introduit la main dans l'ouverture latérale X, qui est pratiquée sur une des parois de la chambre noire, et en manœuvrant la crémaillère qui

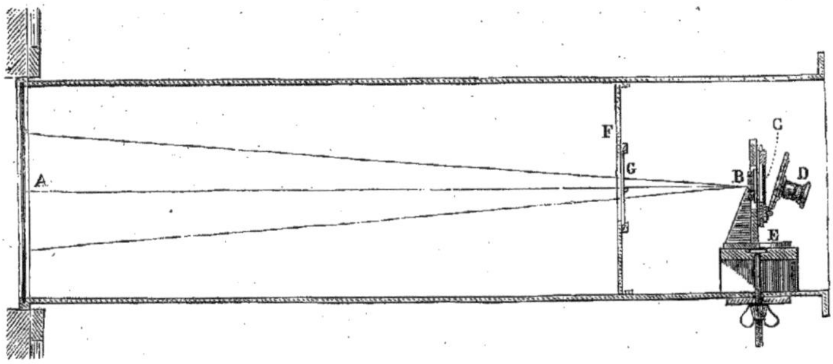

Fig. 82. — Coupe verticale intérieure de l'appareil de M. Dagron

A photographie servant de modèle.
B 20 objectifs microscopiques opérant à la fois.
CE emplacement de la glace collodionnée sur laquelle se produisent les images microscopiques.
D microscope et micromètre servant à mettre au point
E support de l'appareil maintenu par une vis.
F diaphragme.
G interrupteur mobile au moyen d'une corde à poids, P (*fig.* 81), pour arrêter les rayons lumineux pendant le changement de glace

fait avancer ou reculer les objectifs, on met l'image bien au foyer. Quand la mise au point est obtenue, on ferme cette ouverture latérale, en tirant la porte X, qui se meut dans une coulisse.

Après cette explication générale de la figure 81, qui représente la *chambre obscure microscopique* de M. Dagron, le lecteur comprendra mieux la figure 82, qui donne une coupe intérieure du même appareil.

Dans son ensemble l'appareil de M. Dagron consiste, comme il vient d'être dit, en une caisse de bois formant une chambre noire très-allongée; car, pour donner une image microscopique, le cliché doit être placé à une grande distance de l'objectif. Le cliché qu'il s'agit de réduire, se place donc à l'extrémité de cette chambre obscure, dans le cadre A, que l'on dispose au grand jour, en face d'une fenêtre. Les rayons lumineux parallèles, qui traversent ce cliché, après avoir été arrêtés en partie, par le diaphragme G, à l'intérieur de la chambre noire, viennent se réfracter dans chacun des vingt objectifs portés par la pièce B. La glace collodionnée est placée derrière le châssis CE, à l'intérieur de la boîte. D est le microscope composé qui sert à mettre l'image au point.

Cette mise au point ne se fait pas avec l'image même qu'il s'agit de reproduire, mais en regardant, à travers le microscope D, un *micromètre*, c'est-à-dire une lame de verre sillonnée de raies microscopiques égales et parallèles. Lorsque, après avoir fait convenablement avancer ou reculer la pièce B, qui porte les vingt objectifs, on voit distinctement les raies du micromètre, on est certain que l'on est bien au foyer. Alors on remplace le micromètre par la glace collodionnée, et en enlevant l'obturateur on laisse arriver la lumière sur la plaque sensible.

Après une très-rapide exposition à la lumière on retire du châssis la glace impressionnée et on la porte dans le laboratoire, pour développer l'image.

Ce développement se fait à la manière ordinaire, dans un bain composé d'acides gallique et pyrogallique, dissous dans de l'eau alcoolisée. On place dans une cuvette contenant le bain révélateur, les glaces sortant de la chambre obscure; pour faciliter le développement, on ajoute quelques gouttes d'une dissolution d'azotate d'argent.

On ne pourrait suivre à l'œil nu le développement de l'image, il faut faire usage d'une loupe, c'est-à-dire d'une lentille simple, garnie d'une monture (*fig.* 83). Il faut

Fig. 83. — Loupe.

suivre le développement à la loupe, sur chaque glace et sur chaque image.

Quand l'épreuve est satisfaisante, on la lave et on la fixe à la manière ordinaire, c'est-à-dire à l'hyposulfite de soude. L'épreuve, après avoir été convenablement lavée, est terminée; c'est ce petit cliché de verre qui formera le bijou microscopique.

La loupe ne suffirait pas pour s'assurer que l'image est parfaite et peut être conservée; il faut la regarder avec un microscope composé: on place donc la glace portant les vingt épreuves sur le porte-objet d'un microscope composé (*fig.* 84), et l'on choisit ainsi celles qui paraissent irréprochables.

Les épreuves étant choisies, on découpe, avec un diamant: la lame de verre de 2 centimètres de hauteur sur 7 centimètres $^1/_2$ de longueur sur laquelle sont formées les 20 épreuves, en petits carrés portant chacun une épreuve.

Il s'agit maintenant d'appliquer ces petits carrés de verre porteurs de l'image, sur le microscope *Stanhope* ou le *Stanhope*, comme on l'appelle plus simplement, et qui consiste,

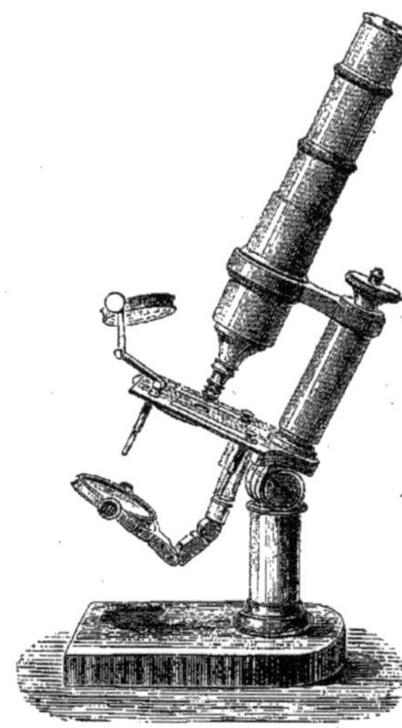

Fig. 84. — Microscope composée.

comme nous l'avons dit, en une baguette de verre portant une petite calotte de cristal de crown, pour produire un effet grossissant. Le baume de Canada qui, en raison de sa parfaite transparence, est employé par les opticiens pour coller ensemble les verres des lentilles achromatiques, est la substance adhésive dont se sert M. Dagron pour fixer à l'autre bout du *stanhope* les petits carrés de verre porteurs de répreuve photographique.

On place le *stanhope* au bord d'un fourneau un peu chaud, on dépose une goutte de baume de Canada sur cette surface ainsi légèrement chauffée, puis, prenant avec des pinces le petit carré de verre, on le presse, doucement d'abord, fortement ensuite, contre la base enduite de baume, et on l'abandonne à lui-même.

Pour s'assurer que l'opération a bien réussi, que le contact est parfait et sans bulles d'air interposées, on regarde par l'extrémité arrondie de la baguette de verre, qui, faisant fonction de microscope, montre, agrandie et distincte, l'image fixée à sa base. Si des bulles d'air se montrent encore, c'est qu'on n'a pas assez appuyé le verre, ou qu'on ne l'a pas pressé assez également contre la base du *stanhope ;* on le place donc un instant près du fourneau, pour rendre au baume de Canada un peu de fluidité, et l'on recommence le collage avec plus de précaution.

Alors le *stanhope* et l'épreuve photographique ne font plus qu'un seul tout. Il ne reste, pour terminer ce travail, qu'à arrondir les points de jonction du *stanhope* et de l'épreuve. La meule de l'opticien peut suffire pour cet usage ; mais quand on a un grand nombre de verres à user, il faut se servir, au lieu d'une simple meule, du *tour de l'opticien*, qui est infiniment plus commode et plus efficace.

Il est peut-être nécessaire d'ajouter que M. Dagron a presque toujours le soin, quand il s'agit d'un bijou à enchâsser sur une bague, un porte-plume, de faire usage de deux microscopes Stanhope et de deux épreuves photographiques. On aurait pu, en effet, se tromper de côté, et alors n'apercevoir aucune image. En plaçant une photographie avec son microscope de chaque côté de la bague ou du porte-plume, on est certain, de quelque manière que l'on regarde, qu'on apercevra toujours une image.

Tels sont les procédés, bien intéressants, on le voit, qui ont permis à M. Dagron de créer les petites merveilles que chacun connaît, d'exécuter ces photographies qui se portent sur le chaton d'une bague, qui s'enchâssent dans un crayon ou un porte-plume. Rien de plus curieux que le petit musée que possède M. Dagron. Le mystère joue un certain rôle dans ces miniatures imperceptibles : il y a plus d'un secret, il y a plus d'un roman, dans ces portraits qui se cachent dans une broche ou sous le chaton d'une bague.

On a pensé qu'en temps de guerre, les généraux pourraient écrire de cette manière, leurs ordres et messages secrets. L'envoyé n'aurait aucune peine à cacher cette imperceptible dépêche, que le général qui la recevrait, pourrait lire, en connaissant la manière de s'y prendre.

Voilà une application de la photographie microscopique à laquelle la guerre a fait songer ; mais ne doutez point, cher lecteur, qu'il n'y en ait de plus utiles et de plus importantes pour le bien de l'humanité.

CHAPITRE XIX

APPLICATIONS DE LA PHOTOGRAPHIE. — LA GRAVURE HÉLIOGRAPHIQUE. — MM. DONNÉ, FIZEAU, NIÉPCE DE SAINT-VICTOR, BALDUS, NÈGRE. — DÉCOUVERTES DE M. ALPHONSE POITEVIN. — LA PHOTO-LITHOGRAPHIE ET LA PHOTO-GRAVURE.— PROCÉDÉS DE MM. NIÉPCE DE SAINT-VICTOR, BALDUS, GARNIER, TESSIÉ DU MOTAY, DRIVET, ASSER ET WOODBURY, POUR LA GRAVURE DES ÉPREUVES PHOTOGRAPHIQUES. — HURLIMAN, OU LE GRAVEUR A LA JAMBE DE BOIS.

Après avoir présenté l'histoire de la photographie et décrit ses procédés pratiques, il nous reste à signaler les applications principales qu'elle a reçues.

Au premier rang de ces applications se place la gravure.

La transformation en planches propres à la gravure, des épreuves photographiques, obtenues sur métal, comme le faisait Daguerre, ou formées sur verre et sur papier, comme on l'a fait après lui, est, au fond, le véritable objet de la photographie. Cet art n'aura atteint son véritable degré d'importance et d'utilité, que lorsqu'il aura fourni le moyen de préparer, avec une épreuve obtenue par l'action de la lumière, une planche propre à servir à de très-nombreux tirages sur pierre ou sur métal, avec de l'encre d'impression. La photographie aura touché ses colonnes d'Hercule lorsqu'elle aura trouvé le moyen de transporter ses négatifs sur cuivre ou sur acier, de manière à faire mécaniquement le tirage des épreuves positives sur papier, comme on le fait pour la lithographie et la gravure.

Cette vérité a été comprise de très-bonne heure. Aussi, depuis l'origine de la photographie, un grand nombre d'expérimentateurs sont-ils entrés dans cette voie. Ce n'est pourtant qu'après de très-longs efforts que le problème a pu être résolu. Il n'a pas fallu moins de dix-huit années de travaux pour arriver à transformer avec économie et facilité, les négatifs de la photographie en planches propres au tirage à l'encre d'impression. Encore ne peut-on dire que le problème soit aujourd'hui résolu d'une manière absolument satisfaisante et pratique.

L'idée de transformer les plaques photographiques en planches à l'usage des graveurs, était si naturelle, que ce vœu fut exprimé dès les premiers temps de la découverte de Daguerre. Chacun regrettait de voir ces merveilleuses images condamnées à rester à jamais à l'état de type unique; tout le monde comprenait l'importance que devait offrir la transformation des plaques de Daguerre en planches propres à la gravure, et susceptibles, par conséquent, de suffire, grâce à l'impression typographique, à un tirage illimité. Savants, industriels et artistes, appelaient de leurs vœux ce perfectionnement.

Il y avait alors, dans la presse scientifique de Paris, un savant distingué et un écrivain habile : c'était le docteur Donné, aujourd'hui recteur de l'Académie de Montpellier. Comme nous tous, qui, par profession et par goût, surveillons le mouvement des choses scientifiques, M. Donné suivait avec l'intérêt le plus vif la marche et les progrès de l'invention admirable qui préoccupait alors le monde savant tout entier. Il essaya le premier de transformer les plaques daguerriennes en planches propres à la gravure. A l'aide de l'acide chlorhydrique convenablement étendu, il parvenait, en opérant sur une plaque daguerrienne, à attaquer le métal, de manière à obtenir une planche susceptible de fournir des épreuves sur papier, par le tirage en taille-douce.

Il y avait pourtant, dans la nature même d'une telle opération, des conditions qui devaient mettre obstacle à toute réussite. Le mercure, déposé inégalement sur la plaque de Daguerre, y forme une couche d'une ténuité infinie; le calcul seul peut donner une idée des faibles dimensions de ce voile métallique. Les inégalités de surface que l'acide a pour effet de produire en agissant sur la plaque daguerrienne, ne peuvent donc montrer qu'un très-faible relief, et cette circonstance fait comprendre les défauts que devaient présenter, sous le rapport de la vigueur, les gravures obtenues par ce moyen. D'ailleurs, la mollesse de l'argent limitait extraordinairement le tirage; on ne pouvait obtenir ainsi plus de quarante ou cinquante épreuves, et la gravure était toujours fort imparfaite.

M. Fizeau réussit à perfectionner ce moyen par trop élémentaire. Voici un aperçu du procédé, assez compliqué, qui fut imaginé par ce physicien, pour la gravure des plaques daguerriennes.

On commence par soumettre la plaque à l'action d'une liqueur légèrement acide, qui attaque l'argent, c'est-à-dire les parties noires de l'image, sans toucher au mercure, qui forme les blancs. On obtient ainsi une planche gravée d'une certaine pureté, mais d'un très-faible creux. Or, la condition essentielle d'une bonne gravure, c'est la profondeur du trait; car si les creux sont trop légers, les particules d'encre, au moment de l'impression, surpassant en dimension la profondeur du trait, ne peuvent pénétrer dans les creux, et l'épreuve, au tirage, est nécessairement imparfaite. Pour creuser plus avant, M. Fizeau frottait la planche gravée et peu profonde d'une huile grasse, qui s'incrustait dans les cavités et ne s'attachait pas aux saillies. On dorait ensuite la plaque à l'aide de la pile voltaïque. L'or venait se déposer sur les parties saillantes, et ne pénétrait pas dans les creux, abrités par le corps gras. En nettoyant ensuite la planche, on pouvait l'attaquer profondément par l'eau-forte, car les parties saillantes recouvertes d'or étaient respectées par l'acide. On creusait ainsi le métal à volonté. Enfin, comme la mollesse de l'argent aurait limité singulièrement le tirage, on recouvrait la planche d'une couche de cuivre, par la galvanoplastie. Le cuivre, métal très-dur, supportait donc seul l'usure déterminée par le tirage.

M. Fizeau obtint de cette manière des gravures offrant beaucoup de qualités. Cependant les moyens qu'il mettait en usage étaient trop compliqués pour être adoptés dans la pratique. Son procédé demeura donc infructueux dans les mains du cessionnaire de son brevet.

Sur ces entrefaites, un événement de la plus haute importance dans l'histoire de la photographie vint détourner les esprits de ce genre de recherches : ce fut la découverte de la photographie sur papier. Cette découverte imprima aux idées des opérateurs une direction toute différente, et suspendit un moment les travaux entrepris pour la transformation des épreuves daguerriennes en planches de gravure. La singulière perfection des produits de cette branche nouvelle des arts photographiques, et les efforts qu'il avait fallu exécuter pour y atteindre, absorbèrent longtemps l'attention des amateurs et des artistes. D'ailleurs, la photographie sur papier, une fois connue, parut devoir rendre inutile la gravure des épreuves. Elle permet, en effet, d'obtenir, avec un premier type, l'épreuve négative, un nombre presque indéfini d'épreuves positives. Le problème de la gravure photographique semblait donc avoir perdu une grande partie de son utilité.

Il ne manquait pas néanmoins de bonnes raisons à opposer aux personnes qui prétendaient que la photographie sur papier permettrait de se passer de la gravure photographique. Le tirage d'une épreuve positive est toujours une opération délicate, et malgré tous les perfectionnements apportés à cette partie du manuel photographique, il est bien difficile qu'elle puisse jamais devenir industrielle. Aussi les bonnes épreuves sur papier sont-elles maintenues, dans le commerce, à un prix assez élevé pour leur faire perdre une partie de la supériorité qu'elles présentent sur les produits de la lithographie ou de la gravure.

Une autre raison à invoquer, c'est le défaut de stabilité des épreuves photographiques. On sait que les images sur papier, si l'on en excepte celles qui ont été tirées par le *procédé au charbon*, pâlissent manifestement, par une exposition de plusieurs années à la lumière, et qu'elles pourraient disparaître en entier par suite d'une exposition plus prolongée à la même influence. Ce genre d'altération provient de ce que, malgré la continuité des lavages à l'eau distillée, qui doivent terminer l'opération, le papier retient toujours une certaine quantité d'hyposulfite de soude : la présence de quelques traces de ce sel suffit pour provoquer, au bout d'un temps plus ou moins long, la transformation de l'argent en sulfure, puis en sulfate, et finalement la disparition de l'image.

Mais toutes ces raisons n'auraient peut-être que médiocrement touché la laborieuse tribu des photographes, sans une autre circonstance, qui vint contribuer, plus que toute autre, à ramener l'attention vers la gravure.

La photographie sur papier est parvenue aujourd'hui à une telle perfection, qu'il est bien difficile qu'elle aille beaucoup plus loin;

il est permis de dire que cet art merveilleux a atteint son apogée. La certitude de ce fait était, pour les photographes, l'incitation la plus puissante à chercher quelque création nouvelle. Dire à la photographie, l'art progressif par excellence, qu'elle a atteint ses limites dernières, qu'elle n'a plus rien à inventer, et qu'elle doit se borner à l'avenir à répéter docilement les pratiques que l'expérience a consacrées, c'était la pousser à de nouvelles conquêtes. Quand une fois il fut bien démontré que la photographie n'avait plus rien à demander à ses laborieux adeptes, tout aussitôt on décida, d'une voix unanime, qu'il fallait attaquer le dernier problème, c'est-à-dire la gravure des épreuves.

Ce problème présentait de grandes difficultés. On ne pouvait songer à graver avec la plaque daguerrienne ; la non-réussite de M. Fizeau montrait qu'il n'y avait rien à attendre de ce côté. Mais il restait les épreuves sur papier. Il n'était pas impossible de transporter sur le cuivre ou l'acier, l'empreinte d'un cliché sur verre, et cette empreinte, si elle était composée d'une substance inattaquable par l'eau-forte, pouvait permettre d'obtenir une planche gravée sur métal.

C'était là une idée excellente. Aussi vint-elle en même temps à deux habiles praticiens, à M. Talbot et à M. Niépce de Saint-Victor. En faisant usage de bichromate de potasse comme matière impressionnable à la lumière, M. Talbot parvint à graver sur acier, au moyen d'une épreuve photographique, des objets transparents. Mais il ne put obtenir ainsi que des silhouettes d'objets laissant tamiser la lumière, tels que feuilles d'arbre, découpures, dentelles, etc. ; il ne réussit point à reproduire les ombres. Son procédé ne pouvait donc s'appliquer à la gravure des images photographiques.

M. Niépce de Saint-Victor fut plus heureux ; seulement il n'eut pas besoin de se mettre en frais d'imagination. Nicéphore Niépce, son parent, avait, comme nous l'avons raconté, réussi à graver sur étain les images formées dans la chambre obscure. M. Niépce de Saint-Victor se borna à appliquer le même procédé pour graver, sur acier, une épreuve de photographie. Voici donc le procédé que fit connaître, en 1853, M. Niépce de Saint-Victor, pour transporter sur acier un cliché photographique.

On étend sur la surface bien polie d'une plaque d'acier, une couche de bitume de Judée, dissous dans l'essence de lavande. Ce vernis, exposé à une chaleur modérée, se dessèche ; on le maintient ensuite à l'abri de la lumière et de l'humidité. Pour obtenir sur la plaque ainsi préparée, la reproduction d'une épreuve photographique, on prend une épreuve *positive* obtenue sur verre, ou bien sur papier ciré, et par conséquent transparente. On applique cette épreuve positive contre la plaque métallique, et l'on expose le tout à la lumière solaire ou diffuse, pendant un quart d'heure pour le premier cas, une heure pour le second. Au bout de ce temps, la lumière, traversant les parties diaphanes du dessin, a modifié la substance résineuse qui recouvre la plaque. Si on lave alors cette plaque avec un mélange formé de trois parties d'huile de naphte et d'une partie de benzine, on fait disparaître, en les dissolvant, les parties de l'enduit résineux que la lumière n'a pas touchées, c'est-à-dire les parties qui correspondent aux noirs de l'épreuve photographique.

On a produit de cette manière, une planche d'acier, sur laquelle le dessin de l'image photographique est retracé à l'aide d'une légère couche de bitume de Judée, qui correspond aux parties éclairées de l'image. Par conséquent, si l'on traite cette planche par l'eau-forte, on attaque l'acier dans les parties non abritées par le corps résineux, et l'on obtient une planche en creux qui, plus tard, encrée et soumise au tirage, donne un nombre indéfini d'épreuves sur papier, parfaite-

Jn le Pautre fec.t Héliog.re de E. Baldus.

Fig. 85. — Gravure héliographique obtenue par le procédé de M. Baldus.

ment identiques avec le modèle photographique.

Les premières gravures obtenues par le procédé de M. Niépce de Saint-Victor, étaient loin d'être parfaites. Si elles présentaient quelquefois une certaine délicatesse dans les traits, elles offraient beaucoup d'empâtements grossiers dans les ombres. Ce n'étaient guère que des ébauches, qui exigeaient, pour être terminées, le secours du burin.

M. Niépce de Saint-Victor a perfectionné ses premiers essais, en modifiant la nature et les proportions des dissolvants employés pour enlever les parties du bitume non impressionnées par la lumière. En ajoutant à ce bitume divers composés organiques, tels que l'éther sulfurique ou diverses essences, il est parvenu à abréger le temps de l'exposition à la lumière. C'est ainsi qu'il a réussi à impressionner, dans la chambre obscure même, la plaque d'acier revêtue de l'enduit sensible de bitume de Judée.

Toutefois, le but que s'était proposé l'auteur de ces recherches, et qu'il a poursuivi pendant plusieurs années, n'a pas été atteint d'une manière complète. Le problème de la gravure photographique exige que la planche métallique gravée, s'obtienne par le seul concours de la méthode chimique, et sans que l'on ait recours au travail ultérieur du graveur, à l'action du burin, pour corriger ou terminer la planche. Or, c'est là un résultat qui ne put être atteint par M. Niépce de Saint-Victor. Les planches sur acier, qu'il obtenait en suivant le procédé que nous venons de décrire, avaient toujours besoin, pour être terminées et pouvoir servir au tirage, de subir de longues retouches, un travail pénible et compliqué de la part du graveur. Les frais qui en résultaient, rendaient très-dispendieux ce procédé de gravure.

C'est en 1856 que le problème de la gravure photographique reçut sa véritable solution. Le peu de succès pratique obtenu par la méthode de M. Niépce de Saint-Victor, avait jeté sur ce genre de recherches une défaveur marquée, lorsque la découverte de M. Alphonse Poitevin, relative à l'action de la lumière sur les chromates mélangés de substances gommeuses ou gélatineuses, vint prouver que les difficultés, regardées jusque-là comme insurmontables, pouvaient être levées. La gravure photographique entra, dès ce moment, dans une phase toute nouvelle.

C'est à partir de l'année 1856 que commence, on peut le dire, la troisième époque historique de la gravure photographique, car les essais primitifs de l'ancien Niépce, et les efforts tentés, en 1853, par son neveu, M. Niépce de Saint-Victor, peuvent constituer les deux premières de ces trois périodes historiques.

C'est, en effet, en 1856, comme nous l'avons dit dans un précédent chapitre, que M. Alphonse Poitevin fit connaître la propriété que possède le mélange de matières gommeuse, gélatineuse, albumineuse ou mucilagineuse, quand on les a mêlées avec du bichromate de potasse, et qu'on les expose à l'action de la lumière, de pouvoir prendre et retenir l'encre d'impression. Cette observation était fondamentale ; elle devint le signal d'une foule de recherches, qui donnèrent la solution du problème général de la gravure héliographique. M. Poitevin en fit, lui-même, le premier l'application, en créant la *photo-lithographie*, c'est-à-dire l'art de transporter sur pierre une épreuve photographique, et de tirer les épreuves avec l'encre lithographique, comme une lithographie ordinaire.

Sur une pierre convenablement grainée, on dépose un mélange d'albumine et de bichromate de potasse; on place par-dessus, le cliché négatif d'une épreuve photographique sur verre, et on expose le tout à la lumière; l'agent lumineux modifie les parties de la pierre qu'elle touche, de telle façon que l'encre n'adhère que sur les parties éclairées. Le tirage s'opère ensuite comme pour une lithographie ordinaire.

M. Poitevin, comme nous l'avons dit dans l'histoire générale de la photographie, fit cette autre découverte importante, que la gélatine mélangée de bichromate de potasse, ne peut plus se gonfler par l'eau lorsqu'elle a été frappée par la lumière ; tandis que les parties non influencées par l'agent lumineux, se gonflent rapidement, en absorbant l'eau. En prenant une empreinte de cette gélatine ainsi gonflée inégalement, et reproduisant ce moulage de gélatine en une planche de cuivre par la galvanoplastie, on arrive à former d'assez bonnes planches pour la gravure en taille-douce ou la typographie.

Tel est le principe des procédés qui ont servi à créer, entre les mains de M. Alphonse Poitevin, la *photo-lithographie* et la *gravure héliographique*, et tel fut le point de départ de l'invention qui nous occupe. Le procédé primitif de M. Poitevin a été singulièrement perfectionné, mais il est juste de proclamer les droits du véritable créateur de cet art.

M. Ch. Nègre est un autre inventeur, longtemps admiré à juste titre, et qui pourtant a fini, comme M. Poitevin, par se laisser distancer. Pendant dix ans on a admiré des gravures héliographiques dues à M. Nègre, vraiment magnifiques comme finesse et comme grandeur ; mais la persistance de cet artiste à tenir ses procédés secrets, son peu de désir de rendre son œuvre publique pour la voir s'améliorer en d'autres mains, l'ont privé des avantages qu'il aurait pu recueillir en suivant une autre voie.

Le procédé de M. Nègre consiste dans l'emploi de certains agents chimiques dont l'auteur s'est réservé le secret. Il se sert aussi de bitume de Judée, mais cette substance ne joue ici qu'un rôle accessoire : elle ne sert qu'à ménager une réserve transitoire, qui permet de dorer, par la pile, toutes les parties qui ne doivent pas être attaquées par les acides. Cette dorure étant faite, on enlève le bitume avec de l'essence de térébenthine, et la planche présente alors l'apparence d'une damasquinure, dans laquelle les parties dorées forment les blancs, tandis que les parties mises à nu, restent seules exposées à la morsure des acides. La planche d'acier ainsi obtenue sert ensuite au tirage en taille-douce.

M. Baldus s'applique, depuis longtemps, à la solution du problème de la gravure héliographique, et il l'a parfaitement résolu, si l'on en juge par les spécimens de gravure photographique qui accompagnent ces pages des *Merveilles de la science* (*fig.* 85, 86, 87, 88), et qui ont été préparées par M. Baldus, en cuivre de relief, nécessaire pour le tirage typographique.

M. Baldus a fait usage de plusieurs procédés dans les recherches qu'il a consacrées, pendant plus de quinze ans, au problème de la gravure photographique. Il s'est d'abord servi de la galvanoplastie, qu'il supprime complétement aujourd'hui.

C'est en 1854 que M. Baldus avait recours à la galvanoplastie pour reproduire les finesses des épreuves photographiques. Comme nous avons, à cette époque, aidé M. Baldus de nos conseils scientifiques, dans ses opérations de galvanoplastie, nous pouvons décrire avec exactitude, le procédé dont il faisait alors usage. Voici donc ce procédé.

On prend une lame de cuivre, sur laquelle on étend une couche de bitume de Judée. A cette lame de cuivre recouverte de la résine impressionnable, on superpose une épreuve photographique sur papier transparent, de l'objet à graver. Cette épreuve est positive, et doit, par conséquent, se traduire en négatif sur le métal, par l'action de la lumière. Au bout d'un quart d'heure environ d'exposition au soleil, l'image est produite sur l'enduit résineux ; mais elle n'y est point visible. On la fait apparaître, en lavant la plaque avec un dissolvant, qui enlève les parties non impressionnées par la lumière, et laisse voir une image négative, représentée par les traits résineux du bitume.

Fig. 86. — Gravure héliographique obtenue par le procédé de M. Baldus.

Cependant le dessin est formé d'un voile si délicat et si mince, qu'il ne tarderait pas à disparaître en partie, par le séjour de la plaque au sein du liquide. Pour lui donner la solidité et la résistance convenables, on l'abandonne pendant deux jours, à l'action de la lumière diffuse. Le dessin ainsi consolidé, on plonge la lame de métal dans un bain galvanoplastique de sulfate de cuivre, et voici maintenant les merveilles de ce procédé. Attachez-vous la plaque au pôle négatif de la pile, vous déposez sur les parties du métal non défendues par l'enduit résineux, une couche de cuivre en relief; la placez-vous au pôle positif, vous creusez le métal aux mêmes points, et formez ainsi une gravure en creux. Si bien qu'on peut à volonté, et selon le pôle de la pile auquel on s'adresse, obtenir une gravure en creux ou une gravure en relief; en d'autres termes, une gravure à l'*eau-forte*, pour le tirage en taille-douce, ou une gravure de cuivre en relief, analogue à la gravure sur bois, pour le tirage à l'encre d'impression.

Aujourd'hui, disons-nous, M. Baldus a complétement supprimé la galvanoplastie. Quelques minutes lui suffisent pour rendre les planches de cuivre dont il se sert, en état de servir au tirage en taille-douce.

C'est au moyen d'un sel de chrôme, sans aucun emploi de bitume de Judée, que M. Baldus rend impressionnable à la lumière la lame de cuivre. Sur une lame de cuivre ainsi rendue impressionnable, on applique le cliché de verre portant la photographie à reproduire, et on expose le tout à l'action de la lumière. Après l'exposition lumineuse, on place la lame de cuivre portant la couche impressionnée dans une dissolution de perchlorure de fer, qui attaque la lame de cuivre dans les points qui n'ont pas été influencés par la lumière; et l'on obtient ainsi un premier relief.

Comme ce relief ne serait pas suffisant, on l'augmente, en replaçant la lame de cuivre dans le mordant de perchlorure de fer, après avoir passé sur le métal un rouleau d'encre d'imprimerie. L'encre s'attache aux parties en relief et les défend de l'action du mordant. On peut, en répétant ce traitement, donner aux traits de la gravure la profondeur que l'on désire.

Si l'on a fait usage d'un cliché photogra-

Fig. 87. — Gravure héliographique obtenue par le procédé de M. Baldus.

phique négatif, on obtient une impression en creux, nécessaire pour le tirage en taille-douce. Pour obtenir une planche de cuivre en relief, destinée au tirage typographique, dit *sur bois*, on prend un cliché positif, et les traits du métal sont en relief.

C'est par un procédé du même ordre que celui que nous venons de décrire, qu'opère M. Garnier.

Le jury de l'Exposition universelle de 1867 a décerné à M. Garnier le *grand prix de photographie* pour les gravures héliographiques qu'il avait présentées.

M. Garnier n'avait pas soumis au jury un grand nombre, une grande variété d'échantillons de gravures héliographiques, mais il avait produit un chef-d'œuvre ; c'était la *Vue du château de Chenonceaux*, véritable gravure provenant d'une simple épreuve de photographie d'après nature. Rien ne pouvait faire distinguer, à l'aspect, cette héliographie, d'une gravure ordinaire.

M. Garnier a bien voulu préparer, pour les *Merveilles de la science*, une planche de cuivre en relief, faite d'après nature (*fig.* 89, page 141), et que nous donnons comme spécimen des résultats que peut obtenir cet éminent opérateur. Il ne s'agit pas ici de la simple reproduction d'une gravure, mais de la transformation directe en gravure de la vue photographique d'un monument, prise dans la chambre noire.

M. Drivet est un autre graveur qui s'est attaché à la même question. Il s'est préoccupé surtout de la manière d'exécuter le *grain*, qui lui paraît indispensable dans toute gravure, et voici le procédé qui permet à M. Drivet d'obtenir, avec un cliché photographique, des gravures en taille-douce.

On impressionne, à travers un cliché photographique, une planche métallique, sensibilisée au moyen d'un sel de chrôme, mélangé d'une matière organique soluble, mucilagineuse ou gommeuse, et de glycérine, cette dernière substance étant destinée à former le grain de la gravure. Le cliché photographique reçoit ainsi, en même temps que l'image de l'objet, le grain destiné à retenir l'encre sur la planche gravée.

L'opération totale consiste : 1° à étendre sur le métal le mélange impressionnable de sel de chrôme, de matière albumineuse et de glycérine; — 2° à exposer à la lumière sous le cliché; — 3° à faire dissoudre dans l'eau chaude les parties non impressionnées par la lumière; — 4° à placer la lame de métal, rendue conductrice de l'électricité par la plombagine, dans un bain galvanoplastique, pour la couvrir de cuivre; — 5° l'épaisseur nécessaire de cuivre une fois obtenue, à enlever avec de l'eau et en frottant avec une peau, la matière qui a servi à former le grain de la gravure et qui était restée dans le creux. La planche est alors prête à servir à l'impression.

Les deux genres de gravure employés dans l'industrie, c'est-à-dire l'impression en taille-douce et l'impression en relief, peuvent être obtenus indifféremment, par ce procédé. Pour la gravure en taille-douce, il faut que le cliché photographique soit négatif; pour la gravure typographique, il faut que le cliché soit positif.

Nous avons encore à signaler un procédé de transformation des photographies en gravures, imaginé par M. Tessié du Motay. L'auteur avait envoyé de nombreux spécimens de ses produits à l'Exposition universelle de 1867.

M. Tessié du Motay n'opère pas en prenant pour support des images à reproduire, les pierres lithographiques ou les métaux. En effet, dit M. Tessié du Motay, la pierre et le métal doivent être revêtus, pour commencer les opérations, d'une couche de substance impressionnable ; or, cette couche, quelque mince qu'on puisse la supposer, donne nécessairement lieu à une déviation des rayons lumineux, et par suite à une déformation de l'image, qui se transmettra au papier par l'intermédiaire des encres grasses. En outre, les métaux et les pierres ne peuvent happer les encres grasses qu'à la condition d'être grainés chimiquement ou mécaniquement. Or, le grainage, si fin qu'il puisse être, met à nu les parties cristallines du métal ou de la pierre, dont les dimensions dépassent de beaucoup celles des points dont sont formées les photographies au sel d'argent, et changent, par conséquent, en image discontinue, mal venue, confuse, l'image si parfaite dessinée par la lumière.

Quoi qu'il en soit de cette théorie, M. Tessié du Motay remplace les métaux et les pierres par des substances d'une autre nature, permettant, en raison de la ténuité et de la continuité de leurs pores, une impression aux encres grasses, sans grain, naturel ou artificiel. Un mélange de colle de poisson, de gélatine et de gomme, étendu en couche uniforme sur une plaque métallique bien dressée, additionné, préalablement, d'un sel de chrôme impressionnable à la lumière; tel est le mélange que M. Tessié du Motay emploie pour recevoir l'influence lumineuse.

L'effet de la lumière sur ce mélange, c'est de rendre insolubles les parties touchées par les rayons lumineux. Cet effet se produit d'autant mieux, que la couche impressionnable est portée à une température plus élevée au-dessus de celle du milieu ambiant. Il faut donc chauffer, pendant une ou plusieurs heures, les plaques métalliques recouvertes du mélange impressionnable, dans une étuve, dont la température soit maintenue à 50 degrés environ. Sans cette opération, les couches de colle de poisson, de gélatine et de gomme ne soutiendraient pas l'action du rouleau imprimeur.

Lorsque les planches métalliques recouvertes de la couche sensible, ont été exposées, pendant un temps suffisant, à une température de 50 degrés, on les soumet à l'action de la lumière, sous un cliché négatif. Le temps de pose varie avec l'état du jour et de la saison. Le temps de production des images par la lumière est le même que pour les images au chlorure d'argent.

Quand les plaques ont été impressionnées, elles sont soumises d'abord à un lavage prolongé, puis desséchées à l'air libre ou à l'étuve. Ainsi préparées, elles sont aptes à recevoir l'impression aux encres grasses, soit par le tampon, soit par le rouleau.

Dans cet état, la planche destinée à recevoir l'impression ressemble, dit M. Tessié du Motay, à un moule à surface ondulée; on dirait une planche gravée à l'aqua-tinta, mais sans grains comme dans ces sortes de planches. Pour remplacer le grain absent, c'est l'eau contenue dans les pores de la couche non insolée qui éloigne les corps gras des blancs restés à nu ; tandis que les parties devenues insolubles, c'est-à-dire les creux de la planche, retiennent les encres grasses. Ces planches participent donc tout à la fois des propriétés de la gravure et de la lithographie, et elles se trouvent produites par la synthèse des deux phénomènes, l'un physique, l'autre chimique, « dont l'invention est due, dit M. Tessié du Motay, rendant une justice éclatante à deux de ses devanciers, au double génie de Senefelder et de M. Poitevin. »

Les planches ainsi préparées peuvent, en moyenne, fournir un tirage de soixante-quinze épreuves. Passé ce nombre, les reliefs s'affaissent, les épreuves tirées sur papier deviennent moins vigoureuses et moins parfaites.

Cette limitation du tirage à un si petit nombre d'exemplaires, serait le côté défectueux de la nouvelle méthode d'impression, si, d'une part, le prix d'une couche peu épaisse, composée de colle de poisson, de gélatine, de gomme et de quelques milligrammes de sels de chrôme, n'était fort minime; si, d'autre part, on ne suppléait sans peine à ce faible tirage par la possibilité, au moyen d'un clichage très-rapide, de multiplier indéfiniment les planches destinées à l'impression.

Voici comment on opère le clichage.

On étend sur verre, sur papier ou sur tout autre support, une couche de collodion, additionnée de tannin. On impressionne par superposition sur un cliché négatif ou positif. Cette impression est instantanée à la lumière solaire, elle peut durer de une à quelques secondes à la lumière artificielle. L'image est ensuite relevée, développée et fixée au moyen des agents révélateurs et fixateurs aujourd'hui connus et employés en photographie. On prend une feuille et on la fait adhérer avec soin au collodion, sur lequel l'image du cliché est reproduite. La gélatine se colle au collodion et devient assez adhésive pour qu'on puisse enlever au verre ou au papier ce collodion, qui fait corps avec la gélatine desséchée.

Le cliché sur gélatine, ainsi produit, sert à son tour d'image positive ou négative pour reproduire de nouveaux clichés sans l'intermédiaire du verre ou de tout autre objectif transparent. Par cette méthode, on peut obtenir en un jour, soit à la lumière naturelle, soit à la lumière artificielle, plusieurs centaines de clichés, qui peuvent servir à la multiplication indéfinie des planches photographiques.

Le procédé de M. Tessié du Motay n'est pas entré dans la pratique, comme celui de MM. Baldus et Garnier. L'extrême complication et la longueur de ce procédé, l'expliquent suffisamment.

Nous venons de signaler, en parlant des travaux de MM. Poitevin, Nègre, Baldus, Drivet, Garnier et Tessié du Motay, les méthodes les plus récentes de gravure héliographique, celles qui sont appelées à introduire

Fig. 88. — Gravure héliographique obtenue par le procédé de M. Baldus.

un jour ce procédé dans l'industrie. Mais à côté de ces résultats décisifs, définitifs, il est juste d'en signaler quelques-uns qui, pour être d'une importance secondaire, ne méritent pas moins d'être connus. Ils sont surtout l'œuvre des opérateurs étrangers, dont les produits ont pu être appréciés à l'Exposition universelle de 1867.

M. Pretsch, de Londres, disputa dans l'origine, c'est-à-dire en 1856, la découverte de la *photo-lithographie* par les chromates, à M. Alphonse Poitevin. Cette question de priorité n'a maintenant aucune importance. Contentons-nous de dire que M. Pretsch avait envoyé à l'Exposition universelle de 1867, de nombreux spécimens de gravures héliographiques obtenues par des procédés analogues à ceux de M. Poitevin.

M. Asser, d'Amsterdam, avait présenté des gravures héliographiques obtenues par un procédé qui lui est propre. Ce procédé consiste à faire agir la lumière sur un mélange de bichromate de potasse, d'amidon et de cellulose, mélange qui devient impénétrable à l'eau quand il a été frappé par la lumière. Le papier amidonné et chromaté, ayant reçu l'action de la lumière à travers le cliché photographique, est lavé, séché à une haute température, et remis en présence de l'eau, qui pénètre partout où le bichromate n'a pas été influencé par la lumière. Si l'on passe sur ce papier un rouleau chargé d'encre d'imprimerie, l'encre n'adhère qu'aux parties sèches, et laisse en blanc celles qui sont humides. Si l'on a employé une encre de report, il suffit de placer ce papier sur la pierre lithographique, pour y fixer un dessin, qui peut être tiré à un très-grand nombre d'exemplaires. Ce procédé diffère peu de celui de M. Alphonse Poitevin, qui emploie directement la pierre ; il est plus compliqué, et le report ne se fait pas sans altérer les finesses de l'image.

Nous n'avons pas vu, à l'Exposition, d'œuvres présentées personnellement par M. Asser, mais on pouvait les juger d'après les spécimens envoyés de Belgique par MM. Simonneau et Toovey, qui sont, si nous ne nous trompons, les cessionnaires du brevet de M. Asser, et qui ont fait subir au procédé de cet artiste des modifications pratiques et secondaires dans le détail desquelles nous n'entrerons pas.

S'il n'y a rien d'original dans les méthodes de ces deux artistes belges, on ne saurait en dire autant d'un système imaginé par un savant anglais, M. Woodbury, et qui apporte une donnée toute nouvelle dans le mode de tirage des épreuves photographiques.

M. Woodbury commence par se procurer une lame de gélatine présentant des reliefs et des creux, par le système de M. Alphonse Poitevin, auquel il joint l'artifice ingénieux, dû à M. l'abbé Laborde et à M. Fargier, qui consiste à laver la lame de gélatine du côté opposé à celui qui a reçu l'impression de la lumière.

Fig. 89. — Gravure héliographique d'après nature obtenue par le procédé de M. Garnier.

La lame de gélatine ainsi préparée est d'une dureté considérable. Elle est assez dure pour marquer son empreinte sans se briser et donner un moulage en creux, sur une feuille de plomb, par l'action de la presse.

On pouvait voir à l'Exposition, dans la vitrine de M. Woodbury, une de ces lames de plomb dans laquelle s'était incrustée, par la pression, la feuille de gélatine portant l'image photographique, et à côté, cette même feuille de gélatine, qui n'avait subi aucune dégradation.

C'est la feuille de plomb portant cette empreinte, qui sert directement au tirage des gravures photographiques. En plaçant sur cette feuille de plomb, de la gélatine mélangée de charbon, et tirant les épreuves sur papier, on obtient des images très-fines, très-nuancées, et qui ressemblent tout à fait à des épreuves photographiques ordinaires.

Il y a un effet physique bien extraordinaire dans cette plaque uniformément recouverte d'un enduit, lequel, étant transporté sur le papier, produit les effets de lumière, par la transparence de la gélatine noircie, là où elle n'existe qu'à une faible épaisseur, et l'effet des ombres là où la gélatine colorée existe en plus grande proportion.

Quoi qu'il en soit de cette explication du phénomène, le résultat est constant, et constitue un mode tout nouveau et très-ingénieux de tirage sur papier. Ce n'est ni de la gravure, ni de la lithographie. Nous croyons seulement que, comme on ne fait pas usage d'encre d'imprimerie, mais de gélatine simplement mélangée de charbon, l'inaltérabilité et la longue durée d'épreuves ainsi obtenues, ne sont nullement garanties.

Nous venons de passer en revue les systèmes divers qui traduisent les efforts très-nombreux entrepris pour la solution du problème consistant à transformer une épreuve photographique en une planche gravée. Nous n'avons pas à nous prononcer sur la supériorité accordée à tel ou tel système. La question de la valeur comparative des méthodes aujourd'hui connues est sans intérêt pour le public. Ce qui est essentiel, ce qu'il importe de constater, c'est que la gravure des épreuves photographiques est un point à peu près résolu aujourd'hui.

Il résulte de là qu'une révolution complète se prépare en ce moment, non dans le principe de la photographie elle-même, à laquelle il faudra toujours recourir pour obtenir l'épreuve originale prise sur la nature, mais dans le mode de tirage des épreuves. Désormais, on pourra obtenir, grâce à la gravure héliographique, autant d'épreuves que l'on voudra, et ces épreuves seront aussi inaltérables que nos gravures sur cuivre ou sur acier, puisqu'elles seront tirées de la même façon. Au lieu de ces épreuves obtenues péniblement, une à une et à la main, avec un sel d'argent, on produira de véritables gravures. Alors le prix des photographies sera sensiblement diminué, puisqu'elles seront obtenues à très-grand nombre, à peu de frais. En même temps, résultat capital, ainsi tirées à la manière ordinaire des gravures, c'est-à-dire avec l'encre d'impression, elles seront absolument inaltérables et, comme les gravures ordinaires, d'une durée et d'une conservation illimitées. Le grand *desideratum* de la photographie est donc aujourd'hui presque entièrement réalisé.

Au moment où cette découverte, fruit de tant d'années de travaux, dus à divers opérateurs égaux en mérite et en zèle, va peut-être révolutionner toute une branche des arts, il est juste de rendre à tous ceux qui ont concouru à cette œuvre utile, l'hommage de reconnaissance qui leur est dû. Dans le récit qui précède, nous n'avons pas trouvé l'occasion de citer le nom d'un pauvre artiste, dont les travaux ne furent point sans influence sur la découverte de la gravure photographique, et qui s'occupa particulièrement de l'application de la galvanoplastie à la reproduction des planches héliographiques. Or, la galvanoplastie trouve une grande part dans quelques-uns des procédés que nous avons décrits concernant la gravure héliographique. En conséquence, nous ne devons pas négliger d'inscrire dans les dernières pages de ce récit le nom de cet artiste, aujourd'hui complétement oublié.

Si, au lieu d'enregistrer modestement les chroniques de la science du jour, nous aspirions à l'honneur d'écrire de beaux récits ou d'intéressantes histoires, nous aurions intitulé celle-ci : *Hurliman, ou le Graveur à la jambe de bois.*

En effet, Hurliman était graveur, et il avait une jambe de bois. Cette jambe de bois, on ne savait pas précisément où il l'avait gagnée, mais ni lui ni ses amis ne l'auraient donnée pour beaucoup. Elle servait d'interprète aux sentiments de son âme ; elle était comme le confident et le moyen d'expression de sa pensée. Hurliman était-il heureux, la jambe de bois s'en allait, bondissante et joyeuse, sur le pavé sonore, exprimant sa gaieté par toutes sortes de pas étranges et de sauts désordonnés. Était-il, au contraire, en proie à quelque sombre humeur, a quelque noire mélancolie, elle se traînait languissamment, morne et silencieuse, trahissant, par son allure désolée, les secrets sentiments de l'âme de son maître.

Ces jours de tristesse n'étaient d'ailleurs que trop fréquents, car Hurliman était pauvre de cette pauvreté qui touche à la misère; et c'est là sans doute ce qui lui avait attiré l'amitié et la mélancolique sympathie de Charles Müller, graveur éminent, mort aussi, de son côté, du mal sinistre de la misère.

Ce dont Hurliman souffrait le plus en ce triste état, c'était d'être sevré des plaisirs communs de l'artiste. Il ne connaissait que par leurs titres, ces beaux livres et ces beaux recueils que le riche parcourt d'un œil distrait. En fait de jouissances artistiques, il ne connaissait guère que celles qui ne coûtent rien: les musées, les expositions publiques de peinture, aux jours non payants, et surtout ces grandes expositions gratuites que l'éclat de la nature offre chaque jour à l'admiration et à l'étude d'un artiste consciencieux.

Hurliman tenait dans ce groupe d'élite une place distinguée. Il exerçait avec un talent remarquable cet art aux mille formes qui s'appelle la gravure; et comme tous les artistes qui, par état, sont obligés de faire l'éducation de leurs doigts, il était d'une adresse rare. Il ne connaissait point d'égal dans le manuel pratique des divers procédés de sa profession. D'un esprit inventif, il était plein de ressources. Aussi, lorsque, vers 1846, la tentative fut faite de reproduire, au moyen de la gravure, les planches daguerriennes, ce fut à lui que M. Fizeau, auteur de la découverte de ce procédé, songea pour se l'adjoindre en qualité de graveur.

Hurliman se dévoua avec passion aux travaux de cette œuvre difficile. Il ressentit la satisfaction la plus vive, lorsque, dans la séance où les procédés de M. Fizeau furent communiqués à l'Académie des sciences, les félicitations et les éloges du savant aréopage vinrent en accueillir l'exposé.

Mais où sa joie fut sans bornes, où son bonheur parut véritablement toucher au délire, ce fut lorsque, quelques mois après, l'Académie, pour encourager ces recherches et fournir à M. Fizeau un témoignage de l'intérêt qu'elles avaient inspiré, décida de confier à MM. Fizeau et Hurliman la reproduction en gravure, d'une série importante de planches daguerriennes.

Ce jour-là, lorsque Hurliman sortit de la réunion académique, sa joie dépassait toutes limites. Il ne pouvait tenir en place, il n'en finissait pas de témoigner son bonheur à ses amis. Sa jambe de bois semblait avoir le vertige; elle sautillait çà et là comme une folle, exprimant à sa manière la joie qui inondait l'âme de son maître, ordinairement si triste.

Pour lui, encore tout bouleversé de cette émotion inattendue, au sortir de la séance académique, il se mit à courir dans tous les quartiers de Paris, afin d'acheter chez les divers marchands, les objets nécessaires à l'exécution de son grand travail. Il fit ainsi, en quelques heures, dix lieues dans la ville, traînant sa pauvre jambe de bois, qui avait grand'peine à suffire à ce service extraordinaire et désordonné.

Il ne suspendit sa course que le soir, quand l'émotion, la fatigue et les mille anxiétés de sa situation nouvelle le forcèrent de s'arrêter à demi brisé. Il monta avec effort le haut escalier de sa froide mansarde de la rue du Four Saint-Germain. Arrivé chez lui, il tomba épuisé. Bientôt il se sentit saisi à la poitrine d'une douleur aiguë; il se coucha en proie à une fièvre violente.

Les forces du pauvre artiste n'avaient pu suffire à tant d'émotions; la nature, trop faible, succombait à tant d'assauts.

Le lendemain, une fluxion de poitrine se déclarait. Le mal marche d'un pas rapide dans l'asile solitaire de la détresse. Deux jours après,

Hurliman rendait le dernier soupir, entre son jeune enfant et sa femme, atterrée d'un coup si subit. On le porta, non loin de sa demeure, au cimetière du Mont-Parnasse.

Mais, nouveau malheur! le jour même, sa pauvre femme, épuisée par tant d'émotions terribles, se sentit, à son tour, frappée aux sources de la vie. Elle se coucha dans ce même lit, encore tout glacé du contact du corps de son mari; et elle sentit bien, à cette impression funèbre, que le terme de ses tristes jours était arrivé. On la pressait de se rendre à l'hospice voisin :

« Non, dit-elle, je veux mourir dans le lit où il est mort. »

Elle expira, en effet, le jour suivant; elle alla rejoindre, sous les cyprès du Mont-Parnasse, le pauvre Hurliman, qui ne l'avait pas longtemps attendue. Dans cette chambre, remplie de tant de bonheur, quatre jours auparavant, il ne restait plus qu'un orphelin.

Le lendemain, mon ami Baldus venait rendre visite au graveur, pour le féliciter de la décision que l'Académie avait prise, et examiner les premiers résultats de son travail. Il monta les six étages du pied leste de ses vingt ans, et sonna joyeusement à la porte de l'artiste. Personne ne répondit; seulement une vieille voisine, attirée par le bruit, se montra sur le carré. La bonne femme avait recueilli chez elle le jeune orphelin, en attendant que l'on prît quelque décision à son égard. Elle raconta les tristes événements qui venaient de s'accomplir, et introduisit le visiteur dans la chambre déserte des époux.

La pièce était complétement vide ; le graveur n'avait laissé pour tout héritage que la magnifique planche de Charles Müller, la *Madone* de Raphaël, que l'artiste lui avait offerte. Tout son mobilier avait peu à peu disparu sous la terrible aspiration de la misère ; mais il n'avait jamais consenti à se séparer de ce dernier souvenir de son ami.

Baldus emporta la gravure ; il la mit en loterie auprès des artistes, et en retira une somme de deux cents francs, qui servit à faire entrer l'orphelin comme apprenti chez M. Lerebours, opticien.

On s'est demandé plusieurs fois pourquoi le procédé de gravure héliographique, breveté au nom de M. Fizeau, et dont M. Lerebours commença l'exploitation, avait tout d'un coup cessé de répandre ses produits. C'est qu'à cette époque les procédés de la galvanoplastie, encore fort peu connus en France, exigeaient, pour être appliqués avec succès à la gravure, une main habile et délicate. Et cette main qui manqua, on le comprend maintenant, c'était celle du graveur à la jambe de bois.

CHAPITRE XX

APPLICATION DE LA PHOTOGRAPHIE AUX SCIENCES PHYSIQUES. — ENREGISTREMENT DES PHÉNOMÈNES MÉTÉOROLOGIQUES. — L'ÉLECTROGRAPHE DE SIR FRANCIS RONALD. — APPLICATIONS DE LA PHOTOGRAPHIE A LA PHOTOMÉTRIE. — SES APPLICATIONS A L'ASTRONOMIE. — ENREGISTREMENT DU MOMENT DES PASSAGES DES ASTRES AU MÉRIDIEN. — VUES PHOTOGRAPHIQUES DES CORPS CÉLESTES. — LA PHOTOGRAPHIE STELLAIRE, PLANÉTAIRE, LUNAIRE, COMÉTAIRE ET SOLAIRE. — APPLICATION DES PROCÉDÉS PHOTOGRAPHIQUES A LA LEVÉE DES PLANS.

L'application des procédés photographiques a déjà rendu aux sciences physiques un grand nombre de services, d'ordre varié. Nous nous occuperons ici des principales de ces applications.

Les procédés empruntés à la photographie ont été employés pour enregistrer d'une manière continue, les indications de quelques instruments météorologiques, tels que l'aiguille aimantée et le baromètre. Aujourd'hui, grâce à cet admirable artifice, dans plus d'un observatoire de l'Europe, les instruments de météorologie enregistrent eux-mêmes les observations.

Les dispositions qui permettent de réaliser ce résultat remarquable, varient; mais la suivante est le plus en usage. L'aiguille indicatrice de l'instrument vient se peindre sur

Fig. 90. — Télescope à miroir de verre argenté de Léon Foucault, monté équatorialement, construit à Paris par Secrétan (page 152).

la surface d'un cylindre, qui tourne sur son axe d'un mouvement uniforme et qui exécute une révolution dans l'espace de vingt-quatre heures. Le cylindre, étant recouvert d'un papier chimique impressionnable à la lumière, conserve, dans une traînée continue, la trace de l'aiguille indicatrice, et présente ainsi une courbe, dont chaque ordonnée indique l'état de l'instrument à l'heure marquée par l'abscisse correspondante.

Dans l'observatoire de Greenwich, en Angleterre, des instruments fondés sur ce principe sont employés depuis assez longtemps : le gouvernement a honoré d'une récompense de 500 livres sterling le docteur Brooke, qui réalisa le premier cette belle application des procédés photographiques.

C'est surtout pour enregistrer l'inclinaison et la déclinaison de l'aiguille aimantée, que l'appareil de M. Brooke est en usage à Greenwich. Voici sa disposition exacte. L'extrémité de l'aiguille aimantée porte un miroir, et l'on fait réfléchir à ce miroir la lumière d'une petite lampe. Lorsque ce miroir se meut, par suite des mouvements divers que subit l'aiguille aimantée dans les différentes variations qu'il s'agit de noter, la lumière de la lampe réfléchie dans ce miroir, décrit, sur l'écran où on la reçoit, un arc d'autant plus grand que cet écran est plus éloigné. Or, cet écran, placé dans un lieu obscur, porte un papier photographique. On obtient donc ainsi, sur une surface impressionnable, la trace du mouvement angulaire accompli dans un certain intervalle par l'aiguille aimantée. On comprend que si le papier sensible, est fixé à un cylindre tournant horizontalement sur son axe une fois en vingt-quatre heures, la marche du point lumineux réfléchi sera indiquée par l'espace influencé sur le papier. Il n'y a donc plus qu'à rendre permanente, à l'aide des procédés ordinaires, l'impression laissée sur la surface sensible. Les épreuves photographiques sur papier ainsi obtenues conservent et représentent l'indication des différents mouvements de l'aiguille magnétique pendant le cours de vingt-quatre heures.

Un appareil du même genre est employé à Greenwich, pour enregistrer les indications du baromètre.

On a suivi à l'observatoire de Kew, près de Londres, un procédé analogue pour la construction d'un *photo-électrographe*, c'est-à-dire d'un appareil destiné à inscrire les variations de l'état électrique de l'atmosphère. Voici la description de cet instrument, dont les figures 91, 92, 93 et 94, représentent les divers organes.

Un électroscope à feuilles d'or mis en communication avec un paratonnerre placé sur l'observatoire, fait connaître l'état électrique de l'air. La quantité d'électricité libre que contient l'atmosphère, est accusée par l'écartement, plus ou moins grand, de ces deux feuilles d'or. On éclaire fortement ces feuilles au moyen d'une lampe, et l'on reçoit leur image sur une feuille de papier enduite d'iodure d'argent, qui se déroule de haut en bas, d'un mouvement régulier et continu, à l'aide d'un système d'horlogerie. On obtient ainsi deux courbes sinueuses, s'écartant ou se rapprochant l'une de l'autre, qui permettent de constater l'état électrique de l'atmosphère à une heure quelconque du jour.

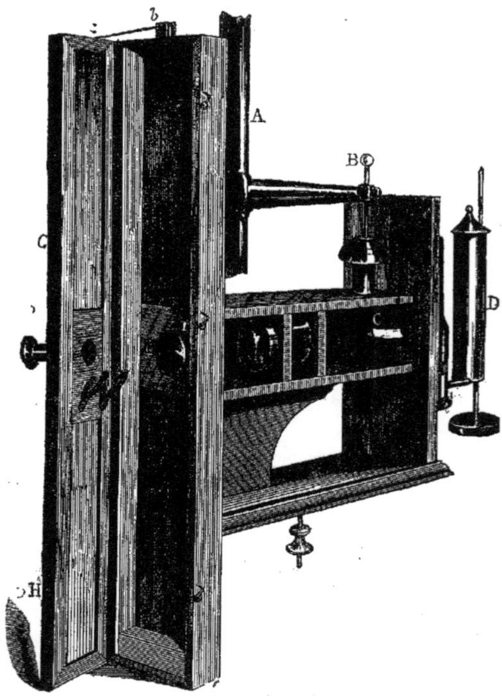

Fig. 91. — Photo-électrographe de Ronald.

La figure 91 montre la plus grande partie de cet instrument, qui a été imaginé par sir Francis Ronald, et établi en 1845, dans l'observatoire de Kew. L'extrémité inférieure de la tige du paratonnerre, et la tige A, parfaitement isolée, qui lui fait suite, communiquent, au moyen de la tige horizontale B, avec les feuilles d'or, ou l'électromètre C. Cet électromètre est contenu dans une cage de verre, qui n'est pas représentée sur la figure, et qui met les feuilles d'or à l'abri des ébranlements causés par les courants d'air extérieur. Ces mêmes feuilles d'or sont éclairées par une lampe à huile, D, dont la lumière traverse, pour les éclairer, une ouverture pratiquée dans la paroi de la boîte. La lumière passant ainsi à travers la boîte, et éclairant les feuilles d'or de l'électroscope, rend possible leur reproduction par les moyens photographiques.

Cette impression photographique s'exécute par l'intermédiaire de l'objectif, E, qui vient éclairer un disque de verre dépoli, F, percé d'une fente courbe.

Nous représentons ce disque à part, sur une plus grande échelle dans la figure 92. Sur cette figure, l'image des feuilles d'or éclairées par la lampe et amplifiées par l'objectif, est représentée par les lettres *n*, *n*, et l'ouverture par les lettres *r*, *r*.

Fig. 92. — Disque de verre dépoli éclairé par l'objectif.

Le papier sensible est impressionné par l'image des feuilles d'or en passant au-devant de ce disque éclairé qui reçoit l'image des feuilles d'or. A cet effet, la boîte qui contient ce système, est munie d'un long châssis vertical, mobile de bas en haut, et d'une porte à ressort GH (*fig.* 91), dans laquelle glisse le *porte-plaque*, c'est-à-dire l'appareil qui contient le papier impressionnable à la lumière.

La figure 93 représente ce *porte-plaque*, glissant. C'est un châssis, IJ, muni sur un côté, de deux roulettes, qui lui permettent de monter et de descendre à l'intérieur de la boîte, et qui, d'un autre côté, est pressé par deux ressorts *r*, *r*. Une planchette, L, peut glisser dans ce châssis, de manière à découvrir le papier impressionnable à la lumière, lorsqu'on tire cette planchette par le haut du châssis. Le déplacement du châssis est déterminé quand l'appareil est mis en fonction par le mouvement d'une horloge H, mue par un poids, P.

Voici donc ce qui se passe quand l'appareil est en fonction. Quand l'électricité atmosphérique varie d'intensité, les feuilles d'or de l'électromètre se rapprochent ou s'éloignent, suivant les variations de cette électricité at-

Fig. 93. — Porte-plaque mobile de l'électrographe et son châssis.

mosphérique, et interceptent la lumière de la lampe, qui a pour effet de noircir le papier sensible. Comme le châssis qui porte le papier photographique se meut de bas en haut avec lenteur et régularité, il en résulte la formation, sur le fond noirci du papier, de deux lignes blanches affectant différentes courbures.

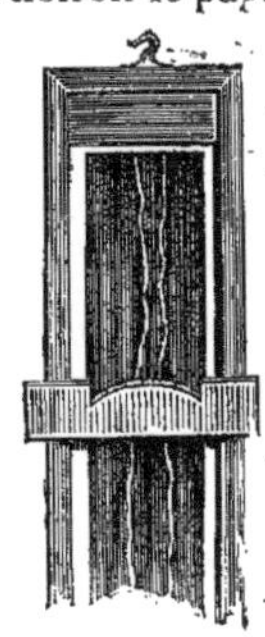

Fig. 94. — Traînée linéaire produite sur le papier photographique.

Nous représentons à part (*fig.* 94) le châssis contenant le papier photographique ainsi que la traînée linéaire formée sur ce papier par le déplacement des feuilles d'or. Une échelle divisée, placée au-devant de ces deux courbes, permet de connaître leur écartement, et par suite celui des feuilles d'or à un instant quelconque.

Fig. 95. — Léon Foucault

Le *photo-électrographe de Ronald* sert, dans l'observatoire de Kew, à enregistrer d'autres phénomènes que ceux de l'électricité atmosphérique. Les indications du baromètre, du thermomètre, et celles de la boussole de déclinaison, peuvent être notées avec le même appareil, grâce à des modifications dans le détail desquelles nous ne saurions entrer ici.

Le papier chimique qui sert à recevoir ces impressions, est préparé en le trempant dans un bain d'iodure et de bromure de potassium ; mais ce n'est qu'au moment de s'en servir qu'on le rend impressionnable à la lumière en le plongeant dans la dissolution d'acétonitrate d'argent. Il noircit directement à la lumière de la lampe de l'appareil; mais comme l'image manque habituellement d'intensité, on la développe au moyen d'une dissolution d'acide gallique, puis on la fixe à la manière ordinaire.

Les papiers, porteurs de ces courbes blanches, qui retracent les variations d'intensité des phénomènes météorologiques ou physiques, sont conservés dans les archives de l'Observatoire, et peuvent toujours être consultés

Une des parties importantes de la physique, la *photométrie*, qui traite de la comparaison de l'intensité des diverses sources lumineuses, trouve dans les procédés photographiques de précieuses ressources d'expérimentation. Avant la découverte du daguerréotype, les physiciens ne pouvaient déterminer avec rigueur l'intensité comparée de deux sources lumineuses, que lorsque celles-ci brillaient simultanément : les moyens de mesure perdaient la plus grande partie de leur valeur, quand les deux lumières n'étaient pas visibles à la fois. C'est ainsi que l'intensité relative de la lumière solaire et de la lumière des étoiles ou de la lune n'avait pu jusque-là être fixée avec exactitude. L'emploi des moyens photographiques a permis de procéder avec rigueur à cette détermination délicate. Un papier sensibilisé, étant exposé à l'influence chimique de l'image formée au foyer d'une lentille par un objet lumineux, le degré d'altération subie par la couche sensible sert de mesure à l'intensité de la lumière émise. On a pu comparer ainsi avec précision les rayons éblouissants du soleil et les rayons trois cent mille fois plus faibles de la lune.

MM. Fizeau et Foucault ont eu recours au même moyen pour étudier comparativement les principales sources lumineuses, naturelles ou artificielles, en usage dans l'industrie et dans l'économie domestique.

Plusieurs physiciens ont cru reconnaître que la lumière solaire émise deux ou trois heures avant midi, diffère, par quelques caractères, de celle qui est émise aux périodes correspondantes après le passage au méridien. Il était donc utile de chercher à apprécier les

Fig. 96. — Lunette méridienne de l'Observatoire de Paris.

caractères propres à la lumière solaire aux différentes heures du jour. M. Herschell, M. Edmond Becquerel et quelques autres physiciens, ont construit, en s'aidant du secours de la photographie, un instrument nommé *actinomètre*, qui permet d'arriver à ce résultat.

L'étude de l'action chimique de la lumière est devenue, dans ces dernières années, l'objet des recherches et des travaux assidus de divers physiciens, entre autres de MM. Edmond Becquerel en France, Herschell en Angleterre, Moser en Allemagne, Draper en Amérique. Les papiers photographiques ont été les moyens et les instruments naturels de ces recherches.

Mais, de toutes les sciences d'observation, l'astronomie est celle qui a reçu du secours de la photographie les applications les plus intéressantes. Nous allons donner une idée générale des moyens nouveaux qui ont fondé, dans les grands observatoires de l'Europe, l'astronomie photographique ou ce que l'on pourrait appeler la *photographie transcendante.*

Les procédés photographiques adaptés aux instruments d'observation astronomique, c'est-à-dire aux lunettes et aux télescopes, ont permis d'arriver aux résultats suivants :

1° Noter les instants des passages des astres au méridien ;

2° Obtenir l'image photographique des étoiles fixes et celle des planètes ;

3° Obtenir l'image photographique des astres à déplacement rapide, tels que la lune et les comètes ;

4° Obtenir l'image photographique du soleil et des diverses particularités de la surface de l'astre radieux.

Enregistrement des passages des astres au méridien. — Si l'on dispose, au foyer de l'objectif d'une lunette méridienne (non à son foyer optique, mais à son foyer chimique), un papier sensibilisé, la planète en arrivant dans le champ de la lunette méridienne, y marquera son empreinte ; et si la pendule, qui accompagne la lunette méridienne, est mise en rapport avec les rouages qui font dérouler le papier chimique d'une manière uniforme, on pourra déterminer ainsi l'heure à laquelle s'est produite l'impression lumineuse sur le papier sensible, et par conséquent, l'heure du passage de l'astre au méridien.

La figure 96 (page 149) représente la lunette méridienne de l'Observatoire de Paris. C'est près de l'objectif, c'est-à-dire du petit levier circulaire A, que devrait se placer, au moyen de dispositions spéciales, le papier photographique.

Hâtons-nous de dire pourtant que ce n'est là qu'une vue presque entièrement théorique, car on n'a pu réussir jusqu'ici à exécuter convenablement cette opération. La cause de cet insuccès tient au très-faible pouvoir photogénique des planètes. Tandis que les étoiles fixes laissent sur les papiers sensibles une impression très-nette, et qui se fait avec une grande rapidité, les planètes ne laissent qu'une traînée peu appréciable. La photographie n'a donc pu, jusqu'à ce jour, justifier sa prétention de remplacer l'œil de l'observateur pour noter les instants des passages des astres au méridien.

Reproduction photographique des étoiles et des planètes. — Plusieurs astronomes étrangers, MM. Bond, Crookes, Warren de la Rue, Hartnup, Hodgson, le P. Secchi, se sont distingués, de nos jours, par les résultats admirables auxquels ils sont parvenus, en fixant, au moyen des procédés photographiques, l'image amplifiée des corps célestes, et en dévoilant, dans l'aspect de ces astres, des particularités qui auraient échappé aux plus puissants instruments de vision.

Pour reproduire les astres par la photographie, on peut se servir de la lunette astronomique ou du télescope. Il est essentiel de rappeler ici la différence entre ces deux instruments d'observation céleste.

La *lunette astronomique* permet d'examiner les astres à travers des verres grossissants, c'est-à-dire au moyen d'un objectif et d'un oculaire, qui produisent une image amplifiée de l'astre lointain. Dans les *télescopes*, les astres sont vus simplement par la concentration sur un miroir concave, de leurs rayons lumineux, qui viennent former, au foyer du miroir, une image de cet astre. Cette image formée au foyer du miroir, on la regarde avec un simple verre grossissant. La lunette astronomique et les télescopes sont employés tour à tour dans les observatoires astronomiques, selon les phénomènes à étudier.

La lunette astronomique a rarement servi à photographier les corps célestes ; ce n'est guère que pour les photographies du soleil qu'on en fait usage. C'est que l'objectif d'une lunette astronomique est la cause d'une dépense considérable, et que, d'autre part, l'achromatisme de ces lunettes, excellent pour les effets optiques, n'est pas calculé pour les effets chimiques, car l'achromatisme n'existe pas, par exemple, pour les rayons bleus et violets. On peut, au contraire, construire, sans trop de frais, un télescope à réflexion, surtout depuis que Steinheil nous a appris à substituer au miroir métallique un simple miroir de verre argenté, et que Léon Foucault a popularisé ce nouveau télescope en donnant le moyen de travailler facilement le verre concave et de l'argenter, ainsi qu'en perfectionnant son oculaire. Il faut ajouter que le télescope à réflexion n'a point de foyer chimique, ou si l'on veut, que son foyer chimique coïncide avec son foyer optique ; de sorte que la *mise au point* ne présente aucune difficulté. Sauf les exceptions que nous aurons à signaler plus loin, le *télescope à miroir de verre argenté*, ou *télescope de Foucault*, est donc l'appareil que les physiciens préfèrent pour photographier les corps célestes. La grande quantité de lumière réunie au foyer par un miroir de 50 à 60 centimètres de diamètre, permet de donner aux images une grande netteté.

Le télescope de Foucault n'est pas d'ordinaire *monté équatorialement ;* il est indispen-

Fig. 97. — Lunette équatoriale de l'Observatoire de Paris, construite par Secrétan.

sable, quand on veut le faire servir aux applications photographiques, de lui donner cette disposition.

Qu'est-ce qu'un télescope *monté équatorialement?* C'est ce qu'il est nécessaire d'expliquer. Les étoiles se déplacent d'une quantité inappréciable pour nous, pendant le temps qu'exige une opération photographique : un télescope, monté sur un pied ordinaire, pourrait donc suffire pour prendre l'image photographique d'une étoile fixe. Mais les planètes et leurs satellites, se déplacent dans le ciel, et traversent avec rapidité le champ des instruments d'observation. Une image photographique prise dans un télescope, ou dans une lunette astronomique ordinaires, ne se-

Fig. 98. — Télescope à miroir de verre de Léon Foucault, monté équatorialement.

rait donc pas représentée sur la plaque collodionnée d'une façon nette et déterminée, mais bien par une traînée lumineuse, résultant de son déplacement dans le champ de l'observation. De là, la nécessité de donner au télescope ou à la lunette un mouvement de translation, qui coïncide d'une manière absolue, pour sa durée, avec les mouvements de ces corps célestes, et qui, en outre, s'exécute dans le même plan, c'est-à-dire dans le plan désigné sous le nom d'*équateur céleste*. Une lunette, ou un télescope, sont *montés équatorialement*, lorsqu'ils sont munis d'un mécanisme qui les fait se déplacer de la même quantité que les astres mobiles que l'on considère, et qui les maintient dans le plan de l'équateur céleste. La figure 97 représente la belle *lunette équatoriale*, qui a été construite par M. Secrétan, pour l'Observatoire de Paris. Ce n'est qu'avec un appareil de ce genre que l'on peut observer tout à son aise un astre mobile, comme les planètes et leurs satellites, et maintenir leur image dans le champ de vision aussi longtemps qu'on le désire.

La figure 90 (page 145) fait voir le télescope de Léon Foucault, monté équatorialement, tel qu'il est construit par M. Secrétan à Paris. La figure 98, fait voir le même télescope tel qu'on le construit à Munich. L'enveloppe hexagonale en bois qui sert à enfermer le miroir et l'oculaire, est remplacée par une enveloppe cylindrique renforcée de métal.

AB est le tube du télescope ; le miroir de

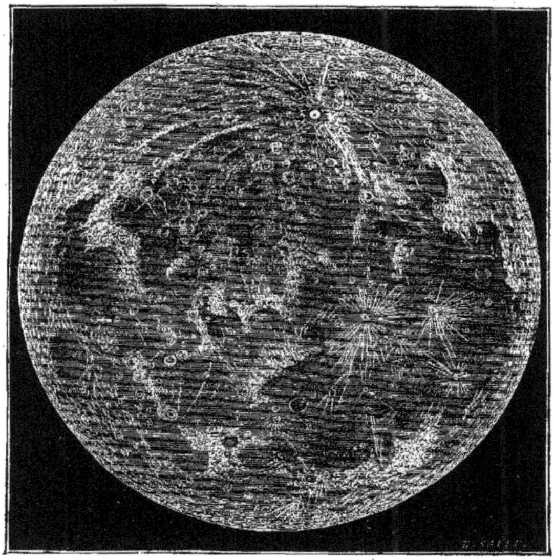

Fig. 99 — La Lune vue au télescope, d'après le dessin de l'astronome Bulard (page 155).

verre argenté, que l'on ne peut apercevoir dans la figure que le lecteur a sous les yeux, puisqu'il est caché par le tube de bois, est placé à l'extrémité du tube, vers le point B. L'oculaire latéral au moyen duquel on regarde, grâce à un prisme réflecteur, l'image formée au foyer du miroir, se voit à l'autre extrémité, C. Le mécanisme destiné à produire le déplacement du télescope, conformément au déplacement de l'astre et dans le plan de l'équateur céleste est le cercle horaire, PQ, muni de sa vis, *ab*. D est le cercle de déclinaison.

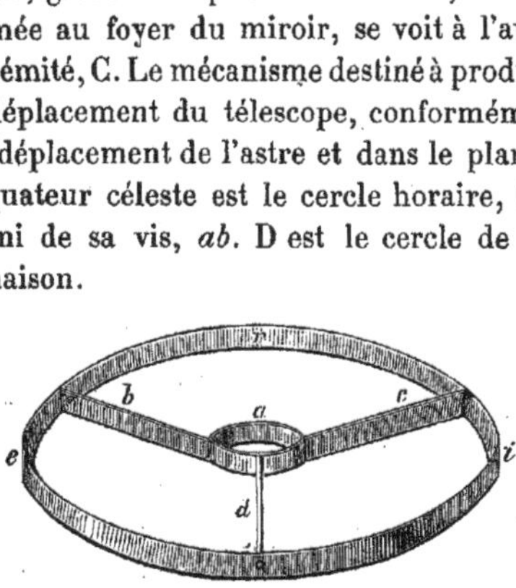

Fig. 100. — Anneau destiné à recevoir la glace collodionnée pour la photographie des corps célestes.

Pour appliquer ce télescope à la reproduction photographique des planètes ou des groupes d'étoiles, on enlève le système oculaire et le prisme, qui servent pour les observations astronomiques ordinaires, et l'on encadre dans l'ouverture C (*fig.* 98) un anneau double, que nous représentons à part (*fig.* 100). Dans l'anneau central *a*, on fixe un petit châssis, contenant la glace collodionnée, destinée à recevoir l'impression chimique de l'astre dont on veut obtenir l'image. Pour mettre à point l'image, on fixe sur l'anneau central *a*, un pas de vis, que l'on peut faire tourner de l'extérieur, de manière à faire avancer ou reculer le châssis porteur de la glace collodionnée. Quand la mise au point est obtenue, c'est-à-dire quand l'image est bien formée sur le verre dépoli, qui couvre et cache la glace collodionnée, on tire ce verre dépoli, et on laisse ainsi à découvert la surface impressionnable à la lumière. Une simple loupe suffit pour observer la mise au point. Lorsque l'impression umineuse a été produite, ce qui exige un temps variable selon l'astre considéré, on retire la plaque collodionnée qui a reçu l'impression lumineuse, et on fixe l'image par les moyens ordinaires. Le cliché ainsi obtenu sert à obtenir des épreuves positives sur papier.

Tels sont les moyens qui servent à obtenir les images photographiques des planètes, comme aussi celles des étoiles fixes. M. Warren de la Rue a copié, de cette manière, le groupe des Pléiades. Les *Nébuleuses* ne donnent pas d'impression.

Les planètes laissent une traînée noire, assez nettement terminée, si le temps est beau, mais en tous cas, peu prononcée, le pouvoir photogénique des planètes étant très-faible. Les étoiles fixes laissent une traînée bien distincte, car elles s'impriment avec une grande rapidité; mais pour peu que l'atmosphère soit troublée, la traînée est extrêmement irrégulière. Il y a plus, c'est au microscope qu'il faut chercher la trace des étoiles sur l'épreuve photographique, car à l'œil nu on ne voit rien.

M. Warren de la Rue a indiqué un moyen simple de rendre plus apparente l'image des étoiles, c'est de ne pas les mettre exactement au point, ce qui les étale en cercles, mais alors le temps de pose est plus long et les perturbations atmosphériques beaucoup plus funestes à la régularité de leurs images.

Il est plus difficile d'obtenir les photographies des planètes, dont le pouvoir photogénique est très-faible, comme nous l'avons déjà dit. M. de la Rue y est pourtant parvenu, grâce à une réunion de circonstances favorables, c'est-à-dire une atmosphère parfaitement calme, et à un mécanisme équatorial assez bien réglé pour maintenir pendant plusieurs minutes l'image de l'astre immobile au centre du télescope. C'est ainsi que M. de la Rue a obtenu l'image photographique de la planète Jupiter, avec ses bandes, celle de la planète Saturne, avec son anneau, et celle de Mars, avec sa surface irrégulière.

Le même expérimentateur a pu obtenir des épreuves stéréoscopiques de ces planètes; si bien, résultat merveilleux, que ces images apparaissent dans le stéréoscope, avec le relief qu'elles ont dans la nature. Pour atteindre ce résultat, M. de la Rue a pris deux épreuves de ces planètes après qu'elles avaient tourné d'une faible quantité par leur mouvement de translation. Deux images de Mars par exemple, prises à deux heures d'intervalle, correspondent, pour cette planète, à une rotation de 30 degrés; et deux images de Saturne, prises à trois ans et demi d'intervalle, donnent une image stéréoscopique, par rapport à l'anneau et à la planète.

M. de la Rue a ainsi exécuté à la main, d'après ses photographies, des dessins stéréoscopiques, qui ont excité un juste étonnement.

Photographies de la lune. — Le déplacement des planètes est, relativement, peu considérable, pendant le court espace de temps nécessaire à la production d'une épreuve photographique. Mais il n'en est pas de même de la lune, ainsi que des comètes, dont la marche dans le ciel est très-rapide. En outre, le mouvement de la lune n'est pas parallèle à l'équateur céleste, mais incliné sur cette ligne, de sorte qu'un télescope monté équatorialement à la manière ordinaire, ne peut servir dans ce cas. Il faut donc faire usage de dispositions particulières: connaître le mouvement en ascension droite de la lune, au moment où l'on opère, et régler là-dessus le pendule de l'horloge; et de plus, modifier le cercle de déclinaison que porte la monture équatoriale, de manière à faire parcourir au télescope précisément l'arc que parcourt la lune en déclinaison.

Tout cela n'est pas sans présenter de grandes difficultés. Elles ont pourtant été vaincues par différents astronomes, tels que le P. Secchi, à Rome, MM. Warren de la Rue et Airy en Angleterre, M. Schmidt à Athènes, M. Rutherford, à New-York. Il faut de deux à cinq secondes pour obtenir une épreuve de la pleine lune. Pour la lune à l'état de croissant, au premier et au troisième quartier, le temps de pose est de vingt à trente secondes.

On sait que la surface de la lune, vue au télescope, présente un aspect volcanique : elle est percée d'immenses trous, qui ressemblent à des cratères aux bords évasés. Elle présente en d'autres points, des espaces sans relief, qu'on a appelés *mers*. Quand on prend à un intervalle déterminé deux épreuves photographiques de la lune, ces épreuves diffèrent par suite du déplacement de notre satellite, et si l'on calcule bien l'intervalle à laisser entre ces deux images, on peut obtenir des épreuves qui, vues dans le stéréoscope, font apparaître la surface de cet astre avec la profondeur de ses cratères et la saillie de ses montagnes, de manière à vivement impressionner le spectateur.

Les images photographiques de la lune formées au foyer du miroir du télescope de Foucault, sont très-petites, mais au lieu d'en tirer directement des épreuves positives, on les soumet à la méthode d'agrandissement suivant les procédés que nous avons décrits.

« Le temps nécessaire à la production d'une image de la lune varie beaucoup, dit M. de la Rue. Il dépend de la sensibilité du collodion, de l'altitude de la lune et de sa phase. J'ai obtenu récemment une image instantanée de la pleine lune ; ordinairement il faut de deux à cinq secondes pour obtenir une bonne et forte épreuve de la pleine lune. Il est très-important que le collodion soit aussi parfait que possible, que l'opérateur ait les mains très-propres, que les appareils soient entièrement débarrassés de la poussière. Pour la lune à l'état de croissant, au premier et au troisième quartier, et dans les mêmes circonstances atmosphériques, le temps de pose varie de vingt à trente secondes. Dans un temps plus court les détails du limbe obscur ne s'impressionneraient pas ou ne deviendraient pas visibles.

« Les portions de la lune situées près du limbe obscur se photographient avec une grande difficulté ; et il faut souvent six fois plus de temps pour obtenir les portions éclairées très-obliquement que pour obtenir d'autres portions moins lumineuses en elles-mêmes, mais plus favorablement éclairées. Les régions élevées dans le voisinage de la portion sud de la lune sont copiées plus facilement que les régions basses appelées communément mers, et je me suis hasardé à dire ailleurs que la lune peut avoir une atmosphère très-dense, mais très-peu étendue ou haute ; il me semble que cette opinion reçoit quelque confirmation d'une observation faite récemment par le R. P. Secchi, et qui tend à prouver que la surface de la lune polarise plus la lumière sur les régions basses et au fond des cratères, que sur les sommets ou sur les crêtes des montagnes où la polarisation n'est pas appréciable (1). »

La figure 101 (page 156) représente une vue photographique de la lune, prise par M. Warren de la Rue. Cette gravure a été exécutée d'après une épreuve stéréoscopique. Pour que le lecteur puisse se rendre compte des parties de notre satellite rendues par la photographie dans la figure 101, nous avons mis sous ses yeux (*fig.* 99, page 153), un très-beau dessin de la pleine lune, d'après l'astronome Bullard.

Photographie du soleil. — Il nous reste à parler de la reproduction photographique du soleil. Cette importante et merveilleuse opération s'exécute tous les jours, depuis l'année 1858, dans l'observatoire de Kew (à moins que le ciel ne soit couvert), et ces épreuves, que l'on conserve avec soin, seront des matériaux précieux pour l'histoire physique de l'astre central de notre monde.

Pour prendre une photographie du soleil, on ne peut pas recevoir directement l'image de son disque sur la plaque collodionnée, en raison de sa trop grande intensité lumineuse. Il faut, comme le faisait Galilée, au dix-septième siècle, et comme le firent, à son exemple, les astronomes du dix-huitième siècle, faire réfléchir le disque solaire sur un miroir plan et recevoir les rayons de cette image réfléchie dans une lunette de 2 à 3 pouces d'ouverture, munie d'un oculaire grossissant. Au foyer de cette lentille on place, dans une petite chambre noire, la plaque collodionnée qui doit recevoir l'image.

Il faut monter le miroir *équatorialement*, et placer la lunette dans le plan du méridien, incliné à l'horizon d'un angle égal à la lati-

(1) *Cosmos*, 1860.

Fig. 101. — Photographie de la Lune, d'après une image stéréoscopique prise par M. Warren de la Rue.

tude du lieu dans lequel on opère. Le temps d'exposition à la lumière doit être prodigieusement court. Il suffit de savoir, pour le comprendre, qu'une plaque collodionnée s'influence par la lumière directe du soleil, et donne une bonne image après le développement par l'acide gallique, quand elle a été exposée à la lumière $\frac{1}{108}$ de seconde seulement. Comme on opère sur une image réfléchie, et non avec les rayons directs du soleil ; comme cette image est, en outre, agrandie par l'oculaire de la lunette, et qu'ainsi une partie de la lumière est absorbée par la réflexion et l'absorption du miroir et des lentilles, le temps de l'exposition est nécessairement plus long. On calcule le temps qui doit être accordé à la pose, d'après les dimensions de l'objectif et celles que doit avoir l'image.

On appelle *photo-héliographe*, le remarquable appareil qui sert à prendre les photographies du soleil. Il existe, avons-nous dit, un appareil de ce genre, dans l'observatoire de Kew, en Angleterre. Un opticien, M. Dallmeyer, en a construit un autre pour l'observatoire de Wilna en Russie, qui est analogue à celui de Kew. M. Monckhoven, dans son *Traité général de photographie*, a donné la description de ce bel instrument, d'après les dessins qui lui avaient été fournis par M. Dallmeyer. Nous emprunterons à l'ouvrage de M. Monckhoven, la description, ainsi que les figures que ce savant physicien a données du *photo-héliographe* de l'observatoire de Wilna.

« Le photo-héliographe de l'observatoire de Wilna, dit M. Monckhoven (analogue à celui de Kew), se compose essentiellement d'une lunette avec oculaire et chambre noire montée équatorialement.

« La figure 102 représente la monture équatoriale, dont voici la légende :

« NO, piédestal en fonte sur lequel se trouve le gnomon XQR qui porte l'axe polaire S. Les ajustements en latitude et azimuth se font à l'aide de vis *p*, *p*, *n*.

« S, axe polaire en acier reposant dans le gnomon à sa partie inférieure, sur un pivot d'acier poli, et à sa partie supérieure dans un coussinet en Y où deux roulettes *c* atténuent la friction par des ressorts *c*, *f* ; de cette façon l'axe polaire peut tourner avec une grande facilité.

« La construction du cercle horaire est très-ingénieuse. Il s'ajuste librement sur l'axe polaire et porte

Fig. 102. — Photo-héliographe de l'observatoire de Wilna.

deux systèmes de verniers, l'un fixé au gnomon, l'autre à l'axe horaire lui-même (le cercle étant divisé sur ses deux faces). Le mouvement de l'horloge est indiqué par l'un celui de l'axe polaire par l'autre.

« Le cercle horaire peut se fixer à l'axe polaire par la vis Z qui y est attachée d'une manière permanente. Un rappel *h* travaille sur des dents taillées dans la partie supérieure du cercle, immédiatement au-dessous de la lettre V, et peut se désengrener à l'aide d'un excentrique ; il sert à l'ajustement fin des verniers.

« MD représente le mouvement d'horlogerie. (Nous ferons observer que la forme du gnomon est très-bien combinée pour lui donner place et que le poids de l'horloge se trouvant dans l'axe du piédestal, concourt à en assurer la stabilité). Ce mouvement se communique par des roues dentées à la vis sans fin *g* qui travaille dans des dents taillées dans la périphérie du cercle horaire. Cette vis *g* est portée sur une plaque glissante T qui permet de la désengrener. Un second mouvement de rappel *m* peut corriger le mouvement d'horlogerie ou l'excentricité des oculaires, sans toucher aux verniers.

« Le mouvement d'horlogerie étant en marche et réglé, on peut malgré cela diriger la lunette sur un objet quelconque sans l'interrompre, en lisant l'ascension droite donnée par les catalogues directement sur le cercle en mouvement.

« Sur la tête *y* de l'axe horaire s'ajuste une pièce C en métal dans laquelle se trouve l'axe G de déclinaison. Un niveau peut s'y adapter pour faire servir la lunette comme instrument des passages.

« FE est le cercle de déclinaison avec son rappel H attaché à la pièce C ainsi que les verniers *b*, *b*.

« AB représente le corps de la lunette, attaché à l'axe G par des anneaux K, L et des vis I, J. Un contre-poids *i* équilibre le système.

« Ajoutons pour finir, qu'outre les verniers, les cercles portent chacun un microscope micrométrique, et en un mot, tous les accessoires des équatoriaux ordinaires.

« *Chambre noire télescopique.* — La chambre noire

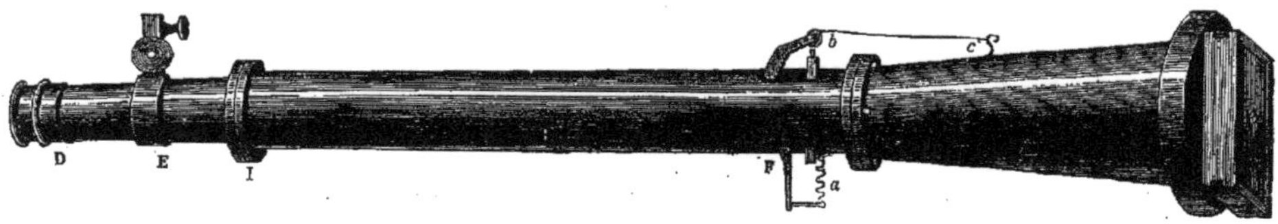

Fig. 103 — Chambre noire télescopique du Photo-héliographe.

télescopique est représentée figure 103. Elle se fixe sur la monture équatoriale (*fig.* 102) par deux anneaux K, L ; mais elle porte deux poignées (non représentées sur la figure) qui permettent de la tourner de 90° sur son axe, ce qui est utile pour amener une tache solaire à parcourir un des fils du réticule (dont nous parlerons tout à l'heure).

« L'objectif se trouve dans un tube en cuivre D ; il a trois pouces de diamètre et quatre pieds anglais de distance focale, et est achromatisé pour les rayons chimiques.

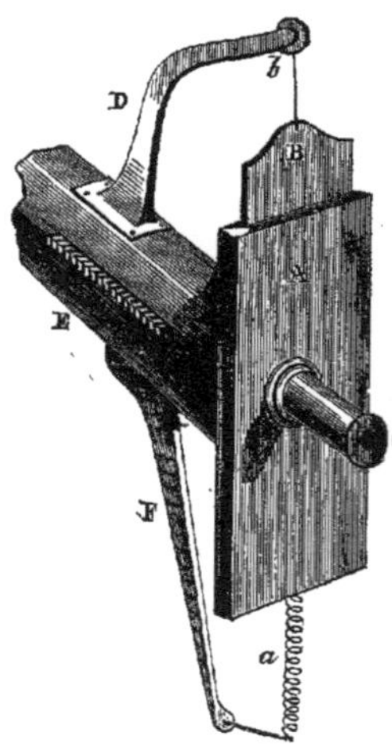

Fig. 104. Intérieur de l'obturateur instantané du Photo-héliographe.

« Ce tube se fixe au corps du télescope par un collet E dans lequel il glisse et peut se fixer à volonté par une vis de pression, afin de faire aisément tomber l'image solaire sur le réticule. D'ailleurs, un tube E à crémaillère (*fig.* 104) sert au mouvement fin.

« Là où l'image solaire se forme, se trouve une lame de cuivre à deux ouvertures circulaires, l'une libre, l'autre portant un réticule, de sorte que l'on peut obtenir une image avec ou sans fils en avançant plus ou moins la lame. (Ces fils servent de repère pour les mesures, par rapport aux cercles d'ascension droite et de déclinaison).

« Un chercheur, constitué par une petite lentille au foyer de laquelle se trouve un verre dépoli, se trouve sur la chambre noire A.

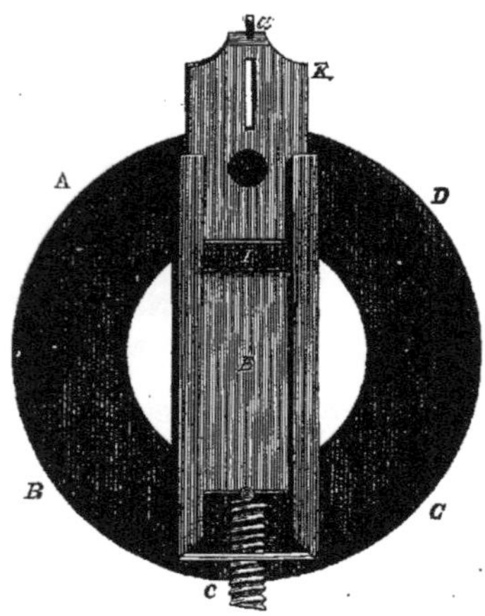

Fig. 105. — Obturateur instantané du Photo-héliographe.

« L'image solaire se forme au foyer de l'objectif, en *ba* à peu près, où elle est agrandie par un oculaire. La chambre noire en métal A, de 20 pouces de long à peu près, porte un châssis carré en acajou pouvant contenir des glaces de 6 pouces de côté, dimension que Warren de la Rue trouve convenable.

« L'oculaire est fixé sur la boîte A (*fig.* 104) dans laquelle glisse une lame B à la partie inférieure de laquelle s'attache un ressort *a* dont on fait varier la puissance suivant la vitesse que l'on désire donner à l'obturateur B. Un bras D à poulie sert de soutien au fil *bc* (*fig.* 103) qu'on brûle ou qu'on détache à un moment convenable.

« La figure 105 montre l'intérieur de l'obturateur. L'anneau ADBC représente l'espace qui existe entre le tube à crémaillère E(*fig.* 104) et le tube B (*fig.* 103). L'espace blanc indique l'ouverture du tube E (*fig.* 104).

« La lame glissante KE porte une seconde lame intermédiaire I dont on peut faire varier la longueur, afin de régler très-exactement la course de l'obturateur KE, qui porte d'ailleurs une rainure à sa partie supérieure dans laquelle s'engage une vis non représentée sur la figure. L'obturateur est donc sollicité par un ressort retenu par un cordon, et empêché de faire une course égale à sa longueur par une vis qui s'engage dans une rainure. Voilà donc la description de l'instrument dont nous devons maintenant décrire l'usage.

« Disons tout d'abord que l'objectif est beaucoup trop grand et qu'on peut le réduire à la moitié de son diamètre, ce qui permet encore une pose très-courte (1/20e à 1/30e de seconde). Mais on a donné à cet objectif cette dimension, afin de pouvoir s'en servir pendant les éclipses de soleil.

« Cet instrument étant destiné à reproduire le soleil d'heure en heure ou à des moments quelconques, il suffit pour cela de l'ajuster (à l'aide des cercles divisés de la monture équatoriale et des positions fournies par les catalogues) et de s'en servir comme d'un appareil photographique ordinaire, sans avoir recours au mouvement d'horlogerie qui n'est destiné à opérer que pendant les éclipses. La mise au point doit nécessairement se faire une fois pour toutes et se vérifier de temps à autre (1). »

Le soleil examiné au télescope, avec un grossissement d'une puissance moyenne, et des verres colorés qui en atténuent la lumière trop vive, présente l'aspect d'un disque, parsemé de taches plus ou moins nombreuses, et qui changent lentement de place. Ces taches sont sombres. Outre ces taches sombres, il en est de lumineuses, que l'on a nommés *facules* (de *facula*, torche). Avec un grossissement plus puissant, on a remarqué que la surface du soleil est rugueuse comme la peau d'une orange.

La figure 106 que nous empruntons à l'ouvrage de M. Monckhoven, représente une tache du soleil, obtenue au moyen de la photographie, par M. Nasmyth, physicien anglais. M. Monckhoven a fait graver cette figure d'après un dessin fait par M. Nasmyth. « Elle peut servir, dit M. Monckhoven, à ceux qui cherchent à perfectionner les moyens de reproduire photographiquement cet astre, car les épreuves solaires que l'on a obtenues jusqu'ici, sont loin d'en atteindre la beauté et l'exactitude (1). »

L'éclipse totale du soleil du mois de juillet 1851 et celle du 18 juillet 1860, ont fourni une preuve intéressante du secours que la photographie peut apporter à l'étude des phénomènes astronomiques. Un grand nombre d'opérateurs fixèrent sur une plaque collodionnée, les différentes phases de l'éclipse de 1851. L'une des épreuves les plus remarquables en ce genre, obtenue à Rome, en moins d'une seconde par le P. Secchi, au moyen d'une lunette astronomique, fut mise sous les yeux de l'Académie des sciences de Paris. Ses dimensions étaient considérables ; les bords du disque de la lune s'y trouvaient nettement accusés. En présentant cette épreuve à l'Académie, M. Faye fit remarquer que de semblables reproductions de l'image solaire par les moyens photographiques, pourraient rendre de grands services à l'astronomie. Obtenues par séries, à des intervalles de temps égaux, elles permettraient, selon ce savant académicien, de calculer le diamètre de l'astre autour duquel gravite notre système planétaire, aussi bien que la position exacte des taches qu'il présente, et sur la nature desquelles tant de discussions se sont élevées. Il serait facile d'avoir dans les cabinets d'astronomie des images du soleil prises dans toutes les saisons ; on pourrait ainsi, ajoute M. Faye, déterminer plus exactement qu'on ne l'a fait

(1) Monckhoven, *Traité général de photographie*, 5e édition, pages 390-393.

(1) *Ibidem*, page 387.

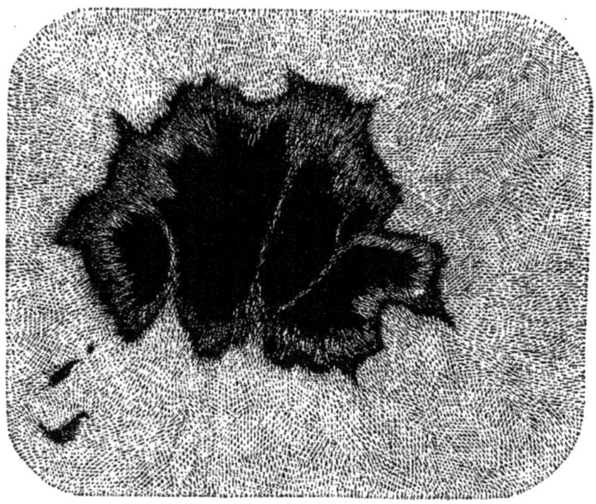

Fig. 106.— Tache du soleil et surface de cet astre, vues au télescope et fixées par la photographie, par M. Nasmyth.

jusqu'ici, par l'action chimique de ses rayons, la nature de cet astre et son état solide ou gazeux.

L'éclipse totale du soleil du 18 juillet 1860, fut relevée dans presque toutes ses phases, par M. Warren de la Rue, qui a exécuté, d'après les photographies qu'il prit au moment de l'éclipse, des dessins représentant les différentes phases du passage de l'ombre sur le disque du soleil, à des intervalles de temps parfaitement déterminés.

Aujourd'hui aucune éclipse de lune partielle ou totale, aucune occultation partielle du soleil, n'arrivent sans qu'un grand nombre d'observateurs s'attachent à prendre une série d'épreuves photographiques de chacun de ces astres, au fur et à mesure des progrès de l'ombre qui les envahit. Grâce à l'emploi de cette méthode d'enregistrement on peut conserver dans les archives, de manière à pouvoir les consulter à volonté, les témoignages authentiques des phases de chaque éclipse.

Toutes ces épreuves s'obtiennent par les moyens et dans les instruments que nous avons décrits.

Nous terminerons ce chapitre, consacré aux applications de la photographie aux sciences physiques, en parlant de l'emploi qui en a été fait pour la levée des plans. On doit cette nouvelle application de la photographie à M. Chevallier, ancien chirurgien militaire.

L'appareil que M. Chevallier désigne sous le nom de *planchette photographique*, permet de faire très-rapidement tous les relevés et toutes les opérations graphiques nécessaires à la détermination complète de la topographie d'une contrée. Un appareil répondant à ces conditions, peut rendre de grands services, car les ingénieurs ont ainsi entre les mains le moyen de dresser rapidement et avec précision, le plan des localités, et ils ont surtout la possibilité de multiplier les copies de ces plans, pour les distribuer à divers opérateurs.

Dès que la chambre obscure a été connue, les géomètres ont songé à appliquer cet instrument à la levée des plans, en y ajoutant des cercles, des niveaux, etc. Mais l'instrument qui fut construit dans cette vue, au commencement de notre siècle, et

Fig. 107. — La photographie dans l'armée française (page 163).

qui reçut le nom de *tachygoniomètre*, était volumineux et embarrassant; il fallait dessiner la perspective au crayon, sur une glace gommée, ce qui prenait beaucoup de temps. La rapidité que l'on croyait obtenir avec cet appareil n'ayant pu être réalisée, le *tachygoniomètre* ne reçut que fort peu d'emploi. Plus tard, la découverte de la *chambre claire* permit de diminuer le volume de l'appareil; aussi ce problème fut-il repris par plusieurs ingénieurs, et de nos jours notamment par M. Laussedat, commandant du génie à l'École polytechnique, qui obtint de bons résultats en combinant d'une manière ingénieuse la chambre claire avec la planchette. Mais M. Laussedat n'appliqua ce principe qu'à la levée expéditive des plans pour les opérations militaires.

La découverte de la photographie, qui permet de relever en un très-court espace de temps, de grandes étendues de terrains, est enfin venue apporter l'élément de rapidité qui avait fait défaut jusqu'ici pour la levée des plans. Cependant, malgré les promesses de la théorie, la pratique a rencontré de grandes difficultés pour cette application de la photographie aux opérations géodésiques. On sait que les parties de l'image de la chambre obscure qui sont situées sur les bords de l'objectif, éprouvent toujours des déformations qui amènent de grandes inexactitudes quand on fait embrasser plus d'une dizaine de degrés au champ de l'instrument. Cette difficulté avait arrêté les opérateurs, et amené l'abandon de tout procédé de ce genre ; M. Chevallier a eu le mérite d'en triompher. Son appareil permet de relever avec la plus grande exactitude les points situés sur presque toute l'étendue de l'horizon, en conservant à ce relevé toute sa précision géométrique.

La *planchette photographique* de M. Chevallier se compose essentiellement d'une chambre noire, placée sur une planchette pareille à celle qu'on emploie dans le levé des plans. Cette chambre noire est mobile autour d'un axe vertical. L'objectif peut, de cette façon, faire un tour complet, c'est-à-dire se placer en regard de tous les points de l'horizon.

La partie optique de l'appareil est formée d'un prisme à réflexion totale, qui renvoie l'image des objets extérieurs sur la planchette. On interpose sur le passage des rayons lumineux venant du prisme, une lentille convexe, qui, en diminuant la divergence de ces rayons, permet d'obtenir des images plus nettes.

On adopte quelquefois une autre disposition. C'est la lentille convergente qui se trouve en regard de l'horizon et qui donne une image des objets extérieurs. Cette image est alors reçue sur un miroir incliné à 45 degrés, qui renvoie les rayons verticalement sur la planchette où se forme l'image définitive. Si l'on place sur la planchette une feuille de papier ou une feuille de métal, sensibilisée par un sel d'argent, les images viennent s'y imprimer d'une façon permanente.

Mais si l'on se contentait de faire tourner l'objectif pour fixer les différents points de l'horizon, les images que ces divers points formeraient, se superposant et persistant sur la plaque sensible, amèneraient une entière confusion. M. Chevallier par un ingénieux artifice a écarté cet obstacle. Voici en quoi consiste cet artifice : la glace collodionnée sur laquelle se forment les images, a une forme concave, elle est recouverte entièrement par un écran opaque, dans lequel on a pratiqué une fente très-étroite, s'étendant également de part et d'autre du plan vertical contenant l'axe optique et l'axe de rotation. Par cette disposition on ne laisse passer que les rayons lumineux venant des objets situés dans le plan vertical; et l'on n'obtient alors que des images distinctes et séparées des objets que vient envisager successivement l'objectif.

En faisant tourner le système optique autour de son axe, la plaque sensible restant fixe, on peut donc obtenir une série de tableaux partiels dont l'ensemble constitue une sorte de panorama de la localité.

Nous ne saurions donner ici les détails des opérations nécessaires pour exécuter le levé d'un plan au moyen de la *planchette photographique*. Les personnes qui désireraient des explications plus étendues et plus complètes, pourront consulter les traités techniques de MM. Benoît, d'Abbadie, Jouart, etc., où la question se trouve traitée.

L'appareil de M. Chevallier peut rendre de nombreux services aux ingénieurs et aux officiers du génie. Il permet d'effectuer la reconnaissance d'une contrée, de tirer des plans, d'obtenir les dimensions d'un édifice accessible ou non, de faire les études pour le tracé des routes et des canaux, pour l'hydrographie, etc. Ces opérations si diverses nécessitaient autrefois autant d'instruments distincts.

Indépendamment de ses avantages sous le double rapport de la promptitude et de la précision, ce nouveau système permettant d'obtenir avec l'image photographique négative autant d'épreuves positives qu'on le désire, on peut mettre simultanément à la disposition de divers opérateurs les vues que l'on a ainsi obtenues.

Ces vues, non-seulement conservent aux objets leurs dispositions relatives, mais encore font connaître la configuration du sol, la nature des cultures et des constructions, en un mot une foule de détails que le lever ordinaire des plans laisse ignorer.

Avec quelques modifications fort simples, la *planchette photographique* peut servir à reproduire les divers épisodes, presque simultanés, d'une action générale se passant autour de cet instrument. Une bataille, un engagement, le passage d'un fleuve par une armée, en un mot, tous les incidents d'une campagne dont on veut conserver l'image précise et rigoureuse, sont aisément fournis par cet instrument, qui répond ainsi à une indication qui n'avait jamais pu être remplie jusqu'à ce jour. L'appareil de Garella pour la photographie panoramique (1) donne bien, en effet, des vues panoramiques, mais il ne saurait fournir en même temps, comme la planchette de M. Chevallier, les mesures géométriques des différentes parties de cette vue.

Le système de M. Chevallier a été appliqué au levé des plans militaires et des cartes panoramiques du théâtre des opérations d'une armée. C'est pendant la guerre d'Italie, en 1859, qu'on en fit l'essai pour la première fois. La brièveté de cette campagne empêcha d'approfondir cette méthode, dont on ne se rendait généralement pas compte, car on ne comprenait pas bien comment une image photographique, dans laquelle la perspective est toujours rendue d'une manière infidèle, peut être ramenée à l'exactitude d'un plan géométrique. Cependant, le génie militaire avait su apprécier toutes les ressources que pouvait fournir aux manœuvres des armées et à la stratégie une méthode qui donne, en un si court espace de temps, un relevé exact des plus vastes étendues de terrain.

D'autre part, un opérateur instruit et très-exercé aux mesures sur le terrain, M. Civiale fils, avait exécuté un travail extrêmement remarquable, par le secours combiné de la photographie et de la géométrie. M. Civiale, chargé d'une mission de l'Académie des sciences, avait fait servir les épreuves photographiques qu'il avait prises, de la chaîne des Pyrénées, à relever le plan géométrique de cette région montagneuse. Avec le secours de M. Charles Chevallier, M. Civiale avait adapté à la chambre noire un ingénieux appareil, à l'aide duquel on peut facilement obtenir les angles horizontaux et verticaux, qui permettent de calculer les hauteurs et les distances. Dès lors, la photographie put fournir des renseignements certains et étendus sur la configuration, les coupures, les dispositions des chaînes de montagnes et les formes générales du pays. Cette donnée était de la plus grande importance pour l'exécution des cartes géographiques militaires, elle prêtait une grande fidélité au plan géométrique, que l'on pouvait compléter par l'examen visuel des localités ainsi doublement représentées.

(1) Voir page 109.

La certitude ainsi acquise d'obtenir rapidement un plan géométrique par la photographie, a décidé le gouvernement français à établir la photographie dans les camps. Aux termes d'un arrêté du ministre de la guerre, rendu en 1865, un service photographique est organisé dans notre armée. Chaque régiment doit avoir, en campagne, une petite escouade de photographes, dirigée par un capitaine, et pourvue du matériel nécessaire à la levée des plans au moyen de la chambre obscure et des procédés photographiques.

La figure 107 (page 161) représente des *photographes militaires* occupés à relever le plan du terrain aux abords d'une ville.

CHAPITRE XXI

APPLICATIONS DE LA PHOTOGRAPHIE AUX SCIENCES NATURELLES, A L'ANTHROPOLOGIE, A L'ANATOMIE VÉGÉTALE ET ANIMALE. — APPAREIL DE M. BERTSCH POUR LA REPRODUCTION DES OBJETS D'HISTOIRE NATURELLE ET D'ANATOMIE, VUS AU MICROSCOPE AVEC GROSSISSEMENT.

Des soins infinis, des sommes incalculables sont consacrés, depuis des siècles, à reproduire, par la main du dessinateur et du graveur, les objets qui servent aux études ou aux descriptions des naturalistes. Or, ces images ne sont presque jamais traduites par le burin que d'une manière incomplète ou infidèle. Il est impossible, en effet, que l'artiste fasse assez abnégation de son propre jugement, pour que, dans un grand nombre de cas, il ne remplace point ce que la nature lui présente par ce qu'il voit lui-même, ou par ce qu'il croit voir. Or, la photographie est venue apporter les moyens d'empêcher cette interprétation individuelle de l'artiste, en retraçant les objets d'histoire naturelle avec une fidélité absolue.

L'emploi de la photographie pour la représentation des formes zoologiques, par exemple, présente les animaux sous leur aspect absolument vrai et indépendant de toute interprétation particulière à l'auteur. Quand un naturaliste exécute lui-même ses dessins, il lui est impossible de faire abstraction de ses idées personnelles. Bien souvent ses prédilections théoriques lui ferment involontairement les yeux sur des détails qu'apercevrait pourtant et que traduirait un autre zoologiste, imbu d'idées différentes. Aussi les dessins d'un zoologiste peuvent-ils rarement profiter aux études de ses successeurs, qui y cherchent en vain les particularités de structure dont le premier iconographe n'avait pas tenu compte, parce que son attention ne se portait pas sur ces détails, ou parce que son système scientifique écartait la considération de ces particularités. La photographie, par l'impartialité absolue de sa représentation graphique, met à l'abri de cet inconvénient.

Ajoutons une seconde considération. Les parties du corps des animaux que le dessinateur doit représenter, offrent, le plus souvent, une foule de détails qu'il est important d'exprimer, mais que leur ténuité ne permet pas toujours de mettre en évidence. Il est dès lors indispensable d'exécuter à part, une image de ces parties, vues au microscope. Pour donner une idée exacte de l'objet, il faut donc presque toujours que le dessinateur exécute deux sortes d'images : une figure d'ensemble, non grossie, et les figures de certaines parties caractéristiques, amplifiées. Cette nécessité n'existe plus avec la reproduction photographique ; car l'épreuve donne à elle seule la figure d'ensemble et la figure grossie. En effet, si l'on examine à la loupe l'épreuve photographique, on y découvre tous les détails que cet instrument ferait voir dans l'objet lui-même. Une seule et même image peut donc tenir lieu des deux sortes de figures qui sont généralement nécessaires dans les planches de zoologie.

Ces considérations expliquent l'empressement avec lequel les photographes se sont occupés d'appliquer leurs procédés aux études de l'histoire naturelle. C'est, en effet, de l'origine de la photographie, c'est-à-dire de l'époque où l'on en était encore réduit à la plaque daguerrienne, que datent les premières applications de la photographie à l'histoire naturelle.

La possibilité d'obtenir en quelques instants, avec la plaque daguerrienne, des dessins parfaits d'animaux, de plantes et d'organes isolés, frappa tout de suite les naturalistes voyageurs, comme leur offrant la faculté d'accroître indéfiniment les richesses de leurs collections d'études.

Les premières applications de la photographie par les naturalistes voyageurs, furent réalisées par M. Thiessen, dans les portraits daguerriens que ce savant rapporta en France en 1844, des Botocudos, naturels de l'Amérique du Sud, ainsi que dans les études de types africains qui furent recueillis par le même naturaliste, dans un voyage postérieur.

M. Rousseau, aide-naturaliste au Jardin des Plantes de Paris, publia quelques portraits photographiques de Hottentots, qui étaient venus se montrer dans la capitale.

Vint ensuite le voyage du prince Napoléon dans les mers du nord de l'Europe, effectué en 1856. Ce voyage permit aux naturalistes de l'expédition de recueillir une série de types vivants de Groënlandais, d'Islandais, etc. Tous les spécimens obtenus par M. Rousseau, sont déposés au Muséum d'histoire naturelle de Paris, où l'on a formé une collection de types d'individus vivants, recueillis en divers points du monde, au moyen de procédés photographiques.

A la même époque un médecin de la Salpêtrière, en publiant une série de types d'idiots et de crétins, composée au moyen de la photographie, donna un exemple des avantages que peut offrir la photographie, pour la description et l'étude de ces tristes affections de l'espèce humaine.

Dès les premières années de la découverte de Daguerre, MM. Donné et Léon Foucault réalisèrent une autre application de la photographie à l'histoire naturelle, aussi curieuse qu'utile. Ils eurent l'idée de daguerréotyper les objets microscopiques, et de rendre ainsi permanentes les images éphémères formées par la lentille de l'instrument. L'image que donnent au microscope solaire, les globules du sang, par exemple, était reçue sur une plaque iodurée, et y laissait son empreinte, qu'il ne restait plus qu'à rendre fixe par les moyens ordinaires. Les épreuves ainsi obtenues ont servi de modèle aux dessins de l'atlas qui accompagne l'ouvrage publié par M. Donné, en 1844, sur les applications du microscope à l'étude physique des sécrétions animales (1).

Ces résultats intéressants n'étaient cependant qu'un prélude. La découverte de la photographie sur papier vint donner beaucoup d'extension à l'emploi des procédés photographiques dans les études relatives aux sciences naturelles.

Une observation particulière contribua beaucoup à faciliter la reproduction des objets d'histoire naturelle par la photographie. L'imperfection des résultats qui avaient été obtenus jusque-là dans ce genre d'applications, tenait surtout à ce que l'on avait fait usage de l'objectif double. L'emploi de ces volumineuses lentilles permet d'obtenir l'instantanéité dans la production de l'image; mais il a l'inconvénient de déformer considérablement les objets. Cette combinaison de verres, qui a pour résultat de concentrer en un seul foyer une quantité considérable de rayons lumineux, permet sans doute d'accélérer beaucoup l'impression photogénique, et elle donne ainsi les moyens de saisir rapidément les objets, ou les êtres, dont la mobilité constitue un obstacle sérieux pour la reproduction photographique : tels sont, par exemple, les animaux vivants. Mais cette rapidité d'impression ne s'obtient qu'aux dépens de l'exactitude de la copie : l'image du modèle est sensiblement altérée par suite de la trop courte distance focale de l'objectif. C'est ce qui explique les imperfections que présentent toutes les reproductions d'animaux vivants obtenues avant l'année 1855. Pour réussir entièrement, dans ce nouvel ordre de travaux photographiques, il fallait opérer avec des lentilles simples, qui ont l'avantage de n'occasionner aucune déformation dans l'objet reproduit; ou bien, si l'on voulait conserver les lentilles à verres combinés, augmenter la longueur de leur foyer.

M. Louis Rousseau, préparateur au Muséum d'histoire naturelle de Paris, imagina une disposition très-ingénieuse dans la manière de disposer la chambre obscure pour reproduire les pièces d'histoire naturelle. Par suite de la position verticale que présente l'objectif dans la chambre obscure ordinaire, on n'avait pu jusque-là recevoir l'image d'un objet qu'autant qu'on le plaçait dans une position verticale. Or, cette situation obligée mettait obstacle à la reproduction de la plupart des spécimens qui se rapportent à l'histoire naturelle, pour les pièces anatomiques par exemple, et surtout pour celles qui ne peuvent être étudiées que sous l'eau. M. Louis Rousseau parvint à surmonter cette difficulté. Au lieu de conserver la situation verticale à la lentille, il plaça cette lentille horizontalement; c'est-à-dire, qu'il disposa la chambre obscure *au-dessus de l'objet à reproduire*, en plaçant cet objet

(1) *Cours de microscopie complémentaire des études médicales*, in-8°. Paris, 1844.

lui-même horizontalement à la manière ordinaire, sur une table ou sur un support. Avec cette *chambre obscure renversée*, on peut prendre l'impression photographique des pièces anatomiques et autres dans les conditions qu'exige leur reproduction.

Grâce à l'emploi des lentilles simples et de l'appareil renversé, M. Rousseau a pu obtenir des résultats d'une certaine importance pour l'application de la photographie aux études scientifiques. Mais c'est à un savant français, M. Bertsch, qu'appartient le mérite d'avoir créé la méthode qui sert à reproduire par la photographie, les détails de l'organisation des tissus végétaux ou animaux vus au microscope.

On sait quelle importance a prise, dans notre siècle, la connaissance de la structure intime des tissus des animaux et des plantes, dispositions qui ne sont visibles qu'au microscope. Il était de la plus grande utilité de pouvoir fixer sur le papier ces images fugitives que l'on aperçoit quand on soumet au microscope un tissu organique, pour reconnaître sa structure, ou quand on examine à l'aide des mêmes instruments, les corps organisés qui flottent dans les divers liquides physiologiques. La photographie est venue donner le moyen de fixer et de conserver ces images, de composer des tableaux, pris sur nature, des différents aspects que présentent tous les tissus de l'économie animale ou végétale, dans l'état normal ou pathologique.

La méthode qui sert à obtenir ces spécimens instructifs, est toujours, en principe, la méthode générale d'agrandissement, qui consiste à éclairer très-fortement l'objet lui-même, ou une épreuve photographique, déjà obtenue en petite dimension; puis à amplifier cette image, en lui faisant traverser la lentille d'une sorte de lanterne magique, enfin à fixer par les procédés photographiques ordinaires, cette image amplifiée.

Pour obtenir cette amplification, et pour fixer sur le papier les images amplifiées, il faut des appareils d'optique particuliers et très-délicats. C'est à M. Bertsch, avons nous-dit, qu'est due la création de tout le système de reproduction des objets microscopiques. Non-seulement M. Bertsch a réalisé le premier cette belle et utile application de la photographie, mais c'est à lui que l'on doit l'invention des instruments d'optique et des dispositions opératoires qui permettent, en général, de photographier les infiniment petits.

C'est en 1851 que M. Bertsch présenta à l'Académie des sciences de Paris, les premières épreuves microscopiques sur papier, faites à des grossissements forts et avec netteté. Voici les principes optiques que M. Bertsch posa, dès cette époque, comme indispensables à la réussite de ce genre de travail, et sur lesquels il fonda la construction de ses instruments.

1° Le faisceau de lumière solaire est reçu, au moyen d'un prisme à réflexion totale, sur un condensateur convergent; grâce à un système optique divergent interposé sur son trajet, ce faisceau lumineux est ensuite converti en rayons parallèles, comme s'il venait directement de l'infini.

2° Ces rayons sont reçus dans un appareil de polarisation chromatique, donnant à volonté toutes les couleurs simples du spectre, afin que le champ et l'objet soient éclairés, quel qu'en soit le ton, par de la lumière homogène.

Par ce mode d'éclairage, les objectifs amplifiants se trouvent achromatisés également pour l'œil et pour les rayons photographiques. Avant l'application de ce système, on n'avait pu tirer parti du microscope solaire, instrument imparfait au point de vue de l'application dont il s'agit, et qu'il fallait d'abord réformer. En effet, entre le foyer de l'image optique visible et celui de l'image chimique invisible, la différence pouvait être de 20, de 30 centimètres, ou même de 50 centimètres, sans qu'on s'en aperçût.

Voici ce que fit M. Bertsch pour les agrandissements microscopiques. L'application aux objectifs de la loi des foyers conjugués donnant lieu à des déformations et à des fautes de perspective déjà choquantes dans les épreuves ordinaires, on ne pouvait y songer pour ces agrandissements. M. Bertsch appliqua le principe du foyer principal, en vertu duquel les images sont rigoureusement en perspective. Pour cela, il a imaginé une toute petite chambre noire, d'un décimètre de côté, dont l'objectif invariable est au point pour toutes les distances, à partir de 7 ou 8 pas de vis. On n'a donc qu'à la placer devant la scène à reproduire, pour que tous les plans soient rendus en proportion mathématique sur la glace sensible. On obtient ainsi un petit type de 6 centimètres de côté, sans aucune déformation, avec les premiers plans et les horizons bien nets et en perspective. Dans ces conditions, cette épreuve supporte de forts agrandissements.

Placés dans le mégascope de M. Bertsch, qui n'admet que des rayons parallèles (voir la figure 80, page 123), ces types donnent directement sur papier, en quelques secondes, des épreuves positives, qui peuvent atteindre les dimensions d'un mètre. Leur régularité est telle que les peintres n'ont qu'à les décalquer pour avoir des paysages, des monuments, des intérieurs bien mis en place pour tous les plans. C'est par cette méthode qu'a été fait le *Panorama de la bataille Solférino*, qui épargna dix-huit mois d'un travail de perspective ingrat et pénible.

Après ces considérations générales, nous donnerons la description du *microscope héliographique* de M. Bertsch, que représente la figure 108.

La plaque AB est fixée au volet d'une fenêtre. Le prisme réflecteur, CD, placé au dehors, produit l'effet du miroir-plan dans le microscope solaire ordinaire : il envoie un faisceau de rayons lumineux parallèles, dans l'intérieur de l'appareil. A l'intérieur du tube EF, se trouve le système optique dont nous avons expliqué plus haut le rôle et l'utilité. Cet appareil est ensuite placé devant une chambre noire, installée sur un pied solide. Cette chambre noire est sans objectifs, mais munie de son châssis à glace. Elle porte à sa partie antérieure, une ouverture circulaire, dont on réduit le diamètre au champ de lumière suffisant pour que l'objet à reproduire y soit contenu. Au moyen de deux boutons qui font marcher le mouvement du prisme réflecteur CD, on amène les rayons solaires dans l'axe du microscope EF. L'image agrandie formée par le jeu des lentilles du microscope G, est reçue sur la glace collodionnée de la chambre obscure qui fait suite à l'instrument représenté par la figure 108, et l'on obtient instantanément, sur cette glace collodionnée, des clichés remarquables par leur éclat et leur netteté.

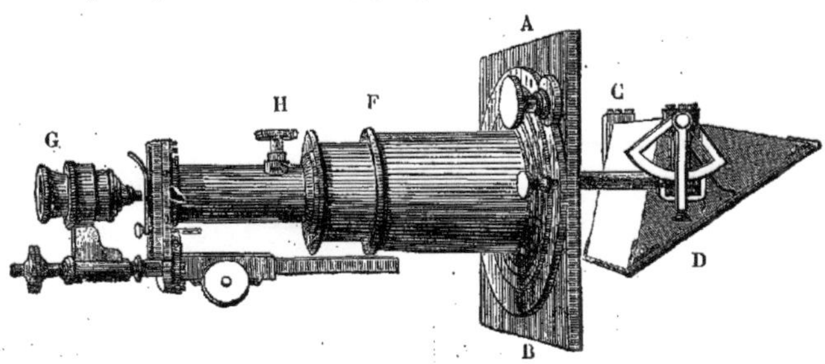

Fig. 108. — Microscope héliographique de M. Bertsch.

Le faible volume de cet instrument et la simplicité de son mécanisme permettent de le manœuvrer sans peine.

M. Bertsch, avons-nous dit, a donné le moyen de reproduire par la photographie des objets qui avant lui, n'avaient pu être rendus à cause de leur couleur, qui n'est point photogénique. A cet effet, il joint à son microscope héliographique, un appareil de polarisation, qui fournit un champ de lumière

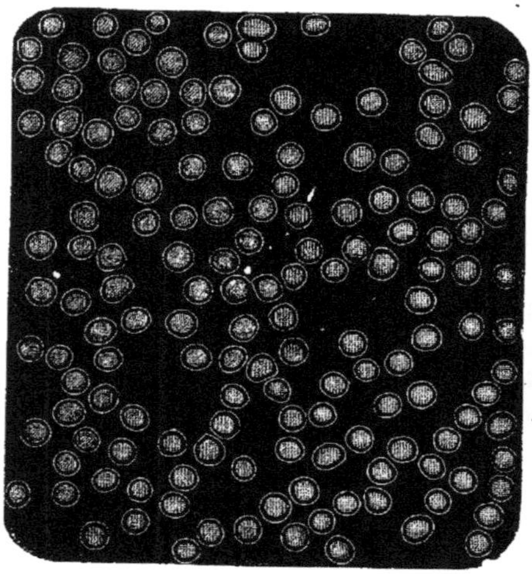

Fig. 109. — Globules du sang vus au microscope et fixés par la photographie.

homogène, depuis le rouge jusqu'au violet, en passant par l'orangé et le jaune. Avec cet éclairage, on reproduit les objets dont les tons sont le moins photographiques. S'il s'agit, par exemple, d'un objet d'un ton vert, le champ de lumière, qui est blanc, sera détruit bien avant qu'on ait obtenu même une silhouette. Il convient alors d'employer l'appareil de polarisation chromatique : on tourne la molette H de cet instrument (*fig.* 108) jusqu'à ce que le champ de lumière soit à peu près du ton de l'objet ; en sorte que l'on peut sans danger prolonger le temps de pose et avoir une reproduction très-harmonieuse. Il en est ainsi pour tous les autres tons.

L'instrument de M. Bertsch, met l'opérateur à l'abri des phénomènes de diffraction, des franges et des anneaux colorés, ce qui permet d'obtenir des contours très-nets avec de très-forts grossissements.

Grâce à l'emploi du *microscope solaire* ou *héliographique* de M. Bertsch, on peut obtenir des épreuves avec un grossissement de 600 fois les dimensions de l'objet, qui représentent tous les détails, invisibles à l'œil nu, des liquides ou des tissus organiques, la contexture des os, des parasites de différents animaux et les parties intéressantes

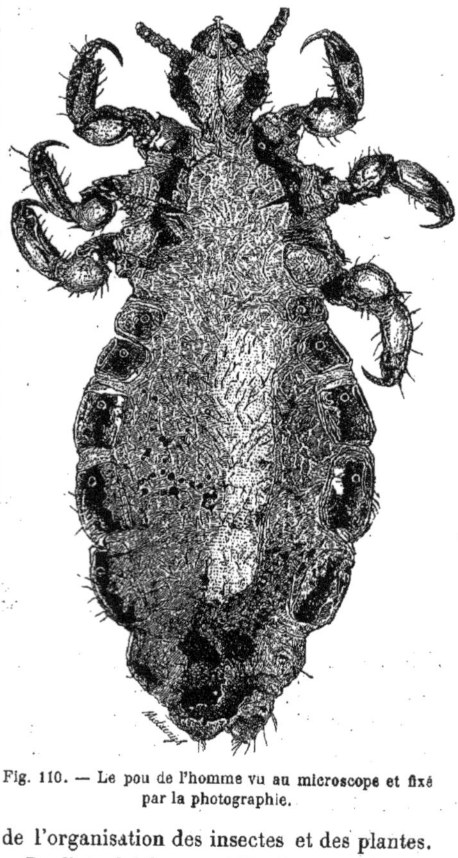

Fig. 110. — Le pou de l'homme vu au microscope et fixé par la photographie.

de l'organisation des insectes et des plantes.

Par l'emploi des procédés photographiques instantanés, M. Bertsch est parvenu à écarter une grande cause d'insuccès dans ce genre d'opérations. L'instabilité des appareils, et les vibrations qu'ils éprouvent au moindre mou-

Fig. 111. — Antennes et palpes de moucheron vues au microscope et fixées par la photographie (longueur de l'objet naturel : 1 millimètre).

vement produit dans le voisinage, ne permettent d'obtenir des images nettes qu'autant que ces images sont saisies instantanément. Avec de si forts grossissements, une vibration, si petite qu'elle soit, devient quelques centaines de fois plus considérable. Il en résulte que l'image n'est jamais fixe sur l'écran, et qu'il faut la saisir, pour ainsi dire, au passage et produire le cliché en une petite fraction de seconde. Cette instantanéité dans la production de l'image est réalisée par l'appareil de M. Bertsch.

On a vu, à l'Exposition universelle de 1867, plusieurs collections de photographies représentant les détails d'anatomie microscopique végétale et animale. Rien n'était plus curieux, par exemple, que la série d'amplifications microscopiques des solides et des liquides de l'économie animale, et des différents éléments des tissus végétaux, vus à divers grossissements, qui composaient l'exposition de M. Lakerbauer, dessinateur de talent qui est entré, avec succès, dans la voie tracée par M. Bertsch. Ici, c'était le sang des différents animaux avec leurs globules caractéristiques, dont les formes étaient aussi nettement arrêtées et aussi reconnaissables que lorsqu'on les aperçoit dans le champ du microscope ; là, c'étaient les différents tissus anatomiques, avec leur structure toute spéciale ; ailleurs, des fibres végétales, des filaments de vins atteints de maladie, des trichines enkystées et non enkystées, etc., etc. On passait en revue, dans cette intéressante exhibition, tout ce que la micrographie représentait de curieux ou d'instructif.

Il est, à l'étranger, un photographe qui paraît suivre les traces de M. Bertsch : c'est M. Neyt, de Bruxelles. M. Neyt avait présenté à l'Exposition universelle de 1867, une série de photographies microscopiques des liquides et des tissus de l'organisme, d'après le système de M. Bertsch, et représentant à peu près les mêmes modèles qu'avait reproduits M. Lakerbauer.

L'emploi de la photographie, pour fixer les images amplifiées du microscope solaire, et représentant les particularités de l'organisation des animaux, est précieuse à tous les titres, car aucun autre procédé connu de reproduction ne pourrait fixer ce genre d'images avec autant de fidélité. Le moment n'est pas éloigné où le naturaliste confiera presque exclusivement à la photographie l'exécution de ses dessins. Au lieu de se condamner à relever péniblement au crayon, les détails principaux des objets qu'il étudie, il en obtiendra en quelques instants, sur le papier, une image rigoureuse, sans même avoir recours au microscope solaire. Le travail du graveur deviendra ainsi inutile, car les épreuves positives tirées sur papier avec l'épreuve négative, fourniront un grand nombre de reproductions du premier type, qui rendront superflue toute intervention de la gravure.

Le lecteur a sous les yeux trois figures gravées (*fig.* 109, 110 et 111) qui représentent des objets d'histoire naturelle grossis par le microscope et fixés, par la photographie, d'après les procédés et les appareils de M. Bertsch, que nous venons de décrire : les globules du sang humain vus à un grossissement de 500 diamètres, un pou vu à un grossissement de 200 diamètres, les antennes et les palpes d'un moucheron.

Ajoutons que tout fait espérer que la botanique pourra invoquer à son tour le secours de la photographie. Seulement, il faudra employer des moyens de grossissement assez puissants pour que, dans les parties végétales reproduites, on puisse faire ressortir ce qui échappe à la vue simple. Les corps opaques ne pouvant être examinés et grossis au microscope qu'en dirigeant sur eux, par des lentilles convergentes, un grand foyer de lumière, les opérateurs devront disposer des appareils particuliers d'éclairage et de grossissement pour les objets opaques. Ce sujet exige donc des études nouvelles (1).

D'ailleurs, sans faire usage de l'appareil micrographique, la photographie peut rendre des services considérables à l'histoire naturelle. L'anthropologie, par exemple, ne pourra faire de sérieux progrès que lorsque les voyageurs naturalistes auront rapporté de tous les coins du monde des images authentiques, prises par les procédés héliographiques, des différents types humains. L'étude, si intéressante, mais si peu avancée encore, des races humaines, trouvera dans l'usage de la photographie, la source de ses progrès. L'imperfection de l'anthropologie tient surtout à l'absence d'un riche musée de types authentiques des variétés des races humaines et des individus qui peuvent servir de type à ces races. On conçoit dès lors l'utilité que présenterait une collection ethnologique obtenue par la photographie.

L'anatomie descriptive pourra également demander à la photographie la reproduction des objets de ses études. Déjà, dans quelques publications, on a essayé de représenter l'ostéologie humaine, la névrologie et la myologie, c'est-à-dire l'étude des os, celle des nerfs et celle des muscles. On peut donc espérer qu'il sera permis un jour de remplacer par des photographies prises sur nature, les planches gravées d'anatomie humaine destinées aux études, qui sont si dispendieuses.

Pendant bien longtemps on a désespéré de fixer sur le papier photographique les divers organes des végétaux, et surtout les fleurs. Le problème a fini pourtant par être résolu, et en 1855, à l'*Exposition de photographie,* ce que l'on admirait le plus parmi les nouveautés de cet art, c'était une série d'épreuves re-

(1) On consultera avec fruit pour ce genre d'applications de la photographie l'ouvrage de M. Moitessier intitulé : *La photographie appliquée aux recherches microscopiques*, in-12. Paris, 1866.

présentant des fleurs de grandeur naturelle. Elles avaient été présentées par M. Braun, de Dornach (Haut-Rhin). On retrouva le même artiste dans le salon de photographie de 1859, apportant des épreuves de fleurs et de fruits.

Dans cette application intéressante et nouvelle de l'héliographie, il faut citer M. Jeanrenaud, qui marche sur les traces de M. Braun, en ce qui concerne la reproduction de fleurs d'après nature.

M. Jeanrenaud a aussi exécuté des études d'animaux ; mais il a été moins heureux dans cette dernière tentative, dans laquelle personne, d'ailleurs, n'a encore réussi. On peut dire, en effet, que la reproduction fidèle, et en même temps artistique, des animaux, est encore aujourd'hui l'un des *desiderata* de l'héliographie.

CHAPITRE XXII

APPLICATIONS DE LA PHOTOGRAPHIE A L'ARCHITECTURE ET A L'ARCHÉOLOGIE. — REPRODUCTION DES MANUSCRITS DES ÉCRITURES ANCIENNES ET DES PALIMPSESTES. — LA PHOTOGRAPHIE RÉVÉLATRICE. — REPRODUCTION PAR LA PHOTOGRAPHIE, DES TABLEAUX ET DES GRAVURES.

Les opérations photographiques peuvent se combiner très-utilement avec les travaux de la cosmographie, de l'archéologie et de l'architecture.

« Pour copier les millions et millions d'hiéroglyphes qui couvrent, même à l'extérieur, les grands monuments de Thèbes, de Memphis et de Karnak, a dit Arago, dans son rapport, fait en 1839, à la chambre des députés, il faudrait des vingtaines d'années et des légions de dessinateurs. Avec le daguerréotype, un seul homme pourrait mener à bonne fin cet immense travail. Munissez l'institut d'Egypte de deux ou trois appareils de M. Daguerre, et, sur plusieurs des grandes planches de l'ouvrage célèbre, fruit de notre immortelle expédition, de vastes étendues d'hiéroglyphes réels iront remplacer des hiéroglyphes fictifs ou de pure invention, et les dessins surpasseront partout en fidélité, en couleur locale, les œuvres des plus habiles peintres ; et les images photographiques, étant soumises dans leur formation aux règles de la géométrie, permettront, à l'aide d'un petit nombre de données, de remonter aux dimensions exactes des parties les plus élevées, les plus inaccessibles des édifices. »

La méthode des agrandissements est venue singulièrement accroître les services que la photographie peut rendre à l'étude de l'architecture. L'amplification, par la photographie, des dessins d'architecture, présente une grande importance pratique. Les détails d'un monument ainsi agrandi, constituent pour l'artiste, pour l'architecte, pour l'élève, un enseignement précieux.

Nous citerons, comme exemple, une très-belle page qui se voyait à l'Exposition universelle de 1867. C'était la vue agrandie de la *Cathédrale d'Amiens*, exécutée par un photographe de cette ville, M. Duvette. Cette photographie, qui se composait de quatre parties seulement, n'avait pas moins de 2m,50 de hauteur sur 2 mètres de largeur. Il est de toute évidence que des œuvres de ce genre, si elles pouvaient se généraliser, rendraient de grands services aux études des architectes et des dessinateurs.

En 1849, M. le baron Gros, ministre plénipotentiaire de France en Grèce, qui se délassait de ses fonctions diplomatiques par des travaux de photographie, eut par devers lui une preuve assez curieuse de l'utilité des arts photographiques en matière d'archéologie. Il avait fixé au moyen de la photographie, un point de vue de l'Acropole d'Athènes. De retour à Paris, à la fin de sa mission, il eut la fantaisie d'examiner à la loupe les détails de cette épreuve. Or, à sa grande surprise, la loupe lui fit reconnaître sur cette image, une particularité qu'il n'avait point aperçue sur la nature. Sur une pierre située au premier plan, et parmi les débris antiques amoncelés et jonchant le sol, se trouvait, esquissé en creux, un lion dévorant un serpent. Le dessin de cette figure était d'un âge si reculé, que ce monument dut être rapporté à l'époque égyptienne. Ainsi, à sept cents lieues de la Grèce et hors du théâtre de l'observation, la photographie avait révélé l'existence d'un document utile, inaperçu jusque-là, et qui apportait quelque éclaircissement à la connaissance d'un fait historique !

Une singularité du même genre, c'est-à-dire une révélation faite par la photographie, de signes ou traits invisibles à l'œil, a été mise en évidence par une autre application de cet art. Nous voulons parler de la reproduction des manuscrits anciens.

Quand on voit avec quelle perfection les plus fines gravures, les corps d'écriture les plus compliqués, sont reproduits par la photographie, perfection telle qu'il est quelquefois difficile de distinguer le modèle de l'original, on comprend de quel avantage serait la photographie pour composer des *fac-simile* de manuscrits, pour multiplier ces spécimens et les répandre dans le commerce. Les amateurs pourraient ainsi se procurer, à peu de frais, des copies de manuscrits qui demeurent aujourd'hui consignés dans les bibliothèques, et dont l'existence même est souvent ignorée. Des échanges pourraient s'établir par le même moyen. Grâce au nombre illimité d'exemplaires que fournit le tirage photographique, des documents précieux seraient répandus et vulgarisés ; les travaux des érudits seraient singulièrement facilités ; en un mot, on verrait se briser le cercle étroit dans lequel ces trésors de la science et de l'art semblaient condamnés à rester.

C'est ce qu'a compris un de nos photographes les plus habiles et en même temps les plus instruits, M. Camille Silvy, qui a dirigé à Londres un des plus importants établissements de photographie. C'est là que lui vint l'idée de s'adonner à la reproduction des manuscrits, dans le but de faire une réalité pratique des avantages que nous énumérions plus haut, mais qui ne peuvent exister qu'à la condition d'une entreprise régulière et bien conduite.

M. Vincent, membre de l'Académie des inscriptions et belles-lettres, présenta à cette académie, en 1860, le premier *fac-simile* de manuscrit publié par M. Silvy ; c'était le *manuscrit Sforza*, appartenant à M. le marquis d'Azeglio, ambassadeur du Piémont à Londres. L'initiative et la générosité éclairée de M. le marquis d'Azeglio seront sans doute imitées par les établissements publics qui possèdent de précieuses collections de ce genre, et l'œuvre inaugurée à l'étranger par notre compatriote, pourra trouver des imitateurs.

La reproduction photographique du manuscrit Sforza est identique au modèle par ses dimensions ; les dessins et ornements marginaux sont rendus dans toute leur perfection naïve. Dans un petit livre joint à la copie de ce manuscrit, M. le marquis d'Azeglio a donné l'histoire et l'explication, page par page, de ce manuscrit.

Fait étrange ! Il s'est trouvé que la copie était plus lisible que l'original, et que certains passages qui ne pouvaient se déchiffrer sur le précieux parchemin, étaient mis parfaitement au jour par cette révivification des caractères. De telle sorte que la reproduction photographique d'un manuscrit donne non-seulement un *fac-simile* exact de l'écriture, mais peut même, habilement dirigée, servir d'*instrument de restauration*. Ce fait est particulièrement appréciable à la dernière page du manuscrit Sforza, où une note, écrite en allemand, au-dessous de la signature, a été rappelée du sein même du parchemin, qui l'avait absorbée dans sa substance, et est devenue visible sur la copie, alors qu'elle ne l'était plus sur l'original.

Pour s'expliquer ce résultat extraordinaire, il faut considérer que sur les vieux parchemins, l'encre, altérée par le temps, prend une teinte jaunâtre, souvent identique à la teinte même du parchemin, ce qui en rend la lecture très-difficile. Or, il arrive pendant la reproduction photographique, que les parties brillantes et polies du parchemin réfléchissent beaucoup mieux la lumière que celles où a été déposée l'encre, qui est mate et sans reflet. Si faible et si décolorée en apparence, que soit la nuance de cette encre, elle n'en a pas moins conservé ses qualités anti-photogéniques, opposées aux qualités photogéniques de la surface du parchemin. Grâce à cette opposition, on peut obtenir sur la surface sensible, des caractères parfaitement noirs et se détachant bien sur un fond légèrement teinté, tandis que l'original ne présentait plus qu'une écriture pâle sur un fond très-foncé et de même couleur.

De ce principe que la photographie peut servir à la restauration des écritures anciennes, M. Camille Silvy a donné, en 1865, une preuve nouvelle. Il a fait reparaître sur une vieille estampe, des caractères d'écriture que personne n'avait jamais aperçus. Ce que nul œil humain n'avait vu, la photographie l'a dévoilé. M. Silvy a présenté, à la *Société de photographie de Paris* une gravure, et la reproduction qu'il en avait faite par la photographie. Cette gravure représente le portrait du prince-cardinal Emmanuel-Théodore de la Tour d'Auvergne, duc d'Albret. Au bas, était une note écrite à la main, indiquant le lieu et la date de la mort du personnage, mais tellement illisible qu'elle échappait entièrement aux regards. Le baron Marochetti, à qui appartient la gravure, ne l'avait pas lui-même aperçue avant qu'elle vînt se révéler dans la reproduction photographique. Les caractères en avaient été grattés, sans doute par une personne qui croyait que cette ligne d'écriture gâtait la gravure ; les dernières lettres seules étaient encore apparentes, et le peu d'encre restée dans le papier, était tellement décolorée qu'elle ne se détachait plus du fond. Cependant, la copie photographique rendit très-distinctement l'écriture effacée, et l'on put lire cette note, ainsi conçue : « MORT DOYEN DES CARDINAUX A ROME LE 3 MARS 1715, AGÉ DE 72 ANS (1). »

M. Silvy proposait d'appliquer le même procédé à la restauration des *palimpsestes*, c'est-à-dire des parchemins anciens qui ont reçu successivement plusieurs écritures. Le parchemin étant une substance assez chère, il arrivait assez souvent, au moyen âge, que les copistes grattaient d'anciens manuscrits, pour en consacrer le parchemin à recevoir de nouvelles écritures. Plus d'une fois on a réussi, en ravivant les caractères effacés, à reconstituer le texte primitif. C'est ce qui advint pour les fragments du dialogue de Cicéron, *De Republica*. Le cardinal Angelo Maï fit reparaître ces fragments, qui avaient été grattés pour recevoir une copie des *Commentaires de saint Augustin*. Le cardinal Angelo Mai a publié, en 1822, ces fragments de Cicéron.

Mais la méthode employée pour faire revivre les caractères effacés, est pleine d'inconvénients. C'est avec une dissolution de tannin étendue sur le papier, que l'on fait reparaître ces écritures. Or la dissolution de tannin endommage les manuscrits et les expose à une détérioration complète. M. Silvy propose donc de soumettre à des opérations photographiques les *palimpsestes* conservés à la bibliothèque du Vatican, à Rome, pour essayer d'y découvrir les anciens corps d'écriture effacés. Nous ignorons si cette curieuse proposition a eu quelque suite. Nous la citons seulement comme une preuve des services que la photographie peut rendre aux sciences historiques et archéologiques.

(1) L'obligeant et distingué secrétaire de la *Société de photographie*, M. Martin Laulerie, m'a raconté un fait semblable. Il vit un jour arriver chez lui un photographe tout rayonnant de joie. Chargé de reproduire une vieille estampe, notre homme avait découvert, avec surprise, sur sa reproduction photographique, quelques lignes d'écriture manuscrite qui n'existaient point sur l'estampe. Ce succès inattendu exaltait outre mesure son orgueil. « Je suis tellement fort, disait-il, que je photographie non-seulement ce que je vois, mais encore ce que je ne vois pas : je suis le *photographe du visible et de l'invisible*. » Il était loin cependant de compter parmi les habiles de sa profession ; c'était un photographe de sixième catégorie, un *photo-gnaf*, comme on dit en termes d'atelier. Il faisait honneur à sa prétendue habileté de ce qui n'était que le résultat et l'accident heureux de l'art lui-même.

Nous signalerons encore, dans le même ordre d'idées, le travail éminemment curieux d'un savant russe, M. de Sévastianoff, qui a reproduit, en 1848, le *fac-simile* complet du manuscrit de la *Géographie de Ptolémée,* manuscrit grec du quatorzième siècle, composé de 112 pages, avec un grand nombre de cartes de géographie, coloriées dans le style naïf de cette époque. Pour doter la science de cet ouvrage, d'une grande valeur historique, et dont le seul exemplaire connu se trouve dans un couvent du mont Athos, M. de Sévastianoff alla s'enfermer des années entières, dans ce pays reculé, et il parvint, à force d'art et de patience, à obtenir le *fac-simile* héliographique des 112 pages du manuscrit et des nombreuses cartes qui l'accompagnent, qu'il revêtit ensuite de teintes coloriées, conformément au modèle.

Il n'est pas sans intérêt de dire comment ont été obtenus les clichés qui devaient servir au tirage de tous ces positifs. Comme plus de cent clichés de verre auraient été bien difficiles à conserver et même à se procurer en ces lointaines régions, M. de Sévastianoff trouva le moyen d'exécuter tous ses clichés positifs avec sept à huit lames de verre seulement. Après avoir obtenu sur le verre la couche de collodion formant l'épreuve négative, il détachait cette couche du verre et la transportait sur du papier ciré, pour obtenir un cliché négatif sur papier ciré. M. de Sévastianoff put de cette manière, reproduire tout le manuscrit avec les huit ou dix lames de verre dont il pouvait disposer.

Grâce au dévouement et à la patience de ce savant moscovite, nos bibliothèques pourront posséder une copie fidèle d'un manuscrit unique au monde et du plus grand prix pour la science. Il est évident que ce qui a été fait par M. de Sévastianoff pour le manuscrit de la *Géographie de Ptolémée*, pourra se répéter pour un grand nombre d'autres manuscrits rares et tout aussi précieux. Quelle belle et utile application de la photographie ! Avec de tels moyens, la science ne peut plus périr.

La reproduction des manuscrits et des corps d'écritures, dont nous venons de parler, nous amène à dire quelques mots, en terminant ce chapitre, de la reproduction des tableaux et autres œuvres d'art.

Bien que la photographie ait été créée et mise au monde pour retracer et multiplier tout ce qui est visible à nos yeux, la reproduction des œuvres d'art a présenté longtemps de réelles difficultés. Nous ne parlons ni de la sculpture ni de la gravure, dont la reproduction n'a été qu'un jeu pour la photographie dès l'époque de ses débuts ; mais la copie héliographique des tableaux, surtout celle des tableaux anciens, a paru longtemps impossible. Désespérant même d'y parvenir, certains photographes s'étaient décidés à opérer comme les graveurs, c'est-à-dire à travailler d'après un dessin très-exact du tableau. C'est ainsi que M. Baldus composa une belle reproduction de la *Sainte Famille*, de Raphaël, et qu'un autre artiste nous donna, par le même procédé, la *Nativité,* d'Esteban Murillo. Mais ce n'était là qu'un à-peu-près. Grâce à des procédés spéciaux d'éclairage, on est bientôt parvenu à reproduire les tableaux, quels que soient le nombre et la variété de leurs tons. Ce genre de reproduction ne présente plus aujourd'hui de difficultés que pour les tableaux très-anciens et qui ont fortement poussé au noir.

Le maître en ce genre spécial, est assurément M. Bingham, artiste anglais, mais qui réside à Paris. M. Bingham a reproduit une grande partie de l'œuvre de Paul Delaroche, plusieurs tableaux d'Ary Scheffer et de Meissonnier. La *Rixe*, de Meissonnier, est la reproduction la plus fidèle de ce tableau qui ait paru jusqu'à ce jour ; elle l'emporte sur la gravure qui en a été faite ; elle est, pour ainsi dire, le tableau même.

La plus intéressante des reproductions des

tableaux de Paul Delaroche, est le célèbre *Hémicycle de l'École des Beaux-Arts*. Tout le monde connaît la magnifique gravure qui a été faite de cette œuvre, par un artiste de génie, Henriquel Dupont. Or, si l'on compare cette gravure avec la reproduction photographique du même tableau, due à M. Bingham, on demeurera convaincu que ce qui a traduit avec le plus de vérité, tant pour le détail matériel que pour la pensée de l'artiste, l'œuvre de Paul Delaroche, ce n'est point le burin, mais l'objectif. Et quand on y réfléchit, ce résultat s'explique. Plus un graveur a de talent, d'inspiration ou de génie, moins il se montre fidèle dans son imitation du maître, parce qu'il ajoute involontairement à la pensée de son modèle; parce qu'il l'étend ou la modifie d'après l'impulsion irrésistible de sa pensée propre. Pour graver Raphaël, il faudrait un génie égal au génie de ce maître; encore n'est-il pas bien sûr que cet imitateur sublime d'un peintre sublime n'ajoutât point à son travail des idées de son propre fonds. Quel graveur a surpassé Marc-Antoine Raimondi? Peut-on dire pourtant que l'œuvre de Raimondi soit l'œuvre de Raphaël, et que le graveur ait rigoureusement reflété la pensée du peintre? Ces considérations justifieront sans doute l'appréciation qui précède.

Après M. Bingham, MM. Bisson frères, M. Micheletz, MM. Jugelet, Collard, Richebourg et Bilordeaux, tiennent un rang distingué pour la reproduction des œuvres d'art.

M. Bilordeaux s'est fait une grande réputation par son *Calvaire*, une des plus belles, et peut-être la plus belle des reproductions héliographiques.

Puisque la photographie donne le moyen de reproduire tous les tableaux, une de ses applications les plus utiles serait de composer, en parcourant les différents musées de l'Europe, des *fac-simile* des œuvres des grands maîtres, pour en former une sorte de collection populaire, que chacun pût acquérir. Ce que la gravure n'a jamais pu faire, c'est-à-dire reproduire la série complète des œuvres d'un grand peintre, avec des conditions de bon marché pouvant seules assurer le succès de cette entreprise, la photographie peut le tenter. On commence, en effet, à entrer dans cette voie, bien qu'une entreprise commerciale de ce genre présente bien des difficultés et des chances contraires.

M. Fierlants, de Bruxelles, s'est proposé de reproduire héliographiquement les plus célèbres tableaux des maîtres du quinzième siècle, qui enrichissent les églises et les musées de la Belgique. On trouve dans la riche et abondante collection de M. Fierlants, plus de cent épreuves représentant des tableaux de Hemling, Le Maître, van Eyck, Hugo van der Goers, Mostaert et Roger van der Weyden. La *Châsse de sainte Ursule*, de Eyck, est le morceau le plus saillant de cette collection, qui décèle, par son ensemble, un véritable sentiment artistique et une grande habileté dans le maniement du procédé. M. Fierlants a joint à chaque planche d'ensemble, la reproduction, en grandeur naturelle, des figures les plus intéressantes du tableau; ce qui donne une idée complète de la manière du peintre, et fait de cette collection le plus précieux document pour l'étude des anciens maîtres flamands.

Cette copie héliographique des œuvres de l'art ancien dans les Flandres avait déjà été essayée par un photographe français, M. le chevalier Dubois de Néhaut.

Un photographe de Milan, M. Sacchi, est entré avec succès dans la même voie, en reproduisant, sur une petite échelle, une suite de fresques et de tableaux de vieux peintres italiens. C'est là un grand service rendu aux arts, car ces fresques, aujourd'hui dans le plus triste état, sont bien près de disparaître. Le *Mariage de la sainte Vierge*, d'après Raphaël, qui se trouve dans le Musée de Milan, et différentes fresques par Bernar-

Fig. 112. — Portrait de Raphaël. Gravure de Marc-Antoine Raimondi d'après Raphaël exécutée par le procédé héliographique de M. Baldus.

dino Luini, ont été exécutés par M. Sacchi. Malheureusement, les fresques originales sont dans un déplorable état; l'artiste n'a donc pu parvenir à empêcher l'inexorable objectif de retracer avec la même précision les plus petits accidents de la dégradation du mur et les traits les plus exquis de la peinture.

Mais l'œuvre capitale dans ce genre de reproduction, c'est la photographie des cartons de Raphaël, qui sont conservés à Hampton-Court. Publiée par deux photographes de Londres, MM. Caldesi et Montechi, sous le patronage du prince Albert, cette magnifique collection a produit en Angleterre une grande sensation. Combien n'a-t-on pas vu d'artistes, peintres ou dessinateurs, passer des heures entières en contemplation devant ce reflet authentique et fidèle de l'œuvre du maître des maîtres ! Raphaël semble revivre là tout entier, et ceux à qui il n'a pas été donné d'admirer à Hampton-Court, ces merveilles de dessin, ont pu, pour la première fois, en jouir et les comprendre. Plusieurs de ces reproductions sont de la grandeur des

Raphaël del. Marc-Antoine sc.

Fig. 113. — Lucrère. — Gravure de Marc-Antoine Raimondi, d'après Raphaël, transportée sur cuivre de relief par le procédé héliographique de M. Baldus.

originaux, d'autres sont d'un format réduit. La *Pêche miraculeuse*, *Élymas le sorcier frappé de cécité*, *Paul prêchant à Athènes*, la *Mort d'Ananias*, tous ces dessins, qui doivent être pour l'artiste un sujet perpétuel d'étude, sont reproduits dans cette collection, avec toutes les qualités que l'héliographie réclame. Quels précieux services cette publication ne rendra-t-elle pas aux dessinateurs et aux peintres ! Ces œuvres que l'on ne connaissait que par des gravures plus ou moins fidèles, ces originaux que quelques privilégiés avaient seuls le droit de contempler, il sera maintenant permis à tout artiste de se les procurer pour un prix modique, de les conserver constamment sous sa main et sous ses yeux. Cette réunion des plus beaux dessins qui soient au monde, ainsi popularisée, est un des plus beaux résultats dont puisse se glorifier la photographie.

On trouve aujourd'hui, dans le commerce, un assez grand nombre de gravures de grands maîtres reproduites par la photographie. M. Delessert eut le premier l'heureuse pensée de faire servir la photographie à répandre au milieu du public et des artistes les gravures des anciens maîtres. Celles de Marc-Antoine Raimondi sont, en ce genre, les plus estimées et les plus coûteuses. M. Delessert, après en avoir rassemblé la collection, en a exécuté par la photographie des reproductions identiques ; de telle sorte que l'on peut aujourd'hui, pour un prix minime, posséder l'œuvre tout entière du graveur bolonais : la *Vierge aux nues*, la *Descente de croix*, le *Massacre des Innocents*, la *Sainte Cécile*, les *Deux femmes au Zodiaque*, et tous les autres chefs-d'œuvre dus au génie de Raphaël et transportés sur le cuivre par l'admirable burin de Raimondi.

Ce premier essai a donné naissance à d'autres publications du même genre. Des éditeurs intelligents ont livré au public l'*œuvre de Rembrandt* et celle d'*Albert Durer*, photographiées par MM. Bisson frères. MM. Baldus et Nègre ont, de leur côté, reproduit une partie de l'*œuvre de Lepautre ;* M. Aguado a exécuté le même travail pour Téniers.

Enfin, M. Baldus publie depuis quelque temps, non sous la forme de simples photographies, mais en véritables *gravures héliographiques*, exécutées d'après le procédé que nous avons décrit dans le précédent chapitre, la collection de l'*œuvre de Marc-Antoine Raimondi*. Les deux spécimens qui accompagnent les dernières pages de notre notice (*fig.* 112 et 113) sont empruntés à cette publication. Seulement M. Baldus a bien voulu transporter en cuivre de relief, pour le tirage typographique, les planches en taille-douce qui servent à tirer les gravures héliographiques de sa belle collection de l'*Œuvre de Marc-Antoine Raimondi*.

CHAPITRE XXIII

LA PHOTOGRAPHIE AU POINT DE VUE DES ARTS.

Les services que la photographie peut nous rendre ne sont pas limités au domaine des sciences ; elle peut trouver dans la sphère des arts des applications d'un autre ordre, et nous devons examiner jusqu'à quel point et dans quelles circonstances elle peut devenir utile comme moyen d'étude dans les arts de la peinture et du dessin.

La question de la valeur artistique des œuvres photographiques, est encore très-diversement résolue ; il règne à ce sujet des opinions fort opposées. Quelques personnes, considérant l'inimitable perfection de détails que présentent ces dessins, sont disposées à placer les créations de Daguerre au rang des plus belles productions des arts. D'autres contestent d'une manière absolue leur valeur artistique. Il existe enfin une troisième opinion, d'après laquelle, tout en rejetant la valeur des productions daguerriennes comme œuvre artistique, on pense néanmoins que l'étude de ces copies si parfaites de la nature est susceptible de rendre de grands services aux études du dessinateur et du peintre.

Telles sont les opinions assez tranchées qui divisent les artistes sur la valeur des épreuves photographiques. Au point de vue de la métaphysique des arts, en ce qui concerne la pratique de la peinture et du dessin, cette question a son importance, et nous croyons nécessaire de la traiter ici.

Considérées dans leur valeur absolue comme objet d'art, les images photographiques présentent certaines imperfections qu'il est facile de signaler.

Les tons de la nature y sont altérés presque constamment. Si l'on a sous les yeux une épreuve photographique et son modèle, on reconnaîtra sans peine que les tons de la copie et ceux de l'objet reproduit sont loin de correspondre entre eux. Tel ton, vigoureux sur le modèle, est peu sensible sur l'épreuve fournie par l'instrument; au contraire, une nuance lumineuse d'une faible valeur dans la nature, se trouve accusée sur l'épreuve, avec un éclat tout à fait exagéré. Aussi la plupart des demi-teintes sont-elles en général forcées; il résulte de là que l'épreuve photographique est habituellement dure. Le regrettable effet dont nous parlons tient, sans doute, à ce que les différentes couleurs des objets extérieurs, ont une action propre et variable sur les substances chimiques qui recouvrent la plaque, action qu'il est aussi impossible de prévoir que de diriger. Personne n'ignore, par exemple, les difficultés que présentent la couleur verte et la couleur rouge pour la reproduction photographique.

En second lieu, dans les images photographiques, la perspective linéaire et la perspective aérienne sont faussées. L'altération de la perspective linéaire est la conséquence presque inévitable de l'emploi d'un appareil optique. Les objets placés à des distances inégales, ont des foyers lumineux distincts les uns des autres, et quelle que soit la perfection de l'objectif, il est impossible qu'il fasse converger en un même point les rayons lumineux émanant d'objets fort éloignés entre eux. Tout le monde a remarqué, par exemple, que dans un portrait, si les mains se trouvent placées sur un plan sensiblement antérieur au plan du visage, elles viennent toujours d'une dimension exagérée et tout à fait hors de proportion. C'est par la même raison que sur les portraits photographiques, les nez sont toujours amplifiés.

L'altération de la perspective aérienne est aussi la conséquence presque forcée du procédé photographique. La substance qui reçoit l'impression de la lumière est, relativement, plus sensible que notre œil même; il en résulte que les aspects lointains, les objets situés à l'extrémité de l'horizon, sont reproduits avec plus de netteté qu'ils n'en présentent à nos yeux, c'est-à-dire contrairement aux effets de la perspective aérienne.

Un autre vice de la photographie réside dans son défaut absolu de composition. Le daguerréotype ne compose pas, il donne une copie, un *fac-simile* de la nature; cette copie est admirable d'exactitude jusque dans ses derniers détails, mais c'est précisément là qu'est l'écueil. Une œuvre d'art vit tout entière par la composition. Le travail du peintre consiste surtout à atténuer un grand nombre d'effets secondaires, qui nuiraient à l'effet général, et à mettre en relief certaines parties qui doivent dominer l'ensemble. Quand un artiste exécute un portrait, il n'a garde de reproduire avec un soin minutieux, tous les plis des vêtements, tous les dessins de la draperie, toutes les enjolivures du fond; il éteint ces détails inutiles, pour concentrer l'intérêt sur les traits du visage; à cette idée capitale il sacrifie toutes les autres, volontairement et en connaissance de cause. Ne demandez à la photographie aucun de ces artifices salutaires qui sont l'indispensable condition de l'art. Elle est inexorable et presque brutale dans sa vérité. Elle accorde une importance égale aux grandes masses et aux imperceptibles accidents. Si elle prend une vue du Pont-Neuf, elle vous donnera un minutieux inventaire de tout ce qui est visible à la surface du Pont-Neuf. Vous pourrez y reconnaître toutes les pierres, tous les pavés et jusqu'aux écornures des pavés. Dans un portrait, elle se plaira aux arabesques infinies des draperies et des fonds ; elle donnera une valeur égale au point lumineux de l'œil et aux boutons d'un gilet. Mais du moment que tout a de l'importance, dans un tableau, rien n'a plus d'importance, et c'est ainsi que s'évanouit tout l'intérêt de la composition pittoresque ; car l'intérêt, dans une œuvre d'art, naît seulement de l'unité de la pensée.

Il serait puéril d'insister sur cette considération, qui est l'évidence même. Il faut seulement faire remarquer que ce défaut de composition a pour résultat de donner une représentation fausse de la nature. Lorsque nous recevons l'impression d'une vue quelconque, celle d'un paysage par exemple, tous les détails de la vue extérieure viennent sans doute s'imprimer au fond de notre œil ; cependant il est certain que ces mille sensations particulières ne sont aucunement perçues ; elles sont pour notre âme comme si elles n'existaient pas. Nous ressentons, non pas l'impression isolée des divers aspects du paysage, mais seulement l'effet général qui résulte de leur ensemble. Or, la photographie reproduit impitoyablement les plus inutiles détails de la scène extérieure ; il est donc vrai qu'elle donne une traduction inexacte des sensations que provoque en nous l'aspect de la nature.

Mais j'entends à ce propos se récrier quelques lecteurs :

« Eh quoi ! dira-t-on, la copie mathématique d'un objet peut-elle donner de cet objet une représentation inexacte ? L'identité est-elle un mensonge ? Je monte sur la terrasse de Meudon, un miroir à la main, et arrivé là, je dispose le miroir en face des perspectives séduisantes qui m'environnent. N'ai-je pas ainsi l'image la plus parfaite du paysage qui se déroule autour de moi ? Quel peintre, quel artiste vivant pourra s'élever jamais à la perfection d'une telle copie ? Or, que fait la photographie ? Elle fixe pour toujours cette image fugitive ; de ce miroir fidèle elle fait un fidèle tableau. Que venez-vous donc nous parler de représentation fausse et d'inexacte reproduction ! »

Cet argument n'est pas sans réplique. Évidemment toute la question se réduit à savoir si l'art réside ou non dans la stricte imitation de la nature. Or, l'erreur, si commune et si répandue, qui consiste à voir la perfection de la peinture dans la perfection de l'imitation matérielle, ne peut provenir que d'une confusion manifeste entre le but et le moyen de l'art. Qu'est-ce, en effet, que la nature ? Les réalités qui nous environnent, sont-elles les mêmes pour nous tous ? Ne changent-elles pas pour des individus différents, et même pour chaque individu, selon les dispositions de son âme ? Plaçons deux hommes en présence d'un grand spectacle naturel, en face d'un beau site, devant la tête d'un homme de génie : assurément tous les éléments de cette scène viendront identiquement affecter leurs yeux ; cependant chacun d'eux les verra d'une manière différente ; bien des effets de cet ensemble échapperont à l'un des spectateurs, que l'autre pourra saisir, et certaines particularités inaperçues de tous deux leur deviendront immédiatement sensibles, si l'on y dirige spécialement leur attention. Admettons maintenant que l'un de ces deux hommes soit peintre : comment pourra-t-il communiquer à son compagnon l'impression que ce spectacle lui fait ressentir ? Par quel moyen pourra-t-il la traduire avec son pinceau ? Certes, s'il se borne à tracer de cette vue un calque mécaniquement exact, une copie mathématique, il n'aura pas gagné grand'chose, car son compagnon aura toujours sous les yeux ce même spectacle dont il est impuissant à démêler la beauté. Pour exprimer l'impression qu'il a reçue, il faut donc que le peintre exécute une traduction plus compréhensible de l'original; qu'il exagère certains effets, qu'il en atténue, qu'il en supprime d'autres; il faut qu'il transforme pour rendre saisissable, qu'il altère le texte pour le rendre lisible; il faut qu'il mente, en un mot, et ce n'est que par ce salutaire mensonge qu'il entrera dans les vraies conditions de l'art.

J'ai entendu raconter, à ce propos, une petite histoire, qui trouve ici sa place marquée. Il s'agit d'une compagnie de touristes, qui, pendant une excursion dans les Alpes, se trouvent tout à coup en face d'un site naturel d'un effet pittoresque. C'est une haute montagne, sur le penchant de laquelle un chalet se détache en silhouette déliée (*fig.* 114, p. 185). La compagnie admire tout à son aise et se retire. Un artiste, resté seul, prend à la hâte un croquis de la vue; il présente ensuite son dessin à ses amis. Il n'y a qu'un cri pour trouver l'œuvre détestable, et la copie bien différente de la réalité. La montagne était bien plus haute et le chalet bien plus petit! « Notre montagne était une bonne et grosse montagne, dont le sommet semblait atteindre aux nues; notre chalet, une étroite maisonnette à peine visible. La montagne que vous nous faites n'est qu'une colline efflanquée, et votre chalet est si grand, qu'il logerait sans peine toutes les vaches de la contrée! » Cependant l'artiste, sûr de son fait, tient bon et maintient l'exactitude de son esquisse. On revient sur ses pas, on prend la peine de mesurer les hauteurs, et l'on reconnaît que la copie est mathématiquement fidèle.

L'artiste avait donc raison? Non, l'artiste avait tort. Il ignorait comment, devant tous les grands spectacles naturels, notre imagination altère et dénature les sensations primitives. Il était étranger à une règle essentielle de son art; sans cela il eût exagéré la hauteur de la montagne et diminué, relativement, les dimensions du chalet: ainsi il aurait exactement traduit l'impression qu'avait laissée dans l'imagination des spectateurs, le contraste de ce petit chalet et de cette montagne immense (1).

Il est donc vrai que l'art n'imite pas, qu'il transforme; que pour traduire la nature, il s'en écarte; que pour copier, il invente; que pour reproduire, il crée. L'identité n'est pas le problème de la peinture; sans cela le trompe-l'œil serait le *nec plus ultra* de la peinture, et les raisins de Zeuxis qui tentaient les abeilles, seraient la dernière page et la plus haute expression de l'art. Ce qui ressemble dans un tableau n'est pas précisément ce qui est semblable à la nature, mais seulement ce qui rappelle à notre âme l'impression que la nature y a laissée. Si l'on m'offrait de me montrer sur l'heure la tête de Louis XIV vivant, l'offre me toucherait peu. J'ai mon Louis XIV sous la main; il vit dans les galeries du Louvre, il respire sous le pinceau de Mignard. Je préfère contem-

(1) Ce n'est pas sans surprise, et ce n'est pas sans plaisir que nous avons trouvé une confirmation de ce qui précède dans un écrit purement scientifique, dans l'ouvrage d'un géologue, que la nature de ses études et la direction de son esprit, ont tenu éloigné de tout ce qui se rapporte aux théories et à la pratique des arts. Dans ses *Leçons de géologie pratique* (t. I, p. 116), M. Élie de Beaumont rend, dans les termes suivants, un hommage involontaire à la vérité du principe qui nous occupe :

« Si le géologue n'est pas suffisamment exercé au dessin, « il peut faire exécuter le paysage par un dessinateur. « Mais il y a une grande différence entre un dessin dont « les points principaux sont déterminés rigoureusement, « et un dessin fait simplement à vue. Le dessin exécuté « sans le secours d'aucun instrument est ordinairement « plus pittoresque que le dessin levé rigoureusement, « mais beaucoup moins fidèle. *Quand on voit une montagne,* « *on se la figure toujours plus élevée qu'elle ne l'est : on en* « *dessine une véritable caricature.* Quand on fait un cro- « quis, pour indiquer les angles mesurés, on lui donne « une forme géométriquement aussi semblable que possible « à celle que l'on a devant les yeux, mais on fait involon- « tairement la hauteur trop grande. Lorsqu'on réduit plus « tard ce dessin, on est conduit à lui donner une forme « beaucoup plus aplatie. Cela tient à une illusion d'optique « qu'on n'est pas maître d'éviter, et qui fait que lorsqu'*un* « *dessin est exécuté rigoureusement, on ne le reconnaît* « *presque pas; il paraît beaucoup trop plat. Lorsqu'on* « *veut faire un dessin que l'on reconnaisse bien, il faut* « *doubler ou tripler les hauteurs données par les mesures.*

pler le grand roi à travers l'âme d'un peintre de génie, qu'à travers le miroir même d'une trop fidèle réalité. Louis XIV pourrait avoir la colique, — il prenait tant de médecines ! comme nous l'apprend le *Journal de la santé du roi* (1) — ou sa grande perruque être mal accommodée ; au lieu du vainqueur de la Hollande, je trouverais peut-être l'esclave ridé de madame de Maintenon !

Ainsi, l'imitation n'est que le moyen des arts plastiques ; leur but, c'est de rappeler à notre âme les sentiments qu'éveille en nous la vue de la réalité. Dans un tableau, ce qui nous touche, ce qui nous émeut, ce n'est point la reproduction fidèle des objets qui nous entourent, mais bien cet ensemble de confuses pensées mystérieusement attachées à leur forme extérieure, et qui s'échappent du cœur à leur souvenir, comme à la vue de leur image. Le plus grand peintre est celui qui réalise le mieux cette harmonie secrète de nos sensations intimes et de la forme des objets extérieurs.

Avec les moyens les plus simples un artiste de génie sait émouvoir nos cœurs. Avec un coin de prairie, une chaumière à demi cachée sous de grands arbres, quelques vaches aux alentours d'un ruisseau, Claude Lorrain, Ruysdaël et Corot ont le privilége d'agiter profondément nos âmes, de nous plonger dans un monde de rêveries. L'impression provoquée par le pinceau du peintre, ne résulte pas de la vérité avec laquelle les objets sont reproduits sur la toile : elle naît seulement des ressouvenirs et des sentiments poétiques qu'éveille en nous l'heureuse et habile disposition des divers éléments de la scène champêtre. Le toit fumant de la maisonnette nous rappelle les joies tranquilles de la famille et du foyer ; le ruisseau qui murmure doucement sous les grands arbres, nous apporte comme un écho affaibli et lointain des harmonies rurales ; les fleurs à demi ensevelies sous l'herbe et la rosée de la prairie, nous rendent les parfums oubliés et les senteurs de nos champs ; le troupeau qui, à l'horizon, gravit péniblement la colline, nous envoie le grave enseignement du labeur fécond et béni de Dieu ; et tous les éléments de cette scène heureuse semblent se rassembler, pour nous offrir comme une représentation animée et vivante, où viennent se confondre toutes les harmonies, toutes les délices, toutes les félicités paisibles de la vie des champs.

Mais si, dans les arts, l'imitation, au lieu d'être un but, est seulement un moyen ; si les œuvres des grands maîtres vivent par la pensée qu'elles expriment et non par la vérité de la reproduction matérielle ; si le secret de la peinture, c'est de représenter, non l'aspect réel des objets, mais l'impression poétique dont ces objets sont pour nous l'occasion, il faut reconnaître qu'au point de vue des beaux-arts, les images daguerriennes sont d'une bien faible valeur. Obligé par la nature même du procédé dont il fait usage, de rassembler pêle-mêle sur sa glace collodionnée, et sans qu'il lui soit permis d'éliminer ou de choisir, tous les objets qu'embrasse le champ de sa lentille, l'opérateur doit forcément renoncer à cet artifice de la composition, qui est la condition nécessaire et la base des arts plastiques. Aussi quand elle reproduit les scènes changeantes du monde qui nous entoure, la photographie nous donne-t-elle des copies admirables ; mais c'est là tout. Le seul sentiment que ces calques merveilleux puissent exciter en nous, est celui d'une curiosité stérile, sentiment qui renaît à chaque exhibition nouvelle, et qui, par conséquent, renaît affaibli. L'admiration qu'ils inspirent parle à nos sens et ne va pas au delà : ils charment les yeux armés de la loupe, non l'esprit. L'œil est ravi, l'âme est muette. Il est donc permis de dire que la photographie ne saurait pré-

(1) *Journal de la santé du roi Louis XIV, écrit de* 1647 *à* 1711, par Valot, Daquin et Fagon, ses premiers médecins, Paris, in-8°, 1862. Voir aussi : *Les Médecins au temps de Molière*, par le Dr Maurice Raynaud, Paris, in-8°, 1862.

tendre à nous donner des œuvres empreintes d'un véritable caractère artistique.

Il y a plus, les œuvres des photographes sont éminemment propres à mettre en évidence les principes qui viennent d'être rappelés. Ces principes sont, en effet, ou contestés par beaucoup d'artistes, ou bien mis par eux en pratique d'une manière purement intuitive. La photographie permet de trancher cette question. Si, en effet, un artiste, un philosophe, dans l'impuissance où il se trouvait de démontrer péremptoirement le principe de spiritualisme artistique qui nous occupe, se fût proposé d'imaginer quelque artifice propre à fournir de cette idée une preuve ou une représentation matérielle, il n'eût certes pas rencontré de moyen plus heureux ni plus décisif que l'instrument de Daguerre. Le problème en effet était celui-ci : Créer un instrument, une machine, un automate, capable d'accomplir toutes les opérations manuelles de la peinture, susceptible d'exécuter tout ce que comporte l'imitation absolue de la réalité ; puis, quand cette machine aurait accompli son œuvre, demander aux artistes si c'est à un tel résultat que s'employait leur génie ; demander à la foule si elle peut confondre ces produits mécaniques avec les sublimes créations de l'art. Cet artifice, la science l'a trouvé : la photographie a permis d'opérer dans les œuvres de l'art une analyse qui jusque-là avait paru impossible. Ce qui était intimement uni dans un tableau de Raphaël, si bien qu'on ne pouvait dire où commence la poésie, où finit le procédé, où commence la composition, où l'imitation s'arrête, le voilà nettement séparé. Sur une épreuve photographique on trouve réalisés, avec une perfection sans égale, tous les tours de force du dessin, toutes les subtilités du clair-obscur, tout ce que peuvent, en un mot, l'habileté technique et le procédé manuel ; mais la poésie, mais l'inspiration, mais ce divin reflet de l'âme humaine qui prête seul aux créations de l'artiste la vie, le sentiment et la pensée, tout cela manque à ces tableaux. C'est le corps moins l'esprit, c'est l'enveloppe d'une âme absente. Un simple regard jeté sur une image photographique suffit donc pour mettre hors de contestation le grand fait esthétique de la prééminence de la pensée sur l'imitation matérielle, de la poésie sur le procédé.

C'est en vain que, pour corriger les défauts des épreuves photographiques, on a recours au procédé de la retouche. On ne fait ainsi que changer les défauts primitifs de l'œuvre, en y surajoutant des imperfections d'un autre genre. Il faut s'élever avec d'autant plus de force contre l'emploi de ce moyen, qu'il est souvent mis en pratique avec une entière bonne foi, par des artistes qui ne craignent pas d'y consacrer un talent réel. Ces retouches faites après coup aux images photographiques, sont une dérogation aux règles de l'art. La première des qualités d'une œuvre plastique, c'est l'homogénéité. Deux manières différentes, deux procédés d'une nature opposée, ne peuvent se superposer, se marier dans une œuvre quelconque, sans en détruire l'harmonie. Chaque couleur appliquée sur une épreuve en diminue la valeur, et la détérioration est d'autant plus grave que le pinceau est entre des mains moins habiles. Remarquez de plus, qu'un premier pas fait dans une mauvaise route amenant forcément à parcourir la voie tout entière, la première rectification d'une épreuve conduit à retoucher, à recomposer, presque de toutes pièces, le dessin primitif. Un trait ajouté faisant tache sur l'ensemble, l'artiste est peu à peu conduit à harmoniser son tableau, non plus avec les tons de l'image photographique, mais avec ceux du crayon ou de la couleur surajoutés.

Une anecdote que M. Francis Wey a racontée, à ce propos, dans le journal *la Lumière*, rendra ce raisonnement plus clair.

Le peintre Courbet remontait le Rhin entre Coblentz et Manheim, lorsqu'il fit rencontre, sur le bateau à vapeur, d'un jeune Prussien, qui s'en revenait tout joyeux de rapporter son portrait exécuté en Flandre, par M. Van Schaëndel. Ce portrait avait pour fond un rideau de velours bleu. Or, ce rideau bleu de ciel contrariait beaucoup le possesseur du portrait, qui aurait préféré, pour le fond de son tableau, un paysage des bords du Rhin. Il alla conter sa peine à Courbet, qu'il avait reconnu.

« Ce rideau me chagrine, lui dit-il ; je suis un peu poëte, je préférerais un ciel orageux. D'ailleurs j'ai peu de goût pour les rideaux, et j'en ai beaucoup pour le vin de Johannisberg. Nous passerons dans deux heures devant cet illustre coteau ; ne pourriez-vous le croquer au passage, pour en faire le fond de mon portrait ? »

Notre compatriote essaya en vain de résister ; il fut contraint d'attendre le coteau de Johannisberg, et d'en fixer, de son pinceau réaliste, les contours azurés sur l'arrière-plan de l'œuvre de Schaëndel. Mais voyez le résultat ! Ce beau travail accompli, le portrait se voila d'une teinte funèbre et s'évanouit, à demi effacé, dans les profondeurs du cadre. L'œil placé vers le fond avait perdu ses lueurs, en présence de la peinture violente de Courbet.

Le Prussien était consterné ; il fallut remettre l'œil en harmonie avec le fond. Mais, ainsi retouché, l'œil prit une saillie énorme ; il avait sur l'autre une avance de trois pieds, et chacun de s'écrier : « Le bel œil ! »

Effrayé de son œuvre, Courbet refusa de collaborer davantage avec le peintre flamand. Il débarqua à Manheim. Mais le Prussien, qui avait payé son portrait fort cher, ne pouvait se consoler de cet œil si mal accommodé. Il se précipita sur les traces du peintre français, le suivit à travers la ville, et l'entraînant dans un hôtel, le força de terminer l'arrangement du tableau. Le pauvre Courbet ne put y parvenir qu'en recouvrant la toile entière, sans y laisser subsister le plus léger accessoire. L'ouvrage terminé :

« Voilà qui est parfait ! dit le Prussien ; ces petites retouches étaient bien nécessaires. »

Puis contemplant avec complaisance l'œuvre remaniée :

« Ah ! reprit-il en soupirant, si l'illustre Van Schaëndel pouvait revoir son chef-d'œuvre !

— Hélas ! dit Courbet en s'esquivant, il ne le reconnaîtrait guère ! »

Ces moyens malencontreux qui avaient défiguré l'œuvre de Van Schaëndel, nous les voyons mis en pratique par les photographes qui tapissent nos boulevards et nos rues d'images maculées par un absurde pinceau. Sous l'annonce de portraits, certains photographes présentent quelquefois des produits étranges, métis barbares croisés de la photographie et de l'aquarelle, dessins créés par le soleil, refaits par le fusain, silhouettes commencées par l'instrument de Daguerre, terminées par un pointillé au crayon de couleur, et qui, par la roideur et l'affectation de la pose, par le contraste heurté et la fausseté des tons, ne ressemblent à rien, sinon à l'aquarelle peignée d'une jeune demoiselle.

Cependant, si l'on doit refuser aux produits photographiques le caractère d'une œuvre d'art proprement dite, ce n'est pas à dire pour cela qu'ils soient inutiles aux progrès des beaux-arts. Ce serait aller contre l'évidence et être démenti par la pratique de tous les jours, que de refuser à la photographie toute espèce de rôle dans les arts. Quelle est donc son utilité propre ? C'est de servir de document à consulter pour les travaux des dessinateurs et des peintres.

Le peintre trouve chaque jour, des enseignements utiles en consultant la photographie, qui tantôt, procédant par masses à la façon d'un grand artiste, sacrifie, avec une merveilleuse intelligence, les détails secondaires au résultat final ; tantôt, s'appliquant à la reproduction minutieuse, rappelle, par son

Fig. 114. — La métaphysique de l'art du dessin (page 181)

incomparable délicatesse, les plus fines pages de Miéris et de Gérard Dow. Le dessinateur trouve, pour la reproduction des monuments, des édifices et des paysages, un précieux auxiliaire dans l'épreuve photographique, qui lui montre comment les ombres et les lumières de son modèle se traduisent sur une surface plane. La photographie est encore d'un incontestable secours pour l'exacte reproduction de la figure et du détail anatomique. Un instant suffit pour arrêter sur le papier photographique, certains mouvements instantanés du corps humain dont le modèle vivant est inhabile à fournir le type fugitif : les images de ces mouvements, presque insaisissables par les moyens ordinaires, donnent au dessinateur des leçons autrement utiles que celles du modèle vivant ou de l'écorché anatomique. Dans le portrait, ce caractère essentiellement mobile de la physionomie, qui s'évanouit sur les traits de la personne qui pose, avec une rapidité désespérante pour l'artiste, cet air particulier, cette attitude, etc., dont l'ensemble heureusement reproduit constitue la ressemblance, sont saisis en un clin d'œil par l'instrument de Daguerre, et peuvent ensuite rester sous les yeux du peintre, comme un guide assuré dans l'exécution de son travail.

Il n'est aucun dessinateur qui voulût aujourd'hui se charger d'exécuter un portrait, sans avoir entre les mains la photographie du modèle. Combien de fois nous est-il arrivé, en demandant un dessin à l'habile artiste qui enrichit de portraits de savants ou d'inventeurs les *Merveilles de la science*, de le voir préférer, à la vue du personnage, son portrait photographique !

Ajoutons qu'une épreuve photographique donne l'aspect *vrai* du modèle ; cet auxiliaire est donc d'une grande utilité pour arrêter la main d'un artiste trop disposé à reproduire sans cesse le même type dont son crayon a pris l'habitude. Tous les portraits de Couture, de Dubuffe et de Winterhalter, tous les paysages de Diaz et de Corot, nous représentent la nature sous un même aspect, propre à l'esprit de chacun de ces artistes ; et, depuis trente ans, le caricaturiste Daumier refait chaque semaine, dans le *Charivari*, la même tête de bourgeois, incorrecte et hideuse. Il ne saurait en être ainsi avec la photographie prise pour guide ; il n'y aurait plus de *manière* en peinture, il n'y aurait que la vérité.

Si, comme moyen d'étude, la photographie est utile pour la représentation plastique du modèle vivant, elle est encore d'un grand secours pour l'étude des draperies, des vêtements et de tout l'accessoire obligé d'un tableau. Quelles difficultés n'éprouve pas un peintre à saisir les motifs si changeants des vêtements et des draperies, qui varient de situation, de forme et de rapports selon les mouvements du modèle, et qui, grâce à la photographie, peuvent être fixés en un moment dans une conformité absolue avec une pose donnée. Une fois ces draperies, ces accessoires, arrêtés dans leur spontanéité, l'artiste conserve ce type pour en faire un élément exact et rigoureux de la composition de son tableau.

Ainsi la photographie est un auxiliaire indispensable pour les études du peintre et celles du dessinateur. La chambre noire est un moyen nouveau qui est venu s'ajouter à ceux que les artistes possédaient déjà, un procédé de plus pour traduire matériellement l'impression que fait sur nous l'aspect de la nature. Jusqu'ici, l'artiste a eu à sa disposition le pinceau, le crayon, le burin, la surface lithographique ; il a de plus, maintenant, l'objectif de la chambre obscure. L'objectif est un instrument, comme le crayon ou le pinceau ; la photographie est un procédé, comme le dessin et la gravure ; car ce qui fait l'artiste, c'est le sentiment et non l'instrument. Tout homme heureusement et convenablement doué peut obtenir les mêmes effets avec l'un ou l'autre de ces procédés.

Aux personnes que cette assimilation pourrait surprendre, nous ferons remarquer qu'un photographe habile a toujours sa manière propre, tout aussi bien qu'un dessinateur ou un peintre ; de telle sorte qu'avec un peu d'habitude on reconnaît toujours, au premier coup d'œil, l'œuvre de tel ou tel opérateur. Bien plus, le caractère propre à l'esprit artistique de chaque nation, se décèle avec une singulière et frappante évidence, dans les œuvres sorties des différents pays. Vous devineriez d'une lieue un paysage photographique dû à un artiste anglais, à sa couleur froide, guindée et monotone, à la presque identité qu'elle présente avec une vignette anglaise. Jamais un photographe français ne pourra être confondu, sous ce rapport, avec un de ses confrères d'outre-Manche.

Nous ajouterons que l'individualité de chaque photographe demeure toujours reconnaissable dans son œuvre. Faites reproduire par différents opérateurs, un même site naturel ; demandez à différents artistes le portrait d'une même personne ; et aucune de ces œuvres, reproduisant pourtant un modèle identique, ne ressemblera à l'autre : dans chacune d'elles, tout ce que vous reconnaîtrez, c'est la manière, ou plutôt le sentiment de celui qui l'a exécutée.

Si donc l'objectif n'est qu'un instrument de plus dont nous disposons pour traduire l'aspect de la nature ; si le photographe conserve dans ses œuvres son individualité, sa manière propre, le sentiment qui le distingue et l'anime, on est bien forcé de reconnaître que la photographie peut rendre quelques services aux beaux-arts. Au lieu de n'y voir qu'un simple mécanisme à la portée du premier venu, il faut donc s'efforcer de la pousser plus avant encore dans la direction artistique ; il faut applaudir aux efforts de ceux qui travaillent dans cet esprit élevé, et souhaiter que leur exemple trouve beaucoup d'imitateurs.

Il faut d'autant moins dédaigner les documents que la photographie fournit aux études des élèves, comme à celles des maîtres, que cet art, bien compris, produit, on doit l'avouer, une échelle de tons infiniment étendue. Depuis la touche vaporeuse de Diaz jusqu'aux sombres intérieurs de Granet, tous les genres de peinture s'y trouvent représentés ; on y reconnaît avec surprise les manières opposées de différentes écoles qui ont tour à tour captivé l'admiration du public. Depuis les molles et vagues teintes du Corrège, jusqu'aux effets contrastés et audacieux de Rembrandt, les procédés si divers adoptés par les peintres de toutes les époques, se trouvent ainsi justifiés par la nature elle-même. Dans une suite de vues photographiques, on rencontre tour à tour un Metzu et un Decamps, un Titien et un Schœffer, un Ruysdaël et un Corot, un Van Dyck et un Delaroche, un Claude Lorrain et un Marilhat. Ainsi la photographie est venue consacrer les chefs-d'œuvre, si opposés dans leur manière, que l'opinion publique avait successivement exaltés ; et elle concilie, en les justifiant, nos prédilections respectives pour le style opposé des grands maîtres de l'art.

Pour peu qu'elle offre certaines qualités qu'il est facile de lui prêter, l'épreuve photographique d'un monument, d'un édifice historique, etc., sera toujours préférée à une lithographie, qui représente le même sujet avec une infidélité choquante, et sans aucun mérite comme objet d'art. Un portrait doux et ressemblant obtenu par la photographie, sera toujours supérieur à un médiocre portrait à l'huile, d'une ressemblance douteuse.

Les dessins, les gravures ou lithographies qui représentent des villes, des églises, des ruines, des statues, des bas-reliefs et des sujets d'architecture, ne peuvent entrer en lutte avec l'épreuve photographique, qui leur est mille fois supérieure sous le rapport de la vérité, de la précision et du fini. Quand on peut, pour un prix modique, posséder l'image fidèle du paysage préféré, du monument antique dont on a curieusement interrogé les vestiges, de l'édifice auguste dont on a admiré les proportions et l'harmonie, on laisse de côté les mauvaises gravures, les lithographies grossières, et tous les produits imparfaits sortis des bas étages de l'art.

Les œuvres photographiques, en se vulgarisant, auront pour résultat d'épurer le domaine des beaux-arts, en ce qu'elles rendront l'existence impossible à tout dessinateur médiocre. Les gens de métier, les hommes qui ne vivent que sur les pratiques du procédé manuel, seront contraints de disparaître ; les hommes supérieurs, ceux dont les travaux s'élèvent au-dessus du niveau des conditions communes, résisteront seuls à la révolution salutaire que nous verrons s'accomplir. En même temps, la comparaison des beaux produits photographiques avec les ouvrages de la peinture et du dessin, d'une part rectifiera le goût du public, et d'autre part, forcera les grands artistes à se dépasser eux-mêmes. En effet, la photographie traduit et représente les objets extérieurs avec une vérité admirable ; pour faire mieux qu'elle, l'artiste devra donner à l'interprétation plus d'importance qu'il ne lui en accorde d'ordinaire. Il faudra que l'individualité de l'artiste, il faudra que l'âme du peintre, passent plus profondément et brillent encore plus dans ses œuvres, pour qu'elles l'emportent sur les résultats d'un instrument qui réalise si bien à lui seul certaines de ces qualités. En forçant ainsi le peintre à imprimer davantage son cachet personnel à ses travaux, en l'amenant à placer l'interprétation et la poésie bien au-dessus de l'imitation matérielle, la photographie aura heureusement concouru à l'avancement des beaux-arts, et fourni un exemple aussi noble qu'imprévu, de la science offrant à l'art une main secourable, pour s'élever avec lui vers ce type de perfection idéale où tend l'humanité, et qui part de l'homme pour aboutir à Dieu.

LE STÉRÉOSCOPE

CHAPITRE PREMIER

CAUSE PHYSIQUE DE LA VISION DES OBJETS EN RELIEF. — PREMIÈRES OBSERVATIONS A CE SUJET. — EUCLIDE ET GALIEN. — LÉONARD DE VINCI. — J.-B. PORTA. — FRANÇOIS AIGUILLON. — DE HALDAT. — ELLIOT. — H. MAYO. — M. WHEATSTONE INVENTE, EN 1838, LE STÉRÉOSCOPE A RÉFLEXION. — DAVID BREWSTER CONSTRUIT, EN 1844, LE STÉRÉOSCOPE A PRISMES. — LE STÉRÉOSCOPE DE BREWSTER ET LES PHYSICIENS DE L'ACADÉMIE DES SCIENCES DE PARIS, EN 1851.

Nous plaçons la description du stéréoscope immédiatement après celle de la photographie, parce que ces deux inventions sont étroitement liées l'une à l'autre, et se prêtent un mutuel appui. Que serait le stéréoscope sans la photographie ? Un instrument qui servirait à démontrer une proposition, quelque peu abstraite, de l'optique ; qui permettrait de faire voir en relief certains solides géométriques, que font difficilement saisir, sur le papier, la règle et le compas. Jamais, sans le secours de la photographie, le stéréoscope ne serait parvenu à réaliser ces vues saisissantes de la nature, qui mettent sous nos yeux les objets avec leurs reliefs, leurs anfractuosités et leurs saillies.

D'un autre côté, le stéréoscope est venu donner à la photographie une portée nouvelle et un intérêt inattendu. Ces vues de la nature, que l'instrument de Daguerre nous fournit avec tant de simplicité, d'abondance et d'économie, mais qui ne représentent, comme tous les dessins, que des surfaces sans relief ni profondeur, le stéréoscope permet d'en faire de petits tableaux, dans lesquels la nature se présente telle qu'elle apparaît à nos yeux. Dans cette boîte magique, la peinture devient sculpture, les détails les plus minutieux apparaissent, une image muette s'anime, une photographie devient un buste, dont un sculpteur peut s'inspirer.

Les secours et les services ont donc été mutuels et réciproques entre ces deux inventions.

Le stéréoscope fut découvert en 1838, et la photographie rendue publique en 1839. Ainsi, ces deux inventions se sont produites presque simultanément, comme s'il fallait que l'une arrivât précisément pour faire comprendre toute la valeur et l'importance de l'autre !

Mais abordons, sans plus tarder, l'étude particulière de cet instrument d'optique.

Comme l'indique son nom tiré du grec (στερεός, solide, σκοπέω, je vois), le *stéréoscope* est destiné à faire apparaître les images des objets en relief, comme s'ils étaient de véritables corps solides.

Sur quel principe repose cet instrument remarquable ? C'est ce que nous avons à expliquer dans cette notice, en même temps qu'à décrire les principaux appareils qui servent à produire la vision stéréoscopique.

Les objets extérieurs produisent au fond de notre œil, une image semblable à celle qui se forme dans la chambre obscure des physiciens. Mais nos deux yeux, en raison de leur écartement, ne sont pas placés exactement de la même manière par rapport à l'objet que nous considérons. Aussi les images produites à l'intérieur de chacun de nos yeux, ne sont-elles pas exactement pareilles : l'une est plus étendue que l'autre; l'une est plus éclairée ou plus colorée que l'autre, etc. Nous recevons donc deux impressions distinctes, deux images différentes d'un même objet. Cependant tout le monde sait bien que ces deux perceptions se fondent, s'allient en un jugement simple, c'est-à-dire que nous n'apercevons qu'un objet unique. C'est là un phénomène bien curieux. Il tient à diverses causes : à l'éducation des yeux, à une habitude prise dès l'enfance, à un effort, sans doute réel, mais dont nous n'avons pas conscience, et qui, combinant entre elles les deux images dissemblables perçues par chacun de nos deux yeux, les complète l'une par l'autre, et en compose une seule, conforme à l'objet considéré, c'est-à-dire présentant le relief qui existe dans la nature.

C'est donc un effort de notre intelligence, sourd en quelque sorte, qui nous donne le sentiment du relief.

Ce sentiment du relief s'efface quand on regarde avec les deux yeux, des objets très-éloignés. Notre jugement devient alors incertain, et même trompeur. Pourquoi? Parce que l'intervalle qui sépare nos yeux est, relativement, si petit, que les deux images de l'objet situé à une grande distance, ne présentent plus de différence entre elles, s'accordent sans effort sur nos deux rétines, et ne produisent plus dès lors la sensation du relief.

Ainsi la sensation du relief est due à ce que deux images différentes d'un même objet, viennent se peindre sur la rétine de chacun de nos yeux, et que ces deux images, se combinant, produisent le sentiment du relief. Nous nous contentons de poser, au début, ce principe, dont nous donnerons tout à l'heure la démonstration.

Il sera nécessaire, avant d'aller plus loin, de dire quelques mots des travaux et des observations qui ont amené la découverte du stéréoscope.

La première idée de la vision stéréoscopique, ou *binoculaire*, est fort ancienne. Elle se trouve dans les ouvrages du savant géomètre grec, Euclide, contemporain d'Archimède, qui professait les mathématiques à l'école d'Alexandrie, en Égypte, vers l'an 280 avant Jésus-Christ.

Euclide dit, en effet, que si nous croyons voir avec nos deux yeux un objet unique, cela tient à la rapidité extrême avec laquelle nos deux yeux en parcourent toutes les parties, et à la simultanéité d'impression faite ainsi dans nos deux yeux, par ces deux images, pourtant distinctes.

Le célèbre médecin grec Galien, qui vécut à Rome, sous l'empereur Marc-Aurèle, c'est-à-dire vers l'an 170 après Jésus-Christ, rapporte la même hypothèse. Nous disons hypothèse, car, à cette époque, cette théorie, n'ayant pas été démontrée expérimentalement, ne pouvait être qu'une conjecture.

Jusqu'au seizième siècle, aucun écrit ne rappelle la connaissance de ce principe. Il faut arriver jusqu'en 1584, pour trouver quelque renseignement à ce sujet.

C'est dans un manuscrit écrit à Milan, que le grand peintre florentin, Léonard de Vinci, consigna la différence qui existe entre les images d'un même objet, vu simultanément par les deux yeux. Un pas de plus, et la découverte du stéréoscope était faite par Léonard de Vinci. Mais l'étude des sciences n'occupa qu'accidentellement l'esprit de ce grand homme.

Neuf années plus tard, le physicien italien

Jean-Baptiste Porta, fit des recherches sur le même sujet. Porta a donné un dessin tellement complet et tellement exact des deux images séparées, telles que les voit chacun de nos yeux, et de l'image combinée qui vient se former par la superposition des deux premières, qu'on retrouve dans ce dessin, non-seulement le principe, mais encore la construction du stéréoscope.

MM. Alexandre Brown et John Brown ont retrouvé récemment au musée Wicar, à Lille, deux dessins, qui furent exécutés par Jacopo Chimenti da Empoli, peintre de l'école florentine, né en 1554, mort en 1640. Ce document prouve que le fait observé par J.-B. Porta, avait beaucoup frappé ses élèves et ses continuateurs dans l'ordre des sciences et des arts. Toutefois les ouvrages postérieurs ne disent rien de précis sur le même sujet.

Dans son *Traité d'optique*, publié à Anvers, en 1613, François Aiguillon rappelle que J.-B. Porta eut connaissance de la vision binoculaire d'images distinctes.

Depuis le dix-septième siècle jusqu'à nos jours, plusieurs savants, parmi lesquels nous citerons Gassendi, Harris et le docteur Smith, émirent des opinions assez diverses sur cette question, c'est-à-dire pour expliquer le fait de la vision simple d'un objet par deux yeux.

M. de Haldat, savant physicien de Nancy, qui s'est beaucoup occupé des phénomènes de la vision, a, le premier, étudié expérimentalement les effets de la vue simultanée de deux objets, de forme et de couleurs dissemblables. Mais il ne construisit aucun instrument propre à mettre ce principe en évidence.

En 1834, un physicien écossais, Elliot, eut l'idée d'un instrument destiné à faire voir simultanément deux images dissemblables, produisant la sensation du relief; mais il n'exécuta cet instrument que trois ans après, c'est-à-dire en 1839, après la découverte de M. Wheatstone.

C'est en 1838, que parut le premier stéréoscope. M. Wheatstone, physicien anglais dont nous avons exposé les travaux dans la notice sur le *télégraphe électrique*, présenta à cette époque, à l'*Association britannique pour l'avancement des sciences*, son *Mémoire sur la physiologie de la vision*. M. Wheatstone soumit à cette société savante, à l'appui de ses théories, un instrument qu'il nommait *stéréoscope*, et qui avait pour but de démontrer que la superposition des deux images planes et dissemblables qui se forment sur la rétine de chacun de nos yeux, produit la sensation du relief

On ne saurait donc contester à M. Wheatstone l'honneur de l'invention qui nous occupe.

Dès 1832, H. Mayo avait, il est vrai, publié, dans la troisième édition de ses *Outlines of human physiology*, quelques idées théoriques très-justes sur cette question ; mais, pas plus que les autres savants qui avaient écrit sur le même sujet, il n'avait construit un instrument qui démontrât par l'expérience l'exactitude de ces vues.

L'instrument tel qu'il sortit des mains de M. Wheatstone, était un *stéréoscope à réflexion* : les deux images se formaient sur deux miroirs plans. Excellent pour démontrer le principe de la superposition des images, cet appareil était volumineux et embarrassant; il était loin de réunir toutes les conditions de simplicité qui devaient en faire un instrument d'amusement à la portée de tout le monde.

L'inventeur le comprit lui-même ; aussi chercha-t-il à perfectionner son appareil. Il fit plusieurs essais pour transformer son *stéréoscope à réflexion* en un *stéréoscope à réfraction*, c'est-à-dire pour substituer des prismes réfracteurs aux miroirs employés pour former les deux images ; mais il ne put y parvenir.

L'honneur de la découverte du *stéréoscope à réfraction*, c'est-à-dire de l'instrument qui est actuellement entre les mains de tout le monde, appartient à un physicien anglais, mort, en 1868, chargé d'honneurs et d'années, à sir David Brewster, à qui l'on devait déjà l'invention du *Kaléidoscope*, qui a tant amusé les enfants, grands et petits.

Fig. 115. — David Brewster.

Le *stéréoscope à réfraction* ou *stéréoscope à prisme*, est un perfectionnement essentiel du *stéréoscope à réflexion*, en ce qu'il permet de remplacer les miroirs plans, employés par M. Wheatstone, par deux prismes occupant très peu de place, et disposés de manière à réfléchir la lumière comme des miroirs plans. Cette substitution permet de réduire considérablement le volume de l'instrument et de le rendre usuel et transportable.

M. David Brewster fut conduit à substituer, dans ce cas particulier, des prismes réfracteurs aux miroirs, par les études qu'il avait faites pour remplacer les miroirs, dans un grand nombre d'instruments d'optique, par des prismes réfracteurs. C'est en 1844, que M. Brewster construisit le *stéréoscope à prisme.*

Malgré sa simplicité de construction et la beauté des effets optiques auxquels il donnait naissance, le *stéréoscope à prisme* serait demeuré confiné dans le domaine de la science pure, sans l'infatigable persévérance de son inventeur.

Après avoir essayé pendant six années, de triompher de l'ignorance et du mauvais vouloir des opticiens et des photographes anglais, qui se refusaient à fabriquer des vues stéréoscopiques, M. Brewster, désespérant de populariser son invention en Angleterre, vint à Paris en 1851. MM. Soleil et Duboscq, opticiens, ainsi que M. l'abbé Moigno, auxquels il fit voir l'instrument qu'il avait fait fabriquer par Soudon, opticien à Dundée, comprirent tout de suite tout le parti que l'on pouvait tirer de cet appareil, et M. Duboscq en fit aussitôt fabriquer plusieurs.

Un incident particulier contribua beaucoup à donner, en Angleterre, une certaine vogue au stéréoscope. Un de ces instruments avait été présenté par M. Brewster, à l'Exposition universelle de Londres, en 1851, à titre de nouveauté scientifique. Pendant une des visites que la reine Victoria faisait au Palais de cristal, cet instrument frappa ses regards; Elle s'amusa longtemps de ce spectacle nouveau. Quelques jours après, M. Brewster présenta à la reine un magnifique modèle de stéréoscope, construit à Paris par M. Duboscq. La souveraine d'Angleterre se montra très-heureuse de cet hommage.

L'événement ayant fait quelque bruit, M. Duboscq reçut d'Angleterre de nombreuses demandes. L'instrument une fois connu, la vogue ne tarda pas à arriver. Aussi les opticiens anglais, regrettant leur erreur première, se mirent-ils à fabriquer presque tous des stéréoscopes Brewster, de préférence au stéréoscope Wheatstone.

Il restait cependant à faire connaître et à répandre cet instrument en France. C'est à M. l'abbé Moigno que revient le mérite d'avoir fait sur le continent, la fortune scientifique de l'instrument de Brewster.

M. l'abbé Moigno commença par écrire

sur le nouvel instrument, une brochure excellente pleine d'aperçus originaux et à laquelle on n'a pas beaucoup ajouté depuis (1). Mais l'important était d'intéresser au stéréoscope les physiciens de Paris; et comme en matière scientifique, il faut toujours commencer en France, on n'a jamais bien su pourquoi, par l'Institut, M. l'abbé Moigno dut s'occuper, avant toute chose, de présenter l'instrument de Brewster aux membres de la section de physique de l'Académie des sciences.

Il débuta par Arago, le secrétaire perpétuel de l'Académie, dont l'autorité était immense, et qui trônait à l'Observatoire.

Arago reçut avec sa bienveillance ordinaire, le savant abbé, dans son Olympe astronomique ; mais Arago avait un défaut grave dans l'espèce : il y voyait double, ou, si vous préférez un mot scientifique plus sonore, mais qui n'en dira pas davantage, il était affecté de *diplopie*. Regarder au stéréoscope, qui double les objets, avec des yeux affectés de diplopie, c'est voir quatre objets, et par conséquent être complétement inaccessible aux effets de cet instrument. Lorsque Arago eut appliqué, pour la forme, ses yeux au stéréoscope, il le rendit tout aussitôt, en disant : « Je ne vois rien. »

M. l'abbé Moigno replaça donc l'instrument sous sa soutane, et alla sonner à la porte d'un autre membre de la section de physique de l'Institut, Félix Savart, à qui l'acoustique est redevable de tant de découvertes, mais qui était complétement étranger à l'optique.

Savart avait un œil entièrement voilé; était à peu près borgne. Il consentit, en se faisant un peu prier, à appliquer son bon œil devant l'instrument; mais il le retira bien vite, en s'écriant : « Je n'y vois goutte. »

Le bon abbé reprit, en soupirant, son stéréoscope et sa brochure, et alla porter le tout au Jardin des Plantes, à M. Becquerel.

Ce physicien s'est rendu célèbre par ses découvertes sur l'électricité; mais il ne s'est

Fig. 116. — L'abbé Moigno.

jamais occupé d'optique, par une assez bonne raison : il est borgne. Malgré sa bonne volonté, M. Becquerel ne put donc rien discerner dans un instrument qui exige le concours des deux yeux.

Le bon abbé commençait à désespérer de sa mission. Cependant, comme il a la ténacité des têtes bretonnes, il voulut pousser l'entreprise jusqu'au bout. Pour continuer sa tournée, il monta dans une voiture, et se fit conduire au Conservatoire des Arts et métiers, chez M. Pouillet, qui professait alors avec éclat la physique dans cet établissement, et qui ne devait pas tarder, d'ailleurs, à voir payer ses beaux et longs services dans l'enseignement public, par une disgrâce absolue.

M. Pouillet, quand il s'agit de science, est toujours enflammé d'un saint zèle, mais M. Pouillet a un défaut : il est louche. Avec des yeux aux axes divergents, il est impossible de faire coïncider en un même point les

(1) *Stéréoscope, ses effets merveilleux; pseudoscope, ses effets étranges,* par l'abbé Moigno, brochure in-8°, avec planches. Paris, 1852.

doubles images du stéréoscope. Après de vains efforts, le physicien du Conservatoire des Arts et métiers fut donc forcé de déclarer à son tour, qu'il n'y voyait, comme on dit, que du feu.

Il y avait cependant un membre de la section de physique de l'Académie qui n'avait ni diplopie ni strabisme, et qui, loin d'être borgne ou d'avoir l'œil voilé, y voyait parfaitement clair de toutes manières : c'était l'illustre Biot. M. l'abbé Moigno alla donc, en toute confiance, sonner à la porte du doyen de l'Académie, qui demeurait au Collége de France.

Biot, nous venons de le dire, avait d'excellents yeux; seulement, quand on lui présenta le stéréoscope, il fut subitement frappé de cécité. Expliquons-nous : il fut aveugle volontaire; en d'autres termes, il refusa de voir, après avoir consenti à grand'-peine à regarder. Ce phénomène d'optique contrariait-il la théorie classique de l'émission de la lumière, la doctrine de Newton, dont Biot fut le constant et le brillant défenseur? Nous n'entreprendrons pas de le décider; toujours est-il qu'une cécité volontaire le frappa, comme elle avait frappé, dans des conditions toutes semblables, le physiologiste Magendie, qui, un jour, et devant une commission académique, refusa obstinément de mettre l'œil au microscope, pour constater, d'un simple regard, une de ses erreurs anatomiques.

Voilà avec quel empressement les physiciens de l'Académie, auxquels s'adressa le patron bénévole de l'invention de Brewster, accueillirent cette communication.

Heureusement, il y avait au Collége de France, à deux pas de l'appartement de Biot, un autre physicien, membre de l'Académie, qui n'est jamais, ni volontairement ni involontairement, aveugle : c'est M. Regnault. Le jeune et célèbre physicien examina avec la plus grande attention l'appareil de son collègue de Londres. Il fut charmé de ses effets, et il l'appuya très-chaudement, à partir de ce jour, auprès des savants de la capitale.

La glace étant ainsi rompue, la fortune commença à sourire à l'ingénieux instrument qui nous arrivait d'Angleterre. Les journaux scientifiques et autres parlèrent de ses remarquables effets, de ses révélations et de ses surprises; la vogue se mit de la partie, et nos opticiens commencèrent à fabriquer par milliers des stéréoscopes à prismes.

CHAPITRE II

FAITS A L'APPUI DE LA THÉORIE DU STÉRÉOSCOPE ET DE LA VISION STÉRÉOSCOPIQUE.

Depuis l'année 1852, époque à laquelle le stéréoscope commença à se répandre en Angleterre et en France, on a modifié de différentes manières le *stéréoscope à prismes*, sans rien changer pourtant de bien essentiel à ses dispositions. On a seulement construit un grand nombre de stéréoscopes nouveaux, plus compliqués ou plus puissants, et que nous aurons à faire connaître. Mais avant de décrire chacun de ces stéréoscopes en particulier, il est indispensable, pour l'intelligence du sujet, de donner quelques explications sur la théorie du stéréoscope, théorie que nous n'avons fait que poser en principe, au commencement de cette notice, sans en présenter les preuves. Nous avons maintenant à donner la démonstration de ce principe.

Quand nous regardons un objet avec nos deux yeux, nous le voyons tel qu'il est, c'est-à-dire saillant, solide et en relief. Mais ce relief, nous le faisons comme M. Jourdain faisait de la prose, c'est-à-dire sans le savoir. Il est dû à la superposition, à l'accouplement, des deux images planes et dissemblables, qui se forment sur la rétine de chacun de nos deux yeux.

Cette proposition semble, au premier abord, abstraite et difficile à comprendre; mais une expérience que tout le monde peut faire, en démontrera l'exactitude et la simplicité.

Devant les deux yeux, placez votre main gauche dans la position verticale, de manière que le pouce et l'index soient seuls visibles. Fermez l'œil droit, et ouvrez le gauche, vous apercevrez la face antérieure de la main B (*fig.* 117). Fermez maintenant l'œil gauche et ouvrez le droit, l'image sera totalement changée : ce n'est plus la face antérieure de la main

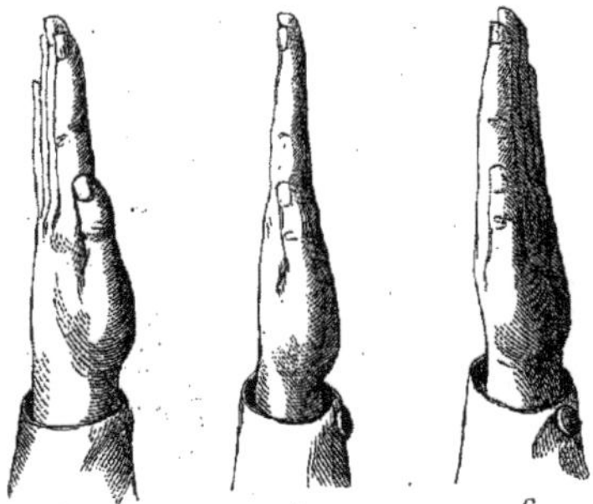

Fig. 117. — Les trois aspects de la main.

que vous verrez, ce sera la face interne, C. Ouvrez les deux yeux, et vous ne verrez plus qu'une seule image, A, qui représente une partie des deux faces antérieure et postérieure de votre main. Cette observation prouve que c'est bien la combinaison que notre esprit fait de ces deux images séparées, qui produit l'image entière que nous apercevons des deux yeux.

Aux deux images distinctes que tout objet envoie à chacun de nos yeux, si nous substituons deux dessins qui soient bien identiquement la représentation de chacune de ces images, nous nous placerons dans les mêmes conditions que la vision naturelle, et nous aurons non-seulement la sensation du relief, mais encore celle de la couleur, de la dégradation des teintes, en un mot le même sentiment que si nous avions la nature elle-même devant les yeux.

La figure 118 (page 196) représente deux dessins tels qu'on verrait le même sujet, en regardant d'abord de l'œil droit seulement, ensuite de l'œil gauche seul. Pour construire un stéréoscope, c'est-à-dire un instrument qui produise en nous les mêmes sensations que la vision naturelle, nous n'avons plus, étant donnés les deux dessins des images distinctes, qu'à trouver un moyen d'envoyer sur les rétines de chacun de nos yeux ces images, comme le ferait l'objet lui-même.

On peut, sans avoir recours à aucun instrument, déterminer avec les deux images de la figure 118 la sensation du relief, par un artifice bien simple. Plaçons sur une table, à côté l'un de l'autre et en face de son œil respectif, le dessin droit et le dessin gauche ; fixons-les attentivement, de manière à ne pas laisser errer notre regard : alors nous verrons l'objet représenté par les dessins nous apparaître avec ses trois dimensions, comme si nous le regardions dans l'espace.

Comme il est très-difficile de fixer les yeux sur deux objets différents, on peut rendre la chose plus commode en plaçant devant le nez une cloison quelconque, en papier, ou même la main. Mais, outre la fatigue très-grande que produit ce mode d'observation, un inconvénient sérieux, c'est qu'il occasionne des douleurs de tête, et si cet exercice est prolongé quelque temps, il peut provoquer le strabisme. On peut, sans s'exposer à aucun de ces dangers, se servir du stéréoscope de Brewster, qui sera décrit dans le chapitre suivant ; et alors le relief apparaît avec toute évidence.

Un physicien anglais, M. Brücke, a fait, dans le même ordre de démonstrations, d'autres remarques. Il a prouvé que notre vue ne peut embrasser un objet tout entier d'une vision très-distincte, et que la lucidité d'un point quelconque de cet objet est toujours au détriment de la clarté du reste de ses parties. Quand nous regardons un corps, ce n'est donc pas du premier coup que nous en percevons toutes les formes, mais bien grâce à une série d'impressions se produisant à des intervalles très-rapprochés, il

Fig. 118. — Deux dessins stéréoscopiques.

est vrai, mais pourtant appréciables. Il faut aussi, pour que la sensation du relief se produise, non pas que les images viennent frapper ensemble nos yeux, mais qu'elles arrivent isolément tout en paraissant venir du même point.

Il est donc établi, par ces différentes remarques, que le sentiment du relief d'un corps vu par nos deux yeux, résulte de deux images dissemblables de ce corps, formées sur chacune des rétines de nos deux yeux, images que l'intelligence combine et réunit de manière à nous donner l'impression de l'objet total.

On a fait à cette proposition une objection, grave en apparence, en disant que les personnes borgnes, de naissance ou accidentellement, perçoivent les reliefs, apprécient les distances et les effets de perspective, à peu près comme celles qui jouissent de leurs deux yeux. Mais il faut tenir compte, dans ce cas, de l'exercice des autres sens et d'une longue habitude. Il est, du reste, un fait important à noter : c'est que, quand un individu privé d'un œil regarde un objet éloigné, la direction de son regard et la position de sa tête varient continuellement sans qu'il en ait conscience. Il cherche instinctivement à obtenir sur sa rétine unique diverses images destinées à suppléer aux deux images naturelles des deux rétines. « Ce mouvement, dit M. l'abbé Moigno, est d'ailleurs assez rapide pour que la seconde image se forme avant la disparition de la première, et que de leur existence simultanée résulte l'estimation de la distance avec la perception des reliefs et des creux (1). »

Après cet exposé général, nous passons à la description des principaux appareils qui portent le nom de stéréoscopes, et qui diffèrent par certaines dispositions.

CHAPITRE III

LE STÉRÉOSCOPE A MIROIRS DE M. WHEATSTONE. — LE STÉRÉOSCOPE A PRISMES DE BREWSTER.

Le *stéréoscope à miroirs* de M. Wheatstone est le premier qui ait été construit. Cet instrument, que représente la figure 119, con-

(1) *Le Stéréoscope*, p. 3.

Fig. 119. — Stéréoscope à miroirs de M. Wheatstone.

siste en une boîte (dont on a enlevé les parois sur cette figure, afin d'en montrer les dispositions intérieures), qui porte sur ses deux cloisons verticales D, C, deux dessins préparés conformément aux principes de la vision stéréoscopique, c'est-à-dire non identiques, et différant légèrement entre eux, par la longueur de l'espace embrassé. Au milieu de la boîte, sont deux miroirs plans, A, B, réunis à angle droit. Le dessin gauche D et le dessin droit C viennent se refléter sur les miroirs A, B, et les deux images, arrivant dans l'œil de l'observateur, lui donnent la sensation du relief.

Dans l'instrument tel qu'il est construit, les miroirs et les dessins sont enfermés dans la boîte, et l'observateur applique son œil à deux petites lunettes, E, F, garnies de verres convexes. Ces petites lunettes, que l'observateur règle selon sa vue, grâce à une crémaillère, grossissent l'image, et rendent l'effet plus saisissant.

Quoiqu'en apparence fort simple, ce stéréoscope était d'un usage difficile. Ce n'était qu'à force d'habitude que l'on arrivait à pouvoir adapter promptement les miroirs au point voulu. Il avait, en outre, l'inconvénient d'être très-volumineux et, par conséquent, peu portatif. En substituant des prismes aux miroirs, Brewster rendit ce curieux instrument beaucoup plus usuel.

Avant de donner en détail la description du stéréoscope de Brewster, il est nécessaire de faire comprendre comment on a pu substituer aux miroirs plans employés par M. Wheatstone, des prismes réflecteurs, et obtenir les mêmes effets.

Sur un miroir plan AB (*fig.* 120), placé ho-

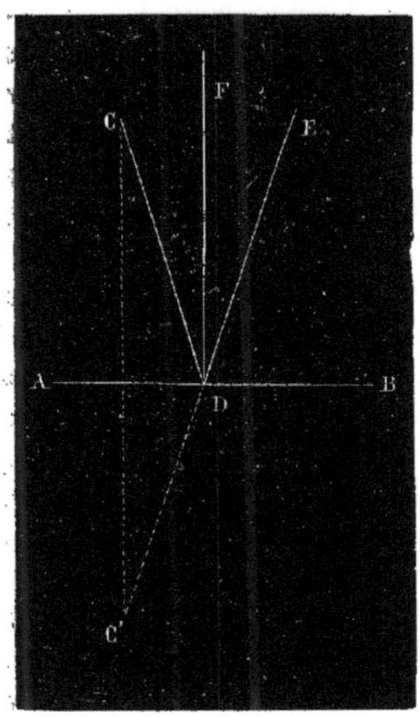

Fig. 120. — Réflexion des rayons lumineux sur un miroir plan.

rizontalement, faisons tomber, en D, un rayon incident C. Il se reflète suivant la ligne E. Si au point d'incidence D, nous élevons une ligne DF, perpendiculaire à AB, en vertu des lois de la réflexion de la lumière, l'angle d'incidence CDF sera égal à l'angle de réflexion EDF. Si donc on place son œil au point E, ce n'est pas l'image réelle de l'objet C que l'on verra, mais bien l'image C', qui n'en est que la représentation virtuelle, et qui paraît située derrière le miroir. L'expérience a prouvé que ce point C' est toujours symétrique au point C, c'est-à-dire que C' est placé à la même distance que C du miroir AB; de plus, que la ligne AB, représentée par le miroir, et que l'on appelle *axe de la symétrie*, est perpendiculaire à une ligne qui joindrait les points C et C'. Il est établi encore, que quand le rayon émané d'un point lumineux arrive à l'œil, après avoir subi, par des causes quelconques, un ou plusieurs changements de direction, l'impression reçue est celle que produirait un point lumineux situé quelque part sur le prolongement géométrique de la dernière direction de ce rayon. Ce principe explique encore comment, lorsqu'on place face à face deux miroirs plans, on voit les objets placés entre ces deux réflecteurs se multiplier à l'infini. C'est ainsi que l'on a produit de très-belles illusions d'optique et que l'on simule, par exemple, des salles d'une profondeur infinie.

Qu'arrivera-t-il, si nous remplaçons le miroir plan par un prisme? Le rayon incident RI (*fig.* 121) tombe obliquement sur la surface AB du prisme ABC. D'après les lois de la réfraction, le rayon lumineux, changeant de milieu, se réfracte d'abord dans le verre, en se rapprochant de la perpendiculaire, et prend la direction I'. Arrivé là, il subit une nouvelle déviation, et en sortant du verre pour passer dans l'air, il s'écarte de la perpendiculaire, et prend la direction I'E. Ainsi le rayon parti de R viendra frapper l'œil placé au point E. Le rayon incident a donc été brisé deux fois, suivant II', puis suivant I'E, de manière à être ramené vers la base du prisme. L'œil placé en E n'aperçoit pas l'objet réel situé en R; ce qui le frappe, c'est l'image virtuelle de cet objet, qui est située sur le prolongement géométrique de la direction du rayon réfracté I'E, et qui est placée en E'. L'image paraît ainsi remonter vers le sommet du prisme.

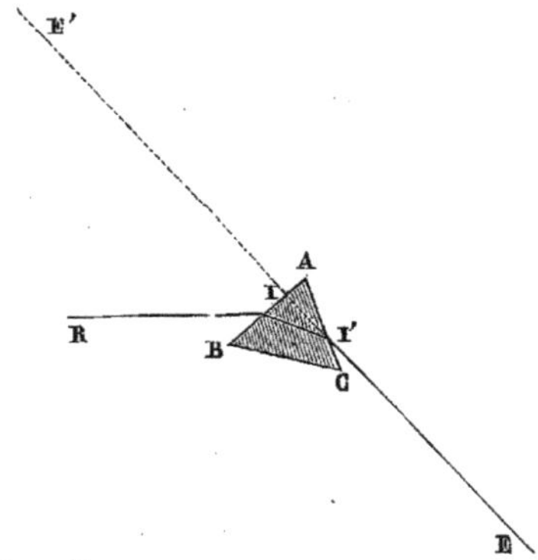

Fig. 121. — Marche des rayons lumineux dans le prisme réflecteur.

Il était donc possible de remplacer, dans le stéréoscope de M. Wheatstone, le miroir plan par un prisme dont l'angle fût placé de telle sorte que la réflexion des rayons lumineux s'opérât dans son intérieur, comme dans un miroir plan. C'est ce que fit Brewster. Aux miroirs plans employés pour faire réfléchir les deux images stéréoscopiques, il substitua deux prismes, à l'intérieur desquels la réflexion de ces images s'opère comme elle s'opérait à la surface des miroirs plans employés par M. Wheatstone.

Les avantages pratiques qui résultent de cette substitution, se comprennent aisément. Le *stéréoscope à miroirs* occupait une grande place, et constituait un véritable appareil de cabinet de physique; par ses dimensions, le *stéréoscope à prismes* est, au contraire, un véritable instrument de salon.

Le *stéréoscope à prismes* ou *stéréoscope de Brewster* (*fig.* 122) est une boîte de substance opaque, ayant à peu près $0^m,10$ de largeur à sa partie inférieure sur $0^m,13$ de hauteur. Il porte à sa partie supérieure, deux tuyaux de lorgnette, qui appellent l'application des yeux. Dans chacun de ces tuyaux est placé l'un des prismes produisant chacun l'effet de réfraction de l'une des deux images. Sur le devant de la boîte est une porte CD, garnie de papier d'étain qui sert à refléter la lumière sur les images que l'on place en regard des prismes, et que l'on introduit par une

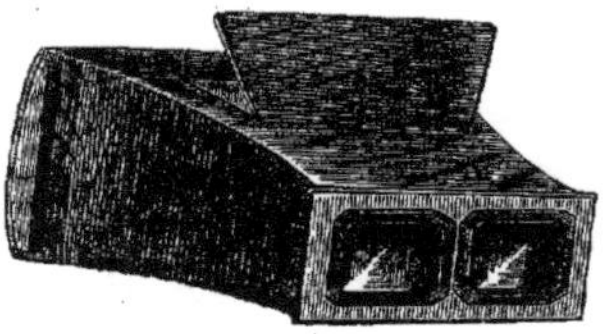

Fig. 122. — Stéréoscope de Brewster.

fente située à la partie latérale. On peut aussi, grâce à cette ouverture, nettoyer facilement le côté interne des verres.

Pour que l'observateur puisse voir sans fatigue l'effet stéréoscopique produit par la combinaison des deux images, on a disposé au milieu de la boîte, une cloison qui isole chacune des images.

Telle est la disposition de l'instrument. Voyons maintenant ce qui se passe lorsqu'on regarde deux dessins à travers les deux prismes.

Soient A, B (*fig.* 123) les deux dessins, et *a*, *b*

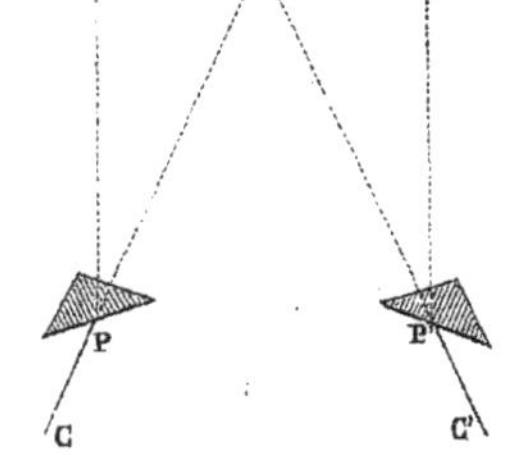

Fig. 123. — Figure géométrique des effets du stéréoscope à prismes.

un point pris sur chacun de ces dessins. Sur le trajet des rayons émis par les deux points *a* et *b*, plaçons deux prismes P et P'. D'après ce qui a été expliqué grâce à la figure 121, les rayons réfractés arriveront aux deux yeux C et C', et sembleront partir de leur point de convergence, c'est-à-dire du point O; de telle sorte que si l'angle des prismes et leur distance aux images A et B sont convenablement calculés, ces deux images se superposeront en O, comme dans le stéréoscope à réflexion.

Les premières épreuves stéréoscopiques étaient faites à la main, ce qui était d'une grande difficulté. Lors de la découverte du daguerréotype, on fit pour le stéréoscope, des plaques daguerriennes doubles; mais le procédé d'exécution était fort coûteux, et les épreuves étaient difficiles à se procurer. Ce ne fut que grâce au progrès de la photographie que l'on arriva à fabriquer des vues fort belles et à des prix modérés. M. Duboscq publia le premier une collection de vues stéréoscopiques.

Quoique Brewster eût signalé, dès 1850, la possibilité de faire des épreuves de couleur sur papier transparent, ou sur plaque de verre, il n'avait pas eu l'idée d'enlever la paroi opaque postérieure du stéréoscope et de la remplacer par un verre dépoli, pour rendre l'éclairage de ces épreuves possible. Ce fut M. Duboscq qui remplaça le premier cette paroi par une glace qui permet le passage de la lumière.

La figure 124 représente le modèle le plus commode de stéréoscope. Il est muni d'une

Fig. 124. — Stéréoscope à crémaillère de Brewster.

crémaillère, à la façon des lorgnettes d'opéra, ce qui permet à l'observateur de régler la position des prismes selon sa vue. La paroi AB, qui termine l'instrument, est en verre dépoli, et les épreuves photographiques sont formées elles-mêmes sur une lame de verre. Une porte CD, doublée d'une feuille d'étain, que l'on ouvre ou que l'on ferme à volonté, permet d'augmenter ou d'atténuer la quantité de lumière transmise à l'instrument.

M. Ferrier, photographe de Paris, a donné au stéréoscope de Brewster une disposition très-commode et dont les effets sont pleins de charmes. Dans l'intérieur d'une grande colonne de forme prismatique, il a établi sur un axe, que l'on fait tourner au moyen d'un

Fig. 125. — Stéréoscope à colonne de M. Ferrior.

bouton, une grande quantité de vues stéréoscopiques sur verre. L'observateur, commodément assis et ayant l'œil à la lorgnette, tourne le bouton, et fait défiler devant lui toute la série d'épreuves contenues dans l'intérieur de l'instrument. On fait ainsi un *voyage dans un fauteuil* à travers les sites les plus variés. La figure 125 représente cet appareil.

CHAPITRE IV

STÉRÉOSCOPE A RÉFLEXION TOTALE. — STÉRÉOSCOPE PANORAMIQUE DE M. DUBOSCQ. — STÉRÉOSCOPE ELLIOT. — TÉLÉS-STÉRÉOSCOPE DE M. HELMHOLTZ. — MONO-STÉRÉOSCOPE DE CLAUDET. — EFFET STÉRÉOSCOPIQUE OBTENU PAR DES VERRES COLORÉS. — LE STÉRÉOSCOPE OMNIBUS. — LE STÉRÉOSCOPE REMPLACÉ PAR LA LORGNETTE D'OPÉRA.

Le *stéréoscope à miroirs* de M. Wheatstone, et le *stéréoscope à prismes* de Brewster, sont les appareils classiques pour ainsi dire. Pour compléter ce sujet, nous signalerons un certain nombre d'appareils qui ne sont pas d'un emploi usuel, mais qu'il est impossible de passer sous silence, vu les applications particulières qu'ils pourront recevoir.

C'est postérieurement aux travaux de MM. Wheatstone et Brewster qu'ont été imaginés les divers instruments dont nous allons donner une idée.

Stéréoscope à réflexion totale. — On a lieu de s'étonner que cette forme de stéréoscope ne soit pas devenue plus populaire que les autres, vu la simplicité de sa construction. Elle n'exige qu'un seul dessin de l'objet.

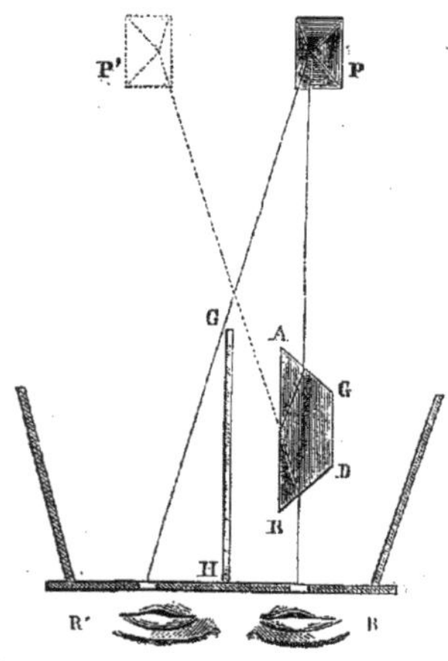

Fig. 126. — Stéréoscope à réflexion totale.

La figure 126 met en évidence le principe de cet instrument. Soit P le dessin de l'objet tel qu'on le voit d'un œil. ABCD est un prisme dont la base BD est assez large pour permettre l'application de l'œil R, afin de voir le dessin en entier et par réflexion. Des rayons lumineux partant du dessin P iront se réfracter à la base du prisme ABCD, et si l'angle du prisme est calculé pour produire ce que les physiciens appellent *réflexion totale de la lumière*, ces rayons viendront former en P′ une image virtuelle due à la réflexion totale de l'image P sur la base BD du prisme interposé entre l'œil, R, et l'image. On dispose entre les deux yeux un diaphragme en bois noirci pour intercepter les rayons étrangers au trajet direct. L'effet stéréoscopique résulte de ce que l'on voit deux images, l'une, P, vue directement par l'œil gauche, R′; l'autre, P′, vue par l'œil droit, R, grâce à la réflexion totale des rayons lumineux produite par le prisme ABCD.

Si l'on voulait construire un stéréoscope grossissant, rien ne serait plus simple que de placer aux ouvertures R et R′ des lentilles de foyers différents suivant les différences des foyers directs et réfléchis, et douées en outre de pouvoirs grossissants. C'est ce que M. Duboscq a fait pour la superposition des grandes images.

Stéréoscope panoramique. — Le même opticien a trouvé dans cette combinaison un moyen de construire un *stéréoscope panoramique.* La difficulté tenait à la nature des images qui, à cause de leurs grandes dimensions, ne peuvent pas se mettre, dans leur sens naturel, l'une à côté de l'autre. M. Duboscq prend les deux épreuves stéréoscopiques et les place l'une au-dessous de l'autre, pour produire l'effet optique qui va être expliqué.

L'appareil (*fig.* 127) se compose d'un écran E, que l'observateur tient à la main. C'est derrière cet écran et l'une au-dessus de l'autre, que l'on place les épreuves stéréoscopiques. La face antérieure de cet écran est garnie de tuyaux de lorgnette B, B′, qui ne contiennent ni prismes ni lentilles, et qui ne servent qu'à diriger la vue entre l'espace laissé libre par les deux épreuves. De la partie postérieure de l'écran se détache un bras, R, qui supporte sur des pivots deux miroirs M, M′, mobiles, et inclinés de telle façon que

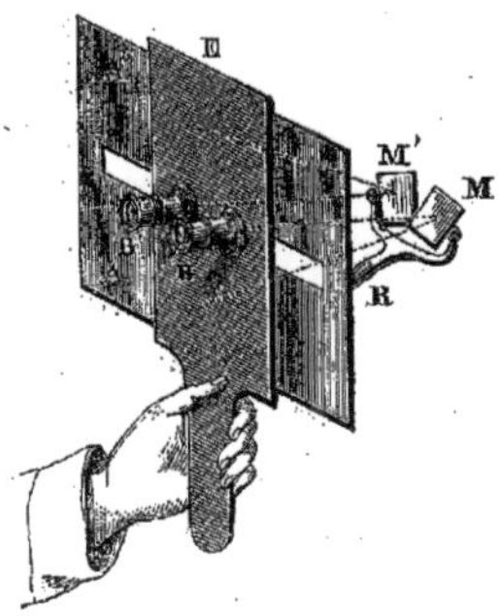

Fig. 127. — Stéréoscope panoramique de M. Duboscq.

l'un réfléchisse l'épreuve stéréoscopique supérieure, et l'autre l'épreuve stéréoscopique inférieure placées derrière l'écran. Les rayons réfléchis sont dirigés dans les yeux par les tuyaux de lorgnette B, B′, et la sensation du relief se produit.

M. Duboscq a construit un autre stéréoscope panoramique, dans lequel l'œil droit regarde librement l'image, mais devant l'œil gauche sont placés deux prismes, l'un immobile, l'autre mobile sur un pivot, et par la rotation duquel on amène sur le même plan l'image supérieure et l'image inférieure. C'est lorsque ce résultat est atteint que l'on obtient l'effet du relief.

Ces appareils présentaient un inconvénient sérieux. Un même stéréoscope ne pouvait servir à plusieurs personnes différentes, car la portée des vues n'étant pas la même, un myope ne pouvait se servir sans grande fatigue de l'instrument approprié à la vue du presbyte; M. Duboscq a remédié à cette difficulté en séparant la partie réfringente de la partie convergente de l'appareil. Dans son instrument, la variation des rayons est produite par des prismes fixes, le grossissement est le résultat de l'adaptation des lentilles que l'on peut, au moyen d'un écrou, faire avancer ou reculer, afin de l'adapter à toutes les vues, et de rendre les effets stéréoscopiques plus saillants.

Il ne suffisait pas de neutraliser la myopie et la presbytie, il fallait encore, et c'était là le plus difficile, remédier au strabisme, convergent ou divergent. M. Duboscq a résolu la question en modifiant l'angle réfringent du prisme, au moyen d'une autre paire de prismes que l'on fait mouvoir par un écrou semblable à celui dont on se sert pour mobiliser les lentilles.

Stéréoscope Elliot. — En louchant d'une façon convenable, on peut arriver à superposer deux images, quelle que soit leur grandeur, pourvu que ces images soient placées l'une à côté de l'autre verticalement et devant soi. Mais ce genre d'exercice n'est pas à la portée de toutes les vues, et il n'est pas sans danger pour les yeux. Le *stéréoscope à miroirs* de M. Wheatstone peut bien produire le relief de grandes images; mais comme les images doivent être placées face à face, il faut les écarter beaucoup quand elles sont d'une grande dimension, ce qui offre de grandes difficultés avec cet instrument. Il faut alors, ou les suspendre aux murs de la salle et s'exposer aux inconvénients d'un éclairage inégal; ou, quand l'espace qui les sépare n'est pas convenable, faire construire des supports pour chacune des épreuves. Le parallélisme est en outre assez difficile à obtenir. Enfin, si la distance du miroir aux images n'est pas égale de chaque côté, les images n'étant plus symétriques, il en résulte de la confusion.

C'est pour obvier à tous ces inconvénients que M. Elliot construisit son stéréoscope. Dans sa forme la plus simple, cet instrument se compose d'un cadre de bois semblable à une boîte ouverte par le fond. Deux côtés de cette boîte sont fermés ; une autre extrémité présente deux ouvertures percées de manière à permettre l'application des yeux. Les deux autres côtés de la boîte sont rentrants en dedans, de sorte que le côté droit cache à l'œil droit l'une des deux images, et réciproquement pour le côté gauche ; de telle façon que chaque œil ne puisse voir que l'image qui lui est opposée, c'est-à-dire l'œil gauche l'image droite, et l'œil droit l'image gauche. Au moyen d'un morceau de carton, ou d'une coulisse en bois verticale, on diminue l'ouverture de façon à ne laisser apercevoir que la largeur des images. Cela fait, les deux images ressortent entre l'œil et les dessins comme un paysage en miniature.

Télestéréoscope. — Un physicien allemand, M. Helmholtz, a fait connaître un autre moyen de réaliser l'effet du relief sur des objets placés à une grande distance dans un paysage naturel. L'instrument qui permet d'obtenir cet effet a reçu de l'auteur le nom de *télestéréoscope*, c'est-à-dire *stéréoscope du lointain*. Voici, d'après le *Cosmos*, les principes sur lesquels repose cet instrument, que chaque amateur peut construire lui-même, et qui devient une sorte de meuble pour les salons des maisons de campagne qui jouissent d'une vue lointaine et d'un espace vide laissant apercevoir une certaine étendue.

Dans un paysage, les objets très-éloignés et placés sur les derniers plans de l'horizon, ne s'aperçoivent qu'avec très-peu de relief, et ne produisent que fort peu d'effet, parce que la distance entre nos deux yeux est trop petite pour que l'on ait la sensation parfaite du relief. Le physicien allemand s'est proposé d'obtenir, dans la vision d'un paysage, sans le secours de doubles images prises à l'avance par la photographie, l'effet de relief que le stéréoscope produisait seul jusqu'ici.

« M. Helmholtz, dit le *Cosmos*, prend une planche longue d'environ 1m,50, et il la place en travers. Aux extrémités de cette planche, et perpendiculairement à sa surface, il dresse deux miroirs formant, avec avec l'axe ou la ligne médiane de la planche, des angles de 45 degrés. Au milieu de cette même planche, à $0^m,75$ des extrémités, il dresse deux miroirs plus petits, parallèles aux premiers et distants de la distance des deux yeux. Placé au milieu de l'arête antérieure de la planche, l'observateur regarde avec son œil droit dans l'un des petits miroirs, avec son œil gauche dans l'autre; il voit par là même, dans les petits miroirs, les grands miroirs et les images des paysages qui s'y réfléchissent. Or, on comprend sans peine que, par cette disposition, les images qu'il regarde et qu'i perçoit avec ses yeux, séparés seulement de $0^m,08$, sont celles que verraient deux yeux placés aux extrémités de la planche, c'est-à-dire distants de $1^m,50$ et que l'effet de relief doit, par conséquent, être augmenté dans une proportion très-considérable, surtout si l'on regarde avec une lorgnette qui rapproche ou grossit les objets, ou simplement avec des lunettes ordinaires. C'est ce qui arrive réellement, et dans ces conditions, l'effet produit surpasse même celui que l'on obtiendrait avec des images stéréoscopiques, parce que le paysage se montre, non plus représenté par un dessin formé de noirs et de blancs, mais avec ses couleurs et ses gradations naturelles de tons. Des objets distants de 800 et même de 1,500 mètres se détachent alors parfaitement du fond, avec lequel ils se confondaient quand on les regardait à l'œil nu; les objets plus rapprochés ont retrouvé leur relief ou la solidité de leurs formes, et l'œil est tout surpris de cette quasi-révélation de détails qui lui échappaient auparavant. »

Monostéréoscope de Claudet. — En 1858, Claudet, qui était déjà connu par ses recherches photographiques et ses travaux sur le stéréoscope, présenta à la *Société royale de Londres* un instrument qui, au moyen d'une image projetée sur un verre dépoli et résultant de la fusion en une seule de deux images semblables, produit la sensation du relief. Comme on le voit, l'invention de cet instrument tendait à faire changer les théories établies sur la vision binoculaire.

Tout le monde sait que, dans la chambre obscure, l'image des objets reçue sur le verre dépoli, produit la sensation du relief; mais on sait aussi que ce relief disparaît lorsqu'on veut le fixer sur le papier par la photographie. Pour lui communiquer l'effet du relief, Claudet prend deux objectifs, et au moyen de ces objectifs il projette deux images identiques d'un objet quelconque sur le même point d'un écran, afin que celles-ci, se rencontrant au même point, se fondent et n'en forment plus qu'une seule.

L'appareil se compose d'un large écran noir, (*fig.* 128) au milieu duquel on a ménagé un espace carré, occupé par une glace dépolie; c'est sur cette glace que l'on envoie, comme nous venons de le dire, les deux épreuves stéréoscopiques. Quand on regarde, sans le secours d'aucun instrument, cette image, on perçoit la sensation très-distincte du relief.

Fig. 128. — Monostéréoscope de Claudet.

Un grand avantage qu'a cet instrument sur le stéréoscope Brewster, c'est que l'on peut contempler cette image absolument comme un tableau, soit à $0^m,30$, soit à 3 mètres de distance, et cela sans la moindre fatigue, et que plusieurs personnes peuvent la regarder à la fois. L'image projetée est plus grande que l'image photographique, par le seul fait de sa projection sur l'écran. Si l'on veut rendre encore les effets plus sensibles, on la regarde avec de fortes lentilles convergentes.

On explique le phénomène que produit le monostéréoscope, en disant que, bien qu'il n'y ait sur l'écran qu'une seule image visible, comme ce sont deux dessins accouplés qui produisent le dessin définitif, la sensation du relief est produite parce que chacune de ces images pour ainsi dire virtuelles est vue par chacun des yeux de l'observateur.

Le *monostéréoscope* de Claudet est un remarquable perfectionnement du stéréoscope ordinaire, puisque, au lieu d'une seule personne, ce sont plusieurs personnes qui pourront jouir à la fois des effets de l'instrument. L'illusion du relief produite par le stéréoscope diminue de beaucoup, et quelquefois manque totalement, pour l'observateur qui a les deux yeux d'une portée de vue très-différente (et nous sommes nous-même dans ce cas). Cette inégalité dans le foyer visuel de chaque œil n'est plus un empêchement, avec l'instrument de Claudet, pour jouir du spectacle stéréoscopique.

Un photographe français, M. Quinet, a réclamé la priorité de l'invention de cet instrument, qu'il aurait imaginé en 1853, et désigné sous le nom de *quinétoscope*.

Autre appareil stéréoscopique. — Dans ces derniers temps, on est parvenu à obtenir, par des moyens assez variés, l'effet stéréoscopique, que l'on n'avait pu produire d'abord qu'avec l'appareil à miroirs de M. Wheatstone, ou avec l'appareil à deux prismes de Brewster.

Dans le stéréoscope ordinaire, c'est-à-dire dans le stéréoscope de Brewster, aujourd'hui si populaire, chacun, on le sait, doit observer à son tour. Dans l'appareil de M. Claudet, dont nous venons de donner la description, deux ou trois personnes peuvent observer à la fois. M. Ch. d'Almeida, professeur de physique dans un des lycées de Paris, s'est proposé d'obtenir une disposition telle, que les images fussent agrandies jusqu'à devenir visibles à plusieurs mètres de distance, et que les illusions du relief pussent être aperçues, comme dans l'instrument de Claudet, des divers points de la salle où s'exécute l'expérience.

M. d'Almeida a fait connaître deux moyens différents qui permettent d'obtenir ce résultat, c'est-à-dire de rendre les images stéréoscopiques visibles à la fois à un grand nombre de spectateurs.

Voici le premier de ces procédés.

On projette sur un écran les images de deux épreuves stéréoscopiques. On rapproche les deux images projetées sur l'écran, de manière, non à les superposer trait pour trait, ce qui est impossible, car elles ne sont pas identiques, mais à les mettre à peu près dans la position relative où se serait présenté l'objet même. Ainsi superposées, nos deux images forment sur l'écran un enchevêtrement de lignes qui n'offre que confusion. Il faut, pour que la vision distincte ait lieu, que chacun des deux yeux n'en voie qu'une seule : celle de la perspective qui lui convient. A cet effet, et c'est en cela que consiste la découverte vraiment originale de M. d'Almeida, on place sur le trajet des rayons lumineux, deux verres teints de couleurs qui n'aient de commun aucun élément ou presque aucun élément simple du spectre. L'un est le verre rouge bien connu des physiciens, l'autre un verre vert que l'on trouve dans le commerce. Au moyen de ces verres colorés, l'une des images projetées sur l'écran est rendue verte, l'autre rouge. Si, dès lors, on place devant les yeux ces verres rouges et verts, l'image verte se montre seule à l'œil qui est recouvert du verre vert, l'image rouge à celui qui regarde à travers le verre rouge, et tout aussitôt le relief apparaît.

On peut se déplacer devant l'écran, le phénomène subsiste en présentant les modifications que les notions de la perspective peuvent faire prévoir. Une de ces modifications très-curieuses est celle que l'on observe en se déplaçant latéralement. Il semble alors que l'on voie tous les changements qu'on apercevrait si l'on était devant des objets réellement en relief. Les objets du premier plan semblent marcher en sens inverse du mouvement du spectateur, ce qui ajoute à l'illusion.

Dans son second procédé, M. d'Almeida laisse les images incolores. C'est en interrompant tour à tour le rayon visuel de chacun des yeux, que l'on arrive à ne faire voir à l'œil que l'image qu'il doit voir. On commence, au moyen de fortes lentilles convergentes, par concentrer la lumière en un foyer ; puis avec un carton percé de trous et qui tourne horizontalement sur son axe, on intercepte, d'une façon intermittente, la vue de l'écran ; on fait de même pour l'autre image. Ce procédé, comme on le voit, est fort élégant.

Un débat s'est élevé sur la priorité de l'invention de la vision stéréoscopique par les verres colorés. M. Rollmann, physicien allemand, s'en est dit l'inventeur : il aurait décrit cette méthode stéréoscopique en 1853, dans les *Annales de Poggendorff*.

Stéréoscope-omnibus. — M. Faye, membre de l'Institut, a fait connaître, en 1856, le moyen de remplacer le stéréoscope par une simple feuille de papier percée de deux trous. Ces deux trous sont de $0^{m},002$ de diamètre, et ils sont placés à une distance l'un de l'autre, à peu près égale à celle des deux yeux de l'observateur. Pour se servir de ce *stéréoscope-omnibus*, il suffit de le placer d'une main sur le dessin double qu'on tient de l'autre main, et de l'approcher peu à peu des yeux, sans cesser de regarder le dessin à travers les deux trous. Bientôt, ces deux trous semblent se confondre en un seul : alors l'image en relief apparaît entre les deux images planes, avec une netteté parfaite.

Sans doute, on peut obtenir la sensation du relief avec un dessin double, sans se servir d'aucun appareil ; mais le moyen indiqué par M. Faye facilite la vision stéréoscopique, et s'applique aisément à tous les cas, surtout aux dessins insérés dans des albums ou dans des livres, et qui se rattachent à la cristallographie, à l'histoire naturelle, et qu'on ne peut placer dans le stéréoscope ordinaire.

Le moyen indiqué par M. Faye pourra servir à remplacer les stéréoscopes que vendent nos fabricants : ce sera donc pour le public un clair bénéfice. Nous prévenons seulement les personnes presbytes qu'elles doivent renoncer à en faire usage, l'image stéréoscopique ne se produisant pas avec cet instrument si la vue est un peu longue.

Le stéréoscope remplacé par la lorgnette d'opéra. — Un physicien étranger, M. Zinelli, a trouvé le moyen de produire le même résultat physique avec une lorgnette de spectacle, c'est-à-dire de voir stéréoscopiquement, sans stéréoscope, une épreuve photographique. Voici la manière d'opérer.

L'épreuve doit être placée verticalement sur un piédestal, à la distance d'environ un mètre d'une fenêtre, de telle façon que la lumière tombe sur elle de biais, un peu en avant. On regarde alors l'épreuve au moyen d'une lorgnette d'opéra, en réglant, par une expérience préalable, la distance de la vision distincte, car cette distance varie avec la perspective et la puissance particulière des yeux. Après qu'on l'a trouvée, on voit l'épreuve stéréoscopiquement, c'est-à-dire avec les reliefs et la perspective que présente la nature.

On peut aussi regarder de la même façon des peintures ou des dessins. Si ces œuvres sont bien exécutées, l'apparence est tout à fait celle de la nature ; dans le cas contraire, on en reconnaît très-bien les défauts. Des images photographiques négatives regardées de cette manière, produisent un imposant effet, et particulièrement les monuments, parce que les blancs des fenêtres les font paraître illuminés. On recommande, pour obtenir ces effets, d'entourer les épreuves d'un cadre noir, ou de les tirer avec des bords noirs au moyen de la photographie.

Les différents stéréoscopes qui viennent d'être décrits, ne sont guère que des appareils scientifiques. Le seul qui soit d'un usage universel, le stéréoscope ordinaire, que vendent les opticiens, est celui de Brewster, ou l'appareil à prismes, dont nous avons représenté les différents modèles dans le chapitre précédent.

CHAPITRE V

PROCÉDÉS EMPLOYÉS PAR LES PHOTOGRAPHES POUR L'EXÉCUTION DES ÉPREUVES STÉRÉOSCOPIQUES. — LES DOUBLES CHAMBRES OBSCURES, ET LA CHAMBRE OBSCURE SIMPLE.

Nous avons réservé pour la fin de cette notice la description de la méthode qui est employée par les photographes pour prendre les vues destinées au stéréoscope. Le moment est venu de traiter cette question.

D'après les explications développées dans les pages précédentes, on sait que les épreuves photographiques destinées à être regardées au stéréoscope, et à donner l'effet du relief, doivent être doubles, concorder mathématiquement dans leurs parties centrales, mais différer d'une certaine quantité sur leurs parties latérales. Il faut pour cela, que l'épreuve de gauche ait été prise dans une direction un peu inclinée à gauche, et l'épreuve de droite dans une direction un peu oblique à droite.

L'angle qui représente ces différences d'aspect, varie selon que les objets sont rapprochés ou éloignés. Cet angle doit être beaucoup plus grand pour la vue stéréoscopique d'un paysage, c'est-à-dire pour un champ très-étendu de vision, que pour un buste ou un portrait, que l'on photographie à faible distance. On fait donc usage de deux appareils différents, selon que l'on veut prendre une vue stéréoscopique d'un objet rapproché ou éloigné. Dans le premier cas, on se sert de deux chambres noires; un seul appareil suffit pour le second cas.

Nous considérerons le premier cas, et supposerons qu'il s'agisse de faire deux épreuves stéréoscopiques du buste représenté sur la figure 129.

Sur une planchette portée par un trépied, on pose deux petites chambres noires, à la distance de 2 mètres environ du modèle, et l'on fixe ces deux chambres noires sur la planchette, au moyen de la coulisse et de la vis dont cette planchette est munie, en les tenant à un écartement de $0^m,12$ à $0^m,15$ environ. On aura préalablement déterminé le centre de figure du verre dépoli de la chambre obscure, sur lequel doit se former l'image, en traçant sur cette glace, au moyen d'un crayon, deux diagonales. Le centre de figure est le point où les deux diagonales se coupent. Alors on recevra l'image du modèle sur la glace de la chambre noire de gauche; et on la mettra bien au foyer de la lentille, en remarquant avec attention quelle est la partie du modèle qui vient former son image sur le centre de figure de la glace. Ensuite on mettra au point la chambre noire de droite, en amenant sur le point central de sa glace, la même partie du modèle qui occupait le centre de la première glace.

Les positions des deux chambres noires étant ainsi bien déterminées, on les arrête dans cette position, au moyen de la vis dont la planchette est munie, et l'on remplace les glaces dépolies des chambres noires, par les châssis contenant la lame de verre collodionnée. Alors, découvrant l'obturateur, on reçoit l'impression chimique sur la lame de verre collodionnée de l'une des chambres noires; puis on opère de la même manière pour l'autre glace collodionnée.

Ces plaques collodionnées, retirées des châssis des chambres noires, sont ensuite traitées à la manière ordinaire, c'est-à-dire transformées en clichés négatifs, lesquels serviront à tirer les épreuves positives, sur papier. Ces deux épreuves positives étant rapprochées, c'est-à-dire appliquées sur le carton, à une faible distance l'une de l'autre, seront prêtes à être introduites dans le stéréoscope.

Au lieu de tirer ces épreuves sur papier, on les tire quelquefois sur une lame de verre, dont la transparence ajoute beaucoup à l'effet.

Cette méthode n'est plus applicable, quand il s'agit de prendre des vues stéréoscopiques d'objets très-éloignés, par exemple, de paysages ou de monuments. Dans ce cas, une seule chambre noire est employée pour pro-

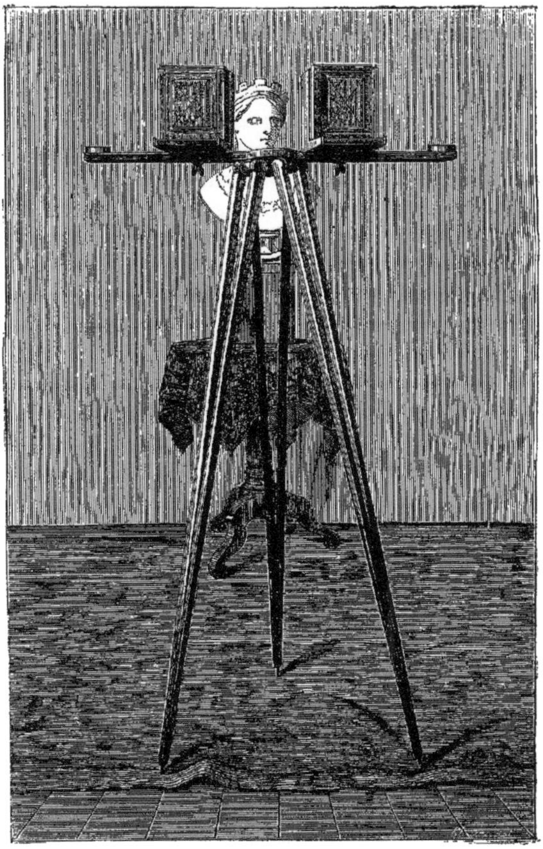

Fig. 129. — Manière de prendre les épreuves stéréoscopiques d'objets rapprochés.

duire les deux images stéréoscopiques, grâce aux dispositions que nous allons décrire.

La planchette que l'on pose sur le trépied et qui doit supporter elle-même la chambre noire (*fig.* 130) a une longueur de 0^m,50 à 0^m,60. Percée d'une rainure, elle est munie de deux équerres en bois A, B, qui peuvent se rapprocher ou s'éloigner dans la rainure, et se fixer à un écartement voulu, au moyen d'une vis. On place la chambre noire unique, qui doit servir à prendre les deux vues dissemblables, contre une des équerres A, et l'on remarque bien à quelle partie du paysage ou du monument, correspond le centre de figure de la glace dépolie, centre de figure qui a été déterminé, comme nous l'avons dit plus haut,

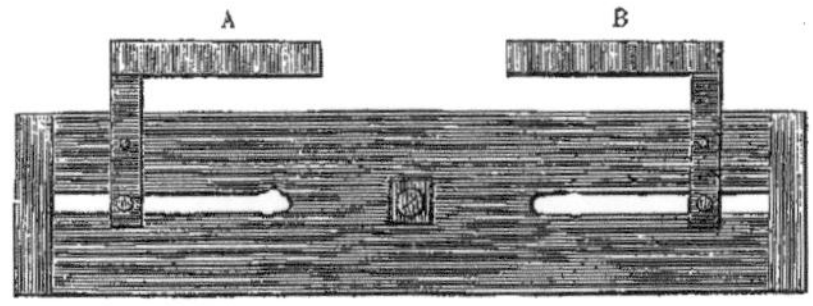

Fig. 130. — Planchette supportant la chambre noire pour les vues stéréoscopiques éloignées.

par l'intersection de deux diagonales. On forme aussitôt l'image photographique du modèle, en remplaçant la glace dépolie par le châssis à reproduction contenant la glace collodionnée. Cela fait, on pousse la chambre noire contre l'autre équerre, B, dont on fait varier la position, jusqu'à ce que la même partie du paysage ou du monument vienne encore correspondre au centre de la glace dépolie. Ce point étant bien déterminé, on fixe solidement la seconde équerre au moyen de la vis. On remplace la glace dépolie par la plaque de verre sensibilisée, et l'on reçoit la seconde image sur cette plaque sensibilisée.

Une seule chambre obscure, à objectif unique, peut servir, disons-nous, à prendre successivement les deux épreuves sur chaque moitié de la glace. Seulement, lorsqu'on découpera chaque épreuve positive pour la coller sur sa carte, il sera nécessaire de coller l'épreuve stéréoscopique gauche, à droite du carton, et l'épreuve stéréoscopique droite, à gauche du même carton. On peut remédier à cet inconvénient, quand on prend les deux vues photographiques ; il suffit de prendre la vue de droite sur le côté gauche de la glace collodionnée, et la vue de gauche sur son côté droit.

La distance à laisser entre les deux points d'arrêt de la chambre noire, ne doit pas être de plus de $0^m,07$, qui est l'écartement moyen des deux prunelles de nos yeux. En observant bien cet écartement, les épreuves stéréoscopiques sont excellentes et ne fatiguent point la vue.

FIN DU STÉRÉOSCOPE.

LES

POUDRES DE GUERRE

Les contes ridicules qui sont débités par les écrivains français sur l'origine de la poudre à canon, sont un triste témoignage des préjugés qui remplissent encore l'histoire des sciences, et de l'état chétif dans lequel a vécu jusqu'à ce jour cette branche de nos connaissances. Nos historiens les plus graves continuent à attribuer à Roger Bacon la découverte de la poudre, et au moine Berthold Schwartz la création de l'artillerie. S'ils veulent cependant faire preuve de connaissances plus précises à ce sujet, ils se hâtent d'ajouter que l'artillerie a été mise en usage pour la première fois, par les Vénitiens, au siége de Chiozza, en 1380, et qu'en France, un seigneur allemand fit présent à Charles VI de six pièces d'artillerie de fer, qui furent employées, en 1382, à la bataille de Rosbecque contre les Gantois. Quand ils veulent enfin obtenir un brevet d'érudition spéciale sur la matière, nos écrivains abordent les récits du feu grégeois, et c'est alors qu'arrivent toutes ces belles histoires sur ce terrible feu « qui embrasait avec une horrible explosion « des bataillons, des édifices entiers » (1) ; — — « que l'eau nourrissait au lieu de l'éteindre » (2) ; — « que l'on ne pouvait éteindre « que par le sable ou le vinaigre » (3) ; enfin, dont la composition s'est perdue au XIVe siècle, et n'a jamais été retrouvée.

On se demande, à la lecture de tant d'assertions erronées, comment on a pu altérer et obscurcir à ce point une question. Nous allons nous attacher ici, en nous appuyant sur les travaux les plus récents et les plus authentiques, à la présenter sous son véritable jour.

De tout temps, dès la plus haute antiquité, le feu a été l'un des moyens d'attaque en usage à la guerre. Les écrivains grecs et latins nous ont transmis la description de certains mélanges inflammables qu'on lançait à l'ennemi avec des machines, ou que l'on attachait aux flèches et aux dards.

Il résulte des textes de plusieurs historiens, tels que Thucydide (423 ans avant J.-C.), Æneas le Tacticien (336 ans avant J.-C.), Végèce et Ammien Marcellin, écrivains militaires latins du IVe siècle après J.-C., que plusieurs siècles avant notre ère, des mélanges de matières combustibles furent employés dans les siéges, comme agents offensifs, soit par les assiégeants, soit par les défenseurs. Tout le monde sait que l'huile et la poix bouillantes étaient jetées, du haut des remparts, sur les assaillants, dans les guerres des anciens peuples. Il faut ajouter que des

(1) Lebeau, *Histoire du Bas-Empire*, t. XIII, p. 106.
(2) Gibbon, t. X, p. 356, édit. 1828.
(3) Libri, *Rapport au comité des travaux historiques et des sociétés savantes, au ministère de l'Instruction publique* (5 déc. 1838).

compositions véritablement incendiaires venaient se joindre à ces moyens de défense. Nous citerons comme exemple le passage suivant du livre d'Æneas le Tacticien.

« Pour produire un embrasement inextinguible, dit Æneas, prenez de la poix, du soufre, de l'étoupe, de la manne, de l'encens et des ratissures de ces bois gommeux dont on fait les torches : allumez ce mélange et jetez-le contre l'objet que vous voulez réduire en cendres. »

Dans le chapitre précédent, Æneas recommande, si l'ennemi a mis le feu aux machines, d'arroser ces machines avec du vinaigre ; et il ajoute que non-seulement le vinaigre éteindra le feu, mais qu'on ne le rallumera qu'avec peine. Héron d'Alexandrie, Philon, l'architecte romain Vitruve, indiquent le même expédient, et prescrivent de tremper dans le vinaigre les cuirs et les matelas dont les machines doivent être couvertes.

Hâtons-nous de dire que cette branche de l'art de la guerre fit peu de progrès en Europe ; mais qu'il en fut autrement en Asie. Les mélanges incendiaires, qui avaient été déjà employés en Orient avant l'expédition d'Alexandre, reçurent dans ces contrées, un développement extraordinaire ; ils devinrent l'arme principale des combats.

Au VIIe siècle après J.-C., les feux de guerre furent transportés chez les Grecs du Bas-Empire. Ils passèrent de là chez les Arabes. On connaît tous les avantages que retirèrent les Grecs du Bas-Empire, dans leurs guerres maritimes, de ces mélanges combustibles, qui prirent alors le nom de *feu grec* ou de *feu grégeois*. Durant la période des croisades, les Arabes d'Afrique employaient contre les chrétiens ces mélanges inflammables, qui produisaient sur leurs ennemis l'impression d'une profonde terreur.

Le feu grégeois ne fut jamais, entre les mains des Grecs du Bas-Empire, comme dans les mains des Arabes, qu'un moyen de provoquer ou de propager l'incendie, qu'une manière de multiplier les formes sous lesquelles le feu peut être employé comme agent offensif dans les combats. Mais il finit par se répandre en Europe, et dès lors une révolution complète s'opéra dans ses usages. On apprit, dans l'Occident, à extraire le salpêtre des terres où il se trouve tout formé, on réussit à le purifier ; ajouté aux ingrédients primitifs des mélanges incendiaires, le salpêtre accrut énormément leur puissance combustible. Enfin la propriété explosive de certains mélanges à base de salpêtre, fut reconnue, on l'appliqua à l'art de lancer au loin des projectiles, et c'est ainsi que vers la moitié du XIVe siècle, l'artillerie à feu prit naissance en Europe.

Telle est, résumée en quelques traits, l'histoire générale de la poudre de guerre. A cette question : « Quel est l'auteur de la découverte de la poudre ? » — question si souvent posée et en des termes si divers, — on ne peut donc répondre que par cette autre question de Voltaire : « Qui le premier inventa le bateau ? » Personne n'a découvert la poudre, ou pour mieux dire tout le monde l'a découverte. C'est à la suite de perfectionnements successifs lentement apportés à la préparation des mélanges incendiaires, que se sont révélées, entre les mains des hommes, la propriété explosive de ces mélanges et leur force de projection. Ce n'est donc qu'après plusieurs siècles d'expériences et d'efforts que l'on a pu créer cet agent terrible qui, en déplaçant, dans les armées, le siége de la force, vint révolutionner l'art des combats.

En retraçant sommairement l'histoire de l'origine et des premiers emplois de la poudre à canon, nous avons indiqué par cela même le plan de cette Notice. Toutefois il est nécessaire, avant d'aller plus loin, d'établir à quelles sources ont été puisés les faits qui vont nous occuper. En 1845, MM. Reinaud et Favé ont publié sous ce titre : *Du feu grégeois et des feux de guerre*, un ouvrage d'une excellente érudition, rempli de consciencieuses recherches. L'interprétation des textes arabes et l'étude attentive des auteurs grecs et latins qui ont laissé des ouvrages de pyrotechnie ont permis à MM. Reinaud et Favé de jeter un grand jour sur la nature des mélanges incendiaires employés en Orient, et sur l'origine de notre poudre à canon. Les mêmes notions ont été développées dans les premières pages d'un livre que nous aurons à invoquer bien des fois : *Histoire des progrès de l'artillerie*, par le colonel Favé (1). Antérieurement, M. Ludovic Lalanne, dans un mémoire couronné par l'Académie des inscriptions et belles-lettres, avait su, par une heureuse combinaison de textes originaux, éclaircir l'histoire du feu grégeois, et fournir des renseignements pleins d'intérêt sur les effets de cette composition célèbre. Enfin, M. Lacabane, dans une dissertation sur l'*Introduction en France de la poudre à canon*, publiée en 1844 dans la *Bibliothèque de l'École des chartes*, a mis au jour d'utiles documents sur cette dernière question.

Ces travaux remarquables ont fait justice d'erreurs que les siècles avaient consacrées. Malheureusement, leur forme un peu aride avait empêché le public et les savants eux-mêmes, d'en bien apprécier toute l'importance, et nous serons heureux si le résumé que nous en donnerons offre assez de précision et de clarté pour dissiper les préjugés nombreux qui continuent de régner sur l'histoire des poudres de guerre.

CHAPITRE PREMIER

EMPLOI DES FEUX DE GUERRE CHEZ LES ORIENTAUX. — LEUR INTRODUCTION EN EUROPE AU VIIe SIÈCLE. — COMPOSITION DU FEU GRÉGEOIS. — MOYENS EMPLOYÉS PAR LES GRECS DU BAS-EMPIRE POUR LANCER LE FEU GRÉGEOIS DANS LES COMBATS MARITIMES.

La plupart des grandes inventions qui commencèrent, au moyen âge, l'affranchissement moral de l'humanité, sont originaires de l'Orient. Écloses sous le ciel de l'Asie, elles y demeurèrent pendant des siècles entiers, dans un état d'enfance ; mais une fois établies sur le sol de l'Europe, secondées dès lors par l'active imagination et le génie des Occidentaux, elles ne tardèrent pas à s'y perfectionner et à recevoir des applications étendues. Toutes ces créations nouvelles, qui devaient transformer les forces actives de la société et changer ainsi la destinée des peuples, existaient en germe dans l'orient de l'Asie. La nature, si féconde sous le beau ciel de ces contrées, offrait spontanément à l'observation de l'homme, certains faits qui, pour ainsi dire, apportaient avec eux leurs conséquences visibles. L'esprit des Orientaux les saisit de bonne heure, mais il fut impuissant à rien ajouter à ces données élémentaires. Arrêtées dès leur naissance, ces premières notions sommeillèrent pendant dix siècles. Il fallait les facultés actives des nations européennes pour en retirer tout le parti que l'on devait en attendre. Telle est l'histoire de l'invention de l'imprimerie, de la découverte de la boussole, de la fabrication du papier ; telle est aussi l'histoire de ces mélanges incendiaires qui, en usage chez les Orientaux dès les temps les plus reculés, ne reçurent qu'en Europe les modifications et les perfectionnements divers qui devaient donner naissance à la poudre à canon des temps modernes.

Le naphte, l'huile de naphte et quelques autres combustibles de la même nature, sont, en Asie, des produits naturels fort abondants ; il est donc tout simple que les Orientaux aient eu de bonne heure la pensée de les employer comme moyens offensifs. Mélangés avec des substances grasses ou résineuses, avec du goudron, des huiles et autres corps combustibles, ils servaient à préparer diverses compositions inflammables, que les Chinois, les Indiens et les Mongols ont consacrées, depuis des temps reculés, aux usages de la

(1) *Études sur le passé et l'avenir de l'artillerie, ouvrage continué à l'aide des notes de l'empereur* par Favé, colonel d'artillerie. l'un de ses aides de camp. T. III, *Histoire des progrès de l'artillerie.* Paris, 1862, chez Dumaine. (Les deux premiers volumes de ce grand ouvrage sont tout entiers de la main de l'Empereur des Français.)

guerre. Ces mélanges combustibles, contenant des corps gras et poisseux, avaient la propriété d'adhérer aux objets contre lesquels on les projetait, et constituaient ainsi un moyen dangereux d'attaque. Si l'on considère, d'ailleurs, que la sécheresse et la chaleur du climat de l'Asie rendaient ces agents de guerre plus efficaces et plus désastreux, on comprendra que les compositions de ce genre soient bientôt devenues d'un usage général chez les Chinois, les Indiens et les Mongols.

Cependant on a beaucoup exagéré le degré de perfection auquel les feux de guerre seraient parvenus chez les Chinois. Le père Amyot, dont les nombreux écrits contribuèrent tant, au XVIIIe siècle, à révéler à l'Europe, les arts, l'industrie et l'histoire de la Chine (1), le savant Abel Rémusat (2), ont voulu établir que tous les emplois actuels de la poudre avaient été connus dans le Céleste Empire ; et que dès le XIe siècle après J.-C., on y faisait usage de canons. MM. Reinaud et Favé ont parfaitement prouvé, contrairement à l'opinion du P. Amyot, que toutes les connaissances pyrotechniques des Chinois se réduisaient au pétard et à la fusée, dont ils tiraient parti dans les feux d'artifice, et que leurs moyens de guerre se bornaient aux mélanges combustibles. Le P. Amyot nous a laissé une longue description des diverses machines qui servaient, chez les Chinois, à jeter les compositions incendiaires. Les *flèches de feu*, les *nids d'abeilles*, le *tonnerre de la terre*, le *feu dévorant*, la *ruche d'abeilles*, le *tuyau de feu*, etc., étaient autant d'instruments ou d'engins destinés à lancer des flammes contre l'ennemi. Seulement la date précise du premier emploi de ces machines, n'est pas connue.

La *fusée*, ou une *flèche à feu* produisant l'effet d'une fusée, paraît avoir été en usage chez les Chinois dès l'année 969 après Jésus-Christ.

« L'an 969 après Jésus-Christ, dit le P. Amyot, seconde année du règne de *Tai-Tsou*, fondateur de la dynastie des *Sing*, on présenta à ce prince une composition qui allumait les flèches et les portait loin (1). »

Selon M. Favé, cet engin devait produire l'effet de nos fusées de guerre. Les Chinois auraient donc les premiers employé la fusée. Mais n'oublions pas que la substance incendiaire enfermée dans les tubes de carton dont faisaient usage les Chinois et qui constituaient leur fusée, ne contenait pas de salpêtre, et n'était pas, par conséquent, susceptible de produire des effets explosibles. Quant à la date précise de l'invention de cet engin de guerre, on doit le fixer d'après le passage du P. Amyot que nous venons de citer, au Xe siècle après J.-C.

Chez les Indiens, les feux d'artifice étaient connus depuis un temps immémorial ; ils faisaient partie des réjouissances publiques. On a trouvé, dans des contrées très-reculées des Indes, où les Européens n'avaient jamais pénétré, des espèces de fusées volantes que les naturels employaient à la guerre. L'usage, chez les Indiens, de mélanges de ce genre, remonte aux temps les plus reculés. Un commentaire des *Védas* (livres sacrés des Hindous) attribue l'invention des armes à feu à un artiste nommé Visvacarma, le Vulcain des Indiens, qui fabriqua, selon les livres sacrés, les traits employés dans la guerre des bons et des mauvais génies. Enfin, le code des Gentoux défend l'usage des armes à feu ; or, les lois rassemblées dans cette compilation, datent de la plus haute antiquité, et se perdent même dans la nuit des temps.

Ainsi, ces mélanges combustibles, qui plus tard, en se modifiant, devaient donner naissance à notre poudre à canon, sont originaires de l'Asie, bien qu'il soit impossible de citer

(1) *Mémoires concernant les arts et les sciences des Chinois*, t. VIII, p. 331.

(2) *Relations diplomatiques des princes chrétiens avec les rois de Perse* (*Mémoires de l'Académie des inscriptions*, t. VII, p. 416).

(1) *Recueil de mémoires sur les Chinois*, t. II, p. 492.

Fig. 131. — Machine à fronde, en usage au XIIIe siècle, pour lancer le feu grégeois.

avec exactitude la date première de leur emploi. Nous allons maintenant les voir pénétrer en Europe.

Ce n'est qu'au VIIe siècle après J.-C., que les mélanges incendiaires, depuis si longtemps en usage chez les Orientaux, furent introduits en Europe. Callinique, architecte syrien, avait appris à préparer ces mélanges en Asie. C'est à lui que les Grecs du Bas-Empire durent la connaissance de ces composés, qui furent désignés depuis ce moment sous le nom de *feu grégeois*, et qui devaient exercer une influence si puissante sur les destinées de l'empire d'Orient.

Callinique se trouvait en Syrie lorsque, en 674, pendant la cinquième année du règne de Constantin Pogonat, les Arabes, sous la conduite du calife Mouraïra, vinrent mettre le siége devant Constantinople. Callinique, passant secrètement dans le parti des Grecs, se rendit dans la capitale de l'empire, et vint faire connaître à l'empereur Constantin les propriétés et le mode d'emploi des compositions incendiaires, dont il se dit l'inventeur. Grâce à ce secours inattendu, l'empereur put repousser l'invasion des Sarrasins, qui, pendant cinq années consécutives, revinrent avec des forces nouvelles et des flottes considérables, mais furent chaque fois contraints de lever le siége.

Depuis le neuvième siècle jusqu'à la prise de Constantinople par les croisés, en 1204, les Byzantins durent au feu grégeois de nombreuses victoires navales, qui retardèrent la chute de l'empire d'Orient. Aussi les empereurs du Bas-Empire apportaient-ils la plus sévère attention à réserver pour leurs seuls États la possession de cet agent précieux. Ils ne confiaient sa préparation qu'à un seul ingénieur qui ne devait jamais sortir de Constantinople, et, selon M. Lalanne, cette fabrication était exclusivement réservée à la famille et aux descendants de Callinique.

La préparation du feu grégeois fut mise au rang des secrets d'État, par Constantin Porphyrogénète, qui déclara infâme et indigne du nom de chrétien celui qui violerait cet ordre.

« Tu dois par-dessus toutes choses, dit l'empereur à son fils, dans son traité de l'*Administration de l'Empire*, porter tes soins et ton attention sur le feu liquide qui se lance au moyen des tubes ; et si l'on ose te le demander comme on l'a fait souvent à nous-même, tu dois repousser et rejeter cette prière, en répondant que ce feu a été montré et révélé par un ange au grand et saint premier empereur chrétien Constantin (1). Par ce message et par l'ange lui-même, il lui fut enjoint, selon le témoignage authentique de nos pères et de nos ancêtres, de ne préparer ce feu que pour les seuls chrétiens, dans la seule ville impériale, et jamais ailleurs ; de ne le transmettre et de ne l'enseigner jamais à aucune autre nation, quelle qu'elle fût.

« Alors le grand empereur, pour se précautionner contre ses successeurs, fit graver sur la sainte table de l'Église de Dieu des imprécations contre celui qui oserait le communiquer à un peuple étranger. Il prescrivit que le traître fût regardé comme indigne du nom de chrétien, de toute charge et de tout honneur ; que s'il avait quelque dignité, il en fût dépouillé. Il déclara anathème dans les siècles des siècles, il déclara infâme, n'importe quel qu'il fût, empereur, patriarche, prince ou sujet, celui qui aurait essayé de violer une telle loi. Il ordonna en outre à tous les hommes ayant la crainte et l'amour de Dieu, de traiter le prévaricateur comme un ennemi public, de le condamner et de le livrer à un supplice vengeur.

« Pourtant une fois il arriva (le crime se glissant toujours partout) que l'un de nos grands, gagné par d'immenses présents, communiqua ce feu à un étranger ; mais Dieu ne put supporter de voir un pareil forfait impuni, et un jour que le coupable était près d'entrer dans la sainte église du Sauveur, une flamme descendue du ciel l'enveloppa et le dévora. Tous les esprits furent saisis de terreur, et nul n'osa désormais, quel que fût son rang, projeter un pareil crime, et encore moins le mettre à exécution. »

On observa ces injonctions sévères, et le secret de la préparation du feu grégeois resta fidèlement gardé. Quand les princes d'Occident obtinrent de Constantinople le secours de ce feu, au lieu de leur communiquer les recettes de sa préparation, on leur envoyait les navires tout appareillés du produit.

Quelle était la composition du feu grégeois? Sous quelle forme, par quels artifices particuliers était-il employé à la guerre ?

Le feu grégeois était formé de la réunion de plusieurs substances grasses ou résineuses, d'une combustibilité excessive. Le naphte, le goudron, le soufre, la résine, l'huile, les graisses, les sucs desséchés de certaines plantes, et les métaux réduits en poudre, tels étaient ses ingrédients ordinaires. Selon des recherches particulières, publiées en 1849, par MM. Reinaud et Favé, dans le *Journal asiatique*, le salpêtre n'entrait point dans la composition du feu grégeois préparé chez les Grecs du Bas-Empire. Ce n'est que plus tard que les Arabes, ayant appris à retirer ce sel des terres où il se forme naturellement, eurent l'idée de l'ajouter aux matières primitives.

D'après MM. Reinaud et Favé, les recettes pour la préparation du feu grégeois sont citées pour la première fois dans un manuscrit arabe de la bibliothèque de Leyde, qui remonte à l'année 1225, et qui a pour titre : *Traité des ruses de guerre, de la prise des villes et de la défense des défilés, d'après les instructions d'Alexandre fils de Philippe.*

Voici quelques passages extraits de ce manuscrit arabe par MM. Reinaud et Favé, et qui renferment la réussite par la préparation du feu grégeois selon ses différentes applications.

« *Feu qui brûle sur l'eau.* — Tu prendras de la résine ainsi que de la paille et de la poix noire, et tu les feras cuire ensemble ; quand le mélange sera fondu, tu y verseras du naphte blanc ; ensuite tu le répandras dans de l'eau quelle qu'elle soit. Si tu veux que la flamme soit bien pure, il faut ajouter du soufre et de la colophane. »

« *Drapeaux qui servent aux amusements.* — Tu peux faire usage d'une lance dans la forme que je t'ai

(1) Cependant l'empereur se contredit plus loin, lorsque, dans un autre passage de son livre, il rapporte à Callinique l'invention du feu grégeois. Il justifie ainsi le jugement de Lebeau, qui appelle ce prince « un grand conteur de fables. »

décrite, et de la grandeur que tu voudras. Tu prendras de l'étoupe, à proportion de la grosseur de l'instrument, et tu en envelopperas la base des fers de lance en recouvrant toute la surface. Tu te procureras des morceaux de peau crue, n'importe l'espèce de peau, pourvu que ce ne soit pas une peau de menu bétail; tu découperas cette peau en vue des drapeaux que tu veux faire, et tu la couvriras d'un enduit: suivant un auteur, l'enduit est inutile; ensuite tu y attacheras de l'étoupe. Les morceaux de peau auront des boutonnières, à l'aide desquelles on les fixera au bâton de la canne, sur une étendue de quatre coudées; ensuite tu arroseras le tout de naphte et tu verseras dessus du soufre, puis tu y mettras le feu, et tu déploieras cet appareil en présence des troupes. Tu feras diverses choses du même genre, selon les indications que j'ai données, s'il plaît à Dieu. »

« *Manière de frapper l'ennemi avec des seringues.* — Prends la partie creuse d'un roseau, que tu couperas empan par empan, disposes-y une garde que tu puisses empoigner.

« Quant au drapeau, à la lance et aux matières dont on les recouvre dans les amusements, tu prendras une longue baguette armée d'une pointe, et cette pointe sera accompagnée de crochets et de quatre..... Ensuite tu prendras de l'étoupe, et tu la disposeras à cette surface; tu arroseras la surface de naphte, et tu répandras dessus du soufre, puis tu y mettras le feu, et tu pousseras la lance en avant. Si tu frappes l'adversaire, tu le blesseras ou tu le brûleras; si la pointe n'entre pas, tu atteindras du moins l'adversaire, tu le saisiras avec les crochets, tu l'attireras à toi et tu le feras prisonnier, s'il plaît à Dieu. »

« *Autre recette de préparation du feu grégeois.* — Tu prendras du naphte, la quantité que tu voudras, tu le distilleras, de manière qu'il n'y reste ni dépôt, ni bois, ni impureté, ni rien, en un mot, qui soit dans le cas de boucher le tube et son ouverture; prends ensuite une marmite de première qualité, et creuse dans la terre un fourneau au-dessus duquel tu placeras la marmite; tu enduiras la marmite d'argile, de manière qu'une étincelle ne puisse en atteindre le sommet et y mettre le feu; dispose, sur le foyer, un bouclier qui intercepte la flamme. Tu verseras dans la marmite la quantité que tu voudras de naphte distillé; tu couvriras la tête de la marmite avec une étoffe grossière. Prends ensuite du galbanum, qui n'est autre chose que de la poix liquide; pour chaque cent cinquante-cinq rotls (livres) de naphte, tu emploieras huit livres et demie de galbanum, avec quinze livres d'huile de graines; à défaut d'huile de graines, sers-toi de poix. Fais apporter un grand pot de fer dans lequel tu verseras peu à peu du galbanum et des graines, mets en dissolution le galbanum à l'aide des graines, de sorte qu'il ne reste plus que la partie grossière du galbanum; s'il te reste un peu d'huile de graines, jette-la sur le galbanum en état de dissolution; tu verseras le tout sur le naphte dans la marmite; tu couvriras la marmite avec une étoffe grossière, tu allumeras un feu doux en faisant brûler des roseaux un à un, et d'après la quantité déterminée. Ne fais pas beaucoup bouillir le mélange, car tu le consumerais et le gâterais; quand tu verras que la matière s'est amollie, éteins le feu et laisse refroidir; décante ensuite la matière dans des vases, ou, si tu aimes mieux, dans des flacons, et fais-en usage dans le besoin. Quand tu voudras te servir de cette composition, tu prendras du soufre en poudre, que tu placeras sur la tête du vase, au-dessus du naphte; tu le remueras, et tu atteindras ainsi ton ennemi, s'il plaît à Dieu (1). »

Il serait inutile de citer d'autres formules. Les recettes pour la préparation des compositions incendiaires, chez les Grecs du Bas-Empire, se résument toujours, comme on le voit, dans un mélange de soufre et de diverses substances de nature grasse ou résineuse, dont les proportions varient de mille manières.

Quel était le mode d'emploi de ces compositions combustibles pour les usages de la guerre? Le feu grégeois fut surtout employé chez les Grecs du Bas-Empire, dans la guerre de siéges et dans les combats maritimes. Pendant les siéges, on lançait le feu grégeois avec des balistes, des mangonneaux ou des arbalètes, contre les travaux de défense, les tours de bois, etc., que l'on voulait incendier.

La figure 131 représente l'une des *machines à fronde* qui servaient, au XIIIe siècle, à jeter le feu grégeois contre les portes des villes assiégées. L'inspection de cette figure fait comprendre comment le tonneau plein de matière combustible enflammée, était lancé avec force, et à de grandes distances, au moyen d'une corde enroulée sur un cabestan, et que l'on détendait subitement. A la partie inférieure de ce vaste édifice de bois, on aperçoit des hommes manœuvrant un bélier, qui bat, à coups redoublés, les murs de la forteresse.

Le feu grégeois fut employé également et

(1) *Journal asiatique*, 1849, n° 16.

Fig. 132. — Navire couvert portant le feu grégeois (d'après un manuscrit latin du XIIIe siècle).

de bien des manières, pendant les batailles navales. On préparait des brûlots remplis de matières enflammées, qui, poussés par un vent favorable, allaient consumer les vaisseaux ennemis. On disposait aussi sur la proue des navires, de grands tubes de cuivre ou d'airain, à l'aide desquels on lançait le feu grégeois dans l'intérieur des vaisseaux ennemis. En outre, les soldats embarqués à bord des navires, étaient armés de *tubes à main*, qui servaient au même usage. Quelquefois on renfermait le mélange dans des fioles de verre ou dans des pots de terre vernissée, que l'on jetait contre l'ennemi, après en avoir allumé la mèche. C'est ce que montrent clairement les textes originaux sur lesquels M. Lalanne a appelé l'attention dans son mémoire sur le feu grégeois. Voici quelques passages de ces textes curieux.

L'empereur Léon le Philosophe, qui écrivit vers l'an 900, son livre des *Institutions militaires*, donne en ces termes des détails précis sur l'emploi du feu grégeois dans les combats maritimes :

« Nous tenons, tant des anciens que des modernes, divers expédients pour détruire les vaisseaux ennemis ou nuire aux équipages. Tels sont ces feux préparés dans des tubes, d'où ils partent avec un bruit de tonnerre et une fumée enflammée qui va brûler les vaisseaux sur lesquels on les envoie.....

« ..... Vous mettrez sur le devant de la proue un tube couvert d'airain pour lancer des feux sur les ennemis ; au-dessus vous ferez une petite plateforme de charpente entourée d'un parapet et de madriers. On y placera des soldats pour combattre de là et lancer des traits.

« On élève dans les grandes *dromones* (1) des châteaux de bois sur le milieu du pont. Les soldats qu'on y met jettent dans les vaisseaux ennemis de grosses pierres, ou des masses de fer pointues, par la chute desquelles ils brisent le navire ou écrasent ceux qui se trouvent dessous, ou bien ils jettent des feux pour les brûler.

« ..... Il faut préparer surtout des vases pleins de matières enflammées, qui, en se brisant par leur chute, doivent mettre le feu au vaisseau. On se servira aussi de petits *tubes à main*, que les soldats portent derrière les boucliers et que nous faisons fabriquer nous-mêmes : ils renferment un feu préparé qu'on lance au visage des ennemis.... On jette aussi avec un mangonneau de la poix liquide et brûlante, ou quelque autre matière préparée.

« ..... Il y a plusieurs autres moyens qui ont été

(1) Navires de course.

Fig. 133. — Navire portant un baril de feu grégeois (d'après un manuscrit latin du XIIIe siècle).

donnés par les anciens, sans compter ceux qu'on peut imaginer et qu'il serait trop long de rapporter ici. Il y en a même tels qu'il est à propos de ne pas divulguer, de peur que les ennemis, venant à les connaître, ne prennent des précautions pour s'en garantir, ou ne s'en servent eux-mêmes contre nous (1). »

La figure 132 représente un navire couvert portant le feu grégeois. Quelques soldats intrépides s'enfermaient sous cette carapace de bois, et allaient porter contre les flancs du navire ennemi l'élément destructeur.

La figure 133 représente un autre navire, portant, au moyen de deux barres horizontales, des brûlots de feu grégeois que l'on lançait en faisant jouer ces barres de bois comme une fronde.

Un auteur grec ou latin, Marcus Grœchus, qui, selon MM. Reinaud et Favé, aurait écrit vers 1230, mais sur la personnalité duquel on n'a aucun renseignement, a consigné dans un ouvrage spécial, *Livre des feux pour brûler les ennemis* (*Liber ignium ad comburendos hostes*), les moyens dont se servaient les Grecs du Bas-Empire pour incendier les vaisseaux ennemis.

« Prenez, dit Marcus Grœchus, de la sandaraque pure une livre, du sel ammoniac dissous, même quantité ; faites de tout cela une pâte que vous chaufferez dans un vase de terre verni et luté soigneusement. Vous continuerez à chauffer jusqu'à ce que la matière ait acquis la consistance du beurre, ce qu'il est facile de voir en introduisant par l'ouverture du vase une baguette de bois à laquelle la matière s'attache. Après cela vous y ajouterez quatre livres de poix liquide. On évite, à cause du danger, de faire cette préparation dans l'intérieur d'une maison.

« Si l'on veut opérer sur mer, on prendra une outre, une peau de chèvre, dans laquelle on mettra deux livres de la composition que nous venons de décrire, dans le cas où l'ennemi est à proximité ; on en mettra davantage si l'ennemi est à une plus grande distance. On attache ensuite cette outre à une broche de fer, dont toute la partie inférieure est elle-même enduite d'une matière huileuse ; enfin on place sous cette outre une planche de bois proportionnée à l'épaisseur de la broche, et l'on y met le feu sur le rivage. L'huile s'allume, découle sur la planche, et l'appareil, marchant sur les eaux, met en combustion tout ce qu'il rencontre (1). »

Ainsi ces brûlots n'avaient pas de mouve-

(1) *Institutions militaires de l'empereur Léon le Philosophe*. Traduction de Joly de Mauzeroy, 1778, t. II, p. 137.

(1) Traduction de M. Hoefer (*Histoire de la chimie*, t. I, p. 285).

ment propre, ils devaient être dirigés par des nageurs ou poussés par le vent; la broche qui portait les ingrédients inflammables servait ensuite à fixer, par sa pointe, le feu contre les flancs du vaisseau. Comme le remarquent MM. Reinaud et Favé, cette disposition était fort habilement calculée pour le but qu'elle devait atteindre. Une substance enflammée, suspendue au-dessus de la surface de l'eau, protégée par son élévation contre l'atteinte des vagues, et qu'un vent léger suffisait à pousser vers les navires, était sans contredit un moyen d'incendie des plus redoutables, surtout quand on en faisait usage pour la première fois et avant que l'ennemi eût appris à se prémunir contre les attaques de ce genre. « Aujourd'hui, disent MM. Reinaud et Favé, on possède des moyens d'incendie qui agissent à de grandes distances, et l'on n'en connaît peut-être pas d'aussi efficaces à des distances rapprochées. »

L'emploi du feu grégeois avait pris un grand développement dans la guerre maritime, puisque, suivant une chronique anonyme citée par M. Lalanne, le nombre des navires armés de feu grégeois s'éleva jusqu'à deux mille, dans une expédition entreprise, sous Romain le Jeune, contre les Sarrasins de l'île de Crète. Pour bien comprendre d'ailleurs ses effets, il ne faut pas perdre de vue qu'à cette époque, les navires ne pouvaient s'attaquer que de près, et que les combattants en venaient tout de suite à l'abordage.

Le feu grégeois fut également employé, comme nous l'avons dit, dans les combats sur terre ou pour l'attaque des forteresses. Le manuscrit arabe de la bibliothèque de Leyde, cité par MM. Reinaud et Favé, et que nous avons eu déjà l'occasion d'invoquer, fournit les détails suivants sur la manière de faire usage des mélanges incendiaires, pour l'attaque des forteresses ou la destruction des ouvrages des assiégeants.

« *Chapitre des stratagèmes et manière d'assurer les effets du feu.* — Prends, avec la faveur de Dieu et son secours, une certaine quantité de soufre jaune pulvérisé, mets-le dans des jarres vertes en y joignant le même poids de naphte bleu ; tu boucheras la tête des jarres avec du vieux linge, et tu les enterreras dans du crottin frais ; change le crottin dès qu'il sera refroidi, et cela pendant quarante jours, jusqu'à la fin de l'opération. Prends de la marcassite jaune pilée, mets-la aussi dans les jarres vertes, et joins-y la même quantité d'urine d'enfant ; tu boucheras la tête des jarres avec du vieux linge, tu les enterreras dans du crottin frais, et tu changeras le fumier, quand il se sera refroidi, pendant quarante jours. Prends la marcassite en te couvrant la bouche, comme je t'ai dit de le faire au chapitre de la trempe du fer ; tu retireras ensuite le naphte qui est combiné avec le soufre et qui forme une substance noire tirant sur le vert ; pour la marcassite, elle est devenue noire et en partie consumée. Tu décanteras l'urine et le naphte à part l'un de l'autre et en les passant à un tamis de crin ; tu les mêleras ensuite par portions égales, et tu y joindras le même poids d'un vinaigre fait avec un vin acide et vieux. Mets à part cette composition pour le moment où tu en auras besoin, s'il plaît à Dieu.

« Lorsque tu voudras renverser un château, un mur ou toute autre construction, soit de pierre, soit d'une toute autre matière, ordonne aux artificiers de tirer des vases une portion de ce naphte ainsi traité par le soufre, la marcassite, l'urine et le vinaigre de vin ; ils lanceront ce mélange sur l'objet que tu veux détruire. Aie soin de choisir le moment où le vent est tourné contre l'ennemi ; par là les artificiers ne se trouveront pas en face du vent, exposés à se faire mourir eux-mêmes. Après cela, tu feras avancer d'autres hommes avec du feu et du naphte. En effet, le feu du naphte, lorsqu'il a ressenti les exhalaisons de ce liquide, s'enflamme, s'étend, grandit, et produit un grand bruit avec un sifflement terrible. Le spectacle qui s'offrira à tes yeux sera horrible : tu verras le château, s'il est bâti de quartiers de pierre, s'ébranler et se fendre ; les blocs se précipiteront les uns à la suite des autres avec le bruit du tonnerre et un sifflement épouvantable. Si le château est bâti de pierres et de mortier, tu le verras, au bout d'une heure, démoli et consumé ; s'il reste quelque débris qui ne soit pas brûlé, fais approcher les artificiers avec le liquide préparé et du naphte ; le naphte prendra feu, et ce qui est dans l'intérieur sera consumé. Il s'élèvera une fumée noire et épaisse, et l'ennemi périra à la fois par la puanteur et par l'incendie ; il ne se sauvera que ceux qui auront pris la fuite avant de sentir la mauvaise odeur, et avant que le feu les ait atteints. Personne, pendant trois jours, ne pourra pénétrer sur le théâtre de l'incendie, à cause de sa fumée, de son obscurité et de sa puanteur. Si tu veux mettre en fuite les défenseurs de ce château, ramasse beaucoup de bois à la porte, et attends qu'il souffle un vent violent contre l'édifice ;

Fig. 134. — Machine roulante pour attacher le feu grégeois à la porte des forteresses.

tu ordonneras aux ouvriers en naphte de lancer du liquide préparé sur le bois; ensuite ils attaqueront le bois, avec du feu de naphte. Quand les défenseurs du château sentiront l'odeur de cette eau, ils périront, et il ne se sauvera que ceux qui auront pris la fuite.

Fig. 135. — Balles incendiaires brûlant dans l'eau.

On ne pourra pas se maintenir un seul instant dans le château à cause de la fumée, de l'obscurité, de l'odeur infecte et de la chaleur. Si la porte du château est de fer et que tu veuilles en forcer l'entrée, fais-y lancer de cette eau, puis tu l'attaqueras avec du feu de naphte; la porte sera brisée, mise en pièces; elle tombera par terre à l'heure même, s'il plaît à Dieu. »

La figure 134 représente, d'après le manuscrit latin de la Bibliothèque impériale que nous avons déjà cité, une machine roulante qui, poussée par derrière et mettant à couvert les assaillants, servait à attacher des brûlots incendiaires à la porte des forteresses.

La figure 135, empruntée à la *Pyrotechnie* de *Hanselet Lorrain*, montre des balles incendiaires que l'on jetait du bord d'un navire, ou du haut des murs d'une ville entourée d'un fossé plein d'eau. Ces balles incendiaires projetées dans l'eau tout allumées, s'y enfonçaient sans s'éteindre, remontaient à la surface, et continuant d'y brûler, allaient mettre le feu aux ouvrages en bois préparés pour le siège et l'escalade ou inquiéter les assiégeants.

CHAPITRE II

LE FEU GRÉGEOIS INTRODUIT CHEZ LES ARABES AU XIIIe SIÈCLE. — SON EMPLOI DURANT LES CROISADES. — RÉCITS DES HISTORIENS. — VÉRITABLES EFFETS DU FEU GRÉGEOIS. — ROGER BACON N'EST PAS L'INVENTEUR DE LA POUDRE. — TEXTES CONFIRMATIFS DE CETTE ASSERTION.

Après la prise de Constantinople par les croisés, en 1204, la connaissance du feu grégeois se répandit chez les Arabes. Faut-il penser, avec M. Lalanne, que les infidèles en durent la communication à quelque Grec fugitif, ou peut-être même à l'empereur détrôné Alexis III, qui, retiré, en 1210, à la cour du sultan d'Iconium, en obtint une armée contre les princes grecs de Nicée, et aurait pu de cette manière chercher à payer au sultan son hospitalité? Il est, selon nous, plus probable que les Arabes empruntèrent aux Chinois l'art des compositions incendiaires. En effet, au VIIe siècle, certains rapports avaient commencé de s'établir entre les Arabes et les Chinois ; et ce dernier peuple avait envoyé, au premier siècle de l'hégire, une ambassade à la Mecque. Au VIIIe et au IXe siècle de notre ère, les Arabes et les Persans entretenaient avec les Chinois des relations suivies ; ces rapports furent repris au milieu du XIIIe siècle, après la conquête de la Chine par les Mongols. Ce fut donc sans doute par cette dernière voie que les Sarrasins, qui avaient tant souffert des mélanges incendiaires, apprirent à leur tour à les manier à leur profit. Quoi qu'il en soit, dès les premières années du XIIIe siècle, nous voyons les Arabes en possession du feu grégeois.

Les mélanges incendiaires subirent à cette époque, un perfectionnement fondamental. C'est de ce moment que date l'introduction du salpêtre dans les substances destinées à provoquer et à propager l'incendie.

Le salpêtre est dans plusieurs contrées de l'Asie, mais principalement en Chine et dans les Indes, un produit naturel. Il y prend naissance spontanément, aux dépens des éléments de l'air. Formé à la surface du sol, sur les lieux élevés, il est dissous par les eaux pluviales, qui l'entraînent le long des pentes, dans le fond des vallées : là il pénètre dans l'intérieur du sol ; plus tard, par l'effet de la capillarité, cette dissolution, remontant peu à peu à la surface, y produit des efflorescences salines. Il suffit de recueillir ces terres pour en retirer le salpêtre par un simple lessivage à l'eau. Cette opération, pratiquée de temps immémorial en Chine et dans les Indes, fournit le salpêtre dans un certain état de pureté. Ainsi, dès les temps les plus reculés, les Chinois eurent connaissance de ce sel ; ils observèrent, par conséquent, la propriété dont il jouit de fuser sur les charbons incandescents, c'est-à-dire de les faire brûler avec un très-vif éclat et d'activer la combustion avec une grande énergie. Il est donc tout simple que les Chinois aient eu de bonne heure l'idée d'ajouter le salpêtre à leurs mélanges combustibles.

Il est impossible, selon MM. Reinaud et Favé, de fixer avec exactitude l'époque à laquelle les Arabes empruntèrent aux Chinois la connaissance et l'emploi du salpêtre, et celle où les Chinois eux-mêmes avaient appris à s'en servir. Il est seulement établi qu'avant l'année 1225, date du manuscrit arabe de la bibliothèque de Leyde que nous avons cité plus haut, les compositions salpêtrées n'étaient pas encore en usage. Mais tous les manuscrits arabes postérieurs à cette date, et surtout l'ouvrage de Marcus Grœchus (1230), renferment la description d'un grand nombre de recettes dans lesquelles le salpêtre entre comme agent essentiel.

D'après les formules contenues dans ces traités, le feu grégeois employé était formé de la réunion de diverses substances grasses ou résineuses, auxquelles venaient s'ajouter le salpêtre et le soufre. D'autres recettes prescrivent un mélange de soufre, de charbon et de salpêtre dans toutes les proportions imaginables. On trouve même indiqué parmi ces dernières le mélange de 12,5 de charbon, 12,5 de soufre et 75 de salpêtre, qui forme notre poudre à canon.

Marcus Grœchus donne les formules suivantes pour préparer les feux qu'il appelle *feux volants* (1) :

(1) Les *feux volants* dont parle Marcus étaient des espèces de fusées très-analogues aux nôtres. On n'en faisait point usage comme arme de guerre ; on s'en servait seulement dans les feux d'artifice. On verra plus loin cependant que

« Huile de pétrole, une livre ; moelle de *couma ferula*, six livres ; soufre, une livre ; graisse de bélier, une livre ; huile de térébenthine, quantité indéterminée.

« Les feux volants, dit encore Marcus, peuvent être faits de deux manières :

« 1° On prend une partie de colophane, autant de soufre, et deux parties de salpêtre ; on dissout ce mélange pulvérisé dans l'huile de lin ou de lamium ; on place ensuite cette composition dans un roseau ou dans un bâton creux, et l'on y met le feu. Aussitôt il s'envole vers le but et incendie tout.

« 2° On prend une livre de soufre pur, deux livres de charbon de vigne ou de saule, six livres de salpêtre ; on broie ces substances avec beaucoup de soin dans un mortier de marbre. On met ensuite la quantité que l'on voudra de cette poudre dans un fourneau destiné à voler dans l'air ou à éclater. »

Les Grecs du Bas-Empire avaient surtout appliqué le feu grégeois à la guerre maritime ; les Sarrasins n'en firent guère usage que dans les combats sur terre ; mais ils le perfectionnèrent beaucoup pour cette application spéciale. Des instruments, des machines, des engins de toutes sortes constituaient chez les Arabes le riche arsenal du feu grégeois. Les mélanges incendiaires étaient devenus pour eux le principal moyen d'attaque ; on avait étendu leur emploi à toutes les armes, à tous les instruments de guerre. Les Sarrasins attachaient le feu grégeois à leurs lances, à leurs boucliers ; ils le lançaient avec des flèches et avec des machines. Le nombre de ces machines était d'ailleurs très-considérable et leur mécanisme très-varié. On employait tour à tour les *arbalètes à tour*, qui lançaient à l'ennemi le mélange enflammé ; — les *machines à fronde*, destinées à jeter divers projectiles remplis de feu grégeois, tels que des pots de terre, des marmites de fer et même des tonneaux ; — les *lances à feu* et les *flèches à feu*, dont les formes et les dispositions variaient beaucoup ; — les *massues à asperger*, espèces de torches armées à leur pointe de feu grégeois brûlant, dont on couvrait son ennemi en brisant sur lui la massue ; — *tubes à main*, qui lançaient en avant un jet de matières enflammées à la manière des fusées. En un mot, selon MM. Reinaud et Favé, « chez les Arabes, le feu considéré comme moyen de blesser directement son ennemi, était devenu l'agent principal d'attaque, et l'on s'en servait peut-être de cent manières différentes (1). »

c'est par l'observation de leurs effets que l'on a été conduit plus tard à imaginer les premières armes à feu destinées à lancer des projectiles.

La figure 136 représente, d'après le manuscrit déjà cité de la Bibliothèque impériale, un *fantassin armé de la lance à feu.*

Fig. 136. — Fantassin armé de la lance à feu.

Un autre moyen qu'ont employé les Arabes, pour jeter le désordre et la terreur dans les armées, consistait à lancer contre les bataillons ennemis, des cavaliers montés sur des chevaux enveloppés de flammes. Nous rapporterons ici un passage de l'ouvrage de MM. Reinaud et Favé qui explique les moyens employés chez les Orientaux pour ce genre d'attaque.

(1) *Du feu grégeois et des feux de guerre*, p. 51.

« L'invasion des Tartares donna lieu, disent MM. Reinaud et Favé, chez les musulmans de l'Égypte et de la Syrie, à l'emploi d'un autre moyen qui joua un rôle important, et dont les traités arabes d'art militaire parlent assez au long. On sait que, dès la plus haute antiquité, les Indiens firent usage de substances ou de compositions incendiaires pour faire peur aux éléphants, qui composaient jadis dans l'Inde une partie principale des armées. Ces animaux effrayés répandaient le désordre autour d'eux, et quelquefois il n'en fallait pas davantage pour décider du sort d'une grande bataille. Ce moyen était si bien connu, que lorsque, après les conquêtes d'Alexandre, les éléphants figurèrent dans les armées occidentales, on l'employa chez les Romains. Les musulmans d'Égypte et de Syrie, vivement pressés par les armées de Houlagou, eurent recours à des moyens analogues pour effrayer les chevaux de l'armée ennemie, et même pour brûler les cavaliers. Des artificiers armés de massues à asperger étaient chargés de répandre la terreur et le trouble par le bruit qu'occasionnait la combustion, et par la menace de répandre une matière brûlante sur le cheval et le cavalier; quelquefois les guerriers portaient sous l'aisselle des flacons de verre remplis de matières incendiaires qu'on lançait sur l'ennemi. Le bout du verre était enduit de soufre. Au moment voulu, on mettait le feu au soufre; le flacon, en tombant, se brisait, et le cheval avec son cavalier étaient enveloppés de flammes. En même temps on imagina des vêtements imperméables pour garantir les chevaux consacrés à ce service. »

On lit le passage suivant dans le manuscrit arabe de la bibliothèque de Saint-Pétersbourg :

« *Manière d'effrayer la cavalerie ennemie et de la faire* « *fuir*. — Ce procédé est de l'invention d'Alexandre. « Tu revêtiras un bornous de poil, et tu y disposeras des clochettes avec du naphte. Voici comment. « Tu prendras un cordon auquel tu attacheras des « boutons faits d'étoupe; ce bornous sera imbibé « d'huile grasse depuis la tête jusqu'en bas. Au-dessus de la tête, tu placeras un bonnet de fer « garni d'un khesmanat de feutre rouge, que tu ar-« roseras de naphte. Tu prendras à la main une mas-« sue à asperger, remplie de colophane en poudre, « de sésame, de carthame, de touz et de diverses es-« pèces de graines à huile. Au feutre rouge arrosé « de naphte et placé sur la tête, on ajoutera des fu-« sées... Le cheval sera revêtu d'une manière analo-« gue : une couverture de poil lui enveloppera la « croupe, le poitrail, le cou et le reste du corps jus-« qu'au jarret. Il sera aussi chargé de fusées... Tu « prendras une lance garnie des deux côtés de feutre « rouge et de plusieurs fusées. L'étrier sera garni de « quelque chose propre à produire un cliquetis, ou « de grosses sonnettes. Le cavalier, en s'avançant, « mettra le tout en mouvement. Tu marcheras, ac-« compagné de deux hommes à pied, vêtus de noir, « et portant des masses à asperger, telles qu'elles ont « été décrites. Partout où tu te présenteras, l'en-« nemi prendra la fuite. Dix cavaliers ainsi équipés « feraient fuir une troupe nombreuse. »

MM. Reynaud et Favé donnent, d'après le même manuscrit, d'autres détails sur ce procédé de guerre.

« *Manière de couvrir le cheval et le cavalier*. — On « prend du feutre et l'on y applique une préparation « protectrice; puis ce feutre sert de doublure (ou de « revêtement extérieur) à la chemise (ou cotte) et « aux couvertures (ou caparaçons). Cette préparation « se compose de vinaigre de vin, d'argile rouge, de « talc dissous, de colle de poisson et de sandaraque. « On a soin de bien mouiller la chemise, qui est de « gros drap, avant d'y fixer les sonnettes; on mouille « aussi la doublure qui est appliquée sur le drap : « cette doublure n'est pas autre chose que le feutre « qui a reçu la préparation protectrice. Ce procédé « est très-propre à effrayer l'ennemi, surtout lors-« qu'il est employé pendant la nuit, car il donne une « apparence formidable au groupe qui est ainsi re-« vêtu; en effet, l'ennemi ne se doute pas de ce qui « est caché sous ce déguisement qui offre, pour ainsi « dire, un objet d'une seule pièce. C'est une res-« source précieuse pour quiconque veut recourir à « ce stratagème. Mais, d'abord, il est indispensable « de familiariser son cheval avec un équipement si « étrange; autrement, le cheval s'effaroucherait et « renverserait son cavalier. Voici le moyen qu'on « emploie : On bouche les oreilles du cheval avec du « coton, on tient prêtes les fusées... avec les sonnet-« tes, les massues et les lances : on fait détoner un « petit madfaa sur le cheval, on fait fuser les fu-« sées...; ensuite on débouche les oreilles du che-« val, l'une après l'autre. Cet essai se fait dans un « lieu isolé, pour qu'on ne soit vu de personne. « Même quand l'essai est terminé, on ne revêtira les « chevaux du caparaçon que dans un lieu à part, et « loin de tout regard. Étant ainsi habitués, si l'on « veut s'avancer au combat, les chevaux savent où « on les mène, et s'animent à l'attaque. S'ils sont « poussés contre un corps d'armée, quel qu'il soit, « ils le rompent. Mais il faut que, devant chaque ca-« valier, un homme marche à pied muni d'une mas-« sue à asperger. Ce fut le moyen le plus efficace « qu'on employa pour repousser Houlagou. Les rois « doivent entretenir dans leurs arsenaux ce qui est « nécessaire pour en assurer l'effet, surtout contre « les ennemis de la religion; si quelques-uns ont « négligé ce moyen, c'est qu'ils n'en ont pas connu « la puissance. Quand le cavalier s'avance vers l'en-« nemi, les troupes doivent marcher derrière lui :

Fig. 137. — Char incendiaire.

« c'est une raison pour qu'il évite de revenir sur ses « pas ; autrement le désordre se mettrait dans les « rangs, et il s'ensuivrait une défaite. Qu'il marche « sans crainte ; personne n'osera s'opposer à lui, ni « avec l'épée, ni avec la lance. »

« Il est dit, à la fin du passage, ajoutent MM. Reinaud et Favé, que lorsque l'artificier s'avance vers l'ennemi, toute l'armée doit se mettre en mouvement après lui. C'était pour profiter du désordre qui ne tardait pas à se mettre dans les troupes ennemies. Une autre chose que l'auteur arabe ne dit pas, et à laquelle il fallait veiller, c'est que les matières incendiaires qui devaient jeter la terreur chez l'ennemi devaient être assez bien ménagées pour qu'on eût le temps de produire l'effet voulu avant qu'elles fussent consumées. Pour cela on mesurait la distance que l'artificier avait à franchir ; et si l'on avait des raisons de croire que l'ennemi épargnerait une partie du chemin, on tenait compte de la différence. En pareil cas, la tactique de l'ennemi consistait à déjouer ces calculs. En conséquence, il fallait que le général qui machinait cette espèce de surprise mît le plus grand mystère dans l'opération. C'est ce que fait entendre l'écrivain arabe, quand il dit que, même après que les chevaux étaient suffisamment dressés, on ne devait les revêtir du caparaçon chargé d'artifices que dans un lieu dérobé à tous les regards.

« Voici un exemple sensible de ce qui se pratiquait à cet égard. On était alors dans l'année 699 de l'hégire (1300 de J.-C.). L'armée du sultan d'Égypte en vint aux mains, aux environs d'Émèse en Syrie, avec l'armée de Gazan, khan des Mongols de Perse. Suivant l'historien arabe Makrizi, au moment où l'action allait commencer, Gazan ordonna à ses troupes de rester immobiles, et de ne bouger que lorsqu'il en donnerait le signal. Tout à coup cinq cents mamelouks égyptiens, choisis parmi les artificiers, sortent des rangs de l'armée, leur naphte allumé, et s'élancent de toute la vitesse de leurs chevaux ; mais, au bout d'un certain temps, comme les Mongols étaient restés à leur place, le naphte s'éteint, et les officiers voient leurs espérances déçues. C'est alors que Gazan commande la charge (1). »

La figure 137 représente un *char incendiaire*, d'après le même manuscrit.

La figure 138 représente, d'après le manuscrit cité plus haut, un *cavalier armé de la lance à feu*. L'homme et le cheval sont bardés de fer pour éviter les brûlures par les étincelles (*Eques semper sit armatus totus et equus suus totus bardatus, ne a favillis ignis recipiat passionem*, dit le manuscrit).

Ce ne fut point contre leurs voisins que les Arabes firent surtout usage du feu grégeois. L'art des feux de guerre avait depuis trop longtemps pris racine dans l'Asie, pour que les Orientaux n'eussent point appris de bonne heure à se préserver de leur atteinte. Le feu grégeois fut principalement dirigé contre les chrétiens, dont les croisades amenaient les incessantes irruptions sur le sol des infidèles. On connaît, par les récits des historiens de ces guerres, l'épouvante que ces moyens de combat semaient dans les rangs des croisés. Il est d'ailleurs facile de comprendre la surprise et la terreur que devaient éprouver les Occidentaux, habitués aux luttes loyales de leur pays, où le fer n'avait que le fer à combattre, lorsque tout à coup ils se trouvaient en face d'une attaque si étrange et si imprévue. Quel que soit le courage du soldat, il n'aime

(1) *Du feu grégeois* (*Journal asiatique*, 1849, n° 16).

Fig. 138. — Cavalier armé de sa lance à feu.

pas à braver les périls dont il ne connaît point la nature ; les dangers qui s'environnent d'un caractère surnaturel ou mystérieux glacent les plus intrépides cœurs. Or, l'emploi de ces feux à la guerre, avait quelque chose de magique en apparence, qui devait très-vivement agir sur l'imagination des Européens. Qu'on se représente un chevalier chrétien enfermé dans son étroite armure, et qui tout à coup voit arriver sur lui, au galop de son cheval, un musulman armé du feu grégeois. Avec la *lance à feu*, le Sarrasin dirige la flamme ardente contre le visage de son ennemi ; avec la *massue à asperger*, il couvre sa cuirasse du mélange enflammé, et le guerrier, tremblant, éperdu à cette apparition magique, se croit, avec horreur, à demi consumé sous son armure brûlante.

Dans son *Histoire des progrès de l'artillerie*, M. le général Favé rappelle quelques-uns des faits historiques dans lesquels des matières incendiaires ont été employées comme armes offensives, par les Arabes, contre les Orientaux, tant en Asie qu'en Europe.

Bongars, dans une relation qu'il a donnée du siége de Jérusalem pendant la première croisade (1), s'exprime ainsi :

« Lorsque les chrétiens s'avançaient sous les murs de la ville sainte, ils furent accueillis par une grêle de pierres et de flèches. En outre les défenseurs jetaient du bois et des matières combustibles par-dessus du feu ; des maillets de bois étaient enveloppés de poix, de cire, de soufre et d'étoupe, puis, la composition étant allumée, ils étaient projetés sur les machines ; ces maillets étaient garnis de pointes de fer afin de s'attacher de quelque côté qu'ils frappassent, et de communiquer le feu. Le bois et les matières incendiaires formaient des bûchers enflammés qui arrêtaient ceux que ni les glaives ni les hautes murailles n'auraient retardés (2). »

Un autre historien de la même croisade dit, au sujet du siége de Nicée :

« Les Sarrasins dirigeaient contre nos machines de la poix, de l'huile, de la graisse et toutes sortes de substances propres à fournir matière à l'incendie. »

(1) *Gesta Dei per Francos*, p. 178.
(2) Cité par M. Favé, p. 52.

Fig. 139. — Les Sarrasins lancent le feu grégeois contre les tours de bois et les ouvrages préparés par l'armée de saint Louis, pour le passage d'une branche du Nil (page 226).

Albert d'Aix raconte qu'au siége d'Assur, en 1099, pendant la deuxième croisade :

« Les Sarrasins embrasèrent une tour des chrétiens en lançant des pieux ferrés et pointus, entourés d'huile, d'étoupe, de poix, aliments d'un feu entièrement inextinguible par l'eau. Ils mirent encore le feu à une seconde tour en jetant de pareils pieux incendiaires ; aussitôt, de toute l'armée et des tentes, accoururent les hommes et les femmes, apportant chacun de l'eau dans leurs vases pour éteindre la machine. Mais cette grande quantité d'eau jetée dessus ne servit à rien, car cette espèce de feu était inextinguible par l'eau (1). »

Pendant la troisième croisade, c'est-à-dire en 1191, les chrétiens assiégèrent Saint-Jean-d'Acre. Les Arabes firent de grands efforts pour défendre la place ; un écrivain arabe, Boha-Eddin, a écrit :

« Un jeune homme de Damas, fondeur de son métier, promit de brûler les tours des chrétiens si on lui fournissait le moyen d'entrer dans la place. La proposition fut acceptée, il entra dans Acre, et on lui fournit les matières nécessaires. Il fit bouillir ensemble du naphte et d'autres drogues dans des marmites d'airain ; quand ces matières furent bien embrasées, qu'en un mot elles présentaient l'apparence d'un globe de feu, il les jeta sur une des tours, qui prit aussitôt feu. La deuxième tour s'enflamma aussi, puis la troisième. »

Un autre écrivain arabe, Ibn-Alatir, donne quelques détails de plus sur le même fait :

« L'homme de Damas, pour tromper les chrétiens, lança d'abord sur une des tours des pots de naphte et d'autres matières non allumées qui ne produisirent aucun effet. Aussitôt les chrétiens, pleins de confiance, montèrent d'un air de triomphe au haut de la tour et accablèrent les musulmans de railleries. Cependant l'homme de Damas attendait que la matière contenue dans les pots fût bien répandue. Le moment arrivé, il lança un nouveau pot tout enflammé. A l'instant le feu se communiqua partout, et la tour fut consumée.

« L'incendie fut si prompt que les chrétiens n'eurent pas même le temps de descendre ; hommes,

(1) Cité par M. Favé, *Histoire des progrès de l'artillerie*, t. III, p. 52, *Etudes sur le passé et l'avenir de l'artillerie*.

armes, tout fut brûlé. Les deux autres tours furent consumées de la même manière (1). »

On lit encore dans la suite de la relation de Boha-Eddin :

« Le danger devenant imminent, on prit deux traits du genre de ceux qui sont lancés par une grande arbalète ; on mit le feu à leurs pointes, de telle sorte qu'elles reluisaient comme des torches, le double javelot lancé contre une machine s'y fixa heureusement. L'ennemi s'efforça vainement d'éteindre le feu, car un vent violent vint à souffler. »

Olivier l'Écolâtre mentionne l'emploi du feu grégeois par les Sarrasins, au siége de Damiette, en 1208, et rapporte une circonstance dans laquelle les chrétiens parvinrent à s'en rendre maîtres avec du vinaigre, du sable et des matières propres à l'éteindre.

Joinville, dans sa précieuse *Chronique*, nous a laissé de curieux témoignages de l'impression produite par les feux des Sarrasins sur l'armée de saint Louis, qui vint porter la guerre aux bords du Nil en 1248. On nous permettra de reproduire une partie du récit de ce chroniqueur naïf, historien et acteur de ces guerrres lointaines.

« Ung soir advint, dit Joinville, que les Turcs amenerent ung engin qu'ilz appeloient la perriere, ung terrible engin à malfaire : et le misdrent vis à vis des chaz chateilz (2) que messire Gaultier de Curel et moy guettions de nuyt, par lequel engin ilz nous gettoient le feu grégeois à planté, qui estoit la plus orrible chose que oncques jamés je veisse. Quand le bon chevalier messire Gaultier mon compagnon vit ce feu, il s'escrie et nous dist : Seigneur, nous sommes perduz à jamais sans nul remede. Car s'ilz bruslent nos chaz chateilz, nous sommes ars et bruslez ; et si nous laissons nos gardes, nous sommes ashontez. Pourquoy je conclu que nul n'est qui de ce peril nous peust deffendre, si ce n'est Dieu notre benoist créateur. Si vous conseille à tous, que toutes et quantes foiz qu'ilz nous getteront le feu grégeois, que chacun de nous se gette sur les coudes, et à genoulz, et criions mercy à nostre Seigneur, en qui est toute puissance. Et tantoust que les Turcs getterent le premier coup du feu, nous nous mismes à coudez et à genoulz, ainsi que le preudoms nous avoit enseigné. Et cheut le feu de cette premiere foiz entre nos deux chaz chateilz, en une place qui estoit devant, laquelle avoient faite nos gens pour estoupper le fleuve. Et incontinent fut estaint le feu par ung homme que nous avions propre à ce faire. La manière du feu grégeois estoit telle, qu'il venoit bien devant aussi gros que ung tonneau, et de longueur la queüe en duroit bien comme d'une demye canne de quatre pans. Il faisoit tel bruit à venir, qu'il sembloit que ce fust foudre qui cheust du ciel, et me sembloit d'un grand dragon vollant par l'air, et gettoit si grant clarté, qu'il faisoit aussi cler dedans notre ost comme le jour, tant y avoit grant flamme de feu. Trois foys cette nuytée nous getterent le dit feu grégeois avec ladite perriere et quatre fois avec l'arbaleste à tour. Et toutes les foys que nostre bon Roy saint Loys oyoit qu'ilz nous gettoient ce feu, il se gettoit à terre, et tendoit ses mains la face levée au ciel et crioit à haute voix à nostre Seigneur et disoit en pleurant à grans larmes : *Beau sire Dieu Jésus-Christ*, garde moy et toute ma gent ; et croy moy que ses bonnes prières et oraisons nous eurent bon mestier. Et davantage, à chacune foiz que le feu nous estoit cheux devant, il nous envoyoit ung de ses chambellans, pour savoir en quel point nous estions, et si le feu nous avoit grevez. L'une des foiz que les Turcs getterent le feu, il cheut de cousté le chaz chateil que les gens de monseigneur de Corcenay gardoient, et ferit en la rive du fleuve qui estoit là devant, et s'en venoit droit à eulz, tout ardant. Et tantoust veez cy venir courant vers moy ung chevalier de celle compagnie qui s'en venoit criant : Aidez nous, sire, ou nous sommes tous ars. Car veez cy comme un grant haie de feu grégeois, que les Sarrazins nous ont traict, qui vient droit à nostre chastel. Tantôt courismes là, dont besoing leur fut. Car ainsi que disoit le chevalier, ainsi estoit il et estaignismes le feu à grant ahan et malaise. Car de l'autre part les Sarrazins nous tiroient à travers le fleuve trect et pilotz dont nous estions tous plains (1). »

La figure 139 représente l'effet des projectiles incendiaires lancés par les Sarrasins contre les travaux faits par l'armée de saint Louis pour le passage du Nil.

Le feu grégeois dont il est question dans le passage qu'on vient de lire, était lancé par une machine que Joinville appelle la *perrière*, et qui ressemble aux *arbalètes à tour* et aux

(1) Cité par M. Favé, *Histoire des progrès de l'artillerie*, t. III, p. 52, *Études sur le passé et l'avenir de l'artillerie*.

(2) Les *chaz chateilz* dont parle Joinville étaient probablement des tours de bois dans lesquelles se renfermaient durant la nuit les soldats qui devaient défendre les travaux commencés. Les Français travaillaient à se frayer un passage sur une des branches orientales du Nil. Ils avaient construit une digue pour traverser le fleuve ; à droite et à gauche de cette digue ils avaient placé ces *chaz chateilz* que les musulmans s'efforçaient d'incendier pendant la nuit pour empêcher le passage de l'armée ennemie.

(1) Joinville, *Histoire du roy saint Loys*, 1668, p. 39.

flèches à mangonneau. Joinville parle plus loin du feu grégeois lancé directement à la main par des soldats ou des vilains.

« Devant nous avoit deux heraulz du Roy, dont l'un avoit nom Guillaume de Bron, et l'autre Jehan de Gaymaches, auxquels les Turcs qui estoient entre le ru et le fleuve, comme j'ay dit, amenerent tout plain de villains à pié, gens du païs, qui leur gettoient bonnes mottes de terre et de grosses pierres à tour de braz. Et au darnier ils amenerent ung autre villain Turc, qui leur gecta trois foiz le feu grégeois, et à l'une des foiz il print à la robe de Guillaume de Bron et l'estaignit tantost, dont besoing lui fut, car s'il se fust allumé, il fust tout bruslé.

« .... Vous diray tout premier de la bataille du conte d'Anjou, qui fust le premier assailly, parce qu'il leur estoit le plus prouche du cousté de devers Babilone. Et vindrent à lui en façon de jeu d'eschetz. Car leurs gens à pié venoient courant sus à leurs gens, et les brusloient du feu gregeois, qu'ilz gectoient avecques instruments qu'ilz avoient propices... tellement qu'ilz deconfirent la bataille du conte d'Anjou lequel estoit à pié entre ses chevaliers à moult grant malaise. Et quant la nouvelle en vint au Roy et qu'on lui eut dit le meschief où estoit son frère, le bon Roy n'eut en lui aucune temperance de soy arrester, ne d'attendre nully; mais soudain ferit des esperons, et se boute parmi la bataille l'espée au poing, jusques au meilleu où estoit son frere, et tres asprement frappoit sur ces Turcs, et au lieu où il veoit le plus de presse. Et là endura il maints coups, et lui emplirent les Sarrazins la cullière de son cheval de feu gregeois... De l'autre bataille estoit maître et capitaine le preudoms et hardy messire Guy Malvoisin, lequel fut fort blécié en son corps. Et voiant les Sarrazins la grant conduite et hardiesse qu'il avoit et donnoit en sa bataille, ilz lui tiroient le feu gregeois sans fin, tellement que une foiz fut, que à grant peine le lui peurent estaindre ses gens; mais nonobstant ce, tint il fort et ferme, sans estre vaincu des Sarrazins (1). »

Comme tous les chrétiens, dont il partagea les périls, Joinville avait conçu une grande épouvante des effets du feu grégeois, et cette impression est clairement reconnaissable dans l'exagération de ses récits. Il faut bien le reconnaître, en effet, le feu grégeois qui avait exercé de grands ravages dans l'origine, et quand on l'employait à incendier des navires ou à détruire les travaux de défense des cités, était peu redoutable dans les combats corps à corps. Ce n'était, à vrai dire, qu'une sorte d'épouvantail. Éminemment propre à incendier des barques, de petits bâtiments, des tours de bois, des palissades, objets très-combustibles, il était moins redoutable pour les hommes que le fer des lances ou l'acier des épées. Dans toutes les chroniques qui parlent du feu grégeois pendant les croisades, il n'est pas dit une seule fois, selon M. Lalanne, qu'on doive lui attribuer la mort d'un homme. Comme on le voit dans les récits de Joinville, Guillaume de Bron en reçoit un pot sur son bouclier, saint Louis en a *la cullière de son cheval toute remplie*, Guy Malvoisin en est tout couvert, sans qu'il en résulte pour eux aucun accident sérieux. On voit, d'après cela, dans quelles erreurs sont tombés les historiens qui, d'après les récits de Joinville, ont si démesurément grossi les effets du feu grégeois; et combien il y avait loin de ces projectiles qui, « *lancés à la face* « *de l'ennemi et leur brûlant la barbe, leur* « *faisaient prendre la fuite* (1), » à ce feu qui, selon Lebeau, « *dévorait des bataillons entiers.* »

M. Lalanne fait remarquer, avec raison, que si le feu grégeois eût été aussi puissant dans ses effets que l'ont dit les écrivains modernes, il aurait indubitablement opéré une révolution dans l'art de la guerre. Or il n'en est rien, et tous les ouvrages originaux de cette époque montrent que le feu grégeois était loin d'avoir fait abandonner les projectiles, même les plus grossiers, en usage de toute antiquité. Ainsi l'empereur Léon ordonne de lancer sur les navires ennemis, de la poix enflammée, des serpents, des scorpions et autres bêtes venimeuses, « et des pots pleins de « chaux vive, qui, en se brisant, répandent « une épaisse fumée, dont la vapeur suffoque « et enveloppe d'obscurité les ennemis. »

(1) Plusieurs autres historiens ont parlé avec détail de ces projectiles incendiaires dont les Arabes tirèrent un si grand parti dans toute la durée des croisades; mais nous avons cru pouvoir nous en tenir aux récits de Joinville, dont la fidélité, comme chroniqueur, est si bien établie.

(1) Anne Comnène, *Alexiade*, liv. XIII, p. 283.

C'est ici le lieu de relever une autre erreur, accréditée par tous les historiens : au dire de tous nos auteurs, l'eau était impuissante à éteindre l'incendie allumé par le feu grégeois ; le vinaigre, le sable ou l'urine pouvaient seuls arrêter ses ravages. Ce préjugé existait, en effet, chez les chrétiens, mais il n'était que le résultat de la terreur qu'inspiraient les mélanges incendiaires. Les écrivains de cette l'époque ne font nulle mention de ce fait, et l'examen le moins attentif des textes originaux aurait suffi pour le réduire à sa juste valeur. Il y avait dans l'armée des croisés, des *estaigneurs,* pour éteindre l'incendie allumé par les feux des Arabes; c'est ce qu'indique Joinville dans ce passage : « *Fust estaint le feu par ung homme* « *que nous avions propre à ce faire.* » Joinville dit, en parlant de Guy Malvoisin : « *Une foiz* « *fut que à grant peine le lui peurent estain-* « *dre ses gens.* » Il ajoute ailleurs que le feu grégeois ne leur fit aucun mal, parce qu'il tomba dans le fleuve. Mais un autre texte tranche la question d'une manière bien plus concluante encore. Cinname, parlant d'une chasse donnée par des Grecs à un navire vénitien, s'exprime en ces termes :

« Les Grecs le poursuivirent jusqu'à Abydos et s'efforcerent de le brusler en lançant le feu mède ; mais les Vénitiens, accoutumés à leur usage, naviguerent en toute sécurité, ayant recouvert et entouré leur navire d'étoffes de laine imbibées de vinaigre. Aussi les Grecs s'en retournerent ilz sans avoir pu rien faire ni atteindre leur but ; car le feu lancé de loin, ou ne parvenoit pas jusqu'au bastiment, ou, atteignant les estoffes, estoit repoussé, et *s'estaignoit en tombant dans l'eau* (1). »

Ces textes, empruntés au mémoire de M. Lalanne, prouvent que le feu grégeois n'était nullement, comme on l'a toujours prétendu, à l'abri des atteintes de l'eau. On a vu, d'ailleurs, à propos des brûlots employés chez les Byzantins, que le feu grégeois destiné à incendier les navires, n'était préservé de l'action de l'eau que par l'artifice de l'appareil qui le tenait suspendu à la surface de la mer et hors de l'atteinte des vagues.

Il ne faudrait pas cependant conclure de cette observation que, dans certaines limites, le feu grégeois ne pût résister à l'action de l'eau. La présence du salpêtre, qui fournissait au mélange incendiaire assez d'oxygène pour que sa combustion pût se passer de l'oxygène atmosphérique, lui permettait de brûler pendant quelque temps hors du contact de l'air. Plusieurs de nos pièces d'artifice de guerre peuvent de la même manière, brûler quelque temps sous l'eau, et tous nos canonniers savent qu'ils ne peuvent empêcher leur *lance à feu* de brûler qu'en la coupant. Si, pour l'éteindre, ils mettaient le pied sur la partie qui flambe, ils brûleraient leur soulier sans y parvenir. Mais il y a loin de cet effet momentané à tout ce qu'ont écrit les historiens sur ce feu « *que l'eau nourrissait au lieu de l'éteindre.* »

Puisque nous en sommes aux rectifications historiques, le moment sera bien choisi de prouver le peu de fondement de l'opinion commune qui attribue à Roger Bacon l'honneur de l'invention de la poudre.

C'est un écrivain anglais qui a le premier propagé l'opinion, si répandue et si inexacte, d'après laquelle Roger Bacon est regardé comme l'inventeur de la poudre. Plot, dans son ouvrage, *The natural history of Oxford*, attribue à son compatriote l'honneur de cette découverte d'après ce fait, que personne n'aurait parlé de la poudre avant Roger Bacon. Or, tout ce que dit en plusieurs endroits de son livre, au sujet des effets explosifs de la poudre, l'auteur de l'*Opus majus*, est évidemment extrait de l'ouvrage de Marcus Grœchus. C'est ce que nous allons mettre en évidence.

Nous avons dit que le livre latin de Marcus Grœchus, *Liber ignium ad comburendos hostes*, qui fut publié vers 1230, renferme les no-

(1) Cinnamus, p. 129.

tions les plus précises et les plus anciennes relatives à la préparation des mélanges incendiaires à base de salpêtre, et par conséquent analogues, par leurs effets explosifs, à ceux de notre poudre à canon actuelle. Nous croyons nécessaire de rapporter ici ce que Marcus Grœchus dit à ce sujet. Le texte latin de ce petit traité a été publié pour la première fois, en 1842, dans l'appendice du tome Ier de l'*Histoire de la chimie* de M. Hœfer.

Voici d'abord le passage du *Liber ignium* relatif à l'extraction et à la préparation du salpêtre qui forme l'ingrédient essentiel de ces mélanges.

« Le salpêtre est un minerai terreux, il se trouve dans les vieux murs et dans les pierres. On dissout cette pierre dans l'eau bouillante, ensuite on l'épure en la faisant passer sur un filtre ; en laissant déposer la liqueur pendant un jour et une nuit, tu trouveras au fond du vase le sel cristallisé en lamelles pointues (1). »

Voici maintenant relaté l'emploi du salpêtre, pour composer une véritable poudre à base de salpêtre, et pour enfermer ce mélange dans un tube de carton, de manière à composer une fusée ou un pétard.

« Il y a deux compositions de *feu volant dans l'air*. Pour la première : Prenez une partie de colophane, une partie de soufre vif, deux parties de salpêtre ; broyez-les bien ensemble dans l'huile de lin ou de laurier, de telle sorte que les trois substances soient bien confondues ensemble et avec l'huile ; ensuite placez le mélange dans un tube ou dans un bâton creusé et allumez-le, il volera aussitôt vers le lieu que vous voudrez, et détruira tout par incendie.

« La seconde préparation de feu volant se fait ainsi : Prenez une livre de soufre vif, deux livres de charbons de tilleul ou de saule, six livres de salpêtre, et broyez les trois substances le plus fin possible dans un mortier de marbre; ensuite vous mettrez cette poussière, suivant qu'il vous conviendra, dans une enveloppe à voler ou à faire tonnerre.

« L'enveloppe à voler doit être longue et mince ; on la remplit de la poudre ci-dessus décrite, très-tassée. L'enveloppe à faire tonnerre doit être courte, grosse et renforcée de toutes parts d'un fil de fer très-fort et bien attaché ; on ne la remplit qu'à moitié de la poudre susdite.

« Il faut à chaque enveloppe pratiquer une petite ouverture, pour recevoir l'amorce qui y mettra le feu. L'enveloppe de cette amorce, amincie à ses extrémités et large au milieu, est remplie de la poudre susdite.

« Le feu volant n'a pas besoin d'une enveloppe très-solide ; mais, pour faire tonnerre, il est utile de mettre plusieurs enveloppes l'une sur l'autre.

« On peut faire double tonnerre ou double artifice volant : il suffit d'en préparer deux l'un dans l'autre (1). »

Roger Bacon eut certainement connaissance du petit traité de Marcus Grœchus. On retrouve, en effet, dans les ouvrages de Roger Bacon les idées exprimées dans les passages que nous venons de citer de Marcus Grœchus. Le passage, bien souvent rapporté, dans lequel Roger Bacon parle de la poudre à canon, se trouve dans son ouvrage *De secretis operibus artis et naturæ*. Seulement, tandis que Marcus Grœchus parle très-clairement, et ne déguise rien dans les recettes qu'il rapporte, Roger Bacon, on ne sait pourquoi,

(1) « Nota quòd sal petrosum est minera terræ, et reperitur in scopulis et lapidibus. Hæc terra dissolvitur in aquâ bulliente, postea depurata et distillata per filtrum, et permittatur per diem et noctem integram decoqui, et invenies in fundo laminas salis coagulatas cristallinas. »

(1) « Nota quòd ignis volatilis in aere duplex est compositio.

« Quorum primus est :

« Recipe partem unam colofoniæ, et tantum sulfuris vivi, partes vero duo salis petrosi ; et in oleo linoso vel lauri, quod est melius, dissolvantur bene pulverisata et oleo liquefacta. Postea in cannâ vel ligno excavo reponatur et accendatur. Evolat enim subito ad quemcumque locum volueris, et omnia incendio concremabit.

« Secundus modus ignis volatilis hoc modo conficitur :

« *Recipe*. Acc. libr. I sulfuris vivi ; libr. II carbonum tiliæ vel salicis ; VI libr. salis petrosi. Quæ tria subtilissimè terantur in lapide marmoreo. Postea pulvis ad libitum in tunicâ reponatur volatili, vel tonitruum faciente.

« Nota, quòd tunica ad volandum debet esse gracilis et longa, et cum prædicto pulvere optimè conculcato repleta. Tunica vero tonitruum faciens debet esse brevis et grossa, et prædicto pulvere semiplena, et ab utrâque parte fortissimè filo ferreo bene ligata.

« Nota, quòd in quâlibet tunicâ parvum foramen faciendum est, ut tentâ impositâ accendatur, quæ tenta in extremitatibus fit gracilis, in medio verò lata et prædicto pulvere repleta.

« Nota, quòd ad volandum tunica plicaturas ad libitum habere potest : tonitruum vero faciens, quàm plurimas plicaturas.

« Nota, quòd duplex poteris facere tonitruum atque duplex volatile instrumentum : videlicet tunicam includendo. »

cache sous un anagramme, le nom du *charbon pulvérisé*, qui entre dans la composition du mélange incendiaire. Il s'exprime ainsi :

« Prenez du salpêtre *here vopo vir can utri* et du soufre ; et de cette manière vous produirez le tonnerre, si vous savez vous y prendre. Voyez pourtant si je parle énigmatiquement ou selon la vérité (1). »

Dans une autre partie du même ouvrage, *De secretis operibus artis et naturæ*, Roger Bacon revient sur la même idée, et la développe davantage.

« Il y a encore d'autres phénomènes étonnants de la nature. On peut produire dans l'air des bruits pareils aux tonnerres et aux éclairs, plus horribles que ceux qui se font dans la nature. Car une petite quantité de matière préparée, de la grosseur du pouce, fait un bruit horrible et un éclair violent. Cela se produit de beaucoup de manières par lesquelles une ville ou une armée peuvent être détruites, à l'imitation de l'artifice employé par Gédéon, lorsqu'au moyen d'un feu jaillissant avec un bruit inexprimable, il détruisit avec deux cents hommes une armée innombrable de Madianites. Ce sont des choses admirables pour qui saurait bien se servir des matières et des quantités voulues (2). »

Dans un autre ouvrage, *Opus majus*, Roger Bacon, après avoir répété presque textuellement le passage qui précède, ajoute :

« Il est des substances dont la détonation frappe l'oreille à tel point, surtout pendant la nuit, quand tout a été convenablement disposé pour cela et quand la détonation est subite, inattendue, que, ni les armées, ni les villes ne peuvent en soutenir les effets. Aucun éclat du tonnerre ne peut être comparé au bruit de ces détonations. Les longs éclairs qui sillonnent la nue sont incomparablement moindres, et, à leur vue, nous n'éprouvons pas la moindre terreur. On croit que Gédéon produisit des effets à peu près semblables dans le camp des Madianites, en employant cette même substance. D'ailleurs, on répète l'expérience en petit dans tous les pays du monde où l'on emploie, dans les jeux, des pétards et des fusées, et l'on sait que, renfermée dans un instrument qui n'est pas plus gros que le pouce d'un homme, cette substance, qu'on appelle *salpêtre*, détone avec un bruit horrible, imitant les éclairs et le bruit du tonnerre (1). »

Si du temps de Roger Bacon, le pétard était un *jeu d'enfant*, dans beaucoup de pays, c'est que la composition de la poudre à base de salpêtre avait été vulgarisée par l'ouvrage de Marcus Grœchus, et qu'elle était devenue un objet d'amusement, à peu près comme le devinrent les *bonbons à la cosaque*, préparés avec le fulminate de mercure, à l'époque de la découverte de ce composé détonant et de son emploi dans les capsules de fusil.

Albert le Grand, contemporain et ami de Roger Bacon, a reproduit presque littéralement les passages que nous avons cités de l'ouvrage de Marcus Grœchus. Dans son livre sur les *Merveilles du monde* (*de Mirabilibus mundi*) Albert le Grand transcrit, sans y rien changer, sept paragraphes du *Liber ignium ad comburendos hostes* de Marcus Grœchus, et notamment les recettes de la composition de la fusée, ou *feu volant*. Il suffit, pour s'en convaincre, de rapprocher du texte de Marcus Grœchus que nous avons rapporté plus haut, le passage du livre d'Albert le Grand.

(1) « Sed tamen salis petræ here vopo vir can utri et sulphuris ; et sic facies tonitruum, si scias artificium. Videas tamen utrum loquar in ænigmate vel secundum veritatem. » (*Epistolæ fratris Rogerii Baconis De secretis operibus artis et naturæ et de nullitate magiæ*, caput VIII.) En faisant l'anagramme, on trouve *carvonu pulveri trito*, qui se rapproche de *carbonis pulvere trito*.

(2) « Præter verò hæc sunt alia stupenda naturæ. Nam soni velut tonitrus et coruscationes possunt fieri in aere ; imò majore horrore quàm illa quæ fiunt per naturam. Nam modica materia adaptata, scilicet ad quantitatem unius pollicis sonum facit horribilem et coruscationem ostendit vehementem. Et hoc fit multis modis, quibus civitas, aut exercitus destruatur ad modum artificii Gedeonis, qui laguneulis fractis et lampadibus igne exsiliente cum fragore inæstimabili, infinitum Madianitarum destruxit exercitum cum ducentis hominibus. Mira sunt hæc, si quis sciret uti ad plenum in debitâ quantitate et materiâ. » (Même ouvrage, chapitre VI.)

(1) « Quædam vero auditum perturbant in tantum, quòd si subito et de nocte et artificio sufficienti fierent, nec posset civitas nec exercitus sustinere. Nullus tonitrui fragor posset talibus comparari. Quædam tantum terrorem visui incutiunt, quod coruscationes nubium longe minus et sine comparatione perturbent ; quibus operibus Gedeon in castris Madianitarum consimilia æstimatur fuisse operatus. Et experimentum hujus rei capimus ex hoc ludicro puerili, quod fit in multis mundi partibus, scilicet ut instrumento facto ad quantitatem pollicis humani, ex violentiâ illius salis qui sal petræ vocatur, tam horribilis sonus nascitur in rupturâ tam modicæ rei, scilicet modici pergameni, quod fortis tonitrui sentiatur excedere vagitum, et coruscationem maximam sui luminis jubar excedit. »

(*Fratris Rogerii Opus Majus*. Londres, 1733, p. 474.)

« Prends, dit Albert, une livre de soufre, deux livres de charbon de saule, six livres de salpêtre et pulvérise ces trois substances très-intimement dans un mortier de marbre. Ensuite, tu l'introduiras quand tu le voudras dans une enveloppe de papier, pour en faire un *feu volant*, ou le *tonnerre*, à volonté. L'enveloppe pour le *feu volant* doit être longue, mince et pleine de cette poudre pour faire l'explosion seule (*le tonnerre*) l'enveloppe doit être courte, grosse et à demi pleine (1). »

Il restera démontré, après ces explications et ces textes authentiques, que le nom de Roger Bacon ou celui d'Albert le Grand, son contemporain, ont été, bien à tort, mêlés à l'histoire de l'invention de la poudre à canon. Ils n'ont fait, l'un et l'autre, qu'emprunter à Marcus Grœchus leur contemporain (2) les formules et les recettes des mélanges incendiaires, qui étaient employés à la guerre pendant le moyen âge.

CHAPITRE III

NAISSANCE DE LA POUDRE A CANON AU XIVe SIÈCLE. — SES PREMIERS USAGES. — INVENTION DES BOUCHES A FEU.

Nous arrivons à l'époque où les compositions incendiaires des Arabes vont subir la transformation qui doit produire la poudre à canon des temps modernes.

Ce n'est qu'au XIVe siècle que fut observée d'une manière positive, la force de projection des poudres salpêtrées. Les Arabes avaient appris des Chinois à mélanger le salpêtre avec le charbon et le soufre. Cependant cette espèce de poudre ne pouvait produire encore tous les effets de l'explosion ; elle fusait, mais ne détonait pas. Aussi ne l'employait-on que pour rendre plus vive la combustion des mélanges incendiaires, ou tout au plus pour servir d'amorce. Le salpêtre préparé par les Arabes, était, en effet, assez impur ; il renfermait plusieurs sels étrangers, et particulièrement du sel marin. Or, la présence de ces sels non combustibles avait pour résultat de retarder l'inflammation du mélange ; dès lors il ne pouvait que fuser, c'est-à-dire que sa combustion, au lieu de se faire brusquement et sur toute la masse à la fois, ne se propageait que lentement et de place en place. L'expansion des gaz provenant de cette combustion, n'avait pas assez de puissance pour chasser un projectile. Cependant, au XIVe siècle, le progrès des arts chimiques, chez les Arabes, permit de mieux purifier le salpêtre, et de le débarrasser des matières étrangères non combustibles ; ce sel put dès ce moment provoquer tous les phénomènes de l'explosion, et l'on put l'appliquer à lancer au loin des projectiles.

Une grande incertitude a longtemps régné sur l'époque où l'on vit se réaliser la découverte des propriétés explosives de la poudre, et sur la contrée qui, la première, fut le théâtre de cette observation capitale qui devait peser d'un si grand poids dans les destinées du monde. D'après des documents mis en lumière par MM. Reinaud et Favé, c'est aux Arabes qu'appartiendrait cette découverte. Ces savants auteurs ont trouvé dans un manuscrit arabe de la bibliothèque de Pétersbourg, qui remonte au XIVe siècle, la description de certaines armes à feu, extrêmement imparfaites, et qui, en raison de cette imperfection même, semblent marquer les débuts de la découverte et de l'application de la force de projection de la poudre.

Voici un passage de ce manuscrit dans lequel il s'agit évidemment d'une manière de

(1) « Accipe libram unam sulphuris, libras duas carbonum salicis, libras sex salis petrosi ; quæ tria subtilissime terantur in lapide marmoreo. Postea aliquid posterius ad libitum in tunicâ de papyro volante vel tonitruum faciente ponatur.

« Tunica ad volandum debet esse longa, gracilis, pulvere illo optimo plena ; ad faciendum vero tonitruum, brevis, grossa et semiplena. »

(2) Albert le Grand mourut en 1280, et Roger Bacon en 1294, autant qu'il est possible d'assigner une date fixe à la mort de cet illustre et malheureux savant. Voir dans notre ouvrage. *Vies des savants illustres*. Tome II, *Savants du moyen âge*, in-8, Paris, 1867, les biographies de Roger Bacon et d'Albert le Grand.

lancer un projectile au moyen de la poudre à canon :

« *Description de la drogue à introduire dans le madfaa avec sa proportion.* — Baroud, dix ; charbon, deux drachmes; soufre, une drachme et demie. Tu le réduiras en poudre fine et tu rempliras un tiers du madfaa; tu n'en mettras pas davantage, de peur qu'il ne crève; pour cela, tu feras faire, par le tourneur, un madfaa de bois, qui sera pour la grandeur en rapport avec sa bouche; tu y pousseras la drogue avec force, tu y ajouteras, soit le bondoc, soit la flèche, et tu mettras le feu à l'amorce. La mesure du madfaa sera en rapport avec le trou; s'il estoit plus profond que l'embouchure n'est large, ce seroit un défaut. Gare aux tireurs! fais bien attention (1). »

Dans ce passage, l'instrument qui reçoit la poudre est appelé *madfaa;* c'est le nom qui sert quelquefois, chez les Arabes, à désigner le fusil. La poudre est composée de dix parties de salpêtre, de deux parties de charbon, et d'une partie et demie de soufre. On ne remplit de poudre que le tiers du madfaa, de peur qu'il ne crève. Par-dessus la poudre on mettait un *bondoc*, c'est-à-dire une javeline, ou bien une flèche. Les figures qui sont jointes au texte, représentent, selon MM. Reinaud et Favé, un cylindre assez court porté sur un long manche qui fait suite à son axe. Cet instrument ressemble beaucoup aux massues incendiaires connues sous le nom de *massues à asperger*.

Voici un autre passage du même manuscrit de Pétersbourg, qui contient la description d'une arme à feu analogue à la précédente :

« *Description d'une lance de laquelle, quand tu te trouveras en face de l'ennemi, tu pourras faire sortir une flèche qui ira se planter dans sa poitrine.* — Tu prendras une lance que tu creuseras dans sa longueur, à une étendue de quatre doigts à peu près; tu foreras cette lance avec une forte tarière, et tu y ménageras un madfaa; tu disposeras aussi un pousse-flèche en rapport avec la largeur de l'ouverture; le madfaa sera de fer. Ensuite tu perceras sur le côté de la lance un petit trou; tu perceras également un trou dans le madfaa : puis tu prendras un fil de soie brute que tu attacheras au trou du madfaa ; tu le feras entrer par le trou qui est sur le côté de la lance. Tu te procureras, pour cette lance, une pointe percée à son sommet de manière que, lorsque tu tireras, le madfaa pousse fortement la flèche, par la force de l'impulsion que tu auras communiquée; le madfaa marchera avec le fil, mais le fil retiendra le madfaa de manière à l'empêcher de sortir de la lance avec la flèche. Quand tu monteras à cheval, ainsi armé, tu auras soin de te munir d'un troussequin : c'est afin que la flèche ne sorte pas de la lance. »

Il s'agit ici, selon MM. Reinaud et Favé, d'une lance disposée de telle manière que, lorsqu'on était en face de son ennemi, il en sortait un trait qui allait lui percer le sein. Pour cela on logeait dans la lance un *madfaa* de fer, qui recevait la poudre. Une flèche, dont la grosseur était proportionnée à l'ouverture, était introduite dans le creux de la lance, pour en sortir au moment favorable.

Les instruments dont la description est rapportée dans ces deux passages du manuscrit arabe de Pétersbourg, représentent donc des armes à feu imparfaites. Ils paraissent former la transition entre les instruments purement incendiaires employés chez les Grecs et les Arabes d'Afrique au XIIIe siècle, et les armes à feu proprement dites, dans lesquelles on met à profit la force expansive de la poudre pour lancer au loin des projectiles meurtriers.

Ces premières armes à feu étaient destinées à agir de très-près et presque par surprise, car cette espèce de lance ne pouvait projeter qu'à une très-faible distance, en raison de l'impureté de la poudre, la javeline, la flèche ou le projectile quelconque qu'elle contenait.

La poudre placée dans le *madfaa*, pour projeter une aveline ou une flèche, au lieu d'une pelote de composition incendiaire, constituait une innovation sans importance apparente. Le nom de l'auteur de cette découverte est donc resté tout à fait inconnu, et personne n'a pu se douter que dans le *madfaa* des Arabes, il pût y avoir le germe de nos armes à feu.

Chez les écrivains arabes du XIVe siècle, les effets explosifs de la poudre se distinguent

1 Reinaud et Favé, *des Feux de guerre*.

Fig. 140. — Le sultan du Maroc Abou-Yousouf emploie la poudre à canon pour lancer des graviers de fer, au siége de Sidjilmesa, en 1273.

difficilement de leur propriété incendiaire. Des écrivains étrangers à cet art ne pouvaient donc pas distinguer l'une et l'autre de ces propriétés. D'ailleurs, le mot *baroud*, qui avait d'abord désigné le salpêtre en arabe, servit ensuite à désigner la poudre. C'est parce qu'ils n'ont pas connu ces deux acceptions du même mot, que différents auteurs modernes n'ont pas distingué les deux propriétés des compositions salpêtrées, d'imprimer une force accélératrice à la fusée et de produire une force instantanée dans les armes à feu.

Un passage emprunté à l'*Histoire des Berbères*, traduit par M. de Slane, ferait remonter au XIIIe siècle, chez les Arabes, l'emploi de la poudre pour lancer des projectiles.

« Abou-Yousouf, sultan du Maroc, mit le siége devant Sidjilmesa, en l'an 672 de l'hégire (1273 de Jésus-Christ)... il dressa contre elle les instruments de siége, tels que des *medjanics*, des *arrada* et des *hendam* à naphte, qui jettent du gravier de fer, lequel est lancé de la chambre (du hendam), en avant du feu allumé dans du *baroud*, par un effet étonnant et dont les résultats doivent être rapportés à la puissance du Créateur... Il passa une année entière, et, un certain jour, quand on s'y attendait le moins, une portion de la muraille de la ville tomba par le coup d'une pierre lancée par une *medjanic*, et on s'empressa de donner l'assaut (1). »

Cette relation a été écrite par Ibn-Khaldoun, cent ans environ après l'événement. On voit que, d'après cet auteur, la poudre était employée à lancer du gravier de fer, analogue aux *avelines* (graviers de fer), dont parle le manuscrit de Saint-Pétersbourg. Ces petits projectiles ont dû précéder les boulets plus gros dont l'histoire fera mention quelques années plus tard.

La figure 140 représente, d'après les don-

(1) Cité par M. Favé, *Histoire des progrès de l'artillerie*. Tome III, des *Etudes sur le passé et l'avenir de l'artillerie*, p. 67.

nées de l'historien arabe, les effets de la poudre à canon employée à lancer des graviers de fer contre les murailles de Sidjilmesa, en 1273.

Les événements militaires dont on vient de parler pour constater l'emploi de la poudre à canon, se sont passés dans le nord de l'Afrique et de l'Espagne. Il ne semble donc pas impossible, dit M. Favé, que les Arabes de ces contrées aient été les premiers à utiliser la force projective de la poudre à canon, et que son emploi remonte chez eux jusqu'à la seconde moitié du XIIIe siècle. On peut encore espérer que des textes arabes restés inconnus viendront décider cette question.

L'emploi des premières armes à feu chez les Arabes, à partir du XIVe siècle, est établi par plusieurs documents sur l'exactitude desquels il ne peut exister aucun doute. Les deux citations qui vont suivre sont empruntées à l'ouvrage de M. Favé.

Condé, dans son *Histoire de la domination des Arabes en Espagne*, composée de morceaux traduits de l'arabe, parle de machines lançant des globes de feu avec grands tonnerres, dont l'effet est de ruiner des murs et des tours. Il parle plus loin de balles de fer lancées par le naphte ; racontant le siége de Tarifa, en 1340, par l'empereur du Maroc, joint aux Maures d'Espagne, Condé l'historien dit :

« Ils commencèrent à combattre la place avec des machines et des engins de tonnerre qui lançaient de grosses balles de fer avec du naphte, causant une grande destruction dans les murailles renforcées de bonnes tours. »

Casiri cite le passage suivant d'un auteur arabe qui vivait dans la première moitié du XIVe siècle.

« Le roi de Grenade entra dans le pays ennemi, marcha vers la ville de Basseta, l'investit et l'attaqua vivement ; il frappa l'arceau d'une forte tour avec la grande machine garnie de naphte en forme de boule chauffée. »

Dans une chronique espagnole, citée par Casiri, racontant le siége de la ville d'Algésiras, par le roi Alphonse XI, en 1342, on trouve mentionné l'emploi de la poudre par les Arabes pour la défense de cette place ; on y lit en effet :

« Les Maures de la ville tiraient beaucoup de tonnerres vers le camp, contre lequel ils lançaient des boulets de fer aussi gros que les plus grosses pommes, et ils les lançaient si loin de la ville que les uns passaient au delà du camp, et que les autres l'atteignaient (1). »

L'opinion de MM. Reinaud et Favé, qui attribuent aux Arabes la découverte de la propriété explosive des poudres salpêtrées, s'appuie donc sur des faits nombreux. Ce qui peut d'ailleurs la confirmer, selon nous, c'est l'état avancé des arts chimiques chez cette nation. Pendant le moyen âge, l'Espagne, occupée et régie par les Arabes, était devenue le foyer le plus brillant des lettres et des arts ; les sciences chimiques s'y trouvaient particulièrement cultivées. La découverte des propriétés explosives de la poudre n'est que la conséquence de la purification du salpêtre par les procédés chimiques ; il est donc probable que c'est aux Arabes que doit revenir l'honneur de cette importante observation.

La poudre préparée au XIVe siècle, était extrêmement imparfaite. On l'obtenait sous forme de poussier, état qui lui enlève une grande partie de sa force ; en outre, le salpêtre qui servait à sa fabrication était fort impur. Cette poudre, qui ne donnait lieu qu'à une explosion assez lente, n'aurait donc pu imprimer aux projectiles une vitesse assez grande pour percer les cuirasses et les armures métalliques en usage à cette époque. Aussi, durant le XIVe siècle, les projectiles lancés par les bouches à feu, ne furent-ils que très-rarement dirigés contre les hommes. La poudre servait surtout à lancer de grosses pierres, qui, par leur chute, écrasaient les

(1) *Études sur le passé et l'avenir de l'artillerie*. Tome III, pages 65-68.

édifices et ruinaient les défenses extérieures des places. Tel fut le premier emploi des bouches à feu, qui prirent le nom de *bombardes* ou *bastons à feu.*

Mais les bombardes ne furent pas destinées seulement à lancer de lourds projectiles contre les travaux de défense des villes assiégées ; elles servirent encore à jeter à l'ennemi le feu grégeois et les compositions incendiaires. On nous permettra d'insister sur ce point particulier, car nous y trouverons l'occasion d'établir que l'usage et le secret du feu grégeois n'ont aucunement été perdus, comme on l'entend dire tous les jours.

La découverte de la poudre à canon ne fit pas complétement abandonner l'emploi des mélanges incendiaires ; on les conserva comme un moyen d'attaque utile en plus d'une circonstance. Les Européens eux-mêmes finirent par en emprunter l'usage aux Arabes, et tous ces phénomènes de combustion, qui avaient paru si effrayants aux Occidentaux, du VIIIe au XIIIe siècle, devinrent plus tard d'un usage familier en Europe.

Il est souvent question du feu grégeois dans les chroniques de Froissart. En racontant le siége du château de Romorantin par le prince de Galles, cet historien dit en parlant des Anglais :

« Si ordonnèrent à apporter canons avant et à traire carreaux et feu gregeois dedans la basse-cour; car si cil feu s'y vouloit prendre, il pourroit bien tant multiplier qu'il se bouteroit en toit des couvertures des tours du châtel... Adonc fut le feu apporté avant et traict par bombardes et par canons en la basse-cour, et si prit et multiplia tellement que toutes ardirent. »

Le nom du feu grégeois se trouve chez presque tous les auteurs de pyrotechnie du XVIe siècle; et on lit dans les ouvrages de cette époque la description détaillée des divers instruments à feu en usage en Europe vers le XVe et le XVIe siècle. Voici, par exemple, suivant un de ces écrivains, Biringuccio, la manière de préparer les lances à feu :

« *Moyen de faire lances à feu pour getter où il vous plaira attachés à la pointe des lances.* — Pour la défense d'une forteresse, ou pour dresser une escarmouche de nuit, ou pour assaillir un camp, c'est chose utile d'attacher, à la pointe des lances des gens de cheval et sur la cime des piques des gens de pié, certains canons de papier posez dans autres de bois longs de demi-brasse. Lesquels vous remplirez de grosse poudre avec laquelle vous meslerez piéce de feu gregeoix, de soufre, grains de sel commun, lames de fer, voire brisé, et arsenic cristallin. Et le tout pousserez dedans à force, et aprez avoir mis quelque chose au-devant, tournerez l'issue du feu contre vos ennemis. Lesquels resteront effrayés au possible, appercevant une langue de feu excédant en longueur deux brasses, faisant un bruit épouvantable. Et peut ceste façon de langue grandement servir à ceux qui veuillent faire profession des armes sur la mer (1). »

Comme le remarquent MM. Reinaud et Favé, on voit que c'est bien là l'art des anciens Arabes : l'effet des instruments est le même, leur disposition toute semblable; seulement, l'imagination n'ajoutant plus à la crainte que ces armes inspiraient, leur usage se borne à des circonstances rares et exceptionnelles.

Les écrivains de cette époque signalent quelques actions de guerre dans lesquelles on eut recours à ces moyens. Daniel Davelourt dans sa *Briefve Instruction sur le faict de l'artillerie en France*, imprimée en 1597, parle ainsi de l'usage que l'on fit du feu grégeois au siége de Pise :

« Toute chose seiche et qui brusle facilement, multipliant le feu par quelque propre et intérieure nature, se peut mettre à composition du feu : comme sont soulphre, salpêtre, poudre à canon, huile de lin, de petrole, de térébenthine, poix, résine, camphre, chaux vive, sel ammoniac, vif-argent et autres telles matieres dont on a accoustumé de faire trompes, pots, cercles, langues, piques, lances à feu, et autres feux artificiels propres à refroidir l'ardeur de ceux qui vont les plus hardis assaillir bresche.

« Comme l'on cogneut au siége de Pise où les Florentins, soubs la conduite de Paul Vitelli, ayant fait la bresche raisonnable, et les Pisans se réparant par dedans avec fossés et terrasses, encore ajoutèrent-ils

(1) Vannoccio Biringuccio, *la Pyrotechnie*, traduit de l'Italien par Jacques Vincent, Paris, 1572, folio 164.

les feux gregeoix et artificiels, avec lesquels ils empêchèrent que les Florentins ne purent exécuter leur dessein. Les soldats de Verone, attendant l'assaut des François, dresserent pots de feu artificiels et autres fricassées, qu'ils leur donnoient aux flancs et par derrière les remparts. »

Zantfliet affirme, dans ses *Chroniques*, que le feu grégeois était usité en Hollande en 1420.

Il fut encore employé en 1453 au siége de Constantinople par Mahomet II : les assiégés et assiégeants en faisaient usage chacun de leur côté (*fig.* 141). L'historien Phrantzès, cité par M. Lalanne, rapporte qu'un Allemand nommé Jean, très-habile à manier le feu grégeois, et qui dirigeait la défense de la ville, se servait de ce feu pour faire sauter des mines.

Ainsi, jusqu'à l'année 1453, les compositions incendiaires étaient encore employées concurremment avec l'artillerie, et l'on avait trouvé le moyen d'en tirer un parti nouveau en l'appliquant à l'art des mines. On peut donc établir, en s'appuyant sur des données historiques, que le secret du feu grégeois n'a jamais été perdu.

Les bouches à feu furent donc appliquées dans l'origine, à lancer des pierres contre les remparts extérieurs des cités et à jeter le feu grégeois. Cependant, à mesure que la préparation de la poudre à canon se perfectionna, et que les projectiles purent recevoir une vitesse assez grande pour percer les armures métalliques, ce dernier usage se perdit, et le nom même du feu grégeois finit par s'oublier. C'est alors seulement que les bouches à feu commencèrent à jouer un rôle important dans les armées.

Pour résumer ce qui précède, nous dirons que la poudre à canon a pris son origine dans l'art des compositions incendiaires et les feux d'artifice, connus et mis en usage de temps immémorial chez les Indiens et les Chinois; — que l'introduction du salpêtre dans les compositions, aussi bien que la découverte et l'emploi de la fusée, sont dus aux Chinois; — que les Arabes ont emprunté aux Chinois ces connaissances, — que les Arabes ont accru singulièrement la puissance explosive des mélanges incendiaires en faisant usage de salpêtre purifié, et exempt de sels non combustibles — enfin qu'ils ont les premiers, lancé avec la poudre à canon des projectiles dont l'action, sans efficacité et sans importance, ne pouvait point exercer tout d'abord une influence notable sur l'art de la guerre, mais qui contenaient en germe les armes à feu modernes.

CHAPITRE IV

PERFECTIONNEMENTS APPORTÉS DANS LES TEMPS MODERNES A LA COMPOSITION DE LA POUDRE A CANON. — ESSAIS PYROTECHNIQUES DE DUPRÉ ET DE CHEVALLIER. — POUDRE AU CHLORATE DE POTASSE EXPÉRIMENTÉE PAR BERTHOLLET EN 1788.

Nous ne suivrons pas plus loin cette histoire rapide des premiers emplois de la poudre à canon. La revue des perfectionnements successifs qui ont amené l'artillerie européenne au degré éminent où nous la voyons de nos jours, sera présentée avec les détails nécessaires, dans la notice qui doit suivre : *l'Artillerie ancienne et moderne.* Ici nous devons nous en tenir à envisager les modifications apportées à la composition des poudres de guerre. A ce point de vue, notre tâche est à peu près terminée. Depuis deux siècles, en effet, la fabrication et l'emploi de l'agent qui nous occupe n'ont fait que des progrès presque insensibles, et pour arriver jusqu'à notre siècle, nous n'avons à signaler que quelques essais curieux, mais restés sans application.

C'est dans cette catégorie qu'il faut ranger les essais entrepris sous Louis XV, par Dupré, pour retrouver le feu grégeois; ceux que fit, à la fin du dernier siècle, le célèbre chimiste Berthollet, dans le but de modifier la composition de la poudre; enfin les expé-

Fig. 141.— Le feu grégeois employé par les assiégeants et les assiégés au siége de Constantinople par Mahomet II, en 1453.

riences pyrotechniques de Chevallier, exécutées sous le Consulat.

Dupré, né aux environs de Grenoble, était orfévre, à Paris. En essayant de fabriquer de faux diamants, il avait découvert, dit-on, une liqueur inflammable d'une activité prodigieuse. Chalvet, qui rapporte ce fait dans sa *Bibliothèque du Dauphiné*, assure que cette liqueur consumait tout ce qu'elle touchait, qu'elle brûlait dans l'eau, et reproduisait, en un mot, tous les effets anciennement attribués au feu grégeois.

Dupré fit instruire Louis XV de sa découverte, et sur l'ordre du roi, il exécuta quelques expériences à Versailles, sur le canal, et dans la cour de l'Arsenal, à Paris.

C'était en 1755; on était engagé contre les Anglais dans cette guerre désastreuse qui devait amener la ruine de notre puissance navale. Dupré fut envoyé dans divers ports de mer, pour essayer contre les vaisseaux l'action de sa liqueur incendiaire. Les effets que l'on produisit furent si terribles, que les marins eux-mêmes en furent épouvantés. Cependant Louis XV, cédant à un noble sentiment d'humanité, crut devoir renoncer, malgré les pressantes nécessités de la guerre, aux avantages que lui promettait cette invention. Il défendit à Dupré de publier sa découverte, et, pour assurer son silence, il lui accorda une pension considérable et la décoration de Saint-Michel.

Dupré est mort sans avoir trahi son secret; mais Chalvet avance une atrocité inutile, lorsqu'il prétend que l'opinion commune accusa Louis XV d'avoir précipité sa mort.

Selon M. Coste, un artificier nommé Torré aurait retrouvé, sous le ministère du duc d'Aiguillon, un secret analogue à celui de Dupré.

« Le secret du feu grégeois, dit M. Coste, a été retrouvé en France, sous le ministère du duc d'Aiguillon, par un metteur en œuvre qui ne le cherchait certainement pas et qui travaillait au Havre à des pierres de composition. Mon témoignage à cet égard est irrécusable, car c'est moi qui ai rédigé le *Mémoire au conseil*, par lequel cet honnête artiste faisait hommage au roi de sa funeste découverte, lui demandait ses ordres, et offrait d'enfermer dans un canon de bois, qu'un seul homme pourrait porter, sept cents flèches remplies de sa composition, lesquelles s'enflammeraient, éclateraient et mettraient le feu en tombant. Cet appareil et le canon de bois, qui devaient porter le feu grégeois à huit cents toises étaient de l'invention de l'artificier Torré (1). »

Toutefois cette idée n'a jamais eu de suite.

Il en a été autrement de l'invention du mécanicien Chevallier, sur laquelle la fin tragique de son auteur appela quelque temps l'attention du public.

Chevallier, ingénieur et mécanicien de Paris, avait réussi à préparer des fusées incendiaires qui brûlaient dans l'eau, et dont l'effet était, dit-on, aussi sûr que terrible. Les expériences, faites le 30 novembre 1797 à Meudon et à Vincennes, en présence d'officiers généraux de la marine, et reprises à Brest, le 20 mars suivant, montrèrent que ces fusées, qui avaient quelques rapports avec nos fusées modernes à la Congrève, reproduisaient une partie des effets que l'on rapporte communément au feu grégeois.

Chevallier s'occupait à perfectionner ses compositions incendiaires, lorsqu'il périt victime d'une fatale méprise. Depuis le commencement de la Révolution, il s'était fait remarquer par l'exaltation de ses idées républicaines; en 1795, il avait déjà été arrêté comme agent d'un complot jacobin et mis en liberté à la suite de l'amnistie de l'an IV. En 1800, dénoncé à la police ombrageuse de l'époque comme s'occupant dans un but suspect, de fusées incendiaires et de préparations d'artifices, il fut emprisonné sous la prévention d'avoir voulu attenter aux jours du premier consul. Cette affaire ne pouvait avoir aucune suite sérieuse, et Chevallier s'apprêtait à sortir de prison, lorsque, par une coïncidence déplorable, arriva l'explosion de la machine infernale. Chevallier n'avait eu évidemment aucune relation avec les auteurs de ce terrible complot; cependant il fut traduit quelques jours après devant un conseil de guerre, condamné à mort, et fusillé le même jour à Vincennes.

(2) *Essai sur de prétendues découvertes nouvelles*, in-8, 1803.

Les essais entrepris par le célèbre chimiste Berthollet, en 1788, pour remplacer le salpêtre de notre poudre à canon par le chlorate de potasse, ont un caractère scientifique sérieux, et sont plus connus que les faits précédents.

En étudiant les combinaisons oxygénées du chlore, Berthollet avait découvert les chlorates, sels très-remarquables par leurs propriétés chimiques. Les chlorates sont des composés qui se détruisent avec une facilité extraordinaire; et comme ils renferment une très-grande quantité d'oxygène, cette prompte décomposition fait de ce genre de sels un des agents de combustion les plus actifs que l'on possède en chimie.

Quelques détails sur la préparation et les propriétés des chlorates ne seront pas ici déplacés, car le chlorate de potasse a reçu de nos jours plusieurs emplois dans l'artillerie, et il entre notamment dans la composition des capsules fulminantes.

Le chlorate de potasse se prépare, comme le fit le premier, Berthollet, en faisant passer du chlore dans une dissolution concentrée de potasse ou de carbonate de potasse. La réaction qui se passe entre le chlore et la potasse est très-nette; le chlore porte son action à la fois sur l'oxygène et le potassium, il forme avec le premier de l'acide chlorique et avec le second du chlorure de potassium. C'est ce que montre l'équation chimique suivante:

$$6KO + 6Cl = \underbrace{5KCl}_{\text{Chlorure de potassium.}} + \underbrace{KO,ClO^5}_{\text{Chlorate de potasse.}}$$

Nous supposons ici que l'on agit sur une dissolution de potasse pure; la réaction serait la même, si l'on agissait avec une dissolution de carbonate de potasse, car l'acide carbonique se dégagerait purement et simplement, pendant toute la durée de l'opération.

Le chlorate de potasse étant beaucoup moins soluble dans l'eau froide que le chlorure de potassium, se dépose, en paillettes cristallines nacrées ; tandis que le chlorure de potassium demeure dissous dans l'eau. Il faut que le tube qui amène le chlore dans la liqueur soit un peu large, pour qu'il ne soit pas obstrué par les cristaux de chlorate de potasse qui se déposent. Il suffit de recueillir ces cristaux, de les dissoudre dans l'eau bouillante, et de laisser refroidir la liqueur, pour obtenir du chlorate de potasse, d'une pureté chimique absolue.

On peut obtenir le chlorate de potasse en grand, d'une manière plus économique. On fait arriver du chlore dans de la chaux délayée dans l'eau, ce qui donne une dissolution d'hypochlorite de chaux, et un excès de chaux en suspension. A ce mélange on ajoute du chlorure de potassium, en proportions convenables, et l'on porte le tout à l'ébullition. Il se forme du chlorate de chaux, par la transformation de l'hypochlorite de chaux en chlorate. Une double décomposition s'établit alors entre les deux sels solubles, savoir le chlorate de chaux et le chlorure de potassium; il se fait du chlorure de calcium et du chlorate de potasse. Tant que dure l'ébullition, le chlorate de potasse reste dissous. Mais si l'on filtre la liqueur bouillante et qu'on la laisse refroidir, le chlorate de potasse se dépose en belles aiguilles cristallines.

Le chlorate de potasse est une source abondante et économique d'oxygène. Il suffit de le chauffer à 450 degrés environ, pour qu'il abandonne tout son oxygène, et c'est même là un des procédés usités dans les laboratoires de chimie pour préparer le gaz oxygène.

Cette facile décomposition du chlorate de potasse fait comprendre que ce sel soit un des agents d'oxydation les plus énergiques que possède la chimie. Quand on a mêlé ce sel à une substance combustible, comme le soufre, le charbon, ou une matière organique, il suffit d'un simple choc, ou d'un frottement un peu rude, pour déterminer l'inflammation de ce mélange. L'oxygène faiblement retenu par le chlore, passe facilement aux corps combustibles, et donne ainsi des mélanges explosifs. Le chlorate de potasse mélangé avec du soufre, avec du charbon ou du phosphore, constitue un mélange tellement combustible que le choc du marteau suffit pour le faire détoner. Quand on triture rapidement dans un mortier de bronze du chlorate de potasse, du soufre et du charbon, il se produit des détonations successives qui imitent des coups de fouet, et l'on voit s'élancer hors du vase des flammes rouges ou purpurines.

L'expérience suivante donne la meilleure idée des propriétés oxydantes du chlorate de potasse. On fait un mélange de chlorate de potasse, de soufre et de lycopode, substance végétale, excessivement divisée et excessivement inflammable. Quelques gouttes d'acide sulfurique versées sur ce mélange, suffisent pour l'enflammer et faire brûler toute la masse avec éclat. Voici la curieuse réaction chimique qui se passe alors. L'acide sulfurique met en liberté l'acide chlorique du chlorate de potasse ; l'acide chlorique rendu libre, se décompose spontanément en chlore et oxygène ; l'oxygène brûle le soufre, l'inflammation se communique à la substance végétale, et la masse entière prend feu.

C'est un mélange tout à fait analogue qui composait les anciens *briquets hydro-chimiques*, qui furent en usage dans les premières années de notre siècle, et qui ont été détrônés par les allumettes phosphorées. On préparait un mélange de 3 parties de chlorate de potasse, de 1 partie de soufre, dont on faisait une pâte avec de l'eau gommée, et l'on appliquait cette pâte à l'extrémité de chaque allumette. Quand on plongeait cette allumette dans un petit flacon de verre contenant de l'acide sulfurique concentré, la réaction que nous venons d'analyser, provoquait l'inflammation de l'allumette.

Berthollet, à qui l'on doit, comme nous l'avons dit, la découverte des chlorates, avait observé la plupart de ces phénomènes. Il avait

Fig. 142. — Berthollet.

été frappé des propriétés oxydantes du chlorate de potasse, et reconnu qu'on pouvait composer, avec ce sel, des mélanges éminemment explosifs. La pensée lui vint donc, assez naturellement, de substituer le chlorate de potasse au salpêtre, dans la poudre à canon. Les essais qu'il entreprit dans cette vue, amenèrent les résultats d'abord les plus avantageux en apparence : un mélange intime de soufre, de charbon et de chlorate de potasse, dans les proportions habituelles de la poudre, constituait une force explosive d'une énergie extrême. Cette poudre l'emportait à ce point sur la poudre ordinaire, que les projectiles étaient lancés à une distance triple.

Encouragé par ce fait, Berthollet demanda au gouvernement l'autorisation de faire préparer une assez grande quantité de la nouvelle poudre, afin de procéder à des expériences plus étendues. La poudrerie d'Essonne fut mise à sa disposition. Mais l'entreprise eut une bien triste fin : une explosion terrible détruisit la fabrique, et coûta la vie à plusieurs personnes. Voici quelques détails positifs sur ce malheureux événement.

M. Letort, directeur de la manufacture d'Essonne, était plein de confiance dans le succès des expériences de Berthollet et dans l'avenir de la poudre nouvelle ; il assurait qu'elle n'offrirait aucun danger dans son maniement, et qu'elle se comporterait en tous points comme la poudre au salpêtre. Le jour où devaient commencer les essais de la fabrication, il invita Berthollet à dîner, et au sortir de table, on descendit dans les ateliers Le mélange se faisait, comme à l'ordinaire, dans des mortiers, avec des pilons de bois, et par l'intermédiaire de l'eau, afin d'éviter le développement de chaleur provoqué par le frottement. M. Letort prétendit que l'addition de l'eau était même superflue, et que l'on aurait pu tout aussi bien faire le mélange à sec. Pour le prouver, il s'approcha de l'un des mortiers, et, du bout de sa canne, il se mit à triturer une petite motte de poudre qui s'était desséchée sur ses bords. Aussitôt une détonation épouvantable se fit entendre, la maison fut à moitié renversée, et l'on releva parmi les décombres le cadavre du directeur, celui de sa fille et les corps de quatre ouvriers ; Berthollet fut préservé comme par miracle (*fig.* 143).

Cependant on avait attaché tant d'importance à l'emploi de la poudre au chlorate de potasse, que cet événement terrible ne porta point ses fruits. Quatre années après, le gouvernement autorisa de nouveaux essais de fabrication de la poudre au chlorate de potasse. Au milieu des guerres de la république, il était difficile de renoncer à l'espoir de posséder un agent d'une si merveilleuse puis-

Fig. 143. — Explosion de la poudrerie d'Essonne pendant la fabrication de la poudre à base de chlorate de potasse.

sance. On multiplia les précautions indiquées en pareil cas; mais tout fut inutile : une nouvelle explosion fit sauter la fabrique, et tua trois ouvriers.

On n'a plus songé depuis cette époque à recommencer de si funestes tentatives. D'ailleurs, on sait aujourd'hui que la poudre au chlorate de potasse n'a que des dangers et n'offre aucun avantage. Elle est si détonante, que le mouvement seul d'une voiture peut déterminer son explosion. Toutes les substances qui, comme le chlorate de potasse, détonent par le simple choc, donnent des poudres *brisantes*, dont l'action brusque et instantanée, s'exerçant à la fois contre le projectile et contre les parois intérieures du canon, provoque presque toujours la rupture de l'arme.

CHAPITRE V

PROPRIÉTÉS ET COMPOSITION DE LA POUDRE A CANON ACTUELLE. — SES EFFETS BALISTIQUES. — PROPRIÉTÉS ET PRÉPARATION DES INGRÉDIENTS DE LA POUDRE : LE SALPÊTRE, LE CHARBON ET LE SOUFRE.

Après cette histoire de l'invention et des perfectionnements successifs des poudres de guerre, depuis leur première origine dans l'antiquité jusqu'à nos jours, nous avons à décrire les procédés qui servent à la fabrication de la poudre actuelle, et à faire connaître ses propriétés physiques, chimiques et balistiques.

Telle qu'on l'emploie aujourd'hui dans les armes, la poudre de tir est un corps, ou une réunion de petits corps, identiques de composition, ayant la propriété de se transformer, dans un temps très-court, en un volume considérable de gaz, sous l'influence d'une température d'environ 300 degrés, provoquée en un point quelconque de sa masse.

Chez tous les peuples qui en ont fait usage, la poudre a été constamment formée d'à peu près trois quarts en poids de salpêtre, d'un demi-quart en poids de charbon, et d'un demi-quart en poids de soufre. Le salpêtre contient en quantité suffisante, l'oxygène, l'élément destiné à brûler le soufre et le charbon, et à les transformer en gaz acide sulfureux et acide carbonique. En se décomposant sous l'influence de la chaleur, le salpêtre cède son oxygène au charbon et au soufre, et change ces corps simples en gaz acides sulfureux et carbonique. L'azotate de potasse ainsi décomposé, laisse comme résidu, l'azote, qui s'ajoute au mélange gazeux résultant de la combustion, et forme presque la moitié de la totalité de ce mélange gazeux.

Outre ces produits gazeux, il se forme des produits solides : tels sont le sulfure de potassium et le sulfure de potasse, ce dernier sel provenant de la combinaison du soufre avec les produits de la décomposition du salpêtre. Mais ces corps se trouvant dans un milieu à température très-élevée, se volatilisent, par l'action de cette chaleur excessive, et s'ajoutent, à l'état de vapeurs, au mélange gazeux. Une partie des produits solides sublimés se dépose le long des parois de l'arme, qui sont relativement froides. Il s'en dépose d'autant plus que la température produite dans l'arme, par la combustion de la poudre, est moins élevée, et que la force de projection qui arracherait ces particules des parois, est moins énergique.

Les effets explosifs de la poudre tiennent donc à ce que cette substance a la propriété de se transformer rapidement en une masse considérable de gaz. C'est une matière solide qui, en un instant, se change en gaz, dont le volume surpasse cinq à six cents fois le volume de la substance solide employée. On peut comparer son effet sur le projectile, à l'action d'un ressort d'acier, d'une puissance considérable, qui serait placé derrière le projectile, et qui, se détendant tout d'un coup, produirait son effet dans un espace de temps excessivement court.

Pour conserver cette comparaison, disons que, étant donnés dans l'intérieur d'une arme quelconque, le ressort tendu, et devant ce ressort le projectile, si l'on veut obtenir le plus grand effet balistique, il ne faudra pas détendre subitement le ressort, de telle façon que le projectile ne subisse qu'un choc brusque et soit ensuite abandonné par le ressort après ce choc. Il vaudra mieux évidemment faire agir le ressort, progressivement, et pendant tout le temps que le projectile parcourt l'intérieur de l'arme. Le maximum de force sera communiqué au projectile, à la condition que le ressort, touchant toujours ce projectile jusqu'à sa sortie de l'arme, ait à ce moment, c'est-à-dire quand il est parvenu à l'extrémité du canon, épuisé toute sa puissance. Il conviendra donc que la charge de poudre brûle tout entière avant que le projectile soit sorti de l'arme à feu.

La comparaison de l'effet explosif de la poudre à l'action d'un ressort est très-juste et très-commode ; mais il ne faut abuser de rien, ni des comparaisons, ni des ressorts, si l'on veut rester dans la logique et dans la pratique. Laissant donc de côté tout parallèle, nous dirons, en revenant à notre véritable objet, qu'il résulte des considérations qui précèdent, que l'on doit calculer la longueur des armes, ainsi que la force et la quantité de poudre, de manière que la charge tout entière de poudre ait brûlé avant que le projectile soit sorti de l'arme.

Si nous supposons la vitesse moyenne du projectile dans l'arme, de trois cents mètres par seconde, et la longueur du canon d'un mètre, il faudra que la charge de poudre, pour produire son maximum d'effet, brûle en un peu moins de $\frac{1}{300}$ de seconde. Il est facile de comprendre que si la poudre brûle plus lentement, une portion des grains non brûlés sera lancée, comme un projectile, par les gaz, et ne brûlera qu'à l'extérieur du canon, c'est-à-dire sans aucun effet utile. C'est ce qui arrive, par exemple, quand la poudre est humide. Quand, au contraire, la poudre brûle trop vite, les gaz n'exercent pas leur action graduellement, le parcours d'une partie de l'arme est inutile, le projectile perd de sa force par le frottement contre les parois, et pour l'effet qu'elle produit, l'arme est trop longue.

C'est d'après ces principes que, dans la pratique, on fait varier la longueur des différentes armes suivant la distance à laquelle on veut tirer, et que l'on augmente ou diminue le poids du projectile et la quantité de poudre, selon la résistance de l'arme.

A part les considérations qui précèdent, la combustion trop lente ou trop rapide de la poudre, présente d'autres inconvénients. La poudre qui brûle lentement encrasse les armes; celle qui brûle trop vite est *brisante*, *fulminante*, c'est-à-dire peut les faire éclater, ou tout au moins les détériorer en un temps très-court.

La poudre qui brûle avec trop de lenteur ne développe qu'une température peu élevée, parce qu'elle brûle en masse moindre à la fois, et que les causes de refroidissement peuvent agir d'une manière plus efficace; en second lieu son action, n'étant pas subite, surmonte plus difficilement l'inertie du projectile, ainsi que l'adhérence aux parois de l'arme des particules solides résultant de la combustion de la poudre.

Les *poudres fulminantes*, c'est-à-dire à déflagration instantanée, brisent les armes, parce qu'avant que les gaz provenant de la combustion, aient eu le temps de détruire l'inertie du projectile et de le mettre en mouvement, ils ont acquis une tension énorme, qui peut surpasser le degré de résistance des parois du canon, et les briser.

Il est donc essentiel de fabriquer des poudres bien homogènes de composition, c'est-à-dire semblables entre elles, dont les propriétés explosives soient toujours les mêmes, et s'accommodent à des armes qui ne soient ni trop longues, ni trop lourdes; en d'autres termes dont la combustion ne soit pas trop rapide, ce qui exigerait des armes épaisses et courtes, par conséquent impropres à un tir exact, ni trop lente, ce qui nécessiterait des armes trop longues pour l'usage.

Si, d'après l'étymologie du mot, on laissait à la poudre la forme de *poussier*, comme on l'a fait longtemps, d'ailleurs, elle ne s'allumerait que lentement. On lui donne aujourd'hui la forme, non d'une substance pulvérulente, mais de grains d'un certain volume. Et voici pour quelles raisons.

Le mécanisme de l'explosion de la poudre, et même de toute explosion, est le suivant. Un point quelconque de la masse est porté à une température suffisante pour qu'il y ait combustion, c'est-à-dire combinaison avec l'oxygène; cette première combustion provoque un nouveau dégagement de chaleur, en général très-vive. La couche qui entoure le premier point, déflagre; puis cette première couche enflamme la seconde, et ainsi de suite. La chaleur va donc toujours en augmentant depuis le premier moment, et la marche de l'inflammation est d'autant plus rapide que la masse à allumer est plus rapidement pénétrée par le calorique.

Si l'on fait usage de poussier de poudre, la chaleur ne se propage qu'avec une difficulté extrême à travers ce corps, qui est très-mauvais conducteur du calorique, et qui ne laisse entre ses particules que des espaces microscopiques bientôt bouchés par de nouvelles particules, qui absorbent la chaleur émise. Si, au contraire, on fait usage de poudre à laquelle on ait donné la forme granuleuse, l'air qui sépare les grains, les enflamme plus vite, et la chaleur provenant de la combustion de chaque grain se transmet plus rapidement d'un point à l'autre de la masse.

C'est ainsi que l'on a été conduit à faire subir à la poudre, l'opération du *grenage*, que nous aurons à décrire.

On a également jugé indispensable de *lisser* la poudre. Le *lissage* consiste à durcir et à polir la surface du grain, pour qu'il ne se réduise pas de nouveau en poussier, pendant les transports ou les manipulations.

Plus les grains sont gros, et plus est lente la combustion de la poudre. Le diamètre des grains de la poudre à canon, fabriquée en France, varie entre 2^{mm},5 et 1^{mm},4 ; et celui des grains de la poudre à mousquet entre 1^{mm},4 et 0^{mm},6. Les grains des différentes poudres de chasse sont encore plus petits.

En résumé, la poudre est composée de salpêtre, de charbon et de soufre, parfaitement broyés et intimement mêlés, divisés en grains de grosseur déterminée, puis lissés, enfin séchés et époussetés. Nous décrirons ces différentes opérations telles qu'elles se pratiquent dans nos grandes poudreries; mais il sera bon auparavant, de faire bien connaître les propriétés des trois ingrédients de la poudre, c'est-à-dire le salpêtre, le soufre et le charbon.

Salpêtre. — Le salpêtre a tiré son nom de son origine naturelle. Au VIIIe siècle, les savants qui n'écrivaient qu'en latin, l'appelèrent, pour rappeler qu'il est extrait des pierres, du nom de *sal petræ*, c'est-à-dire *sel de pierre.* On l'extrait, en effet, de certaines pierres, à la surface desquelles il se produit naturellement.

A l'époque de la création de la nomenclature chimique, on plaça, avec raison, le salpêtre parmi les sels, et on le nomma *nitrate de potasse*, et plus tard *azotate de potasse*, parce qu'il résulte de la combinaison de l'*acide nitrique*, ou *azotique*, avec la *potasse*. Les mots *salpêtre*, *nitre*, *nitrate de potasse* et *azotate de potasse*, sont donc synonymes.

Le salpêtre, se trouve sur les murs humides, à la surface desquels il forme de petites aiguilles blanchâtres, d'une saveur froide et piquante. Comment se produit-il spontanément dans la nature ? L'acide azotique prend naissance aux dépens des éléments de l'air, dans les orages, par suite de la combinaison de l'oxygène avec l'azote. Sous l'influence de la décharge électrique, l'oxygène et l'azote qui existent dans l'air, se combinent et forment de l'acide azotique. Cet acide azotique tombe, dissous par l'eau de la pluie, sur la terre, et se combinant avec la chaux, la magnésie ou la potasse du sol, forme de l'azotate de chaux, de magnésie ou de potasse.

Cependant cette source de salpêtre n'est pas d'une grande importance. C'est dans d'autres conditions naturelles que ce sel se produit abondamment.

Toutes les fois que de l'oxygène et de l'azote se trouvent en présence, dégagés d'une combinaison quelconque, ils s'unissent, et forment de l'acide azotique. S'il existe, à proximité, une base alcaline ou terreuse, comme de la potasse, de la chaux, de la magnésie, cette base se combine à l'acide azotique, et forme des azotates de potasse, de soude, de chaux, de magnésie ou d'ammoniaque. La présence de ces bases hâte, et provoque, pour ainsi dire, la formation de l'acide azotique.

Le salpêtre se forme naturellement dans tous les lieux humides où existent des matières animales riches en azote, c'est-à-dire dans les caves, les étables, les fosses à fumier, ainsi que sur les murs des habitations. Il n'apparaît que jusqu'à une certaine hauteur sur ces murs, parce que l'humidité est une condition nécessaire à sa formation, en vertu du vieil adage chimique, *corpora non agunt nisi soluta ;* on n'en trouve guère, en effet, au-dessus du premier étage. La formation du nitre est une cause incessante de destruction des murailles. Ce sel ronge et carie les plus fortes assises; rien ne peut arrêter cette cause d'altération, sans cesse agissante. Il faut extraire les pierres qui en sont atteintes, et les remplacer.

Partout où la végétation a existé, les couches superficielles du sol renferment du salpêtre ; car l'acide azotique et la potasse ont été fournis par la décomposition des végétaux. Certains terrains sont même assez riches en salpêtre pour qu'il suffise de lessiver les terres avec de l'eau chaude, pour en extraire ce sel, et en faire une exploitation régulière. On trouve des masses considérables de salpêtre accumulées dans le sol de certaines parties de l'Espagne, de l'Égypte, de l'Inde et de l'Amérique méridionale.

Le salpêtre est si abondant dans le sol de certaines contrées de l'Inde, qu'il suffit, pour le recueillir, de balayer la terre avec de longs balais, ou *houssines :* d'où le nom de *salpêtre de houssaye.* Ce salpêtre arrive en Europe, en petits cristaux aiguillés, d'un blanc grisâtre ; mais il est très-impur.

Au milieu des déserts de l'Afrique, le major Gardon Laing a observé qu'au moment le plus froid de la journée, c'est-à-dire au lever du soleil, la terre se couvre d'une couche de nitre. La présence du salpêtre dans ces déserts semble prouver qu'à une époque distante d'un nombre de milliers d'années qu'on n'ose calculer, toute la partie de l'Afrique, aujourd'hui occupée par des sables, aurait été couverte d'une végétation luxuriante.

En réalisant artificiellement les conditions les plus favorables à la production du salpêtre, et en les exagérant, on est arrivé à créer les *nitrières artificielles.* On nomme ainsi des fosses remplies d'un mélange grossier de plâtre ou de terres calcaires, avec des débris de substances animales et végétales en putréfaction. Cette industrie existe en Normandie, en Suisse et en Suède. Dans les bergeries de l'Appenzell, les détritus organiques sont rassemblés, et par une disposition spéciale qui assure au mélange de ces matières, un accès abondant d'air atmosphérique, on arrive à fabriquer, avec bénéfice, du salpêtre artificiel.

Cependant cette industrie est assez peu rémunératrice. C'est que le salpêtre se forme naturellement avec tant d'abondance et de facilité, qu'il est superflu de recourir à l'intervention de l'art. Les vieux plâtras de démolition, — et Dieu sait si de nos jours, les matériaux de démolition font défaut ! — sont chargés de sels nitreux. Il suffit de se procurer ces matériaux, de les lessiver comme il sera dit plus loin, pour se procurer une abondante récolte de ces sels.

Nous allons exposer, avec quelque attention, les procédés qui sont suivis en France, pour retirer le salpêtre des plâtras ou des vieux matériaux de démolition. Il faut seulement savoir, pour comprendre les opérations que nous allons décrire, que le salpêtre, c'est-à-dire l'azotate de potasse, n'existe pas seul dans ces plâtras ; il n'en forme même que la plus minime partie. L'acide azotique se trouve combiné surtout à la chaux et à la magnésie. De là résulte la nécessité d'une opération chimique, consistant à transformer en azotate de potasse, c'est-à-dire en salpêtre proprement dit, les azotates de chaux et de magnésie qui existent dans les vieux plâtras. Cette transformation s'opère avec une dissolution de carbonate de potasse, qui, agissant sur les azotates de chaux et de magnésie, préalablement enlevés aux plâtras par l'eau bouillante, produit des carbonates de chaux et de magnésie insolubles, et de l'azotate de potasse, qui reste dissous, et qu'il n'y a plus qu'à recueillir par l'évaporation du liquide et par la cristallisation.

Après cette explication, les opérations relatives à l'extraction du salpêtre seront facilement comprises.

La première opération consiste à lessiver, par l'eau froide, les plâtras, pour leur enlever les azotates de chaux, de magnésie et de potasse, qu'ils contiennent. On place les matériaux salpêtrés, quelle qu'en soit la provenance, dans des cuves de bois, ou dans des tonneaux défoncés par un bout, et dont le fond conservé est percé d'un trou, que l'on tient bouché. Le tonneau est porté sur un trépied, pour faciliter l'écoulement du liquide. On laisse digérer l'eau pendant un ou deux jours ; puis, plaçant à l'orifice, un bouchon de paille, on soutire le liquide. Ce liquide (*eaux faibles*) est versé sur de nouveaux matériaux. Lorsqu'il s'est ainsi chargé d'une plus grande quantité de sels, il porte le nom d'*eaux fortes*. Quand elles ont servi à opérer un troisième lessivage d'autres matériaux, ces eaux (*eaux de cuite*) sont assez riches pour être traitées chimiquement.

Ces eaux contiennent surtout des azotates de chaux, de magnésie, de potasse, de soude et d'ammoniaque, du chlorure de sodium et du sulfate de soude. On y ajoute du carbonate de potasse, ou plus simplement une lessive de cendres de bois, qui contient une forte proportion de carbonate de potasse. Par la réaction du carbonate de potasse sur les azotates dissous dans l'eau, il se forme des carbonates, insolubles, de chaux et de magnésie, et la liqueur retient les azotates de potasse, de soude et d'ammoniaque résultant de cette réaction.

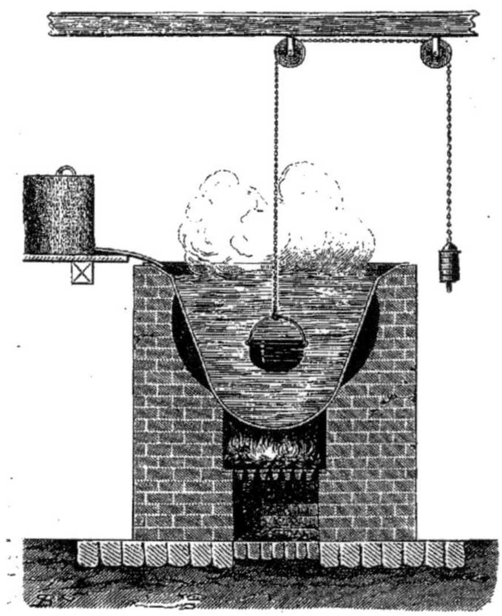

Fig. 144. — Chaudière à concentration pour l'extraction du salpêtre.

Après cette opération ces eaux chargées d'azotates de potasse, de soude et d'ammoniaque, sont portées dans de grandes chaudières de fonte, et on les chauffe jusqu'à l'ébullition. Pendant l'évaporation il se dépose des carbonates de chaux et de magnésie, ainsi que d'autres matières étrangères, ou des *boues*. Par les mouvements de l'ébullition ces *boues* sont amenées au centre de la chaudière. On les enlève continuellement à l'aide d'un chaudron suspendu à une chaîne, et que l'on manœuvre à l'intérieur du bain, au moyen d'un contre-poids, comme le montre la figure 144.

On active le feu, et, à mesure que le liquide diminue par l'évaporation, les sels qu'il renfermait encore se précipitent, dans leur ordre de moindre solubilité. Quand la concentration est arrivée à tel point que le salpêtre lui-même commencerait à cristalliser (ce que les ouvriers reconnaissent en mettant une goutte de la liqueur au contact d'un corps froid, et la goutte venant à se figer), on verse le liquide dans de grandes bassines de cuivre, nommées *cristallisoirs*. On agite le liquide, pendant son refroidissement, pour obtenir le nitre en petits cristaux.

Voilà comment s'obtient le salpêtre ordinaire du commerce. Ces opérations se pratiquent en France, dans les ateliers de l'industrie privée. Le sel ainsi extrait des matériaux nitrés, et qui renferme environ 25 pour 100 de matières étrangères, est vendu, par les salpêtriers, aux ateliers du gouvernement, qui se chargent de le *raffiner*, c'est-à-dire de l'amener à un état de pureté absolue, indispensable, quand on veut consacrer ce sel à la fabrication de la poudre.

Voici comment on procède, dans les ateliers du gouvernement, au *raffinage* du salpêtre.

Se fondant sur ce fait que la dissolution aqueuse saturée d'un sel, est apte à dissoudre certains autres sels, on débarrasse le salpêtre brut des azotates de magnésie et de chaux qu'il renferme, ainsi que du sel marin, en lavant ces cristaux avec une dissolution saturée de salpêtre. On remplit du sel à raffiner, la capacité supérieure d'une boîte, AB, à double fond D (*fig.* 145), après avoir bouché avec de la paille les trous C, C, dont ce double fond est percé. On verse alors sur les cristaux une

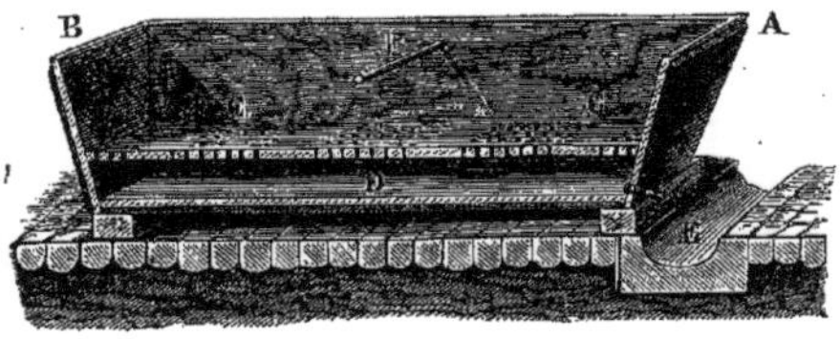

Fig. 145. — Caisse à laver les cristaux du salpêtre.

dissolution de salpêtre, qui ne peut plus dissoudre de salpêtre, mais qui peut se charger de sels étrangers. Au bout de deux ou trois heures, on débouche les trous, et le liquide s'écoule, au moyen d'un robinet, dans la rigole E. On répète cette opération à plusieurs reprises. Le liquide ayant servi à ces lavages, est renvoyé dans la chaudière de concentration, pour en retirer le salpêtre qu'il renferme.

Après avoir débarrassé le salpêtre des matières solubles, il faut en séparer les substances insolubles qui s'y trouvent mélangées.

On le fait dissoudre dans l'eau bouillante, en le plaçant dans une chaudière de fonte A (*fig.* 146), dans laquelle on introduit 75 parties

Fig. 146. — Chaudière pour le raffinage du salpêtre.

d'eau et 25 parties du sel à raffiner. Quand la liqueur est bouillante, on y ajoute, pour la *clarifier*, un peu de sang de bœuf. Les matières terreuses en suspension sont emprisonnées dans l'albumine du sang de bœuf, qui se coagule dans le liquide bouillant, et la liqueur est ainsi *clarifiée.* On enlève ces dépôts avec des écumoires, au fur et à mesure qu'ils se produisent. La dissolution s'épure ainsi parfaitement. Quand elle est bien claire, on la fait écouler dans les *cristallisoirs.* Par le refroidissement, le salpêtre se prend en cristaux. Pour empêcher que ces cristaux ne soient trop volumineux, on trouble la cristallisation en agitant la liqueur pendant qu'elle se refroidit.

Les petits cristaux de salpêtre raffiné sont recueillis et portés dans des caisses à double fond, semblables à celle qui a été représentée plus haut (*fig.* 145). Là on les lave, à trois ou quatre reprises, avec de l'eau pure, pour les débarrasser des eaux mères qu'ils retiennent, c'est-à-dire de la dissolution au sein de laquelle ils ont cristallisé, et qui les imprègne encore.

Il ne reste plus qu'à laisser égoutter les cristaux et à les sécher. On emploie, à cet effet, la chaleur perdue par les fourneaux dans lesquels se fait l'évaporation d'autres liqueurs. Sur la figure 146 qui représente le fourneau et la chaudière à évaporation, on voit la disposition qui permet de profiter de la chaleur du fourneau pour sécher les cristaux de salpêtre. Les cristaux du sel à dessécher sont placés dans une cavité en maçonnerie, B, et chauffés au moyen des carneaux C, C, par l'air chaud, qui se rend dans la cheminée, en sortant du foyer.

En terminant ce qui concerne le salpêtre, nous ajouterons qu'il existe un azotate naturel, qui pourrait servir, sans aucune purification, à préparer la poudre : c'est l'azotate de soude, que l'on trouve au Pérou en quantités considérables. On a plusieurs fois essayé de substituer cet azotate de soude à l'azotate de potasse, dans les manufactures de poudre ; mais on a reconnu que la poudre préparée avec ce produit naturel n'a pas une force explosive suffisante, et l'on a dû s'en tenir au salpêtre à base de potasse.

Charbon. — Le charbon est l'élément essentiel de la poudre ; on n'a jamais songé à le remplacer par un autre combustible. On ne trouverait pas, en effet, de corps plus maniable, à meilleur marché, et donnant, par sa combinaison avec l'oxygène, un aussi grand volume de gaz.

Le charbon dont on se sert pour la préparation de la poudre, provient du bois décomposé par la chaleur.

Le bois est un corps très-complexe, formé d'un grand nombre de combinaisons diverses entre les quatre éléments dont il se compose, et qui sont le carbone, l'hydrogène, l'oxygène et l'azote.

La *carbonisation*, c'est-à-dire l'extraction du charbon, du bois qui le renferme, consiste à placer le bois à l'abri de l'oxygène de l'air, afin qu'il ne brûle pas ; puis à le porter à une température telle que les nombreux composés des quatre corps simples cités plus haut, ne pouvant résister à l'élévation de la température, se dissocient, et forment des combinaisons d'un ordre plus simple, en général gazeuses, en laissant comme résidu fixe et infusible, le charbon. Par l'action de la chaleur, l'oxygène du bois se dégage à l'état d'acide carbonique et d'oxyde de carbone, l'hydrogène à l'état de vapeur d'eau ou d'hydrogène carboné, l'azote à l'état de corps simple, ou bien associé à l'hydrogène, et formant de l'ammoniaque, ou plutôt du carbonate d'ammoniaque. Le charbon, matière fixe et infusible, constitue le résidu de cette décomposition.

Pendant longtemps, en France, on a préparé le charbon de bois destiné aux ménages, dans des meules bâties au milieu des forêts, avec les branches des arbres; et cette opération est encore en usage dans beaucoup de pays.

Les meules des charbonniers sont des assemblages de branches d'arbres, recouverts de terre à leur partie supérieure. Au centre, on plante une perche (*fig.* 147), et l'on appuie

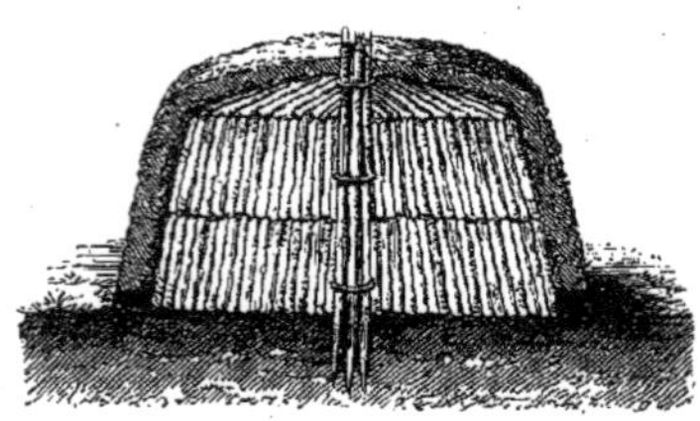

Fig. 147.— Coupe verticale d'une meule à charbon de bois.

tout autour les premiers fagots du bois à carboniser ; de telle sorte qu'il reste un espace libre plein d'air, qu'on a soin de faire communiquer avec l'extérieur, par un canal ménagé entre les autres fagots. Ces fagots sont disposés par couches parallèles, et appliqués les uns contre les autres, sans vide intermédiaire. Quand la meule est achevée, on met le feu à des matières très-combustibles laissées au centre, et

Fig. 148. — Fabrication du charbon de bois dans les forêts.

qu'on remplace à mesure qu'elles se consument. Bientôt, la masse s'échauffant, les gaz se dégagent par la partie supérieure, et une demi-combustion du tout se manifeste. La figure 148 représente une meule de bûcheron en plein travail. Au bout de quelques jours on étouffe le feu en le recouvrant d'une natte mouillée, et on laisse refroidir la masse. On obtient ainsi environ 16 de charbon pour 100 de bois privé d'écorce.

A cette ancienne méthode de préparation du charbon de bois, on a substitué, de nos jours, un système plus savant, calculé de manière à éviter les pertes d'écorce.

La *carbonisation en vases clos* s'exécute dans des cylindres de fonte, AB (*fig.* 149) semblables à ceux qu'on emploie pour la fabrication du gaz de l'éclairage. Un des côtés du cylindre est fermé par une plaque mobile B. L'autre côté est percé d'un trou bouché avec des baguettes, C du même bois que celui sur lequel on opère. Un tube recourbé AE donne passage aux produits volatils, qui se rendent dans une fosse F, et auxquels on ne fait d'ailleurs aucune attention, tous les soins étant portés sur la carbonisation du bois. De temps en temps, on retire la baguet-

Fig. 149. — Cylindres pour la carbonisation du bois en vases clos coupe verticale et horizontale).

te, qui bouche le tube C, afin de juger du progrès de l'opération. Quand on la croit suffisamment avancée, on éteint le feu. On ne décharge les cylindres que le lendemain, car l'exposition à l'air du charbon encore chaud, et prodigieusement poreux, pourrait amener son inflammation spontanée.

Par la carbonisation en vases clos, on obtient 40 de charbon pour 100 de bois calciné.

Ce procédé perfectionné, employé dans beaucoup de pays, pour la préparation du charbon, présente quelques inconvénients, qui l'ont fait rejeter de la pratique dans nos poudreries. Si la chaleur est trop forte ou brusque sur un point, le bois entre comme en fusion, et se transforme en une masse boursouflée semblable au coke qu'on retire des cornues à gaz de l'éclairage. En outre, les opérations les mieux conduites ne produisent que du charbon roux, qui est beaucoup trop combustible pour entrer dans la composition de la poudre. Les charbons obtenus avec l'appareil figuré plus haut, détérioraient si rapidement les armes à feu, que le conseil supérieur de l'artillerie, craignant pour la conservation de son matériel, avait décidé qu'on en reviendrait à l'ancien procédé, c'est-à-dire à la carbonisation en meules.

M. Violette, commissaire des poudres et salpêtres, fit adopter en 1848, pour la fabrication des charbons destinés aux poudres, un appareil dans lequel la carbonisation du bois est produite par la vapeur d'eau surchauffée. L'idée première de ce procédé appartient à MM. Thomas et Laurens. M. Castillon l'avait mis en pratique dans les poudreries de Belgique mais sans en obtenir des résultats satisfaisants.

Dans l'appareil de M. Violette (*fig.* 150), le bois est placé dans un cylindre, D, renfermé lui-même dans un autre cylindre E, afin de répartir plus uniformément la chaleur dans la masse à carboniser. Le jet de vapeur arrive d'une chaudière avec la pression de deux atmosphères. Réglée par un robinet R, la vapeur venant de la chaudière passe au moyen d'un tube A, dans un serpentin de fer B, où elle s'échauffe à une température d'environ 300 degrés, par l'action du foyer G. Puis elle pénètre dans le cylindre par le tube

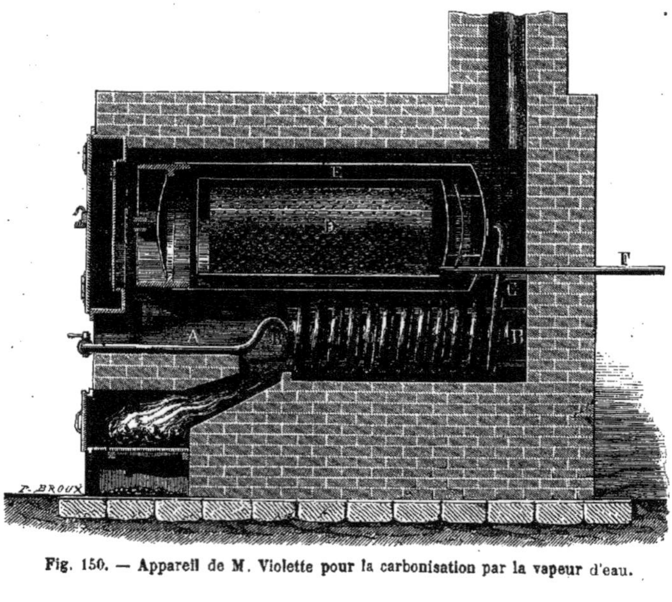

Fig. 150. — Appareil de M. Violette pour la carbonisation par la vapeur d'eau.

C, échauffe le bois contenu dans les cylindres, et sort finalement par le tube F, entraînant avec elle les produits de la distillation du bois.

L'intensité de la fumée qui s'exhale par

le tube F, fait connaître par sa couleur et par sa quantité les progrès de l'opération. La distillation marchant, comme à l'ordinaire, c'est-à-dire à une température de 300 à 340°, on voit d'abord apparaître de l'eau, qui forme un jet de vapeur bleuâtre, puis des acides carbonique et acétique, et de la suie, sous forme d'un nuage obscur, qui peut brûler avec une flamme rouge. Puis vient l'oxyde de carbone, qui donne une flamme bleue. Plus tard la fumée s'éclaircit; et à la fin apparaissent les hydrogènes carbonés, composant le gaz à éclairage. La flamme passe au violet, puis successivement au jaune et au blanc éclatant. Enfin toute fumée cesse; la flamme diminue et finit par s'éteindre.

On a dit avec raison : *tel charbon, telle poudre*. On comprend donc avec quel soin il faut procéder à la fabrication du charbon, pour obtenir les bons effets qu'on en attend.

D'après M. Violette, le bois chauffé à 150°, donne un charbon de couleur brune, qui brûle avec flamme et fumée, comme le bois même. Obtenu à 270°, le charbon est roux et cassant ; il donne toujours de la flamme. Préparé à la température de 280°, le charbon est friable et très-inflammable ; il est excellent pour la poudre de chasse. C'est à la température de 340° que l'on obtient le charbon noir, destiné à la préparation de la poudre à mousquet. Obtenu avec de la vapeur à 442°, le charbon est très-noir, et propre à la fabrication de la poudre à canon.

La préparation du charbon par la vapeur d'eau surchauffée, fournit 42 parties de charbon pour 100 parties de bois privé d'écorce.

Pour fabriquer les charbons destinés à entrer dans la composition de la poudre, on prend des bois très-légers : la chènevotte, le fusain, le peuplier, le hêtre, la bourdaine. En Espagne, on emploie le bois de chènevotte, en France le bois de bourdaine. On cueille, au printemps, les branches de l'année précédente, on en ôte l'écorce, et on les met à sécher. Ces arbres donnent un charbon léger, et facilement inflammable. Dans les feux d'artifice, où l'on recherche surtout les effets d'étincelles, les charbons brûlant vite seraient d'un mauvais usage : on emploie, dans ce cas, les charbons denses, ceux du chêne par exemple. On comprend sans peine que les bois très-lourds, fournissent les charbons denses ; et les bois légers les charbons légers, parce que le charbon conserve à peu près la forme et la structure du bois d'où on l'a tiré.

Les propriétés du charbon sont extrêmement diverses suivant le bois d'où on l'a retiré et le mode de carbonisation qui a été mis en usage.

Un litre de charbon de chènevotte pèse 59 grammes, un litre de charbon de chêne 385 grammes; ce qui donne pour leur densité environ 0,06 et 0,4. C'est entre ces deux extrêmes que se rangent les densités des autres charbons de bois. On trouve dans la nature des charbons beaucoup plus lourds, la houille, le graphite, par exemple, et le diamant qui est du carbone pur, et dont la densité est 3,5, c'est-à-dire neuf fois plus considérable que celle du charbon de chêne. On arrive pourtant, au moyen de la compression, à donner au charbon de bois une densité remarquable. M. Vergnaud a obtenu des charbons dont la densité est représentée par 3, en les soumettant à une trituration prolongée sous les meules de la poudrerie d'Esquerdes, appareil dont le poids est évalué à 15,000 kilogrammes.

La couleur du charbon dépend de sa calcination plus ou moins complète. Il est tout à fait noir quand il a été soumis à une température suffisante, et assez longtemps prolongée. Moins bien carbonisé, il est roux : il participe alors encore des propriétés du bois, et brûle avec flamme. Les poudres faites avec les charbons roux, brûlent trop vite, et sont brisantes. En outre, le charbon roux se pulvérise mal ; aussi sa fabrication a-t-elle été abandonnée dans les poudreries de l'État.

Le charbon est hygrométrique, c'est-à-dire

qu'il attire l'humidité de l'air. Par cette absorption d'eau, il augmente de poids et devient moins combustible. Cette propriété n'est que trop souvent mise à profit par les marchands de charbon, qui le débitent contenant jusqu'à 35 et 40 pour 100 d'eau. C'est en raison du charbon qu'elle renferme, que la poudre est hygrométrique, c'est-à-dire absorbe l'humidité. Si on l'abandonne à l'air humide, elle est exposée à perdre de ses qualités.

Le charbon partage avec tous les corps poreux, la propriété, très-curieuse, d'accumuler, de condenser entre ses pores et d'emmagasiner d'énormes quantités de gaz : il peut en absorber jusqu'à 200 et 300 fois son volume. La mousse de platine, le corps le plus poreux que l'on connaisse, peut absorber 1200 fois son volume de gaz hydrogène, lequel se trouve soumis à l'intérieur du métal, à une pression de plus de 1200 atmosphères. Cette condensation se produisant d'une manière subite, développe une chaleur telle que, lorsqu'on introduit un fragment de mousse de platine dans le gaz hydrogène, en opérant en présence de l'air, l'hydrogène s'enflamme aussitôt, et l'on voit se produire ce curieux phénomène d'un gaz qui s'enflamme et détone par le simple contact d'un corps froid.

Le charbon condense les gaz avec moins de puissance que le platine ; mais il peut, lorsqu'il est récemment préparé, et réuni en grandes masses, absorber assez d'air pour s'échauffer et prendre feu spontanément. Peut-être l'hydrogène qui reste engagé dans ses pores, après sa préparation, concourt-il à cette action en s'enflammant et communiquant le feu à la masse. Quoi qu'il en soit, de nombreux et redoutables incendies ont été dus à l'inflammation spontanée du charbon destiné à entrer dans la préparation de la poudre, et ont amené l'explosion de poudrières, en divers pays.

La condensation des gaz par le charbon a pourtant, quand il s'agit de la poudre, un effet utile. Les gaz emmagasinés dans la poudre, se dégageant au moment de l'explosion, ajoutent leur effet à celui des autres gaz, et augmentent la puissance balistique de la charge.

Soufre. — Le soufre est un corps simple abondamment répandu dans la nature, surtout à l'état de combinaison. A l'état de corps simple, on le trouve mélangé à la terre autour des centres volcaniques. Il existe, à l'intérieur de différents terrains, combiné avec les métaux et formant des sulfures. Les plus importants de ces sulfures naturels, sont les pyrites, c'est-à-dire les sulfures de fer et de cuivre.

La presque totalité du soufre consommé en Europe, a été fournie jusqu'à l'année 1830, par le royaume des Deux-Siciles : les environs de l'Etna et la solfatare de Pouzzoles suffisaient à l'approvisionnement des marchés européens. Mais depuis cette époque, on s'est adressé aux pyrites naturelles, et même au plâtre, pour en extraire le soufre destiné aux besoins de l'industrie.

Le mode d'extraction du soufre, que l'on suivait, était le suivant. On réunissait en petits monticules, les terres soufrées recueillies aux environs de l'Etna, ou à la solfatare de Pouzzoles, et on y mettait le feu, par la partie supérieure, à l'aide d'une fascine préalablement trempée dans le soufre fondu et allumée. La combustion marchait lentement, échauffant les couches inférieures, lesquelles laissaient couler une partie de leur soufre ; ce soufre recueilli constituait le *soufre brut*. Ici, la matière à extraire servait elle-même de combustible, pour échauffer la masse et déterminer la liquéfaction du soufre.

A Girgenti (Sicile), fut imaginé et employé un procédé intermédiaire entre le précédent et le procédé par *distillation*, dont nous aurons à parler tout à l'heure. On bâtissait, avec de minces briques, une chambre, que l'on faisait communiquer, par une large conduite, avec un foyer. Dans cette chambre, on entassait les terres soufrées. Les produits de la combustion du foyer et la presque totalité de sa chaleur se répandaient dans la chambre et l'échauffaient. Le soufre entrait en fusion et s'écoulait à l'extérieur. Mais une grande partie du soufre restait opiniâtrément mêlée à la terre, et n'en pouvait être séparée, ce qui occasionnait des pertes notables.

C'est à la *solfatare* de Pouzzoles, près de Naples, qu'on mit pour la premiére. fois en usage le procédé d'extraction du soufre par *distillation*. Les appareils dont on se servait étaient de la plus grande simplicité. De grands pots de terre A, A' sont disposés en plusieurs rangées parallèles, dans un four chauffé au bois (*fig*.151). Aux couvercles bien

Fig. 151. — Appareil pour l'extraction du soufre des environs des volcans.

lutés de ces vases, est adapté un tube c,c', qui se rend dans un récipient semblable B, B', placé au dehors du four. Quand la chaleur est suffisante, le soufre fond, puis distille. La vapeur passant par les tubes c,c', se condense, à l'état liquide, dans le vase du dehors, et coule de là, par un tuyau, dans le baquet, où il se fige.

La solfatare située près de la ville de Pouzzoles, à deux lieues de Naples, est un cratère éteint, et aujourd'hui rempli de sable. Jusqu'au commencement de notre siècle on extrayait le sable de la solfatare, et on le distillait dans l'appareil figuré plus haut, pour en retirer le soufre, qui s'y trouve contenu dans la proportion de 20 à 30 pour 100. L'extraction du sable se faisait sur plusieurs points à la fois. On ne pouvait cependant creuser que jusqu'à une profondeur de dix mètres, à cause de la chaleur qui devenait alors insupportable pour les ouvriers.

L'extraction du soufre est complétement abandonnée aujourd'hui, à la solfatare de Pouzzoles. Le voyageur qui visite les curiosités sans nombre des environs de Pouzzoles, ne manque pas de se rendre à la célèbre solfatare. Il n'y voit plus, comme autrefois, des centaines d'ouvriers occupés à extraire le soufre des sables. La vaste enceinte du cratère est entièrement recouverte de joncs et d'herbes sauvages; et la terre soufrée n'est plus recueillie que par quelques ouvriers solitaires, qui en fabriquent une sorte de stuc. Ce cirque immense, qui fut autrefois le théâtre d'éruptions volcaniques, qui plus tard devint un champ de travail industriel n'est donc maintenant qu'un désert. Le touriste n'y trouve qu'une sorte de cheminée volcanique encore fumante, d'où s'exhalent, avec bruit, des gaz, tels que l'acide carbonique, l'azote, l'hydrogène sulfuré et un peu de soufre en vapeur. On fait remarquer aux curieux que le sol résonne sourdement quand on y projette une pierre avec force ; ce qui prouve que la croûte qui forme le sol, recouvre d'anciennes cavités volcaniques.

Le *soufre brut* obtenu en Sicile, aux environs de l'Etna, ou recueilli à Pouzzoles, contient beaucoup d'impuretés, et surtout de la terre. On peut employer immédiatement ce soufre à la fabrication de l'acide sulfurique, mais il serait tout à fait impropre à la fabrication de la poudre et aux autres usages industriels. On le purifie complétement en le soumettant à la distillation. Le soufre étant

Fig. 152. — Appareil pour la distillation du soufre dans les raffineries de Marseille.

volatil, il suffit de le placer dans un appareil distillatoire convenablement construit, et de recueillir ses vapeurs, pour le séparer de toutes les impuretés.

Cette opération ne se fait pas en Sicile. Le soufre brut est transporté par des navires, dans le midi de la France, et c'est à Marseille que sont établies les grandes distilleries de soufre.

L'appareil pour la distillation du soufre (*fig.* 152) se compose d'un récipient A, où l'on place le soufre grossièrement concassé. Liquéfié par la chaleur du foyer, le soufre coule par un tube *a*, *a*, dans une cornue de fonte B, fortement chauffée à la houille. Le soufre s'y réduit en vapeurs, qui passent dans une grande chambre C, en maçonnerie, dont le sol est légèrement incliné. Tant que la chambre est froide, le soufre se dépose sur les murs, sous forme de poudre. On peut le recueillir à cet état : il porte alors le nom de *fleur de soufre*. Quand l'opération se prolonge, la chambre s'échauffe, les dépôts formés sur les murailles fondent, et le soufre liquide forme une nappe sur le sol de la chambre. Pour le recueillir, on retire une plaque de fonte, qui ferme cette paroi, au moyen de la tige DD'. Le soufre vient tomber dans le bassin E. Il est maintenu en fusion dans cette chaudière, qui est légèrement chauffée. Là, des ouvriers le puisent avec des cuillers, et le versent dans des moules en bois, L, entourés d'eau. Les *canons* de soufre ainsi moulés, sont emmagasinés dans une caisse M.

Remarquons qu'à la partie supérieure de la chambre, est une ouverture, H, fermée par une soupape. Cette soupape s'ouvre quand la pression de la vapeur est trop forte. Alors l'air peut rentrer dans la chambre et ramener la pression à son état normal. Quand on n'usait pas de cette précaution, la vapeur intérieure faisait quelquefois éclater la chambre, et exposait les ouvriers à être brûlés ou asphyxiés.

Ainsi purifié, le soufre est d'une couleur jaune-serin ; il est deux fois plus pesant que l'eau. Il est si mauvais conducteur de la chaleur, que, tenu dans la main, il fait entendre des craquements, par suite de la rupture intérieure de ses cristaux, déterminée par la difficulté du passage du calorique à l'intérieur de sa substance. Quelquefois même le bâton de soufre se casse en plusieurs fragments. Voici ce qui se passe alors. Les parties échauffées par le contact de la main, se dilatent avant que la chaleur se soit communiquée aux parties voisines ; et comme l'adhérence entre les diverses portions est très-faible, toute la masse se sépare brusquement en un ou deux monceaux.

Les poudreries n'emploient que le soufre en canon. En effet, le soufre en poudre des raffineries ou *fleur de soufre*, n'est pas pur : il retient toujours de l'acide sulfureux, qu'on ne pourrait en séparer que par des lavages prolongés à l'eau froide.

Le soufre a été obtenu jusqu'à l'année 1830, environ, par les procédés que nous venons de décrire, c'est-à-dire par son extraction des sables sulfurifères de Pouzzoles et de la Sicile, et la distillation du produit brut dans de nouvelles usines. Mais à partir de cette époque, le soufre d'Italie a tenu une place infiniment moindre sur nos marchés. Au soufre des volcans on a substitué celui que l'on peut retirer des pyrites (sulfures de fer ou de cuivre). Voici dans quelles circonstances s'est opérée cette révolution dans la chimie industrielle.

Le roi de Naples était possesseur des soufrières de la Sicile, et comme ce produit était le seul à alimenter les marchés de l'Europe, Ferdinand II imposait ses conditions à toute l'industrie. Pressé par les besoins du trésor public, il en vint graduellement à frapper l'exportation des soufres d'Italie de droits exorbitants, qui allaient jusqu'à doubler la valeur de la matière première.

En fait de science, le roi de Naples était d'une parfaite ignorance ; ce qui n'étonnera guère ceux qui connaissent l'histoire du roi *Nasone*, ceux qui savent qu'il recherchait beaucoup plus les *lazzi* et la société des portefaix du port de Naples, que les leçons et les entretiens des savants de son royaume. Dans sa décision douanière, le roi Ferdinand n'avait tenu aucun compte de la chimie, par la raison qu'il ne connaissait pas la chimie, et qu'il ne pouvait, par conséquent, prévoir la guerre que cette science pourrait déclarer à ses prétentions fiscales. C'est pourtant ce qui arriva. En présence des droits exagérés de l'exportation des soufres de Sicile, en présence du haut prix auquel cette matière revenait dans les ports, les chimistes de l'Angleterre, de l'Allemagne et de la France, songèrent à élever une concurrence sérieuse contre le soufre d'Italie. Ils ressuscitèrent un procédé d'extraction du soufre des pyrites, qui avait été employé sous la République française, mais auquel on ne songeait plus. On se mit donc à traiter chimiquement les pyrites, si abondantes en France et en Allemagne, pour en retirer le soufre, et grâce au progrès de l'industrie, grâce à l'émulation de l'intérêt privé, on arriva bientôt à faire cette extraction avec une sûreté et une économie extraordinaires.

Le commerce de la Sicile ne s'est jamais relevé de ce coup. En effet, lorsque Ferdinand II, revenant à de plus sages pensées, rétablit, dans une mesure raisonnable, les droits d'exportation du soufre, les grandes usines qui s'étaient établies en Allemagne, en Angleterre et en France, sous l'empire des taux élevés, continuèrent de produire du soufre à un prix avantageux. Aujourd'hui, la plus grande partie du soufre que consomme l'industrie européenne, provient des pyrites, et la Sicile n'en fournit qu'une faible proportion.

C'est ainsi que la principale industrie de l'Italie méridionale fut anéantie, parce que le roi des Deux-Siciles ne savait pas la chimie.

Le sculpteur qui fut chargé d'exécuter la statue en pied de Ferdinand II, qui devait figurer à l'entrée du Musée de Naples (*Museo Borbonico*), eut l'étrange idée de représenter le roi sous la forme et dans l'attirail de la Minerve antique. Depuis la révolution italienne, qui a envoyé dans l'exil le successeur et la famille du roi de Naples, cette statue est reléguée dans un coin du Musée, cachée derrière un rideau, comme il convient aux effigies des princes détrônés et des membres des dynasties déchues. J'ai vu à Naples, en 1865, cette statue éclipsée et voilée, et je vous assure qu'il n'est rien de plus grotesque que le roi *Bomba* coiffé du casque de Minerve. Il est du moins certain que, lorsqu'il promulgua son fameux décret sur les droits d'exportation des soufres de Sicile, le roi des lazzaroni avait oublié de poser sur sa tête le casque de la déesse de la sagesse.

CHAPITRE VI

PROCÉDÉS DE FABRICATION DE LA POUDRE. — LE PROCÉDÉ DES PILONS. — LE PROCÉDÉ DES MEULES. — LE PROCÉDÉ RÉVOLUTIONNAIRE.

Après cette histoire chimique abrégée des trois ingrédients de la poudre, nous passons à la description des procédés divers de sa fabrication.

Nous parlerons d'abord de la préparation de la poudre de guerre.

La première opération consiste à triturer et à mélanger les trois substances qui doivent composer la poudre.

La trituration et le mélange s'effectuent à l'aide de pilons de bois *cd*, dans des mortiers de bois de chêne, *a*, dont le fond *b* est fait d'un morceau de cœur de chêne à fibres verticalement disposées. Le pilon *cd* (*fig.* 153) du poids de 40 kilogrammes, est fait d'une pièce de hêtre, garnie à son extrémité d'une boîte *d*, formée d'un alliage de 80 de cuivre et de 20 d'étain. Ces pilons tombent d'une

Fig. 153.— Pilons et mortiers des manufactures de poudre.

hauteur d'un demi-mètre environ, et frappent de cinquante à soixante coups par minute. Ils sont mus par une roue à cames, actionnée par une roue hydraulique.

La figure 154 représente la roue hydraulique d'un moulin à poudre, et le système mécanique fort simple qui provoque l'élévation et la chute successive des pilons dans les mortiers

Fig. 154. — Moulin à poudre et sa roue hydraulique.

pleins du mélange destiné à former la poudre. La roue A, mue par une chute d'eau, fait tourner l'axe de la roue B; cette dernière roue soulève la came C, par le petit disque plein, D, ce qui fait continuellement élever et retomber le pilon dans le mortier rempli de mélange. Chaque roue fait mouvoir deux pilons, comme le montre la figure 154.

La poudrerie d'Angoulême possède sept moulins, faisant fonctionner chacun douze pilons, disposés en deux rangées. Chaque pilon fabrique 10 kilogrammes de poudre par jour, ce qui donne par 24 heures un total de 840 kilogrammes de poudre.

Les proportions de salpêtre, de charbon et de soufre, sont les suivantes pour chaque mortier : 1^{kil},25 de charbon, et autant de soufre, auxquels on ajoute 1 kilogramme d'eau. On mélange à la main les deux substances, pendant cinq minutes; puis on les transvase dans un boisseau, et on y ajoute 7 kilogrammes et demi de salpêtre tamisé. Ce mélange est placé dans le mortier. La charge de chaque mortier est ainsi de 11 kilogrammes.

On commence par battre doucement le tout, de manière à ne donner que 30 à 40 coups de pilon par minute; puis on augmente la vitesse de la roue hydraulique, jusqu'à donner 55 à 60 coups de pilon par minute. On transvase d'heure en heure, le mélange, dans d'autres mortiers, et l'on continue ainsi pendant onze heures, en ajoutant fréquemment de l'eau.

On appelle *galette* le mélange de ces substances ainsi battues.

Le *rechange* a pour but de faciliter le mélange et d'empêcher que la *galette* n'adhère trop fortement au fond du mortier; car, sous l'action du pilon, elle pourrait y prendre un échauffement dangereux.

Les galettes retirées des mortiers sont abandonnées, pendant deux ou trois jours, à l'air libre, pour les faire sécher.

Quand la pâte a acquis la consistance voulue, on la soumet au *grenage*.

Cette opération se fait à l'aide d'un tamis BO (*fig.* 155) appelé *guillaume*, sur lequel se meut un disque de bois dur, C, plus épais au milieu que sur les bords. L'ouvrier brise la

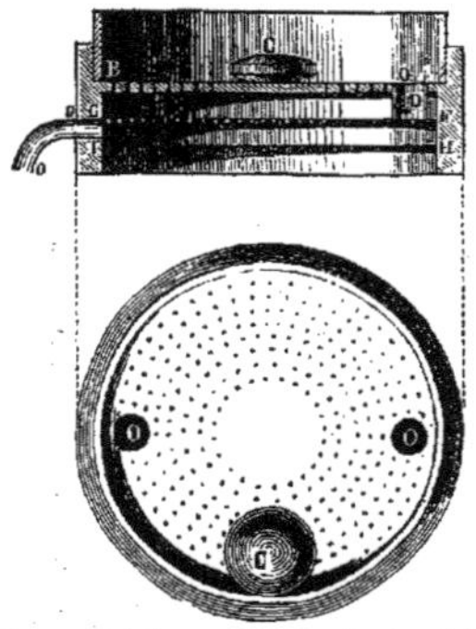

Fig. 155. — Guillaume (coupe horizontale et coupe verticale).

galette avec ce disque de bois, et les fragments traversent les trous du *guillaume*. On comprend que la dimension des trous dont ce tamis est percé détermine la grosseur du grain de poudre. Les grains de poudre formés par le passage des fragments à travers le crible s'écoulent par un conduit *oo*. Si l'on veut obtenir des grains plus petits, au-dessous du premier crible, on en dispose un second, IH, à trous plus petits.

La figure 155 donne une coupe verticale et une coupe horizontale du *guillaume*.

On se sert aussi pour le grenage, du *tonne-grenoir*, inventé par M. Maurey, ancien directeur de la poudrerie du Bouchet. Ce sont deux disques de bois réunis par des traverses et supportant deux cribles en toile de fil de laiton, emboîtés et tendus au moyen de cordes. La toile intérieure est munie de larges mailles, et la toile extérieure de mailles ayant la dimension qu'il faut donner aux grains de la poudre, suivant la qualité qu'on veut obtenir. Le tout est mis en mouvement par un moteur mécanique.

Le *tonne-grenoir* a été un grand progrès sur le *guillaume*, qui forçait à réunir un grand nombre d'ouvriers dans un atelier où il est assez dangereux de séjourner.

Pour faire subir à la poudre l'opération du *lissage*, on fait tourner les grains dans des tonnes AA' (*fig.* 156), montées sur un axe ho-

Fig. 156. — Appareil pour le lissage de la poudre.

rizontal, DB. A l'intérieur de ces tonnes sont disposées des pièces de bois clouées en longueur. On y place les grains de poudre, humectés de 12 pour 100 d'eau. L'eau est destinée à dissoudre un peu de salpêtre; le frottement imprimé aux grains, leur donne de l'éclat, les rend lisses et polis.

Les ouvertures et les entonnoirs *o*, *o*, sont destinés à laisser couler la poudre dans les tonneaux K, quand l'opération est terminée. Deux petites portes, *c*, *c*, permettent d'introduire la poudre dans la tonne, et de l'en retirer après le lissage.

Les poudres de guerre ne reçoivent qu'un faible lissage. La durée de l'opération est plus longue pour les poudres à mousquet que pour les poudres à canon, et plus longue surtout pour les poudres de chasse.

Il ne reste plus qu'à sécher la poudre. Quand le temps est beau, on la sèche en plein air, sur des toiles de coton étendues sur de longues tables.

Le séchage artificiel s'opère en étendant la

poudre sur des draps fixés au-dessus de vastes caisses, que l'on fait traverser par de l'air chaud. Cette opération présente quelques dangers, vu la difficulté de maintenir le courant d'air chaud à une température égale.

La poudre, en séchant, laisse une quantité notable de poussier, qu'on enlève à l'aide de l'*époussetage*. C'est la dernière opération que subit la poudre de guerre ; il ne reste plus qu'à l'enfermer dans les barils.

Nous venons de décrire la préparation de la poudre de guerre. Parlons maintenant des poudres de chasse.

Les poudres de chasse sont de trois espèces: la *poudre fine*, la *poudre superfine*, et la *poudre extrafine*. Dans toutes trois, les éléments de la poudre entrent dans les mêmes proportions, à savoir, pour 100 parties en poids :

Salpêtre pur....................	78
Charbon pulvérisé...............	12
Soufre divisé....................	10

Les différences entre les trois qualités de poudre de chasse, tiennent à leur degré différent de finesse, lequel est déterminé par les diverses opérations de broyage et de granulation qu'on leur fait subir.

La préparation de la poudre de chasse se fait généralement dans des appareils autres que ceux que nous avons décrits jusqu'ici. On pulvérise et on mélange les trois ingrédients de la poudre de chasse, non en les pilant dans des mortiers, mais en les faisant tourner dans des tonnes avec un poids égal de gobilles de bronze.

La figure 157 montre la coupe verticale, et la figure 158 l'élévation de cet appareil. A l'intérieur du cylindre A (*fig.* 157), sont disposés des tasseaux longitudinaux, *c*, *c*, servant à retenir les gobilles et à les faire tomber sur la matière à broyer. Le mouvement de rotation est imprimé à la tonne A (*fig.* 158) au moyen de la courroie D, qui transmet à l'axe BB′ l'action de la force motrice.

Quand le broyage est terminé, on ouvre une porte *t*, *t* et on place dans l'intérieur de l'appareil une toile métallique destinée à retenir les gobilles. Le mouvement de rotation

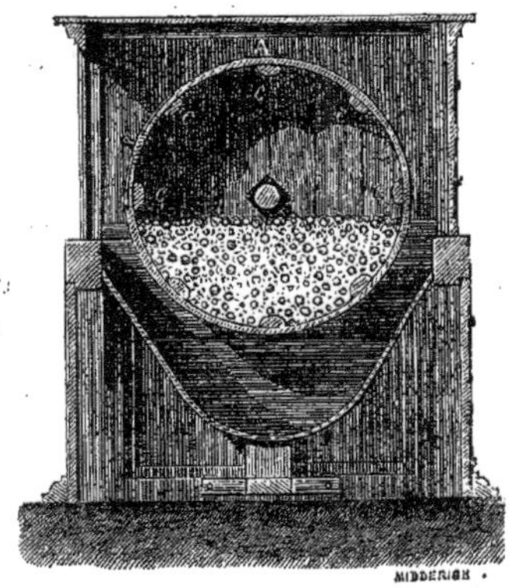

Fig. 157. — Tonne pour la pulvérisation des poudres de chasse (coupe verticale).

continuant, les éléments pulvérisés tombent dans l'espace C (*fig.* 158), et sont recueillis dans des barils.

Fig. 158. — Tonne pour la pulvérisation des poudres de chasse (élévation).

On pulvérise séparément dans ces tonnes, le salpêtre et le charbon.

Le soufre est pulvérisé quelquefois avec le charbon ; mais le plus souvent on le pulvérise seul, parce qu'il est utile, après sa pulvérisation, de le soumettre au *blutage*. Le *blutage* est surtout destiné à séparer du soufre les petits grains de sable qu'il contient et qui pourraient causer des accidents pendant la fabrication de la poudre au moyen des meules.

Le *blutoir* employé dans les manufactures de poudre, pour tamiser le soufre, est semblable au blutoir ordinaire qui sert à préparer les farines. Il consiste en un cylindre long de 2 à 3 mètres, dont la carcasse de bois est recouverte d'un tissu de soie très-serré. Il est renfermé tout entier dans une caisse de bois, pour éviter la déperdition des poussières projetées par la rotation du cylindre. Le bas de la caisse est partagé en deux ou trois compartiments, par des cloisons parallèles entre elles et perpendiculaires à l'axe du cylindre. On introduit le soufre pulvérisé, par la partie supérieure du cylindre. Les portions les plus fines et les plus légères se tamisent les premières, passent dans le premier compartiment et de là dans le second et le troisième. Les grains de sable, s'il s'en trouve, étant trop gros pour traverser les mailles de la soie, sont ainsi séparés du soufre.

Les trois éléments de la poudre de chasse étant ainsi pulvérisés, ensemble ou séparément, l'ouvrier en pèse les quantités prescrites pour la composition de cette poudre, c'est-à-dire, comme on l'a vu plus haut, 78 parties de salpêtre, 12 parties de charbon et 10 de soufre. Pour opérer le mélange bien intime de ces trois substances, on les introduit dans les *tonnes-mélangeoirs* qui sont semblables aux tonnes de pulvérisation (*fig.* 157 et 158), si ce n'est qu'elles sont plus petites.

A la poudrerie d'Angoulême les *tonnes à pulvérisation* contiennent 280 kilogrammes de gobilles de bronze et 200 kilogrammes de matières à pulvériser, tandis que les *tonnes mélangeoirs* ne renferment que 100 kilogrammes de billes et 100 kilogrammes du mélange, auquel on donne le nom de *composition*.

Le mélange est l'opération qui présente le plus de danger.

Au sortir des *mélangeoirs*, la composition est à l'état de poudre impalpable ; on l'humecte avec 4 pour 100 d'eau, et on la *marche* avec des sabots, pour lui donner de la consistance. Puis on la dispose sur une toile sans fin, laquelle passe entre les deux cylindres d'un laminoir, et on lui fait subir une pression qui varie de 1,000 à 1,500 kilogrammes. A ce moment, elle est propre à être divisée en galettes destinées à la granulation.

La granulation de la poudre de chasse s'opère, en général, dans des *guillaumes* disposés en deux séries parallèles, sur une planche mobile supportée par des cordes. La galette de poudre est réduite en fragments par l'agitation, et les grains passent à travers les trous d'un crible contenu dans l'intérieur du guillaume. Le diamètre de ces trous détermine la grosseur du grain de poudre.

La figure 159 représente cet appareil. La planche AB suspendue au plafond, par des cordes, reçoit son mouvement d'une manivelle DK, dont l'extrémité inférieure engrène, au moyen des roues d'angle H, H, avec l'arbre qui transmet la force motrice.

Les guillaumes sont renfermés dans des boîtes C,C′,C″, pour éviter la déperdition des poussières. Chacune de ces boîtes, pourvue d'un entonnoir E, pour y introduire la galette, présente à sa partie inférieure une ouverture donnant passage à un tube flexible G, lequel permet à la poudre grenée de se rendre dans des barils, F. Dans toutes les opérations des poudreries, ces barils servent au transport des matières d'un appareil à un autre.

Le diamètre de l'ouverture par laquelle s'écoule la poudre de chasse, en grain, est de 1^{mm},20.

Tel est le procédé pour la préparation de la poudre de chasse dite *fine*. Les poudres de chasse dites *superfine* et *extra-fine*, se préparent non dans les *tonnes de pulvérisation*, mais avec les *meules*, afin d'obtenir une division des matières beaucoup plus grande et un mélange plus intime.

Les meules dites *légères*, sont en marbre,

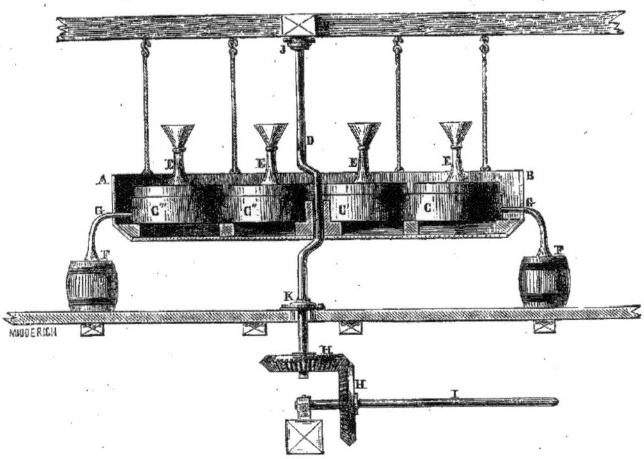

Fig. 159. — Appareil pour le grenage des poudres de chasse.

et du poids de 2,500 kilogrammes. Le bassin dans lequel tournent ces meules, est en bois; on le charge pour chaque opération, de 50 kilogrammes de mélange humecté d'eau, qu'on triture pendant deux heures, les meules marchant avec une vitesse de 20 à 25 tours par minute. Vers la fin on ralentit cette vitesse.

Les meules *pesantes* sont en fonte et pèsent de 5,000 à 6,000 kilogrammes chacune. Le bassin sur lequel elles roulent, est également en fonte. Elles ne servent qu'à préparer la poudre de chasse extra-fine. On les fait marcher pendant cinq heures à la vitesse de 10 tours par minute.

La figure 160 représente un moulin à meules. Comme on le voit, les meules K, K′, sont doubles pour chaque bassin. Elles tournent dans le bassin AB, grâce à un collet D, qui les relie, par la rotation de l'arbre de fer ED, que met en action un pignon J, placé pardessous le bâti et qui reçoit la force motrice.

L'emploi des meules pour la préparation de la poudre, permet d'obtenir une grande finesse, c'est-à-dire un haut degré de division et un mélange parfaitement intime, mais il s'accompagne de quelques dangers. On comprend, en effet, qu'une meule du poids de 6,000 kilogrammes, si elle rencontre un fragment de galette qui la soulève et la laisse retomber d'une hauteur d'un ou deux centimètres seulement, puisse, par la chaleur résultant de la chute et du choc d'une telle

Fig. 160. — Moulin à meules pour la pulvérisation et le mélange des éléments de la poudre de chasse.

masse, provoquer l'inflammation du mélange.

Les poudres de chasse fines sont lissées dans

des tonnes de bois tout à fait semblables à celles qui servent au lissage des poudres de guerre. Enfin elles sont séchées et époussetées.

La poudre de chasse *superfine* est faite avec le poussier de la poudre fine, qu'on triture de nouveau pendant six heures, dans les mélangeoirs. Le grenage en est fait à une perce plus petite.

Le charbon de la poudre *extra-fine* est exclusivement du charbon roux, très-hydrogéné, et donnant une poudre presque fulminante, à laquelle les armes de luxe résistent pourtant très-bien. Les manipulations pour cette poudre sont encore plus longues et plus répétées que pour les précédentes. Son grain est d'une ténuité extrême et sa couleur tire sur le roux.

A la poudrerie du Bouchet on fabrique des poudres de chasse, qui sont comparables, pour la qualité, aux meilleures poudres d'Angleterre, en triturant et en mélangeant les éléments au laminoir. Mais cette opération présente des dangers, vu la chaleur qui peut résulter de la pression du laminoir.

Les poudres de chasse sont destinées en grande partie à l'administration des contributions indirectes, qui les vend au public.

La poudre de chasse *fine* est renfermée dans des boîtes de fer-blanc, couleur olive, et livrée aux débitants, par caisses de 25 kilogrammes. Chaque caisse contient :

10	boîtes	de 5	hectog.	=	5	kilog.
50	—	de 2	—	=	10	—
100	—	de 1	—	=	10	—
160	—	contenant........			25	—

La boîte de poudre *superfine* est contenue dans des caisses de couleur brune avec un filet doré.

La boîte de poudre *extra-fine* est placée dans des caisses noires et ornées, sur les quatre faces principales, d'un double filet doré. Les caisses de poudre *extra-fine* ne contiennent que 80 boîtes, savoir :

30	boîtes	de 5	hectog.	=	15	kilog.
50	—	de 2	—	=	10	—

En tout, pour chaque caisse, 25 kilogrammes d'une poudre, éminemment explosive, qui ne laisse pas de faire courir certains dangers aux débitants.

Terminons cet exposé en parlant de la préparation de la *poudre de mine*.

La *poudre de mine* se distingue facilement des autres poudres par la grosseur et la sphéricité de ses grains. Le charbon qu'on emploie à sa fabrication, provient des bois blancs de peuplier, d'aune et de tremble.

La trituration et le mélange des éléments se font comme pour les autres poudres. Le grenage s'opère à une perce plus large.

On arrondit les grains anguleux, tout simplement en les faisant tourner, pendant qu'ils sont humides, dans des tonnes de bois, avec des grains déjà arrondis. Dans cette opération, les angles des grains anguleux s'émoussent, les grains sphériques grossissent, et il se forme de tout petits grains ronds, nommés *noyaux*, qu'on sépare par un tamisage, pour les faire grossir dans une opération ultérieure.

Le lissage de la poudre de mine se fait en faisant tourner ensemble les grains ronds de même grosseur ; ils se durcissent et se polissent par leur frottement mutuel.

Le séchage, à cause de la grosseur des grains, ne peut être fait convenablement qu'au séchoir artificiel.

Les mineurs préfèrent la poudre de mine à grains ronds à la poudre anguleuse, parce qu'elle n'est point salissante et ne donne pas de poussier.

Les prix de revient de différentes espèces de poudres sont les suivants :

Poudre de mine.........	1 fr. 10 à 1 fr. 20	le kil.
Poudre de guerre.......	1 fr. 25 à 1 fr. 50	—
Poudre de chasse fine...	2 fr. 30 à 2 fr. 60	—
Poudres superfine et extrafine...............	3 fr. à 3 fr. 30	—

La direction des poudres les vend au prix de revient aux différents ministères.

L'administration des Contributions indirectes livre les poudres de chasse au public au prix de :

Poudre fine............	9 fr. 50 le kil.
Poudre superfine.......	12 fr. 00 —
Poudre extra-fine......	15 fr. 50 —

La nécessité qui se présenta, à certaines époques, de fabriquer de grandes quantités de poudre en un court espace de temps, fit imaginer certains procédés expéditifs, lesquels, perfectionnés, sont restés quelquefois dans la pratique. C'est ainsi que les Hollandais, pendant la longue guerre qu'ils soutinrent contre les Espagnols, inventèrent un moyen d'opérer sans danger la trituration par les meules. Ils se servaient de meules en marbre noir, du poids de 10 quintaux. En 1716, des moulins semblables furent établis à Berlin. Le procédé des meules a été conservé de nos jours, dans certains pays, pour la fabrication de toutes les poudres; mais, en France, il n'est appliqué, comme nous l'avons dit, qu'à la préparation des poudres de chasse.

A l'époque de la Révolution française, il fallut fournir tout d'un coup aux armées de la République, des quantités considérables de munitions de guerre. Mais tous nos ports étaient bloqués et le soufre n'arrivait plus de la Sicile. Pour remplacer le soufre que l'étranger lui refusait, le génie scientifique de la France inventa le procédé d'extraction du soufre des pyrites, minerai que plusieurs de nos provinces possèdent en abondance. Ce procédé permit de se procurer toute la quantité de soufre nécessaire à la fabrication de la poudre destinée aux armées. Comme nous l'avons dit, dans le chapitre précédent, on est revenu de nos jours, à ce procédé d'extraction du soufre lorsque le soufre de Sicile vint à manquer en Europe, et il a été conservé même après que le soufre de Sicile a pu revenir dans nos ports.

Pendant que l'on découvrait et que l'on exploitait cette nouvelle source de soufre, on lessivait le sol des caves, pour se procurer le salpêtre, et on lavait les vieux plâtras de Paris, qui contiennent jusqu'à 6 pour 100 de ce sel. La poudrerie de Grenelle, agrandie et mise sur un nouveau pied, pulvérisait le charbon et le soufre d'une part, et de l'autre le salpêtre, dans des tonnes de bois, au moyen de billes de bronze; puis le mélange des trois corps s'effectuait dans d'autres tonnes, avec des billes. Pour faire les galettes, on introduisait la composition dans des caisses, on la recouvrait de toiles mouillées, et on la soumettait à l'action d'une presse. La poudre était grenée par les procédés ordinaires.

C'est par ce procédé expéditif que la poudre fut préparée pendant les guerres de la République, et chacun connaît les merveilles qu'elle accomplit.

CHAPITRE VII

TRANSPORT, EMMAGASINAGE ET CONSERVATION DE LA POUDRE. — LES DANGERS DE LA POUDRE. — EXPLOSIONS ET INCENDIES DES POUDRIÈRES ET DES POUDRES.

Le transport et l'emmagasinage de la poudre sont des opérations assez délicates, et qui ne sont pas toujours sans dangers. Pour transporter les poudres de guerre, on les renferme dans des barils, contenant les uns 50 kilogrammes, les autres 100 kilogrammes de poudre. Ces barils sont renfermés dans d'autres plus grands, nommés *chapes*.

Quand on charge les barils sur des voitures, on doit prendre garde qu'ils ne se touchent pas entre eux, et qu'ils soient distants des ferrures, car le frottement produit par le mouvement de la voiture, pourrait amener des échauffements, et provoquer l'inflammation de la poudre. Pour éviter les frottements, on place sous les barils et entre eux, des bouchons de paille ou des nattes de roseaux.

Les voitures ne doivent marcher qu'au pas; une allure plus rapide accroîtrait le danger, et formerait une certaine quantité de poussier.

Les conducteurs doivent souvent examiner si rien n'est dérangé dans l'emballage, et si aucun cercle des barils ne s'est détaché.

Les voitures se tiennent constamment du côté de la route où le vent ne puisse porter vers elles des étincelles accidentellement produites par les chariots qui passent de l'autre côté. Les passants ne doivent pas fumer. Pour les avertir, on hisse un drapeau noir sur la première voiture du convoi.

Quand on traverse les lieux habités, on fait fermer les portes des ateliers de forgerons et de toutes les industries qui se servent du feu. On fait éteindre tous les feux allumés dans le voisinage de la route.

Enfin, comme, malgré toutes ces précautions, il peut arriver qu'une voiture de poudre saute, on doit, pour empêcher que l'explosion ne se propage aux autres voitures, mettre entre chacune un intervalle de trente pas.

Pendant les haltes de nuit, le convoi de poudre doit être remisé dans un lieu éloigné de toute habitation, et autant que possible, dans un lieu élevé. Les hommes de l'escorte surveillent, pendant toute la nuit, les environs de l'emplacement du convoi.

Dans les transports par eau, les bâtiments chargés de poudre arborent un drapeau noir, afin que, même de loin, chaque navire puisse connaître le danger qui le menace et passer au large. Si le transport se compose de plusieurs bâtiments, ils doivent se tenir à quelques centaines de mètres les uns des autres, pour éviter le choc des abordages.

On ne tolère, à bord de ces navires, ni feu, ni allumettes, ni aucune substance inflammable.

Une multitude de précautions sont nécessaires quand il s'agit de bâtir les magasins à poudre, c'est-à-dire les poudrières. On prévoit dans leur construction, tout ce que pourrait occasionner l'inflammation de ces provisions dangereuses. En même temps, on s'attache à garantir la poudre de l'humidité de l'air et du sol, et à empêcher que les grains ne se réduisent en poussier.

Autrefois les murs des poudrières étaient en pierres de taille ou en maçonnerie, avec épaisses assises. Mais l'expérience a prouvé qu'au lieu de conjurer le danger, ces constructions massives ne font que l'accroître. En effet, lorsque survient une explosion, quelque lourdes et résistantes que soient les murailles, elles sont réduites en mille pièces. Les pierres pesantes dont elles sont construites, sont lancées à des distances considérables, et forment de terribles projectiles. On a été conduit ainsi à faire les murs des poudrières aussi minces et les toits aussi légers que possible. Dans ces derniers temps, on a proposé d'employer, à cet effet, les planches de sapin. On a même proposé des toitures en serge imbibées d'alun pour les rendre incombustibles, et recouvertes de plusieurs couches de peinture à la céruse ou au blanc de zinc, pour les rendre imperméables à la pluie. Le premier vent de l'explosion renverse les minces cloisons de l'édifice, et la masse gazeuse s'exhale dans l'atmosphère, sans avoir été comprimée, sans avoir pris aucune force de ressort, et par conséquent sans causer grand dommage. Quand même ces matériaux légers seraient lancés avec la même force initiale que les pierres de taille des anciennes constructions, ils seraient projetés à une moindre distance, et leur choc serait loin d'être aussi redoutable.

Ces prescriptions, pleines de justesse, sont suivies en partie. A la poudrerie impériale du Bouchet, située à quelque distance de Corbeil, deux des murs de chaque bâtiment sont construits en pierres résistantes et solides, mais les deux autres murs et la toiture sont composés de matériaux éminemment légers. Quand une explosion arrive dans un de ces bâtiments, la toiture seule est emportée, et les gaz ne rencontrant plus de résistance, s'échappent par cette issue.

Des dispositions analogues sont prises

Fig. 161. — Vue extérieure d'une poudrière française.

pour construire les magasins à poudre.

Il faut ajouter que depuis la catastrophe d'Essonne, on a renoncé, en France, à réunir dans un même lieu tous les ateliers de fabrication de la poudre. Au Bouchet la fabrication de la poudre est répartie entre plusieurs ateliers, établis dans autant de bâtiments, que l'on a soin de tenir éloignés les uns des autres d'une distance de 50 mètres à 100 mètres. Dès lors un bâtiment peut sauter sans compromettre toute la manufacture.

Tout autour des poudrières, et à une certaine distance, on bâtit un mur d'enceinte assez haut pour qu'il soit difficile de l'escalader.

Aujourd'hui les poudrières sont bâties autant que possible à 1,000 mètres environ de toute habitation où l'on fait du feu. Autrefois, au contraire, on trouvait souvent des poudrières établies au sein des villes, même en temps de paix. Il a fallu des désastres nombreux et terribles, pour qu'on renonçât à cette habitude funeste.

Depuis l'invention de Franklin, les poudrières sont munies de paratonnerres, et le danger de sauter par l'action de la foudre est ainsi écarté. En 1867, l'Académie des sciences de Paris a publié une nouvelle instruction destinée à poser les règles pour l'établissement des paratonnerres sur les poudrières (1). Ces instructions prescrivent de placer les paratonnerres, non sur l'édifice même, mais en dehors. C'est la disposition qui est représentée sur la figure 161, où l'on voit quatre paratonnerres plantés aux quatre angles et à une certaine distance de l'édifice. Cependant on place quelquefois, en France, la tige du paratonnerre sur la poudrière même : c'est la disposition qui est représentée sur la figure 162 (page 269).

On ne pénètre dans les poudrières qu'avec des sandales de feutre. Le sol intérieur est recouvert d'une natte. On évite ainsi l'apport

(1) Voir notre ouvrage : l'*Année scientifique et industrielle* 12e année (1867), pages 192-196.

du fer et du sable, qui, par leur contact, pourraient produire des étincelles. On a vu des étincelles produites entre cuivre et sable, et même entre sable et sable ; le sable est donc toujours à craindre.

Mais le véritable danger réside dans les poussières de la poudre, qui, légères et plus inflammables que la poudre elle-même, peuvent se disperser dans tous les points de l'édifice. Si elles s'enflamment, elles peuvent communiquer le feu aux nattes du plancher, et de là aux barils de poudre.

On ne fait entrer aucune portion de fer dans les charnières, les serrures et les autres parties, nécessairement métalliques, des portes et des fenêtres : toutes les parties métalliques, même les clefs, sont en cuivre.

Les sentinelles qui gardent les abords et la porte de la poudrière, sont armées, non de fusils, mais de lances.

Tout travail qui nécessite des chocs est formellement interdit dans l'intérieur des poudrières. Il est même défendu de rouler les barils : on les porte doucement à bras, quand il s'agit de les mettre en place, ou de les expédier au dehors.

Un personnel de surveillance intérieure et extérieure, est affecté à l'établissement. Il a pour consigne d'empêcher qu'on n'allume des feux ou qu'on ne tire des coups de fusil dans le voisinage de la poudrière, en un mot de faire observer toutes les précautions établies par les règlements.

Quoiqu'on ne puisse jamais absolument garantir la poudre de l'humidité, on recommande de placer les poudrières loin des cours d'eau, de les bâtir au-dessus d'un sous-sol voûté, de fermer les fenêtres quand l'atmosphère est humide, et de donner accès à l'air quand le temps est bien sec. Il n'y a pas de vitres aux croisées, car certains défauts du verre, faisant l'effet de lentilles, sous l'influence des rayons solaires, pourraient enflammer le poussier, qui est partout répandu à l'intérieur.

La figure 162 (page 269) montre les dispositions intérieures d'une poudrière française.

Dans chaque salle est suspendu un récipient plein de chlorure de calcium, pour absorber l'humidité de l'air. La chaux vive serait un excellent agent de dessiccation de l'air ; mais l'usage en est absolument interdit. On sait, en effet, que lorsqu'un peu d'eau vient à tomber sur de la chaux vive, la chaleur déterminée par l'hydratation de la chaux, est assez intense pour enflammer la poudre. On fait assez souvent, dans les cours de chimie, l'expérience curieuse qui consiste à enflammer de la poudre déposée sur de la chaux, en versant un peu d'eau sur ce fragment de chaux. On comprend dès lors pourquoi l'entrée de la chaux est absolument interdite dans les manufactures et les dépôts de poudre.

En Angleterre des précautions plus grandes encore sont observées dans les magasins à poudre. Tous les chemins conduisant d'un bâtiment à un autre, sont recouverts de planches. Ces planches sont constamment arrosées et lavées, pour en écarter le sable, et l'on n'y marche qu'avec des chaussures de feutre ou de natte. Par-dessus ces chaussures, on endosse une deuxième sorte de chaussures, quand on doit pénétrer à l'intérieur des magasins qui contiennent la poudre.

Malgré tant de précautions accumulées, les explosions des poudrières sont fréquentes. Énumérer tous les désastres qui ont été causés par les explosions de poudrières et des ateliers de fabrication, serait une tâche difficile. Nous nous bornerons à rappeler quelques faits, en les rattachant aux circonstances dans lesquelles ils se sont produits. Nous avons entre les mains une brochure de MM. Andréas Rützky et Otto Grahl, traduite de l'allemand : *La poudre à tirer et ses défauts* (1), dans laquelle on rapporte une longue série de ces événements désastreux. Ce travail nous aidera à rappeler les faits avec

(1) Traduit par M. L. Jaulin, in-8°, Paris, 1864.

exactitude et dans leur ordre chronologique.

Voici d'abord les accidents qui se rapportent aux explosions des manufactures de poudre.

En 1360, une fabrique de poudre sauta à Lubeck, par suite de l'imprudence des hommes qui préparaient la poudre pour les *bombardes*, c'est-à-dire les premières bouches à feu qui lançaient des boulets de pierre. C'est la plus ancienne explosion dont il soit fait mention dans l'histoire.

En 1745, le moulin à poudre d'Essonne sauta par une cause inconnue, et dévasta les environs de cette ville.

De 1746 à 1756, à l'Ile-de-France, les moulins à poudre sautèrent, à différentes reprises. On remplaça alors les pilons par des meules de bois.

En 1774, les moulins à meules de bois établis à l'Ile-de-France, firent explosion. Comme il existait dans le voisinage 250,000 livres de poudre, qui firent feu, il résulta de cette explosion des dégâts extraordinaires.

En 1794, les moulins à poudre de Grenelle sautèrent, par suite d'une imprudence. 1,800 ouvriers y étaient occupés; un grand nombre périrent sous les décombres.

En 1821, dans le Danemark, une tonne dans laquelle le soufre était trituré au moyen de gobilles de bronze, prend feu, et fait sauter la fabrique. Le même malheur se reproduit en 1824.

En 1825, une explosion eut lieu dans une partie de notre fabrique de poudre du Bouchet.

En 1827, un moulin à poudre sauta à Dartford. Cette explosion fut occasionnée par du sable que le vent y avait apporté, et qui vint frapper avec force le pulvérin de la poudre.

En 1835, une partie de notre poudrerie de l'État à Esquerdes, sauta en l'air.

En 1862, la poudrerie de Munich fit explosion.

Pendant la même année, la poudrerie de Fossano (Italie) fut deux fois incendiée. Quinze personnes périrent dans le dernier de ces événements (1).

Un trait pour résumer les nombreux événements de ce genre que nous sommes forcé de passer sous silence : d'après les observations de Chaptal, sur dix-huit moulins à pilons français, il en saute, en moyenne, trois par an.

D'après les recherches faites par Aubert, ingénieur attaché à notre poudrerie du Bouchet, à l'occasion de l'explosion de 1825, la poudre s'enflamme par le choc de fer contre fer, — de laiton contre fer, — de bronze contre fer, — de fer contre cuivre, — de fer contre marbre, — de fer contre plomb ; et il en est de même pour le bois.

D'après Vergnaud, ancien directeur de la poudrerie d'Esquerdes, un choc violent quelconque peut enflammer la poudre; mais telle n'est pas peut-être la cause la plus fréquente des explosions. Dans un mémoire qui fit quelque bruit, Vergnaud attira l'attention sur l'influence de l'électricité de l'air pour produire l'inflammation des mélanges triturés par les meules ou par les pilons. On pensait à cette époque, que les explosions tenaient surtout à ce que les meules de marbre contenaient des grains de sable, qui, mêlés à la poudre, déterminaient des frottements, avec production de chaleur excessive et inflammation du contenu du moulin. Mais Vergnaud fait remarquer que les nombreuses explosions des mélanges soumis au triturage des meules, s'étaient produites à peu près indifféremment, que ces meules fussent de marbre siliceux laissant égrener leur sable, ou qu'elles fussent tout à fait exemptes de grains siliceux. Il cite même des explosions arrivées avec des meules et des plateaux de fonte ou de bronze. Il arriva un jour, que l'explosion d'un atelier voisin couvrit le plateau de débris de maçonnerie et de briques. Les meules qu'on ne songea point à arrêter à l'instant même, firent encore une

(1) *La poudre à tirer et ses défauts*, par A. Rützky, et O. Grahl, pages 119-120.

centaine de tours avec leur vitesse habituelle, triturant les briques et les graviers avec la poudre : il n'en résulta pourtant aucun accident.

Les explosions, selon Vergnaud, ne se produisent guère que les jours où le vent souffle du nord-nord-est, lorsque le temps est à l'orage. Quand il y a beaucoup d'électricité dans l'air et qu'on regarde fonctionner les meules, des lueurs apparaissent parmi la poudre qui se broie. Parfois même les étincelles surgissent avec la brillante lueur de celles qui proviennent des machines électriques. Quand ce phénomène se produisait, Vergnaud se hâtait de faire augmenter l'arrosage du mélange.

Nous dirons pourtant que la cause d'explosion la plus fréquente dans les moulins à poudre provient de ce que les meules, dont le poids est quelquefois de plus de 5,000 kilogrammes, rencontrent des portions de galette volumineuses et dures. Lorsque ces fragments ne sont pas écrasés, ils forment un obstacle, le long duquel la meule s'élève, pour retomber bientôt sur le reste de la poudre. Cette chute d'une hauteur d'un ou deux centimètres seulement, mais d'une masse d'un poids énorme, suffit pour provoquer un dégagement de chaleur capable d'enflammer la poudre. Là est le véritable danger des meules, et la cause la plus fréquente de l'explosion des ateliers.

Les auteurs de la brochure allemande que nous avons citée plus haut, ont rassemblé les faits relatifs à l'explosion des magasins à poudre. Voici les principaux.

1535. Devant Marseille, la poudre d'une batterie, déposée dans des barils, s'enflamme par la seule détonation des canons.

1540. Devant Bude, la poudrière d'une batterie fait explosion par suite du tir de cette dernière.

1703. A Huy, on roule contre l'ennemi, qui montait à l'assaut, un baril de poudre, muni d'une mèche enflammée. Chemin faisant, le baril se défonce, s'enflamme et communique, au moyen de la traînée de poudre, le feu au magasin d'où on l'avait tiré ; ce dépôt saute en l'air.

1744. Les Prussiens en quittant Prague veulent jeter dans un puits, 3,000 quintaux de poudre, pour qu'on ne puisse pas s'en servir. En la versant dans l'eau, la poudre s'enflamme par le frottement, et il en résulte une explosion formidable (1).

Voici deux exemples des accidents qui arrivent pendant la préparation des munitions de guerre.

En 1677, pendant qu'on déchargeait une grenade, d'après la méthode de Forster, cette grenade s'enflamma. Le feu se communiqua à 11 grenades chargées, qui tuèrent Forster lui-même et 16 hommes.

En 1862, le laboratoire de chimie qui dirigeait, pendant la campagne, la fabrication des poudres pour les troupes de l'Union américaine Nord, sauta, ce qui coûta la vie à plusieurs centaines de personnes, etc. (2).

Les coups de tonnerre frappant des magasins de poudre ou des manufactures de munitions de guerre, peuvent occasionner l'inflammation de toutes ces matières, et renverser les édifices. C'est là chose bien connue. Nous rappellerons pourtant les principaux faits de ce genre qui ont été enregistrés, en ayant recours, pour cette énumération, au travail des deux ingénieurs allemands que nous avons déjà cité.

En 1521, la foudre frappa et fit sauter la poudrière de Milan, qui contenait 250,000 livres de poudre.

En 1648, la poudrière de Savone sauta, frappée d'un coup de foudre ; 200 maisons furent détruites.

En 1749, le feu du ciel détruisit la poudrière de Breslau, où travaillaient 65 hom-

(1) *La poudre à tirer et ses défauts*, page 46.
(2) *Ibidem*, page 50.

Fig. 162. — Vue intérieure d'une poudrière française (coupe verticale).

mes, qui furent tués. 391 personnes des environs furent blessées.

Le même désastre arriva en 1769, à la poudrière de Brescia, qui contenait 160,000 livres de poudre; 190 maisons furent renversées, 500 endommagées. Dans cet affreux désastre 308 hommes furent tués et 500 blessés plus ou moins grièvement.

Le feu de l'artillerie ennemie peut agir comme celui du ciel. Sur les champs de bataille les boulets brûlants, le choc des projectiles, ou seulement le vent de l'explosion d'une pièce, peuvent mettre le feu à des provisions de poudre. Les deux faits suivants, que nous empruntons à la même source, c'est-à-dire à la brochure de MM. Rützky et Otto Grahl, montreront combien les projectiles ennemis sont dangereux pour les approvisionnements de poudre.

En 1597, un boulet rouge fait sauter la poudrière de Rheinberg.

En 1628, à Wolgast, un approvisionnement de poudre saute, atteint par un boulet ennemi (1).

Nous ne multiplierons pas les exemples de ce genre; l'inflammation des provisions de poudre provoquée par le feu ou les boulets de l'ennemi, étant un des épisodes les plus fréquents de la guerre.

Voici, pour terminer, quelques exemples d'explosions de la poudre arrivées pendant les transports.

En 1810 à Eisenach, un convoi de poudre fait explosion, par suite du frottement d'un essieu. Cette explosion fut accompagnée de grands malheurs.

En 1816, près de Bruxelles, une voiture sur laquelle on avait chargé un tonneau de poudre, sauta par un étrange et triste hasard. Le tonneau avait laissé perdre le long du chemin, une traînée de poudre. Une allumette

(1) *La poudre à tirer et ses défauts*, page 40.

allumée jetée par un passant, à la porte de Bruxelles, enflamma la traînée de poudre ; le feu se propagea jusqu'à la voiture qui était à trois quarts de lieue de la ville et la fit sauter.

Pendant la guerre d'Italie, en 1859, près de Vérone, deux trains de chemins de fer se rencontrent. Les munitions de guerre d'une batterie que l'on transportait, sautent en l'air et amènent des accidents déplorables.

Tous ces malheurs, dont nous n'étendrons pas davantage la liste, ont fait penser, de tout temps, à préserver la poudre contenue dans les magasins des accidents qui la menacent.

M. le général Piobert indiqua, en 1830, un moyen qui éloignerait à peu près tout danger dans le transport et l'emmagasinage de la poudre. Ce moyen consiste à mélanger à la poudre l'un quelconque de ses trois éléments, c'est-à-dire du salpêtre, du soufre ou du charbon, très-finement pulvérisé, de telle sorte qu'il remplisse tout l'intervalle laissé entre les grains, et empêche l'inflammation de se propager d'un seul coup dans toute la masse. Si l'on jette une mèche allumée sur un baril de poudre de guerre mêlé à du poussier de charbon et défoncé, il ne fait pas explosion : il brûle longtemps avec une belle gerbe lumineuse, mais sans danger pour les assistants. De même, le salpêtre mêlé à la poudre, empêche sa combustion : d'abord rapide, elle se ralentit, puis s'arrête bientôt.

La poudre peut donc être conservée sans aucun danger avec l'addition de l'une de ces substances. Quand on veut s'en servir, un simple tamisage permet de la séparer des corps étrangers interposés entre ses grains.

M. Fadéieff, chimiste russe, a proposé de conserver la poudre avec un mélange de charbon de bois et de graphite.

Mais de tous les moyens de conserver avec sécurité la poudre dans les arsenaux et magasins, le meilleur peut-être a été proposé, en 1862, par un chimiste anglais, M. Gale, et soumis à des expériences concluantes.

M. Gale expérimenta ce procédé sur une grande échelle, au tir de Wimbledon, devant les volontaires, ensuite devant le duc de Cambridge et une réunion de gens du monde, avec un succès complet. Il fit apporter un baril de poudre de guerre, qu'il mêla avec deux fois son volume d'une poussière particulière ; puis il mit le feu au mélange : la poudre resta muette et immobile. Une fusée enflammée éclata au milieu du baril, sans produire le moindre effet ; une barre de fer rouge, plongée dans la poudre enchantée, laissa le mélange parfaitement intact.

M. Gale prit alors un peu de cette poudre devenue inoffensive, et il la fit passer à travers un crible, pour la séparer de la matière étrangère avec laquelle elle avait été mélangée. Ce tamisage lui rendit toute son inflammabilité primitive.

La poudre peut, d'ailleurs, subir ces deux traitements successifs aussi souvent qu'on le veut. Elle reste complétement inerte tant qu'elle est mélangée avec la substance très-divisée dont se sert M. Gale. On peut dès lors la transporter ou la conserver sans danger ; mais dès qu'elle est débarrassée de cette substance, par le tamis, elle reprend ses propriétés explosives.

Le procédé de M. Gale n'est pas un secret. La substance mystérieuse qu'il ajoute à la poudre, est du verre pulvérisé, aussi fin que possible, bien plus fin que la poudre elle-même. Avec parties égales de poudre et de verre pulvérisé, l'inflammabilité de la poudre de guerre est déjà singulièrement diminuée. Avec 2 ou 3 parties de verre pulvérisé pour 1 partie de poudre, l'effet est beaucoup plus prononcé. Pour rendre la poudre tout à fait inerte, si bien qu'elle puisse servir, comme le sable, à éteindre le feu, il faut prendre 1 partie de poudre à canon et 4 parties de verre pulvérisé, et les bien mêler. Dans un baril de poudre ainsi préparé on peut introduire impunément un tison brûlant. Mais passez le tout au tamis, le verre pulvérisé traverse le crible, la poudre reste, et reprend ses propriétés primitives.

Bien que l'inventeur anglais ait fait breveter son procédé, le principe qu'il emploie n'a rien de nouveau. On savait, en effet, par les expériences de M. Piobert, que nous venons de rapporter, qu'en mêlant à la poudre du charbon ou du salpêtre pulvérisés, on peut lui enlever, plus ou moins complétement, ses propriétés explosives. M. Piobert, outre les substances dont nous avons parlé, avait essayé, dans le même but, le sable ; mais les grains de sable n'étant pas tous de même grandeur, il est difficile de les séparer complétement de la poudre au moment où l'on veut s'en servir ; et le charbon, qu'il recommandait plus particulièrement, attire l'humidité et pourrait gâter la poudre. Le verre pilé est donc préférable aux diverses matières essayées par M. Piobert.

Il reste pourtant à savoir si la nécessité de tamiser la poudre avant d'en faire usage, ne constituerait pas un obstacle sérieux à la pratique de tous ces procédés. Il faudrait peut-être restreindre l'emploi de cette méthode aux cas où il s'agirait simplement de transporter de grandes masses de poudre destinées à la vente.

La publication du procédé de M. Gale faite dans les journaux français, en 1862, a amené une réclamation de la part de M. Pascalis, pharmacien à Bar-sur-Seine, en faveur d'un de ses compatriotes, nommé Boyer, natif d'Aups, dans le Var, et mort en 1840, à la suite de fatigues et de privations causées par sa persévérance dans ses recherches.

Boyer avait trouvé un moyen fort intéressant, sinon très-efficace, de mettre la poudre hors d'état de brûler dans les magasins. Il en avait fait l'expérience devant une commission présidée par le général Gourgaud. Son secret consistait à mêler à la poudre du *gaz acide carbonique*, qui a la propriété d'éteindre les corps en ignition. Une simple agitation au grand air, suffisait pour débarrasser la poudre de ce gaz, et lui rendre sa propriété explosive.

CHAPITRE VIII

PRODUITS DE L'EXPLOSION DE LA POUDRE. — ANALYSE DES GAZ RÉSULTANT DE SA COMBUSTION. — TEMPÉRATURE DES GAZ. — MANIÈRE D'ÉVALUER LA FORCE DE LA POUDRE DE GUERRE. — LE MORTIER-ÉPROUVETTE. — LE FUSIL-PENDULE.

Les corps, gazeux ou solides, qui se forment pendant l'explosion de la poudre, ont été analysés par les chimistes avec un soin extrême. On a déterminé la quantité des gaz formés par un poids donné de poudre, la composition de ces gaz, leur température, et la force élastique qui les anime.

D'après les expériences faites par MM. Bunsen et Schischkoff, en 1859, les produits de la combustion de 100 grammes de poudre, sont les suivants :

Produits gazeux :	gr.		litres.
Acide carbonique........	20,12	=	10,171
Azote..................	9,98	=	7,940
Oxyde de carbone........	0,94	=	0,749
Hydrogène..............	0,02	=	0,234
Acide sulfhydrique.......	0,18	=	0,116
Oxygène................	0,14	=	0,100
	31,38	=	19,310

Produits solides :	gr.
Sulfate de potasse................	42,27
Carbonate de potasse.............	12,64
Hyposulfite de potasse...........	3,27
Sulfure de potassium............	2,13
Sulfocyanure de potassium	0,30
Azotate de potasse..............	3,72
Charbon.......................	0,73
Soufre........................	0,14
Carbonate d'ammoniaque........	2,86
	68,06

La combustion est incomplète, puisque d'une part il reste de l'oxygène libre, et d'autre part du charbon et du soufre, qui auraient pu être brulés tous les deux si l'oxygène eût existé en quantité suffisante.

Au moment de l'explosion, il se produit une élévation de température telle que les gaz dilatés fournissent, d'après le capitaine Brianchon, 4,000 fois le volume de la charge de poudre. Et si, comme l'admet M. Henri Sainte-Claire-Deville, les éléments de l'eau se séparent, se dissocient à la température de la fusion de l'argent, c'est-à-dire vers 1,000 degrés; si l'hydrate de potasse n'existe plus à la température de la fusion de la fonte, c'est-à-dire vers 1200 degrés, il est probable que non-seulement le volume fourni par les gaz doit s'augmenter par suite de la séparation de leurs éléments, mais encore que les produits solides doivent être volatilisés et décomposés comme les produits gazeux; de telle sorte qu'il faudrait estimer beaucoup plus haut que ne le faisait le capitaine Brianchon, le volume fourni par la gazéification de la poudre qui détone.

Ce qui prouve que les produits solides sont tout au moins volatilisés au moment de l'explosion, c'est que lorsqu'on enflamme une bonne poudre, déposée sur une feuille de papier blanc, elle n'y laisse, après avoir brûlé, aucune trace de matière solide.

Une expérience de Rumford prouve le fait d'une manière plus frappante. Rumford plaçait une charge de poudre dans un canon en fer, dont l'orifice était fermé par la superposition d'un poids considérable. Quand la violence de l'explosion soulevait ce poids, tous les produits s'échappaient; quand, au contraire, le canon fermé ne laissait rien sortir, on trouvait, après le refroidissement, la somme exacte des produits solides composant la poudre primitive, déposés sur les points des parois les plus éloignés du lieu d'application de la chaleur.

L'évaluation précise de la température produite par l'explosion de la poudre, est fort difficile, car cette température varie, dans les expériences, suivant la quantité de poudre sur laquelle on opère. Quoi qu'il en soit, elle doit être placée entre la température de fusion du cuivre jaune ou laiton et celle du cuivre rouge, car des rognures du premier métal mêlées à la poudre qui détone, se retrouvent constamment fondues, tandis que celles du second ne le sont que rarement. C'est ce qui a fait évaluer la température de l'explosion de la poudre à plus de 2,400 degrés.

Les divergences d'opinion qui règnent sur le volume gazeux produit par l'inflammation de la poudre, ont pour conséquence des différences semblables dans l'appréciation de la force balistique. S'il ne s'agissait que de gaz *permanents*, c'est-à-dire non susceptibles de se liquéfier, on pourrait avoir une évaluation fort approchée, parce que la tension de ces gaz est à peu près proportionnelle à l'accroissement de la température; mais il s'agit ici d'un mélange de gaz et de vapeurs, dans des rapports inconnus, puisqu'on ignore si ces vapeurs sont ou non décomposées en leurs éléments gazeux. Dans l'hypothèse où les corps subsistent à l'état de vapeurs, non décomposées en leurs éléments, la tension de ces vapeurs ne peut être que bien difficilement évaluée, parce qu'aucune expérience jusqu'ici ne nous a fait connaître comment se dilatent les vapeurs à de si hautes températures. Enfin, dans l'hypothèse où l'on admet que les vapeurs sont elles-mêmes réduites à leurs éléments constitutifs, qu'elles sont transformées en leurs composants gazeux, on ignorerait encore à quelles températures, et dans quel ordre s'opérerait la destruction des différentes vapeurs.

Les plus petites circonstances ont une influence considérable sur la force d'expansion de la poudre. Plusieurs livres de poudre enflammée sur une table légère en bois, ne produisent qu'une faible dépression de la planche; tandis que si l'on enveloppe la même quantité de poudre d'une feuille de papier, la table est complétement brisée.

Ainsi s'expliquent les grandes divergences d'opinions qui se sont produites chez les hommes de l'art, sur la question de la force mécanique développée par l'explosion de la poudre.

Les évaluations extrêmes sont celles de

Robins, célèbre artilleur du XVIIe siècle, qui estimait à 1,000 atmosphères seulement la tension des gaz de la poudre, et celle de Rumford, qui fixe cette tension à 29,000 atmosphères. Dans l'énorme écart de ces deux chiffres viennent se placer les résultats obtenus par un grand nombre d'autres expérimentateurs.

Au fond, il est assez indifférent de connaître la tension exacte, la force absolue des produits gazeux d'une charge de poudre.

Fig. 163. — Mortier-éprouvette.

Ce qu'il faut savoir, c'est l'effet qu'elle peut produire sur le projectile employé dans une arme usuelle. On a construit et mis en usage plusieurs instruments pour évaluer la force des différentes poudres. Nous ne décrirons que le *mortier-éprouvette* et le *fusil-pendule*.

Le *mortier-éprouvette*, figure 163, est un mortier d'artillerie fondu d'une seule pièce avec son socle. Sa chambre est très-petite et son projectile très-gros. Quand le socle est disposé sur un plan horizontal, le mortier est pointé à l'angle de 45°, celui qui donne l'écartement le plus grand des branches de la parabole décrite par le projectile, et qui par conséquent donne la plus longue portée. On remplit la chambre de la poudre à expérimenter, et d'un boulet de bronze de dimensions rigoureusement établies. On fait partir la pièce, et la distance plus ou moins considérable à laquelle elle lance le projectile, sert à marquer sa qualité.

Des formules théoriques comprenant le poids de la poudre, celui du projectile et les autres éléments de l'appareil, donnent la vitesse initiale et la vitesse moyenne du projectile. On en déduit l'action de la poudre expérimentée dans d'autres armes.

Mais, si mathématiques que soient ces formules, elles ne donnent que des évaluations très-peu approchées, et peuvent induire en erreur sur la qualité d'une poudre destinée à une arme quelconque. Aussi les experts ne s'y fient-ils jamais entièrement. Pour avoir des résultats exacts, il faut expérimenter la poudre dans l'arme même à laquelle on la destine, et avec le projectile qui est en usage. C'est en partant de ce principe qu'on a construit le *fusil-pendule*.

Le *fusil-pendule* (*fig.* 164) se compose de deux appareils distincts, l'un comprenant le canon de fusil AB et le pendule C qui le supporte, l'autre le *récepteur* E, cône évidé et rempli de plomb, destiné à recevoir le choc de la balle, et qui est également suspendu à un pendule F. Chacun des pendules déplace

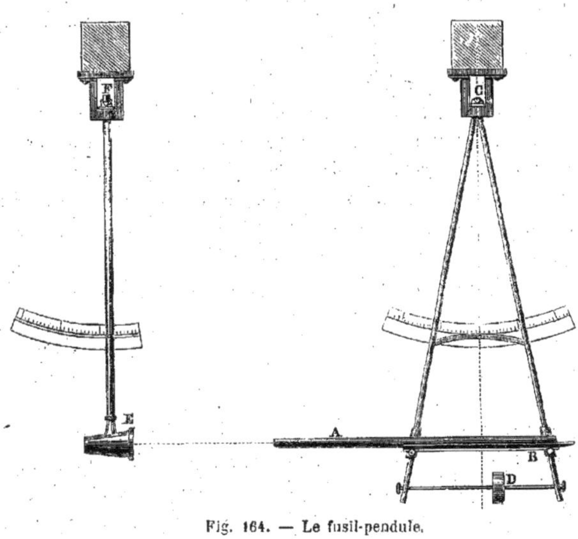

Fig. 164. — Le fusil-pendule.

dans son mouvement un curseur sur un arc de cercle gradué. Les deux pendules se meuvent exactement dans le même plan. Le pendule auquel est attaché le canon de fusil porte à sa partie inférieure un disque métallique, D, qui, se déplaçant, change la position du centre de gravité de l'appareil, et en même temps la ligne de tir; il est facile à l'aide de ce mécanisme, de viser directement dans le récepteur.

Quand le coup part, chaque pendule est mis en mouvement : celui du récepteur E, par l'action du projectile qui l'a frappé, et celui du canon AB, par l'effet du recul. Ce dernier effet est un élément important à considérer, mais non pas le plus important. L'effet que le récepteur a ressenti du choc direct de la balle est celui que l'on doit reconnaître comme vraiment utile. On note d'ailleurs avec soin l'un et l'autre de ces écarts au moyen du cercle gradué et du curseur.

Des formules mathématiques ont été calculées, sur ces deux données, pour représenter la puissance balistique de la poudre expérimentée.

On admettait autrefois que la puissance de la poudre est proportionnelle au recul de l'arme; mais cette relation a été reconnue fausse. Or, jusqu'à l'invention du fusil-pendule qui enregistre à la fois la force de recul et la vitesse du projectile, toutes les anciennes éprouvettes à poudre étaient construites sur ce principe. Le fusil-pendule est donc le seul instrument auquel on puisse accorder confiance pour déterminer la véritable puissance de la poudre.

On a construit sur le même principe le *pistolet-pendule* et le *canon-pendule*. La forme de l'appareil est la même que pour le *fusil-pendule :* l'arme à essayer varie seule. Il serait donc inutile d'en parler avec plus de détail.

Il est une manière très-simple d'essayer la poudre : on en place une pincée sur une feuille de papier blanc. On s'assure d'abord si les grains sont de la même grosseur, et s'il n'y a pas de poussière, conditions d'une combustion régulière. Ils doivent être bien secs et ne pas se laisser écraser trop facilement sous le doigt, ni tacher le papier. Si dans la masse il se trouvait des efflorescences blanches, ce serait la preuve que sous l'influence de l'humidité, une partie du salpêtre a disparu. Enfin on l'enflamme. Une bonne poudre doit brûler très-vite, et ne laisser qu'une petite tache sur le papier. Des grains restés intacts montreraient que le salpêtre n'a pas été suffisamment purifié; des taches jaunes ou noires, que le soufre ou le charbon sont en excès.

Ce moyen peut surtout servir à connaître si une poudre donnée n'a pas perdu de ses qualités depuis sa fabrication.

La poudre à tirer, bien qu'on en fasse usage depuis quatre ou cinq siècles, est restée à peu près stationnaire au milieu du progrès général. Elle présente encore aujourd'hui de nombreux défauts, non que les études approfondies lui aient manqué, mais parce qu'elle est, de sa nature, peu perfectible. Il est difficile de rien changer aux éléments qui la composent, ou aux proportions de ces éléments; dès lors sa fabrication ne peut subir que des changements très-secondaires.

Au nombre des défauts de la poudre, et en première ligne, il faut mentionner les dangers des manipulations diverses, des transports, de sa conservation dans les magasins; enfin les accidents auxquels sont exposés les soldats pendant qu'ils chargent leur arme, à cause des inflammations spontanées, qui sont malheureusement assez fréquentes.

Un autre défaut de la poudre, c'est son humidité, causée par l'hygrométricité du charbon, défaut impossible à prévenir. Quoi qu'on fasse pour empêcher les poudres d'absorber l'humidité de l'air, au bout d'un certain nombre d'années, on est obligé de les renvoyer à la fabrique, de les réduire en poussier et de les soumettre de nouveau aux diverses opérations du grenage et du lissage.

La facilité avec laquelle elle se réduit en poussier pendant les transports et même dans les magasins, est un autre inconvénient de la poudre. Après un voyage de 440 kilomètres au pas, ou de 210 kilomètres au trot, les poudres ordinaires donnent de 1,3 à 1,5 pour 100 de poussier. Or, la présence du poussier augmente considérablement les chances d'explosion.

Citons encore, parmi les inconvénients de la poudre, la fumée épaisse qui se produit pendant les décharges de mousqueterie. Cette fumée a le double inconvénient de nuire à la précision du tir, et de montrer à l'ennemi le point vers lequel il doit diriger ses coups.

L'encrassement qu'elle produit dans les armes, est un autre défaut de la poudre. Il oblige à faire des projectiles d'un diamètre plus petit que le diamètre de l'arme, afin que l'encrassement croissant, l'arme puisse encore se charger un certain nombre de fois. Il résulte de là qu'une grande quantité de gaz s'échappe par le *vent* qui reste autour du projectile, sans produire d'effet utile. Le tir perd ainsi toute certitude, puisque deux coups ne peuvent se suivre dans des conditions semblables. De plus, l'encrassement empêchant le projectile d'arriver au fond du canon, fait quelquefois éclater les armes.

Citons encore les gaz délétères produits par la combustion de la poudre, comme l'hydrogène sulfuré, l'oxyde de carbone, ainsi que le sulfure de potassium et le sulfocyanure de potassium volatilisés, qui, respirés, causent la *maladie des mineurs*.

Signalons enfin la destruction rapide des armes, soit par l'effet brisant de la poudre, soit par l'effet corrosif de quelques-uns des produits de sa combustion.

Ainsi, au prix de tant de peines et de dangers, on n'est arrivé, en fin de compte, qu'à obtenir une poudre de guerre qui a autant de défauts que d'avantages, et qui fait payer chèrement les services qu'elle rend. Serait-ce le cas de dire, avec le chimiste Proust, que l'humanité n'a pas encore inventé la poudre?

CHAPITRE IX

LE FULMI-COTON. — M. SCHÖNBEIN. — TRAVAUX CHIMIQUES QUI ONT AMENÉ LA DÉCOUVERTE DU FULMI-COTON. — HISTOIRE DE LA XYLOÏDINE. — RECHERCHES DE PELOUZE. — ACCUEIL FAIT A LA DÉCOUVERTE DU FULMI-COTON.

Les perfectionnements apportés à la fabrication et aux divers emplois de la poudre à canon, n'ont marché qu'avec une lenteur extrême; il a fallu quatre siècles pour amener à sa situation présente l'art de la fabrication et de l'emploi des poudres de guerre. Nous avons rapporté, dans les premiers chapitres de cette Notice, l'histoire de la poudre à canon jusqu'au commencement de notre siècle, c'est-à-dire jusqu'à l'essai malheureux, fait par Berthollet, des poudres à base de chlorate de potasse. C'est là le dernier épisode de l'histoire des poudres de guerre. Pour compléter cette histoire, pour arriver au seul fait important qui l'ait signalée depuis, nous devons passer à l'année 1846.

Dans les derniers mois de 1846, les journaux commencèrent à s'occuper d'une découverte des plus singulières. Un chimiste de Bâle avait, disait-on, trouvé le moyen de transformer le coton en une substance jouissant de toutes les propriétés de la poudre. On avait fait à Bâle, des expériences qui ne pouvaient laisser aucune place au doute : avec une petite boulette de coton offrant l'aspect ordinaire, on avait chargé des armes et obtenu ainsi tous les effets explosifs de la poudre. On prêtait à cette substance nouvelle des propriétés merveilleuses : elle pouvait impunément être plongée dans l'eau et y séjourner très-longtemps; elle reprenait, en séchant, ses propriétés primitives, —

elle brûlait sans fumée, — elle ne noircissait pas les armes, — enfin elle avait une force de ressort trois ou quatre fois supérieure à celle de la poudre ordinaire.

En matière de science, les dires des journaux politiques ne sont pas toujours articles de foi ; cette annonce ne trouva d'abord qu'un médiocre crédit. Cependant le public fut contraint de prendre cette découverte au sérieux, quand on la vit franchir le seuil de l'Académie des sciences, et passer du journal à la tribune de l'Institut.

Dans la séance du 5 octobre 1846, on donna lecture à l'Académie, d'une lettre de M. Schönbein, auteur de l'invention annoncée. M. Schönbein exposait, dans sa lettre, les caractères de cette substance nouvelle, qu'il nommait *poudre-coton* (*Schieswolle*). Il précisait ses effets, indiquait les avantages particuliers de son emploi, et donnait la mesure de sa force balistique. M. Schönbein disait tout; il n'oubliait qu'un point, c'était d'indiquer le procédé au moyen duquel on obtenait ce curieux produit : il se réservait, pour en retirer un profit personnel, la possession de ce secret.

Nous nous souvenons de l'impression que produisit la lecture de la lettre de M. Schönbein sur l'auditoire savant qui se presse aux séances de l'Académie. Quand on fut une fois bien certain de l'existence du fait, lorsqu'on apprit, à n'en plus douter, que le corps dont il était question n'était autre chose que du coton à peine modifié dans son aspect ordinaire, tous les chimistes qui se trouvaient là, devinèrent aussitôt le secret de l'inventeur. Au sortir de la séance, ils avaient compris que le nouvel agent n'était probablement autre chose qu'une modification ou une forme particulière de la *xyloïdine*, composé bien connu des chimistes, qui s'obtient en plongeant dans de l'acide azotique (eau-forte) des matières ligneuses, telles que du bois, du papier ou du coton.

Dès le lendemain, tous les laboratoires de Paris se mirent en demeure de vérifier cette conjecture; et au bout de huit jours, on avait trouvé que pour préparer le coton-poudre, il suffit de plonger pendant quelques minutes du coton non cardé dans de l'acide azotique très-concentré. Le secret de l'inventeur était devenu le secret de Paris (1).

Comment se fait-il qu'une découverte si soigneusement tenue cachée par son auteur ait pu être ainsi surprise et divulguée en quelques jours? C'est ce que l'on comprendra sans peine d'après l'histoire de la *xyloïdine*.

En 1832, Braconnot, chimiste de Nancy, mort il y a peu d'années, découvrit que si l'on traite l'amidon par l'acide azotique très-concentré, l'amidon entre en dissolution, et que si l'on ajoute alors de l'eau au mélange, il se précipite un produit blanc, pulvérulent, qu'il désigna sous le nom de *xyloïdine*.

Entre autres caractères, Braconnot reconnut à ce composé la propriété de brûler avec une certaine activité. Cependant il ne soumit point à l'analyse organique le produit nouveau qu'il avait découvert : il se contenta d'en étudier les caractères. Braconnot a fait en chimie organique des découvertes fondamentales, sans jamais avoir recours à l'analyse élémentaire. C'est lui qui a trouvé le moyen de changer en sucre le bois et l'amidon par l'action de l'acide sulfurique, fait d'une nouveauté et d'une portée immenses, et qui est loin encore d'avoir donné tout ce qu'il promet à l'avenir des

(1) M. Morel, ingénieur civil, est le premier qui ait préparé du coton-poudre à Paris. Peu de jours après la lecture de la lettre de M. Schönbein à l'Académie, M. Morel montrait à Arago les effets de son *coton explosif* employé dans les armes. Cet ingénieur ne divulgua pas d'abord les moyens de préparer ce produit : dans la séance du 12 octobre 1846, il se borna à adresser à l'Académie, dans un paquet cacheté, la description de son procédé, pour lequel il avait pris un brevet d'invention. Ce n'est que plus d'un mois après, le 30 novembre 1846, que M. Morel donna à l'Académie communication de ce procédé. Mais à ce moment tout le monde à Paris pouvait préparer du coton-poudre. Par son idée inopportune d'obtenir un brevet d'invention, M. Morel s'était privé de l'honneur d'avoir le premier fait connaître en France le produit signalé par M. Schönbein.

études chimiques. Il a compris, le premier, la véritable nature chimique des corps gras. Il a découvert la *pectine*, ce curieux composé qui se trouve partout dans le monde végétal, et dont les transformations, quand elles seront étudiées d'une manière sérieuse, jetteront les plus utiles lumières sur les phénomènes intimes de la vie des plantes. Or, dans tous ces cas, Braconnot se passa du secours de l'analyse organique; il arriva à ces belles observations avec les seuls moyens de recherches que l'on possédait au début de notre siècle. Homme heureux! il vit sortir de ses mains fécondes des découvertes d'une portée inattendue, et jamais il n'emprunta à la science du jour ses instruments ambitieux.

Le chimiste qui reprit et termina l'étude de la xyloïdine, fut E. Pelouze. En 1838, E. Pelouze publia sur la xyloïdine un de ces mémoires corrects et achevés comme on les aime à l'Institut. Il fit le nombre voulu d'analyses organiques, fixa le poids atomique de ce composé, et établit sa formule rationnelle. Mais, ce qui valait mieux encore, il fit une observation entièrement neuve, et de laquelle la découverte de la poudre-coton devait nécessairement sortir. Il trouva que la xyloïdine peut se produire avec d'autres substances que l'amidon, et que si l'on plonge pendant quelques minutes du papier, des tissus de coton ou du lin, dans l'acide azotique concentré, ces matières se changent en xyloïdine et deviennent extrêmement combustibles.

Cependant la pensée ne vint pas à Pelouze d'employer dans les armes à feu, en guise de poudre, le coton ainsi traité. Tant simple soit-elle, cette idée ne se présenta pas à son esprit. Il entrevit néanmoins et il annonça que ces substances « seraient susceptibles de « quelques applications, particulièrement dans « l'artillerie. » Il remit même à un capitaine d'artillerie, nommé Haquiem, un échantillon de cette matière, en le priant d'examiner si l'on ne pourrait pas en tirer quelque parti. Mais ce dernier eut un tort dans cette affaire : il mourut, et Pelouze ne songea pas davantage aux expériences d'artillerie.

Fig. 165. — E. Pelouze.

La xyloïdine était donc à peu près oubliée, et restait seulement au nombre des produits intéressants de laboratoire, lorsque M. Schönbein, comme nous venons de le dire, découvrit une substance tout à fait analogue à la xyloïdine par ses propriétés explosives, et qui se préparait par le procédé même que Pelouze avait décrit, c'est-à-dire par l'immersion du coton dans de l'acide azotique concentré.

C'est ainsi que cet enfant de la chimie, perdu sur les rives de la Seine, fut heureusement retrouvé dans un canton de la Suisse allemande et produit aussitôt dans le monde par le savant honorable qui s'en était fait le parrain.

La découverte du fulmi-coton fut accueillie avec une faveur sans exemple. Aucune invention scientifique n'a occupé à ce point l'attention du public; pendant un mois on ne parla pas d'autre chose, et jamais on n'avait entendu dans les salons et dans les cercles tant de savantes discussions.

Cet empressement contrastait beaucoup avec l'accueil fait à la découverte nouvelle par les savants spéciaux. Ceux-ci n'avaient qu'un mépris superbe pour cette « *poudre de salon.* » Le *Comité d'artillerie* qui est institué près le Ministère de la guerre, était rempli d'un dédain suprême pour les personnes qui avaient la prétention de traiter des questions pareilles sans toutes les notions indispensables du métier, et quand on parlait de la poudre-coton au Comité d'artillerie, le Comité d'artillerie haussait les épaules. Le colonel Piobert et le colonel Morin, qui représentaient à l'Institut, l'artillerie savante, arrivaient, tous les lundis, à l'Académie, avec les notes les plus accablantes pour cette innocente invention. Ils gourmandaient l'ignorance et la crédulité du public ; ils le renvoyaient dédaigneusement aux vieilles expériences de Réaumur et de Rumford. Enfin, ils faisaient eux-mêmes des essais avec des produits mal préparés, et apportaient à l'Institut leurs résultats négatifs avec un visible sentiment de bonheur. Je n'ai jamais bien compris quel genre de satisfaction ces messieurs pouvaient ressentir alors. Les *Comptes rendus de l'Académie* ont même imprimé une note précieuse sous ce rapport, et que je recommande d'une manière spéciale à l'auteur futur du livre qui reste à faire sur les *encouragements accordés aux découvertes scientifiques.* Voici le passage le plus curieux de la note de MM. Piobert et Morin :

« Malgré le vague des renseignements transmis jusqu'à ce jour sur les effets de la poudre-coton, ou coton azoté, ainsi que le désigne M. Pelouze, auquel on doit la connaissance de cette matière vague qui ferait même douter de ses propriétés balistiques, l'artillerie n'en a pas moins étudié cette substance. Les essais qui ont été exécutés ont montré que ce coton, contrairement à ce qui avait été annoncé, donnait ordinairement un résidu formé d'eau et de charbon ; que sa combustion ne donnait pas lieu à un très-grand développement de chaleur ; qu'elle produisait peu de gaz, à tel point qu'il s'échappait quelquefois en totalité par la lumière et par le vent du projectile sans le déplacer ; que le volume des charges les plus faibles était en général très-considérable et excédait celui qu'il est convenable d'affecter à la charge des armes à feu (1). »

Ainsi, selon MM. Piobert et Morin, la poudre-coton n'avait aucune force explosive, les gaz s'échappaient par la lumière et par le vent du projectile sans le déplacer. Or, on sait aujourd'hui que l'inconvénient du fulmi-coton n'est point son défaut de force explosive, mais, tout au contraire, une puissance tellement considérable, qu'il est difficile de la contenir et de la régulariser pour son emploi dans les armes.

Une autre circonstance curieuse de l'histoire de la poudre-coton, c'est la longue résistance que mit M. Schönbein à avouer sa défaite. Tout le monde préparait du coton-poudre, la fabrication de ce produit existait déjà sur une échelle assez étendue, on discutait les frais probables de l'opération industrielle : M. Schönbein persistait encore à tenir son procédé secret. Le 13 novembre 1846, il écrivait de Bâle la lettre suivante au journal *le Times :*

« Des chimistes ont déclaré que mon fulmi-coton ou coton-poudre était la même chose que la xyloïdine de Braconnot et de Pelouze, et l'autre jour la même opinion a été exprimée dans l'Académie française des sciences. J'ai plus d'une raison de nier l'exactitude de cette assertion. La déclaration d'un fait très-simple suffira pour prouver ce que j'avance. La xyloïdine de Pelouze est, conformément aux déclarations de ce chimiste distingué, facilement soluble dans l'acide acétique, formant avec ce dernier une sorte de vernis. Cet acide n'a pas la moindre action sur le coton-poudre, quelque longtemps et à quelque température que les deux substances soient tenues en contact l'une avec l'autre. »

Mais on laissait dire l'inventeur qui voyait son secret lui échapper, et ne savait pas en prendre son parti.

Heureusement pour les intérêts de monsieur Schönbein, l'Allemagne fit de cette question une affaire d'amour-propre natio-

(1) *Comptes rendus de l'Académie des sciences*, 1846, 2e semestre, p. 811.

nal. M. Bœttger, de Francfort-sur-le-Mein, qui avait l'un des premiers pénétré le secret de M. Schönbein, s'était associé à lui pour l'exploitation du nouveau produit. La diète germanique, afin de constater les droits du pays à cette découverte, accorda, comme récompense, aux deux associés, une somme de 260,000 francs. Dès lors M. Schönbein put parler. Il va sans dire que ce qu'il révéla touchant la poudre-coton était parfaitement conforme à tout ce que l'on avait annoncé et écrit depuis six mois.

Comme nous ne voudrions pas être taxé d'injustice dans la partie de ce récit qui concerne M. Schönbein, nous rapporterons, les termes mêmes du mémoire explicatif que le chimiste de Bâle a publié pour faire connaître la part qu'il a prise à la découverte de la poudre-coton. L'apologie de l'auteur, faite par lui-même, ne contredit, comme on va le voir, aucune des assertions contenues dans notre récit.

Dans une *Notice sur la découverte du fulmicoton* publiée à Bâle, le 26 décembre 1846, M. Schönbein, après quelques considérations de chimie pure, que nous omettons, s'exprime ainsi :

« Mes expériences sur l'ozone ayant fait voir que ce corps, que je considère comme un peroxyde d'hydrogène d'espèce à part, forme, ainsi que le chlore, à la température ordinaire, un composé particulier avec le gaz oléifiant, sans exercer, à ce qu'il paraît, la plus légère oxydation sur l'hydrogène non plus que sur le carbone de ce gaz, j'ai eu l'idée qu'il ne serait pas impossible que certaines matières organiques, exposées à une basse température, formassent aussi des combinaisons, soit avec le peroxyde d'hydrogène seul, qui, dans mon hypothèse, se trouve à l'état de combinaison ou de mélange dans le mélange acide, soit avec NO_4. C'est cette conjecture, bien singulière sans doute aux yeux des chimistes, qui m'a principalement engagé à commencer des expériences avec le sucre ordinaire.

« J'ai fait un mélange d'un volume d'acide nitrique de 1,5 pesanteur spécifique, et de deux volumes d'acide sulfurique de 1,85, à la température de +2° ; j'y ai mis du sucre en poudre fine, de manière à former une bouillie très-fluide. J'ai remué le tout, et, au bout de quelques minutes seulement, la substance sucrée s'est réunie en une masse visqueuse entièrement séparée du liquide acide, sans aucun dégagement de gaz. Cette masse pâteuse a été lavée à l'eau bouillante, jusqu'à ce que cette dernière n'ait plus exercé de réaction acide ; après quoi je l'ai dépouillée, autant que j'ai pu, sous l'action d'une douce température, des particules aqueuses qui s'y trouvaient encore. La substance que j'ai obtenue alors possède les propriétés suivantes. Exposée à une basse température, elle est compacte et cassante ; à une température douce, on peut la pétrir comme de la résine de jalap, ce qui lui donne un éclat soyeux magnifique. Elle est à moitié liquide à la température de l'eau bouillante ; à une température supérieure, elle dégage des vapeurs rouges ; chauffée davantage encore, elle s'enflamme subitement et avec violence sans laisser de résidu sensible. Elle est presque insipide et incolore, transparente comme les résines, à peu près insoluble dans l'eau, mais facilement soluble dans les huiles essentielles, dans l'éther et l'acide nitrique concentré.

« J'ai voulu faire aussi des expériences avec d'autres matières organiques, et tout aussitôt j'ai découvert, les unes après les autres, toutes les substances dont il a été si fréquemment question dans ces derniers temps, surtout à l'Académie de Paris. Tout cela se passait en décembre 1845 et dans les deux premiers mois de 1846. J'envoyai en mars des échantillons de mes nouvelles combinaisons à quelques-uns de mes amis, en particulier à MM. Faraday, Herschel et Grove. Il est tout au plus nécessaire de noter expressément que le coton à tirer faisait partie de ces produits ; mais je dois ajouter qu'il était à peine découvert que je m'en servis pour des expériences de tir, dont le résultat fut si heureux, que j'y trouvai un encouragement à les continuer. Sur l'obligeante invitation qui me fut faite, je me rendis, vers le milieu d'avril, en Wurtemberg, et j'y fis des expériences avec le coton à tirer, soit dans l'arsenal de Ludwigsburg, en présence d'officiers supérieurs d'artillerie, soit à Stuttgard, devant le roi même. Dans le courant des mois de mai, juin et juillet, j'ai fait ensuite, dans cette ville même (Bâle), avec la bienveillante coopération de M. le commandant de Mechel, de M. Burkhardt, capitaine d'artillerie, et d'autres officiers, de nombreuses expériences avec des armes de petit calibre, telles que pistolets, carabines, etc., puis aussi avec des mortiers et des canons ; expériences auxquelles M. le baron de Krüdener, ambassadeur de Russie, a plusieurs fois assisté. C'est moi-même, qu'on me permette de le dire, qui ai mis le feu à la première pièce de canon chargée avec du coton à tirer et à boulet, le 28 juillet, si je ne me trompe, après que nous nous étions déjà assurés, par des essais avec des mortiers, que la substance en question pouvait servir aux armes de gros calibre.

« Vers la même époque, et antérieurement déjà, je me servis du coton à tirer pour faire sauter des rochers à Istein, dans le grand-duché de Bade, et de vieilles murailles à Bâle, et, dans l'un et l'autre cas, j'eus lieu de m'assurer, de la manière la plus indubitable, de la supériorité de la nouvelle substance explosive sur la poudre ordinaire.

Fig. 166 — Schönbein.

« Des expériences de ce genre, qui eurent lieu fréquemment et en présence d'un grand nombre de personnes, ne pouvaient rester longtemps ignorées, et les feuilles publiques ne tardèrent pas à donner, sans ma participation, des renseignements plus ou moins exacts sur les résultats que j'avais obtenus. Cette circonstance, jointe à la petite notice que je fis insérer dans le cahier des *Annales* de Poggendorff, ne pouvait manquer d'attirer l'attention des chimistes allemands; aussi, au milieu d'août, je reçus, de M. Bœttger, professeur à Francfort, la nouvelle qu'il avait réussi « à préparer du coton à tirer et d'autres substances. » Nos deux noms se trouvèrent ainsi associés dans la découverte de la substance en question; quant à M. Bœttger, le coton à tirer devait avoir pour lui un intérêt tout particulier, puisque déjà antérieurement il avait découvert un acide organique qui s'enflamme aisément.

« Au mois d'août également, j'allai en Angleterre, où, aidé de l'habile ingénieur M. Rich. Taylor, de Falmouth, je fis, dans les mines de Cornouailles, de nombreuses expériences qui eurent un entier succès, au jugement de tous les témoins compétents. En plusieurs endroits de l'Angleterre, il se fit aussi, sous ma direction, des expériences sur l'action du coton à tirer, soit avec de petites armes à feu, soit avec des pièces d'artillerie, et les résultats obtenus furent très satisfaisants.

« Jusque-là il n'avait été que peu ou point question, en France, du coton à tirer, et il paraîtrait que ce sont les courts renseignements que M. Grove donna à Southampton, en présence de l'*Association britannique* et les expériences dont il les accompagna qui attirèrent pour la première fois l'attention des chimistes français sur cette substance. A Paris, on jugea d'abord la chose assez peu croyable, on en fit même le sujet de quelques plaisanteries; mais, lorsqu'il ne put plus régner aucun doute sur la réalité de la découverte et que plusieurs chimistes de l'Allemagne et d'autres pays eurent fait connaître les procédés dont ils se servaient pour préparer le coton à tirer, alors on se prit d'un vif intérêt pour ce qui venait d'exciter la raillerie, et bientôt on prétendit retrouver, dans le nouveau corps explosif, une ancienne découverte française. C'était tout simplement, disait-on, la xyloïdine trouvée d'abord par M. Braconnot, puis étudiée de nouveau par M. Pelouze, et le seul mérite qu'on me laissât, était d'avoir eu le premier l'heureuse idée de mettre cette substance dans le canon d'un mousquet.

« S'il est avéré que, dès le commencement de 1846, j'ai préparé le coton à tirer et l'ai appliqué au tir des armes à feu, et que M. Bœttger l'a fait au mois d'août, s'il est bien reconnu que la xyloïdine ne peut pas servir au même usage que ce coton, et s'il est de notoriété publique que ce que l'on appelle maintenant pyroxyloïdine n'a été porté à la connaissance de l'Académie française et du monde savant que vers le milieu de novembre dernier, il ne peut être sérieusement question d'attribuer à la France la découverte du coton à tirer, et de ne m'accorder d'autre mérite que d'avoir le premier appliqué à un usage pratique ce qu'un autre aurait découvert. »

Ainsi M. Schönbein avait découvert un produit explosif, en faisant agir l'acide azotique sur les fibres ligneuses; mais ce même produit, quel que soit le nom qu'on lui donne, avait été découvert et décrit par Pelouze, qui avait entrevu la possibilité d'en faire quelques applications dans l'artillerie. Aucune équivoque ne peut empêcher l'existence de ce fait, et par conséquent la priorité de la découverte de Pelouze.

Nous devons ajouter qu'en 1847, M. Schönbein vendit, en Angleterre, son brevet pour la fabrication du fulmi-coton. Seulement, l'explosion de la fabrique qui était établie à Dartford, mit fin à l'entreprise du cessionnaire de ce brevet.

Fig. 167. — Préparation du fulmi-coton (trempage dans les acides et expression du produit).

CHAPITRE X

PRÉPARATION, PROPRIÉTÉS ET EFFETS EXPLOSIFS DU COTON-POUDRE. — COMPARAISON DE SES EFFETS ET DE CEUX DE LA POUDRE ORDINAIRE. — SES AVANTAGES ET SES DANGERS. — SON AVENIR. — APPLICATIONS DIVERSES DU COTON-POUDRE.

Le coton-poudre se prépare avec une simplicité et une promptitude extraordinaires. Toute l'opération consiste à plonger du coton non cardé dans de l'acide azotique très-concentré. L'acide azotique se combine avec la cellulose du coton, et forme de la *cellulose nitrée*, qui constitue le fulmi-coton. Seulement, comme l'acide azotique très-concentré est un produit cher, on a eu l'idée d'employer l'acide ordinaire du commerce, en y ajoutant de l'acide sulfurique. Ce dernier, qui est extrêmement avide d'eau, s'empare de l'eau excédante de l'acide azotique, et le concentre ainsi sur place et à peu de frais. Les meilleures proportions de ce mélange ont été indiquées par M. Meynier, de Marseille : elles sont de 3 volumes d'acide azotique ordinaire pour 5 volumes d'acide sulfurique à 66 degrés. A la poudrerie du Bouchet, on employait 2 volumes d'acide azotique pour 3 volumes d'acide sulfurique à 66 degrés.

Voici comment l'opération s'exécute dans la pratique. Les renseignements qui vont suivre sont empruntés à un mémoire rédigé par M. Maurey, ancien commissaire des poudres à la manufacture du Bouchet, où l'on prépara, de 1847 à 1852, pour les essais du gouvernement, des quantités assez considérables de fulmi-coton.

Le mélange des acides azotique et sulfurique est préparé la veille du jour où l'on doit s'en servir. Les proportions étant de 4 litres d'acide azotique pour 6 litres d'acide sulfurique, on mesure d'abord les 4 litres d'acide azotique, qu'on verse dans un vase de grès; puis on y ajoute peu à peu les 6 litres d'acide sulfurique, en agitant le liquide avec une baguette de verre.

On procède le lendemain au *trempage* dans la liqueur acide. Cette opération s'effectuait, à la manufacture du Bouchet, de la manière suivante : dans un vase en grès, d'environ 20 centimètres de diamètre et de 14 centimètres de profondeur, muni d'un disque en verre servant de couvercle, on versait d'abord 1 litre de mélange, puis l'ouvrier trempeur y plongeait rapidement, en quatre ou cinq fois, 100 grammes de coton, pesés d'avance, qu'il enfonçait au moyen d'un tampon en verre (*fig.* 167). La première partie était la plus difficile à imbiber; on distinguait les points non imprégnés à leur couleur plus blanche, et l'on y faisait pénétrer la liqueur en les ouvrant avec deux baguettes de verre. On ajoutait ensuite, dans le même vase, un second litre de mélange et une seconde ouate de 100 grammes. Chaque vase renfermait ainsi 200 grammes de coton et 2 litres d'acides ; on le recouvrait avec le disque en verre, pour empêcher les émanations de l'acide, qui auraient gêné les opérateurs, et pour soustraire le mélange à l'action de l'air humide, qui l'eût affaibli en lui cédant de l'eau.

Quelquefois il se manifestait des décompositions dans le premier quart d'heure de l'immersion. On en était averti par la couleur rutilante qui se montrait dans le vase au travers du couvercle, et on les arrêtait comme on verra plus loin.

On laissait le coton macérer dans le mélange acide pendant au moins une heure.

Pour exprimer les acides non combinés, on soumettait à la fois, dit M. Maurey, le contenu de vingt vases, c'est-à-dire 4 kilogrammes de coton trempé, à l'action d'une *presse à acides*. Cette presse se composait d'une vis en fonte qui descendait, au moyen d'un levier, dans une cage en grès, laissant couler les acides par son fond. Les dimensions intérieures de l'auge étaient : 30 centimètres pour la longueur, 30 centimètres pour la largeur et 40 centimètres pour la profondeur. Sa paroi antérieure était remplacée par une planche recouverte de plomb, qui pouvait s'enlever à volonté.

Le coton était disposé par couches horizontales. On le recouvrait d'un plateau en fonte qui lui transmettait la pression de la vis. Le liquide acide sortant de la presse était recueilli et conservé avec soin. Il servait à préparer de nouvelles quantités de fulmi-coton. Seulement le degré de dilution et d'affaiblissement de cette liqueur, rendait assez difficile son emploi. Les *acides vieux* ne donnaient que des produits sur lesquels on ne pouvait compter avec certitude. Nous négligerons dans cet exposé, l'emploi de ces *acides vieux* pour fabriquer le fulmi-coton.

On déchargeait la presse en enlevant la paroi mobile de l'auge de grès ; on prenait le coton pressé avec une fourche en fer, et pour le laver on le mettait dans des paniers en osier, ayant 90 centimètres de longueur, sur 65 centimètres de largeur et 68 de profondeur. On ouvrait le coton, pour que l'eau pût y pénétrer plus facilement, et on enfonçait le panier dans l'eau de la rivière. Au moyen de bâtons en bois, on agitait le coton dans l'eau sans cesse renouvelée par le courant, et on l'y laissait pendant une heure ou une heure et demie, en le remuant de temps à autre avec les bâtons.

On le portait ensuite à une *presse à eau*, formée d'une vis en bois, d'un disque compresseur mû par cette vis, et d'un baril dont les parois, percées d'ouvertures, donnaient passage au liquide exprimé.

Pour débarrasser le coton des dernières traces d'acide, on le laissait tremper, pendant vingt-quatre heures, dans une lessive de cendres contenue dans de grands cuviers en bois. On le remuait de temps à autre, et l'on vérifiait l'état alcalin de la liqueur au moyen d'un papier rouge de tournesol. Tant que ce papier était ramené au bleu, la lessive servait à de nouvelles quantités de coton.

Au sortir du cuvier, le coton était remis dans les paniers en osier, au milieu de la rivière, et y subissait un dernier lavage et une dernière immersion d'une heure.

On le rapportait une seconde fois à la presse, pour en exprimer la majeure partie de l'eau retenue entre les filaments.

On le déposait enfin dans des paniers où il était conservé humide (quelquefois pendant plusieurs mois), jusqu'à ce que le temps permît de le sécher.

Fig. 168. — Séchage du fulmi-coton à l'air libre.

Un accident arrivé dans la sécherie chauffée par la vapeur, yant prouvé qu'il pouvait y avoir explosion vers 44 degrés centigrades, on avait renoncé à l'emploi de toute chaleur artificielle. Le coton était étendu sur une toile claire et abandonné à l'air libre (*fig.* 168).

Dans les premiers temps, dit M. Maurey, on avait séché le pyroxyle au soleil, en l'étendant sur des draps de toile. Ce mode est l'un des plus expéditifs : en un jour on séchait 4 kilogrammes par drap de $2^{m},80$ de longueur sur 2 mètres de largeur. Cependant on cessa d'opérer ainsi lorsqu'on eut remarqué que l'insolation élevait la température du produit à un degré qui parut dangereux.

Après le séchage, le pyroxyle était trié et ouvert à la main ; on enlevait avec soin les points attaqués par des décompositions.

Enfin, on le renfermait dans les barils qui sont en usage pour conserver la poudre. On plaçait 10 kilogrammes de fulmi-coton pour un baril pouvant contenir 50 kilogrammes de poudre ordinaire, et 20 kilogrammes de fulmi-coton dans un baril destiné à contenir 100 kilogrammes de poudre.

En suivant le procédé qui vient d'être décrit, on obtenait, à la manufacture du Bouchet, 170 parties de fulmi-coton par 100 parties de coton sec.

Le prix de revient du fulmi-coton est, en moyenne, de 8 à 9 francs le kilogramme.

D'après les calculs de M. Maurey, le prix de revient du fulmi-coton préparé au Bouchet, serait d'environ trois fois celui de la poudre la plus chère et six fois celui de la poudre de mine. Il faudrait donc que le pyroxyle fût trois fois aussi fort que la première et six fois aussi fort que la seconde, pour que des effets égaux coûtassent le même prix. C'est à peu près, comme on le verra plus loin, la proportion qui existe entre les effets balistiques des deux produits. Le prix de revient du coton-poudre n'est donc pas beaucoup plus élevé que celui de la poudre ordinaire.

Au lieu de coton, on s'est quelquefois servi de papier ; ce papier fulminant produit le même effet que le fulmi-coton. Pour préparer le papier fulminant, on suit exactement les procédés qui viennent d'être décrits pour le fulmi-coton. Il faut seulement user de plus de précautions, pour que les feuilles de papier ne soient pas déchirées, ni réduites en pâte pendant les lavages.

On a également préparé un pyroxyle avec de la fécule. Le produit, auquel on a donné le nom de *pyroxam*, a les mêmes propriétés et la même composition que le fulmi-coton.

Pour préparer le *pyroxam* il faut dessécher la fécule dans le vide, en la chauffant à la température de 125 degrés, ce qui lui enlève toute l'eau qu'elle retient mécaniquement. On laisse refroidir la fécule ainsi desséchée dans un vase clos et sec; puis on la délaye dans un mélange d'acides azotique et sulfurique, en employant 15 parties en poids du mélange acide, pour 1 partie de fécule. On laisse séjourner la fécule pendant six heures dans le bain acide. Alors on lave le produit dans un courant d'eau, et on le dessèche dans un courant d'air, à la température de 40 degrés.

La poudrerie du Bouchet a cessé de préparer du fulmi-coton, à la suite d'accidents arrivés pendant sa préparation, et à cause de divers défauts de cette substance explosible, sur lesquels nous aurons à revenir plus loin. Ces accidents ont décidé, en 1852, le gouvernement français à renoncer à l'usage du pyroxyle dans l'artillerie. Mais on a été plus persévérant en quelques pays. En Autriche, le général Lenk, qui a repris en 1862 l'étude de cette question, a établi à Hirtemberg une fabrique de fulmi-coton, avec l'appui du gouvernement. Une étude attentive a permis au général Lenk, de modifier d'une manière avantageuse, sous quelques rapports, la préparation du fulmi-coton. Voici le procédé suivi dans cette manufacture.

Le coton cardé est toujours la substance qui sert de base à la préparation; mais les proportions d'acides azotique et sulfurique, ne sont pas les mêmes qu'autrefois. On emploie un volume d'acide azotique pour trois volumes d'acide sulfurique à 66 degrés. On prend 30 kilogrammes de ce mélange acide pour 100 grammes de coton. Au lieu de laisser agir l'acide pendant une heure, comme on le faisait à la poudrerie du Bouchet, on n'y laisse tremper le coton que pendant quelques instants. Le coton retiré après l'immersion, est remplacé par une quantité de mélange acide suffisante pour maintenir le liquide au même niveau. On opère ainsi, d'une manière continue, en ajoutant de nouvelles proportions du mélange, à mesure qu'il a servi à transformer le coton en pyroxyle.

En sortant du bain acide, le fulmi-coton n'est pas immédiatement lavé, comme on le faisait en France : il est abandonné à lui-même, pendant quarante-huit heures. Au bout de ce temps, on le place dans une *essoreuse mécanique*, c'est-à-dire dans un de ces appareils employés dans l'industrie pour sécher les tissus, et qui se compose d'un cylindre métallique percé de nombreux trous et tournant rapidement sur son axe. Par la force centrifuge, la presque totalité du liquide imbibant les fibres du tissu, est projetée au loin. Après cet *essorage*, on lave le coton dans de l'eau courante, et on le laisse tremper, pendant six semaines entières, dans l'eau. On le soumet ensuite à un nouveau séchage dans l'*essoreuse mécanique*. Pour enlever les dernières proportions d'acide, on trempe le coton, au sortir de l'essoreuse, dans une dissolution de carbonate de potasse, marquant 2 degrés à l'aréomètre de Baumé. On procède à un troisième essorage; enfin on sèche la matière à l'air libre, ou dans une étuve dont la température ne dépasse pas 20 degrés centigrades.

Pour diminuer la rapidité de sa combustion, cause principale des inconvénients du coton-poudre enflammé dans les armes, le général Lenk a eu l'idée de l'imbiber légèrement d'un enduit fixe. Cet enduit est du silicate de soude dissous dans l'eau. On immerge dans cette dissolution saline le fulmi-coton une fois préparé. Le silicate de soude qui enveloppe les fibres du coton, entre en fusion, au moment de l'explosion, et recouvrant ses fibres d'une couche imperméable à l'air, retarde sensiblement sa combustion.

Le rendement à la poudrerie du Bouchet était, avons-nous dit, de 170 parties de pyroxyle pour 100 parties de coton sec. Le rendement de la fabrique autrichienne est un peu moindre ; il n'est que de 155 parties de pyroxyle pour 100 parties de coton.

En Angleterre, l'étude du coton-poudre a été reprise récemment. De grandes quantités de ce produit ont été préparées, en 1866 et 1867, à l'arsenal de Woolwich, et on paraît avoir réussi à perfectionner assez sa préparation pour obtenir un produit exempt des défauts que l'on a constatés dans les pyroxyles préparés en France et en Allemagne. Nous parlerons, à la fin du chapitre suivant, des propriétés du nouveau pyroxyle anglais.

CHAPITRE XI

PROPRIÉTÉS BALISTIQUES DU COTON-POUDRE PRÉPARÉ EN FRANCE. — SES EFFETS DANS LES ARMES PORTATIVES ET DANS LES BOUCHES A FEU. — DANGERS ET INCONVÉNIENTS DU COTON-POUDRE. — LE PYROXYLE AUTRICHIEN ET LE PYROXYLE ANGLAIS. — RÉSULTATS CONSTATÉS EN 1868. — CONCLUSION.

Nous passons à l'examen des propriétés balistiques du coton-poudre.

Cette substance est éminemment et essentiellement combustible ; une étincelle l'enflamme, le choc d'un lourd marteau suffit quelquefois pour la faire détoner. On s'explique aisément cet effet quand on connaît sa composition chimique. Le pyroxyle est une combinaison de la matière organique qui constitue le coton avec les éléments de l'acide azotique. D'après M. Béchamp, sa formule chimique est

$$\underbrace{C^{24}H^{17}O^{17}}_{\text{Cellulose.}} + \underbrace{5AzO^{5}}_{\text{Acide azotique.}}$$

M. Béchamp a trouvé aussi qu'il existe deux autres variétés de fulmi-coton ne contenant que 3 et que 4 équivalents d'acide azotique. Le coton et les matières végétales de la même espèce, sont des corps déjà très-combustibles par eux-mêmes ; en brûlant, ils donnent naissance à des produits gazéiformes, l'acide carbonique et la vapeur d'eau. Mais le coton ne renferme pas assez d'oxygène pour brûler complétement ; il reste toujours, après sa combustion, un résidu assez abondant de charbon. Dans le pyroxyle, au contraire, l'acide azotique combiné avec le coton, fournit à celui-ci tout l'oxygène nécessaire à sa combustion complète, et comme d'ailleurs l'acide azotique, lorsqu'il se décompose, donne lui-même naissance à des produits gazeux, il résulte de ces deux effets que le pyroxyle, en brûlant, se transforme totalement en fluides élastiques.

Ce composé réunit donc toutes les conditions nécessaires pour constituer une poudre explosive : une matière solide se réduisant instantanément en gaz. Nous donnerons une idée de la masse énorme de gaz qui se forme dans ce cas, en disant que, d'après les expériences directes, un volume de coton-poudre produit en brûlant huit mille volumes de gaz. Dans les mêmes circonstances, la poudre ordinaire produit seulement, comme l'a reconnu le capitaine Brianchon, quatre mille volumes de fluides élastiques. On comprend, d'après cela, la possibilité de consacrer le pyroxyle aux usages de la poudre.

Disons tout de suite que le pyroxyle est doué d'une force balistique plus considérable que celle de la poudre ordinaire, et que pour la charge des fusils de chasse, par exemple, au lieu de prendre 3gr,20 de poudre, qui représentent une charge ordinaire, il faut seulement prendre le quart de ce poids de fulmi-coton, c'est-à-dire 8 décigrammes. Dans un fusil de munition, 2 grammes de fulmi-coton produisent sur une balle pesant 25 grammes, le même effet que 9 grammes de poudre. Cependant, lorsque les charges augmentent dans des armes plus volumineuses, le fulmi-coton perd de sa supériorité de force impulsive sur la poudre.

Mais cette question est trop complexe pour être réduite ainsi à une expression générale.

Pour avoir une idée exacte des effets balistiques du fulmi-coton, comparés à ceux de la poudre ordinaire, il faut connaître les résultats des expériences qui ont été faites en France par les hommes de l'art, pour étudier à fond cette question.

M. le capitaine Suzane et M. de Mézières, élève-commissaire des Poudres et salpêtres, avaient fait, à Paris, les premières expériences sur la force impulsive du fulmi-coton. Le 3 décembre 1846, le ministre de la guerre forma une commission composée des hommes les plus autorisés dans ces matières, tels que le colonel Piobert et le colonel Morin, Pelouze, M. Combes, ingénieur en chef des Mines, le capitaine Suzane, le chef d'escadron Didion, M. Maurey, etc. Elle était présidée par un des fils du roi Louis-Philippe, le duc de Montpensier, qui suivit tous ses travaux avec un soin particulier.

La commission instituée en 1846, fut plus tard modifiée : la suite des expériences et la rédaction du rapport, furent confiées, par un ordre ministériel du 4 janvier 1849, à une sous-commission ainsi composée : le général de Laplace, président, le général Robert, le capitaine d'artillerie Pioct, et le colonel Morin, rapporteur.

Les expériences auxquelles procédèrent les membres de cette commission, durèrent deux ans et demi. Le résultat en fut rendu public en 1852 seulement, dans un rapport au ministre de la guerre, qui fut imprimé dans le *Mémorial de l'artillerie.*

Ces résultats fixèrent l'opinion du gouvernement français sur les dangers de la nouvelle poudre.

Nous allons faire connaître les expériences les plus importantes auxquelles se livra la commission française de 1849, d'après le rapport inséré dans le *Mémorial de l'artillerie*, sous ce titre : *Rapport sur le pyroxyle à base de coton et sur les autres matières explosives analogues, comparées à la poudre* (1).

Une première série d'expériences eut pour objet le tir dans les fusils. On commença par chercher quelle était la hauteur de charge la plus avantageuse à employer, c'est-à-dire le degré de compression le plus convenable à donner au fulmi-coton, pour l'intensité et la régularité du tir.

On tira avec une charge de 3 grammes de pyroxyle et des balles de calibre, et l'on trouva que la hauteur la plus favorable à donner à la charge était de 6 centimètres. Plus tard, on adopta des charges de la hauteur de 4 à 5 centimètres, qui ne diffèrent pas beaucoup du volume des charges de poudre de la même puissance.

Dans la seconde série d'expériences, on compara les effets balistiques du pyroxyle dans les fusils, avec ceux de la poudre ordinaire. Le fusil employé était le fusil de munition du modèle de 1816 : le poids de charge était de 3 à 4 grammes de fulmi-coton.

Les épreuves pour le tir au fusil, furent faites au *fusil-pendule*, et l'on compara les vitesses imprimées au même projectile, dans le fusil-pendule, par des charges de fulmi-coton, ou des charges de poudre de la manufacture du Bouchet et de la manufacture d'Esquerdes.

Du tableau qui résume ces expériences la commission tira cette conclusion : « Dans les conditions ordinaires du tir au fusil, la puissance du pyroxyle est quatre fois plus forte que celle de la poudre de guerre, et deux fois plus forte que celle de la poudre de chasse. Pour obtenir un effet déterminé, les charges de fulmi-coton, de poudre de guerre et de poudre de chasse doivent être entre elles comme les nombres 1, 2, 4. »

La troisième série d'expériences eut pour objet le tir au canon.

L'expérience eut lieu avec un canon de

(1) Paris, 1852, in-8°, avec planches (extrait du *Mémorial de l'artillerie*, n° VII).

12, en fonte. On tira avec des charges de 100, 200, 300 et 400 grammes de pyroxyle, en donnant à ces charges 5 centimètres de hauteur pour un poids de 100 grammes. Le bruit du canon tiré avec le pyroxyle était aussi fort que le bruit du canon à poudre. Seulement, la détonation ébranlait moins la pièce ; elle ne donnait point de fumée et n'encrassait pas le canon. Le recul de la pièce était moins considérable avec le pyroxyle qu'avec la poudre.

En tirant au *canon-pendule*, on reconnut que pour obtenir le même effet, il fallait employer deux fois et demie moins de pyroxyle que de poudre à canon, et que les charges devaient avoir le même volume pour le pyroxyle et pour la poudre à canon ordinaire.

Mais dans le cours de ces expériences, on reconnut le véritable défaut du fulmi-coton. On s'assura, à n'en pas douter, que le fulmicoton est une poudre *brisante*, ce qui ne permet pas de la consacrer avec sécurité à un emploi régulier dans les armes. Expliquons ce que l'on doit entendre par une poudre brisante.

Pour qu'une poudre puisse s'employer avec une entière sécurité dans les armes, il faut qu'elle ne brûle pas trop vite. Quelle que soit, d'une manière relative, la rapidité de l'inflammation de la poudre dont nous faisons communément usage, il est facile de montrer par l'expérience, que, pendant sa combustion, sa masse entière ne s'embrase point à la fois, mais que toujours elle brûle de place en place, et pour ainsi dire, couche par couche. Il résulte de là que les gaz qui proviennent de cette combustion, ne sont pas brusquement et instantanément formés, mais qu'au contraire, ils prennent naissance d'une manière graduelle et successive. Dès lors, tout leur effet se porte sur le projectile et n'exerce sur les parois de l'arme aucune action destructive. Tel n'est pas, malheureusement, le mode de combustion du coton-poudre. Comme le pyroxyle n'est pas un simple mélange de matières inflammables, mais une véritable combinaison chimique, une substance homogène, il s'embrase tout entier, dans un espace de temps presque indivisible. Or, cette excessive rapidité d'inflammation, qui fait sa supériorité comme agent balistique, constitue précisément ses dangers. Avec des charges ordinaires, son usage n'offre aucun inconvénient; mais si l'on dépasse les limites nécessaires pour une arme donnée, il peut arriver que l'arme éclate entre les mains, ou qu'elle souffre, au bout de peu de temps, des dégradations sérieuses. Le rapport de la commission de 1849 signale des faits très-graves sous ce rapport. Il parle de fusils et de bouches à feu mises hors de service par des charges de coton-poudre qui ne dépassaient pas de beaucoup les limites ordinaires.

La plupart des canons de fusil d'infanterie éclataient dès les premiers coups, à la charge de 7 grammes de pyroxyle ; tandis qu'ils peuvent tirer sans éclater, des charges de 30 grammes de poudre de guerre.

Les fusils d'infanterie chargés de $2^{gr},86$ de fulmi-coton, éclataient après 500 coups environ; tandis que ces mêmes fusils peuvent tirer, sans être mis hors de service, jusqu'à 30,000 coups avec une charge de 8 grammes de poudre ordinaire.

D'après le rapport de la même commission, le fulmi-coton employé dans les canons de bronze, met la bouche à feu hors de service, au bout de quelques coups, avec des charges qui n'ont rien d'exagéré, et qui équivalent en force, à celles de la poudre ordinaire, dans les mêmes bouches à feu.

Les mortiers en fonte étaient brisés par le tir avec le fulmi-coton. Quand on voulait lancer des projectiles creux dans ces pièces, ces projectiles creux chargés de fulmi-coton et de balles de plomb, éclataient dans le mortier même.

Le matériel ordinaire de notre artillerie

ayant été calculé, quant à sa résistance, sur la force explosive de l'ancienne poudre, il est évident qu'il ne pourrait s'accommoder de la force d'expansion beaucoup plus grande qui appartient au fulmi-coton. Pour consacrer ce nouveau produit aux usages de la guerre, il faudrait donc réformer toute notre artillerie, c'est-à-dire fabriquer des canons et des fusils beaucoup plus épais que ceux d'aujourd'hui. Ce n'est là sans doute qu'un défaut relatif : il tient à la quantité de notre matériel de guerre. Cependant il a paru constituer un inconvénient assez grave pour que l'on ait renoncé en France à l'emploi du fulmi-coton.

Outre ses effets destructeurs sur les armes qui composent notre matériel de guerre actuel, le fulmi-coton présente un autre inconvénient grave. Il s'altère spontanément; il est peu stable. Ses éléments paraissent avoir une tendance particulière à se dissocier; de là des altérations diverses et un commencement de décomposition dans les produits conservés un certain temps. D'après M. Maurey, la poudre-coton placée dans un lieu bien sec, et tenue dans des barils fermés à l'abri de l'action de l'air, présente néanmoins, au bout de huit à dix mois, des signes d'altération. La masse s'est humectée, elle répand une odeur piquante, elle s'est ramollie, et quelquefois presque réduite en pâte. Cette décomposition peut s'accompagner d'un dégagement de chaleur, et s'il arrive que la masse en travail soit considérable, l'échauffement peut aller au point de provoquer son inflammation.

L'instabilité des éléments du pyroxyle se manifeste de plusieurs manières : tantôt par des décompositions lentes et humides; tantôt par des explosions spontanées, incomplètes; enfin, par de véritables inflammations spontanées.

M. Maurey observa des effets d'altération sur plusieurs échantillons conservés dans des barils et en lieu sec : dans les uns, au bout de trois mois et demi; dans les autres, au bout de neuf mois. Une odeur piquante s'y était développée; tous contenaient de l'acide formique et une certaine quantité d'humidité. Dans les plus humides, on reconnaissait que les filaments avaient éprouvé un commencement de désorganisation.

Les pyroxyles fabriqués dans les *acides neufs* étaient les moins altérés; ils imprimaient encore à la balle d'assez bonnes vitesses, avec les $\frac{2}{100}$ d'humidité dont ils étaient imprégnés, après quatre mois et demi de séjour en magasin. Ceux qui provenaient des *acides vieux* avaient pris, dans le même laps de temps, $\frac{4}{100}$ d'humidité; en les faisant sécher, on leur rendait leur énergie primitive. Mais les échantillons fabriqués dans les acides non ravivés, et qui s'étaient chargés de 11,50 pour 100 d'humidité en huit mois et demi, avaient beaucoup perdu de leur force balistique. Essayés humides, ils ne pouvaient lancer la balle jusqu'au but.

M. Maurey, dans le mémoire auquel nous empruntons ces détails, raconte un exemple d'explosion spontanée d'un échantillon de pyroxyle conservé dans un flacon de verre. On avait placé sur une étagère du laboratoire, ce flacon, contenant quelques grammes de pyroxyle, qui avait été mis en réserve parce qu'on le considérait comme excellent. Trois mois après, on eut l'idée de l'examiner, et l'on fut surpris de trouver le bouchon à terre : il avait été lancé en l'air par les gaz formés pendant sa décomposition spontanée. Le produit primitif s'était changé en une matière molle, un peu élastique, d'une odeur acide désagréable, et rougissant fortement le papier de tournesol.

On reboucha le flacon, et l'on reconnut qu'il continuait à se dégager, du résidu, du gaz bioxyde d'azote. Il y eut même, plusieurs mois après, par une chaude journée d'été, une seconde projection du bouchon.

Une observation analogue a été faite à Montreuil, sur du pyroxyle à base de lin, qui

Fig. 169. — Effets de l'explosion de l'atelier pour la fabrication du fulmi-coton, à la poudrerie du Bouchet, le 17 juillet 1848.

s'était décomposé spontanément dans un bocal de verre.

Ces faits ne peuvent laisser aucun doute sur le fait de la décomposition spontanée du pyroxyle. Plus la masse en travail de décomposition est considérable, plus la chaleur développée doit être intense, et l'on conçoit qu'alors la masse entière puisse devenir la proie d'une inflammation spontanée. Telle est probablement la cause des explosions qui arrivèrent le 25 mars 1847, et le 2 août de la même année, dans les magasins de Vincennes où l'on conservait quelques barils de fulmi-coton.

C'est une cause du même genre qui amena, à la poudrerie du Bouchet, la catastrophe du 17 juillet 1848. On avait préparé, au Bouchet, 1,600 kilogrammes de poudre-coton, et quatre ouvriers étaient occupés à l'enfermer dans des barils, lorsque, sans cause connue, le magasin sauta. Les désastres furent effroyables. Les quatre ouvriers occupés à emmagasiner le coton-poudre furent tués, trois autres blessés. Le bâtiment, dont les murs avaient, les uns, 1 mètre et les autres $0^{m},50$ d'épaisseur, fut détruit de fond en comble; il se forma, à sa place, une excavation de 16 mètres de diamètre sur 4 de profondeur (*fig.* 169). Toutes les douves et tous les cercles des barils, où le pyroxyle était enfermé, avaient entièrement disparu, comme s'ils eussent été volatilisés. Toutes les pièces de bois de la construction étaient brisées. Cent soixante-quatre arbres situés aux environs, étaient complétement emportés ou coupés, les uns ras de terre, les autres à diverses hauteurs; les plus voisins étaient dépouillés de leur écorce et divisés jusqu'aux racines en longs filaments. Jusqu'à 300 mètres environ, on retrouva une ligne de matériaux placés par ordre de densité, les pièces de bois le plus près, ensuite les pierres, enfin plus loin les débris de fer.

Ces malheurs ne sont pas les seuls. Déjà, en 1847, la manufacture de Darpfort (Angleterre) qui fabriquait du coton-poudre pour le concessionnaire de M. Schönbein, avait sauté en entraînant la mort de vingt-quatre personnes, et détruisant tous les ateliers. Cet accident tenait, sans doute, à une décomposition du pyroxyle. Peu de temps avant l'explosion, on venait pourtant de constater que la température de la masse séchée n'était que de 40 degrés.

M. Payen a reconnu que le fulmi-coton, quand il est soumis à une température de 50 à 60 degrés, subit une décomposition lente, mais continue, qui se termine par une explosion spontanée. Pelouze avait constaté le même fait pour des températures de 60 à 80 degrés (1). Or, le pyroxyle exposé au soleil pendant sa dessiccation, ou dans toute autre circonstance, peut atteindre aisément la température de 60 degrés. Des caissons pleins de cette substance, et exposés au soleil, dans des pays chauds, en Algérie, dans le midi de l'Espagne, en Italie, arriveraient certainement et se maintiendraient à cette température de 60 degrés; dans cette condition, l'explosion serait toujours à craindre.

Ce double inconvénient de la décomposition spontanée du pyroxyle, soit par le temps, soit par la chaleur, joint à ses effets de poudre brisante, annulent presque tous ses avantages, et rendent bien problématique la possibilité de son emploi dans les armes.

Nous devons ajouter, cependant, que des expériences récentes, faites par ordre du gouvernement anglais, à l'arsenal de Woolwich, tendent à prouver que le pyroxyle, lorsqu'il est convenablement préparé, n'est pas sujet à cette décomposition spontanée. Une communication faite à la *Société royale de Londres*, par M. Abel, chimiste attaché à l'arsenal de Woolwich, a établi des faits dignes d'être signalés sous ce rapport.

(1) *Comptes rendus de l'Académie des sciences*, 22 janvier 1849.

Nous venons de dire que MM. Pelouze et Maurey ont reconnu que le fulmi-coton est susceptible de décomposition spontanée, dans des conditions qui peuvent se rencontrer, soit dans son emmagasinage, soit dans son application aux usages techniques et militaires. On a conclu de là que le coton-poudre, toutes les fois qu'il se trouve accumulé en quantité considérable, est sujet à faire explosion spontanément, soit par une température de 60 degrés, soit même à une température moins élevée. Ces résultats sont en désaccord avec ceux qui résultent d'observations et d'expériences nombreuses faites à Woolwich, de 1864 à 1868, dans le but d'établir jusqu'à quel point cette substance, telle qu'on la prépare en Angleterre, est susceptible d'être altérée par la lumière et la chaleur. Voici un extrait des conclusions du mémoire présenté par M. Abel à la *Société royale de Londres*, au mois de mars 1868, et les principaux résultats auxquels ces expériences ont conduit :

« 1° Le coton-poudre, préparé avec du coton convenablement purifié d'après la méthode du général Lenk, peut être exposé à la lumière diffuse du jour, soit à l'air, soit dans des caisses fermées pendant trois ans et demi au moins, sans subir la plus petite altération.

2° Si l'on expose pendant longtemps du coton-poudre, dans son état de sécheresse ordinaire, aux rayons directs du soleil ou même à un jour brillant, il ne s'opère dans cette substance qu'une altération très-graduelle. Il suit de là que les résultats obtenus ailleurs relativement à la décomposition très-rapide du coton-poudre exposé à la lumière du soleil, ne s'appliquent pas à la cellulose trinitrée presque pure, telle qu'on la prépare dans les fabriques anglaises.

3° Si l'on expose, pendant quelques mois, au soleil ou à un jour brillant, du coton-poudre légèrement humide renfermé dans des caisses closes, cette substance subit une altération, laquelle, quoique légère, est cependant plus sensible que dans le cas précédent.

4° Du coton-poudre, exposé au soleil jusqu'à ce qu'une légère réaction acide se soit développée, et renfermé ensuite immédiatement dans des caisses parfaitement closes, n'a subi aucune altération pendant un emmagasinage de trois ans et demi.

5° Le coton-poudre, tel qu'on le prépare dans les fabriques anglaises, et emmagasiné à l'état de sécheresse ordinaire, ne subit plus aucune altération, sauf le développement, peu après l'emballage, d'une légère odeur, et la propriété qu'il acquiert de rougir légèrement du papier de tournesol avec lequel on l'a emballé.

6° La décomposition du coton-poudre de qualité supérieure, tel qu'on l'obtient en suivant exactement le mode de fabrication indiqué par Lenk, lorsqu'on l'expose pendant un temps assez long à une température fort supérieure à celle des tropiques, a été trouvé très-insignifiante en comparaison des résultats publiés récemment par des chimistes du continent. L'altération légère qu'il pourrait éprouver peut d'ailleurs être combattue avec succès par des moyens très-simples, et qui, sans modifier en quoi que ce soit les propriétés de la substance, rendent l'emmagasinage et le transport du coton-poudre aussi peu dangereux, et, dans certaines circonstances, moins dangereux encore, que lorsqu'il s'agit d'emmagasiner et de transporter la poudre ordinaire.

7° Du coton-poudre, à l'état de parfaite pureté, résiste d'une manière remarquable aux effets destructeurs d'une température voisine de 100 degrés, et les produits nitreux inférieurs de la cellulose (coton-poudre soluble) ne sont certainement pas plus sujets à la décomposition lorsqu'ils sont à l'état de pureté.

8° Mais les produits ordinaires de la fabrication du coton-poudre contiennent toujours de faibles proportions d'impuretés organiques azotées, douées de propriétés instables, et qui ont été formées par l'action de l'acide nitrique sur des matières étrangères retenues par la fibre du coton, matières qui n'ont pu être complétement séparées par les procédés employés dans la purification de la substance. C'est la présence de ces impuretés dans le coton-poudre qui donne d'abord lieu au développement d'un acide libre lorsqu'on expose cette substance aux effets de la chaleur. C'est ensuite à l'action de cet acide qu'est dû l'effet destructeur qui a lieu sur les produits de la cellulose, et qui est suivi d'une décomposition que la chaleur accélère notablement. Il suffit de neutraliser la petite quantité d'acide libre, à mesure qu'il se développe, pour éloigner toute action de décomposition sur le coton-poudre. On y parvient facilement en répartissant d'une manière uniforme dans la masse d'une solution de coton-poudre, une faible quantité de carbonate de soude.

9° L'introduction dans le coton-poudre de 1 pour 100 de carbonate de soude suffit pour que cette substance n'éprouve aucune altération importante, lors même qu'elle se trouverait exposée à une température assez élevée pour produire un commencement de décomposition dans les produits parfaitement purs de la cellulose. A plus forte raison n'en éprouverait-elle aucune par suite des chaleurs les plus intenses que l'on rencontre dans les régions tropicales. Le seul effet que l'addition de cette petite quantité de carbonate de soude pourrait produire sur les propriétés explosives du coton-poudre, serait d'augmenter quelque peu la petite quantité de fumée qui accompagne sa combustion, et peut-être aussi d'en retarder légèrement l'explosion : résultats qui ne sont pas de nature à rien enlever à la valeur de cette substance.

10° L'eau est un excellent préservatif du coton-poudre, même lorsque cette substance devrait être soumise à une température très-élevée, pourvu qu'elle ne soit pas exposée à la lumière du soleil pendant un temps très-long. Il n'est pas nécessaire de plonger le coton-poudre dans l'eau. Un séjour dans de l'air saturé de vapeur aqueuse suffit pour le mettre à l'abri de toute décomposition, lors même qu'il se trouverait emballé en grande quantité en paquets serrés. L'eau enlève aussi aux impuretés organiques, qui se trouvent habituellement dans le coton-poudre, la faculté de développer un acide lorsque cette substance se trouve fortement serrée par un emballage à l'état sec. Du coton-poudre légèrement humecté a pu être conservé pendant trois ans sans développer la plus petite trace d'acidité. Au bout de ce temps, si l'on expulse du coton-poudre saturé d'eau tout le liquide dont on peut se débarrasser, au moyen de l'*extracteur centrifuge*, on obtient une substance qui, quoique légèrement humide au toucher, n'est plus du tout explosive, et, partant, ne présente plus aucune chance d'accident. C'est donc dans cet état qu'il convient d'emballer le coton-poudre pour le transporter dans des pays éloignés. En ajoutant à l'eau, dont on commence par le saturer, une très-petite quantité de carbonate de soude, le coton-poudre, lorsqu'on voudra le sécher pour en faire des cartouches, ou l'employer à tout autre usage, se trouvera renfermer la matière alcaline requise pour son emmagasinage à l'état sec dans toute espèce de climat. »

Tels sont les résultats de plusieurs années d'expériences attentives poursuivies à l'arsenal de Woolwich. Ils tendent à prouver que les cas si nombreux d'altération et de décomposition spontanée constatés en France, peuvent être attribués à une mauvaise préparation du fulmi-coton, et que l'addition d'un centième de carbonate de soude au produit préparé par la méthode de Lenk, suffit pour garantir sa stabilité. Ces résultats apportent un correctif, utile à enregistrer, à l'impression défavorable qui doit résulter des observations que nous avons fait connaître.

En regard des inconvénients ou des dangers du fulmi-coton, plaçons les avantages qu'il présente.

Le fulmi-coton n'est aucunement altéré par l'eau. On peut l'abandonner longtemps à l'air humide, sans qu'il perde sensiblement de sa force explosive; on peut le plonger dans l'eau et l'y laisser séjourner, on lui rend en le séchant ses qualités ordinaires. Ainsi, dans un cas d'incendie à bord d'un navire ou dans les bâtiments d'un arsenal, on pourrait noyer les poudres, et les retrouver ensuite avec leurs propriétés primitives.

Le pyroxyle n'attaque pas, ne salit pas les armes, qui, après quarante coups, sont aussi propres qu'auparavant; il ne laisse point, comme on l'avait dit, les armes humides, par suite de la production d'eau qui accompagne sa combustion : la chaleur produite est si considérable, que tous les produits volatils sont chassés hors du canon.

Le coton-poudre brûle sans fumée et sans odeur. On a tiré parti de cette propriété sur plusieurs théâtres d'Allemagne, où l'on en fait usage pour les pièces à combat, à la grande satisfaction du public, des acteurs et surtout des chanteurs. Dans les armées, cette propriété du pyroxyle aurait à la fois des inconvénients et des avantages; la fumée de la poudre ne masquant plus les hommes, la justesse du tir serait assurée, mais les batailles en deviendraient infiniment plus meurtrières. Les batailles navales deviendraient particulièrement terribles.

La fabrication du pyroxyle ne présente aucun danger. Les accidents qui ont été signalés dans les premiers temps de cette découverte, tenaient uniquement à ce que l'on desséchait la matière à l'aide de la chaleur. Or, comme il n'y a aucun avantage à sécher le coton-poudre en élevant sa température, on se contente aujourd'hui de le sécher dans un courant d'air, à la température ordinaire. Grâce à cette précaution bien simple, la préparation du pyroxyle est beaucoup moins dangereuse que celle de la poudre ordinaire.

Le pyroxyle présente, en outre, dans sa fabrication, l'avantage d'une rapidité excessive; une semaine suffirait pour approvisionner de munitions une armée de 100,000 hommes.

Quant au prix de revient, le fulmi-coton pourrait s'obtenir à un prix qui n'est pas extrêmement supérieur à celui de la poudre ordinaire. On pourrait le livrer, avec bénéfice pour le fabricant, à 9 francs le kilogramme. La poudre de guerre revient, dans les établissements de l'État, à 1 fr. 35 c. en moyenne le kilogramme (voir page 262); mais comme le pyroxyle produit, dans les armes un effet explosif triple de celui de la poudre, et que, par conséquent, pour obtenir un résultat donné, il faut employer trois fois moins de pyroxyle que de poudre, on voit que son prix de revient, pour produire le même effet qu'un kilogramme de poudre, serait seulement de 3 francs. Dans l'état actuel des choses, il y aurait donc une différence de 1 fr. 65 c. entre les deux matières, différence considérable sans doute, mais qui, probablement, à la suite d'une fabrication longue et régulière, finirait par s'effacer.

Le pyroxyle offre, sous le rapport de l'économie, des avantages incontestables pour les travaux des mines. MM. Combes et Flandin ont trouvé qu'il produit un effet cinq fois plus considérable que la poudre ordinaire des mines, dans le *sautage* de la plupart des roches. Il est certain, d'après ce résultat, que, lorsque le gouvernement voudra remplacer la poudre de mine par le pyroxyle, il pourra réaliser une importante économie.

L'emploi de la poudre-coton dans les mines, parut d'abord présenter un inconvénient particulier : sa combustion s'accompagne de la formation de gaz oxyde de carbone, et la présence de ce gaz est doublement fâcheuse, en ce qu'il est vénéneux et inflammable. Mais M. Combes a trouvé qu'en ajoutant au pyroxyle 8 à 10 pour 100 de salpêtre, on s'oppose à la production du gaz oxyde de carbone, qui se trouve brûlé par l'oxygène du salpêtre, et changé en acide carbonique. La force explosive du pyroxyle est, d'ailleurs, notablement accrue par l'addition du salpêtre, car il présente dès lors une puissance 7 à 8 fois plus considérable, à poids égal, que la poudre de mine.

Nous avons scrupuleusement et impartialement exposé les inconvénients et les avantages qui se rattachent à l'emploi du coton-poudre. Quelle conclusion tirer de ces faits? Faut-il croire que cette découverte, accueillie à son origine avec tant d'intérêt, soit destinée à s'ensevelir dans l'oubli? Faut-il penser qu'après avoir éveillé tant d'espérances, elle n'aura créé pour nous que des dangers, sans nous laisser quelques avantages en échange? Cette question, grave et complexe, impose nécessairement une réserve extrême. Il nous semble pourtant que, même dans l'état présent des choses, le pyroxyle présente une série d'avantages de nature à mériter l'attention. Une poudre absolument inattaquable par l'eau, — de propriétés et de composition constantes, — qui ne souille ni la main, ni les vêtements, ni les armes, — trois fois plus légère à transporter que l'ancienne poudre, puisqu'elle est trois fois plus puissante, — susceptible de subir, sans la moindre altération, les voyages par mer, — une poudre qu'on peut inonder dans un arsenal ou dans la cale d'un navire et lui rendre, plus tard, en la séchant, ses propriétés primitives, l'emporte assurément, sous bien des rapports, sur l'ancienne poudre, qui souille les mains, qui noircit les armes, que l'air humide altère, que l'eau détruit sans retour.

La supériorité du coton-poudre pour l'usage des mines et le sautage des roches, paraît d'ores et déjà établie. En 1847, le duc de Montpensier et le général Tugnot de Lanoye, directeur des poudres et salpêtres, avaient formé le projet d'établir plusieurs ateliers de fabrication de pyroxyle pour le *sautage* des roches; la révolution de Février empêcha l'exécution de ce projet.

Quant à l'emploi du fulmi-coton dans les armes, il est certain qu'il existe ici des difficultés sérieuses; cependant elles ne sont peut-être pas assez graves pour faire abandonner totalement les espérances conçues. Une étude approfondie et persévérante des faits nouveaux que ces questions soulèvent, pourra fournir un jour les moyens de modérer, de retarder, de régulariser l'explosion du pyroxyle, comme aussi de modifier sa préparation, de manière à éviter le fâcheux phénomène de sa décomposition spontanée.

Nous avons rapporté les résultats encourageants obtenus en Autriche par le général Lenk, en 1864, et ceux bien plus précis et bien plus décisifs, qui ont été communiqués à la *Société royale de Londres*, au mois de mars 1868, concernant les essais faits à l'arsenal de Woolwich. Un meilleur procédé de préparation du pyroxyle, et l'addition au produit conservé d'une faible quantité de carbonate de soude, paraissent avoir écarté les dangers que présentaient les pyroxyles préparés en Allemagne et en France, tant pour leur conservation dans les magasins, que pour leur transport et leur exposition au soleil.

Le baron Séguier a proposé, en 1864, de composer pour les bouches à feu et les fusils de munition, des charges mixtes de fulmi-coton et de poudre de mine, disposées de telle manière que la poudre de mine s'enflammât la première. L'effet brisant du fulmi-coton serait annulé grâce à ce mélange. En effet, la poudre de mine, dont la combustion est très-lente, s'enflammant la première, commencerait par détruire l'inertie du projectile, par l'ébranler et le déplacer, ensuite le fulmi-coton, en s'enflammant, imprimerait au projectile une grande vitesse, sans aucun danger pour les parois de l'arme. Cet artifice, qui donne les moyens de graduer, d'accroître peu à peu la force explosive des gaz, qui détruirait ainsi l'action brisante du fulmi-coton, nous paraît bon en principe, et il est fâcheux que l'idée du baron Séguier n'ait pas été soumise à une expérience sérieuse.

Le général Lenk a essayé d'arriver au même résultat, c'est-à-dire d'obvier aux propriétés brisantes du fulmi-coton, en diminuant la rapidité de son inflammation. A cet effet, il a comprimé du coton-poudre dans de petites cartouches, qui s'enflammaient beaucoup moins vite que le fulmi-coton modérément comprimé. Il a fait ensuite des cartouches allongées en papier, entourées de fulmi-coton tressé. Des pièces de canon tirées avec de semblables cartouches contenant 48 grammes de pyroxyle, n'ont pas été détériorées.

Il résulte enfin d'observations récentes, qu'en refroidissant à 5 ou 6 degrés au-dessous de zéro, le mélange des acides, dans lequel on plonge le fulmi-coton pour le préparer, on retarde, on modère l'intensité de la réaction chimique, et l'on obtient un produit dénué de propriétés brisantes.

Que les hommes du métier, que les savants continuent donc l'étude de ce problème, et sans doute quelque solution heureuse viendra couronner et récompenser leurs efforts. Il ne faut pas l'oublier, en effet, la découverte du coton-poudre ne date que de 1846. Qu'est-ce qu'un tel intervalle pour le perfectionnement des inventions humaines? N'a-t-il pas fallu quatre siècles pour faire de la poudre actuelle l'agent puissant et sûr que nous connaissons? D'ailleurs, de nos jours, après tant de travaux, d'expériences, d'innombrables essais, malgré les précautions inouïes dont on s'environne, peut-on dire avec certitude que notre poudre à canon présente dans ses effets une sécurité absolue? L'existence d'une poudrière aux abords de nos villes, n'est-elle pas, pour les populations, la cause d'invincibles terreurs, la source de perpétuelles alarmes? Des événements formidables ne viennent-ils pas, par intervalles, justifier et redoubler ces craintes? Quand la poudre manque de densité ou que son grain est trop fin, elle fait éclater les armes, et le même effet se produit si l'on outre-passe par mégarde les limites de la charge. En 1826, quand l'artillerie voulut substituer aux poudres triturées dans les mortiers, les poudres plus énergiques, préparées avec les meules, on faisait éclater les bouches à feu. Cette sécurité tant vantée de notre poudre à canon, a donc aussi ses limites; et dans tous les cas, elle est de date fort récente. Il a fallu quatre siècles pour dompter la poudre à canon, et l'on s'étonne que l'on ne soit pas encore arrivé à maîtriser le coton-poudre, qui jouit d'une puissance triple! Pour décider en dernier ressort ces questions capitales, invoquons des notions moins exclusives; défions-nous des entraînements d'un enthousiasme irréfléchi, mais aussi tenons-nous en garde contre des préventions fondées sur la tyrannique puissance de la routine et des habitudes. Recherchons avec sincérité le secours et l'infaillible témoignage de la science, et sachons accepter sans arrière-pensée systématique, ce qui se présente à nous avec les dehors incontestables du progrès.

Un dernier trait pour terminer l'histoire du fulmi-coton.

Dans les premiers temps de sa découverte, la poudre-coton avait provoqué dans le public un extrême engouement; à cette époque, elle était bonne à tout. Rappelons, en quelques mots, les diverses applications de ce nouvel agent, qui furent faites alors avec plus ou moins de succès.

Quelques mécaniciens voulurent tirer parti de la prompte transformation du coton-poudre en fluide gazeux, pour soulever le piston des machines: les gaz produits par la combustion, auraient remplacé la vapeur, comme agent mécanique. Mais il n'était pas difficile de prévoir que la production du gaz, pendant l'inflammation du pyroxyle, est trop brusque pour être utilisée commodément et avec sécurité: l'explosion des machines mit fin aux expériences.

Les matières alimentaires renferment une

assez forte proportion d'azote ; or, le pyroxyle est un corps azoté. Cette analogie parut suffisante à MM. Bernard et Barreswill pour rechercher si le coton-poudre ne pourrait pas être employé comme substance alimentaire. L'idée était étrange et assez mal venue de la part de physiologistes familiarisés avec les lois de la nutrition. Quoi qu'il en soit, l'Académie des sciences fut instruite par un mémoire *ad hoc*, qu'on avait réussi à nourrir des chiens avec le pyroxyle. Toutefois les auteurs de l'expérience ajoutaient ingénument, qu'ils avaient favorisé l'action nutritive du coton-poudre, par l'administration simultanée d'une certaine quantité de riz : les adjuvants sont de bonne guerre !

E. Pelouze a proposé d'appliquer le pyroxyle à la fabrication des amorces fulminantes ; la substitution de ce produit au fulminate de mercure, aurait eu pour résultat d'éviter les dangers épouvantables dont s'accompagne la fabrication des amorces par les procédés actuels. Le pyroxyle obtenu avec des tissus très-serrés de lin, de chanvre et de coton, détone aisément par le choc, et si l'on coupe de petites rondelles de ces tissus, et qu'on les place au fond de capsules de cuivre, on obtient des amorces dont la détonation est fort énergique. Cependant cette application du coton-poudre n'a pas donné de bons résultats aux praticiens qui l'ont essayée. Les effets des capsules pyroxyliques, sont irréguliers ; en outre, les armes sont attaquées, par suite de la formation d'un produit acide, l'acide azoteux, qui prend, dit-on, naissance quand le pyroxyle brûle à l'air libre. On a donc renoncé à cette application.

Le coton-poudre paraît devoir fournir des résultats plus avantageux à la pyrotechnie. Des papiers préparés comme le fulmi-coton, et trempés ensuite dans des dissolutions d'azotate de strontiane, de sulfate de cuivre ou d'azotate de baryte, produisent de très-beaux feux rouges, verts ou blancs. On a aussi fait des essais avec des pyroxyles obtenus à bas prix, au moyen de la paille, de la sciure de bois ou de matières végétales analogues. L'immersion de ces produits fulminants dans ces dissolutions salines, a l'avantage de retarder leur inflammation, de donner plus de durée à la combustion, et de favoriser, par conséquent, les divers effets que l'artificier cherche à produire.

Un étudiant en médecine des États-Unis a fait du coton-poudre une appplication assez inattendue ; il s'en est servi pour le pansement des plaies, et voici comment. Le coton-poudre est soluble dans un mélange d'éther sulfurique et d'alcool : cette dissolution porte le nom de *collodion;* c'est la substance dont nous avons parlé tant de fois dans la photographie. Or, M. Maynard, de Boston, a trouvé que le collodion constitue une sorte de vernis doué d'une force extraordinaire d'adhésion. Appliqué sur la peau, ce vernis adhère avec beaucoup de force à sa surface, et résiste parfaitement à l'action de l'eau et des humeurs. Un morceau de toile de 4 centimètres de largeur, recouvert de *collodion*, et appliqué sur le creux de la main, supporte sans se décoller un poids de 15 kilogrammes : la toile se rompt plutôt que de se détacher.

Les chirurgiens américains se sont servis les premiers du *collodion* pour le pansement des plaies. On rapproche les lèvres de la plaie, et au moyen d'un pinceau, on les couvre d'une couche de collodion ; par suite de la dessiccation, la réunion des deux bords est parfaitement établie. La contraction que la matière éprouve en séchant, resserre les lèvres de la blessure plus fortement et d'une manière plus égale que ne pourrait le faire tout autre moyen contentif. La plaie est parfaitement préservée de l'air ; la transparence de l'enduit permet de voir à travers et de juger de l'état des parties sous-jacentes ; enfin son insolubilité dans l'eau donne au chirurgien la faculté de laver les parties sans rien détacher. L'usage du collodion s'est répandu ensuite en Angleterre et en France ; Malgaigne l'a, le premier, adopté parmi nous. On se sert, d'après son conseil, de bandelettes trempées dans le collodion, ce qui donne plus de solidité à l'appareil. Aujourd'hui l'emploi de la dissolution éthérée du fulmi-coton est devenu habituel dans nos hôpitaux.

Ainsi, comme la lance d'Achille, le fulmi-coton peut guérir les blessures qu'il a causées. Si donc il fallait un jour définitivement renoncer à consacrer le coton-poudre à l'usage des armes à feu, sa découverte ne serait pas encore restée absolument stérile, puisqu'elle aurait au moins servi à étendre les ressources de l'art chirurgical. Destiné dans l'origine à devenir un instrument de destruction, ce singulier produit aurait plus pacifiquement terminé sa carrière, en prenant place parmi les salutaires moyens de la chirurgie moderne. Et trop heureuse l'humanité, si tant d'inventions meurtrières, créées pour semer autour de nous le deuil et les funérailles, se trouvaient, par quelque revirement subit, transformées un jour en autant de baumes bienfaisants, propres à panser nos blessures et à calmer nos douleurs !

CHAPITRE XII

LES NOUVELLES POUDRES DE GUERRE. — LES POUDRES BLANCHES, OU POUDRES ALLEMANDES, A BASE DE CHLORATE DE POTASSE. — LA POUDRE A CANON PRUSSIENNE, OU CELLULOSE NITRÉE. — LA POUDRE AU CARBAZOTATE DE POTASSE ; SON UTILITÉ. — COMPOSITION ET PRÉPARATION DE LA POUDRE AU CARBAZOTATE DE POTASSE ; SON EMPLOI POUR L'EXPLOSION DES TORPILLES SOUS-MARINES. — LA NITRO-GLYCÉRINE ; SES EFFETS EXPLOSIFS. — EMPLOI DE LA NITRO-GLYCÉRINE POUR LE SAUTAGE DES MINES. — LE FEU FÉNIAN.

Depuis la découverte du fulmi-coton, toute une révolution s'est accomplie dans l'artillerie en général, et en particulier dans l'armement de la marine. Des canons d'un calibre énorme, des projectiles d'une disposition toute nouvelle, le chargement s'opérant par la culasse, la rayure de l'âme des bouches à feu et des fusils, toutes ces transformations ont changé la face de la balistique moderne. La poudre à canon ordinaire, la poudre noire à base de salpêtre, avait été adoptée et calculée pour les bouches à feu et les armes portatives telles qu'on les construit depuis deux siècles. Elle ne pouvait se plier aux dispositions toutes nouvelles qui se sont introduites récemment dans le système général de nos armes à feu. Après avoir perfectionné les armes, il a donc fallu songer à perfectionner l'agent moteur destiné à agir sur le projectile.

Il serait peut-être exact de dire que chaque espèce de bouche à feu, telle qu'on la construit aujourd'hui, et chaque espèce d'arme portative, exigerait une poudre particulière, pour se plier à sa structure. Mais sans aller jusqu'à cette proposition extrême, on peut dire que dans l'état actuel des choses, il est devenu indispensable de posséder, pour les besoins nouveaux de l'artillerie, quatre poudres très-distinctes, que l'on peut classer ainsi : 1° une poudre à mousquet; 2° une poudre à canon à explosion lente, pour les bouches à feu à âme longue, en usage dans l'artillerie de campagne ou de terre ; 3° une poudre à canon à explosion vive, pour les bouches à feu à âme courte, destinées à l'armement des vaisseaux de guerre ; 4° enfin une poudre brisante, pour enflammer les torpilles sous-marines et pour faire partir les fourneaux de mine.

On s'est flatté, pendant quelque temps, de parvenir à plier l'ancienne poudre à ces besoins divers ; on a cru pouvoir augmenter sa puissance, en modifiant les proportions relatives de nitre, de soufre et de charbon, qui sont ses éléments constitutifs. Mais ces variantes introduites dans la composition d'un mélange, qui depuis trois siècles a été tourné et retourné de cent façons, n'ont rien produit d'utile. En perfectionnant les moyens de trituration, en substituant les meules aux pilons, comme agent de trituration, et rendant ainsi plus intime le mélange du soufre, du

Fig. 170.— Expérience faite avec une torpille sous-marine dans la rade d'Hyères, le 20 avril 1868 (page 303).

nitre et du charbon, on est parvenu à augmenter d'un cinquième environ la vitesse initiale que la poudre de guerre imprime aux projectiles. Mais ce résultat était insuffisant. Il fallait donc sortir de la routine, et chercher dans le vaste domaine de la chimie, un corps en état de jouer le même rôle que la poudre noire, et qui offrît, avec plus de puissance, les mêmes garanties de conservation, de sécurité et de régularité dans ses effets. Nous allons passer en revue, pour terminer cette notice, les différentes substances qui ont été proposées et employées dans ces derniers temps, pour répondre aux conditions diverses que nous venons d'énumérer.

On peut diviser ainsi les nouvelles espèces de poudres qui ont été proposées depuis l'année 1850 jusqu'à ce moment : 1° les *poudres blanches*, à base de chlorate de potasse mélangé de différentes substances plus ou moins inflammables; — 2° la *poudre prussienne*, composée de sciure de bois rendue fulminante par l'acide azotique et mélangée à divers produits chimiques plus ou moins explosifs ; — 3° la poudre au carbazotate de potasse.

On peut ajouter à cette liste, mais dans une place à part, la *nitro-glycérine*, substance explosible et qui n'a été employée jusqu'ici que pour faire sauter les fourneaux de mine.

Poudres blanches allemandes. — On connaît, en Allemagne, sous le nom de *poudres blanches*, divers mélanges à base de chlorate de potasse, qui ont été essayés depuis l'année 1850 jusqu'à ce jour.

Le premier mélange qui fut proposé était formé de chlorate de potasse, de sucre et de prussiate de potasse (cyanoferrure jaune de potassium et de fer). On a essayé ensuite bien d'autres préparations, fondées sur le même principe, c'est-à-dire ayant pour but d'atténuer les propriétés brisantes du chlorate de potasse, et de le faire servir à la composition d'une poudre à effets réguliers. Énumérer ces différents mélanges, avec les noms de leurs inventeurs, serait une tâche impossible. Contentons-nous de citer : le *sel d'Augendre*, — la *poudre d'Ucathius*, qui ne sont que des espèces de *pyroxam*, c'est-à-dire de l'amidon rendu fulminant par l'acide azotique (voir page 284), — la *poudre blanche de Pohl*, composée de 50 parties de chlorate de potasse, 28 parties de sucre et 23 parties de prussiate de potasse.

Les plus sûres de ces préparations paraissent être celles que M. Hosley et le docteur Erhardt, revendiquent comme leur découverte particulière, et qui consistent en un mélange de chlorate de potasse et de matières très-hydrogénées, telles que certaines résines, le tannin et l'acide gallique. Il paraît que l'addition de ces matières organiques atténue l'action brisante du chlorate de potasse, et donne une poudre tout aussi puissante que la poudre actuelle, sans effet destructeur bien redoutable.

La *poudre blanche d'Allemagne* bien préparée est supérieure à la poudre noire, pour faire sauter les fourneaux de mine ; elle ne le cède sous ce rapport qu'au fulmi-coton. On pourrait s'en servir comme poudre de chasse, car les armes de luxe résistent très-bien, en raison de la ténacité du métal, à l'action des poudres brisantes, et nos poudres de chasse *surfine* et *extra-fine*, sont bien positivement des poudres brisantes, auxquelles résistent seulement les canons des fusils de luxe. Mais on ne saurait songer à faire usage dans les fusils de munition ou les bouches à feu, d'aucune espèce de poudre à base de chlorate de potasse, en raison de ces effets brisants et destructeurs.

En 1860, un fabricant allemand de produits chimiques, M. Hochstadter, proposa un mode d'emploi particulier du chlorate de potasse, pour l'usage des armes à feu. Sur du papier non collé, il étendait une couche d'une pâte formée de chlorate de potasse et de charbon en poudre, avec une petite quantité de sulfure d'antimoine et d'amidon ou de gomme. Ce papier ainsi préparé séché et mis en rouleaux, brûle à l'air avec beaucoup de violence. Introduit dans les armes à feu de petit calibre, il produit un effet équivalent à celui de notre poudre à mousquet. Cette matière n'est pas inflammable par la simple percussion. On ne pourrait cependant songer à la substituer à notre poudre de guerre, parce qu'il serait impossible de compter sur l'uniformité de puissance et sur l'homogénéité de composition de ces rouleaux de papier inflammable.

En 1865, M. Reichen et M. Melland ont préparé, en Angleterre, de semblables papiers fulminants, qui paraissent ne différer presque en rien des produits de M. Hochstadter.

On a appliqué à l'exploitation des mines, quelques préparations explosives, plus grossières que les précédentes, et qui consistent en un mélange de chlorate de potasse et de soufre avec du tan (écorce de chêne ayant servi aux tanneurs). On trempe des morceaux de tan dans une dissolution chaude de chlorate de potasse ; puis on les recouvre d'une couche de soufre en poudre. Les copeaux ainsi préparés ne brûlent à l'air que lentement, ou mal ; mais quand on les renferme dans un trou de mine, ils développent, en brûlant dans ce petit espace, une force suffisante pour faire sauter les roches.

On invoque, en faveur de cette préparation à l'usage des mineurs, son bon marché et surtout la sécurité de son emploi. Cette dernière qualité a été mise en évidence par un fait éloquent. L'usine dans laquelle le produit se fabrique, près de Plymouth, a été incendiée deux fois, et la matière a brûlé sans faire plus d'explosion que les bois ou autres matériaux combustibles de l'édifice.

Poudre prussienne. — Nous passerons rapidement sur la *poudre prussienne*. Dans un mémoire, qui a été traduit en français, l'inventeur, M. Edouard Schultze, ancien capitaine d'artillerie au service de la Prusse, fait un pompeux éloge de son produit, et assure qu'il présente de grands avantages sur la poudre noire (1). Seulement il néglige de nous dévoiler la composition de cette nouvelle poudre, ce qui enlève à ses dires toute valeur et tout intérêt. Moins discret que l'inventeur, nous ferons connaître ici la véritable nature de la poudre de M. Schultze.

C'est de la sciure de bois rendue fulminante par son immersion dans un mélange d'acides sulfurique et azotique; c'est du *fulmi-bois*, ou pour employer un terme chimique, de la *fulmi-cellulose*, préparée comme le *fulmi-coton*. Voici la manière d'opérer.

On prend de la sciure de bois de sapin ou de chêne, et on la débarrasse des substances résineuses et autres, étrangères à la cellulose, par les moyens que l'on trouve décrits dans les traités de chimie, et qui consistent à traiter alternativement cette sciure de bois par l'eau de chlore et les alcalis caustiques, puis par des acides affaiblis. Quand elle a été traitée par ces divers agents chimiques, la sciure de bois, lavée à grande eau, constitue de la cellulose presque chimiquement pure. Avec cette cellulose, M. Schultze prépare une cellulose fulminante, en l'immergeant dans le mélange d'acides sulfurique et azotique, comme s'il s'agissait de préparer du *fulmi-coton*.

Pour augmenter sa propriété explosive, on imprègne le *fulmi-bois* d'une certaine quantité de salpêtre ou d'azotate de baryte. Cette addition ne se fait, toutefois, qu'au moment de faire usage de la poudre. Jusque-là l'inventeur conseille de conserver dans les magasins le *fulmi-bois*, qui est inaltérable, et n'est pas sujet comme le *fulmi-coton* à des explosions instantanées Telle est la *poudre Schültze*.

(1) *La nouvelle poudre à canon, dite poudre Schultze*, par Édouard Schultze, traduit par W. Raymond. Paris, brochure in-8°, 1865.

Cette poudre, n'étant autre chose au fond qu'une variété de *fulmi-coton*, présente tous les inconvénients du *fulmi-coton*, avec quelques-uns de ses avantages. On peut la conserver sous une forme légèrement explosive, par conséquent peu dangereuse, jusqu'au moment de l'employer. Ce n'est que lorsqu'on veut s'en servir qu'on fait l'addition du salpêtre ou de l'azotate de baryte, qui augmentent notablement ses propriétés explosives. Cette circonstance peut avoir son utilité. Seulement on se demande si les événements de la guerre permettraient ce fractionnement en deux temps de l'opération, et dans quels lieux on pourrait, en campagne, improviser et établir des poudreries.

De même que le *fulmi-coton*, la poudre Schultze est supérieure, par ses effets destructeurs, à notre poudre ordinaire de mine, et les mineurs peuvent se remettre plus promptement à l'ouvrage, parce que son explosion ne produit presque aucune fumée. Mais la variabilité de sa composition et ses effets brisants interdisent l'usage de cette poudre sinon dans les armes de luxe, au moins dans les fusils de munition. C'est là, en résumé, une invention d'une bien médiocre importance.

Poudre au carbazotate de potasse. — Un produit autrement sérieux, et qui paraît appelé à un véritable avenir, en raison des degrés divers de puissance balistique qu'on peut lui donner à volonté, c'est la poudre à base d'acide picrique ou carbazotique.

Il n'a encore été rien publié dans aucun ouvrage, sur la poudre au carbazotate de potasse; c'est ce qui nous engage à traiter ici cette question avec quelque étendue.

L'acide picrique est un des produits de l'action de l'acide azotique sur l'indigo. Comme cette substance affecte une belle couleur jaune, qui s'applique très-bien sur les étoffes, on prépara longtemps l'acide picrique dans les fabriques d'Alsace, pour le faire servir à la teinture. Mais obtenu avec l'indigo, ce produit était cher et d'un emploi limité. Dans ces derniers temps, on est parvenu à le préparer très-facilement en oxydant par l'acide azotique, d'abord l'huile brute de houille, ensuite l'acide phénique, matière aujourd'hui à très-bas prix dans le commerce.

L'acide picrique fut découvert en 1788, par un chimiste manufacturier de Colmar, Jean-Michel Haussman, en traitant l'indigo par l'acide azotique. C'est ce qui lui fit donner à cette époque le nom d'*amer d'indigo*.

Quelques années plus tard, l'an III de la République (1795), le chimiste Welter obtint le même produit en traitant la soie par l'acide azotique. L'*amer d'indigo* prit alors le nom d'*amer de Welter*. Ce fut Welter qui constata le premier les propriétés explosives de cette substance. On lit, en effet, le passage suivant dans le mémoire de Welter.

« .... Le lendemain, je trouvai la capsule tapissée de cristaux dorés, qui avaient la finesse de la soie, qui détonaient comme la poudre à canon, et qui, à mon avis, en auraient produit l'effet dans une arme à feu. La fumée qui résulta de cette détonation ressemblait à celle d'une résine brûlée (1). »

Étudié successivement par Proust, Fourcroy et Vauquelin, l'*amer d'indigo*, ou *de Welter*, fut l'objet d'un mémoire de M. Chevreul, lu à l'Institut le 17 avril 1809, et publié, pendant la même année, dans les *Annales de chimie*. M. Chevreul exposait, dans ce mémoire, une théorie chimico-physique de la détonation de ce composé.

Malgré ces travaux, la composition de l'*amer d'indigo* était toujours demeurée inconnue. Ce n'est qu'en mars 1828 que M. Liebig publia dans les *Annales de physique et de chimie*, un mémoire sur la composition de l'acide carbazotique. Tel est, en effet, le nom que M. Liebig substitua à ceux d'*acide amer*, d'*amer d'indigo* et d'*amer de Welter* que ce produit avait portés jusque-là.

C'est M. Dumas qui, le premier, donna la formule chimique de ce corps, auquel il conserva le nom d'*acide carbazotique* (c'est-à-dire composé de carbone et d'azote), de préférence à celui de *nitro-picrique* (de πικρός, amer) proposé par Berzelius (1).

C'est à l'éminent chimiste Laurent qu'il était réservé de trouver la véritable formule rationnelle de l'acide carbazotique. Laurent démontra que l'acide carbazotique dérive de l'acide phénique, et que l'on peut le considérer comme de l'acide phénique, dans lequel trois équivalents d'hydrogène sont remplacés par trois équivalents d'acide hypoazotique. De là les noms d'*acide trinitro-phénique* ou *nitro-phénisique* proposés par Laurent pour le composé qui nous occupe.

Dans ces derniers temps, c'est-à-dire vers 1865, MM. Désignolle et Castelhaz sont parvenus à préparer industriellement l'acide carbazotique par la méthode signalée par Laurent, et qui consiste à traiter l'acide phénique par l'acide azotique. L'acide phénique étant à très-bas prix dans le commerce, il en est résulté que l'acide carbazotique, qui valait 30 francs le kilogramme en 1862, quand on le préparait en traitant par l'acide azotique l'huile brute de houille, ne vaut aujourd'hui que 10 francs le kilogramme.

L'acide carbazotique est d'un beau jaune-citron. Il cristallise en lamelles très-allongées et très-brillantes. Il est peu soluble dans l'eau, sa saveur légèrement acide est franchement amère. A 150 degrés il entre en fusion, puis se sublime sans être altéré. Se combinant à peu près avec toutes les bases, il donne naissance à des sels jaunes et cristallisés pour la plupart. Son pouvoir colorant est considérable : 1 gramme de cette substance suffit pour teindre en jaune-paille 1 kilogramme de soie.

Le carbazotate de potasse, d'une belle couleur jaune d'or, cristallise en petites aiguilles prismatiques, qui appartiennent au système rhomboïdal, et possèdent un reflet métal-

(1) *Annales de physique et de chimie*, tome XXIX, page 301.

(1) *Annales de physique et de chimie*, t. LII, p. 178.

lique. Insoluble dans l'alcool, il exige pour se dissoudre, 160 parties d'eau à 15°, et 14 parties d'eau bouillante ; il est donc à peu près insoluble dans l'eau.

Chauffé avec précaution, il devient rouge orangé à une température voisine de 300 degrés, puis reprend, par le refroidissement, sa couleur primitive. Il détone fortement entre 310 et 320 degrés. Il s'enflamme aussi, avec détonation, par l'approche d'un corps en ignition.

L'idée de consacrer le carbazotate de potasse à la composition d'une poudre de guerre appartient à Welter, qui, comme nous l'avons dit plus haut, consigna cette idée dans son mémoire publié en 1796.

Le caractère éminemment explosif du carbazotate de potasse était donc bien établi, et il semble étonnant que l'on n'ait réussi que de nos jours à faire servir ce composé à la préparation d'une poudre de guerre. Mais quand on approfondit la question, on ne tarde pas à reconnaître qu'il y avait de nombreuses difficultés à résoudre avant d'arriver à une application pratique. Il fallait, en effet : 1° étudier les phénomènes qui accompagnent la déflagration des carbazotates, tant à l'air libre que dans un espace limité ; 2° connaître et doser les divers produits résultant de ces déflagrations, établir des formules chimiques de la décomposition spontanée du carbazotate de potasse ; 3° déterminer quels étaient les corps à associer au carbazotate de potasse pour composer des poudres donnant le maximum d'effet utile ; 4° arriver à une fabrication pratique de ces poudres, avec les appareils en usage aujourd'hui pour la poudre noire ; 5° trouver enfin le moyen de modifier, de régler, et même d'atténuer complétement le pouvoir essentiellement brisant des carbazotates de potasse.

Un jeune chimiste, M. Désignolle, d'Auxerre, après de nombreuses et persévérantes recherches, est parvenu à surmonter successivement toutes ces difficultés. Voici les principaux résultats de ses expériences.

Le carbazotate de potasse, porté graduellement à une température de 300 degrés, peut subir l'action de cette température pendant plus de 48 heures sans déflagrer, sans que sa composition soit altérée, en un mot sans que ses propriétés physiques et chimiques soient modifiées. Il passe au rouge orangé vers 290 degrés, mais il reprend par le refroidissement sa belle couleur jaune. Il est insoluble dans l'alcool, et à peu près insoluble dans l'eau. Il ne détone pas sous l'action d'un choc même très-violent.

Ainsi que l'a annoncé Welter, le carbazotate de potasse détone comme la poudre à canon, au contact d'un corps en ignition, en laissant un fort dépôt de charbon ; mais il résulte des recherches analytiques de M. Désignolle, qu'il y a deux cas parfaitement distincts à considérer dans la déflagration du carbazotate de potasse.

1° A l'air libre, sa combustion est toujours accompagnée de gaz azote et de bioxyde d'azote, de vapeurs d'eau et d'acide cyanhydrique ; il reste comme résidu du charbon et du carbonate de potasse. C'est ce que représente cette équation chimique :

$$\underbrace{C^{12}H^{2}K(AzO^{4})^{3}O^{2}}_{\text{Acide carbazotique.}} = Az + AzO^{2} + 4CO^{2} + H,C^{2}Az + HO + KO,CO^{2} + 5C.$$

Ce qui veut dire que 1 équivalent chimique d'acide carbazotique produit, en brûlant, 1 équivalent d'azote, 1 équivalent de bioxyde d'azote, 4 équivalents d'acide carbonique, 1 équivalent d'eau et d'acide cyanhydrique, qui se dégagent. Le résidu solide est formé de 1 équivalent de carbonate de potasse et de 5 équivalents de charbon.

2° En vase clos, c'est-à-dire dans un espace limité, tel que l'âme d'une bouche à feu, par exemple, les produits résultant de la combustion, changent tout à fait de nature. A l'exception de l'acide carbonique, les gaz permanents subsistent seuls. On constate bien la présence de l'azote, de l'hydrogène, d'une petite quantité d'oxygène et d'acide carbonique; mais le bioxyde d'azote, l'acide cyanhydrique et la vapeur d'eau, ne se forment pas. Ce phénomène est facile à expliquer : en effet, si nous admettons avec M. Henri Sainte-Claire Deville que l'eau n'existe plus de 1,000 à 1,100 degrés, elle existera bien moins encore à la température produite par la combustion de la poudre, température évaluée par M. le général Piobert à 2,400 degrés environ. Ce que nous acceptons pour l'eau, s'applique à plus forte raison au bioxyde d'azote et à l'acide cyanhydrique. Ces corps sont décomposés et réduits en leurs éléments gazeux, l'azote et l'oxygène.

Il va sans dire que, dans l'un et dans l'autre cas, on a toujours, comme résidu solide de la combustion, un mélange de charbon et de carbonate de potasse. C'est ce que montre cette équation chimique :

$$\underbrace{C^{12}H^{2}K(AzO^{4})^{3}O^{2}}_{\text{Acide carbazotique.}} = 3Az + 5CO^{2} + 2H + O + KO,CO^{2} + 6C.$$

Ce qui veut dire qu'il se forme, pour un équivalent d'acide carbazotique, 3 équivalents d'azote, 5 équivalents d'acide carbonique, 2 d'hydrogène et 1 d'oxygène provenant de la dissociation, par la chaleur, des éléments de l'eau. Le résidu solide est formé de 1 équivalent de carbonate de potasse et de 6 équivalents de charbon mêlés.

Cette dernière formule chimique a servi de base à la préparation des différentes poudres composées par M. Désignolle.

Associé au salpêtre, le carbazotate de potasse constitue une poudre dont la puissance a été évaluée à 10 fois environ celle de la poudre noire. Associé au charbon, il donne une poudre d'une puissance considérable.

Cette poudre, il est vrai, possède des propriétés éminemment brisantes, mais on peut la modifier, atténuer son pouvoir brisant, et même le supprimer complétement, par l'addition de quantités déterminées de charbon.

C'est ainsi que M. Désignolle a pu composer, pour les énormes bouches à feu qui arment aujourd'hui nos navires cuirassés, des poudres à canon moins brisantes que la poudre noire, et qui impriment aux projectiles des vitesses bien supérieures.

Nous n'avons pas reçu de l'inventeur communication de la composition exacte des diverses variétés de poudre qu'il fabrique. Nous connaissons seulement les quantités de carbazotate de potasse qu'il emploie pour obtenir, dans les différents cas, le maximum d'effet utile.

1° Pour les poudres brisantes, ce maximum est atteint par un mélange à parties égales de salpêtre et de carbazotate de potasse.

2° Pour les poudres à mousquet, les proportions de carbazotate de potasse peuvent varier de 12 à 20 pour 100, suivant la vitesse initiale qu'on veut obtenir. Cette poudre renferme aussi une certaine quantité de charbon.

3° Pour les poudres à canon, les proportions de carbazotate de potasse sont de 8 à 12 pour 100, avec une certaine quantité de charbon.

On voit que les poudres à canon et à mousquet préparées par M. Désignolle ne sont autre chose que l'ancienne poudre à canon et à mousquet dans laquelle le soufre est remplacé par le carbazotate de potasse.

Selon M. Désignolle, les poudres au carbazotate de potasse présentent, sur l'ancienne poudre, les avantages suivants :

1° La base restant la même, on peut composer des poudres dont on peut faire varier la puissance explosive, dans les limites de 1 à 10 (1 représentant la puissance de la poudre noire).

2° On peut augmenter la vitesse initiale imprimée aux projectiles, sans augmenter le pouvoir brisant de la poudre.

3° Comme le soufre n'entre pas dans la composition de cette poudre, on n'a plus à craindre les vapeurs d'hydrogène sulfuré et le sulfure de potassium solide, qui accompagnent la combustion de la poudre noire.

4° L'encrassement des armes et la fumée sont presque entièrement supprimés. En effet, le produit solide, résultant de la combustion des poudres à base de carbazotate de potasse, est alcalin : il consiste en carbonate de potasse, qui est sans action sur les métaux. Quant à la fumée, elle se réduit à un léger nuage de vapeur d'eau, qui se dissipe presque aussitôt après l'explosion.

M. Désignolle fabrique aujourd'hui, à la poudrerie impériale du Bouchet, des quantités considérables de ses nouveaux produits, en se servant des appareils ordinaires. Voici le mode de préparation suivi au Bouchet.

Les matières pesées sont triturées à la main, avec une proportion d'eau variant de 6 à 14 pour 100, suivant la nature du mélange ; puis, portées dans les moulins à pilons, où elles subissent un battage de 3 à 6 heures.

La poudre brisante, qui se compose seulement de carbazotate de potasse et de salpêtre, est battue pendant 3 heures; tandis que les poudres à mousquet et à canon, qui sont composées de carbazotate de potasse, de salpêtre et de charbon, sont pilées durant 6 heures.

La trituration terminée, les poudres subissent un *essorage* (dessiccation) de quelques jours. Ensuite, elles sont mises en galettes, au moyen de presses hydrauliques. La pression qu'on fait subir aux galettes, varie de 30,000 à 120,000 kilogrammes, selon qu'on désire des poudres à combustion vive ou à combustion lente.

A leur sortie de la presse hydraulique, les galettes sont concassées et portées dans un *grenoir* mécanique, où elles sont mises en grains, dont la grosseur varie suivant l'intensité des effets qu'on veut obtenir.

Les poudres étant grenées, on procède au *lissage*, au *séchage* et à l'*époussetage*, par les procédés ordinaires.

En résumé, M. Désignolle fabrique une poudre susceptible d'être employée comme poudre à mousquet et à canon, et une véritable poudre brisante, qui a été adoptée par le ministère de la marine pour la confection de ces redoutables torpilles sous-marines, qui sont mises en expérience depuis plusieurs années dans nos ports.

Sans entrer, au sujet de ces terribles machines sous-marines, dans des détails qui ne seraient pas ici à leur place, nous nous bornerons à dire que, depuis l'année 1865, M. le vice-amiral de Chabannes a fait, dans le port de Brest, et ensuite dans celui de Toulon, des expériences sur les effets destructeurs des machines destinées à faire sauter les navires ennemis. Ces machines infernales avaient été employées en Europe et en Amérique, par Fulton, comme nous l'avons dit dans le premier volume de cet ouvrage (1); mais, de nos jours, elles ont été singulièrement perfectionnées par l'emploi des fils conducteurs électriques, qui permettent de communiquer instantanément le feu aux réservoirs de poudre, moyen inappréciable dans le cas dont il s'agit, et dont l'ingénieur américain n'avait pu se servir, puisque la pile voltaïque venait à peine alors d'être découverte. Les torpilles sous-marines sont, depuis plus de deux ans, expérimentées avec plus ou moins de mystère par toutes les nations militaires de l'Europe, principalement par la Russie, l'Autriche, l'Angleterre et la France.

Dans une enveloppe métallique, on enferme une certaine quantité de poudre au carbazotate de potasse ; puis, à l'aide d'un fil métallique conducteur et d'une pile de Volta établie sur le rivage ou à bord d'un bâtiment, on provoque, à un moment donné, l'explosion de la poudre, dont les effets destructeurs sont véritablement effroyables.

On a vu, en 1866, dans le port de Brest,

(1) *Les bateaux à vapeur*, tome Ier, page 187.

une vieille frégate mise en pièces par l'explosion d'une torpille sous-marine.

Le 20 avril 1868, le *Louis XIV*, vaisseau-école de canonniers, procédait à l'expérience de l'engin redoutable que la science entend diriger contre les vaisseaux ennemis, pour triompher, peut-être, de leur formidable artillerie, de leur cuirasse métallique et de leur éperon.

La figure 170 représente le résultat de cette expérience, faite avec une torpille chargés de 500 kilogrammes de poudre. La torpille était plongée à 7 mètres de profondeur dans la mer, et à 60 mètres environ du rocher de la pointe Léaube, dans la rade des îles d'Hyères. La pile voltaïque destinée à envoyer, grâce au fil conducteur, l'étincelle au milieu de la masse de poudre, était installée sur ce rocher. Au signal, donné par un pavillon à bord du *Louis XIV*, le feu fut mis instantanément à la torpille, par le courant électrique. Aussitôt, la mer fut soulevée sous forme d'uné calotte sphérique, dont la hauteur pouvait être de 1 à 2 mètres et le périmètre de 25 à 30 ; un cône d'eau, de 50 mètres de hauteur, s'élança en l'air, entraînant avec lui le sable et la vase du fond, accompagné de nombreuses gerbes d'eau partant de la base du cône et atteignant à peu près la même hauteur.

Les personnes qui se trouvaient sur les rochers éprouvèrent deux violentes secousses, l'une au moment où la première onde s'était produite au-dessus de la torpille, la seconde au moment où les gaz s'élançaient dans l'air, entraînant à leur suite l'immense cône d'eau. A bord du *Louis XIV*, les mêmes secousses furent ressenties, malgré la distance de 900 mètres qui le séparait de la torpille.

On ne peut pas mettre en doute qu'un navire, quelque fort qu'il fût, n'eût été mis en pièces par l'effet de cette terrible commotion et du choc énorme de la masse d'eau projetée, s'il se fût trouvé au-dessus de la torpille ou dans son voisinage.

Nitroglycérine. — Pendant que M. le vice-amiral de Chabannes poursuivait ses expériences pour faire sauter les navires ennemis, un ingénieur suédois, M. A. Nobel, appliquait au sautage des mines les propriétés déflagrantes de la *nitroglycérine* ou *glycérine nitrée*, liquide formé d'un équivalent de glycérine et de trois équivalents d'acide nitrique.

Cette substance, qui ne s'enflamme ni à 100 degrés, ni au contact de l'étincelle électrique (il faut l'allumer par une mèche), possède une force explosive considérable. Elle permet, en effet, de loger dans un trou de mine de petite dimension une force balistique *dix fois* plus grande qu'en se servant de la poudre. On conçoit qu'il doive en résulter une grande économie de main-d'œuvre, dont on peut d'ailleurs se faire une idée en considérant que le travail du mineur représente, suivant la dureté du roc, de cinq à vingt fois la valeur de la poudre employée ; l'économie dans les frais de *sautage*, selon le terme consacré, s'élève donc facilement à 50 pour 100.

Voici quelques-uns des résultats des expériences qui ont été faites à la mine d'Altenberg, le 7 juin 1865, en présence de MM. de Decken et Noeggerath et d'un grand nombre d'ingénieurs allemands et belges. Les trous ont été forés dans une dolomie dure et saine, mais traversée de nombreuses fissures. Un trou de 34 millimètres de diamètre et de 2 mètres de profondeur fut chargé de $1^{lit},5$ de nitroglycérine, correspondant à $1^{m},50$ du trou ; puis on mit en place le bouchon et la fusée, on remplit la mine de sable, et on alluma la mèche. La masse rocheuse ne fut pas emportée, mais seulement fissurée ; néanmoins l'effet fut énorme ; on observa des fentes de 6 et de 15 mètres de longueur, et la roche se montra broyée encore au-dessous du fond de la mine.

Dans une autre expérience, un trou de mine semblable au premier fut foré dans un endroit plus dégagé, et rempli de $0^{lit},75$

Fig. 171. — Emploi de la nitro-glycérine pour l'exploitation des carrières et des mines.

de nitro-glycérine. Le feu étant mis à la mèche, il y eut une explosion formidable, accompagnée d'un bruit sourd : la roche était comme pulvérisée, un quart de la masse avait été emporté. On put enlever un volume total de 100 mètres cubes de pierres, qu'on aurait payés aux ouvriers à raison de 1 fr. 50 c. le mètre cube. Or, les frais de l'expérience n'étant que de 94 francs, l'économie était, dans ce cas, de 56 francs. Si l'on avait employé de la poudre, les frais auraient été d'environ 125 francs pour obtenir le même résultat.

Une autre expérience fut faite avec un bloc de fonte de 1 mètre de longueur, $0^m,58$ de largeur et $0^m,27$ d'épaisseur, pesant 1000 kilogrammes, dans lequel on avait percé un trou de 20 centimètres de profondeur et de 15 millimètres de diamètre. Ce trou fut rempli de nitro-glycérine sur une hauteur de 11 centimètres et fermé par un bouchon en fer taraudé, renfermant dans son axe une canule, qui servit à recevoir d'un côté la poudre, de l'autre la fusée. L'effet fut complet; le bloc éclata en quatre grands et en dix ou douze petits morceaux, et le chariot sur lequel il reposait fut brisé.

Ces expériences ne laissent pas de doute sur l'efficacité de la nitro-glycérine comme agent de *sautage*, et l'on doit remercier M. Nobel d'en avoir vulgarisé l'emploi.

Nous disons vulgarisé, car M. Nobel n'a pas été le premier à signaler les propriétés déflagrantes encore peu connues, de ce liquide. En 1847 un jeune chimiste italien attaché au laboratoire de M. Pelouze, M. Ascanio Sobrero, en traitant la glycérine par un mélange d'acide nitrique et d'acide sulfurique, comme s'il s'agissait de préparer du fulmi-coton, avait obtenu une combinaison nitrée de glycérine, ayant l'aspect de l'huile d'olive, jaune, plus pesante que l'eau, insoluble dans l'eau, soluble dans l'alcool et l'éther, et qui offrait toutes les propriétés détonantes du fulmi-coton. La découverte de M. Sobrero était cependant restée sans application.

C'est à M. Nobel, l'ingénieur suédois, que l'on doit, comme il vient d'être dit, les applications pratiques de ce liquide détonant à l'inflammation des fourneaux de mine.

Quelques détails sur la préparation de la *nitro-glycérine* et sur son mode d'emploi, ne seront pas de trop ici.

La *nitro-glycérine* se prépare en versant, par petites quantités successives, de la glycérine (produit secondaire de la fabrication des savons, autrefois connu sous le nom de *principe doux des huiles*, et qui a reçu différentes applications dans la médecine et dans les arts), dans un mélange d'un volume d'acide azotique, d'une densité de 1,43 et de deux volumes d'acide sulfurique, d'une densité de 1,83. Il faut maintenir le vase dans lequel on opère le mélange au milieu d'un bain de glace, afin de modérer l'intensité de la réaction. Si l'on verse dans l'eau le produit de cette réaction, on voit se précipiter un liquide huileux, sans odeur et insoluble dans l'eau : c'est la nitro-glycérine.

La nitro-glycérine, dont la densité est de 1,06, est solide à la température de 15 degrés centigrades. Enflammée à l'air, elle brûle simplement et sans faire beaucoup d'explosion ; mais si on l'enferme dans une enveloppe quelconque, et qu'on l'enflamme, elle produit une détonation violente.

C'est en 1854 que M. Nobel essaya, pour la première fois, la nitro-glycérine, comme agent d'explosion. Il était difficile d'employer un liquide dans les travaux des mines. M. Nobel construisit donc une fusée spéciale pour cette application. On place dans un tube métallique la charge de *nitro-glycérine*, et l'on fixe immédiatement au-dessus du liquide, une fusée, à l'extrémité de laquelle est attachée une petite charge de poudre à canon. Quand on enflamme cette fusée, la poudre placée à son extrémité inférieure fait explosion, et provoque celle de la nitro-glycérine.

La figure 172 représente les instruments à l'aide desquels on creuse dans la roche les

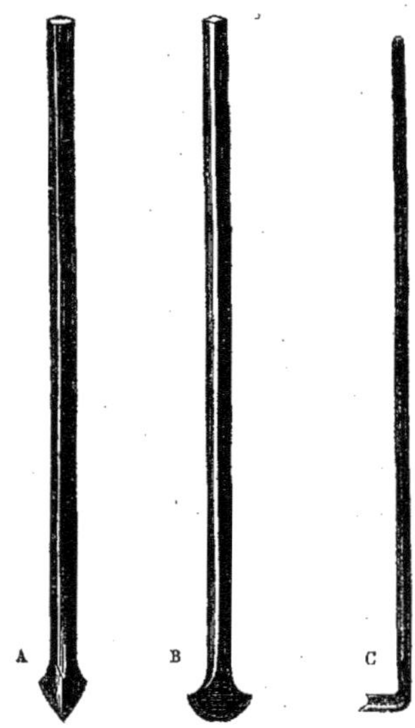

Fig. 172. — Outils des mineurs pour la perforation des roches.

A. Fleuret en fer de lance.
B. Fleuret en langue de chat.
C. Curette.

trous pour l'exploitation des carrières ou des mines. Les outils A et B sont les *fleurets*, en acier trempé, qui servent à creuser dans la roche des trous verticaux ou obliques ; le premier est dit en *fer de lance*, le second en *langue de chat*. Le troisième outil, C, est une *curette* destinée à agrandir les trous faits par le fleuret.

La figure 173 fait voir la cartouche, DE, destinée à contenir la nitro-glycérine. D est le tube métallique qui reçoit la cartouche pleine de nitro-glycérine. Une fusée chargée de poudre ordinaire, est placée par-dessus la glycérine, au point E, et doit communiquer le feu au liquide explosif. Une mèche à poudre, EF, est en rapport avec cette fusée et servira au mineur à mettre le feu à la fusée, et par conséquent à la nitro-glycérine.

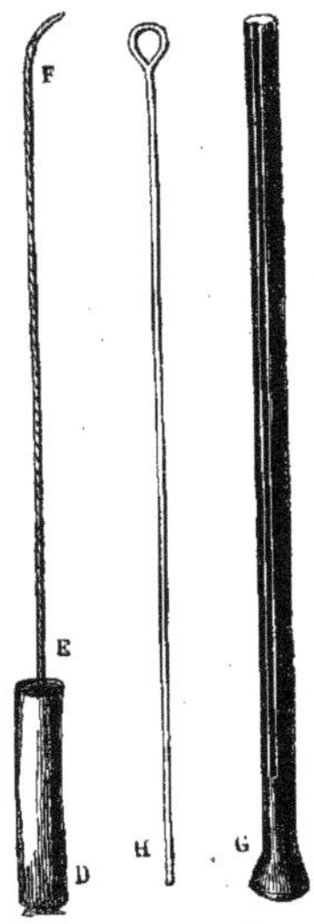

Fig. 173. — Instruments pour placer la cartouche.

DEF. Cartouche munie de la mèche.
H. Épinglette.
G. Bourroir.

Le *bourroir*, G, sert à pousser la cartouche de poudre, quand on fait usage de poudre ordinaire, et l'épinglette H permet de s'assurer si la cartouche occupe bien la position prescrite.

On estime que l'action destructive de la *nitro-glycérine* est environ dix fois celle d'un poids égal de poudre de mine. Le prix de la fabrication de cette substance explosive est environ sept fois celui de la poudre de mine, ce qui montre qu'il y aurait quelque économie à substituer la nitro-glycérine à la poudre ordinaire des mineurs.

Toutefois le maniement de la nitro-glycérine s'accompagne de tels dangers, qu'il paraît presque impossible de consacrer cette substance, d'une façon régulière, au travail des mines. Elle fait quelquefois explosion sans cause connue, ou du moins sans cause que puisse prévoir la prudence humaine. Des navires contenant une faible provision de nitro-glycérine, des magasins où se trouvaient renfermés quelques échantillons de cette substance, ont été le théâtre de véritables désastres, causés par son explosion. Les journaux ont annoncé qu'une fabrique de nitro-glycérine a sauté à Stockholm, le 13 juin 1868, occasionnant la mort de quinze personnes, et ravageant tous les environs de la manufacture.

On ne connaîtra probablement jamais les causes précises des terribles explosions de nitro-glycérine qui ont eu lieu à San-Francisco (Californie), en 1867, et à Newcastle (Angleterre) en 1868; mais leur cause indirecte, tout au moins, semble avoir été la décomposition spontanée de cette substance, décomposition qui avait été produite ou accélérée par la température élevée des parties du bâtiment dans lesquelles elle était conservée. Dans d'autres cas, la rupture violente de vases contenant la nitro-glycérine a été occasionnée par l'accumulation des gaz engendrés par sa décomposition graduelle. Sans parler de son caractère vénéneux, l'extrême tendance de la nitro-glycérine à faire explosion, s'opposera probablement à son emploi, sur une grande échelle, pour remplacer la poudre de mine.

Pour terminer cette notice, nous dirons un mot d'un agent d'incendie qui a répandu récemment beaucoup d'inquiétudes en Angleterre.

On a donné, chez nos voisins, le nom de *feu fénian* à une dissolution de phosphore dans le sulfure de carbone, parce qu'on a saisi à Liverpool, en 1867, une assez grande quantité de ce liquide, qu'on croit avoir été préparé par les Fénians, dans une intention de guerre. Ce mélange est excessivement inflammable, les deux corps qui le composent étant eux-mêmes essentiellement combustibles. Le sulfure de carbone répand, même à la température ordinaire, de nombreuses vapeurs, qui, mélangées à l'air, s'enflamment avec explosion, au contact d'une bougie.

Cette inflammabilité s'accroît dans des proportions considérables par l'addition du phosphore, qui se dissout dans le sulfure de carbone.

On a voulu vérifier les propriétés de ce dangereux liquide. Dans ce but, on a lancé contre une haute muraille un flacon, qui contenait cette matière inflammable. Il s'est produit aussitôt une violente explosion, et un torrent de flammes s'est répandu sur le mur, avec accompagnement de fumées très-délétères, car le sulfure de carbone et la vapeur de phosphore sont de dangereux poisons. Versé sur du coton, des étoupes et autres matières semblables, ou répandu en petites quantités sur une grande surface, ce liquide s'est aussi enflammé instantanément au contact de l'air.

C'est là un terrible agent d'incendie; mais on ne saurait évidemment en faire aucun usage comme succédané des poudres de guerre ou de mine.

FIN DES POUDRES DE GUERRE

L'ARTILLERIE
ANCIENNE ET MODERNE

CHAPITRE PREMIER

LES PREMIÈRES BOUCHES A FEU. — L'ARTILLERIE AU XIVe SIÈCLE, EN FRANCE, EN ANGLETERRE, EN ALLEMAGNE ET EN ITALIE. — LES VEUGLAIRES ET LES BOMBARDES. — FORME DE BOMBARDES ET DE LEURS AFFUTS AU XIVe SIÈCLE. — LES PROJECTILES.

Le mot *artillerie* est d'origine fort ancienne. Le vieux mot français *artiller*, dont la racine grammaticale est difficile à retrouver, signifiait l'homme d'armes préposé à l'emploi et à la garde des instruments divers qui servent à l'attaque ou à la défense des places ; de même que le mot *archer* signifiait le soldat armé de l'arc ou de l'arbalète. Bien avant l'invention des bouches à feu, le mot *artillerie* servait à désigner les engins variés de l'ancienne balistique, et le matériel de guerre tout entier, c'est-à-dire les armes et les charrois (1). Après la découverte de la poudre, et ses emplois dans les armes de guerre, le mot *artillerie* servit à désigner les divers tubes de fer que l'on fabriqua pour lancer des projectiles au moyen de la poudre. Plus tard, les bouches à feu s'étant multipliées, les anciennes machines de siége disparurent, et par une transition naturelle, le matériel de guerre ne comprit plus que les armes à feu. Le mot *artillerie* servit alors exclusivement à désigner ces armes nouvelles, et de nos jours encore, il ne s'applique qu'aux armes à feu de gros calibre.

Les premières armes à feu furent appelées *canon* ou *quennon ;* d'où vint le mot *canonnier* ou *quenonnier*, pour désigner les gens qui les tiraient.

Certains étymologistes font dériver le mot *canon* du mot latin *canna*, qui signifie *tube*, ou *roseau.* Si l'on considère pourtant la faible longueur des premières bouches à feu, il semblera peu probable que les hommes de guerre

(1) A l'appui de cette opinion, nous nous bornerons à citer le passage du *Règlement pour la défense de la ville de Montauban*, trouvé dans les archives de Montauban, et traduit par M. Devals aîné.

« S'ensuit la manière dont doit être composée l'artillerie :

1° Premièrement les espingoles, les arbalètes de corne, les arbalètes de deux pieds et d'un pied, et beaucoup de traits, de tours et de hausse-pieds pour tendre les arbalètes;

2° Plus, grande foison de carreaux de chaque arbalète, et de plumes d'airain pour les empenner;

3° Plus, des lances, des dards..., des épées, des couteaux, des dagues de Gênes et des plastrons de reste ;

4° Plus, des bricoles avec les engins et les cordes nécessaires ;

5° Plus, grande foison de pierres, de canons et du plomb ;

6° Plus, grande foison de chanvre, des angles, de chaux vive, de brides de cheval, d'aiguilles petites et grosses, de cire, d'alênes, et beaucoup de dés pour distraire les compagnons ;

7° Plus, grande foison de frondes ;

8° Plus, des tamis, des cribles et des blutoirs pour passer la farine ;

9° Plus, beaucoup de pierres, de bricoles et des maîtres qui sachent gouverner tout cela. »

du moyen âge, assez peu instruits par profession, soient allés chercher un mot latin qui ne donnait qu'une idée très-éloignée de la forme des nouvelles armes. Nous nous rangeons plus volontiers à l'avis de ceux qui pensent que les premières bouches à feu furent appelées *canons* à cause de leur ressemblance avec la forme de l'ancienne mesure à boire, nommée *canon* en français, *kan*, en flamand, *quenne*, dans le pays de Tournai et de Valenciennes. L'intempérance bien connue de nos ancêtres, milite peut-être encore en faveur de cette opinion.

Dans d'autres pays, et vers la même époque, les canons furent appelés, à cause de leur décharge, qui frappait d'étonnement, *mequinas de trueños*, ou *machines de tonnerres*, et *donderbers* qui signifie *tuyau de tonnerre*.

Presque tous les peuples ont revendiqué, le contestable honneur d'avoir les premiers fait usage du canon. Ce point, très-longtemps débattu, est maintenant éclairci d'une manière satisfaisante.

D'après l'historien espagnol Conde, les Arabes auraient les premiers employé le canon en Europe. Assiégés, en 1259, à Niebla, en Espagne, par les populations dont ils avaient envahi le territoire, ils se défendirent en lançant des pierres et des dards « avec des machines et des traits de tonnerre avec feu. » Le même historien rapporte aussi un exemple de l'usage du canon en Espagne, en 1323, lorsque le roi de Grenade, ayant mis le siége devant Baza, se servit contre la ville « de machines et engins qui lançaient des globes de feu avec grand tonnerre. »

Nous avons ajouté, d'après le même historien, dans la Notice sur les *Poudres de guerre*, que le sultan du Maroc, Abou-Yousouf, fit usage de poudre à canon pour lancer des boulets de pierre, au siége de Sidjilmessa, en 1273.

Cependant, comme il n'existe aucun ouvrage technique sur l'artillerie de cette époque, il est difficile de savoir si les machines à feu dont parle l'historien espagnol, étaient véritablement des canons, ou si ce n'étaient pas simplement ces balistes, ces *trébuchets*, ces machines à fronde, depuis si longtemps employés chez les Arabes et chez les peuples occidentaux pour lancer des matières combustibles et des carcasses incendiaires, qui, jetées par-dessus les remparts des villes, s'enflammaient au milieu de l'air avec une violente explosion. Les termes dont se sert l'historien Conde ne permettent pas de prononcer. Espérons que quelques documents encore enfouis dans les archives espagnoles viendront un jour jeter une lumière définitive sur cette question.

En l'absence de textes plus positifs, la priorité de l'emploi du canon ne saurait être contestée à l'Italie. Dans son *Histoire des sciences mathématiques en Italie,* M. Libri a rapporté le texte d'une pièce authentique de la république de Florence, datée du 11 février 1325, qui constate que *les prieurs*, *le gonfalonier et les douze bons hommes* (1) ont la faculté de nommer deux officiers chargés de faire fabriquer des boulets de fer et des canons de métal pour la défense des châteaux et des villages appartenant à la république de Florence. Cette pièce, dont le texte existe encore, suffit pour établir l'existence des bouches à feu en Italie dès l'année 1325.

A partir de l'année 1326, les historiens italiens mentionnent assez souvent l'emploi des armes à feu. Nous nous bornerons à citer l'attaque de Cividale en 1331 (2).

L'usage de la poudre à canon s'est introduit de très-bonne heure en France. L'histoire a constaté son emploi en 1339, au siége de Puy-Guillem (3) ; et pendant la même

(1) Le *gonfalonier* était le chef de la république de Florence; les *douze bons hommes*, les magistrats municipaux.

(2) Lacabane, *Bibliothèque de l'école des chartes*, 2e série, t. I, p. 35.

(3) C'est ce qui résulte du fameux extrait du registre de la Cour des comptes, qui a été cité par Du Cange et qui est ainsi conçu : « *Payé à Henri de Fumechon, pour achat de poudres et autres objets nécessaires aux canons employés devant Puy-Guillem.* »

année, au siége de Cambrai, par Edouard III. Elle a également établi la fabrication des canons à Cahors, en 1345.

Dès le principe, on fabriqua des canons de deux espèces. Les *bombardes* (du radical celtique *bom* qui signifie bruit) étaient des tubes de petite dimension, du moins dès le début, et percés d'une lumière vers la culasse. Telle fut la bouche à feu primitive. Les *veuglaires* (du mot flamand *vogheleer*, *oiseleur*) étaient faits de deux parties, qui s'adaptaient exactement l'une à l'autre : la *chambre à feu* et la *volée*. On manœuvrait la *chambre à feu* au moyen d'une anse, dont elle était pourvue, pour l'ajuster à la *volée*, simple tube de fer ouvert à ses deux bouts. Chaque veuglaire avait, en général, plusieurs chambres ; on chargeait les unes, pendant qu'une autre, ajustée à la volée, exécutait le tir ; de telle sorte que le tir des veuglaires était plus rapide que celui des bombardes.

Il n'existe pas, au musée d'artillerie de Paris, de *veuglaire* proprement dite, c'est-à-dire de pièce à *chambre à feu* mobile, pour-

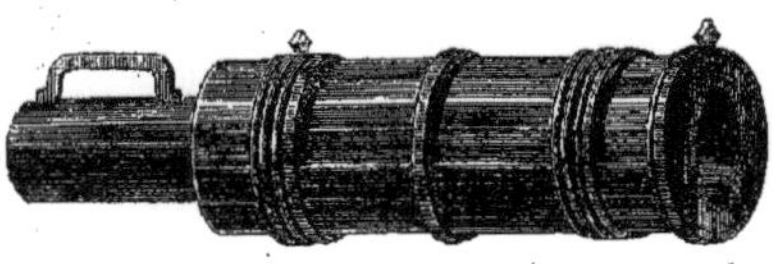

Fig. 174. — Veuglaire du Musée d'armes de Bruxelles.

Fig. 175. — Autre veuglaire du Musée d'armes de Bruxelles.

vue d'une anse, pour la manier. Mais on en voit un certain nombre au *Musée d'armes* de la ville de Bruxelles. Les figures 174 et 175 représentent deux veuglaires, dont nous avons pris nous-même le croquis, au mois de juin 1868, dans le *Musée d'armes* de cette ville. Ces pièces à feu destinées à lancer des boulets de pierre, sont longues d'un mètre et ont un fort calibre (20 centimètres de diamètre pour la première et 16 centimètres pour la seconde). Elles portent sur le catalogue du musée, les n°s 46 et 47 Z. Une trentaine de boulets de pierre, et toutes sortes d'instruments de fer, pince, tenaille, fourche, grand marteau, qui accompagnent ces bouches à feu, servaient évidemment à les charger. Quatre *chambres à feu* avec leur anse, mais sans leur volée (n° 49 Z) sont suspendues près de ces deux pièces.

Ces objets, d'une grande importance pour l'histoire de l'artillerie, furent retirés, en 1858, du puits du château de Bouvignes, près Dinant (Belgique), où ils avaient été jetés, pêle-mêle avec les défenseurs de ce château, lorsque les Français prirent d'assaut la ville de Dinant, en 1554.

Les premières bombardes étaient si petites qu'elles n'avaient pas d'affût. Nous les rangerions parmi les armes portatives, si leur mention à cette place n'était nécessaire à l'intelligence de l'histoire des origines de l'artillerie.

La figure 176 représente une des bom-

Fig. 176. — Petite bombarde posée sur un affût à main, d'après Valturius.

bardes dessinées par Valturius, dans son ouvrage latin *De re militari*, écrit dans la première moitié du XVe siècle. Valturius, qui écrivait en latin, donnait aux premières bouches à feu, les noms des machines de guerre employées dans l'antiquité chez les Romains : il les appelait *ballista* du nom des anciennes *balistes* des armées romaines.

Cette bombarde pouvait être tirée, posée à terre sur son affût, ou bien appuyée sur l'épaule droite d'un soldat, qui y mettait le feu de la main gauche, c'est ce que représente la figure 177, tirée, comme la précédente, de l'ouvrage de Valturius.

L'âme des bombardes n'était pas toujours

cylindrique ; elle avait souvent la forme d'un cône tronqué. Leur partie postérieure, amincie, se terminait par un bouton, ou par une simple queue, droite ou recourbée, laquelle pouvait ainsi se ficher en terre.

Fig. 177. — Fantassin tirant une bombarde.

Les dessins de différentes bombardes que nous allons donner, feront mieux comprendre leur forme et leur usage. Ces figures sont extraites du beau livre de M. le général Favé : *Histoire des progrès de l'artillerie*, qui fait suite aux *Études sur le passé et l'avenir de l'artillerie* par l'empereur Napoléon III.

M. Favé a extrait d'un *Traité des machines* (*De machinis libri decem*), écrit en 1449, par Marianus Jacobus, surnommé Taconole, manuscrit qui appartient à la bibliothèque de Saint-Marc à Venise, quelques dessins, que nous reproduisons, et qui représentent les formes des bombardes en usage en Italie à cette époque. Dans la figure 178, la *chambre*

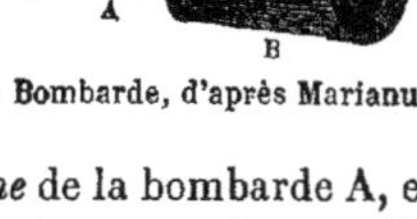

Fig. 178. — Bombarde, d'après Marianus Jacobus.

à feu, ou *âme* de la bombarde A, est en forme de tronc de cône, ce qui permettait de tirer des projectiles de dimensions variables. La *volée*, B, avait également une forme conique.

Dans la figure 179, l'âme, A, étant plus longue et cylindrique, le tir avait plus de justesse et de portée.

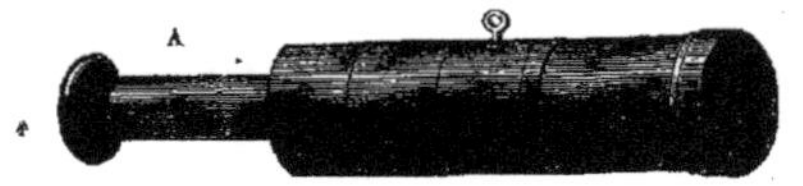

Fig. 179. — Bombarde, d'après Marianus Jacobus.

Il est intéressant de connaître la forme qu'eurent les affûts des premières bouches à feu. La première forme paraît être celle que représente la figure 180. C'est une pièce de bois, munie de deux supports sphériques, *a*, pour soutenir la pièce, et terminée par deux montants parallèles A,B, entre lesquels pouvait jouer la queue recourbée, dont la bouche à feu était munie.

Cette bouche à feu, et son affût, étaient appelés en Italie *cerbotana*. A cette époque,

Fig. 180. — Bombarde sur un affût de bois (cerbotane italienne).

le peu de résistance, et le défaut de solidité des bouches à feu, ne permettaient pas de les encastrer, c'est-à-dire de les rendre immobiles sur leur affût. On les laissait donc jouer librement. Les barres de bois parallèles A, B, et les supports sphériques *a*, servaient à faciliter et à varier le pointage.

Un manuscrit célèbre *Tractatus Pauli Sanctini Dacensis*, appartenant à la bibliothèque de Constantinople, renferme des dessins exacts de machines de guerre employées au XIVe siècle. La figure 181, extraite de ce manuscrit, et reproduite dans le tome Ier, des *Etudes sur l'artillerie*, par l'empereur Napo-

Fig. 181. — Cerbotane ou bombarde italienne du XIVe siècle.

léon III, représente une bombarde, que l'auteur du manuscrit appelle *Cerbotane* (*Cerbotana ambulatoria*), à laquelle un soldat met le feu, à l'aide d'une baguette de fer rougie. L'extrémité antérieure, portant sur un support fourchu, et l'extrémité postérieure sur une barre de fer transversale, le recul fait mouvoir le canon sur ces deux points d'appui.

Ici le pointage est donné dans le plan horizontal par les roulettes, et dans le plan vertical par les *pointards*, dans lesquels la barre de fer transversale s'engage à des hauteurs variables. Les mouvements, dans ce second sens, devaient être rendus très-pénibles par le poids du canon qu'il fallait soutenir pendant qu'on retirait la cheville, et qu'on l'engageait dans un trou différent. On voit sur le dessin de Paulus Sanctinus (*fig.* 181) un artilleur mettant le feu à la bombarde avec une barre de fer rougie.

Les bombardes, alors très-petites, étaient souvent tirées à la main. La figure 182 représente, d'après le manuscrit de Marianus Jacobus, un cavalier armé de toutes pièces, et portant une arme à feu, qu'il fait partir au moyen d'une mèche allumée, tenue de la main droite. Ce même dessin a été reproduit dans le manuscrit de Paulus Sanctinus dont nous

Fig. 182. — Cavalier tirant une bombarde à main, d'après le manuscrit de Marianus Jacobus.

parlons plus haut : Sanctinus donne au cavalier le nom d'*Eques scoppetarius*.

Vers la première moitié du XIVe siècle, l'infanterie composée des milices des communes, se retranchait derrière ses charrois, pour se garantir de la cavalerie. On inventa même des voitures à deux roues, garnies, à l'arrière, de piques, qu'on tournait du côté de l'ennemi. Ces voitures étaient nommées *ribaudequins*, du mot *ribaud*, qui servait à désigner les hommes employés aux charrois de l'artillerie, et qui étaient chargés de conduire le matériel de guerre. Les *ribaudequins* furent

Fig. 183. — Ribaudequin du XIVe siècles, armé de petits canons et de piques.

les premiers affûts dans lesquels on encastra les armes à feu. On ne mit d'abord, sur chaque voiture, que un ou deux petits canons; ils effrayaient plutôt l'ennemi et ses chevaux, qu'ils ne lui nuisaient par leurs projectiles.

La figure 183 représente un *ribaudequin* portant quatre petits canons sur une même rangée. On voit au-dessous des canons, une rangée de cinq piques, dont trois portent des masses d'étoupes imbibées de matières inflammables. Entre les deux roues se dresse verticalement une cloison de bois, destinée à défendre les artilleurs contre les traits de l'ennemi.

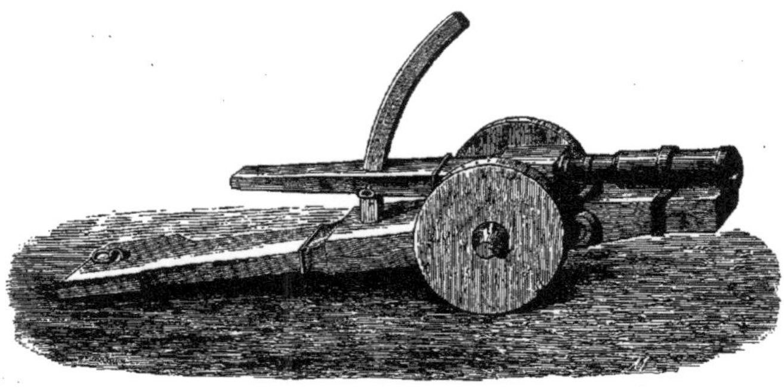

Fig. 184. — Bombarde du XIVe siècle, sur un affût à roulettes.

Plus tard, on débarrassa les *ribaudequins* de cet attirail de piques et de hallebardes, reste superflu de l'ancien armement. On ob-

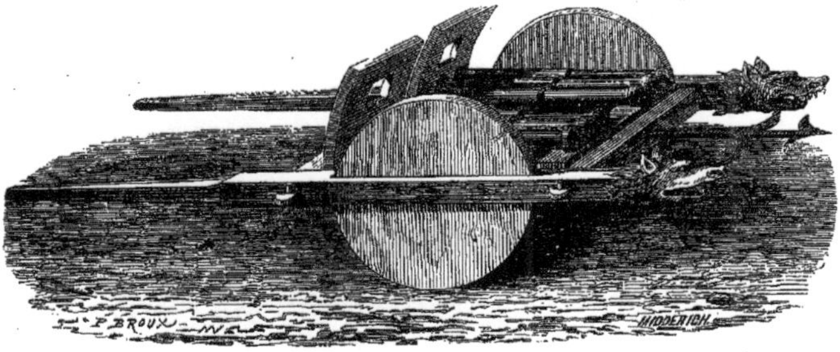

Fig. 185. — Orgue de bombardes.

tint ainsi les véritables canons ou bombardes portées sur des affûts à roues.

Les canons des *ribaudequins* ne tiraient qu'une fois, au commencement de la bataille; puis ils restaient inutiles. Les milices et les cavaliers passaient au-devant des chariots, pour combattre, parce qu'il aurait été trop long ou trop dangereux de les charger une seconde fois. Quand on approchait de l'ennemi, on plaçait les ribaudequins aux points les plus menacés, et le camp se retranchait derrière son charroi.

De nos jours, les ribaudequins sont remplacés par les *chevaux-de-frise*, machines de bois hérissées de pointes, qui ne portent pas de canons, mais seulement des piquants de fer, comme avant l'invention des armes à feu.

La figure 184, extraite par l'auteur des *Etudes sur l'artillerie* d'un manuscrit de la Bibliothèque impériale, représente une bombarde du XIVe siècle portée sur un affût à roulettes.

Quelquefois on plaçait sur le même affût un plus grand nombre de petits canons : le système prenait alors le nom *d'orgue*. La figure 185, extraite du même manuscrit, représente un *orgue de bombardes*, de provenance italienne.

A mesure que l'art de fabriquer les bombardes faisait des progrès, les formes et les proportions des tubes à feu subissaient des variations, et exigeaient de nouveaux noms. Au XVe siècle, on appela, en raison de leur forme allongée et étroite, *couleuvres* et *couleuvrines*, des canons de très-petit calibre, et à longue volée, pesant de 12 à 50 livres. On distinguait les *couleuvrines à main*, et les *couleuvrines à crochet*. En Italie des hommes à cheval en furent parfois armés. Rarement les couleuvrines étaient à chambre, comme les veuglaires.

Les *serpentines* étaient des canons un peu plus gros que les couleuvrines, ils apparurent plus tard.

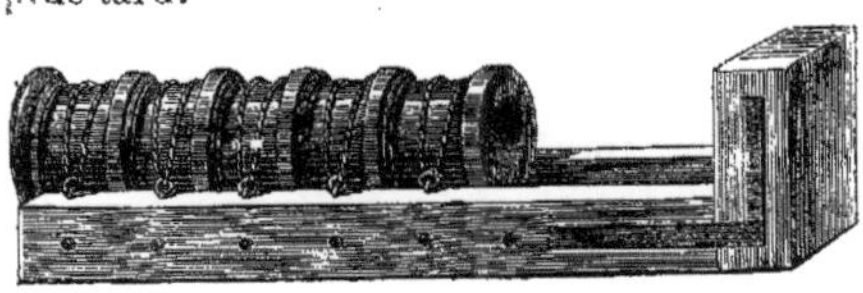

Fig. 186. — Volée de la bombarde, et son affût.

Fig. 187. — Chambre à feu de la bombarde.

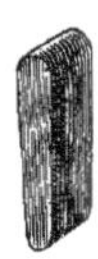

Fig. 188. — Coin, ou *laichet*, pour réunir la chambre à feu et la volée.

Il arriva enfin une époque où les petits canons furent encastrés dans des affûts, suffisamment massifs pour résister au recul.

La figure 186 tirée de l'ouvrage de M. Favé,

Fig. 189. — Bombarde du XIVe siècle montée sur un affût à roulettes.

représente une bombarde dont la *volée* est fixée à l'affût, par des cordes passant dans des anneaux. A cette *volée* s'adaptait la *chambre*, que nous représentons à part (*fig.* 187), et un coin appelé *laichet* (*fig.* 188), qu'on enfonçait, à coups de maillet, entre la chambre et la partie montante de l'affût, et qui servait à bien joindre la chambre et la volée. On prenait de grandes tenailles pour retirer le coin de bois, et recharger la pièce.

Nous empruntons à l'ouvrage de M. Favé, une autre figure (*fig.* 189), représentant une bombarde très-courte, et dont la chambre est d'un calibre moindre que celui de la volée. Le tout est fixé, par des embrasses métalliques, sur un plateau de bois, porté par deux roues. Le *pointard*, A, percé de trous, qui soutient la flèche, B, fait varier le tir dans le plan vertical, tandis que les roulettes le font varier dans le sens horizontal. A la partie antérieure est une cloison de bois, C, destinée à protéger les canonniers.

Les premiers canons, dont on fit usage, n'étaient pas tous faits de la même matière. Un passage de Pétrarque, écrit en 1342, semblerait indiquer que les premiers canons fabriqués en Italie, étaient de bois. Voici ce curieux passage, extrait du dialogue de Pétrarque intitulé : *De remediis utriusque fortunæ :*

« J'ai des machines et des balistes incomparables. Je m'étonne que vous n'ayez pas aussi de ces glands d'airain qui sont lancés par un jet de flamme, avec un horrible bruit de tonnerre. Ce n'était pas assez de la colère d'un Dieu immortel tonnant du haut des cieux. Il fallait (ô cruauté mêlée d'orgueil !) que l'homme, chétive créature, eût aussi son tonnerre. Ces foudres que Virgile regardait comme inimitables, l'homme, dans sa rage de destruction, est parvenu à les imiter. Il les lance d'un infernal *instrument de bois* comme elles sont lancées des nuages. Quelques-uns attribuent cette invention à Archimède, du temps où Marcellus assiégeait Syracuse, mais celui-ci l'imagina pour défendre la liberté de ses concitoyens, pour retarder ou empêcher la ruine de sa patrie, tandis que vous vous en servez pour ruiner ou assujettir les peuples libres. »

Ces canons de bois étaient probablement du plus petit calibre ; ils devaient lancer des projectiles analogues aux graviers de fer, ou *avelines*, des Arabes. On conserve à l'arsenal de Gênes, de petits canons de bois. Ils sont formés de douves épaisses assemblées, et recouvertes de cuir. On estime qu'ils datent de la première moitié du XIVe siècle.

Les canons de bois ne furent pourtant qu'une très-rare exception. Plus de la moitié des bouches à feu primitives, qui soient parvenues jusqu'à nous, sont en fer forgé. Elles se composent généralement de barres de fer soudées longitudinalement, et assurées par des manchons cylindriques, réunis entre eux et soudés aux barres. En outre, des

Fig. 190. — Canon en fer forgé, du Musée d'artillerie de Paris.

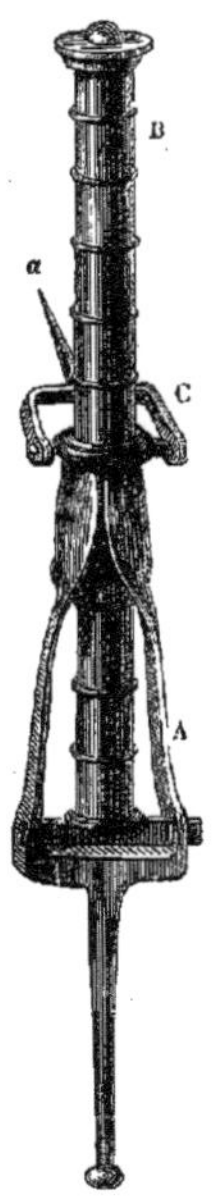

Fig. 191. — Canon en fer forgé, du Musée d'artillerie de Paris.

bandes circulaires de fer, d'épaisseur et de diamètre différents, chassés à coups de marteau, comme les cercles d'un tonneau, les renforçaient, d'espace en espace.

Le musée d'artillerie de Paris possède plusieurs de ces canons en fer forgé. Nous donnons les dessins de deux de ces pièces, qui portent les numéros 1 et 4, sur le catalogue de ce musée.

Le premier (*fig.* 190) qui paraît le plus ancien, est fait de trois barres de fer forgées et assemblées par quatre anneaux. Son calibre est de 6 centimètres. Il se compose d'une chambre, A, et d'une volée, s'adaptant l'une à l'autre au moment du tir. Sur la pièce représentée par la figure 190, l'espace que devait occuper la *chambre à feu* est vide, cette partie ayant été perdue. Mais la *chambre à feu* existe en place sur la pièce représentée par la figure 191.

La boucle à charnière, C, qui se voit sur l'une et l'autre figure, était probablement destinée à ficher dans le sol la bombarde au moyen de la pointe *a* (*fig.* 191) de la boucle C.

Le *Musée d'armes* de la ville de Bruxelles possède plusieurs petits canons en fer forgé, cerclés du même métal. Nous citerons particulièrement : un canon de 2 mètres de long, et du calibre de 4 centimètres, trouvé dans l'Escaut (n° 12 Z du catalogue), — un autre de 1 mètre 20 de longueur et du calibre de 7 centimètres, trouvé à Nieuport (n° 10 Z du catalogue), — un petit canon de 1 mètre 28 centimètres de long, du calibre de 4 centimètres, trouvé dans les démolitions d'une tour des remparts de Marche (Luxembourg), et muni d'un anneau pour le suspendre (n° 3 Z du catalogue) ; — une bouche à feu marine, trouvée à Oudenarde, dans les fondations du pont de l'Escaut (n° 8 Z) — et plusieurs *couleuvrines*, c'est-à-dire petites pièces très-longues et de faible calibre. Tous ces petits canons et couleuvrines sont en fer et cerclés du même métal.

Les autres bouches à feu du XIVe siècle étaient coulées en cuivre ou en bronze. On en fit plus tard en fonte de fer. On fabriquait et on coulait les canons comme les cloches ; le travail était exécuté par les mêmes fondeurs.

Un acte du gouvernement de la république de Florence, que nous avons déjà cité dans les premières pages de cette Notice, prouve qu'en 1325, cette ville possédait des canons fondus lançant des balles de fer. C'est le plus ancien des documents retrouvés jusqu'à ce jour concernant les bouches à feu.

Les comptes des consuls de Cahors établissent qu'en l'an 1345, vingt-quatre canons furent fondus dans cette ville. Leur approvisionnement de poudre n'était guère que de trois livres pour chacun. Ils devaient donc être de fort petit calibre.

Les Anglais n'ont adopté qu'après nous la poudre à canon ; ils ont cependant sur tous les peuples de l'Europe l'avantage d'avoir les premiers employé l'artillerie en rase campagne. On sait l'usage funeste qu'ils en firent contre nous à la journée de Crécy, le 26 août 1346. Selon la Chronique de Saint-Denis, le roi Philippe de France venant à l'encontre des Anglais, ceux-ci « tirèrent « trois canons, d'où il arriva que les arbalé« triers génois, qui étaient en première ligne, « tournèrent le dos et cessèrent le combat. » L'historien Villani ajoute que les Anglais lançaient de petites balles de fer, pour effrayer les chevaux :

« Le roi d'Angleterre ordonna à ses archers, dont il n'avoit pas grand nombre, de faire en sorte avec les bombardes de jeter des boules de fer avec du feu pour effrayer et disperser les chevaux des François... Les bombardes menoient si grande rumeur et tremblement, qu'il sembloit que Dieu tonnât, avec grande tuerie de gens et déconfiture de chevaux. »

Selon Villani, le désordre des Français arriva surtout par suite de l'embarras des corps morts laissés par les Génois; toute la campagne était jonchée de chevaux et de gens renversés, tués ou blessés par les bombardes et les flèches.

Le revers éprouvé par les troupes françaises à la journée de Crécy, fut attribué à l'emploi des bouches à feu ; et ce fait, qui produisit une grande sensation, eut pour résultat de faire adopter l'artillerie à feu par toutes les nations militaires de l'Europe. Jusque-là, le canon n'avait encore agi que contre les édifices et les murailles des villes ; son emploi contre les hommes avait rencontré, dans l'Occident, les plus vives répugnances. Pour les guerriers du Moyen-Age, c'était une félonie que d'employer à la guerre ces armes perfides, qui permettaient au premier vilain de tuer un brave chevalier, qui donnaient au timide et au lâche le moyen d'attaquer, à couvert et à distance, le plus intrépide combattant. Au XIIe siècle, le second concile de Latran, dont les décisions faisaient loi pour toute la chrétienté, avait défendu l'usage des machines de guerre dirigées contre les hommes, comme « trop meurtrières et déplaisant à Dieu. » Christine de Pisan, qui a composé sous Charles VI, un excellent traité de l'art de la guerre, parle du feu grégeois et des compositions analogues usitées de son temps, comme d'un moyen déloyal et indigne d'un chrétien. Enfin, on peut rappeler à ce sujet, le serment exigé, au Moyen-Age, des artilleurs allemands.

« L'artilleur jure de ne point tirer le canon de nuit; de ne point cacher de feux clandestins...., et surtout de ne construire aucuns globes empoisonnés ni autres sortes d'inventions, et de ne s'en servir jamais pour la ruine et la destruction des hommes, estimant ces actions injustes autant qu'indignes d'un homme de cœur et d'un véritable soldat (1). »

Les Anglais, qui, à toutes les époques, ont marché sans scrupules vers tout ce qui peut contribuer à servir leurs desseins, furent les premiers à fouler aux pieds l'opinion de leur temps. L'exemple une fois donné, les autres nations n'hésitèrent plus à entrer dans cette voie, et ne tardèrent pas à élever leurs ressources militaires à la hauteur de celles de leurs voisins. Aussi voit-on, après la bataille de Crécy, l'usage des armes à feu se généraliser en France et se répandre bientôt dans toute l'Europe. A dater de cette

(1) Siemenowitz, *Grand Art de l'artillerie*, p. 299.

époque, Froissart ne manque plus de faire l'énumération des pièces d'artillerie qui marchent à la suite des armées. C'est ainsi qu'il mentionne l'usage des armes à feu devant Calais en 1347 ; à l'attaque de Romorantin, en 1356, et en 1358, à la défense de Saint-Valéry; en 1359, contre les murailles de Mons et le château de la Roche-sur-Yon. Enfin, de 1373 à 1378, on trouve l'emploi du canon cité contre un grand nombre de villes et de châteaux.

L'esprit d'indépendance des communes se développant de plus en plus dans les provinces françaises, les villages et les bourgs s'emparèrent, à leur tour, de ce puissant moyen de défense contre les envahissements et les attaques de la féodalité. Chaque ville libre voulut avoir à sa solde son *maître d'artillerie et ses artillers*. Dès l'année 1348, Brives-la-Gaillarde était défendue par cinq canons, et dans les années 1349 et 1352 la ville d'Agen en avait placé à ses principales portes et dans ses quartiers les plus exposés (1).

Aussi les bouches à feu, qui, à la bataille de Crécy, se comptaient seulement par unités, augmentent bientôt en nombre d'une manière prodigieuse. A l'assaut de Saint-Malo, en 1376, les Anglais avaient « bien quatre cents canons postés autour de la place (2), » ce qui ne les empêcha pas d'être repoussés par Clisson et du Guesclin. Sous Charles VI, en 1411, on comptait, à l'armée du duc d'Orléans, *quatre mille que canons que coulevrines* (3). Enfin l'armée des Suisses qui remporta, en 1476, sur Charles le Téméraire, la sanglante victoire de Morat, avait dans ses rangs, selon le récit de Philippe de Comines, dix mille couleuvrines (4). Seulement ces couleuvrines étaient de petite dimension et aussi portatives que nos fusils.

Vers l'année 1380, la marine adoptant l'usage de l'artillerie, les navires de guerre et de commerce commencèrent à disposer des canons à leur bord.

On voit, d'après l'ensemble des faits qui viennent d'être rapportés, ce qu'il faut penser de l'opinion des historiens qui ont nié l'emploi de la poudre dans les armées d'Europe au XIVe siècle. Cette opinion a prévalu assez longtemps, appuyée sur des interprétations vicieuses de quelques textes historiques. Nous avons dit (page 310) que l'existence de l'artillerie en France, en 1339, a été prouvée par l'extrait du registre de la chambre des comptes cité par Du Cange, qui porte : « *Payé à Henri* « *de Fumechon, pour achat de poudres et* « *autres objets nécessaires aux canons em-* « *ployés devant Puy-Guillem...* » Or, l'historien Temnler veut que dans ce document on lise *poutre* au lieu de *poudre*. D'un autre côté, le père Lobineau, dans son *Histoire de Bretagne*, fait les plus grands efforts d'esprit pour prouver que les canons dont il est question dans la romance faite, en 1382, en l'honneur de du Guesclin, n'étaient que des *espèces de clarinettes*. N'en déplaise à ces érudits chroniqueurs, le sénéchal de Toulouse, Pierre de la Palu, qui assiégeait Puy-Guillem, en 1339, avait autre chose que des poutres, et le vaillant du Guesclin n'affrontait pas des clarinettes.

Pendant cette période de l'enfance de l'artillerie, les projectiles employés en Italie, en Angleterre, en Espagne, en Allemagne, étaient de petites balles de fer ou de plomb, grosses comme des amandes. La portée de ces armes n'était que de 300 à 400 mètres ; portée à peu près égale à celle des arcs et des arbalètes.

En France, où l'art de fabriquer les canons était moins avancé que dans les autres pays,

(1) Lacabane, *Bibliothèque de l'École des chartes*, 2e série, t. I, p. 46.

(2) Froissart, *Histoire et chronique*, Lyon, 1559, vol. I, p. 43, et 458, et vol. II, p. 27.

(3) Juvénal des Ursins, *Histoire de Charles VI*, p. 213.

(4) *Mémoires*, liv. V, chap. III.

les bouches à feu ne lançaient que des flèches de fer et des *carreaux*, grosses pointes ou flèches de fer, en forme de pyramide quadrangulaire. La portée des bouches à feu françaises n'égalait même pas celle des engins de l'ancienne balistique. Elles n'avaient d'autre avantage sur ces dernières machines, que d'effrayer les chevaux, par le bruit inusité de la décharge. Les pointes de flèches de fer que lançaient les canons, étaient fixées, près de chacune de leurs extrémités, dans des rondelles de cuir qui centraient la flèche dans l'âme de la pièce, et diminuaient *le vent* au moment du tir.

A ces bouches à feu, d'une construction médiocre et d'une résistance problématique, il fallait des projectiles légers. Les artilleurs de ce temps croyaient, que l'effort de la poudre se partage également entre le canon et le projectile ; de telle sorte que si le poids du canon était égal à celui du projectile, le canon serait lancé avec la même force, dans une direction opposée à celle du projectile. Ce principe est parfaitement vrai en lui-même ; ce n'est que dans notre siècle que l'on a été conduit à y apporter certains correctifs. Partant de ce principe, on fut amené à construire des canons très-lourds relativement au projectile, et quoique la poudre du quatorzième siècle, qui ne s'employait qu'à l'état de poussier, fût assez peu énergique dans ses effets, on ne pouvait faire usage que de projectiles ne dépassant pas un certain poids, si l'on voulait que l'explosion de la poudre n'amenât pas la rupture de l'arme.

Les longueurs et les diamètres de l'âme et de la chambre, relativement au calibre, n'étaient point déterminés, comme ils le sont aujourd'hui, avec une précision mathématique. Ces diverses mesures variaient suivant le caprice des constructeurs et des fondeurs. C'est ainsi qu'on trouve des veuglaires, dont les différentes dimensions affectent les rapports les plus variables.

L'utilité de la longueur de la volée n'était pas non plus bien comprise. Quoi qu'il en soit, la règle des artilleurs de ce temps était de prendre une charge de poudre supérieure au poids du projectile.

Les artilleurs du XVe siècle employaient toujours trop de poudre, et leurs armes étaient trop courtes. Ils pensaient, mais à tort, que plus la charge de poudre est forte, et plus grande est la portée du projectile. Une forte proportion de poudre non brûlée était projetée avec le projectile, et brûlait à l'extérieur de l'âme sans effet utile. Cette combustion hors du canon, était peut-être recherchée à cause de la frayeur qu'elle devait occasionner à l'ennemi.

Voici comment s'effectuait le chargement de la bouche à feu. Le *maître artilleur* s'assurait d'abord que la pièce était propre ; il y passait l'écouvillon ; ensuite il dégorgeait la lumière, avec une épinglette de fer. Cela fait, il puisait la poudre renfermée dans des sacs de cuir, avec une cuiller de fer, dont le manche avait une longueur proportionnée à la longueur du canon, et il introduisait, avec précaution, cette cuiller, pleine de poudre, au fond de la pièce, où il la versait. Puis il donnait un coup de refouloir sur cette première charge de poudre. Pendant ce temps, un aide tenait le doigt sur la lumière, pour empêcher que la poudre ne s'échappât par cet orifice, au moment de la compression de la charge. Le *maître artilleur* introduisait une seconde charge de poudre, puis une troisième, toujours avec l'attention de ne la verser qu'au fond. Alors avec un bouchon de paille ou de foin, « lequel y doit entrer quelque peu serré, pour emporter toute la poudre éparse dans l'âme, » il nettoyait de nouveau l'âme de la pièce, afin qu'aucun grain de poudre n'y restât, qui pût prendre feu par le frottement, au moment de l'introduction du projectile. Il faisait enfin pénétrer le projectile. Si le tir devait avoir lieu dans une direction inclinée de haut en bas, on calait le projectile au fond de la pièce, avec un bouchon de foin.

Les bombardes tiraient ainsi de six à dix coups par heure.

Les petites pièces demandaient moins de soins. Les veuglaires, grâce à leur chambre à feu mobile et pourvue d'une anse, se chargeaient avec moins de difficultés encore. La poudre seule était mise dans la chambre à feu, et recouverte d'un bouchon de paille; on ajustait la chambre à feu sur la volée, et l'on introduisait le projectile par la volée.

On eut, à cette époque, l'idée de construire des bombardes dont la chambre joignait la volée à angle droit. La figure 192 représente,

Fig. 192. — Bombarde coudée.

d'après une planche de l'ouvrage de Marianus Jacobus sur les *Machines*, une bombarde coudée. Cette pièce, qui ne s'éloigne pas trop de nos mortiers actuels, se composait d'une chambre à feu, A, et d'une volée, B, disposées à angle droit l'une sur l'autre, et était faite pour le tir sous de grands angles. Le *pointard* était la barre de bois, C, pourvue de chevilles. Nous n'avons pas besoin d'ajouter que le peu de solidité de l'assemblage de la chambre à feu avec le reste de la pièce, dut faire promptement renoncer à ce mode de construction.

Il paraît même qu'à cette époque, on imagina, sans toutefois parvenir à le réaliser, le projectile explosif. Dans son ouvrage, *De re militari*, Valturius accompagne ses dessins des bouches à feu, de la figure d'un boulet cerclé de fer, et plein de poudre enflammée, que lançait cette bouche à feu. C'était donc une véritable bombe. Valturius attribue cette invention à Sigismond Pandulfe Malatesta. Il dit formellement que Malatesta est l'inventeur de cette machine, qui lance des projectiles d'airain pleins de poudre à canon et munis d'une mèche enflammée.

« Il y avait là indubitablement, dit M. Favé, l'idée d'un projectile explosif; mais il manquait à sa réalisation le moyen de mettre le feu à la charge du projectile sans courir le risque qu'elle fût enflammée par la charge de la bouche à feu; aussi les accidents qui durent résulter de l'explosion prématurée d'un projectile mal fermé firent sans doute renoncer à le tirer rempli de poudre à canon. Il ne suffisait pas de concevoir la possibilité de lancer des projectiles explosifs dans les bouches à feu, pour y parvenir (1). »

Ce n'est que deux siècles plus tard que la bombe devait être véritablement inventée. La conception première de Malatesta aurait eu des résultats importants, si l'on avait réussi à lancer la bombe sans qu'elle éclatât dans l'arme, mais certainement les explosions dangereuses qui survinrent dans les essais de ce projectile creux incendiaire, firent aussitôt renoncer à son usage.

En résumé, dans cette première période de l'artillerie, les armes à feu agissent plutôt par l'effroi qu'elles causent à l'ennemi, que par le dommage que peuvent lui occasionner les projectiles. Cependant, à mesure que l'on avance, les canons acquièrent une plus grande résistance; ils supportent une plus forte charge de poudre, et lancent un projectile plus lourd. Les pièces semblent aussi accroître de volume, mais d'une façon presque insensible, jusqu'aux périodes suivantes, où tout d'un coup, leur grandeur deviendra énorme.

Les bouches à feu lançant des balles de plomb (*plommées* ou *plombées*) établissent la transition entre ces deux périodes. Nous dirons, en conséquence, quelques mots de ces

(1) *Histoire des progrès de l'artillerie*, tome III.

pièces d'artillerie intermédiaires, par les dimensions, et qui forment, pour ainsi dire, le trait d'union entre les petites bombardes dont il vient d'être question et les monstrueuses bombardes dont nous aurons à parler dans le chapitre suivant.

Au mois de septembre 1341, les consuls de la ville de Tournay, en Flandre, faisaient essayer hors des portes de la ville, un « engin appelé *tonnoille*, pour traire en une bonne ville, quand elle est assiégée ». Cet engin avait été exécuté par le maître potier d'étain, Pierre de Bruges, lequel avait imaginé de remplacer le projectile ordinaire, c'est-à-dire le carreau de fer en forme de pyramide, par une masse de plomb, pesant environ deux livres, et qui reçut le nom de *plommée*, ou *plombée*. La chambre à feu de ce canon n'était pas cylindrique, elle formait un prisme à base carrée.

La bouche à feu de Pierre de Bruges fut pointée contre la muraille de la ville de Tournay, et chargée avec le boulet de plomb : la force du coup fut telle que le projectile, passant par-dessus les deux enceintes, alla tuer un homme « sur la place devant le moustier « Saint-Brisse. » Pierre de Bruges fit une pénitence pour obtenir le pardon de ce meurtre involontaire (1).

Mais ce résultat n'était pas de nature à discréditer l'invention des boulets de plomb. Après ceux de Tournay, les magistrats de Lille voulurent essayer la *tonnoille*, et son nouveau projectile. Satisfaits sans doute, ils firent construire des « plombées » pour servir de projectiles à leurs bombardes. Bientôt les canons de quelque consistance n'employèrent plus que les boulets de plomb de Pierre de Bruges ; et on laissa de côté, comme surannés, le carreau, et surtout la flèche de fer centrée par des rondelles de cuir.

(1) *Histoire de l'artillerie en Belgique* par Paul Henrard. Bruxelles, in-8°, 1865.

CHAPITRE II

DEUXIÈME PÉRIODE : LES GRANDES BOMBARDES ET LES BOULETS DE PIERRE. — LES BOMBARDES DE LOUIS XI, D'ÉDIMBOURG ET DE GAND. — AUTRES CANONS ET LEURS PROJECTILES A LA FIN DU XIVe SIÈCLE.

Vers l'an 1360 la métallurgie et l'art de la fabrication des bouches à feu avaient fait quelque progrès, car on savait construire des armes de petites dimensions, assez résistantes pour lancer des projectiles très-lourds, tels que les *plombées*, et l'on savait, d'autre part, fondre des pièces plus grandes, mais de moindre résistance, destinées à recevoir des projectiles légers, c'est-à-dire des boulets de pierre. Les grandes bouches à feu étaient moins résistantes que les petites, parce qu'il était très-difficile de les couler et de les aleser, et aussi, parce que, proportions gardées, l'épaisseur des parois était plus faible dans les grandes que dans les petites pièces.

Les boulets de pierre n'étaient pas une nouveauté. Dans l'ancienne balistique on savait les tailler avec économie et promptitude, de sorte que leur prix de revient était minime. Il ne serait pas exact de dire que les boulets de pierre furent imaginés pour les grandes bombardes, puisque les boulets de pierre étaient depuis longtemps connus; et il ne serait pas plus vrai de prétendre que les grosses bombardes furent construites pour utiliser les boulets de pierre. Les deux éléments marchèrent, pour ainsi dire, l'un à la rencontre de l'autre, et il se trouva finalement qu'ils se convenaient très-bien.

A partir de ce moment, l'artillerie posséda des grands et des petits canons, catégories de pièces très-nettement séparées, et ayant chacune son emploi distinct. Les petits canons lancèrent des projectiles métalliques, et furent dirigés contre les hommes et les armures ; les gros canons lancèrent des boulets de pierre, et servirent à l'attaque, comme à la défense des villes. Les gros boulets de pierre effondraient, par leur chute, les toits des maisons, ou détruisaient les machines d'approche des assiégeants. Il n'y avait pas alors de bouches à feu intermédiaires, parce qu'aucune sorte de projectile n'aurait pu leur convenir.

La première grosse bombarde mentionnée dans l'histoire, est celle dont faisaient usage, en 1362, les défenseurs du château de Piètra Buona, assiégé par les Pisans. Elle pesait deux mille livres, et était, avec raison, considérée comme extraordinaire, en Italie même où l'artillerie était plus avancée que dans aucun autre pays. Muratori, dans sa *Chronique de Pise*, raconte que le maître canonnier s'en servait avec beaucoup d'adresse.

Rien n'indique qu'en France, on ait construit avant 1375 des bombardes jetant des boulets de pierre.

Les premières furent de grandeur médiocre. Toutefois, en cette même année 1375, une grande bombarde fut construite à Caen, pour le siége de Saint-Sauveur, par Bernard de Montferrat, Italien et *maître des canons*. Le 21 mars trois forges furent installées sous les halles de la ville, et entourées d'une clôture de planches. Cinq *maîtres forgeurs*, des plus habiles de la contrée, concoururent, avec leurs aides, à ce travail, qui dura quarante-deux jours. La pièce, une fois terminée, pesait 2,300 livres; on avait fait entrer dans sa composition, 2,110 livres de fer et 200 livres d'acier. Le fer était de deux espèces : du fer d'Espagne plat, pour la culasse de la bombarde qui demandait une plus grande solidité, et pour la volée, du fer de la vallée d'Auge.

Les comptes laissés à ce sujet, donnent des détails intéressants, sur le mode de construction des grands canons de cette époque. On y trouve mentionnés : « le louage d'une bigorne, en quoy les cercles, lians et anneaux dudit canon ont été dressés et mis à point, et quatre poulies achetées et prises pour gouverner ledit canon, tout comme il a été lié des cercles et mis en bois, pour ce que l'on ne pouvait autrement gouverner. »

Ce passage prouve que cette bouche à feu était faite de barres soudées dans le sens longitudinal, et reliées par des anneaux de métal, puisqu'il y avait « cercles, lians et anneaux. » « Mis en bois » signifie que la pièce était posée sur un affût.

Une serrure de fer servait « à fermer un grand plataine de fer, lequel estoit sur le pertuis par où l'on met le feu audit canon, afin qu'il ne pleust en icelui quand il serait chargé. »

Quatre-vingt-dix livres de corde furent employées « pour lier le corps dudit canon tout autour et le couvrir de corde. » Pour empêcher la rouille et conserver les cordes, le canon fut entièrement enveloppé de bandes de cuir.

Un énorme affût enchâssait complétement la bombarde et empêchait son recul. Il était assez semblable à l'instrument nommé *travail*, dont on se sert aujourd'hui, dans certains pays, pour maintenir les bœufs pendant qu'on les ferre. Il se démontait pendant les transports, car les comptes mentionnent « deux grands paniers » servant à contenir les essieux et les chevilles nécessaires au « siége » du canon (1).

A cette époque, presque toutes les villes construisaient de grosses bouches à feu. Seulement leurs dimensions étaient moindres que celles des pièces dont il vient d'être parlé. Le mot *bombarde* ne semble plus dès lors s'appliquer aux canons de petit calibre ; on le réserve pour désigner les grosses bouches à feu qui lancent des boulets de pierre.

En 1377, le duc de Bourgogne, Philippe-le-Hardi, fit confectionner, à Châlons, une bombarde, qui devait être colossale, car elle lançait un boulet de pierre pesant quatre cent cinquante livres! Un *maître canonnier* et neuf forgerons travaillèrent, quatre-vingt-huit jours, à la terminer.

A mesure que se perfectionnait l'art de

(1) Favé, *Histoire des progrès de l'artillerie*, t. III, p. 99.

forger les canons, on arrivait à leur donner les dimensions les plus exagérées. Il n'y avait peut-être d'autres limites dans cette voie, que la difficulté de transporter de pareilles masses. Nous donnerons le dessin des plus célèbres de ces mastodontes de fer et de feu.

La plus grande bombarde qui se soit peut-être jamais vue, est celle que le duc de Bourgogne fit confectionner à Luxembourg, en 1450. Elle pesait 18,000 kilogrammes. Il fallut un chariot attelé de six chevaux pour conduire en 1451, de Namur à Luxembourg, trois gros boulets de pierre, pesant chacun neuf cents livres, destinés à essayer cette bouche à feu gigantesque. Toutefois, comme il n'est dit dans aucune histoire, ou chronique, que ce colosse ait servi à un siége quelconque, il est probable qu'on le détruisit, comme impropre à l'usage. Il n'en reste, en effet, aucun vestige.

Fig. 193. — Bombarde de Louis XI.

Les trois plus grandes bombardes qui nous soient parvenues, sont la *bombarde de Louis XI* qu'on conserve à Bâle, la *bombarde d'Édimbourg* et celle de *Gand*.

La bombarde qui passe pour avoir appartenu à Louis XI (*fig.* 193) pesait 2,000 kilogrammes, et son boulet 50 kilogrammes, c'est-à-dire le quarantième du poids de la pièce. L'âme a une longueur de cinq calibres, et la chambre est également longue de cinq fois son diamètre. Elle peut se diviser en deux tronçons. Les lignes ponctuées de la figure 193 montrent que les parois de la chambre à feu sont relativement beaucoup plus épaisses que celles de la volée. On voit aussi comment l'épaisseur y va en diminuant jusqu'à la bouche, qui est renforcée par trois bourrelets. Un autre renforcement se remarque à la partie moyenne de la bombarde, vers le premier cinquième de la volée.

La *bombarde d'Edimbourg* (*fig.* 194), que

Fig. 194. — Bombarde d'Edimbourg.

l'on voit encore dans cette ville, pèse à peu près 8,000 kilogrammes. Le boulet en pierre qu'elle lançait, avait $0^m,50$ de diamètre, et pouvait peser 175 kilogrammes. On voit en lignes ponctuées, sur la figure que nous en donnons, les proportions de la chambre à feu et celles de la volée, ainsi que l'épaisseur du métal. La lumière, percée obliquement, était conduite un peu en avant du fond de la chambre à feu. Cette chambre à feu présentait vers ses deux extrémités, et sur sa circonférence, des mortaises destinées à donner un point d'appui aux leviers qui vissaient et dévissaient la chambre et la volée.

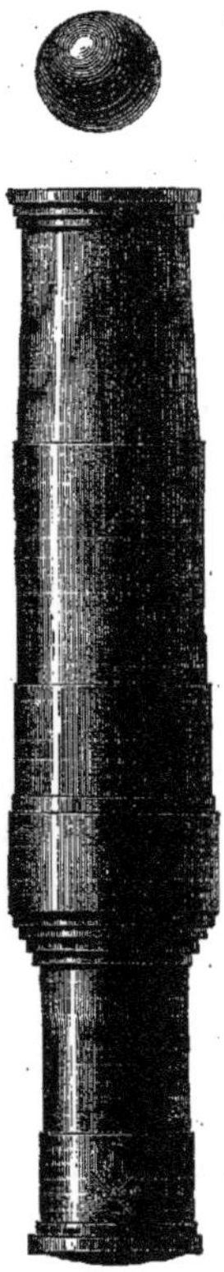

Fig. 195. — Bombarde de Gand.

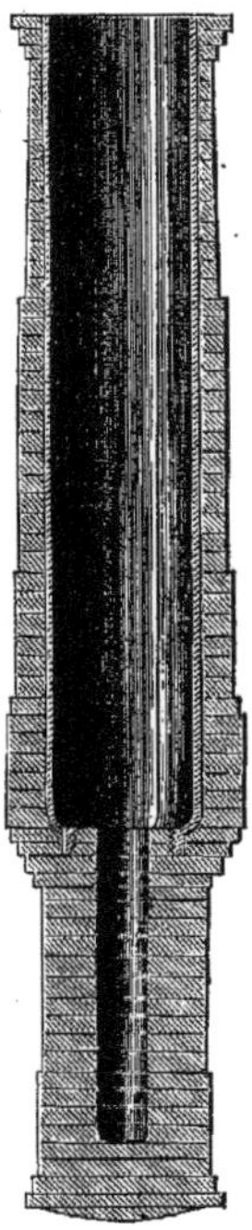

Fig. 196.— Coupe horizontale de la bombarde de Gand.

Il ne faudrait pas croire, d'après cette disposition, que le chargement s'effectuât par la culasse, comme dans les veuglaires. Seulement il était utile, dans les transports, de séparer les deux parties de la pièce, pour les placer sur des chariots différents. On les ajustait au moment de s'en servir.

La bombarde d'Édimbourg est postérieure à celle de Louis XI.

Le *Dulle Griete* (*fig.* 195), la célèbre bombarde de Gand, se voit encore aujourd'hui, à Gand, sur la place du marché. Elle fut construite vers le milieu du XVe siècle, et servit au siége d'Oudenarde. C'est la plus grande bouche à feu qui soit parvenue jusqu'à nous. Elle mesure 5 mètres de longueur totale. L'âme de la volée a $3^m,31$ de longueur et $0^m,64$ de calibre ; celle de la chambre $1^m,37$ de longueur, et $0^m,26$ de diamètre. Son poids est de 16,400 kilogrammes. Elle pesait donc presque tout autant que la fameuse bombarde construite à Luxembourg, en 1450, pour le compte du duc de Bourgogne, et qui ne put être utilisée. Le poids du boulet devait être de 340 kilogrammes, le quarante-huitième du poids de la pièce ; la charge de poudre peut être évaluée à 40 kilogrammes, $\frac{1}{8}$ ou $\frac{1}{9}$ du poids du boulet.

La coupe donnée par la figure 196, fait voir la disposition des parties constituantes de la bombarde de Gand. La volée se compose de trente-deux barres de fer forgé, de $0^m,05$ de largeur sur $0^m,03$ d'épaisseur, assemblées longitudinalement comme les douves d'un tonneau, et infléchies vers l'axe, à la partie postérieure de la volée, de façon à former un segment sphérique, se continuant par une surface cylindrique, de diamètre intermédiaire entre celui de la chambre et le calibre de la volée, et portant un pas de vis qui concorde avec celui de la chambre. Quarante et un manchons ou cercles de fer, d'égale largeur, accolés et soudés les uns aux autres, enveloppent entièrement les barres de fer, et les assurent dans leur position. Leurs épaisseurs différentes, croissant jusqu'à la chambre à feu, divisent la volée en quatre cylindres dont les diamètres extérieurs sont: $1^m,00$, $0^m,938$, $0^m,880$ et $0^m,820$. Un bourrelet formé de trois manchons d'épaisseurs progressives, renforce la bouche.

La chambre à feu est formée de vingt anneaux soudés ensemble; deux sont creusés de mortaises qui doivent recevoir les leviers destinés à visser et à dévisser les deux parties de la pièce, pour les ajuster l'une à l'autre. La lumière est légèrement oblique, elle aboutit vers le fond de la chambre, son diamètre est de $0^m,01$, un petit calice profond de $0^m,02$ reçoit la poudre d'amorce. Les armes de Bourgogne circonscrivent ce calice.

Le taraudage d'aussi grosses pièces de fer dut présenter des difficultés considérables; aussi ne fut-il pas exécuté avec une bien grande précision. La chambre incline un peu à gauche, et sa jointure avec la volée laisse à droite un écartement de $0^m,02$ de profondeur. Sept des barres de fer longitudinales ont été brisées par l'action du tir à $0^m,40$ de la bouche, et les chocs du boulet dans l'âme ont creusé des dépressions, qui rendent son diamètre inégal.

Quelques écrivains ont voulu voir dans cette bouche à feu « la plus grosse des bombardes du siége d'Oudenarde » citée par Froissart, laquelle, dit-il, avait « cinquante-deux pans de bec » et lançait des projectiles qui défonçaient les murailles. Mais il y a eu ici, selon M. Favé, confusion entre le siége d'Oudenarde de 1382 et celui de 1452 où parut réellement la *Dulle Griete*. Dès le commencement de l'année, la ville fut investie par l'armée communale de Gand, et elle eut grandement à souffrir de l'artillerie des assiégeants; mais survinrent le comte d'Étampes et l'armée bourguignonne, qui forcèrent les Gantois à lever précipitamment le siége, et la *Dulle Griete* (1) tomba aux mains des ennemis. Elle fut rendue en 1578 à la ville de Gand; et comme nous l'avons dit, elle existe encore aujourd'hui, sur la place du Marché.

(1) Le nom de *Dulle Griete* signifie *Marguerite noire*. Les grands canons de Diest, de Gand, de Malines, et les bombardes de Hainaut, portaient presque tous le nom de *Griete*, en mémoire, sans doute, des souvenirs sanglants laissés dans ces provinces par Marguerite de Constantinople. Encore de nos jours, dans le pays de Liége, l'expression *Mal Magrit* s'emploie pour désigner une virago.

Vers 1450 apparurent des bombardes à volée très-courte, qui lançaient des boulets de pierre, sous de grands angles, et qui n'étaient autre chose qu'un perfectionnement de ces *bombardes coudées* que nous avons représentées page 321. Elles furent désignées sous le nom de *mortiers*, évidemment à cause de leur forme. Le peu de longueur de la volée causait une notable déperdition de la force de la poudre; aussi, pendant fort longtemps, les mortiers n'existèrent-ils qu'en très-petit nombre. Ce n'est que lorsqu'on eut imaginé le grenage de la poudre, qu'on vit les mortiers se multiplier.

Les *bombardelles* sont l'intermédiaire entre les grandes bombardes et les mortiers, intermédiaire comme angle de pointage et comme longueur de volée. En général, l'âme avait la forme d'un tronc de cône, et la chambre à feu était d'un très-faible diamètre.

Les *crapaudeaux* étaient probablement des veuglaires de petit calibre. Dans les comptes de dépenses des villes, qui fournissent les meilleurs documents à consulter pour tout ce qui concerne les anciennes bouches à feu, les *crapaudeaux* sont ordinairement mentionnés en même temps que les petits veuglaires, sans que rien indique une particularité de forme justifiant un nom différent.

La *couleuvrine emmanchée* est la couleuvrine ordinaire encastrée dans le fût de l'ancienne arbalète. En 1453 Tournay possédait des couleuvrines. Voici peut-être le point où les armes à feu portatives se séparent décidément de l'artillerie proprement dite, ou de la grosse artillerie. Aussi ne ferons-nous plus mention, dans cette Notice, des armes de petit calibre, étude qui sera approfondie dans la Notice suivante.

Vers le milieu du XVe siècle, les canons lançant des projectiles métalliques, acquirent un plus grand volume, par suite de leur meilleure construction. Leur portée devint aussi plus grande. Toutefois, les projectiles étaient toujours des balles de plomb, trop petites pour mériter le nom de boulets. Ils n'avaient pas assez de force pour qu'on pût songer à les faire servir à battre et renverser les remparts des villes, ou les murailles des forteresses. C'est à peine si, à cette époque, les grosses bombardes avaient quelque supériorité sur les machines à fronde, à ressort, à contre-poids et autres « engins à volants » de l'ancienne balistique. En 1421, Philippe-le-Bon se préparant à guerroyer contre le dauphin de France, prie et requiert ses bonnes villes de Flandres et d'Artois, de lui fournir, non des bouches à feu, mais « chacune un bon engin nommé *coullart*, gettant trois cents livres pesant, avec un bon maistre pour gouverner ledit engin. » De 1420 à 1440, on se servait tout à la fois, pour le siége des villes fortifiées, des anciennes machines de bois destinées à lancer des pierres, et des bombardes, qui lançaient des boulets de pierre.

Les pierres que lançaient les bombardes, agissaient plutôt par leur poids, que par la vitesse que leur communiquait la poudre. Aussi étaient-elles pointées sous des angles assez grands. Toutefois, quel que fût leur rapprochement des murailles à battre en brèche, leur efficacité restait nulle contre les remparts bâtis en pierres de taille : le boulet se brisait contre ce revêtement, sans réussir à l'ébranler. Les boulets de pierre étaient surtout efficaces pour effondrer les toits des maisons de la place assiégée.

On essaya de consolider les boulets de pierre, en les cerclant de fer. Mais le résultat n'en fut pas meilleur, et si dans sa guerre contre les Gantois en 1459, Philippe-le-Bon renverse « rez à rez du fossé » un grand pan de mur du château de Pouques, après neuf jours de siége, c'est parce que « voyait-on bien par les fenestrages que celui pan ne pouvoit avoir guères grand face. »

Nous signalerons à la fin de cette période, c'est-à-dire vers 1460, et comme projectile de transition, les *boulets de pierre farcis de plomb*. La qualité des bombardes étant améliorée, on s'aperçut qu'elles pourraient lancer des projectiles plus denses que les pierres. Il était pourtant difficile de passer tout d'un coup aux boulets métalliques. Aussi essaya-t-on d'augmenter la densité des boulets de pierre en coulant du plomb dans des cavités creusées à cet effet dans le projectile.

Ces pierres farcies de plomb furent promptement abandonnées. Le centre de gravité n'était plus au centre de la sphère, et le tir perdait de sa régularité. En outre, leur prix de revient était élevé. Il était évidemment plus simple de fabriquer des projectiles entièrement métalliques. Mais ces projectiles ne pouvaient pas convenir aux grandes bombardes, qui étaient trop peu résistantes. Ils convenaient, au contraire, parfaitement aux canons de petit calibre.

Nous entrons ainsi dans la troisième période de l'artillerie, la période que nous appellerons celle du *boulet de fonte*. Les gigantesques bombardes que nous venons d'étudier, furent alors complétement abandonnées, et l'artillerie entra dans une voie de progrès, que nous avons maintenant à parcourir.

CHAPITRE III

DEUXIÈME PÉRIODE. — LE BRONZE SUBSTITUÉ AU FER FORGÉ POUR LA FABRICATION DES BOMBARDES. — L'ART DU CANONNIER AU XVe SIÈCLE. — LES AFFUTS DES BOMBARDES AU XVe SIÈCLE.

Le plus ancien *Traité d'artillerie* parvenu jusqu'à nous, est contenu dans un manuscrit de la Bibliothèque impériale de Paris, portant le numéro 4653. Il paraît avoir été composé, dit M. Favé, vers l'an 1430, époque à laquelle les frères Bureau, aidés d'un juif habile dans la fabrication des bouches à feu, construisaient la remarquable artillerie que Charles VII employa si bien pour chasser les Anglais du royaume de France. Il est parlé, dans ce traité, des *bombardes* et *bâtons à feu* lançant les boulets de pierre ; les boulets de fonte, qui ne furent en usage que dans la seconde moitié du même siècle, n'y sont pas mentionnés. Le mot *bâton à feu*, ou simplement *bâton*, que l'on rencontre fréquemment dans cet ouvrage, est un mot ancien, qui fut d'abord employé pour désigner les petits canons d'une certaine longueur d'âme, et qui servit, plus tard, par extension, à désigner les bouches à feu de tout genre.

Quelques extraits que nous donnons du manuscrit de la Bibliothèque impériale, feront parfaitement comprendre l'art du canonnier au XVIe siècle.

Voici d'abord pour les dangers de la profession :

« ... Toutes les fois qu'il tire d'une bombarde, canon, ou autre baston de canonnerie et qu'il besoigne en faict de pouldre, leur grant force et vertu font aulcunes fois rompre le baston duquel il tire ; et supposé qu'il ne rompe, ja toutefois est-il en danger d'estre bruslé de la pouldre, par laquelle manière s'il n'est bien advisé, et discret pour s'en sauver et garder, desquelles pouldres la vappeur seulement est vray venin contre l'homme, ainsi que dict sera cy après ; et sont les ennemys plus en grief sur luy que sur aultres pour le voulloir destruire et occire à l'occasion des grands maulx, déplaisirs et dommages qu'il leur faict de son dict mestier.

Et voici pour la science que doit posséder le canonnier :

« ... Scavoir lire et escripre, car en sa mémoire ne pourrait-il pas retenir toutes les aultres matières, confections et aultres choses appartenant audict art, comme distiller, sepparer, sublaver et scavoir faire et composer feu sauvaige, feu grégeois, et plusieurs aultres choses contenues en ce présent livre, et faire et ordonner tauldis et fortifications pour résister aux machinations et aux insultations et assaulx desdicts ennemys et tout ce qui à ce appartient, et aussi congnoistre les pois, les livres, les onces et tous les aultres pois et mesures. »

L'artilleur devait, en effet, préparer la poudre, et même « faire croistre salpêtre, et purifier, mendifier salpêtre sauvaige » ; fabriquer le charbon et les autres ingrédients de la poudre. Nous citerons en passant une « mixtion appartenante à bonnes pouldres communes », en d'autres termes une recette pour la composition de la poudre, recommandée par l'auteur de cet ouvrage :

« Prenez salpêtre affiné trois livres, souffre deux livres, charbon une livre, pillez les dites choses ensemble, et les arrousez d'eau-de-vie, ou eau ardente, ou de vinaigre, ou d'urine d'homme qui boive vin, et ferez bonne pouldre. »

Ce n'est que vers la fin du siècle qu'on sut épurer convenablement le salpêtre, en ajoutant des cendres à la dissolution du salpêtre brut, pour changer les nitrates terreux en nitrate de potasse, et en faisant ensuite cristalliser le sel.

Le grenage de la poudre était déjà connu en 1452. Mais la poudre en grains était trop énergique pour qu'on pût s'en servir dans toutes sortes de canons, et les couleuvrines seules en faisaient usage, ainsi que les très-petits canons. Au XVIe siècle encore, on préférait pour les grosses bouches à feu, la poudre en poussier ; ou en grains gros comme des noisettes, à la poudre grenée, dont la puissance, mais aussi l'action brisante, étaient bien reconnues.

Les bombardes étaient toutes pourvues d'une chambre à feu qui s'ajustait à l'âme de la pièce. L'auteur inconnu du manuscrit cité plus haut, recommande de donner à la chambre une longueur égale à cinq fois son diamètre. La volée devait également avoir une longueur de cinq fois son diamètre. La chambre à feu n'était remplie de poudre qu'aux trois cinquièmes, le quatrième restait vide, et le dernier était occupé par un tampon de bois tendre, ne dépassant pas le col, et contre lequel venait appuyer le boulet. Le boulet était centré dans l'âme à l'aide de coins de bois, puis garni d'étoupes à sa circonférence, de façon à empêcher le vent.

Les boulets de pierre, dont nous avons vu une abondante collection au *Musée d'armes* de Bruxelles, étaient taillés avec du grès ou du marbre, quelquefois même avec de la pierre calcaire. On les arrondissait dans la carrière même, et on leur donnait les dimensions vou-

Fig. 197. — Couleuvrine du xvᵉ siècle sur son affût (page 332).

lues, au moyen de gabarits en bois. Quand la bombarde était chargée, le canonnier remplissait la lumière de « pouldre d'amorse », c'est-à-dire de poussier ; puis il disposait une traînée de poudre ordinaire aboutissant à la lumière, et il allumait cette traînée, à l'aide d'un fer rouge. Pendant que la poudre d'amorce brûlait, le canonnier se sauvait à toutes jambes ; car on n'était jamais assez sûr de la solidité de la bombarde, pour que l'artilleur ne pût « encourir et enchoir très-grand inconvénient et dommage de vye. »

Le matériel d'artillerie comprenait toujours un brasier, des soufflets, et tout l'attirail nécessaire pour faire rougir les fers destinés à mettre le feu à l'amorce. Toutefois l'existence d'un foyer à proximité de la bombarde, ne laissait pas que de faire courir quelques dangers aux canonniers.

L'auteur du manuscrit dont nous parlons, fixe le poids de la charge de poudre au neuvième de celui du boulet de pierre, et il cherche longuement à expliquer comment, la chambre n'étant pas remplie de poudre, le boulet est chassé avec plus de force et lancé plus loin que si la chambre était pleine.

« ... Le traict d'un canon chargé de pouldre est de mille et cinq cents pas ou environ, et quand il est chargé de pouldre plus forte et meilleure que la dicte pouldre commune il traict deux mille pas ou environ. »

Il s'agit ici de la bombarde moyenne et la plus fréquemment usitée, lançant le boulet de pierre « pesant cent livres en pois de Venise. » Ces derniers mots semblent indiquer que l'auteur du manuscrit avait puisé ses connaissances en Italie.

Voici la règle du tir en brèche nettement posée dès cette époque :

« Pour destruire et faire cheoir une tour à peu de traiz, chargez vostre bombarde d'un bon tampon qui soit faict de boys par avant bien trempé en eaue et abrevé, et la pierre qui soict liée de cercles de fer tout à l'entour en croix, puys ayez une bonne esgale et juste mesure (pour la pouldre), et prenez bien vostre visée à tirer ou jecter contre la tour. Tirez à la hauteur de deux hommes et faictes tous vos traiz collatairement et à costé l'un de l'autre, non pas l'un en bas et l'autre en hault, mais de pareille hauteur. »

On connaissait une espèce de tir à mitraille : c'est ce que l'auteur appelle « tirer en manière de tempeste. »

Les pierres étaient quelquefois remplacées par des morceaux de fer :

« D'une bombarde, canon ou aultre baston de canonnerye, pour espouvanter le peuple, on peut tirer d'un traict plusieurs pierres comme quatre pièces de fer en manière d'un hériçon. »

L'auteur fait connaître également la manière de lancer, au moyen des canons, de grandes flèches, des boulets enduits de matières incendiaires, ou de poudre en pâte, de sorte que « en quelque partie que choye la dicte pierre, elle fera moult grand dommaige. »

Mais le procédé de tir le plus curieux est celui qui consiste à lancer une sorte de boulet rouge, composé probablement d'un morceau de fer. Voici le passage du manuscrit.

« *La manière de tirer plombées ardans que tout ce qu'elles rencontreront qui soict de boys, elles brûleront.*

« Prenez un canon ou aultre baston de canonnerye, lequel vouldrez, et faictes faire des plombées toutes propices au dict baston; et quand vous vouldrez tirer une des dictes plombées, bouttez la dedans le feu et la chauffez tant qu'elle soict toute ardente, puys la portez avecques des tenailles et l'enveloppez de fustaines et vieulx draps, linge tout mouilliez, et la mectez dedans le baston le mieulx que vous pourrez pour tirer, puys mectez le feu, et sur quelque chose qu'elle chée, elle se allumera, mais qu'il y ait du boys ou aultre chose qu'il puisse ardyr. »

A cette époque, les souvenirs du feu grégeois étaient encore dans tous les esprits; car bien peu de temps s'était écoulé depuis que cet engin incendiaire avait joué un grand rôle dans les guerres de siége. Aussi ajoutait-on alors une grande importance aux projectiles enflammés. On employait plusieurs sortes de projectiles incendiaires; on savait faire des *balles à feu ;* on savait enduire les boulets de matières inflammables, pour reconnaître, à la lueur du projectile, où portait le coup, et rectifier le tir de nuit.

Les *balles à feu* étaient composées de couches superposées de poudre mouillée, d'eau-de-vie, de cire, de soufre, de térébenthine et de chaux vive. Elles étaient percées d'un trou suivant leur diamètre, et ce trou correspondait à une ouverture semblable, pratiquée dans le tampon, qui séparait la balle à feu de la charge de poudre. Une baguette passant par ces deux trous, assurait le projectile dans la position voulue. Au moment de l'explosion, la baguette sortait de la balle à feu, le centre de ce projectile rempli de poudre humide prenait feu, et communiquait l'inflammation aux autres couches. *Les balles à feu* du XVe siècle étaient le germe de la bombe et de l'obus modernes.

Les matières dont on enduisait les boulets, pour éclairer le tir, étaient un mélange de suif, de térébenthine et de poudre.

Les *fusées* se composaient d'une tige de fer, recouverte d'une pâte de poudre, d'huile et d'eau-de-vie. Une cartouche de toile enveloppait le tout.

Arrêtons-nous un moment sur les idées théoriques des artilleurs de l'époque du Moyen Age et de la Renaissance.

La véritable manière dont la poudre agit sur le projectile, était encore loin d'être soupçonnée au XVe siècle. On expliquait le phénomène d'après les idées de l'ancienne physique. On croyait que la poudre ayant brûlé derrière le projectile, il ne restait à sa place, que le vide; or la nature, disait-on alors, ayant horreur du vide, le boulet était chassé au dehors, afin que l'air pût entrer dans la bouche à feu, et combler ce vide, que la nature ne pouvait souffrir.

Rabelais résume ainsi l'opinion de son temps sur la cause générale de l'explosion des pièces d'artillerie :

« La pouldre consommée, advenoit que, pour éviter vacuité, laquelle n'est tolérée en nature, la balotte et dragées estoyent impétueusement hors jectez par la gueule du faulconneau, affin que l'aer pénétrast en la chambre d'y celluy, laquelle aultrement restoyt en vacuité, estant la pouldre par le feu soubdain consommée (1). »

Deux cents ans devaient s'écouler avant que les expériences de d'Arcy vinssent démontrer l'erreur de l'ancienne physique, et expliquer la projection du boulet par la force élastique des gaz provenant de la combustion

(1) *Pantagruel*, liv. IV, chap. LXII.

de la poudre, et la prodigieuse dilatation de ces mêmes gaz, portés à une température excessive.

Vers la fin de la période dont nous nous occupons, on commença à couler en bronze quelques bombardes, au lieu de les forger en fer ; ce fut là le premier perfectionnement de la fabrication des bouches à feu. Vers 1470, il existait, en Italie, des bombardes coulées en bronze, d'une seule pièce, et renforcées, sur toute leur longueur, par des cercles de fer bien ajustés. On lit dans la chronique de Louis XI, écrite en 1477 :

« Le roy pour toujours accroistre son artillerie, voulut et ordonna estre faites douze grosses bombardes de fonte et métail de moult grande longueur et grosseur, et voulut icelles estre faites, c'est assavoir trois à Paris, trois à Orléans, trois à Tours, trois à Amiens. »

Les anciennes bouches à feu composées d'un simple assemblage de barres de fer, avaient sur les nouvelles pièces fondues, l'avantage de ne point éclater en morceaux. Quand l'arme cédait sous l'effort de l'explosion, au lieu de voler en éclats, comme les pièces de bronze, elle se fendait seulement dans le sens de la longueur. C'est un fait bien connu dans les ateliers de métallurgie, que le fer se fend par les explosions, tandis que la fonte et les alliages, volent en morceaux. Le danger était donc bien moindre pour les artilleurs qui faisaient usage de pièces en fer que pour ceux qui tiraient les pièces en bronze ; et presque toujours après un accident arrivé à une pièce de fer, on pouvait remettre la bouche à feu en état. Mais les armes coulées éclataient plus rarement, et elles avaient sur les pièces en fer l'avantage d'être plus résistantes à poids et à calibre égal. Cette dernière qualité se prononça de plus en plus, à mesure que les alliages employés pour la fabrication des canons, se rapprochaient du bronze employé de nos jours. C'est ainsi que les canons en fer forgé furent peu à peu abandonnés, et remplacés par les canons coulés en bronze.

Les bombardes ne différaient pas, à cette époque, de celles que nous avons représentées pour l'époque antérieure ; mais les affûts subirent des modifications importantes. Les dessins qui vont suivre, montreront quels étaient les affûts que l'on adaptait aux bombardes au XVe siècle.

La figure 198, extraite par M. Favé, de l'ouvrage de Valturius, *De re militari*, représente un affût qui appartient à l'enfance de l'art,

Fig. 198. — Affût d'une très-ancienne bombarde.

car le pointage était ainsi impossible. La bombarde est posée sur une caisse de bois, qui n'est même pas pourvue de roulettes, et qui reste immobile sur le sol. A la partie antérieure, deux montants verticaux portent une cloison de bois, A, destinée à protéger l'artilleur.

La figure 199 représente, d'après le même ouvrage de Valturius, un modèle d'affût, qui permet de pointer la pièce dans le plan vertical. On peut élever ou abaisser à l'aide des montants de bois, A, B et des chevilles placées dans les trous de ces montants et du pointard en arc de cercle, C D, soit la volée,

Fig. 199. — Affût d'une bombarde du xve siècle, avec pointard double.

soit la culasse, de sorte que l'angle du tir peut varier dans d'assez grandes limites. Mais les changements de direction dans le sens horizontal ne pouvaient s'exécuter qu'en faisant glisser la masse tout entière sur le terrain. En général, dans la construction des affûts, la difficulté est de réunir la mobilité et la solidité. Tous les affûts de cette époque pèchent par l'absence de l'une ou de l'autre de ces qualités.

On arrivait plus facilement à un résultat satisfaisant avec des canons de petit volume, comme la *couleuvrine* que représente la figure 197 (page 329). Ce que l'on cherche à bien assurer dans cet affût, c'est le pointage dans le plan vertical. Le pointage dans le sens horizontal s'obtient facilement par les mouvements de tout l'appareil sur le terrain; parce que le canon est très-léger et très-maniable. Cette couleuvrine de bronze est posée sur

Fig. 200. — Autre affût de bombarde du xve siècle avec pointard à vis de bois.

un support de bois, E, lequel est mobile, de bas en haut, autour de la cheville A. La pièce peut être élevée à diverses hauteurs en glissant, avec son support de bois, dans l'arc de pointage CD, qui est percé de trous dans lesquels on place une cheville. Pour pointer dans le sens horizontal, on faisait pivoter le système tout entier autour d'une cheville placée au point E. L'effort du recul était supporté à la fois par ces deux points d'appui.

La figure 200 montre un affût beaucoup plus commode parce que les roues sur lesquelles il est porté, facilitent le pointage dans le sens horizontal (1). Le char supportant la bombarde se compose de deux parties articulées l'une à l'autre au moyen de la cheville A. Le pointage dans le sens vertical s'effectue, au moyen de la vis de bois B. Cette vis est bien préférable au pointard en arc de cercle

(1) Cette figure, ainsi que les suivantes, sont tirées de l'ouvrage de M. Favé, qui a reproduit un grand nombre de dessins existant dans un manuscrit de la Bibliothèque impériale, sans date, ni nom d'auteur, mais qui représente, selon M. Favé, des pièces de l'artillerie italienne appartenant à la seconde moitié du xve siècle.

représenté sur les figures précédentes, car elle donne toutes les positions possibles dans le sens vertical, tandis qu'il n'y avait pas d'intermédiaire entre deux positions successives avec le pointard à trous et à cheville. Le robuste heurtoir, C, contre lequel s'appuie la bombarde, permet un tir énergique, car la masse de l'affût absorbe la force de recul. Ce recul est encore supporté par tout le charriot. Comme il est mobile sur ses roues, une partie

Fig. 201. — Bombarde de campagne, portée sur une voiture à deux roues et à limonière.

de la force est employée à ce mouvement au moment de l'explosion.

Le défaut principal de ce système d'affût réside dans l'insuffisance du jeu des deux parties de la voiture, qui se fait, dans le sens horizontal, par la cheville A. Le pointage dans ce sens était très difficile. La voiture était, en outre, malaisée à diriger, à cause de son peu de tournant.

La figure 201 représente, dit M. Favé, une

Fig. 202. — Bombarde de campagne du XVe siècle, avec pointard en arc de cercle.

bombarde de campagne, montée sur une voiture à deux roues et à limonière. Elle porte, dans deux coffres latéraux, les munitions de la pièce; le coffre de gauche, qui est fermé, pouvait contenir la poudre, tandis que, dans celui de droite, étaient placés des boulets de pierre. Le canon, pour faire feu, restait posé sur la voiture. Le champ de tir de cet affût était bien limité dans le sens vertical, mais on pouvait facilement les faire varier dans le sens horizontal en faisant tourner la voiture.

La figure 202, que nous empruntons encore

à l'ouvrage de M. Favé, fait voir une bombarde montée sur une voiture à quatre roues. C'est, dit M. Favé, une pièce de campagne complète, avec tous les perfectionnements que l'art avait su apporter au mécanisme de l'affût. La bombarde, attachée à son fût par des embrasses de fer, appuyait sa culasse contre un heurtoir de bois, renforcé par des appuis; La faiblesse de la charge permettait peut-être de tirer cette pièce sans ôter l'avant-train, mais le pointage latéral devait être alors plus difficile que quand la crosse posait à terre. Les arcs de pointage étaient soutenus par des tiges de fer.

La figure 203 représente un affût qui ressemble beaucoup, dit M. Favé, à ceux qui se

Fig. 203. — Bombarde de Charles-le-Téméraire sur son affût.

trouvent encore aujourd'hui en Suisse, au nombre des trophées conquis sur l'armée de Charles-le-Téméraire, à la bataille de Morat. Le mode de pointage dans le sens latéral et dans le sens vertical, se comprend à la seule inspection de la figure.

Les très-grosses bombardes n'avaient pas d'affût. Elles étaient posées sur les murailles des forteresses ou sur les tours fortifiées des villes, encastrées dans des massifs de maçonnerie, attachées par des embrasses métalliques, et complétement immobiles. Leur portée obligeait seulement les assiégeants à placer leur camp hors de l'atteinte du boulet dans cette direction. Celles qu'on transporta au siége des villes, comme la *Bombarde de Gand*, durent avoir des affûts énormes et massifs, dans le genre de celui que représente la figure 204 que nous empruntons à l'ouvrage

Fig. 204. — Affût d'une grosse bombarde de siége.

de M. Favé. Cet affût se compose d'un gros bloc de bois, AB, auquel la bombarde est liée par des embrasses de fer. Ce bloc de bois est muni de roulettes, et se meut sur des madriers CD, EF portant un heurtoir G, et assemblés à la façon d'une charpente. Presque toute la partie immobile était encastrée dans la terre.

La résistance de cet affût était considérable. Seulement, comme nous venons de le dire, le pointage était presque impossible, et la bombarde devait tirer presque tous ses coups sur le même point. Elle ne pouvait servir qu'embossée sur les remparts d'une ville, pour tenir à distance l'ennemi.

CHAPITRE IV

INFLUENCE DES PREMIÈRES ARMES A FEU SUR LE TRACÉ DES FORTIFICATIONS. — LES ARMES ET LES FORTIFICATIONS PENDANT LE MOYEN AGE. — LES TRAVAUX DE SIÉGE AVANT L'INVENTION DE L'ARTILLERIE. — EFFETS DES GRANDES BOMBARDES ET DES PETITES BOUCHES A FEU DANS LES SIÉGES DES PLACES FORTES.

A l'époque où nous sommes arrivés, c'est-à-dire vers 1460, les armes à feu ne jouaient qu'un rôle très-secondaire dans les armées. Elles s'appliquaient surtout à la guerre des siéges, et ne servaient que très-rarement sur les champs de bataille. Il est intéressant de montrer comment l'art de l'attaque et de la défense des places fut modifié par l'emploi des bouches à feu, et comment les pièces d'artillerie arrivèrent peu à peu à remplacer les engins de la vieille *poliorcétique* (l'art de prendre les villes).

Pour comprendre la nature des modifications et substitutions que l'emploi général de la poudre à canon obligea d'introduire dans la guerre des siéges, il est nécessaire de connaître les moyens d'attaque et de défense des places, qui étaient en usage avant l'invention de l'artillerie à feu.

On trouve sur ce sujet de nombreux renseignements dans les ouvrages de Christine de Pisan, qui a composé un excellent traité de l'*art de la guerre*, en s'aidant beaucoup de l'ouvrage de Végèce — dans les écrits du religieux de Saint-Denis, — dans les mémoires, ou manuscrits de Gilles Colonne, de Juvénal des Ursins, de G. Guiart, de Cuvelier, auteur de la *Chronique rimée de Duguesclin*, de Froissart, de Nuyer, et de Muratori, l'auteur anonyme du *Jouvencel*.

Au Moyen Age, et depuis l'organisation des communes en France, presque toutes les villes de l'occident de l'Europe étaient fortifiées. Il existait, en outre, un nombre considérable de châteaux forts, habités par les nobles et les évêques. En France, d'après Alexis Monteil, l'auteur de l'*Histoire des Français des divers États*, on comptait, au XIVe siècle, dix mille villes ou bourgs fortifiés; et les Templiers possédaient à eux seuls, trente mille manoirs, munis, chacun, d'une haute et forte tour. Il est vrai que les nobles féodaux étaient plus nombreux en France que dans aucune partie de l'Europe.

Presque tous les châteaux forts du Moyen Age étaient assis sur des hauteurs. Au contraire, les villes, en raison des nécessités du commerce et de l'agriculture, étaient, en général, bâties en plaine, là où nous les trouvons encore aujourd'hui. Les villes riches et puissantes avaient seules des murailles crénelées et des fossés; les autres se contentaient de remparts en terre, disposés circulairement et garnis de fagots d'épines. Ces moyens suffisaient pour les garantir d'un coup de main, ou de l'attaque des bandes irrégulières de brigands, mais ils n'auraient pu servir à soutenir un siége, ou l'effort d'une armée. Les murailles des villes étaient circulaires, ou à peu près, et flanquées de tours, d'espace en espace. Végèce avait recommandé de construire des parties saillantes, qui auraient peu différé de nos bastions modernes; mais il aurait fallu tant d'hommes d'armes pour garnir le périmètre tout entier, que la plupart des villes n'avaient pu songer à adopter cet excédant de murs.

Les formes des fortifications étaient déterminées par la nature des armes usitées à cette époque. Ces armes étaient de deux sortes : les *armes de main*, comme les piques, les hallebardes, les épées, les fléaux, les massues à pointes, les haches, — et les *armes de trait*, ou de *hast*, telles que arcs, arbalètes, frondes et trébuchets. Les défenseurs d'une place assiégée devaient s'arranger pour n'avoir pas à craindre les *armes de main*, et pour pouvoir lutter à couvert contre les *armes de trait*. Dans ce but, les villes s'entouraient d'une enceinte, et perçaient leurs murs de meurtrières, d'arbalétrières et de créneaux. L'assaillant devait escalader les murailles ou les renverser, pour venir combattre, homme à homme, au cœur de la place, et faire triompher le grand nombre des assiégeants du petit nombre des assiégés. Les gens de la place augmentaient encore leurs défenses avec des tours couronnées de *mâchicoulis*, avec des fossés, des *barbacanes* et autres ouvrages, que nous examinerons sommairement tout à l'heure, et qui avaient pour but de défendre les murailles, plutôt que de porter directement atteinte à l'ennemi.

Le plus grand danger pour les villes assiégées était l'escalade; c'est pour cela que l'on donnait aux murailles jusqu'à douze mètres de hauteur, et que l'on creusait un large fossé à leur pied, pour empêcher d'approcher les échelles. Les armes de trait et les projectiles lancés à la main, contribuaient encore à éloigner l'assaillant. On cherchait aussi à renverser les échelles une fois posées, ou à les briser en lançant des blocs de pierre du haut des murs.

Avec ce système assez simple de fortification, une ville pouvait se mettre à l'abri d'une surprise par l'escalade. Elle n'avait à craindre que les siéges en règle et de longue durée, ou le blocus.

Le grand moyen d'attaque des places était l'emploi des *armes de trait*. Aucune machine balistique, à cette époque, n'était pourtant capable de renverser une muraille. La seule machine alors employée, et la seule qui eût quelque puissance, était le *trébuchet*, appareil à levier et à contre-poids armé d'une fronde. Nous devons nous arrêter un instant sur cette machine, parce qu'elle fut l'engin par excellence de la balistique du Moyen Age, celui que le canon vint détrôner.

Le *trébuchet* le plus simple est celui que représente la figure 205. Deux poutres verticales, assurées dans leur position, par une charpente, sont traversées par un axe horizontal, qui les rassemble à leur partie supérieure. Une longue poutre, appelée *verge* ou *flèche*, est portée par cet axe, et peut se mouvoir dans un plan vertical. Les deux parties de cette poutre sont inégales ; l'une courte et renflée, A, fait contre-poids, l'autre beaucoup plus longue, B, va en s'amincissant jusqu'à son extrémité libre, où se trouve une armature à boucle et à crochet, pour supporter les deux bouts de la corde de la fronde.

La manière dont on lançait des pierres avec cet appareil, se comprend aisément. Les quatre hommes que l'on voit représentés, abaissaient subitement le contre-poids, A, à l'aide des cordes auxquelles ils se suspendaient; la verge AB se relevait avec vitesse, entraînant la fronde. Le boulet de pierre contenu dans la poche de cette fronde, glissant d'abord près du sol, puis recevant une vitesse croissante, arrivait, avec la fronde tendue, dans le prolongement de la verge, et dépassait ce point. A un certain moment, calculé par l'artilleur, le crochet du grand bras du levier B, laissait

Fig. 205. — Trébuchet simple

Fig. 206. — Les fortifications d'une place au XIVe siècle, d'après Paulus Sanctinus.

échapper un des bouts de la fronde, et le boulet de pierre s'élançait par la tangente du cercle ainsi décrit.

L'appareil dont nous venons de montrer les dispositions, fait comprendre le principe sur lequel était basé le *trébuchet*, mais il ne donnerait pas une idée suffisante de la perfection à laquelle était arrivée la construction de ces engins à la fin du Moyen Age. Nous avons déjà représenté, en parlant du feu grégeois, dans la Notice sur les poudres de guerre, *la machine à fronde*, *ou trébuchet*, en usage en Europe au Moyen Age. Le lecteur est donc prié de se reporter, pour l'intelligence de ce qui va suivre, à la figure 131 (page 213).

Le *trébuchet* que représente ce dessin, vient de lancer un projectile; c'est un tonneau plein de matière incendiaire; le maître de l'engin (*engignour*) reprend la corde, qui, tirée par un treuil, doit remettre la verge en position de lancer un second projectile. Le treuil se voit à la partie postérieure de l'instrument, lié à la charpente, compliquée et cependant légère, qui porte le levier. Ici le grand bras du levier devait avoir six fois la longueur du petit bras; l'auteur ancien à qui l'on doit ce dessin, l'a raccourci dans le but, sans doute, de faire tenir la figure entière dans les limites de sa page. On remarquera que le contre-poids est formé de deux pièces; ce sont deux caisses pleines de sable dont l'inférieure est reliée à l'autre par un axe autour duquel elle peut se mouvoir. Cette disposition a l'avantage de faire que le centre de gravité du contre-poids total, au lieu de décrire un arc de cercle, dans sa chute, comme dans l'appareil qui précède (*fig.* 205), décrive une courbe telle que le mouvement de l'extrémité de la verge devienne plus uniformément croissant, et que la force de cette chute soit mieux transmise au projectile. Au-dessous du treuil, le dessin montre une gouttière de bois, dans laquelle court la poche de la fronde, avant de recevoir son mouvement circulaire. L'appareil tout entier est posé sur des roulettes ; il peut donc être avancé ou reculé selon les besoins du tir.

Cet engin peu coûteux et d'une construction facile, était vraiment admirable au point de vue mécanique. La force que l'homme accumule en tournant le treuil, est transmise presque sans déperdition, puisqu'il n'y a pas de chocs et presque pas de frottements, au grand levier, qui, par un mouvement croissant et prolongé, épuise cette force sur le projectile. Les *engignours* de ce temps savaient si bien prendre leurs mesures que la fronde décliquait juste au moment du maximum de vitesse. Le savant colonel Dufour, de Genève, a calculé que l'adjonction du double levier à la fronde, avait pour résultat de lancer le projectile le double plus loin que dans les machines plus anciennes c'est-à-dire que dans les balistes romaines, où l'on avait simplement placé la fronde dans une pochette creusée au bout de la verge.

La direction de la pierre et sa portée variaient suivant que la pierre à lancer était plus ou moins lourde, ou que le crochet, dont l'extrémité de la verge est armée, était plus ou moins recourbé, ou que la chute des contre-poids était plus ou moins rapide. Après quelques coups d'essai, on arrivait à une telle précision dans le tir, que les pierres, lancées successivement par la machine, allaient toutes frapper au même point.

Avec cette machine, on arriva à rompre les embrasures et à entamer ou écorner les remparts, et l'on conçut la possibilité de faire brèche dans les murailles à l'aide des machines de jet. On ne put jamais pourtant arriver à ce résultat.

Malgré ses énormes dimensions, le trébuchet était, de toutes les armes de trait, celle qui avait la portée la plus courte. L'arc ordinaire, c'est-à-dire celui qui avait la hauteur d'un homme, lançait des flèches à 300 mètres de distance. Les archers anglais, célèbres entre tous, s'en servaient avec une telle justesse et une telle rapidité, que celui d'entre eux qui n'eût pas lancé douze flèches par minute, et qui avec une de ses douze flèches n'eût pas atteint un homme à la distance de 200 mètres, aurait encouru, dit l'illustre auteur des *Etudes sur le passé et l'avenir de l'artillerie* (1), le mépris de ses camarades. L'*arbalète à tour* avait encore plus de précision et de portée, mais son tir était plus lent.

L'arc de certaines arbalètes à tour faites en bois, en corne ou en acier, n'avait pas moins de 10 mètres de long. D'après les calculs du colonel Dufour, elles pouvaient lancer à 800 mètres, un trait pesant un demi-kilogramme.

Les arbalètes à tour lançaient de gros traits ou des pierres arrondies.

Les trébuchets lançaient indifféremment des pierres, des matières incendiaires et des morceaux de fer rouge (et alors la poche de la fronde était en fer). Les pierres énormes projetées par les trébuchets, à l'intérieur de la ville, écrasaient les toits des maisons et des édifices. On lança même, par ce moyen, des prisonniers faits à l'ennemi.

Telles étaient jusqu'au milieu du XIVe siècle, les armes de trait dont se servaient les assiégeants dans l'attaque des places. Ces armes étaient bien supérieures à celles de l'époque romaine; mais l'invention de la poudre devait les faire disparaître à leur tour.

Passons au système de fortifications en usage à cette époque, et qui nécessairement avait été calculé pour résister aux moyens d'attaque que nous venons de décrire.

Pour faire mieux comprendre en quoi consistaient les fortifications d'une place, au Moyen Age, nous donnons, d'après le manus-

(1) Tome Ier.

crit de Paulus Sanctinus, le dessin d'un château fort assiégé (*fig.* 206). Une enceinte de muraille crénelée, ABCD, environne le château. Une seconde muraille, EF, existe à l'intérieur de la place, de telle sorte que si la première enceinte est emportée, l'assiégé pourra se défendre dans la seconde. Ce dessin paraît dater du XIVe siècle, car au premier plan, à droite, on remarque deux bombardes, G, H, de forme très-primitive, avec leurs affûts. Devant les bombardes est une palissade, II, destinée à garantir les artilleurs des traits de la place.

Plus en avant sont deux *trébuchets*, V, V. Entre ces deux trébuchets et le fossé est une palissade, LL, plus forte que la première, parce que les grosses pierres lancées des murailles peuvent arriver jusqu'à ce point.

Enfin, et sur le fossé même, qui, en ces deux endroits, est comblé par des fascines, sont deux ouvrages d'approche, M, N, du genre de ceux qui étaient nommés, à cette époque, *chats* ou *chats-chasteils*, *truies*, *beffrois*, *fouines*.

L'assiégeant construisait cette espèce de tour en bois, hors de la portée du trait; puis il comblait le fossé de la place avec des fascines, et il recouvrait les fascines d'un plancher de bois, pour que le *chat* pût s'y avancer sur ses roulettes. On remplissait de soldats la machine roulante, et on la poussait jusqu'aux murs de la place. Il fallait alors ou que le *chat* fût détruit par les assiégés, ou que la ville fût prise.

On construisait des *chats* d'une hauteur prodigieuse. Ils avaient trois étages. L'étage inférieur servait aux gens qui attaquaient la muraille à coups de pic; l'étage moyen, placé à la hauteur des créneaux, logeait les soldats qui devaient combattre corps à corps. Sur le plus élevé se tenaient les archers et les autres gens de trait, qui « grevaient » de traits les défenseurs de la place, pour leur faire déserter les murs.

Des constructions aussi hautes et aussi pesantes, ne pouvaient pas toujours se risquer sur les fascines ou sur la terre fraîchement jetée, dont on avait comblé le fossé. Le plus souvent elles s'arrêtaient au bord du fossé. Alors elles servaient à jeter sur les murs, des ponts-levis, par lesquels les hommes d'armes s'élançaient pour donner l'assaut.

Lorsque les assiégés voyaient construire un *chat*, ils réunissaient tous leurs efforts pour le détruire. Dès qu'il arrivait à portée, les trébuchets de la place lui lançaient leurs grosses pierres. On faisait de fréquentes sorties pour l'incendier; mais ce dernier moyen échouait souvent, parce que les bois étaient recouverts de peaux de bœuf toutes fraîches.

A droite du dessin de Paulus Sanctinus (*fig.* 206) et au second plan, se voit une maison roulante, O, en bois, destinée à protéger les soldats qui vont attaquer la muraille, ou combler le fossé. Quelques-unes des maisons roulantes construites sur ce modèle, portaient, suspendue à une corde, une poutre pesante, garnie de fer à l'une de ses extrémités, laquelle lancée à force de bras, comme les béliers de l'antiquité, venait battre la muraille et l'ébranler, si bien qu'à la fin on réussissait parfois à ouvrir la brèche. On a retrouvé, de nos jours, dans de vieilles murailles, des sortes de voûtes solides, qui semblaient d'anciennes portes murées. La disposition des lieux ne permettant pas de croire qu'il y eût jamais eu de portes à ces places, on a été conduit à penser que cette disposition avait pour but d'empêcher que la muraille ne s'écroulât, alors que les poutres dont il vient d'être question, avaient fait brèche au mur à la manière du bélier antique, sans avoir abattu les pieds droits.

Un autre moyen d'approche très-usité au XIVe siècle, dans les siéges, était le *pavais*, ou *pavois*, qui, sous le nom de *mantelet*, se perpétua jusqu'au temps de Vauban. Il consistait en un grand bouclier plat, fait de planches réunies, et parfois recouvert de claies, de terre ou de fumier. Les soldats le plaçaient au-dessus de leur tête, pour se défendre des projectiles de la place. Ordinairement, chaque soldat avait son bouclier ; d'autres mantelets (pavois) plus grands, étaient portés par deux ou trois hommes, ou un plus grand nombre. Les soldats, armés de pics, pouvaient, grâce à cet abri, s'approcher jusqu'à la muraille et travailler à son pied.

Quand la place résistait à tous ces moyens d'attaque, on procédait à la grande entreprise du chemin souterrain. On commençait à creuser, hors de la vue de la place, pour que les terres enlevées ne donnassent pas l'éveil; ensuite on cheminait lentement, soutenant, à mesure, le terrain avec des madriers. Quand ce chemin de taupe était arrivé jusque dans la ville, les soldats, sortant de la mine subitement et en grand nombre, incendiaient et tuaient tout sur leur passage.

Cependant la mine ne pénétrait pas toujours jusqu'au cœur de la place : elle s'arrêtait quelquefois sous le rempart. Arrivé là, on creusait une grande excavation, que l'on soutenait avec des madriers. On réunissait dans cette excavation des matières combustibles et on y mettait le feu : les madriers brûlaient et souvent faisaient écrouler la muraille.

Quand le bruit souterrain, ou tout autre indice, révélait à l'assiégé l'existence d'une mine, il entreprenait le même ouvrage de son côté ; il creusait à son tour, et allait à la rencontre de l'ennemi. S'il arrivait à le surprendre, il tuait les travailleurs, brûlait les madriers et comblait les travaux. Mais ce système de contre-mine était incertain et dangereux, car on pouvait ne pas rencontrer la mine de l'assiégeant ; ou bien, quand on la rencontrait, avoir le dessous dans le combat, ce qui laissait le passage libre à l'assiégeant pour déboucher dans la place.

Les villes avaient parfois une double enceinte, l'extérieure, plus basse, était moins importante que l'intérieure. L'espace compris entre les deux enceintes se nommait les *lysses;* il correspondait à notre chemin de ronde actuel. Plus fréquemment le mur extérieur était remplacé par une simple palissade, nommée *baille*, laquelle pouvait n'exister que devant les portes.

Souvent aussi un petit mur, appelée *fausse-braie*, courait au milieu du fossé, tout autour de la place, et en augmentait la défense. On appelait alors *casemates* de petites maisons bâties dans le fossé même, et ne le dépassant pas en hauteur ; ce mot, comme on le voit, n'avait pas la signification qu'on lui donne aujourd'hui.

Quelques villes, outre leur double ou triple enceinte, possédaient encore un *donjon*, (P, *fig.* 206) qui servait de dernier refuge aux assiégés. C'était, en général, une haute tour, située au centre de la ville ou du château fort, comme celle que représente le dessin.

Outre le *donjon*, il y avait le long des murs des tours plus petites A, R, Q, B, C, D, garnies de *mâchicoulis*, c'est-à-dire d'espaces propres à recevoir, sur le sommet de la tour, des soldats et des engins de guerre.

Il était important que les murailles des villes fussent le plus hautes possible. Elles commandaient mieux la campagne, et obligeaient l'ennemi à augmenter l'élévation de ses retranchements. En outre, l'escalade devenait plus difficile, et les pierres ou les autres projectiles que les assiégés laissaient tomber du haut des mâchicoulis, sur les pavois des soldats qui sapaient la muraille, acquéraient plus de force, à cause de la hauteur de la chute.

Rarement les courtines (c'est-à-dire les portions de muraille comprises entre deux ouvrages saillants) portaient des mâchicoulis ; l'assiégeant, en effet, ne pouvait s'attaquer aux courtines qu'après avoir détruit les tours ou les autres saillies, aux projectiles desquelles il fût resté exposé. Les tours, au contraire, étaient presque toutes munies de mâchicoulis, et l'épaisseur de leurs murs était plus considérable que celle du rempart, puisque c'étaient

Fig. 207. — Le siége d'une place forte au XIVe siècle, d'après Christine de Pisan.

elles d'abord qu'on cherchait à détruire.

Si les ouvrages saillants proprement dits étaient rares à cette époque, parfois, par compensation, on trouvait des villes munies d'un ou deux prolongements de l'enceinte, extraordinairement avancés dans la campagne, et nommés *barbacanes*. Un exemple remarquable de ce mode de fortification, est fourni par le plan du siége de la ville de Carcassonne, en 1249, plan moderne, qui a été publié par le baron Trouvé, dans la *Statistique du département de l'Aude*. La ville avait deux enceintes assez irrégulières, et flanquées de tours. A un certain point, vers la droite, l'enceinte extérieure s'avançait tout à coup jusqu'au premier plan, près du rempart qui traverse l'Aude, se coudait un peu, et revenait parallèlement à elle-même. Cette *barbacane* pouvait être fermée du côté de la place. L'assiégeant était donc obligé d'attaquer ce premier ouvrage, et de le détruire, avant de s'approcher de la muraille elle-même; et ce premier succès ne l'aidait en rien dans le siége ultérieur qu'il avait à faire. Aussi la ville ne put-elle jamais être prise par Trencavel, fils du vicomte de Béziers, qui en commença le siége, le 17 octobre 1240. Guillaume des Ormes, sénéchal de Carcassonne, rendit compte de ce siége à la reine Blanche, régente du royaume pendant l'absence de saint Louis. Ce rapport, véritable bulletin des opérations du siége, a été publié de nos jours (1).

A cette époque, on comptait un grand nombre de villes réputées imprenables de vive force ; le blocus seul pouvait les réduire. Mais le blocus n'était pas toujours possible. Quelque nombreuse que fût l'armée assiégeante, elle ne pouvait pas fermer tous les accès d'une ville, lorsqu'elle s'appuyait à la mer ou à un grand fleuve.

Les châteaux bâtis sur le roc étaient encore plus difficiles à prendre que les villes, en raison de l'impossibilité de miner à de pareils

(1) *Bibliothèque de l'École des chartes*, t. XII, p. 363.

endroits, ou d'y faire avancer les machines roulantes. En outre la pente augmentait l'effet et la portée des projectiles du château. Le blocus avait donc plus facilement raison des châteaux que des villes.

Les premières bouches à feu ne produisirent qu'une très-faible impression. Ces petits veuglaires, ces bombardes informes, dont la portée n'égalait pas celle des grandes arbalètes, furent à peine remarqués, et n'apportèrent aucun changement dans le système d'attaque ou de défense des places. Comme nous l'avons déjà fait remarquer, ces premières armes à feu agissaient plutôt par l'effroi qu'elles faisaient naître, que par l'action effective de leurs projectiles. Personne ne pouvait s'imaginer, à cette époque, que ces nouveaux engins fussent appelés à l'emporter un jour sur les anciennes armes. Les connaisseurs et les vieux gens de guerre déclaraient qu'une fois la nouveauté passée, hommes et chevaux s'habitueraient au bruit innocent des bombardes, et qu'elles finiraient par n'être plus d'aucun secours.

Cependant les perfectionnements se multipliaient dans la construction des bouches à feu, et l'artillerie commençait à se répandre. Déjà en 1376, les Anglais amenaient au siége de Saint-Malo, quatre cents canons à main. Ce ne fut là, toutefois, qu'un moment d'engouement: la terreur que répandit la détonation imprévue des armes à feu, avait procuré quelques succès; mais la portée des petits canons à main n'avait pas atteint celle des arbalètes à tour: il fallut près d'un siècle, pour que leur portée égalât celle des arbalètes à tour.

Vers 1480, l'emploi des armes à feu prit une extension considérable. Presque toutes les villes avaient déjà leurs *serments*, ou compagnies volontaires de *coulevriniers;* et suivant Philippe de Commines, Charles-le-Téméraire se faisait suivre de dix mille coulevrines dans sa campagne contre les Suisses. A cette époque aussi, la marine, qui jusque-là ne s'était servie que des *trébuchets* à contrepoids ou à ressort, adopta les bombardes.

Apparurent ensuite les grandes bombardes qui lançaient d'énormes boulets de pierre. A la vérité, les murailles des villes n'avaient encore rien à craindre de ces projectiles, mais les boulets, passant par-dessus les remparts, allaient, jusque dans les parties les plus reculées de la cité, enfoncer les toits des maisons et tuer les habitants. On cite bien parfois quelques murs ou quelques tourelles de mince épaisseur, qui sont entamés ou renversés par le boulet de pierre des bombardes, mais les historiens s'en émerveillent, ce qui prouve que le fait était exceptionnel.

Les assiégeants ajoutaient si peu de confiance à l'efficacité de leurs boulets de pierre contre les remparts des villes et des châteaux, que toujours ils dirigeaient plus haut leur tir. Lorsqu'un des projectiles venait frapper la muraille, suivant l'humeur sarcastique de l'époque, les gens de la ville se moquaient de la maladresse des artilleurs. Les Anglais essuyaient avec un linge, les traces laissées sur les murs de la ville par les boulets des bombardes de Duguesclin. Pendant le siége qu'ils eurent à soutenir contre les Hussites, les défenseurs de Carlstein, ayant fait prisonnier un bourgeois de Prague, l'attachèrent à la tour que les boulets venaient frapper, et mirent dans sa main un bâton muni d'une queue de renard: le bourgeois paraissait ainsi chargé d'écarter les boulets avec un chasse-mouches. Le pauvre homme resta pendant un jour entier dans cette situation périlleuse, mais il eut le bonheur de n'être jamais atteint.

Si les bombardes étaient insuffisantes pour faire brèche aux murailles, elles parvenaient, du moins quelquefois, à briser les portes, le point le plus faible et le plus important des villes. Aussi jugea-t-on prudent de construire au-devant des portes, des *boulevards* (des mots allemands *burg*, bourg, et *ward*, garde), espèce de palissade de gros pieux plantés verticalement, derrière lesquels on élevait des lits, superposés, de terre et de fascines. Plus tard, quand les remparts de maçonnerie furent menacés à leur tour par les boulets, on les environna de ces mêmes *boulevards*, disposés en une enceinte continue. Cette construction avait été reconnue nécessaire et efficace pour garantir les remparts des effets du boulet.

Les changements qui furent apportés à cette époque, au système de fortification des villes, étaient donc de peu d'importance. Des ouvrages avancés devant les portes et autres points faibles de la place, — la transformation des *archières* ou meurtrières, en trous ronds, pour recevoir des coulevrines, — les toits des maisons recouverts de terre ou d'autres matériaux, pour amortir le choc des pierres lancées par les bombardes ; — enfin l'établissement de quelques massifs de maçonnerie dominant les maisons ou les tours, pour y encastrer les bombardes de la place, — à cela se bornèrent les changements dans la défense des villes.

L'attaque fut modifiée davantage. Les grandes bombardes ayant été reconnues supérieures à l'ancien *trébuchet*, ou machine à fronde, toute armée qui se préparait à assiéger une ville, traînait avec elle autant qu'elle le pouvait de bombardes. Et ce n'était pas alors chose facile que le transport de telles masses. Les routes étaient presque toujours insuffisantes, il fallait en tracer de nouvelles. La bombarde, divisée en deux tronçons, était placée sur deux chariots, construits exprès, et l'on attelait à chaque chariot, cinquante paires de bœufs, pour les traîner. D'autres chariots apportaient les pierres et les munitions. Lorsque, à grand renfort de bras et d'animaux de trait, ces énormes engins étaient enfin arrivés devant la place, on les approchait autant que possible des murs.

Christine de Pisan dit qu'on plaçait les bombardes à une portée d'arc, et en 1382, Philippe d'Arteveld les établissait à cent pas des murs d'Oudenarde. Mais le rapprochement de la ville rendait cette approche très-dangereuse. Il fallait, sous la grêle des projectiles envoyés par les défenseurs de la place, amener les chariots, lever les différentes pièces du canon avec des grues, les visser ensemble, enfin les poser sur l'affût. Tout cela ne se faisait pas sans beaucoup d'embarras, ni de grandes pertes d'hommes. Aussi fut-on conduit à protéger les canonniers de l'armée assiégeante, avec des tonneaux pleins de terre : c'est ce que nous appelons aujourd'hui des *gabions*. En raison de l'extrême proximité et de la hauteur des murs d'où partaient les traits plongeants de la place, on faisait des gabions énormes (de la hauteur d'un homme) et on en superposait deux rangées. On laissait dans ces gabions un vide, pour l'embrasure de la bombarde, et ce vide était couvert par un grand manteau de bois, qui pouvait basculer sur un axe au moment du tir pour livrer passage au boulet de l'assiégeant.

La figure 207 (page 341), dessinée d'après une des planches de l'ouvrage de Christine de Pisan, montre la disposition de ces manteaux, et l'installation de deux bombardes de siége. A droite et à gauche du dessin, deux bombardes reposent sur le sol, la culasse appuyée à un bloc encastré dans la terre, soutenu lui-même par des pieux solides et profondément plantés. La bouche de la bombarde est soulevée par un autre bloc, qu'on peut avancer ou reculer, à la manière d'un coin, pour faire varier l'inclinaison de la pièce et l'angle de tir. La bombarde de droite est prête à partir ; un homme à demi caché dans un fossé, a découvert la bouche à feu, en tirant sur la corde fixée à la partie supérieure du manteau ; un autre artilleur tient la mèche allumée. On remarque à droite un de ces *pavois*, dont nous parlions tout à l'heure (page 339), c'est-à-dire une sorte de bouclier en bois, destiné à préserver des traits de l'ennemi, les soldats employés aux travaux du siége. Le *pavois* est ici porté par deux hommes.

De cette époque aussi datent les fossés et les tranchées d'approche, suffisamment éloignés de la place pour être à l'abri du canon. Des soldats, protégés par leur casque et leur armure, se cachaient, dans des fossés semblables à celui qui est représenté dans le milieu de la figure 207. Ils devaient surveiller les assiégeants et repousser leurs sorties. Plus que dans les temps antérieurs, on avait à redouter les sorties, car l'armée

Fig. 208. — Bastille élevée par les Anglais près de Dieppe.

assiégeante était, pour ainsi dire, divisée en deux parties, séparées par un long espace : celle qui travaillait aux bastions, et celle qui se tenait hors de la portée des projectiles. Or, les gens de la place pouvaient, dans leur sortie, détruire, en un instant, ces ouvrages importants, qui avaient coûté tant de peine, et enclouer les bombardes. Aussi l'assiégeant se fortifiait-il à son tour. Il construisait, dans le voisinage des ouvrages avancés, des fortins, qui reçurent le nom de *bastilles*.

Les *bastilles* étaient des ouvrages complétement fermés et entourés d'un fossé. Avec la terre retirée du fossé on formait un terre-plein, que retenait une palissade de pieux.

La figure 208, empruntée aux *Monuments de la monarchie française*, par Montfaucon, représente une partie d'une *bastille* que les Anglais élevèrent près de Dieppe. L'étendard anglais flotte près de la barrière ; les Français donnent l'assaut à ces fortins. Des échelles franchissant le fossé, vont s'appuyer sur le sommet de la palissade. On remarque au milieu un système particulier pour l'escalade : un chariot porté sur deux roues, au timon duquel des hommes faisaient contre-poids, pouvait s'avancer jusqu'à un bord du fossé, et lancer à l'autre bord une échelle, par laquelle montaient les soldats.

Souvent, au lieu de construire des *bastilles*, l'assiégeant se protégeait simplement par une sorte de boulevard de peu de longueur, formé de deux portions rectilignes réunies sous un grand angle. On nommait *ravelins* les ouvrages de cette espèce.

A côté des grosses bombardes qui battaient la place, l'assiégeant disposait toujours quantité de pièces de petit calibre, destinées à démonter l'artillerie qui garnissait les remparts de la ville assiégée. Elles protégeaient, en quelque sorte, les grosses bombardes qui faisaient l'effort principal.

Lorsqu'on n'avait pas de bombardes, ces bouches à feu jouaient le même rôle de protection à l'égard des *trébuchets*, qui remplaçaient les bombardes. Seulement, comme la portée des canons était plus grande que celle des trébuchets, on disposait, en général, les canons derrière les trébuchets, comme le représente la figure 206 (page 337). Dans cette figure, les trébuchets sont, à leur tour, placés derrière les *chats-chas-*

teils, ce qui montre bien que leur rôle n'était pas de battre les murailles, mais d'envoyer leurs pierres jusque dans la ville.

Dans la période de transition entre l'époque qui nous a occupé jusqu'ici et la période qui va suivre, les petites pièces de canon, ou même des pièces déjà d'une moyenne grosseur, lançaient des projectiles métalliques. A ce moment, on songea à s'attaquer, par les boulets de pierre, à la muraille même. Les boulets de pierre des bombardes étaient souvent alors cerclés de fer, ou farcis de plomb. On les lançait contre la muraille, à deux hauteurs d'homme ; après l'avoir ainsi ébranlée, on dirigeait contre le même but, et dans l'intervalle des premiers coups, les projectiles métalliques, qui creusaient la partie ébranlée. C'est ainsi qu'en 1476, au siége de Morat, par Charles-le-Téméraire, l'artillerie réussit à faire crouler un grand pan de mur, après une canonnade de quelques jours.

Deux méthodes de *tir en brèche* étaient déjà employées : la première et la plus rationnelle, consistait à lancer tous les boulets de pierre sur une même ligne horizontale. On entaillait ainsi la muraille à une hauteur donnée, en général peu considérable, et l'on pouvait arriver, au bout d'un certain temps, à la faire tomber. Mais pour que ce système pût être mis en pratique, il aurait fallu que le tir des bombardes possédât une justesse qui était alors inconnue, et que les projectiles de pierre eussent une force bien grande pour creuser ainsi, par leur simple choc, un fossé dans la maçonnerie. La deuxième méthode, la seule praticable à cette époque, consistait à faire battre tous les boulets de pierre dans un grand cercle tracé en imagination sur le mur; cette partie, continuellement ébranlée, finissait quelquefois par céder au choc répété des projectiles.

Les pierres lancées par les grandes bombardes ne pouvaient qu'ébranler les murailles des villes et des châteaux forts. Nous allons voir les boulets métalliques découper ces remparts, tant et si bien, qu'il n'en restera plus de traces.

CHAPITRE V

TROISIÈME PÉRIODE : ÉPOQUE DU BOULET DE FONTE. — GRANDS PROGRÈS APPORTÉS A L'ARTILLERIE PAR LA DÉCOUVERTE DU TOURILLON DES CANONS. — IMPORTANCE DU TOURILLON. — L'ARTILLERIE DE CHARLES-LE-TÉMÉRAIRE. — L'ARTILLERIE DE CHARLES VIII. — L'ARTILLERIE DE CHARLES-QUINT. — LES SIX CALIBRES DE FRANCE.

Nous arrivons à l'époque où s'accomplit le plus grand perfectionnement dans la construction des bouches à feu, c'est-à-dire à l'invention du *tourillon*. On vient de voir de quelle difficulté s'accompagnait le pointage, et l'imperfection des affûts que l'on employait pendant les XIIIe et XIVe siècles. La culasse de la bouche à feu était toujours appuyée contre un obstacle, contre le sol ou un *heurtoir*. Il en résultait que la force de recul, au moment de l'explosion, était supportée tout entière par la pièce elle-même, ce qui amenait sa prompte détérioration.

Tous ces inconvénients disparurent par l'invention du tourillon, qui paraît remonter à l'année 1480, sans qu'il soit possible de déterminer avec plus de précision cette date.

Qu'est-ce que le tourillon? Tout le monde a remarqué que nos pièces de canon sont garnies, vers le tiers de leur longueur, de deux ailettes cylindriques, A, B (*fig.* 209), qui font

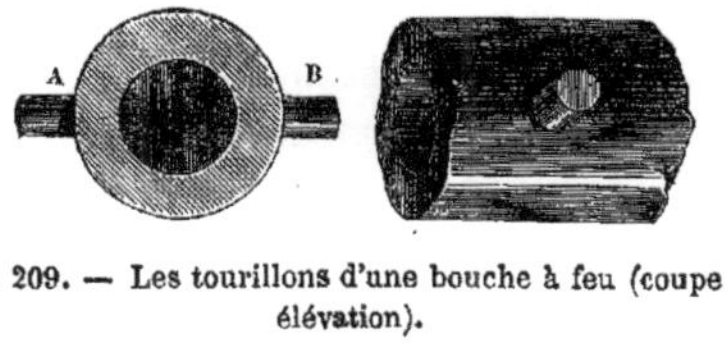

Fig. 209. — Les tourillons d'une bouche à feu (coupe et élévation).

partie de la pièce, et qui sont coulées avec la bouche à feu : ce sont les *tourillons*. Ils ont pour but de supporter tout le poids du canon, en le tenant en équilibre par ces deux points latéraux. Le canon acquiert, de cette manière, une mobilité excessive dans le sens vertical, et le pointage dans ce sens s'opère avec la plus grande facilité, en faisant basculer la pièce sur son axe, l'axe étant maintenu au moyen d'un coin de bois, ou par tout autre moyen, dans la position voulue. Quant au pointage, dans le sens horizontal, il est facilement réalisé par le déplacement des roues du canon.

Les tourillons qui favorisent si bien le pointage dans le sens vertical, ont encore l'avantage de n'opposer aucune résistance à la force du recul. Grâce à la mobilité de la pièce sur son tourillon, et grâce à sa mobilité sur les roues, les effets du recul ne sont nullement à craindre.

Nous ne dirons rien, en conséquence, que de très-exact, en affirmant que la découverte des tourillons fut le plus grand progrès que l'artillerie eût reçu depuis sa création.

Cette découverte ne se fit pas tout d'un coup. Elle fut amenée par une suite de perfectionnements dans l'art de fabriquer les canons. C'est cette suite de perfectionnements que nous allons essayer de mettre en lumière.

Entre l'année 1460 et l'année 1480, l'art du fondeur avait fait de tels progrès, en Europe, qu'on était arrivé, peu à peu, à couler en bronze de beaux canons, plus résistants que ceux en fer forgé. On avait commencé, comme nous l'avons vu, par fondre les petites pièces, dont la fabrication était plus facile par la coulée en bronze ; puis successivement, en perfectionnant les alliages et le manuel de l'art, on arriva à produire des canons tels, que sous un volume de beaucoup inférieur à celui des grandes bombardes, ils produisaient, avec leur projectile métallique, des effets bien plus redoutables.

En présence de ce résultat, on essaya de couler en bronze de très-grandes bouches à feu ; mais leur résistance ne répondit pas à ce que l'on attendait : dès qu'on dépassait un certain calibre, ou une certaine longueur, la pièce éclatait, par suite de la lourdeur du boulet de fonte.

On aurait pu, à la vérité, charger ces gros canons, analogues aux anciennes et grosses bombardes, avec les boulets de pierre ; mais les canons de moyenne grandeur, qui lançaient leur boulet métallique à une plus grande portée, tirant plus vite et produisant plus d'effet destructeur, étaient, dans tous les cas, préférables aux grandes bombardes du milieu du XVe siècle. Ces pièces primitives furent donc à jamais abandonnées.

De nos jours ces énormes canons tendent à reparaître. C'est que nous possédons des moyens de transport qui manquaient dans les siècles qui ont précédé le nôtre, et que déjà à cette époque, l'une des conditions principales du succès dans les guerres, était la célérité des mouvements de l'artillerie.

Ce ne fut pas sans de nombreux accidents et de graves dangers pour les servants des pièces, que la nouvelle artillerie parvint à s'établir. La limite de résistance de la bouche à feu était trop voisine de l'effort qu'on lui donnait à supporter, cette limite était trop variable et trop difficile à connaître, pour que l'on fût jamais bien sûr de la solidité de la pièce. Les registres de dépenses des villes sont remplis, à cette époque, de comptes pour le remplacement de coulevrines et de canons brisés dans les arsenaux et dans les fonderies, autant que dans les combats.

Les canons en fer forgé avaient cet avantage que, quand ils éclataient, ils se fendaient suivant la longueur, en donnant passage, par cette ouverture, aux gaz de la poudre. Cette explosion était peu dangereuse pour les servants des pièces, et le mal pouvait être facilement réparé. Au contraire, un canon de bronze, quand il crève, vole en éclats meurtriers, qui s'éparpillent de tous côtés, et tuent les malheureux artilleurs.

Quoi qu'il en soit, le fer fut abandonné vers 1480, dans la construction des bouches à feu.

Fig. 210. — Bas-relief de l'église de Genouillac.

Le premier avantage qu'apporta le bronze, employé à la confection des canons, ce fut de donner des *tourillons* coulés en même temps que le reste de la pièce, et faisant corps avec elle, supportant les plus grands effets de l'effort du recul.

Dès lors les affûts changèrent de forme. Il devint inutile de soutenir et d'appuyer la culasse du canon; on laissa basculer librement la pièce sur ses tourillons, comme sur un axe, et l'on put ainsi pointer parfaitement dans le plan vertical. L'affût formé de deux barres de bois parallèles, montées sur des roues, cédait au recul, au lieu de s'y opposer, et n'éprouvait presque plus de détérioration par l'effet du tir.

On eut, à la même époque, l'idée de mettre la poudre en grain, de la *grener* au lieu de l'employer, comme dans les premiers temps, en simple poussier. Par cette modification, on augmenta la puissance explosive de la poudre. Elle détonait rapidement et presque d'un seul coup, au lieu de fuser comme celle dont on s'était servi jusque-là. Un avantage capital qu'apporta cette modification physique de la poudre, fut que le métal du canon s'échauffait beaucoup moins à chaque décharge, et que le tir put acquérir une rapidité jusqu'alors inconnue.

La charge de poudre brûlant tout entière dans un espace de temps plus court, il était inutile de conserver aux armes à feu leur ancienne longueur de volée. Cette longueur fut réduite. Les canons y gagnèrent en légèreté, et leur chargement devint plus facile.

Pour donner immédiatement une idée de ce que pouvaient être les premiers canons à tourillons et leurs affûts, nous extrayons du livre du général Favé le dessin de l'un des bas-reliefs de l'église de Genouillac, bâtie par Galliot de Genouillac, grand-maître de l'artillerie de France, qui mourut en 1546.

On voit (*fig.* 210) une partie du tourillon de gauche. Les flasques de l'affût n'offrent pas une grande perfection de détails, on comprend cependant quelle est leur utilité, comment ils reposent sur l'essieu, et on reconnaît distinctement sur cette ligne, un tourillon. On comprend que le canon, libre de se mouvoir autour de l'axe formé par les tourillons, peut être pointé dans le plan vertical par un simple mouvement de bascule.

Au-dessous du canon, et entre les deux roues, sont la *lanterne* qui servait à introduire la charge de poudre, et le *refouloir* monté sur la même hampe que l'écouvillon. A terre et tout autour sont des boulets, un sac contenant de la poudre, et divers autres accessoires.

C'est là le document qui, d'après M. Favé, permet de fixer vers l'année 1480, l'époque de l'invention des tourillons.

Le point d'implantation des tourillons relativement à l'axe de la pièce et à son centre de gravité, est de la plus grande importance. Si ce point d'appui est établi de telle sorte que la partie antérieure de la pièce soit aussi lourde que la partie postérieure, le canon sera trop mobile autour de ce point d'appui, et il se prêtera mal aux manœuvres d'élévation et d'abaissement pour le pointage. Le défaut serait plus grand encore si l'avant était plus lourd que l'arrière ; il faut donc que le poids de la partie postérieure du canon l'emporte sur celui de la portion antérieure. Gribeauval fixa plus tard cette prépondérance à un trentième du poids de la pièce.

Si les tourillons étaient implantés au-dessus de l'axe géométrique du canon, pendant le tir, la volée tendrait à relever la culasse, laquelle ensuite retomberait de tout son poids sur le mécanisme du pointage, et ne tarderait pas à le détériorer. Des secousses pourraient encore se manifester, si, abaissant les tourillons, on les place juste au niveau de l'axe. En les mettant au-dessous, la culasse au moment de la décharge tendra à appuyer sur l'appareil de pointage, et la stabilité de la pièce sera ainsi assurée.

La découverte des tourillons constitue, avons-nous dit, le plus grand progrès de l'artillerie, et ce perfectionnement réalisé vers la fin du XVe siècle, surpasse en importance tout ce qui avait été fait avant cette époque, comme aussi peut-être tout ce qui a été fait depuis. Cependant aucun perfectionnement, considéré sous un certain aspect, n'est jamais exempt de quelque désavantage. Les bouches à feu portées sur les tourillons eurent un inconvénient. Elles conduisirent à faire abandonner les chargements par la culasse, et voici comment. Les pièces à tourillon permirent d'augmenter de beaucoup la puissance de la charge de poudre. Mais quand on tirait avec les anciennes bouches à feu, composées de deux parties, que l'on adaptait au moment de mettre le feu à la pièce, c'est-à-dire composées de la chambre, ou *âme* mobile, et de la *volée*, il arrivait, par suite de l'imperfection de cet ajustement, qu'au moment de l'explosion de la poudre, les joints de l'âme et ceux de la volée cédaient, et donnaient passage aux gaz. Quelquefois même, après quelques coups, la culasse mobile ne s'adaptait plus exactement à la volée, et la pièce était ainsi hors d'état de servir. A partir de l'invention des tourillons, les veuglaires et la plupart des canons à chambre mobile, durent être abandonnés : on fut obligé de faire les canons tout d'une pièce et de les charger par la gueule. Les bouches à feu à culasse mobile ne furent conservées que sur les vaisseaux. Ce qui rend ce dernier point incontestable, c'est que les seules et rares armes se chargeant par la culasse, que l'on possède encore dans les musées d'artillerie, et qui datent de cette époque, ont été retrouvées dans les ports de mer, ou vers les embouchures des fleuves.

L'artillerie de Charles-le-Téméraire est, pour l'histoire, un document précieux, parce qu'elle fut construite presque tout entière, au moment de l'invention du tourillon, et qu'elle marque ainsi la transition entre les deux périodes. Les batailles de Granson et de Morat firent tomber entre les mains des Suisses vainqueurs, un grand nombre de ces pièces, qui furent réparties entre les villes suisses confédérées. Les habitants de Neuveville ont conservé les canons qui leur échurent en partage, et le musée d'artillerie de cette petite cité, est pour l'historien moderne, une réunion de types d'une autorité irrécusable et d'une grande valeur.

Charles-le-Téméraire, duc de Bourgogne, avait réuni l'artillerie la plus nombreuse et la plus forte qu'on eût encore vue. Une partie de ce matériel de guerre lui avait été lé-

Fig. 211.— Serpentine de Charles-le-Téméraire (canon dépourvu de tourillons, et muni d'un pointard en arc de cercle).

guée par son père, Philippe-le-Bon; le reste venait d'être construit dans ses arsenaux, à grands frais, et d'après les principes nouveaux. A la bataille de Granson, où Charles-le-Téméraire éprouva une si sanglante défaite, quatre cent dix-neuf bouches à feu furent conquises par les Suisses. Telle était pourtant la richesse des arsenaux du duc de Bourgogne, que le 17 avril 1476, un mois et demi après cette journée funeste, l'artillerie de Charles-le-Téméraire, réunie sur le plateau de Jorat, comptait quatre grosses bombardes, six courtauts, cinquante-quatre grosses serpentines, et un nombre effrayant de canons plus petits. De nouvelles grosses pièces lui arrivaient même tous les jours : plus de deux mille chariots étaient employés à transporter les munitions. Le nombre des chevaux attelés à ces véhicules et aux pièces de canon, est inconnu, mais il devait être considérable, puisque telle grosse pièce exigeait jusqu'à trente chevaux pour la traîner.

Les trois figures que nous donnons de l'artillerie de Charles-le-Téméraire et que nous empruntons à l'ouvrage de M. Favé, donneront une idée suffisamment exacte de la construction des bouches à feu à cette époque. La figure 211 montre une serpentine, remarquable par sa longueur considérable relativement à l'étroitesse de son calibre ; elle a 3^{m},20 de longueur et 52 millimètres seulement de diamètre intérieur. La longueur d'âme est d'environ soixante-deux calibres. Son poids dépasse 1,200 kilogrammes; le projectile même en plomb ne pouvait peser que 800 gr.; de telle sorte que la bouche à feu pesait plus de quinze cents fois le poids du boulet.

Cette serpentine est en fer forgé. Si l'on en juge, dit M. le général Favé, par une autre serpentine identique à celle-ci pour la forme, et qui, rompue par accident, laisse voir sa texture intérieure, elle doit être composée de quatre pièces de fer, réunies sur un mandrin et longitudinalement disposées; et par-dessus celle-ci, de deux manchons, soudés les uns aux autres et réunis aux barres qui forment l'âme. Par-dessus le tout sont les cercles de renforcement, visibles dans la figure. Trois de ces cercles portent des anneaux, qui, dans les différentes manœuvres, pouvaient donner attache à des cordes. Ces anneaux sont placés un peu de flanc, de façon à ne pas cacher la ligne de mire.

La ligne de mire est déterminée par trois petites saillies portées par deux des cercles de renforcement, et par la bouche de la pièce, et offrant à leur sommet de petits plans, dont la face supérieure présente un angle dièdre à arête longitudinale.

Cette serpentine est encastrée dans un fût AB, composé d'une seule pièce de bois de chêne, reproduisant en creux exactement les saillies que la pièce lui présente.

Le fût s'articule à charnière avec la tête de la flèche CD, laquelle est aussi formée d'une seule pièce de chêne garnie de ferrures. A la réunion de son tiers postérieur et de ses deux tiers antérieurs, la flèche porte deux arcs de cercle E, F, destinés au pointage de la pièce.

Des trous percés dans ces arcs et qui se correspondent, servent, d'après un mécanisme que nous avons déjà vu mettre en usage, à placer la cheville qui fait varier le pointage. Ici, la charnière qui relie le fût AB et la flèche CD, fait l'office de tourillons, et cet agencement indique que l'époque où fut construite la serpentine n'était pas éloignée du moment où devaient apparaître les tourillons et les affûts à flasques.

Le canon étant très-lourd relativement à son projectile, il n'était pas nécessaire que l'affût offrît une plus grande résistance.

Pour terminer cette description, disons encore qu'un crochet placé vers la tête du fût donnait attache aux cordes des pionniers pour faire avancer la pièce, la bouche en avant; un autre crochet porté par les esses des essieux donnait le moyen de la traîner la bouche en arrière.

Fig. 212. — Bouche à feu à tourillon de l'artillerie de Charles-le-Téméraire.

Cette bouche à feu est le type de l'artillerie ancienne avant l'invention du tourillon.

La figure 212 représente un canon du nouveau modèle, c'est-à-dire porteur d'un tourillon. On voit que la pièce libre sur ses tourillons n'est point encastrée dans les flasques; elle peut donc se mouvoir dans le plan vertical et recevoir le pointage imparfait donné par les changements de position d'une cheville qui, traversant les flasques, supporte le bouton de culasse.

Les tourillons ne sont point forts, à la vérité, mais on doit songer que, comme la précédente, la pièce était en fer forgé, que, comme elle, elle était de petit calibre, et présentait un poids énorme relativement au poids du boulet. Les tourillons sont retenus par des sus-bandes et des sous-bandes en fer, donnant un encastrement solide. Les sus-bandes à charnières et à crochet permettaient d'ôter la pièce de son affût et de l'y remettre.

Les flasques sont exactement semblables et parallèles, ils sont reliés à l'avant par l'essieu, et à l'arrière par un coffret destiné à contenir de menues munitions. Une boucle attachée au coffret sert à soulever la crosse dans les diverses manœuvres.

Comme la précédente, cette pièce eût été incapable de lancer un gros boulet, parce qu'elle était formée d'un simple assemblage de barres de fer, et parce que les tourillons, trop petits, eussent cédé sous un effort un peu considérable. Le pointage dans le sens horizontal donné par les mouvements des roues, était alors aussi facile qu'il l'est aujourd'hui, mais les variations dans le sens vertical étaient trop peu nombreuses et de trop peu d'étendue pour qu'il ne fût pas nécessaire d'y suppléer par l'élévation ou l'abaissement de la crosse.

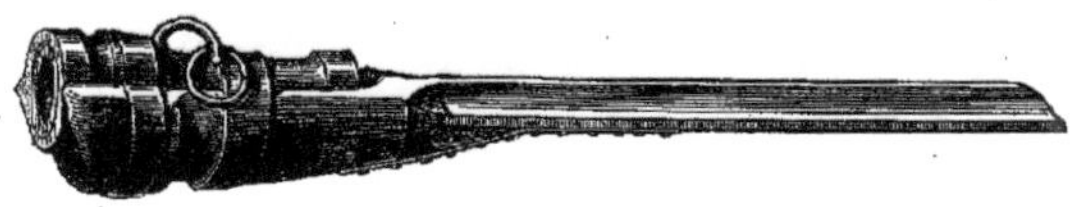

Fig. 213. — Bombardelle de Charles-le-Téméraire.

Charles-le-Téméraire avait amené avec lui des pièces anciennes, en même temps que des canons à tourillon : parmi les pièces anciennes se trouvaient de petites bombardes connues sous le nom de *bombardelles* (1).

Le dessin que nous donnons (*fig.* 213) tiré du livre de M. Favé montre l'une de ces *bombardelles*. Elle ne devait lancer que des boulets de pierre du poids d'environ six kilogrammes, avec de faibles charges de poudre, car la chambre de la pièce n'avait pas de grandes dimensions. Elle est de fer forgé comme les deux exemples précédents, encastrée dans un très-long fût de bois de chêne et attachée à celui-ci par des embrasses de fer.

L'affût de ces petites pièces n'est pas parvenu jusqu'à nous, et l'on se demande où se plaçait cette longue queue de bois. Écoutons à cet égard, M. Favé.

« L'artillerie de campagne de Charles-le-Téméraire, dit M. Favé comprenait aussi des bombardes fort courtes qui sont encastrées dans un fût à longue queue. Elles ont été séparées de leurs affûts, qui ne nous ont pas été conservés, et elles présentent un aspect assez étrange.

Nous pensons que la bouche à feu et son fût devaient être portés sur un affût à chevalet ou à roue. Deux trous circulaires qui traversent le fût des bombardes de Charles-le-Téméraire, ne nous laissent aucun doute à cet égard. Le premier de ces trous recevait l'axe autour duquel se faisait la rotation ; le second était traversé par la cheville de pointage : la queue du fût devait recevoir une longueur suffisante pour que les deux parties situées en avant et en arrière de l'axe fussent à peu près en équilibre ; la longueur de la queue facilitait le manienent et le pointage de la pièce (2). »

(1) « Et là furent assises deux grosses bombardes, une *bombardelle* et plusieurs coulevrines et serpentines. » *Archives curieuses de l'histoire de France.* Siége de Beauvais, en 1473 (cité par M. Favé).

(2) *Histoire du progrès de l'artillerie*, tome III, page 119.

C'était un mode de pointage qui préparait la découverte des tourillons. La longueur de la queue de l'affût faisant contre-poids à la volée, offrait un puissant bras de levier pour les manœuvres.

La forme un peu conique de l'âme permettait de tirer des boulets de grosseurs inégales.

Les défaites successives de Charles-le-Téméraire ruinèrent son artillerie à tel point que dans un inventaire des arsenaux de sa fille « très-redoutée damoiselle et princesse mademoiselle la duchesse de Bourgogne, etc., » on ne trouve plus mentionnés, le 30 janvier 1477, vint-cinq jours après la bataille de Nancy, que « une longue serpentine sur affût, 25 arquebuses sans manches, 370 livres de fine poudre de coulevrine et d'arquebuse, et 1,100 livres de métaux en plusieurs pièces de serpentines et arquebuses rompues. »

Vers 1465, l'Italie possédait l'artillerie la meilleure peut-être de l'Europe, et la plus belle sous le rapport de la forme. On jugera de son élégance d'après les dessins qui suivent, tirés de l'écrit de Giorgio Martini. La figure 214 représente une bombarde et la figure 215 un mortier de l'artillerie italienne au XVe siècle.

Ces deux pièces sont coulées en cuivre et ciselées avec un grand art. Le passage suivant traduit de l'ouvrage de Giorgio Martini prouvera que les Italiens à cette époque, ne connaissaient pas encore un alliage suffisamment résistant pour couler leurs canons.

« La bombarde doit être en cuivre ou en fer; celles qui sont en bronze, et c'est le plus grand

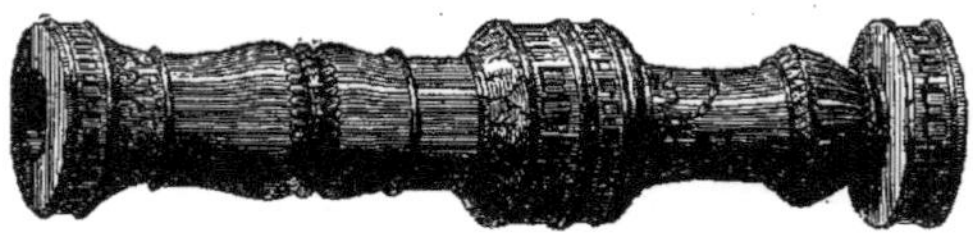

Fig. 214. — Bombarde italienne au xve siècle.

nombre, éclatent plus souvent à cause de la nature de cette matière; en cuivre ou en fer, elles ne se brisent que par un accident ou défaut de fabrication. »

Fig. 215. — Mortier italien du xve siècle.

Notons pourtant que le plus grand nombre des bombardes étaient coulées en bronze de l'aveu même de l'auteur, lequel avait donc une autre opinion que ses contemporains, relativement à la résistance de l'alliage alors usité.

L'Italie ne fut pas cependant la première à entrer dans la nouvelle voie; ce fut l'artillerie du roi de France, Charles VIII, qui, avant toute autre, réussit à lancer de gros boulets de fonte, et sut allier dans les pièces de canon, une légèreté remarquable à une puissance jusque-là inconnue.

Louis XI, prédécesseur de Charles VIII, avait une artillerie nombreuse et redoutable. Les documents qui la concernent nous font défaut, mais tout indique qu'elle devait ressembler à celle de son contemporain et rival, Charles-le-Téméraire. L'histoire a seulement conservé le nom de douze bombardes, que Louis XI avait nommées les 12 *pairs de France*.

Les *pairs de France* lançaient des boulets de fonte, du poids de 48 livres, c'est-à-dire à peu près de la grosseur de la tête d'un homme. Ces bombardes parurent pour la première fois, en bataille, à Montlhéry. L'une de ces grosses pièces fut prise par l'ennemi, dans cette journée.

Louis XI légua son artillerie à Charles VIII, et ce monarque s'attacha, de toutes ses forces, à l'augmenter et à la perfectionner.

Paul Jove et les autres auteurs qui ont raconté la campagne de Charles VIII en Italie, disent combien furent grandes l'admiration et la terreur des Italiens à la vue des canons français. Une canonnade de quelques heures suffisait à faire crouler les murailles des forteresses qui essayaient la résistance, et les villes terrifiées « par le bruit des bombardes », s'empressaient d'ouvrir leurs portes au vainqueur.

Charles VIII laissa une grande partie de ses canons à Naples, dans le Château-Neuf et le Château de l'OEuf, ainsi que dans quelques autres villes de l'Italie. A son retour en France, dégoûté de la guerre, le roi fit don des pièces qui lui restaient à la ville de Lyon, pour en fondre des cloches.

Aucun dessin de cette artillerie formidable

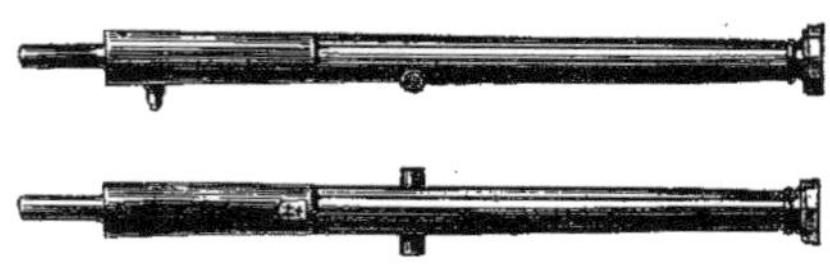

Fig. 216. — Petit canon de l'artillerie de Charles VIII.

n'est parvenu jusqu'à nous. On n'en connaît qu'une très-petite pièce qui se trouve au Musée d'artillerie de Paris, avec cette inscription : *Donné par Charles VIII à Bartélemi, seigneur de Paris, capitaine des bandes de l'artillerie en* 1490.

Ce petit canon est donc antérieur de cinq ans au moins, à l'expédition d'Italie. La volée est taillée à huit pans. Les tourillons s'implantent bien au-dessous de l'axe de l'âme, comme si l'on avait craint qu'ils ne fussent pas assez forts pour supporter à eux seuls le recul. Un prolongement du métal fait saillie au-dessous de la culasse ; il devait butter, au moment de la décharge, contre une pièce résistante de l'affût.

L'âme est rugueuse et semble n'avoir subi aucune régularisation après le coulage à noyau. Le calibre est très-faible, même relativement à la longueur du canon, et l'épaisseur du métal est considérable, ce qui montre qu'on n'était pas encore sûr de la résistance de l'alliage employé.

D'après Paul Jove les plus gros boulets de fonte lancés par les canons de Charles VIII, pesaient 50 livres; ce poids est déjà très-remarquable. Ce sont ces projectiles que les comptes de l'artillerie de Charles VIII, conservés à la Bibliothèque impériale, mentionnent sous le nom de *boulets serpentins.*

Ces mêmes comptes nous apprennent que les *faucons* et les pièces plus petites, lançaient des boulets de plomb, contenant dans leur intérieur des *bloqueraulx*, c'est-à-dire de petits dés de fer.

L'artillerie de Charles VIII fut bientôt imitée par toutes les nations militaires de l'Europe. Les Vénitiens, par exemple, se hâtèrent de couler des canons sur le modèle de ceux du roi de France. M. Favé représente dans son ouvrage un de ces canons construit à Venise. Il a plus de quatre mètres de longueur d'âme. A la hauteur des tourillons est gravée la date 1497, en chiffres romains. Le calibre est encore très-petit relativement à la longeur de la pièce et à l'épaisseur du métal. Les ornements dont il est couvert, sont exécutés avec une grande perfection.

L'artillerie de Charles VIII fut copiée, mais surtout améliorée par l'empereur Charles-Quint, qui fit commencer à Bruxelles en 1521, une série d'expériences ayant pour but de fixer la composition des alliages destinés à la confection des bouches à feu, ainsi que les dimensions les meilleures à leur donner.

A cette époque, où la chimie n'existait pas encore à l'état de science, on ne savait pas déterminer la nature et les proportions des métaux qui composaient un alliage. En outre, en raison de l'état imparfait de la métallurgie, les métaux que l'on faisait entrer dans les alliages, étaient toujours impurs, et la proportion des corps étrangers qu'ils renfermaient, différait selon leur provenance. On conçoit donc toutes les difficultés que ces incertitudes devaient apporter à l'art de la fabrication des bouches à feu, et les embarras que Charles-Quint dut rencontrer pour faire procéder aux expériences de Bruxelles. Si de semblables expériences étaient à faire aujourd'hui, elles ne seraient qu'un jeu. On commencerait par essayer plusieurs bouches à feu, et par choisir les plus résistantes. Ce choix fait, on analyserait chimiquement l'alliage de la bouche à feu reconnue la meilleure, et l'on recomposerait sans peine un alliage tout semblable, pour en fabriquer des canons. Mais au XVIe siècle il n'existait, en fait de chimistes, que des chercheurs de pierre philosophale ; et les quelques savants qui étaient en possession de connaissances empiriques sur les métaux et leurs composés, étaient confinés au fond de l'Allemagne, tout occupés à l'exploitation des mines. Il était donc vraiment impossible alors, de recomposer un alliage, dont on avait apprécié les bonnes qualités. On pouvait chercher par tâtonnement, des compositions équivalentes, mais on n'était jamais sûr de rien, quant à la proportion des métaux entrant dans l'alliage.

Il faut donc admirer le prodigieux sens pratique par lequel les fondeurs de ce temps arrivèrent à trouver les proportions à peu près les meilleures de cuivre et d'étain destinées à former le bronze des canons. Leur bronze contenait 92 parties en poids de cuivre et 8 parties d'étain pour 100 d'alliage. L'étain donne à la pièce la dureté, le cuivre lui assure la résistance. Mais comment les fondeurs et constructeurs, au XVIe siècle, arrivèrent-ils à savoir que ces deux métaux étaient précisément les meilleurs pour former l'alliage des canons, et qu'il ne fallait pas y faire entrer d'autres métaux, tels que le fer, ou le plomb? L'espèce d'intuition qui les amena à ce résultat, est vraiment inconcevable.

Les expériences faites à Bruxelles, par l'ordre de Charles-Quint, durèrent neuf ans: de 1521 à 1530. C'est alors que furent dressées les premières tables mathématiques pour la construction des bouches à feu.

Jusqu'à cette époque aucune règle n'avait été formulée touchant la longueur à donner au canon d'après son calibre. On comprenait assurément qu'il devait exister une longueur de volée donnant pour chaque calibre la portée maximum; mais chaque fondeur agissait à sa guise et d'après ses propres inspirations. Le physicien et mathématicien d'Italie, Tartaglia, cherchant la solution de cette question, souvent agitée de son temps, avait posé ce principe, que la longueur du canon devait être telle que le boulet arrivât à son extrémité juste au moment où toute la charge de poudre était brûlée. Cette donnée était sans doute vague, mais elle jetait quelque lumière sur la question.

Les nombreuses expériences faites à Bruxelles, apprirent enfin quelle était la longueur qu'il fallait donner à une bouche à feu, d'un calibre donné, pour obtenir la portée maximum.

Charles-Quint apporta à l'artillerie, un autre perfectionnement d'une grande importance. Jusqu'à cette époque, le calibre à donner aux pièces n'avait été soumis à aucune règle, et présentait, en conséquence, des variations infinies. Chaque bouche à feu nécessitait des boulets et des munitions adaptés à ses dimensions particulières. Quand les boulets d'une pièce étaient épuisés, si l'on n'en trouvait plus de semblables dans tout le parc d'artillerie, le canon était hors d'état de servir. Il arrivait fréquemment aussi des erreurs dans les approvisionnements; les munitions destinées à des bouches à feu déterminées, étaient mal adressées, et du même coup, la pièce et les munitions qui s'étaient trompées d'adresse, devenaient inutiles. Charles-Quint, plus que tout autre peut-être, avait eu à souffrir, dans ses campagnes, de désagréments de ce genre. Il résolut, en conséquence, de fixer les calibres des pièces qui seraient fondues dans ses États; il limita leur nombre à six, y compris un mortier, devant lancer des boulets de pierre.

Douze canons destinés à la campagne d'Afrique, furent fondus à Malaga, d'après ces principes. Ils servirent de modèles à la nouvelle artillerie de Charles-Quint. On les nomma les *douze apôtres*, sans doute en souvenir des *douze pairs* de Louis XI.

Les fonderies d'Augsbourg construisirent presque toute la nouvelle artillerie de Charles-Quint. On vit alors, pour la première fois, des canons portant au-dessus de leur centre de gravité, des anses, pour faciliter leurs manœuvres. Ces anses représentaient des dauphins, forme qui fut beaucoup imitée depuis cette époque. De nos jours encore, en Allemagne, les anses sont appelées *delphines*. Un dauphin remplaçait aussi le bouton de culasse.

Lofler, le fondeur de Charles-Quint, dépassa dans la construction et l'ornementation de ces bouches à feu, ce que l'on pouvait attendre de l'art à cette époque.

Les six calibres de l'artillerie de Charles-Quint lançaient des boulets de fonte, du poids de 40 livres, de 24 livres, de 12 livres, de 6 livres et demie, de 3 livres; le mortier lançait des boulets de pierre de 35 centimètres de diamètre. Les Français prirent seize de ces canons à la bataille de Cérisoles, en 1544; tous portaient les deux colonnes de Charles-Quint et la devise PLUS OULTRE.

Nous représentons dans la figure ci-dessous les types de 4 calibres de l'artillerie de Charles-Quint. Ce sont les canons de 40, de 24, de 12, de 6.

Le canon de 40 (c'est-à-dircolançant un boulet de fonte du poids de 40 livres) avait une longueur de 12 pieds et pesait 6,210 livres, c'est-à-dire 155 fois le poids du boulet.

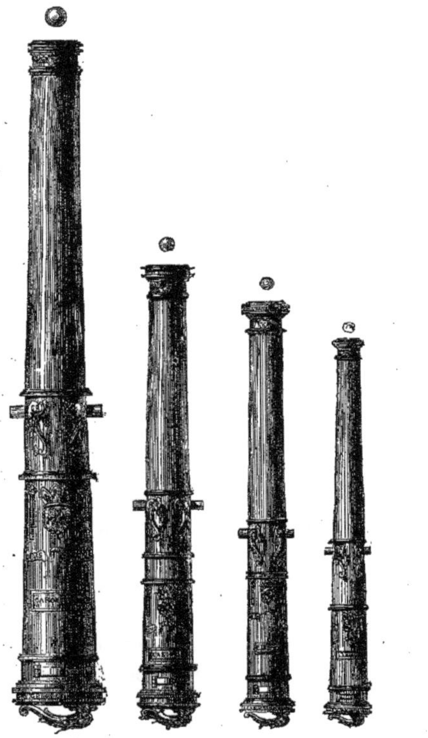

Pièce de 40. Pièce de 24. Pièce de 12. Pièce de 6.

Fig. 217 à 220. — Calibres de l'artillerie de Charles-Quint.

Les autres pièces de calibre moindre, s'appelaient *couleuvrine*, *sacre* et *fauconneau*. Sur la culasse de tous, on peut lire les mots : *Opus Gregory Lofler* avec les colonnes et la devise *Plus oultre*.

Le mortier (*fig.* 221) n'avait pas d'anses, mais seulement un anneau à la culasse.

C'est donc à Charles-Quint qu'appartient le mérite d'avoir fondé l'unité des bouches à feu.

Grâce à toutes ces modifications, l'artillerie allemande et l'artillerie espagnole avaient reçu un degré de perfectionnement remarquable. Aussi, lors de la campagne de France, l'ambassadeur de Venise, B. Navagero, écrivait-il que l'artillerie de Charles-Quint était « la plus légère, la meilleure et la plus belle qu'on eût jamais vue. »

Fig. 221. — Mortier de l'artillerie de Charles-Quint.

Pendant ce temps, l'artillerie italienne restait à peu près stationnaire. Elle ne suivait le progrès qu'avec timidité, n'adoptant les améliorations que longtemps après leur mise en pratique chez les autres nations militaires.

Tant que les canons avaient été fabriqués avec des barres de fer forgé, les communes avaient pu suffire à leurs armements d'artillerie. A cette époque, les rois, plus pauvres que les villes, étaient obligés de leur emprunter leurs bombardes pour faire la guerre. Mais, par suite des événements et des transformations politiques, tout devait changer de face, et les deux conditions être complétement renversées. Les communes, privées peu à peu de leurs priviléges, n'avaient même plus le droit de fondre leurs bouches à feu. Les souverains s'étaient enrichis, pendant que les communes s'appauvrissaient ; et comme la construction des nouvelles bouches à feu exigeait des frais énormes, les princes des grandes nations guerrières pouvaient seuls entreprendre ces dispendieuses constructions. Seuls, ils pouvaient rivaliser entre eux, pour le nombre des pièces fabriquées, et les innovations que l'art ne cessait d'y introduire.

Partagée en petites provinces, déchirée par les dissensions intestines, les factions religieuses et les invasions étrangères, l'Italie devint trop pauvre et trop affaiblie, pour que son artillerie pût jouer un rôle sérieux et tenir une place dans les événements politiques de l'Europe. Cependant vers la fin du XVe siècle, le duc de Ferrare, ami et allié du roi de France, Charles VIII, copia son artillerie avec assez de succès. Le duc de Ferrare s'était fait lui-même fondeur, et il était devenu tellement habile dans cet art, que personne ne pouvait rivaliser avec ce royal artisan.

Le roi de France, Louis XII, refit son artillerie, en 1498, sur les modèles de celle de Charles VIII. Les *Mémoires de Fleurange*, nous ont conservé la composition de cette artillerie, au moment où les Français marchaient contre Gênes.

Le Musée d'artillerie de Paris possède un beau spécimen des canons de Louis XII. Cette pièce, qui se trouve dans la grande cour, porte au catalogue le n° 23. Ornée de fleurs de lys sur sa volée, elle porte sur sa culasse un hérisson couronné, comme toutes les autres bouches à feu de Louis XII.

François Ier augmenta encore cette artillerie. On trouve plusieurs de ses pièces au Musée d'artillerie de Paris. Elles ressemblent beaucoup, du reste, à celles de son prédécesseur, et ne présentent aucun progrès particulier. Comme les canons de Louis XII, les bouches à feu du temps de François Ier ont quelquefois la volée parsemée de fleurs de lys ; sur la culasse, une salamandre couronnée remplace le hérisson.

Vint ensuite Henri II, qui voulut faire profiter l'artillerie française des progrès que Charles-Quint avait imprimés aux artilleries allemande et espagnole.

En décembre 1552, parut l'ordonnance de François Ier, qui fixe les calibres uniformes que devra présenter, à l'avenir, l'artillerie française. Ces calibres devaient être au nombre de six. Le plus grand lançait un boulet de 33 livres 4 onces ; le plus petit, un boulet de 14 onces. Le plus grand seul portait le nom de *canon ;* les autres, et par ordre de décroissance, s'appelaient *grande couleuvrine*, *couleuvrine bâtarde*, *couleuvrine moyenne*, *faucon* et *fauconneau* (1).

Nous donnons (*fig.* 222 à 227) les dessins des six calibres de l'artillerie de François Ier d'après un manuscrit de cette époque, qui a pour titre : *Longueur*, *grosseur*, *poids et calibres des canons*, *etc.*, *avec leurs figures*. « Il est compris, dit M. Favé, dans un volume de la Bibliothèque impériale, fonds Saint-Germain, portant le n° 374. » Ces pièces ont un bouton de culasse, mais elles n'ont pas d'anses comme les pièces de Charles-Quint. Les deux plus grandes seules sont lisses à l'extérieur, avec des renforts à la volée ; les autres sont taillées à pans. Elles ne portent aucun ornement. Non plus que celles de Charles-Quint, elles n'ont de ligne de mire.

Le *canon* avait 9 pieds 9 pouces 6 lignes de longueur, et pesait 5,300 livres ; son boulet, comme nous l'avons dit, avait 33 livres et 4 onces de poids. Cette pièce était traînée par vingt et un chevaux.

La *grande couleuvrine* avait 9 pieds 10 pouces de longueur, pesait 4,000 livres, lançait un boulet de 15 livres 2 onces, et était traînée par dix-sept chevaux.

La *couleuvrine bâtarde* était longue de 9 pieds, pesait 2,500 livres, lançait un boulet de 7 livres 2 onces, et avait un attelage de onze chevaux.

La *couleuvrine moyenne* pesait 1,200 livres, le *faucon* 700 livres, le *fauconneau* 410. La

(1) Toutes les désignations des pièces de l'ancienne artillerie furent tirées du nom de certains animaux redoutables : le serpent (*serpentine*), la couleuvre (*couleuvrine*), le faucon (*faucon*, *fauconneau* et *sacre*).

Canon. Grande couleuvrine. Couleuvrine bâtarde. Couleuvrine moyenne. Faucon. Fauconneau.

Fig. 222 à 227. — Les six calibres de l'artillerie de France, sous François Ier.

première de ces pièces lançait un boulet de fonte du poids de 2 livres, la seconde de 1 livre et 1 once, la dernière un boulet de 14 onces. Le *fauconneau* avait encore 6 pieds 4 pouces de longueur.

Ces règles ne tardèrent pas à recevoir quelques changements. D'après la première détermination :

Le canon pesait 160 boulets;
La grande couleuvrine pesait 266 boulets ;
La couleuvrine bâtarde, 357 boulets;
La couleuvrine moyenne, 600 boulets;
Le faucon, 660 boulets;
Le fauconneau, 470 boulets;

Quatre pièces, dont le poids était excessif, relativement au boulet, furent allégées, et d'après le second règlement,

Le canon pesait 160 boulets;
La grande couleuvrine, 230 boulets;
La couleuvrine bâtarde, 262 boulets;
La couleuvrine moyenne, 315 boulets;
Le faucon, 500 boulets;
Le fauconneau, 514 boulets.

Le bronze de ces pièces était formé de 91 parties, en poids, de cuivre et de 9 d'étain, pour 100 d'alliage.

D'après M. le général Favé, dont l'ouvrage nous sert de guide constant dans cette Notice, le système des six calibres de France avait été déjà adopté et construit en 1551.

« L'honneur en doit revenir, ajoute M. Favé, à d'Estrées, grand-maître de l'artillerie de 1550 à 1559, qui en exerçait déjà la charge en 1548. Il avait, comme homme de guerre, une des belles réputations de son temps, et les écrits spéciaux sur l'artillerie, faits à cette époque, le citent comme la grande autorité en ces matières (1). »

Nous n'avons rien dit encore des affûts sur lesquels reposaient les nouveaux canons de l'époque de la Renaissance. Cette question, d'une importance particulière, sera l'objet du chapitre suivant.

CHAPITRE VI

AFFUTS. — ATTELAGES. — LIGNES DE MIRE. — LE PROBLÈME DE LA TRAJECTOIRE EST ENTREVU. — POINTAGE. — ERREURS DE POINTAGE. — PROJECTILES IRRÉGULIERS : LES BOULETS RAMÉS ET LES BOULETS ROUGES.

Vers la fin du XVe siècle, les artilleurs comprirent qu'il ne fallait plus s'opposer au recul de la pièce, mais y céder, afin d'éviter la destruction du matériel. Aussi, dès le commencement du siècle suivant, presque tous les affûts étaient-ils montés sur des roues; c'est ce qu'on appelait, et ce qu'on appelle encore, les *affûts à rouages*.

Trois dessins, tirés d'un manuscrit de Bonaccorso Ghiberti, conservé à la *Bibliothèque Magliabechiana* à Florence, et qui fut composé vers le commencement du XVIe siècle, donneront trois exemples d'affûts divers, quoique à rouages tous les trois, et qui diffèrent surtout par le mode de pointage. Tous les trois sont encastrés dans un fût, car les Italiens, à cette époque, n'avaient encore que peu de pièces portant des tourillons.

Les roues de la première de ces bouches à feu (*fig.* 228) sont très-fortes relativement au poids qu'elles ont à supporter ; leurs rais sont d'une forme ancienne et singulière ; ils nécessitent pour leur implantation, un moyeu énorme. La flèche oblique, F, se fixe en terre, pour déterminer l'inclinaison convenable de la pièce. Le pointage dans le

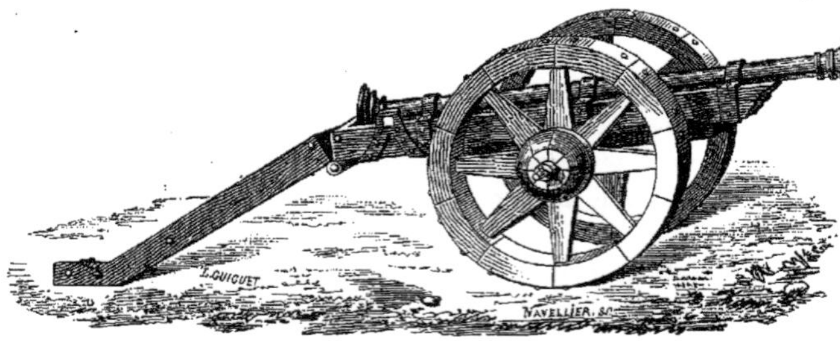

Fig. 228. — Affût d'une pièce de l'artillerie italienne du XVIe siècle.

plan vertical est donné par cette flèche, F, qui est articulée avec le fût, par une charnière *a*. Ces deux parties peuvent faire un angle plus ou moins ouvert, lequel fait varier le tir dans le sens vertical. Le pointage dans le sens horizontal, est donné par le mouvement des roues.

Ce mode d'affût ne cède pas librement à l'effort du recul; mais on ne peut pas dire qu'il y résiste absolument; car, au moment où le canon recule, l'angle formé par la charnière *a* tend à se fermer, et la culasse du canon s'élève, pendant que la partie antérieure de l'affût tout entière, avec le canon, tend à quitter terre. Nous avons donc ici la transition entre l'affût complétement immobile et l'affût qui cède au recul.

La deuxième pièce du même manuscrit (*fig.* 229), est remarquable par sa vis de bois, V, servant au pointage. La vis est le

(1) Tome III, page 240.

Fig. 229. — Affût à vis d'une pièce de l'artillerie italienne du XVIe siècle.

meilleur de tous les systèmes de pointage, en ce qu'elle donne facilement, et sans communiquer de secousses à la pièce, toutes les positions intermédiaires possibles entre son plus grand abaissement et sa plus grande élévation. Cependant la vis de pointage ne devait être décidément adoptée par l'artillerie que deux siècles plus tard.

Cette pièce, comme certaines autres de l'artillerie de Charles-le-Téméraire, a un fût et une flèche reliés par une charnière, système qui, jusqu'à un certain point, peut remplacer les tourillons. A la partie latérale droite de la flèche, F, est suspendue la mèche, *f*, destinée à mettre le feu à l'amorce. Ainsi, le fer rouge, avec son attirail de réchauds et de soufflet, est décidément abandonné comme moyen de mettre le feu aux canons.

Le pointage dans le troisième exemple (*fig.* 230), est donné par un coin prismatique,

Fig. 230. — Affût à crémaillère (artillerie italienne du XVIe siècle).

dont la base est un parallélogramme à angles aigus, lequel peut entrer plus ou moins avant dans une crémaillère taillée aux dépens des deux faces de la flèche et du fût qui se regardent. Ce système est inférieur de beaucoup au précédent, parce qu'il ne donne que quelques positions peu nombreuses, et trop limitées pour qu'il ne soit pas souvent nécessaire d'y suppléer en élevant ou en abaissant la crosse.

Franchissons tous les systèmes intermédiaires d'affûts, peu importants d'ailleurs, qui se produisirent pendant cinquante ans, pour arriver aux affûts français, aux *affûts à flasques* de l'artillerie de Henri II.

Le flasque, que représente la figure 231, portait à son extrémité deux échancrures *a*, *b* destinées à supporter les tourillons de la pièce. Un entre-toises, *cd*, reliait les deux flasques, et assurait leur parallélisme.

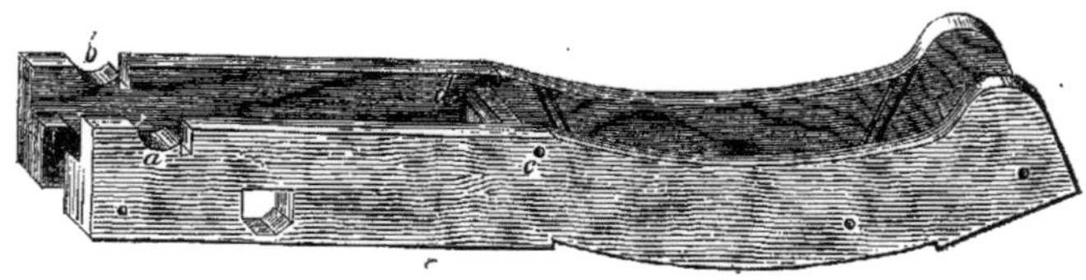

Fig. 231. — Affût à flasques des pièces d'artillerie des six calibres de France.

Cet entre-toise, taillé à son sommet en pans obliques, donnait un point d'appui, quand il s'agissait de soulever la culasse pour glisser une pièce de bois taillée en biseau, qui se nommait le *coin de pointage*. Le système de pointage au moyen d'un coin glissé sous la bouche à feu, valait mieux que le coin à crémaillère, mais il était inférieur de beaucoup à la vis de pointage. Ce fut à peu près le seul système mis en usage, jusqu'à ce que la vis eût prévalu.

Tel était l'affût de bois et à roues que portaient les bouches à feu des *six calibres de France*.

Après cette époque, il faut arriver jusqu'à Louis XIII pour trouver quelques modifications dans l'artillerie ; encore ces modifications ne furent-elles pas toutes des progrès. Pourtant, dans cet intervalle, avait pris naissance la remarquable artillerie des Pays-Bas, dont nous parlerons au commencement de la troisième période, et que les autres nations de l'Europe ne surent même pas imiter.

Les six calibres de France avaient été conservés après François Ier ; mais un grand nombre de pièces hors des calibres réglementaires avaient été construites. Tel était par exemple un double canon, lançant un boulet de plus de sept pouces de diamètre, tandis que le *canon*, la plus grande des pièces réglementaires de François Ier, n'avait qu'un boulet de six pouces de diamètre. Cette innovation ne marquait pas absolument un progrès, puisque l'art du fondeur, depuis quelque temps déjà, pouvait produire des pièces beaucoup plus grosses, et que les grosses pièces n'étaient plus d'une grande utilité à cette époque où la mobilité de l'artillerie était une condition de première importance.

Outre cette confusion des calibres, les artilleurs français avaient fait une autre faute ; ils avaient reporté le tourillon à la hauteur de l'axe de la pièce. Ce changement arriva sans qu'on puisse l'expliquer par des ordonnances quelconques ; ce qui semblerait indiquer une certaine désorganisation dans les services militaires.

Ces faits et les renseignements qui vont suivre, sont contenus dans un ouvrage composé par le capitaine Vasselieu, dit Nicolay Lionnais, et dédié au frère de Louis XIII. Ce livre, qui est conservé à notre Bibliothèque impériale, contient de très-beaux dessins relatifs au matériel de l'artillerie sous Louis XIII.

Il est à remarquer que tous les canons figurés par Vasselieu présentent, près de la lumière, certains reliefs destinés à attacher le *couvre-lumière*, lequel pouvait cacher cette ouverture ou la découvrir suivant les besoins du service.

La figure 232, que nous empruntons à l'ouvrage du général Favé, et qui est tirée de l'ouvrage original de Vasselieu, représente le canon français du temps de Louis XIII sur son affût. Autour de la volée s'enroule la corde, qui, attachée à l'avant du flasque gauche, servait à traîner la pièce sur le champ de bataille. Autour du canon se voient fixés les différents leviers à l'aide desquels les artilleurs soulevaient la pièce

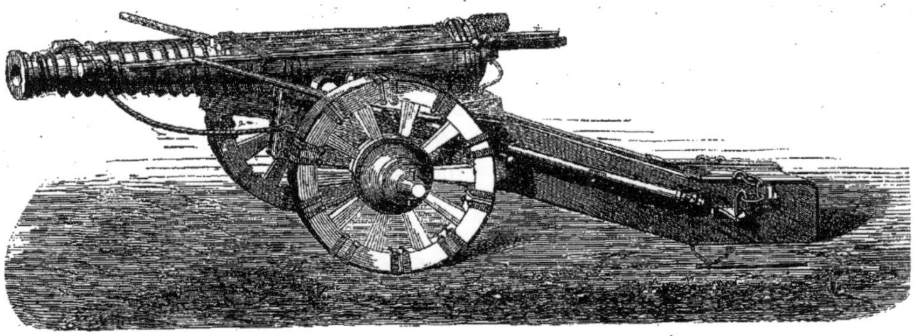

Fig. 232. — Affût des pièces des six calibres de France du temps de Louis XIII (canon).

pour le pointage, l'*écouvillon* et la *lanterne*, portant chacun un *refouloir* sur la même hampe. Au bout des flasques est la limonière L, à laquelle s'attelait la file de chevaux destinés à traîner la pièce, mais qui est ici dans la position du tir. Quand il s'agissait

Fig. 233. — Affût des pièces des six calibres de France du temps de Louis XIII (couleuvrine bâtarde).

de traîner la pièce, on accrochait la chaîne de la limonière aux traits du premier cheval.

La figure 233 représente la *couleuvrine bâtarde* sur son affût.

Fig. 234. — Affût des pièces des six calibres de France du temps de Louis XIII (faucon).

La figure 234 représente le *faucon*.

Le même système d'affût s'appliquait aux pièces des six calibres : le *canon*, la *grande couleuvrine*, la *couleuvrine bâtarde*, la *couleuvrine moyenne*, le *faucon* et le *fauconneau*. Nous nous contentons de représenter trois de ces pièces.

Avec ces affûts à roues, il fallait que la

bouche à feu fût presque en équilibre sur l'essieu, en présentant seulement une faible prépondérance du côté de la crosse. Il le fallait pour deux raisons : afin que l'on pût soulever facilement la crosse pour le pointage dans les cas d'insuffisance du coin, et pour que dans la marche le cheval limonier ne fût pas trop chargé.

Le centre de gravité de tout l'appareil se trouvait donc un peu en arrière de l'essieu, et au-dessus, à une hauteur variant avec la hauteur des tourillons. Or, quand la crosse était abaissée, dans une descente, par exemple, le centre de gravité décrivait un arc de cercle autour de l'essieu pris comme centre, une partie du poids passait du côté du cheval, et sa charge en était augmentée. A la montée, l'effet inverse se produisait, le limonier était moins chargé.

Il était souvent nécessaire pour les grosses pièces, que ces différences de poids ne fussent pas considérables; il fallait que les arcs décrits par le centre de gravité fussent courts. On y arrivait de deux façons dans la construction des affûts ; en allongeant la crosse, et en ne plaçant pas les tourillons à une hauteur trop grande au-dessus de l'essieu. Les dessins des affûts de cette époque montrent qu'on s'était attaché à satisfaire à ces deux conditions.

Le *canon de trente-trois* de cette époque, moins lourd que notre canon de vingt-quatre, était traîné par vingt et un chevaux, tandis que le nôtre n'en demande que huit.

La figure 235 donnera une idée suffisante de l'attelage de l'artillerie sous Louis XIII.

Fig. 235. — Attelage d'une pièce de 7, sous Louis XIII.

La pièce du calibre de 7 seulement, était traînée par onze chevaux et un limonier.

Nous aurons terminé cette étude des affûts de la deuxième période de l'histoire de l'artillerie, quand nous aurons mentionné les affûts allemands de la seconde moitié du XVIe siècle. Ils sont remarquables par leur ornementation et leur solidité, mais surtout par une disposition qu'on chercherait vainement parmi les autres artilleries.

La figure 236 représente un canon allemand se chargeant par la culasse, grâce à un système de fermeture dont les détails se comprennent à la seule inspection de la figure. On remarque une série de tiges en fer articulées, formant comme une chaîne tendue entre le bout de l'essieu de la roue, et la partie externe de la crosse de la bouche à feu.

Diverses opinions ont été émises touchant l'utilité de ces petites tringles. Peut-être ne servaient-elles que d'ornement. Cependant, parmi les opinions diverses qui ont été émises, il en est une qui paraît vraisemblable. La chaîne sert, au moment du recul, à communiquer au petit bout de l'essieu le mouvement que les flasques communiquent suffisamment à son milieu, et à empêcher que dans ce mouvement subit l'essieu ne se gauchisse, et que les plans des roues ne viennent à converger à la partie antérieure.

Fig. 236. — Canon allemand du XVIe siècle, se chargeant par la culasse.

Les jantes des roues de ce canon sont renforcées, d'espace en espace, par des armatures de fer. Ces précautions semblent exagérées ; cependant elles ne sont rien en comparaison des ferrures énormes dont les Allemands couvraient les jantes des roues de leurs canons de 94.

La figure 237, tirée, comme la précédente, du manuscrit de Senfftenberg, artilleur allemand de l'époque de la Renaissance, fait voir

Fig. 237. — Le pointage des artilleurs allemands.

un homme pointant sa pièce à l'aide de deux guidons situés l'un sur le bourrelet, et l'autre sur la culasse.

Senfftenberg, commandant de l'artillerie à Dantzick, écrivait vers 1580.

Les canons allemands de ce temps ne portaient pas de ligne de mire ; l'officier pointeur devait construire cette ligne sur le terrain même. Voici quel était le procédé. Deux fronteaux de bois, épais de plusieurs pouces, échancrés à leur partie inférieure, en arcs de cercle, étaient posés verticalement sur le cercle de la culasse et celui de l'extrémité du canon, nommé *bourrelet*. Chaque fronteau portait un fil à plomb, et était percé d'un trou. Le fil à plomb devait passer devant l'ouverture, et donnait ainsi une ligne verticale allant couper l'axe imaginaire de l'âme du canon. Quelles que fussent les épaisseurs du bourrelet et de la culasse, les fronteaux étaient construits de telle sorte que les ouvertures étaient à égale distance de l'axe, c'est-à-dire que l'axe et la ligne passant par les deux ouvertures des fronteaux étaient parfaitement parallèles. On obtenait donc ainsi une ligne de mire parfaite.

Pendant cette opération qui pouvait demander du temps, le fronteau de la culasse, large de 0m,65, faisait office de mantelet, et protégeait la tête du pointeur.

Les applications des sciences mathématiques n'étaient pas très-avancées à cette époque. Les officiers de l'armée n'avaient que des idées bizarres et contradictoires sur la ligne que décrivent les projectiles lancés par la poudre. Le mathématicien italien Tartaglia osa le premier aborder scientifiquement le problème de la trajectoire des projectiles. Les bases sur lesquelles il fondait son opinion, et les raisons qu'il invoquait, ne nous sont pas connues. Il débuta par une proposition étrange. Selon lui, le boulet, à sa sortie de l'arme, se meut en ligne droite tant que dure l'influence de la poudre, puis il décrit un arc de cercle à petit rayon; enfin il suit la verticale. Cependant le mathématicien italien ne tarda pas à revenir sur une proposition aussi erronée. Il reconnut, quelques années plus tard, qu'aucune partie de la trajectoire n'est une ligne droite, et que tout projectile sortant d'une bouche à feu, décrit une ligne courbe, parce qu'il obéit à deux forces agissant, l'une en ligne droite : c'est l'effet de la poudre, l'autre en ligne verticale : c'est l'effet de la pesanteur du boulet.

Fronsperger confirma, par des expériences positives, cette dernière donnée. Ayant disposé plusieurs cibles sur une même ligne parfaitement droite, et placées à la même hauteur, il tira horizontalement au travers de ces cibles. Les hauteurs où les cibles furent percées par le boulet, allaient en décroissant de la première jusqu'à la dernière.

Ainsi la ligne décrite par le projectile lancé par la poudre, n'était pas droite. Mais quelle était au juste la courbe décrite ? Était-ce une parabole, un arc d'ellipse, etc. ? Pour ne pas s'étonner des absurdités qui furent gravement avancées et soutenues à ce propos, par les hommes les plus instruits et les plus intelligents, il faut considérer les difficultés énormes qu'offrait ce problème, à une époque où tout était à faire dans la science sous ce rapport. La question était remplie de ténèbres, à travers lesquelles on ne pouvait qu'avancer à tâtons. Ce ne fut que bien des années après Tartaglia, c'est-à-dire au XVIIIe siècle, que l'on put donner la solution du problème de la trajectoire.

Revenons à l'Allemand Senfftenberg. La ligne de mire étant déterminée, on fixait sur le bourrelet un bouton métallique, au moyen d'un peu de cire. La tête du bouton de la volée était plus basse que l'ouverture du fronteau. Dans le cas où le boulet eût suivi la première trajectoire imaginée par Tartaglia, c'est-à-dire la ligne droite, si le but avait été plus proche que la longueur de portée, la trajectoire se fût toujours maintenue au-dessus de la ligne de mire; il eût donc fallu abaisser la bouche du canon et viser au-dessous du but pour l'atteindre.

D'après la deuxième hypothèse de Tartaglia, c'est-à-dire dans le cas où la trajectoire serait une ligne courbe continue, il arrivera un moment où le boulet coupera la ligne de mire, et passera au-dessous.

Senfftenberg connaissait, par expérience, la vérité de cette deuxième hypothèse, il savait qu'on ne doit viser droit au but qu'à une distance déterminée ; que, plus près, il faut viser plus bas; que, plus loin, il faut viser plus haut. Sa ligne de mire était construite de telle sorte qu'en tirant avec des charges de poudre pesant le neuvième du boulet, il prescrivait de viser 0m,98 au-dessous du but à 100 pas, 0m,65 à 200 pas et 0m,33 à la distance de 400 pas. On devait viser de but en blanc (c'est-à-dire droit au but) à 500 pas, 0m,33 au-dessus du but à 600 pas, 0m,65 à 700 pas, et ainsi de suite en augmentant la hauteur du point visé au-dessus du but de 0m,33 par chaque accroissement de 100 pas dans la distance.

Senfftenberg donne, dans son ouvrage, les dessins de plusieurs *quadrants*. Ces *quadrants* constituent une hausse comparable de tout point à celles que portent les culasses de nos canons modernes.

L'Italien Tartaglia paraît avoir découvert les principes qui guidèrent Senfftenberg dans la construction de ses appareils destinés à faciliter le pointage, et à le rendre d'une exactitude mathématique. Il construisit une *équerre de pointage* et dressa des tables de tir, qu'il tint longtemps secrètes, mais que l'écrivain militaire espagnol Diégo Ufano nous a révélées.

Il nous suffira de dire que, jusqu'à cette époque, les erreurs de pointage étaient extrêmement fréquentes, à cause de l'ignorance où l'on était de la forme de la trajectoire.

Le poids de la charge de poudre, comparé à celui du boulet, paraît avoir constamment diminué depuis les premiers temps de l'artillerie jusqu'à nos jours, ce qui s'explique par les perfectionnements apportés à la fabrication de la poudre, et la purification plus complète de ses éléments, le salpêtre, le soufre et le charbon.

Il y eut pourtant un moment où le poids de la charge augmenta considérablement, et tout d'un coup, ce fut à l'apparition des boulets de fonte. Les canons avaient acquis rapidement une résistance très-grande, pendant que la préparation de la poudre n'avait encore subi presque aucun changement, et les artilleurs de cette époque s'imaginaient que plus forte était la charge, et plus grande était la portée.

Lorsque les premiers canons lançaient des boulets de pierre, le poids de la charge ne dépassait généralement pas la moitié de celui du projectile; quand on se servit de canons de bronze et de boulets de fonte, le poids de la charge égala celui du boulet. Sous le règne de Henri II, on réduisit la charge de poudre aux deux tiers du poids du boulet, et plus tard à la moitié. Nous la verrons descendre, ensuite, au tiers, et même au quart du poids du boulet.

Si les anciens artilleurs ne paraissent pas avoir bien saisi l'influence de la quantité de poudre sur la portée du projectile, ils ont encore moins compris l'influence du calibre pour des projectiles de même nature, et selon l'espèce du projectile. Senfftenberg croyait que les projectiles de toutes sortes et de toutes grosseurs, recevant la même impulsion d'une même quantité de poudre, il devait en résulter la même longueur de portée de l'arme. Toutes ces erreurs tenaient à ce que personne ne songeait à tenir compte de la résistance de l'air. Bien des années devaient encore se passer avant qu'on connût l'effet retardataire de l'air sur la marche des projectiles.

A l'époque où nous sommes arrivés, les bouches à feu lançaient, outre les boulets sphériques en fonte, des projectiles d'espèces bien tranchées et de formes souvent bizarres. On connaît suffisamment les boulets en fonte. Les figures qui suivent représentent les plus remarquables de ces projectiles.

La figure 238 représente un boulet armé

Fig. 238. — Chaîne ramée.

de deux chaînes terminées chacune par une masse métallique. Pendant le trajet du boulet, les résistances inégales de ses différents points à la pression de l'air lui communiquaient un mouvement de rotation rapide. Alors les deux masses, sollicitées par la force centrifuge, tendaient leurs chaînes, le système occupait un espace plus grand que le boulet isolé, et frappait dans un champ plus large. C'étaient des *chaînes* ou des *boulets ramés*.

Les trois boulets traversés par un axe (*fig.* 239) se comportaient de la même manière, mais cet appareil était très-lourd et ne devait pas produire plus d'effet que celui qui précède.

Fig. 239. — Boulets conjugués.

Les autres projectiles conjugués (*fig.* 240, 241, 242, 243) reposent tous sur les mêmes

Fig. 240. — Projectiles conjugués.

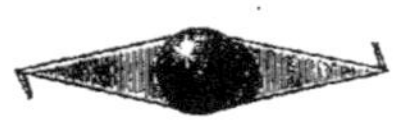

Fig. 241. — Boulet encastré.

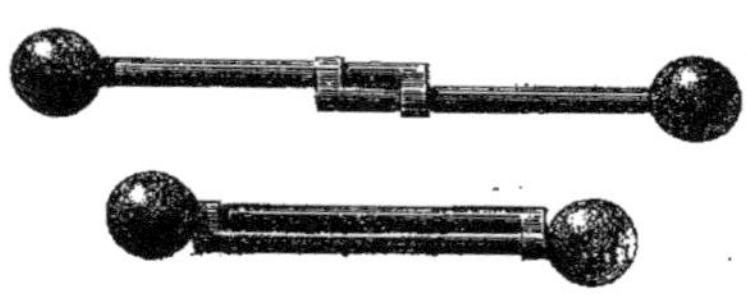

Fig. 242 et 243. — Boulets réunis par un axe.

principes. On comprend leur façon d'agir à la simple inspection de la figure ; tout commentaire serait donc inutile.

Les canons lançaient d'autres projectiles irréguliers, comme des clous et des chaînes. On les renfermait dans un sac fait d'une étoffe grossière. Dès l'impulsion de la décharge, les petits projectiles déchiraient leur enveloppe, comme la balle troue le papier de la cartouche, et s'éparpillaient sur un large espace.

Les *boîtes à balles* et les gargousses en papier, datent de cette époque ; mais on ne paraît pas avoir fait grand usage des premières, et les secondes n'étaient usitées que dans le cas d'un tir exceptionnellement rapide. Les *boîtes à balles* avaient remplacé le sac plein de morceaux de fer, et la gargousse en papier était semblable en tout point à la cartouche de nos fusils d'infanterie.

On a longtemps discuté pour savoir si l'invention des boulets rouges doit être attribuée à Franz de Sickingen, qui en fit usage en 1525, ou à Étienne Bathory, roi de Pologne, qui s'en servit en 1577, au siége de Dantzick. L'idée mère, tout au moins, remonte à une époque plus éloignée. Au XVe siècle, les grandes bombardes lançaient des morceaux de fer rouge enveloppés de linges mouillés, comme moyen d'incendier les villes. Les Gantois en firent usage au siége d'Oudenarde et ils furent employés avec quelque succès, en 1580, par le comte de Renneberg, au siége de Steenwyck. Cependant les difficultés et les dangers de ces projectiles rougis au feu, joints à leur peu d'efficacité, les firent tomber dans l'oubli. Ce ne fut qu'au XVIIe siècle que le boulet rouge devint d'un usage régulier.

CHAPITRE VII

LES FORTIFICATIONS APRÈS L'INVENTION DES BOULETS DE FONTE. — TERRASSEMENT DES MURS. — DÉFENSES DU FOSSÉ. — CASEMATES. — DEMI-LUNES. — BASTIONS. — PARAPETS. — EMBRASURES. — TALUS. — CHEMIN COUVERT.

Pendant cette troisième période, c'est-à-dire de 1460 à 1630, s'effectuèrent presque tous les changements qui différencient la fortification moderne de la fortification du Moyen Age, telle que nous l'avons étudiée. Cette période fut assez longue et remplie d'assez de guerres, pour que tout l'occident de l'Europe eût l'occasion d'apprécier les effets des nouveaux projectiles, et l'insuffisance des murailles pour protéger les villes et les châteaux contre la nouvelle artillerie.

Dès les premiers boulets de fonte, les places riches et importantes augmentèrent l'épaisseur de leurs murailles. C'est ainsi que Robert de la Marck fit donner $5^{m},85$ d'épaisseur aux murs du château de Harbain, et que le comte de Saint-Pol fit bâtir avec près de 10 mètres d'épaisseur de murs, la grosse tour du château de Ham, laquelle existe encore.

Dans l'attaque des places, les soldats et les pionniers allaient jusqu'au pied des murailles pour les saper, et la principale défense de l'assiégé était dans les mâchicoulis, d'où, à couvert et directement, il faisait pleuvoir sur les travailleurs, des pierres et des matières enflammées. Or, les boulets de fonte s'en prirent tout d'abord aux mâchicoulis, et les broyèrent. Bientôt, soit que l'épaisseur des murailles fût devenue trop grande, soit qu'il fût trop dangereux de s'avancer à découvert sous les coups de la nouvelle artillerie, la défense verticale du pied de la muraille, devint impossible.

Alors, et avant qu'un autre mode de protection fût trouvé, l'attaque acquit une notable supériorité sur la défense. Pendant un demi-siècle environ, on vit Louis XI renverser les donjons de la féodalité française; Charles VIII, Louis XII, dans leurs expéditions en Italie, s'emparer des places fortes avec une facilité qui frappait leurs ennemis d'étonnement et d'effroi.

Pour défendre le rempart des effets destructeurs de l'artillerie, on épaula ce rempart avec des soutènements de terre, élevés du côté de la ville. On espérait ainsi faire un tout de meilleure résistance. Mais, disait Philippe de Clèves, « quand on bat la muraille, j'ai veu toujours tomber le rempart avecques, et y faisoit beaucoup meilleur monter. »

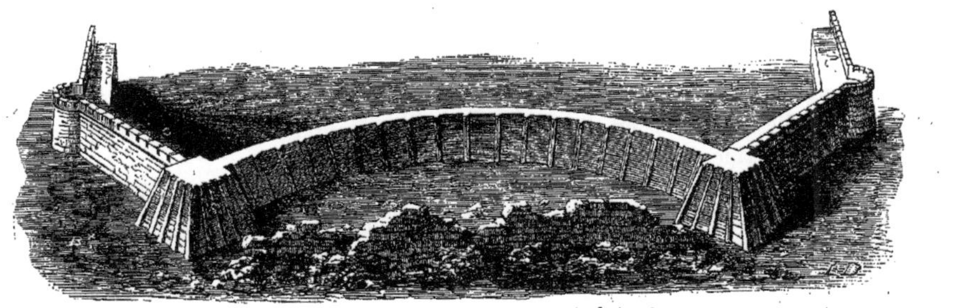

Fig. 244. — Les premiers remparts de terre.

Outre l'inconvénient signalé par Philippe de Clèves, le rempart de terre exerçait sur la muraille une pesée, qu'on ne savait pas alors calculer, et qui en diminuait la solidité.

La figure 244, tirée de l'atlas du *Trattato di architettura civile e militare di Francesco di Giorgio Martini*, montre un autre emploi du rempart de terre intérieur, bien meilleur que le précédent, et même irréprochable au point de vue de la fortification telle qu'elle est comprise aujourd'hui.

Les pierres amoncelées au premier plan, sont les débris de la muraille battue en brèche. Derrière en arc de cercle se raccordant avec les portions de la muraille restées debout, se voit le rempart de terre, soutenu par des poutres et des cloisonnages. Les deux massifs qui le terminent, cachent derrière leurs angles, deux canons, dont les feux se croisent. Des arquebusiers et d'autres soldats peuvent être logés sur toute la circonférence de ce rempart. L'assiégeant, pour monter à l'assaut, doit arriver dans la formidable concavité de cet arc de cercle, traverser cette gorge, où tous les feux convergent, et gravir le rempart. On conçoit toute la puissance d'une pareille fortification; le canon même a peu de prise sur elle, parce qu'elle est garantie par les débris de la muraille écroulée, et parce que les boulets s'enfouissent dans son épaisseur, sans laisser le plus souvent trace de leur passage.

Les moyens de défense que nous venons d'énumérer, témoignent de la nécessité, qui devint alors évidente, de défendre le pied des murs autrement que par les mâchicoulis, ainsi que des efforts que l'on fit alors dans ce but. Bien que ces moyens fussent insuffisants, et quelquefois honteux aux yeux de l'homme de guerre, forcé de se cacher au fond du fossé ou dans des casemates, pour échapper au feu de l'ennemi, ils renfermaient en eux le principe du *flanquement* moderne. C'est encore le seul mode de défense du pied de la muraille, qui, de nos jours, soit mis en usage.

Avant l'invention des armes à feu, il fallait nécessairement, pour s'emparer d'une place, escalader ou faire brèche, et en venir à un combat corps à corps. Pour cela il fallait supprimer les obstacles interposés entre les deux armées. La muraille et le fossé ont, de tout temps, été les moyens évidents et naturels pour couper le passage à l'armée d'attaque. Mais la muraille eût été bientôt renversée et le fossé comblé, si l'assiégé n'eût pourvu à leur défense. Du haut de la muraille, et par les mâchicoulis ou les meurtrières, il défendait le fossé et le pied du mur. Mais bientôt l'artillerie brisa les mâchicoulis, fit tomber les murailles élevées, et annula l'avantage de la hauteur dont l'assiégé avait joui jusque-là. Ce dernier ne pouvait plus impunément paraître à découvert au haut de son mur, ou même se retrancher derrière les faibles obstacles que broyait le canon ; et pourtant il fallait parer à la défense du pied du mur, car là était toujours le point faible. Rien ne pouvant plus être lancé du haut du mur, la défense *verticale* étant impossible, on mit en œuvre la défense *horizontale*, ou *oblique*.

Ainsi naquit le *flanquement*, le véritable moyen caractéristique des innovations qui furent amenées par l'artillerie dans la défense des fortifications. Le mur ne se défendit plus lui-même, mais un mur en défendit un autre, la ligne d'enceinte fut brisée, et l'on inventa le *bastion*.

Ce ne fut pas tout d'un coup que l'on imagina le *bastion*, mais à mesure que de sanglantes défaites provoquaient les efforts des princes pour parer aux désastres qu'ils avaient éprouvés.

Dans le principe, outre qu'on épaississait les murailles, comme nous venons de le dire, on cherchait à rendre les anciennes tours plus saillantes et l'on augmentait leur nombre. On construisait beaucoup d'ouvrages avancés ou détachés, dont on reconnut plus tard le vice. Telle était la *bastille*, ou *bastillon*, d'abord établie au delà du fossé. Le *bastillon* ne fut bientôt qu'un ouvrage avancé, qu'un même fossé reliait à l'enceinte. Enfin le *bastillon* fut décidément incorporé à la muraille, et il prit alors le nom de *bastion :* ce ne fut plus qu'un point saillant de l'enceinte. Ainsi les complications des anciens remparts tendaient à disparaître.

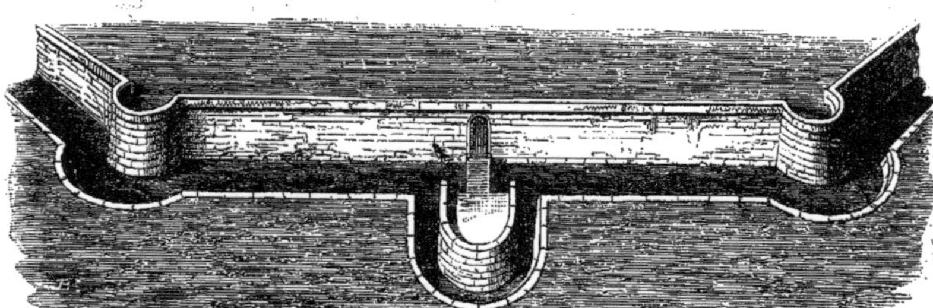

Fig. 245. — Rempart de transition avec ses parties saillantes arrondies (bastion).

Il fallait une masse épaisse et homogène

Fig. 246. — Siége d'un château fortifié, au XVIe siècle, d'après une gravure contemporaine.

pour résister au boulet de fonte. On cessa de pratiquer des chambres dans l'épaisseur des murs, on combla les *arbalétrières*. Les hautes tours à plusieurs étages furent impitoyablement décapitées, et ouvertes seulement du côté de la place. On tripla l'épaisseur de leurs murs, et quand elles étaient suffisamment saillantes sur le fossé, on remplissait le vide intérieur, en en faisant des terre-pleins.

La figure 245 montre un de ces remparts de transition, avec ses parties saillantes arrondies. Au milieu de la courtine est une petite porte; le ravelin demi-circulaire, appelé *demi-lune*, qui la protége, est muni d'un pont-levis. Le passage pour arriver dans la place, est ainsi plusieurs fois brisé, suivant l'habitude du temps, pour qu'il soit soumis à un plus grand nombre de feux, et pendant un plus long espace.

Les bastions arrondis ne durèrent pas longtemps. Ils étaient plus difficiles à construire que les bastions polygonaux, et résistaient moins bien aux boulets. La demi-lune elle-même reprit la forme d'un angle simple, celle des anciens ravelins, tout en conservant son dernier nom, qui ne rappelle plus sa forme.

Le bastion est la partie capitale de la nouvelle fortification. Aussi ne doit-on pas être étonné des très-nombreux essais qui furent tentés avant qu'on arrivât au bastion pentagonal et symétrique moderne. Dans le livre de Maffei, *Verona illustrata*, on trouve divers dessins représentant les formes très-variées que l'on donnait, à cette époque, aux bastions.

Tous ces bastions étaient pleins, c'est-à-dire remplis de terre jusqu'à la base du parapet.

La figure 246 est le *fac-simile* d'une gravure qui date des premières années du XVIe siècle. Entre autres choses intéressantes, ce dessin nous montre qu'on pouvait arriver ainsi à terrasser jusqu'à leur sommet les tours des anciennes fortifications, les exhausser même avec des *gabions*, et y placer des bouches à feu.

Il y avait de grands inconvénients à ne pas avoir des pièces de fort calibre battant la campagne. L'assiégeant pouvait s'établir près de la place, et où bon lui semblait, sans autre souci que le feu de mousqueterie de l'assiégé, qui ne lui faisait pas grand mal. Aussi le parapet des courtines fut-il bientôt percé d'embrasures. Quand il n'en avait pas, on plaçait la bouche des canons sur le terre-plein, de manière qu'il pût s'élever par-dessus son bord.

Par suite de ces progrès de l'artillerie, l'escalade devenait plus difficile et la brèche plus nécessaire aux assaillants. Il fallut augmenter de plus en plus la profondeur du fossé. Les murs de la place, grossis de terrassements énormes, semblaient s'enterrer jusqu'à affleurer à peine le niveau du sol.

A la fin de cette période, le bastion ne diffère pas sensiblement du bastion moderne, les murs qui descendent dans le fossé sont en talus, pour résister à la poussée des terres. Le parapet s'élève par-dessus verticalement; souvent même on met le parapet en retrait sur le talus, et on le couvre d'un rempart gazonné, dans lequel les boulets ennemis s'amortissent.

Ces bastions étaient encore trop petits, car les bastions modernes sont énormes à côté d'eux; mais il faut considérer qu'ils n'avaient pas à résister à une artillerie aussi puissante que la nôtre.

Les bastions grossirent à mesure que l'artillerie se perfectionnait, parce que c'est toujours là le premier point d'attaque de l'assiégeant : il faut détruire les flanquements avant de pouvoir monter à la brèche.

Pour terminer cette rapide esquisse, il nous reste à parler de la *contrescarpe*. Dans le principe, on construisait tout autour du fossé et à quelque distance en avant, une barrière de pieux, ou une muraille, de hauteur d'homme et de faible épaisseur; l'espace compris entre cet obstacle et le fossé se nommait le *chemin couvert*. Ce chemin donnait abri au feu de la mousqueterie et facilitait les sorties; comme les parapets de la place le dominaient, les canons pouvaient tirer pardessus, dans la campagne.

Mais ce mur, formé de pieux trop peu résistants, cédait vite aux boulets de l'ennemi. On imagina de le remplacer par un talus gazonné. La pente douce extérieure fut nommée *escarpe*, ou *glacis*, l'autre, intérieure, fut nommée *contrescarpe*. Il restait entre les talus et les fossés, un espace pour le *chemin couvert*. Les boulets s'enfouissaient dans le talus ou dans la terre des parapets, ou bien, ricochant sur le glacis, ils entraient dans la ville, sans entamer les fortifications.

Ainsi les moyens de défense des places furent profondément modifiés au XVIe siècle, par suite de l'adoption du boulet de fonte. Les murailles disparurent, elles furent cachées sous terre. Grâce à tous ces changements, la défense des places put retrouver une partie de son ancienne supériorité.

CHAPITRE VIII

ATTAQUE DES PLACES FORTES. — LES TRANCHÉES. — ÉTABLISSEMENT DES BATTERIES. — LES CONTRE-APPROCHES.

Nous passons à l'examen des modifications qu'amena l'emploi du boulet de fonte dans l'attaque des places.

Déjà vers la fin du règne de Charles VII, presque toutes les places fortes étaient établies en plaine, et leurs canons, balayant au loin la campagne, forçaient l'assiégeant à se tenir à distance. On ne tarda pas dès lors à adopter une méthode régulière d'approche au moyen de tranchées, lesquelles de nos jours encore sont la base principale des siéges.

Les premières tranchées ne furent point savamment ouvertes ni conduites ; il y eut de grands remuements de terrain faits sans aucun tracé préalable, et laissés un peu à l'inspiration de chaque groupe de pionniers.

Les tranchées se dirigeaient obliquement vers la place ; d'autres fois, elles couraient perpendiculairement aux murs, ou leur étaient parallèles. Bientôt on sut leur donner l'obliquité convenable pour les faire avancer le plus possible vers la place, sans se laisser enfiler par le feu d'aucune portion de l'enceinte, ni trop se rapprocher de cette position, pour ne pas diminuer outre mesure l'espace que la tranchée met à couvert derrière elle.

On arriva aussi à construire la tranchée de façon à former le moins grand nombre de zigzags possibles ; car l'angle est la partie délicate de la tranchée, la plus difficile à construire, et celle qui souffre le plus du feu de l'ennemi. Il ne fallait pas faire ces angles trop aigus pour que les canons et les chariots qu'on amenait à couvert jusqu'à leur position retranchée, pussent tourner dans ces points.

Pendant toute cette période, on se contenta de mener les tranchées jusqu'à la portée des canons de la place ; ce ne fut que plusieurs siècles plus tard qu'on sut les pousser jusqu'au glacis et au chemin couvert, pour s'emparer des défenses cachées dans le fossé. Mais plus on approchait des fortifications et plus l'obliquité des tranchées devait diminuer, pour ne pas être enfilées par les feux de la place; plus aussi l'on devait augmenter la profondeur ou l'épaisseur des terrassements, parce que la force du boulet de la place augmentait à mesure qu'on se rapprochait.

Probablement ces difficultés parurent insurmontables à cette époque, car l'assiégeant s'efforçait toujours d'éteindre avec ses canons le feu de la place, avant de pousser ses tranchées jusqu'au fossé.

Dans ses sorties l'assiégé tentait de faire tout le dommage possible aux travaux des tranchées, mais le mal pouvait être bientôt réparé. Un moyen préférable était le système de *contre-approche*, que certaines villes surent parfois mettre en usage.

Le fossé de la *contre-approche*, suffisamment large, avançait droit, couvert par le feu de la place, jusqu'aux tranchées de l'ennemi, et cherchait à les couper. Alors, une lutte s'engageait, dans les tranchées mêmes de l'assiégeant, et celui-ci n'avait pas toujours l'avantage, à cause de l'étroitesse de la tranchée, comparée à la largeur du chemin de contre-approche, qui permettait aux assiégés de lutter à nombre supérieur.

Jusqu'à la fin de cette période, c'est-à-dire jusqu'au commencement du XVIIe siècle, les assiégeants revinrent souvent aux engins de siége du Moyen Age. De la Valle, qui écrivait en 1524, conseille encore d'employer les maisons roulantes et les trébuchets pour battre les murailles. Au siége d'Ostende, qui eut lieu en 1601, on vit reparaître ces *chats-chasteils*, dont nous avons parlé à propos des fortifications du XVIe siècle. Mais ce vieil engin, renouvelé de saint Louis, fut promptement mis en pièces par l'artillerie, et ce fut là sa dernière apparition.

CHAPITRE IX

LA MINE. — SON ORIGINE ET SES PREMIÈRES APPLICATIONS DANS LES SIÉGES. — LE PREMIER TIR A RICOCHET.

Vers l'an 1503 apparut un nouveau moyen d'attaque et de destruction des places fortes, qui occasionna une grande surprise : c'était la mine, à peu près telle que nous la connaissons.

Le général espagnol Gonzalve de Cordoue assiégeait Naples, pour reprendre cette ville aux Français. Ceux-ci s'étaient retranchés dans deux forts qui défendaient le golfe de Naples : le château Neuf et le château de l'Œuf. Pendant que l'artillerie du général espagnol battait le premier de ces châteaux, un simple soldat, nommé Pierre de Navarre, qu'on laissa libre d'exécuter son dessein, creusa un passage souterrain, qu'il conduisit jusque sous la muraille du château Neuf. Arrivé à ce point, il y fit transporter une grande quantité de poudre; puis il enflamma la poudre, à l'aide d'une mèche. Le mur s'ouvrit; aussitôt les Espagnols entrèrent par la brèche, et le château fut pris.

Le château de l'Œuf tomba, de la même manière, au pouvoir de Gonzalve de Cordoue.

A partir de ce moment, Pierre de Navarre jouit d'une renommée immense. Il fut fait prisonnier à la bataille de Ravenne. L'Empereur ayant refusé de payer sa rançon, François Ier le fit remettre en liberté, et Pierre resta au service de la France. Il eut occasion de se rendre utile à nos armées, mais il ne fut pas aussi heureux dans la réussite de ses nouvelles mines.

Un écrivain de ce temps, Vannoccio Biringuccio, prétend que l'invention de la mine était antérieure à Pierre de Navarre. Il l'attribue à l'ingénieur italien Francesco di Giorgio, qui avait recommandé de recouvrir de poudre et d'autres matières, les poutres des galeries des mines, afin de les préserver de la pourriture. Mais l'idée de l'explosion souterraine des poudres, c'est-à-dire de la véritable mine, appartient, à n'en pas douter, au soldat Pierre de Navarre. L'étonnement profond que causa ce moyen nouveau de destruction à tous les hommes de guerre de ce temps, en est la preuve suffisante.

Quand la destruction des châteaux de Naples par la mine, fut connue en Europe, toutes les armées assiégeantes essayèrent de ce moyen nouveau; mais le défaut général de connaissances géométriques faisait que la galerie n'arrivait pas toujours au point voulu, et que rarement l'effet de l'explosion répondait à l'attente. En outre, une erreur commune voulait que le fourneau de la mine, au lieu d'être resserré dans le plus petit espace possible, fût placé dans une large chambre; la mine perdait ainsi une grande partie de sa force.

On apprit plus tard, au lieu de réunir toute la poudre sur un seul point, à faire plusieurs fourneaux, communiquant tous à la même mèche. Quand le fourneau principal faisait explosion, il communiquait le feu aux autres. Cette disposition était très-rationnelle. En effet, lorsqu'on examine l'effet de l'explosion d'une mine, on voit qu'elle a creusé une sorte d'entonnoir, dont la base est à la surface du sol, et le sommet, à l'ancien emplacement du fourneau. On conçoit donc qu'une plus grande quantité de poudre réunie au même point ne produira pas beaucoup plus d'effet, tandis qu'en répartissant la même quantité de poudre entre plusieurs points, l'action sera plus considérable.

La mèche était faite d'un mélange de poudre et d'autres ingrédients, tour à tour préconisés ou tenus secrets, que l'on enfermait dans un cylindre de toile. Sa forme lui fit donner le nom de *saucisse*.

Parfois aussi on établissait la mine à ciel ouvert. Quelque mineur hardi traversait, de nuit, le fossé, s'attachait à l'angle d'un bastion, et y demeurait plusieurs jours, sans être aperçu. Il creusait un trou dans la maçonnerie, pendant que, du chemin couvert, on lui faisait passer, à l'aide de cordes, les instruments, la poudre et les vivres. Quand le fourneau était chargé de poudre, il replâtrait l'ouverture, laissant seulement dépasser la mèche. Enfin il mettait le feu à la mèche et repassait le fossé. Cette mine agissait à coup sûr : une portion de la maçonnerie et du terre-plein croulaient dans le fossé; et l'assiégeant venait s'établir sur la brèche ainsi pratiquée pour combattre de là les casemates et les ouvrages cachés.

Un fait curieux se produisit à Arona, en 1523. La mine fit sauter en l'air un pan de mur, lequel retomba à sa place, sans s'écrouler, comme un homme qui ferait un entrechat pour se retrouver sur ses pieds. Les Français assiégeaient la ville d'Arona, et ils avaient livré sans succès plusieurs assauts.

« Après avoir miné, dit un auteur contemporain, un grand pan de mur, faisant mettre le feu dedans les mines, la muraille estant enlevée en l'air, au lieu de se renverser dedans les fossés, retomba dedans les fondements, et demeura debout. »

En 1558 on était déjà tellement sûr de la réussite des mines, que le duc de Guise étant parvenu à en faire pratiquer quelques-unes au siége de Thionville, cette place, réputée l'une des plus fortes de l'Europe, capitula, sans vouloir attendre l'effet de la mine qui la menaçait.

Ce même duc de Guise perfectionna d'une manière notable l'art de l'attaque des places. Il poussa les tranchées plus loin et plus sûrement qu'aucun capitaine ne l'avait fait avant lui. Il inventa même, dit-on, la défense des tranchées par les *retraits* où l'on poste des soldats. Il avançait ses tranchées jusqu'au bord du fossé, et là seulement il commençait à pratiquer la brèche. On conçoit combien devaient être fortifiées des batteries placées si près de la place.

Quelques changements apparurent encore dans l'attaque des places fortes avant la fin de cette période.

L'assiégeant, pour dérober la vue de ses travaux, imagina d'établir, de nuit, un rideau de branchages suspendus à des cordes, supportées elles-mêmes par des perches. L'assiégé ne savait plus où diriger ses coups : les boulets qui traversaient la verdure, ne laissaient aucun jour, et il était obligé de tirer à *l'aveugle*. C'est ce qui fit donner son nom au rideau de verdure : on l'appela *blindage*, du mot anglais *blind*, qui signifie *aveugle*. Ces modestes blindages de verdure étaient loin, on le voit, des blindages de fer qui, de nos jours, cuirassent les vaisseaux de guerre.

Vers le commencement du XVIIe siècle, on essaya le *tir à ricochet* pour démanteler les pièces flanquantes cachées derrière les épaules des bastions. Ce tir ayant aussi pour effet de détruire les embrasures des courtines, on se borna d'abord à augmenter leur épaisseur. Plus tard, quand le *tir à ricochet*, mieux dirigé et plus fréquemment employé, fut devenu redoutable, les ingénieurs s'attachèrent à ne pas laisser de *lignes ricochables* dans le tracé des fortifications. C'est alors que prirent naissance les *rédans*, qui sont des angles saillants placés au milieu des courtines.

En même temps que le tir direct ou à ricochet sur les fortifications, les assiégeants employaient le *tir courbe*, au moyen de mortiers qui lançaient dans la place des boulets de pierre ou des matières incendiaires. Mais ce tir n'avait alors qu'une importance très-secondaire, et méritait d'être placé sur la même ligne que les vieux engins du Moyen Age dont on continuait encore l'usage. Il ne devait acquérir de valeur que dans la période suivante, qui fut signalée par l'invention des boulets creux explosifs, c'est-à-dire des *bombes*.

CHAPITRE X

QUATRIÈME PÉRIODE. — L'ARTILLERIE FAIT DE GRANDS PROGRÈS DANS LES PAYS-BAS. — INVENTION DE LA BOMBE DANS LES PAYS-BAS. — LA GRENADE. — MANIÈRES DIVERSES D'ENFLAMMER LA BOMBE. — LE MORTIER ET SES AFFUTS. — CHARGEMENT DES MORTIERS.

Depuis longtemps l'idée première du projectile explosif germait chez les nations militaires de l'Europe, mais on cherchait en vain les moyens de les exécuter sans danger pour les artilleurs. Presque partout on fit, pendant le XVIe siècle, des essais, qui exposèrent les inventeurs à beaucoup de dangers, et qui ne répondirent pas à leur attente. On cherchait un procédé sûr pour communiquer le feu à la bombe, par un moyen assez lent pour qu'elle ne fît pas explosion avant d'être arrivée à son but.

Dans la seconde moitié du siècle précédent, les Allemands avaient fait faire de grands pas à l'art de lancer les bombes, mais l'usage de ces projectiles creux explosifs n'avait pris chez eux aucune extension, ce qui prouve que l'on n'était pas parvenu à des résultats bien utiles.

C'est aux Pays-Bas qu'appartient la découverte de la bombe, ou boulet creux explosif. Les artilleurs des Provinces-Unies ne firent peut-être que perfectionner des procédés déjà employés, mais ils les rendirent d'une sécurité et d'une efficacité telles, que dès lors, et malgré le secret qu'observèrent les inventeurs, ce nouvel engin de guerre passa dans la pratique de tous les autres peuples de l'Europe.

La fin du XVIe siècle fut marquée par le soulèvement des Pays-Bas contre la colossale puissance du successeur de Charles-Quint, Philippe II. Ce petit peuple, dans les efforts de cette lutte, s'occupa de perfectionner son artillerie, et il parvint à dépasser de beaucoup l'artillerie espagnole, et même celle de toutes les autres nations guerrières de ce temps. Tandis que le successeur de Charles-Quint avait laissé tomber dans l'oubli les calibres réglementaires créés par l'Empereur, son père, les Provinces-Unies, au contraire, s'étaient attachées à établir quatre calibres fixes. Elles avaient perfectionné le mode de chargement des pièces, cherché à réaliser le point difficile du *grain de lumière* dans les bouches à feu, perfectionné les affûts des pièces de divers calibres, simplifié l'attelage, etc.

Avant d'arriver à l'histoire de l'invention de la bombe dans les Pays-Bas, nous donnerons une idée des perfectionnements remarquables et nombreux que les chefs des Provinces-Unies avaient apportés à l'ensemble de leur artillerie, perfectionnements que nous venons d'énumérer par avance.

Maurice et Frédéric de Nassau dirigèrent successivement la construction du matériel de guerre des Pays-Bas. Sous leur impulsion intelligente, on adopta quatre calibres seulement : ceux de 48, de 24, de 12 et de 6. Henri Houdins, célèbre graveur, les dessina et les décrivit dans un ouvrage publié en 1625.

Ces quatre modèles (*fig.* 247 à 250) devaient suffire à tous les besoins de la guerre. Ils étaient coulés en bronze, et munis d'anses et de boutons de culasse, utiles dans les manœuvres de force. L'aspect extérieur de ces bouches à feu est simple, et ne présente point les ornements dont est fastueusement couverte l'artillerie espagnole de cette époque.

Le *canon de* 48 pèse 7,000 livres, c'est-à-dire 150 fois le poids du boulet; l'âme a 17 calibres de longueur. On se rapprochait ainsi des proportions déterminées par Charles-Quint. L'âme, plus large que le projectile, eût répondu à un boulet de 52 livres, ce qui fixait le minimum du vent.

Le *demi-canon de* 24 pèse 4,500 livres, ou 190 fois le poids du projectile; et l'âme a une longueur de 20 calibres.

Le *quart de canon*, du calibre de 12 livres, la pièce de campagne par excellence, pèse 3,200 livres, ou 266 fois le poids du boulet; sa longueur d'âme est également de 20 calibres.

Le *faucon*, qui lance le boulet de 6 livres, pèse 2,100 livres, ou 350 fois le poids du projectile, et l'âme a 28 calibres de longueur. Relativement au calibre, c'était la plus longue des quatre pièces ; cette longueur de volée avait pour objet de permettre de tirer le faucon dans les embrasures, sans détériorer les gabions.

A mesure que le calibre diminue, le rapport du poids de la pièce à celui du boulet, augmente; les grosses pièces avaient dû être allégées pour rendre leur manœuvre et leur

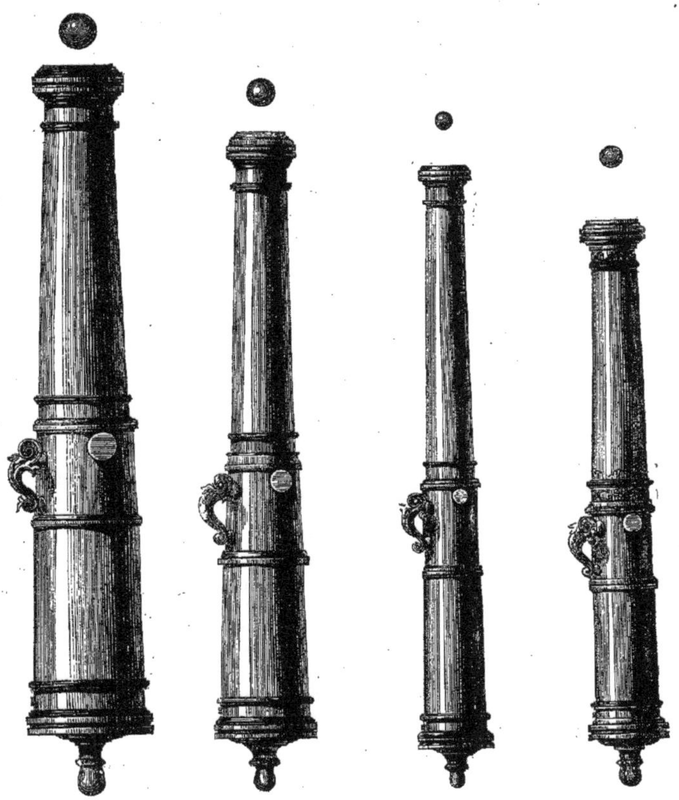

247. Canon de 48. 248. Demi-canon de 24. 249. Quart de canon de 12. 250. Faucon de 6.

Fig. 247 à 250. — Les quatre calibres de l'artillerie des Pays-Bas.

transport plus faciles, et les petits calibres pouvaient tirer toute la charge utile, et supporter le recul.

La charge de poudre pour le canon, n'atteignait pas la moitié du poids du projectile; celle du demi-canon arrivait à la moitié; celle du quart de canon (le canon de campagne), variait du tiers à la moitié; tandis que la charge de poudre du *faucon* pouvait être égale au poids du boulet.

Les anses étaient placées au-dessus du centre de gravité, et la prépondérance de la culasse était du trentième du poids de la pièce. La géométrie avait été appliquée au moulage et à la fonte; si bien que par leur aspect, les canons de l'artillerie des Pays-Bas, au XVIIe siècle, ne diffèrent pas de ceux de nos jours.

L'âme était entièrement cylindrique jusqu'à la culasse, et la lumière, percée verticalement, arrivait tout au fond. Cette disposition n'était pas la meilleure pour éviter l'évasement de la lumière par l'action du tir.

Les artilleurs des Pays-Bas essayèrent de divers procédés pour y remédier. Le premier consistait à placer dans le moule, avant le coulage, un petit cylindre en cuivre rouge, percé d'un trou et appelé *grain de lumière*. Le cuivre rouge se détruit moins vite que le métal du canon sous l'action du tir, parce qu'il est moins fusible, mais ce *grain de lumière* se déplaçait fréquemment pendant la fonte, et rendait la réussite de l'opération peu certaine.

Un deuxième moyen consista à chauffer fortement la partie du canon voisine de la lumière quand elle avait été altérée par le tir, et à couler du bronze dans l'évasement. Il restait à percer une nouvelle lumière. Ce moyen réussit à conserver quelques pièces menacées d'être mises hors de service.

Enfin on imagina de visser un grain en fer dans un taraudage pratiqué à l'endroit du canal agrandi. C'est le moyen le plus en usage aujourd'hui pour placer le *grain de lumière*.

La simplicité et l'uniformité qui avaient présidé à la fonte des bouches à feu, furent encore mises en œuvre dans la construction des affûts. Quatre modèles furent établis, correspondant aux quatre calibres ; et les dimensions de leurs parties principales furent déterminées une fois pour toutes, de telle manière, par exemple, qu'une roue quelconque pouvait s'adapter à tous les essieux des canons de la même espèce.

Dans la construction des flasques et des roues, on avait autant que possible évité les ferrures pesantes, parce qu'on s'était aperçu que le défaut d'égale densité des différentes parties tendait à disloquer l'affût au moment du tir. Ainsi les ferrures de l'affût du canon, qui primitivement pesaient 1,400 livres, furent réduites au poids de 1,100 livres. La ferrure d'une de ses roues pesait encore 300 livres.

On ne traîna plus le canon à l'aide des deux bras de limonière chevillés directement aux flasques, comme dans le système que nous avons vu précédemment mettre en usage dans l'artillerie française : un petit avant-train, monté sur deux roues très-basses, et uniforme pour les quatre calibres, supportait la crosse de la bouche à feu, et présentait à son tour les deux bras du limon. Le premier cheval attelé n'eut plus à craindre d'être écrasé par le poids du canon dans les descentes, et les autres chevaux furent attelés par paires, et non plus à la file comme on l'avait fait jusque-là. On eut ainsi une plus grande puissance pour tirer aux tournants des chemins.

Outre le cheval de limon, le canon de 48 exigeait quinze paires de chevaux, le demi-canon onze paires, la pièce de campagne cinq paires.

Au bout de quelques années l'armée des Provinces-Unies sentit l'avantage d'avoir un canon plus léger et de plus petit calibre : c'est un cinquième modèle sur lequel les renseignements nous manquent ; Houdins se refuse à les donner.

« On a naguère pratiqué, dit-il, de petites pièces de campagne pesant environ neuf cents livres, qui sont fort propres et maniables à la campagne. En bataille rangée sont aussi fort serviables, à cause de leur légèreté et facilité à mener d'un côté et d'autre. et sans de grands efforts ; si tient-on la façon secrète, *ce qui cause que nous n'en parlerons davantage* ; naguère un des serviteurs du maître fondeur en a porté le patron traîtreusement à l'ennemi. »

Tous ces perfectionnements sont déjà très-importants, mais il était réservé à ce vaillant petit pays d'employer à sa défense une invention capitale : nous voulons parler de la bombe.

Citons d'abord les passages qui attestent que les Provinces-Unies firent les premières usage de la bombe ; nous dirons ensuite quelle fut l'origine du boulet creux explosif, invention qui, comme toutes les autres, eut son enfance.

Henri Houdins, s'exprime ainsi au sujet de la bombe.

«... Ces mortiers tirent des *grenades* de cent livres, et les jettent 2400 pieds au loing, avec huict ou dix livres de poudre pour chaque coup seulement : car si on mettait davantage, la grenade pourrait crever devant que de sortir, tellement qu'ils (les artificiers) préparent eux-mêmes la poudre, et le tout se doit faire avec bon jugement. »

Les grenades du poids de 100 livres, lancées à 2,400 pieds par des mortiers, sont évidemment des bombes ; mais ce terme n'était pas encore créé, et la similitude des nouveaux projectiles avec les anciennes grenades, fait que Houdins leur conservait ce nom.

Depuis longtemps les artilleurs allemands, français, flamands, etc., savaient lancer à la main des grenades, « globes faicts de métail le plus aigre et cassant, et remplis de pouldre fine. » Pour les lancer, on les plaçait au milieu d'une *balle à feu*. Les couches extérieures de la *balle à feu* brûlaient lentement, et arrivaient à mettre le feu à la poudre fine et à déterminer l'explosion.

Mais on lançait surtout les grenades dans un sac. On remplissait le sac de « soufre, pouldre et salpêtre. » Au milieu de cet amas, on disposait la grenade munie d'une « *brochette.* » C'était une mèche de bois, imprégnée de matières inflammables qui bouchait l'ouverture du projectile creux. La *brochette* était dirigée vers le fond du sac et sortait par un trou ménagé dans l'étoffe. Pour mettre le feu, on plaçait d'abord la grenade à la place voulue, puis on tirait un peu au dehors la *brochette;* on tassait la matière inflammable au-dessus du projectile, et on allumait la *brochette*. A ce moment on lançait contenant et contenu.

Toutes ces complications disparurent dès qu'on songea à munir la bombe d'une fusée, c'est-à-dire d'un petit tube remplissant parfaitement l'ouverture du projectile explosif, et que l'on remplissait d'une matière brûlant bien, et avec une lenteur suffisante.

Les Allemands paraissent avoir beaucoup avancé dans cette voie. Le manuscrit du commandant de l'artillerie de Dantzick, Senfftenberg, dont nous avons eu déjà occasion de parler, nous fournit les documents relatifs à ce sujet.

Dans le chapitre intitulé : *De la forme des tubes adaptés aux boulets explosifs*, on trouve décrites les deux manières de communiquer le feu à un boulet creux placé dans un mortier. Le mot de bombe n'étant pas encore créé, l'auteur emploie tantôt le mot de boulet, et tantôt celui de *grenade*, pour désigner le nouveau projectile explosif.

Fig. 251. — Le tir de la bombe à deux feux.

La première manière consiste à tirer la bombe *à deux feux*. Dans l'intérieur de la bombe, la fusée est tournée vers la bouche du mortier. La figure 251, empruntée à l'ouvrage de Senfftenberg, montre comment l'artilleur allume d'abord la fusée, puis la poudre d'amorce de la pièce.

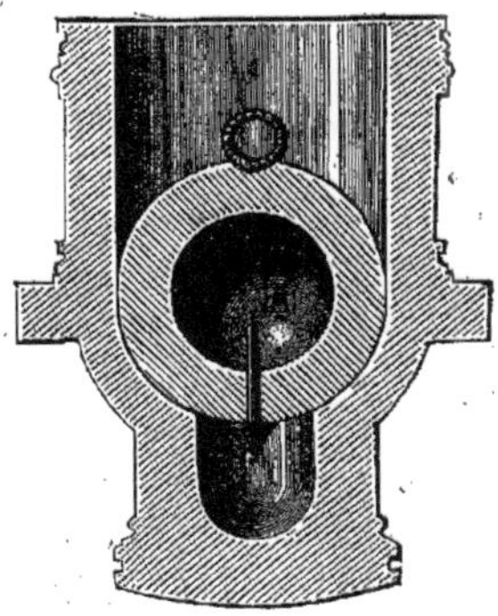

Fig. 252. — Le tir de la bombe à un seul feu.

Senfftenberg trouve cette méthode la plus longue, la plus dangereuse, la plus mauvaise; ce fut pourtant celle que Malthus introduisit en France, à la suite de la guerre des Pays-Bas.

La deuxième manière consiste à tourner la fusée du côté de la charge du mortier, pour que l'inflammation se communique d'un seul coup, et à la charge du mortier et à la fusée de la bombe. La situation relative de la bombe dans le mortier et de la fusée dans l'intérieur de la bombe, est indiquée en coupe, dans la figure 252.

La difficulté consistait à trouver pour la fusée une composition suffisamment inflammable, pour qu'elle prît feu au moment de l'explosion de la poudre, et qu'elle brûlât pourtant avec assez de lenteur, pour que la bombe, lancée hors de la bouche à feu, n'éclatât pas avant d'arriver au but.

Senfftenberg donne les dessins de plusieurs fusées. La figure 253 donne l'idée exacte de

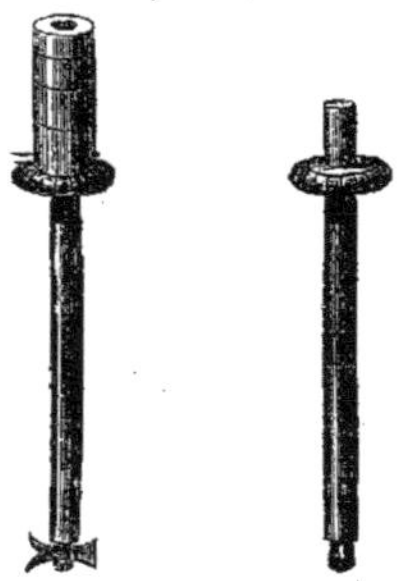

Fig. 253. — Deux fusées à bombe.

cette fusée. C'est un tube de fer, destiné à être rempli de la matière inflammable, muni d'un arrêt coiffant l'ouverture de la bombe, et percé, à sa partie inférieure, d'une quantité de petits trous, pour communiquer le feu à la poudre de l'intérieur de la bombe. Les fusées qui servaient à tirer à deux feux dépassaient davantage l'ouverture de la bombe, afin que l'artilleur eût plus de facilité pour allumer. La partie extérieure de ces fusées est couverte par un manchon de bois. Ce manchon servait plutôt à garantir des chocs le bec de la fusée qu'à empêcher, suivant l'intention de Senfftenberg, que la chaleur de la combustion de la fusée n'allumât trop tôt la poudre intérieure.

Un des inconvénients du tir à deux feux, dit Senfftenberg, est de donner, quand on allume la fusée, un jet de flamme, lequel, surtout de nuit, indique à l'ennemi le lieu où se trouvent les artilleurs, et le point sur lequel il doit diriger ses boulets. L'auteur indique la composition d'une mèche à placer dans la fusée. Elle doit être tissée avec du lin, du chanvre ou du coton ; on la plonge en premier lieu dans une dissolution bouillante de salpêtre, puis dans un mélange de salpêtre et de soufre. Il faut que la mèche fasse un peu corps avec le tuyau, pour que la violence de l'explosion de la charge du mortier ne la dérange pas de sa place.

On n'adapte pas, dit Senfftenberg, de mèche aux tuyaux de bombes qui se tirent à un seul feu ; mais cet écrivain ne semble pas connaître de composition propre à ces fusées, puisqu'il n'en indique aucune.

Voici les dessins donnés par le même auteur, de quelques bombes, sphériques ou ovales, se tirant par l'une ou l'autre méthode.

Fig. 254. — Bombe ovalaire.

La fusee est partout retenue aux deux pôles de la bombe ; elle traverse la partie inférieure, et est fixée en ce point, par un écrou.

Plusieurs de ces bombes sont traversées par d'autres axes pleins, qui ont pour but d'augmenter la résistance à l'explosion et de déterminer un plus grand nombre d'éclats. Peut-être ne connaissait-on pas encore un métal suffisamment cassant pour que cette disposition fût inutile. La continuation de ces axes à l'intérieur du projectile est marquée en petits points sur la figure 254. Ils sont retenus d'une part par une clavette et de l'autre par un écrou.

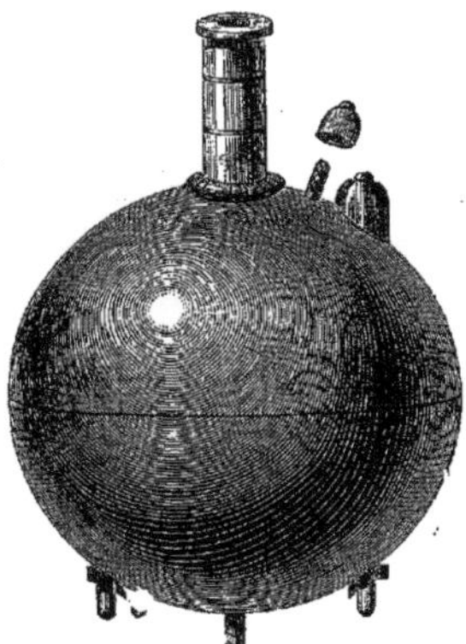

Fig. 255. — Bombe sphérique coulée en deux parties et renforcée par des axes de fer.

Les figures 255 et 256 représentent des bombes divisées en deux parties suivant leur équateur, et pouvant se fermer à la manière

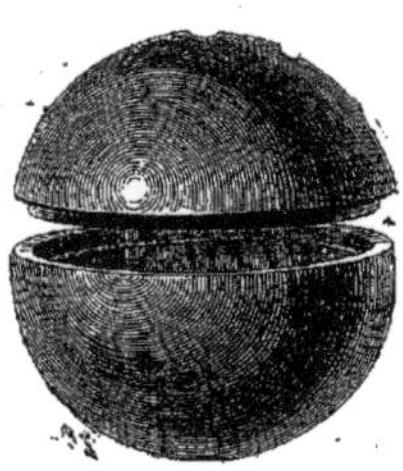

Fig. 256. — Bombe sphérique coulée en deux parties.

d'une boîte. Cette méthode se rapportait à un mode particulier de fabrication du projectile, qui ne nécessite pas de briser les moules après le coulage. Presque toutes les bombes étaient ainsi fondues.

Les affûts employés pour lancer les boulets par le tir horizontal, ne pouvaient servir à lancer les bombes par le tir courbe. Si nous supposons un mortier suspendu par ses tourillons, et faisant feu dans un angle voisin de la verticale, l'effort du recul ne tardera pas à porter l'affût en arrière, mais pèsera tout entier sur les tourillons et leurs encastrements. Un mortier posé sur un affût ordinaire le mettrait hors de service en quelques coups. Il fallait donc donner beaucoup d'attention à la question des affûts des mortiers.

Les Allemands adoptèrent un affût solide, mais dépourvu de mobilité, et qui ne se prêtait pas au pointage.

Senfftenberg nous a transmis quelques dessins de cet affût de mortiers.

Les figures 257 et 258 montrent le même affût sous deux faces différentes. La première présente la disposition à l'aide de laquelle on faisait varier l'angle de pointage : une corde attachée à la culasse venait s'enrouler sur un treuil et abaissait la bouche du mortier du côté opposé au treuil; pour donner à la pièce la position inverse, il suffisait de passer la corde sur une poulie de renvoi ou de l'attacher à la volée.

La figure 258 laisse voir le heurtoir circulaire sur lequel glissait, à frottement, la culasse quand elle changeait de position. Quand le mortier était disposé avec l'inclinaison voulue, on faisait entrer sous le heurtoir, à grands coups de maillet, un coin qui soulevait un peu le heurtoir et la pièce, de sorte que les tourillons n'appuyaient plus sur leurs embrasses. L'affût résistait ainsi mieux au tir, mais ces arrangements prenaient un temps considérable, et l'entrée du coin dérangeait le pointage.

L'artillerie des Pays-Bas fit usage d'une autre forme d'affût bien préférable et qui est en usage de nos jours, avec quelques modifications. Les tourillons étaient placés tout à fait à l'extrémité de la pièce, sur la culasse; on pointait le mortier à l'aide d'un treuil et d'un déclic.

Fig. 257. — Affût de mortier vu de face.

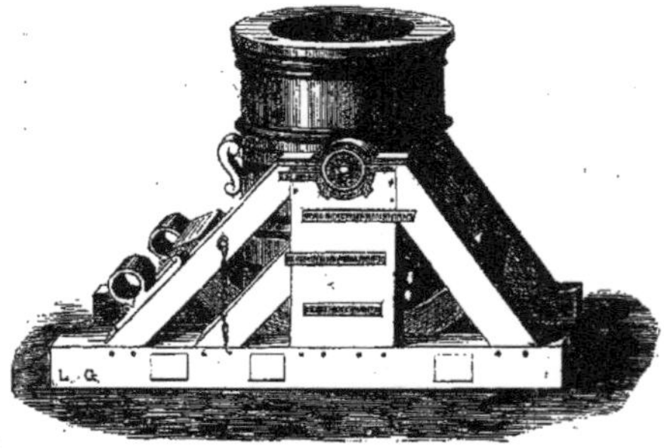

Fig. 258. — Même affût de mortier vu de côté.

La question des affûts se posait donc à nouveau pour les mortiers, et paraissait devoir passer par les mêmes errements et les mêmes phases que celle de l'affût des bouches à feu ordinaires, à tir horizontal.

Quand la guerre des Pays-Bas fut terminée et que ce pays eut reconquis sa liberté, un gentilhomme anglais, nommé Malthus, vint en France, et y apporta les procédés du tir des bombes, qu'il avait appris en

Fig. 259. — Mortier de l'artillerie des Pays-Bas.

combattant pour le compte des Provinces-Unies. Il fut nommé *commissaire général des feux et artifices de l'artillerie de France, et capitaine général des sapes et mines*. Il créa tout un matériel de mortiers de boulets explosifs. Ce matériel fut pour la première fois expérimenté en 1634 au siége de La Motte en Lorraine, où il donna de bons résultats. En 1646, Malthus publia un ouvrage intitulé : *Pratique de la guerre*, dans lequel il décrivit tout ce qui concernait l'art de lancer les bombes.

L'affût était d'une simplicité et d'une solidité remarquables. Il est représenté par la figure 259.

Le chargement s'opérait avec des précautions toutes particulières. La charge de poudre, qui variait de une à trois livres, était introduite avec la lanterne jusqu'au fond de la chambre; elle n'en occupait pas toute la hauteur. Un tampon de bois mou soigneusement tourné, et du diamètre voulu, était poussé dans la chambre, et achevait à peu près de la remplir. Alors on recouvrait le tampon avec du gazon, que l'on foulait pour lui donner la forme du mortier. On laissait glisser la bombe, la fusée tournée vers le dehors; enfin on tassait de la terre tout autour de la bombe, et même au-dessus, de manière à ne laisser dépasser que le bout de la fusée.

La bombe se tirait à deux feux, d'après le procédé décrit par Senfftenberg.

Il fallait un temps considérable pour tirer chaque coup; mais Malthus, du moins, eut le mérite d'écarter à peu près tout danger pour les artilleurs; dès lors on osa mettre en usage la nouvelle méthode, et les progrès ne se firent pas attendre.

CHAPITRE XI

LE PÉTARD. — LE ROI DE NAVARRE EMPLOIE LE PÉTARD PENDANT LE SIÉGE DE CAHORS. — COMPOSITION DU PÉTARD.

L'origine du pétard est inconnue. Quelques auteurs estiment qu'on doit la faire remonter jusqu'au XVe siècle. L'événement le plus célèbre, sinon le plus ancien, dans lequel figure cet engin de guerre, se passa au siége de Cahors, en 1580. Henri le Béarnais, alors roi de Navarre, et qui fut plus tard Henri IV roi de France, ayant rassemblé sous main ses troupes, fit une marche forcée, et arriva à minuit sous les murs de Cahors. Les hommes purent s'avancer jusqu'aux portes de la ville sans avoir été aperçus par les sentinelles. En avant marchaient les *pétardiers*, accompagnés de dix soldats « des plus dispos et fermes de courage (1). » Suivaient vingt hommes « armez » (c'est-à-dire pourvus d'armures défensives) et trente arquebusiers. Venaient enfin quarante gentilshommes des plus déterminés, conduisant le reste des troupes. On parvint à enfoncer successivement trois portes à l'aide du pétard, et l'on agrandit les trous à la hache, pour que les hommes « armez » pussent passer.

La garnison, réveillée en sursaut, descendit dans les rues, et un combat terrible s'engagea. Il dura cinq jours et cinq nuits. Au bout de ce temps la ville fut prise et livrée au pillage.

Diégo Ufano, écrivain militaire espagnol, a décrit et dessiné le pétard. Nous reproduisons ses dessins d'après l'ouvrage de M. le général Favé.

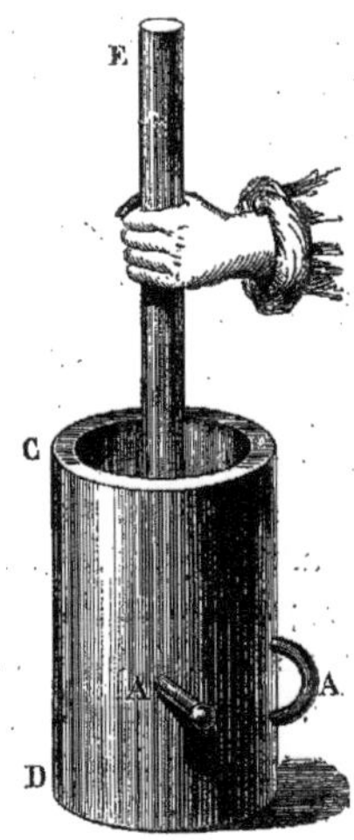

Fig. 260. — Manière de remplir le pétard.

Le pétard se composait essentiellement d'un cylindre de bronze CD (*fig.* 260) fermé à un

(1) *Mémoires ou économies royales de Henri le Grand*, par Maximilien de Béthune, duc de Sully. Amsterdam, 1725.

bout et très-épais de ce côté, et percé d'une lumière A, comme une bouche à feu ; il portait de plus, une anse B, qui servait à le fixer, au moyen d'une corde, contre la porte de la ville que son explosion devait renverser. On le chargeait de poudre tassée, ménageant un espace vide à l'aide d'un bâton, E, comme le montre la figure 260. Le vide longitudinal laissé par l'interposition du bâton, était ensuite rempli de poudre fine.

La bouche du cylindre entrait dans une ouverture ronde percée au centre d'une forte table de bois de chêne AB (*fig.* 261), aussi

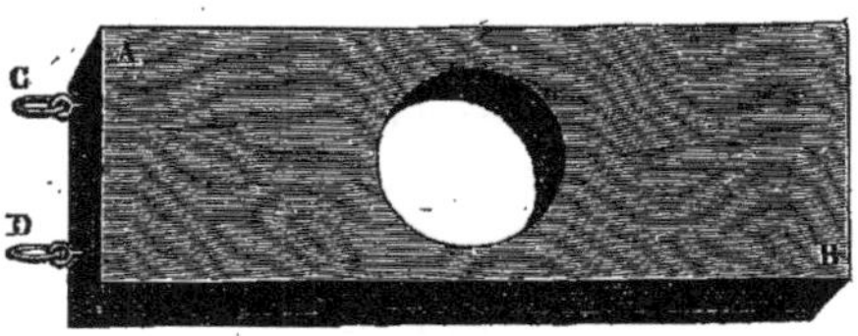

Fig. 261. — Encastrement du pétard.

épaisse que possible, et munie, sur l'un de ses côtés, de deux anneaux, C, D, destinés à la suspendre verticalement.

Un tampon de bois (*fig.* 262) était placé sur

Fig. 262. — Tampon de bois servant à boucher le cylindre de bronze renfermant le pétard.

la poudre, quand le cylindre était bien rempli. Enfin une petite voiture à bras montée sur deux roues, servait à transporter ces différentes pièces. On attachait le pétard à la porte de la ville ou de la forteresse comme le montre la figure 263.

L'action du pétard est facile à comprendre. Si nous le supposons mis en place et la mèche allumée, le canal plein de poudre fine enflammera la poudre tassée. La force énorme, subitement développée par son explosion, arrivera à rompre la porte avant d'avoir vaincu l'inertie de la masse du pétard lui-même, et avant d'avoir pu projeter au loin cette même masse. Tout l'effort de la poudre se portera ainsi contre la porte.

Cet appareil demandait un temps assez long pour être mis en place, et l'on doit admirer que le roi de Navarre ait pu faire disposer et

Fig. 263. — Pétard attaché à la porte d'une ville pour la faire sauter.

partir trois pétards successifs contre les portes de Cahors, avant que les défenseurs de la ville eussent le temps d'accourir.

La défense des places essaya à son tour d'utiliser le pétard pour défoncer les mines de l'assiégeant. On plaçait un pétard contre terre et à plat, au-dessus du passage supposé de la galerie. Mais presque toujours ce moyen échoua.

CHAPITRE XII

LES NOUVEAUX CALIBRES DE FRANCE. — LES CANONS DITS DE NOUVELLE INVENTION. — CANONS ENCAMPANÉS, RENFORCÉS, DIMINUÉS. — L'OBUS. — PROJECTILES IRRÉGULIERS.

Nous entrons, avec ce chapitre, dans l'histoire de l'artillerie pendant les temps modernes.

Vers l'an 1640, la confusion s'était introduite parmi les calibres de France. Des six calibres réglementaires, les trois derniers avaient été abandonnés comme trop petits; on avait fondu des canons de 12 et de 24, et pourvu les plus gros canons d'un avant-train à limonier, monté sur des roues très-basses. Il existait alors un grand nombre d'autres pièces proportionnées selon le gré des fondeurs, et sans qu'aucun arrêté en eût prescrit les dimensions.

Surirey de Saint-Remy, lieutenant du grand maître de l'artillerie, publia en 1697 un *Mémoire d'artillerie*, dans lequel il rend compte des changements effectués dans l'artillerie française depuis le commencement du siècle jusqu'à cette époque. Peu à peu le nombre des calibres avait été réduit, et à la fin du XVIIe siècle, on ne fondait plus en France que des canons de 33, 24, 16, 12, 8 et 4.

Nous donnons (*fig.* 265 à 268) les dessins des canons de 33, de 24, de 8 et de 4.

Tous ces canons avaient à peu près la même longueur, calculée d'après les dimensions habituelles des embrasures des fortifications. La longueur moyenne était onze pieds, comptés depuis la bouche jusqu'à l'extrémité du bouton de culasse. On avait adopté les anses, dont les autres peuples se servaient depuis longtemps.

Dans les deux premiers canons, les lignes ponctuées dessinent vers la culasse une toute petite chambre où aboutissait la lumière. On voulait donner à cette lumière une plus grande longueur, pour retarder son évasement. Ajoutons que cette disposition n'était mise en pratique que dans la lieutenance de Flandre. L'âme des autres pièces est cylindrique et coupée carrément vers la culasse.

Le canon de 33 pesait 187 boulets;
Le canon de 24 pesait 212 boulets;
Le canon de 16 pesait 256 boulets;
Le canon de 12 pesait 283 boulets;
Le canon de 8 pesait 243 boulets;
Le canon de 4 pesait 325 boulets.

Il y avait, en outre, des pièces de 8 et de 4 du même poids que celles dont nous venons de parler, mais notablement plus courtes, lesquelles devaient servir de canon de campagne. Ils portaient sur la volée les armes du duc du Maine, grand maître de l'artillerie.

On fondit encore des canons que l'on appelait à la *nouvelle invention*, et qui n'étaient que d'une invention assez mauvaise. Elle était venue d'Espagne. A la culasse de ces canons, l'âme se transformait tout d'un coup en une sphère.

On espérait, en mettant la même quantité de poudre dans une moindre longueur d'âme, tirer avec des canons plus légers et avec de plus grands avantages même qu'avec les canons « à l'ancienne manière. » Des expériences, sans doute trop peu nombreuses, avaient été faites, et avaient paru donner gain de cause à ce système.

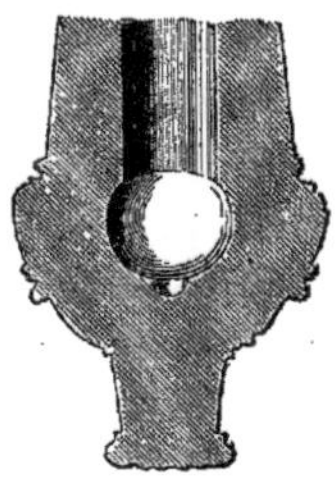

Fig. 264. — Coupe d'une chambre sphérique.

La figure 264 représente la coupe d'une chambre à feu sphérique des canons dits à la *nouvelle invention*.

Mais quand les nouveaux canons furent

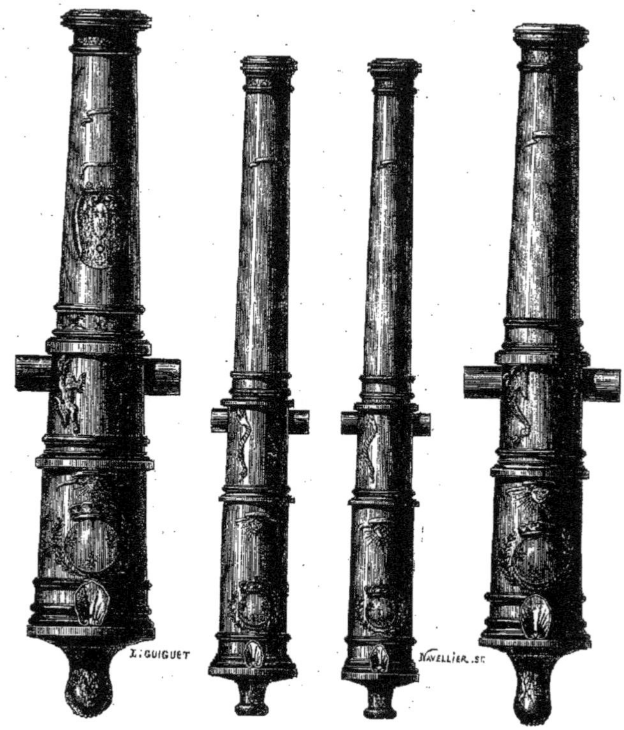

Fig. 265 à 268. — Les calibres de l'artillerie française au XVIIe siècle. (p. 383).

mis en pratique sur une plus grande échelle, on s'aperçut qu'ils détérioraient les embrasures par leur défaut de longueur, que leur manque de poids causait la dislocation des affûts par le recul, et qu'enfin la forme de la chambre empêchait l'écouvillon mouillé d'aller toucher et éteindre les débris enflammés qui pouvaient y demeurer après la décharge, et cet inconvénient était cause de nombreux accidents, alors qu'on introduisait la nouvelle charge de poudre.

On ne voulut pas cependant se rendre à l'évidence, et renoncer aux canons à chambre élargie. Les chefs de l'artillerie française se bornèrent à changer la forme sphérique de la chambre en une forme intermédiaire, celle de poire, représentée par la figure 269. Mais

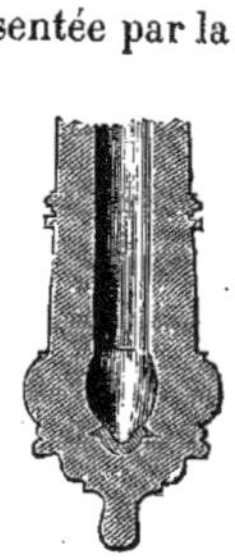

Fig. 269. — Coupe d'une chambre ovale.

les défauts reconnus aux pièces à âme sphérique persistèrent, quoique moins graves.

Fig. 270. — Canon avec avant-train, de l'artillerie française du XVIIᵉ siècle.

Comme on s'apercevait enfin que ces défauts diminuaient à mesure qu'on se rapprochait de la forme cylindrique, on finit par revenir sans réserve à l'ancien système.

Les calibres réglementaires devaient présenter à la culasse une épaisseur de métal égale au diamètre du boulet; mais les fondeurs furent laissés libres de couler des pièces de plus grande ou de moindre épaisseur ; les premières furent nommées *canons renforcés*, les secondes *canons diminués*.

Les canons *renforcés*, plus lourds que les calibres réglementaires, agissaient moins sur l'affût au moment du recul, et trouvaient surtout leur utilité comme pièces de campagne, parce que les affûts de ces pièces doivent être légers pour se prêter aux transports et aux manœuvres, et qu'ils offrent moins de résistance que les affûts de place, de côte ou de siége.

Les canons *diminués*, au contraire, ne se trouvaient guère que parmi les gros calibres, et allaient avec ces derniers affûts.

Parmi les bouches à feu ayant un diamètre de culasse moindre de trois diamètres de boulets, il y avait aussi des pièces dont l'âme, au lieu de demeurer cylindrique, allait se rétrécissant jusqu'à la lumière, en figure de cône. On leur donna le nom de *canons campanés*, ou *encampanés*, c'est-à-dire en forme de cloche.

Les bouches à feu *campanées* avaient pu être utiles à l'époque de la confusion des calibres, parce qu'elles pouvaient utiliser des boulets de diverses grosseurs; les pierriers et les mortiers *campanés* rendaient encore des services quand il s'agissait de lancer des projectiles de volume variable, par exemple des chaînes rompues, des clous et d'autres morceaux de fer enfermés dans un sac ; mais dès que les calibres furent fixés, qu'il ne se trouva plus que des boulets de diamètres déterminés, les canons *campanés* n'avaient plus raison d'être. Ils présentaient le défaut grave de ne pouvoir tirer le boulet de leur calibre, qu'à la condition de remplir exactement avec la charge au moins tout l'espace conique dans lequel le boulet n'eût pas pu entrer; et si ce volume de poudre était trop fort, on était obligé de combler avec la bourre toute la distance qui séparait la poudre du boulet.

La forme campanée avait encore l'inconvénient de ne loger la même charge de poudre que dans une plus grande longueur d'âme; ce qui diminuait la longueur utile du canon.

Ce sont peut-être les défauts trop évidents de ce système qui avaient amené un système opposé, et également défectueux : l'âme élargie en sphère ou en poire des canons dits de *nouvelle invention* dont il a été question plus haut.

De cette époque, datent les premiers essais sérieux de canons en fonte de fer.

On fit aussi l'essai de canons en fer forgé, mais ils ne répondirent pas aux espérances qu'ils avaient fait naître.

En même temps qu'on fixait les calibres des bouches à feu, on déterminait aussi les dimensions des principales parties de leurs affûts respectifs. On leur donna l'avant-train des affûts hollandais.

La figure 270 montre un canon monté sur son affût et pourvu de son avant-train. On y voit comment se relie à la pièce l'avant-train du timon destiné à la traîner.

Nous n'insistons pas sur les détails de l'affût, ce ne serait qu'une répétition de ce que nous avons dit à propos d'affûts déjà décrits.

A cette époque fut inventé l'*obus*, c'est-à-dire le projectile creux, qui, au lieu d'être lancé par le tir courbe, dans un mortier, est lancé par le tir horizontal d'une bouche à feu ordinaire. Sa forme était cylindro-conique, pour qu'il pût être chargé dans les pièces à âme longue.

Comme pour la bombe, on tirait l'obus à deux feux. La bombe était lancée sous des angles voisins de 45 degrés; l'obus, au contraire, était tiré sous le même angle que les boulets, et par les mêmes bouches à feu. Telle est l'origine des obus modernes qui, partout aujourd'hui, sont substitués aux boulets pleins dans les bouches à feu rayées.

L'usage des obus ne prit pas tout d'un coup une grande extension, à cause de la difficulté et des dangers qu'il y avait à allumer la fusée au fond des pièces à âme longue.

On tourna alors la fusée du côté de la charge, et on expérimenta le tir à un seul feu. Mais, quelque solidement encastrée que fût la fusée, souvent le premier choc de la décharge poussait violemment la fusée dans l'obus, et ce projectile faisait explosion dans l'intérieur de la pièce.

Pour l'obus, comme pour la bombe, on était tout près de résoudre le problème; il ne s'agissait plus de perfectionner ni de compliquer, il fallait simplement, dans le tir à un seul feu, placer la fusée en avant. Qui pouvait cependant supposer que cette fusée, quoique tournée vers l'extérieur, prendrait feu par l'explosion de la charge? Ce fut probablement un artilleur distrait ou peureux qui reconnut ce fait le premier, et il dut rester tout surpris de la réussite. Quoi qu'il en soit, cette observation avait eu lieu déjà vers le milieu du XVIIIe siècle; car De Vallière en fit usage en 1747, au siége de Berg-op-Zoom.

On connaissait et on employait alors les boulets rouges, que l'on tirait comme de nos jours, c'est-à-dire en plaçant, entre le projectile et la poudre, du gazon mouillé ou de la terre glaise fortement tassés. Saint-Rémy dit qu'on ne s'en servait que dans les calibres de 4 et de 8, parce que leur emploi eût été trop difficile dans les bouches à feu plus grandes.

On se servait aussi, à cette époque, de divers projectiles irréguliers, qui agissaient à courte distance : telles étaient les *pommes de pin* et les *grappes de raisin*.

Aujourd'hui les *pommes de pin* et les *grappes de raisin* ne sont plus en usage dans l'artillerie, elles sont remplacées par la *boîte à balles*, dont le principe d'action est le même. La *boîte à balles* est une enveloppe de fer-blanc, munie à ses deux bouts de deux plateaux de fonte, et renfermant non plus des balles de plomb, mais des balles de fer assez irrégulièrement coulées. Au moment de la décharge, le plateau postérieur, recevant une impulsion plus forte que le reste du projectile, presse sur les balles, déchire l'enveloppe, et le contenu s'éparpille au dehors. Il décrit une parabole, très-meurtrière pour l'infanterie, à petite distance, mais dont la portée n'excède guère quatre cents pas.

CHAPITRE XIII

ÉTAT DE L'ARTILLERIE EUROPÉENNE AU XVIIe SIÈCLE. — L'ARTILLERIE DE LOUIS XIV.— LES AFFUTS.— INVENTION DU CANON DE MONTAGNE. — DÉCOUVERTE DU TIR A UN SEUL FEU DES BOMBES ET DES OBUS. — L'OBUSIER ANGLAIS ADOPTÉ EN FRANCE. — LE SYSTÈME D'ARTILLERIE DE VALLIÈRE.

Peu de changements notables furent apportés à l'artillerie européenne, depuis le milieu du XVIIe siècle, époque à laquelle nous sommes arrivés, jusqu'à la moitié du siècle suivant. Le ralentissement qui se fit remarquer, à cette époque, dans les progrès de l'artillerie, s'explique par l'état encore peu avancé de l'art du fondeur, conséquence naturelle de l'imperfection de la science chimique et de la métallurgie. En France, seulement, les frères Keller, possédant bien tous les anciens éléments de l'art et du métier de fondeur, marchèrent de quelques pas en avant sur leurs contemporains. Ce n'est donc que dans notre pays qu'il faut chercher les quelques améliorations qui furent apportées à l'artillerie, à cette époque. Ajoutons que les brillantes guerres des premiers temps du règne de Louis XIV, en excitant, au cœur de la France, l'amour-propre national, lui firent trouver des ressources qui manquaient aux autres peuples. Jusque-là, l'Espagne, l'Italie, la Turquie même, avaient marché à la tête des progrès militaires, et étaient restées redoutables par leur armement. Mais, à dater de Louis XIV, ces puissances ne possédèrent plus qu'une artillerie aussi déchue que leur importance politique. Elles ne purent désormais suivre que de loin le progrès né chez des nations plus favorisées, telles que la France, l'Allemagne, les Pays-Bas, et bientôt l'Angleterre.

Nous résumerons en peu de mots le perfectionnement et les découvertes utiles qui furent réalisés dans l'artillerie française, sous Louis XIV.

L'une des plus importantes acquisitions de l'artillerie, à cette époque, fut relative au mode d'installation des pièces à bord des navires. L'*affût marin*, inventé sous Louis XIV, ne diffère presque en rien de celui de nos jours. C'est en 1650 que, dans les ports français, on commença à en faire usage. La figure 272 représente l'*affût des pièces de navire*, qui est le même que celui des bouches à feu qui défendent l'entrée de nos ports de mer et des forts placés sur nos côtes.

Les flasques, à peu près rectangulaires, sont montés sur un plateau, qui peut glisser sur quatre roulettes. Les tourillons sont munis de sus-bandes. Le pointage de la pièce s'opère à l'aide du coin. Les roulettes de derrière sont plus basses que celles de devant, pour aider à l'élévation de la volée. Le recul met la pièce en position d'être rechargée.

Cet affût avait le défaut d'être trop bas, ce qui nécessitait des embrasures très-profondes. Vauban, dont le génie toucha à tout ce qui concernait l'art militaire, remédia plus tard à cet inconvénient, en augmentant la hauteur

Fig. 271. — Vauban.

des roues de devant, et en supprimant les roues de derrière.

Fig. 272. — Affût des batteries de navire, servant aussi à l'armement de nos ports de mer et des forts de nos côtes.

On avait remarqué que le fer se détériorait moins à l'air que le bois, et que, par son élasticité, il se prêtait mieux aux secousses brusques, comme celle du recul. Aussi Vauban essaya-t-il de remplacer les anciens affûts de siége, de côte et de campagne, par des affûts tout de fer forgé. Cependant la dépense plus grande, ou la difficulté d'une construction nouvelle firent renoncer au système de Vauban, auquel on tend à revenir dans l'artillerie de nos jours.

Plusieurs des anciens calibres de France avaient été abandonnés, entre autres le *faucon* et le *fauconneau* que l'on avait jugés trop petits. Les nécessités de la guerre de montagne firent cependant adopter un petit canon du calibre d'une livre, pour lequel on imagina un affût tout particulier. C'est dans les défilés du Roussillon que furent essayés les premiers *canons de montagne*.

La figure 273, tirée du mémoire de Surirey de Saint-Rémy, montre le canon de montagne et son affût. Cet affût se compose de deux flasques obliques, arc-boutés sur deux montants DE, lesquels se relient aux flasques, par une charnière, C, et une tige, AB, de telle sorte que, lorsqu'on veut transporter la pièce, il suffit de décrocher la tige, AB, et de replier la jambe, DE, sous le corps de l'affût, FC. Les roulettes, H, de la crosse et celles des jambes E, en font un affût à rouages très-complet. Le pointage se fait très-commodément, grâce au coin, I, que l'on élève plus ou moins le long du flasque oblique, FC. Pour franchir les passages qui n'auraient pu donner aucun accès à l'artillerie attelée, on plaçait sur un mulet le canon, et sur un autre mulet l'affût replié.

Bien que l'on eût abandonné les canons à chambre à feu sphérique, cylindrique ou en poire, on continuait à fondre des mortiers dans ce système, tant il est difficile de se départir d'un principe vicieux, quand la science n'est pas assez avancée pour le condamner par des raisons tout à fait sans réplique. Le système de la chambre à feu élargie, appli-

Fig. 273. — Canon de montagne de l'artillerie de Louis XIV.

qué aux mortiers, n'avait pas cependant tous les inconvénients qu'il présentait dans les canons. En raison de la largeur de la pièce, l'écouvillon pouvait plus facilement parcourir les différents points de la chambre, en chasser les débris enflammés, et éviter ainsi l'inflammation de la nouvelle charge de poudre.

La France ne possédait encore aucun affût commode pour lancer les obus, lorsqu'en 1693, à la bataille de Nerwinde, les troupes de Louis XIV s'emparèrent d'un obusier anglais et d'un obusier hollandais, qui répondaient parfaitement aux conditions requises. Ces obusiers pesaient 1500 livres, et lançaient des obus relativement petits. La chambre était sphérique ; les tourillons très-gros, et placés près du centre de gravité, laissaient la prépondérance à la culasse. Cet affût était semblable aux affûts des canons ; il était seulement un peu plus grand et plus massif. La manière dont les tourillons étaient encastrés faisait porter toute l'action du recul sur les roues et sur la crosse dans le tir sous de grands angles. Avec une autre disposition, le recul eût fait soulever la crosse et basculer l'affût.

Cependant la France ne sut pas utiliser ce modèle. Quatre-vingts ans s'écoulèrent avant que Gribeauval dotât notre artillerie d'un obusier réglementaire, presque identique à celui que nous venons de décrire et que nous représenterons plus loin. Il est juste d'ajouter que l'obus ne pouvait présenter une grande utilité, ni prendre une sérieuse extension à une époque où on ne savait pas encore tirer

Fig. 274. — Le maréchal de camp de Vallière.

les projectiles explosifs à un seul feu. La bombe lancée par le mortier était d'un tir plus facile, mais elle ne suppléait pas entièrement aux effets de l'obus.

C'est en 1747, au siége de Berg-op-Zoom, que le tir des bombes à un seul feu fut mis en pratique pour la première fois. Ce progrès capital fut réalisé dans l'artillerie française, que commandait alors le maréchal de camp Florent de Vallière.

Cet homme de guerre éminent, qui assista, dit-on, à soixante siéges et à dix grandes batailles, et qui eut le mérite de réorganiser toute l'artillerie française, sous Louis XIV, ne paraît pas, cependant, avoir compris immédiatement toute l'importance du tir de la bombe à un seul feu. Quelques années plus tard, en effet, le commissaire de l'artillerie, Leduc, faisait paraître un mémoire dans lequel la question était présentée comme toute nouvelle. Leduc annonçait qu'il était parvenu à tirer des obus à un seul feu, et qu'il avait imaginé d'appliquer le même système au tir des bombes. Dans une série d'expériences qu'il avait faites à Strasbourg, il avait supprimé la terre humide que l'on tassait dans la chambre à feu et autour du projectile, et les résultats de cette innovation avaient été concluants. Leduc eut donc, sinon la gloire d'avoir découvert le tir de la bombe à un feu, au moins le mérite de la propager. De Vallière réclama alors la priorité de cette méthode ; mais il avouait, par cela même, qu'il en avait méconnu les avantages, puisque, après l'avoir expérimentée, il n'avait pas continué d'en faire usage.

Entre 1732 et 1745, l'artillerie française fut entièrement réformée, sous la direction du maréchal de camp Florent de Vallière. De nouveaux calibres furent établis. Sur les indications de Vallière, toute l'artillerie fut refondue d'après le système qui porte son nom.

Les calibres furent réduits à cinq : ceux de 24, de 16, de 12, de 8 et de 4. Deux calibres furent affectés aux mortiers : ceux de 12 pouces de diamètre et de 8 pouces 3 lignes de diamètre. On admit enfin des *pierriers* de 15 pouces.

Les dimensions et les épaisseurs des différentes parties de la pièce, ainsi que celles de l'affût, furent rigoureusement fixées, et rendues obligatoires pour tout le royaume. On alla jusqu'à définir les dimensions des ornements et des moulures.

Nous donnons (*fig.* 275) le dessin du canon

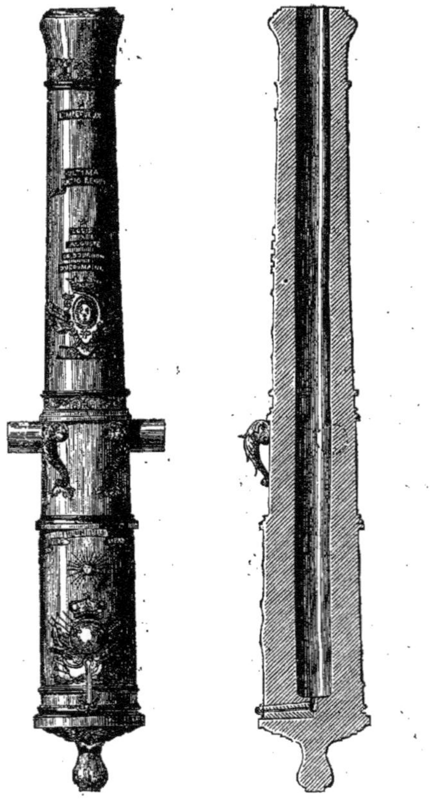

Fig. 275 et 276. — Canon de 24 de l'artillerie de Louis XIV (système de Vallière).

de 24 qui suffira pour faire comprendre le système De Vallière.

Les canons étaient en bronze. Ils étaient pourvus d'anses et de boutons de culasse ;

Fig. 277 et 278. — Mortier de l'artillerie de Louis XIV (système De Vallière.)

mais ils ne portaient pas de guidon. Les tourillons étaient placés de manière à ne laisser à la culasse que le moins de prépondérance possible. Les ornements qui décoraient ces pièces venaient de fonte, et étaient, d'ailleurs, remarquables par leur beauté et leur netteté. Ils renfermaient les armes du roi et celles du duc du Maine, alors grand maître de l'artillerie. La culasse portait le soleil de Louis XIV et sa devise : *Nec pluribus impar*. Sur la volée se lisait une seconde devise, de sinistre signification : *Ultima ratio regum* (la dernière raison des rois).

De l'écu des armes du roi, jusqu'à la lumière, était creusée une gouttière, destinée à renfermer la traînée de poudre d'amorce. La lumière des canons de 24 et de 16, et du mortier de 12 pouces, était faite d'un grain de cuivre rouge « pur rosette bien couroyée » (1), ayant la figure d'un tronc de cône renversé. L'introduction du grain de lumière dans les pièces réglementaires était un progrès, sinon une innovation.

La lumière, comme le montre la coupe donnée par la figure 276 aboutissait dans un prolongement de l'âme en forme de petite chambre. Cette disposition avait pour but d'augmenter la longueur de la lumière, afin de retarder son évasement et sa destruction par l'effet du tir. On ne savait pas encore remplacer le grain hors de service par un grain métallique de rechange.

Les figures 277, 278 représentent le mortier réglementaire du temps de Louis XIV. L'âme est étranglée dans la partie qui reçoit la charge de poudre ; nous verrons que cette disposition ne fut pas conservée.

Le poids et les longueurs des pièces étaient, à très-peu près, proportionnels aux calibres. La plus légère en volume relatif était le canon de 24, qui pesait 225 boulets ; et la plus lourde, le canon de 4, qui pesait 280 boulets.

Le *vent* fut aussi fixé pour chaque calibre, mais les moyens de fabrication des boulets ne permettant pas une grande exactitude, on ne put éviter une certaine variation dans les diamètres des projectiles.

Les procédés pour la fonte des pièces étaient dès ce moment suffisamment précis et uniformes, pour que les dimensions établies par l'ordonnance de 1732, fussent suivies partout.

De Vallière eut le mérite de fixer avec tant de justesse les proportions de ses canons, qu'elles ont toujours été considérées comme les meil-

(1) Ordonnance royale du 7 octobre 1732.

leures, et qu'elles ont été conservées pour les pièces de siége jusqu'à nos jours, c'est-à-dire jusqu'à l'apparition des canons rayés.

CHAPITRE XIV

CANON SUÉDOIS. — ARTILLERIE DE FRÉDÉRIC LE GRAND. — LE GÉNÉRAL GRIBEAUVAL RÉFORME L'ARTILLERIE FRANÇAISE. — SON SYSTÈME. — PIÈCES DE SIÉGE, DE CAMPAGNE, DE PLACE ET DE COTE. — INVENTION DE LA PROLONGE POUR L'ATTELAGE DES BOUCHES A FEU. — LA MANŒUVRE DE LA BRICOLE. — AFFUTS DES PIÈCES DE CAMPAGNE, DE PLACE ET DE COTE. — GRAIN DE LUMIÈRE. — MORTIERS A LA GRIBEAUVAL. — MORTIER A LA GOMER.

Nous venons de voir qu'au milieu du XVIIIe siècle, l'artillerie européenne avait appris à tirer les bombes à un seul feu. Nous avons dit également que l'on réussit bientôt à appliquer aux obus la même méthode : on tourna l'étoupille du côté de la volée, laissant aux gaz de la poudre le soin d'enflammer la fusée de l'obus. Dès lors, l'usage des obus se répandit dans les guerres de siége, comme dans les différents engagements, et le projectile creux ne tarda pas à jouer un grand rôle sur les champs de bataille.

L'artillerie de campagne tendait à devenir de plus en plus mobile. En France, la question des affûts ne laissait pas que d'embarrasser. Elle était depuis longtemps mise à l'étude pour les pièces de petit calibre, lorsqu'on eut l'idée d'adopter le modèle suédois.

L'origine de la fameuse petite pièce suédoise, qui n'est autre chose que le canon français actuel, est inconnue. Il est probable cependant que Charles XII en fit usage dans ses expéditions. Elle était du calibre de 4, avait 17 calibres de longueur d'âme, et

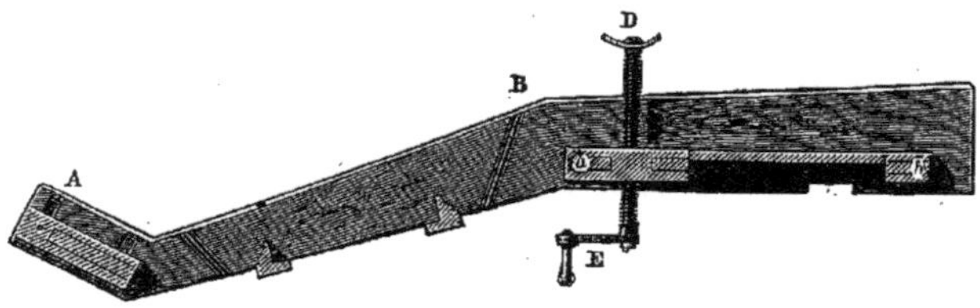

Fig. 279. — Coupe verticale d'un des flasques de l'affût du canon suédois.

pesait 300 kilogrammes, ou 150 fois le poids du boulet.

Son affût était fait de deux flasques divergeant un peu vers la crosse, réunis par trois entretoises. La figure 279 montre le côté interne de l'un de ces flasques, ABC. Le pointage s'effectuait grâce à une vis de fer, DE, qu'on manœuvrait à l'aide d'une manivelle, qui traversait l'entre-toise servant à rattacher les deux flasques. C'est ainsi que l'on soulevait ou abaissait la pièce, qui portait sur cette vis par l'intermédiaire d'une planchette *ab*.

Le canon suédois et son affût sont tellement commodes qu'après avoir été adopté pour l'artillerie de Louis XIV, ce modèle a été conservé jusqu'à notre époque, c'est-à-dire jusqu'à l'apparition des canons rayés.

Il eut quelque peine cependant à se faire adopter en France. Ses heureuses proportions auraient dû frapper tous les esprits, et du premier coup le faire choisir parmi tous les modèles proposés. Il n'en fut rien. On lui reprochait la grandeur de son affût, qui donnait, disait-on, trop de prise aux coups de l'ennemi ; le poids de ce même affût et de l'avant-train (celui-ci était à timon), qui devaient rendre la manœuvre pénible. On lui supposait un grand nombre d'autres défauts,

Fig. 280. — Canon suédois et son affût.

Peu s'en fallut qu'on ne lui préférât un affût ridiculement léger dont les flasques étaient constitués par deux bras de limoniers. Heureusement ce dernier affût ne résista pas aux épreuves du tir.

La commission nommée par Louis XIV, pour étudier la pièce suédoise, commission dont faisaient partie les ministres de la guerre et de la marine, déclara qu'on pourrait rendre plus solide ce dernier modèle, et repoussa en conséquence le canon suédois.

Le modèle suédois fut donc bien près d'être définitivement rejeté, ce qui aurait laissé notre artillerie dans un état d'infériorité notable, eu égard à celles des autres peuples. Heureusement le maréchal de Saxe, en dépit de tous les avis défavorables des personnages officiels, exigea le canon suédois pour ses campagnes. Il fit fondre ces canons, en 1746, et il adopta en même temps les gargousses en papier contenant la charge de poudre.

La pièce suédoise rendit de si bons services qu'elle devint réglementaire en 1757; chaque régiment d'infanterie fut pourvu d'un de ces canons, que représente la figure 280.

D'autres essais d'artillerie légère, ou de *campagne*, étaient faits en Prusse, à cette même époque. Frédéric II fit couler des canons qui ne pesaient que 100 fois, et même que 55 fois leur boulet. Il dut nécessai-

Fig. 281. — Le général Gribeauval.

rement les abandonner, et poussant, sans transition, à l'extrême opposé, on le vit tout d'un coup armé de très-grosses et très-pesantes bouches à feu, avec lesquelles il fit, en 1778, sa campagne de Silésie. Lorsque plus tard, surgirent les discussions au sujet du système de Gribeauval, les partisans des pièces lourdes et ceux des pièces légères, purent ainsi invoquer également en leur faveur, l'autorité du grand Frédéric.

Gribeauval fut, sous Louis XV, le régénérateur de l'artillerie française. Son œuvre fut immense ; son nom domine toute la fin du XVIIIe siècle. L'exposé de ses travaux clora dignement cette histoire de l'artillerie. Le système de Gribeauval est demeuré en vigueur non-seulement sous Louis XV, mais sous Louis XVI, pendant la Révolution, sous le premier Empire, sous la Restauration et Louis-Philippe, c'est-à-dire jusqu'à la réforme de l'artillerie par le canon rayé. Pendant ce long intervalle, ce système demeura intact, ou du moins les modifications qu'on y apporta, furent insignifiantes ; si bien qu'après les grandes guerres de l'Empire, tous les peuples le copièrent à l'envi, et il devint la règle universelle de l'artillerie européenne.

Né à Amiens, le 15 septembre 1715, l'année de la mort de Louis XIV, Jean-Baptiste Vauquette de Gribeauval était entré, en 1732, comme volontaire dans le *régiment royal d'artillerie*. Trois ans après, il fut nommé officier pointeur. Comme il s'était particulièrement occupé de l'art des mines, il fut nommé, en 1752, capitaine au corps des mineurs. Son mérite était déjà si bien reconnu, que le ministre de la guerre, d'Argenson, le chargea, en 1760, d'aller étudier en Prusse, l'artillerie légère du grand Frédéric. Gribeauval remplit avec zèle cette mission, et rapporta les renseignements les plus utiles sur l'emploi des pièces légères attachées aux régiments d'artillerie prussienne, sur les fortifications et l'état des frontières qu'il avait visitées.

L'impératrice d'Autriche, Marie-Thérèse, demanda à s'attacher le brave officier français, et Gribeauval, avec l'autorisation de ses chefs, passa à son service. Il occupa les plus grandes positions militaires, et fut employé par l'Autriche pendant la guerre de Sept ans, comme général de bataille, et directeur de l'artillerie et des mines. Gribeauval fut, pour le grand Frédéric, un adversaire redoutable, qui pendant longtemps tint ses armées en échec, et retarda ses victoires.

M. de Choiseul, alors ministre de la guerre en France, ayant demandé à Gribeauval des renseignements sur l'artillerie autrichienne, ce dernier lui en fit une description très-complète, qui nous est restée.

Le 3 mars 1762, il écrivait au duc de Choiseul, une lettre contenant ce passage :

« L'artillerie d'icy fait en bataille beaucoup d'effet par le grand nombre ; elle a des avantages sur celle de France, et cette dernière en a sur celle-cy. Un homme éclairé, sans passion, qui connoîtroit bien les détails et auroit le crédit suffisant pour aller directement au bien, prendroit dans ces deux artilleries de quoy en composer une qui décideroit presque toutes les actions dans la guerre de campagne. »

Marie-Thérèse avait comblé d'honneurs, le général français qui avait défendu l'Autriche contre Frédéric le Grand ; elle voulait l'attacher à sa personne, mais Gribeauval préféra rentrer en France. En 1765, il fut promu au grade de lieutenant-général, et en 1776, il fut nommé *premier inspecteur de l'artillerie*. Le moment était venu où Gribeauval allait se montrer l'homme supérieur qui devait réformer et recomposer l'artillerie française.

La tâche dont il assumait la responsabilité aurait découragé un homme d'un mérite moins éclatant. A cette époque, et après les désastres des guerres de Louis XV, l'état de l'artillerie française était déplorable.

La phrase suivante, extraite d'un mémoire adressé par lui au ministre de la guerre, montrera toutes les difficultés de l'entreprise que Gribeauval allait tenter. « La situation dans laquelle se trouve l'artillerie, écrivait-il, est effrayante ; il est certain qu'il faut avoir du courage et de la fermeté pour oser en faire l'exposition. »

Jusqu'à cette époque on avait eu les mêmes pièces pour tous les services. Gribeauval eut l'idée de composer des services spéciaux, et il les distingua en service de siége, de campagne, de place et de côte.

Par une innovation hardie, les canons de bronze furent coulés pleins, puis forés et tournés. Cette dernière opération sacrifiait les beaux ornements du système De Vallière, mais c'était au profit de la solidité et de l'efficacité de l'arme.

Le matériel de siége conserva presque toutes les dimensions établies par De Vallière pour les grosses pièces; mais les parties les plus petites et les moins importantes de l'affût, furent déterminées dans leur forme et leur grandeur. La précision dans la construction fut poussée partout jusqu'à ses dernières limites.

Gribeauval composa son artillerie de campagne de trois calibres seulement : 12, 8 et 4; ceux de 16 et de 24 furent rejetés comme trop lourds pour ce service. Il leur donna 18 calibres de longueur d'âme, et fixa leur poids à 150 boulets. Les canons étant allégés, il y avait à craindre qu'ils ne détruisissent rapidement leur affût, par le recul ; mais en même temps, Gribeauval diminua la charge de poudre, qui fut réduite au tiers du poids du boulet, ainsi que l'avait demandé Robins, célèbre artilleur anglais, sur les travaux duquel nous aurons à revenir dans le chapitre suivant. La cartouche à boulet et la boîte à balles devinrent réglementaires. Gribeauval adopta un obusier du calibre de 8 pouces de diamètre.

Pour donner aux pièces plus de mobilité, il fit construire en fer les essieux des affûts et ceux des avant-trains ; ces parties gagnaient ainsi en solidité.

Les roues de l'avant-train furent faites plus hautes, pour diminuer l'effort de l'attelage dans les transports.

Un seul modèle de caisson servit désormais à tous les calibres ; il n'y avait qu'une différence dans l'aménagement intérieur, selon le volume des munitions spéciales à chaque genre de canons.

Les dimensions de l'avant-train, comme celles de l'affût, furent fixées jusque dans leurs dernières parties. Les roues, les essieux et jusqu'aux boîtes des essieux, étaient semblables pour tous les calibres, de telle sorte que la roue d'un avant-train quelconque, pouvait s'adapter à l'essieu d'un autre avant-train.

L'attelage à limonier en usage depuis Louis XIII, dans lequel les chevaux étaient disposés à la file, fut définitivement remplacé par l'attelage à timon, où ils marchaient par paires. Cet attelage exigeait, il est vrai, des charretiers plus habiles, et les chevaux se fatiguaient à marcher dans les ornières creusées par les voitures déjà passées, mais on gagnait de la force aux tournants, de la célérité dans toutes les manœuvres, et le nombre des chevaux ainsi que celui des charretiers pouvait être diminué.

Pour faciliter encore les transports de l'artillerie, on tailla sur les affûts des pièces de 8 et de 12, une autre paire d'encastrements qui, recevant les tourillons, reportaient la pièce, quand on la transportait, plus près de l'avant-train, et répartissaient mieux ainsi son poids entre les roues de l'avant-train et celles de l'affût.

Deux innovations capitales apportées par Gribeauval à l'artillerie de campagne, furent la *prolonge*, et la manœuvre des canons par des hommes, ou la *manœuvre* dite *à la bricole*.

Pour parcourir de longs trajets, ou pour franchir des fossés et des ravins, Gribeauval employait les chevaux ; mais au lieu de les atteler à l'avant-train, il séparait l'avant-train de l'affût, et plaçait entre eux une corde d'environ 8 mètres de long. La partie inférieure de la crosse de l'affût était taillée en

Fig. 282. — La prolonge.

demi-cercle comme un traîneau, pour traîner à terre. On peut ainsi charger et tirer la pièce de canon sans dételer, car la corde est assez longue pour que la pièce n'aille pas par son recul heurter l'avant-train.

La prolonge imaginée par Gribeauval, donne le moyen d'atteindre l'ennemi à petite distance, en marchant en retraite, de s'arrêter quand on le juge convenable, de lui tirer ses derniers coups sans dételer, et de traverser les accidents de terrain plus aisément que quand la pièce est fixée à l'avant-train. Mais laissons Gribeauval lui-même nous expliquer en peu de mots son invention :

«..... Les canonniers et servants, portant leurs armements, accompagnent la pièce dans leurs postes respectifs, à droite et à gauche. Lorsqu'on veut tirer, le maître canonnier crie : *Halte*, et dirige la pièce en faisant le commandement : *Chargez*. Le coup parti, s'il ne veut pas en tirer un second, il fait le commandement : *Marche*. S'il faut descendre ou monter un rideau, passer un fossé, on allonge, s'il le faut, le cordage ; les chevaux passent avec l'avant-train, les canonniers et servants joignent leurs efforts à ceux des chevaux, et la pièce passe. »

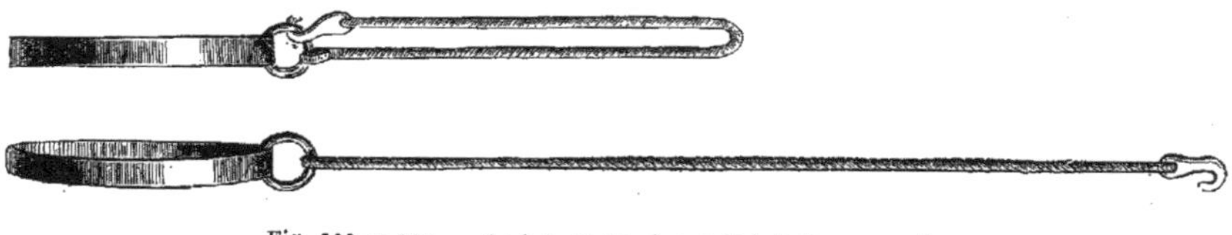

Fig. 283 et 284. — La bricole étendue et la bricole raccourcie.

La figure 282 représente un attelage d'artillerie à la *prolonge*. La longueur de la corde a dû être raccourcie pour la nécessité du dessin : elle doit avoir 7 à 8 mètres de long.

Fig. 285. — Pièce de canon traînée à la bricole.

Cette corde, cette prolonge, ce moyen si simple, est l'un des perfectionnements les plus remarquables qu'on ait jamais introduits dans l'artillerie de campagne.

Fig. 286. — Affût de la pièce de canon de côte et de place.

La manœuvre à la *bricole* ne fut pas un progrès moins utile, à cette époque où, les charretiers n'étant pas des soldats, on ne pouvait espérer obtenir d'eux quelque service sur le champ de bataille.

Gribeauval appela *bricole* une corde qui

peut être réduite de moitié à volonté au moyen d'un anneau. La figure 283 représente la bricole étendue, et la figure 284 la bricole raccourcie.

La pièce put être traînée par des artilleurs, ce qui permettait de tenir les chevaux éloignés du feu. Huit hommes faisaient mouvoir la pièce de 4; huit hommes pouvaient aussi faire mouvoir la pièce de 8 en beau terrain; onze hommes y suffisaient en terrain difficile. La pièce de 12 exigeait onze hommes en bon terrain et quinze dans les plus difficiles. Les canonniers attachés à la pièce étaient employés à la mouvoir, et les hommes de supplément étaient fournis par l'infanterie.

La figure 285 fait voir les canonniers et les fantassins auxiliaires, traînant, *à la bricole*, une pièce de 12, la bouche en avant.

Les canons des services de place et de côte étaient les calibres de 16 et de 24 de l'artillerie de siége; mais Gribeauval les pourvut d'affûts de son invention, d'une grande simplicité, d'une construction facile, et plus utiles que ceux qui, jusqu'à cette époque, avaient été mis en usage.

La figure 286 donne l'élévation de l'*affût de côte*, lequel réclame une parfaite mobilité latérale, pour se prêter au tir sur un but éminemment mobile.

L'affût est à rouages, monté sur un châssis incliné, AB, afin de diminuer le mouvement de recul. Le châssis porte, en avant, sur une cheville ouvrière, C; il est muni à l'arrière d'une roulette, D, pouvant se mouvoir sur une plate-forme étroite et circulaire, EF.

L'*affût de place*, inventé par Gribeauval, ne diffère de celui-ci qu'en ce qu'il est beaucoup plus haut, de façon à dominer les parapets du rempart, et en ce que le châssis n'a pas de roulette. Il fallait, en effet, pour le service de place, un affût moins mobile que le précédent, parce qu'il est utile de pouvoir conserver la nuit la direction de pointage choisie de jour.

Outre les trois calibres de canon dont nous avons parlé, l'artillerie de campagne fut pourvue par Gribeauval d'un obusier du calibre de 6 pouces et d'un autre de 8 pouces de diamètre.

La figure 287 représente l'affût de cet

Fig. 287. — Affût d'obusier (système De Vallière).

obusier. La pièce a 8 pouces de diamètre.

Les mortiers laissés par De Vallière étaient mis hors de service par un petit nombre de coups. Gribeauval réforma encore cette partie de l'artillerie. Après de nombreux essais, il construisit deux modèles de mortiers, l'un de

12 pouces, l'autre de 10 pouces de diamètre, et parvint à lancer la bombe à 1200 toises.

L'épaisseur des parois de la pièce et l'épaisseur du métal de la bombe devinrent plus grandes que dans l'ancien système. La bombe présentait un renfort de métal à sa partie inférieure, pour que le centre de gravité fût de ce côté, et que la fusée ne courût pas risque de s'éteindre en touchant terre.

Plus tard, Gribeauval adopta le modèle de mortiers du général Gomer. Dans ce mortier, l'âme, au lieu de se terminer en chambre, va se rétrécissant graduellement en forme conique. Cette disposition présente sur l'autre

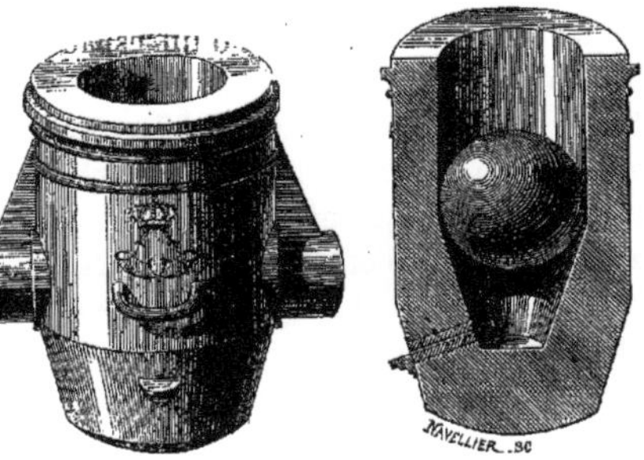

Fig. 288 et 289. — Mortier à la Gomer.

l'avantage de laisser une plus grande surface de la bombe exposée au choc de l'explosion de la charge; elle diminue ainsi les chances de voir le projectile se briser dans le mortier.

Tous les canons eurent un grain de lumière en cuivre rouge, vissé à froid et pouvant être remplacé après son évasement amené par le tir. Gribeauval put alors supprimer les petites chambres des canons de De Vallière.

Le vent du boulet fut fixé, et le diamètre des boulets contrôlé à l'aide de *lunettes circulaires*, dans lesquelles ils devaient passer exactement dans tous les sens.

Pour effectuer le pointage on adopta la vis du canon suédois que nous avons représentée (page 392, *fig.* 279, D), un peu modifiée seulement quant à la manivelle, à laquelle on donna quatre branches. C'est encore la forme de la vis de pointage actuelle, même pour les canons rayés.

La hausse des canons, proposée par Robins, devint réglementaire.

Voulant diminuer le coup de fouet de la culasse sur l'affût, au moment du recul et ménager la vis de pointage, Gribeauval rapprocha les tourillons de l'axe de la pièce, mais comme avec cette disposition nouvelle, les tourillons ne présentaient plus la même solidité d'implantation, il les munit d'embases.

Enfin Gribeauval, pour conserver l'uniformité au système qu'il venait d'établir, envoya dans tous les ateliers des machines et des *lunettes circulaires* pour la vérification des pièces. La construction des différentes parties du matériel de l'artillerie acquit ainsi une précision jusqu'alors inconnue.

Il introduisit encore l'usage de l'*étoile mobile*, instrument destiné à mesurer les dimensions et les formes des âmes des bouches à feu.

Les innovations de Gribeauval eurent le sort de toutes les idées utiles. Des détracteurs, pleins de passion, s'attachèrent à chacune des parties de son vaste système. Une vive polémique s'engagea, et la raison ne put pas toujours parvenir à se faire entendre. Les critiques furent si vives qu'en 1772, le gouvernement de Louis XV se crut obligé d'abolir le système de Gribeauval, et d'en revenir à l'ancien mode de choses.

Cependant, deux années plus tard, à l'avénement de Louis XVI, Gribeauval triompha dans cette lutte, et fit adopter définitivement toutes ses innovations. La charge de grand-maître n'existant plus, il fut nommé *inspecteur général de l'artillerie*, et jusqu'en 1789, année de sa mort, il put encore travailler librement à l'amélioration de l'organisation et du personnel de l'artillerie. Gribeauval avait partagé cette arme en divisions, pour la faire entrer dans les cadres des divisions d'infanterie. C'est encore à ce grand organisateur qu'on doit la création des *équipages de pont*. Mais nous sortirions de notre sujet si nous voulions seulement énumérer les institutions utiles que Gribeauval a fondées.

Le système complet de cet homme de génie a subsisté, comme nous l'avons dit, pendant la Révolution, pendant les guerres du premier Empire, sous la Restauration et sous Louis-Philippe. Il n'a été modifié que par la transformation radicale amenée dans l'artillerie par l'invention des canons rayés. L'exposé des travaux de Gribeauval termine donc l'histoire de l'artillerie moderne jusqu'au milieu de notre siècle.

Pour clore cette Notice, il nous reste à parler de la révolution qui s'est accomplie de nos jours dans le matériel de l'artillerie.

CHAPITRE XV

NOTIONS DE BALISTIQUE. — EXPOSÉ DE LA QUESTION DE LA TRAJECTOIRE DES PROJECTILES. — TRAJECTOIRE DU BOULET DANS LE VIDE. — TRAVAUX DE GALILÉE, DE TORRICELLI. — EXPÉRIENCES SUR LA RÉSISTANCE DE L'AIR. — LOI DE NEWTON. — TRAJECTOIRE CONSTRUITE D'APRÈS CETTE LOI. — JEAN BERNOUILLI. — NOUVELLES EXPÉRIENCES DE ROBINS. — LA LOI DE NEWTON N'EST PAS APPLICABLE AUX GRANDES VITESSES DE PROJECTILES. — INVENTION DE TABLES DE TIR.

Il serait impossible de comprendre les dispositions et l'utilité des armes modernes perfectionnées par la rayure des bouches à feu, ainsi que l'utilité de la forme nouvelle que l'on donne aux projectiles, sans posséder les éléments de la balistique, c'est-à-dire de la mécanique appliquée au tir des bouches à feu. Nous allons donc essayer d'exposer, par une méthode élémentaire, mais suffisamment précise, les principes généraux de cette science. Nous réclamerons ici, et dans son intérêt même, toute l'attention du lecteur.

Quand on procède à l'examen d'une question complexe, il est bon de partir des principes les plus élémentaires, pour passer graduellement à des considérations plus difficiles, et arriver ainsi aux conclusions finales. Telle est la méthode que nous suivrons, et nous prions le lecteur de nous suivre, sans s'étonner du chemin que nous lui ferons parcourir.

Nous nous proposons de déterminer la trajectoire d'un projectile quelconque, c'est-à-dire la ligne que suit un corps pesant lancé en l'air, dans une direction, avec un mouvement, avec une force quelconques, et abandonné à l'action de la pesanteur.

Pour commencer, en réduisant la question à ses termes les plus élémentaires, nous supposerons qu'il n'y ait pas d'air, qu'il n'y ait pas de pesanteur, et que le corps considéré soit placé au milieu d'un espace vide, d'une étendue indéfinie. Aucune force ne sollicite ce corps, il est immobile. Mais il vient à recevoir un choc, il est touché par un autre corps pendant un temps indéfiniment court. N'oublions pas que nous faisons, dans notre hypothèse, abstraction de la pesanteur; qu'arrivera-t-il?

Le corps considéré se mettra en mouvement; il ira jusqu'à l'infini, puisque rien ne peut l'arrêter, puisque rien ne peut lui ôter la force qui vient de lui être communiquée, et que cette force est toujours égale. Mais puisque cette force est toujours égale, le mouvement du mobile sera toujours également rapide; et comme il n'y a pas de raison pour qu'il n'aille pas toujours droit devant lui, sa trajectoire sera une ligne droite.

Appelons *force simple*, la force que nous venons de considérer.

Si nous assimilons à une force simple l'effet d'une charge de poudre faisant explosion dans une bouche à feu, il est clair que dans les mêmes circonstances énumérées ci-dessus, la trajectoire d'un boulet de canon sera une ligne droite, infinie en longueur, et que la vitesse de ce mobile sera toujours la même.

Si maintenant, faisant toujours abstraction de l'existence de l'air, nous admettons l'action de la pesanteur, c'est-à-dire l'action de l'attraction de la terre, nous avons affaire à une force d'une autre espèce que la première. En effet, le choc de la poudre n'a agi que pendant un temps infiniment court, tandis que l'attraction de la terre agit d'une façon continue.

Considérons l'action de la terre pendant un temps donné, et divisons ce temps en une infinité d'intervalles extrêmement courts; la physique nous apprend que si, pendant le premier intervalle, l'attraction agit comme un choc, ou comme une force simple, pendant le second espace de temps elle aura à agir sur un mobile possédant déjà la vitesse acquise par l'effet du premier choc, et lui communiquera une nouvelle vitesse, laquelle s'ajoutant à la première, donnera une vitesse double. Pendant le troisième intervalle de temps, un troisième choc sera imprimé; de là une nouvelle vitesse triple de celle qu'avait produite le premier choc. Et ainsi de suite.

Donc une force agissant sur un mobile d'une manière constante et toujours égale, lui communique une vitesse toujours croissante et régulièrement croissante, c'est-à-dire s'augmentant de quantités égales dans des temps égaux.

L'accroissement de vitesse qui a lieu dans une seconde, se nomme l'*accélération*. Le mouvement du mobile dans les conditions que nous considérons, se nomme *mouvement uniformément accéléré*.

L'accélération dépend de la force sans cesse agissante, que nous nommerons la *force constante*, et nullement du mobile, lequel, nous l'avons dit, ne joue qu'un rôle absolument passif.

Chaque force constante a une accélération qui lui est propre. Celle de la pesanteur, c'est-à-dire de l'attraction de la terre, est de $9^m,80$ environ par seconde.

Ainsi, un corps quelconque, tombant dans le vide, aura acquis, au bout d'une seconde, une vitesse de $9^m,80$. Ce qui signifie que si, à ce moment, la terre cessait de l'attirer, il continuerait de se mouvoir d'un mouvement uniforme, en parcourant $9^m,80$ par seconde. Au bout de deux secondes sa vitesse sera de deux fois $9^m,80$, c'est-à-dire de $19^m,60$; et au bout d'un nombre quelconque de secondes, sa vitesse sera exprimée, en mètres, par le produit de la multiplication de ce nombre par le chiffre $9^m,80$.

Sachant calculer, à un moment quelconque, la vitesse d'un corps soumis à une force constante, on arrive à connaître le chemin parcouru pendant un temps donné. Ce chemin est le même que celui qu'eût décrit le mobile s'il eût été soumis pendant le même intervalle de temps, à une force simple d'une vitesse égale à la vitesse communiquée par la force constante au bout de la moitié du temps considéré. On trouve ainsi qu'en dix secondes, un corps en tombant parcourt 490 mètres, parce que la vitesse que lui communique la force constante de la pesanteur au bout de cinq secondes, est de 49 mètres.

Quand un mobile est sollicité à la fois par deux forces différentes, ou par un plus grand nombre, ces forces ne se combattent pas, ou même n'arrivent pas à se détruire, comme le disent, d'une manière trop sommaire, la plupart des traités de mécanique; le mobile obéit à l'action de chacune de ces forces contraires, et sa vitesse, comme sa trajectoire, sont les *résultantes* des vitesses et des trajectoires qui correspondent aux différentes forces auxquelles il est soumis.

Comme exemple appliqué au cas des projectiles, supposons qu'un corps pesant soit lancé verticalement, de bas en haut, par une force simple, c'est-à-dire par le choc provenant de l'explosion de la poudre, avec une vitesse telle que ce corps parcourre $9^m,80$ par seconde; dès l'origine de son mouvement, dès sa sortie de la bouche à feu, en même temps qu'il obéit à l'impulsion verticale de la poudre, il est sollicité par la force constante de l'attraction de la terre; par conséquent, il tombe avec une vitesse uniformément accélérée qui, au bout d'une seconde, sera de 9^m,80.

Au bout d'une seconde, le corps doit donc se trouver immobile; et pendant toute la première seconde, sa vitesse a décru uniformément. Ce mouvement uniformément décroissant est provoqué par une vitesse uniformément croissante dans le sens opposé.

Mais pendant la deuxième seconde, le mouvement de chute provoqué par l'attraction de la terre, recevra une accélération de 9^m,80, tandis que le premier mouvement, celui communiqué par la force simple, persistera, sans rien perdre ni rien gagner; et comme à la fin de cette deuxième seconde, sa vitesse, au total, doit être de 9^m,80, il repasse par les mêmes points que précédemment, et avec les mêmes vitesses aux mêmes points : seulement il marche en sens inverse.

La hauteur à laquelle s'est élevé le mobile est donnée par la vitesse au milieu de la seconde, en d'autres termes, par la moyenne entre les deux forces opposées qui le sollicitent : elle est de 4^m,90.

Quelque grande que soit, dans les expériences analogues, la vitesse de la force simple, on conçoit qu'il arrivera toujours un moment où la vitesse de la force constante, régulièrement accrue, égalera la première vitesse, puis, l'accélération continuant, la surpassera, et le projectile sera ramené vers la terre.

Appliquant ces données générales au cas particulier des projectiles lancés par les bouches à feu, nous supposerons qu'un boulet de canon soit lancé, sous un certain angle, audessus de l'horizon, l'angle CAB, par exemple (*fig*. 290). Sa vitesse initiale est une force simple: l'action de la poudre, qui tend à l'entraîner suivant la ligne AB, ligne qui n'est autre chose que le prolongement idéal de l'axe de la bouche à feu. Mais dès la sortie de la pièce, le projectile est soumis à l'action de la pesanteur, et sa chute commence.

Divisons la ligne AB en espaces A*a*, *ab*, *bc*, etc., égaux entre eux, et d'une longueur telle que le boulet, soumis à l'impulsion de sa seule force initiale, mettrait une seconde à parcourir chacun d'eux, et de ces points, abaissons les verticales *aa''*, *bb''*, *cc''*, etc.

Si nous imaginons un écran, MO, placé verticalement au premier espace, l'axe AB le percera au point *a*, la trajectoire le traversera en un point *a'*, situé au-dessous du premier et sur la verticale, et la distance *aa'* représentera exactement le chemin que le projectile eût parcouru dans une chute libre pendant le temps de la première seconde.

La trajectoire percerait de même l'écran du second espace au point *b'*, et la longueur *bb'* est encore le chemin qu'eût décrit le projectile dans une chute libre de la durée de deux secondes.

Et ainsi pour tous les autres espaces. La distance qui sépare les points *j* et *j'*, au dixième espace, est, si l'on veut, de 490 mètres, parce qu'elle représente le trajet parcouru par un corps laissé libre au point *j* et tombant pendant dix secondes.

La chute continuelle d'un boulet, pendant son trajet, est donc bien réelle, et se fait tout le long de la ligne du tir.

Il est à peine nécessaire de faire remarquer que le boulet, déviant graduellement de la direction droite initiale, la trajectoire doit être une ligne courbe, et que cette courbe n'étant déterminée que dans une direction rectiligne et par l'action verticale de la pesanteur, elle reste forcément dans le plan vertical passant par la ligne du tir, ou l'axe de la pièce.

Tant que la vitesse initiale est plus grande que la vitesse de la chute, le boulet s'élève, la tangente à la trajectoire est oblique et plonge du côté de la pièce; mais au point D, il arrive que les deux vitesses sont égales, la tangente à la courbe est horizontale, et le projectile ne monte ni ne descend. Passé ce point, la vitesse de chute l'emporte, le boulet redescend, et la tangente à la courbe plonge

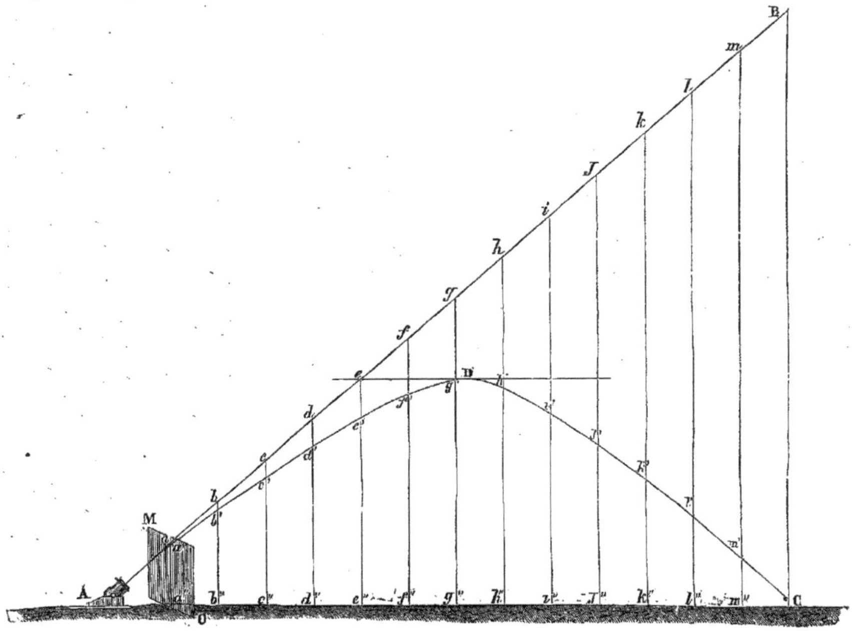

Fig. 290. — La courbe des projectiles.

par l'extrémité qui jusque-là avait été dirigée vers le haut.

Jusqu'au point D, l'accélération de la force constante a eu pour effet d'arrêter le sens du mouvement, et ce mouvement, comme dans le cas considéré plus haut, du projectile lancé verticalement, a été en réalité une chute retournée, ou plutôt un mouvement uniformément retardé. Du point D jusqu'au point C, le sens du projectile est celui d'une véritable chute ; le mouvement est uniformément accéléré. Mais, mouvement retardé et mouvement accéléré s'opèrent dans des conditions équivalentes, et sont semblables sous tous les rapports ; la partie DC de la courbe devra donc être symétrique à la partie AD. Les deux parties de la trajectoire sont décrites dans des temps égaux entre eux, et égaux au temps que mettrait un mobile à tomber directement du point D sur le sol.

Les différentes parties de la trajectoire, A*a'*, *a'b'*, *b'c'*, etc., comprises dans les différents espaces, quoique d'inégales longueurs, sont évidemment décrites dans des temps égaux ; et il serait facile de démontrer par la géométrie, que les distances A*a''*, *a''b''*, *b''c''*, etc., qui sont les projections sur le sol des portions correspondantes de la trajectoire, sont égales entre elles ; de sorte que des projections égales sont décrites dans des temps égaux.

Pour mieux déterminer la véritable nature de la courbe décrite par le projectile, pour définir son espèce géométrique, nous sommes obligés d'entrer dans quelques considérations nouvelles.

On appelle *mouvement circulaire* l'action d'un corps qui se meut autour d'un axe fixe, ou d'un centre immobile, en décrivant un cercle.

Ce mouvement est la résultante de l'impulsion de deux forces : l'une simple, l'autre constante ; ou d'un plus grand nombre de forces, mais qui toujours se ramènent à ces deux.

Ainsi, Laplace a démontré que si un astre, lancé suivant une direction rectiligne, arrive dans la sphère d'attraction d'une étoile plus grosse, il est dévié de sa ligne, et que si sa force vive n'est pas inférieure à la force d'attraction exercée sur lui, il décrit une trajectoire circulaire autour de cette étoile comme centre.

On comprendra suffisamment ce fait, sans passer par les formules algébriques, si l'on réfléchit que l'attraction s'exerce en raison inverse du carré de la distance; que, par conséquent, elle n'est très-puissante que dans un court rayon; il faudrait que l'astre arrivât dans ce court rayon pour qu'il tombât sur l'étoile. D'autre part, dès qu'arrive à l'astre l'attraction de l'étoile, si faible que soit cette influence, elle cause une déviation de la route première ; or, l'attraction étant une force constante, elle agit à chaque instant comme au premier moment, les déviations s'ajoutent, la courbe s'arrondit et se resserre jusqu'au moment où naît un véritable équilibre, que l'on a bien à tort nommé *force centrifuge*. Le nom de *force centrifuge* marquerait un effort, tandis qu'il n'y a qu'un équilibre.

Quand on manœuvre circulairement une pierre au bout d'une corde, on sent, à mesure que le mouvement s'accélère, la corde se tendre davantage; si la corde venait à rompre, la pierre s'échapperait par la tangente. De même, si tout à coup l'attraction de l'étoile venait à manquer, l'astre que nous supposons tourner autour d'elle, s'élancerait suivant la tangente à son orbite, en conservant sa force simple primitive.

Un projectile lancé par la poudre, ne peut pas prendre, sous l'influence de l'attraction de la terre, un mouvement circulaire, parce qu'il se trouve dans le rayon de l'attraction énorme de la terre, et parce que les moyens actuellement en notre pouvoir sont impuissants à lui communiquer une vitesse initiale, qui ne soit bientôt égalée et surpassée par la vitesse accélérée de sa chute.

Nous devons considérer ici la terre non comme réduite au point mathématique de son centre de gravité, mais comme une surface plate s'étendant à l'infini.

S'il s'agissait d'une masse unique agissant par son centre de gravité, on conçoit qu'un mobile quelconque, un projectile même, lancé de sa surface, pourrait entrer en mouvement autour d'elle à la manière d'un satellite ; c'est-à-dire en décrivant une courbe circulaire ; mais la masse GG′ ne formant pas un centre parfait, mais une masse aplatie, le mouvement rotatoire ne serait plus un cercle : le projectile P décrirait une ellipse (*fig.* 291).

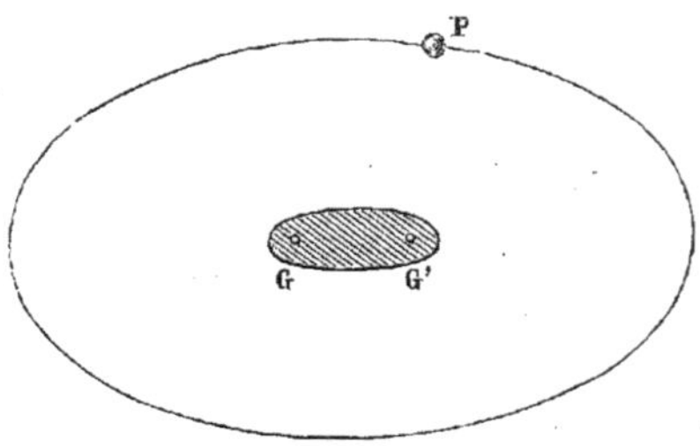

Fig. 291. — Courbe elliptique.

L'ellipse, en effet, n'est qu'un cercle à deux centres, et la masse aplatie peut être facilement considérée comme possédant deux centres de gravité distincts, ou comme segmentée en deux masses sphériques agissant chacune par leur centre de gravité.

Les deux centres, ici, sont les deux foyers, G, G′, de l'ellipse. S'ils sont très-proches l'un de l'autre, l'ellipse peut se confondre avec un cercle ; s'ils s'éloignent, la forme circulaire s'aplatit ; le diamètre perpendiculaire s'allonge, il grandit à mesure que grandit la surface centrale ; enfin, quand cette surface est infinie (*fig.* 292), les deux foyers de l'ellipse G.... G′

se trouvent à une distance indéfinie, et l'ellipse est transformée en *parabole*. Or, nous avons dit que la surface de la terre, dans le cas des

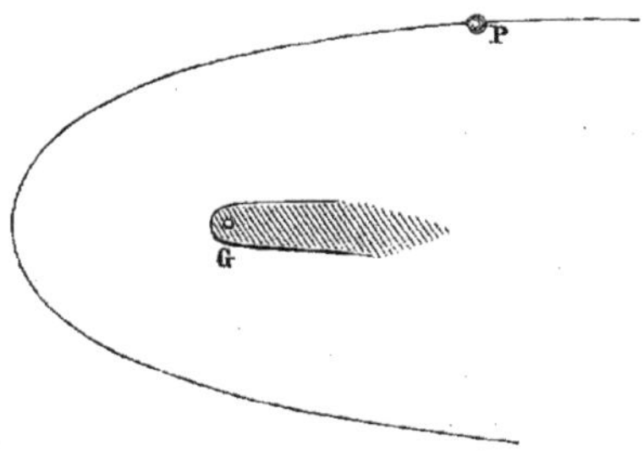

Fig. 292. — Parabole.

projectiles, pouvait être considérée comme infinie, le centre de gravité de notre globe étant à une distance infinie relativement aux parties même les plus pesantes. La trajectoire des projectiles est donc une parabole.

Qu'est-ce, en géométrie, qu'une parabole? C'est la courbe tracée sur une surface conique par une coupe faite parallèlement à la génératrice du cône.

La figure 293 montre le profil, B de la section pratiquée dans un cône, A; la figure 294 CD fait voir de face le contour de cette section.

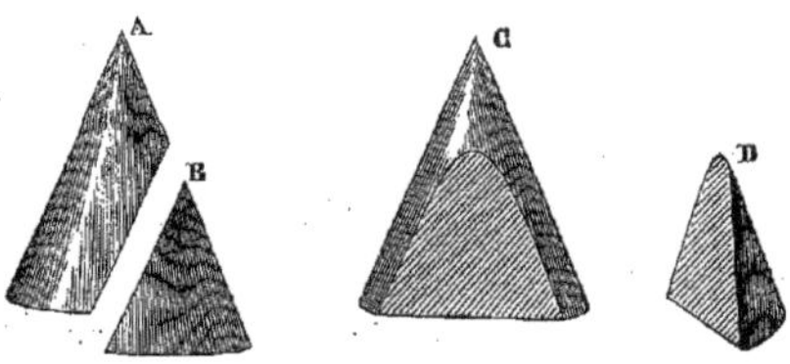

Fig. 293 et 294. — La génératrice de la parabole.

Nous venons d'exposer les principes qui établissent la véritable forme géométrique de la courbe de la trajectoire d'un projectile quelconque. Mais il ne faut pas croire que la science soit arrivée du premier coup à ce résultat mathématique. Une revue des travaux qui ont amené graduellement à faire admettre cette vérité, ne sera pas de trop dans ce chapitre.

Nous avons déjà dit que les anciens artilleurs se faisaient les idées les plus bizarres et les plus erronées sur la forme de la trajectoire. Vers l'an 1500, le peintre Léonard de Vinci, qui fut à la fois mécanicien, ingénieur et architecte, semble s'être occupé de cette question avec quelque succès. Mais ce n'est que dans la première moitié du XVIIe siècle, que Galilée démontra, par le calcul, que pour toutes les vitesses initiales et toutes les directions possibles, la trajectoire des projectiles est une parabole.

Torricelli, son élève, continuant ses travaux, prouva que les différentes parties de la trajectoire d'un projectile et toutes les conditions du tir peuvent être calculées d'après une seule expérience bien exécutée.

Considérant les quatre éléments principaux : la vitesse initiale, — l'angle de projection, — la longueur de portée, — la hauteur à laquelle parvient le projectile, — Torricelli montra comment, trois de ces éléments étant donnés, on détermine le quatrième par le calcul. Il est facile, en outre, de trouver pour chaque point de la courbe, la vitesse du projectile, l'inclinaison de la tangente et toutes les autres conditions du tir.

Les phénomènes du tir dans le vide, peuvent se réduire, d'après Torricelli, à huit théorèmes. Nous donnerons l'énoncé de quelques-uns :

1° La vitesse initiale restant la même, la plus grande portée s'obtient par le tir sous l'angle de 45°; et pour des angles également éloignés de 45°, les longueurs de portée sont les mêmes.

2° La plus grande hauteur du jet correspond au milieu de l'amplitude, et, à même vitesse initiale, les hauteurs de jet sont comme les carrés des sinus des angles de projection.

3° En supposant le terrain horizontal, la vitesse de chute est la même que la vitesse initiale. Il y a le même rapport entre la hauteur du jet et cette même hauteur diminuée de la hauteur d'un point de la trajectoire, qu'entre le carré de la vitesse initiale et le carré de la vitesse en ce point.

4° Sous le même angle de projection, les longueurs de portée sont comme les carrés des vitesses initiales.

5° Les branches ascendantes et descendantes de la trajectoire sont symétriques.

6° Sur sa trajectoire, le projectile parcourt des espaces dont les projections sur l'horizontale sont égales dans des temps égaux.

Ces données, quoique purement spéculatives, contribuèrent à donner au tir de la précision, et à augmenter la puissance de l'artillerie. Cependant, en réalité, les choses ne se passent point avec cette simplicité; car Torricelli, on vient de le voir, n'avait pas tenu compte de la résistance de l'air, qui exerce une grande influence retardatrice sur la vitesse du projectile.

Peu de temps après les travaux de Galilée et de Torricelli, les savants s'aperçurent de l'influence de cette résistance. Des anomalies se produisaient dans les expériences faites pour vérifier la loi de la chute des corps, et la résistance de l'air seule pouvait les expliquer. Huyghens cherchant à tenir compte de l'influence de l'air sur la marche des projectiles, démontra que si la résistance de l'air était proportionnelle à la vitesse du mobile, la trajectoire des projectiles, au lieu d'être une parabole, serait une *courbe logarithmique*. Huyghens s'était approché de la vérité par l'étude seule des perturbations qu'il avait notées dans la chute des corps.

En 1710, Newton fit une expérience qui sembla donner gain de cause à l'hypothèse de Huyghens. D'une hauteur de 85^m,75, il laissa tomber un globe de verre et une vessie gonflée, de volumes à peu près égaux; le globe de verre mit 8 secondes 1/5 à arriver jusqu'à terre, la vessie mit 21 secondes. Si l'expérience eût été faite dans le vide, ces corps eussent parcouru en 8 secondes et demie 329 mètres d'après la loi de Galilée, et en 21 secondes, ils fussent tombés d'une hauteur de 2188^m. Newton en conclut que la résistance de l'air était proportionnelle au carré de la vitesse du mobile.

Robins, célèbre artilleur anglais dont nous avons déjà parlé, mais sur lequel nous aurons bientôt à revenir longuement, contesta la justesse de la loi de Newton. D'après ses calculs, elle ne s'accordait pas avec les vitesses très-grandes comme celles des projectiles lancés par la poudre. Il est, en effet, reconnu aujourd'hui que la loi de Newton n'est applicable à la chute des projectiles, avec quelque approximation, qu'aux petites vitesses.

Dans l'hypothèse de Newton, la résistance de l'air aurait pour effet de transformer la vitesse initiale du projectile en une force uniformément décroissante; de telle sorte que le mobile, au lieu d'être soumis, comme dans le vide, à l'action d'une force simple et d'une force constante, serait sollicité par une force uniformément décroissante et par la force constante de la pesanteur.

Dès lors, les vitesses du projectile à deux points également élevés dans les deux branches de la courbe, ne seront pas égales ; constamment la vitesse sera plus grande dans la branche ascendante.

Les projections sur l'horizontale des chemins parcourus en des temps égaux, ne seront plus égales, mais iront en décroissant.

Comme conséquence encore, le lieu de la projection du point le plus élevé de la courbe se trouvera plus près du point d'arrivée que du point de départ, et la branche ascendante sera plus longue que la branche descendante.

Pour la trajectoire dans le vide, le lieu de vitesse moindre se trouvait juste au plus haut du jet. L'inspection seule de la figure de la parabole en rend compte. C'est à ce point, manifestement, que, dans un temps donné, le projectile décrit le chemin le plus court. Pour la trajectoire dans l'air, le lieu de la vitesse moindre devra se trouver plus loin que le sommet, puisque la force simple initiale va toujours en décroissant.

Enfin, la branche ascendante influant davantage sur la longueur de portée que la branche descendante, les plus grandes portées ne seront plus données par le tir sous l'angle de 45 degrés, mais par le pointage sous un angle inférieur; et les amplitudes correspondant à des angles également éloignés de 45 degrés, ne sont plus égales.

Toutes ces anomalies seront d'autant plus prononcées que la résistance du milieu où se meut le projectile sera plus considérable.

C'est pour mesurer la résistance de l'air aux grandes vitesses, que Robins inventa le *pendule balistique* usité de nos jours dans les poudreries. Comme nous avons décrit cet appareil à l'article de la fabrication de la poudre (p. 273, fig. 164) et expliqué son fonctionnement, nous n'avons pas à y revenir ici.

La vitesse initiale une fois déterminée, la comparaison de la portée réelle avec la portée calculée d'après la trajectoire dans le vide, donna la mesure de la résistance de l'air.

Robins trouva que, jusqu'aux vitesses de 350 mètres environ par seconde, la loi de Newton pouvait être adoptée sans grande erreur, mais que, pour les vitesses plus grandes, la résistance croissait rapidement. Il reconnut que s'il s'agit des plus grandes vitesses initiales dont soient animés les projectiles : celles de 500 ou 600 mètres par seconde, la loi de Newton ne donne que le tiers de la résistance de l'air.

Il faut en conclure que les projections sur l'horizontale des parties de la trajectoire décrites dans des temps égaux, ne seront plus égales, comme dans le cas de la parabole dans le vide, ni même décroissant uniformément comme dans l'hypothèse de Newton, mais qu'elles décroîtront rapidement d'abord, et plus lentement vers la fin, suivant une loi qui, de nos jours encore, n'est pas précisée. Tous les autres éléments de la courbe se comporteront d'après cette modification.

La courbe des projectiles, suivant l'hypothèse newtonienne, fut construite, pour la première fois, en 1719, par le géomètre suisse, Jean Bernouilli. Les mathématiciens de ce temps avaient coutume de se proposer mutuellement des problèmes à résoudre ; l'Anglais Keill envoya à Bernouilli cette question : « Déterminer le mouvement d'un globe pesant, dans un milieu de densité uniforme offrant une résistance proportionnelle au carré de la vitesse. » Bernouilli eut la gloire de donner la solution de ce problème.

La loi de la résistance réelle de l'air dans les grandes vitesses, n'étant pas encore aujourd'hui suffisamment établie, il n'y a pas lieu, de notre part, à définir autrement la trajectoire des projectiles, qu'en la rapportant à la parabole. En réalité, la trajectoire vraie s'écarte assez peu de cette courbe pour que ce nom serve à la désigner, et que même, dans les calculs qui ne demandent pas une grande approximation, on emploie les éléments de cette courbe très-simple.

Ainsi, trois systèmes parurent successivement pour déterminer la véritable forme de la trajectoire des projectiles : la parabole admise par Galilée et Torricelli, la courbe logarithmique déduite de la loi de Newton, et la courbe plus complexe indiquée par les travaux de Robins. On construisit des tables de tir basées sur chacune de ces trajectoires.

C'est d'après la trajectoire parabolique de Galilée, que Blondel et Bélidor, en France, croyant pouvoir négliger la résistance de l'air, publièrent, l'un, en 1699, les tables qui se trouvent dans l'*Art de jeter les bombes*, l'autre, en 1731, celles que contient le livre intitulé *le Bombardier français*.

Ces tables indiquaient au canonnier l'angle sous lequel il devait pointer sa pièce, avec une charge de poudre donnée, pour atteindre à une distance déterminée ; elles essayaient même de résoudre pratiquement tous les autres problèmes du tir. Mais comme elles manquaient du degré suffisant d'approximation, elles n'eurent jamais grande utilité.

En 1753, Euler, adoptant la loi de Newton,

indiqua la manière de calculer des tables de tir d'après la nouvelle courbe. Les premières tables ainsi construites, furent publiées, en 1764, en Allemagne, par le comte de Graewenitz.

En 1777, Brown publia, en Angleterre, des tables de tir plus complètes.

Fig. 295. — Newton.

Enfin, en 1811, le géomètre français Legendre donna une méthode pour pousser aussi loin que possible l'approximation dans les calculs de cette courbe.

C'est d'après le troisième système, c'est-à-dire celui de Robins, que furent publiées, en 1798, les *Tables de tir* de Lombard, professeur aux écoles d'artillerie. Ces tables sont basées surtout sur de nombreuses expériences faites au pendule balistique; cependant, l'auteur ne cherche pas à dissimuler que les résultats obtenus ne sont qu'approximatifs. Ces tables sont, de beaucoup, les plus exactes et les meilleures. Toutes les questions pratiques y sont résolues, depuis les plus faibles vitesses jusqu'aux plus grandes.

CHAPITRE XVI

THÉORIE DU POINTAGE. — L'ÉQUERRE DE TARTAGLIA. — LA HAUSSE DE ROBINS. — DÉVIATION DES PROJECTILES.

Connaissant la forme et les propriétés de la trajectoire, il sera facile de comprendre le procédé employé pour pointer les pièces de canon.

Dans la figure 296, la ligne droite AB passant par le sommet de la hausse, A, et par le guidon, B, est la *ligne de mire ;* elle aboutit au point C, qui est le but. La ligne EF est la ligne de tir : c'est la continuation de l'axe de la pièce. La trajectoire EGC reste constamment au-dessous de la ligne de tir, mais elle coupe deux fois la ligne de mire : une première fois au point D, que l'on nomme le *but-en-blanc*, une seconde fois au point C, c'est-à-dire au but même.

La pièce est bien pointée quand l'un des deux points où la trajectoire coupe la ligne de mire, coïncide avec le but à atteindre. Mais on ne considère, en général, que le second point.

Le point A, sommet de la hausse, pouvant être élevé ou abaissé pendant que le guidon B est fixe, on conçoit qu'en faisant varier l'inclinaison de la ligne ABC, la pièce restant fixe d'ailleurs, on pourra promener le point C sur toute l'étendue de la trajectoire. Inversement : la ligne de mire AB restant fixe et passant par le but, il sera possible, en changeant l'inclinaison de la pièce, ou la force de la charge, de faire parcourir toute la ligne de mire au point où la trajectoire doit couper cette ligne.

Or, en pratique, la charge est supposée la même pour tous les coups, et la vitesse initiale, par conséquent, toujours égale. Un autre élément encore est fixé : la distance du but. Il faut donc, en faisant varier l'inclinaison de la bouche à feu, déterminer la trajectoire à couper la ligne de mire à la distance fixée.

La hausse est divisée en longueurs portant inscrites les distances correspondantes de la

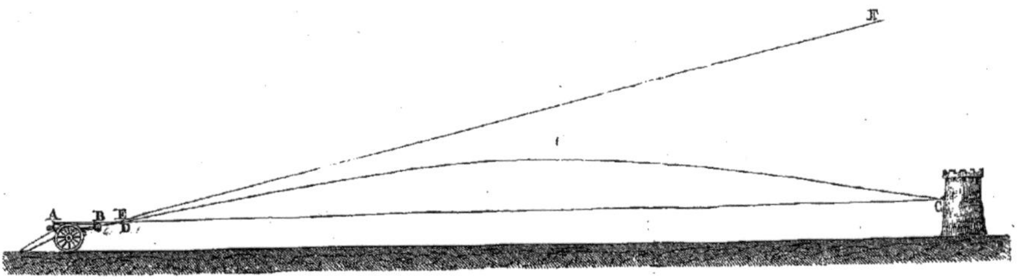

Fig. 296. — Théorie du pointage des canons.

rencontre des deux lignes; c'est une table de tir pour ce cas particulier.

On dispose donc la hausse à la hauteur voulue; on établit la ligne de mire en la faisant passer par le but, et par cette action même, le canon reçoit l'inclinaison nécessaire pour que la trajectoire atteigne le point visé.

Avant l'invention de la hausse, l'artilleur ne pouvait pointer que par tâtonnements. L'appareil dont on se servait alors, s'appelait *équerre de pointage*. L'expérience avait appris qu'avec une charge donnée de poudre, telle inclinaison de la pièce faisait atteindre à telle distance l'horizontale passant par le plan de tir. Dès lors l'artilleur plaçait la pièce dans l'angle voulu. On construisit, à cet effet, grand nombre d'équerres et de quadrants, pour mesurer l'angle de la partie inférieure de la bouche à feu avec la verticale.

La première de ces équerres fut celle de Tartaglia ; elle était faite de deux branches d'inégale grandeur, comprenant entre elles un quart de cercle gradué ; un fil à plomb était fixé au sommet de l'angle droit. L'angle se mesurait ainsi : le canonnier introduisait la grande branche dans l'âme, la faisant glisser le long de la paroi inférieure, il mettait l'équerre dans le plan vertical, et à ce moment, le fil à plomb indiquait l'inclinaison sur le quadrant. Si la pièce n'était pas bien placée, on inclinait la volée ou on la relevait jusqu'à ce que le fil à plomb marquât l'angle désiré.

Plus tard, Malthus pointa les mortiers à l'aide du quart de cercle et du fil à plomb placé sur la tranche de la bouche, comme on le fait aujourd'hui. Il tirait un premier coup sous l'angle de 45 degrés; si la bombe portait trop loin, il augmentait l'angle jusqu'à ce qu'il atteignît le but; si, au contraire, la bombe tombait en deçà du but, il augmentait la charge de poudre.

Il est évident qu'on ne pourrait pas se servir de la hausse pour le tir sous de grands angles, non-seulement parce que cette hausse devrait être d'une longueur extraordinaire et incommode, mais encore parce que les rapports entre la trajectoire et la ligne de mire varient trop rapidement avec l'angle dans cette position, pour que son emploi donne une appréciation utile. Mais dans les limites d'inclinaison des canons sur affûts, la ligne de mire reste sensiblement la même pour la même distance.

Ces relations ont été découvertes par Robins; elles paraissent l'avoir conduit à l'invention de la hausse, qu'on s'accorde généralement à lui attribuer.

Ce fut Gribeauval qui, le premier, adopta la hausse dans la grosse artillerie. Il donna aussi au canonnier le moyen de rectifier son tir, et de l'assurer après un coup tiré convenablement. Nous représentons (*fig.* 297) la *hausse de pointage* que Gribeauval, conformément aux idées de Robins, fit adapter à tous les canons en campagne.

Mais nous arrivons aux travaux les plus

importants et les plus admirables de Robins, à ceux qui consacreront éternellement son

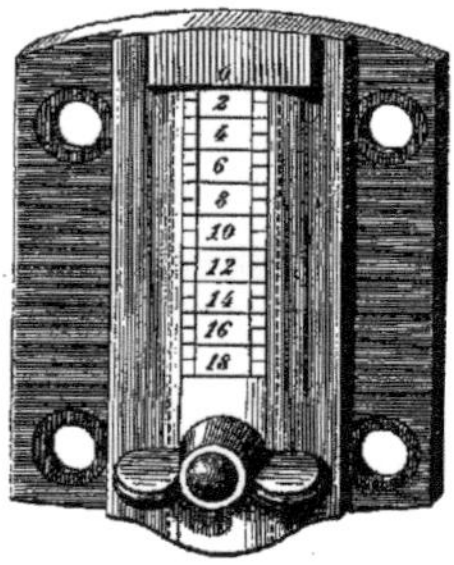

Fig. 297. — Hausse de pointage des canons.

génie : nous voulons parler de ses études sur les canons rayés.

CHAPITRE XVII

ROBINS. — SA VIE ET SES TRAVAUX. — SON ÉTUDE DES CANONS RAYÉS. — ORIGINE ET PRINCIPE DE LA RAYURE. — BALLES ET BOULETS FORCÉS. — PRÉDICTION DE ROBINS CONCERNANT LES CANONS RAYÉS. — CONTESTATIONS D'EULER.

Nous avons déjà prononcé plusieurs fois le nom de Robins. Ce mathématicien et physicien éminent, qui appliqua spécialement à l'artillerie toute la somme de ses connaissances, et qui eut la gloire de comprendre et de proclamer tout l'avenir des armes rayées, est peu connu en France, parce qu'il a passé sa vie et exécuté tous ses travaux en Angleterre. Nous croyons, en conséquence, devoir mettre sous les yeux de nos lecteurs un extrait de la notice biographique qui lui est consacrée dans la *Biographie universelle* de Michaud.

« Benjamin Robins, membre de la Société royale de Londres, naquit, dit M. de Prony, auteur de cette notice, à Bath, l'an 1707, de parents quakers. Son goût pour les sciences physiques et mathématiques et pour la littérature, lui fit négliger l'étude de la théologie et l'éloigna de la carrière dans laquelle sa famille aurait désiré qu'il entrât. Cependant cette famille n'étant pas, à beaucoup près, en état de lui procurer une existence indépendante, le jeune Robins dut songer à tirer un parti utile de son instruction. Un de ses mémoires de mathématiques fut communiqué au docteur Pembeston, qui conçut une haute idée de l'auteur, et lui proposa quelques problèmes, en l'assujettissant à la condition de les résoudre par la méthode *synthétique* ou *méthode des anciens*, afin de pouvoir mieux apprécier la force de sa tête. Robins ayant complétement satisfait à tout ce que Pembeston lui demandait, trouva en lui un protecteur et un ami, et vint se fixer à Londres. Là, il s'appliqua fortement à l'étude des ouvrages des plus célèbres mathématiciens, anciens et modernes; étude à laquelle il joignit celle des langues vivantes. Ses progrès furent si rapides qu'à peine âgé de vingt ans, il donna une démonstration de la dernière proposition du *Traité des quadratures* de Newton, qui fut jugée digne d'être insérée dans le volume des *Transactions philosophiques* de 1727; et, sur la fin de la même année, la Société royale l'admit au nombre de ses membres. L'année suivante, il osa se mesurer avec le grand géomètre Jean Bernouilli, à l'occasion de la célèbre question des *forces vives*. L'Académie royale des sciences de Paris avait proposé, en 1724 et 1725, pour sujet de prix, la démonstration des lois mathématiques de la communication du mouvement. Jean Bernouilli concourut; et, sa pièce n'ayant pas été couronnée, il fit, en publiant sa théorie, qui était celle de Leibnitz, une espèce d'appel au monde savant : Robins y répondit par un écrit qu'il mit au jour au mois de mai 1728, ayant pour titre : *État présent de la république des lettres*, et contenant une réfutation de la théorie *leibnitzienne* et *bernouillienne*. Les disputes sur cette matière ont fort occupé les géomètres au commencement du XVIIIe siècle; mais il est bien reconnu dans l'état actuel de la science, qu'elles ne sont que des disputes de définitions ou de mots.

« A cette époque, Robins renonça au costume et aux manières des quakers, sans cependant abandonner les liaisons d'amitié qu'il avait parmi les personnes de cette secte. Ses protections et surtout son mérite lui attirèrent un grand nombre d'écoliers de mathématiques, qu'il pouvait aussi, vu la grande variété de ses connaissances, diriger dans les autres parties de leurs études. Mais son activité n'était pas compatible avec un pareil genre de vie : il ambitionnait de se distinguer par des travaux liés aux applications utiles des mathématiques, à la mécanique pratique, à la science de l'ingénieur. L'art des fortifications fixa surtout son attention; et il fit un voyage en Flandre, pour y examiner les principales places fortes.

« A son retour en Angleterre, il prit part aux discussions qui avaient lieu entre les géomètres sur les principes fondamentaux de la méthode d'analyse transcendante, dont Newton et Leibnitz se disputent l'invention, et que chacun d'eux a certainement trouvée, sans rien emprunter de l'autre, et il publia quelques pièces sur cette matière. Ce sont, à notre connaissance, les dernières compositions de mathématiques pures qu'il ait mises au jour.

« En 1739, Robins, après avoir publié quelques remarques sur la première partie de la *Mécanique* d'Euler, sur l'*Optique* de Smith, etc., se trouva engagé dans des discussions politiques; il remplit même les fonctions de secrétaire d'un comité de la chambre des communes, chargé d'examiner la conduite du chevalier Walpole, promu à la dignité de pair sous le nom de comte d'Orford. Il composa, depuis 1739 jusqu'en 1743, plusieurs pamphlets relatifs tant à cet examen qu'à d'autres questions politiques. Les chefs du parti pour lequel il agissait et écrivait entrèrent en arrangements avec le parti opposé, obtinrent des honneurs et des places : Robins seul fut oublié, et prit la résolution fort sage de revenir à ses occupations scientifiques. Les écrits tant mathématiques que politiques dont nous venons de donner l'indication ont eu un très-grand succès aux époques de leur publication; mais ce n'est point à ces écrits, à peine connus sur le continent, qu'il doit la haute réputation dont il jouit, c'est à ses expériences, à ses recherches sur l'*artillerie*.

«.... Nous voilà arrivés à la partie des travaux de Robins auxquels il doit principalement sa célébrité. Son ouvrage intitulé : *New Principles of gunnery* (*Nouveaux principes d'artillerie*), parut à Londres en 1742. Il eut bientôt à répondre à des objections élevées contre sa doctrine et insérées dans le n° 465 des *Transactions philosophiques*; ses réfutations font partie du n° 469 de la même collection; et il fit, en 1746 et 1747, de nouvelles expériences confirmatives des premières, devant les membres de la *Société royale de Londres*. Cette Société lui adjugea une médaille d'or. Mais ce qui dut surtout déterminer l'opinion publique en faveur de Robins fut l'honorable témoignage d'estime que son ouvrage reçut du grand Euler, qui le traduisit en allemand avec un commentaire (Berlin, 1745). Vers le même temps cet ouvrage était connu et apprécié en France; il en est fait mention dans les *Mémoires de l'Académie royale des sciences* de 1750. On voit dans le volume de 1751, que M. Le Roy, membre de cette Académie, en avait fait une traduction française. Une autre traduction faite par Dupuy sur le texte anglais, a été imprimée à Grenoble en 1771 ; enfin M. J. L. Lombard, professeur aux écoles d'artillerie d'Auxonne, en a publié en 1783, d'après le texte allemand d'Euler, une traduction française à laquelle se trouvaient joints le commentaire de ce grand géomètre et des notes du traducteur. M. Lombard, dans sa préface, parle du grand parti qu'il a tiré d'une traduction manuscrite qui lui avait été donnée, avec la permission d'en faire l'usage qu'il voudrait, « par un amateur aussi distingué par sa naissance que par son goût pour les mathématiques, et la part qu'il a eue à l'éducation d'un grand prince. »

« On trouve à la suite de cet ouvrage les premiers détails publiés en France sur les expériences d'artillerie exécutées à Woolwich par Hatton, qui s'était servi de l'appareil imaginé par Robins pour mesurer les vitesses initiales, en le disposant de manière à pouvoir substituer de petits boulets aux balles avec lesquelles Robins avait fait ses épreuves. Cet appareil, invention fondamentale de Robins, n'est qu'une simple application de la théorie du *pendule composé*. Une masse de bois dans laquelle la balle ou le boulet peut pénétrer de manière à se mouvoir avec elle, comme si l'agrégation des deux ne formait qu'une masse unique, est fixée au bas du pendule, lequel a d'ailleurs un poids assez considérable pour prévenir des oscillations qui excéderaient certaines limites. La balle ou le boulet est lancé contre cette masse de bois sur un point dont la position est fixée d'avance (le poids et les lieux des centres de gravité et d'oscillation de tout le système étant aussi connus); et l'on déduit par le calcul de l'amplitude d'oscillation de ce système, due au choc, la vitesse avec laquelle le projectile a exercé ce choc. On peut, vu l'égalité d'action et de réaction, déduire les mêmes résultats du recul de la pièce, en la suspendant elle-même, et la faisant, par la réaction de la poudre, osciller à la manière du pendule. Ce second moyen a été employé. Enfin, on a fait des expériences par les deux moyens réunis; mais quelles que soient les diverses manières connues d'employer le pendule aux expériences d'artillerie, la gloire de l'*idée mère* appartient incontestablement à Robins.

« La haute réputation qu'il s'était acquise en matière de fortifications et d'artillerie lui valut de la part du prince d'Orange une invitation très-flatteuse d'aller à Berg-op-Zoom coopérer à la défense de cette place assiégée par les Français. Il se rendit à la prière du prince ; mais, peu de jours après son arrivée, le 16 septembre 1747, la place fut emportée par les assiégeants.....

« Robins put encore, avec l'appui et par le crédit de l'amiral, enrichir l'observatoire de Greenwich d'instruments beaucoup plus grands et plus parfaits que ceux qui y existaient auparavant. Bradley fit de ces instruments un emploi bien utile aux progrès de l'astronomie. En 1749, Robins, ayant été nommé ingénieur général de la Compagnie des Indes orientales, partit le 25 décembre pour l'Inde, où il arriva le 13 juillet 1750, ayant failli faire naufrage dans la traversée. Il s'était muni d'un assortiment complet d'instruments d'astronomie et de physique, pour faire des observations et des expériences; et il se livra, dès son arrivée, avec la plus grande ardeur, aux travaux que ses fonctions comportaient. Il donna des projets pour les forts de Saint-David et de Madras; mais il n'eut pas la satisfaction de les exécuter lui-même; la mort le surprit, le 29 juillet 1751, à l'âge de quarante-quatre ans. Sa constitution, naturellement faible et délicate, n'avait pu..... Ses œuvres, tant mathématiques que philosophiques, ont été recueillies avec une notice sur sa vie, par son ami le docteur Wilson et publiées en deux volumes à Londres en 1761. »

Tel fut l'homme éminent à qui nous devons la découverte, ou si l'on veut, l'étude approfondie des armes rayées. Voici maintenant comment il fut amené dans cette voie.

Robins avait remarqué dans ses expériences, que les projectiles, au lieu de décrire leur trajectoire dans un plan vertical, déviaient souvent de ce plan, soit à droite, soit à gauche, surtout vers la fin du trajet. Réfléchissant sur ces irrégularités, il en trouva la cause dans la concordance de ces deux faits : le mouvement de rotation que prend le projectile pendant sa translation dans l'intérieur de la pièce, par suite de son frottement contre les parois, et la résistance inégale de l'air sous les différents points du projectile, par suite de la rotation qu'il a acquise dans l'âme de la pièce.

Il n'est pas nécessaire de soumettre le premier point à un examen bien approfondi pour se convaincre qu'un boulet rond, qui n'a jamais le diamètre exact de l'âme de la bouche à feu, doit presque nécessairement, quand il est lancé par la poudre, toucher à la paroi de cette bouche à feu, au moins pendant un moment, et par quelques-uns de ses points. L'impulsion des gaz de la poudre, selon qu'elle est plus forte d'un côté ou de l'autre, pousse alternativement le boulet contre les parois intérieures du canon ; de sorte que, quand il sort de la bouche à feu, il suit une direction autre que celle de l'axe du canon pointé vers le but.

Quand un point du boulet touche la paroi de l'âme, les bouffées de gaz, agissant suivant l'axe de la pièce, ont pour effet de faire tourner le boulet sur lui-même, puisqu'elles n'agissent plus suivant le centre de figure du boulet, mais suivant un point distant du centre de tout l'espace du vent, et le mieux placé possible pour que le mouvement rotatoire s'effectue.

Le boulet qui a commencé de tourner à l'intérieur de la pièce, conserve ce mouvement au dehors, et alors arrive une autre cause d'irrégularité dans sa direction : c'est la résistance de l'air.

Le boulet peut tourner sur trois axes principaux : sur son diamètre vertical, sur son diamètre horizontal situé perpendiculairement au plan du tir, et sur ce même diamètre situé dans le plan du tir. Considérons chacun de ces cas en particulier.

Supposons, pour le premier cas, que l'axe de rotation soit le diamètre vertical du boulet. Constamment l'un des hémisphères latéraux, le droit par exemple, avance plus que le centre du boulet; constamment aussi l'hémisphère gauche avance moins. Or, nous savons que plus la vitesse est grande, plus grande est la résistance de l'air; l'hémisphère droit éprouvera donc une résistance plus grande que l'hémisphère gauche ; l'air pressant davantage sur ce côté, le projectile déviera donc vers la gauche, et sortira du plan vertical.

Si la rotation s'effectuait suivant le diamètre horizontal du boulet, perpendiculaire au plan du tir, la pression de l'air s'exercerait plus ou sur l'hémisphère supérieur ou sur l'hémisphère inférieur, suivant le sens de la rotation, et la trajectoire serait déviée ou en bas ou en haut, mais elle ne sortirait pas du plan vertical.

Dans le troisième cas, c'est-à-dire quand le boulet tourne suivant son diamètre horizontal situé dans le plan du tir; la surface antérieure étant également pressée sur tous ses points, on n'observe aucune déviation; mais à condition que l'axe de rotation ne devienne jamais oblique, ou plutôt coïncide toujours avec la trajectoire.

La rotation s'effectuant suivant tous les diamètres possibles, autres que les trois que nous avons considérés, le boulet sortira toujours du plan du tir, et cela plus ou moins, selon que le diamètre se rapprochera du diamètre vertical, le premier considéré, lequel donne la déviation la plus grande à droite ou à gauche.

Ayant ainsi trouvé la véritable cause des déviations des projectiles, Robins en conclut, avec une grande justesse de raisonnement, qu'on y remédierait en forçant le projectile à choisir pour axe de rotation le diamètre horizontal situé dans le plan du tir. Il y avait, dans cette pensée, la théorie tout entière des armes rayées.

La rayure d'une bouche à feu consiste, comme chacun le sait, en une série de sillons creusés longitudinalement dans l'âme de la pièce, et décrivant des hélices parallèles, sinon depuis la culasse jusqu'à la bouche, au moins sur un long espace. Le nombre des raies varie, de même que leur longueur, leur profondeur, suivant la forme de leurs bords et le pas de l'hélice. Nous aurons occasion de revenir sur chacun de ces points.

Depuis longtemps déjà, les armes rayées existaient par toute l'Europe; mais elles étaient en petit nombre, et mal construites. Dès le jour où Robins les soumit à une étude mathématique, dès que les principes d'une science rigoureuse présidèrent à leur fabrication, elles prirent un essor tout nouveau.

Sans nous occuper ici des armes portatives rayées, connues sous le nom spécial de *carabines*, qui paraissent remonter jusqu'au XVe siècle, et dont l'histoire trouvera sa place dans la Notice suivante, nous pouvons dire que, longtemps déjà avant Robins, les premiers canons rayés avaient apparu.

Il existe, au Musée de Berlin, une pièce en fer, datant de 1661, dont l'âme est creusée de treize rayures.

Nuremberg possède un canon en fer forgé, portant huit raies, et dont l'origine peut être fixée à 1694.

Ces exemples suffisent pour établir l'ancienneté du canon rayé; il ne serait pas difficile d'en citer beaucoup d'autres.

Les rayures pratiquées dans les armes portatives les plus anciennes, c'est-à-dire dans les *carabines*, n'étaient pas tournées en spirale; elles allaient en droite ligne, d'une extrémité de l'âme à l'autre bout. Les constructeurs n'avaient eu sans doute d'autre but que de diminuer l'effet de l'encrassement, en donnant place aux produits solides de la combustion de la poudre dans les raies, pendant que le projectile était guidé par le contact des saillies du métal. Ce même artifice permettait de diminuer l'espace laissé au *vent* dans les armes ordinaires, et par conséquent il donnait au tir une plus grande portée et plus de précision.

Plus tard, peut-être simplement par bizarrerie, peut-être aussi par l'idée que le projectile en tournant sur lui-même entrerait mieux dans la plaie, par comparaison avec l'action d'une vrille, on s'avisa de donner aux raies une certaine inclinaison, de telle sorte qu'elles décrivissent un tour entier de spire en un espace plus ou moins long. Ces raies avaient déjà pour effet de communiquer au projectile le mouvement de rotation suivant l'axe voulu.

Les résultats obtenus furent très-différents, parce que les armuriers employaient tour à tour les dispositions les plus diverses. Quelquefois les raies de la carabine ne faisaient pas même un quart de tour dans l'âme, mais parfois elles faisaient plus de trois tours. Il y avait des carabines creusées de deux, de trois rayures; sur d'autres, on en comptait plus de cent. Dans ce dernier cas, les rayures étaient si fines qu'on les nommait *merveilleuses*, ou *à cheveux*. La même diversité dut s'observer dans le diamètre des balles; tantôt la balle, trop petite, devait se comporter comme dans les canons à âme lisse, tantôt l'inclinaison des rayures pouvait lui communiquer le mouvement rotatoire. Il dut arriver enfin que les raies trop inclinées ne pouvaient plus retenir la balle dans leur sillon, et que celle-ci, sous l'impulsion de la poudre, franchissait les arêtes en droite ligne.

Dans ce dernier cas, la rayure était nuisible, dans le premier cas elle était inutile. Mais, toutes les fois que le projectile tournait suivant la spire, on observait un recul de l'arme beaucoup plus fort qu'avec le canon lisse ; ce qui est naturel, car le recul se compose de la résistance qu'offre le projectile à se déplacer, et ici il y a un surcroît de résistance causé par la pénétration des arêtes dans la balle, et le glissement oblique de celle-ci. On conçoit également que le recul est d'autant plus fort que le forcement de la balle est plus grand et que les raies sont plus inclinées.

On fut conduit à diminuer la charge de poudre, et d'autre part à augmenter l'épaisseur du métal de l'arme, autant pour parer au danger de rupture, devenu plus à craindre, que pour éviter le recul. Les premières carabines rayées en spirale sont toutes très-épaisses et très-lourdes, relativement au calibre.

Par des tâtonnements successifs, les arquebusiers arrivèrent à construire à peu près régulièrement des carabines rayées, qui étaient plus efficaces dans leur tir que les armes portatives à âme lisse. Cependant de nos jours encore on n'est pas d'accord sur le nombre, ni sur la forme et l'inclinaison des raies à donner à une arme déterminée. On a tour à tour essayé, abandonné et repris les rayures plus inclinées au tonnerre qu'à la volée, ou inversement, et les raies croissant ou décroissant en profondeur et en largeur, suivant le chemin du projectile.

Au temps de Robins, pour obliger le projectile à suivre les rainures des carabines, on faisait usage du système dit *à balle forcée*. On aplatissait la balle par-dessus la charge de poudre, en la frappant avec un maillet et une baguette de fer. On en faisait autant pour les canons rayés en employant un boulet de plomb. Mais ce système avait un inconvénient; le projectile déformé éprouvait une plus grande résistance de la part de l'air; et frappant le but avec une surface plate, il le pénétrait moins profondément.

Il est facile de comprendre comment les armes portatives rayées ont devancé de beaucoup les canons rayés. L'obstacle principal à vaincre était le défaut de résistance du métal. Or, il a toujours été plus facile de donner de la résistance aux pièces de petit calibre, qu'aux armes de calibre plus grand. Nous avons vu constamment, dans cette histoire de l'artillerie, les notions théoriques d'un progrès à accomplir, devancer le moment où ce progrès est pratiquement applicable, parce que tous ces progrès, ou au moins les principaux, sont liés à la qualité du métal mis en œuvre. Constamment nous avons vu les perfectionnements être appliqués aux armes portatives avant d'être mis en usage dans la grosse artillerie. C'est ainsi que les armes à main lançaient des projectiles métalliques, tandis que les canons et les bombardes ne tiraient encore que des boulets de pierre. C'est ainsi qu'on se servit de la poudre grenée dans les mousquets et les couleuvrines, tandis que les grosses pièces ne pouvaient faire usage que de poudre en poussier ou en galette. C'est encore ainsi que, de nos jours, les fusils chargés par la culasse ont devancé les canons chargés par un mécanisme analogue.

A l'époque où Robins faisait ses expériences, il n'y avait pas encore eu d'expériences de tir bien faites, et l'on ne connaissait pas les portées extrêmes des armes à feu. On savait seulement à quelle distance il était possible d'atteindre la cible. Or Robins avait remarqué que c'était surtout dans la seconde moitié de la portée totale, que le projectile déviait du plan de tir. Retarder ces déviations ou les empêcher, équivalait à augmenter la portée utile. Aussi les hommes de guerre de ce temps pensaient-ils que les armes rayées n'étaient supérieures aux armes lisses que parce qu'elles avaient plus de portée totale.

Robins s'attacha à réfuter cette erreur. Il montra même, par ses expériences avec le *pendule balistique* dont on lui doit l'invention, que la balle sortie d'une arme rayée, à égalité de calibre et de charge, avait moins de vitesse initiale que la balle partie d'une arme lisse. Il fallait nécessairement conclure de là que les balles forcées avaient moins de portée et moins de force de percusion que les balles lancées sans aucun artifice.

De nos jours les armes rayées portent plus loin que les autres, d'abord parce que le projectile n'étant plus forcé par le choc d'un maillet, à la manière ancienne, sa face antérieure, sur laquelle la résistance de l'air s'exerce, n'est pas aplatie, mais reste conique; ensuite parce que la forme cylindro-conique des balles permet de leur donner plus de masse que la forme sphérique, et par conséquent plus de force vive à égalité de surface antérieure.

Robins était loin sans doute de prévoir toute la révolution que les armes rayées devaient accomplir un jour dans l'artillerie. Cependant le passage suivant, de son *Traité de mathématiques, contenant les nouveaux principes de l'artillerie* (1), renferme une prédiction vraiment extraordinaire.

« Il est évident par la nature de ces canons, dit l'auteur, qu'on ne peut s'en servir qu'avec des balles de plomb, et que, par conséquent, on ne peut les employer à lancer des bombes et des boulets; néanmoins, en partant du principe qui leur donne tant d'avantages sur les autres, *on pourrait trouver quelque méthode applicable à des projectiles plus pesants.*

«... La nation chez qui l'on parviendra à bien comprendre la nature et l'avantage des canons rayés, où l'on aura la facilité de les construire, où les armées en feront usage et sauront les manier avec habileté, *cette nation*, dis-je, *acquerra sur les autres une supériorité, quant à l'artillerie, égale à celle que pourraient lui donner toutes les inventions qu'on a faites jusqu'à présent pour perfectionner les armes quelconques;* j'ose même dire que ses troupes auront par là autant d'avantages sur les autres, qu'en avaient de leur temps les premiers inventeurs des armes à feu, suivant ce que nous rapporte l'histoire. »

(1) Traduit de l'anglais par Dupuis. Grenoble, 1771.

Cette prédiction de Robins, notre siècle l'a vue s'accomplir de tous points.

Dans son *Traité*, Robins conseille de diminuer le poids de la charge de poudre alors en usage, parce que ses expériences lui avaient montré qu'une grande augmentation de la vitesse initiale ne procure qu'une petite augmentation de portée. Nous avons vu, en effet, combien est grande la résistance de l'air aux grandes vitesses des projectiles. En outre, une forte charge de poudre nécessite une grande épaisseur de métal, ce qui rend l'artillerie pesante et d'un transport difficile ; et si l'on ne veut pas augmenter le poids du canon, l'effet du recul met bientôt l'affût hors de service.

La théorie de Robins sur les armes rayées était à peine publiée qu'un mathématicien célèbre de ce temps, Euler, entreprit d'en contester la justesse. Ses objections étaient appuyées de nombreux calculs, et de considérations assises sur les régions les plus élevées des mathématiques. On peut les résumer ainsi.

Un boulet parfaitement sphérique, ayant son centre de gravité à son centre de figure, ne peut recevoir de la décharge aucun mouvement de rotation sur lui-même, parce que la résultante de la poussée du gaz de la poudre passe par son centre de figure.

Quand même il serait en état de rotation, la résistance de l'air arrêterait promptement ce mouvement gyratoire.

Si le centre de gravité du boulet ne coïncide pas avec le centre de figure, l'action de la poudre pourra lui communiquer un mouvement de rotation, et pendant son trajet il arrivera que le centre de gravité passera alternativement en avant et en arrière du centre de figure; mais au bout de quelques tours, la résistance de l'air aura encore bientôt empêché ce mouvement anormal.

Enfin, si l'on suppose que le boulet n'est

Fig. 298. — Euler.

pas exactement sphérique, on pourra observer les déviations du plan vertical décrites par Robins.

La déviation sera due à ce que la résistance de l'air passant par le centre de figure, tandis que la face vide du boulet peut être considérée comme appliquée au centre de gravité, le boulet suivra la direction de la résultante de ces deux forces. Elle ne peut pas naître du mouvement de rotation; au contraire, le mouvement de rotation tendrait à l'empêcher, et c'est le cas de la rayure en hélice, parce qu'elle fait passer le centre de gravité successivement par tous les points d'une circonférence perpendiculaire à l'axe, qu'ainsi elle tend à produire également la déviation dans tous les sens, et, par conséquent, ne la produit dans aucun.

Euler tombait dans une contradiction manifeste en prétendant, d'une part, que la résistance de l'air était assez forte pour arrêter le mouvement de rotation d'un projectile sphérique; et d'autre part, qu'elle suffit à produire ce mouvement de rotation dans le cas du projectile irrégulier. Il se trompait encore en croyant que la résultante de l'action des gaz de la poudre passe par le centre du boulet; il ne tenait pas compte du vent de l'arme.

Une dernière erreur consistait à admettre que le projectile de forme irrégulière pourrait demeurer pendant son trajet, dans une position telle que son centre de figure et son centre de gravité se trouveraient sur une même ligne fixe, ne coïncidant pas avec la trajectoire.

Cependant aux yeux des hommes de cette époque, Euler était une autorité suprême. Il eut donc raison contre Robins. La confiance qu'inspirait Euler, le mathématicien illustre que Berlin et Pétersbourg se disputaient, était telle, que l'on accepta les yeux fermés la réfutation qu'il avait entreprise des idées de Robins, et la condamnation qu'il avait portée contre les canons rayés.

Pendant tout un siècle, personne ne songea donc à entrer dans la voie que Robins avait ouverte. Précisément à cause de leur savoir, les hommes les plus instruits se trouvaient alors les plus opposés au progrès. C'est au XIXe siècle qu'il appartenait de rendre justice aux travaux du physicien anglais. C'est de nos jours seulement que les prodiges accomplis par les canons rayés ont justifié les idées de Robins et la prédiction remarquable que son génie avait si nettement formulée.

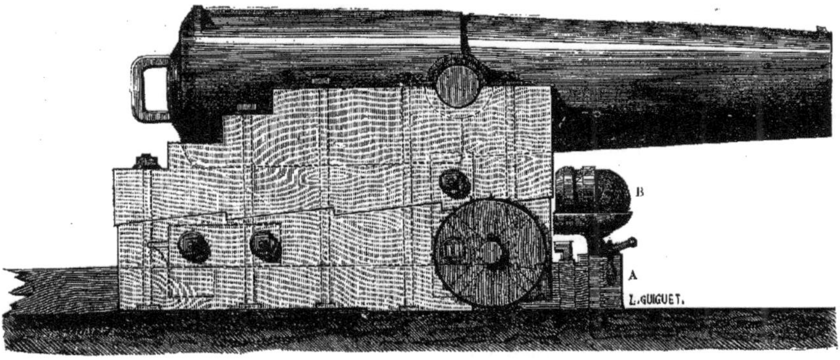

Fig. 299. — Canon obusier à la Paixhans.

CHAPITRE XVIII

RÉNOVATION DE L'ARTILLERIE MODERNE PAR LES TRAVAUX DE PAIXHANS PUBLIÉS EN 1822. — LES CANONS OBUSIERS A LA PAIXHANS. — CARONADES. — LES BATIMENTS CUIRASSÉS NÉCESSITENT UN ACCROISSEMENT DANS LA PUISSANCES DES BOUCHES A FEU.

L'histoire des transformations continuelles que l'artillerie a subies depuis son origine, fournit l'exemple, le plus remarquable peut-être, des perfectionnements que les efforts réunis de tous les peuples, les encouragements, les nécessités pressantes de la guerre ou celles de l'industrie, peuvent apporter à l'application d'un principe défini. La même histoire intéresse la science tout entière, car les améliorations apportées à l'artillerie sont généralement la conséquence d'un progrès accompli dans l'industrie ou dans une des branches de nos connaissances.

Quelque admirablement établie que fût l'artillerie de Gribeauval, si ce grand réformateur fût revenu au monde un demi-siècle après son œuvre achevée, il eût trouvé à réformer son propre système. C'est que l'art et la science avaient marché. L'artillerie qui avait suffi aux guerres de l'Empire, alors que la métallurgie et l'industrie n'avaient pu fournir que peu d'éléments de progrès à la fabrication des canons, n'était plus en harmonie avec les progrès de toutes sortes qu'avaient faits depuis cette époque les différentes branches de l'industrie et des arts.

C'est par une réforme dans l'armement de marine que commença la rénovation de l'artillerie.

L'auteur de cette réforme mémorable fut un chef de bataillon au corps royal de l'artillerie, H. J. Paixhans, un des hommes les plus remarquables qui aient honoré notre armée.

Paixhans apprit à fabriquer des canons capables de lancer des bombes, c'est-à-dire à faire jouer aux canons le rôle de mortiers, et il édifia un système complet et irréprochable pour l'installation de ces nouvelles bouches à feu à bord des navires.

Jusqu'à la Restauration, on ne construisit et on n'employa, pour les combats en mer, que les boulets pleins et ronds, de 22, 24, 32, 36 et 48 livres. On les tirait à des charges de poudre ne dépassant pas le tiers du poids du boulet; et ils ne compromettaient grièvement l'existence du bâtiment attaqué que dans le cas où ces boulets étaient rougis, cas qui n'existe point pour les combats de navire à navire.

En 1794, on avait conçu l'espoir d'armer les bâtiments de guerre, d'obusiers, c'est-à-dire de remplacer les boulets pleins par des obus, dont les effets destructeurs auraient été terribles contre des vaisseaux en bois, et qui auraient efficacement concouru à l'attaque et à la ruine des marines ennemies. Des expériences furent faites dans ce but, par les hommes les plus instruits et les plus éclairés du temps, sous la direction de Monge. Ces expériences se faisaient au château de Meudon, dont l'entrée, pendant cette période, resta interdite à tous, *sous peine de mort*, selon les mœurs et pratiques de cette époque. On crut trop prématurément au succès de ces expériences. L'installation d'obusiers sur les navires fut décrétée ; le matériel nécessaire fut même envoyé à chaque vaisseau de guerre. Mais la question avait été tranchée trop hâtivement. La pratique fit voir tous les dangers de manier à bord, ces obus, dont plusieurs menaçaient d'incendier les navires. Les commandants firent jeter à l'eau tout ce matériel dangereux, et la question en resta là.

Ce n'est que sous la Restauration que l'on revint, comme nous l'avons dit, à l'idée de faire lancer des bombes ou des obus par des canons ordinaires. A cette époque, Paixhans fit accepter par le gouvernement, les canons-obusiers qui portent son nom (canons à la Paixhans).

Paixhans publia, en 1822, un livre extrêmement remarquable, intitulé *Nouvelle Force maritime et artillerie*, dans lequel sont prédits quelques-uns des progrès que les années suivantes virent s'accomplir. Paixhans s'exprime ainsi dans la préface de son ouvrage :

« Des vaisseaux, ne sont-ils pas une chose plus facile à détruire qu'à conserver? et faut-il tant d'efforts pour anéantir ces fragiles édifices, lorsqu'un peu de poudre dans une mine fait écrouler d'un seul coup les plus solides remparts?

« Non, les vaisseaux de haut-bord ne sont point difficiles à détruire. Ils bravent l'artillerie ordinaire, mais rien n'est plus facile que d'avoir une artillerie qu'ils ne braveront plus. Et quels regrets pourraient être accordés à ces machines hérissées de canons, lorsqu'aujourd'hui, ruineuses pour tous les peuples, elles ne sont favorables qu'à celui qui, regardant la force comme un droit, s'arroge le pouvoir absolu sur les mers (il s'agit du peuple anglais)?

« Notre ouvrage développera, relativement à la facilité de détruire les vaisseaux, des preuves convaincantes, résultant d'expériences déjà faites; et il offrira tous les détails nécessaires à l'exécution des nouvelles armes proposées; armes qui seront assez redoutables pour mettre le moindre navire en état de se faire craindre du plus grand vaisseau, et qui, par conséquent, permettront de ne plus faire les énormes dépenses qu'entraînent les constructions de haut bord.

« Ce que nous proposons, n'est ni une invention, ni un projet; et les armes nouvelles ne seront qu'un moyen très-simple d'agrandir un effet d'artillerie actuellement très-connu. Ce n'est point une idée neuve, c'est une idée mûre qui se présentait d'elle-même; et chacun pouvait, à cette occasion, trouver ce que cherchait Maupertuis : « Un beau problème peu difficile. » Nous sommes si loin de prétendre avoir rien inventé, que nous avons au contraire fait des recherches laborieuses pour démontrer que la principale innovation, proposée dans ce livre, est une chose déjà connue depuis longtemps, déjà essayée avec succès, souvent conseillée par les hommes du métier les plus instruits, et dont il ne restait que les détails à étudier. »

Après ce début si modeste, puisque l'auteur ne veut pas s'attribuer le mérite de l'invention des canons-obusiers, Paixhans examine avec sagacité les inventions proposées pour l'art de la guerre, et il relègue la plupart dans l'ombre d'où elles n'eussent pas dû sortir. Puis, se servant de ce principe, alors adopté, que la force offensive d'un navire de guerre se mesure au poids des projectiles qu'il peut lancer en un temps donné, il montre que les pièces de gros calibre sont préférables aux bouches à feu plus petites.

Les vaisseaux, à cette époque, étaient armés de canons très-courts, et très-légers, relativement au poids du boulet. Ce n'étaient presque que des pistolets de gros calibre : on les nommait *caronades*, du mot *Carron*, nom d'un village d'Angleterre où les premiers de ces canons furent fabriqués.

La figure 300, tirée de l'ouvrage de Paixhans, donne la coupe d'une caronade de 30, pesant soixante-neuf fois son boulet. Cette pièce ne portait pas de tourillons; seulement,

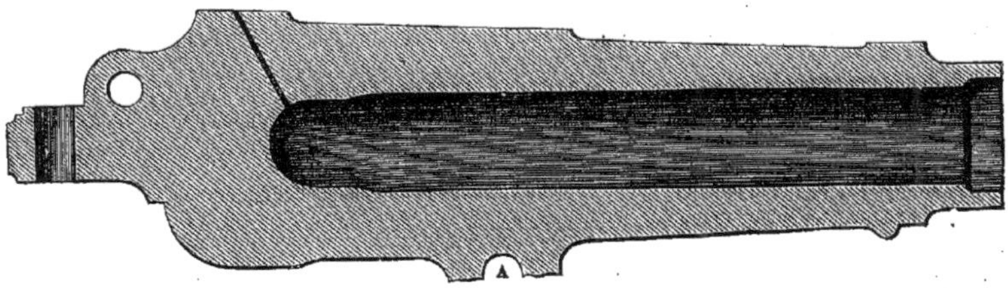

Fig. 300. — Caronade de 30 de l'artillerie de la marine française.

un axe passant par l'anneau rompu que l'on remarque à la partie inférieure et moyenne, A, en remplissait l'office.

Paixhans proposa de substituer à la vieille caronade un canon, dont il donna le modèle : c'était une pièce de grand calibre, montée sur un affût solide et de manœuvre facile. La figure 299, page 417, donne l'élévation de cette pièce. Elle n'a pas d'anses à la volée, mais une anse remplace le bouton de culasse.

En avant de l'affût on remarque un petit cric A supportant un projectile ensabotté B.

Le recul de la pièce la faisant glisser sur les roues de l'affût devait amener la bouche de la pièce, juste en position pour que le cric élevât le projectile au-devant d'elle.

Ces canons pouvaient, au besoin, tirer le boulet plein, mais leur projectile ordinaire était la bombe. Leur épaisseur, en effet, n'était pas assez considérable pour lancer le boulet massif avec une forte charge de poudre; la bombe était plus légère. Paixhans avait jugé que les projectiles explosifs devaient produire sur les vaisseaux un effet autrement redoutable que les boulets pleins, soit en déchirant largement la coque, soit en éparpillant leurs éclats dans les batteries ou les agrès.

Les expériences ordonnées par le gouvernement confirmèrent pleinement cette théorie et ces prévisions.

La figure 301 représente la disposition de

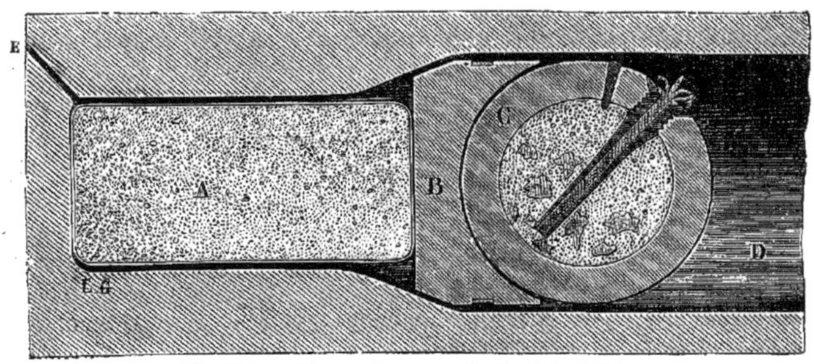

Fig. 301. — Charge du canon obusier à la Paixhans.

la charge dans le canon-obusier à la Paixhans. A est la gargousse pleine de poudre; C, la bombe munie de sa mèche; B, le *sabot* de la bombe; D est l'âme du canon; E le canal aboutissant à la lumière.

Le sabot de bois B servait à maintenir la bombe dans la même position pendant son parcours dans l'âme, à empêcher les mouvements de rotation nuisibles à la justesse du tir, et à éviter que le choc direct de la décharge, ou les battements du projectile contre les parois, ne les fissent éclater dans l'intérieur du canon.

Comme l'indique la figure, l'âme de la pièce était étranglée à son fond, pour recevoir la gargousse.

Les canons à bombes de Paixhans furent adoptés par la marine française en 1824, et presque aussitôt les Anglais l'adoptèrent à notre exemple. Peu d'années après, les pièces étant devenues plus résistantes, on put remplacer la bombe par un obus cylindro-conique, et le sabot fut supprimé.

Dans le remarquable ouvrage qu'il consacra à la description de ces nouveaux engins de guerre, Paixhans fit cette prédiction remarquable et judicieuse, qu'un jour les vaisseaux se couvriraient d'une cuirasse, pour résister à la pénétration des projectiles.

« Nous croyons possible, disait-il, de faire une armure qui, ayant toute la force nécessaire pour lutter contre les boulets de 24 et de 36 de l'artillerie actuelle de mer, ne serait pas tellement pesante, qu'elle ne pût être portée par un bâtiment qui aurait peu d'élévation, et qui serait construit convenablement; d'où il résulterait, que ce bâtiment aurait par cela seul, et indépendamment de la force de ses canons à bombes, une supériorité défensive extraordinaire contre les grands vaisseaux, puisque ceux-ci, à cause de l'étendue, et surtout à cause de la hauteur de leur surface, ne seront jamais susceptibles d'être revêtus d'une semblable armure (1). »

Paixhans conseillait aussi, et la chose put alors paraître hardie, d'utiliser comme moteur des navires de guerre, la vapeur, cette invention toute nouvelle, quant à son application aux flottes de combat. Paixhans, qui faisait ses recherches vers 1815, n'avait en vue que les faibles pompes à feu alors connues, machines de petite dimension, d'un faible poids, incapables de suffire à une longue traversée. Cependant il établit, par des calculs irréfutables, que les vaisseaux mus par la vapeur, nécessiteraient un équipage moins nombreux et moins exercé que les autres vaisseaux, et qu'ils pourraient porter un poids plus lourd en canons et en munitions de toute sorte.

La machine à vapeur ne tarda pas à être adoptée par les marines militaires des principales puissances; mais loin de chercher à augmenter le nombre des canons dans les nouveaux vaisseaux de guerre, on préféra réduire ce nombre et donner plus de force et d'importance au principe moteur pour augmenter la vitesse du navire. La machine à vapeur servit principalement à rendre les longues traversées, non-seulement possibles, mais encore plus faciles qu'avec les anciens vaisseaux de guerre à voile.

Les idées émises par Paixhans eurent un grand retentissement; elles opérèrent une véritable révolution de l'armement des vaisseaux. Cependant elles n'étaient pas absolument nouvelles. Pendant la guerre de 1812, l'Américain John Stevens, d'Hoboken, avait proposé un bâtiment de guerre mû par la vapeur, et protégé par une armure de fer.

Cependant la métallurgie n'était pas encore assez avancée pour résoudre toutes les difficultés que présentent de telles constructions. Les navires cuirassés paraissaient alors possibles, et même prochains; les esprits en étaient préoccupés, mais la solution du problème paraissait encore bien éloignée. On faisait, en différents pays, des expériences de tir sur des plaques de fer. Les expériences dans ce but furent exécutées, en Angleterre, à Woolwich, en 1827; en France, à Metz, en 1835; à Hoboken, en Amérique, en 1841. En général, le fer étant de mauvaise qualité, les plaques étaient brisées ou percées par les projectiles. C'est ainsi que les expériences faites à Metz avaient conduit le général Morin à condamner sans rémission le principe du blindage métallique. On ne s'était pas avisé que ce résultat négatif pouvait tenir aux qualités des fers essayés, et qu'en encourageant les métallurgistes à perfectionner leurs produits, on pourrait arriver à obtenir des

(1) *Nouvelle Force maritime et artillerie*, in-4°. Paris, 1832, p. 294.

plaques de fer capables de résister aux boulets de la plus puissante artillerie.

Cette pensée paraît s'être présentée au gouvernement américain ; ou bien les fers d'Amérique avaient une ténacité qui manquait alors à ceux de France et d'Angleterre. Quoi qu'il en soit, le gouvernement des États-Unis commanda, en 1841, une batterie flottante cuirassée à MM. Stevens.

Ces constructeurs proposèrent dès cette époque, d'après M. Turgan, les gros canons en fer rayés, se chargeant par la culasse et lançant des boulets revêtus de métal mou (1). L'hélice et la vapeur étaient proposées comme moteurs.

Ce n'est pourtant qu'en 1854 que le problème des batteries flottantes cuirassées fut résolu en France, grâce à l'initiative personnelle du souverain. Les quatre batteries cuirassées *la Congrève*, *la Lave*, *la Dévastation* et *la Tonnante*, construites sur les indications de l'Empereur Napoléon III, se révélèrent avec éclat dans le bombardement de Kinburn, au commencement de la guerre de Russie.

Le succès de ce premier essai de constructions navales cuirassées, détermina l'admirable entreprise consistant à revêtir entièrement de plaques de fer une frégate de guerre. L'apparition de la *Gloire*, en consacrant le principe des bâtiments cuirassés, donna le signal de la création dans notre flotte de nombreux bâtiments cuirassés. Bientôt l'Angleterre, ensuite les autres nations maritimes, imitèrent la France ; et ainsi fut consommée la révolution radicale qui transforma toute la flotte de guerre des deux mondes. Nous raconterons, avec tous les détails nécessaires, ces magnifiques entreprises dans la Notice spéciale que nous consacrerons, dans ce volume, aux *Bâtiments cuirassés*.

Par suite de l'adoption universelle des vaisseaux cuirassés, l'artillerie devait nécessairement se surpasser elle-même. Il lui était imposé de percer, grâce à la puissance de pénétration de ses nouveaux projectiles, les cuirasses de fer des navires ; elle devait subir une révolution analogue à celle qui venait de s'accomplir dans la marine de guerre. Ce dernier progrès s'est accompli de nos jours.

Les navires cuirassés et rapides ont remplacé les vaisseaux de guerre de haut bord. Les navires ne se canonnant plus à petite distance, la mousqueterie des haubans étant devenue inutile, il a fallu des canons énormes lançant avec précision leurs puissants obus, pour essayer de percer les plaques métalliques. On a donc vu se réaliser la prédiction de Paixhans, qui annonçait qu'un « très-petit navire, monté seulement de quelques soldats sans expérience, aurait assez de puissance pour détruire le vaisseau de haut bord le plus fortement armé. »

(1) *Les Grandes Usines* (*Artillerie moderne*).

CHAPITRE XIX

ÉTUDES ET PROGRÈS DE L'ARTILLERIE CONTEMPORAINE. — MÉTAUX DIVERS EMPLOYÉS A LA CONFECTION DES BOUCHES A FEU. — NOUVEAUX MODES DE FABRICATION DES CANONS. — CONDITIONS DE LA RÉSISTANCE DES PIÈCES. — LES PROJECTILES A GRANDE VITESSE INITIALE. — PROJECTILES MASSIFS. — RÉSISTANCE DE L'AIR SUIVANT LA FORME DU PROJECTILE. — EXPÉRIENCES DE PIOBERT ET MORIN.

La révolution qui s'est accomplie dans l'artillerie contemporaine, a exigé une longue série d'études sur des questions particulières, qu'il a fallu résoudre successivement avant d'atteindre au résultat final. Nous consacrerons ce chapitre à résumer ces études spéciales, qui ont porté : 1° sur la nature du métal à choisir pour la confection des bouches à feu ; 2° sur le meilleur mode de fabrication des bouches à feu pour leur assurer la plus grande résistance ; 3° sur la forme et la nature des projectiles. Nous parlerons aussi de la question de la vitesse initiale à donner aux projectiles.

La première question à résoudre pour la constitution de la nouvelle artillerie, c'était la recherche de l'alliage ou du métal le plus résistant. La ténacité insuffisante du bronze des bouches à feu, avait, de tout temps, arrêté les progrès de l'artillerie ; il fallait reculer les limites de cette résistance.

Le bronze, l'alliage classique des bouches à feu, fut généralement abandonné : il n'était ni assez dur, ni assez élastique.

L'Amérique du Nord entra la première, cette fois, dans la voie des innovations. Pendant la guerre de 1812, les États-Unis firent construire de gros canons de marine, du calibre de 100. On les nomma *calombiades*. Le projectile était un obus. De forme ovoïde, il contenait 15 grammes de poudre, et était muni d'une fusée qui mettait le feu à cette poudre, dans de véritables obusiers de marine, comme ceux que devait employer peu après le colonel Paixhans en France.

Un canon aussi gros, lançant un projectile allongé et explosif, devait être fait d'un métal très-résistant : il était en fonte ou en fer forgé.

Quoi qu'il en soit, les Américains apprirent bientôt à fabriquer une fonte d'un grain très-fin, et d'une résistance tellement grande, que les fonderies de l'Europe ne sont pas encore parvenues à l'égaler.

En Angleterre et en Amérique, on essaya de construire des canons en fer forgé, semblables par conséquent aux bombardes du XIVe siècle. Les résultats obtenus furent assez insignifiants jusqu'au jour où l'ingénieur anglais Armstrong parvint à rendre cette fabrication usuelle. Nous parlerons de ce procédé de fabrication des canons, quand nous serons arrivés au canon Armstrong.

Ajoutons que quelques tentatives ont été faites pour confectionner des bouches à feu avec le *bronze d'aluminium*, composé d'aluminium additionné de 10 p. 100 de cuivre, ce qui donne un alliage de la couleur de l'or, et d'une ténacité prodigieuse. Mais cet alliage s'obtient difficilement avec une composition, et par conséquent une dureté uniforme dans toute sa masse. En outre, son prix est trop élevé pour qu'on puisse songer à en faire usage pour la fabrication courante de l'artillerie.

Un alliage d'invention récente, le *métal Sterro*, qui a été trouvé par le baron Rosthorn, de Vienne, paraît réunir au plus haut degré toutes les qualités exigées. Sa composition est variable entre certaines limites. Il y entre du cuivre et du zinc en proportions à peu près égales, avec un peu de fer et d'étain (1). Le prix de revient est inférieur à celui du bronze. Cependant cet alliage n'a pas encore été suffisamment expérimenté, pour que l'on puisse porter un jugement définitif sur ses avantages.

La fonte, soit seule, soit soutenue par d'autres métaux, est loin d'être proscrite de la fabrication des canons. Les canons italiens sont toujours coulés en fonte ; quelques canons anglais en sont en partie composés, et comme nous le disions plus haut, les grosses bouches à feu américaines, de trois à quatre décimètres d'ouverture, sont également en fonte, malgré l'inconvénient, à bord des navires, du poids de ce métal. La fonte doit présenter de sérieux avantages, comme métal de bouche à feu, puisque les Américains, après le grand usage qu'ils en ont fait dans leur dernière guerre, jugent à propos de la conserver encore. Les canons américains de Rodman et Dahlgren, qui lancent des boulets du poids de mille livres, avec une charge de poudre de cent livres, sont en fonte. Un canon monstre, destiné à armer la tour du navire cuirassé *le Puritain*, et qui lance un projectile plein, du poids de 492 kilogrammes, est également en fonte.

Mais le métal qui, en raison de sa résistance supérieure à celle de tous les autres métaux ou alliages, tend à se substituer à tout

(1) D'après M. Turgan (*Grandes Usines*, t. VI, p. 56), le *métal Sterro* aurait la composition suivante :

Cuivre	53.04
Zinc	42,36
Fer	1,77
Étain	0.83
	98,00

autre dans la nouvelle artillerie à grande puissance, c'est l'acier. Tous les canons que M. Krupp avait envoyés à l'Exposition universelle de 1867, étaient en acier. Le perfectionnement apporté, dans ces derniers temps, à la fabrication de l'acier, permet d'obtenir cet admirable métal en masses suffisantes et à un prix assez bas pour que l'on puisse le faire entrer dans la fabrication ordinaire des pièces d'artillerie.

Parmi les différents aciers, on a fait usage surtout de l'*acier puddlé* des fabriques d'Angleterre ou de France, de l'*acier Bessemer*, de l'*acier Aboukoff* (propre à la Russie), et en Prusse, de l'*acier Krupp*, le plus résistant de tous, mais dont le mode de préparation est le secret de M. Krupp, propriétaire de l'usine.

On se ferait difficilement une idée de la masse d'acier et des travaux mécaniques qui sont nécessaires pour la fabrication des canons de la nouvelle artillerie, destinés à lancer des projectiles de 100 à 200 kilogrammes. Il faut, après avoir coulé l'acier, le forer avec des instruments et un outillage particuliers, que l'usine de M. Krupp a rassemblés après des années des plus laborieux efforts. Les usines métallurgiques d'Angleterre sont également en mesure de travailler, à l'aide d'un outillage nouveau, ces énormes masses métalliques.

La résistance du métal était la première condition à obtenir pour confectionner les canons destinés à percer les murailles métalliques des navires, parce qu'ils devaient supporter l'effort d'énormes charges de poudre. Mais quelle était l'utilité de ces charges énormes de poudre? C'est ce qu'il convient d'expliquer. Pour percer une cuirasse métallique, il faut donner au boulet une vitesse initiale considérable, et pour cela il faut le chasser par une grande quantité de gaz explosifs, autrement dit, augmenter la charge de poudre. Quand il n'est animé que d'une faible vitesse, un boulet n'agit qu'à la manière du bélier antique : il choque, il ébranle, mais il ne perce pas. Il peut causer, si sa masse est suffisante, de graves désordres contre la plaque d'un navire cuirassé, mais il est impuissant à la traverser de part en part. Au contraire, le boulet animé d'une très-grande vitesse initiale, agit à la manière d'un emporte-pièce. Tout le monde sait qu'en tirant une balle de fusil contre un carreau de vitre suspendu à un fil, on perce dans le verre un trou régulier, sans même causer aucune oscillation à cette sorte de pendule : la vitesse avec laquelle le projectile rencontre la surface du verre, explique cette perforation si nettement produite que les parties voisines n'en sont pas même ébranlées.

Nous ajouterons que les vitesses initiales considérables déterminées par une très-forte charge de poudre, ont un autre avantage : elles augmentent la portée du tir. Ceci paraîtra évident, si l'on veut se reporter à ce que nous avons dit des forces composant la trajectoire. Ainsi la portée d'un boulet animé d'une vitesse initiale de 450 mètres par seconde, est presque double de celle du même boulet lancé avec une vitesse de 300 mètres par seconde, et l'exactitude du tir est conservée dans le même rapport.

Nous parlons ici de la justesse du tir sur une cible dont la distance est connue ; mais s'il s'agissait, comme le cas se présente habituellement à la guerre, de tirer rapidement sur un but mobile, sur un corps de troupes en marche, par exemple, les projectiles à grande vitesse donnant une trajectoire *tendue* auraient un avantage encore plus marqué par cette considération que leur tir est plus *rasant*, selon le terme consacré en artillerie.

Supposons, en effet, deux canons tirant avec des vitesses initiales doubles l'une de l'autre, sur un même but, situé au point E (*fig.* 302). Le projectile à grande vitesse n'emploiera, pour arriver à ce point, que moitié moins de temps que l'autre projectile ; le sommet C de sa trajectoire ne devra donc se trouver qu'à

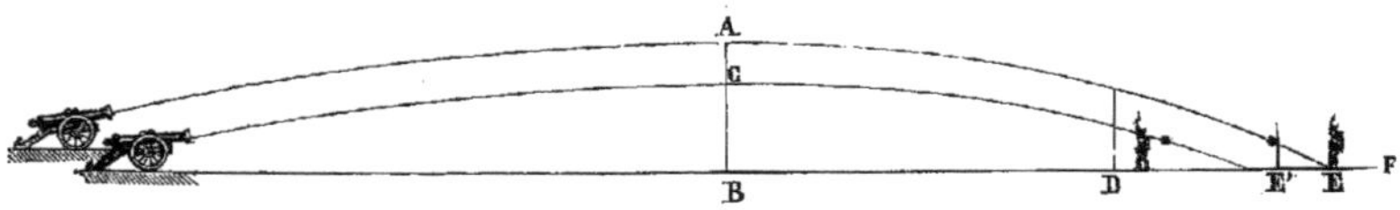

Fig. 302. — La trajectoire tendue.

une certaine hauteur, CB au-dessus du sol, telle que si on laissait tomber librement un corps du point A, sommet de la deuxième trajectoire, ce corps mettrait pour arriver au point B, le double du temps qu'il eût mis à tomber du point C. En un mot, la hauteur AB sera égale à quatre fois la hauteur CB.

Il s'ensuivra qu'au point D, où le boulet à grande vitesse n'est déjà plus qu'à hauteur d'homme et peut produire un effet, le boulet à petite vitesse se trouvera sur la verticale élevée à ce point à quatre fois la hauteur de l'homme ; et que l'espace utile DF, appartenant au premier boulet, sera égal à quatre fois l'espace EF, appartenant au second.

Quand on tire des projectiles animés d'une faible vitesse initiale, sur un but éloigné, on est obligé de donner une telle inclinaison à la trajectoire qu'une erreur de quelques mètres dans l'appréciation de la distance fait manquer le but, et on conçoit que cette appréciation est toujours très-difficile. Il est donc plus avantageux dans tous les cas, de communiquer aux projectiles une grande vitesse initiale.

Certains canons ont une portée énorme, elle peut aller, pour quelques-uns, jusqu'à 10 kilomètres, en tirant sous un angle très-élevé ; mais la branche descendante de la trajectoire est alors tellement plongeante qu'il est presque impossible de toucher le but. La portée vraiment utile d'un canon n'atteint jamais à la moitié de sa portée maximum ; elle ne s'opère qu'avec une inclinaison de la pièce ne dépassant pas 4 ou 5 degrés.

La portée utile dépend donc en grande partie, de la vitesse initiale qu'il est possible de communiquer au projectile, c'est-à-dire de la charge de poudre que permet la résistance de la pièce. Ainsi la résistance du métal employé pour la confection des bouches à feu était la première question qui devait occuper les hommes de l'art. Cette difficulté a été résolue, ainsi que nous l'avons dit, par l'adoption de l'acier comme métal constituant des bouches à feu. On est arrivé à un résultat à peu près semblable en fabriquant des canons avec des cercles de fer enchâssés les uns sur les autres, comme nous l'expliquerons en parlant du canon Whitworth.

Passons à la question des projectiles.

Il paraîtrait simple, au premier coup d'œil, pour obtenir de grandes vitesses initiales, d'employer des projectiles très-légers. Mais la résistance de l'air détruit beaucoup plus vite la force vive des petits projectiles que celle des projectiles massifs. Quelques mots d'explication à ce sujet sont nécessaires.

Supposons deux projectiles sphériques de diamètre double l'un de l'autre. D'après les principes de la géométrie, le poids du plus gros sera égal à huit fois celui du plus petit, sa surface à quatre fois celle du plus petit. La force vive d'un projectile est représentée par le produit de sa masse par sa vitesse. En admettant les vitesses initiales égales, la force vive du gros projectile sera encore huit fois plus grande que celle de l'autre.

Or, la résistance de l'air s'exerçant proportionnellement à la surface de la demi-sphère antérieure, elle ne sera que quatre fois plus grande pour le gros projectile. La force vive de celui-ci sera donc plus longtemps conservée.

La forme cylindro-conique, ou allongée, est celle qui a été généralement adoptée pour les boulets. Cette forme a pour but d'augmenter la masse relativement à la surface antérieure ; les boulets de cette forme conservent plus longtemps que les boulets sphériques, leur force vive, et parviennent à de plus grandes portées.

L'air n'exerce pas la même résistance sur les différentes formes de projectiles d'égal calibre. On devine qu'une surface plate éprouvera plus de difficulté à traverser les couches d'air qu'une surface présentant une pointe avancée.

Nous manquons encore de données précises sur cette question, parce que les expériences n'ont pas pu être faites en soumettant les corps considérés aux grandes vitesses que communique l'explosion de la poudre dans les armes à feu, et que le calcul ne sait pas encore embrasser toutes les conditions de la résistance de l'air.

Le tableau suivant, construit, au siècle dernier, par le docteur Hutton, à l'aide d'expériences faites avec le pendule balistique de Robins, ne peut donner que des résultats approchés de la réalité.

	FORME DES CORPS.	RÉSISTANCE DE L'AIR d'après l'expérience.	RÉSISTANCE DE L'AIR d'après la théorie.
	Demi-sphère, à convexité antérieure	119	141
	Sphère	124	144
	Cône (angle antérieur de 25° 42')	126	53
	Disque très-aplati	285	288
	Demi-sphère à convexité postérieure	288	288
	Cône de même forme que le premier, la base tournée en avant (1)	291	288

Fig. 303.

Le *pendule balistique* de Robins ne pouvait comparer les résistances éprouvées par un corps, qu'en leur donnant une vitesse de dix pieds par seconde; vitesse trop faible pour qu'on puisse induire que ces résultats seront encore vrais pour les grandes vitesses des projectiles modernes lancés par la poudre.

Comme on le voit d'après ce tableau de Hutton, la demi-sphère convexe sur l'avant a l'avantage de la moindre résistance; et l'écart le plus remarquable entre la théorie et l'expérience se trouve au cône à pointe antérieure.

Vers la fin du siècle dernier, le célèbre mathématicien Borda reprit les expériences de Hutton. Il communiqua à des corps, de forme à peu près pyramidale, des vitesses variant entre trois et vingt-cinq pieds par seconde, et obtint les résultats notés dans le tableau suivant, extrait du *Cours d'artillerie* de Piobert.

(1) Dr Hutton, *Traité* 36e, vol. III, p. 190.

	FORME DES CORPS.	RÉSISTANCE DE L'AIR d'après l'expérience.	RÉSISTANCE DE L'AIR d'après la théorie.
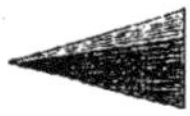	Triangle base en avant........................	100	100
	Triangle sommet en avant.....................	52	25
	Demi-ellipse..................................	43	50
	Ogive..	39	41

Fig. 304.

Il faut comparer ici les chiffres d'après le maximum 100 obtenu pour le triangle base en avant. Il y a encore de grands écarts entre la théorie et l'expérience. Ceci nous paraît tenir, au moins en grande partie, à ce que les corps en mouvement dans l'atmosphère, entraînent avec eux une couche d'air d'une épaisseur en rapport avec leur masse, variable peut-être avec la vitesse ; cette couche d'air augmente et modifie la surface sur laquelle le fluide exerce sa résistance.

Parmi tous les corps expérimentés jusqu'ici, le projectile de forme cylindrique, terminé par une face antérieure ogivale est celui qui a donné les résultats les plus favorables. C'est ce qui résulte du tableau précédent; c'est aussi la même conclusion qui est ressortie d'un grand nombre de recherches remontant au siècle dernier.

Dès cette époque, plusieurs physiciens s'étaient occupés de chercher la forme du corps qui éprouverait le moins de résistance en traversant un fluide. Newton s'était arrêté à la forme ogivale, nettement tronquée à l'arrière, et semblable à la dernière figure du tableau précédent.

De nos jours M. Piobert a voulu établir que la forme la meilleure à donner aux projectiles serait celle d'un corps à pointe ogivale très-aiguë ayant en longueur cinq fois sa plus grande épaisseur. Le point de la plus grande section est placé aux deux tiers à partir de l'arrière, et celui-ci est arrondi (*fig.* 305).

Fig. 305. — Le projectile Piobert.

Nous verrons plus loin certains projectiles de M. Whitworth se rapprocher plus de cette forme allongée qu'aucun projectile employé jusqu'à nos jours. Cependant elle est loin d'être préférable à la forme cylindro-ogivale. En supposant qu'elle offre moins de résistance à l'air, cette forme ne serait pas à coup sûr la forme la meilleure à donner aux projectiles dont se sert l'artillerie. Le centre de gravité se trouvant plus près de l'extrémité arrondie que de l'extrémité pointue, la première pourrait fort bien passer en avant et avoir à diviser les couches d'air. La courbe des côtés se prêterait mal à la paroi rectiligne de l'âme, et pendant le trajet jusqu'à la bouche il serait presque impossible (à moins d'employer un sabot), que l'axe du projectile coïncidât avec l'axe de la pièce. Enfin, la forme pointue de l'avant n'est pas la plus utile au point de vue de la percussion et de la perforation des cuirasses. Elle agirait à la manière d'un coin, et le projectile, pour traverser, devrait refouler latéralement le métal, jusqu'à ce que l'ouverture fût assez grande ; or cette action exige un grand travail, c'est-à-dire une grande perte de force.

Le boulet cylindro-ogival, que recommandait Newton dès le siècle dernier, est donc aujourd'hui, et avec raison, généralement adopté. Nous verrons dans la Notice suivante que la même forme a été choisie pour les projectiles des armes portatives.

On a trouvé plus avantageux d'employer, pour perforer les cuirasses métalliques, des boulets à tête aplatie, qui opèrent comme un emporte-pièce.

Il est, en effet, un point à considérer dans le tir contre les vaisseaux cuirassés. Il faut éviter que le projectile n'arrive sous un angle trop éloigné de la perpendiculaire, parce qu'il pourrait ricocher, et qu'il aurait tout au moins une plus grande épaisseur de métal à traverser. Les boulets arrondis ricochent sur les cuirasses plus facilement que les projectiles à tête plate ou les boulets à pointe.

Nous terminerons ces considérations générales en examinant le mode d'action des projectiles suivant leur nature.

En 1834, M. Poncelet présenta à l'Académie des sciences, un rapport sur des expériences de MM. Piobert et Morin, relativement à la pénétration des projectiles dans des corps de nature diverse.

Les boulets de fonte n'éprouvent pas de déformation sensible en traversant des milieux facilement pénétrables ; sous leur action, les massifs de bois de sapin se fendent en grands éclats. Le bois de chêne, au contraire, se referme presque hermétiquement sur le passage des projectiles, à cause de l'élasticité des fibres qui n'ont pas été détruites.

L'argile et les terres suffisamment humides, débarrassées de graviers, laissent une ouverture évasée à l'extérieur en forme d'entonnoir, au fond de laquelle le boulet est logé. Les parois de l'argile sont durcies et comme cuites par la haute température développée par le choc et le refoulement.

Le boulet de 24 s'enfonce de 60 centimètres dans de bonnes murailles, de 30 centimètres seulement dans les roches calcaires. Souvent aussi, dans ce cas, au lieu de pénétrer la pierre, il rebondit d'une centaine de mètres en arrière. Le trou pratiqué dans ces circonstances, est évasé vers l'ouverture, au point de présenter cinq ou six fois le diamètre du boulet. Puis vient un long canal, se terminant par une cavité du calibre du boulet.

Le calcaire est pulvérisé, et les débris projetés de toutes parts présentent l'aspect et les propriétés de la chaux vive ; cette transformation chimique en chaux est l'effet de la chaleur développée par le broiement de la masse.

Dans le sable, qui est très-peu compressible, comme on le sait, la route du boulet est comblée par une poussière extrêmement fine, blanchâtre et desséchée.

Les boulets de fonte dure, c'est-à-dire blanche et truitée, se brisaient facilement dans le tir contre les rocs, et presque toujours dans le tir contre les plaques métalliques. Les boulets de fonte grise et douce, au contraire, ne se brisaient qu'animés des plus grandes vitesses et lancés par les plus fortes charges en usage dans l'artillerie ; leur ductilité particulière leur permettait de s'aplatir d'une certaine quantité avant que se manifestassent les fêlures.

La difficulté de construire les grandes bouches à feu, la résistance variable des métaux employés, la nécessité d'obtenir une grande justesse de tir et une trajectoire tendue, l'obligation d'employer des projectiles énormes, ont donné naissance, de nos jours, à un grand nombre de systèmes de canons, dans lesquels on a voulu concilier autant que possible ces qualités presque contradictoires. Nous examinerons les principaux de ces systèmes dans les chapitres suivants. Les premiers chapitres seront consacrés aux canons se chargeant par la bouche, les suivants, aux canons se chargeant par la culasse.

CHAPITRE XX

LES DIVERS SYSTÈMES MODERNES DE CANON SE CHARGEANT PAR LA BOUCHE. — PROJECTILES RAYÉS. — PROJECTILES FORCÉS. — RAYURE DES PIÈCES. — DIFFÉRENTS SYSTÈMES DE CANONS RAYÉS. — PROJECTILES A SABOT. — SYSTÈME CAVALLI. — PROPOSITION DU CAPITAINE TAMISIER. — MODIFICATIONS APPORTÉES PAR LE CHEF D'ESCADRON TREUILLE DE BEAULIEU. — LA FUSÉE TREUILLE DE BEAULIEU. — LE CANON RAYÉ FRANÇAIS. — SON APPARITION DANS LA GUERRE D'ITALIE; SES AVANTAGES.

Les théories d'Euler sur la déviation des projectiles, et ses erreurs aussi, furent enseignées dans toutes les écoles d'artillerie de la France et de l'étranger, jusqu'à environ l'année 1850. On essayait de régulariser le tir des obus et des bombes en plaçant le centre de gravité de ces projectiles en avant de leur centre de figure ; mais la presque impossibilité de conserver au projectile cette disposition pendant toute l'étendue de sa trajectoire dans l'air, et la difficulté de charger dans une position rigoureuse, interdisaient tout avantage dans la pratique.

Depuis l'année 1800, des chercheurs, des inventeurs, placés en dehors du courant classique, avaient proposé divers systèmes pour régulariser le tir, en donnant, d'après les principes de Robins, un mouvement rotatoire au projectile, suivant le diamètre horizontal situé dans le plan du tir. Mais les commissions officielles les avaient toujours repoussés. Jusqu'en 1850, aucun essai sérieux ne fut donc tenté en France dans cette direction (1).

(1) Le docteur Leroy (d'Étiolles) proposa à notre comité d'artillerie, en 1832, un système complet de canons rayés se chargeant par la culasse, avec projectiles à ailettes, et revêtus d'une couche de plomb, c'est-à-dire à peu près le système actuel. Il faut lire dans la brochure publiée en 1860 par Leroy (d'Étiolles) la manière dont ses propositions furent accueillies par le comité d'artillerie, et le rapport dédaigneux qui fut rédigé à l'occasion des travaux d'un inventeur qui avait le tort de devancer les idées de son temps en matière d'artillerie (*Note sur les canons rayés en hélice* par Leroy (d'Étiolles), docteur en médecine. Paris, in-8°, 1860.

Ces systèmes, qui constituaient de véritables hérésies pour la science officielle de ce temps, peuvent être classés en trois groupes.

1° On agissait sur le projectile en le creusant de rainures diverses.

2° On rayait la bouche à feu en enveloppant le projectile d'une couche de plomb, qui se forçait dans les rayures ; ou bien en munissant le projectile d'un sabot fusible, qui s'écrasait et se forçait dans la pièce.

3° Enfin on munissait le boulet d'ailettes saillantes, destinées à s'engager dans les rainures de la bouche à feu.

Examinons chacun de ces trois systèmes, dont le dernier a prévalu en France.

Dans le premier système, avons-nous dit, on cherchait à obtenir le mouvement de rotation du projectile dans le plan désiré, au moyen de rainures obliques creusées à la surface du projectile même. L'âme du canon restait lisse. Tantôt les rainures étaient pratiquées à la partie postérieure du projectile, et alors le mouvement rotatoire devait être communiqué par les gaz de la poudre. Tantôt elles étaient placées à l'avant du projectile, et on comptait sur la résistance de l'air pour produire le mouvement efficace. Tantôt enfin les deux procédés étaient appliqués sur le même boulet, et les rayures de la partie antérieure étaient dirigées en sens inverse de celles de la partie postérieure, pour concourir à faire tourner le boulet dans un sens déterminé.

On proposa aussi des nervures en relief à la place des rainures.

Aucune de ces méthodes n'avait l'efficacité voulue ; le mouvement de rotation du boulet ainsi provoqué, n'était pas assez prononcé. Disons cependant que, de nos jours, M. Bessemer a construit un projectile à rainures très-coudées, agissant par la seule action de la poudre, lequel paraît avoir quelques chances de réussite. Les gaz s'engageant dans la rainure, doivent, pour arriver à l'avant du boulet, suivre une route plus longue que celle que décrit le projectile dans l'âme lisse du canon; ils agissent au point du coude, suivant une direction à peu près perpendiculaire à la génératrice; un mouvement de rotation du projectile en est la conséquence. Ces boulets arrivaient à faire sur eux-mêmes deux tours et demi, dans un canon de huit pieds de longueur d'âme, avec une charge de poudre égale au sixième du poids du boulet.

Mais ce n'était pas sur les projectiles qu'il fallait agir pour rectifier leur direction, c'était sur l'âme de la bouche à feu.

Dans le second groupe des propositions formulées à cette époque, c'est sur la pièce que portaient les rainures. Ces rainures étaient en hélice, et le boulet, fait de plomb, ou recouvert d'une couche de ce métal, devait être forcé, comme on le pratiquait depuis longtemps pour les balles des carabines, c'est-à-dire par l'action d'un refouloir écrasant le boulet, et quelquefois simplement, par l'expansion de la partie postérieure du projectile, produite par l'action de la poudre.

En 1846, le capitaine Rollée de Baudreville fit une proposition rentrant dans le premier cas; mais elle ne fut pas soumise à l'expérience (1).

Le capitaine de Faucompré fit plusieurs essais du même genre, et ne parvint pas à des résultats satisfaisants en pratique.

Le général belge Timmerhans imagina le projectile muni d'un sabot expansif à sa partie postérieure. Au moment de la décharge, le sabot, se pressant contre le projectile, faisait disparaître le vide laissé entre eux, et s'écrasait de façon à pénétrer dans les rayures de la pièce.

Les pièces construites d'après ce système, se brisèrent dès les premiers coups, peut-être parce qu'un forcement complet causait une résistance trop grande ; peut-être aussi parce que l'écrasement du sabot s'opérant d'une manière irrégulière, le boulet basculait pressé comme par un coin, et se *coïnçait*, comme on le dit, dans l'âme, opposant une résistance insurmontable à l'expansion des gaz de la poudre, et faisant ainsi éclater quelquefois la pièce.

Un projectile imaginé par un Américain, M. Schenkl, est constitué d'une manière analogue, mais il présente moins de dangers. Au moment de la décharge, une enveloppe de plomb, que porte la partie postérieure de ce boulet, glisse en avant, le long de la partie conique postérieure, et se force dans les rayures de la pièce ; elle guide ainsi le boulet et s'éparpille ensuite en une poussière inoffensive pour l'artillerie.

Ce système, qui est excellent, a été mis en usage pendant la grande guerre des États-Unis.

Il est encore un autre mode de forcement par l'action des gaz de la poudre : on pourrait l'appeler *concentrique*, par opposition aux forcements *excentriques* que nous venons d'examiner. Il est depuis longtemps en usage pour les balles dans les armes à feu portatives. Le boulet est évidé dans sa portion postérieure, qui est formée d'un sabot de plomb. Le culot du métal dur poussé par la décharge, entre dans l'espace ménagé devant lui, presse les parties latérales minces et molles, et les fait pénétrer dans les rayures.

Cette forme de projectile est très-bonne pour les carabines, mais dans les canons les projectiles munis d'un sabot qui doit s'écraser pour produire le forcement, ont deux inconvénients. Le premier consiste dans un forcement trop complet qui, opposant une grande résistance à la décharge, peut faire éclater la

(1) *Mémorial d'artillerie*, VIII.

pièce. Ce défaut tend à disparaître à mesure des améliorations dans la construction des bouches à feu. Il a conduit cependant à donner au sabot de faibles dimensions, pour que le forcement fût moins complet et plus difficile à opérer. On réduirait donc les avantages de ce mode de chargement.

Le deuxième inconvénient n'appartient pas seulement aux sabots de plomb, mais encore à toutes les enveloppes ou adjonctions de métal mou mises en usage dans les projectiles de divers systèmes. La force de l'explosion et l'action des rayures, arrachent ce métal, et le répandent en pluie tout autour de la bouche du canon, au grand danger des servants des pièces et des assistants.

On a essayé de remplacer l'enveloppe de plomb, par un manchon de toile grasse, par du papier mâché, ou par des moyens analogues, mais le succès n'a pas répondu à l'attente des expérimentateurs.

Le troisième groupe des systèmes proposés avant la création de l'artillerie actuelle, consiste, avons-nous dit, à communiquer le mouvement du projectile dans le plan exact de l'axe de la bouche à feu, au moyen d'ailettes ou de boutons saillants fixés à la surface du boulet, et destinés à s'engager dans les rayures de la bouche à feu.

Le premier boulet de cette espèce paraît avoir été construit en 1845, par le major sarde Cavalli, maintenant général dans l'armée italienne. Le canon créé par l'officier piémontais, n'avait que deux rayures, creusées en face l'une de l'autre, et d'un pas égal depuis le tonnerre jusqu'à la bouche. Ce fut en même temps le premier canon se chargeant par la culasse.

Le boulet portant deux ailettes de même inclinaison que les rainures, et destinées à s'engager dans leur intérieur, n'était pas ainsi suffisamment soutenu ; il pouvait ballotter dans l'âme, et même se *coïnçer*, et faire éclater la pièce. Cavalli ajouta à son projectile deux boutons, situés sur l'avant, pour glisser sur la surface lisse de la pièce et faire office de sabots.

Nous reviendrons avec plus de détails sur le système Cavalli, dans le chapitre suivant. Ce canon fit naître d'abord de grandes espérances. Les arsenaux piémontais en construisirent un grand nombre, qui, restés sans usage, gisent maintenant dans les cours et sous les hangars des fonderies. Si ce système a échoué, cela tient peut-être à ce que l'inventeur avait voulu trop innover tout d'un coup ; les bonnes choses qu'il avait imaginées, se sont perdues au milieu de détails défectueux.

Quoi qu'il en soit, la portée et la précision des nouveaux projectiles du major Cavalli étaient trop bien établies, les expériences faites en Suède et en Sardaigne avaient proclamé ces résultats trop haut, pour que de nouvelles tentatives ne se produisissent pas dans la même voie chez les autres nations européennes.

En 1847, le capitaine français Tamisier proposa un système de canons rayés, que les événements politiques ne permirent pas d'expérimenter (1).

A la même époque, le lieutenant-colonel Burnier soumit à une commission, présidée par le colonel Legendre, des projectiles creux et de forme ogivale, portant deux ailettes venues de fonte, faisant une saillie de 6 millimètres. Comme on le voit, ces projectiles, par leur forme, se rapprochaient considérablement de ceux du major Cavalli. Les expériences furent faites à Vincennes, mais elles ne donnèrent pas des résultats satisfaisants.

Le 3 mars 1850, le capitaine Tamisier adressait au ministère de la guerre un mémoire dans lequel il demandait que l'on soumît à l'expérience un système de son invention. Les projectiles étaient munis de six ailettes rectangulaires en cuivre, venant s'appuyer au fond des rayures, et destinées à faire coïncider, pendant le tir, l'axe du projectile avec l'axe de la pièce. Celle-ci était rayée sur le pas de 2 mètres.

(1) *Mémorial d'artillerie*, VIII.

La commission à laquelle avait été soumis le système du lieutenant-colonel Burnier, fut chargée des expériences. On tira à faible charge et à petite distance, pour que les constatations fussent plus faciles.

Les résultats ayant été jugés satisfaisants, la commission autorisa le capitaine Tamisier à continuer et à développer ses études.

Pendant ce temps, le commandant Didion, membre de la commission, présenta quelques modifications au système Tamisier. La principale consistait à donner au fond des rayures une surface, non plus parallèle à l'âme de la pièce, mais inclinée d'un flanc de la rayure vers l'autre.

Cette disposition devait permettre de charger facilement le projectile en faisant appuyer ses ailettes au flanc de la rayure située du côté le plus profond, et d'autre part elle avait l'avantage de centrer complétement le projectile au moment du tir, parce qu'alors les ailettes tendant à se porter vers le flanc opposé rencontraient le fond de la rayure et touchaient le fond de tous côtés.

Les figures 306 et 307 feront comprendre ce point important.

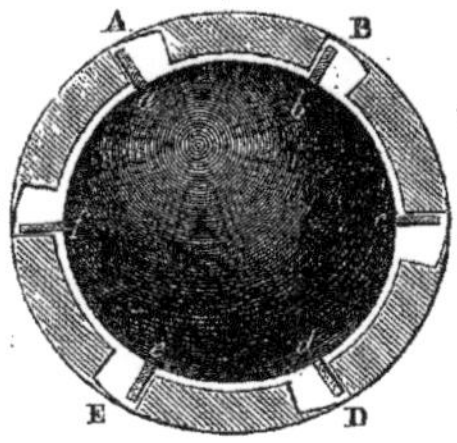

Fig. 306. — Projectile à ailettes (position du chargement).

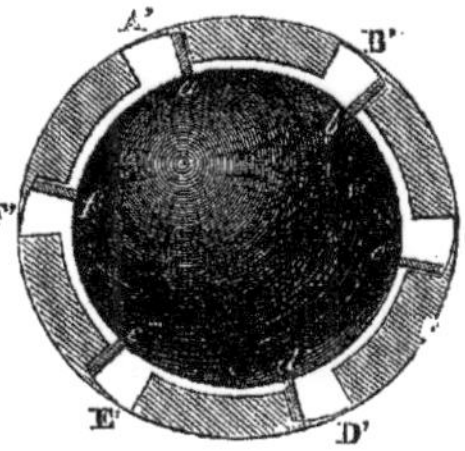

Fig. 307. — Projectile à ailettes (position au moment de la sortie).

Dans la figure 306, on a donné au projectile la position convenable pour le faire entrer jusqu'au tonnerre. Les ailettes A, B, C, D, E, F, ne rencontrent pas le fond des rayures, et le projectile peut être poussé jusqu'à sa place sans éprouver grande résistance.

La seconde figure montre le projectile lancé par l'action de la poudre, au moment où il va sortir de la pièce. Le boulet résistant, par son inertie, au mouvement de rotation, tend à appuyer ses ailettes A', B', C', D', E', F', contre l'autre flanc de la rayure ; mais elles viennent rencontrer les fonds de la rayure, et glissent à cette place, en maintenant la coïncidence de l'axe de l'âme et de l'axe du projectile.

Dans cette position, le boulet est dit *centré*.

L'essai des modifications proposées par le commandant Didion, fut ajourné, pour ne pas entraver les travaux du capitaine Tamisier.

M. Tamisier apporta alors à son système des perfectionnements extraordinaires. Il allongea son projectile et en fit un obus. Il remplaça les ailettes de cuivre par des ailettes de zinc ; enfin il eut l'idée de couler du plomb entre les saillies d'acier du projectile. Cette disposition, jointe à la rayure de la pièce qui correspond aux saillies du projectile, a l'avantage de produire une occlusion parfaite du calibre de la bouche à feu au moment de l'explosion, et de s'opposer ainsi à tout dégagement, à l'extérieur, des gaz provenant de la combustion de la poudre, en d'autres termes, de supprimer le *vent* du projectile. Quand le boulet est lancé, le plomb qui garnit le contour du projectile, fond, ou du moins se ramollit,

Fig. 308. — Le canon rayé français (pièce de campagne du calibre de 4).

et se moulant, comme à travers une filière, à l'intérieur des sillons de la pièce, il produit une fermeture absolue, qui s'oppose à la sortie des gaz provenant de la combustion de la poudre.

Des pièces rayées de divers modèles, furent mises à la disposition de la commission, pour qu'elle fût à même de fixer le pas le plus utile à donner à l'hélice. Enfin comme les portées de ces pièces étaient devenues trop grandes et dépassaient les limites du polygone de Vincennes, la commission se transporta à la Fère, pour continuer ses expériences.

Elles furent interrompues pendant quelque temps, puis reprises en 1854, sous la présidence du général Larchey.

De nouveaux tracés de rayures furent proposés par le capitaine Chanal, puis modifiés par M. Treuille de Beaulieu, alors chef d'escadron et directeur de l'atelier de précision au dépôt central de l'artillerie. Cet officier inventa à cette époque, l'admirable fusée métallique qui joue un si grand rôle dans le projectile actuel, et qui sera décrite plus loin.

En 1855, la prairie de la Fère ayant été inondée, le ministre ordonna que les travaux de la commission fussent transportés à Calais.

Les systèmes du commandant Treuille de Beaulieu donnèrent des résultats inespérés, et les projets de cet officier furent enfin acceptés sans modifications. Les pièces de 4 et de 12 de notre artillerie furent rayées d'après ce système, et les projectiles explosifs munis de la nouvelle fusée devinrent réglementaires.

Des canons de divers calibres, rayés d'après ce système définitif, devaient être transportés en Crimée en 1855. Mais survint la paix, qui fit suspendre ces préparatifs.

Entre 1856 et 1859, de nouvelles études furent reprises, dans le but de fixer définitivement les dimensions à donner aux diverses parties des pièces rayées de tout calibre. Des essais de tir en brèche furent faits à Douai et au fort Liédot.

De toutes ces études sortit enfin le célèbre *canon rayé français* (*fig.* 308) qui fit tant parler de lui, lors de son apparition en Italie en 1859. Son calibre est celui des anciens canons de quatre ; son diamètre est de 86^{mm},5. Le canon seul ne pèse que

333 kilogrammes. La pièce avec son affût et le caisson contenant trente-quatre coups d'approvisionnement, pèse 1,200 kilogrammes.

Le poids du projectile est de 4 kilogrammes, et la charge de poudre est fixée à 550 grammes, c'est-à-dire seulement un peu plus du dixième du poids du projectile. La portée maximum est de 4,600 mètres, mais la hausse marquant la portée utile, n'est graduée que jusqu'à 3,200 mètres.

Le projectile est un obus. Le canon rayé français est donc véritablement un obusier, le boulet plein étant totalement supprimé. L'obus est chargé de 200 grammes de poudre, lesquels suffisent à le faire éclater en vingt ou vingt-cinq morceaux dangereux, avec quelques fragments plus petits, que l'on ne peut compter.

La figure 309 représente cet obus, muni

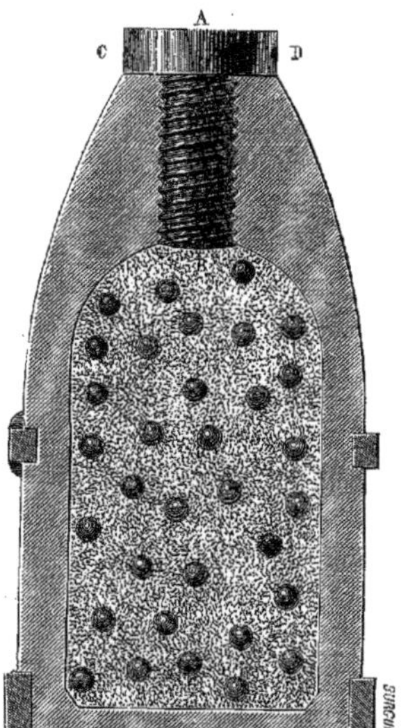

Fig. 309. — Obus du canon rayé français et sa fusée métallique.

de la fusée métallique du commandant Treuille de Beaulieu. La partie cylindrique et filetée de la fusée AB, est percée à l'intérieur d'un canal longitudinal communiquant, à angle droit, avec divers autres canaux pratiqués dans la tête aplatie, et qui ont leur ouverture à l'extérieur, aux points C et D. Tous ces canaux sont remplis d'une composition fusante qu'allume l'inflammation de la charge de poudre qui lance l'obus. Le temps que met à brûler une longueur donnée de la composition, est rigoureusement calculé. On peut faire éclater le projectile à une distance déterminée en ne laissant ouvert que l'un ou l'autre des *évents* que porte la tête A, du projectile, parce que chacun d'eux correspond à un canal de longueur différente.

La figure 310 est une coupe de la tête de la fusée, on y voit les *évents* A, B, C, qui

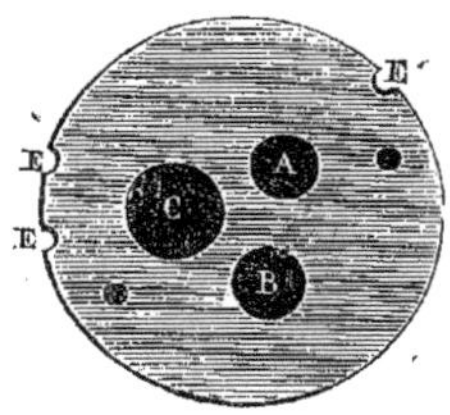

Fig. 310. — Coupe de la tête de la fusée de l'obus français.

communiquent avec l'intérieur de l'obus. La figure 311 montre l'extrémité inférieure de cette fusée et l'abouchement des évents, A, B, C dans l'intérieur de l'obus.

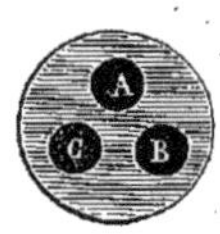

Fig. 311. — Bout de la fusée avec les trois conduits.

Dans la pratique on se contente de boucher seulement les canaux qui feraient éclater l'obus à une distance plus courte que celle à laquelle on vise, afin que si l'évent correspondant à la distance voulue venait à manquer, l'inflammation pût encore arriver à la charge intérieure, par les canaux de longueur plus grande.

Le canon de campagne tire encore, au besoin, des boîtes à balles et des obus à balles, nommés *shrapnels*.

La boîte à balles s'ouvre quand elle est lancée par la poudre et, arrivée à la bouche de la pièce, laisse voler les quarante et une balles de fer qu'elle contient, jusqu'à la distance de 600 mètres.

Le *shrapnel* a, extérieurement, la forme d'un obus ordinaire. Il contient quatre-vingt-cinq petites balles de plomb, et soixante grammes de poudre, laquelle occupe la partie postérieure de la chambre. Il doit éclater en l'air, à peu de distance de la ligne que l'on veut frapper ; les fragments de l'obus volent en avant et sur les côtés, et les balles s'éparpillent suivant un cône à base antérieure, avec une vitesse telle qu'elles peuvent porter jusqu'à 274 mètres au delà du point où l'obus éclate. Dans la figure 309 qui représente le projectile du canon français, on a supposé que la charge de l'obus est le *shrapnel* contenant 85 balles de plomb.

A l'époque de la campagne d'Italie, nos canons n'avaient que trois rayures, comme le représente la figure 312. Les obus portaient

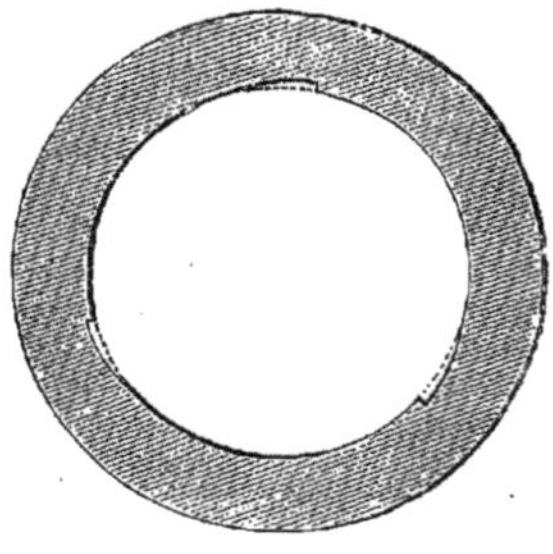

Fig. 312. — Rayure du canon français de 1859.

six *ailettes* (deux pour chaque rayure) dont la ligne d'implantation faisait le même angle avec la génératrice du projectile que la rayure de la pièce avec la génératrice de l'âme. On avait adopté pour les rayures le principe du commandant Didion ; mais elles étaient si peu profondes que le flanc du chargement n'avait qu'une faible hauteur et que le flanc directeur avait disparu.

Plus tard, on creusa six rayures, et les obus portèrent douze ailettes disposées deux à deux. Le fond de la rayure reprit ainsi sa symétrie ; mais la forme de l'ailette fut modifiée en compensation.

La figure 313 montre la coupe de l'une

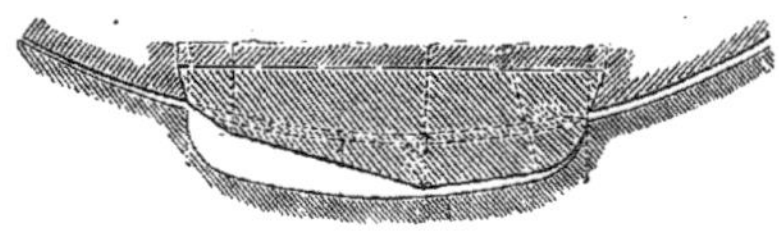

Fig. 313. — Position du boulet dans la rayure du canon français.

des six rayures et de l'ailette correspondante dans la position du chargement.

La figure 314 représente la rayure et le

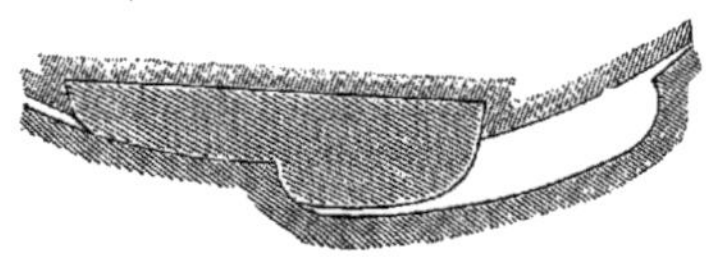

Fig. 314. — Position du boulet à la sortie du canon français.

projectile au moment de la sortie de la bouche. Le tenon de zinc a été écrasé par le flanc directeur, et un angle curviligne s'est formé sur sa partie plate.

La rayure est progressive ; c'est-à-dire que partant du tonnerre, dans la direction de l'axe de la pièce, elle s'infléchit de plus en plus jusqu'à la bouche. Cette disposition répartit l'effort sur toute la longueur de la pièce.

Les qualités qui caractérisent le système français sont la simplicité, la légèreté et l'économie.

Ce dernier avantage sera suffisamment démontré par ce fait, que lorsqu'on s'occupa de transformer les anciennes pièces de 4 et de 12 dans le nouveau système, c'est-à-dire quand on raya ces anciennes pièces, le prix des seules rognures du métal suffit à payer la main-d'œuvre (1).

Outre le canon de campagne de 4, que nous venons de décrire, l'armée française emmena en Italie un certain nombre des anciens canons de 12, auxquels on avait appliqué la rayure. Ce furent les pièces de réserve ; elles devaient servir dans les cas imprévus. Mais on n'eut pas occasion d'en faire usage.

Lors de la campagne d'Italie, les pièces rayées étaient un secret pour tout le monde, même pour les officiers de l'artillerie française (2). Les canons furent placés dans des caisses, sur lesquelles était écrit le mot *fragile*, et embarqués pour Gènes. Quelques jours après, presque sans instruction préalable, les artilleurs s'en servaient avec l'efficacité que chacun connaît.

C'est le 19 mai 1859, à Alexandrie, la veille du combat de Montebello, que fut tiré le premier coup des nouveaux canons. Plus tard, à la bataille de Solferino, une batterie de ces canons rayés alla détruire les réserves autrichiennes, à une distance qui avait été jugée par l'ennemi tout à fait hors de la portée de l'artillerie.

Dans la campagne de Chine, les pièces françaises et les lourds canons Armstrong, de l'armée anglaise, eurent à traverser une vaste étendue de terrain de marais, sans autre attelage que les misérables petits chevaux du pays. Notre artillerie s'en tira sans grande difficulté, tandis que les « wagons Armstrong », comme on les a appelés, restèrent piteusement embourbés, et n'arrivèrent que trop tard sur le champ de bataille. Voilà pour la légèreté du système de l'artillerie rayée française.

Par suite de toutes ces transformations, l'artillerie française actuelle ne ressemble guère à ce qu'elle était pendant les longues périodes de son histoire que nous avons passées en revue.

Les boulets pleins sont supprimés, les projectiles de l'artillerie rayée sont des obus, lançant soit leurs propres éclats, soit des balles (*chrapnels*), ou des boîtes à balles. Les projectiles cylindro-coniques remplissent les deux conditions de frapper comme les anciens boulets pleins, et d'éclater comme les obus. En dévissant plus ou moins la fusée métallique, pour déboucher les *évents*, on les fait éclater au point désiré.

Le nombre des calibres de notre artillerie nouvelle est réduit à deux : le calibre de 4, ou le *canon de campagne*, et le calibre de 12, ou *pièce de siége*.

Aucun de ces canons ne se charge par la culasse. Le chargement par la culasse est réservé aux grosses bouches à feu de la marine, dont nous parlerons en terminant cette Notice.

Malgré sa prodigieuse légèreté, car la pièce de campagne, comme nous l'avons dit ne pèse que 333 kilogrammes, la portée de nos canons rayés, ainsi que la précision de leur tir, sont extraordinaires. La pièce de campagne lance son boulet cylindro-ogival à une lieue de distance. A 1,200 mètres, tous les boulets atteignent une cible de 2 mètres de haut. A la même distance, la pièce de 12, employée dans divers pays, mettrait à peine un boulet sur dix dans une cible quinze fois plus grande.

A 2,000 mètres, les écarts du boulet cylindro-ogival n'excèdent pas 2 à 3 mètres, et sa portée totale va jusqu'à 4,500 mètres.

En raison de son faible poids, la pièce de campagne rayée se transporte avec la plus grande facilité, d'un lieu dans un autre,

(1) Aloncle, *Études sur l'artillerie navale de l'Angleterre et des États-Unis*, 1863. Paris, in-8°.

(2) Un premier emploi du canon rayé avait été fait dans la guerre contre les Kabyles, en 1857 ; mais on avait fait peu d'attention au rôle que les nouvelles bouches à feu avaient joué dans cette expédition. On avait attribué à l'impétuosité et au courage ordinaire de nos soldats la déroute des Kabyles. Nos batteries établies sur les plateaux de l'Atlas, à une prodigieuse distance de l'ennemi, portèrent la mort dans ses rangs et déterminèrent sa prompte retraite.

même sans le secours de chevaux. La charge de poudre est de 500 grammes. Son explosion est si meurtrière, qu'en très-peu de temps elle peut détruire un corps de cavalerie.

La pièce de 12 remplace avantageusement les gros calibres, surtout celui de 24. Avec cette dernière pièce, il fallait autrefois 8 kilogrammes de poudre pour lancer son boulet sphérique, tandis qu'avec la nouvelle pièce rayée de 12, il suffit de 1,200 grammes de poudre pour produire un effet double, et cela en moitié moins de temps. Le boulet de la pièce rayée de 12, tiré à 70 mètres de distance, pénètre à une profondeur de 80 centimètres dans des pierres reliées par la chaux ou le ciment, ou dans les briques ; en y éclatant, il fait d'énormes trous en forme d'entonnoir.

Nous n'apprendrons rien à personne en disant combien fut grand l'étonnement des nations militaires des deux mondes, quand on connut le triomphe qui avait signalé l'inauguration de la nouvelle artillerie rayée française dans les plaines de l'Italie. Une émulation générale en fut la conséquence. De toutes parts les gouvernements favorisèrent les essais nouveaux, ou les expériences sur les projets déjà présentés. Nous allons examiner, dans les chapitres suivants, la nouvelle artillerie créée en Angleterre et en Amérique, dans le système du chargement par la bouche.

CHAPITRE XXI

CANONS ANGLAIS SE CHARGEANT PAR LA BOUCHE. — LE CANON LANCASTER ET LE CANON WHITWORTH. — PRINCIPE DE LA CONSTRUCTION DU CANON WHITWORTH.

Après les succès du canon rayé français sur les champs de bataille de l'Italie, le système Lancaster et le système Whitworth attirèrent beaucoup l'attention en Angleterre. Comme il s'agit de canons se chargeant par la bouche, c'est le lieu d'en parler ici. Le canon Armstrong fit également beaucoup parler de lui, à la même époque; mais comme il appartenait alors au système de chargement par la culasse, nous devons renvoyer plus loin sa description.

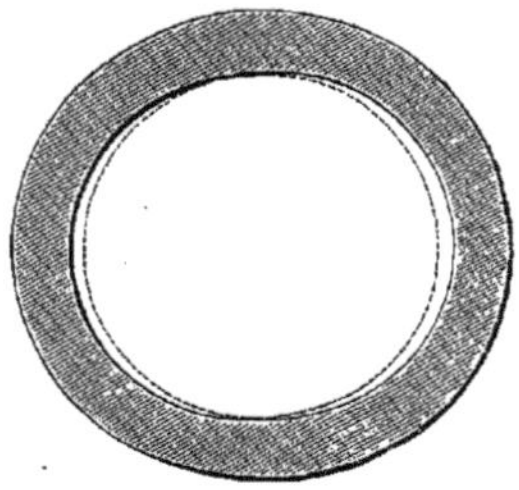

Fig. 315. — Rayure du canon Lancaster.

Le canon Lancaster avait déjà été expérimenté par l'artillerie anglaise en Crimée.

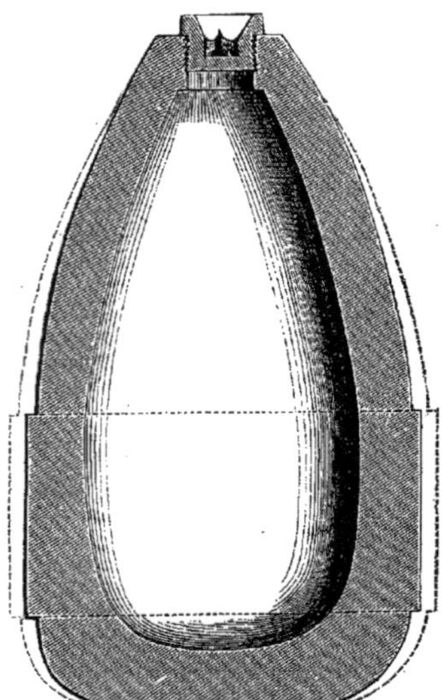

Fig. 316. — Obus du canon Lancaster.

L'âme, de forme elliptique et de grand diamètre, tourne en hélice, suivant un pas de

30 pieds anglais, c'est-à-dire d'un peu moins de 6 mètres. En d'autres termes, l'âme peut être considérée comme cylindrique, et elle est seulement creusée de deux larges rayures, arrondies et peu profondes. La figure 315 représente la rayure des canons Lancaster.

Le projectile est un obus, de forme elliptique, comme l'âme. La figure 316 représente ce projectile.

Dans les essais qui furent faits en Crimée des canons Lancaster, les pièces éclatèrent souvent, parce que le projectile se *coinçait* dans la pièce, c'est-à-dire butait dans l'intérieur, de manière à n'en pouvoir sortir, et à provoquer la rupture du canon. On peut dire que cette artillerie fit plus de mal aux Anglais eux-mêmes qu'aux Russes (1).

M. Haddam modifia légèrement ce système en donnant une rayure de plus à l'âme, laquelle prend ainsi une forme curviligne triangulaire.

M. Haddam construisit des obus de plusieurs sortes, les uns à sabots et à ailettes à la partie antérieure, les autres affectant simplement la forme de l'âme de la pièce.

Les canons de M. Haddam ne donnèrent pas des résultats beaucoup meilleurs que ceux de M. Lancaster et pour les mêmes raisons.

Passons au canon Whitworth.

En 1855, M. Whitworth prit un brevet

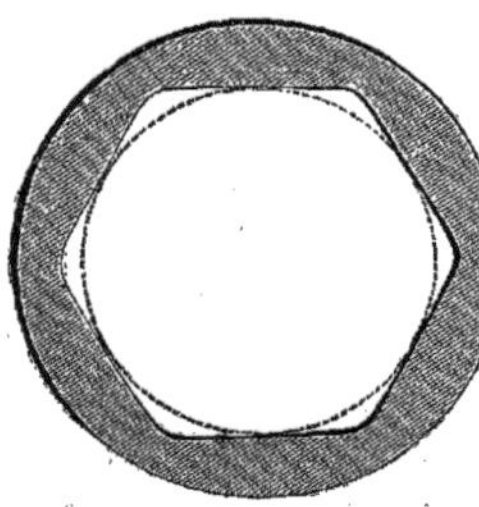

Fig. 317. — Rayure Whitworth.

pour un système de canon à rayure hexagonale, et à pas très-rapide. La figure 317 représente ce système de rayure.

M. Whitworth employait diverses sortes de boulets et d'obus, en général très-allongés, et moulés sur cette forme. La figure 318 représente le projectile plein employé pour percer les cuirasses des vaisseaux.

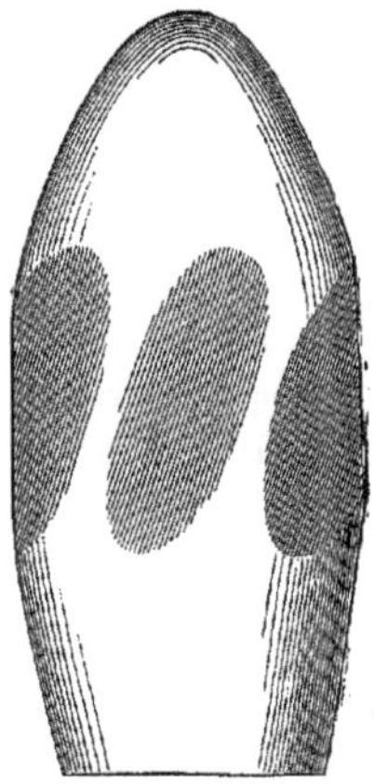

Fig. 318. — Boulet Whitworth.

En même temps, M. Whitworth inventait un modèle nouveau pour la fabrication de bouches à feu. Quelques explications particulières sont indispensables pour faire comprendre le principe sur lequel est fondée la construction du canon Whitworth.

Il ne faudrait pas croire qu'en augmentant indéfiniment l'épaisseur d'un canon, on puisse augmenter indéfiniment sa résistance. Le raisonnement suivant, qui a été trouvé par le capitaine Blakely, de l'artillerie anglaise, fera comprendre ce fait.

Supposons qu'on suspende un poids d'une tonne à l'extrémité d'une barre métallique verticale, de 1 mètre de longueur, et d'une grosseur déterminée et suffisante. Cette barre s'allongera d'une certaine quantité ; et si la limite d'élasticité du métal employé n'a pas été dépassée, le poids une fois ôté, la barre reprendra sa longueur première.

(1) Aloncle, *Études sur l'artillerie navale.*

Si nous prenons deux barres de 1 mètre de longueur chacune, et que nous leur fassions porter solidairement un poids de deux tonnes, les choses se passeront comme si chaque barre n'avait supporté qu'une tonne; les augmentations de longueur des deux barres seront égales.

Si, maintenant, nous supposons que l'une de ces barres ait 2 mètres de longueur, et l'autre 1 mètre; la barre de 2 mètres tendrait à s'allonger d'une quantité double de l'autre pour le même poids à supporter; mais l'extrémité inférieure de la grande barre ne pouvant pas dépasser celle de la petite, il s'en suivra que les allongements seront égaux dans chaque barre, que la grande ne subira presque aucun effort, que presque tout le poids sera supporté par la petite. Il pourra arriver que la petite barre excédée se rompe, et que sa rupture entraîne celle de la grande barre.

Ce qui est vrai pour les barres verticales, sera vrai encore pour ces mêmes barres courbées en cercle et disposées concentriquement, pour supporter en même temps un effort agissant suivant la circonférence intérieure, comme le serait par exemple la poussée d'un mandrin trop gros. Les deux barres devant se distendre de la même quantité, la barre intérieure supportera d'abord presque tout l'effort et pourra se rompre ; puis l'effort tout entier portant sur la barre extérieure, celle-ci se rompra à son tour.

On peut diviser, par la pensée, l'épaisseur d'un canon en différentes couches, lesquelles se trouveront dans le cas des cercles concentriques. La pression du gaz de la poudre tendra à excéder la résistance de la couche de métal intérieure, avant d'avoir agi sensiblement sur la couche la plus éloignée ; et il est évident maintenant, qu'en augmentant indéfiniment l'épaisseur du canon, on arrivera à ce point que la couche extérieure du métal n'aidera en rien à la résistance de l'âme.

Voilà donc, au point de vue théorique, comment un canon éclate. Les couches ayant la moins grande longueur de circuit se rompent d'abord, par le point le plus faible; puis la rupture gagne les autres couches, à mesure que l'effort agit sur un point de plus en plus éloigné.

Pour que l'épaisseur du métal acquière toute son utilité, il faudrait que les couches successives s'allongeassent de la même quantité sous le même effort. Il faudrait fabriquer les canons avec des métaux différents et disposés par cercles superposés, suivant l'ordre inverse de leurs allongements respectifs, l'épaisseur de chacun de ces cercles étant calculée d'après la différence de l'allongement de la couche précédente et de la couche suivante. Ou bien, n'employer qu'un seul métal, mais faire en sorte que les couches différentes se compriment successivement, pour soutenir la plus intérieure.

Sur ce principe sont basés plusieurs systèmes de fabrication des canons, et particulièrement ceux de MM. Longridge, Mallet et Whitworth.

En 1855, M. Longridge proposa de construire les pièces en enroulant sur une âme de fonte des couches de fil de fer de plus en plus serrées jusqu'à l'extérieur (1). La pression eût été calculée de telle sorte que chaque tour de fil eût subi le même allongement sous l'effort de la décharge. On eût ainsi obtenu à très-bas prix des canons d'une excellente résistance. Ce système n'a pas été expérimenté d'une manière suffisante pour que l'on puisse l'apprécier avec connaissance de cause.

Pendant cette même année, M. Mallet publia, en Angleterre, un mémoire sur la fabrication des canons formés de cercles superposés. Chaque cercle est trop petit pour recouvrir celui qui le précède; pour l'ajuster, pour le mettre en place, on le dilate par la

(1) Adts, *Canons rayés, système Cavalli et Armstrong*, brochure in-8. Paris 1861.

chaleur, et on refroidit en même temps l'âme de la pièce. Puis le cercle est chassé à coups de marteaux, jusqu'à la partie qu'il doit occuper. Des mortiers de 36 pouces furent ainsi construits, et les épreuves du tir montrèrent que leur résistance était bien supérieure à celle des pièces ordinaires.

M. Whitworth construisit ses canons sur ce principe des cercles de renforcement, qui venait d'être mis en œuvre en Angleterre par M. Mallet.

L'âme est d'une seule pièce et en acier fondu. Sur cette âme on chasse, au moyen d'une presse hydraulique, mais à froid, des cercles d'un autre acier, plus résistant. On enfonce ainsi l'un sur l'autre sept à huit cercles d'acier de force croissante, mais chacun de dimension décroissante. Le calibre intérieur de l'âme, au lieu d'être cylindrique, présente une forme légèrement conique, qui permet de donner aux cercles en les enfonçant jusqu'au point voulu, et avec une grande précision, une résistance déterminée.

La figure 319 représente l'élévation d'un canon de M. Whitworth de 7 pouces de calibre.

La figure 320, qui montre la coupe de la même pièce, fait voir les rapports de l'âme et des différents segments qui la soutiennent. Ces cercles, après avoir été amenés au contact, sont vissés les uns aux autres. Cette disposition a pour but d'éviter que la secousse du recul ne les disjoigne. La culasse se compose d'un simple bouton massif, vissé.

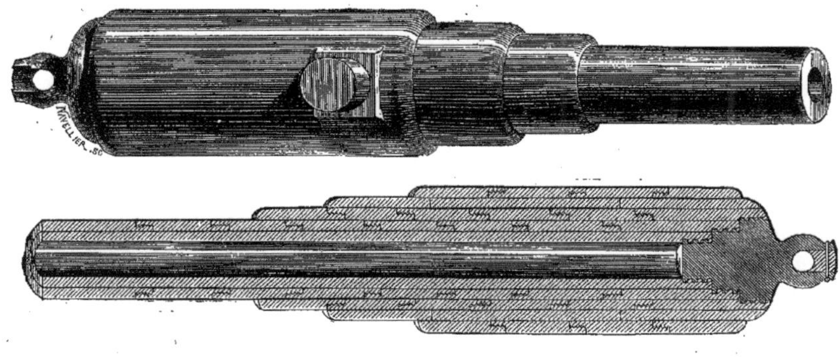

Fig. 319 et 320. — Canon Whitworth et coupe du même canon.

La prodigieuse résistance de ces pièces permit d'employer d'énormes charges de poudre et des projectiles ayant en longueur trois fois environ le calibre du canon.

Les obus destinés à percer la cuirasse ressemblent à ceux du canon Lancaster représenté plus haut (*fig.* 316). Ils sont en acier à tête plate et plus courts que les autres, afin d'obtenir une vitesse initiale considérable. Ils renferment une charge de poudre, faible relativement à leur poids, et ne portent pas de fusée, parce que l'échauffement que reçoit le projectile en traversant la plaque, suffit à déterminer leur explosion. On a même quelquefois remarqué que l'inflammation de la poudre est trop prompte ; l'obus éclate dans la cuirasse même du navire supposé, au lieu de faire explosion dans la batterie. C'est ce qui a amené à interposer entre la poudre et le métal du projectile, plusieurs doubles de flanelle, afin de retarder la transmission du calorique.

Des expériences de tir, restées célèbres, furent faites en Angleterre, à Schœburyness, en 1862. On tirait sur des cibles de bois et de fer, d'une énorme épaisseur, simulant la paroi des vaisseaux les mieux cuirassés que l'on eût construits jusqu'alors. Dans ces expériences le canon Whitworth eut constamment l'avantage sur les canons de tous les autres systèmes. L'obus qu'il lançait dans ces expériences, pesait cent trente livres anglaises (environ 60 kilogrammes) et contenait trois livres 1/2 de poudre.

La précision de son tir fut telle, qu'à la distance de trois cents yards (presque 300 mètres) tous ses boulets portaient dans un œil de bœuf d'un pied de diamètre.

Plusieurs des canons du système Whitworth, de calibre et de grandeur très-différents, furent construits, en Angleterre, sans qu'on eût encore arrêté les dimensions les meilleures. On a modifié plus tard le nombre et la forme des rayures, en conservant cependant l'aspect polygonal de la coupe que nous avons représenté plus haut (*fig.* 317). Il serait trop long d'entrer dans tous ces détails.

Le canon Whitworth offre une résistance et une régularité de tir qu'on avait vainement cherchés jusqu'à son apparition. Le principe de ses rayures paraît être défectueux en ce qu'il rend le chargement difficile et expose au *coincement* du boulet. Les expériences futures ou les nouveaux modèles que les inventeurs nous réservent, feront peut-être oublier ce canon ; mais l'excellente méthode de sa construction restera acquise à la science, et le célèbre ingénieur anglais aura tout au moins démontré l'étonnante résistance de l'assemblage de métaux qui servent à composer ses pièces.

CHAPITRE XXII

L'AUTRICHE FABRIQUE DES PIÈCES D'ARTILLERIE POUR LE TIR AU FULMI-COTON. — LE CANON DU GÉNÉRAL LENK. — SYSTÈME DE L'ARTILLERIE AUTRICHIENNE POUR L'EMPLOI DU FULMI-COTON.

Pendant que s'accomplissaient, en Angleterre, les tentatives et les progrès que nous venons de raconter, l'Autriche créait un système tout nouveau d'artillerie, basé, non plus sur l'emploi de la vieille poudre noire, mais sur celui du fulmi-coton.

A la suite de la découverte du coton-poudre par M. Schönbein, et de sa communication à la diète de Francfort en 1846, une commission d'officiers allemands fut instituée, pour soumettre le nouveau corps à des études approfondies.

Les expériences se firent à Mayence, en 1846. Soit que la préparation du coton-poudre fût encore défectueuse et donnât des produits de composition variable, soit que les expériences eussent été mal conduites, les résultats furent jugés avec défaveur.

Cependant le baron Lenk de Wolfoberg, alors capitaine d'artillerie, et membre de la commission, imagina, comme nous l'avons dit à l'article *fulmi-coton*, dans la *Notice sur les poudres de guerre*, un mode de préparation du pyroxyle, qui donnait un produit de qualités excellentes, et d'une composition toujours identique.

Les expériences furent donc reprises. Elles se prolongèrent pendant les années 1847 1848, 1850 et 1851. On reconnut que le coton-poudre n'encrassait pas les armes, ce qui permettait de diminuer le *vent* à laisser au projectile. D'autre part le fulmicoton étant plus brisant que la poudre ordinaire, il fallait réduire la longueur des pièces au profit de l'épaisseur du métal à la culasse, ce qui n'avait aucun désavantage. Nul accident n'arriva, d'ailleurs, pendant la préparation, pendant le transport, ni les manipulations diverses; le pyroxyle se conservait toujours identique à lui-même, sans s'altérer en rien par les changements de température ou par l'action de l'air.

Cependant vers 1852, les notabilités scientifiques et militaires de la France et de l'Angleterre, s'étant prononcées, ainsi que nous l'avons déjà dit, contre l'emploi du fulmi-coton dans les armes à feu, la commission autrichienne, après quelques hésitations, finit par se ranger au même avis.

En dépit de cette première condamnation, une nouvelle commission reprit les mêmes travaux, en 1853, sous la présidence du chevalier de Hauslab. Une batterie de pièces de 12, appropriée à l'usage du fulmi-coton, fut construite.

En 1855, l'artillerie autrichienne possédait cinq batteries à fulmi-coton, complétement équipées et prêtes à entrer en campagne. Toutefois, par suite de la timidité des commissions, ou par toute autre cause, aucun de ces canons ne fut envoyé en Lombardie, au moment de la campagne de 1859.

La supériorité écrasante que l'artillerie rayée française manifesta pendant cette campagne, vint donner quelque émulation aux officiers autrichiens, et l'on reprit, en toute hâte, les études du système Lenk. Trois batteries complètes, avec leurs munitions et leurs hommes, allaient être envoyées dans la Lombardie, lorsque la paix de Villafranca les fit rentrer dans les arsenaux.

Plus tard, l'efficacité de la rayure étant reconnue comme bien évidente, le baron Lenk, devenu major-général, imagina un système vraiment admirable par sa simplicité, et dans lequel on supprime presque entièrement le *vent* du projectile, qui est plus nuisible dans les pièces à fulmi-coton que dans les canons ordinaires.

La bouche de la pièce (*fig.* 321) montre le système particulier de rayure de ces bouches à feu, dont nous allons dire l'utilité.

Le corps de l'âme est une spirale, présentant trois rayures. Si nous ne considérons qu'une des rayures, le flanc de droite est le flanc

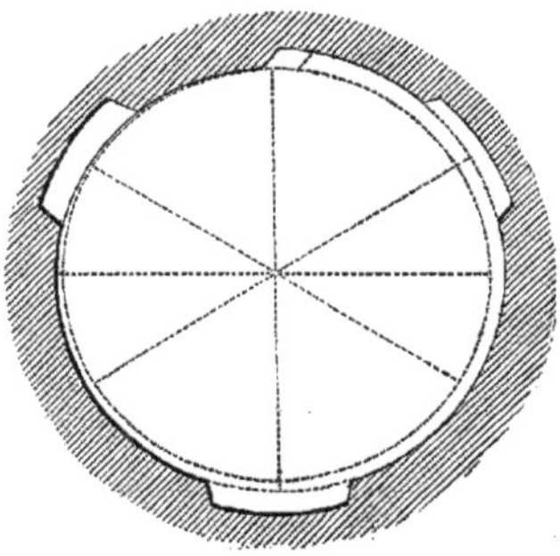

Fig. 321. — Rayure de la pièce autrichienne à fulmi-coton.

de chargement : c'est celui sur lequel s'appuie l'ailette du projectile quand on le charge ; le flanc de gauche est celui au contact duquel vient l'ailette quand le projectile sort de l'âme.

La forme du projectile, qu'il faut connaître pour l'intelligence de la méthode, est moulée sur celle de l'âme. La partie supérieure de la figure 322 montre son élévation ; la partie inférieure, raccordée à la première par des traits, en est la coupe.

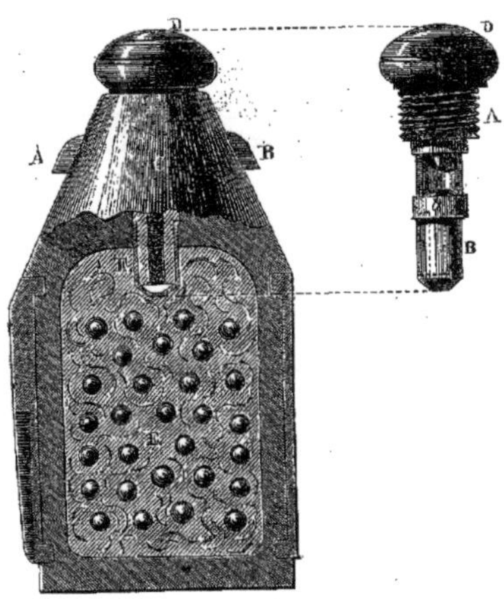

Fig. 322 et 323. — Obus de la pièce autrichienne à fulmi-coton et fusée de cet obus.

Le contour du projectile porte trois ailettes, A, B, C, pour correspondre aux trois rainures de l'âme ; sa forme, en faisant abstraction des saillies, est une spirale. La longueur de chaque ailette est égale à la largeur de la rainure correspondante. D est la tête du projectile, qui est lancée en avant, F l'extrémité de cette fusée, E la cavité qui renferme les balles et le fulmi-coton destiné à faire explosion.

Les obus lancés par ces canons, sont de deux sortes : ceux qui doivent éclater au bout d'un temps déterminé portent une fusée à la française, tout à fait semblable à celle que nous avons décrite en parlant du projectile du canon rayé français (voir page 433 figure 309), et ceux qui ne doivent faire explosion que par l'effet de la percussion de leur partie antérieure.

La figure 323 montre la disposition appropriée à cet effet. Au-dessous de la tête du projectile D, est le sommet de la fusée, A. Cette partie est composée d'un métal mou, que le choc écrase. Dès lors la pointe *a*, vient frapper une composition fulminante déposée en *b*, audessus d'un petit canal, B, correspondant avec le fulmi-coton contenu dans l'intérieur de l'obus.

La figure 324 représente la forme de la pièce autrichienne. Cette pièce est montée sur un affût ordinaire. Seulement entre les deux flasques est un caisson, surmonté d'un siége en forme de selle, où peut se placer un artilleur, pendant que la pièce est entraînée au trot de l'attelage (1).

Un grand nombre de canons de divers ca-

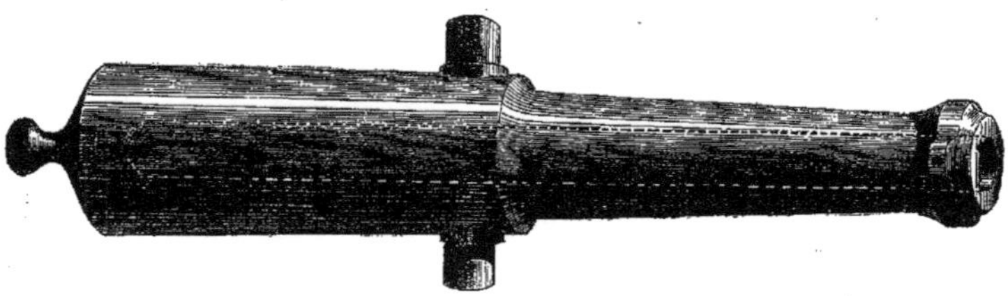

Fig. 324. — Bouche à feu rayée de 4 de l'artillerie autrichienne.

libre furent construits d'après ce modèle. Cependant les commissaires du gouvernement autrichien s'opposèrent constamment à leur acceptation définitive. Ces bouches à feu furent plusieurs fois abandonnées et reprises, et nous ignorons si, au moment où nous écrivons, l'artillerie du général Lenk est, ou n'est pas, en faveur auprès des chefs de l'armée.

Ce système est très-ingénieux par sa rayure et par la disposition des différentes pièces accessoires, notamment de la hausse pour les grandes portées. Mais on ne pourra songer à remplacer définitivement la poudre ordinaire par le coton-poudre dans l'usage courant de l'artillerie, que lorsque les pièces de bronze anciennes seront remplacées par des canons d'acier, ou d'un métal plus résistant que le bronze ordinaire des canons. On peut cependant prédire, sans crainte de se tromper, que, dans un intervalle plus ou moins prochain, les projectiles explosifs seront chargés, non de poudre ordinaire, mais de fulmi-coton, puisqu'il est établi qu'à volume égal, ce corps produit des effets trois fois plus grands que la poudre ordinaire, et que les effets brisants que l'on redoute pour la résistance des bouches à feu sont, au contraire, ce que l'on recherche, dans les projectiles explosifs, dans les obus et les

(1) *Notice sur les canons rayés de campagne et de montagne autrichiens à fulmi-coton (système Lenk) par A. Rutzky et O. Grahl, lieutenants de l'artillerie autrichienne*, traduit de l'allemand par le colonel d'Herbelot, in-8. Paris et Leyde, 1864.

bombes, qui doivent être brisés par l'inflammation de la poudre.

CHAPITRE XXIII

L'ARTILLERIE RAYÉE EN AMÉRIQUE. — SYSTÈME DE FABRICATION DES CANONS DE M. BLAKELY. — LE CANON PARROT. — LE CANON DAHLGREEN. — SYSTÈME DE M. RODMAN. — M. WIARD MODIFIE LE SYSTÈME DAHLGREEN.

Pour terminer cette revue des principaux systèmes de canons se chargeant par la bouche, nous avons encore à donner la caractéristique de quelques pièces de grand calibre qui sont en usage surtout en Amérique. Nous n'aurons pas, d'ailleurs, à nous étendre sur la disposition, les dimensions et les poids des différentes parties de ce matériel, parce que ces pièces sont encore à l'étude, et qu'on est loin d'avoir adopté un modèle définitif.

Le capitaine anglais, Blakely, dont nous avons déjà relaté la théorie concernant la résistance des différentes couches d'un canon, a montré qu'il convenait encore, pour atteindre à la plus grande solidité possible, de donner à la couche intérieure une élasticité plus grande qu'aux autres couches, et à l'extérieur l'élasticité la plus faible. Comme il serait très-difficile, en pratique, de composer un canon d'un nombre considérable d'enveloppes, le capitaine Blakely réduit à deux le nombre des couches. La couche intérieure est faite d'acier, dit *inférieur*, très-élastique et très-résistant. La couche extérieure est composée d'une série d'anneaux d'acier fin, travaillés au martinet hydraulique sur un mandrin d'acier.

La figure 325 représente le *canon Blakely* qui figura à l'Exposition universelle de Londres de 1862, et qui ne fut pas sans influence sur les travaux de sir William Armstrong, venus peu de temps après.

Voici ce que dit M. Holley au sujet de ce canon qui a fait époque dans l'histoire de l'artillerie moderne, mais dont les dispositions particulières ne sont pas toutes bien connues :

« Les plus gros canons fabriqués jusqu'ici d'après les indications du capitaine Blakely sont des canons rayés de 12 pouces 3/4, appelés canons de 900, faits par MM. George Forrester et Cie à la fonderie de Vauxhall, Liverpool, et envoyés à Charleston. Ces canons ont des barils en fer coulé, cerclés en fer coulé, mis en place avec une légère tension. Il y a un cercle extérieur d'acier sur la chambre à poudre. Une chambre à air de bronze avec âme de 6 pouces 1/2 est placée dans la culasse, comme on le voit sur la figure.

	pieds.	pouces.
Longueur totale du canon..........	16	2
Longueur totale de l'âme jusqu'à la chambre de bronze..............	12	7 1/2
Longueur totale jusqu'au fond de la chambre......................	15	4
Diamètre maximum du fer coulé....	»	44
Diamètre de la bouche en fer coulé.	»	24
Diamètre sur le cercle d'acier......	»	50
Diamètre de l'âme................	»	12 1/4
Diamètre de la chambre à air......	»	6 1/4
Poids...........................		27 ton.

« Ces canons étaient destinés à tirer des obus ; la charge est de 50 livres avec un obus de 700 livres. Le premier de ces canons a éclaté à Charleston avec 40 livres de poudre et un obus de 700 livres ; mais le capitaine Blakely attribue cet accident à ce qu'on avait rempli de poudre la chambre à air, en laissant ainsi un espace d'air entre la charge et le projectile, au lieu de le laisser derrière la charge, d'après son projet.

« La rayure du canon de 9 pouces est montrée en grandeur naturelle figure 36. L'explosion de la poudre force dans les rainures le disque de cuivre qui est placé sur l'arrière du projectile.

« L'acier qu'on emploie habituellement est celui de MM. Naylor, Wickers et Cie de Sheffield. On se sert aussi des aciers Krupp, Bessemer et Firth. Les anneaux étroits sont roulés sans soudure avec les lingots circulaires imaginés par MM. Naylor, Wickers et Cie. Cela se pratique dans une machine semblable à la machine ordinaire à rouler les tirants de railway *. Ce procédé est démontré d'une manière très-simple par la figure 37. On serre un lingot circulaire entre une paire de rouleaux courts jusqu'à ce que sa section soit diminuée et son diamètre allongé. Le métal est aussi rendu plus dense et le grain du métal se serre de plus en plus dans la direction de la circonférence.

« Les tubes ou enveloppes d'acier sont coulés en creux et martelés sur des mandrins d'acier sous le martinet à vapeur. Par ce moyen, on les allonge de 130 pour cent. On a d'abord éprouvé beaucoup de difficulté à empêcher les mandrins de flageoler,

Fig. 325. — Canon Blakely de l'Exposition Universelle de Londres (1862).

mais la fabrique a été si perfectionnée, qu'on peut étirer les tubes et les condenser comme un lingot solide avec un grand avantage sur le fer empilé ou cueilli sans soudure. Les tubes d'acier sont quelquefois étendus sur la culasse du tube interne ; le mandrin est retiré quand le bout solide de l'enveloppe est martelé. Dans quelques cas, les enveloppes ne sont pas martelées, mais simplement brunies, forées et tournées comme elles sont sorties du moule. MM. Naylor, Wickers et Cie sont peut-être plus habiles que n'importe quels fabricants d'acier, à l'exception de la Cie Bochum en Prusse, dans l'art de couler de grosses masses de toutes formes, comme tubes, cloches, roues, etc., avec la perfection et l'uniformité requises. On considère néanmoins l'augmentation de force qui résulte du martelage comme compensant toujours les dépenses qu'elle entraîne dans la fabrique des canons.

« Toutes les parties en acier sont brunies. Ce procédé rend la cristallisation plus fine et augmente la densité, ce qui procure une ténacité absolue inférieure, mais une plus grande ductilité.

« Les résultats du canon Blakely ne sont pas très-généralement connus pour plusieurs raisons. D'abord, la plus grande partie de ces canons sont employés dans le service confédéré, de sorte que le détail des faits ne sera rendu public qu'à la fin de la guerre. En second lieu, les gouvernements du continent qui ont acheté de ces canons gardent le plus grand secret au sujet de leur artillerie. En troisième lieu, bien qu'il y ait été excité à plusieurs reprises, le gouvernement anglais n'a fait aucune expérience avec la dernière artillerie de Blakely *. Le fait que sir William Armstrong était ingénieur pour l'artillerie rayée et que le brevet du capitaine Blakely renfermait implicitement le premier canon de sir William Armstrong et sa fabrication peut avoir eu une certaine influence pour qu'il en ait été ainsi **. On affirme que le premier canon envoyé aux confédérés a tiré plus de 3,000 coups (1) ».

C'est dans le même système qu'ont été construites, en Amérique, les grandes bouches à feu qui servirent si utilement à repousser la flotte espagnole qui bloquait le port de Callao. Ces canons, dont on voit un modèle représenté par la figure 326, lançaient un boulet cylindrique de 250 kilogrammes, avec une charge de poudre égale au dixième de ce poids, c'est-à-dire de 25 kilogrammes. On voit sur ce dessin la corde et la poulie qui sont nécessaires pour amener le projectile à la hauteur de la bouche, au moment de charger.

Le *canon Parrot* a été construit, en Amérique, sur les mêmes principes que les précé-

(1) *Traité d'artillerie et cuirasses*, 3 vol. avec planches, in-8. Paris, 1866, traduit par Fauquet, t. I, p. 24 et suiv.

Fig. 326. — Canon Blakely, dit *de Callao,* avec son affût et la flèche à poulie pour amener le projectile au niveau de la bouche du canon, au moment de charger.

dents. Il ne diffère guère du canon Blakely que par la moindre qualité et le plus bas prix du métal, enfin par la moins grande longueur du renfort à la culasse.

Depuis l'année 1860, époque à laquelle il a établi sa fonderie de canons à West-Point, près de New-York, le capitaine Parrot a fabriqué un nombre considérable de ces pièces, qui ont fait un assez bon service.

M. Dahlgreen et le major Rodman, ingénieurs américains, construisent leurs canons non en acier, mais en fonte bien épurée. Ce sont peut-être les plus grosses pièces qu'on ait fondues jusqu'à nos jours; quelques-unes, sortant des forges de Fort-Pitt, atteignent les dimensions de la vieille *Dulle Griete*, la grande bombarde de Gand (5 mètres de long) et elles ont une épaisseur et un poids beaucoup plus considérables.

Aucune portion de métal n'est superflue dans ces énormes bouches à feu. Pour chaque partie du canon l'épaisseur a été calculée d'après l'effort qu'elle aurait à supporter. Le contour de ces pièces est régulier et sans aucun ornement. Elles ne portent même ni anses, ni bouton de la culasse.

Les principes de la résistance des couches ont été appliqués par MM. Dahlgreen et Rodman, d'une manière neuve et très-originale. On a remarqué que, lorsque le fer coulé se solidifie rapidement, il se contracte beaucoup plus que par un refroidissement lent. Si, comme on l'a toujours fait, on laissait le canon se refroidir naturellement, au sortir du moule, les couches extérieures se refroidiraient avant l'âme, et acquerraient une contraction plus grande. Les parties les plus contractées ou les plus denses seraient aussi les plus élastiques ; d'où il résulterait que la couche extérieure aurait beaucoup plus d'élasticité que l'âme ; ce qui est l'opposé de la bonne condition de résistance des bouches à feu.

Le major Rodman a renversé les conditions du refroidissement ; il refroidit l'âme en la faisant traverser d'abord par un courant d'air frais, puis par un courant d'eau constamment et abondamment renouvelée. Pendant ce temps il réchauffe la couche extérieure de la pièce, en faisant brûler lentement un combustible de peu de valeur, qui l'enveloppe en entier. L'âme, se refroidissant la première, prend tout de suite les dimensions qu'elle doit conserver; puis la masse de la pièce se contracte, et presse sur l'âme avec une tension qui est ainsi utilement dirigée.

Les résultats pratiques ont été d'accord avec la théorie. Si l'on n'est pas toujours parvenu, par ce procédé, à construire des canons d'une résistance égale, cela tient aux perturbations diverses qui doivent nécessairement se produire pendant le refroidissement (1).

Pour régulariser cette opération, M. Normann Wiard a proposé de couler le canon suivant une forme qui nous paraît bizarre au premier chef. Le renfort qui entoure l'âme de la pièce, est composé d'une série de côtes à double courbure. Au moment de la coulée, pour refroidir le cylindre intérieur on fait passer le courant d'eau entre ces côtes et dans l'âme de la pièce. Le renfort, qui est plus épais, se refroidit séparément et plus lentement ; il se contracte en se rétrécissant, de manière à soutenir l'âme du canon avec la tension initiale voulue.

Cette méthode a fourni des pièces à très-bas prix et d'une grande résistance, et des commandes importantes ont été faites à l'inventeur. Cependant ces essais ne paraissent pas avoir eu de suite. M. Holley, après avoir décrit le canon Wiard, ajoute dans une note : « Depuis que cet article a été écrit, le premier canon de M. Wiard ayant été coulé sur des noyaux qu'il était difficile ou impossible de retirer, il n'a pas été foré ou éprouvé. Son second canon a éclaté à l'épreuve (1). »

(1) Holley, *Traité d'artillerie et cuirasses*, t. II, p. 524.

(1) Holley, *Traité d'artillerie et cuirasse*, t. II, p. 540.

CHAPITRE XXIV

LES CANONS SE CHARGEANT PAR LA CULASSE. — SYSTÈMES MONTIGNY, CAVALLI, WAHRENDORFF. — SYSTÈME DE FERMETURE PRUSSIEN. — SYSTÈMES CLAY, ALGER. — LES CANONS ARMSTRONG. — BIG-WILL. — LE FORCEMENT DU PROJECTILE. — SYSTÈME WHITWORTH, BLAKELY, KRUPP. — CANON DE LA MARINE FRANÇAISE.

Le premier canon moderne se chargeant par la culasse, fut construit en 1833, par M. Montigny père, armurier à Bruxelles. Le canon rayé n'était pas, à proprement parler, une invention, car nous avons vu que les *veuglaires* du XVe siècle portaient une chambre mobile, et se chargeaient aussi par la culasse. C'était donc plutôt un essai audacieux, que le succès justifia dans une certaine mesure.

En 1836, M. Montigny soumit ses canons à l'examen du gouvernement russe.

Dans une expérience faite à Pétersbourg, le canon Montigny tira jusqu'à 1,800 coups, sans présenter de dégradations notables. Le général Scimarakoff, voulant connaître si la pièce pouvait tirer un grand nombre de fois, sans que l'encrassement empêchât le tir, M. Montigny tira 262 coups avec son canon dans la même séance, sans qu'il fût nécessaire de l'écouvillonner une seule fois.

Malgré l'intérêt de ce nouveau système de canons, quelques pièces seulement furent commandées à l'inventeur, par le gouvernement de Russie. Enfin, les commissions militaires russes suscitèrent de tels embarras à M. Montigny, que celui-ci abandonna ses travaux, et repartit pour Bruxelles.

Le mécanisme de fermeture de la culasse était assez compliqué. Plus tard, M. Montigny fils remplaça ce système par une simple fermeture à vis (1).

En 1845, MM. Cavalli, en Piémont, et Wahrendorff, en Suède, inventaient, chacun en même temps, un système de canons se chargeant par la culasse.

Le canon du major Cavalli se réduisait à un tube ouvert aux deux bouts, pouvant être intercepté à sa partie postérieure par une sorte de verrou présentant la forme d'un coin (*fig.* 327). Cette forme de coin permet de toujours forcer l'obturateur et de rendre la fermeture complète. Si, par l'effet d'un usage prolongé, le coin s'aplatit, ou que l'ouverture qui lui est destinée s'agrandisse, on arrivera, en le poussant un peu plus loin, à lui faire occuper tout l'espace qu'il doit remplir. La décharge aurait eu pour effet de chasser le coin, si ses deux faces étaient trop obliques l'une sur l'autre. Cavalli avait calculé cette inclinaison de telle sorte qu'elle fût en rapport avec le coefficient de frottement du fer trempé avec la fonte de fer, métaux dont étaient faits le coin et le canon ; la décharge n'arrivait donc pas à déloger l'obturateur, mais seulement à l'ébranler; et il était alors plus facile de le retirer pour mettre une nouvelle charge.

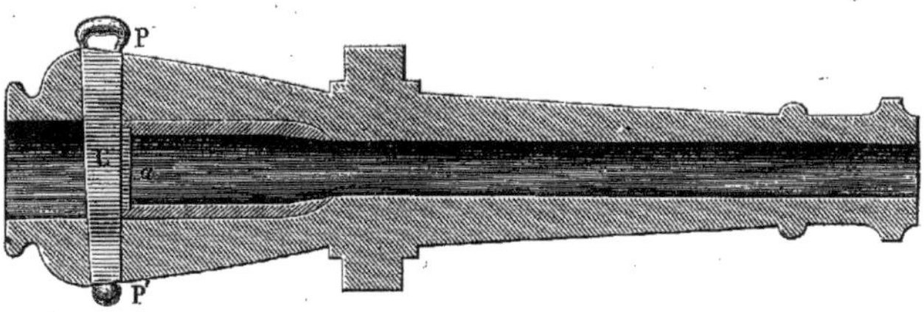

Fig. 327. — Fermeture du canon Cavalli.

En pratique cependant, il arrivait souvent que, malgré tous les efforts opérés sur les deux poignées P, P′, dont est muni le coin (*fig.* 327), il était impossible de le faire mouvoir. On agissait alors sur lui à l'aide d'un levier dont la pointe entrait dans l'encastrement ménagé à la partie postérieure, pendant qu'on prenait un point d'appui sur le pourtour de l'ouverture de la prolongation de l'âme.

L'une des poignées P′, est courte et fixée au gros bout du coin : l'autre P, au contraire, est de grande dimension. Quand il s'agit de charger la pièce, un servant tire sur la petite poignée et amène l'ouverture de la grande en rapport avec l'âme du canon; une chaînette retient le coin pour qu'il n'avance pas au delà de la limite voulue; puis un autre servant introduit le boulet et la gargousse par la partie postérieure de l'âme, et l'ouverture de la grande poignée leur livre passage.

Si les gaz de la poudre avaient agi directement sur le coin, celui-ci eût été bientôt mis hors d'usage, et la fermeture n'eût pas été complète; aussi Cavalli plaçait-il un culot *a* entre le coin et la charge. Ce culot présentait à sa face postérieure un encastrement semblable à celui du coin pour qu'on pût le mettre en place ou le retirer à l'aide d'un levier. Un étranglement de culot correspondant à une diminution du calibre de l'âme, empêchait qu'il ne pût être poussé plus loin que sa place.

Ce canon lançait un obus d'un poids trop grand peut-être relativement à sa résistance ; mais la portée et la justesse du tir étaient considérables.

En 1847, des expériences comparatives fu-

(1) Mangeot, *Des armes de guerre rayées*, in-8. Bruxelles, 1860, p. 167.

rent faites en Sardaigne, avec le canon Cavalli et un canon à âme lisse. Les deux bouches à feu se servirent de projectiles de formes différentes, mais du même poids de 6 kilogrammes. Le canon à âme lisse, chargé de 6 kilogrammes de poudre, et pointé à 5 degrés d'élévation, lançait, du premier jet, son boulet à 350 mètres; les ricochets successifs le portaient à 2,700 mètres. L'obus du canon Cavalli, lancé avec la même charge et sur la même inclinaison, faisait son premier ricochet à 1,700 mètres, le second à 3,900, et s'arrêtait à 4,000 mètres. Des tirs exécutés sous d'autres angles, et avec des charges différentes, laissèrent toujours l'avantage à la pièce rayée.

Nous ne nous étendrons pas sur la hausse et le mode de pointage ni sur les autres particularités très-ingénieusement imaginées par M. Cavalli ; cette étude sur un canon depuis longtemps abandonné et qui ne servit jamais à la guerre, serait superflue.

Ses deux défauts capitaux furent le peu de résistance de la pièce, et la difficulté énorme qu'il y avait parfois à retirer le coin de son logement.

Cependant les qualités du canon Cavalli ne furent pas perdues, puisque, comme nous l'avons dit, il servit à mettre en faveur le canon rayé.

Un système de fermeture, imaginé en Prusse par le baron Wahrendorff, attira quelque attention à cette époque. Ce système consiste en un culot mobile, muni à sa partie postérieure d'une tige filetée, laquelle s'engage dans une cheville horizontale que porte la culasse. Par l'ouverture circulaire du culot, passe un verrou cylindrique destiné à supporter tout l'effort de la décharge. Ce système était défectueux à tous les points de vue, et surtout il manquait de solidité, aussi fut-il bientôt oublié.

Le principal mérite du canon du baron Wahrendorff fut d'avoir montré l'utilité de la rayure.

Son canon portait six rayures larges et peu profondes, d'un pas de 10m,36 ; le projectile relativement ne paraît que moitié de celui de Cavalli. Dans les expériences de tir il ne manquait jamais une cible de quatre pieds carrés, placée à huit cents pas, avec une charge de poudre égale au trentième du poids du boulet.

Les essais de canon Wahrendorff ayant été faits en grande partie en Prusse, ils donnèrent naissance dans ce pays à un système de chargement par la culasse à peu près analogue.

On avait reconnu que, quelque bien ajustées que fussent les pièces métalliques de la culasse, toujours, au bout de quelques décharges, les gaz de la poudre les disjoignaient, pratiquaient des jours, et la fermeture devenait insuffisante. Pour parer à ce défaut on plaça à l'avant du culot du système prussien, une plaque de papier mâché, un peu concave, en forme de godet, afin que ses bords pressés contre les jointures par l'explosion de la poudre, fissent office de soupape.

Plus tard la Prusse adopta le système de fermeture représenté par les figures 328 et 329.

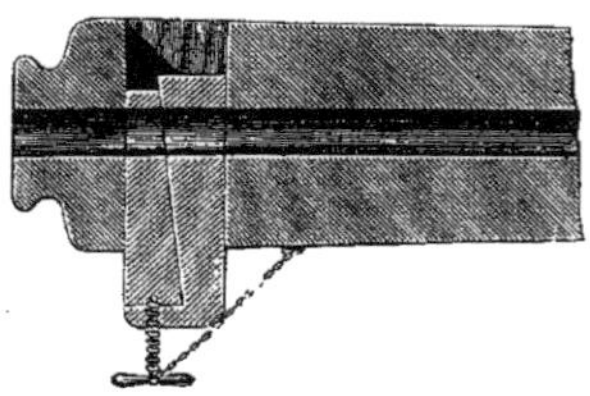

Fig. 328. — Fermeture du canon prussien (laissant voir le canon ouvert)

Deux coins, d'angles égaux, sont reliés par

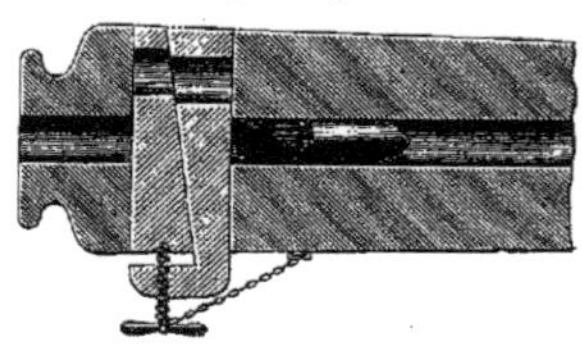

Fig. 329. — Fermeture du canon prussien (laissant voir le canon fermé).

une vis, et appliqués l'un contre l'autre, de manière que l'ensemble forme toujours un parallélipipède. L'écartement des deux faces parallèles croît ou diminue selon le mouvement imprimé à la vis, mouvement qui fait glisser l'une sur l'autre les deux faces obliques.

Chacun de ces coins présente une ouverture circulaire d'un diamètre un peu plus grand que l'âme. Quand il s'agit de charger la pièce, on tourne la vis de façon à diminuer l'épaisseur de l'obturateur, puis on amène les ouvertures des coins dans le prolongement de l'âme. La charge mise en place, on repousse l'obturateur, et on écarte les deux coins pour les forcer dans leur logement.

Avec ce système il est nécessaire de renouveler à chaque coup le disque de papier mâché, et de le mettre avec attention dans la position voulue, pour que les mouvements de translation de l'obturateur ne le déplacent pas.

Le système dit *prussien* n'est appliqué qu'à quelques pièces de la marine, lesquelles même ne sont pas réglementaires. On a proposé en Prusse, différents autres systèmes de fermeture pour les canons se chargeant par la culasse. Nous passons sous silence ces détails, qui deviendraient fastidieux. On voit au musée d'artillerie de Paris, au bas du grand escalier conduisant aux galeries du premier étage, une plate-forme contenant *dix modèles de fermeture de canon, offerts par M. Krupp à l'empereur Napoléon III.*

On a remarqué, en Angleterre, le système du lieutenant-colonel Clay, de la *compagnie des fers et aciers de la Mersey* à Liverpool. Cet appareil consiste en un disque circulaire vissé dans la culasse, grossie à sa partie inférieure pour le recevoir. Il est percé d'une ouverture correspondant à l'âme de la pièce, dans la position du chargement. En vissant le disque, à l'aide de sa manivelle, on détruit le parallélisme, et par ce simple mouvement on passe à la position de tir. Ce système est de tous le plus simple et le plus rapide, mais il a l'inconvénient de ne permettre que la soupape en papier mâché, et de ne point aider à son placement convenable. Il nous paraît très-applicable aux pièces de petit calibre. La vis n'est pas assez soutenue pour résister aux fortes charges, et dans les grands canons son pas serait rapidement endommagé.

En 1861, M. Alger, de Boston, prit un brevet pour un nouveau système de fermeture des canons. Une sphère, portée par un axe, est contenue dans une cavité de même forme, où s'abouchent : d'une part l'âme de la pièce, et d'autre part un canal cylindrique pratiqué dans l'intérieur d'une large vis, et suivant la prolongation de l'âme. La sphère est percée d'un canal pouvant faire communiquer l'âme avec l'intérieur de la vis. Le levier porté par l'extrémité de l'axe de la sphère donne à celle-ci les mouvements de rotation, qui interceptent ou rétablissent le passage. La vis a pour utilité de presser la sphère dans son logement pour mieux boucher le fond de l'âme.

La construction de ces différentes pièces est délicate, leur prix de revient élevé; en outre, le fond de l'âme, formant un angle rentrant, produit une disposition éminemment favorable à l'action désorganisatrice des gaz de la poudre, et ne permet que bien difficilement l'usage d'une soupape quelconque.

La plupart des canons dont nous avons parlé jusqu'ici dans ce chapitre, n'avaient rien de remarquable que leur mode de chargement par la culasse. Il en est tout autrement des canons de sir William Armstrong.

Les premiers canons de sir William Armstrong se chargeaient par la culasse; mais c'était là peut-être la particularité la moins importante de son système. Ce qui distingue la nouvelle artillerie que le gouvernement anglais fit établir sur les instances et sous la direction suprême de sir William Armstrong, c'est que tout avait été innové ou modifié : le mode de chargement, la rayure, la forme des projectiles, et surtout le mode de fabrication des canons. Nous devons entrer dans quelques détails sur cet important système d'artillerie.

Sir Armstrong commença ses essais sans l'appui de personne, en faisant construire à ses frais les bouches à feu de son invention. Il passa plusieurs années en expériences et en remaniements de toutes sortes. Il avait imaginé d'appliquer à la construction des bouches à feu la méthode à enroulement, dite *à rubans*, depuis longtemps usitée pour les armes portatives de luxe. Cette méthode est fondée sur ce principe, qu'en tournant en spirale une longue barre de fer, on construit un tube dans lequel les fibres du métal présentent la meilleure disposition pour résister à la pression s'exerçant intérieurement. Armstrong prenait des barres du fer le plus pur, puis, les ayant chauffées au rouge dans un four de 40 mètres de longueur, il les enroulait sur un mandrin, et en formait des cercles, semblables à celui que représente la

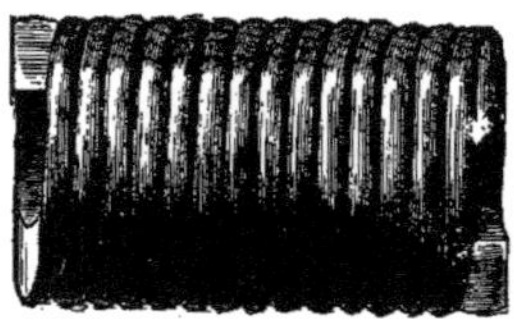

Fig. 330. — Cercles de fer pour la fabrication des canons à rubans.

figure 330. Avec une série d'enveloppes de ce genre, il forgeait un canon.

« Des barres de fer de 10 mètres de long, dit M. Turgan, sont d'abord soudées l'une à l'autre de manière à former une seule tringle de 35 mètres : cette barre est chauffée au rouge dans un four qui a plus de 40 mètres de long, et saisie par un treuil qui l'enroule rapidement sur un mandrin, de telle sorte que les spires soient juxtaposées; après avoir réchauffé cette spirale, on la martelle sous un fort pilon, qui soude entre eux tous les filets, et, par un travail sur mandrin, donne à l'ensemble l'apparence d'un manchon uniforme. Avec plusieurs de ces manchons soudés bout à bout, on fait des tubes que l'on emmanche successivement les uns dans les autres et à chaud, de manière que la portion qui sera le tonnerre réunisse l'ensemble de tous les tubes, au nombre de cinq ou six, plus ou moins épais.

« Les défenseurs de ce système prétendent que par l'application de ce procédé il est plus facile de connaître la bonne condition du canon dans toutes ses parties, et que les cylindres ainsi obtenus sont toujours préférables à ceux qui sont forés dans un métal de forge : les adversaires d'Armstrong disent que les cercles se relâchent, augmentant ainsi le calibre de l'âme, et que, d'autre part, le canon se brise facilement, s'il est frappé par les projectiles de l'ennemi. Pour remédier à la dilatation de l'âme, on a introduit à l'intérieur des canons Armstrong des tubes d'acier qui, d'après les expériences récentes, en auraient assuré la solidité. Quoi qu'il en soit, nous nous rangeons à l'avis de M. Treuille de Beaulieu, qui trouve cette fabrication difficile et compliquée. Le canon Armstrong cependant a une grande qualité, il n'éclate pas sans avertir; la dilatation et l'écartement de ses parties sont visibles avant la rupture complète, ce qui est certainement un avantage (1). »

Il serait inutile de passer en revue les incessantes modifications que sir Armstrong apporta, soit dans la construction de ses pièces, soit dans la forme de la rayure et celle du projectile; nous nous contenterons de décrire les points les plus importants de son système.

En 1859, sir Armstrong put soumettre son système à une commission d'artillerie ; ce fut le commencement de sa réputation. Le rapport lui était tellement favorable, qu'il parut empreint de beaucoup d'exagération. D'après ce document, les canons de sir Armstrong ne pesaient que le tiers des calibres ordinaires correspondants. Une pièce pesant 100 kilogrammes, avait lancé, avec cinq livres de poudre, un projectile pesant 16 kilogrammes, à la distance de 9,144 mètres. A 3,000 yards (2,742 mètres), cette pièce atteignait le but sept fois plus souvent qu'un canon ordinaire à âme lisse; après un tir de 1,300 coups, l'âme ne présentait pas la moindre dégradation (2).

Ces résultats sont extraordinaires; évidemment un grand progrès venait d'être accompli. L'Angleterre s'enorgueillit de ces résultats.

En 1860, des expériences furent faites de-

(1) *Grandes Usines*. Ruelle, p. 78.

(2) Adts, *Canons rayés, systèmes Cavalli et Armstrong*. Paris, brochure in-8, 1861, p. 41-42.

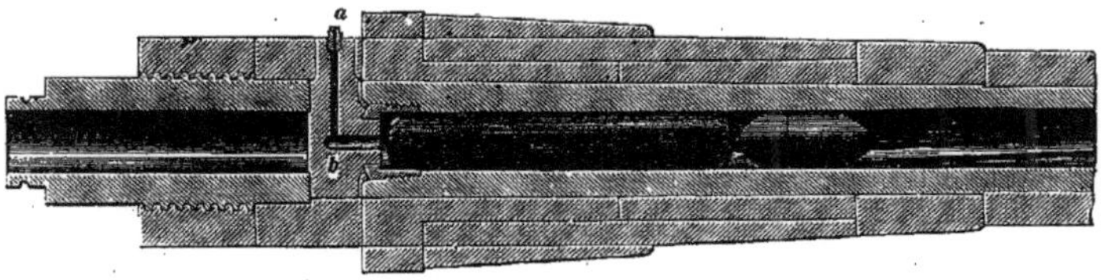

Fig. 331. — Coupe du premier canon Armstrong.

vant une nouvelle commission; ses conclusions furent unanimes en faveur du nouveau système. Nous laisserons ici parler sir Armstrong :

« Pour donner une idée de la précision et de la portée de mes canons, je dirai qu'à la distance de 600 yards (548 mètres), on peut toucher presque à chaque coup un but qui n'est pas plus grand que la bouche d'un canon ; qu'à 3,000 yards (2,742 mètres), une cible de neuf pieds carrés, laquelle, à cette distance, ne présente pour ainsi dire qu'un point blanc à l'horizon, a été atteinte, par un temps calme, jusqu'à cinq fois sur dix coups. Un navire, présentant aux coups une prise beaucoup plus grande, peut être atteint à des distances plus considérables, et les projectiles peuvent être lancés dans une ville ou forteresse, à une portée de plus de cinq milles (4,570 mètres). »

La figure 331 donne une coupe du modèle primitif du canon Armstrong.

L'âme est faite d'un tube d'acier d'une seule pièce; des manchons, *à rubans* superposés, la renforcent. Cette pièce se charge par la culasse. Le mécanisme de la fermeture de la culasse est le suivant. A la partie tout à fait postérieure, est une vis creuse, dont le cylindre intérieur est un peu plus grand que l'âme du canon, pour faciliter l'introduction du projectile et de la gargousse. La vis vient appuyer contre une pièce particulière qui la sépare de l'âme, c'est l'*obturateur porte-lumière ;* on remarque, en effet, sur la figure 331, une lumière coudée, *ab*, aboutissant à la longue gargousse que contient l'âme du canon.

Le porte-lumière est introduit verticalement par une mortaise spéciale; son avant est muni d'un rebord en cuivre que la pression de la vis force dans l'âme, pour fermer tout passage aux gaz. Il faut retirer entièrement le *porte-lumière* pour introduire la charge, et le replacer au moment du tir.

M. Xavier Raymond explique ainsi les inconvénients ou les difficultés de ce système :

« Il restait à résoudre, dit M. Raymond, la partie la plus difficile du problème, c'est-à-dire la construction d'un appareil qui, après avoir permis d'introduire le projectile dans la chambre, permît ensuite de fermer la culasse assez hermétiquement pour que les gaz produits par la conflagration de la poudre ne détruisissent pas la pièce au bout d'un nombre de coups très-restreint. C'était l'écueil où étaient venus échouer jusqu'ici tous les inventeurs de canons à chargement par la culasse. Quand on se rappelle que les accidents arrivés aux lumières par suite de l'action corrosive des gaz, étaient une des causes les plus fréquentes de détérioration dans les anciennes pièces, on doit comprendre facilement combien cette cause a plus de marge pour s'exercer dans une bouche à feu dont l'arrière doit être d'abord tout ouvert pour l'introduction de la charge, et ensuite assez bien fermé pour résister à une pression qui s'élève, dans les gros calibres, jusqu'à des milliers d'atmosphères. Il va de soi qu'en emprisonnant, ne fût-ce que pour un centième de seconde, de pareilles puissances dans un tube de métal, il faut éviter autant que possible d'y laisser aucun interstice, si petit qu'il soit, par où ces puissances puissent chercher à s'échapper. Elles se précipitent en effet avec fureur dans le moindre espace qui reste libre ; le plus léger défaut d'adhérence rigoureuse entre les parties qui composent l'appareil de culasse est pénétré, envahi, fouillé, rongé, par elles, avec une force qui a bientôt mis tout le système hors de service. La difficulté n'a jamais été de faire un canon à chargement par la culasse qui pût tirer quelques coups, mais de produire, comme disent les gens du métier, une obturation assez complète pour que la pièce fût capable de résister

Fig. 332. — *Big-Will*, canon Armstrong (calibre de 600).

à un tir quelque peu soutenu. Là est la difficulté qui avait arrêté jusqu'ici tous les inventeurs.

« Voici comment sir William Armstrong s'y est à son tour pris pour la résoudre. Il a commencé par prolonger la culasse de sa pièce, et dans cette prolongation, il a creusé intérieurement un vide destiné à un double usage : d'abord à introduire la charge, à recevoir ensuite une vis qui ferme la pièce. Néanmoins, quelque habilement faite que fût cette vis, comme il fallait qu'elle eût un certain jeu, et qu'elle ne fût pas trop dure à manœuvrer, elle ne pouvait pas suffire à protéger la bouche avec efficacité contre le danger des affouillements, contre les causes de ruine que produit l'explosion des gaz. Il n'a pas pu par conséquent l'employer comme moyen de fermeture unique. Il a imaginé d'introduire entre elle et la charge de poudre, un nouvel organe que les Anglais appellent indifféremment *stopper, obturator, vent-piece*. L'office essentiel et délicat de cet organe est de produire l'obturation en s'insérant entre la charge de poudre et la vis, qui ne sert plus qu'à le maintenir lui-même en place ; mais, trouvant alors qu'il était impossible de le faire parvenir à son poste par le passage de la vis, parce que c'eût été long, difficile et peu sûr, et aussi parce que cet obturateur devait, pour donner quelque garantie d'efficacité, être d'un plus grand diamètre que celui de la vis elle-même, sir William Armstrong a pratiqué dans la paroi de son canon, en arrière de la chambre où se dépose la charge, une ouverture qui sert à la mise en place de cet organe ; son obturateur est, comme on voit, le véritable souffre-douleur de tout le système. Entre la poudre et la vis, il est comme on dit familièrement, entre l'enclume et le marteau, et en même temps, pour remplir convenablement son office, il faut qu'il soit construit avec une exactitude toute mathématique, et qu'il la conserve toujours, ayant à se défendre contre l'envahissement des gaz sur tout le développement des lignes que présentent la circonférence de l'âme de la pièce, et le dessin de la tranche ouverte dans la paroi pour lui donner passage à lui-même (1). »

Nous représentons (*fig.* 333) le canon Armstrong du calibre de 20, monté pour l'artillerie de campagne, et (*fig.* 332), le canon-monstre, devenu populaire chez nos voisins, et connu sous le nom de *Big-Will* (*Gros-Guillot*). *Big-Will* est du calibre de 600.

Il faut noter ici qu'en Angleterre, on désigne les pièces par le chiffre représentant le poids de leur projectile, qu'il soit sphérique ou allongé. Ici le chiffre 20 indique que l'obus lancé par le canon de campagne Armstrong pèse vingt livres anglaises ; le chiffre 600, que l'obus lancé par le canon *Big-Will* pèse 600 livres. En France, au contraire, on a conservé pour les nouveaux canons rayés lançant des obus la désignation ancienne : la pièce de 4 est celle dont le calibre correspond à l'*ancien boulet sphérique* pesant quatre livres.

(1) *Les Marines de la France et de l'Angleterre*. In-18, Paris, 1863, pages 298-300.

Fig. 333. — Canon de campagne Armstrong (calibre de 20).

Le projectile Armstrong est recouvert d'une enveloppe de plomb, entrant dans des rainures creusées à la surface du métal. Il éprouve le forcement le plus complet qu'on puisse imaginer. Voici la manière dont le forcement se produit. Ce projectile est un obus ordinaire; sa partie postérieure, élargie, s'arrêter à l'intérieur de l'âme, à l'endroit où commence la rayure; la partie antérieure est logée dans un espace juste suffisant pour la recevoir. Quand l'obus lancé par la poudre est contraint d'avancer, dès le premier pas, sa partie postérieure s'écrase dans la rayure du diamètre du corps de l'obus. Cette rayure peu profonde est remplie par le plomb, de sorte qu'aucun *vent* n'est laissé. Mais pendant que la poudre brûle encore, et que de nouvelles quantités de gaz se produisent, l'obus arrive à un étranglement que porte la culasse; à ce point le diamètre de l'âme diminue, toute la surface de plomb est écrasée; et cet acte mécanique exige un déploiement de force considérable.

Le projectile tourne en suivant les rainures, qui deviennent de plus en plus profondes, jusque près de la bouche. Là encore est un nouvel étranglement, qui retient le projectile jusqu'à ce que les gaz aient acquis tout leur ressort par une combustion complète; puis l'obus passe de nouveau à la filière, et il est enfin lancé au dehors, avec la vitesse résultant de toutes ces tensions accumulées.

On a essayé par des moyens mécaniques ordinaires, de faire traverser au projectile l'âme de la pièce à laquelle il est destiné; on a trouvé que l'effort mécanique qu'il faut déployer pour vaincre cette résistance, est égal à la pression que produirait un poids de quarante tonnes!

Il faut donc des pièces d'une résistance extraordinaire pour qu'elles n'éclatent pas pendant qu'un pareil forcement s'accomplit en un espace de temps à peine mesurable.

Cette méthode n'est pas exempte de défauts. Souvent, au lieu de donner au projectile une vitesse initiale plus grande, le forcement la diminue. Le ressort total des gaz étant diminué de la force employée à faire traverser les étranglements, n'est pas aussi grand que l'impulsion qu'on eût communiquée au projectile en laissant un certain *vent* pour la déperdition des gaz. Il faut encore considérer la dégradation rapide de l'âme, les ruptures assez fréquentes des pièces, et le danger de faire éclater l'obus dans l'âme, par suite du dégagement de chaleur produit par la pression et le frottement. En y réfléchissant, on ne trouve pas une grande différence entre les conditions d'un obus franchissant les étranglements du canon Armstrong, et du même obus qui aurait à traverser une cuirasse métallique; et l'on s'étonne que la moitié des pièces ainsi construites n'éclate pas au moment du tir.

Une disposition particulière de la rayure peut encore concourir au forcement : sa largeur, au lieu de rester la même depuis le tonnerre jusqu'à la bouche, diminue assez rapidement à un point quelconque du parcours. La partie de métal mou enveloppant le projectile, qui s'était adaptée à la partie large est obligée de se couper sur la ligne oblique de raccord, et de refouler les couches avoisinantes de même métal. Une méthode équivalente consiste à diminuer la profondeur de la rayure. Parfois aussi ces deux modes de rayure sont combinés.

Les rayures de cette espèce sont appelées en Angleterre *schunt;* en France, elles sont dites *fuyantes* ou *doubles.*

Big-Will (*Gros-Guillot*), que représente, porté sur son affût spécial, la figure 332 (page 452), pèse 23 tonnes, est long de 4^{m},5, et a 34 centimètres de calibre. Les rayures, au nombre de dix, ne font qu'un pas sur 2 mètres. Il se charge, non par la culasse, comme les premiers canons de sir Armstrong, mais par la bouche. Son projectile ordinaire pèse 272 kilogrammes, et a 0^{m},76 de longueur. Il faut 27 kilogrammes de poudre pour le charger ; mais il peut supporter une charge allant jusqu'à 45 kilogrammes.

Dans les expériences de tir, qui furent faites à Shœburyness, en 1862, contre les blindages des navires, *Big-Will* perça un grand nombre de cibles que les canons de 300 n'avaient pas pu entamer. Malheureusement les charges excessives auxquelles on le soumit, finirent par le faire éclater.

Le capitaine Fishbourne fit le compte que chaque coup tiré par *Gros-Guillot*, coûtait environ 1,500 francs !

Les défauts capitaux du système Armstrong sont la cherté de la matière première et de la main-d'œuvre, et la mollesse du métal employé. Au bout d'un petit nombre de coups, l'âme s'agrandit, se déforme, puis des fissures intérieures apparaissent, qui, gagnant les couches successives, finissent par rompre la pièce à l'extérieur.

Le *porte-lumière* est un organe très-coûteux, qui ne dure pas, en moyenne, plus d'une trentaine de coups.

Malgré les résultats auxquels Armstrong était parvenu, son canon n'était donc pas admissible en pratique.

Aussi, dans ces derniers temps, la cherté des pièces de la culasse et la mollesse du métal composant la bouche à feu, avaient amené Armstrong à ne plus construire que des canons se chargeant par la bouche. Il renonçait, de cette manière, au système si laborieusement étudié par lui, du chargement par la culasse.

L'abandon forcé fait par sir William Armstrong du système de chargement par la culasse, mais surtout les succès du canon Whitworth, qui, avec des dimensions bien moindres, avait percé des cuirasses de fer que les canons Armstrong n'avaient pu briser, ébranlèrent la confiance que l'Angleterre avait mise dans les talents de cet ingénieur. Jusque-là le pays et le gouvernement l'avaient comblé d'honneurs. On lui avait confié la direction de la fabrication de tout le matériel de l'artillerie. Il avait eu des sommes énormes à la disposition de son esprit inventif, et il les avait dépensées largement. Mais de nouveaux talents avaient surgi, et le dépassaient : c'était Whitworth, dont les canons perçaient les cibles cuirassées que les obus d'Armstrong n'arrivaient plus à entamer ; c'était Blakely, qui publiait ses belles théories sur la résistance des pièces. Chaque fois que sir Armstrong était ainsi dépassé, sa réputation allait s'amoindrissant, et la faveur publique se détachait de lui.

La comparaison de son système avec celui de l'artillerie française vint lui porter le dernier coup.

Il eut alors à subir une sorte de jugement devant une commission d'enquête instituée par le parlement. On lui reprocha les sommes énormes qu'il avait dépensées; on l'accusa de n'avoir pas fait mieux, à lui seul, que tout le monde. Bref, il fut condamné scientifiquement. Les fonderies du royaume reçurent ordre de ne plus construire de canon d'après ses indications. Un comité offieiel, réuni à Woolwich, dans le but de choisir, parmi tous les systèmes nouveaux, le meilleur canon à adopter pour la marine de combat, repoussa le système Armstrong, et lui préféra un canon se chargeant par la bouche, et qui, par sa rayure, se rapprochait beaucoup du canon de l'artillerie de la marine française.

Le chargement des canons par la culasse a donc été à peu près abandonné en Angleterre. On a encore essayé deux modes nouveaux de fermeture de la culasse, mais il n'a pas été donné suite à leur emploi. Les procédés de fermeture dont il s'agit sont dus à M. Whitworth et à M. Blakely. Le premier

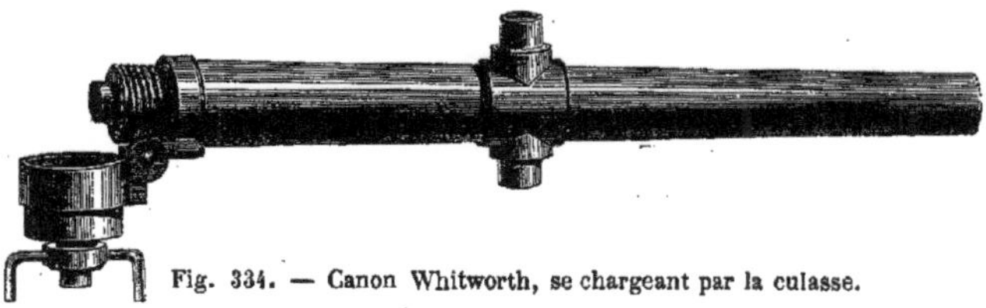

Fig. 334. — Canon Whitworth, se chargeant par la culasse.

consiste en un chapeau qui tourne horizontalement, à charnière, sur un anneau, et qui ferme l'âme en se vissant à la culasse. C'est une simple fermeture à vis.

Nous représentons ici (*fig.* 334) le canon Whitworth, avec sa fermeture à vis et à charnière. Ce système, hâtons-nous de le dire, n'a pas résisté à des expérimentations sérieuses. Il ne produit qu'une occlusion très-imparfaite; une partie des gaz de la poudre s'échappent par les interstices des pas de vis. De sorte qu'aujourd'hui M. Whitworth ne construit plus que des canons se chargeant par la bouche.

Le capitaine Blakely a imaginé une vis en forme de coin, pouvant glisser d'avant en arrière, sur une sorte de rail. La forme de la vis permet de la mettre presque en place par simple approche, et de l'engager complétement dans son écrou en un ou deux tours de manivelle.

Cette disposition est inférieure à presque toutes celles que nous avons décrites jusqu'ici, et n'a jamais pris grande extension.

En résumé, on en est généralement revenu, en Angleterre, au chargement des canons par la bouche. La plupart des canons anglais qui figuraient à l'Exposition universelle de 1867, se chargeaient par la bouche.

CHAPITRE XXV

LES CANONS PRUSSIENS SE CHARGEANT PAR LA CULASSE. — LE CANON MONSTRE DE L'EXPOSITION UNIVERSELLE DE PARIS. — LES CANONS DE CAMPAGNE PRUSSIENS SE CHARGEANT PAR LA CULASSE. — LES CANONS DE LA MARINE FRANÇAISE.

Il est un pays qui, loin de se décourager, comme l'Angleterre, à l'égard du système de chargement des canons par la culasse, a poursuivi avec ténacité l'étude de ce système, et a fini par en obtenir d'excellents ré-

Fig. 335. — Canon de campagne prussien, se chargeant par la culasse.

sultats. Ce pays, c'est la Prusse ; quelques nations de l'Allemagne et la Suisse l'ont imitée.

M. Krupp, célèbre fabricant, dont chacun a pu admirer les beaux produits à l'Exposition universelle de 1867, possède à Essen, en Prusse, l'une des plus importantes usines du monde entier. Il exécute, chaque année, plusieurs milliers de canons, commandés par différentes nations de l'Europe et de l'Amérique. Le métal qu'il emploie est, comme nous l'avons déjà dit, un acier inférieur, obtenu par des procédés particuliers, qu'il tient secrets.

Les pièces sont travaillées sur d'immenses mandrins, par les énormes marteaux à vapeur de l'usine. Le *marteau de Krupp*, qui pèse *cinquante mille kilogrammes*, est devenu légendaire. L'usine d'Essen produit des canons de tous les systèmes, exécutés sur dessins ou d'après des modèles; toutes les pièces qu'elle livre sont fort estimées à cause de leur excellente résistance. M. Krupp a lui-même imaginé un système de canon se chargeant par la culasse, système adopté par l'artillerie prussienne.

La fermeture est la particularité la plus importante de cette pièce. Elle est opérée

Fig. 336. — Fermeture Krupp.

par un verrou latéral, A (*fig.* 336), fait d'un bloc d'acier massif percé d'un trou pour interrompre et rétablir la communication avec l'extérieur. Un tour de clé pousse le verrou et ferme la pièce au moment du tir.

Fig 337. — Le canon monstre de l'Exposition universelle de 1867.

La portion du verrou qui correspond au fond de l'âme, porte une lunette d'acier, c'est-à-dire une pièce percée d'une ouverture qui se place juste en face du large trou B que l'on voit à la culasse du canon (*fig.* 336). C'est par cette ouverture que l'on introduit la gargousse et l'obus. Quand le chargement est opéré, on pousse le verrou qui doit produire l'occlusion sur le côté. La lunette, c'est-à-dire la partie circulaire ouverte correspondant au trou de la culasse, passe alors à l'intérieur et se trouve remplacée par une partie d'acier pleine, qui bouche parfaitement le large trou de la culasse.

On voit cette partie postérieure du verrou, après le chargement, sur la figure 335, qui représente le *canon de campagne prussien*.

La figure 335 représente, en effet, un canon de campagne du système Krupp, de même calibre que le canon de campagne français (pièce de 12) et de poids beaucoup moindre. Les projectiles pleins que l'on voit près de la crosse de l'affût, sont recouverts d'une enveloppe de plomb, destinée à être forcée dans les rayures de la pièce, un peu à la manière des obus Armstrong.

Les nombreuses expériences faites sur ces canons, en Prusse, en Angleterre et en Russie, ont montré que les canons du système Krupp réunissaient au plus haut degré la rapidité dans le chargement, et la résistance aux fortes charges de poudre.

M. Krupp avait fait parvenir à l'Exposition universelle de 1867, la plus grosse bouche à feu qui ait jamais été construite. La figure 337 représente ce canon monstre. Tout en acier, il pèse *cinquante mille kilogrammes!* Faite en autre métal, cette pièce n'aurait pu être qu'une excentricité sans aucune application possible. Forgée en acier, c'est le chef-d'œuvre de l'industrie métallurgique moderne. Pour lui donner sa forme, il n'a fallu rien moins que toute la puissance du marteau de cinquante tonnes de l'usine Krupp, cette autre merveille.

Nous extrayons le passage suivant d'une notice que M. Krupp faisait distribuer à l'Exposition universelle de 1867.

« Le canon proprement dit, pesant à lui seul à peu près 20,000 kilogrammes, a été forgé d'un lingot d'acier fondu du poids de 42,500 kilogrammes par le marteau de 50 tonnes; la différence du poids provient des forgeages, tournage et forage de la pièce, ainsi que de la perte de la tête du lingot. Les frettes forment à la chambre une triple, et à la bouche une double couche pesant ensemble 30,000 kilogrammes; elles ont été forgées sans soudures, de blocs massifs d'acier fondu...

Le poids du projectile plein en acier fondu est de 550 kilogrammes.

Le poids de l'obus en acier fondu est de 490^{kg},50 ainsi répartis:

Le projectile....................	382^{kg},50
Le manchon de plomb (pour prendre les rayures)................	100
La charge du projectile..........	8

Charge de poudre de la pièce, 50 à 55 kilog.

Prix du canon seul, 393,750 fr.; avec affût et châssis, 543,750 fr. »

Les grosses bouches à feu destinées à l'attaque des bâtiments cuirassés, sont également construites par M. Krupp dans le système de chargement par la culasse.

Le modèle de bouches à feu le plus en usage en Prusse, pour cette destination, est un canon à rayure, qui lance des boulets du poids de 100 kilogrammes, avec des charges de poudre de 12 kilogrammes. On en construit même plusieurs qui lancent des projectiles de 150 kilogrammes pleins ou de 125 kilogrammes creux.

Voici les dimensions de l'une des bouches à feu que M. Krupp avait envoyées à l'Exposition universelle de 1867, et qui appartient au gouvernement prussien :

Longueur du canon............	4^m,57
Poids du canon................	12,800 kilogr.
Diamètre de l'âme..............	0^m,228
Nombre des rayures de la pièce..	32
Poids du projectile..............	125 kilogr.
Charge de poudre..............	17 à 20 kilogr.

Les canons d'acier fabriqués par M. Krupp n'ont pas tous cette dimension excessive. L'artillerie prussienne conserve ses pièces légères de campagne et de siége. On a vu le modèle de l'une de ces pièces de campagne dans la figure 335.

Le chargement par la culasse est employé sur nos vaisseaux de guerre. Le système de fermeture adopté, est la vis, disposée selon les données de l'Américain Carteman.

La figure 338 représente cette vis; et à côté le disque d'acier élastique, faisant office de soupape, dont sa tête est coiffée.

Les canons de l'artillerie de marine sont coulés en fonte douce, puis renforcés par des pattes d'acier, que l'on fait entrer à chaud, pour conserver leur tension initiale après le refroidissement. Cette opération est faite avec une grande habileté, à la fonderie de Ruelle, près d'Angoulême, où se trouve

Fig. 338. — Fermeture à vis de la culasse du canon de la marine française.

la fabrique des canons de la marine de l'État.

La rapidité du tir avec ce système est très-grande : le canon Krupp seul aurait peut-être sur notre canon rayé de marine quelque avantage à ce point de vue.

La *Revue maritime et coloniale* a publié les renseignements officiels qui suivent, sur les canons de la marine impériale.

« Les nouveaux canons sont de quatre calibres : $0^m,16$, $0^m,19$, $0^m,24$, $0^m,27$. Voici les dimensions principales de chacune de ces bouches à feu :

Canon de $0^m,16$.

Longueur totale....................	$3^m,385$
Diamètre à la culasse...............	$0^m,634$
Diamètre de l'âme...................	$0^m,1647$
Poids de canon......................	5,000 kilog.

« L'âme est munie de trois rayures paraboliques dont l'inclinaison varie de 0° à l'origine, jusqu'à 6° à la bouche. Ce canon tire : 1° avec la charge de 5 kilogrammes, un obus oblong en fonte du poids de $31^{kg},5$. Un valet de $0^m,15$ de longueur est placé entre la charge et l'obus. Les portées de ce canon sont les suivantes :

950 mètres	sous l'angle	de	2°
3,500	»	»	10°
7,250	»	»	35°.

« A cette dernière distance, la déviation latérale est de 16 mètres, et la déviation longitudinale moyenne de 44 mètres.

« 2° Avec la charge de $7^{kg},50$, un boulet massif en acier du poids moyen de 45 kilogrammes, cylindrique ou ogivo-cylindrique.

« La portée du boulet ogivo-cylindrique à 4° est d'environ 1,700 mètres. La portée et la justesse du tir sont à peu près les mêmes que celles de l'obus a 5 kilogrammes. Ce projectile ne doit pas être employé contre les navires cuirassés au delà de 600 mètres; à 300 mètres il traverse une plaque de blindage de 15 centimètres d'épaisseur. Aux distances moindres, les dégradations produites dans le bois de la muraille deviennent dangereuses.

Canon rayé de $0^m,19$.

Longueur totale....................	$0^m,800$
Diamètre à la culasse...............	$0^m,772$
Diamètre de l'âme...................	$0^m,194$
Poids du canon......................	8,000 kilog.

« Le canon tire :

« 1° Avec la charge de 8 kilogrammes, un obus en fonte pesant chargé 52 kilogrammes. Un valet en angle de 190 millimètres de longueur est placé entre la gargousse et l'obus.

« L'âme est munie de cinq rayures paraboliques, dont l'inclinaison varie de 0° à l'origine, jusqu'à 6° à la bouche.

« Les portées sont :

900 mètres	sous l'angle	de	2°
3,300	»	»	10°
7,000	»	»	35°.

« A cette dernière distance, la déviation latérale moyenne est de 14 mètres, et la déviation longitudinale moyenne de 42 mètres;

« 2° Avec la charge de $12^{kg},500$, un boulet massif cylindrique ou ogivo-cylindrique du poids de 75 kilogrammes. Jusqu'aux distances de 800 à 1,000 mètres, les portées sont sensiblement les mêmes, sous les mêmes inclinaisons, pour le boulet massif ogivo-cylindrique et pour l'obus oblong.

Le boulet cylindrique est destiné à être tiré de près, jusqu'à 300 mètres.

Ces projectiles massifs en acier sont redoutables pour des bâtiments revêtus de plaques de $0^m,15$, le premier (ogival), jusqu'à 800 mètres, le second (cylindrique), jusqu'à 300 mètres.

Canon de $0^m,24$ *rayé, modèle* 1864.

Longueur totale....................	$4^m,560$
Diamètre à la culasse...............	$0^m,930$
Diamètre à l'âme....................	$0^m,240$
Poids du canon......................	14,000 kilog.

« L'âme est munie de cinq rayures paraboliques, dont l'inclinaison varie de 0° à 6°.

« Le canon tire :

« 1° Avec la charge de 16 kilogrammes, un obus oblong en fonte, du poids moyen de 100 kilogrammes. Un valet de 240 millimètres de longueur est placé entre la gargousse et l'obus.

« Les portées sont de :

1,000 mètres	sous l'angle	de	2°
3,600	»	»	16°
7,800	»	»	35°

« 2° Avec la charge de 20 kilogrammes, un boulet massif en acier, ogivo-cylindrique ou cylindrique, du poids moyen de 144 kilogrammes. Un valet de 240 millimètres de longueur est interposé entre la gargousse et le boulet.

« La portée sous l'angle de 3° est de 1,120 mètres pour le boulet ogival, et de 1,020 mètres pour le boulet cylindrique.

« Le canon de $0^m,24$ pourrait être employé jusqu'à 2,000 mètres contre les navires cuirassés revêtus de plaques de 15 centimètres. Mais son action très-efficace est limitée à environ 1,000 mètres. Jusqu'à cette distance, il détruirait en un petit nombre de coups les plus fortes murailles construites jusqu'à ce jour.

« Un boulet cylindrique, traversant une muraille formée de 80 centimètres de bois sous une cuirasse de 15 centimètres, projette un poids de débris de fer à peu près égal au sien, ou 140 à 150 kilogrammes, et environ un mètre cube de débris de bois.

Canon de $0^m,27$ *rayé.*

« Le canon de $0^m,27$ est en fonte frettée et se charge par la culasse.

Fig. 339. — Nouveau canon de la marine française se chargeant par la culasse.

« Ses dimensions sont les suivantes :

Longueur totale	4^{m},660
Diamètre à la culasse	1^{m},133
Diamètre de l'âme	0^{m},275
Poids du canon	22,800 kilog.

« Il tire :

« 1° A la charge de 24 kilogrammes, un obus oblong pesant, chargé, 144 kilogrammes ;

« 2° A la charge de 30 kilogrammes, un boulet massif en acier, cylindrique ou ogivo-cylindrique, de 216 kilogrammes.

« Les tables de tir de cette bouche à feu ne sont pas encore établies.

« La création des nouveaux canons à grande puissance a nécessité l'établissement de nouveaux affûts, disposés de manière à atténuer les réactions résultant des fortes charges employées et à faciliter les mouvements des masses à manœuvrer.

« Diverses dispositions ont été essayées et sont actuellement en service. Il serait trop long de les décrire toutes, et nous nous contenterons d'indiquer brièvement l'organisation de l'affût sur lequel est placé le canon rayé de 0^{m}, 24, dans les batteries des frégates cuirassées.

« L'affût repose sur un châssis; tous deux sont construits en fer. Le châssis s'attache au navire par une forte cheville logée dans la muraille ; il repose à l'avant et à l'arrière sur des roulettes marchant sur des circulaires en bronze. Les roulettes de l'arrière portent sur leur face postérieure des cloisons, entre lesquelles on engage des leviers pour exécuter de petits déplacements dans le sens latéral.

« Ces roulettes peuvent en outre se placer latéralement, pour faciliter le transport du châssis.

« A l'avant du châssis est une gorge en fonte, sur laquelle s'appuie la brague qui retient l'affût.

« L'affût se compose de deux flasques en tôle reposant sur les côtés du châssis ; à l'avant des flasques sont deux galets fixes, et à l'arrière deux galets mobiles, qui, en soulevant l'arrière de l'affût, font porter les galets d'avant de telle sorte que l'affût se meut à roulement sur le châssis. Dès qu'on baisse les galets d'arrière, les flasques reposent à frottement sur le châssis.

« L'entretoise reliant l'avant des flasques, renferme des ressorts de choc sur lesquels s'attache la brague, afin de diminuer la violence des réactions et la fatigue du cordage. A la même entretoise est fixé un tampon de choc, qui agit lorsque l'affût revient au sabord.

« Pour pointer la bouche à feu en hauteur, une chaîne passant sous le renfort s'enroule dans l'intérieur de chaque flasque, autour d'une roue mise en mouvement par une vis sans fin, au moyen d'une manivelle.

« Dans le cas où cet appareil viendrait à manquer, le pointage pourrait s'exécuter avec des coins placés sur l'entretoise de crosse.

« Pour modérer le recul, chaque flasque porte un frein embrassant le côté du châssis. L'épaisseur de la partie du châssis sur laquelle frotte le frein augmente progressivement à mesure que la pièce recule, de sorte que l'action des freins augmente en même temps que diminue la vitesse du recul.

« Les mouvements de mise en batterie et hors de batterie s'exécutent à la manière ordinaire, au moyen de palans fixés à l'affût d'une part, et d'autre part à la muraille ou aux boucles du châssis. Le pointage latéral s'exécute en agissant sur le châssis avec des palans attachés aux boucles de l'arrière. Les déplacements peu étendus peuvent s'exécuter avec des leviers engagés dans les cloisons des roues d'arrière.

« L'affût et le châssis pèsent 6,500 kilogrammes.

« Le poids total du canon de $0^m,24$ et de son affût est donc environ de 20 tonnes. La bouche à feu, ainsi montée, se manœuvre sans peine avec 20 hommes à la mer. En rade, ce nombre pourrait se réduire à 14. »

La figure 339 représente le canon actuel de la marine française de combat.

Fig. 339 *bis*. — Canon de 7 rayé français se chargeant par la culasse.

Il y a peut-être quelque danger dans l'emploi, à bord des navires, de canons chargés de cette manière. Si les servants des pièces négligent de faire exécuter à la vis, une fois mise en place, les mouvements nécessaires pour la faire rentrer dans les pas des écrous, la pièce peut partir par derrière, et lancer à bout portant la masse d'acier qui forme la vis obturatrice. C'est ce qui est arrivé à bord du *Montebello*, il y a quelques années, et à bord de la *Valeureuse*, en 1868, non sans occasionner de grands malheurs.

A la suite du premier de ces accidents, on a imaginé un appareil de sûreté consistant en une suite de verrous qui empêchent de mettre le feu à la pièce, lorsque la vis obturatrice n'est pas entièrement fermée. Nos bâtiments cuirassés, nos corvettes cuirassées, nos garde-côtes, etc., sont armés de ces grosses bouches à feu.

Ces canons formidables répondent à un but spécial : percer les cuirasses métalliques des navires, attaquer ces forteresses flottantes qui se défendent des boulets ennemis par un épais revêtement de fer.

Il est une nouvelle pièce de canon rayée

Fig. 339 *ter*. — Système d'obturation du canon de 7 rayé français se chargeant par la culasse.

dont nous avons à donner la description en terminant cette Notice, c'est le *canon de 7 rayé* se chargeant par la culasse. Dans cette nouvelle pièce d'artillerie la France a adopté, pour l'artillerie de terre, le système prussien, c'est-à-dire le chargement par la culasse, qu'elle n'avait encore admis que dans l'artillerie de marine.

Pendant le siége de Paris, la population tout entière souscrivit pour la construction de 1,500 pièces de canon qui, disait-on, manquaient pour armer les troupes. 800 pièces environ furent coulées, montées et livrées au gouvernement de la Défense nationale; c'est le type de ces canons que représente la figure 339 *bis*. Ces pièces se chargeant par la culasse, construites sur un nouveau modèle, sont ces canons de 7 rayés, dont les bons services ont été appréciés pendant le siége, mais qui, n'ayant pas obtenu l'assentiment du comité d'artillerie, ont été abandonnés. Ce canon sauf ses proportions, n'a rien de remarquable. Il diffère peu des anciens canons rayés de 4 et de 8. Le système de fermeture de la culasse est seul particulier à cette création. L'obturateur A (fig. 339 *ter*), monté sur charnières, s'ouvre latéralement, et se manœuvre à l'aide de la poignée P. L'âme de la pièce porte un pas de vis interrompu V, dont les interruptions laissent passer un renflement qui, lorsqu'il est engagé au delà de ce pas de vis, est tourné à la main avec la poignée P, et empêche la culasse de pouvoir reculer. Un ressort placé en B entre dans une encoche C, et maintient la culasse. Enfin une vis de pression, manœuvrée par la manivelle M, complète la pression nécessaire à assurer contre tout danger de recul de la culasse lors du tir. La manœuvre de ce système de fermeture est simple, rapide, et présente en outre une obturation absolue, qui ne laisse jamais échapper la plus faible partie des gaz résultant de l'inflammation de la charge. Le corps de la pièce est rayé de stries hélicoïdales dans lesquelles s'engagent les aspérités en plomb ménagées sur la surface du projectile, qui est animé par ce moyen d'un mouvement giratoire et peut être porté utilement à 2,500 mètres.

FIN DE L'ARTILLERIE ANCIENNE ET MODERNE.

LES
ARMES A FEU PORTATIVES

CHAPITRE PREMIER

LES ARMES A FEU PORTATIVES PENDANT LE XIVe SIÈCLE. — LE CANON A MAIN. — LA COULEUVRINE A MAIN. — INVENTION DE L'ARQUEBUSE AU XVIe SIÈCLE. — INVENTION DU BASSINET, DU COUVRE-BASSINET ET DU SERPENTIN, AU XVIIe SIÈCLE. — ARQUEBUSES A ROUET ET A MÈCHE. — LE MOUSQUET. — LE PISTOLET. — LE FUSIL A SILEX. — INVENTION DE LA BAÏONNETTE AU XVIIe SIÈCLE. — LE FUSIL A BAÏONNETTE ADOPTÉ SOUS LOUIS XV DANS LES ARMÉES FRANÇAISES.

Dans les premiers temps de l'emploi de la poudre à canon, les armes portatives se confondent avec les pièces de l'artillerie proprement dite. Les armes à feu qui apparurent, pour la première fois, au commencement du XIVe siècle, étaient posées à terre pour le tir, ou munies d'un petit affût de bois, que l'homme d'armes plaçait sur son épaule droite, et à laquelle il mettait le feu de la main gauche. Dans le premier cas, la pièce s'appelait *bombarde;* elle était destinée à battre en brèche les murailles, et lançait des boulets de pierre; dans le second cas elle s'appelait *canon à main:* elle était alors portée et tirée par un ou deux hommes, et lançait des balles de fer.

Nous avons donné, dans la Notice sur l'*artillerie*, la description et la figure du *canon à main* du XIVe siècle, d'après Valturius (page 341, *fig*. 176), pour rappeler sa forme exacte, nous mettrons sous les yeux du lecteur un autre dessin de Valturius, représentant le *canon à main* (*fig.* 340).

Fig. 340. — Canon à main d'après Valturius.

Nous avons montré également comment le le cavalier tirait le canon à main. La figure 182 (page 313) montre, d'après Paulus Sanctinus et Marianus Jacobus, un *cavalier tirant un canon à la main*.

Dans un inventaire trouvé aux archives de la ville de Bologne, à la date de 1397, le canon à main est désigné sous le nom de *sclopo*; d'où l'on a fait plus tard *sclopeto*, puis *escopette*. Vers le milieu du XVe siècle, Paulus Sanctinus désigne, en effet, le cavalier chargé de cet engin par l'expression *Eques scoppetarius*.

La *couleuvrine à main* succéda assez rapidement au canon à main. Elle constituait un progrès, en ce sens que la boîte et la volée ne formaient plus, comme dans la *bombarde* et le *canon à main*, deux parties distinctes, qu'on rapprochait au moment du combat, mais se tenaient tout d'une pièce.

Dans le principe, on la fit en bronze; puis.

l'industrie se perfectionnant, on put obtenir des couleuvrines en fer forgé d'un seul morceau.

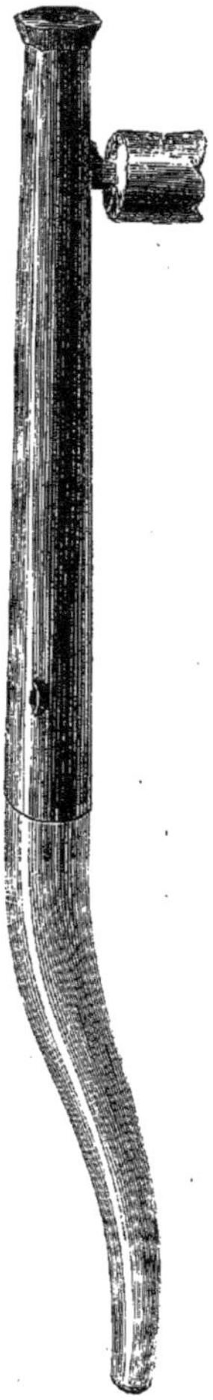

Fig. 341. — Couleuvrine à main du Musée d'artillerie de Paris.

Le *Musée d'artillerie* possède cinq ou six spécimens très-bien conservés de couleuvrines à main (1). Nous représentons ici (*fig.* 341), l'une des *couleuvrines à main* du Musée d'artillerie. C'est un canon en fer forgé du calibre de 0m,022 et de 0m,87 de long. On y voit un trou évasé, A, destiné à recevoir de la poudre d'amorce et dans lequel est percée la lumière.

Le caractère principal de cette arme résidait dans sa grande longueur, condition qui était alors jugée nécessaire pour l'augmentation de la portée. En raison de son recul très-prononcé et du choc qui en résultait, le tireur ne plaçait pas la *couleuvrine à main* contre son épaule. A sa partie antérieure, était attachée une branche de fer, en forme de crochet, que l'on piquait sur un poteau, B, pris comme point d'appui. Le canon était lié à une crosse de bois, C, un peu recourbée, comme le montre la figure 341.

On mettait le feu à la *couleuvrine à main* au moyen d'une mèche. Deux hommes la servaient : l'un la pointait, l'autre l'allumait.

La couleuvrine à main fut en usage pendant la plus grande partie du xve siècle et les premières années du xvie. Commines rapporte qu'à la bataille de Morat (1476), les Suisses avaient dans leurs rangs dix mille *couleuvriniers*. Les mêmes hommes d'armes sont cités dans la description de l'entrée de Charles VIII à Florence, en 1494, et dans le récit de la conquête de Gênes, par Louis XII, en 1507. Charles VII avait déjà eu un corps de couleuvriniers à cheval. Ils se servaient de leur arme en l'appuyant sur une fourchette fixée au pommeau de la selle, comme nous l'avons représenté par la figure 182 (page 313).

Cette arme variait beaucoup dans ses dimensions et son poids : elle avait depuis 1m,30 jusqu'à 2m,30 de longueur, et pesait de 5 à 28 kilogrammes. Elle était à crosse ou sans crosse. D'autres, beaucoup plus volumineuses, lançaient des balles de plomb de huit, douze ou treize livres, mais elles rentraient alors dans l'artillerie proprement dite.

La *couleuvrine à main* était d'un emploi

(1) Sur le catalogue du Musée d'artillerie l'une de ces armes est désignée sous le nom d'*arquebuse à croc*. Mais on doit lui laisser le nom de couleuvrine, puisqu'elle ne porte aucun mécanisme pour l'inflammation de la poudre.

compliqué et même impossible dans une foule de circonstances. On songea donc à la rendre plus maniable. On y parvint en augmentant la largeur de la crosse, pour que le tireur pût l'appuyer contre le plastron de sa cuirasse. Elle prit alors le nom de *pétrinal*, ou *poitrinal*.

Mais ainsi disposée, la *couleuvrine à main* était fort gênante, tant à cause de son poids considérable, qu'en raison de la situation particulière imposée au soldat pour en faire usage. On fut obligé de renoncer au *pétrinal*, et d'en revenir aux supports de l'arme à feu. Chaque fantassin fut muni d'une *fourquine*, c'est-à-dire d'un bâton ferré par le bas, qui se terminait en fourchette à la partie supérieure. Quand le soldat voulait tirer, il plantait en terre la *fourquine*, appuyait le bout du canon sur la fourquine, et la crosse de la couleuvrine sur son épaule; puis il mettait le feu à l'amorce avec une mèche allumée d'avance.

Toutes ces armes étaient très-grossières et très-incommodes. Les hommes de guerre étaient forcés d'avoir à leur solde des *goujats*, ou des *varlets*, pour porter la fourquine. En outre, et en raison de leur mauvaise fabrication, les couleuvrines éclataient fréquemment.

Il ne faut donc pas être surpris que les armes à feu fussent encore peu répandues au commencement du XVIe siècle, alors que l'artillerie commençait à prendre une certaine importance, surtout dans la guerre de siége. A cette époque, d'ailleurs, il régnait encore, en France du moins, une véritable répugnance contre les armes à feu portatives. On croyait faire acte de lâcheté en opposant à son ennemi une arme qui tuait à distance et sans danger pour le tireur. De là, l'infériorité notable de l'infanterie française aux premiers temps de l'emploi des armes à feu. La malheureuse bataille de Pavie, en 1525, vint ouvrir les yeux aux chefs des troupes de François Ier. L'honneur de cette journée revint presque tout entier aux arquebusiers espagnols, plus nombreux, plus habiles et mieux armés que les nôtres. Par leur feu rapide et bien dirigé, ils arrêtèrent l'élan de l'impétuosité française, et rendirent inutile la charge brillante que François Ier exécuta à la tête de sa noblesse, et dans laquelle il fut fait prisonnier par les Espagnols.

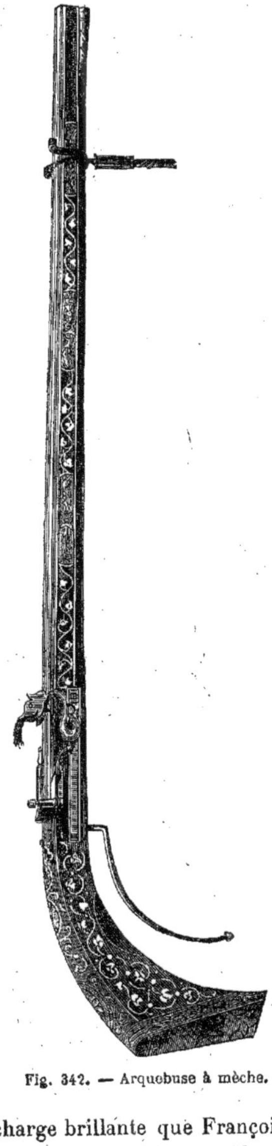

Fig. 342. — Arquebuse à mèche.

C'est, en effet, à l'Espagne que l'on doit le premier perfectionnement apporté à la vieille *couleuvrine à main* du Moyen Age, nous voulons parler de l'invention de l'*arquebuse à mèche* (*fig.* 342) qui contient un appareil mécanique pour mettre le feu à la poudre d'amorce.

Cet appareil se compose du *serpentin*, du *bassinet* et du *couvre-bassinet*.

Jusque-là, les armes à feu avaient présenté un inconvénient grave : elles ne pouvaient être amorcées qu'au moment même de s'en servir. Si l'on eût tenu la poudre d'amorce prête longtemps à l'avance, elle aurait pu tomber à terre au moindre mouvement, et le maniement de l'arme ainsi amorcée, aurait toujours été difficile. Ajoutons que le tir n'était jamais sûr, car le soldat, obligé de présenter la mèche pour enflammer la poudre, n'avait plus qu'une main libre pour soutenir la couleuvrine : ce qui nuisait beaucoup à la justesse de son tir. Ce fut donc un grand progrès que celui qui consista à mettre la poudre d'amorce à l'abri de tous les dérangements extérieurs et à en produire mécaniquement l'inflammation.

Le *serpentin* était une pince longue et recourbée, à laquelle était attachée la mèche. En tirant la gâchette on faisait arriver sur le bassinet le serpentin et la mèche allumée.

Le *bassinet* était un petit godet destiné à contenir la poudre d'amorce : il était muni d'un couvercle, nommé *couvre-bassinet*, qui le fermait hermétiquement, et que l'on découvrait lorsqu'il fallait tirer.

La figure 343 représente le mécanisme de l'*arquebuse* à mèche. La gâchette CD, tirant le levier EFG, et le faisant pivoter sur la goupille F à la manière d'un levier de sonnette, tirait le serpentin A, et amenait doucement, sans secousse, la mèche allumée sur le bassinet H, contenant la poudre d'amorce. Ce bassinet était découvert parce que l'on avait tiré le *couvre-bassinet*, B.

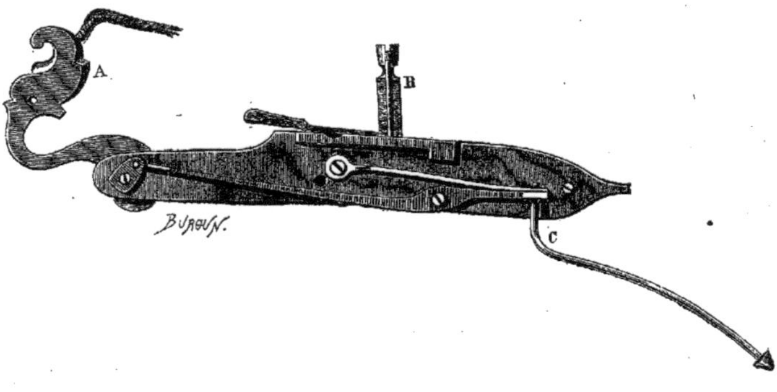

Fig. 343. — Mécanisme de l'arquebuse à mèche.

L'arquebusier plaçait préalablement dans la pince du serpentin le bout de sa mèche allumée, en prenant soin d'en régler la longueur, pour que le contact de la mèche allumée et de la poudre d'amorce se fît très-exactement. C'est ce qu'on appelait *compasser la mèche* ; puis il soufflait dessus pour activer la combustion ; enfin, il découvrait le bassinet. Après quoi, il épaulait, ajustait et tirait en toute tranquillité.

La figure 342 (page 465) montre l'arquebuse à mèche dans son entier.

Dès les premières années du XVIe siècle, l'*arquebuse à mèche* fut adoptée pour l'infanterie ; mais diverses considérations, entre autres l'obligation de *compasser la mèche*, empêchèrent d'en doter la cavalerie. On lui préféra un mécanisme imaginé en Allemagne, à peu près à la même époque, et qui était connu sous le nom de *platine à rouet*.

Dans cette platine, la mèche était supprimée, et l'inflammation de la poudre était ob-

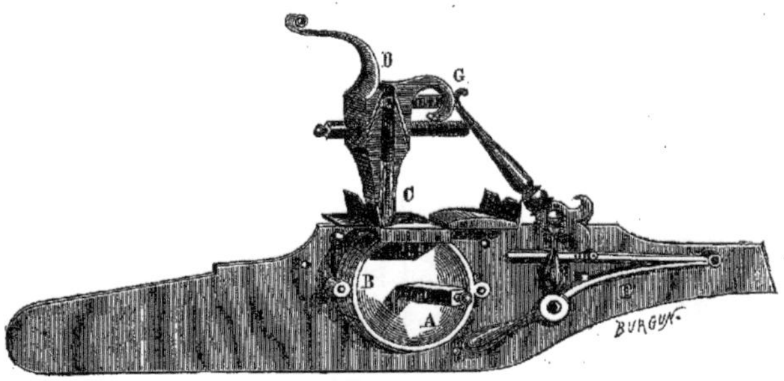

Fig. 344. — Mécanisme de l'arquebuse à rouet.

tenue au moyen d'une matière métallique (alliage de fer et d'antimoine), qui produisait des étincelles en frottant contre une petite roue d'acier, cannelée sur son pourtour, et animée d'un vif mouvement de rotation, par l'action d'un ressort intérieur et d'une détente. La pierre, ou la pièce métallique, était fixée entre deux plaques de fer, dont l'ensemble fut appelé *chien*, parce qu'il figurait grossièrement une mâchoire d'animal. Lorsque le chien était abattu sur la roue d'acier, il était maintenu dans cette position par un ressort coudé, qui déterminait un frottement très-énergique de la pierre contre l'acier et donnait lieu à des étincelles dont l'effet, était d'enflammer la poudre contenue dans le bassinet.

La figure 344 représente le mécanisme de la *platine à rouet*. L'appareil consiste en une petite roue d'acier B, cannelée sur son pourtour, et qui portait le nom de *rouet*. Cette roue pénètre en partie dans l'intérieur du bassinet C, qui contient la poudre d'amorce, et sur lequel débouche l'orifice de la lumière de l'arquebuse, percée elle-même sur le côté droit du canon. On faisait descendre sur ce bassinet C, le chien D, qui portait entre ses mâchoires une pierre à fusil ou un morceau de composition métallique (combinaison d'antimoine et de fer appelée *pyrite* ou *pyrite d'antimoine*). La pierre à fusil était, de cette manière, mise en contact avec la roue d'acier cannelée, et elle était en même temps très-voisine de la poudre d'amorce. Quand on avait monté un ressort placé à l'intérieur, en tournant la clef, A, et qu'ensuite on venait à détendre ce ressort, en touchant la gâchette de l'arme, aussitôt un mouvement de rotation rapide était imprimé à la roue d'acier, B (1). Le contact de la roue B et de la pierre C, pendant cette rotation, déterminait un frottement qui faisait jaillir des étincelles, et ces étincelles enflammaient la poudre d'amorce contenue dans le bassinet, C. Un ressort coudé, E, pressait fortement le chien, en agissant sur la partie FG, tige de fer articulée par deux charnières aux points F et G. Par cette pression, le chien était fortement maintenu contre la roue. Cette même tige articulée FG servait à relever le chien quand l'arme était au repos, ou quand on voulait amorcer, nettoyer la roue, etc.

La figure 345 représente l'une des arque-

(1) Le mécanisme intérieur, qui faisait partir la détente du ressort, en touchant la gâchette, était assez compliqué. Il n'y aurait aucune utilité à le décrire ici.

buses à rouet qui font partie de la collection du Musée d'artillerie de Paris.

Fig. 345. — Arquebuse à rouet.

La pluie et le vent étaient sans action sur la platine à rouet ; en outre, le soldat était dispensé de porter du feu sur lui, ce qui amenait une diminution sensible dans le nombre des accidents. Mais ces avantages étaient contre-balancés par des inconvénients assez sérieux. Le mécanisme de la gâchette et celui du rouet étaient compliqués, et se dérangeaient facilement. Pour mettre l'arme en état de tirer, il fallait remonter le ressort moteur du rouet, comme on remonte celui d'une horloge. Cette opération, quoique rapide, n'était pas toujours achevée à temps, lorsqu'on était attaqué à l'improviste. De plus, la petite pièce d'alliage métallique s'usait rapidement et nécessitait de fréquents renouvellements. C'est pour cela que l'*arquebuse à mèche*, quoique plus lourde que l'*arquebuse à rouet*, fut longtemps préférée à la nouvelle venue.

Le premier corps d'arquebusiers à cheval fut créé en France, en 1537, vers la fin du règne de François Ier. Dans ses *Mémoires*, du Bellay donne quelques détails sur leur équipement. Il y avait différentes pièces pour recevoir les munitions, et l'ensemble de ces pièces portait le nom de *fourniment*, mot qui est resté dans la langue militaire. C'était un sac pour les balles, une bourse en cuir, pour la poudre de charge, et un amorçoir, contenant la poudre fine d'amorce. Les *fourniments* les plus renommés se fabriquaient à Milan.

Ce fut encore en Espagne que l'on perfectionna l'arquebuse, et qu'on en fit une arme un peu supérieure, qui prit le nom de *mousquet*.

Philippe de Strozzi, colonel-général de l'infanterie française, sous Charles IX, introduisit chez nous cette arme nouvelle, qui était en usage chez les Espagnols depuis le commencement du XVIe siècle.

Le *mousquet* différait de l'arquebuse par la forme de la crosse, qui était presque droite, au lieu d'être fortement recourbée. Les premiers mousquets, encore très-lourds, se tiraient, comme les premières arquebuses, à l'aide d'une fourquine. Mais peu à peu on les rendit assez légers pour que l'on pût débarrasser le soldat de cette fourche si gênante, et le mousquet se tira en appuyant simplement la crosse contre l'épaule. Il y avait des *mousquets à mèche* et des *mousquets à rouet* : ces derniers étaient employés par la cavalerie.

On donna le nom de *mousquetaires* aux cavaliers qui furent les premiers armés de mousquets.

Les premiers mousquetaires français parurent en 1572. Brantôme raconte que Charles IX, ayant vu des mousquetaires espagnols à la suite du duc d'Albe, de passage en France, fut frappé de leur bonne mine, et ordonna à Strozzi d'en former un corps dans notre armée. Ils portaient la *bandoulière*, à laquelle pendaient, par des cordons, des étuis de cuir, de bois ou de fer-blanc, contenant les charges de poudre faites d'avance. Les deux bouts de la bandoulière se réunissaient sur le côté droit, où ils supportaient le sac à balles et le flasque pour le pulvérin d'amorce.

Cependant le mousquet était une arme bien lourde encore pour la cavalerie. La nécessité d'alléger cette arme amena l'invention du *pistolet*, ainsi nommé, suivant les uns, parce qu'il fut fabriqué, pour la première fois, à Pistoia (Italie); suivant les autres, parce que le canon avait le diamètre exact de la pistole.

Le pistolet n'était autre chose qu'un mousquet de petit calibre, et très-court, afin qu'on pût le tirer à bras tendu. Il fut tout d'abord adopté en Allemagne, où il devint l'arme de cavaliers, désignés sous le nom de *reîtres*.

Les reîtres inaugurèrent, grâce au pistolet, une manière toute nouvelle de combattre. Au lieu de charger en haie, comme les Français, c'est-à-dire sur une seule ligne, avec un intervalle de cinq pas entre chaque homme, les reîtres se massaient en escadrons de quinze ou vingt rangs de profondeur. Chaque rang s'ébranlait l'un après l'autre. Arrivé à portée, le premier rang tirait; puis, démasquant le second rang, par un mouvement rapide, à droite ou à gauche, il allait se reformer, au galop, à la queue de l'escadron, où chaque cavalier rechargeait son arme. Les autres rangs exécutaient, chacun à son tour, la même manœuvre : c'est ce qu'on appelait, le *limaçon* ou le *caracol*.

Cette tactique était en opposition avec le véritable rôle de la cavalerie, qui est de charger à l'arme blanche, en utilisant son choc. Cependant elle obtint un grand succès sur les champs de bataille. La France, qui venait d'en éprouver les effets à la bataille de Renty, se hâta de l'emprunter aux Allemands. Notre armée eut alors des corps de *pistoliers*.

On voit, au Musée d'artillerie de Paris, de remarquables spécimens des premiers pistolets, c'est-à-dire de ceux du XVIe siècle. Ils sont à rouet et se reconnaissent à leurs grandes dimensions, à la forme arrondie de la crosse, et à l'angle très-prononcé que fait la crosse avec le canon.

Un peu plus tard, sous Henri IV, cette disposition fut modifiée : on plaça la crosse presque en ligne droite avec le canon. En même temps, les dimensions de l'arme furent réduites. Tel fut le pistolet du temps de Louis XIII.

Pendant tout le XVIIe siècle et même une partie du XVIIIe, les Allemands se servirent, pour le mousquet et le pistolet, des platines à rouet. Ils s'ingéniaient à les perfectionner. Tous leurs efforts tendirent à diminuer le volume des pièces composant le mécanisme, et à les faire rentrer le plus possible dans l'intérieur du corps de la platine. A l'origine, en effet, l'appareil était entièrement extérieur, comme dans les armes à mèche.

En 1694, le *mousquet à mèche* était encore en usage parmi les troupes françaises. Saint-Remy en parle en ces termes :

« Les mousquets ordinaires, dit-il, sont du calibre de vingt balles de plomb à la livre, et ils reçoivent le calibre de vingt-deux et vingt-quatre, ce que l'on appelle de France. Le nombre de cette sorte de mousquets est d'ordinaire plus grand que celui des autres armes, parce qu'ils sont absolument nécessaires aux fantassins pour les siéges et les tranchées où il se fait un feu continuel. Ils sont, pour satisfaire à l'ordonnance du roi, de 3 pieds 8 pouces de canon et avec leurs fûts ou montures de 5 pieds, tous montés de bois de noyer, etc. ; leur portée est de 120 à 150 toises. »

Dans la première moitié du XVIIe siècle (on ne sait pas exactement en quelle année), un progrès très-considérable fut réalisé par l'invention de la *platine à silex*. Elle fut d'abord connue sous le nom de *Platine de Miquelet*, parce qu'on la vit pour la première fois, entre les mains des soldats espagnols, connus alors sous le nom de *Miquelets*.

La nouveauté du système consistait dans ce fait, que l'étincelle ne s'obtenait plus par le frottement d'une roue d'acier, comme dans la platine à rouet, mais par le choc d'une pierre à feu, ou *silex*, contre une pièce d'acier, nommée *batterie*, fixée au bassinet par une charnière à ressort. On distinguait deux parties dans la batterie : la *table*, qui servait à fermer le bassinet, et la *face*, destinée à recevoir le choc de la pierre. Au moment du choc, le bassinet se découvrait, et l'étincelle produite enflammait l'amorce, qui communiquait le feu dans le canon par la lumière percée sur le côté. La pierre était serrée entre les mâchoires d'un chien, qui s'abattait sous l'action du doigt pressant une détente.

Excellente dans son principe, cette platine offrait l'inconvénient de se détériorer assez promptement, par la raison que le mécanisme était tout entier placé au dehors. On pouvait donc prévoir le moment où, les pièces susceptibles de se dégrader étant rentrées à l'intérieur, on serait enfin en possession d'une arme bien supérieure aux précédentes. En effet, après quelques modifications, parut le *fusil*, ainsi nommé de l'italien *fucile* (pierre), qui fut adopté par l'armée française en 1670.

Les figures 346 et 347 donnent le détail de la *platine du fusil à silex*.

Dans la figure 346, qui représente la platine du fusil vue à l'intérieur, EF est le corps du chien porte-silex, G la batterie, ou

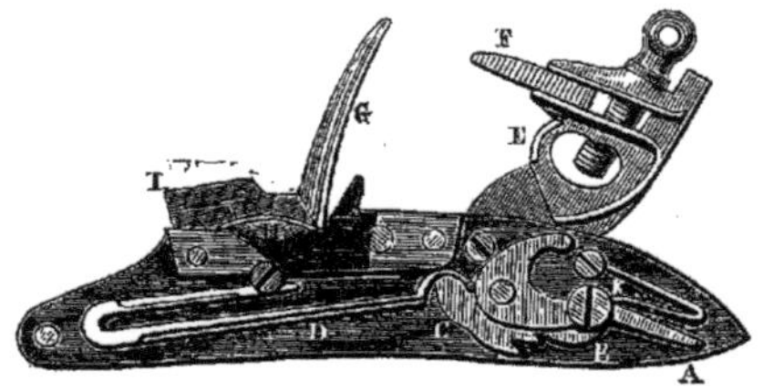

Fig. 346. — Mécanisme du fusil français à silex (côté intérieur caché dans le bois du fusil).

couvre-bassinet ; H, le bassinet percé d'un trou, c'est-à-dire de la lumière qui doit communiquer le feu à la poudre contenue dans le canon.

Voici le mécanisme qui provoque la chute violente du chien E contre la batterie G. Il y a deux systèmes d'organes : celui qui *arme* le chien, et celui qui le fait partir. L'organe de l'armement est à droite, c'est la *noix*, comme l'appellent les armuriers. Quand on tire sur le chien, on l'amène aux crans d'armement que porte la noix B (*fig*. 346), en surmontant la résistance du ressort coudé K. Quand on veut faire partir le coup, on tire la gâchette. Cette gâchette, qui n'est pas représentée sur la figure, soulève la queue A, laquelle entraîne la noix B portant les crans d'échappement ou de repos. La contre-noix C, dont l'axe reçoit le chien porte-silex EF, s'échappe alors, tirée violemment par le grand ressort coudé D, qui est en prise sur elle, au point C, et le chien EF s'abat vivement. La pierre rencontrant la batterie G, du couvre-bassinet HI, fait feu, et en même temps abattant par son choc toute cette pièce, elle découvre le bassinet H, dans lequel la poudre d'amorce, disposée préalablement, s'enflamme au contact des étincelles jaillissant du silex. Tous ces mouvements sont enfermés dans le bois du fusil.

L'extérieur de la platine est représenté par la figure 347. On y voit les différents organes du mouvement décrit ci-dessus, et en outre un ressort coudé J. Ce ressort presse sur le talon I du couvre-bassinet G, de façon à le maintenir fermé, quand l'arme est au repos.

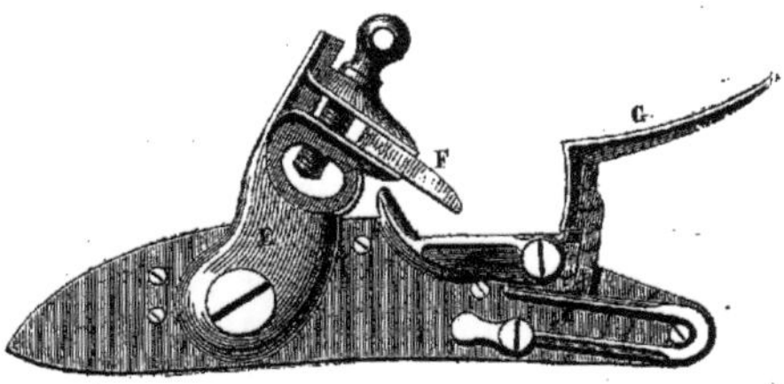

Fig. 347. — Mécanisme du fusil français à silex (côté extérieur).

Ce même ressort est nécessaire pour offrir une certaine résistance à l'action du chien et produire les étincelles par suite du choc du silex F contre la batterie G.

L'adoption du fusil ne se fit pas sans de grandes difficultés de la part des généraux de Louis XIV, qui tenaient bon pour le mousquet, et voulaient à tout prix conserver le mécanisme du rouet.

Une ordonnance du 28 avril 1653 ordonne d'ôter aux soldats :

« Les fusils dont ils sont armés contrairement aux « règlements, et de leur donner des mousquets, la « plupart des soldats d'infanterie étant à présent ar- « més de fusils au lieu de mousquets suivant l'ancien « usage, d'où il arrive de grands inconvénients et « peut arriver des pertes notables... »

Une autre ordonnance, du 24 décembre de la même année, allait jusqu'à punir de mort les soldats qui ne se seraient pas conformés à cet ordre.

Cet excès de sévérité provenait d'une idée préconçue et d'ailleurs sans fondement ; le fusil étant plus léger que le mousquet, on s'imaginait qu'il devait avoir moins de portée et être moins redoutable dans ses effets que le mousquet. C'est le contraire qui était vrai.

On crut faire une grande concession au progrès, en autorisant l'emploi de quatre fusils par compagnie.

« S. M., est-il dit dans une ordonnance du 6 février « 1670, prescrit à l'égard des fusils, qu'aucun soldat « ne pourra désormais en être armé, pour quelque « cause, occasion et sous quelque prétexte que ce « puisse être, à la réserve de quatre soldats qui se- « ront choisis par le capitaine, entre les plus adroits « de la compagnie...»

En 1687, le nombre des soldats armés de fusils fut porté à six par compagnie.

Dans l'intervalle, des compagnies de *fusiliers* avaient été organisées pour le service des places fortes, et l'on avait créé un régiment de *fusiliers du roi*. L'usage du fusil s'était propagé en même temps dans les compagnies de canonniers, dans le régiment des *fusiliers-bombardiers* et dans les régiments de *milices*.

En 1692, chaque compagnie de fantassins possédait autant de fusils que de mousquets. Le nombre des *piquiers*, qui jusqu'alors avaient formé la force principale de notre infanterie, fut, à partir de ce moment, considérablement réduit.

Enfin, vers 1700, le fusil remplaça définitivement le mousquet, et la pique ne tarda pas à disparaître.

Le peu de confiance qu'inspirait le fusil dans les premiers temps de son apparition, avait suggéré à Vauban l'idée d'une arme à double fin, qu'il appelait *mousquet-fusil*. Elle était pourvue à la fois de l'ancienne platine à mèche et de la platine à silex. De cette façon, si la pierre à feu n'enflammait pas l'amorce, le soldat avait la ressource de la mèche pour y suppléer. Mais le *mousquet-fusil* fut rarement employé ; les perfectionnements du fusil le firent disparaître sans retour.

Ce qui activa le plus l'adoption du fusil dans les armées européennes, ce fut l'invention de la baïonnette. Le fusil muni de la baïonnette, constitua, tout de suite, un engin terrible, tout à la fois arme de jet et arme d'hast. Dès lors, chaque fantassin valut deux hommes : il fut en même temps *piquier* et *fusilier*.

On croit que le principe de la baïonnette

fut emprunté à un simple incident de combat arrivé en 1641, entre des paysans basques et des contrebandiers. Les Basques avaient

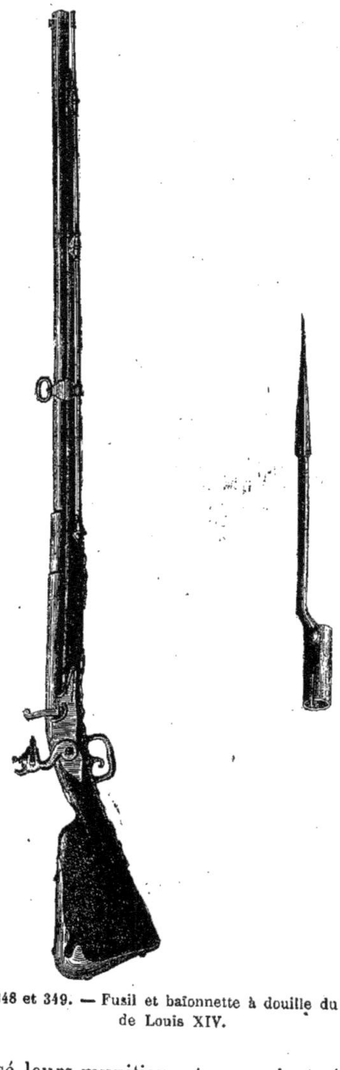

Fig. 348 et 349. — Fusil et baïonnette à douille du temps de Louis XIV.

épuisé leurs munitions et se voyaient réduits à l'impuissance, lorsqu'il leur vint une idée désespérée : c'était d'attacher leurs longs couteaux au bout de leurs mousquets. Grâce à ce moyen, ils eurent facilement raison de leurs adversaires. Cet événement fit du bruit, et amena à créer la *baïonnette*, qui reçut son nom de la ville de Bayonne, où l'on fabriqua, pour la première fois, ces instruments offensifs.

Dès 1649, on commença à remplacer la pique par une lame de 0m,32 de long sur 0m,005 de large, fichée dans une hampe en bois. On enfonçait cette hampe dans le canon du mousquet, et l'on s'en servait comme d'une pique. Mais on en retirait peu d'avantages, parce qu'elle empêchait le tir en bouchant le canon, et que, d'ailleurs, sa simple introduction dans le canon du fusil ne l'assujettissait pas avec la solidité suffisante.

En 1691, un perfectionnement de premier ordre vint centupler l'importance de la baïonnette. Le général anglais Mackay imagina la *baïonnette à douille*, qui se fixe au canon extérieurement, et qui permet de tirer même lorsqu'elle est attachée au bout du fusil.

La figure 349 représente la *baïonnette à douille*, telle qu'elle était employée dans l'armée française sous Louis XIV. La figure 348 représente le fusil de la même époque.

Tous les fusils furent pourvus de baïonnettes, sur la proposition et les instances de Vauban, et à partir de ce moment, la pique fut radicalement supprimée dans l'armée française.

Bien que le fusil réalisât un grand progrès sur l'arquebuse et le mousquet, il n'était cependant pas sans défauts. En premier lieu, l'amorce n'était pas encore suffisamment soustraite à l'action du vent et de la pluie; la lumière se bouchait facilement. Après un petit nombre de coups, la batterie s'encrassait, la pierre également; par suite, l'étincelle était quelquefois longue à se produire, et les *ratés* se multipliaient. Enfin, la batterie se dérangeait fréquemment, et nécessitait, pour être réparée, la main de l'armurier.

Pendant tout le XVIIIe siècle, on s'attacha

à faire disparaître ces divers inconvénients, et l'on finit par amener les armes à silex à un baut degré de perfection.

Le premier modèle réglementaire de notre *fusil de munition* date de 1717; il fut conservé, presque sans modification, jusqu'à 1822. A cette époque, une nouvelle arme, le fusil à percussion, remplaça le fusil à silex.

Avant d'aborder l'examen du système percutant, dont l'apparition correspond à une période toute nouvelle et très-importante de l'histoire des armes portatives, nous dirons quelques mots des différents modes qui ont servi, depuis l'invention de l'arquebuse, à opérer le chargement des anciennes armes à feu portatives.

Dans les premières armes à feu, c'est-à-dire les arquebuses et les mousquets, on plaçait dans le canon, d'abord la poudre, puis les balles. On bourrait au moyen d'une baguette de frêne entourée de fil de fer. Cette baguette fut remplacée, au bout d'un certain temps, par une tige de fer. Plus tard, et dans le but d'alléger l'arme, on revint aux baguettes de bois. Mais, en 1741, le prince de Dessau rétablit définitivement les baguettes de fer, qui bourraient plus vite et mieux.

Dans l'origine, la mesure des charges de poudre se faisait au moment même de tirer. A côté des soldats, se trouvaient tout simplement des barils de poudre, dans lesquels chacun allait puiser. Il va sans dire que ce mode par trop élémentaire fut promptement abandonné. On mesura les charges d'avance, et on les renferma dans des étuis de bois ou de métal, suspendus au baudrier du soldat. Chaque homme portait douze charges, dont une de poudre plus fine, pour les amorces.

Cet approvisionnement fut très-suffisant, tant que les armes à feu n'eurent pas reçu une grande extension. Mais l'on dut bientôt songer à l'augmenter, sans pourtant qu'il devînt une cause d'embarras. C'est alors que fut inventée la *cartouche*. Les Espagnols en firent, dit-on, usage dès 1567; mais elle ne fut adoptée en France qu'en 1644. On prit en même temps la giberne, qui avait été inventée par Gustave-Adolphe, et que les Suédois employaient depuis 1630. A partir de cette époque, jusqu'au XIXe siècle, bien peu de changements furent introduits dans cette partie de la pratique du tir.

CHAPITRE II

DÉCOUVERTE DES FULMINATES. — LEUR APPLICATION AUX AMORCES DES ARMES PORTATIVES. — LE FUSIL A PERCUSSION. — LES CAPSULES ET LEUR FABRICATION. — ADOPTION DU FUSIL A PERCUSSION DANS LES ARMÉES EUROPÉENNES.

Jusqu'ici les progrès des armes portatives ont été dus surtout aux arts mécaniques. Nous allons voir la chimie entrer dans la même voie et, par la découverte des *poudres fulminantes*, ouvrir des horizons plus vastes à la science de la guerre.

Les premières recherches chimiques relatives aux composés détonants, remontent à l'année 1699 : elles sont dues à Pierre Boulduc. Peu de temps après, de 1712 à 1714, Nicolas Lemery fit sur le même sujet, des recherches que l'on trouve consignées dans les *Mémoires de l'Académie royale des Sciences*.

Une longue période s'écoule ensuite avant les travaux de Bayen, pharmacien en chef des armées sous Louis XV, qui fit connaître, en 1774, le *fulminate de mercure* et ses propriétés explosives. On n'eut pas l'idée, à cette époque, d'employer ce fulminate, d'une manière quelconque, dans les armes à feu. Ce n'est qu'après les recherches de Fourcroy et de Vauquelin sur le même sujet, et surtout après celles de Berthollet entreprises en 1788, pour remplacer le salpêtre de la poudre à canon par le chlorate de potasse, que l'attention des chimistes se tourna de ce côté.

Nous avons raconté, dans la Notice sur les

poudres de guerre, les efforts de Berthollet pour remplacer le salpêtre par le chlorate de potasse, dans la composition de la poudre à canon. Nous avons dit qu'il dut renoncer à son projet, après deux explosions successives, qui manifestaient avec une cruelle évidence les dangers du nouveau sel. Toutefois, Berthollet ne renonca pas entièrement à ce genre de recherches. Il reprit l'étude des fulminates, et découvrit l'*argent fulminant*.

Dès que cette préparation fut connue, on se hâta d'en faire l'application à la pyrotechnie, et après quelques essais, au service des armes à feu. Mais l'extrême instabilité du fulminate d'argent, la facilité avec laquelle il détone sous l'influence du plus léger choc ou de la moindre élévation subite de température, firent restreindre l'application de ce sel aux feux d'artifice.

Après la découverte de l'argent fulminant par Berthollet, un certain nombre de savants s'ingénièrent à trouver de nouvelles compositions fulminantes. On proposa, à de courts intervalles : le mélange du chlorate de potasse avec un corps combustible, celui du chlorate d'argent avec le soufre, le mélange de l'iodate de potasse avec le soufre, les ammoniures d'or, d'argent, etc.

Enfin, en 1800, l'Anglais Howard, reprenant les expériences de Fourcroy et Vauquelin sur les fulminates, réussit à préparer une poudre extrêmement explosible, composée de fulminate de mercure et de salpêtre, qui possédait toutes les qualités requises pour remplacer la poudre d'amorce dans les armes à feu.

Le fulminate de mercure, qui a porté longtemps le nom de *poudre de Howard*, est formé par la combinaison d'un oxacide du cyanogène (Cy^2O^2), nommé *acide fulminique*, avec le protoxyde de mercure. Sa formule chimique est $(HgO)^2,Cy^2O^2$. Son analogue, le *fulminate d'argent*, est formé par la combinaison de l'acide fulminique avec le protoxyde d'argent, comme l'indique sa formule $(AgO)^2,Cy^2O^2$. Ces deux sels s'obtiennent en traitant l'alcool par l'acide azotique en présence du métal.

Pour préparer le fulminate de mercure, on dissout 1 partie de mercure dans 12 parties d'acide azotique, à 38 ou 40° de l'aréomètre de Baumé, et l'on ajoute peu à peu à la liqueur, 11 parties d'alcool, à 85 ou 88° centésimaux; puis on fait chauffer le mélange au bain-marie, jusqu'à ce qu'il se produise des vapeurs blanches et épaisses. Par le refroidissement, on voit se déposer de petits cristaux, d'un blanc jaunâtre, qu'on lave à l'eau froide et qu'on sèche ensuite avec précaution. La substance ainsi obtenue est le *mercure fulminant*.

On prépare le fulminate d'argent en faisant dissoudre l'argent pur dans de l'acide azotique ; on l'additionne d'alcool et l'on fait chauffer la liqueur acide. Les mêmes réactions se produisent, et la poudre blanche qui reste après le refroidissement, est le fulminate d'argent.

Ces poudres sont des plus dangereuses à manier : elles détonent avec une extrême violence et peuvent occasionner de terribles accidents. Le plus léger frottement suffit pour en provoquer l'explosion; aussi ne les touche-t-on qu'avec des baguettes de bois tendre, ou des cuillers en papier. Plusieurs chimistes ont été tués, ou horriblement mutilés, faute d'avoir pris les précautions suffisantes dans la préparation de ces produits.

En 1808, Barruel, préparateur du cours de chimie de M. Thénard, à la Faculté des sciences de Paris, eut la main droite à moitié emportée par la détonation d'un peu de fulminate de mercure, qu'il avait l'imprudence de broyer dans un mortier d'agate.

En 1809, mon oncle, Pierre Figuier, professeur de chimie à l'École de pharmacie de Montpellier, à qui l'on doit la découverte des propriétés décolorantes du charbon animal, découverte qui seule a permis de créer l'industrie des sucres de betterave en Europe, et une foule d'industries chimiques secondaires, fut victime d'un accident semblable. Il avait préparé, pour son cours, trois ou quatre grammes de fulminate d'argent, alors nouvellement découvert, et qui fixait en ce moment l'attention des hommes de l'art. Il plaça le sel desséché dans un flacon de verre, qu'il ferma avec un bouchon de liége. Quelques parcelles de fulminate étaient restées sur le goulot du flacon ; la faible chaleur développée par le frottement du bouchon contre le goulot, provoqua la détonation de ces quelques grains de fulminate, et par la violence de l'explosion, le malheureux chimiste eut l'œil droit arraché de son orbite.

Un de ses collègues de l'École de pharmacie, Virenque, qui avait peu de science, mais quelque esprit, disait le lendemain, à propos de cet accident : « Le professeur Figuier fait de la chimie à perte de vue ! »

En 1830, Bellot, ancien élève de l'École polytechnique, fut horriblement mutilé par une semblable détonation.

En 1845, Julien Leroy, fabricant de poudre, venait de préparer du fulminate de mercure, destiné à une composition de feu d'artifice. Par une imprudence fatale, il remua le fulminate avec la pointe d'une vieille baïonnette. Bien que le sel fût encore humide, la chaleur résultant de cette friction provoqua une explosion qui le tua sur la place.

M. Davanne a raconté, en 1868, à la *Société de photographie*, un accident très-grave arrivé à un photographe, dans des conditions assez singulières. Ce photographe avait fait du fulminate d'argent, comme M. Jourdain faisait de la prose : sans le savoir. Pour extraire l'argent du résidu de ses opérations, il avait précipité par l'ammoniaque, une dissolution d'azotate d'argent, mêlée sans doute de cyanure de potassium ou de cyanate alcalin ; il s'était produit ainsi de l'ammoniure d'argent, ou de l'argent fulminant, et l'opérateur était à cent lieues de se douter de l'existence de ce redoutable produit. L'événement ne le prouva que trop. Comme il continuait de chauffer la capsule de porcelaine, pour évaporer le produit à siccité, une explosion survint. Le malheureux praticien perdit un œil ; le second fut très-gravement affecté ; la main et le bras furent horriblement déchirés.

C'est qu'en effet, la force d'expansion des fulminates est bien supérieure à celle de la meilleure poudre à canon. Placés sous une boule creuse de cuivre, ils la chassent à une hauteur vingt à trente fois plus grande. Aussi leur emploi comme amorces, dans les armes, a-t-elle permis de diminuer la charge de poudre dans une notable proportion. La charge de poudre n'est dans les fusils à percussion, que les 85 centièmes de ce qu'elle était dans les anciens fusils à silex.

Le fulminate de mercure est employé dans la confection de quelques joujoux, qui ne sont pas toujours sans danger. Tels sont les *pois fulminants*, qui éclatent sous la simple pression du pied ; — les *bombes fulminantes*, qu'on fait détoner en les jetant par terre avec force ; — les *bonbons à la cosaque*, formés de deux bandes étroites de parchemin, entre lesquelles est placée une parcelle de fulminate de mercure, avec quelques grains de sable ou de verre pilé ; lorsqu'on tire ces deux bandes en sens contraire, le frottement du sable ou du verre contre la poudre, suffit pour en déterminer l'explosion. — Dans la même catégorie de produits, se rangent les bandes de papier fulminant que quelques voyageurs à l'esprit ingénieux fixent à la porte de leur chambre à coucher, afin d'être réveillés par le bruit de la détonation, si l'on entre chez eux pendant la nuit.

Le fulminate de mercure est le seul en usage pour la fabrication des amorces ; mais il n'entre pas exclusivement dans leur composition. On a soin de modérer ses effets brisants par l'adjonction d'une certaine quantité de salpêtre. La proportion du mélange est de 2 parties de fulminate de mercure pour

1 de salpêtre. On peut, d'ailleurs, faire varier ce rapport de manière à obtenir des mélanges qui détonent plus ou moins facilement, suivant la nature de l'arme. Pour les armes de guerre, on s'en tient aux proportions que nous venons d'indiquer.

Pour préparer la pâte des amorces, on opère de la manière suivante.

On ajoute d'abord au fulminate de mercure, 30 pour 100 d'eau, afin de pouvoir le manipuler sans danger ; car, dans cet état d'humidité, il ne détone pas, ou ne détone que partiellement. Puis on le broie sur une table de marbre, avec une molette de bois, en le mélangeant de la moitié de son poids de nitre, ou de *pulvérin* (poussier de poudre à canon). On obtient ainsi une pâte assez consistante, qu'il ne s'agit plus que de façonner en boulettes. A cet effet, on la passe dans un crible très-fin, alors qu'elle est encore humide, et on l'agite ensuite dans un bocal de verre, auquel on imprime un mouvement de rotation, jusqu'à ce que la poudre se soit mise en grains de la grosseur que l'on désire. Pour mettre ces globules à l'abri de l'humidité, on les enduit d'un vernis, formé d'une dissolution de gomme laque blonde dans l'alcool, ou de mastic dans l'essence de térébenthine ; la cire pure est aussi excellente pour cet objet.

Ce sont ces petits grains de fulminate qui, sous l'action du choc, s'enflamment et remplacent le feu de l'ancienne poudre d'amorce.

L'emploi du fulminate de mercure comme amorce, a été, avons-nous dit, l'origine de l'invention du *fusil à percussion*. C'est un armurier écossais, nommé Forsith, qui eut le premier l'idée de fabriquer un fusil fondé sur la propriété des composés fulminants, de s'enflammer par le choc. C'est en 1807 que Forsith prit son premier brevet pour le *fusil à percussion ;* mais il rencontra beaucoup de difficultés pour le faire adopter. Il ne dépensa pas moins de 250,000 francs, pour faire connaître cette arme nouvelle et en prouver tous les avantages.

L'année suivante, en 1808, Pauly, né à Genève, mais établi à Paris, comme armurier, imagina un autre fusil à percussion, qui différait d'une manière assez notable de celui de Forsith. Cette arme se chargeait par la culasse, et la cartouche portait à son extrémité, une amorce fulminante, composée d'une petite lentille de fulminate de mercure. Le jeu de la détente lançait une petite tige de fer, qui venait frapper l'amorce et l'enflammait. C'était là, comme nous le verrons plus loin, le principe et le début du fusil à aiguille.

Comme ce premier modèle laissait beaucoup à désirer, il fut abandonné. Mais, trente ans plus tard, il devait reparaître sous le nom de *fusil à aiguille.*

En 1812, le même armurier Pauly inventa une nouvelle disposition, qui n'était autre chose que le *fusil à percussion*, qui devait si longtemps demeurer en faveur.

Pauly supprima tout l'ancien système de la batterie du fusil à silex : le chien, la batterie, le bassinet. Tout se réduisit à un simple tuyau d'acier, nommé *cheminée*, communiquant avec la lumière. Au lieu et place du chien des armes à silex, était un petit marteau, de forme recourbée, terminé par une tête cylindrique. Le choc de ce petit marteau sur un grain d'amorce, que l'on posait avec précaution sur l'orifice supérieur de la cheminée, déterminait l'inflammation de la charge. En pressant du doigt la gâchette, on faisait tomber le marteau.

Ce système, dit *à percussion*, et nommé quelquefois, improprement, *à piston*, à cause de la forme du marteau, offrait certains inconvénients. Lors du tir, il y avait un crachement des éclats de l'amorce, qui le rendait dangereux ; puis l'amorce, simplement posée sur la cheminée, s'échappait souvent sans qu'on s'en aperçût, ce qui produisait de nombreux *ratés*. Néanmoins l'élan était donné ; tous les esprits se tournèrent vers l'étude des armes à percussion ; si bien que, dès 1820, c'étaient les seules armes usitées à la chasse.

En 1818, un armurier anglais, Joseph Eggs, imagina de placer la composition fulminante au fond d'une petite cuvette en cuivre rouge ; et la *capsule* fut inventée. Un an après, M. Deqoubert, arquebusier, l'importait en France.

Quoique minime en apparence, cette invention eut un grand résultat, car elle détermina l'application du système percutant aux armes de guerre.

Quelques détails sur la préparation et le remplissage des capsules fulminantes ne seront pas inutiles. Nous dirons comment on procède pour les fabriquer dans les établissements de l'État.

Les capsules sont, comme chacun le sait, de petits cylindres en cuivre rouge, ouverts d'un côté, fermés de l'autre. Quelques fentes sont pratiquées symétriquement sur le rebord ; elles ont pour objet de prévenir les éclats, en permettant au métal de se dilater au moment de l'explosion.

Le cuivre rouge est le métal exclusivement employé pour la confection de ces petits cylindres. Ce métal possède une ténacité et une malléabilité remarquables, et son inaltérabilité dans l'air sec, le recommande tout spécialement pour cet usage.

La première opération pour fabriquer les capsules, consiste à découper les feuilles de cuivre (préalablement bien examinées, pour s'assurer de leurs bonnes qualités physiques), en rubans de $0^{m},020$ de large. Ces rubans sont ensuite passés au laminoir, et leur épaisseur réduite à un demi-millimètre ; puis on les recuit, pour leur rendre leur malléabilité, on les décape par un acide faible, on les lave à l'eau pure, et on les enduit d'huile de pied de bœuf.

La confection des petites alvéoles de cuivre qui constituent la capsule, comprend trois opérations distinctes, qui se font presque simultanément par le secours d'une machine très-ingénieuse. Cette machine découpe le flan, ou étoile, à six branches, emboutit le flan, enfin rabat les bords, et les découpe concentriquement.

Ces manipulations mécaniques s'accomplissent à la *capsulerie* qui est établie à l'intérieur de Paris. La charge de la capsule se fait à l'usine de Montreuil-sous-bois, où se prépare le fulminate, par le procédé chimique décrit plus haut. Avec 1,250 grammes de fulminate, provenant d'un kilogramme de mercure, on peut confectionner 40,000 amorces. Chaque capsule renferme 3 centigrammes de fulminate de mercure, et 1 centigramme environ de vernis recouvrant ce sel.

On exécute le remplissage des capsules en les posant sur des planchettes en bois, percées chacune de 500 trous, qui peuvent recevoir autant de capsules. A l'aide d'une pipette, on verse dans chacune une goutte de fulminate de mercure. Ensuite on y dépose une goutte de vernis. Après quoi, on fait sécher les capsules dans une étuve, et on les met en sacs de 10,000, pour être expédiées aux magasins de l'Administration de la guerre.

Avant d'être livrées, les amorces ont été soumises à diverses épreuves. On a vérifié leurs dimensions ; on a examiné si le mélange fulminant est solidement fixé dans l'alvéole ; enfin, on les a plongées pendant cinq minutes dans l'eau, pour constater la résistance du vernis. Le vernis ne doit pas être altéré par ce séjour dans l'eau. On a également expérimenté leurs bonnes qualités : sur 100 coups tirés à titre d'essai, sur la cheminée d'une arme à feu, le nombre des *ratés* ne doit pas dépasser 4.

Nous n'avons pas besoin de dire que l'explosion des fabriques d'amorces fulminantes est chose assez commune. Aussi oblige-t-on les fabricants à se tenir dans des lieux éloignés de toute habitation, à ne préparer à la fois que de petites quantités de matière, et à ne conserver aucun approvisionnement.

Une fabrique de capsules fulminantes située à Ivry, près de Paris, fut entièrement détruite par l'explosion de quelques kilogrammes de fulminate de mercure.

Hennell, chimiste anglais d'un certain renom, périt victime d'un accident de ce genre. Un industriel anglais, nommé Dymon, avait traité avec la Compagnie des Indes, pour la fabrication d'une quantité considérable d'obus contenant du fulminate de mercure. Comme il ne pouvait préparer lui-même, dans le délai convenu, tout le fulminate qu'il devait livrer, il s'était adressé à Hennell, pour le charger de préparer le reste du composé fulminant. Pour travailler à cette œuvre périlleuse, Hennell s'était établi seul, dans un petit bâtiment séparé de la fabrique. Le 5 juin 1842, le fulminate était obtenu, séché, et il ne restait plus qu'à le mêler à une autre substance que M. Dymon prépare lui-même, et qui paraît constituer le secret de ses obus, lorsqu'un accident, qu'on ne peut expliquer, puisque le seul témoin a disparu, provoqua l'explosion de toutes ces matières. Le bâtiment fut détruit; les tuiles, les briques, les charpentes, furent lancées au loin, et l'on ne retrouva que des débris mutilés du corps de l'infortuné chimiste.

CHAPITRE III

ARMES PORTATIVES A BALLE FORCÉE. — TRAVAUX DE M. DELVIGNE. — LA CARABINE DELVIGNE. — LA CARABINE A LA PONCHARRA. — LE FUSIL A TIGE. — PERFECTIONNEMENT APPORTÉ PAR M. MINIÉ A LA CARABINE A TIGE. — LA BALLE CYLINDRO OGIVALE. — LA BALLE A CULOT. — LES BALLES EXPLOSIBLES.

L'année 1826 marque une date fondamentale dans l'histoire des progrès des armes portatives. C'est, en effet, en 1826, que M. Gustave Delvigne, alors sous-lieutenant au 2e régiment d'infanterie de la garde royale, fit connaître une idée, qui, après des perfectionnements sans nombre, devait transformer radicalement le système d'armement du monde civilisé. Le fusil rayé entrait dans le domaine de la pratique.

Depuis longtemps déjà, on connaissait les armes portatives rayées. On avait même créé pour ces armes, une désignation spéciale : on les nommait *carabines*. Imaginées en Allemagne, à la fin du XVe siècle, elles n'avaient jamais cessé d'y être en usage depuis cette époque.

Gaspard Zollner, de Vienne, eut, dit-on, le mérite de cette invention. Il songea, le premier, à pratiquer dans l'intérieur des armes à feu des rayures droites, c'est-à-dire parallèles entre elles et à l'axe du canon. Mais, d'après ce que nous avons dit, en donnant, dans la Notice sur l'*artillerie*, la théorie des armes rayées, les rayures droites étaient sans effet, parce qu'elles ne pouvaient provoquer le mouvement de rotation du projectile de manière à maintenir sa direction toujours dans le sens de l'axe de l'arme, et qu'ainsi elles ne s'opposaient nullement à la déviation de la balle par la résistance de l'air.

On en vint donc bientôt à substituer aux rayures droites des rayures inclinées, en d'autres termes, à tracer dans l'intérieur du canon, un sillon hélicoïdal, qui forçait le projectile à prendre un mouvement de rotation à l'intérieur de l'arme et au dehors, assurait son trajet dans le sens exact de l'axe du canon, et le plaçait, par conséquent, dans les conditions les plus favorables pour échapper à la déviation par la résistance de l'air. D'après l'opinion la plus généralement admise, l'invention des rayures inclinées doit être attribuée à Auguste Kotter, de Nuremberg, qui l'aurait imaginée dans la première moitié du XVIe siècle.

Tandis que l'Allemagne, la Pologne, la Russie, la Suède, armaient des régiments entiers de carabines, la France ne se montrait nullement empressée de suivre cet exemple. Si la carabine de ce temps avait l'avantage d'une certaine précision de tir, elle présentait, d'un autre côté, des inconvénients sérieux. On employait des balles d'un calibre supérieur à celui de l'arme, et on les faisait entrer de force dans le canon, à coups de maillet, en frappant sur une baguette de fer, en d'autres termes, on chargeait la carabine *à balle forcée*. Or, le chargement au maillet, étant quatre fois plus long que le procédé ordinaire, était peu praticable en face de l'ennemi. De plus, il était incompatible avec l'usage de la baïonnette. On ne doit donc pas s'étonner que la carabine ait trouvé peu d'accueil chez notre nation, dont le caractère saillant, à la guerre, est la vivacité dans les mouvements et la promptitude dans l'attaque.

On peut pourtant se convaincre, par l'examen des collections du Musée d'artillerie de Paris, que la carabine de guerre ne fut pas totalement délaissée en France. On trouve, à ce Musée, 343 armes rayées, de diverses époques, dont 1 à mèche, 225 à rouet, 112 à batterie à silex, et 5 à percussion.

Le premier modèle d'armes rayées, adopté en France, remonte à 1793 : il porte le nom de *carabine de Versailles*. L'âme de cette carabine était sillonnée de sept rayures hélicoïdales, d'une profondeur de 6 à 8 dixièmes de millimètre seulement. La bouche en était évasée, pour faciliter le chargement, qui se faisait à balle forcée, et de la façon suivante. On enveloppait la balle d'un *calepin* (morceau de peau ou d'étoffe coupé en rond, et enduit d'une substance grasse, pour faciliter le glissement du projectile dans le canon) ; puis on la frappait à l'aide de la baguette et du maillet. Elle prenait ainsi l'empreinte des rayures, ne pouvait s'échapper qu'en suivant le pas de l'hélice, et sortait avec un rapide mouvement de rotation sur elle-même.

Les inconvénients que nous venons de signaler, quant à l'usage à la guerre, des armes à balle forcée par le maillet, subsistaient dans la *carabine de Versailles ;* aussi cette arme fut-elle abandonnée en France douze ans à peine après son adoption, c'est-à-dire en 1805.

Ce fut l'invention propre et fondamentale de M. Delvigne, de trouver une méthode pour forcer la balle dans la carabine, spontanément, c'est-à-dire sans l'emploi du maillet. Mais avant de faire connaître le mode de forcement de la balle, qui constitue l'invention de M. Delvigne, il est bon d'énumérer les systèmes divers que l'on connaissait avant lui, pour arriver au même résultat.

Ces systèmes étaient au nombre de cinq :

1° Le chargement au maillet, sur lequel nous n'avons pas à revenir.

2° Le chargement par la culasse, que nous ne voulons qu'indiquer pour le moment, parce que les armes de ce système feront l'objet d'un chapitre spécial. La balle se plaçait dans une chambre pratiquée à la partie postérieure de la culasse ; comme cette balle était, ainsi que dans le cas précédent, d'un diamètre supérieur au calibre de l'arme, elle se trouvait forcée naturellement par l'explosion de la poudre. Ce procédé était rapide, mais il avait l'inconvénient de donner encore du *vent*, c'est-à-dire de laisser fuir une partie des gaz provenant de la combustion de la poudre.

3° L'emploi d'un projectile de calibre moindre que celui du canon, mais enveloppé d'une étoffe graissée, qui entrait dans les rayures et produisait le forcement, sans que la balle eût à subir de déformation.

4° L'usage d'une balle munie d'un appendice extérieur, en forme d'anneau ou d'ailettes, lequel forçait le projectile à suivre les rayures, en s'y engageant lui-même.

5° Enfin, l'emploi d'une arme, dont le calibre reproduisait exactement la forme particulière de la balle. Ce dernier système remonte à une époque fort ancienne. Il existe au Musée d'artillerie de Paris, plusieurs carabines du temps de Charles IX, dont la section transversale est un carré assez compliqué ; sur le milieu de chaque côté sont de petites rigoles demi-cylindriques. On y voit aussi une arme ayant appartenu à Louis XIII, dont le canon a la forme d'un trèfle. D'autres carabines ont pour section un polygone régulier : hexagone, octogone, etc. M. Whitworth, lorsqu'il a présenté sa carabine à section hexagonale, ainsi que ses canons de la même section, n'a donc fait que ressusciter un très-vieux moyen.

Ces différents modes de chargement laissaient beaucoup à désirer ; aucun n'avait pu être adopté ou maintenu, car aucun ne réunissait les conditions essentielles de tout bon forcement. Ces conditions sont les suivantes :

1° Le forcement doit être assuré, c'est-à-dire que la balle doit pénétrer suffisamment dans les rayures, pour ne pas s'en dégager au moment du tir.

2° Il doit être complet, c'est-à-dire qu'aucun jour ne doit exister entre le pourtour de la balle et les parois du canon, condition sans laquelle les gaz exerceraient une pression inégale sur les différentes parties de la surface du projectile, et le dévieraient de sa direction.

3° Enfin, il doit être régulier, c'est-à-dire s'effectuer constamment de la même manière, pour que le tir soit lui-même très-régulier.

Tout cela posé, arrivons à l'invention de M. Delvigne.

Frappé des inconvénients des divers modes de chargement jusqu'alors en usage pour les armes rayées, cet officier eut l'idée de pratiquer au fond de l'âme, une chambre cylindrique, plus étroite que le canon, et destinée à recevoir la poudre. Il forma ainsi, à l'orifice supérieur de la chambre, un rebord saillant, ou ressaut, dont il eut soin de faire tomber l'arête vive par une fraisure conique, en rapport avec le diamètre de la balle. Quant à la balle, il lui donna très-peu de vent, mais la choisit pourtant d'un calibre assez faible pour qu'elle pût glisser librement jusqu'au fond du canon, à l'entrée de la chambre, où elle trouvait un point d'appui solide sur le rebord fraisé. Il suffisait ensuite de deux ou trois coups de baguette pour la comprimer fortement, l'aplatir, et l'engager dans les rayures, en un mot pour la forcer d'une manière suffisante.

La figure 350 représente une coupe longitudinale de l'âme de la carabine Delvigne à balle forcée. On voit sur cette figure l'extrémité de la baguette, A, qui, en frappant sur la balle B, produit le forcement, ainsi que les dimensions respectives de la chambre à poudre C et de l'âme de la carabine D.

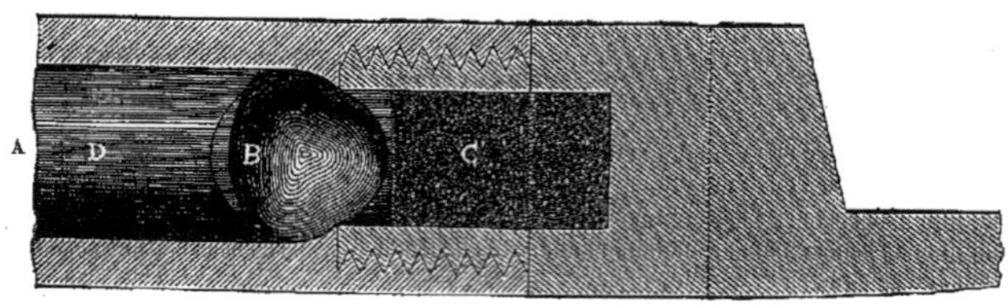

Fig. 350. — Section longitudinale de la carabine Delvigne.

M. Delvigne présenta sa carabine au Ministre de la guerre, qui la renvoya à l'examen d'une commission militaire. Les membres de cette commission furent d'avis qu'elle n'était pas susceptible de satisfaire à un service de guerre, et qu'on ne pouvait songer à en doter l'armée. Ils se fondaient sur les motifs suivants :

En premier lieu, sous le choc de la baguette, une partie de la balle pénétrait dans la chambre, en écrasant plus ou moins, les grains de poudre. Il en résultait que le plomb, trouvant une issue de ce côté, ne pénétrait qu'imparfaitement dans les rayures ; d'où un forcement incomplet, et par conséquent une déviation dans le tir.

De plus, la balle s'aplatissant inégalement, son centre de gravité se trouvait jeté en dehors de l'axe du canon, décrivait une hélice, au lieu de suivre une ligne droite, dans l'intérieur de l'âme, et en sortait suivant une tangente à cette hélice; d'où une seconde cause de déviation. Enfin les rayures s'encrassaient rapidement, le chargement devenait difficile, et après un petit nombre de coups, l'arme perdait beaucoup de sa précision.

Malgré ces inconvénients, qui pouvaient être atténués par des études nouvelles, la carabine Delvigne n'en était pas moins un grand progrès. Elle était inférieure, il est vrai, sous le rapport de la justesse du tir, aux anciennes carabines chargées au maillet; mais elle était supérieure au fusil d'infanterie dans le rapport de 3 à 2. On peut donc s'étonner que la commission se soit montrée aussi sévère à l'égard d'une invention qui aurait mérité les encouragements les plus sérieux.

M. Delvigne ne se tint pas pour battu. Dès cette époque, il entama, dans les journaux et dans différentes brochures, une polémique qui se termina par le triomphe de ses idées. L'auteur a raconté avec beaucoup de verve, dans une Notice publiée en 1860 (1), la longue odyssée de ses démarches, de ses efforts, de ses combats, comme aussi de ses déboires.

Cependant il continuait ses travaux. Outre les reproches faits à sa carabine, et que nous avons énoncés plus haut, on lui opposait, comme une fin de non-recevoir inexorable, le défaut de portée de sa carabine. Il est certain que la carabine Delvigne, comme toutes les armes rayées de cette époque, portait moins loin que les armes lisses de même calibre. Cela est même incontestable en principe, pour toutes les armes rayées, même les plus perfectionnées, comparées aux armes à canon lisse. On le comprendra sans peine si l'on réfléchit que la rayure, créant un obstacle au

Fig. 351. — Le capitaine Delvigne.

départ du projectile, nécessiterait une augmentation de la charge de poudre pour accroître la force d'impulsion; mais cette augmentation de charge ne saurait être tentée sans alourdir la carabine ou la faire éclater. Par conséquent la portée, à calibre égal, doit être moindre dans une arme rayée que dans une arme à canon lisse.

M. Delvigne songea pourtant à obtenir une portée plus considérable, non par l'augmentation de la charge de poudre, ce qu'il savait impossible, mais en prenant un projectile plus gros. De cette augmentation de la masse du projectile devait résulter l'effet cherché, parce que la balle plus lourde combattrait mieux la résistance de l'air.

La forme cylindrique allongée fut celle que M. Delvigne adopta pour le nouveau projectile de sa carabine. Il fallait seulement

(1) *Notice historique sur l'expérimentation et l'adoption des armes rayées à projectiles allongés.* Paris, in-8, 1860.

être bien sûr que la balle présenterait à l'air sa pointe, comme cela arrive avec la flèche.

Après de nombreuses expériences, M. Delvigne s'assura que cette dernière condition était parfaitement remplie. Il obtenait avec le projectile allongé de fort belles portées.

Toutefois, il reconnut, en même temps, que cette innovation n'était pas applicable au fusil de munition alors en usage, parce que le recul d'une arme de ce calibre était trop violent, et qu'il était impossible d'augmenter le poids des cartouches portées par le soldat. Il suffit de dire, pour justifier cette dernière remarque, que le projectile allongé de M. Delvigne pesait de 60 à 70 grammes, tandis que la balle du fusil de munition ne pesait que 25 grammes.

M. Delvigne fut donc obligé de réduire les dimensions de sa carabine, pour en faire un *fusil rayé* à l'usage des troupes. Il lui donna le calibre de 15^{mm} (celui du fusil ordinaire était de 17^{mm},5), le poids de 3 kilogrammes et demi, et le munit de projectiles cylindro-coniques, ne pesant pas plus de 25 grammes, comme la balle sphérique du fusil de munition.

Quoique son calibre fût de 2 millimètres et demi plus petit que celui du fusil de munition, cette arme se trouva lui être supérieure sous le rapport de la justesse et de la portée.

M. Delvigne présenta alors son *fusil rayé* à deux généraux d'artillerie. Ces officiers le déclarèrent *absurde et inadmissible.*

Sur ces entrefaites, arriva l'expédition d'Alger. M. Delvigne saisit avec empressement cette occasion de faire expérimenter son système. Il y parvint, mais, comme on va le voir, par un moyen détourné.

On avait refusé d'admettre son fusil rayé pour l'armement de quelques compagnies, mais on consentit à essayer ce système pour le siége de la place, ou pour faire sauter les caissons de poudre de l'ennemi. M. Delvigne prépara donc des projectiles allongés et creux, remplis de poudre, et armés, à leur partie antérieure, d'une capsule fulminante. Le choc de cette capsule contre un corps résistant, devait faire voler le projectile en éclats : c'étaient de petits obus.

Les essais qu'entreprit M. Delvigne avec ces nouveaux projectiles, d'abord à la butte Montmartre, en présence des ducs de Chartres et de Montpensier, fils du duc d'Orléans, puis au champ d'expériences de Vincennes, réussirent complétement. Toujours la balle frappait le but la pointe en avant, et l'explosion se produisait en même temps.

M. Delvigne reçut alors l'ordre de se rendre en Afrique, avec un approvisionnement de ses projectiles. Il fut mis à la tête d'un détachement de cent tireurs d'élite, armés en partie de fusils rayés de son système, fabriqués à ses frais, et en partie de fusils de rempart lançant les petits obus incendiaires que nous venons de décrire.

Les résultats obtenus pendant la courte campagne d'Alger, furent très-satisfaisants, et l'inventeur en tint bonne note.

Au retour d'Afrique, et sur l'avis favorable de plusieurs généraux de l'armée d'expédition, M. Delvigne demanda au Ministre de la guerre la continuation de l'examen de son système. Mais il fut repoussé pour la cinquième fois. M. Delvigne prit alors le parti de donner sa démission d'officier, pour pouvoir défendre et propager ses idées, sans être retenu par la hiérarchie ni par la discipline.

Son insistance et ses démarches eurent pour effet de provoquer, en 1833, une série d'expériences. Elles se firent à Vincennes, sous la direction de M. de Pontcharra, lieutenant-colonel d'artillerie et inspecteur des manufactures d'armes.

Ces expériences, qui avaient pour but la création d'un fusil de rempart rayé, en prenant pour base le système Delvigne, furent conduites avec beaucoup de science et d'habileté. On étudia les divers éléments qui entrent dans la composition d'une arme rayée : le mode de forcement, la forme, le poids et le calibre de la balle, la longueur et le calibre du canon, le sens, l'inclinaison, la profondeur et le nombre des rayures. Mais on se préoccupait surtout de perfectionner l'arme première de M. Delvigne, c'est-à-dire la carabine à balle sphérique, tant étaient vivaces les préjugés contre la balle oblongue.

M. de Pontcharra, qui présidait la commission, apporta une modification importante à la carabine Delvigne. Il eut l'idée d'adapter à la balle un sabot cylindrique en bois, sur lequel le projectile venait reposer. Ce sabot avait été imaginé par un arquebusier de Lyon, M. Bruneil, qui l'avait proposé dès 1827, en même temps qu'un fusil à batterie, fusil qui finit par devenir, après de nombreuses retouches, le *fusil modèle* 1840 (non rayé).

Ce sabot, creusé à sa partie supérieure pour recevoir la balle, reposait, de l'autre côté, par une surface plane, sur le rebord de la chambre, dont la fraisure était supprimée. De

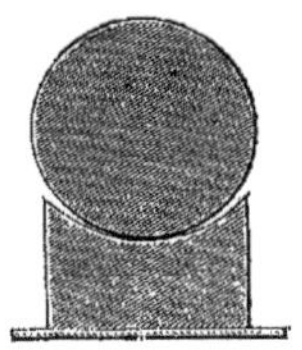

Fig. 352.— Balle sphérique à sabot de Delvigne-Pontcharra.

cette façon, il devenait impossible que le plomb pénétrât dans la chambre, et le forcement se trouvait meilleur.

La figure 352 représente la balle sphérique à sabot, modifiée par M. de Pontcharra. La balle ne pouvait plus s'étendre que dans le sens horizontal, c'est-à-dire perpendiculairement à l'axe du canon, et il en résultait une précision beaucoup plus grande.

Bien mieux, l'expérience mit en lumière un principe, non encore soupçonné jusque-là, et qui peut se formuler ainsi : L'aplatissement des balles rondes augmente la stabilité de leur axe de rotation, et par suite, la justesse de leur tir.

M. de Pontcharra eut aussi l'idée de clouer sous le sabot un *calepin* de serge graissée, qui, non-seulement rendait l'encrassement moins rapide, en balayant à chaque coup les rayures, mais encore augmentait la justesse du tir en faisant coïncider constamment l'axe du sabot avec celui du canon. Enfin il détermina le pas le plus convenable à donner à la rayure, pour obtenir les meilleurs effets.

A la suite de ces expériences, une petite carabine, dite *à la Pontcharra*, fut créée en 1837, pour l'armement d'un corps de tirailleurs dont le maréchal Soult réclamait l'organisation. Cette carabine portait à 300 mètres, avec une extrême justesse. Moins lourde que le fusil d'infanterie, parce qu'elle était plus courte, elle conservait pourtant assez de longueur pour être munie de la baïonnette. Elle se chargeait facilement, s'encrassait peu, et n'avait qu'un assez faible recul.

On en dota un bataillon de tirailleurs, qui fut formé à Vincennes, en 1838. Ce bataillon fut envoyé, l'année suivante, en Algérie, sous le nom de *Chasseurs de Vincennes*. La création du bataillon de chasseurs de Vincennes était due à l'influence du duc d'Orléans, qui s'était constitué le protecteur de M. Delvigne.

Les services que rendirent en Afrique les chasseurs de Vincennes, furent tellement décisifs, que l'organisation de dix bataillons de ces tirailleurs fut immédiatement décidée. Le duc d'Orléans fit adopter, pour leur armement, les projectiles allongés, dont il connaissait la supériorité sur la balle sphérique. Ce prince confia au capitaine d'artillerie Thiéry, la mission de fixer le modèle de la carabine à mettre entre les mains des dix bataillons de chasseurs, qui prirent alors le nom de *Chasseurs d'Orléans*.

Malheureusement, le capitaine Thiéry ne connaissait pas suffisamment la question pour mener l'entreprise à bonne fin. Il fit construire 14,000 carabines, mais avec une rayure trop peu inclinée. Quand ces nouvelles armes furent essayées au camp de Saint-Omer, où l'on avait réuni les nouveaux bataillons des chasseurs d'Orléans, elles donnèrent les plus mauvais résultats.

On en revint donc immédiatement à la balle sphérique. D'ailleurs, à cette époque, le duc d'Orléans, mort si malheureusement pour les destinées de la France, n'était plus là pour combattre la routine.

Cependant M. Delvigne ne perdit pas courage. Il se présente un jour au polygone de Vincennes, portant sous le bras un petit mousqueton de cavalerie. Avec cette arme surannée et presque ridicule, mais dont il avait fait une excellente carabine en la rayant et la munissant du projectile oblong, M. Delvigne, en présence du général commandant les chasseurs, rectifie brillamment les mauvais résultats obtenus au camp de Saint-Omer. Son projectile, néanmoins, fut encore rejeté.

Il s'adresse alors à l'Académie des sciences, et la prie de faire examiner cette question. L'Académie nomme aussitôt une commission de quatre membres, au nombre desquels se trouvait Arago.

Le 6 juillet 1844, l'illustre astronome monte à la tribune de la Chambre des députés, et fait connaître les expériences auxquelles il avait assisté sur le champ de tir de Vincennes. Il rapporte qu'à 500 mètres, distance à laquelle le tir à balle sphérique ordinaire n'aurait eu aucune certitude, M. Delvigne a mis quatorze balles sur quinze dans la cible ; à 700 mètres, sept balles sur neuf; et à 900 mètres, deux balles sur trois. Il constate que la balle sort en tournant sur elle-même, dans la direction de l'axe de la carabine, et touche toujours le but par la pointe.

Arago termina par ces paroles : « L'arme de M. Delvigne changera complétement le système de la guerre ; elle en dégoûtera peut-être, je n'en serais pas fâché. »

La première partie de la prophétie d'Arago s'est accomplie ; quant à la seconde, elle ne semble pas encore près de se réaliser.

La carabine à balle sphérique de M. Delvigne, modifiée par M. de Pontcharra, offrait dans la pratique un inconvénient assez grave : elle exigeait l'emploi de cartouches spéciales, qui se détérioraient plus facilement que la cartouche ordinaire, et qu'il n'était pas toujours possible de se procurer en temps de guerre. C'est pour parer à cette difficulté que M. Thouvenin, lieutenant-colonel d'artillerie, proposa d'en revenir à l'ancien mode de chargement par la baguette, et construisit, en 1842, l'arme qui prit le nom de *carabine à tige*, en raison de la particularité que nous allons décrire.

Dans cette arme nouvelle, la chambre à poudre employée par M. Delvigne était supprimée. Une tige en acier était vissée *au fond de l'âme de la carabine*, dans l'axe même d canon ; la poudre occupait l'espace annulair laissé libre autour de cette tige. On frappait la balle avec la baguette de fer du fusil. La balle, qui reposait au fond du fusil, sur cette tige, était très-bien forcée par le choc de la baguette ; elle ne subissait d'autre déformation qu'un aplatissement régulier. On pouvait donc renoncer au sabot, et faire usage, pour cette arme, de la cartouche ordinaire.

Dès l'invention de sa carabine, M. Thouvenin s'aboucha, pour l'expérimenter, avec deux officiers qui avaient suivi attentivement les travaux de M. Delvigne. C'étaient M. Tamisier, capitaine d'artillerie, professeur à l'École de tir de Vincennes, et M. Minié, capitaine aux chasseurs d'Orléans, instructeur à la même école (1). De cette union sortit une arme très-perfectionnée.

S'inspirant des précédentes études de M. Delvigne, M. Minié songea à appliquer la balle cylindro-conique à la *carabine à tige*, dont le défaut principal était la faiblesse de portée, résultant d'une trop grande action de l'air sur les balles aplaties par le forcement.

Après divers tâtonnements, MM. Minié et

(1) Favé, *Des nouvelles carabines et de leur emploi*, in-8, Paris, 1847, p. 10.

Thouvenin, en 1844, furent en état de présenter à l'examen d'une commission, nommée par le Ministre de la guerre, une carabine à tige, munie d'une balle oblongue.

Cette balle, dite *oblongue primitive* (*fig.* 353)

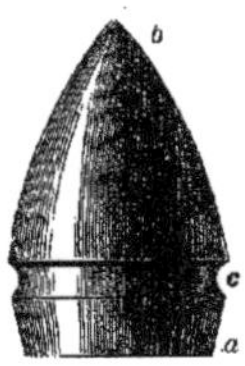

Fig. 353. — Balle cylindro-ogivale.

se terminait, non pas précisément en cône, mais en ogive. Sa partie postérieure, *a*, moins longue que l'antérieure, *b*, était un tronc de cône très-voisin du cylindre. Entre ces deux portions était creusée une gorge, *c*, destinée à faciliter l'union intime de la balle et de la cartouche. Lorsque la balle était enveloppée du papier de sa cartouche, on la fixait sur cette gorge, au moyen d'un fil de laine graissé, qui serrait le papier dans la gorge.

Il était indispensable de ne pas aplatir le projectile en le forçant ; on aurait perdu, sans cela, les avantages dus à la forme pointue de la balle. On fut donc obligé d'évider la tête de la baguette, employée à forcer le projectile, de telle façon que la partie antérieure de la balle pût s'y loger.

La figure 354 montre la balle, B, et l'extrémité de la baguette évidée, A, qui vient la coiffer, pour ainsi dire, au moment où elle frappe cette balle pour la forcer. C, est la tige placée au fond du canon sur laquelle on force la balle. Autour de cette tige C, se trouve la cartouche de poudre, PP.

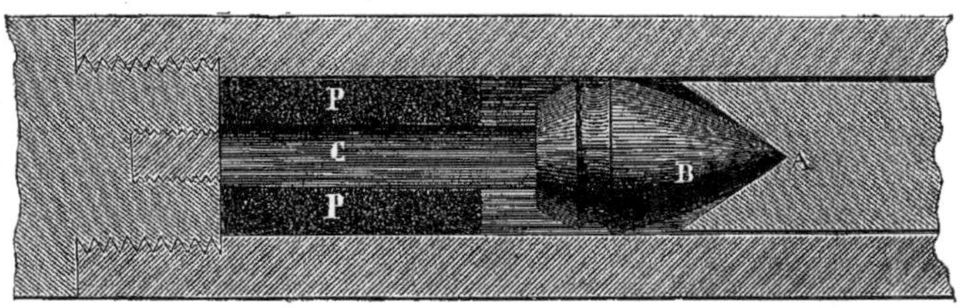

Fig. 354. — Forcement de la balle par la baguette évidée dans la carabine Thouvenin-Minié.

La carabine de MM. Minié et Thouvenin donna de fort beaux résultats. On put mettre, 33 balles sur 100, dans une cible de 6 mètres de largeur sur 2 de hauteur, à la distance de 800 mètres. A 1,300 mètres, on mettait encore 8 balles sur 100, dans une cible de 10 mètres de largeur.

Le projectile oblong n'était pas moins supérieur sous le rapport de la puissance de pénétration. A 600 mètres, la balle traversait 5 panneaux en bois de peuplier, de $0^m,022$ d'épaisseur, placés de suite et parallèlement, à $0^m,50$ de distance. Sur 300 balles tirées, 127 touchaient le but, après avoir traversé ces 5 panneaux. A 1,300 mètres, elles traversaient encore 2 panneaux, et faisaient empreinte sur un 3e.

En présence d'effets aussi concluants, on songea à doter toutes nos troupes d'armes rayées à tige et à balle cylindro-ogivale. En 1845, des expériences furent entreprises, dans le but de déterminer le modèle de carabine remplissant les meilleures conditions. Mais alors surgit un perfectionnement tout à fait imprévu.

Pendant le cours des expériences, M. Minié crut s'apercevoir que le fil, enroulé autour de la gorge, n'avait aucun avantage ; il le supprima donc, se contentant de graisser le papier de la cartouche : les résultats n en furent nullement amoindris. De là à penser que la gorge était également inutile, il n'y avait qu'un pas. Ce pas fut fait, et la gorge disparut. Mais on constata aussitôt que le tir perdait beaucoup de sa justesse. On revint alors à la gorge; et l'on remarqua, non sans surprise, que les plus légères variations, dans sa forme et sa position, influaient beaucoup sur la justesse du tir. Les moindres modifications apportées, soit à la partie tronc-conique, soit à la partie ogivale du projectile, exerçaient la même influence.

M. Tamisier soumit ces faits à une étude approfondie; il en chercha la cause, et il fut amené, par des considérations théoriques très-justes, à pratiquer des cannelures à l'arrière du projectile. Il pratiqua, non pas une gorge, mais autant de gorges qu'il en put placer, sur la partie tronc-conique de la balle, et donna à chacune de ces excavations une profondeur de 7/10 de millimètre.

La figure 355 représente la balle dont il s'agit.

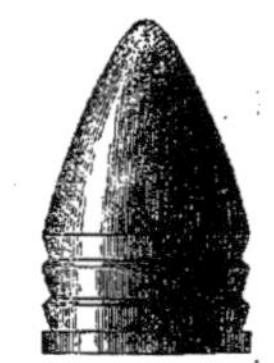

Fig. 355. — Balle cylindro-ogivale cannelée.

La justesse du tir fut immédiatement augmentée.

Voici, en deux mots, quelle était l'utilité des cannelures : rendre le frottement de l'air plus considérable à l'arrière de la balle, afin de redresser cette partie, qui tend toujours à s'abaisser, et ramener son axe vers la direction de la tangente à la trajectoire : cette dernière condition étant nécessaire pour que le projectile allongé se maintienne la pointe en avant.

En poursuivant ses essais, M. Tamisier reconnut que, pour obtenir le maximum de frottement, il importait que les arêtes des cannelures fussent aussi vives que possible ; et il s'ingénia à déterminer la forme de balle la plus avantageuse au maintien de cette condition, après sa déformation résultant du choc de la baguette.

Ainsi, d'après les nouveaux principes, il n'y avait aucun inconvénient, pour la justesse du tir, à sortir du type cylindro-ogival créé par M. Minié et à employer des balles de forme et de longueur quelconques. M. Tamisier eut tout de suite l'idée d'allonger le projectile. Il tira avec beaucoup de justesse à de grandes portées, avec des balles ayant jusqu'à sept calibres de longueur, c'est-à-dire $0^{m},126$. Ce fut dès lors un fait acquis à la science et accepté de tous, qu'il n'est pas nécessaire, pour agrandir la portée d'une arme, d'en augmenter le calibre, mais qu'il suffit d'allonger le projectile, en faisant varier en même temps, d'une manière convenable, la construction de l'arme. C'est, comme on l'a vu, ce principe qui avait amené M. Delvigne à créer sa balle cylindro-conique : il avait fallu près de vingt ans pour qu'il passât à l'état de vérité reconnue.

A la fin de 1846, la supériorité de la *carabine Thouvenin-Minié-Tamisier* étant bien établie, cette arme devint réglementaire. Sous le nom de *carabine modèle* de 1846, elle fut adoptée pour l'armement des chasseurs d'Orléans.

On s'occupa, immédiatement après, de transformer notre vieux fusil à canon lisse, en usage dans toute l'infanterie française , en *fusil rayé à tige*. A la suite de nouvelles expériences qui en démontrèrent tous les avantages, le *fusil rayé à tige* fut donné aux zouaves. Il allait sans doute recevoir une extension plus complète, lorsqu'une proposition inattendue de M. Minié vint tout remettre en question.

Il ne s'agissait de rien moins que de supprimer la tige employée pour le forcement de la balle, grâce à un mode de forcement proposé par M. Minié, et tout différent de ceux imaginés jusque-là : le forcement par l'action des gaz de la poudre, forcement automatique et indépendant du tireur.

La balle présentée par M. Minié (*fig.* 356

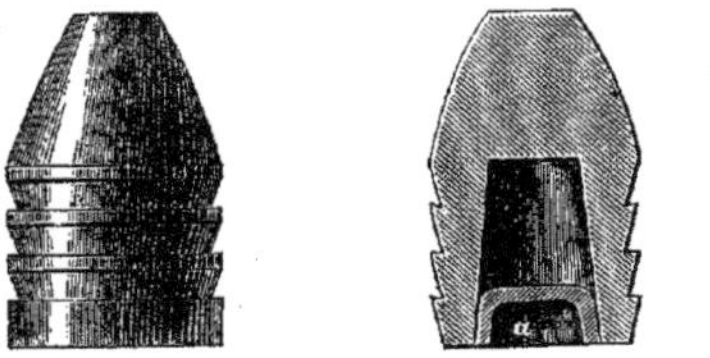

Fig. 356 et 357. — Balle à culot et coupe verticale de cette balle.

et 357) était creusée à sa partie inférieure ; dans la cavité ainsi produite était logé un *culot*, *a*, sorte de capsule en tôle de fer, de forme tronc-conique. En raison de sa densité moindre que celle de la balle, le culot recevait le premier l'impulsion des gaz de la poudre, il exerçait une pression sur les parois intérieures du projectile, et le forçait de s'ouvrir, de se dilater, et de s'imprimer dans les rayures. Dès lors il n'était plus besoin de tige au fond du fusil, ni de baguette pour le forcement ; le chargement se trouvait très-simplifié dans la pratique, en même temps qu'il acquérait une grande régularité.

La première idée de cette méthode de forcement n'appartenait pas en propre au capitaine Minié. En 1835, un arquebusier anglais, M. Greener, avait présenté à l'arsenal de

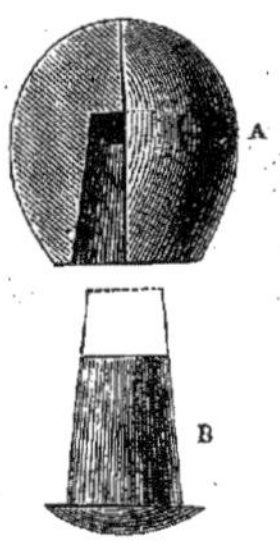

Fig. 358. — Balle Greener.

Woolwich une balle ovale, A (*fig.* 358), portant un évidement dans lequel s'engageait un appendice, B, formé d'un alliage de plomb, de zinc et d'étain, et dont M. Greener indiquait le rôle en ces termes :

« Quand l'explosion a lieu, le *tampon* est chassé dans le plomb, en écartant les parois de la balle, et produit ainsi, soit le forcement dans les rayures, soit la suppression du vent, selon que l'on emploie une arme rayée ou une arme à canon lisse. »

Les expériences avaient été très-concluantes ; mais la balle Greener avait été rejetée en Angleterre à cause de la diffiuclté de sa fabrication.

D'un autre côté, le fait de la dilatation du projectile évidé, par l'action des gaz de la poudre, avait été remarqué par M. Delvigne, presque dès l'origine de ses travaux. Ayant, en effet, creusé à l'arrière, sa balle cylindro-conique, pour porter son centre de gravité à la partie antérieure, M. Delvigne n'avait pas tardé à reconnaître cette influence ; et, le 22 décembre 1842, il avait spécifié sa découverte dans une addition à un brevet pris l'année précédente. Il y déclarait « avoir évidé le creux de sa balle cylindro-conique, non-seulement pour les motifs énoncés dans son brevet d'invention, mais, en outre, pour obtenir sa dilatation, son épanouissement par l'effet des gaz produits par l'inflammation de la poudre. »

M. Minié n'était donc pas l'inventeur du mode de *forcement par expansion du projectile ;* mais il l'avait ressuscité et perfectionné d'une manière fort ingénieuse par la création de sa *balle à culot*.

Dès sa présentation, le système Minié attira toute l'attention du gouvernement français. Il réunissait, en effet, bien des avantages. Facilité et régularité du chargement, suppression de la tige intérieure et de la baguette de forcement, transformation rapide et économique du fusil lisse en fusil rayé : telles étaient ses qualités les plus saillantes.

Restait à savoir comment le nouveau projectile se comporterait dans la pratique, et à quelle précision de tir il permettrait d'atteindre. Pour vider ces questions, des expériences comparatives furent ordonnées, en 1849-1850, dans les quatre écoles de tir de Vincennes, Toulouse, Grenoble et Saint-Omer (1).

Les résultats obtenus furent favorables à la balle à culot. Sous le rapport de la justesse, elle était un peu supérieure à l'ancienne balle cylindro-ogivale et elle l'égalait sous le rapport de la pénétration.

Quatre régiments d'infanterie furent alors munis de cette carabine, et chargés de l'expérimenter pendant le cours des années 1851 et 1852.

Les tireurs lui trouvèrent des défauts qui avaient échappé aux écoles. On crut donc devoir faire, en 1853 à Vincennes, à Metz et à Besançon, de nouveaux essais, pendant lesquels on perfectionna la forme de la balle et celle du culot. On parvint aussi à éviter en partie les déchirements qui se produisaient dans les projectiles, par suite de l'action trop vive des gaz ou d'un défaut de fabrication, et dont la conséquence la plus grave était de mettre l'arme momentanément hors de service, à cause des débris de métal qui restaient souvent dans le canon (2).

Après une comparaison approfondie, l'avantage resta enfin aux armes sans tige tirant la balle à culot, sur les armes à tige tirant la balle oblongue. Toutefois l'adoption de la balle à culot resta à l'état de projet : on lui reprochait encore son poids considérable (49 grammes) et les difficultés de sa fabrication. D'ailleurs, à cette époque, M. Minié présenta une balle plus simple, qui vint détourner l'attention de la première.

La nouvelle balle était sans culot. Elle portait un simple évidement, et ne pesait que 36 grammes ; la charge de poudre était de $4^{gr},5$. Elle donna immédiatement d'assez bons résultats pour qu'on l'adaptât au *fusil modèle* 1854 *de la Garde impériale;* d'où lui vint le nom de *balle évidée de la Garde.* La figure 359 montre cette balle en coupe verticale.

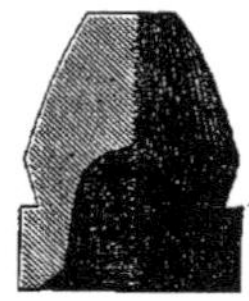

Fig. 359. — Balle évidée de la Garde.

En 1856, M. Minié proposa une seconde balle à culot, dont le poids n'était plus que de 39 grammes. Presque en même temps, M. Nessler, capitaine des chasseurs à pied, en offrit une sans culot, du poids de 38 grammes, et caractérisée par un petit appendice faisant saillie dans l'évidement, mais attenant à la balle elle-même ; d'où le nom de *balle à téton* qui lui fut donné.

Ces deux projectiles furent rejetés ; mais une commission, à laquelle fut adjoint M. Nessler, reçut mission d'établir une balle sans culot, et d'un faible poids, quoique d'une grande portée et d'une grande justesse

Des recherches auxquelles se livra cette commission, et auxquelles M. Nessler prit une part active, sortit enfin la *balle modèle* 1857, qui fut adoptée pour toute notre infanterie. Cette balle, que représentent les figures 360 et 361, est à évidement pyramidal

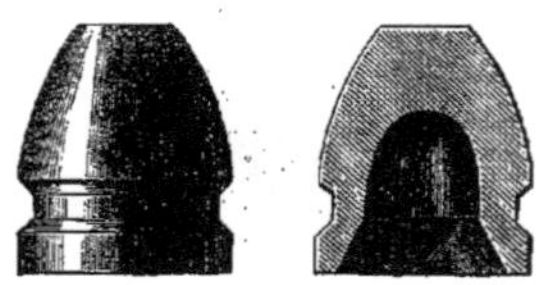

Fig. 360 et 361. — Balle modèle 1857 et coupe verticale de cette balle.

à base triangulaire, avec section des arêtes. Elle ne pesait que 32 grammes, et jusqu'à 600 mètres, elle présentait une justesse de tir suffisante, quoique inférieure à celle de la carabine à tige, dont la balle pesait 49 grammes.

(1) Gaugler de Gempen, *Essai d'une description de l'armement rayé dans l'infanterie européenne*, in-8, Paris, 1858, p. 73.

(2) Voir au sujet de ces expériences, l'ouvrage de M. Cavelier de Cuverville, *Cours de tir*, in-8, 1864, p. 426.

Enfin M. Nessler, ayant poursuivi ses recherches, fit remplacer la balle modèle 1857 par une balle du poids de 36 grammes à évidement quadrangulaire, et d'une justesse de tir remarquable : ce dernier changement

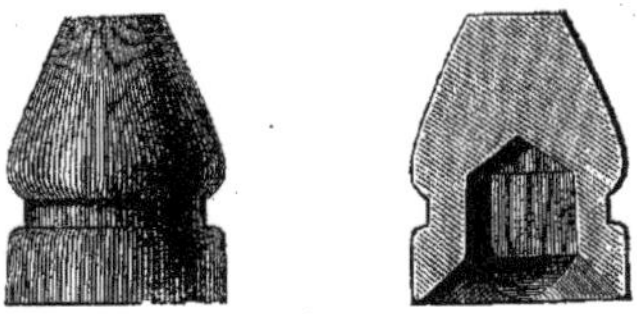

Fig. 362 et 363. — Balle modèle 1863 et coupe verticale de cette balle.

s'accomplit en 1863. Les figures 362 et 363 représentent ce dernier projectile.

Ici s'arrête l'historique des armes à feu se chargeant par la bouche du canon. L'aperçu que nous en avons donné, pour ce qui concerne la France, nous dispense de faire le même travail pour les armes étrangères, lesquelles d'ailleurs sont toutes basées sur les principes mis en relief par MM. Delvigne, Thouvenin, Minié, Tamisier, Nessler, etc. Il est bien remarquable que les inventeurs qui ont successivement perfectionné, de nos jours, les projectiles, les carabines et les fusils, soient tous Français.

Partout aujourd'hui les armes portatives rayées ont remplacé les armes à canon lisse. C'est, d'ailleurs, une curieuse remarque à faire, que nul progrès de l'ordre scientifique ou industriel, ne se propage avec autant de rapidité que ceux qui se rapportent à l'art de la guerre. Le moindre perfectionnement dans cette voie, réalisé chez un peuple, reçoit aussitôt son application chez tous les autres; le progrès se généralise et s'unifie, sans distinction de nationalité.

Il nous reste à parler des armes à feu portatives se chargeant par la culasse. En combinant le chargement par la culasse avec la rayure du canon, on a créé ces armes nouvelles, si redoutables et qui sont aujourd'hui entre les mains de toutes les armées européennes. Le fusil d'infanterie a dû subir dès lors une nouvelle transformation. La dernière expression de la science, dans ce sens, a été le *fusil à aiguille*, dont le *fusil Chassepot* n'est qu'un admirable perfectionnement.

CHAPITRE IV

LES ARMES A FEU PORTATIVES SE CHARGEANT PAR LA CULASSE. — PREMIERS ESSAIS. — SYSTÈMES JULIEN LEROY, LEPAGE, GASTINE-RENETTE. — SYSTÈME LEFAUCHEUX. — LE FUSIL ROBERT. — LE MOUSQUETON DES CENT-GARDES. — LE FUSIL MANCEAUX ET VIEILLARD. — LE FUSIL A AIGUILLE PRUSSIEN. — LE FUSIL CHASSEPOT.

L'idée de charger les fusils par la culasse est très-ancienne : elle remonte à 1540. Si l'on en croit la chronique, la première arme de ce genre aurait été inventée par un roi de France, par Henri II.

La pensée de charger par la culasse les armes portatives, a dû s'offrir, d'ailleurs, très-naturellement, en présence des inconvénients attachés au système du chargement par la bouche. En effet, si la baguette vient à être perdue, faussée ou brisée, le soldat est désarmé. — Pour recharger leurs armes, les tirailleurs sont obligés de se mettre à l'abri. — La cartouche peut s'enflammer au moment de la charge. — Le fusil peut partir au repos, et produire ainsi de graves accidents. — Enfin, l'opération du chargement fait perdre beaucoup de temps. Le système de chargement par la culasse permet d'éviter une partie de ces inconvénients.

Nous diviserons en trois groupes, d'après le mode d'introduction de la charge, toutes les armes qui ont été construites jusqu'ici dans le système du chargement par la culasse.

Dans le premier groupe, nous rangerons les armes dans lesquelles le tonnerre se découvre à la partie supérieure du canon.

Le second groupe comprendra les armes à tonnerre mobile que l'on sépare du canon, c'est-à-dire celles où le tonnerre s'enlève, et met à découvert une espèce de petit canon intérieur, dans lequel on place la charge à la manière ordinaire.

Le troisième groupe renfermera les armes, dont le mécanisme découvre la partie postérieure du tonnerre.

1er *groupe.* — Au premier groupe, appartient l'*amusette du maréchal de Saxe*, qui fut quelque temps en usage sous Louis XIV et sous Louis XV.

L'*amusette* était un gros fusil, qui se chargeait sans cartouche, en plaçant la poudre et le projectile dans la culasse de l'âme, qui s'ouvrait dans ce point. Elle lançait des balles de plomb d'une demi-livre. On la posait, au moment du tir, sur une sorte d'affût, que manœuvraient deux hommes. Le maréchal de Saxe en fit construire une grande quantité; il adapta le même mécanisme aux carabines de la cavalerie, et il dota de cette arme les dragons de son régiment. Mais ce système ne présentait que des inconvénients, et l'on ne tarda pas à l'abandonner. Le chargement opéré sans cartouche, était dangereux pour le soldat, en même temps qu'il nuisait à la régularité du tir. De plus, l'encrassement était considérable, et des crachements se produisaient. Enfin, l'arme pouvait partir sans que le tonnerre fût fermé et, se déchargeant par la culasse, aller tuer le tireur.

Il faut arriver aux premières années de notre siècle, pour trouver, en France, un second essai de ce genre. Sur la demande de l'empereur Napoléon Ier, l'armurier Pauly, dont nous avons parlé à l'article des capsules fulminantes, construisit, en 1808, un fusil se chargeant par la culasse, et dans lequel la poudre s'enflammait par le choc d'une petite tige de fer contre une amorce fulminante. La partie supérieure du canon s'ouvrait pour découvrir le tonnerre.

Cette arme, que nous avons déjà décrite en quelques mots (page 476), était trop défectueuse pour qu'on songeât à l'appliquer à la chasse ou à la guerre; mais elle eut cela de bon, qu'elle mit les esprits en éveil et les dirigea dans une voie qui devait être féconde en résultats brillants.

2e *groupe.* — Nous glisserons rapidement sur cette catégorie, qui ne renferme presque aucune arme digne d'attention. Disons seulement que les divers systèmes proposés avaient les défauts graves de s'encrasser rapidement, de manquer de solidité et de ne fournir qu'une obturation incomplète de l'arme.

3e *groupe.* — Ce groupe, qui renferme les armes modernes, se subdivise en deux sections comprenant : la première, les armes qui se brisent en deux, laissant à découvert le tonnerre; la seconde, les armes dans lesquelles l'arme n'est jamais brisée, le canon restant fixe au moment de la charge.

Dans la première section, figurent les systèmes Julien Leroy, Lepage, Gastine-Renette et Lefaucheux.

Dans le *système Julien Leroy*, imaginé en 1813, le canon se rabat sur le côté gauche, parallèlement à lui-même, en tournant autour d'un axe horizontal parallèle au canon. Pour faire tourner le canon, il suffit d'agir sur un ressort à crochet, dont l'extrémité, située au-dessous de la poignée, affecte la forme d'une détente. Quand la rotation du canon sur son axe a découvert le tonnerre, on opère le chargement; puis on referme le tonnerre par le même mécanisme.

Dans le *mousqueton Lepage*, une sorte de capuchon à taquet maintient le canon fixé au fût de bois. Lorsqu'on pousse le capuchon vers la gauche, on dégage le taquet, et le canon tourne librement de droite à gauche autour d'un axe vertical implanté dans la monture. On introduit alors la charge dans le tonnerre, puis on rétablit les choses dans leur état primitif, par une opération inverse. Ce mousqueton fut expérimenté, en 1835, dans plusieurs régiments de cavalerie.

Le *système Gastine-Renette* est la reproduction presque littérale du système Julien

Leroy. La différence consiste dans la forme et la position de la détente, qui, noyée en grande partie dans le bois, se montre très-peu au dehors.

Ces différents systèmes n'ont eu qu'une existence éphémère. Mais il en a été autrement du *système Lefaucheux*, qui se trouve aujourd'hui appliqué à la plupart des armes de chasse. Il est juste d'ajouter que le succès des armes Lefaucheux est dû, pour une bonne part, à l'invention d'une cartouche spéciale, qui empêche les crachements, que l'on avait toujours reprochés aux précédents systèmes Cette cartouche a été imagi-

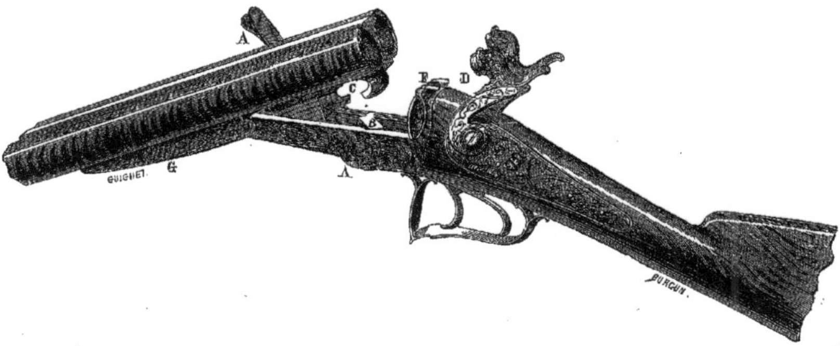

Fig. 364. — Fusil système Lefaucheux montrant le tonnerre à découvert pour charge.

née par un armurier de Paris, M. Gévelot; nous en parlerons plus au long après avoir décrit le mécanisme de l'arme.

Dans le système Lefaucheux (*fig.* 364), le canon est à bascule, c'est-à-dire qu'il s'abat perpendiculairement, en restant toujours dans le plan vertical de tir. Tandis que la crosse et la monture se maintiennent fixes, l'extrémité du canon s'abaisse, et la culasse se relève, laissant le tonnerre à découvert, pour recevoir la charge. On détermine ce mouvement en tirant sur la droite une sorte de large verrou, AA', situé au-dessous du canon. Une opération inverse ramène le canon dans sa posi-

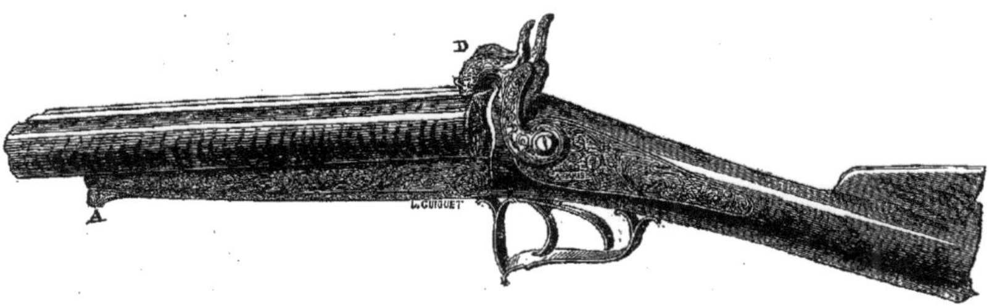

Fig. 365. — Fusil système Lefaucheux avant ou après la charge.

tion normale. Alors une encoche, C, entrant dans une entaille, B, qui correspond au verrou, AA', assure la fixité du canon. Sur la figure 364, D, représente le double chien du fusil; F, les cheminées. G, est la partie formant charnière, pour briser le fusil.

Quand on veut tirer, on place, dans le canon la cartouche, qui se compose d'un culot en cuivre, dans lequel s'engage un étui en carton. Cette cartouche produit l'obturation entière de l'arme, grâce au culot, qui, par l'action des gaz de la poudre, se trouve projeté à la partie postérieure du tonnerre, la bouche hermétiquement en raison de l'élasticité du cuivre, et ferme ainsi toute issue aux gaz. L'étui de carton a pour but de prévenir l'encrassement des parois.

Les cartouches de ce genre, dites *cartouches Gévelot*, ou *à culot métallique*, excellentes dans les armes de chasse, présenteraient, comme armes militaires, des inconvénients qui contre-balanceraient leurs avantages et les rendraient d'un usage difficile à la guerre.

En effet, il faut, après chaque coup de fusil, avec une cartouche Gévelot, retirer du canon le culot et le carton, ce qui demande un certain temps, et nécessite un instrument spécial. Puis, le calibre des cartouches doit être *identiquement* le même que celui du tonnerre; car s'il est plus fort, la cartouche ne peut pénétrer dans la chambre; si, au contraire, il est plus faible, le culot de métal et l'étui de carton se fendent longitudinalement, se collent contre les parois de la chambre, et il devient très-malaisé de les en retirer. Or, une pareille précision est presque impossible à obtenir. Enfin, la cartouche Gévelot est d'un prix assez élevé.

On va comprendre pourquoi le fusil Lefaucheux, et, en général, toutes les armes brisées, ne sont bonnes que pour les chasseurs. On ne peut employer à la guerre que des armes dans lesquelles le canon et la crosse restent invariablement liés l'un à l'autre. Il faut, pour la défense comme pour l'attaque, que le soldat puisse toujours faire usage de la baïonnette. Tout ce que l'on peut admettre, c'est que le tonnerre soit mis à découvert par une pièce mobile. Avec un semblable fusil, le soldat n'est jamais désarmé. Il saisit l'instant favorable pour introduire sa charge dans le tonnerre, pendant qu'il tient en échec, avec sa baïonnette, celui qui cherche à l'attaquer.

Les armes de la seconde section sont toutes

Fig. 366. — Fusil des Cent-gardes avec sa baïonnette-épée

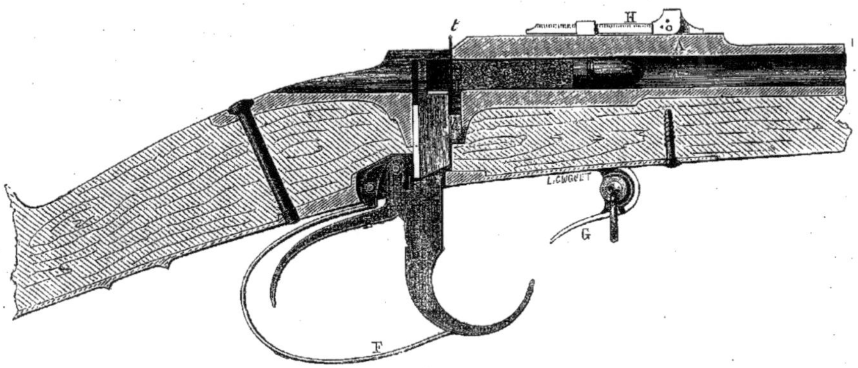

Fig. 367. — Coupe du tonnerre dans le fusil des Cent-gardes.

A, canon.
B, verrou portant un taquet, *b*, qui vient frapper la tige métallique dépassant l'extérieur de la cartouche, et enflamme le fulminate.
C, cartouche à culot métallique dont la partie postérieure dépasse un peu le diamètre du tonnerre afin, lorsque le verrou vient fermer la culasse, d'obtenir une obturation complète et éviter ainsi les fuites de gaz ou crachements au moment de l'inflammation.
D, queue du verrou que le soldat abaisse pour charger en plaçant la cartouche dans le tonnerre.
E, détente dont le crochet entre dans un cran pour arrêter le verrou.
F, ressort de détente qui fait remonter brusquement le verrou pour frapper la cartouche lorsqu'on presse la détente E.
G, guide pour conduire, à coup sûr, le doigt dans le crochet formé par l'extrémité inférieure du verrou.

basées sur ce principe, c'est-à-dire peuvent se charger par la culasse sans que le fusil soit brisé en deux. Tels sont le *fusil Robert*, le *mousqueton des Cent-gardes*, le *fusil Manceaux et Vieillard*, le *fusil Dreyse* ou *fusil à aiguille prussien*, et le *fusil Chassepot*. Nous allons examiner tous ces systèmes.

Dans le *système Robert*, la tranche postérieure du tonnerre se découvre, au moyen d'un levier à poignée. Le soldat introduit la charge, c'est-à-dire une cartouche munie d'une amorce fulminante, et referme la culasse. Lorsqu'on presse la détente, le chien vient écraser l'amorce sur une sorte d'enclume intérieure, et le coup part.

Dans le mousqueton *Treuille de Beaulieu*, qui sert à l'armement actuel des Cent-gardes, le tonnerre se découvre quand on abaisse une culasse mobile, ou *verrou*, comme l'appelle l'inventeur, au moyen de la sous-garde elle-même qui forme ressort. Ce ressort joue le rôle du chien lorsqu'on presse la détente; il vient choquer une petite tige métallique qui repose sur la capsule, placée dans le culot de la cartouche. Par l'effet de ce choc,

Fig. 368. — Cartouche du fusil des cent-gardes.

l'amorce s'enflamme et communique le feu à la charge.

Ce fusil est d'un maniement dangereux.

La figure 367 donne une coupe verticale du tonnerre dans le fusil des Cent-gardes. La légende qui accompagne cette figure donne l'explication des organes que nous venons d'énoncer. La figure 368, montre, à part, la cartouche de ce fusil, avec la petite aiguille *a*, qui est frappée par le ressort, et que l'on voit à la partie inférieure. L'aiguille plus longue, *t*, qui se voit au-dessus, sert à retirer le culot et le corps de la cartouche, quand le coup est parti.

Le *système Manceaux et Vieillard* a pour culasse mobile un cylindre creux, aux extrémités duquel sont fixés, d'un côté, l'appareil obturateur, et, de l'autre, une poignée à l'aide de laquelle on peut démasquer l'entrée du canon.

Dans le *fusil à aiguille*, ou *fusil rayé prussien*, inventé par l'armurier Dreyse en 1827, l'inflammation de la charge est produite par une *aiguille*, qui traverse la cartouche, pour aller frapper une petite pastille de poudre fulminante, placée au haut de la cartouche. C'est de là que vient le nom de fusil à aiguille (*zündnadelgewehr*, de *zünden*, allumer; *nadel*, aiguille; et *gewehr*, arme) donné à cette arme. Le canon est joint à l'extrémité antérieure d'une forte douille, dans laquelle peut glisser la culasse mobile munie d'une forte poignée qui passe à travers une ouverture de la douille, disposée comme l'entaille de la douille d'une baïonnette. Cette poignée permet de porter la culasse en arrière, afin de démasquer le tonnerre. On introduit alors la cartouche dans l'extrémité postérieure du canon, et on referme ensuite, en poussant la poignée en avant. Par ce mouvement, la culasse mobile vient s'appliquer contre la chambre fraisée de l'arrière du canon, dans laquelle se place la cartouche. La poignée étant ensuite tournée dans l'entaille, de gauche à droite, la culasse se trouve parfaitement serrée contre le canon.

La culasse renferme le mécanisme destiné à produire l'inflammation de la charge. L'organe principal de ce mécanisme est l'*aiguille*, formée d'un fil d'acier de 2 millimètres d'épaisseur, et se terminant en pointe, à l'extrémité qui doit frapper la composition fulminante. L'aiguille est fixée à l'extrémité d'un petit cylindre, autour duquel s'enroule un ressort à boudin, qui, en se débandant, lance l'aiguille contre l'amorce fulminante.

Ainsi l'aiguille est lancée à peu près comme les petits projectiles que l'on place dans les fusils d'enfant, et qui sont chassés par un ressort à boudin, d'abord fortement tendu, puis abandonné.

Voici maintenant comment le soldat charge le fusil à aiguille.

Il croise la baïonnette et tient le fusil de la main gauche, en appuyant la crosse au côté droit de son corps. En tirant, par un léger mouvement du pouce, un talon qui fait saillie à l'extrémité postérieure de la culasse, il tend le ressort de l'aiguille. Ensuite il frappe un petit coup sec du creux de la main droite, contre la clef en fer, dans la direction de droite à gauche, de manière à la porter à gauche dans l'entaille extérieure ; il saisit ensuite cette clef et la tire en arrière. Le canon s'ouvre alors, sur une longueur de $0^m,05$ à $0^m,06$. Le soldat dépose sa cartouche dans cette cavité, la pousse dans l'extrémité inférieure du canon, qui est légèrement évidée pour la recevoir, et referme son arme, en poussant la clef d'abord en avant, puis de gauche à droite, par un second coup sec, frappé avec le creux de la main, pour bien consolider le tout.

Le fusil est ainsi chargé et la cartouche ne peut plus bouger.

Pour tirer, il faut pousser l'aiguille à travers la poudre de la cartouche. En tirant la gâchette du fusil, le ressort en spirale se débande, et l'aiguille est poussée avec une grande vitesse, contre la pastille fulminante, placée à l'extrémité de la cartouche. La capsule fulminante part et la poudre s'enflamme.

Dans le principe, on faisait usage, comme projectile du fusil à aiguille, d'une balle pointue, sphérique à sa partie postérieure, qui reposait sur un sabot de bois ou de carton. Aujourd'hui, cette balle est remplacée par le projectile que l'on nomme, en Prusse, *langblei* (plomb de forme oblongue). C'est un

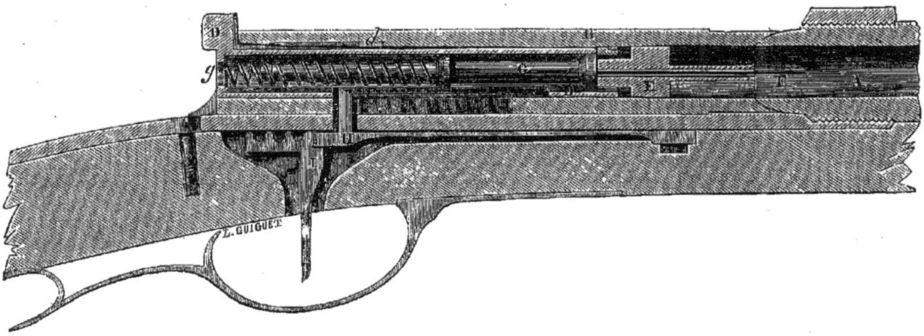

Fig. 369. — Fusil à aiguille (coupe demi-grandeur naturelle).

A, canon.
A', chambre où se place la cartouche.
BB, culasse mobile venant se joindre au canon par une surface sphéro-conique.
C, coulisse dans laquelle glisse la tige du bouton L (*fig.* 370) servant à reculer la culasse afin d'ouvrir la chambre A' qui doit recevoir la cartouche.
D, talon servant à tirer la contre-culasse D' enfermée elle-même dans la culasse B, pour armer le fusil en pressant sur le ressort à boudin.
d, ressort servant à arrêter la contre-culasse.
E, guide de l'aiguille F.
F, aiguille.
G, tige cylindrique porte-aiguille, et guide du ressort à boudin qu'elle comprime à l'aide d'un épaulement sur lequel il s'appuie.
g, ouverture par laquelle sort la tige G, lorsque le fusil est armé. Tant que cette tige est visible le soldat est certain que le ressort est bandé.
H, verrou de la détente venant butter sur la partie plate de l'épaulement de la tige G, et l'arrêtant jusqu'au moment où le soldat, appuyant sur la détente, l'abaisse, et rend par conséquent la liberté au ressort à boudin qui repousse la tige G, et par conséquent l'aiguille.
I, détente.

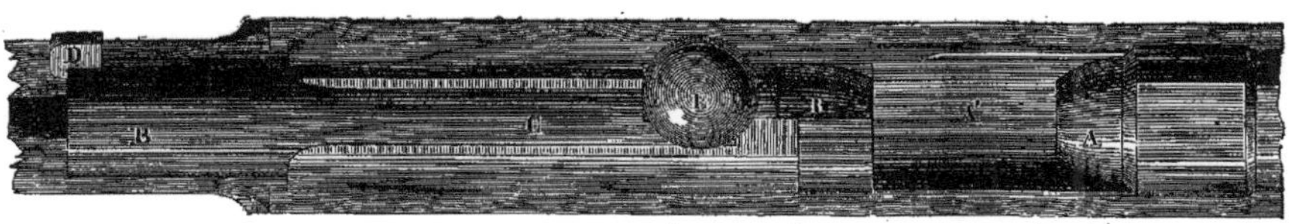

Fig. 370. — Fusil à aiguille (plan demi-grandeur naturelle).

projectile qui ressemble à notre balle réglementaire de 1863, représentée plus haut (page 489).

Le poids total de la cartouche est de 40 grammes.

La balle pèse 31 grammes. Sa forme est calculée pour diminuer la résistance de l'air.

Le poids total du fusil prussien avec sa baïonnette était de 5^{kil},330 pour le modèle de 1841; mais il n'est plus que de 5 kilogrammes pour le modèle de 1862.

On pourra se faire une idée exacte du mécanisme intérieur et extérieur du fusil prussien par l'examen des deux figures 369 et 370, et de la légende qui les accompagne. La figure 369 représente en coupe, le fusil, après le coup tiré; la figure 370, le fusil armé, vu en plan.

Nous avons déjà dit que le fusil à aiguille remonte jusqu'à l'année 1827. L'inventeur de cette arme, Jean-Nicolas Dreyse, naquit en 1787, à Sœmmerda, près d'Erfurth, où son père était serrurier. En 1809, il travaillait à Paris, dans la fabrique de Pauly. C'est là qu'il eut connaissance des tentatives faites par cet habile armurier, pour créer une arme à tir rapide.

En 1814, Dreyse retourna à Sœmmerda. Il prit la direction de l'atelier de son père, et fonda, quelque temps après, une fabrique de capsules fulminantes pour la chasse. C'est en travaillant au perfectionnement des capsules fulminantes, qu'il conçut l'idée de les introduire dans la cartouche même, et d'enflammer le fulminate par le choc d'une aiguille à ressort.

Le premier fusil à aiguille, construit par Dreyse en 1827, se chargeait par la bouche du canon. Cette disposition fut bientôt perfectionnée en plusieurs points essentiels, et Dreyse obtint, au mois d'avril 1828, un brevet de huit ans pour son *aiguille-ressort* et sa cartouche fulminante.

Fig. 371. — Dreyse, inventeur du fusil à aiguille.

Vers la fin de 1829, Dreyse eut l'occasion d'expliquer le principe de son invention au prince royal Frédéric-Guillaume de Prusse. Ce prince s'y intéressa vivement, et ne cessa de favoriser les recherches de l'habile armurier. Devenu roi, Frédéric-Guillaume dota son armée du nouveau fusil.

Dreyse n'eut pas à se plaindre, comme beaucoup d'inventeurs, de l'ingratitude de ses concitoyens. Il fut appelé par le gouvernement, à remplir différentes fonctions officielles, et en 1864, le roi lui accorda des lettres de noblesse. Il est mort le 9 décembre 1867, à l'âge de 80 ans, entouré d'une nombreuse famille.

Entre les premiers essais du fusil à aiguille qui remontent à 1827 et le modèle actuel adopté par l'armée prussienne, et que nous venons de décrire, il s'est donc écoulé quarante années, qui ont été employées en recherches et en expériences incessantes.

C'est vers 1836 que le chargement par la culasse fut appliqué pour la première fois au fusil à aiguille, par Dreyse. Depuis cette époque, bien d'autres perfectionnements ont été successivement appliqués, et lui ont donné peu à peu la forme commode et avantageuse qu'il possède aujourd'hui.

C'est en 1841, qu'on adopta, en Prusse, un premier modèle définitif pour la fabrication en grand du fusil à aiguille. Le roi Frédéric-Guillaume IV commanda, à cette époque, soixante mille fusils de ce modèle, à la fabrique de Sœmmerda. Vers 1848, tous les bataillons de fusiliers des trente-deux régiments de ligne prussiens étaient armés du nouveau fusil, qui ne tarda pas à faire ses preuves pendant l'insurrection badoise, comme aussi dans la première campagne du Schleswig-Holstein.

Après cette campagne, la nouvelle arme fut introduite peu à peu dans toute l'infanterie et toute la cavalerie prussiennes. La *landwehr* même en fut pourvue.

La seconde campagne contre le Danemark, en 1864, mit en évidence la supériorité du fusil à aiguille sur les armes anciennes. Les Autrichiens qui combattaient alors à côté des Prussiens, purent voir par eux-mêmes, les effets de cette arme. Mais ils n'en furent pas sérieusement impressionnés. Il fallut le désastre de Sadowa pour leur ouvrir les yeux.

On a dit un moment que le fusil à aiguille prussien se tirait sans épauler, pour éviter le recul, dont la force est considérable. C'était une erreur. Il se tire comme tout autre fusil, en épaulant, à moins que le but ne soit très-éloigné, car alors l'inclinaison qu'il faut donner à l'arme, pour assurer l'exactitude de la trajectoire, oblige à baisser la crosse très-bas, et empêche de la placer contre l'épaule. Mais ce cas est rare, et l'on peut encore éviter cette position en tirant un genou à terre.

Beaucoup de personnes se demandent comment il se fait que la Prusse soit restée longtemps la seule nation qui possédât une arme d'un effet si sûr et si terrible. La raison principale qui avait empêché les autres États de suivre l'exemple de la Prusse, c'est qu'on n'avait pas une confiance complète dans les avantages du fusil à aiguille. On le considérait comme étant d'un mécanisme compliqué et sujet à dérangement. On assurait qu'après un long tir, les gaz s'échappaient par les joints de la culasse, au point d'incommoder sérieusement le soldat. Le prix de la fabrication était, disait-on, trop élevé, etc. L'expérience a répondu d'une manière victorieuse à ces diverses objections. Les inconvénients que l'on a longtemps reprochés à cette arme, quant à son maniement habituel, n'existent plus, ou ne sont plus sensibles dans les fusils du nouveau modèle. L'aiguille du fusil prussien se casse quelquefois il est vrai ; mais le soldat a toujours dans sa poche plusieurs aiguilles de rechange. Habitué à réparer lui-même ce petit accident, il remplace, en un tour de main, l'aiguille cassée.

Les fusils à aiguille ont été imités dans le Hanovre, dans la Hesse-Électorale et dans le duché de Brunswick. Le fusil à aiguille du Brunswick ressemble beaucoup au fusil prussien. Le fusil hessois en est aussi une imitation.

On a prétendu que plusieurs États allemands, après avoir essayé d'introduire le fusil à aiguille dans l'armement de leurs troupes, ont dû renoncer à continuer l'usage de cette arme, en raison de la prompte altération des *pastilles* fulminantes. Les cartouches fabriquées hors de la Prusse, étaient, disait-on, hors d'usage au bout de quelques semaines, tandis que les cartouches prussiennes se conservent indéfiniment. On a cru devoir attribuer cette supériorité à quelque secret de fabrication de la capsule fulminante, secret qui serait entre les mains des artificiers prussiens.

Nous ne croyons pas qu'il y ait ici le moindre secret. En effet, d'après la composition de la *pastille* fulminante du fusil prussien, nous ne voyons pas que les matières en contact soient susceptibles de s'altérer spontanément. M. de Ploennies, dans l'ouvrage allemand qui nous a servi de guide pour cette étude (1), nous apprend que la composition de la pastille fulminante du fusil prussien est la suivante : trois équivalents chimiques de chlorate de potasse, pour deux équivalents de sulfure d'antimoine ; c'est-à-dire, à peu près parties égales de l'un et de l'autre des deux corps (367,5 de chlorate de potasse et 333,6 de sulfure d'antimoine).

Ainsi le secret de la préparation de la capsule fulminante ne saurait être invoqué pour expliquer le privilége, resté longtemps aux Prussiens, de l'usage du fusil à aiguille. Introduire chez une nation une arme nouvelle, est toujours une grave et très-coûteuse mesure ; et l'on ne s'y résigne ordinairement qu'à la dernière extrémité. Voilà le seul obstacle qui se soit opposé à la généralisation du nouveau fusil, jusqu'aux événements de 1866. Dès qu'on le vit à l'œuvre sur le champ de bataille de Sadowa, on n'hésita plus, et partout on s'empressa de l'adopter, en s'efforçant de le rendre plus terrible encore.

Il est une particularité du fusil prussien,

(1) *Le fusil à aiguille, notes et observations critiques sur l'arme à feu se chargeant par la culasse,* traduit de l'allemand de Guillaume de Ploennies. Brochure in-8, Paris, 1866.

qui mérite d'attirer l'attention des physiciens, et sur laquelle, en 1866, M. le baron Séguier a beaucoup insisté, avec raison, devant l'Académie des sciences.

Dans le fusil prussien, le feu est mis à la poudre, comme on vient de le dire, en haut de la charge de poudre, par l'explosion d'une capsule, qui détone sous le choc de l'aiguille. Derrière la cartouche, et autour de la gaîne dans laquelle marche l'aiguille, on a ménagé une petite *chambre à air*, de forme annulaire (1).

Cette *chambre à air* jouerait, suivant M. Séguier, un rôle considérable. Elle empêcherait les gaz produits par la poudre, de se dégager tumultueusement hors du canon. Elle amortirait le premier choc des gaz, et rendrait leur expansion moins brusque. L'inventeur du fusil à aiguille ne se rendait peut-être pas bien compte à lui-même de l'importance de ce détail de son arme. En effet, la *chambre à air* a été successivement adoptée et supprimée dans les divers modèles du fusil prussien.

M. Regnault a très-clairement expliqué, en 1866, devant l'Académie des sciences, au point de vue de la théorie, les avantages que présente, selon lui, le mode d'inflammation de la poudre employé dans le fusil prussien.

Quand on enflamme la poudre par le bas de la cartouche, les gaz provenant de la combustion chassent hors du canon une partie de la poudre, qui, de cette manière, n'est pas brûlée, ou qui ne brûle qu'au dehors, sans utilité pour l'effet à produire. Lorsque, au contraire, on enflamme la poudre par le haut, c'est-à-dire près de la balle, de façon à faire brûler cette poudre d'avant en arrière et avec lenteur, les gaz ne se forment que progressivement, et la balle, au lieu de recevoir une impulsion unique et brusque, reçoit une série d'impulsions successives et croissantes. Par ce procédé, la poudre brûle en totalité dans l'*intérieur du canon*, et pas un grain n'en est perdu.

C'est ainsi qu'il faut se rendre compte, selon M. le baron Séguier, d'une partie des avantages du fusil prussien. Dans ce fusil, en effet, il existe, comme nous venons de le dire, derrière la charge, une chambre assez vaste. Dans cet espace libre, les gaz provenant de la combustion de la poudre se logent, pour un certain temps, et vont de là exercer progressivement leur action sur le projectile. Cette disposition a le grand avantage d'éviter la projection hors du canon d'une partie de la poudre non brûlée qui accompagne le projectile, quand on enflamme, comme à l'ordinaire, la poudre d'arrière en avant.

Elle a encore l'avantage de maintenir la poudre non encore brûlée dans la partie la plus comprimée, et par suite la plus chaude, des gaz contenus dans le canon, ce qui favorise à la fois sa combustion complète et son maximum d'effet mécanique.

Les fusils ordinaires lancent du feu par le canon ; ce qui veut dire qu'une flamme se produit à l'extérieur, par suite de la combustion de la poudre, qui, projetée en dehors, s'enflamme en arrivant dans l'air et brûle alors en pure perte. Les fusils à aiguille ne donnent qu'une traînée blanchâtre ; on ne voit pas de feu à la sortie du canon, même si l'on tire dans la cave la plus obscure. Moins de bruit, point de feu d'artifice, mais plus d'énergie, voilà ce qui distingue ces nouvelles armes.

Ainsi la théorie justifie sur presque tous les points et explique les avantages des armes à aiguille, c'est-à-dire l'inflammation intérieure de la charge par une composition fulminante.

(1) Le capitaine Delvigne insiste depuis trente ans sur les avantages de cette chambre à air, ou espace vide laissé derrière la cartouche.

CHAPITRE V.

LE FUSIL CHASSEPOT. — SES EFFETS. — TRANSFORMATION DE NOS ANCIENS FUSILS EN FUSILS A TABATIÈRE.

La campagne de Bohême et les victoires de la Prusse sur le champ de bataille de Sadowa, en 1866, montrèrent, avec une foudroyante évidence, les mérites du fusil prussien. A la suite de ces événements, et en présence de ces résultats, les nations de l'Europe qui avaient laissé passer, sans trop d'attention, le fusil à aiguille, ont dû revenir de leur indifférence, et adopter l'arme nouvelle. En France, comme ailleurs, on s'est empressé de remplacer les anciens fusils à piston par le fusil à aiguille. Seulement, le fusil prussien était passible de divers reproches. Une commission formée au Ministère de la guerre, étudia, en 1866, les modifications qui pourraient être apportées à ce système, et, de ses études, vint l'adoption d'un modèle irréprochable de fusil à aiguille, proposé par M. Chassepot.

C'est ce fusil, désigné officiellement sous la rubrique d'*arme modèle* 1866, que nous allons décrire. Les détails qui précèdent, et qui renferment l'exposé des principes de la construction du fusil prussien, nous permettront de beaucoup abréger la description de la nouvelle arme française.

Les pièces qui composent le *fusil Chassepot* sont plus simples et moins délicates que celles du fusil prussien. Le chien est de dimensions suffisantes. Il offre une grande prise, par suite de la rugosité de la surface qui le termine. De plus, afin que dans l'armement du chien, cette pièce ne vienne pas à être forcée par la pression exercée, on l'a munie d'une roulette, pour faciliter le glissement. En tirant le chien, auquel tient une partie de la gaîne, contenant le ressort de l'aiguille, le fusil est armé.

Pour ouvrir la chambre, on tire la culasse, au moyen de la poignée; on place la cartouche, dans la cavité qui doit la recevoir, devant un disque d'acier d'un rayon moindre que celui de la chambre. Au-dessous de ce disque, se trouve un petit cylindre en caoutchouc, remplissant exactement le diamètre de la chambre. Ce cylindre est plus galvanisé sur les bords qu'au milieu, de telle sorte que, sous l'influence de la pression des gaz, la partie centrale du caoutchouc cède et empêche la sortie des vapeurs par les jointures de la culasse mobile avec le canon. Le recul est médiocre.

Fig. 372. — Chassepot.

Pour fermer l'arme, on repousse la poignée à sa première place, puis on la rabat sur le côté.

Le premier de ces mouvements enfonce la cartouche dans le canon; le second immobilise la culasse en plaçant une partie saillante de la poignée, dans une encoche.

En tirant la gâchette, la détente débande le ressort de l'aiguille qui frappe la capsule fulminante, et le chien est ramené, après le coup de feu, à sa première position.

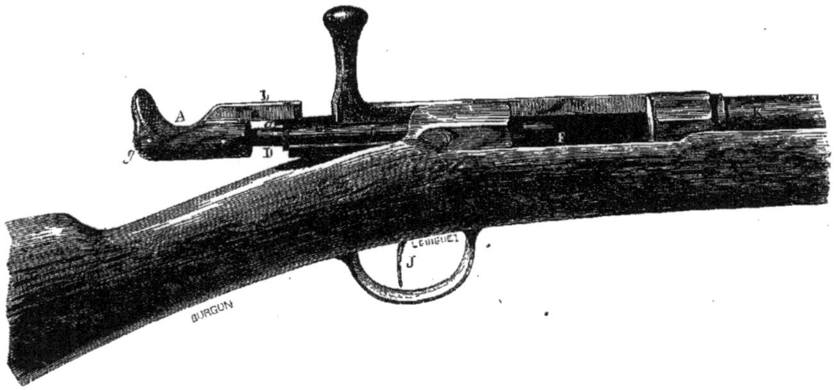

Fig. 373. — Fusil Chassepot ouvert pour mettre la cartouche.

M, poignée servant à tirer la culasse mobile pour découvrir la chambre, et placer la cartouche.
A, chien que tire le soldat pour armer le fusil, c'est-à-dire pour tendre le ressort de l'aiguille.
g, roulette noyée dans l'épaisseur du chien A, pour adoucir le glissement de la culasse mobile.
a, targette formant arrêt au moment de la charge.
L, languette portant la targette *a*, pour maintenir la tige D, ou porte-aiguille, au moment d'introduire la cartouche.
C, culasse mobile dans laquelle est contenue l'aiguille.
h, coulisse servant à guider la culasse dans son mouvement.
B, coulisse dans laquelle glisse la culasse mobile.
D, tige portant l'aiguille.
F, extrémité du porte-aiguille placé en face de la cartouche.
K, partie du canon nommée *tonnerre, et* qui est fixe.
J, gâchette de la détente.

La cartouche (*fig.* 374) est en papier mince,

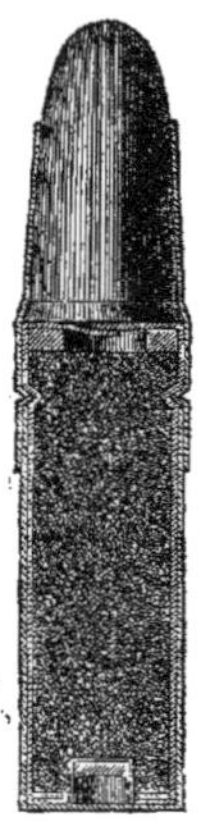

Fig. 374. — Coupe de la cartouche du fusil Chassepot.

et consolidée par une enveloppe de gaze de soie; elle présente ainsi les deux qualités essentielles de toute bonne cartouche, à savoir légèreté et solidité. Un avantage inappréciable, c'est qu'elle est complétement brûlée par la combustion de la poudre. La capsule est fixée à la base inférieure de la cartouche, l'ouverture tournée en face de l'aiguille. Elle diffère en cela de la cartouche du fusil prussien, dans lequel l'aiguille doit traverser toute la poudre, pour aller frapper la capsule fulminante. Nous avons expliqué assez longuement les avantages que l'on trouve à produire ainsi l'inflammation par le haut de la cartouche et non par le bas, comme dans le cas ordinaire. Mais cette disposition exigeait que l'on employât une aiguille deux fois plus longue et par conséquent plus fragile. C'est ce qui a décidé, en France, à renoncer à placer la capsule au haut de la cartouche. Les avantages théoriques que nous avons enumérés plus haut concernant ce mode d'inflammation, ne pouvant, à ce qu'il paraît,

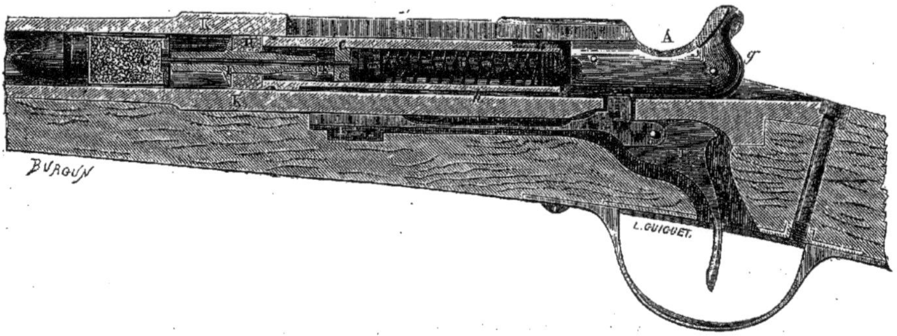

Fig. 375. — Coupe du fusil Chassepot laissant voir l'aiguille au moment où elle frappe la capsule fulminante.

A, chien que tire le soldat pour armer le fusil, c'est-à-dire pour tendre le ressort de l'aiguille.
B, coulisse dans laquelle glisse la culasse mobile.
C, culasse mobile contenant le ressort de l'aiguille.
h, coulisse-guide de la culasse mobile.
e, épaulement sur lequel s'arrête l'aiguille lorsqu'elle a été lancée par le ressort à boudin.
D, tige cylindrique portant l'aiguille. La tête de l'aiguille est tenue à son extrémité par une attache à baïonnette qui permet au soldat de la remplacer en quelques secondes, lorsqu'elle vient à casser. La vis à tête carrée *v* se retire alors pour extraire la tige D et son ressort.
E, aiguille.
F, guide de l'aiguille portant, en H, une rondelle de caoutchouc, qui étant comprimée par le gaz provenant de l'explosion de la poudre au moment du tir, produit la fermeture hermétique de la culasse.
K, tonnerre.
L, canon.
G, pastille fulminante qui, frappée par l'aiguille, enflamme la poudre de la cartouche.
I, ressort à talon pour l'arrêt de la détente.
J, gâchette de la détente.

contre-balancer l'inconvénient de la trop grande longueur de l'aiguille.

Quand l'aiguille vient choquer le fulminate, la flamme se communique à la poudre par deux petits trous percés dans le fond de l'alvéole.

La cartouche française est coûteuse, et sa fabrication demande de minutieuses précautions; mais elle fonctionne admirablement.

Après ces explications préalables, on comprendra mieux les deux figures qui représentent le mécanisme du fusil Chassepot, avec les légendes qui expliquent l'usage de ses différents organes. La figure 373 représente le fusil ouvert pour le chargement; la figure 375 représente l'arme au moment où l'aiguille frappe la capsule fulminante.

Le fusil Chassepot est bien supérieur au fusil Dreyse. Il ne présente pas la complication de l'arme prussienne; ses mouvements sont moins nombreux; le chargement est rapide et facile. L'aiguille étant retirée dans sa gaîne pendant le chargement, et ne pouvant en sortir qu'au moment du tir, toute explosion de la cartouche, durant la charge, est rendue impossible. Plus de perte de gaz ni d'encrassement, ce qui ne contribuait pas peu à diminuer la vitesse du tir.

Le fusil Chassepot est plus court que notre ancien fusil de munition; il ne pèse que 3 kilogrammes, et porte un sabre-baïonnette plus léger que l'ancien. La forme en est élégante et satisfait l'amour-propre de nos soldats.

Le canon, dont le calibre est de 11 millimètres, porte 4 rayures hélicoïdales. Grâce à l'absence de toute déperdition de gaz, ces rayures conservent tout leur effet, et font de l'arme une véritable carabine.

M. le maréchal Niel a adressé à l'Empereur

(*Moniteur du 26 mai* 1868) un rapport plein d'intérêt sur les résultats des essais de tir avec le nouveau fusil. D'après ce rapport, le fusil Chassepot peut tirer, sans viser, 14 coups par minute, et en visant, 10 coups par minute. Il porte à 1,000 mètres, plus sûrement que l'ancien fusil ne portait à 400 mètres. A cette énorme distance, un soldat quelque peu expérimenté met 24 balles sur 100 dans une cible. Une armée de 20,000 hommes, munie de cette machine destructive, pourrait tirer, par minute, 280,000 coups, et coucher par terre 56,000 ennemis, si le tir du champ de bataille était aussi précis que le tir à la cible.

Avec cette arme prodigieuse, la victoire et la défaite pourront être décidées en quelques minutes. Une vingtaine de feux de file termineront une bataille. On s'attaquera à un quart de lieue de distance, sans presque se voir. Avant qu'on ait pu s'approcher, les nouveaux fusils auront fait leur œuvre d'extermination : l'ennemi, épouvanté et décimé, sera mis en fuite. Ainsi, le canon lui-même est dépassé, et les soldats, on peut le dire, ont la foudre en main.

Le rapport du maréchal Niel sur lequel s'appuient ces étonnantes conclusions, a une grande importance dans la question qui nous occupe. Nous croyons devoir, en conséquence, mettre la plus grande partie de ce document sous les yeux de nos lecteurs. Dans ce genre de questions, les chiffres, les résultats précis, forment seuls l'opinion ; c'est donc sur les chiffres qu'il faut insister.

Le rapport du maréchal Niel à l'Empereur a pour but de résumer l'ensemble des résultats obtenus depuis que la transformation de notre armement est devenue un fait accompli. Après quelques mots d'introduction, l'auteur du rapport s'exprime en ces termes :

« Commencée au mois de septembre 1866, mais à titre d'essai, par le bataillon de chasseurs à pied de la Garde impériale qui avait été désigné pour procéder aux premières expériences, la remise du nouveau fusil dans les corps de la Garde ne date réellement que de la fin du mois de mars 1867.

« Successivement étendue aux divers corps d'infanterie de la ligne, au fur et à mesure de l'avancement de la fabrication, cette opération considérable s'est terminée au mois d'avril 1868, c'est-à-dire dans un laps de temps qui n'excède pas une année.

« Quelque récente que soit encore, surtout pour beaucoup de corps d'infanterie de la ligne, l'époque de la mise en service du nouveau fusil, les épreuves déjà faites permettent cependant d'asseoir, dès à présent, l'opinion sur sa valeur réelle comme arme de guerre.

« Sa portée réglementaire efficace est de 1,000 mètres et peut facilement atteindre à 1,100 mètres.

« Le projectile, animé d'une vitesse initiale de 410 mètres à la seconde, parcourt une trajectoire assez tendue pour qu'à la distance de 230 mètres elle ne s'élève pas à plus de $0^m,50$ au-dessus de la ligne de mire, tension qui constitue l'une des conditions les plus favorables à l'efficacité du tir.

« Par suite de la simplicité et de la promptitude du chargement que l'homme peut exécuter avec la même facilité dans toutes les positions, à genou, assis, couché, aussi bien que debout, les soldats arrivent à tirer 7, 8 et même 10 coups par minute en visant, et jusqu'à 14 coups sans viser.

« Il n'est pas inutile de rappeler ici que pour l'ancien fusil d'infanterie le maximum de portée efficace n'a jamais dépassé 600 mètres avec une vitesse initiale de 324 mètres à la seconde seulement; et c'est à peine si dans les conditions normales d'un tir régulier le soldat bien exercé pouvait tirer plus de deux coups par minute, avec une arme dont le chargement par la bouche, ne pouvant s'exécuter que dans la position debout, le contraignait en outre à se découvrir en toutes circonstances.

« Ainsi : augmentation considérable, presque double de l'ancienne, dans la portée du tir, accroissement du tiers dans la vitesse du projectile, tension beaucoup plus grande de la trajectoire; telles sont, jointes à une rapidité de tir inconnue jusqu'alors, les qualités essentielles que révèle tout d'abord la pratique du fusil modèle 1866.

« Au point de vue de la précision, ses avantages ne sont pas moins satisfaisants.

« J'ai fait faire avec soin le relevé des séances consacrées au tir à la cible dans les différents corps depuis qu'ils sont en possession du nouveau fusil.

« L'armement n'ayant pu être distribué à la même époque dans tous les corps de l'armée, cette partie de l'instruction, dont le degré d'avancement est nécessairement proportionnel au temps écoulé depuis la mise en service de l'arme, n'est en quelque sorte que commencée pour un assez grand nombre de corps d'infanterie de la ligne. Et cependant, dès les débuts, les premiers résultats signalés se montrent déjà très-sensiblement supérieurs à ceux obtenus avec l'ancien fusil rayé que les hommes connaissaient bien et qu'ils avaient appris à pratiquer de longue main.

« Quant aux résultats obtenus par les régiments de la Garde, et surtout par le bataillon de chasseurs à pied, celui de tous les corps qui, par la priorité de l'armement, a eu le plus de temps à employer à ces exercices, ils témoignent par leurs progrès rapides de la facilité avec laquelle les hommes se familiarisent avec leur arme tout autant que de sa grande précision.

« Le tableau ci-après, indiquant le nombre moyen des balles, sur 100, mises dans la cible aux différentes distances, d'abord avec l'ancien fusil, puis avec le nouveau, pour chacune des catégories de troupe correspondant aux époques successives de l'armement, présente, sous ce rapport, des comparaisons du plus haut intérêt, dont je demande à Votre Majesté la permission de placer le détail sous ses yeux :

MOYENNES OBTENUES :	MOYENNES DE TIR aux distances de				
	200m	400m	600m	800m	1,000m
Avec l'ancien fusil rayé :					
Infanterie de ligne.	30.8	15.8	8.3	»	»
—					
Avec le fusil modèle de 1866 :					
Infanterie de ligne. (Instruction commencée depuis peu.)	35.6	26.2	19.7	14.3	8.2
Infanterie de la Garde.......... (Instruction plus avancée.)	59.4	37.3	26.0	21.0	16.0
Chasseurs à pied de la Garde..... (Instruction complète.)	69.8	46.6	36.1	28.4	27.7

« Dès aujourd'hui, si l'on prend la moyenne générale obtenue avec le fusil modèle 1866, il est facile d'apprécier combien cette arme l'emporte en précision sur l'ancien fusil rayé, aux distances ordinaires de 200, de 400 et de 600 mètres.

« Aux grandes distances, à 1,000 mètres, les résultats utiles dépassent la moyenne de l'effet produit par ce dernier à 400 mètres, et atteignent au double de ceux obtenus auparavant à 600 mètres, limite extrême de la portée efficace du tir d'alors.

« Ces résultats eux-même ne sont pas encore l'expression définitive de la valeur du tir nouveau.

« Lorsque les corps armés depuis peu auront eu le temps de compléter leurs exercices, il est hors de doute que la moyenne de tir des corps d'infanterie de la ligne s'élèvera promptement, comme pour ceux de la Garde, dans de fortes proportions.

« Plusieurs inconvénients provenant de diverses causes, inhérentes pour la plupart à des défauts de détail dans la fabrication, et auxquels il a été promptement apporté remède, se sont manifestés pendant les essais et au commencement de la mise en service dans les corps.

« Ces inconvénients, très-exagérés à leur origine, et dans tous les cas, rendus plus sensibles par le manque d'habitude chez nos soldats, dans le maniement d'une arme toute nouvelle pour eux, consistent en des bris d'aiguilles et de têtes mobiles, des crachements, des fentes au bois, des ratés de cartouches à balles et surtout à blanc.

« Aucun de ces accidents ne présente aujourd'hui de caractère sérieux de gravité.

« En se familiarisant avec leur fusil, les hommes apprennent facilement, et en très-peu de temps, à éviter d'eux-mêmes des inconvénients qui ne se reproduisent plus guère que dans les corps nouvellement armés.

« Les bris d'aiguilles et de têtes mobiles, assez nombreux pendant la période d'essai, provenaient d'une trempe défectueuse et d'un recuit insuffisant. Il y a été remédié en modifiant la fabrication en conséquence, et la moyenne des aiguilles remplacées dans les corps est maintenant très-faible; elle est inférieure à celle des bris de cheminées dans les anciens fusils à percussion, et encore bon nombre de ces accidents doivent-ils être attribués bien plus à la maladresse de quelques hommes qu'à une défectuosité dans le mécanisme de l'arme.

« Le remplacement d'une aiguille brisée au feu est, du reste, une opération extrêmement simple, à laquelle les soldats sont exercés et qu'ils effectuent, sur place, avec la plus grande rapidité.

« Les crachements, ayant pour cause un défaut de fabrication de l'arme, sont extrêmement rares; on y remédie en changeant la boîte de culasse ou le cylindre de la culasse mobile.

« Le même accident peut être occasionné par des rondelles défectueuses; rien n'est plus simple que de changer ces rondelles.

« Enfin, sous l'influence de l'abaissement de la température, des fuites de gaz ont été quelquefois observées, mais seulement par des froids assez considérables qui ôtent à l'obturateur son efficacité L'expérience a démontré que, dans ce cas, les crachements disparaissent presque toujours après le premier coup tiré, l'obturateur reprenant sa forme normale sous l'action de la chaleur développée par l'inflammation de la charge.

« Ces crachements, d'ailleurs, susceptibles peut-être de gêner le tireur, ne paraissent pas de nature à le blesser.

« Quelques bois se sont fendus par suite d'une mise en bois défectueuse; ce défaut est évité actuellement en manufacture. Au moyen d'une légère réparation, les bois fendus ne cessent pas d'être susceptibles d'un bon service dans les corps.

« Les premières cartouches dont on s'est servi étaient de dimensions un peu faibles; sous le choc de l'aiguille elles glissaient en avant; de là des ratés dont le chiffre a paru tout d'abord assez élevé.

« Ces effets étaient surtout sensibles avec les cartouches à blanc qui ne se trouvaient point arrêtées par le projectile comme la cartouche à balle.

« On y a remédié en allongeant un peu les cartouches à balles et sans balles, et en augmentant faiblement le diamètre de la cartouche sans balle.

« Les ressorts à boudin trop faibles produisent aussi des ratés que l'on évite en employant des ressorts plus forts. On en exécute le changement avec la plus grande facilité.

« Malgré quelques imperfections de détail, inévitables dans les débuts de tout système nouveau, l'ensemble de notre armement est excellent. Tous les corps l'ont accueilli avec le plus vif sentiment de satisfaction.

« Le nouveau fusil, plus léger que l'ancien, gracieux de forme, plaît au soldat; plein de confiance en son arme, il l'aime, l'entoure de soins tout particuliers, marque de prédilection bien frappante qui prouve une fois de plus combien, avec leur intelligente perspicacité, nos soldats saisissent spontanément et apprécient ce qui est réellement bon et utile.

« Le fusil modèle 1866 est d'un maniement aisé; son mécanisme est simple et commode, son entretien facile. Il n'exige qu'une instruction très-courte pour devenir familier aux hommes, qui le montent et le démontent sans difficulté, et apprennent promptement à remplacer les pièces mobiles dont ils sont munis, telles que les rondelles, l'aiguille, la tête mobile et le ressort à boudin.

« En très-peu de temps le soldat le moins adroit peut être initié à la manœuvre de tout le système.

« Les expériences faites avec le plus grand soin, l'année dernière, au camp de Châlons, puis en Italie par les troupes du corps expéditionnaire, dans les circonstances climatériques les plus diverses et souvent les moins favorables, ont fourni la preuve que, sous une apparence un peu délicate, le nouveau fusil remplissait les meilleures conditions pour satisfaire à toutes les nécessités du service de campagne.

« Étudié à tous les points de vue, le fusil dont l'infanterie française vient d'être dotée réunit au plus haut degré, à une précision et une rapidité de tir incomparables, des qualités qui doivent lui assurer le premier rang parmi les armes de guerre aujourd'hui en usage. »

Tout en poussant avec une grande activité la fabrication des fusils Chassepot, le Gouvernement français songeait à utiliser les anciens fusils de munition qui remplissaient nos arsenaux. La transformation de ces anciens fusils en fusils Chassepot étant impossible à réaliser, à cause de la dépense excessive qu'elle aurait exigée, on chercha, parmi les différents systèmes connus d'armes se chargeant par la culasse, celui qui se prêterait le plus économiquement à une transformation en fusil se chargeant par la culasse. Le choix s'est fixé sur une combinaison de deux systèmes d'origine anglaise, les fusils *Enfield et Snider*.

Dans le *fusil Enfield-Snider*, la partie supérieure du canon s'ouvre, sur une longueur d'environ 5 centimètres, pour l'introduction de la cartouche. Quand la cartouche a été placée, cet espace est recouvert par une pièce qui pivote sur un axe parallèle à celui du canon et fixé à sa droite. Cette même pièce porte une broche qui aboutit, d'un côté, à la base de la cartouche, et, de l'autre, fait un peu saillie à l'extérieur. Le chien, qui est semblable à celui des fusils à percussion, en frappant sur cette broche, la pousse sur l'amorce, par l'intermédiaire d'un ressort à boudin, et détermine l'explosion. La cartouche est métallique et à inflammation centrale.

Le bon côté de cette arme, c'est que l'étui de la cartouche se retire pour ainsi dire de lui-même, après chaque coup, ce qui réduit à presque rien sous ce rapport le rôle du tireur.

La transformation de nos anciens fusils en fusils Enfield-Snider a consisté à couper le canon à sa base, et à rapporter une culasse du nouveau système, taraudée et vissée sur le canon. C'est ainsi que l'on a obtenu ce que l'on nomme, en France, le *fusil transformé*, et vulgairement le *fusil à tabatière*. Ce n'est pas un fusil à aiguille, mais un fusil se chargeant par la culasse, et dans lequel on a conservé l'ancien chien des fusils à percussion.

Les figures 376 et 377, avec les légendes qui les accompagnent, feront aisément com-

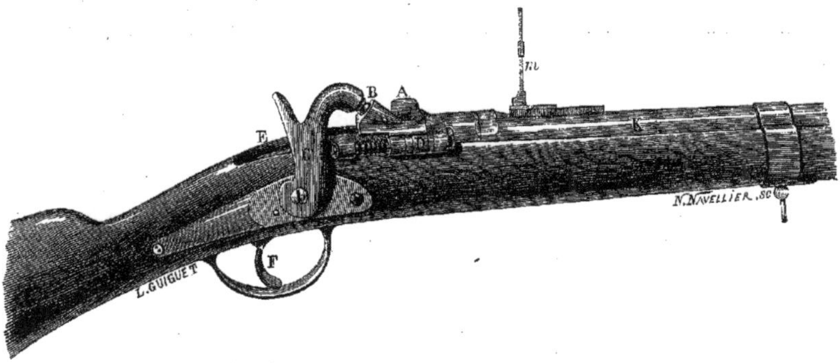

Fig. 376. — Fusil transformé, dit fusil à tabatière.

A, fermeture mobile se relevant comme le couvercle d'une tabatière, pour ouvrir la chambre et y placer la cartouche.
A', échancrure dans laquelle retombe le couvercle A pour l'empêcher de reculer au moment de l'explosion.
B, cheminée porte-capsule.
C, chien de l'ancien fusil à percussion, qui est conservé dans cette arme.
D, charnière de la fermeture mobile ; elle porte un ressort à boudin, qui repousse le couvercle, pour retirer la cartouche. Par ce mouvement, la cartouche sort suffisamment du tonnerre pour que le soldat puisse la saisir et la retirer entièrement.
E, partie creusée dans le prolongement de la culasse, pour y engager la cartouche et faciliter sa mise en place dans la chambre.
F, gâchette de la détente, dont le mécanisme est resté le même que pour les anciens fusils à percussion.
K, canon.
m, hausse de prévision.

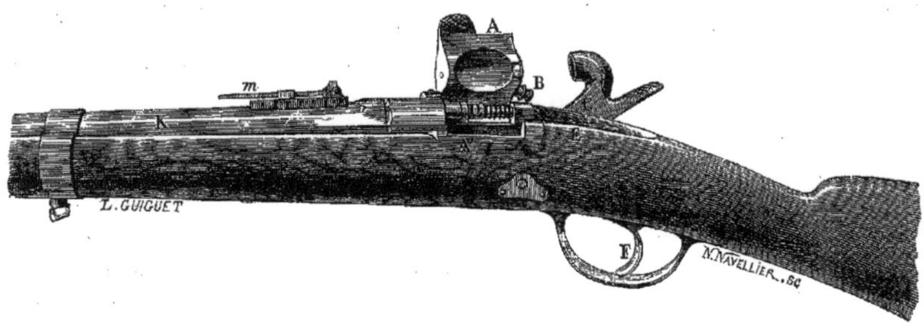

Fig. 377. — Fusil à tabatière montrant la boîte ouverte.

prendre le jeu de différentes pièces du fusil transformé.

De l'aveu des hommes spéciaux, l'arme ainsi transformée ne donne pas d'aussi bons résultats qu'on aurait pu le croire, à cause de certains détails d'exécution qui nuisent à son bon fonctionnement. L'ancienne batterie et les anciens chiens étant conservés, la percussion ne peut plus se faire qu'obliquement, ce qui est un défaut grave. Le manque de régularité dans la forme des cartouches est un autre défaut.

Nous ne quitterons pas ce sujet sans rendre justice aux États-Unis d'Amérique, qui sont entrés de bonne heure dans la voie du progrès, en ce qui concerne les armes portatives Le mode de chargement par la culasse a reçu bon accueil en Amérique, dès son apparition, et il s'y est perfectionné, grâce à un outillage remarquable. L'épreuve décisive des fusils se chargeant par la culasse, a même été faite par les Américains avant les Prussiens, dans la longue guerre, dite de *Sécession*, qui divisa le Nord et le Sud, en 1862.

Nous n'avons pas l'intention d'examiner successivement les divers systèmes imaginés de l'autre côté de l'Atlantique ; nous ne signalerons que par leur nom, les fusils se chargeant par la culasse, inventés par *Peabody*, *Remington*, *Howard*, etc., armes qui jouissent aux États-Unis, d'une réputation méritée.

Après avoir passé en revue les armes portatives les plus remarquables construites sur le principe du chargement par la culasse, il nous reste à examiner, d'une manière générale, les avantages et les inconvénients de ce système, ainsi que l'ensemble de conditions auxquelles il doit satisfaire pour donner de bons résultats.

Voici les principaux avantages que présentent les armes de guerre qui se chargent par la culasse.

Elles rendent inutile la baguette, qui est trop souvent pour le tireur, une cause d'embarras. — Le chargement est prompt et facile, même pendant la nuit ; il peut s'effectuer sans bruit et dans toute position, le soldat étant couché ou à genoux, abrité derrière un obstacle quelconque. — La promptitude de la charge et la rapidité du tir qui en résulte, augmentent, en quelque sorte, le nombre des combattants, et permettent de donner en même temps plusieurs salves successives de coups de fusil. — On peut charger l'arme en croisant la baïonnette, ce qui est capital lorsqu'il s'agit de repousser une attaque de cavalerie. — La cartouche ne peut pas glisser hors du canon, lorsqu'on porte l'arme la bouche en bas, comme c'est l'usage dans la cavalerie. — La balle repose toujours sur la poudre, au lieu de s'arrêter dans le canon, accident dangereux qui arrive quand le chargement n'a pas été fait avec l'énergie nécessaire. — Il est impossible de mettre plusieurs cartouches à la fois. — On peut décharger le fusil en retirant la cartouche sans la brûler. — Le nettoyage du canon est simplifié d'une manière extraordinaire. — L'emploi de cartouches spéciales, portant avec elles leurs amorces, contribue beaucoup à abréger l'opération du chargement, et à augmenter la rapidité du tir. — Enfin le soldat n'est pas le maître, comme il arrivait autrefois, de jeter la moitié de la poudre de sa cartouche, pour éviter un recul trop fort, ou pour tout autre motif.

Ces avantages sont tellement nombreux et décisifs, qu'il est de toute évidence que les fusils se chargeant par la bouche du canon, ne se présentent plus à nos yeux que comme l'enfance de l'art, et que leur règne, comme arme de guerre, est à jamais fini.

On comprend sans peine que, grâce à la rapidité de tir du fusil Chassepot, il soit possible de concentrer presque instantanément, sur un point donné, une attaque assez énergique pour culbuter et mettre en déroute l'ennemi, avant qu'il ait eu le temps de reformer ses rangs, décimés par un feu foudroyant. Chaque soldat pouvant porter avec lui de 75 à 120 cartouches, et tirer 10 coups par minute, un général d'infanterie, en choisissant avec habileté le moment de commencer le feu, aura toujours devant lui un temps plus que suffisant pour obtenir de sa troupe toute l'action qu'il peut en attendre. En supposant même que les soldats usent toutes leurs cartouches, le feu pourra être entretenu pendant près d'une heure. Or, il est très-rare que deux armées restent une heure en présence l'une de l'autre, à une portée de fusil, sans en venir à l'arme blanche.

Un feu très-rapide et très-nourri, comme on peut l'obtenir par l'emploi d'armes se chargeant par la culasse, présente donc d'immenses avantages, et donne une supériorité marquée à la troupe qui peut en disposer.

Dans beaucoup de cas, il pourrait suffire pour décider l'action. On sait, en effet, que des troupes novices sont souvent déjà ébranlées et mises en déroute, lorsqu'un homme sur dix tombe dans les premiers rangs. Pour qu'une colonne résiste encore après avoir perdu un homme sur trois ou sur quatre, il faut qu'elle soit déjà bien aguerrie, et que la perte se distribue sur un espace de temps assez considérable. Quand un tiers des soldats est mis hors de combat dans l'espace de quelques minutes, il est rare que la panique ne s'empare point des survivants, à moins que ce ne soient des hommes parfaitement éprouvés. En outre, un feu rapide et efficace présente l'avantage de réduire considérablement le nombre des adversaires dès le début de l'action.

Sous ce rapport, la supériorité d'un tir rapide est donc manifeste, et le chargement par la culasse, qui a permis de *tripler* la vitesse du tir, doit être considéré comme un immense progrès dans l'armement des troupes.

Quant aux inconvénients de ce mode de chargement, ils consistent dans la difficulté d'obtenir un mécanisme solide et durable, ainsi que l'obturation complète du tonnerre, obturation sans laquelle on ne peut éviter les crachements. Constatons néanmoins qu'on est parvenu aujourd'hui à y remédier d'une manière satisfaisante, si bien qu'aucune objection sérieuse ne peut plus être opposée à l'admission des armes se chargeant par la culasse dans la pratique de la guerre.

La science n'a pas dit, sans doute, son dernier mot sur cette question, mais elle ne réalisera de nouveaux progrès qu'à la condition de se renfermer dans le programme suivant, auquel devra satisfaire, pour être reconnue excellente, toute arme se chargeant par la culasse :

1° Il faut que le mécanisme chargé d'ouvrir et de fermer le tonnerre, se manœuvre avec facilité et promptitude, et qu'il soit en même temps simple et solide.

2° L'obturation de l'arme doit être parfaite, pour empêcher toute fuite de gaz.

3° L'encrassement doit être assez lent pour ne pas devenir un obstacle au chargement de l'arme, au bout d'un temps qui n'excède pas la durée d'une campagne ordinaire.

4° L'arme doit être exempte de dangers pour le tireur; elle doit être agencée de telle façon que le coup ne puisse pas partir avant la fermeture complète du tonnerre, et que le système obturateur soit fixé assez solidement, pour n'être pas chassé par la force de l'explosion.

5° Enfin, la cartouche doit être d'une fabrication facile et d'un prix modéré.

Le fusil Chassepot réalise la plupart de ces conditions. Les quelques inconvénients pratiques qu'il peut présenter encore, sont parfaitement rachetés par les avantages extraordinaires qui lui sont propres, et que nous avons énumérés.

CHAPITRE VI

FUSILS A RÉPÉTITION. — SYSTÈMES SPENCER ET WINCHESTER. — RÉVOLVERS. — SYSTÈMES COLT, ADAMS-DEANE, MANGEOT-COMBLAIN, LORON, LE MAT ET LEFAUCHEUX. — LA CARABINE JARRE. — LES MITRAILLEUSES. — LA MITRAILLEUSE BELGE ET LA MITRAILLEUSE AMÉRICAINE. — CONCLUSION.

On nomme *fusils à répétition* des armes dans lesquelles sont emmagasinées à la fois plusieurs charges, qu'on introduit successivement dans le canon, à l'aide d'un mécanisme simple et rapide. Sous le rapport de la vitesse du tir, les fusils de ce genre sont bien supérieurs aux meilleures armes se chargeant par la culasse ; et on le conçoit facilement, puisqu'ils permettent de tirer plusieurs coups sans exécuter, après chaque coup, cette série de mouvements, qui constituent la charge ordinaire, et entraînent une perte de temps plus ou moins grande, suivant les systèmes.

On peut, toutefois, se demander s'il y a utilité réelle à dépasser certaines limites dans la précipitation du tir, et si les sacrifices qu'on s'impose pour atteindre au plus haut degré de perfection, dans ce sens, sont bien en rapport avec les résultats obtenus? Que l'on parvienne, par exemple, à tirer 20 ou 25 coups par minute, n'y aura-t-il pas une énorme quantité de balles perdues, par l'effet même de cette rapidité, et aussi par suite du nuage de fumée qui séparera bientôt les partis ennemis? On aura donc usé beaucoup de munitions pour faire peu de besogne : la montagne aura accouché d'une souris.

Il suit de là que les armes à répétition ne sont vraiment avantageuses que dans les combats corps à corps, principalement pour la défense. On ne saurait nier que, dans ces conditions, un feu bien nourri, et pour ainsi dire non interrompu, ne soit extrêmement profitable. Mais ces circonstances se présentent rarement à la guerre : les armes à répétition n'ont donc de chances d'être préférées à celles se chargeant par la culasse, qu'à la condition de prendre un caractère mixte, c'est-à-dire de pouvoir se charger à chaque coup de la manière ordinaire, tout en conservant une réserve de quelques cartouches, qu'on dépenserait lorsque le besoin s'en ferait sentir, par le procédé expéditif. En d'autres termes, elles devraient être à la fois des armes ordinaires et des fusils à répétition.

Dans le système à répétition, il y a un écueil, contre lequel sont venus échouer presque tous les inventeurs. On a toujours voulu emmagasiner trop de coups, et l'on a ainsi exagéré outre mesure le poids de l'arme. Un autre inconvénient, qui est inhérent au système lui-même, et qui ne pourra jamais être annulé par les inventeurs, c'est que le centre de gravité de l'arme se déplace nécessairement à mesure que le nombre des cartouches diminue. Le soldat perd ainsi tous les avantages qui résultent de l'habitude et d'une longue connaissance de son arme; car il lui semble, à chaque instant, avoir un nouveau fusil entre les mains.

L'idée de l'arme à répétition est déjà ancienne. Étudiée et abandonnée à diverses reprises, elle n'est entrée que récemment dans le domaine de la pratique, grâce à l'invention des cartouches métalliques, qui seules pouvaient lui assurer une sécurité complète.

C'est l'Amérique qui confectionna, pour la première fois, les cartouches métalliques pour les armes de guerre. Ces cartouches se composent d'un tube en cuivre rouge, analogue au tube en carton de la cartouche Gévelot, employée dans le fusil Lefaucheux. A la partie postérieure de ce tube, est placée une pastille de fulminate de mercure, qui reçoit le choc d'un percuteur quelconque, et détermine l'inflammation de la poudre.

Les cartouches métalliques ont été appliquées avec succès aux armes se chargeant par la culasse : le tube de cuivre fait l'office d'obturateur, et empêche, en outre, tout encrassement du tonnerre, en s'opposant à l'action des gaz sur les parois du canon. Malheureusement, ces cartouches coûtent fort cher. Pour les fabriquer avec un degré suffisant de précision, il ne faut pas moins de dix ou douze machines différentes, et leur prix de revient varie de 8 à 20 centimes la pièce. A de telles conditions, la guerre deviendrait tellement onéreuse qu'elle serait impossible.

Nous devons ajouter, toutefois, que les cartouches de ce genre se détériorent rarement par l'effet du temps et de l'humidité de l'atmosphère, ce qui diminue de beaucoup la dépense. C'est ce qui résulte d'une déclaration du colonel américain Benton, commandant de l'arsenal de Washington en 1866. Cet officier s'exprimait ainsi, au sujet des cartouches métalliques :

« Sur des centaines de milliers de cartouches métalliques qui sont revenues de l'armée, très-peu étaient avariées, tandis qu'une grande quantité de cartouches en papier, qui nous furent renvoyées, durent être refaites, parce qu'elles étaient usées ou détériorées par l'humidité. »

C'est seulement en Amérique que les fu-

Fig. 378. — Fusil Spencer, au moment du chargement.

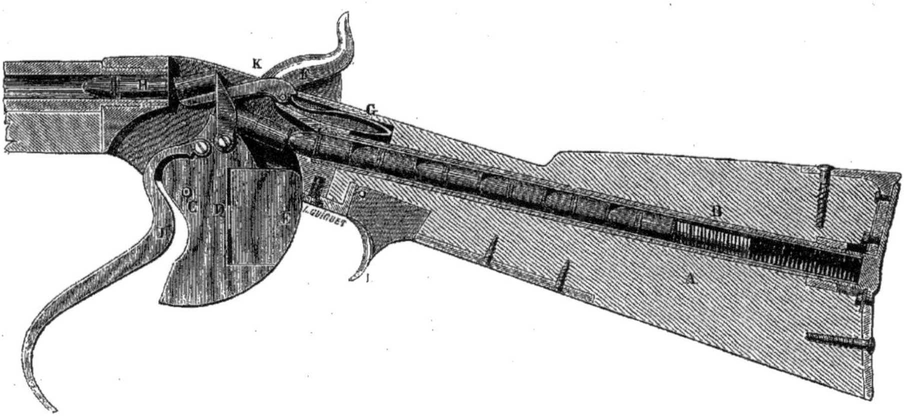

Fig. 379. — Fusil Spencer au moment du tir.

sils à répétition ont été sérieusement étudiés. C'est là que se sont produits les deux systèmes les plus remarquables, ceux de MM. Spencer et Winchester.

Système Spencer. — La crosse du fusil est percée, dans toute sa longueur, d'un conduit cylindrique, revêtu intérieurement d'un tube en métal. Dans ce tube, qui est fixe, en pénètre un second, qu'on pousse et qu'on retire à volonté. C'est le *magasin*, qui renferme, outre la provision de cartouches, un piston et un ressort à boudin, destinés à pousser les cartouches une à une, sur le mécanisme distributeur.

On se rendra compte du jeu de cette arme par l'examen des figures 378 et 379 : la première montre l'ensemble du fusil, en même temps qu'elle fait voir en coupe le mécanisme pendant le chargement ; la seconde représente une coupe du fusil chargé et prêt à tirer.

Dans la crosse A (*fig.* 378) est un tube contenant une suite de cartouches métalliques pourvues de leur amorce ; un ressort à boudin, BB, tend à pousser toutes ces cartouches en avant. Mais un bloc CDE, mobile autour du point C, empêche les cartouches de sortir du magasin. Lorsqu'on abaisse le *pontet*, ou levier courbe, I, le bloc CDE s'abaisse aussi, et avec lui l'obturateur E, duquel la partie C est séparée par un ressort à boudin, D. Une cartouche H passe donc au-dessus de l'obturateur; mais il n'en peut passer plus d'une, parce que la pièce K descend pour la maintenir et arrêter les suivantes, au moyen du ressort G. Lorsqu'on relève le *pontet* ou levier courbe I, la pièce K cesse d'agir dans ce sens, mais alors le bloc, ramené à sa première position, oppose un obstacle invincible à la cartouche la plus avancée contenue dans le magasin (*fig*. 379). Dès ce moment, l'arme est chargée. Il suffit, pour tirer, de relever le chien, qu'on a laissé abattu par mesure de précaution, et de presser la détente L. Le chien F frappe la pièce K, laquelle, à son tour, vient frapper l'amorce de la cartouche, H, et enflammer la poudre.

Système Winchester. — Dans ce système, comme dans le précédent, l'emmagasinage des cartouches se fait au moyen d'un tube qu'on glisse dans la monture.

Le mécanisme est tel qu'on peut, à volonté, tirer tous les coups sans interruption, ou bien un seul à la fois, en chargeant à la manière ordinaire, et réservant les coups emmagasinés pour un moment décisif. Le *fusil Winchester* est donc l'arme à double fin, dont nous parlions plus haut. Il peut tirer 22 coups par minute, et 15 coups successivement sans être rechargé. Lorsqu'on le charge cartouche par cartouche, il est inférieur au fusil prussien et au fusil Chassepot, car il ne tire que 8 à 10 coups par minute. Toutefois, cette vitesse est encore très-remarquable, et, si l'on ne s'en contente pas, on est bien difficile.

C'est sur le fusil Winchester, d'un maniement simple et d'un entretien facile, que la Suisse a jeté les yeux, en 1867, pour la transformation de son armement. La commission d'examen a fait preuve, en cette circonstance, d'un esprit judicieux. Considérant que le fusil Winchester est surtout avantageux pour la défense, et qu'une guerre défensive est la seule que puisse avoir à soutenir le peuple suisse; considérant qu'un pareil choix augmentera notablement la force des nombreux points stratégiques que possède la Suisse, elle a pensé que le fusil Winchester devait être préféré au fusil à aiguille adopté dans les autres États de l'Europe.

Après les fusils à répétition, viennent naturellement les *révolvers*, qui ne sont que des pistolets à répétition.

Toutefois, les *révolvers* sont fondés sur un autre principe que les fusils à répétition, l'arme étant beaucoup plus courte. Ils sont basés sur le principe de la révolution autour d'un axe commun, d'un certain nombre de tubes, portant chacun une cartouche. Ces tubes viennent se placer successivement devant l'âme, en formant son tonnerre.

La création du révolver ne date que de notre siècle. On pourrait cependant établir que l'idée sur laquelle il repose, est fort ancienne. C'est ce que prouvent plusieurs armes conservées dans les musées d'artillerie et les collections d'amateurs. Le pistolet n'ayant été connu qu'assez tard, c'est même aux mousquets, aux arquebuses, et ensuite au fusil, qu'on a songé d'abord à en appliquer le principe. Le Musée d'artillerie de Paris possède des armes tournantes à mèche et à rouet, et M. Anquetil, dans l'intéressante notice qu'il a publiée sur ces armes (1), parle de deux fusils à cinq coups, appartenant à des amateurs de Bruxelles, dont l'un remonte à 1600, et l'autre à 1632.

Il est facile de comprendre pourquoi l'esprit d'invention des armuriers et des hommes spéciaux ne s'est dirigé que fort tard

(1) *Notice sur les pistolets roulants et tournants, dits révolvers*, in-8. Paris, 1855.

vers ce genre d'instruments. La conséquence la plus directe de l'accumulation des coups dans une arme, c'est d'augmenter son poids. Or, l'effort constant des siècles, depuis l'origine des armes portatives, a poursuivi le résultat contraire, c'est-à-dire la diminution de leur poids. Ce n'est qu'à partir du moment où l'on a songé à adapter l'appareil roulant au pistolet, c'est-à-dire à une arme légère, que l'on a pu se permettre d'y ajouter l'excédant de poids résultant du mécanisme à répétition, et que des perfectionnements sérieux ont pu être réalisés dans cette voie.

On avait oublié depuis longtemps les armes à cylindres tournants, lorsque, vers 1815, un armurier de Paris, nommé Lenormand, confectionna un pistolet à cinq coups. Ce pistolet était à révolution continue, c'est-à-dire qu'il n'était pas nécessaire de l'armer à chaque coup. Il n'avait qu'un canon, et cinq tubes groupés autour d'un tambour, auquel le mécanisme communiquait un mouvement de rotation sur lui-même. Mais ce révolver offrait de graves inconvénients : il n'eut aucun succès.

Vint ensuite le *révolver Devisme*, à 7 coups, qui ne fut pas mieux apprécié. Un autre révolver dû à Hermann, de Liége, quoique moins imparfait, ne put davantage conquérir la faveur publique.

Peu après, parut le *pistolet Mariette*. Cette arme différait des précédentes en ce que, au lieu d'être à cylindre tournant, elle se composait d'un faisceau de canons, assemblés entre eux au moyen d'une culasse massive, formée d'autant de chambres qu'il y avait de canons. Le nombre des canons variait de 4 à 24 ; chacun se vissait sur l'une des chambres de la culasse. Dès qu'on pressait la détente, le faisceau et la culasse tournaient, et chaque canon venait se placer devant un marteau percuteur faisant l'office de chien ; il y était maintenu par un *arrêt* jusqu'au moment de *désencocher*.

Cette arme ne pouvait rendre de services qu'à bout portant.

Enfin, Malherbe vint... *Nous voulons dire Colt.*

C'est en 1835 que Samuel Colt, colonel des États-Unis, fit connaître le révolver qui porte son nom. Profitant habilement des travaux de ses devanciers, perfectionnant plutôt qu'inventant ; merveilleusement servi, d'ailleurs, par les circonstances, le colonel Colt résolut parfaitement le problème et réalisa, grâce à son révolver, une fortune considérable.

L'engouement, dont cette arme fut tout de suite l'objet, s'explique par le rôle qu'elle joua en 1837, dans la guerre des États-Unis contre les tribus sauvages de la Floride. Elle contribua beaucoup, dit-on, à la prompte soumission des Peaux-Rouges, qui se montrèrent prodigieusement surpris de voir leurs ennemis tirer six coups de suite d'une arme à feu sans la recharger.

Dans les premiers temps de la découverte du Nouveau Monde, les naïfs habitants de ces contrées furent frappés de stupeur, devant les effets des mousquets des Espagnols. Trois siècles après, grâce aux progrès de la civilisation, les habitants des mêmes contrées, familiarisés avec les armes à feu, n'étaient plus surpris que de voir un pistolet tirer six coups de suite. Les Incas et les habitants primitifs des Antilles, s'imaginaient que les conquérants espagnols portaient avec eux le feu du ciel ; de nos jours, leurs descendants, un peu façonnés à la vie moderne, ne s'effrayaient que des progrès de la mécanique.

Les succès du *révolver*, chez les Américains, s'expliquent par le caractère particulier de cette nation Sur la terre d'Amérique, encore incomplétement civilisée, on se trouve souvent dans la nécessité de se faire justice soi-même. Une arme peu gênante, très-portative et très-redoutable à la fois, devait donc être accueillie à bras ouverts par les Américains, toujours disposés à mettre la main à leur poche, pour en retirer un pistolet chargé.

Le révolver Colt (*fig.* 380) a subi quelques améliorations depuis sa première apparition, mais il n'en a pas moins conservé les dispositions principales que l'inventeur avait adoptées. Voici en quoi consiste son mécanisme.

Il n'y a qu'un seul canon. Dans l'intérieur de ce canon sont creusées sept rayures. A la partie postérieure, il se termine par une pièce massive, ou *bloc*, A, dans laquelle vient se fixer la *broche-mère*, qui lui est parallèle. Cette broche-mère n'est autre chose qu'un cylindre plein, autour duquel tourne l'appareil roulant, nommé *barillet* ou *tambour*, B. Ce tambour est un cylindre, dans lequel sont

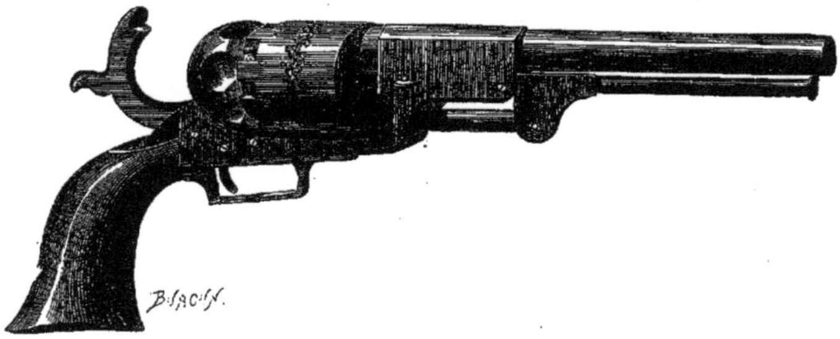

Fig. 380. — Le révolver Colt.

ménagées des *chambres*, servant, chacune à son tour, de tonnerre, et destinées à recevoir les charges. Ce canon, C, est commun à tous les tonnerres et s'y adapte toujours très-exactement. Lorsqu'on relève le chien, D, au premier cran de la noix, le tambour accomplit sa révolution, et chaque chambre vient présenter successivement son orifice à la tranche postérieure du canon. Le départ du chien a lieu à l'instant précis où les axes des deux tubes sont dans le prolongement l'un de l'autre.

Comme détails accessoires constituant l'originalité de l'arme, nous signalerons les creux et les reliefs existant à l'arrière du tambour, et le levier articulé placé le long du canon. C'est à la surface de ces parties creuses qu'aboutissent les cheminées, en communication parfaite avec les chambres. Ces reliefs ou mamelons ont pour objet d'empêcher la flamme des capsules de passer d'une cheminée à l'autre. Chacun d'eux est, en outre, surmonté en son milieu, d'une petite pointe, sur laquelle repose le chien, quand l'arme est chargée, au lieu de reposer sur les capsules, ce qui ne serait pas sans danger.

On peut à volonté se servir, avec le révolver Colt, de la balle sphérique ou de la balle cylindro-conique.

Il existe cinq modèles de ce pistolet, tous à cinq ou six coups. Ce sont : le pistolet d'arçon ou de cavalerie, à 6 coups ; le pistolet de ceinture, d'infanterie ou de marine, à 6 coups; le pistolet de ceinture, un peu moins fort, à 5 coups; le pistolet de poche, à 5 coups; un autre pistolet de poche, de dimensions un peu moindres, à 5 coups. Le premier pèse environ 4 livres 1/2, le dernier, 1 livre 2/3 seulement.

Quoique bien supérieur à tous ceux qui l'avaient précédé, le révolver Colt est loin d'être sans défauts. En premier lieu, il est trop lourd. Sa batterie est très-compliquée, d'où résulte une grande difficulté pour le démonter et le remonter. Il rate assez souvent, parce que le chien ne s'abat pas assez vigoureusement. Le tambour est sujet à se déranger. Il est à révolution intermittente, en d'autres termes, il faut l'armer à chaque

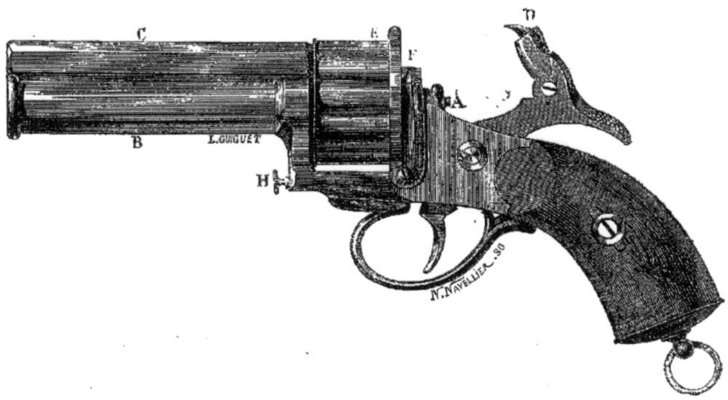

Fig. 381. — Revolver Le Mat.

coup. Enfin, il est dangereux, conservé dans la poche ou à la ceinture, parce que le chien peut se relever sans qu'on appuie sur la détente, et retombant ensuite, faire partir le coup.

Dès que le révolver Colt fut importé en Europe, on s'ingénia à le perfectionner, et l'on vit paraître successivement les systèmes Adams-Deane, Comblain, Mangeot-Comblain, Loron, Lefaucheux et Le Mat. Comme tous ces systèmes reposent sur le même principe, nous ne les décrirons pas isolément. Nous dirons seulement que le *revolver Loron* se charge, non avec de la poudre, mais avec un fulminate dont l'inventeur conserve le secret : — que le *revolver Lefaucheux* se charge, comme les autres armes du même fabricant, au moyen d'une cartouche à douille ; — et que le *revolver Le Mat*, le dernier en date, s'écarte un peu des sentiers battus, en ce qu'il est à la fois un pistolet ordinaire tirant à forte charge et à de grandes distances, et un revolver pouvant fournir sans interruption huit ou neuf coups à bout portant.

En effet, dans ce dernier revolver, que représente la figure 381, la broche-mère, au lieu d'être courte et massive comme dans les revolvers ordinaires, est allongée et forée, de manière à constituer un canon central B, autour duquel sont disposés les tubes porte-cartouche E. Ce canon B, se charge par la culasse, d'après le système Lefaucheux ; mais il est tout d'une pièce, ce qui lui permet de supporter de très-fortes charges, comme un pistolet ordinaire. On découvre l'orifice postérieur du tonnerre en faisant tourner un obturateur A, qui se trouve fixé très-solidement lorsqu'on le remet en place après avoir chargé. Cet obturateur porte une petite tige destinée à recevoir le choc du chien D, et à le transmettre à la cartouche. Cette broche n'est pas visible sur le dessin ; elle est placée derrière la pièce F.

Le tube C, situé au-dessus du canon B, est le véritable canon du revolver. C'est devant ce tube que viennent se placer successivement les tubes porte-cartouches E, et c'est par son orifice que s'échappe la série des projectiles, lorsque l'arme fonctionne comme revolver, et non comme simple pistolet.

Le chien devant frapper en deux points différents, suivant qu'on veut faire partir les coups du revolver ou le coup central, la tête D est articulée; elle porte une petite crête à charnière, au moyen de laquelle on peut lui donner la position convenable pour frapper l'une ou l'autre des deux cheminées.

Le pistolet Le Mat a rendu des services dans la dernière guerre d'Amérique, et, selon toutes probabilités, il y aurait avantage à en doter la cavalerie et les troupes de marine des autres nations.

En effet, le revolver n'a guère été, jusqu'à présent, qu'une arme de défense personnelle; on ne lui a pas trouvé les qualités convenables pour lui faire prendre rang parmi les armes de guerre. Il figure en Amérique comme arme du soldat; mais comme en ce pays, chaque citoyen prend les armes à l'occasion, il n'est pas facile d'indiquer la ligne de démarcation du service militaire, et de dire si le revolver est l'arme du particulier ou celle du soldat.

En France, le revolver Lefaucheux a été adopté pour la marine; mais on n'a pas cru devoir en étendre l'usage à la cavalerie, qui ne possède encore aujourd'hui que le vieux pistolet d'arçon, arme tout à fait insuffisante, pour ne pas dire inutile. L'invention de M. Le Mat permettra peut-être de combler cette lacune.

On trouve dans le commerce, quoiqu'en petit nombre, des fusils et des carabines-revolvers des divers systèmes que nous avons énumérés. Mais ces armes, à cinq ou six coups tout au plus, sont bien distancées par celle dont nous allons parler.

Le 18 février 1861, nous assistâmes dans l'ancien tir Gastine, à l'essai d'une nouvelle carabine donnant ce prodigieux résultat, de tirer jusqu'à cinquante coups dans une minute. La justesse du tir n'est nullement compromise par cette inconcevable rapidité de succession des décharges, car dans les essais dont nous avons été témoin, une cible placée à cent mètres de distance, fut atteinte par presque toutes les balles. L'inventeur de cette arme nouvelle est un de nos compatriotes, M. Jarre, armurier, et *fils de maître*, comme on disait dans les corporations.

On a quelque peine à concevoir *a priori* le résultat que nous venons d'énoncer quant à la rapidité du tir. Une courte explication du mécanisme de cette arme va le faire comprendre.

Dans le revolver actuel, les tubes porte-cartouches sont disposés, comme nous l'avons expliqué, autour d'un cylindre qui tourne sur son axe et viennent successivement s'adapter à un même canon. Ces tubes ne peuvent guère dépasser le nombre de cinq ou six, car au delà de ce nombre le cylindre aurait de trop grandes dimensions et rendrait l'arme peu portative; le revolver est ainsi limité à cinq ou six coups. M. Jarre a eu l'heureuse idée de disposer les tubes porte-cartouches sur une barre horizontale, et en même temps de séparer cette barre du canon.

Quand on veut tirer, on prend une de ces barres, préalablement armée de ses cartouches, et on la place en travers de la culasse, c'est-à-dire en croix avec le canon. Après chaque coup tiré, et par le mécanisme ordinaire du revolver, la barre chargée de cartouches avance d'un cran, et vient présenter une nouvelle capsule à l'abatage du chien. Cette barre étant déchargée, on la remplace par une nouvelle toute semblable. Comme chaque barre porte dix cartouches, et que l'on peut tirer facilement cinq de ces barres dans une minute, on voit que la carabine Jarre peut, comme nous le disions, tirer jusqu'à cinquante coups par minute.

Nous n'avons pas vu qu'on ait, jusqu'à présent, songé à tirer parti de l'arme inventée par M. Jarre; nous avons cependant cru devoir en faire mention ici, à cause de l'originalité de la conception et de l'étrangeté presque paradoxale du résultat.

Nous terminerons la description des armes à feu portatives en parlant des mitrail-

Fig. 382. — La mitrailleuse belge.

leuses, le plus récent et l'un des plus terribles instruments de destruction imaginés par le génie de l'homme.

Nous parlerons de la *mitrailleuse belge*, de la *mitrailleuse française*, qui porta quelque temps le nom de *mitrailleuse de Meudon* et qui est désignée dans notre artillerie sous le nom de canon à balles, ensuite de la *mitrailleuse Montigny*, et enfin de la *mitrailleuse américaine*, dite mitrailleuse Catling. C'est le nom seul qui peut donner une idée de ces appareils fort simples dans leur manœuvre, mais qui ne sauraient être bien expliqués qu'avec l'aide de figures. Les dessins que nous mettons sous les yeux du lecteur, vont nous permettre d'expliquer ce mécanisme.

La *mitrailleuse* inventée en Belgique (*fig.* 382) et qui a été adoptée dans l'armée régulière de ce pays, se compose de 37 canons de fusil rayés, serrés les uns contre les autres, et enveloppés dans une gaîne commune en fonte de fer, ce qui donne à l'ensemble l'apparence d'une pièce d'artillerie. La ressemblance est d'autant plus frappante, que la machine est montée sur un affût à roues.

Le projectile employé dans chaque canon de fusil est la balle conique. Pour charger la mitrailleuse, on introduit, à l'arrière de l'enveloppe de fonte, un disque portant 37 cartouches, qui correspondent très-exactement, chacune, aux orifices postérieurs des canons de fusil. Au moyen d'un levier à main, on approche du disque l'appareil à percussion,

Fig. 383. — Mitrailleuse française.

dont le choc contre les cartouches détermine aussitôt l'explosion de la poudre ; et les trente-sept coups partent simultanément, semant au loin le ravage et la mort.

Il suffit alors de substituer un second disque au premier, puis un troisième, un quatrième, etc., pour envoyer de nouvelles volées de mitraille. Ce disque se remplace huit fois dans l'espace d'une minute ; on peut donc tirer deux cent quatre-vingt-seize coups en une minute ! Un pareil chiffre n'a pas besoin de commentaires : il est assez éloquent par lui-même.

Les projectiles portent à 1,500 et même à 1,700 mètres ; mais on n'a pas encore de données bien certaines sur la justesse du tir. Il n'y a aucune raison pour qu'elle soit mauvaise ou imparfaite ; car chaque canon de fusil, pris isolément, possède, sous ce rapport, les meilleurs éléments de succès. Les balles, ayant chacune leur trajectoire propre, ne peuvent non plus se gêner depuis leur sortie de l'arme jusqu'à ce qu'elles aient touché le but.

La mitrailleuse française (*fig.* 383) présente absolument l'aspect d'un canon, et justifie complétement son nom réglementaire de canon à balles. Il est monté comme un canon, seulement les essieux sont prolongés de chaque côté des flasques de l'affût pour recevoir deux caisses F, contenant la boîte à outils ou nécessaire d'arme, et une certaine quantité de boîtes de cartouches. L'affût porte à son extrémité inférieure un appareil spécial, marqué G sur la figure, qui est destiné à enlever les culots métalliques des cartouches qui restent dans la culasse mobile après l'explosion de celles-ci, comme dans les fusils dits *à tabatière*. Pour obtenir cette expulsion des culots, le servant renverse le porte-cartouches ou culasse mobile I sur le mandrin G disposé à cet effet, et avec l'étrier H qu'il renverse, il appuie sur cette culasse, ce qui fait sauter les vingt culots d'un seul coup.

La culasse est alors posée en I par l'autre

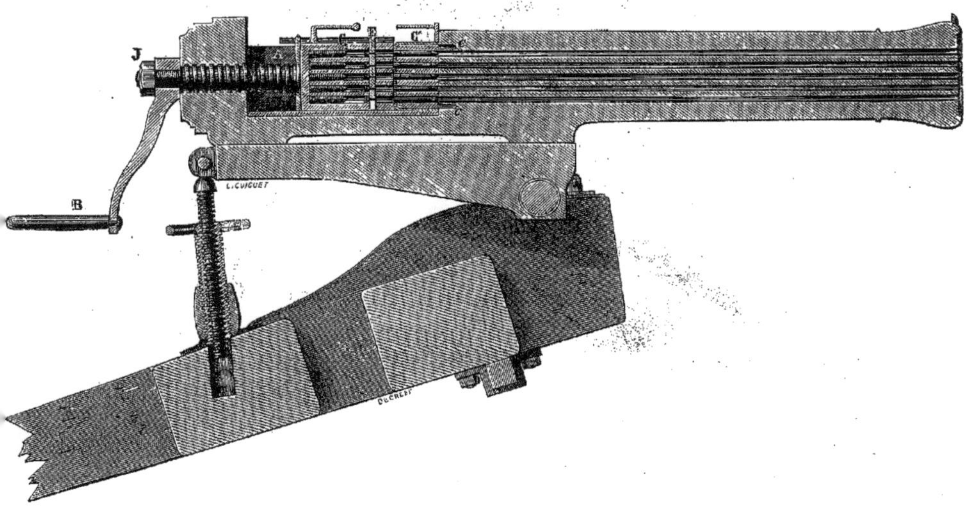

Fig. 384. — Coupe de la mitrailleuse française.

servant sur le trépied placé à côté de l'affût, et ce même servant renverse sur elle une boîte de cartouches disposées de façon à se placer immédiatement dans les trous de cette culasse. Il peut alors la passer au troisième servant ou pointeur qui l'introduit dans l'âme A prête à fonctionner.

Donc, trois mouvements bien distincts : 1° chargement de la culasse mobile C' ; 2° placement de celle-ci dans l'âme de la pièce, et enfin, 3° passage de cette culasse sur le mandrin G, afin d'en retirer les culots métalliques.

La figure 384, qui donne une coupe de la mitrailleuse française fait comprendre le pro-

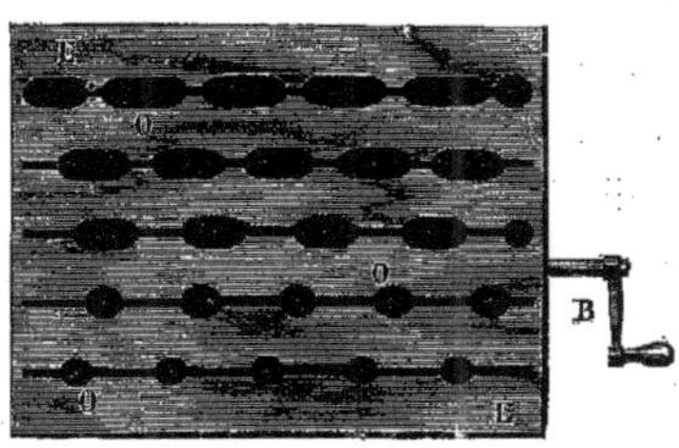

Fig. 384 *bis*. — Plaque de détente de la mitrailleuse française.

cédé pour armer et faire partir les aiguilles.

Une culasse fixe, C', porte les 20 aiguilles

Fig. 385. — Vue perspective de la mitrailleuse Montigny, mitrailleuse blindée.

chassées par des ressorts à boudins ; elle est rendue solidaire d'une forte vis de pression J que le troisième servant manœuvre à l'aide d'une manivelle B, pour reculer ou avancer cette culasse, qui glisse à frottement doux sur le fond de l'âme A. Lorsqu'on veut armer ou reculer cette culasse, on fait avancer une plaque E, mobile dans le sens transversal, à l'aide d'une vis dont on voit en B (*fig.* 383) la manivelle, sur le côté de la pièce.

Nous donnons ici (*fig.* 384 *bis*) le détail de cette plaque. Elle est percée d'ouvertures cylindriques O, séparées par des fentes horizontales. Or, lorsque cette plaque de détente est poussée jusqu'au bout et le porte-cartouches en place, on avance la culasse fixe et on serre fortement avec la vis J. Les aiguilles rencontrant, dans cette position, les fentes, et ne pouvant passer, sont forcées de reculer en comprimant les ressorts à boudins.

La mitrailleuse se trouve ainsi armée et prête à fonctionner. Le servant tourne alors la petite manivelle B en sens inverse, et ramène la plaque de détente qui vient présenter successivement ses ouvertures cylindriques O devant chaque aiguille. Celles-ci s'échappent alors rapidement sous l'effort des ressorts qui les poussent et viennent frapper la capsule qui se trouve logée dans le culot de chaque cartouche ; d'où l'explosion de cette dernière. Le corps même de la pièce présente 20 canons rayés qui sont analogues à celui du fusil chassepot.

Rien n'est plus simple, on le voit, que le mécanisme de la mitrailleuse française ; seulement elle nécessite un ajustage aussi parfait que celui d'une pièce d'horlogerie, et par conséquent elle peut se déranger aisément dans un service précipité et continuel. La culasse mobile ou porte-cartouches C' porte deux goujons *cc* qui servent à guider le servant dans le placement exact de cette pièce importante, lors du chargement dans l'âme.

Des crochets J, placés de chaque côté de l'affût, portent pendant le service des culasses de rechange, et une boîte E contient une culasse fixe pour pouvoir remplacer celle qui viendrait à perdre ses aiguilles par suite de rupture d'un ou de plusieurs ressorts.

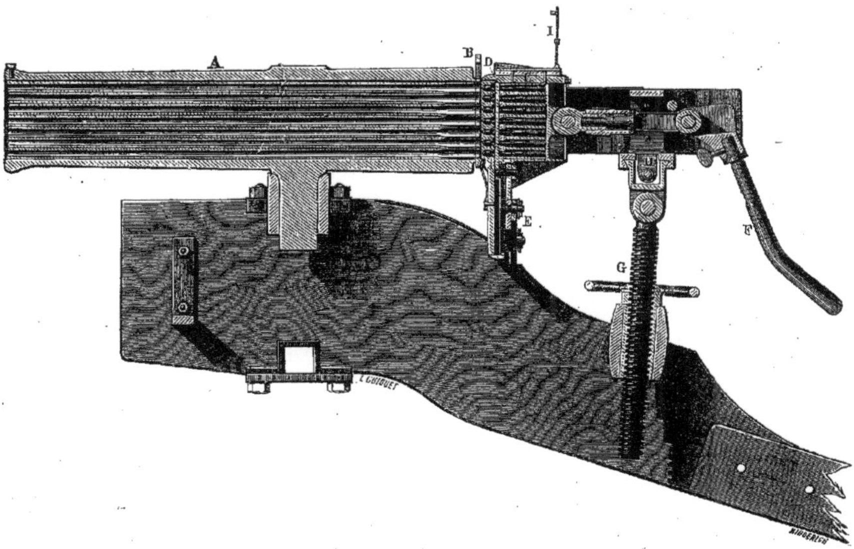

Fig. 386. — Coupe longitudinale de la mitrailleuse Montigny.

Un volant C manœuvre une vis de pointage, et un autre volant, D, en manœuvre un autre horizontal servant à écarter le tir pendant l'action de la mitrailleuse. La pièce porte en outre une hausse mobile et une mire pour pointer exactement. La pièce principale est donc la plaque E, qui sert à armer et désarmer aussi vite qu'on veut. Les aiguilles partent successivement suivant que l'écartement entre les ouvertures cylindriques est plus ou moins grand, aussi les coups sont-ils successifs et non simultanés.

La *mitrailleuse Montigny* (*fig.* 385) est à bien peu de chose près basée sur le même principe que la mitrailleuse française. La grande différence consiste d'abord en ce qu'elle lance 37 balles au lieu de 20, et que les mouvements d'armement et de désarmement sont produits par des leviers au lieu de vis, enfin en ce que la plaque de détente est pleine et non percée de trous comme celle de la mitrailleuse de Meudon.

La figure 386, qui donne une coupe longitudinale de cet appareil, montre la manière dont on procède au chargement. On recule la culasse fixe C, en relevant le levier F. On place alors la plaque porte-cartouches B et on remonte de bas en haut la plaque de détente D au moyen du levier E. On rapproche

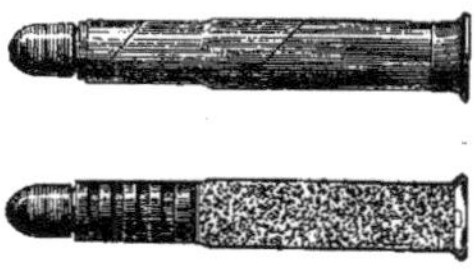

Fig. 386 *bis*. — Cartouches Montigny.

ensuite le culasse fixe qui comprime la pièce D, assez fortement pour forcer les aiguilles à rentrer en comprimant les ressorts à boudin. Dans cet état il suffit de relever plus ou moins vite ou lentement le levier E pour que la pla-

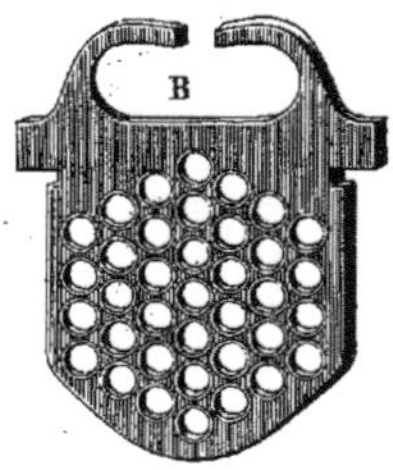

Fig. 386 *ter*. — Porte-cartouches Montigny.

que de détente en s'abaissant découvre les aiguilles, et en les laissant échapper détermine l'enflammation des capsules et par suite l'explosion des cartouches. Une autre pièce fixe placée entre le porte-cartouches et la plaque de détente, contient des rondelles destinées à amortir le choc du talon des aiguilles. Une vis de pointage est manœuvrée par un volant G, et une autre horizontale par la manivelle H. Cette dernière sert comme dans la mitrailleuse de Meudon à donner aux projectiles une plus grande surface à frapper.

Nous représentons à part (*fig.* 386 *bis* et 386 *ter*) les cartouches et le porte-cartouches Montigny. Des caisses, A, contiennent les outils, et les boîtes à cartouches C, toutes disposées à l'avance, et deux culasses fixes au cas de rupture de cette partie. Cette machine est en outre blindée et fonctionne comme à travers une meurtrière. Des porte-cartouches de rechange sont accrochés après la tôle du blindage. Les coups sont, dans cette mitrailleuse, successifs comme dans la précédente.

La *mitrailleuse américaine* ou *mitrailleuse Catling*, que nous représentons dans son ensemble (*fig.* 388), est fondée sur un autre principe que les mitrailleuses française et belge. Elle donne un feu continu, tant qu'on peut mettre des cartouches sur un plan incliné H qui les conduit dans le distributeur N. Cette machine n'affecte plus la forme d'un canon, elle est composée de 6 très-forts canons de fusil, qui projettent des balles d'un très-fort diamètre.

Deux servants suffisent pour la manœuvre de cette pièce : 1° un qui pose sans cesse des cartouches sur le plan incliné, et un autre qui tourne une manivelle L, commandant un engrenage conique qui fait tourner tout le système du mécanisme.

Ce mécanisme consiste en un double ex-

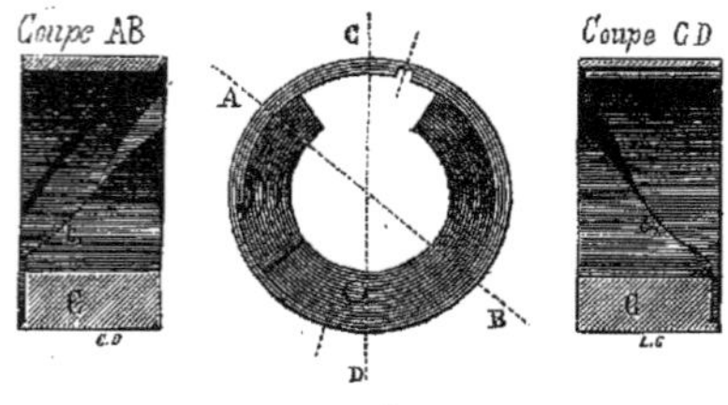

Fig. 387. — Excentrique de détente de la mitrailleuse Catling.

centrique c_1 (*fig.* 387), dont une courbe G, est chargée de pousser la cartouche dans les canons, tandis que l'autre c_2 arme les aiguilles et les laisse échapper au moment convenable. Ainsi le taquet *b* (*fig.* 388 *bis*, coupe du porte-aiguille) est saisi par la naissance de la courbe hélicoïdale de l'excentrique et repoussé en

Fig. 388. — Mitrailleuse américaine.

arrière à mesure que ladite courbe se développe en tournant.

Le ressort renfermé dans le cylindre Q se comprime, et lorsqu'il est complétement bandé, le taquet *b* rencontre brusquement une rupture de la courbe *c* (*fig.* 387, coupe de l'excentrique) qui le laisse échapper et, par conséquent, l'aiguille *a* vient frapper la

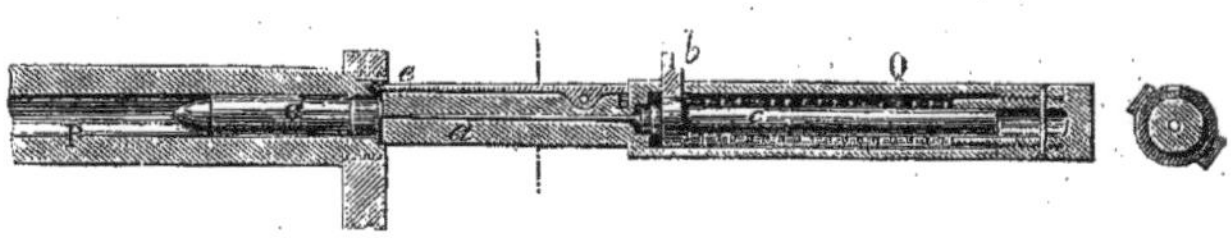

Fig. 388 *bis*. — Mécanisme du porte-aiguille de la mitrailleuse Catling.

cartouche *a*. Un crochet *c* est venu prendre le bourrelet du culot métallique, et au moment où la seconde courbe qui d'un côté pousse une autre cartouche dans un autre canon revient sur elle-même par suite du mouvement rotatif, il recule avec le porte-aiguille et retire ainsi le culot à chaque coup. Celui-ci tombe au fur et à mesure que les coups sont partis sur un plan incliné G ou gouttière qui le conduit au dehors.

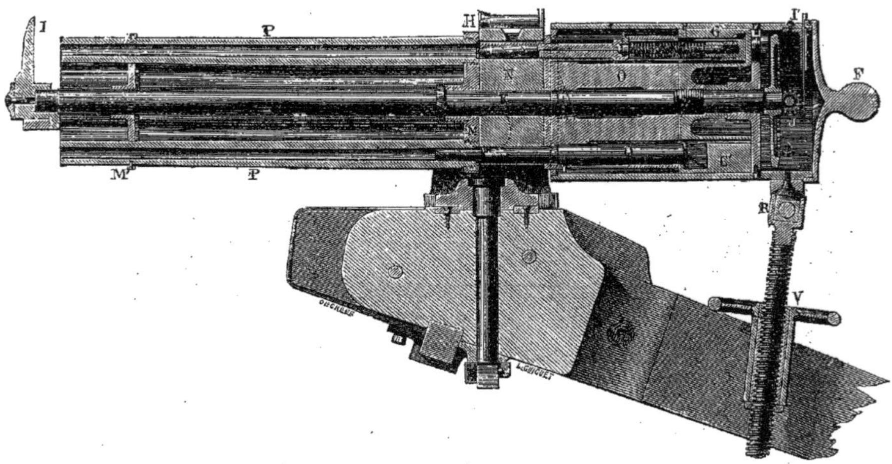

Fig. 389. — Coupe de la mitrailleuse Catling.

La figure 389 donne une coupe de la mitrailleuse Catling. Voici comment fonctionne l'ensemble du mécanisme.

L'axe K entraîné par l'engrenage J fait

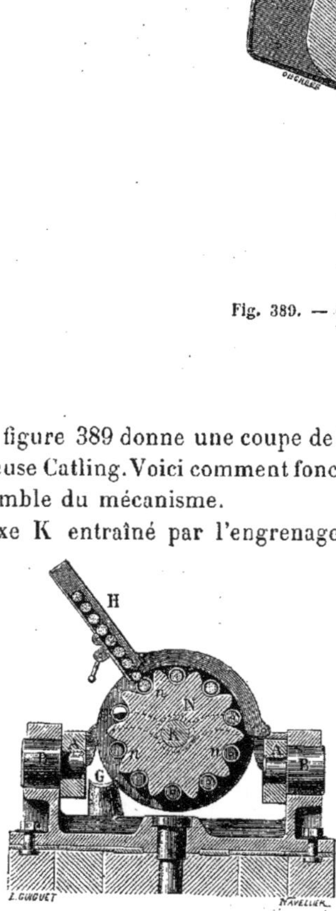

Fig. 389 *bis*. — Cylindre distributeur de la mitrailleuse Catling.

tourner le distributeur N, dont les cannelures reçoivent en passant devant le plan incliné H une cartouche et les conduit successivement devant l'orifice des canons P.

Voici la légende explicative des figures 389 et 389 *bis*.

A, châssis supportant tout le système.
B, tourillons sur lesquels tourne la pièce pour le pointage qui se fait comme d'habitude par une vis manœuvrée par son volant, à main.
C, excentrique à double courbure, l'une pour conduire les cartouches dans les canons et retirer les culots après le feu, et l'autre pour armer les aiguilles et les laisser partir.
E, trous des boulons qui fixent un chapeau en tôle recouvrant tout le mécanisme pour le garantir de la pluie.
F, bouton de culasse.
G, gouttière recevant les culots retirés après l'explosion de la cartouche, et les expulsant au dehors.
H, plan incliné sur lequel sont placées les cartouches qui doivent entrer dans l'appareil.
J, engrenage conique.
I', mire.
I, guidon pour le pointage.
H, axe de rotation de tout le système, le canon restant fixe.
L, manivelle.
MM', disque fixe dans lequel est encadré le tube de canon.
N, cylindre distributeur.
O, demi-partie cylindrique fixe formant, avec le chapeau mobile, un cylindre complet dans lequel est enfermé tout le mécanisme.
P, canon.
QQ', cylindres dans lesquels sont contenues les aiguilles.

Avec la description des mitrailleuses nous

terminons la tâche que nous avions entreprise, de faire connaître à nos lecteurs toute la série des inventions modernes relatives aux armes à feu portatives. On a vu suffisamment par les résultats que nous avons fait connaître, la prodigieuse puissance qu'ont reçu de nos jours les agents de destruction. Bien des personnes s'imaginent, cette assertion est devenue banale à force d'être répétée, que la perfection acquise aujourd'hui aux divers moyens de destruction, rend la guerre désormais impossible ; que les mitrailleuses, les canons rayés et les fusils à aiguille, par leur puissance même, sont appelés à supprimer les batailles et à devenir ainsi les instruments les plus directs de pacification universelle. Nous ne partageons pas cet optimisme. La guerre nous apparaît comme un état inévitable et fatal dans les sociétés humaines. Pour la bannir, il faudrait arracher à l'homme ses passions, ses convoitises, et le fond des mauvais instincts qui le dominent. Née à l'origine des sociétés, la guerre ne disparaîtra sans doute qu'avec elles. Il ne faut donc pas se bercer d'espérances auxquelles un passé trop récent et trop funeste, et l'avenir donneraient peut-être de cruels et sanglants démentis.

On ne doit pas, d'ailleurs, apprécier seulement la guerre par les victimes qu'elle moissonne ; il faut la voir par son côté moral, qu'on ne peut lui dénier. La guerre est, dans bien des cas, le salut des empires, le moyen de sauver un pays des brutales attaques de dangereux voisins. Elle est donc ainsi nécessaire à la sécurité de l'individu, de la famille, de la patrie. La guerre est encore, dans bien des cas, le seul moyen de régénérer un peuple endormi dans une indolence funeste, prêt à s'abandonner lui-même, abruti par un long abus des jouissances matérielles et par la servitude. Avec son admirable discipline et ses mâles vertus, avec son sentiment profond de l'honneur, sentiment qui est chez elle exquis et raffiné, l'armée est partout la meilleure école de l'homme; c'est l'asile des grandes qualités morales, de la loyauté, de l'abnégation, de l'obéissance, sans parler du courage. Ne prêtez donc pas, lecteurs, une oreille trop complaisante aux philanthropes à courtes vues, qui vous annoncent la suppression des armées, et la fin prochaine de l'état de guerre dans le monde civilisé.

Non, la guerre ne disparaîtra pas à la suite du perfectionnement des moyens de destruction. Seulement, l'armement moderne conduira à changer profondément l'ancienne tactique des batailles. Les engagements devant être infiniment plus meurtriers qu'autrefois, il faudra adopter des manœuvres spéciales pour se mettre à l'abri de leurs redoutables effets. De même qu'au XVIe siècle, la création de l'artillerie lançant des boulets de fer, obligea de transformer tout le système de fortification des places, de même les nouveaux fusils à longue portée et à tir rapide, conduiront à changer les manœuvres de troupes. C'est dans cette direction que la science militaire travaille aujourd'hui chez tous les peuples.

Entre l'ancien fusil de munition et le fusil rayé à aiguille, il y a, sous le rapport des effets meurtriers, une distance effrayante, et dont les chiffres vont nous donner la mesure exacte. Au temps de Louis XIV, le fusil de munition était si impuissant que Vauban avait calculé, d'après des relevés dignes de foi, que pour tuer un homme dans une bataille, il fallait dépenser un poids de projectiles de plomb égal au poids de l'homme lui-même. Pendant les guerres de la République et du premier Empire, le fusil de munition étant le même que du temps de Louis XIV, la proportion n'avait pas changé. Redoutables à bout portant, les feux de mousqueterie étaient méprisables dans leur ensemble. Avec son canon lisse et ses balles sphériques, le tir du fusil était plus qu'incertain. A 200 ou 300 mètres, les feux de peloton allaient ensevelir leurs balles dans la poussière, aux pieds de l'ennemi, ou voler, inoffensifs, sur sa tête. Le colonel Piobert et le major Decker, calculant sur des relevés authentiques des hommes mis hors de combat, et sur le nombre des cartouches fournies par les arsenaux et brûlées durant les guerres de la République et du premier Empire, ont trouvé qu'il avait fallu *dix mille coups de fusil pour tuer un homme*. Ainsi la proportion des hommes tués sous le premier Empire était plus faible encore qu'au temps de Vauban. Ces conditions, nous n'avons pas besoin de le dire, sont étrangement changées aujourd'hui : il y a un abîme entre l'énergie des effets des deux armes que nous considérons. La précision acquise désormais au tir des armes portatives, la prodigieuse rapidité avec laquelle leurs coups se succèdent, la distance considérable à laquelle les engagements peuvent commencer, tout cela est appelé à bouleverser, à révolutionner l'ancienne tactique, à introduire les modifications les plus profondes dans les manœuvres et la stratégie.

Voilà ce qu'il faut se dire, au lieu de s'endormir dans une confiance béate, en répétant l'axiome consolant, mais faux, que la guerre sera supprimée par les progrès des engins meurtriers de l'artillerie moderne.

FIN DES ARMES A FEU PORTATIVES.

LES

BATIMENTS CUIRASSÉS

L'invention des bâtiments cuirassés a révolutionné de nos jours, l'art de la guerre maritime, et imprimé un élan tout nouveau à l'industrie métallurgique. Par la grandeur du spectacle qu'elle étale à nos yeux, elle donne la plus haute idée de la puissance matérielle et du génie de l'homme, et se présente comme un de ces événements de premier ordre, qui font époque dans l'histoire, et changent les destinées des nations.

Le revêtement des navires de guerre d'une lourde cuirasse de fer, impénétrable aux projectiles ennemis, a été la conséquence nécessaire des perfectionnements qui avaient été apportés à l'artillerie pendant notre siècle, en particulier, de l'usage devenu général des obus ou projectiles creux incendiaires. Avec les obusiers perfectionnés, qui lancent d'une manière si précise leurs boulets explosifs, les anciens navires de guerre en bois n'étaient plus qu'une illusion. Le premier engagement sérieux les condamnait à une destruction certaine et rapide.

A peine la France, mettant en pratique les idées émises par Paixhans en 1822, avait-elle établi à bord de ses navires, les canons-obusiers, comme nous l'avons raconté dans la Notice sur *l'Artillerie*, que les Anglais armaient leurs vaisseaux de pièces semblables, qui forment aujourd'hui leurs canons-obusiers dits de 68, du calibre de 20 centimètres. Les Russes les imitèrent. Enfin les *Dalgreens* et les *Colombiades* des Américains, ne furent que des variétés du modèle de nos *canons à la Paixhans*.

En 1853, les Russes donnèrent à Sinope, une cruelle et sanglante démonstration de la puissance de ces nouveaux engins de guerre. La flotte turque, réfugiée dans ce port, fut, en quelques heures, écrasée, dépecée, incendiée impunément et à grande distance, par les bombes russes, vomies par des obusiers à la Paixhans.

Le canon rayé de 16 centimètres, qui fut adapté à nos vaisseaux de guerre en 1859, rendit plus sensible encore l'état de faiblesse relative des murailles de bois des navires. D'un autre côté, la direction constante de l'axe de l'obus ogivo-cylindrique, a permis de rendre certaine l'action des obus munis de fusées percutantes lancées par les canons rayés, et qui éclatent lorsqu'elles frappent un obstacle en le pénétrant.

Il résultait de tout cela qu'avec les moyens dont ils pouvaient désormais disposer, deux vaisseaux de guerre bien armés, montés par des équipages résolus, devaient s'entre-détruire inévitablement en moins d'un quart d'heure. Les vaisseaux de bois, comme machines de guerre, étaient donc devenus tout à fait insuffisants, et il fallait nécessairement arriver à les revêtir de cuirasses métalliques.

C'est l'histoire descriptive de cette mémorable invention que nous avons à présenter à nos lecteurs. Cette nouvelle Notice prend naturellement sa place après celles qui ont été consacrées aux poudres de guerre, à l'artillerie et aux armes à feu portatives.

A la France seule, proclamons-le dès le début, appartient l'honneur d'avoir créé la marine cuirassée. C'est la France qui, la première parmi toutes les nations maritimes, résolut, en 1854, le problème de la construction des batteries flottantes cuirassées, et cinq ans après, en 1859, le problème, bien plus ardu encore, de la construction d'un navire cuirassé capable de tenir la haute mer et d'y gouverner avec vitesse. Mais bientôt, aiguillonnées par les brillants succès que nous venions d'obtenir dans cette voie nouvelle, les nations maritimes des deux mondes se mirent à rivaliser de sacrifices et d'efforts, pour se créer, sur mer, des ressources offensives et défensives. En 1862, les incidents de la guerre de *sécession*, en Amérique, donnèrent au nouveau système d'armement naval l'occasion de signaler toute son importance, et vinrent hâter le mouvement général qui entraînait les peuples à transformer leurs flottes de guerre.

Nous jetterons d'abord un coup d'œil historique sur les travaux accomplis en France pour le cuirassement métallique des batteries flottantes; nous parlerons ensuite du blindage métallique des navires. Nous signalerons enfin les entreprises du même genre qui ont été successivement exécutées, à l'imitation de la France, chez les différentes nations maritimes des deux mondes.

CHAPITRE PREMIER

LE VAISSEAU MILITAIRE RAPIDE **LE NAPOLÉON**. — L'EMPEREUR NAPOLÉON III FAIT CONSTRUIRE LES PREMIÈRES BATTERIES FLOTTANTES CUIRASSÉES. — BOMBARDEMENT DE KINBURN PAR LA **CONGRÈVE**, LA **DÉVASTATION**, LA **LAVE** ET LA **TONNANTE**.

En 1854 éclatait la guerre de Russie. Les armées alliées de la France et de l'Angleterre étaient transportées, en quelques jours, sur les côtes méridionales de ce vaste empire, et arrivaient en vue du Bosphore.

La supériorité des navires à vapeur sur les navires à voiles, et plus encore celle des vaisseaux à vapeur rapides sur les vaisseaux de guerre à petite vitesse, fut démontrée, avec évidence, dans cette campagne maritime. C'est là un point historique que nous mettrons d'abord en relief, parce qu'il se rattache essentiellement au sujet qui nous occupe. La création du vaisseau militaire à vapeur à marche rapide, marqua un grand progrès, et fit époque dans l'histoire de l'art. La cuirasse est venue ensuite compléter la révolution si glorieusement ouverte dans l'architecture navale par la création du vaisseau militaire rapide.

Pendant longtemps, en effet, même après l'application de la vapeur à la navigation, même après l'emploi de l'hélice propulsive, on continua de considérer la voile comme l'engin par excellence pour la flotte de combat. On ne croyait pas qu'il fût possible d'associer la puissance militaire de l'ancien vaisseau de ligne avec la rapidité d'évolutions que donne la machine à vapeur. L'expérience que donnèrent les incidents de la guerre de Crimée, vint changer les opinions à cet égard.

L'honneur d'avoir produit dans le monde le premier vaisseau militaire à grande vitesse, ayant la vapeur comme moteur principal, revient à un ingénieur français, doué d'un véritable génie, M. Dupuy de Lôme, qui débuta dans la carrière par le coup d'éclat du *Napoléon*, et qui depuis, n'a cessé de conduire l'art des constructions navales dans des voies complétement nouvelles.

En 1850, M. Dupuy de Lôme, alors ingénieur de la marine impériale, à Toulon, mit à l'eau le *Napoléon*, construit sur ses plans. Pour tirer de la machine motrice tout le parti possible, M. Dupuy de Lôme avait modifié profondément les formes des anciennes carènes. Auparavant, les avants des navires étaient très-arrondis ; on regardait même ces façons proéminentes comme nécessaires : *Le navire*, disait-on, *doit avoir de l'épaule pour s'élever sur la lame*. L'avant du *Napoléon* est, tout au contraire, très-fin : « c'est un coin qui divise, au lieu d'un poitrail massif qui résiste (1). » Et pourtant le *Napoléon* est chargé d'une artillerie aussi puissante que l'ancien vaisseau à deux ponts ; et pourtant, à la voile seule, il ne le cède en rien aux meilleurs modèles antérieurement construits.

On peut voir dans le premier volume de cet ouvrage (*Notice sur les bateaux à vapeur*, page 229, *fig.* 106) le dessin du *Napoléon* sur une plus grande échelle.

Grâce à ses formes savamment étudiées, ce magnifique navire put atteindre, par un temps calme et sous vapeur, la vitesse de 13 nœuds, tout à fait inconnue avant lui aux pesants vaisseaux de guerre (2). Sa force *nominale* (3) en chevaux-vapeur est de 900 chevaux.

Mais c'est surtout par les gros temps que les formes du *Napoléon* se montrèrent supérieures aux anciennes carènes. Les débuts de la guerre de Crimée en fournirent une preuve mémorable.

Le 22 octobre 1854, les escadres françaises et anglaises en croisière dans la Méditerranée, reçurent l'ordre de franchir le passage des Dardanelles. Une avant-garde de bâtiments légers et rapides ouvrait la marche : les escadres appareillèrent ensuite. Le *Napoléon*, sous vapeur, remorquait le vaisseau à trois ponts *la Ville de Paris*, sur lequel l'amiral Hamelin avait mis son pavillon. Mais bientôt le vent s'éleva ; la mer devint furieuse. Arrivées au passage, les escadres trouvèrent le vent et le courant tellement contraires, qu'elles ne purent avancer. Seul, le *Napoléon*, remorquant la *Ville de Paris*, regagna l'avant-garde, la dépassa bien vite et franchit le détroit des Dardanelles (*fig.* 390, page 525). L'escadre anglaise dut attendre près d'une semaine des temps plus favorables pour rejoindre le *Napoléon* et la *Ville de Paris* portant l'amiral Hamelin.

Ce fait produisit une vive impression en Angleterre, car il renfermait un grand enseignement. Il fallut se rendre à l'évidence, et reconnaître combien était heureuse et complète la création de ce vaisseau d'un type si nouveau, qui non-seulement allait au combat lui-même, mais y amenait un autre vaisseau, au moment où une flotte entière était paralysée par le gros temps.

Le *Napoléon* fut promptement imité. L'Angleterre construisit l'*Agamemnon ;* mais il est notoire que ce vaisseau ne réalisa pas les belles vitesses du type français, bien qu'il eût une force considérable en chevaux-vapeur.

Mais revenons à la guerre de Russie. En

(1) Emile Leclert, *La voile, la vapeur et l'hélice*.

(2) Dans la marine, la vitesse d'un bâtiment s'exprime en *nœuds*. *Filer un nœud* veut dire marcher à raison de 1 mille marin à l'heure ; *filer* 13 *nœuds*, c'est faire 13 milles marins à l'heure. Le mille marin est le tiers de la lieue marine, c'est-à-dire, en nombre rond, 1,852 mètres.

(3) L'usage s'est établi dans la marine, de désigner les machines à vapeur, par ce qu'on appelle leur *puissance nominale*. Le *cheval nominal* n'a pas toujours eu, et n'a pas dans toutes les nations, un rapport constant avec le cheval-vapeur de 75 kilogrammètres, usité dans l'industrie manufacturière. Par un règlement du 1er janvier 1867, dans la marine impériale française, la puissance d'un appareil à vapeur, en *chevaux nominaux*, est fixée actuellement au quart du nombre de chevaux de 75 kilogrammètres que cet appareil est susceptible de développer, à toute vapeur, sur ses pistons moteurs. Nous nous conformerons à cette règle dans cette Notice sur les bâtiments cuirassés. Le lecteur s'expliquera ainsi comment dans d'autres parties de cet ouvrage, publiées avant le 1er janvier 1867, certaines machines à vapeur marines sont citées avec des valeurs différentes de celles que nous leur attribuerons dans ce volume. Ajoutons que la nouvelle règle française est conforme aux usages actuellement en vigueur chez la plupart des constructeurs anglais.

1854, les armées alliées, soutenues par une flotte puissante, devaient tenter de s'emparer du port et de la ville de Sébastopol. En même temps, une autre flotte, dirigée vers la mer Baltique, devait assiéger Cronstadt, le boulevard de Pétersbourg, et forcer ainsi le czar, sous les murs de sa propre capitale, à céder aux justes réclamations de la France et de l'Angleterre.

Mais le port de Sébastopol était défendu par les feux croisés d'une artillerie formidable. Sa passe était hérissée d'obstacles qui la rendaient infranchissable à nos vaisseaux, exposés aux inévitables coups de ses foudroyantes batteries. D'autre part, les fortifications de Cronstadt rendaient cette forteresse tout aussi imprenable par les moyens dont on pouvait alors disposer. L'issue de la guerre de Crimée a prouvé que l'appui effectif de la flotte n'était pas indispensable à l'intrépidité de nos soldats; cependant le secours de notre escadre paraissait nécessaire à cette époque. De là un problème fondamental à résoudre : rendre possible l'attaque par mer de forts réputés inexpugnables. L'infructueuse attaque du 7 octobre 1854, dans laquelle les canons de notre flotte réussirent à peine à dégrader les murs de Sébastopol, vint démontrer toute l'urgence de la solution de ce problème.

Ce problème était d'ailleurs fort complexe. Embossé devant une ville ou citadelle, un navire doit craindre, non-seulement les trouées des boulets ennemis, mais surtout le fracas des projectiles incendiaires envoyés de la place assiégée, joints à toutes sortes de projectiles analogues, dont l'emploi est toujours facile à terre. Il fallait donc, tout d'abord, songer à mettre la carcasse du navire embossé devant une place, à l'abri de tant d'éléments de dévastation.

Diverses dispositions avaient été tentées autrefois dans ce but. Au siége de Gibraltar en 1782, les Français firent usage de batteries flottantes, inventées par le général Darçon : c'étaient des *frames* en bois. D'épaisses murailles de chêne massif et un blindage en bois incliné, leur permettaient d'affronter les projectiles pleins, alors en usage dans l'artillerie. Une circulation d'eau établie entre la membrure et le *bordé*, devait prévenir les effets funestes des boulets rouges. Mais soit insuffisance, soit imperfection du procédé, les batteries flottantes du général Darçon périrent, incendiées, devant Gibraltar.

Paixhans a donné dans son ouvrage, *Nouvelle force maritime*, quelques détails sur les batteries flottantes de Gibraltar.

« Les frames de Darçon, dit Paixhans, étaient lourdes à cause de leur grande épaisseur ; elles marchaient irrégulièrement, parce qu'on ne les avait renforcées que du côté opposé au feu de la place ; elles avaient des embrasures étroites qui laissaient peu de champ de tir à l'artillerie : il n'y a par conséquent ici nul motif d'examiner en détail des bâtiments qui pouvaient convenir au cas particulier pour lequel on les avait construits, mais qui ne conviendraient pas en général au service de la mer (1). »

En 1810, Fulton avait construit en Amérique, le *Démologon*, destiné à la défense du port de New-York. Les murailles, très-épaisses, de cette batterie marine, étaient en bois, mais parfaitement à l'épreuve des boulets pleins. Bien qu'elle eût été pourvue par Fulton d'une machine à vapeur, cette batterie flottante, appelée à stationner au point qu'elle devait défendre, n'était, à vrai dire, par sa forme et son objet, qu'une citadelle marine. Elle sauta, par accident, en 1829.

Paixhans décrit ainsi la batterie flottante américaine *le Démologon* :

« Les Américains ont fait, sur les plans de Fulton, plusieurs bâtiments curieux, qui peuvent être utiles dans quelques circonstances : ce sont des batteries flottantes, qui sont mises en mouvement par une machine à vapeur ; qui sont entourées d'un long bordage ou parapet extrêmement épais, et qui sont armées des bouches à feu des plus gros calibres.

« Ces batteries n'ayant ni mâts, ni voiles, et la roue

(1) *Nouvelle force maritine*, in-4°, Paris, 1822, chapitre Ier.

Fig. 390. — Le vaisseau à vapeur *le Napoléon* franchit les Dardanelles le 15 octobre 1854, remorquant la *Ville de Paris*, devant les escadres anglaise et française, arrêtées par les gros temps.

motrice étant cachée dans un canal intérieur, la manœuvre du bâtiment ne peut être empêchée par l'ennemi.

« La plus grosse batterie à vapeur des Américains est, dit-on, plus grande qu'une frégate ; elle est mise en mouvement par une machine à feu de la force de 100 chevaux : elle a un parapet en bois de quatre pieds et demi d'épaisseur ; et elle est armée de quarante-quatre grosses pièces d'artillerie.

« Cette espèce de forteresse flottante peut avoir de grands avantages pour défendre l'entrée d'un port, d'un détroit, d'une rivière ou d'une rade, pour appuyer une ligne d'embossage, et porter une masse défensive sur le front, les flancs ou les derrières d'une disposition navale quelconque à proximité de la côte.

« Quant aux combats en haute mer, les batteries des Américains ne sauraient y convenir : la manœuvre en est lente, et leur lourde structure ne permet pas de les exposer aux effets de la tempête : enfin la grande puissance nécessaire à la machine à feu, qui va jusques à la force de 100 chevaux, exigerait une telle quantité de charbon pour un voyage longtemps prolongé, que le bâtiment le contiendrait à peine.

« On a de plus remarqué, que la machine à feu produit une telle chaleur, qu'au bout de quelques minutes la batterie est inhabitable ; et l'on n'a trouvé, dit-on, de remède à cet inconvénient qu'en plaçant un navire portant la machine à feu, entre deux navires portant les batteries, ce qui complique encore la construction.

« Outre cela, l'épaisseur du bois de ces grosses batteries fait tomber dans cette alternative : que si les sabords sont étroits à l'extérieur, chaque pièce ne peut tirer que devant elle, et que si au contraire les sabords sont assez évasés pour laisser découvrir et battre une suffisante étendue, ils forment alors des entonnoirs qui conduisent dans le bâtiment tous les coups de l'ennemi, lors même que ces coups sont mal dirigés.

« Il arrive de là qu'une batterie américaine serait battue avec peu de difficulté, au moyen de quelques légers navires armés écartés les uns des autres, qui, si les embrasures sont étroites, se placeraient hors de leur champ de tir, et qui, si elles sont larges, en feraient des égouts à boulets par où l'on aurait bientôt démonté les pièces, et mis hors de combat les canonniers. Il y aurait d'ailleurs un péril mortel et certain à faire courir à ces masses de bois, en les bouleversant, et en y portant l'incendie au moyen des obus et des boulets creux.

« Cette facilité de vaincre assez simplement une machine très-coûteuse où sont accumulés les moyens offensifs et défensifs les plus compliqués, et l'impossibilité de faire participer des batteries à vapeur, telles que celles des Américains, aux évolutions et aux opérations lointaines de la haute mer, font penser que ces batteries ne peuvent avoir qu'une influence bornée sur les opérations maritimes en général, et qu'elles ne sauraient être employées utilement que, comme elles le sont en effet, dans quelques circonstances particulières, pour des localités déterminées (1). »

Divers projets mis en avant depuis cette époque, n'avaient rien ajouté d'utile à ces solutions imparfaites du problème. Pendant ce temps, l'artillerie de marine, dotée du canon obusier *à la Paixhans*, était devenue de plus en plus redoutable pour les murailles en bois des navires. Voici ce qu'écrivait à cet égard Paixhans, dans l'ouvrage que nous venons de citer.

« Les boulets massifs sont ce qu'il y a de plus convenable pour enfoncer les murailles de pierre d'un rempart, mais les boulets chargés de poudre et d'artifice sont ce qu'il y a de mieux pour faire sauter en éclats et pour incendier des forteresses de bois qui, pendant le combat, offrent, dans leur intérieur, une circulation active de munitions inflammables et une foule de combattants entassés qui souffriraient prodigieusement des effets du projectile creux. Nous combattons avec du fer et de la poudre ; ne nous bornons donc pas à lancer seulement du fer, lançons aussi de la poudre, puisque le fer peut en contenir, et lorsque le fer et le feu se réuniront par une explosion foudroyante au milieu d'un vaisseau, le combat en sera plus promptement terminé. »

Ce rôle formidable promis à la nouvelle artillerie se manifesta, comme nous l'avons dit, avec une cruelle évidence, aux débuts de la guerre de Crimée. En 1854, on vit la flotte russe, armée de canons obusiers, dépecer et incendier, avec une rapidité effrayante, la flotte turque, réfugiée dans le port de Sinope.

Avec un pareil armement, on ne pouvait plus se flatter de voir des vaisseaux attaquer des fortifications de terre, ni pouvoir eux-mêmes résister à l'artillerie nouvelle. Il fallait, à tout prix, défendre la carcasse des navires contre les formidables effets des obus et des bombes.

C'est à la France qu'il était réservé de combler cette importante lacune militaire. Personne n'ignore que c'est sur l'initiative et sur les indications de l'Empereur Napoléon III, que furent conçues et exécutées les premières batteries flottantes cuirassées. Une commission, composée de MM. Garnier, inspecteur général du génie maritime, Favé, aide de camp de l'Empereur, aujourd'hui général d'artillerie, et Guyesse, directeur des constructions navales, fut chargée par l'Empereur d'étudier les détails de la construction de batteries flottantes cuirassées.

Après diverses expériences sur la nature et l'épaisseur du revêtement métallique à employer comme défense de ces batteries flottantes, on s'arrêta à l'application de larges plaques de fer doux (fer pur), de 10 centimètres d'épaisseur, fixées par des vis à bois, contre les murailles du bâtiment. Le pont superposé aux canons des batteries, était en bois ; mais il était formé de poutres très-rapprochées, à l'imitation des blindages de bois qui servent à la défense des places, et qui ont été adoptés dans l'artillerie, à la suite d'expériences multipliées, comme extrêmement propres à faire ricocher les projectiles qui tombent à leur surface.

C'est d'après ces principes concernant le mode de blindage, que M. Guyesse rédigea le plan de l'exécution des batteries flottantes cuirassées.

Mises en chantier au mois de septembre 1854, les cinq batteries : *Congrève*, *Dévastation*, *Foudroyante*, *Lave* et *Tonnante*, étaient prêtes à agir le 5 juillet 1855.

Ces masses noires et massives n'avaient pas été destinées par le constructeur, à tenir la mer ; mais elles avaient l'avantage, précieux

(1) *Nouvelle force maritime*, chapitre II.

dans les circonstances particulières où l'on se trouvait, d'avoir un très-faible tirant d'eau, de porter une artillerie considérable par le calibre, et surtout de maintenir cette artillerie à l'abri de toute attaque, grâce à une cuirasse de fer qui devait rester impénétrable aux boulets ennemis.

La longueur de chaque batterie flottante était de 53 mètres, son poids total d'environ 1,500 tonneaux. Son artillerie se composait de 16 canons de 50 livres, pouvant lancer à volonté des boulets pleins ou des obus. L'équipage était de 300 hommes. La machine à hélice, relativement faible, n'était que de 150 chevaux nominaux.

La figure 391 représente une de ces batteries flottantes, la *Congrève*.

On connaît le triomphe militaire qui couronna les premiers essais de nos batteries flottantes.

Le 18 octobre 1855, la *Congrève*, la *Dévastation* et la *Lave* s'arrêtèrent en face des murailles de Kinburn. Tout à coup, au milieu d'un nuage de fumée, jaillissent de leurs sabords, des projectiles explosifs. L'ennemi, qui examinait avec curiosité ces masses menaçantes, reconnaît bien vite aux terribles entailles qu'elle fait dans ses murs, une nouvelle machine de guerre. Mais c'est en vain qu'il riposte; ses boulets ricochent sur cette carapace de fer, qu'ils ne peuvent entamer. Les défenseurs de Kinburn avaient pris tout d'abord, nos batteries flottantes pour de gros bateaux de transport, pour des *chalands*, mais ils furent promptement et cruellement tirés de cette erreur d'appréciation.

Le plan des batteries flottantes exécutées en France, avait été communiqué au gouvernement anglais, qui en fit mettre aussitôt cinq en construction, quatre chez M. Scott Russel et une à Millwall, où elle fut brûlée, par accident, sur chantier. Entièrement semblables aux nôtres, les batteries anglaises devaient agir de concert avec celles-ci, dans les opérations qu'entreprendraient contre les Russes les gouvernements alliés. Deux d'entre elles, le *Meteor* et le *Trusty*, reçurent en effet l'ordre d'opérer en Crimée; mais elles ne rejoignirent l'escadre de l'amiral Lyons que plusieurs jours après que les nôtres eurent démantelé le fort de Kinburn.

Nos batteries flottantes cuirassées, nous l'avons dit, n'étaient pas faites pour naviguer. Elles étaient dépourvues de ces qualités de formes qui permettent à une construction flottante de tenir la mer et d'avoir de la vitesse : il fallait les remorquer sur le lieu du combat. Mais en tant que machines de guerre, une fois embossées, elles firent brillamment ressortir l'efficacité du principe de la construction des batteries flottantes blindées. L'attaque du 18 octobre 1855 contre Kinburn, fut, en effet, concluante. En trois heures, les forts russes étaient démantelés. Nos batteries étaient embossées à environ 250 mètres de la place, et les Russes tiraient contre elles, avec des boulets et des obus de 24 et de 32. La *Tonnante* reçut dans sa coque 66 boulets, et n'eut que 9 servants de pièces blessés, par deux coups qui avaient pénétré par l'embrasure. La *Dévastation* fut touchée 64 fois. Trois obus pénétrèrent par ses sabords, et mirent 13 hommes hors de combat. La *Lave* n'eut qu'un homme blessé ; elle fut d'ailleurs moins souvent atteinte, et aucune de ses plaques ne fut assez endommagée pour avoir besoin d'être changée.

Les rapports des commandants, MM. de Montaignac, de Cornulier et Dupré, étaient concluants en faveur de l'efficacité des nouveaux engins de guerre.

« L'expérience, disait M. Dupré, me paraît concluante ; elle justifie pleinement les expériences sur le nouveau mode de revêtement dont on n'a fait sur ces batteries que le premier essai. Qu'on les rende navigantes, pouvant aller seules au feu par tout temps, qu'on les rende maniables, habitables, et on aura opéré dans la marine militaire une révolution radicale. »

Cette révolution allait s'accomplir, et elle

Fig. 391. — Batterie flottante *la Congrève*, construite en 1854, par l'ordre de l'Empereur Napoléon III.

devait être encore plus rapide et plus radicale que n'auraient pu l'espérer les plus enthousiastes partisans du blindage métallique.

CHAPITRE II

CRÉATION EN FRANCE DE LA PREMIÈRE FRÉGATE CUIRASSÉE. — LA FRÉGATE **LA GLOIRE**. — ESSAI, FAIT A VINCENNES, DES PLAQUES DE FER DESTINÉES A FORMER LE BLINDAGE DE LA **GLOIRE**. — MISE A L'EAU DE LA **GLOIRE** LE 24 SEPTEMBRE 1859. — CONSTRUCTION DES FRÉGATES CUIRASSÉES **LA NORMANDIE** ET **L'INVINCIBLE**, SUR LE PLAN DE CETTE FRÉGATE. — CONSTRUCTION DE LA FRÉGATE CUIRASSÉE A COQUE DE FER, **LA COURONNE**.

La supériorité du vaisseau à vapeur rapide *le Napoléon*, et le succès du blindage métallique des batteries flottantes qui avaient opéré devant Kinburn, avaient frappé tous les hommes de l'art. Ces résultats inespérés faisaient pressentir l'approche d'une transformation complète de toutes les flottes de guerre.

La France poursuivit la première la suite et le progrès des brillantes innovations dues à son propre génie.

Dans le courant de l'année 1857, une commission du conseil d'État fut chargée par l'Empereur, d'examiner, au point de vue financier, le programme qui lui avait été soumis par le ministre de la marine, M. l'amiral Hamelin, pour la transformation de notre matériel flottant. Cette commission se composait de MM. Baroche, président du conseil d'État; de Parieu, vice-président de ce conseil, et des sections réunies de la guerre, de la marine et des finances. Dans ses séances du 2 février et du 27 octobre 1857, la commission arrêta que notre matériel maritime devait comprendre :

1° Une flotte de combat, composée de bâtiments rapides de la plus grande puissance que l'art pût exécuter, de frégates ou corvettes pour les campagnes lointaines, et de bâtiments d'ordre inférieur ;

2° Une flotte de transport, comprenant toute la flotte de *transition*, composée de *vaisseaux mixtes*, qui n'étaient pour la plupart que des anciens bâtiments à voiles transformés en navires à vapeur, avant l'adoption du type rapide, et dont la machine à vapeur, de puissance médiocre, n'était guère qu'un moteur auxiliaire;

3° Des bâtiments spéciaux pour la défense des ports;

4° Enfin, pour les transports économiques, en temps de paix, des bâtiments à voiles.

Ce large programme fut sanctionné par l'Empereur, le 23 novembre 1857.

Mais quel devait être « ce bâtiment de la plus grande puissance que l'art pût exécuter? » Devrait-on s'en tenir au type *Napoléon*? N'était-ce pas trop exiger que de vouloir ajouter encore à toutes les qualités de ce navire, l'invulnérabilité des batteries flottantes? N'était-il pas à craindre qu'un pesant blindage en fer ne compromît ses belles qualités nautiques?

Le célèbre constructeur du *Napoléon*, M. Dupuy de Lôme, avait été appelé à Paris, le 1er janvier 1857, et investi de la direction de notre matériel naval, au Ministère de la marine. Cet ingénieur éminent tenait toute prête la réponse aux questions posées plus haut. Il avait déjà présenté à l'Empereur le plan d'une *frégate cuirassée*, plan qu'il avait élaboré et annoncé depuis longtemps. C'était le plan d'un bâtiment à grande vitesse, capable de faire un bon navire pour la guerre de course ou d'escadre, et assez fortement bardé de fer pour braver, même à bout portant, les coups de la plus puissante artillerie. En demandant les fonds nécessaires à la construction de la *Gloire*, M. Dupuy de Lôme écrivait : « Un seul bâtiment de cette espèce, lancé au milieu d'une flotte entière de vaisseaux de bois, y serait, avec ses 36 pièces, comme un lion au milieu d'un troupeau de moutons. »

Nous demanderons au lecteur la permission de suspendre un instant notre récit, pour donner quelques détails biographiques sur l'ingénieur illustre à qui la France a dû l'idée et l'exécution de tous les types de sa marine cuirassée, types que les nations étrangères

Fig. 392. — M. Dupuy de Lôme.

n'ont eu qu'à se donner la peine de copier. Nous emprunterons ces détails à une publication moderne, *Panthéon des Illustrations françaises au* XIXe *siècle* :

Dupuy de Lôme (Stanislas-Charles-Henri-Laurent), est-il dit dans cette publication, est né à Ploemeur, près de Lorient, le 15 octobre 1816.

Fils d'un ancien officier de marine, il entra, en 1835, à l'École polytechnique, et choisit à sa sortie la carrière du génie maritime.

En 1842, il fut envoyé en Angleterre pour y étudier la construction des navires en tôle de fer. Au retour, il rédigea, d'après ses observations, un mémoire sur les données duquel furent entreprises les premières constructions de ce genre qui aient été faites en France pour la navigation maritime. Plusieurs bâtiments légers furent exécutés à cette époque sur les indications de ce mémoire, et parmi eux le *Caton*, de 160 chevaux, qui a été longtemps un des meilleurs avisos de la flotte.

L'amiral de Mackau, ministre de la marine, et le prince de Joinville suivirent d'un œil attentif et encouragèrent les travaux par lesquels l'ingénieur que M. Thiers a appelé depuis « un constructeur de génie » débuta dans la carrière où il allait hériter de la renommée des Sané et des Forfait et, pour une nouvelle ère navale, créer des traditions nouvelles.

L'idée, l'œuvre qui fonda la réputation de M. Dupuy de Lôme, c'est la création du premier grand navire de guerre à vapeur et à grande vitesse.

La construction du vaisseau mixte, muni seulement d'une machine auxiliaire à faible puissance, préoccupait seule l'attention des gouvernements et des conseils maritimes qui n'apercevaient pas comme possible la solution du vaisseau rapide ayant la vapeur comme moteur principal. En France, ce fut à la fin de l'année 1846 que le ministre de la marine publia le programme d'un concours pour l'addition d'une machine auxiliaire à nos vaisseaux à voiles.

M. Dupuy de Lôme, sans s'arrêter aux termes de ce programme qui ne demandait que l'application d'une force modérée de vapeur à l'ancien vaisseau à voiles, pour accélérer des chasses ou des retraites, ou triompher du calme et des courants, se détermina à faire les plans et les calculs d'un vaisseau de 90 canons d'un nouveau modèle auquel la vapeur pût donner une vitesse égale ou supérieure à celle qu'on avait obtenue pour les bâtiments légers les plus rapides, et qui portât, avec cent coups à tirer pour chacune de ses 90 bouches à feu, un approvisionnement de vivres de trois mois pour 850 hommes d'équipage. En même temps il laissait à son vaisseau presque toute sa voilure, pour ne pas perdre la force gratuite du vent. Les plans et les calculs de M. Dupuy de Lôme furent présentés au Conseil d'amirauté au mois d'avril 1847, par ordre de M. Guizot, chargé du portefeuille de la marine par intérim, et au mois de janvier 1848, le projet reçut une approbation définitive, sauf modification du système de la machine qu'on ne voulut pas alors laisser exécuter à mouvement direct sans engrenages.

Il fut décidé que le vaisseau nouveau serait construit à Toulon, sous la direction de l'auteur, M. Dupuy de Lôme lui-même. La machine, forte de 960 chevaux, dut être fabriquée dans l'arsenal d'Indret, sur les plans de M. Moll, officier du génie maritime. Le vaisseau et sa machine furent achevés en deux ans; et, pendant l'été de 1850, au moment où la Commission législative d'enquête de la marine était à Toulon, on mit à l'eau le navire qui reçut d'abord le nom de 24 *Février* et qui s'est appelé depuis *le Napoléon*.

Sa longueur à la flottaison est de 71^{m},23 ; sa plus grande largeur, de 16^{m},80; son tirant d'eau moyen, de 7^{m},85; et le volume de sa carène, dans l'état d'armement complet, de 5,120 tonneaux. La batterie basse est élevée de 2^{m},03 au-dessus de la flottaison dans son état de charge complète, hauteur qu'on a jugé suffire pour le combat, même par une mer assez grosse.

...... A la mer, en campagne, il devait dépasser toutes les espérances. On se rappelle avec quel orgueil nous l'avons vu, au passage des Dardanelles, en 1853, remorquer, enlever en dépit du courant et du vent, le vaisseau *la Ville-de-Paris*, qui portait le pavillon de l'amiral Hamelin, tandis que l'amiral Dundas sur le *Britannia*, restait au loin, impuissant à refouler le vent et le courant ainsi que tous les vaisseaux de l'escadre anglaise! Un peu plus tard, même avec la moitié de ses feux seulement, il bat de vitesse les navires employés à approvisionner ou à renforcer l'armée; et ici le gain de vitesse, c'est une économie précieuse. Une fois il entra au port de Kamiesch, remorquant depuis le Bosphore quatorze bâtiments chargés de troupes et de matériel.

Durant son très-court séjour au ministère, en 1834, M. Ch. Dupin avait fondé et chargé l'Académie des sciences de décerner un prix national de 6,000 fr. à celui ou ceux qui feraient de la façon la plus utile et la plus complète l'application de la vapeur à la marine militaire. Ce prix, qui demeura près de vingt ans sans vainqueur, fut décerné en 1853, lorsque le *Napoléon* eut montré ce qu'il était et comment il se comportait à la mer. L'Académie en fit trois parts : l'une, accordée à M. Dupuy de Lôme, pour la construction de son navire; l'autre, à M. Moll, pour la confection des mécanismes du moteur ; la troisième, à M. Bourgeois, pour ses heureux travaux sur l'hélice; mais, quelque réels que soient les titres de MM. Bourgeois et Moll et quelque heureux qu'il ait été pour M. Dupuy de Lôme de trouver de tels auxiliaires, c'est son nom seul que la mémoire de la foule retiendra à bon droit comme l'auteur de la création du vaisseau à vapeur à grande vitesse, dont il a eu la pensée et dont il a réalisé la construction, malgré les doutes et les oppositions les plus vives qui d'abord accueillirent son entreprise.

Au moment où les marins de tous les pays avaient le regard attaché sur le chef-d'œuvre qui était sorti de notre grand port du Midi, et qu'il allait falloir imiter dans tous les chantiers de l'Europe, l'architecte naval qui en était l'auteur venait à peine d'être nommé ingénieur de première classe.

En 1855, M. Dupuy de Lôme reçut une grande médaille d'honneur à l'exposition universelle de Paris. Le rapport du jury s'exprime ainsi :

« Devançant les conceptions des génies les plus hardis, alors que l'hélice ne faisait encore dans la marine qu'une entrée timide, M. Dupuy de Lôme a conçu et construit le premier vaisseau à hélice à grande vitesse, et, triomphant autant des difficultés matérielles que des préjugés les plus enracinés, il a procuré à la France l'honneur d'avoir créé le premier type de ces machines de guerre qui, en un si petit nombre d'années, ont transformé la science maritime. »

A cette même époque, M. Dupuy de Lôme faisait exécuter sous sa direction, au port de Toulon, le vaisseau *l'Algésiras*, sur le même modèle de navire que le *Napoléon*, mais avec une machine nouvelle plus simple que celle du *Napoléon*, que M. Dupuy de Lôme fut cette fois autorisé à construire lui-même dans les ateliers de ce port.

La machine de l'*Algésiras*, à mouvement direct, au lieu d'être munie d'un engrenage multiplicateur du nombre de tours comme la machine du *Napoléon*, a pesé 320 tonnes de moins, c'est-à-dire 630 tonnes au lieu de 950, et les vitesses de l'*Algésiras* ont été les mêmes que celles du *Napoléon* avec un armement plus puissant en artillerie et plus d'approvisionnement.

Après les succès du *Napoléon* et de l'*Algésiras*, on construisit dans nos différents ports, sur le même modèle, les vaisseaux *l'Arcole, l'Impérial, le Redoutable, l'Intrépide, la Ville-de-Bordeaux, la Ville-de-Nantes, la Ville-de-Lyon.*

Pendant qu'il donnait cette énergique impulsion aux travaux de la flotte militaire, M. Dupuy de Lôme était en même temps ingénieur consultant de la Compagnie des services maritimes des messageries impériales et lui fournissait les plans des paquebots que la Compagnie a fait construire de 1852 à 1857, paquebots qui eurent tous un succès des plus complets.

En 1857, M. Dupuy de Lôme, qui, depuis dix-sept ans, était chargé des travaux des navires à vapeur au port de Toulon, fut appelé à Paris comme directeur du matériel de la marine.

Mais nous n'avons encore exposé qu'une partie des titres qui le faisaient appeler à cette fonction importante. Après avoir doté la marine militaire du type du vaisseau rapide, il eut l'ingénieuse idée, lorsqu'il fut décidé qu'on transformerait la flotte de guerre, d'utiliser les anciens bâtiments à voiles et, au lieu de leur appliquer seulement une petite machine impuissante, de les couper par le milieu en écartant l'avant et l'arrière, et d'installer dans leurs flancs reconstruits des appareils à vapeur de la même puissance que celui du *Napoléon*.

L'*Eylau* est le premier vaisseau sur lequel ait été pratiquée cette opération hardie. Tous ceux de nos vieux vaisseaux qui furent jugés en assez bon état ont passé par la même métamorphose. Ainsi disparurent les belles œuvres des constructeurs du commencement de ce siècle ; mais au moins, sous leur forme nouvelle, ces nobles instruments de la gloire de la patrie acquirent la vitesse et avec elle la faculté de livrer des combats utiles, et la carrière n'a pas été fermée devant eux.

Cette résurrection des anciens vaisseaux, cette appropriation de nos armes d'autrefois aux nécessités nouvelles de la guerre maritime n'est pas le fruit d'une pensée sans grandeur.

M. Dupuy de Lôme a attaché son nom à une création d'un autre genre.

C'est de la guerre de Crimée seulement que date l'emploi du fer comme revêtement extérieur de la partie supérieure des vaisseaux de guerre. Lorsqu'après le combat du 17 octobre 1854, livré par les deux flottes aux fortifications de Sébastopol, on se fut assuré de l'insuffisance des vaisseaux de bois pour de semblables attaques, l'Empereur imagina en France de faire des batteries flottantes revêtues de fer. Ces batteries flottantes qui, sans doute, ne pouvaient être considérées comme des bâtiments de marche et d'évolution, n'en firent pas moins merveille devant Kinburn. Leur succès fit concevoir à plusieurs esprits à la fois la pensée de créer des navires véritables qui porteraient de même une cuirasse. Il paraît certain que personne, dans cette partie si intéressante encore de la transformation des anciennes flottes, n'a devancé M. Dupuy de Lôme.

En 1856, au retour des batteries flottantes de la mer Noire, il présenta les plans d'une frégate préparés depuis longtemps, et qu'il n'eût osé produire si la création du *Napoléon* ne lui avait pas alors valu les plus éclatants éloges. Néanmoins, l'entreprise était si nouvelle et pouvait être si hasardeuse qu'il y eut à vaincre bien des résistances pour que l'exécution d'une frégate revêtue de fer fût décidée. L'Empereur aura l'honneur de s'être prononcé pour l'expérience, avec la certitude de la voir réussir.

M. Dupuy de Lôme, pour la seconde fois, se trouva dans le cas de donner à la marine un navire entièrement inconnu avant lui, et de prouver qu'il était, suivant l'expression de M. Thiers, « un constructeur de génie ».

En présentant le plan de la *Gloire*, M. Dupuy de Lôme insistait sur cette considération, que l'adoption de ce type, profondément nouveau et inattendu, devait faire tendre notre matériel naval vers l'équilibre des forces maritimes chez toutes les nations. L'inventeur a clairement motivé lui-même cette pensée, et en a développé les conséquences, à un point de vue tout français, dans une savante et remarquable Notice :

« N'est-il pas en effet incontestable, dit M. Dupuy de Lôme, que moins les navires de combat pourront se détruire facilement entre eux, moins sera prononcé l'avantage de la nation maritime qui peut, pendant une guerre, disposer de la flotte la plus nombreuse, et renouveler plus facilement son matériel et son personnel. On peut même dire qu'avec des escadres ou des croiseurs rapides et invulnérables, la supériorité du nombre de navires de combat disparaîtrait, et que la nation qui aurait le plus à redouter une guerre maritime serait celle qui posséderait le plus grand commerce sur les mers, car elle serait impuissante à détruire les croiseurs ennemis, et par conséquent à protéger ses intérêts les plus chers. »

Ainsi, l'invulnérabilité des batteries flottantes, en s'étendant aux bâtiments de haute mer, allait subitement renverser l'ordre de suprématie réglé entre les nations par l'importance de leurs anciens navires.

Des expériences suivies furent faites, à Vincennes, pour déterminer l'espèce de fer, les procédés de forgeage et l'épaisseur de métal qu'il convenait d'adopter, pour fabriquer des plaques de blindage suffisamment résistantes. L'Empereur participa lui-même à ces expériences, et l'on comprend tout l'intérêt qu'il devait apporter à ces recherches, lui, l'inventeur et le promoteur des batteries flottantes cuirassées ! L'un de ses aides de camp, le général Favé, assista à tous les essais qui furent faits à Vincennes, pour apprécier la résistance des différentes qualités des plaques de fer.

L'épreuve consistait à tirer, *par salve*, à 20 mètres de distance, et perpendiculairement, contre la plaque-échantillon, fixée sur un panneau de bois, qui représentait une muraille un peu plus faible que celle des frégates projetées. Les canons employés pour ce tir, étaient au nombre de trois, dont un de 50 du modèle français, et deux de 68 du plus fort modèle anglais alors existant. Ces canons étaient à *âme lisse*, c'est-à-dire non rayés, et tiraient des boulets sphériques et massifs, parce qu'on s'était convaincu que les boulets ogivo-cylindriques des canons rayés, excellents pour porter loin et juste et pour pénétrer à une grande profondeur dans le bois, avaient de près bien moins de puissance de choc que les boulets pleins et ronds tirés à forte charge dans des canons à âme lisse. Ces pièces tirèrent donc à la charge de poudre maximum pour lesquelles elles sont construites, à savoir 16 livres de poudre pour le canon français de 50, et 17 livres pour les canons anglais de 68.

Ce fut un échantillon des plaques forgées par MM. Petin et Gaudet, qui supporta le mieux l'épreuve de cette puissante artillerie. Les trois coups de canon tirés par *salve*, partirent avec une telle simultanéité qu'on n'entendit qu'une seule décharge.

L'Empereur assistait à l'expérience. S'approchant aussitôt de la plaque qui venait de subir cette épreuve redoutable, il la trouva chaude encore de ce choc terrible, mais sans crevasse ni fente, inébranlable sur sa muraille de bois et portant seulement l'empreinte profonde des trois boulets !

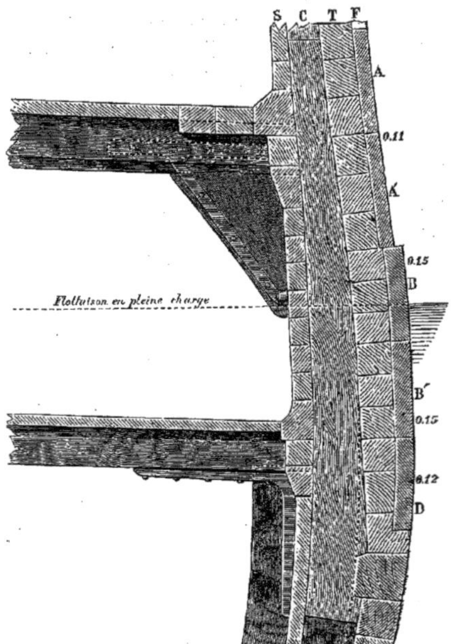

Fig. 393. — Mode d'application de la cuirasse sur la carcasse d'un navire de bois.

La question était jugée. Les plaques forgées par MM. Petin et Gaudet, servirent à cuirasser nos frégates.

L'épaisseur à donner à la cuirasse fut alors fixée à $0^m,12$. Aussitôt M. Dupuy de Lôme

Fig. 394. — La frégate cuirassée *la Gloire*, construite en 1858.

rédigea le plan définitif de la première frégate cuirassée, qui reçut le beau nom de *la Gloire*. Ce plan fut approuvé par le ministre le 20 mars 1858, et l'exécution ne se fit pas attendre.

Ce sera ici le lieu de donner quelques explications sur la manière dont on applique sur les carcasses de bois des navires, les plaques de blindage. La figure 393, qui donne une coupe transversale de la coque d'un bâtiment de bois recouvert d'une cuirasse de fer, fera comprendre ce mode d'application, qui est d'ailleurs fort simple.

Il est bon de dire d'abord que la charpente d'un navire se compose de fortes côtes transversales, nommées *couples*, croisées d'une part, à l'intérieur, par des madriers sur lesquels s'appuient les poutres (*baux* ou *barrots*) des ponts; d'autre part, à l'extérieur, par d'autres madriers jointifs, qui courent de l'avant à l'arrière, et qui constituent ce qu'on nomme le *bordé* du navire. Dans un bâtiment cuirassé, les intervalles compris entre les couples sont d'abord remplis de garnitures en bois, le long de toute l'étendue que doit recouvrir le blindage; puis on donne au *bordé*, qui croise le massif ainsi formé, une forte épaisseur, $0^m,30$, parfois bien davantage; on le fait en bois de *teak*, comme très-propre à servir de matelas d'appui à la cuirasse. C'est enfin sur ce matelas de bois de *teak* qu'on applique, à l'aide de puissantes vis à bois, les plaques de blindage, comme le montre la figure 393. Sur cette figure sont représentées en coupe les membrures successives de bois de sapin (S), de chêne (C), de bois de teak (T) et de fer (F). L'épaisseur de la cuirasse de fer variant selon qu'elle est au-dessus ou au-dessous de la flottaison, on a indiqué par des lettres particulières (AA', BB', D) cette épaisseur variable, qui est de 0m,11 et de 0m,15 au-dessus de la flottaison, ensuite de 0m,15 et de 0m,12 au-dessous de ce point.

La mise en chantier de la *Gloire* excita bien des critiques, et fut pour la plupart des marins un objet d'étonnement et d'inquiétudes. On avait encore devant les yeux toutes les difficultés que l'on avait éprouvées pour faire naviguer dans la Baltique les batteries flottantes cuirassées, et beaucoup de marins doutaient du succès de l'entreprise. Des critiques en règle parurent dans les journaux anglais, contre la nouvelle construction navale tentée en France, et elles partirent même du sein du parlement britannique. « Eh quoi! disait-on, charger ainsi de fer les parties hautes de la coque d'un navire! Mais l'instabilité sera le moindre des défauts d'une pareille construction! Jamais un navire à vapeur ne pourra supporter, sans s'altérer dans ses formes et ses qualités nautiques, un si grand excès de poids! »

Toutes ces critiques n'ébranlaient pas la clairvoyance de l'Empereur. Par ses ordres, on hâta, dans les chantiers de Toulon, l'achèvement de la *Gloire*.

Cette frégate fut mise à l'eau le 24 novembre 1859. A cette date, ni l'Angleterre ni l'Amérique n'avaient encore absolument rien entrepris dans le même ordre d'idées.

Nous donnons (*fig.* 394) le dessin de cette frégate célèbre. Voici ses dimensions principales :

Longueur à la flottaison en charge.	77m,25
Largeur au fort.	17m,00
Tirant d'eau moyen en pleine charge	7m,76
Hauteur de batterie en pleine charge	1m,90
Charbon pour la machine	650 tonneaux.
Poids de la cuirasse	820 tonnes.
Déplacement d'eau du navire	5,620 tonneaux.
Équipage	575 hommes.
Force nominale de la machine	800 chevaux.
Force effective	3,200 —
Vitesse	13,5 nœuds.

L'armement primitif se composait de 34 canons de 30, rayés, placés en batterie, et de 2 pièces de fort calibre, placées sur le gaillard, pour tirer en chasse et en retraite.

La cuirasse de fer règne de l'avant à l'arrière, et descend du pont du gaillard jusqu'à environ 1m,20 au-dessous de la flottaison; l'épaisseur de ce blindage est de 0m,12.

L'avant, sans guibre et sans beaupré, offre une étrave coupante, bardée de plaques de fer en forme de V. Il est fait pour tailler, comme une hache formidable, les flancs du vaisseau ennemi.

La mâture, réduite à sa plus simple expression, n'a été considérée que comme un simple auxiliaire, qui permettra, dans certains cas, d'économiser le charbon. Ainsi la surface de voilure n'est que de 1,500 mètres carrés, alors que celle du *Napoléon* est de 2,852 mètres.

Pour l'importance des approvisionnements et les qualités nautiques, la *Gloire* ne le cède en rien aux vaisseaux à vapeur les plus rapides.

En même temps que l'on construisait la *Gloire*, à Toulon, on mettait en chantier, à côté de cette frégate, l'*Invincible*; et le port de Cherbourg était chargé de livrer la *Normandie*, d'après le même type.

Les coques de ces frégates sont en bois. Il était intéressant d'étudier sur le même programme la construction d'une frégate toute en fer, qui pourrait être blindée comme les frégates de bois *la Gloire*, *l'Invincible* et *la Normandie*, à la faveur d'un matelas en bois interposé entre la coque et la cuirasse. Ce travail fut confié à un ingénieur distingué de la marine impériale, M. Audenet. La nouvelle frégate, qu'il eut à dessiner et à construire, fut mise en chantier dans le port de Lorient, au mois de septembre 1858, sous le nom de *la Couronne*. Ses proportions et sa puissance motrice sont sensiblement les mêmes que celles de la *Gloire*.

CHAPITRE III

CONSTRUCTION DES VAISSEAUX CUIRASSÉS DU TYPE SOLFERINO ET MAGENTA. — LA PREMIÈRE ESCADRE CUIRASSÉE.

Après l'application de la cuirasse aux frégates, il restait à l'appliquer à des bâtiments d'un plus grand tonnage, se rapprochant de ceux des anciens vaisseaux de guerre.

Deux bâtiments cuirassés d'un type fort distinct du type *Gloire*, mais dus également à M. Dupuy de Lôme, furent mis en chantier, en juillet 1859 : l'un, *le Magenta*, à Brest, l'autre, *le Solferino*, à Lorient.

Ces deux bâtiments sont en bois; mais, au lieu de présenter une proue en forme de lame de hache verticale, comme la *Gloire* et la *Couronne*, ils ont, à l'avant, sous l'eau, une saillie très-prononcée, munie d'un éperon fort et pointu, destiné à entamer, à ouvrir le navire ennemi contre lequel ils se précipiteraient à toute vapeur, et avec l'énorme impulsion résultant de leur vitesse et de leur masse.

Le *Magenta* et le *Solferino* méritent plutôt le nom de vaisseaux que celui de frégates, car, à leur premier armement, ils furent pourvus de deux batteries couvertes, portant une artillerie de 50 canons, et d'une machine dont la puissance est de 900 chevaux. Ils sont complétement cuirassés à la flottaison et par le travers du faux pont; mais l'avant et l'arrière, réservés au logement des officiers, à l'hôpital et à la cuisine, sont séparés de la partie centrale, occupée par l'artillerie, par des traverses cuirassées, et ils forment des compartiments séparés. Ces parties doivent être évacuées en cas de combat; aussi ne sont-elles pas cuirassées.

Voici les dimensions du *Solferino*, que représente la figure 395 (1) :

(1) Dans le premier volume de cet ouvrage (page 249, *fig*. 118) nous avons déjà représenté le *Solferino*. La présente figure a pour objet de mettre en évidence le cuirassement métallique.

Longueur à la flottaison	86m,00
Largeur	17m,20
Tirant d'eau en charge au milieu	7m,90
Hauteur au-dessus de l'eau en pleine charge — du seuillet de la batterie basse	1m,80
Hauteur au-dessus de l'eau en pleine charge — du seuillet de la seconde batterie	4m,16
Charbon pour la machine	700 tonnes.
Équipage	680 hommes.
Déplacement du bâtiment	6,800 tonneaux.
Force nominale de la machine	900 chevaux.
— effective	3,600 »
Vitesse	14 nœuds.

L'armement primitif se composait, avons-nous dit, de 50 pièces de canon de 30, rayées, pour les batteries, et en outre de 2 obusiers de 80, placés sur le pont supérieur.

Le *Solferino* a donc le caractère d'une puissance militaire bien plus grande que la *Gloire*. D'une part, sa batterie supérieure domine le pont du gaillard des frégates ordinaires, et peut les entamer dans leur partie la moins protégée; d'autre part, grâce à l'éperon, il est apte à attaquer son ennemi par le choc, mode de combat des antiques galères, auquel ramène, comme à une conséquence fatale, l'impuissance dont les cuirasses invulnérables frappent l'artillerie. On a calculé que le *Solferino* rencontrant, avec la vitesse de 13 nœuds, un bâtiment immobile, produirait sur celui-ci un effet équivalant au choc simultané de 120 boulets de 30; et en supposant que, par suite des manœuvres du bâtiment attaqué, la vitesse relative du vaisseau agresseur fût réduite à 10 ou à 8 nœuds, il déterminerait des chocs revenant à ceux de 70 ou 45 boulets de 30. Bien après la mise en chantier du *Solferino*, les incidents de la guerre d'Amérique, ceux de la guerre d'Italie en 1866, ont montré les terribles effets du choc d'une masse telle que celle d'un navire cuirassé. C'est ce que l'on vit (8 mars 1862) le jour où la frégate confédérée *le Merrimac* frappa, avec 4 ou 5 nœuds de vitesse, le *Cumberland*, navire fédéral; et en 1866, au combat de Lissa, dans la destruction du *Re d'Italia* par le *Ferdinand Max*.

Mais n'anticipons pas, et avant de parler de

Fig. 395. — Le vaisseau cuirassé *le Solferino*, construit en 1859.

l'apparition des navires cuirassés dans les marines étrangères, poursuivons notre historique, en relatant les premiers essais des bâtiments-types que nous venons de voir naître en France.

Le succès nautique de la *Gloire* fut complet. Une circonstance mémorable permit à cette frégate de se révéler avec éclat. Au mois de septembre 1860, pendant le voyage de l'Empereur et de l'Impératrice en Algérie, le yacht impérial *l'Aigle* comptait la *Gloire* dans son escorte. Un coup de vent violent vint à s'élever subitement, et l'escorte fut dispersée. La *Gloire* demeura seule, et continua de naviguer de conserve avec l'*Aigle*. On lit ce qui suit dans le récit qui a été publié du voyage impérial :

« La flottille impériale eut beaucoup à souffrir dans la traversée ; elle fut dispersée par suite d'une tempête. La *Gloire* seule put suivre l'*Aigle*. Leurs Majestés débarquèrent à Port-Vendres pour éviter la traversée du golfe de Lyon ; malgré la grosse mer et le violent coup de vent essuyé par l'*Aigle*, la traversée se fit sans aucun accident. »

Voilà le point où nous en étions, en France, avec la marine cuirassée, à une époque où la frégate cuirassée anglaise *le Warrior* était encore sur chantier. (Le *Warrior* fut mis à l'eau le 29 novembre 1860.) Quant aux Américains, ils n'ont construit leur premier *Monitor* qu'en 1861, pour les besoins de la guerre de sécession.

La *Gloire* continua de poursuivre le cours de ses essais, tant à la voile qu'à la vapeur. Il fallait apprécier les aptitudes de ce navire en lui-même. On dut également expérimenter son artillerie. Le 6 juin 1861, en rade d'Hyères, la *Gloire*, en présence du prince Napoléon, fit, sous vapeur, un tir à boulet contre un but flottant, au moment où la vio-

Fig. 396. — Batterie flottante cuirassée *l'Arrogante*, construite en 1862.

lence du *mistral* obligeait les navires de commerce à relâcher, avec les ris aux huniers : la remarquable précision de son tir constata, une fois de plus, toute la valeur de ce nouveau type de vaisseau de guerre.

Les résultats de ces essais sont résumés dans une lettre adressée au ministre de la marine, à la date du 27 août 1861, par l'amiral comte Bouet-Willaumez, alors préfet maritime à Toulon.

« Par mes dépêches successives, j'ai rendu compte à Votre Excellence, en lui transmettant les rapports du commandant Ohier, des cinq voyages d'expérience qu'a effectués *la Gloire*, suivant le programme tracé par Votre Excellence. Cette frégate vient ainsi de parcourir pendant ces essais 1,100 lieues marines. Ce qui ressort le plus évidemment de ces expériences à la mer, c'est que d'abord la *Gloire* est un bâtiment de mer comme un autre, supérieur même à bien d'autres sous plus d'un rapport, ce qui fait tomber l'échafaudage de suppositions timorées qui s'était élevé contre ce nouveau spécimen, aussi hardi que pratique, de notre future flotte de combat. »

L'année suivante, le 21 juillet 1862, la *Normandie*, frégate qui est semblable à la *Gloire*, à quelques changements près dans la mâture et dans son arrimage, partait pour le golfe du Mexique, portant le pavillon de l'amiral Jurien de la Gravière. Cette frégate cuirassée est la première qui ait passé la ligne. Elle célébra, dans sa traversée de France à la Vera-Cruz, la joyeuse et traditionnelle fête des Tropiques, « fête rajeunie cette fois, dit le commandant dans son rapport, non sans un légitime orgueil pour la marine française, par le premier passage d'une frégate cuirassée ! »

Les autres frégates et les vaisseaux à éperon *le Solferino* et *le Magenta*, donnèrent également les résultats les plus satisfaisants dans les essais isolés qu'ils firent chacun, après leur achèvement. Dès le mois de mai 1863, ces six bâtiments se trouvaient prêts à tout service.

Mais l'avénement des navires cuirassés révolutionnait autant la tactique navale que l'art des constructions maritimes flottantes. A ce double point de vue, il importait de les soumettre à des expériences comparatives de navigation. Les bâtiments cuirassés furent donc réunis en escadre.

La première escadre cuirassée qui ait paru sur les mers, navigua du 27 septembre au 16 novembre 1863, sous les ordres de l'amiral Ch. Penaud, pour accomplir une campagne d'essai. Aux bâtiments cuirassés, on adjoignit, comme termes de comparaison, le *Napoléon*, et l'ancien vaisseau *le Tourville*, renommé pour ses qualités nautiques.

La croisière de cette escadre rencontra les gros temps qu'elle cherchait, et qui lui permirent de rapporter les résultats les plus concluants, quant à la tenue en mer des navires cuirassés. Tous donnèrent pleine satisfaction aux espérances conçues en leur faveur : vitesse supérieure, solidité, qualités nautiques assurées.

« Il résulte des comparaisons que nous avons faites, dit une dépêche de l'amiral Penaud, que le *Napoléon* a toujours plus tangué que les frégates cuirassées, et que la *Couronne* a des roulis plus marqués que ceux des autres navires. Quant au *Solferino*, je lui ai trouvé autant de stabilité qu'à un bon vaisseau à vapeur en bois, et j'ai été étonné du peu de mouvements que l'on y sent dans les temps ordinaires de la navigation, même avec une forte houle de l'arrière. »

Telle est l'histoire de ce que nous appellerons les *six bâtiments cuirassés rapides de première création*, et qui comprennent la *Gloire*, la *Normandie*, l'*Invincible*, la *Couronne*, le *Magenta* et le *Solferino*. En raison des conditions essentiellement nouvelles apportées à la distribution du poids sur les flancs et dans l'intérieur du navire, les plans de ces divers types n'avaient pu être l'objet de comparaisons préalables avec des bâtiments existants ; il avait fallu, sans aucun précédent, sans aucun essai antérieur, tout décider *a priori*, et les chances de succès n'avaient reposé que sur la valeur de calculs dont les seules garanties tenaient à de savantes prévisions. M. Dupuy de Lôme, l'illustre ingénieur à qui l'on doit la création de tous ces nouveaux types d'architecture navale, s'est ainsi acquis des droits éternels à la reconnaissance de la France. C'est par ses applications pratiques que la science apprend aux hommes à confesser son empire, à proclamer sa puissance et ses bienfaits.

Après cette navigation de la première escadre cuirassée qui ait sillonné les mers, la marine blindée avait conquis sa place dans le monde. Aujourd'hui le *Napoléon* est dépassé. Parler en ces termes de ce type parfait, c'est faire le plus bel éloge des nouveaux venus. Et pourtant, telle est à notre époque, la rapidité de la marche du progrès, que dix ans à peine séparent le *Napoléon* de la *Gloire!* Tandis que la flotte à voiles avait mis des siècles à se perfectionner, dix années ont suffi au génie de la France pour créer la marine cuirassée.

CHAPITRE IV

CONSTRUCTION DES BATTERIES FLOTTANTES CUIRASSÉES **L'ARROGANTE** ET **L'EMBUSCADE**. — LES CANONNIÈRES CUIRASSÉES DESTINÉES A LA NAVIGATION DES LACS ET DES RIVIÈRES.

Tandis que s'édifiait dans les ports français ce magnifique matériel naval cuirassé, destiné à tenir la haute mer, des batteries flottantes avaient été construites sur divers plans de M. Dupuy de Lôme.

Ce furent d'abord le *Paixhans*, le *Péi-ho*, le *Palestro*, le *Saïgon*. Ces batteries flottantes avaient été mises en chantier, en 1859, pour concourir à un système de défense des côtes, système préparé, par une commission spéciale, sous la présidence du maréchal Niel. Leur plan apportait aux batteries flottantes de 1854, les améliorations de formes qui étaient indispensables pour leur donner une vitesse de 7 nœuds au lieu de 4, et les doter de la faculté de mieux gouverner. Ces batteries flottantes pourvues de machines à vapeur de la force de 150 chevaux, déplaçant 1,335 tonneaux, furent, à l'origine, armées chacune de 14 bouches à feu.

En 1861 et 1862, d'autres batteries flottantes furent mises à l'eau. D'un moindre déplacement que les précédentes, ces dernières s'en distinguent par leur grande largeur comparée à leur longueur, et la plus grande hauteur que les canons occupent au-dessus de l'eau. Ainsi les batteries flottantes du type *Arrogante* ont 1,280 tonneaux de déplacement, et une largeur de 14m,16 pour une longueur de 44 mètres. Celles du type *Embuscade*, qui ont 2 mètres de hauteur de batteries, déplacent seulement 1,240 tonneaux au tirant d'eau de 2m,85 et avec une longueur de 39m,50, leur largeur est de 15m,80, un peu plus de la moitié de la longueur et près de six fois le tirant d'eau des premières batteries. Ces proportions, tout à fait inusitées, constituaient des innovations hardies, que l'expérience a pleinement justifiées. En effet, ces batteries tiennent parfaitement la mer et n'ont que des mouvements de roulis très-doux.

La figure 396 (page 537) représente l'*Arrogante*.

En 1859, à l'instigation de l'Empereur, on construisit pour les besoins de la guerre d'Italie, des batteries flottantes cuirassées démontables, destinées au service des rivières et des lacs. Elles se composent de parties distinctes, susceptibles d'être réunies entre elles par des boulons. Une bande de caoutchouc interposée entre ces parties amenées au contact, assure l'*étanchеté* du joint. La machine à vapeur est montée dans une de ces parties, la chaudière dans une autre. Toutes ces tranches, après avoir été placées dans des caisses, purent s'expédier en Italie par le chemin de fer. L'expérience a prouvé qu'en moins de trois jours, les caisses pouvaient être ouvertes, et le navire monté et prêt à naviguer sur les lacs et les rivières. La paix de Villafranca rendit inutiles ces petites batteries.

C'est dans le même système de construction, c'est-à-dire en parties démontables, qu'avaient été faites les petites canonnières qui furent expédiées en Chine, et qui contribuèrent à l'expédition française contre Pékin. Nous n'avons rien à dire de ces canonnières, parce qu'elles n'étaient pas cuirassées comme celles qui étaient destinées à l'expédition d'Italie. Les unes et les autres attendent, emballées dans des caisses, le moment d'être mises à profit.

CHAPITRE V

NOUVEAUX TYPES DE BATIMENTS CUIRASSÉS : LA FLANDRE ET L'HÉROINE. — LE MARENGO. — LES CORVETTES LA BELLIQUEUSE ET L'ALMA. — LES GARDE-CÔTES LE TAUREAU ET LE BÉLIER.

Le travail accompli par la marine française pour la constitution de notre flotte cuirassée, était déjà considérable. Mais on ne devait pas se borner à ces types de première création. On voulut les perfectionner, en mettant à profit, dans les moindres dispositions de détails, d'aménagement et d'arrimage, les observations pratiques qui avaient été faites durant leurs essais de navigation. On devait surtout se préoccuper de mettre en harmonie, dans les nouvelles constructions à entreprendre, les qualités protectrices, c'est-à-dire le cuirassement ainsi que l'armement, avec les progrès récents de l'artillerie de marine.

Au plan primitif de la *Gloire*, M. Dupuy de Lôme en substitua donc un autre. Par décision de l'Empereur, qui avait étudié cette première frégate pendant son voyage en Algérie, et conformément à sa lettre, datée de Saint-Cloud, le 1er novembre 1860, la hauteur de batterie du nouveau type fut portée à 2m,25. La grande stabilité que l'on avait reconnue à la *Gloire*, permettait cette modification, dont la conséquence était d'accroître le poids des parties hautes du bâtiment. La puissance de la machine à vapeur fut élevée à 900 chevaux nominaux (3,600 chevaux-vapeur effec-

Fig. 397. — Le vaisseau cuirassé *le Marengo*, construit en 1865.

tifs). On voulait une vitesse de 14 nœuds, et on en obtint une de 14^n,3, c'est-à-dire environ 7 lieues métriques à l'heure. L'épaisseur de la cuirasse fut portée à 15 centimètres !

Comme on lui donnait plus de poids à porter, il fallut accroître les dimensions de la nouvelle frégate, ainsi que son déplacement d'eau, qui devint de 5,800 tonneaux. Tel fut le type *Gloire* modifié. Nous en avons un spécimen dans la *Flandre*, frégate à coque de bois construite à Cherbourg, et l'*Héroïne*, frégate à coque de fer, construite à Lorient.

Nous avons donné dans le premier volume de cet ouvrage (page 253, *fig.* 120) le dessin de la frégate cuirassée *l'Héroïne*, auquel le lecteur peut se rapporter. La *Flandre* reproduit exactement la disposition de l'*Héroïne*.

Voici les dimensions de la *Flandre*, dont le premier armement se composait de 34 canons de 30 et de 50.

Longueur	80m,00
Largeur	17m,00
Tirant d'eau au milieu	7m,70
Hauteur de batterie, en charge (1)	2m,25
Déplacement	5,800 tonneaux.
Épaisseur des cuirasses	0m,15
Machine (1,000 chevaux nominaux, vieux style)	900 chev. nomin.

La vitesse mesurée en rade de Cherbourg, fut de 14nœuds,3.

Telle était la sûreté des résultats offerts par les premiers voyages de la *Gloire*, que, dès le mois de novembre 1860, les ports recevaient l'ordre de mettre en chantier dix frégates, sur le plan modifié comme il vient d'être dit. Leur armement devait comprendre, à l'origine, 34 canons, sous cette réserve que ce nombre serait réduit quand on aurait lieu d'employer des pièces plus fortes.

(1) Conformément à la lettre de l'Empereur du 1er novembre 1860.

Fig. 398. — Corvette cuirassée *l'Alma*, construite en 1865.

Nous arrivons à un type nouveau : le type du vaisseau cuirassé *le Marengo* (*fig.* 397).

En 1858, au moment de la mise en chantier de la *Gloire*, les plus fortes pièces d'artillerie en usage dans la marine, étaient celles du calibre de 30, et plus rarement celles du calibre de 50. Les projectiles pesaient 15 kilogrammes pour les premières, 25 kilogrammes pour les secondes.

Mais tandis que les navires s'étaient bardés de fer, l'artillerie s'était appliquée, de son côté, à reprendre l'avantage de l'offensive, en augmentant le calibre des bouches à feu. A des projectiles plus formidables, on a répondu par des cuirasses plus épaisses, lesquelles ont amené, à leur tour, des canons de plus grand calibre.

Le pas que l'on a fait ainsi est immense. Sans parler des monstrueux canons français ou prussiens, dont les boulets pèsent l'énorme poids de 500 kilogrammes, pièces qui font honneur à l'industrie métallurgique, mais qui jusqu'ici semblent impropres à un service à bord, on peut dire qu'aujourd'hui les projectiles en usage dans la marine, atteignent assez couramment le poids de 150 kilogrammes, et peut-être même, du moins par exception, celui de 300 kilogrammes.

Armer nos navires cuirassés de ces nouvelles bouches à feu, les doter, d'autre part, de cuirasses proportionnées à ces projectiles formidables, telles sont les conditions qui s'imposaient aux types les plus récents de nos vaisseaux. On revit et l'on modifia dans ce but le plan du *Solferino*. L'Empereur voulut étudier lui-même les bases du nouveau projet; et il revêtit de sa signature, à Compiègne, le 1er décembre 1864, l'avant-projet qui avait été préparé par M. Dupuy de Lôme, pour la construction d'un nouveau type de bâtiment cuirassé porteur de bouches à feu de très-gros calibre.

Le *Marengo* (*fig.* 397) nous offre le spécimen de ces nouveaux vaisseaux cuirassés pourvus d'une artillerie de gros calibre, et armés d'un vigoureux éperon. Ses dimensions sont à peu près celles du *Solferino*, dont il importait de conserver les belles qualités nautiques.

Voici les dimensions du *Marengo*, sur le plan duquel on a construit ensuite l'*Océan* et le *Friedland*.

Longueur.....................	87m,75
Largeur.....................	17m,40
Tirant d'eau moyen.............	8m,00
Déplacement.....................	7,172 tonneaux
Épaisseur des plaques, 0m,15, 0m,18 et même.....................	0m,20

Le *Marengo* porte 12 bouches à feu : 8 en batterie (batterie haute) et 4 sur le gaillard, montées sur plaques tournantes dans des tourelles.

Le poids énorme des nouvelles bouches à feu a conduit à réduire leur nombre, à les disposer de manière à leur assurer pourtant en somme le plus large champ de tir, et à augmenter, en conséquence, l'étendue du cuirassement.

L'armement comprend 12 pièces de gros calibre, dont 4 sur le pont des gaillards et 8 en batterie sous ce même pont, la batterie basse du *Solferino* ne remplissant plus dans le *Marengo* qu'un rôle de faux pont.

En raison de la hauteur qu'elles occupent, les pièces de la batterie sont dans d'excellentes conditions de tir. Elles se trouvent comprises dans un *fort central*, dont les murailles, formées par celles du navire et par deux cloisons transversales, sont entièrement cuirassées. En dehors de ce *fort central*, la cuirasse couvre une zone qui, régnant sur toute la longueur du navire, s'étend en dessus et en dessous de la flottaison, sur la hauteur jugée nécessaire. Au-dessus de cette zone les extrémités avant et arrière, non cuirassées et destinées, comme dans le *Solferino*, à être évacuées en cas de combat, sont construites en fer, et par conséquent, sont à l'abri des chances d'incendie que les murailles en bois ont à redouter, par l'action des obus.

Quant aux quatre pièces d'artillerie des gaillards, chacune est montée sur une plaque tournante, dans une tourelle, ou réduit cylindrique, qui s'élève sur les flancs du navire. Leur champ de tir est ainsi d'une très-grande amplitude, aussi bien en hauteur qu'en retraite ou en chasse, et elles laissent le pont entièrement libre pour la manœuvre.

Les bâtiments cuirassés des types *Flandre*, *Solferino* et *Marengo*, remplissent, dans notre flotte moderne, le rôle qu'y jouaient les anciens vaisseaux de ligne. On pourrait les appeler, en adaptant à leur usage une vieille désignation, *cuirassés de premier rang*. Mais il fallait en outre à la marine française (et le programme de 1857 le mentionnait), des corvettes pour les opérations lointaines, et il était à désirer qu'elles fussent cuirassées. C'est dans cet ordre d'idées que M. Dupuy de Lôme dressa le plan de *corvettes cuirassées de 450 chevaux*, dont la première, *la Belliqueuse*, mise en chantier en 1863, a déjà doublé le cap Horn, et porté le pavillon français dans l'océan Pacifique.

Le plan de la *Belliqueuse* a été modifié en raison de l'artillerie nouvelle, et la corvette *l'Alma* nous offre aujourd'hui le spécimen des bâtiments de cette espèce appelés à jouer un rôle analogue à celui des frégates de l'ancienne flotte à voiles, et qu'on pourrait appeler dès lors : *cuirassés de deuxième rang*.

Voici les dimensions de la corvette *l'Alma*, sur le plan de laquelle ont été construites l'*Atalante*, la *Jeanne d'Arc*, la *Reine Blanche*, la *Thétis*, l'*Armide*, l'*Indienne*, etc. :

Longueur.....................	70m,10
Largeur.....................	14m,00
Tirant d'eau moyen.............	5m,96
Déplacement.....................	3,400 tonneaux

Machine (450 chevaux nominaux).	1,800 ch. effect.
Épaisseur de la cuirasse.........	0m,15

L'*Alma*, mise en chantier en 1865, est une réduction du *Marengo* dont elle conserve les traits caractéristiques en ce qui concenre l'éperon, le groupement de l'artillerie, le système de construction. L'épaisseur de sa cuirasse est fixée à 0m,15. Sa machine doit lui communiquer une vitesse de 12n et demi.

La figure 398 représente la corvette *l'Alma*.

Il est enfin une autre classe de navires cuirassés qui complète, par son objet, notre nouveau matériel naval. Ce sont les *garde-côtes*, porteurs d'une tour pour l'artillerie, et d'un éperon. Le *Taureau*, construit sur le plan de M. Dupuy de Lôme, et qui fut mis à l'eau en 1866, fut le premier modèle de ces nouvelles machines navales.

Ce modèle a été reproduit, à quelques modifications près, dans le *Bélier*.

Tandis que les batteries flottantes sont faites pour combattre sur place, le *garde-côtes* est destiné à naviguer. Il est ras sur l'eau, et recouvert d'une sorte de carapace en tôle, aux contours arrondis. Il est vigoureusement cuirassé, sans mâture, armé d'un éperon, doué d'une vitesse de 13 nœuds, et pourvu de deux hélices indépendantes, qui assurent à ses évolutions une rapidité extrême. Il peut donc braver le tir des navires qui ne fuiraient pas devant lui. Malheur à ces navires s'ils l'attendent ! Son éperon, sûrement dirigé grâce à sa facilité d'évolutions, doit infailliblement les briser.

Le choc est donc le moyen capital d'agression de ce redoutable engin. Néanmoins, le *Bélier* est armé de deux canons de gros calibre, logés dans une tourelle cuirassée tournante.

La figure 399 représente le garde-côtes *le Bélier*.

Voici les dimensions de ce garde-côtes, sur le modèle duquel on a construit le *Bouledogue* et le *Cerbère :*

Longueur..................	66m,00
Largeur....................	16m,05
Tirant d'eau moyen..........	5m,40
Déplacement...............	3,156 tonneaux.
Machine...................	530 chev. nom.

Nous compléterons la description des types qui composent l'escadre cuirassée française, en mentionnant un bâtiment construit en Amérique, sous le nom de *Dunderberg*, et dont le gouvernement français a fait l'acquisition, guidé par des considérations diverses, parmi lesquelles celles relatives au système de construction, n'étaient peut-être pas les principales.

Le *Dunderberg* a été construit chez M. Webb, de New-York, qui avait également construit la frégate cuirassée italienne, *Re d'Italia*, ainsi qu'une frégate russe *General-admiral*. Ce constructeur avait fait marché avec le gouvernement des États-Unis, pour fournir ce navire, moyennant la somme de 1,250,000 dollars ; mais son prix s'étant élevé à plus de 2,500,000 dollars, le gouvernement américain refusa de recevoir le navire, pour cause de non-exécution du marché. M. Webb chercha alors à le vendre à un gouvernement étranger. De la concurrence entre la Prusse et la France pour son acquisition, est résulté le prix excessif auquel la France a payé ce produit américain.

Le *Dunderberg* n'a été prêt à prendre la mer que le 22 février 1867. A cette époque commencèrent, en Amérique, ses premiers essais, où il n'atteignit qu'une vitesse de 10n,2. Mais, après avoir été réparé et modifié à Cherbourg, il a obtenu 15 nœuds de vitesse.

C'est un navire cuirassé à fort central et à éperon. Ses murailles s'évasent, à partir de 1m,50 au-dessous de la flottaison, qu'elles coupent sous un angle de 45°, et se prolongent ainsi jusqu'au pont principal, qui est à 1m,50 au-dessus de la flottaison. Au-dessus du pont s'élève le fort casematé. La largeur totale du fort est de 48 mètres ; ses murailles latérales, inclinées à 45°, viennent rencontrer celles du navire à peu près à angle droit ; ses murailles avant et arrière

Fig. 399. — Garde-côtes cuirassé *le Bélier*, construit en 1866.

sont inclinées de même, et les angles sont abattus en pans coupés; il est couvert par un pont blindé, comme l'est celui du bâtiment. Ce fort est percé de 22 sabords, répartis de manière à fournir des feux battant l'horizon; la hauteur des feuillets de sabord au-dessus de l'eau est de 2m,40. L'armement primitif se composait de 4 canons Dalgren, du diamètre de 15 pouces (0m,37), et 12 du diamètre de 11 pouces (0m,27).

Voici les dimensions principales du *Dunderberg :*

Longueur comptée de la pointe de l'éperon	115m,30
Largeur à la hauteur du pont	43m,30
— à la flottaison	22m,00
Tirant d'eau moyen en charge	6m,40

La coque est en bois. Le maître-coupet est très-plat, mais l'avant et l'arrière sont très-affinés.

Le bâtiment est pourvu de deux mâts.

Acheté par le gouvernement français et devenu le *Rochambeau*, ce navire a été l'objet, à Cherbourg, en 1868, de travaux d'amélioration importants. Il a été ainsi mis en état de rendre, comme garde-côtes, d'aussi bons services que le permet l'épaisseur assez faible de sa cuirasse. Le *Rochambeau* a pris la mer au mois de mai 1868.

La figure 400 représente le *Rochambeau*, dans son état actuel, d'après une photographie faite à Cherbourg.

Le gouvernement français a aussi acheté, en Amérique, l'*Onondaga*, navire à deux tourelles tournantes, dans le système du *Miantonomoah* dont il sera question plus loin.

L'*Onondaga*, dont la machine motrice est d'une faible puissance, a été remorqué durant toute sa traversée en France, par le transport *l'Européen;* il est venu ainsi, en dix-sept jours d'Halifax à Brest, où il a mouillé le 2 juillet 1868.

Fig. 400. — Le *Rochambeau*.

CHAPITRE VI

LA MARINE CUIRASSÉE CHEZ LES NATIONS ÉTRANGÈRES. — COMPARAISON DES MEMBRURES EN BOIS ET EN FER POUR LES NAVIRES CUIRASSÉS. — LA MARINE CUIRASSÉE INTRODUITE EN ANGLETERRE.

Nous venons de raconter la création progressive de la flotte militaire cuirassée en France, où nous l'avons vue inventée et exécutée, grâce à l'habileté de nos ingénieurs et à l'ardente sollicitude du chef de l'État. Les autres nations maritimes ne tardèrent pas à entreprendre un semblable travail, pour la réédification de leur flotte. Par l'expérience de ce qui avait été fait en France, avec tant de bonheur, les nations étrangères allaient suivre une voie toute tracée, avec la certitude de ne pas courir après une entreprise chimérique. Un matériel tout nouveau fut ainsi créé, en Angleterre d'un côté, et de l'autre en Amérique, au moment de la guerre de sécession. Nous allons passer en revue ces constructions étrangères, qu'un sentiment bien naturel de curiosité conduit à comparer aux nôtres.

Une comparaison de ce genre a déjà pu se

faire dans la visite, toute courtoise, que l'escadre anglaise vint faire à la nôtre, à Cherbourg, en 1865, et dans celle que l'escadre française lui rendit bientôt après, à Portsmouth.

Les deux flottes cuirassées, française et anglaise, offrent des différences profondes. Mais ce qui distingue la flotte française, c'est que tous ses navires sont conçus avec une grande unité de vues, et qu'ils possèdent tous des vitesses supérieures. Ce qui les caractérise surtout, c'est qu'étudiés de manière à garder, pour une puissance militaire donnée, les plus petites dimensions possibles, ils ont une facilité d'évolution sans égale. Pour caractériser notre flotte blindée, nous ne pouvons mieux faire que de citer les paroles prononcées, en 1866, par l'amiral comte Bouet-Willaumez, dans une séance du Sénat, restée justement célèbre :

« Ce que je puis affirmer, c'est que pour la flotte française, telle qu'elle est constituée, s'il en est qui l'égalent, il n'en est pas de meilleure quant à l'homogénéité de la vitesse et aux évolutions gyratoires. Or, ajouta l'amiral, le sort des batailles dépend de la rapidité de ces évolutions. »

Nos types de la dernière création, le *Marengo* et l'*Alma*, confirment hautement l'autorité de ces paroles.

Une différence bien saisissante, quant au système général de construction, existe entre les deux flottes cuirassées française et anglaise. La plupart des navires cuirassés de la flotte française sont en bois : c'est le système de construction auquel M. Dupuy de Lôme a donné la préférence, se réservant de bâtir en fer, comme nous l'avons dit pour ses derniers types, les parties non cuirassées des œuvres mortes, qui doivent être évacuées en cas de combat, et qu'il importe de mettre à l'abri de l'incendie. En Angleterre, au contraire, ainsi que nous allons le voir, les coques des navires cuirassés, pour la plupart, sont en fer. Nos voisins n'ont construit en bois que quelques navires de récente création. Examinons la valeur comparative de ces deux systèmes de construction.

Les partisans des coques en fer font valoir que ce système de construction l'emporte, en durée et en solidité, sur les constructions en bois. Ces avantages incontestables, et dont on apprécie toute la valeur pour la navigation ordinaire, n'ont pas paru, dans l'esprit du constructeur français, compenser les inconvénients que les carènes en fer offrent dans le cas tout spécial du navire cuirassé.

Voici ces inconvénients. D'une part, les carènes en fer offrent plus de résistance à la marche que les coques en bois revêtues d'un doublage en cuivre. Ce fait, bien connu, fut mis en parfaite évidence par les expériences comparatives que l'on exécuta à Cherbourg, entre la *Flandre*, qui est construite en bois, et l'*Héroïne*, dont la coque est en fer. Le résultat se traduit, pour le navire de fer, par une perte de vitesse, ou la nécessité d'employer des appareils moteurs plus pesants, conséquences fatales dont on comprendra toute l'importance, si l'on songe combien est grand le rôle que joue la vitesse dans la tactique navale, et combien il importe de diminuer le poids du navire, pour augmenter l'approvisionnement en combustible et en munitions, ou pour donner une épaisseur plus grande à la cuirasse.

La résistance à la marche d'un navire en fer, mérite d'autant plus l'attention, que ce navire s'alourdit par suite des énormes dépôts terreux et organiques qui viennent recouvrir sa coque après quelques mois seulement de séjour à la mer. De là résulte l'obligation de soumettre la coque encroûtée du navire à des travaux de nettoyage et de peinture, qui ne peuvent s'effectuer que dans les bassins de radoub, lesquels ne sont pas toujours disponibles au moment voulu, ce qui peut, à un moment donné, empêcher le navire d'être prêt pour le service de la guerre.

L'emploi d'un doublage en cuivre à côté

de la cuirasse de fer, ferait craindre le développement d'actions galvaniques qui seraient funestes à la conservation de la cuirasse, en même temps qu'elles entraîneraient sur le doublage, la précipitation de dépôts marins nuisibles à la vitesse. Mais on a réussi à écarter cette difficulté en interposant une couche isolante entre la cuirasse et le doublage en cuivre qui la recouvre. Il est vrai que le développement des phénomènes galvaniques est toujours un phénomène à redouter, si l'enveloppe isolante laisse quelque gerçure ou quelque rupture dans sa continuité.

Il est bon de remarquer, d'autre part, que si les coques en fer des navires offrent une grande solidité pour un poids donné de matériaux mis en œuvre, cela tient surtout aux liaisons intimes que le rivetage et les procédés d'assemblage spéciaux au fer, établissent entre les diverses parties de la construction. Cet assemblage général rend les parties solidaires les unes des autres, et concourt très-heureusement à résister aux efforts de dislocation que le navire est appelé à subir sur les flots.

Ce qu'il importe également de prévoir, c'est la résistance d'un navire cuirassé à l'action du choc du navire ennemi, qui, dans plus d'une circonstance, est disposé à se jeter contre lui, pour l'écraser ou l'éventrer du poids de sa masse multiplié par le carré de sa vitesse. Contre ce choc épouvantable, les coques de fer sont bien moins rassurantes que celles en bois. En effet, la résistance locale des coques de fer dépend seulement de l'épaisseur que la tôle des murailles présente au point frappé. Les constructions en bois offrent, au choc, une résistance bien plus sérieuse. En prévision de l'attaque par l'éperon, les coques en bois, grâce à de fortes membrures, qui sont contiguës à de larges revêtements arc-boutés, forment des masses solides bien autrement robustes que la simple carcasse du navire de fer.

Après ces préliminaires généraux sur la différence caractéristique entre les flottes française et anglaise, nous passons à l'examen historique et descriptif de la flotte cuirassée anglaise.

On a déjà vu comment, en Angleterre, le projet des navires blindés reçut sa première réalisation effective. Nous avons dit qu'en 1854, sur la proposition du gouvernement français, et sur le plan qui lui avait été communiqué par notre département de la marine, l'amirauté anglaise fit construire cinq batteries flottantes semblables aux nôtres, et qui devaient avoir pour mission de bombarder le port russe de Cronstadt.

Après que le projet du siége de Cronstadt eut été abandonné, c'est-à-dire en 1855, deux des batteries flottantes anglaises furent désignées pour rejoindre, dans la mer Noire, l'escadre de l'amiral Lyons. Elles ne l'atteignirent devant Kamiesch que le 25 octobre, huit jours après le succès de nos batteries flottantes devant Kinburn. La navigation de ces batteries flottantes pour se rendre dans ces eaux, avait été fort pénible, bien que l'on eût pris le parti de les séparer de leur artillerie. Cet insuccès fit douter, en Angleterre, de l'avenir de la marine cuirassée, même après que la frégate *la Gloire* eut été mise en chantier en France. On s'accordait donc, en Angleterre, à prédire le plus complet échec à la tentative de notre marine. D'ailleurs, les fameux canons Armstrong, alors très en faveur chez nos voisins, devaient être irrésistibles et percer à jour toute cuirasse de fer !

Ces idées, que caressait l'amour-propre britannique, furent ébranlées le jour où l'on eut l'idée, très-simple, d'essayer un canon Armstrong, du plus fort calibre, contre des plaques de fer de 4 pouces et demi d'épaisseur ($0^m,115$) qui, appliquées sur une muraille en bois, figuraient un flanc de navire. Or, le capitaine Halsted constata la parfaite résistance de ce blindage, qui tint parfaitement sous les coups de l'obus Armstrong, et même sous ceux des boulets pleins de 68 kilogrammes (136 livres) dont l'empreinte se trouva plus profonde, mais qui n'eut aucunement la vertu de transpercer le métal.

Le résultat de ces essais fit réfléchir l'amirauté anglaise. Puisque la construction d'une frégate cuirassée capable de tenir la haute mer, n'était pas, comme l'avait proclamé John Bull, un rêve, une chimère, n'y avait-il pas un véritable danger, pour la marine de la Grande-Bretagne, à continuer de construire en bois ses vaisseaux de guerre? Des plans furent aussitôt demandés, et discutés ensuite par les lords de l'amirauté. L'examen et la discussion furent très-contradictoires. Il fut impossible de s'entendre, et cette période de tâtonnements et de recherches inquiètes, se prolongea longtemps.

L'Angleterre, il faut le reconnaître, a depuis travaillé laborieusement et avec gloire à l'édification de sa flotte cuirassée. Mais il est facile de suivre dans son œuvre la trace de beaucoup d'hésitations, de fluctuations, d'idées mal arrêtées, parfois même opposées les unes aux autres. De là les éléments si multiples, disparates même, qui composent la flotte anglaise actuelle. On ne saurait réduire à moins de douze les types caractérisés de cette flotte. Nous allons donner un rapide historique de leur création, en nous efforçant d'introduire dans cet exposé quelque clarté et quelque méthode, ce qui n'est pas sans présenter des difficultés, en raison de l'incohérence et de la multiplicité des types qu'il faut considérer.

CHAPITRE VII

LA MARINE CUIRASSÉE ANGLAISE. — LE **WARRIOR** ET LE **BLACK-PRINCE**. — COMPARAISON DE LA **GLOIRE** ET DU **WARRIOR**. — CONSTRUCTION DE LA **DEFENCE** ET DE LA **RESISTANCE**. — CONSTRUCTION DE L'**HECTOR**, DU **VALIANT**, DE L'**ACHILLES**, DU **MINOTAUR**, DE L'**AGINCOURT** ET DU **NORTHUMBERLAND**. — TRANSFORMATION DE PLUSIEURS VAISSEAUX DE GUERRE EN BOIS EN VAISSEAUX CUIRASSÉS.

En 1859, au moment où la *Gloire* allait être mise à l'eau, le premier lord de l'amirauté, John Packington, fit décider la construction d'une frégate cuirassée, qui reçut le nom de *Warrior*, et que l'on voulait opposer à la nouvelle frégate française, dont l'apparition imprévue et subite avait blessé au plus haut degré l'amour-propre de tous les marins, et même de tous les citoyens de la jalouse Albion. La *Gloire* donnait, en ce moment, la fièvre à tous les hommes importants de la Grande-Bretagne. On voulait donc créer, en Angleterre, l'équivalent de la *Gloire*, et même, s'il était possible, quelque chose de plus terrible encore.

La nouvelle frégate française était le résultat d'observations et de travaux longs et patients, l'application de données théoriques et pratiques certaines. Comme l'étude, et non la passion, avait présidé à sa construction, le succès avait couronné une entreprise conçue avec réflexion et maturité. Se croyant offensés dans leur orgueil national et dans leur fierté de marins, pour s'être cette fois encore laissé devancer par nous dans la voie du progrès naval, les Anglais voulurent produire quelque chose de plus redoutable et de plus puissant que la frégate française.

Nous allons examiner s'ils y ont réussi.

Les premiers bâtiments cuirassés anglais semblent résulter d'un compromis, d'une fusion entre les partisans de la cuirasse et ceux qui la regardaient alors comme fatale aux qualités nautiques d'un bâtiment. En effet, la cuirasse du *Warrior* ne couvre que la partie centrale des flancs, comme si l'on avait

Fig. 401. — La frégate cuirassée *le Warrior*.

craint de charger les extrémités, même au risque d'y laisser la ligne de flottaison aussi vulnérable aux coups de l'ennemi que dans les anciens vaisseaux. De simples cloisons transversales, en tôle, rendues étanches, ne remédient pas à ce vice, car les projectiles modernes les auraient bien vite effondrées, et dès lors rien ne pourrait sauver le navire des voies d'eau.

C'est dans cet ordre d'idées que furent construits de 1860 à 1862, d'après les dessins de M. Watts et de sir B. Walker, le *Warrior* et le *Black-Prince*, tous deux sur le même plan; puis, avec des dimensions moindres, les frégates *Defence* et *Resistance*, qui sont semblables entre elles.

Les coques de ces navires sont en fer. Un coussin en bois de teak, d'une épaisseur de $0^m,46$, règne sous la cuirasse. Celle-ci, épaisse de 4 pouces et demi ($0^m,115$), s'étend du plat-bord jusqu'à $1^m,53$ au-dessous de la flottaison; mais, de l'avant à l'arrière, la cuirasse ne couvre guère plus de la moitié de la longueur totale du bâtiment.

Voici, du reste, les dimensions de ces navires :

	Warrior et *Black-Prince*.	*Defence* et *Resistance*.
Longueur	$115^m,90$	$85^m,34$
Largeur	$17^m,78$	$16^m,46$
Tirant d'eau, au milieu	$8^m,00$	$7^m,55$
Déplacement en charge	8,950 tonn.	6,090 tonn.
Force nominale de la machine.	1,250 chev.	600 chev.
Longueur de la partie cuirassée	$67^m,10$	$43^m,90$

Les premiers de ces quatre navires qui purent prendre la mer, furent d'abord le *Warrior*, puis la *Defence*.

Le *Warrior* (*fig.* 401), construit par la compagnie *Thames Iron Ship building*, lancé le 29 décembre 1860, ne fut achevé qu'au mois d'août de l'année suivante. On procéda alors à ses essais. Il atteignit, par un temps calme, une très-belle vitesse, $14^n,3$; mais, dans un voyage qu'il fit, pendant l'hiver de 1861, à Lisbonne, on fut bientôt désenchanté. Par une mer un peu grosse, il fatiguait, perdait de sa vitesse, gouvernait mal, avec difficulté et lenteur. De plus, l'ampleur de son roulis rendait le tir de ses canons incertain et parfois impossible, en dépit de la grande hauteur de sa batterie ($2^m,70$), dont on tirait vanité.

Ajoutons que le *Warrior* a coûté 9 millions, le double de la *Gloire*, qui est presque moitié plus petite, et qui jouit, grâce à ses bonnes proportions, d'une facilité d'évolution bien supérieure.

L'amiral anglais Sartorius, établissant, dans une brochure publiée en 1861, un parallèle entre la *Gloire* et le *Warrior*, s'exprimait comme il suit :

« Il est impossible au *Warrior* d'aborder la *Gloire*, tandis que celle-ci peut prendre les positions les plus avantageuses pour désemparer son ennemi. La *Gloire* a un gréement insignifiant, qui, une heure avant le combat, peut être mis en bas, tandis que le *Warrior*, mâté comme un vaisseau de 90, aurait, dès les premiers coups, son hélice engagée par des débris de son gréement. La *Gloire*, par quelque côté qu'on l'attaque, est défendue et armée; le *Warrior* ne l'est pas, sa proue et sa poupe n'étant pas cuirassées. Avec vent debout, la résistance que rencontre la mâture du *Warrior* réduit considérablement sa vitesse, tandis que la *Gloire*, parfaitement dégagée, conserve la sienne. L'allégement des extrémités du *Warrior*, en vue de le rendre plus navigable, fait porter sur la partie centrale tout le poids de l'armure, et, tandis que, dans un mauvais temps, celle-ci reste inerte, les extrémités se tordent sous l'action de la lame, de manière à amener une dérivaison générale. Le moindre tirant d'eau de la *Gloire* lui permet d'agir de plus près contre des ouvrages à terre, et de protéger plus efficacement une côte contre des bâtiments ennemis. Il est vrai que le *Warrior* porte ses canons plus haut et peut combattre par conséquent en tout temps ; mais quand le temps sera assez mauvais pour empêcher la *Gloire* de combattre, elle mettra le cap debout à la mer et laissera bientôt le *Warrior* derrière elle. »

L'expérience et la pratique de la navigation ont confirmé ces prévisions et justifié ces critiques.

L'armement primitif du *Warrior* se composait de 40 canons, savoir : dans la batterie, 34 canons de 68, dont 15 de chaque bord, abrités par la cuirasse; plus, 2 à l'avant et 2 à l'arrière; sur le pont des gaillards, 2 canons de 68 et 4 canons Armstrong de 40.

Plus tard, les canons Armstrong de 40 furent remplacés par ceux du calibre de 70, et une partie des canons de 68 cédèrent la place à des canons Armstrong de 100, d'une plus grande portée.

Pour terminer la comparaison entre les deux frégates, française et anglaise, *la Gloire* et *le Warrior*, nous parlerons de la disposition de leur hélice et de leur mâture.

Quelques-uns de nos premiers vaisseaux armés d'hélices, tels que le *Charlemagne* et l'*Ulm*, furent pourvus d'un puits qui permettait de visiter l'hélice, de la ramener à l'intérieur, si l'on voulait seulement naviguer à la voile; de la retirer et de la changer en cas d'avarie. Mais les inconvénients que présentait cette solution de continuité dans la membrure du navire, n'étaient pas compensés par les avantages d'une pareille disposition. Il fallait, dans nos frégates, que la solidité ne pût être compromise par aucun vice de forme ; aussi la marine française a-t-elle renoncé à ces puits. L'amirauté anglaise a cru pouvoir en pratiquer un dans le *Warrior*.

Les lords de l'amirauté n'ont pas encore su prendre le parti de renoncer à la suprématie de la voile, sous laquelle s'est accrue si prodigieusement la puissance maritime de la Grande-Bretagne. Aussi les constructeurs du *Warrior* ont-ils conservé à ce bâtiment la mâture d'un ancien vaisseau de 90 canons. Dans le cas où la *Gloire* se présenterait au combat, elle amènerait tout d'abord sa légère mâture et son gréement. Il n'en pourrait être de même du *Warrior*, qui serait toujours embarrassé de son éonrme voilure et de ses mâts fixes.

Concluons de cet examen comparatif, que la frégate anglaise construite à l'imitation de la *Gloire*, est loin d'avoir surpassé, ou même égalé sa rivale.

Le *Warrior* fut bientôt suivi de son frère jumeau, le *Black-Prince*, qui lui est identique par les détails principaux de sa construction. Vinrent ensuite la *Defence* et la *Resistance*.

La *Defence*, construite chez MM. Salmer frères, mise à l'eau le 24 avril 1861, ne fut achevée qu'en mars 1862. Pendant les essais auxquels on soumit cette frégate, on reconnut que c'était un navire assez médiocre, d'une vitesse inférieure à celle du *Warrior*, et tout à fait insuffisante, ne se gouvernant pas mieux à la mer que son aîné, et n'ayant sur le *Warrior* qu'un avantage, celui de coûter moins (6 millions).

Au reste, l'amirauté anglaise n'avait pas eu besoin d'attendre l'achèvement de ces premiers navires pour condamner diverses particularités, et principalement le cuirassement partiel que l'on avait adopté. L'amiral, premier secrétaire de l'amirauté, avait vu, à Toulon, la *Gloire* rentrer, sans trace de fatigue, de son voyage d'Alger, après avoir essuyé les grands coups de vent des 19 et 20 septembre 1860. Il lui était donc prouvé que les défauts nautiques des premiers types anglais n'étaient pas inhérents au blindage métallique, mais que les navires cuirassés demandaient à être étudiés d'après les conditions qui leur sont spéciales.

On voulut alors, en Angleterre, avoir des frégates cuirassées d'un bout à l'autre, comme les nôtres. On n'y parvint toutefois encore qu'imparfaitement.

Dans l'*Hector*, qui fut mis en chantier chez M. Napier, à Glasgow, en mars 1861, et dans son semblable, le *Valiant*, la cuirasse règne bien de bout en bout, à la hauteur de la batterie; mais elle ne descend au-dessous de la flottaison que dans la partie centrale, sur une longueur égale aux deux tiers seulement de la longueur totale du navire. Ces deux bâtiments, dessinés, comme les précédents, par M. Watts et l'amiral sir B. Walker, sont de dimensions moindres que le *Warrior*, mais un peu supérieures à celles de la *Defence*. Ils ont 85^{m},84 de longueur pour une largeur de 17^{m},9 ; ils déplacent 6,485 tonneaux au tirant d'eau moyen de 7^{m},50; leur machine est de la force nominale de 800 chevaux. Ils furent terminés dans le courant de l'année 1863.

Le principe du cuirassement étendu à toute la flottaison, fut enfin adopté dans l'*Achilles*. Il est vrai que, dans les œuvres mortes, ce navire n'est cuirassé que partiellement, comme le *Warrior*, dont il rappelle les dimensions, car sa longueur est de 115^{m},81, son déplacement de 9,670 tonneaux, et sa machine de 1,250 chevaux nominaux. C'est le premier bâtiment cuirassé qui fut construit au dockyard royal de Chatham. Le plan de l'*Achilles* avait été dessiné par M. Watts et l'amiral R. Spencer Robinson.

Ces proportions, déjà considérables, ont été encore dépassées sur le *Minotaur*, l'*Agincourt* et le *Northumberland*. La longueur de ces trois navires atteint près de 122 mètres, et leur déplacement d'eau est de 10,390 tonneaux. Ce sont les plus grandes dimensions qui se rencontrent dans les flottes cuirassées. Une machine de 1,350 chevaux nominaux imprime à ces énormes masses une vitesse de plus de 14 nœuds, en temps calme. L'épaisseur de la cuirasse a été portée à 0^{m},14 ; elle règne de bout en bout, depuis le plat-bord jusqu'à 1^{m},53 au-dessous de la flottaison. Le *Northumberland* fait exception à cette règle, car ses extrémités hautes, avant et arrière, ne sont pas cuirassées. Ces immenses navires n'ont pas coûté moins de 11 millions chacun. La figure 402 représente le *Minotaur*.

Malgré l'activité avec laquelle ces constructions nouvelles étaient poussées, malgré de grands sacrifices d'argent et un empressement manifeste à suivre les idées qui successivement paraissaient les meilleures, l'effectif de la marine cuirassée anglaise était loin d'être en rapport avec celui de l'ancienne flotte à vapeur de la même puissance. Aussi, en vue de rétablir le plus promptement l'équilibre, des ordres furent-ils donnés pour transformer en frégates cuirassées divers bâtiments en bois alors en chantier. Ce furent :

1° Sur les plans de M. Watts et de l'amiral Spencer Robinson, le *Royal-Oak*, le *Prince-Consort*, le *Caledonia*, l'*Ocean*, le *Royal-Alfred*. La construction de ces vaisseaux de guerre à hélice, porteurs de 90 canons, avait été commencée en 1857 et 1858, à la suite des magnifiques résultats du *Napoléon*, signalés en France. On changea aussitôt leur système de construction. On rasa une de leurs batteries, on allongea les navires par le milieu, on les modifia à l'avant et à l'arrière; en un mot, on exécuta pour cette transformation un travail si considérable, qu'on peut douter que des constructions neuves eussent entraîné plus de dépenses.

Les dimensions de ces vaisseaux sont modérées. Ils ont 83m,20 de longueur et un déplacement d'eau de 6,600 tonneaux. Dans les quatre premiers, la cuirasse, épaisse de 0m,115 y règne de bout en bout à la flottaison, et sur toute la hauteur de la batterie. Dans le *Royal-Alfred* on a supprimé le blindage des œuvres mortes avant et arrière; mais l'épaisseur de la cuirasse, dans la partie centrale, est portée à 0m,15.

2° Le *Royal-Sovereign*, ancien vaisseau à trois ponts transformé en navire à tourelles. Ce type spécial, préconisé depuis longtemps par le capitaine Coles, avait été réalisé pour la première fois dans le *Monitor* américain, construit par Ericsson. Nous reviendrons plus loin sur les navires cuirassés à tourelles, auxquels nous consacrerons un chapitre spécial.

3° Le vaisseau *le Zealous*, puis les corvettes *Favorite* et *Research*, qui reçurent un blindage partiel, d'après les plans de M. Reed, mais sur lesquels la cuirasse épaisse de 0m,115 protége toute la flottaison, et une tourelle centrale, où sont logées les bouches à feu.

Dans plusieurs des navires en fer de la marine britannique, dont il vient d'être parlé, il existe, au-dessous de la flottaison, une proéminence, une sorte d'éperon, qui les a fait désigner sous le nom de *béliers à vapeur*. Mais les étraves de ces bâtiments n'ont, à vrai dire, aucune consolidation intérieure spéciale. On ne peut donc les considérer comme pouvant agir résolûment par le choc de leur masse, à la façon du bélier antique. Le choc par l'avant serait aussi fatal à eux-mêmes qu'au navire choqué.

CHAPITRE VIII

LA NOUVELLE FLOTTE CUIRASSÉE ANGLAISE. — LES BATIMENTS CUIRASSÉS A BATTERIES ET A FORT CENTRAL. — L'ENTERPRISE. — LA PALLAS. — LA PENELOPE. — LES GRANDS VAISSEAUX DE GUERRE A BATTERIES. — LE BELLEROPHON ET L'HERCULES.

En Angleterre comme en France, les progrès continuels de l'artillerie à grande puissance ont obligé, d'une part, à augmenter l'épaisseur du blindage des navires; d'autre part, à adopter des bouches à feu de très-fort calibre, réduites à un petit nombre, en raison de leur poids excessif.

Cette double nécessité amena les constructeurs anglais au système des navires à *fort central*, que nous avons déjà signalé dans la *Favorite* et la *Research*. L'opinion publique se prononçait, en Angleterre, contre les longueurs excessives des bâtiments de guerre; la facilité de manœuvre sous vapeur paraissait la qualité à laquelle on devait attacher le plus d'importance. On avait aussi des arguments contre les lourdes voilures; il paraissait plus utile d'employer ce poids à porter des munitions et une plus forte cuirasse.

Fig. 402. — Le vaisseau cuirassé *le Minotaur.*

Depuis longtemps déjà la frégate française *la Gloire* avait montré de prime saut, par ses dimensions relativement réduites et par sa mâture simplifiée, toutes ces dispositions parfaitement réalisées : le *Warrior* avait eu le tort de ne pas les imiter. Dès que l'on se décidait à n'employer sur les bâtiments de guerre qu'un petit nombre de bouches à feu d'un très-puissant calibre, n'occupant qu'une faible étendue du navire, on pouvait se contenter d'un blindage partiel, fondé sur le principe rationnel que nous avons déjà vu appliqué aux types français, c'est-à-dire un blindage énergique du fort central, en se dispensant de protéger le reste du bâtiment, si ce n'est sa flottaison.

C'est dans ce système d'idées que furent construites, en Angleterre, l'*Enterprise,* qui fut mise à l'eau en 1864, et ensuite, sur des dimensions plus grandes, la *Pallas.* Leurs coques sont en bois, à l'exception des parties non cuirassées des œuvres mortes, qui sont en fer. La *Penelope*, qui est en construction à Pembroke, est également pourvue d'un fort central; mais sa coque est en fer. On jugera de l'importance de ces bâtiments par les chiffres suivants :

	Enterprise.	*Pallas.*	*Penelope.*
Longueur........	54m,86	68m,60	79m,24
Déplacement d'eau.	1,370 tonn.	3,500 tonn.	4,350 tonn.
Puissance nominale de la machine...	160 chev.	600 chev.	600 chev.
Nombre de bouches à feu......	4	8	10

L'*Enterprise* est le type des petits bâtiments cuirassés auxquels le constructeur, M. Reed, a donné le nom de *sloop-of-war*.

Presque en même temps que ces derniers bâtiments, l'amirauté anglaise mit en chantier, sur un plan différent, destiné également à être exécuté par M. Reed, deux autres frégates, *le Lord Warden* et *le Lord Clyde*. Celles-ci sont armées d'un éperon solidement établi, comme celui de notre *Solferino;* mais l'absence de batterie haute les rend inférieures au type français dont elles ont à peu près les dimensions. Avec une longueur de 85^{m},44 elles déplacent 7,793 tonneaux; leur machine est de 1,000 chevaux nominaux. Complétement cuirassées, elles sont armées de 20 bouches à feu.

Cette longue série de tâtonnements et d'hésitations, dont les traces sont manifestes dans la variété des types que nous venons de faire connaître, eut son terme final dans le *Bellerophon* et l'*Hercules*, construits sur les plans de M. Reed.

Ces deux vaisseaux de guerre sont en fer; ils sont à éperon, pourvus d'une tourelle centrale blindée, avec ceinture également cuirassée à la flottaison. Ils n'ont qu'une batterie couverte, mais elle s'élève au-dessus de l'eau presque autant qu'une deuxième batterie ordinaire. Les dimensions du *Bellerophon* et de l'*Hercules* sont les suivantes :

	Bellerophon.	*Hercules.*
Longueur	91^{m},43	99^{m},06
Largeur	17^{m},08	17^{m},98
Tirant d'eau au milieu	7^{m},24	7^{m},46
Déplacement	7,164 tonn.	8,663 tonn.
Force nominale de la machine	1,000 chev.	1,200 chev.
Nombre de bouches à feu	14	14
Épaisseur de la cuirasse au point le plus fort	0^{m},153	0^{m},228

Il ne sera pas sans intérêt de faire remarquer que les dimensions principales de ces navires, de beaucoup inférieures à celles du *Minotaur*, se rapprochent singulièrement de celles du type français *Solferino*. Ce qui veut dire qu'après bien des essais imposés par les vues les plus diverses, nos voisins en sont revenus aux proportions qui, dès l'origine de l'invention des cuirasses, avaient été adoptées en France par M. Dupuy de Lôme.

L'armement du *Bellerophon* se compose de 10 canons de 300 livres, pesant chacun 13 tonneaux, et de 4 canons Armstrong, du calibre de 110 livres. Celui de l'*Hercules* comprend 10 pièces du calibre de 600 livres. Pour compenser le peu de résistance qu'une simple coque de fer opposerait au choc d'un autre navire cuirassé, on a pris le parti de faire un double bord en tôle, dont les surfaces sont distantes de 0^{m},70 environ ; de plus on a revêtu la coque, à la hauteur de la flottaison, d'un épais massif de bois.

L'*Hercules*, mis en chantier à l'arsenal de Chatham, sera le plus formidable bâtiment que les Anglais aient construit jusqu'à ce jour. Ses murailles sont couvertes par des plaques de 0^{m},15, 0^{m},20 et 0^{m},23. Le long de sa batterie centrale, le cuirassement est disposé en huit virures, étagées les unes au-dessus des autres. Celle de la flottaison a 0^{m},23 d'épaisseur, la suivante a 0^{m},20; puis viennent cinq virures de 0^{m},15, et enfin au-dessus une autre virure de 0^{m},20. Dans le fort central où sera placé le principal armement de l'*Hercules*, les cloisons transversales blindées sont achevées, et les ponts en fer sont établis. Les sabords à embrasure pour les huit canons que l'*Hercules* portera sur les côtés dans sa première batterie sont terminés, et on vient d'y essayer les modèles en bois des bouches à feu qui les armeront.

Dans le plan de l'*Hercules*, on s'est proposé principalement de produire le navire à batterie le plus puissant qu'il y ait encore à flot, afin de pouvoir établir une comparaison définitive entre le système de la construction de navires à batteries et celui des navires à tourelles. L'*Hercules* appartient sous tous les rapports au type des navires à batteries; mais celui qui en infèrerait qu'il est identique aux navires à batteries des anciens modèles connus, se formerait une idée très-erronée de ce navire, que distinguent beaucoup de particularités qui lui sont propres. Il n'aura de chaque côté dans sa première batterie que quatre canons, mais ceux-ci auront des dimensions et une puissance offensive inconnues jusqu'ici, en Angleterre, à bord des bâtiments. Ce sont des canons rayés pesant 18 tonnes (18,288k.) chacun, que l'on tire avec 50 kilogrammes de poudre. Malgré le poids énorme de ces bouches à feu, elles seront placées à une hauteur considérable au-dessus de la flottaison, les sabords de la première batterie étant élevés à 3^m,35 au-dessus de l'eau. Quoique les pièces montées à bord de l'*Hercules* soient destinées à fonctionner en batterie, leur champ de tir horizontal ne sera pas limité à l'angle de 50 ou 60 degrés, ce qui est le cas des canons ordinaires de batterie. Au contraire, on a pris des dispositions imaginées par le capitaine Scott, pour transporter, lorsque cela est nécessaire, les canons des sabords du travers aux sabords qui occupent l'avant et l'arrière du réduit, d'où ils fournissent un feu presque droit dans la direction de l'axe du navire, ainsi qu'un champ de tir considérable dans les parties voisines de l'avant et de l'arrière. Pour obtenir ce résultat avec promptitude et sécurité, de grandes plates-formes tournantes qui portent les canons sont disposées sur le pont de la batterie, pour les faire passer d'un sabord à l'autre.

En outre de ces canons de 18 tonnes, l'*Hercules* portera deux canons de 12 tonnes (12,192 k.) sur son premier pont. L'un d'eux tirera droit sur l'étrave, à l'abri de la cuirasse, tandis que l'autre occupera une position analogue à l'arrière.

L'armement des gaillards consistera en quatre canons de six tonnes et demie (6,608k.), dont deux commanderont tout l'avant ainsi que chaque travers, et les deux autres commanderont tout l'arrière d'une façon analogue. Les canons des gaillards seront à 4^m,88 au-dessus de la flottaison, et bien qu'ils ne soient pas protégés par un blindage, ils augmenteront notablement la puissance offensive du bâtiment. Cette puissance offensive reçoit aussi une aide puissante d'un énorme éperon marin en fer.

On assure que l'*Hercules* est à l'épreuve de toute artillerie aujourd'hui connue qui pourrait être employée contre lui. Pour donner une idée de la force de sa muraille aux environs de la flottaison, nous n'aurons qu'à énumérer les matériaux dont elle est composée. Sa muraille consiste en plaques de fer de 0^m,23 appuyées sur un matelas de 0^m,30 en bois de teak, puis sur une coque en fer de 0^m,038 d'épaisseur.

En outre, il y a une autre double couche de teak, formant une épaisseur de 0^m,53, une seconde coque en fer de 0^m,019, et en dedans de tout cela une troisième rangée de couples de 0^m,0178 de largeur.

L'équipage de l'*Hercules* sera de 650 hommes. La machine, fournie par MM. Penn, sera de 1,200 chevaux nominaux anglais et pourra développer 7,200 chevaux effectifs. Ce sera la machine la plus puissante qui aura été construite en Angleterre, et le navire devra réaliser une vitesse moyenne de 14 nœuds.

L'*Hercules* a été mis à l'eau, à Chatham, le 10 février 1868; mais il ne sera probablement en état de prendre la mer qu'en 1869. Il doit porter une forte mâture rappelant celle des anciens vaisseaux de ligne, et seulement un appointement de trois jours de charbon. Beaucoup d'officiers de la marine anglaise critiquent cette disposition de l'armement et préféreraient qu'une mâture plus légère permît d'accroître le rayon d'action de l'appareil à vapeur.

Tels sont les derniers modèles des navires anglais *armés en batterie*, et appelés *broad-side-ships*. Une autre classe de navires cuirassés désignés sous le nom de *navires à tourelles*, (*turret-ship*), compte aussi en Angleterre quelques spécimens : ils feront l'objet du chapitre suivant.

Une escadre d'essai, composée des bâtiments cuirassés, *Achilles*, *Bellerophon*, *Caledonia*, *Hector*, *Lord Clyde*, *Ocean*, *Pallas*, *Research* et *Wiverx* fut réunie, en 1866, sous les ordres de l'amiral Hastings Yelverton et procéda, du 20 septembre au 1er novembre, à une série d'expériences dont le but était de constater les qualités de ces bâtiments.

On avait éliminé de cette escadre le *Warrior* comme insuffisant, et le *Minotaur*, en raison de sa lenteur d'évolution. L'*Hercules* était encore sur chantier.

Les roulis furent en général très-amples, et tous ces bâtiments montrèrent une certaine difficulté à virer de bord ; leurs qualités gyratoires ou de vitesse parurent fort inégales. Ainsi l'*Achilles*, qui possède de belles qualités nautiques, une bonne stabilité, tourne si difficilement sur lui-même, que, dans l'opinion de bien des officiers de la marine anglaise, cette lenteur d'évolution suffirait à causer sa perte dans un combat. Dans un essai de tir par forte mer, l'*Achilles* seul atteignit la cible servant de but, et si l'*Hector* l'imita et obtint le même succès, ce ne fut qu'en embarquant une quantité de paquets d'eau vraiment inquiétante. Le *Bellerophon* ne put tirer que deux coups, bien que pour l'ensemble des qualités, tant à la voile qu'à la vapeur, ce bâtiment et la *Pallas* parussent les types les mieux réussis de l'escadre. Les formes données aux éperons, tels que celui du *Bellerophon*, qui sont bien différentes de celles adoptées en France, ne paraissent pas heureuses. Les éperons anglais sont concaves sur le prolongement des flancs du navire et présentent à l'avant l'apparence d'un soc de charrue. Aussi poussent-ils devant eux une montagne d'eau, qui remonte le long du bord au point, comme on l'a vu sur la *Pallas* durant les essais dont nous parlons, d'atteindre les écubiers et de pénétrer même dans la batterie. Au contraire le *Solferino*, remarquable par la douceur de ses mouvements de tangage, n'embarque pas d'eau de l'avant, même quand il vogue debout à la lame.

Ce que nous disons des éperons des navires anglais, nous pourrions le répéter pour les hélices. Presque toutes sont des hélices Griffith, à deux ailes seulement, et d'après les expériences de l'escadre de 1866, d'après les forces motrices développées et les vitesses obtenues, elles ne semblent pas construites dans de bonnes conditions pour utiliser la puissance des machines.

Dans le courant de l'année 1867, de nouveaux navires cuirassés ont été mis en chantier sur les plans de M. Reed, approuvés par l'amiral R. Robinson. Ce sont l'*Audacious*, et ses pareils, le *Vanguard* et l'*Invincible*. Ces navires doivent être cuirassés à la flottaison seulement, avec un fort central rectangulaire blindé, comportant deux étages de feux, et dont les angles abattus présentent des sabords.

Enfin, en 1868, d'après l'exposé du premier lord de l'amirauté, fait à la chambre des communes le 11 mai 1868, on doit entreprendre de construire :

1° Sur le type de l'*Audacious* les navires l'*Iron-Duke*, le *Swiftsure*, et le *Triumph*, en fer avec cuirasse de $0^m,152$ et $0^m,202$ d'épaisseur s'appuyant sur un matelas en teak de $0^m,254$. La carène du *Triumph* doit être, à titre d'essai, doublée en bois avec cuivre pardessus le bois, afin d'éviter les inconvénients inhérents aux carènes en fer, comme résistance à la marche, que nous avons signalés plus haut.

2° Le *Sultan* sur le type de l'*Hercules*.

3° Un garde-côtes à une tourelle battant tout l'horizon et armé de deux canons de gros calibre ; ainsi qu'un bélier de 600 chevaux nominaux, pourvu d'une tourelle fixe, avec un canon sur plate-forme tournante.

CHAPITRE IX

LES BATIMENTS CUIRASSÉS A TOURELLES DE LA MARINE ANGLAISE ET DE LA MARINE AMÉRICAINE. — LE **MERRIMAC** ET LE **MONITOR**. — LE COMBAT NAVAL D'HAMPTON-ROAD, EN AMÉRIQUE.

C'est à dessein, que dans les chapitres précédents, nous ne nous sommes pas arrêté à

Fig. 403. — Le *Merrimac*, navire blindé américain.

la description de certains navires, que nous avons désignés sous le nom de *navires à tourelles* (en anglais, *turret-ship*). Il nous a paru utile, pour introduire une certaine clarté dans cet exposé, de grouper dans un ensemble à part, les détails concernant cette classe de bâtiments, en les distinguant des navires cuirassés à *batterie et fort central* ou *réduit central*, dont nous avons parlé. Nous avons pu ainsi décrire avec méthode les types si nombreux et si variés de bâtiments anglais que nous avions à passer en revue ici.

Avant d'exposer les systèmes du capitaine Coles, en Angleterre, et d'Éricsson, en Amérique, pour la création des navires cuirassés à tourelles, et pour mieux faire comprendre les qualités et les défauts, l'aptitude et l'insuffisance, selon les cas, des navires construits selon ces systèmes, il ne sera pas inutile de présenter quelques aperçus généraux sur les navires cuirassés à tourelles et de résumer, à ce sujet, plusieurs remarques qui découlent de ce qui a été dit dans le cours des récits qui précèdent.

La lutte entre l'artillerie et la cuirasse, l'une cherchant à entamer l'autre, est appelée à se prolonger longtemps. On peut considérer, il est vrai, que les conditions de grandeur traduites, quand il s'agit de constructions navales, par de simples questions de poids et finalement de dépenses, trouvent parfois des limites impérieuses dans les qualités de résistance absolue des matériaux mis en œuvre. Les bouches à feu atteignent ces dernières limites de résistance, qu'il est impossible de franchir, plus tôt que les plaques des navires. Mais, sans chercher à prévoir le dernier terme de l'un ou de l'autre de ces éléments, on peut du moins se faire une idée assez précise du caractère de la nouvelle tactique navale.

La vitesse et la facilité d'évolution sont, sans conteste, pour un bâtiment militaire, les qualités de premier ordre, soit qu'il doive éviter l'attaque, soit qu'il veuille harceler son ennemi. Et ces qualités, il faut qu'elles soient égales pour tous les bâtiments d'une même escadre, sous peine de voir le moins bien doué paralyser l'initiative des autres. La vitesse avant tout, la facilité de manœuvres par toutes les circonstances de navigation, se présentent donc comme des conditions essentiellement requises pour le navire de guerre vraiment marin.

Le choc par l'éperon, et l'usage de l'artillerie, sont les deux modes d'agression entre deux navires cuirassés. Quelles doivent être les parts de l'un et de l'autre moyen d'attaque dans un combat? Les opinions des marins sont partagées à cet égard. Ce qui est indubitable, en fait d'artillerie, c'est qu'on est forcément conduit à n'armer un navire que de bouches à feu puissantes, en les réduisant, s'il le faut, à un très-petit nombre, car des canons d'un calibre médiocre ne feraient, de près comme de loin, que disséminer les munitions, sans ébranler sensiblement la cuirasse de l'ennemi. On peut croire qu'entre navires cuirassés, en raison de l'incertitude du tir au loin, l'engagement de près est le seul vraiment sérieux. Beaucoup pensent même que, si un bâtiment est supérieur en rapidité et mobilité, mieux vaut pour lui courir sus résolûment à l'ennemi et le frapper de son éperon, que de dépenser son temps au pointage, toujours douteux, de son artillerie, bonne seulement à inquiéter au loin, à opérer une diversion, ou à frapper durant la chasse, si le bâtiment menacé se met à fuir. Mais ce n'est pas ici le lieu d'approfondir ces questions militaires ; nous n'avons pas, d'ailleurs, la compétence nécessaire pour prononcer en de telles matières.

Si un navire ne peut avoir que quelques-uns de ces puissants et lourds canons modernes, les disposer tous, selon l'ancienne coutume, aux sabords d'une batterie, chacun ne pouvant embrasser que des angles peu ouverts, ce serait condamner le navire à un champ de tir bien limité. Ainsi est née l'obligation de rechercher, pour ces formidables bouches à feu, en nombre restreint, des aménagements spéciaux.

Pour les navires sans mâture, la *tourelle* est la disposition qui s'est assez naturellement rencontrée dans cet ordre d'idées. Protégé par une tour cylindrique cuirassée, un canon a tout l'horizon pour champ de tir, s'il est monté sur une plaque tournante, ou si la tourelle elle-même est pivotante.

Mais la différence est grande entre ce qu'on doit exiger du bâtiment destiné à croiser en haute mer et à y faire la guerre d'escadre, et ce qui peut convenir à un garde-côtes. Or, c'est avec le caractère dominant de garde-côtes, que nous apparaissent les premières applications des idées du capitaine Cooper Coles, c'est-à-dire les *Monitors* qui furent construits en 1861 par l'Américain Éricsson, pour les nécessités de la guerre de sécession.

Armer une sorte de radeau d'une ou de plusieurs pièces du plus fort calibre, capables de battre tout l'horizon ; associer cet armement avec le principe de la protection par la cuirasse, tel est l'objet que poursuivirent séparément et presque simultanément Éricsson, en Amérique, et le capitaine Coles, en Angleterre. Il est assez difficile de décider lequel des deux produisit ses idées le premier. Pourtant on sait que c'est en 1855 que le capitaine Coles proposa son plan de *radeau à coupoles*. Il supprima d'abord les coupoles sphériques et fixes; il les rendit mobiles, en 1859, à l'instigation de Brunel. L'année suivante, sur les avis de M. Scott Russel, il les fit coniques, et enfin cylindriques. D'autre part, on sait que dès le mois de septembre 1854, Éricsson avait présenté un plan de bâtiment à tourelle mobile, et que ce fut lui qui, en 1861, construisit le fameux *Monitor* à tourelles cylindriques et tournantes.

Le rôle que joua le *Monitor*, au printemps de 1862, dans un épisode célèbre de la guerre d'Amérique, attira l'attention générale et donna une grande notoriété aux constructions navales cuirassées, dont le public européen et américain avait jusque-là à peu près ignoré l'existence. Nous voulons parler du combat naval d'Hampton-Road, dans lequel, pour la première fois, des navires cuirassés prirent part à un engagement. Il nous paraît indispensable de rappeler ici cet événement historique, en raison de son importance pour le sujet qui nous occupe.

Dans les premiers jours du mois de mars 1862, une partie de la flottille du Nord croisait sur la côte de la Virginie, à l'embouchure de la rivière James, pour bloquer les divers ports situés sur cette rivière. Les équipages de ces navires vivaient en parfaite sécurité à l'abri de leurs canons ; mais les chefs ne partageaient point cette confiance, sur l'avis qui leur avait été transmis de l'arrivée probable du *Merrimac*.

Le *Merrimac* n'était qu'un vieux navire en bois, l'un de ceux qui avaient été coulés dans le port de Norfolk, le 10 avril 1861, pour obstruer l'entrée de ce port, au moment où les forces du Nord l'évacuaient.

Retirée de l'eau, cette frégate avait été rasée à un mètre de la flottaison, et transformée en un navire cuirassé, en la recouvrant d'une toiture métallique, qui s'enfonçait de chaque côté, d'un mètre sous l'eau ; en armant ses batteries de canons de 12 pouces, et sa proue d'un éperon de fer, pour attaquer et éventrer la carcasse des navires de bois. La destination de cette nouvelle machine de guerre maritime, c'était d'aller attaquer dans les ports, et d'y mettre en pièces, les navires de bois de la marine fédérale. Elle offrait les dimensions suivantes :

Longueur à la flottaison.........	79m,40
Largeur.........................	15m,00
Tirant d'eau....................	7m,20
Poids...........................	4,000 tonn.
Puissance de la machine.........	510 chev.

Ce n'était donc pas sans raison que les commandants des six frégates fédérales, y compris le magnifique *Cumberland*, un des plus beaux navires de l'Union américaine, redoutaient la visite qui leur était annoncée. Ces craintes ne devaient d'ailleurs que trop se réaliser.

Dans la journée du 8 mars 1862, on vit descendre à toute vapeur, sur la rivière James, une masse flottante, presque informe, sans un seul matelot à l'extérieur, et ne trahissant la direction et la volonté humaines, que par l'énorme panache de fumée noire qui s'échappait de la cheminée de sa machine. A une plus grande distance, dans la rivière, suivaient deux autres navires cuirassés, *le Yorktown* et *le Jamestown*.

Le *Merrimac* était à peine arrivé à la portée des canons de la flottille du Nord, que les six navires fédéraux, réunissant leur feu, l'accueillaient par la décharge de toutes leurs pièces. Cette grêle de projectiles, cette pluie de fer et de feu, aurait vingt fois traversé de part en part, et comme percé à jour, un navire de bois. Le *Merrimac* supporta sans broncher cette avalanche de mitraille : les boulets rebondissaient sur sa robuste carapace, comme des pois lancés contre un mur. Toutefois, le choc de toute cette artillerie fut si terrible pour le *Merrimac*, que sa marche en fut un instant arrêtée ; mais la machine à vapeur avait seule subi quelque dommage ; la cuirasse métallique était restée intacte. Au bout de peu de minutes, le petit dérangement de l'appareil à vapeur était réparé, et le navire de fer se préparait à faire, à son tour, usage de ses canons.

Il choisit le *Cumberland* pour sa première victime. Sans s'inquiéter de la grêle de boulets qui continuait à pleuvoir sur lui, il s'approcha du *Cumberland*, de manière à diriger contre lui ses deux canons d'avant, et tira à la hauteur de la ligne d'eau. Ensuite il se précipita, à toute vapeur, sur la frégate, et enfonça dans ses flancs de bois son éperon de fer. Gagnant le large après ce terrible abordage, le *Merrimac* canonna de nouveau le *Cumberland*, et jeta une seconde fois contre lui son énorme masse lancée à toute vapeur. Le

Merrimac fit cette fois une si terrible trouée aux flancs de ce navire, que l'eau s'y engouffra avec rapidité, et qu'il commença de couler. Des deux cent cinquante hommes qui montaient ce magnifique bâtiment, la moitié périt, l'autre moitié se sauva à la nage. Le *Cumberland* sombra, son pavillon flottant encore, et en lançant une dernière bordée, tout aussi impuissante que les premières.

Les deux navires cuirassés qui avaient suivi le *Merrimac*, s'étaient attaqués, de leur côté, à un autre bâtiment de la flottille fédérale, *le Congress*, et le canonnaient avec vigueur. Le *Merrimac*, après son sanglant triomphe, vint se joindre à ces deux navires, pour en finir avec le *Congress*. Incapable de soutenir la lutte, le *Congress* amena son pavillon. Les confédérés y mirent le feu, et le firent sauter, après avoir fait prisonniers les officiers, et permis à l'équipage de s'échapper dans des canots.

La nuit, qui arriva sur ces entrefaites, suspendit toute autre entreprise. Confiant dans son invulnérabilité, le *Merrimac* attendit tranquillement le jour au milieu de tous ses adversaires.

Le lendemain le *Merrimac* se disposait à attaquer le reste de la flottille fédérale, lorsqu'un fait imprévu vint changer les conditions du combat. Le *Monitor* avait rejoint la flotte des Américains du Nord.

Le *Monitor* (*fig.* 404) n'était, à vrai dire, que l'imitation ou la mise en pratique du projet du *radeau à vapeur* du capitaine anglais Coles. C'était une espèce de radeau cuirassé. Son pont, à l'épreuve de la bombe, porte une tour blindée qui peut pivoter sur son axe, et qui est armée de deux canons de fort calibre. Il s'élève trop peu au-dessus de l'eau pour pouvoir être atteint par les projectiles de l'ennemi. Tout l'équipage se trouve, de cette manière, au-dessous de la flottaison, à l'exception des servants des pièces, qui, toutefois, sont protégés par la tour blindée. La muraille de cette espèce de radeau est en fer, d'un demi-pouce d'épaisseur ; puis vient un massif de chêne de 26 pouces, sur lequel est fixée une cuirasse en fer de 5 pouces d'épaisseur. Le pont, supporté par de solides poutres de chêne, est composé d'un massif de bois de 7 pouces, recouvert de plaques de fer de 1 pouce d'épaisseur. Il déborde sur la partie inférieure qu'il rend invulnérable, de 24 pieds par chaque bout et de 7 sur chaque côté. Cette partie supérieure du *Monitor* ressemble assez à la coque renversée d'un navire de fer plus large que le bâtiment inférieur, qu'il recouvrirait entièrement.

La tour est formée d'une carcasse en fer de 1 pouce d'épaisseur à laquelle sont rivées deux plaques en fer de 1 pouce ; puis viennent six autres plaques en fer cylindré maintenues par des boulons qui se mettent en place de l'intérieur, de façon que si une plaque venait à se détacher elle pourrait être immédiatement resserrée. Le haut de la tour est recouvert d'un toit à l'épreuve de la bombe et percé de meurtrières. La partie inférieure des affûts de canon est en fer massif. Ces affûts sont sur le même plan et placés parallèlement, de manière que les deux pièces tirent dans la même direction. Les sabords n'ont que la grandeur suffisante pour laisser passer la bouche du canon et sont munis d'un pendule en fer qui les referme lors du recul de la pièce. Ses canons sont du système Dahlgreen et du plus fort calibre.

Une machine à vapeur, placée au-dessous du pont, fait pivoter la tour sur son axe. Cette tour et la chambre du pilote, également cuirassée, dépassent seules le pont, au moment du combat.

Les parties inférieures du bâtiment sont en fer de 1/2 pouce d'épaisseur et elles sont munies des emménagements ordinaires. La machine et les soutes à charbon sont à l'avant ; à l'arrière sont les vivres, les autres approvisionnements et les logements des of-

Fig. 404. — *Le Monitor*.

ficiers, éclairés par des ouvertures pratiquées sur le pont (1).

Tel était l'adversaire qui, dans la matinée du 9 mars, vint se porter à la défense de la flottille du Nord. Le genre de combat allait donc changer de face. La veille, c'était un navire bardé de fer qui avait attaqué des navires de bois, hors d'état de se défendre, en raison du défaut de résistance de leur coque ; la lutte allait maintenant s'établir entre deux adversaires de même nature et de même force, fer contre fer, cuirasse contre cuirasse.

Au point de vue de la froide comparaison scientifique, le combat naval de Hampton-Road, le conflit du *Monitor* et du *Merrimac*, la lutte et le choc de ces deux espèces de monstres de fer et de feu, étaient d'une importance incomparable. Or l'enseignement qui devait résulter de cet engagement naval fut pleinement acquis, et depuis l'application de la vapeur à la navigation, on peut dire que c'est là le fait le plus décisif que la stratégie navale ait eu à enregistrer dans notre siècle. D'après les conditions connues de cohésion des plaques métalliques, et à égalité de puissance d'artillerie, on devait prévoir que la résistance mutuelle des deux navires cuirassés devait être égale et, de part et d'autre, absolue.

C'est en effet ce qui arriva. Le combat dura cinq heures ; de sept heures à midi, le feu ne cessa point d'être échangé avec vigueur entre les deux navires cuirassés, sans qu'ils souffrissent sensiblement l'un ou l'autre. Deux fois le *Merrimac* tenta, contre son adversaire plus frêle que lui, cette terrible manœuvre de l'écrasement, qui, la veille, avait si complétement réussi contre le pauvre *Cumberland ;* mais chaque fois l'éperon glissa, sans l'entamer, sur l'armure du *Mo-*

(1) Voici les principales dimensions du *Monitor :*

		Pieds anglais.	Mètres.
Partie inférieure non cuirassée..	Longueur..................	124	38
	Largeur au fond..........	18	5,50
Partie supérieure cuirassée.......	Longueur..................	172	53
	Largeur..................	41	12,60
	— au plan de raccord avec la partie non cuirassée..................	38	11,60
	Hauteur..................	5	1,50
	Saillie sur l'eau		0,45
Tirant d'eau total..........................			3,00
Tourelle tournante armée de 2 canons Dahlgreen de 11 pouc. (0m,28)	Diamètre extérieur........		6,60
	— intérieur........	20	6,15
	Hauteur au-dessus du pont.	9	2,74
Vitesse par calme..........................			6 à 7 nœuds.

nitor, qui sortit sain et sauf de ce terrible assaut; au contraire la proue du *Merrimac* se brisa sur la cuirasse du *Monitor*.

Le combat fut terminé par la retraite du *Merrimac*, qui n'avait reçu que quelques avaries légères, mais dont le capitaine avait été mortellement blessé par un boulet, entré par l'un des sabords. Ce capitaine se nommait Franklin-Buchanan, et la veille, il avait fait prisonnier son propre frère, officier de la marine fédérale à bord du *Congress*. Du reste, le commandant du *Monitor*, le lieutenant Worden, avait été blessé lui-même, dans sa cabine de fer.

En résumé le *Monitor* ne fit aucun mal au *Merrimac*. De son côté, le *Merrimac*, vieille frégate rapidement transformée en frégate cuirassée, était trop faible de charpente, et mû par une machine à vapeur trop peu puissante, pour pouvoir tenter avec succès le choc contre son adversaire.

Ajoutons, pour terminer ce chapitre, que le *Monitor* n'était bon que pour la navigation en rivière ; il était impropre à tenir convenablement la mer, et bien des incidents ont montré qu'il navigue difficilement et qu'il est presque inhabitable. Un officier du *Monitor*, dans une lettre publiée par le *Times*, après mille éloges adressés à son bâtiment, dont le combat d'Hampton-Road l'a rendu enthousiaste, terminait en disant : « Il y aurait moins de danger à combattre douze fois contre le *Merrimac* qu'à retourner à New-York à bord du *Monitor*. »

CHAPITRE X

LES NAVIRES A TOURELLES DE LA MARINE ANGLAISE. — LE ROYAL-SOVEREIGN, ET LE PRINCE-ALBERT. — LE NAVIRE A TOURELLES DE LA MARINE AMÉRICAINE, LE MIANTONOMOAH. — LE CAPTAIN ET LE MONARCH, NAVIRES ANGLAIS A TOURELLES.

Le combat d'Hampton-Road était fait pour appeler l'attention sur la nature des services auxquels étaient propres les *monitors*. Les idées du capitaine Coles gagnèrent donc quelque faveur en Angleterre. Le 4 avril 1862, par ordre de l'amirauté, le vaisseau à trois ponts de 130 canons, *le Royal-Sovereign*, entrait dans un des bassins de Portsmouth, pour y être rasé de ses deux ponts supérieurs, et pour recevoir cinq tourelles tournantes, armées chacune d'un canon lançant un boulet de 300 livres.

Les modifications qu'il a fallu faire subir au bâtiment, pour répondre à ce programme, ont été considérables, et n'ont pas rencontré, même en Angleterre, une approbation unanime. Ce que l'expérience a clairement montré, c'est que le *Royal-Sovereign* ainsi transformé, est incapable de naviguer ; que dès lors, son rôle est réduit à celui de garde-côtes, et que même pour ce dernier emploi, en raison de son fort tirant d'eau ($6^m,55$ à l'avant, $7^m,58$ à l'arrière), il est mal réussi.

Les partisans de ce système firent valoir que les indications du capitaine Coles auraient chance d'être suivies avec plus de succès sur une construction neuve. L'amirauté, fidèle à sa coutume d'expérimentation, fit construire en 1862-64, chez Samuda frères, le navire à tourelles *le Prince-Albert*. Voici les éléments principaux de ce bâtiment, dont la coque est en fer :

Longueur	$73^m,14$
Largeur	$14^m,64$
Tirant d'eau au milieu	$6^m,34$
Déplacement	3,870 tonn.
Force nominale de la machine	500 chev.
Nombre de bouches à feu	4
Hauteur des sabords des tourelles au-dessus de la flottaison	$3^m,50$
Épaisseur de la cuirasse	$0^m,115$
— du matelas qui reçoit la cuirasse	$0^m,46$

Il revient à 5,420,000 francs.

En outre, le gouvernement anglais fit l'acquisition pour le prix de 2,800,000 francs chacun, de deux navires à tourelles, *la Wivern* et *le Scorpion*, construits par MM. Laird, de Birkenhead, et primitivement destinés aux Américains du Sud. Ces navires, longs de

68^{m},42, déplacent 2,700 tonneaux, au tirant d'eau moyen, en charge, de 4^{m},72; ils ont deux tourelles armées, chacune, de 1 canon de fort calibre. La *Wivern* n'atteignit, aux essais en calme, qu'une vitesse de 10 nœuds.

Le *Prince-Albert*, ainsi que ces derniers bâtiments, est ras sur l'eau et peu en état de tenir la mer. Un instant, on avait cru trouver, au point de vue du roulis, quelques avantages aux bâtiments à tourelles centrales; mais la *Wivern*, qui faisait partie de l'escadre d'essai de 1866, dont nous avons parlé plus haut, roule à tel point, qu'il est dit dans un rapport officiel: « Je ne mentionne pas ce navire, car la mer eût envahi sa tourelle et balayé tout à l'intérieur. »

Ces premières tentatives furent donc peu satisfaisantes. Elles montrent combien il y a loin du *Monitor* proprement dit, au navire dérivé du même système, mais destiné à la grande guerre maritime. C'est ce qu'il est facile de s'expliquer.

Les tourelles ne protégeant que leur intérieur, il est urgent que le bâtiment qu'elles surmontent soit entièrement cuirassé. Une question d'économie de poids conduit à réduire la hauteur des œuvres mortes; ou si l'on dispose les choses de telle façon que le tir rase le pont, il faudra que les pavois puissent tomber pendant le combat, laissant par là le pont accessible à la lame. On a dû sur le *Royal-Sovereign*, le *Prince-Albert*, la *Wivern* et le *Scorpion*, placer par-dessus les tourelles, un pont léger, pour le service du bord.

La figure 405 (page 564) représente le *Royal-Sovereign*.

En second lieu, pour que la tourelle puisse battre sans gêne tout l'horizon, il importe que le pont supérieur soit entièrement dégagé de l'avant à l'arrière. Or, dans la revue navale qui fut passée à Spithead, en 1867, à l'occasion de la visite du Sultan, le *Prince-Albert* ayant tiré quelques salves d'artillerie, causa, dès les premiers coups, de grands dégâts à sa passerelle, et diverses installations en fer qui existent sur le *Royal-Sovereign* entre les tourelles et la cheminée, furent entièrement démolies.

Ce qui est plus grave à penser, c'est le sort qui serait fait, en cas de combat, à un navire de ce système, si le mécanisme des tourelles était dérangé par les boulets ennemis, surtout si le navire se trouvait pris entre deux feux. Une foule d'incidents de la guerre d'Amérique prouvent que cette crainte est sérieuse. Au combat de Morris-Island, le 10 juillet 1863, le monitor *le Passair*, dut abandonner le feu, après avoir reçu, entre la tourelle et le pont, un boulet, qui avait brisé une partie de son mécanisme; il fallut trois mois pour le remettre en état. Sans doute, on peut multiplier autour de ce mécanisme les moyens de protection; mais ne faut-il pas compter encore avec les avaries qui se produisent d'elles-mêmes dans les engrenages, soit par suite de défauts de fonte, soit après quelque temps de service? Au mois de juin 1863, à bord du monitor américain *le Patapsko*, une dent du pignon de la tourelle se rompit, et le bâtiment demeura paralysé jusqu'à la fin de la réparation, qui ne demanda pas moins de quinze jours.

Jaloux pourtant de construire de vrais *monitors de mer*, les Américains produisirent le *Miantonomoah* (*fig.* 406), qui, en effet, traversa l'Atlantique, et vint se montrer, pendant l'été de 1866, dans les ports d'Europe.

Le pont de ce navire n'est qu'à 0^{m},60 au-dessus de la flottaison. Dans l'axe s'élèvent deux tourelles ayant 2^{m},80 de hauteur, 6 mètres de diamètre, armées chacune de 2 canons de 0^{m},38 et réunies par une passerelle; en cours de navigation, les hommes de quart se tiennent sur la passerelle, et le restant de l'équipage demeure sous le pont, dont les panneaux sont absolument fermés. Le bâtiment est ventilé par des procédés mécaniques. En voici les dimensions principales: longueur, 79^{m},30; largeur, 16^{m},15; tirant d'eau, 4^{m}55.

Fig. 405. — *Le Royal-Sovereign*, navire à tourelles, ou *monitor de mer*, de la marine anglaise, construit en 1862.

Sans aucune mâture, le *Miantonomoah* est mû par deux hélices indépendantes; sa cuirasse, épaisse de $0^m,15$, règne sur une hauteur totale de $2^m,10$.

Malgré l'heureuse traversée faite par le *Miantonomoah* d'Amérique en Europe, les marins ne le considèrent encore que comme un garde-côtes.

« Ces traversées, dit un écrivain des plus autorisés (1), font honneur, nous aimons à le dire, à la trempe énergique des hommes de la marine fédérale; mais elles ne prouvent pas que le *Monitor* soit autre chose qu'un garde-côtes, et c'est comme garde-côtes que nous le voyons figurer dans presque toutes les marines, en Angleterre, en Russie, en Suède, en Danemark, etc.

« Le *Monitor* américain, dit encore le même écrivain, n'est point un *navire de mer* : il n'a du navire de mer ni les qualités de marche et d'évolution, ni surtout cette faculté indispensable que les Anglais expriment par un seul mot, *buoyancy*, ce que nous appelons l'*aptitude à flotter*, la *faculté d'immersion*. Cette aptitude à flotter réclame un certain relief, une certaine élévation des œuvres mortes; c'est là une condition *sine quâ non* pour les navires de mer. »

(1) Amiral V. Touchard, *A propos du combat de Lissa* (*Revue maritime et coloniale*, 1867).

Les rapports du capitaine Fox apprennent que debout à la lame, par une grosse mer, l'avant du *Miantonomoah* plongeait à tel point que le paquet d'eau venait se briser sur la tourelle de l'avant, et que le tir des canons en chasse devenait impossible. Il en était de même du tir en retraite par une houle un peu forte venant de l'arrière. Enfin, il est notoire qu'à son départ d'Angleterre pour la Russie, ce bâtiment a couru de réels dangers dans la mer du Nord.

Au reste, beaucoup d'Américains ont répété que souvent remorqué par son compagnon de voyage, l'*Augusta*, le *Miantonomoah* n'abandonnait les remorques et ne poussait ses feux que près des côtes, au moment venu de faire dans un port une entrée triomphale.

Fig. 406. — *Le Miantonomoah, monitor de mer* de la marine américaine, construit en 1865.

Le nouveau programme que s'est tracé, en Angleterre, le capitaine Coles, est de combiner le système des tourelles des monitors avec les qualités nautiques d'un croiseur.

L'amirauté anglaise a entrepris récemment la construction de deux grands navires projetés en vue de répondre à ce programme ; l'un, le *Captain*, a été mis en chantier, d'après les plans de M. Coles lui-même, chez MM. Laird, à Birkenhead ; l'autre, le *Monarch*, dessiné par le contrôleur de l'amirauté, s'édifie au dock-yard de Chatham.

Voici leurs éléments principaux :

	Captain.	*Monarch.*
Longueur	$97^m,53$	$100^m,58$
Largeur	$16^m,20$	$17^m,52$
Hauteur du pont au-dessus de l'eau	$3^m,00$	$4^m,26$
Tirant d'eau moyen en charge..	$7^m,00$	$7^m,33$
Déplacement	7,000 tonn.	8,300 tonn.
Puissance nominale de la machine	900 chev.	1,100 chev.
Nombres de bouches à feu	6	6

Le *Captain* porte deux tourelles armées, chacune, de deux canons du calibre de 600 livres (272 kil.) pesant 22 tonnes chacun, et en outre, sur le gaillard, de deux gros canons à pivot, l'un à l'avant, l'autre à l'arrière, lançant des projectiles de 150 livres (68 kil.). Le centre des bouches à feu des tourelles est à $3^m,95$ au-dessus de l'eau. La cuirasse des tourelles sera épaisse de $0^m,254$, celle du navire de $0^m,203$ dans la partie centrale, et de $0^m,177$ aux extrémités. Ce bâtiment doit avoir sur le pont, à l'avant et à l'arrière des abris offrant des logements bien aérés ; une forte passerelle centrale ayant $7^m,35$ de largeur, réunit ces abris en passant au-dessus des tourelles.

Ce navire a pour but, comme nous l'avons dit, de combiner le système des tourelles avec les qualités nautiques d'un croiseur de première classe.

Il sera très-probablement emménagé avec soin et pourvu d'une dunette et d'un gaillard d'avant. Sa longueur est de $97^m,53$;

sa largeur de $16^m,20$, et son tonnage de 4,272 tonneaux; il a $7^m,16$ de tirant d'eau à l'arrière et $6^m,85$ à l'avant. Il aura deux paires de machines de la force collective de 900 chevaux nominaux, faisant mouvoir deux hélices, et devant donner au navire, tout armé, une vitesse de 14 nœuds.

Outre les quatre canons de 600 livres dont seront armées les deux tourelles, des canons de chasse seront placés à l'avant et à l'arrière. Le navire sera cuirassé de bout en bout, avec des plaques descendant à $1^m,52$ au-dessous de la flottaison et allant jusqu'au plat-bord du pont. Par le travers des tourelles, les plaques auront $0^m,20$ d'épaisseur; dans les autres parties du milieu du navire, cette épaisseur sera réduite à $0^m,177$, et aux extrémités, elle sera encore diminuée.

Les deux gaillards sont réunis par un pont central (*spardeck*) de $7^m,35$ de largeur, et passant par-dessus les tourelles, pour faciliter les manœuvres et permettre à l'équipage de communiquer à l'avant et à l'arrière.

Lorsque le navire sera simplement à la mer sans combattre, un pavois, en tôle, ayant comme longueur la distance entre les deux gaillards, et comme hauteur celle des gaillards au-dessus du premier pont, et qui, pendant le combat, est rabattu contre la coque, se relèvera et viendra se fixer à la hauteur des gaillards, en cachant les tourelles et les emménagements du pont, et les préservant des coups de mer.

Le *Captain* (*fig.* 407, page 569) aura un gréement complet et une surface de voilure en rapport avec son tonnage. Les mâts sont soutenus par des tubes rigides en fer, disposés en trépied; le restant du gréement est réparti sur la passerelle, et celle-ci devient affectée à la manœuvre qui serait complétement impossible sur le pont proprement dit. Cette mâture *en trépied*, dont le capitaine Coles attend beaucoup, a été déjà mise en pratique à bord de la *Wivern*.

Le *Monarch* a des dimensions plus grandes que le *Captain*. C'est ce qui a permis de trouver sous le pont des logements aérés; mais son armement comme artillerie n'est pas plus considérable que celui du *Captain*, par suite de l'épaisseur plus grande donnée à certaines parties du blindage. Il porte deux tourelles cuirassées, contenant chacune 2 pièces de canon, du poids de 22 tonnes. Il y a, en outre, une pièce à l'avant, sur le pont, pour le tir en chasse, et une autre à l'arrière, pour le tir en retraite. Le blindage s'étend sur toute la flottaison, et se relève à l'extrémité arrière et à l'extrémité avant, de manière à protéger ces deux dernières bouches à feu.

L'épaisseur de la cuirasse varie entre $0^m,127$, qu'elle possède à la flottaison, et $0^m,250$ qu'elle atteint sur les tourelles, aux environs des canons, et $0^m,10$ ou $0^m,08$ qu'elle garde aux extrémités. Le poids de la totalité des plaques composant le cuirassement, est de 1,380, tonnes.

Le gréement du *Monarch* est manœuvré du pont du gaillard, comme sur un navire ordinaire. Sa vitesse sous vapeur, fixée dans le contrat passé avec les constructeurs, doit être de 14 nœuds.

Ces deux derniers navires, le *Captain* et le *Monarch*, s'écartent du vrai monitor américain par la hauteur plus grande du pont du gaillard au-dessus de la flottaison, par l'addition de dunettes, et par la présence de la voilure. Leur déplacement d'eau est énorme, pour le petit nombre de bouches à feu qui constituent leur valeur offensive.

Les essais de ces deux grands navires, qui auront lieu en 1869, feront voir si, dans ces bâtiments, la part faite aux qualités nautiques et celle faite au jeu de l'artillerie, se complètent d'une manière satisfaisante. Toujours est-il qu'en réclamant du navire à tourelles au delà de ce qui peut convenir au bâtiment de rivière ou au garde-côtes, on a été conduit à lui prêter beaucoup de la physionomie du navire à batterie et à *fort central*, comme notre *Marengo*.

En résumé, l'amirauté anglaise a voulu, dans ces dernières constructions navales, assurer le plus grand et plus rapide champ de tir à une artillerie réduite à un petit nombre de bouches à feu. Il reste à savoir si l'artillerie, utile de loin, ne doit pas, de près, être bien moins utile que l'attaque à toute vitesse, par le choc de l'éperon. L'important, parmi tant de qualités diverses que l'on peut demander aux bâtiments de guerre, est de ne pas compromettre celles qui sont vraiment essentielles et indispensables, pour d'autres qui ne sont qu'accessoires.

En présence d'un problème aussi complexe, notre rôle d'historien se borne à rapporter les solutions qui lui sont actuellement données par les diverses nations maritimes.

On a vu qu'en Angleterre même, les derniers bâtiments projetés, ceux mis en chantier en 1868, rentrent tous, à l'exception du garde-côtes et du bélier, dans le système à *fort central*. A la Chambre des communes, dans la séance du 13 juillet 1868, lord H. Lennox, répondant à diverses interpellations, déclarait que, jusqu'à ce moment, l'amirauté n'a eu en main aucun modèle de navire à tourelles capable de tenir la haute mer qu'elle puisse consciencieusement adopter, et qu'il ne serait pas sage de prendre une décision à cet égard avant qu'on ait fait, en 1869, les expériences convenables avec les deux navires en voie d'achèvement, le *Monarch* et le *Captain*.

On a vu plus haut, comment le vaisseau cuirassé français, le *Marengo*, par son éperon, par la concentration et l'aménagement de son artillerie dans un *fort central* et dans des tours latérales à plates-formes tournantes, enfin par ses formes, répond au programme que l'on s'est récemment tracé en Angleterre pour le bâtiment qui doit réunir les qualités nautiques aux qualités de combat.

En France, grâce à une administration qui apprécie à sa juste valeur le rôle qu'est appelée à jouer la marine dans la solution des grands intérêts de l'avenir; grâce aux travaux du génie maritime et, en particulier, de M. Dupuy de Lôme, l'illustre ingénieur qui, promoteur de la révolution survenue dans l'architecture maritime, est chargé depuis 1856 de la direction de notre matériel naval; grâce aux préoccupations constantes de l'Empereur, qui porte dans ces questions le double intérêt de l'inventeur et du chef de l'État, plusieurs bâtiments sont en chantier, utilisant les nouveaux progrès de la métallurgie et les derniers secrets des sciences nautiques et militaires.

CHAPITRE XI

LES DERNIÈRES CONSTRUCTIONS NAVALES CUIRASSÉES DES ÉTATS-UNIS. — LA MARINE CUIRASSÉE AU BRÉSIL. — LA MARINE CUIRASSÉE EN ITALIE ET EN RUSSIE.

Au moment où s'alluma la guerre de la sécession, les fédéraux, maîtres des chantiers de construction de l'Amérique du Nord, se proposèrent de créer une force navale spécialement destinée, non pas à agir au loin, mais à prêter sur les côtes et les rivières, un auxiliaire important aux opérations militaires dirigées contre la confédération du Sud.

De là cette classe de navires appelés *Monitors*, du nom du premier d'entre eux qui fut construit. Nous avons décrit ce type dans le chapitre consacré aux navires à tourelles de l'Amérique, et nous avons raconté le célèbre combat naval dans lequel le *Monitor* et le *Merrimac* déployèrent leur égale valeur.

Immédiatement après le combat d'Hampton-Road, le gouvernement américain fit construire un grand nombre de *Monitors* appartenant au même système. Tels furent le *Dictator* de 97^{m},60 de long, et le *Puritain*, dont le pont mesure 100 mètres. Bientôt une trentaine de monitors à une tourelle, construits sur divers types, purent être mis en service.

Ces bâtiments ont pris une part active à la guerre, et avec eux, le *New-Ironsides*, navire cuirassé à batterie, et le *Roanoke*, ancien navire en bois transformé.

Le *Roanoke* est une ancienne frégate de l'Amérique du Nord, rasée à la hauteur de la batterie, et armée de 3 tours, contenant chacune 2 pièces. Voici ses dimensions :

Longueur........	263 pieds anglais	8 pouces.
Largeur.........	25	—	2	—
Creux...........	33	—	»	—

Après sa transformation le *Roanoke* avait perdu 3 nœuds de vitesse ; il ne filait plus que 5 à 6 nœuds, et roulait tellement que le tir devenait impossible, même par le beau temps. Il a été bien vite abandonné, comme impossible à utiliser.

Plus tard, des contrats furent passés pour la construction de vingt *monitors* sur un type, dit *Light-Draught*, dont la qualité devait être de caler très-peu d'eau (seulement $2^m,14$ d'après le plan). Mais une fois achevés, leur tirant d'eau s'éleva à $2^m,90$; le but n'était donc pas atteint. Il est vrai qu'au moment où ils purent prendre la mer, la guerre était achevée.

Cinq de ces monitors du type *Light-Draught*, à petit tirant d'eau, le *Modoc*, le *Nobuc*, etc., furent transformés en *Torpedo*, ou bateau-torpille (1).

Les monitors à deux tourelles, tels que le *Miantonomoah*, dont il a été question plus haut, ont été un agrandissement sérieux du monitor primitif.

Des navires cuirassés, sur un type tout particulier, ont également été construits par le gouvernement américain, pour opérer sur le *Mississipi*. Ils sont, en même temps, à roues et à hélices, d'un très-petit tirant d'eau, pourvus d'un fort central cylindrique fixe, armé de canons lançant des boulets du poids de 76 kilogrammes, et susceptibles de lancer des jets d'eau chaude sur le pont en cas d'abordage. Tels furent le *Chilicothe*, l'*Indianola* et le *Tuscumbia*. Ce dernier, célèbre par le combat de Grand-Gulf, avait les dimensions suivantes, longueur, $51^m,84$; largeur, $21^m,35$; tirant d'eau, $1^m,25$.

Pour terminer l'histoire des tentatives importantes faites en Amérique, nous citerons la *batterie Stevens*.

En 1840, MM. Stevens proposèrent au gouvernement américain de construire, pour la défense du port de New-York, un bâtiment qui serait à l'épreuve de l'artillerie. Ce bâtiment ne fut mis en chantier que douze ans plus tard, en 1852, après que, sur les instances de M. Stockton, sénateur de New-York, le Congrès eut affecté une somme de 500,000 dollars à sa construction. Mais vingt mois plus tard les travaux étaient abandonnés ; déjà les constructeurs avaient dépensé 700,000 dollars, avançant ainsi 200,000 dollars sur les nouveaux crédits qu'ils espéraient, car il devenait clair que l'achèvement et l'armement coûteraient encore une somme de 500,000 dollars. Depuis, et malgré des pétitions signées à New-York, durant la guerre, les travaux de la batterie Stevens n'ont pas été repris. La coque est presque terminée, la machine, sauf les hélices, et les chaudières sont en place.

Les formes fines de ce bâtiment sont assez semblables à celles des steamers de l'Hudson. Il a $128^m,10$ de longueur, $15^m,86$ de largeur ; son tirant d'eau en charge fixé sur le plan à $6^m,25$ doit être porté en cas de combat à $6^m,86$ à l'aide de compartiments étanches qu'on remplirait d'eau.

Au-dessus de la flottaison s'élève une casemate, longue de $55^m,20$, haute de $1^m,68$, recouvrant l'espace occupé par la machine et les chaudières, et dont les murailles latéra-

(1) Voici en quoi consiste la disposition essentielle des *bateaux-torpilles*. Une perche ayant 10 à 12 mètres de longueur, porte à son extrémité une mâchoire dans laquelle est logée la torpille ; cette perche traverse un manchon, qui, installé à l'avant du bâtiment, est susceptible d'être mû dans un plan vertical. Une chaîne attachée aux deux points extrêmes de la perche, et enroulée dans sa partie moyenne sur un tambour, permet de régler la saillie de la perche, suivant qu'on fait tourner le tambour dans un sens ou dans l'autre ; tandis qu'avec un long levier mû à la main, on imprime au manchon, et par suite à la perche, la direction voulue.

Fig. 407. — *Le Captain*, bâtiment cuirassé à tourelles, ou *Monitor de mer*, de la marine anglaise, construit en 1868.

les sont inclinées à $0^m,60$. Des pavois mobiles devaient, hors des moments de combat, s'élever jusqu'à $4^m,12$ au-dessus de la flottaison.

La cuirasse devait s'étendre à toute la région de la flottaison et à la casemate. L'armement projeté comprenait 5 canons de 15 pouces ($0^m,38$) et 2 canons rayés de $0^m,25$.

En parlant de la marine française, nous avons décrit (page 544) le *Rochambeau* et l'*Onondaga*, monitors à deux tourelles construits en Amérique, et achetés par le gouvernement français. Nous n'avons rien à ajouter à cette description, et nous nous bornons, en conséquence, à renvoyer le lecteur à la figure 400 (page 545) qui représente le *Rochambeau*, ce beau monitor, ci-devant américain, aujourd'hui français.

Les bâtiments spéciaux construits en Amérique, ont bien répondu aux besoins qui s'étaient présentés. Ils ont pris une part vigoureuse à la guerre de sécession, en 1862 et 1863, et fourni ainsi au marin et au constructeur bien des faits d'observation. Au bombardement de Charleston, par exemple, les canons dont étaient armées les fortifications de la ville, ne purent empêcher la flotte fédérale, commandée par l'amiral Ferragut, de s'avancer. Ailleurs, à l'attaque du fort Sumter, ce sont les murailles inclinées du *New-Ironsides* qui eurent à souffrir : elles furent déprimées. Des boulets les frappant avec plus de vitesse les eussent peut-être écrasées ; car l'inclinaison donnée à la muraille, dans le but de faire ricocher le boulet, ne peut avoir d'efficacité dans ce sens, qu'au cas où le tir est sensiblement horizontal, et cette même inclinaison devient désavantageuse, si elle rend la muraille perpendiculaire à la trajectoire (voir la théorie de la trajectoire des projectiles, page 403 de ce volume).

Le *Monitor*, le vainqueur du combat d'Hampton-Road, a sombré en pleine mer, par un temps fort ordinaire, et tous les commandants des monitors qui se trouvaient à Charleston, ont déclaré dans leurs rapports, qu'ils considéraient leurs bâtiments comme impropres au service de la mer. « *They are not sea-going, not sea-keeping vessels,* » écrit l'amiral Dupont au ministre de la marine des États-Unis.

Nous avons suffisamment parlé, dans le chapitre précédent, des qualités et des défauts des navires à tourelles pour n'avoir pas à revenir ici sur les monitors proprement dits. Le mieux armé et le plus solidement construit d'entre eux, ne saurait tenir contre un bâtiment tel que le vaisseau français le *Marengo*, menaçant par son choc et par le tir plongeant de ses tours élevées, menaçant encore, si l'adversaire fuit, par le tir en chasse de ses 4 pièces des gaillards, que rien ne saurait paralyser.

Mais encore une fois, les bâtiments improvisés par les États-Unis répondaient à des besoins spéciaux. Excellents pour la navigation sur les grands fleuves de l'Amérique, ils seraient d'une utilité problématique, s'ils devaient se lancer en pleine mer, loin des côtes du Nouveau-Monde, et courir les chances de la navigation sur toutes les mers. Redoutables par leur nombre, à l'époque où finissait la guerre de sécession, ils le seraient beaucoup moins assurément dans le cas d'une lutte contre une flotte européenne.

La guerre terminée, les flottes militaires ne convenaient plus aux États-Unis. Le gouvernement se préoccupa donc, dès les premiers mois de 1866, de vendre un matériel devenu inutile. Il cherche actuellement à constituer sa marine sur des bases nouvelles. Déjà, pendant la guerre, les fédéraux avaient senti la nécessité d'opposer aux corsaires du Sud des bâtiments rapides tels que le *Kearsage*, corvette à vapeur non cuirassée, armée sur les gaillards d'une dizaine de pièces d'artillerie, dont plusieurs à pivot, et qui s'est montrée dans les ports européens. Des moyens puissants de production sont accumulés dans les arsenaux, agrandis et enrichis de machines-outils de toutes sortes. Les arsenaux les plus importants sont ceux de Charleston, de Brooklyn en face de New-York et de Philadelphie ; la construction des *monitors* a fait place, dans leurs chantiers, à celle des bâtiments de course.

Le Brésil, à l'occasion de la guerre engagée contre le Paraguay, a fait construire quelques bâtiments cuirassés d'une forme particulière, qui, en raison du rôle que les événements leur ont fait, méritent d'être signalés.

Ce sont d'abord une série de petits *monitors* à une tourelle, destinés à naviguer en rivière par de très-petits fonds, et à résister à des canons lisses lançant des boulets de 68 livres, tirés même à petite portée.

Leurs dimensions très-réduites sont les suivantes : longueur, $36^m,58$; largeur, $8^m,54$; tirant d'eau, $1^m,52$. Leur plat-bord est à $0^m,30$ seulement au-dessus de l'eau. Ils ne portent qu'un jour de vivres et de charbon. La tourelle est armée de 1 canon Whitworth de 70 livres.

En outre de ces monitors, la flotte brésilienne compte quelques bâtiments cuirassés sortis, pour la plupart, des chantiers de la France ou de l'Angleterre, et parmi lesquels nous distinguerons le *Brazil*, construit en France, à la Seyne, par la Compagnie des forges et chantiers de la Méditerranée, et le *Tamandaré* construit à l'arsenal de Rio. Voici les dimensions de ces bâtiments :

	Brazil.	*Tamandaré.*
Longueur..................	$61^m,20$	$50^m,60$
Largeur..................	$10^m,75$	$9^m,75$
Tirant d'eau............	$3^m,65$	$2^m,59$
Puissance nominale de la machine...............	250 chev.	80 chev.

Le *Brazil* est le plus fortement armé des bâtiments de la flotte brésilienne. Il porte un fort central casematé, percé de 12 sabords, et armé de 4 canons Whitworth de 120 livres et 4 canons à âme lisse lançant des boulets de 68 livres.

Ces deux bâtiments ont vu le feu. Les coques du *Brazil* et du *Tamandaré*, à la suite d'un engagement très-vif à l'attaque de Curu-Païty, ont résisté parfaitement à l'artillerie.

La figure 408 représente le fort central cuirassé du *Brazil*.

La marine cuirassée est déjà très-répandue au Brésil. Ce pays possède, outre le *Brazil* et le *Tamandaré*, plusieurs navires blindés; ce sont le *Barroso*, le *Cabrol*, le *Columbo*, la *Marie-Barros* et le *Herval*, le *Lima-Barros*, le *Bahia* et le *Silvado*. Un autre navire, le *Rio-Janeiro*, fut coulé par des torpilles, en 1866.

Le *Barroso* est un navire à casemate, construit à Rio-Janeiro. Sa longueur est de 56^{m},70, sa largeur de 10^{m},97, et son tirant d'eau de 2^{m},59. La hauteur de la batterie est de 1^{m},60. Son artillerie se compose de 2 canons Whitworth, de 120 livres, et de 2 canons de 68, à âme lisse.

La casemate et la flottaison par le travers des machines sont cuirassées avec des plaques de 0^{m},10 d'épaisseur. Le reste de la flottaison n'a qu'une cuirasse de 0^{m},05. Ces cuirasses ont résisté à des boulets de 68 tirés à 80 mètres. La machine de Penn de 120 chevaux donne une vitesse moyenne de 8^{n},5.

Le *Cabrol* et le *Columbo* ont été construits en Angleterre, par M. Rennie. Leur longueur est de 48^{m},76, leur largeur de 10^{m},67, leur tirant d'eau de 2^{m},90 et leur déplacement de 1,050 tonneaux. Il y a à bord deux casemates cuirassées, percées chacune de deux sabords de chaque bord, en sus des deux de chasse avant et des deux de retraite arrière. L'armement se compose de 4 canons Whitworth de 70 livres et de 4 canons de 68, à âme lisse.

Les machines, de la force de 240 chevaux, conduisent deux hélices, avec une vitesse moyenne de 10^{n},5.

La *Marie-Barros* et le *Herval* ont également été construits en Angleterre, par M. Rennie. Ils sont armés, chacun, de 4 pièces placées dans une casemate. Leurs machines sont de la force de 240 chevaux.

Le *Lima-Barros* a été construit par messieurs Laird frères. Sa longueur est de 60^{m},96, sa largeur de 11^{m},58, son creux de 5 mètres, et son tirant d'eau en charge de 3^{m},64. Ce navire porte 2 tourelles armées, chacune, de 2 canons Whitworth de 150 livres. Il y a à bord deux machines à 2 cylindres chacune, conduisant 2 hélices. Leur force réunie est de 360 chevaux.

Le *Bahia* est un navire à tourelle, construit par MM. Laird; il est armé de 2 canons Whitworth de 150 livres. Sa longueur est de 54^{m},56, sa largeur de 10^{m},67, son creux de 3^{m},34, son tirant d'eau de 2^{m},44, et son tonnage de 1,008 tonneaux. La machine, de 200 chevaux, conduit 3 hélices et donne 10^{n},5 de vitesse.

Le *Silvado* a été construit à Bordeaux par la Compagnie des chantiers et ateliers de l'Océan. Il porte 2 tourelles et est armé de 4 canons Whitworth de 70 livres.

Aujourd'hui, les marines de l'Autriche, de l'Italie, de la Russie et de la Prusse, etc., entrant dans la voie nouvelle, selon l'étendue de leurs ressources financières, construisent leurs flottes de guerre suivant le système du blindage métallique. Mais nous ne voyons rien de bien saillant dans les constructions d'aucune de ces nations au point de vue technique. Nous allons, toutefois, donner une idée de l'état de la marine blindée en Prusse, en Hollande, en Danemark, en Russie, en Espagne et en Italie.

Un vaisseau non entièrement terminé et qui se construit dans les chantiers anglais pour le compte du gouvernement prussien est digne d'une mention particulière.

Fig. 408. — *Le Brazil*, navire cuirassé de la marine du Brésil (vue du fort central).

Le *Wilhelm I*er aura une cuirasse de $0^m,203$ d'épaisseur, et sera armé de 26 canons, tous en acier Krupp, dont le boulet pèse 136 kilogrammes, se chargeant par la culasse, et capables, dit-on, de tirer deux coups par minute, avec des charges de 34 kilogrammes de poudre.

La longueur de ce formidable engin de guerre est de $111^m,25$ ($4^m,57$ de moins que le *Warrior*), et sa largeur de 18 ,26 ($0^m,60$ de plus que le *Warrior*). Ces dimensions lui donnent un plus grand déplacement, et par conséquent, lui permettent de porter plus facilement sa lourde cuirasse; mais, d'un autre côté, ces mêmes dimensions lui donnent une grande résistance à la marche, son tonnage étant de 6,000 tonneaux et son tirant d'eau en charge de $7^m,92$.

Les machines seront, toutefois, à la hauteur de leur tâche. Elles sont fabriquées par M. Maudslay, et auront une force nominale de 1,150 chevaux, pouvant en développer 7,000. On compte sur une vitesse de 13 à 14 nœuds. Les foyers sont au nombre de quarante, qui brûleront un peu plus de 200 tonneaux de charbon par jour, à toute vitesse. Les soutes à charbon ne contiendront que 780 tonneaux. En cela, le *Wilhelm* Ier est incontestablement inférieur aux navires du type *Warrior*, qui ne consomment que 180 tonneaux de charbon par jour, et qui en portent 1,000, de sorte qu'en réglant convenablement les feux, ils peuvent tenir la mer pendant vingt jours sous vapeur, tandis que le *Wilhelm* Ier pourrait à peine y rester dix jours dans les mêmes conditions.

La construction du *Wilhelm* Ier est dans le genre de ce qu'on appelle le *système longitudinal*. Elle consiste en une série de lisses ou ceintures longitudinales en fer, placées à des

Fig. 409. — *La Numancia*, frégate cuirassée de la marine d'Espagne.

intervalles de $2^m,13$ les unes des autres, et s'étendant de l'avant à l'arrière du navire. Entre ces ceintures règnent des liaisons verticales, sortes de membrures en fer, distantes entre elles de $1^m,21$, et même seulement de $0^m,60$ derrière la cuirasse.

Cette charpente revêtue, tant à l'intérieur qu'à l'extérieur, d'un *bordé* de $0^m,025$ d'épaisseur, constitue comme un double navire, les deux revêtements laissant entre eux un espace de $1^m,37$. La paroi interne de la coque ainsi construite sert de soutes à charbon, de telle sorte que si un projectile venait à percer la muraille du *Wilhelm Ier*, il aurait encore à pénétrer dans ces soutes et à traverser $2^m,43$ de charbon avant de faire aucun mal à l'équipage.

La cuirasse a $0^m,203$ d'épaisseur au milieu, et va en diminuant jusqu'à $0^m,177$, à $2^m,13$ au-dessous de la ligne de flottaison. Elle diminue, de la même manière, vers l'avant et vers l'arrière, de $0^m,203$ à $0^m,152$ et à $0^m,101$. Cette dernière épaisseur n'est employée que là où il serait presque impossible à un boulet de frapper, comme sous la voûte du navire ou sous les bossoirs. Le matelas en bois de teak à $0^m,304$ d'épaisseur.

Immédiatement en arrière du beaupré, et sur l'avant du mât d'artimon, deux murailles transversales, formées chacune de $0^m,152$ de fer et de $0^m,45$ de bois de teak, s'élèvent à partir du premier pont et traversent la batterie jusqu'à une hauteur de $2^m,13$ au-dessus du *spardeck*. Sur ce *spardeck* ces murailles se recourbent en forme de boucliers demi-circulaires, et sont percées, chacune, de quatre sabords pour l'artillerie, et de meurtrières pour la mousqueterie. A l'intérieur de chacun de ces boucliers, il y aura deux canons lançant des boulets du poids de 136 kilogrammes et pouvant tirer en chasse, en retraite, ou sur le côté.

Le pont de la batterie est doublé d'une tôle de fer de 0m,012 d'épaisseur, et le *spardeck* d'une tôle d'acier doux de 0m,012. Le navire sera pourvu de fourneaux pour rougir les boulets et remplir les obus de fonte liquide. Le navire sera gréé complétement à trois mâts; son équipage sera de 700 hommes.

Le *Wilhelm Ier* ne sera lancé qu'en 1869. Tout armé, il coûtera environ 10 millions de francs.

La marine militaire de la Prusse compte actuellement 5 navires cuirassés, dont voici les noms et la force :

	Canons.	Chevaux.	Jauge.
Wilhelm Ier..........	23	1,150	5,938 tonn.
Frederick-Charles....	16	950	3,800
Kron-Prinz..........	16	800	3,404
Arminius............	4	300	1,230
Prinz Adalbert.......	3	300	779
	62	3,500	15,151

Le *Frederick-Charles* a été construit, en France, par la Compagnie des forges et chantiers de la Méditerranée. Il a donné de très-bons résultats; il sera intéressant de rapprocher de ces mêmes résultats ceux qu'offrira le *Wilhelm Ier* lorsque ce dernier navire pourra prendre la mer.

La Hollande possède quelques navires cuirassés. Le plus important est celui qui a été mis à l'eau le 20 mars 1867, le *De-Buffel* construit dans les chantiers de M. R. Napier, de Glasgow.

Ce navire de guerre est d'environ 1,483 tonneaux. Il a 62m,47 de longueur. Les murailles sont composées de plaques de fer de 0m,142, d'un matelas de bois de teak de 0m,254 , et d'une coque intérieure de 0m,025. La cuirasse s'étend de l'avant à l'arrière du bâtiment, sur une hauteur de 1m,52 dont 0m,91 au-dessous, et 0m,61 au-dessus de la ligne de flottaison, protégeant ainsi les parties les plus vulnérables du navire. La muraille de la batterie, autour de la base de la tourelle, qui est du système Coles, est composée de 0m,203 de fer, de 0m,304 de teak et d'une coque intérieure de 0m,025. La cuirasse de la tourelle est semblable à celle des murailles.

Le *De-Buffel* sera armé de deux canons Armstrong du calibre de 136 kilogrammes et du poids de 12,800 kilogrammes, placés dans la tourelle, et de quatre plus petites pièces dans la batterie. La ligne de tir des canons embrassera tout l'horizon, à l'exception de quelques degrés de chaque côté de l'axe de la quille à l'arrière, la cheminée empêchant le pointage dans cette direction. La tourelle peut être manœuvrée à la vapeur avec un seul homme.

On a disposé les logements des officiers et de l'équipage dans la batterie.

Les machines, construites dans les ateliers de MM. Napier, sont de la force collective de 400 chevaux nominaux ; elles sont pourvues de condenseurs à surfaces, de surchauffeurs, etc., et font mouvoir deux hélices indépendantes. On compte sur une vitesse de 13 nœuds et demi.

MM. Napier ont également mis à l'eau, au mois d'août 1868 , pour le gouvernement hollandais, un autre navire cuirassé : c'est le monitor *Le-Tijger*.

Un autre navire cuirassé et à éperon le *Scorpion*, de dimensions presque identiques à celles du *De-Buffel*, a été construit pour la Hollande, par la Compagnie des forges et chantiers de la Méditerranée. Ce navire livré, à la Seyne, près Toulon, au gouvernement hollandais, en septembre 1868, a réalisé une vitesse moyenne de 13 nœuds.

Le Danemark compte 5 navires cuirassés, dont voici le tableau :

NOMS DES NAVIRES.	CLASSE DES NAVIRES.	ANNÉE DE LA MISE A L'EAU.	NOMBRE DE CANONS.	FORCE EN CHEVAUX.
	Navires cuirassés.			
Peder Skram..................	frégate.	1864	14	600
Danemark.....................	—	1864	22	500
Danebrog.....................	—	1850, transformé en 1863-64	14	400
Rolfkrake....................	batterie flottante.	1863	3	235
....	—	en construction.	2	360
Total : 5 navires............			55	2,095

L'Espagne et l'Autriche ont fait également construire, tant dans leurs propres chantiers, qu'en France, en Angleterre et en Amérique, un certain nombre de bâtiments cuirassés, ou transformé, dans le nouveau système, d'anciens vaisseaux de guerre à trois ponts. Nous représentons (*fig.* 409, page 573) un des plus importants des navires cuirassés de l'Espagne, la *Numancia*.

La *Numancia* a été construite à la Seyne, en 1863, par la Compagnie des forges et chantiers de la Méditerranée. A l'attaque de Callao, la *Numancia* supporta glorieusement le feu des énormes canons péruviens.

La Russie n'a pas manqué de suivre la marche du progrès des constructions navales. Au mois de septembre 1868, une frégate cuirassée, l'*Amiral-Spiridow*, a été mise à flot. Cette frégate fait partie de la nouvelle série de navires cuirassés dont va s'augmenter la flotte de la Baltique, et qui se composera des navires blindés à deux tourelles, *Roussalka* et *Tcharodiejka*, terminés à l'heure qu'il est, des frégates cuirassées *Kniaz-Pojarski* et *Amiral-Lazarew*, lancées récemment, et des frégates cuirassées en construction *Amiral-Greig*, *Tchit*, *Hagow* et *Minine*.

La cuirasse de la frégate *Amiral-Spiridow*, formée de 112 plaques, a un poids total de 35,000 *pouds* (560,000 kilog.).

La plus grande longueur de cette frégate est de 246 pieds ; sa plus grande largeur de 43 pieds, et la profondeur de la cale de 23 pieds. Elle jauge 3,450 tonneaux ; son tirant d'eau, à chargement complet, est de 17 pieds 10 pouces à l'étambot, et de 15 pieds 2 pouces à l'étrave.

Parmi les bâtiments actuellement en construction, la frégate *Minine*, le plus grand de ces nouveaux navires en fer, aura une machine de 800 chevaux et jaugera 5,712 tonneaux.

Le *Kniaz-Pojarski* est construit avec une batterie centrale couverte d'un blindage, d'après le système de M. Read, ingénieur en chef des constructions navales en Angleterre.

Les frégates *Amiral-Lazarew* et *Amiral-Spiridow* seront munies, la première de trois, et la seconde de deux tourelles du système du capitaine Coles.

Le *Kniaz-Pojarski* sera armé de 8 canons rayés en acier ; l'armement des tourelles de l'*Amiral-Lazarew* sera de 6 canons de 15 pouces à âme lisse, et celui des tourelles de l'*Amiral-Spiridow*, de 4 pièces du même calibre.

Y compris les machines, ces trois frégates coûteront : le *Kniaz-Pojarski*, 1,294,000 roubles ; l'*Amiral-Lazarew*, 1,098,842 roubles, et l'*Amiral-Spiridow*, 1,026,000 roubles.

L'Italie, depuis sa régénération politique, a poussé avec beaucoup d'ardeur son armement cuirassé. Indépendamment de six navires cuirassés que l'Italie a fait construire en France : *Terrible*, *Formidable*, *Castelfidardo*, *Regina Maria Pia*, *San Martino*, *Ancona*, les arsenaux et chantiers de Gênes, de la Spezzia, de Foce, de Livourne, et plus récemment de Venise, ont travaillé avec activité à l'application des blindages métalliques, sur des vaisseaux garde-côtes. Au Ier janvier 1867, l'Italie possédait 23 navires cuirassés, ainsi répartis : 12 frégates, 2 corvettes, 1 *ariete*, 5 canonnières, 3 batteries flottantes.

On sait qu'un navire de la marine cuirassée de cette nation, le *Re-d'Italia*, que l'amiral Persano venait de quitter, fut coulé, au combat naval de Lissa, par le choc d'un vaisseau autrichien, le *Maximilien* Ier. Des six cents hommes d'équipage que portait ce vaisseau, quatre cents périrent dans cet événement funeste. Le *Re-d'Italia* avait été construit en Amérique.

Nous représentons (*fig.* 410) l'un des navires de la marine cuirassée du royaume d'Italie, le *Castelfidardo*.

CHAPITRE XII

CONCLUSION.

Nous venons d'exposer aussi complétement qu'il était possible de le faire avec les seules données qui aient été jusqu'ici rendues publiques, la situation des forces maritimes cuirassées chez les principaux États des deux mondes. Dans peu d'années, les puissances de second et de troisième ordre, que notre activité a laissées en arrière, posséderont certainement à leur tour, des forces du même genre, importantes par le nombre ou la qualité. Que seront alors les guerres internationales et maritimes ? Quel rôle précis joueront dans les combats sur mer, les navires cuirassés ? Quel sera le rôle des anciens bâtiments ?

Il est bien difficile de pouvoir s'exprimer d'avance sur des questions si complexes. Tout ce qu'il est permis de dire, c'est que l'invention des cuirasses métalliques a complétement bouleversé l'art de la guerre maritime. Le nouveau système de défense des navires contre une artillerie, devenue formidable, a eu pour résultat d'annuler tout d'un coup l'ancienne tactique navale, œuvre de tant de siècles, et par là, on peut le dire, elle a ôté une partie de sa poésie et de sa grandeur au métier de soldat à la mer. Aucun spectacle n'est plus émouvant que celui d'un combat entre deux vaisseaux de ligne. L'homme réunit aux efforts des éléments les efforts de son courage. Les voiles, labourées par la mitraille, laissent flotter au vent leurs lambeaux déchirés. Les mâts, fracassés par les boulets, tombent sur le pont, avec un horrible fracas, entraînant dans leur chute, les haubans et les cordages, écrasant officiers et soldats. Le matelot, armé de fer, ivre de fureur, s'élance à l'abordage, sur le pont du navire ennemi, et dans un combat corps à corps, dispute pied à pied son navire, sa seconde patrie. Mais pour avoir changé d'aspect le spectacle du combat entre deux navires cuirassés n'en sera pas moins terrible ; il ne sera pas moins une occasion sublime donnée à l'homme pour développer ses instincts guerriers. L'initiative du commandant, plutôt que l'intrépidité individuelle, remportera les victoires. Le boulet et l'obus, impuissants contre le fer de la cuirasse, rejailliront inoffensifs dans la mer : ils n'auront plus à frapper des agrès, devenus inutiles. Le pavillon national, flottant au-dessus de la carapace noire et nue, fera seul comprendre qu'il existe dans cette masse sombre et silencieuse, des cœurs de soldats. On ne sentira le navire guidé par une volonté unique, qu'à ses mouvements réguliers et aux bordées lancées par ses canons. Mais combien est poignant et suprême le moment où les deux navires ennemis s'approchent l'un de l'autre ! Voyez-les. Que l'attaque doive venir du choc par l'éperon ou de la bordée de leurs formidables canons, chacun des vaisseaux engagés re-

Fig. 410. — *Le Castelfidardo*, navire cuirassé de la marine italienne.

doute pour lui et prépare pour son adversaire, une trouée qu'un seul coup peut rendre fatale. C'est à peine si, dans la mêlée, le chef d'escadre peut prévoir et combiner des manœuvres d'ensemble. Tout repose, dès lors, sur l'initiative du commandant. Écrasante responsabilité ! Quel sang-froid stoïque ne devra pas guider son coup d'œil ! Fut-il jamais situation héroïque plus digne des grands capitaines de la mer !

Par l'emploi général de la cuirasse métallique, les forces maritimes seront à l'avenir égalisées, car ces forces ne se comptent plus comme autrefois d'après le nombre et la grandeur des navires. Ce sera dans l'épaisseur de la cuirasse, dans la vitesse de marche, dans la rapidité des mouvements, dans la forme bien étudiée des abris, que résidera désormais la force, plutôt que dans ses dimensions absolues ou la puissance de son artillerie. Une petite nation, comme le Danemark, sera forte avec une marine cuirassée relativement minime, si ses navires sont bien armés et bien construits. Une faible nation maritime, si elle peut s'imposer la dépense des quatre millions et demi qu'a coûté la *Gloire*, pourra faire respecter son pavillon sur les mers. Si une flotte anglaise, par exemple, comme en 1807, bombardait Copenhague, les Danois pourraient promptement user de représailles contre leurs voisins. Il suffirait de quelques batteries flottantes cuirassées pour faire subir le même sort à une riche et florissante cité de l'Angleterre située en un point quelconque de ses côtes. La crainte de semblables représailles arrêterait d'injustes agresseurs dans l'exécution de leurs desseins meurtriers.

Ainsi l'emploi de la cuirasse tendra à égaliser les forces maritimes des nations les plus disparates par leur importance. Ce ne sera plus tant la grandeur des États, mais leur degré d'industrie qui fera désormais la puissance navale. Il y aura là un double progrès, puisqu'en même temps que les combats sur mer seront moins meurtriers, leur prévision entraînera un développement considérable des forces industrielles de chaque nation, développement qui profitera à l'industrie métallurgique et à la science de l'ingénieur.

Mais pourquoi éviterions-nous de le dire, pourquoi hésiterions-nous, comme Français et patriote, à nous en applaudir? La cuirasse sera surtout fatale à l'Angleterre. Cette puissance a, d'ailleurs, parfaitement compris cette vérité. Malgré son génie maritime, malgré ses richesses et les nombreuses colonies qu'elle possède partout, elle sent bien qu'elle a perdu cette ancienne supériorité navale qu'elle devait au nombre de ses vaisseaux de bois et à la quantité de matelots qui les montaient. Son despotisme, qui s'exerçait depuis des siècles sur toutes les mers, ne tenant compte ni des droits ni des protestations d'aucun peuple, est désormais ébranlé. Le nombre considérable et le grand développement de ses colonies lui sera, à l'avenir, plutôt funeste qu'utile, en la forçant à diviser ses forces sur toute la surface des mers, dans le cas où une guerre éclaterait entre elle et un autre grand État, comme la France ou les États-Unis.

On peut donc dire que le temps de puissance et de splendeur à la faveur duquel l'Angleterre a monopolisé le commerce du globe, est passé pour elle. En revanche, et selon les droits de l'égale justice, aucune nation ne pourra profiter, à son avantage exclusif, de cette déchéance, ni jamais atteindre à la suprématie qui fut trop longtemps l'apanage de la fière Albion.

Ce qu'il y a de singulier, pour terminer par une vue rétrospective, c'est que cette révolution dans la tactique navale, qui produira une transformation dans l'équilibre des forces réciproques des nations modernes, ne constitue, au fond, qu'un retour aux habitudes des temps passés. Avant l'invention et l'usage général de la poudre à canon, les hommes d'armes étaient bardés de fer ; aujourd'hui ce sont les navires qui s'enveloppent d'armures et de cuirasses. Ces moyens de défense, qui avaient dû disparaître devant la puissance de la poudre à canon, sont repris aujourd'hui ; et si on ne les adapte pas, comme au Moyen Age, au corps des hommes et des chevaux, on les emploie comme moyen actif de protection pour les navires et les fortifications des places. Il y a là un intéressant sujet de réflexions philosophiques, que nous abandonnons à l'imagination du lecteur.

FIN DES BATIMENTS CUIRASSÉS.

LE DRAINAGE

Celui qui, en 1842, se serait élevé sur une colline, en un point quelconque des campagnes de l'Angleterre, et eût porté ses regards sur toute l'étendue du pays qui se déroulait à ses pieds, eût été le témoin d'un spectacle singulier et assez difficile à comprendre au premier aspect. Il eût vu sur tout le territoire, des légions d'ouvriers occupés à ouvrir la terre par des tranchées profondes, et à placer dans ces tranchées des tuyaux disposés bout à bout, en une ligne continue.

Quel était donc l'objet précis de cette opération, entreprise simultanément dans toute l'étendue du pays le plus justement renommé par ses hautes connaissances en agriculture, et où la science de l'exploitation du sol a fait de si remarquables progrès? Cette opération, c'était le drainage.

Quels devaient être en Angleterre les résultats de ce grand travail, exécuté avec tant d'ensemble et de résolution? Les plus mauvaises terres changées en terres fertiles; — les bonnes terres améliorées d'une manière permanente; — le sol réchauffé, ameubli, fertilisé; — ses produits doublés; — la loi des céréales, audacieux défi jeté à l'Europe agricole et manufacturière, rendue possible; — le climat et l'état sanitaire de certaines contrées complétement améliorés: tels devaient être ces résultats.

Mais les bienfaits du drainage ne devaient pas être exclusivement réservés à l'Angleterre. En Belgique, où ses progrès furent très-rapides, ses effets furent également remarquables. On vit, en Belgique, des terres marécageuses tripler de valeur, et les frais de drainage être souvent couverts par l'augmentation de produit d'une seule année.

En France, les bienfaits du drainage furent aisément constatés peu d'années après son application. Les résultats obtenus par MM. Duchâtel et de Bryas, en 1856, et plus tard par d'autres agronomes distingués, triomphèrent des dernières résistances de la routine; et s'il est reconnu que la France, en raison du défaut habituel d'humidité dans son sol, retire beaucoup moins d'avantages du drainage que l'Angleterre, l'Écosse et l'Irlande, les faits cependant se pressent en foule pour démontrer que cette opération a été souvent, chez nous, un incontestable bienfait.

Mais pour réaliser de tels résultats les moyens sont sans doute difficiles, coûteux, compliqués. Le drainage consiste, au contraire, dans le plus élémentaire des procédés agricoles, et les frais qu'il occasionne sont peu de chose en regard des avantages qu'il assure.

Qu'est-ce que le drainage? Une comparaison très-juste et très-frappante a été présentée par M. Martinelli, avocat de Bordeaux, pour faire comprendre la donnée essentielle et la formule simple du drainage.

« Prenez ce pot de fleurs, dit-il: pourquoi ce petit trou au fond? Je vous demande cela parce qu'il y a toute une révolution agricole dans ce petit trou. Il permet le renouvellement de l'eau, l'évacuant à mesure — et pourquoi renouveler l'eau? Parce qu'elle donne la vie ou la mort. La vie lorsqu'elle ne fait que traverser la couche de terre, car d'abord elle lui abandonne les principes fécondants qu'elle porte avec elle, ensuite elle rend solubles les aliments destinés à nourrir la plante; la mort au contraire lorsqu'elle séjourne dans le pot, car elle ne tarde pas à se corrompre et à pourrir les racines, et puis elle empêche l'eau nouvelle d'y pénétrer. »

Bouchons le trou du pot à fleurs, et arrosons la plante : toute la terre sera bientôt saturée d'eau, et la pauvre plante, noyée, affamée, asphyxiée, dépérira. Rétablissons l'ouverture du pot de fleurs : il se fait immédiatement une circulation, un renouvellement d'air et d'eau, absolument nécessaire à la vie végétale, et la plante ne tarde pas à renaître. Une terre reposant sur un sous-sol imperméable, forme comme un immense pot à fleurs, dont le trou du fond serait bouché. Cette terre sera stérile : la *drainer*, c'est déboucher le trou, c'est lui rendre ce courant d'air et d'eau qui vivifie la végétation, et qui maintient le sol frais, mais non humide.

Après cette idée générale du principe du drainage, nous devons entrer dans l'examen détaillé des divers éléments dont se compose cette question. Nous allons donc étudier successivement : 1° le drainage chez les anciens, 2° l'invention du drainage moderne et son développement en Angleterre, en Belgique et en France ; 3° ses effets généraux et secondaires ; 4° la profondeur, l'écartement et la direction des drains ; 5° les moyens divers de construire les drains ; 6° la pente, la dimension et la longueur qui leur sont nécessaires ; 7° l'exécution pratique des travaux de drainage ; 8° la fabrication des tuyaux ; 9° les bénéfices que procure cette opération.

CHAPITRE PREMIER

APERÇU HISTORIQUE. — COLUMELLE. — OLIVIER DE SERRES. — WALTER BLIGHT. — DÉVELOPPEMENT DU DRAINAGE EN ANGLETERRE. — TRAVAUX D'ELKINGTON, DE SMITH ET DE JOHN READ. — INTERVENTION DU GOUVERNEMENT BRITANNIQUE. — AVANCES AU DRAINAGE FAITES PAR LE PARLEMENT. — SES RÉSULTATS. — INTRODUCTION DU DRAINAGE EN FRANCE. — SON DÉVELOPPEMENT. — LOIS DE 1854 ET DE 1856.

L'art d'assainir les terres au moyen de rigoles propres à l'écoulement de l'eau, remonte à une époque reculée. Les Romains le connaissaient. Mais l'avaient-ils inventé ou le tenaient-ils de peuples plus anciens? On l'ignore. Toujours est-il que l'emploi des fossés couverts ayant un fond empierré, ou formé de branchages, était connu des Romains. Columelle, le plus célèbre agronome de l'antiquité, qui vivait au temps d'Auguste et de Tibère, l'a décrit avec assez de précision.

« Si le sol est humide, dit Columelle, il faudra faire des fossés pour le dessécher et donner de l'écoulement aux eaux. Nous connaissons deux espèces de fossés : ceux qui sont cachés et ceux qui sont larges et ouverts.... On fera pour les fossés cachés des tranchées de trois pieds de profondeur que l'on remplira jusqu'à moitié de petites pierres ou de gravier pur et on recouvrira le tout avec la terre tirée du fossé. Si l'on n'a ni pierres ni gravier, on formera au moyen de branches liées ensemble des câbles auxquels on donnera la capacité et la grosseur du fond du canal et qu'on disposera de manière à remplir exactement ce vide. Lorsque les câbles seront bien enfoncés dans le fond du canal, on les recouvrira de feuilles de cyprès, de pin ou de tout autre arbre, qu'on comprimera fortement, après avoir couvert le tout avec la terre tirée du fossé ; aux deux extrémités, on posera, en forme de contre-fort, comme cela se pratique pour les petits ponts, deux grosses pierres qui en porteront une troisième, le tout pour consolider les bords du fossé et favoriser l'entrée et l'écoulement des eaux (1). »

(1) « Si locus humidus erit, abundantia uliginis ante siccetur fossis. Earum duo genera cognovimus, cœcarum et patentium. Opertæ rursus obcœcari debebunt sulcis in altitudinem tripedaneam depressis, qui, cum parte dimidia lapides minutos vel nudam glaream receperint, operientur superjecta terra quæ fuerat effossa. Vel si nec lapis erit vel glarea, sarmentis connexus velut funis informabitur in eam crassitudinem, quam solum fossæ possit angustæ, quasi accommodatam coarctatamque, capere.

(Col., lib. II, cap. II.)

Columelle est l'auteur de l'ouvrage le plus étendu que les anciens nous aient laissé sur l'agriculture. Cet ouvrage est divisé en douze livres. Quatre de ces livres traitent de la culture des terres et de l'entretien du bétail; les autres sont consacrés à la vigne, à l'olivier, aux abeilles, aux arbres et au jardinage. Dans le douzième livre, Columelle donne quantité de recettes empiriques et économiques.

Dans les parties de son ouvrage spécialement consacrées à l'agriculture, Columelle cite assez souvent Virgile et ses *Géorgiques*, dont il s'est plus d'une fois inspiré.

Palladius, fils d'Exsuperantius, préfet des Gaules, né vers 405 après Jésus-Christ, donne les mêmes conseils qu'avait donnés Columelle, pour la construction des tranchées, et il ajoute :

« L'extrémité de ces tranchées doit aboutir en pente à un fossé ouvert dans lequel toute l'humidité se rendra sans entraîner avec elle la terre des champs. »

Le procédé suivi par les Romains fut probablement transmis par leurs armées victorieuses, aux autres parties du monde. Ainsi la Gaule en conserva l'usage ; car de tout temps, dans la Beauce, la Picardie, la Bresse et la Franche-Comté, etc., on a suivi la méthode décrite par Columelle ; mais presque partout ailleurs elle a été abandonnée.

Olivier de Serres, qui vivait sous Henri IV et qu'on a justement surnommé le Père de l'agriculture française, recommande l'emploi des tranchées souterraines, et insiste sur le besoin de remédier au vice du trop d'eau « qui excède en malice celui des ombrages et celui des pierres. » On lit dans l'ouvrage célèbre d'Olivier de Serres, *Théâtre d'agriculture et ménage des champs*, les détails qui suivent sur la manière de dessécher les terrains trop humides.

« ..... S'il advient que le champ soit par le dedans occupé de fontaines et sources souterraines croupissantes, les seuls fossés aux bords des terres ne suffisent ; ains sera besoin d'autre remède plus particulier, comme sera monstré, pour desgager le milieu de la terre de ces incommodités. Et d'autant que le vice du trop d'eau excède en malice et celui des ombrages et celui des pierres, ainsi qu'a esté dict, plus qu'à ceux-ci faut-il employer de labeur pour y remédier; dont finalement le profit en sort plus grand que de nulle autre réparation qu'on puisse faire à la terre, tant fructueuse est celle qui la despestre des eaux malignes; car non-seulement par là les terres trop humides sont amendées, ains les marécages et palus sont convertis en esquis labourages..... est nécessaire le fonds que voulés dessécher avoir pente petite, ou grande sans laquelle les eaux n'en pourroient vuider. Cela présupposé, un grand fossé sera faict depuis un bout du lieu jusques à l'autre, de long en long, commençant toujours par le plus bas endroit et par où remarquerez des sources et humidités ; dans lequel fossé plusieurs autres, mais petits, pendans en plume, des deux côtés se joindront pour y descharger leurs eaux, qu'ils ramasseront de toutes les parties du terroir. Par ce moyen, en contribuant chacun sa portion au grand fossé, icelui les recueillant toutes, les rapportera assemblées à son issue. Le grand fossé à telle cause est appelé mère, et tous ensemble pied-de-géline, pour la conformité qu'ils ont, ainsi disposés, à la figure du pied de cest animal, dont les griffes tendent au tronc de la jambe..... Pour qu'en quelque part qu'on creuse les fossés, faut y aller jusques à quatre pieds ou environ, pour bien coupper les racines des sources, but de ce négoce..... Ayant le plan, raisonnable pente et estendue, raisonnablement larges seront aussi les petits fossés, de trois pieds et la mère de cinq; moyennant laquelle mesure satisferont à vostre intention. Et à ce qu'on ne se déceoive, faut faire tant de fossés, en tant d'endroits, si longs et si amples, sans crainte d'excéder en cest endroit, que source et fontenelle aucune ne soit oubliée, afin de parfaitement bien dessécher le terroir par le général ramas des eaux d'icelui. Ces fossés et grands et petits seront à demi remplis de menues pierres, et le demeurant achevé de combler de la terre qui en aura esté tirée auparavant, dont on le réunira par le dessus avec le plan, si bien que la trace mesme n'y paraisse, pour la commodité du labourage. S'il advient que pour le remplage des fossés la pierre défaille, ne vous mettés en peine d'en faire porter de loin avec grands frais; mais en lieu d'icelle servés-vous de la paille, ce que pourrés utilement faire en cette sorte. La paille pour la force, sera plus tôt choisie de seigle que d'autre espèce, et à son défaut sera employée celle de froment : on en fera un plancher dans le fossé pour suspendre, causer un vuide en bas pour le passage de l'eau et au-dessus d'icelui plancher y estre mis deux pieds de terre. »

Nous avons rapporté avec plaisir ces pages de notre Olivier de Serres. On y lit, en vieux français, quelle juste part appartient à notre pays dans la propagation du procédé des rigoles couvertes. Cette simple citation peut réduire dans une certaine mesure les prétentions de nos voisins d'outre-Manche, qui se sont proclamés, à tort, les uniques inventeurs de ce procédé agricole.

En effet, Olivier de Serres n'a pas seulement parlé, comme Columelle, de la construction des tranchées isolées : il les a considérées dans leur ensemble, il a décrit le fossé principal, et il est entré dans des considérations propres à assurer l'efficacité des travaux d'assainissement.

Toutefois, si l'Angleterre ne peut se flatter d'avoir inventé le drainage, elle a eu du moins le mérite, comme nous le verrons tout à l'heure, de le perfectionner, de l'appliquer sur une grande échelle, et de constater, la première, l'importance de ses résultats.

On peut, du reste, aller plus loin encore en revendiquant pour la France la découverte du drainage. Une découverte faite de nos jours, tendrait à prouver que l'emploi des tuyaux souterrains pour l'assainissement des terres, serait une invention d'origine française. Nous aurions donc prévenu l'Angleterre dans ce perfectionnement décisif de l'art du drainage. Voici les faits curieux que l'on trouve consignés, dans une lettre qui fut adressée, en 1856, par M. Gustave Hamoir, à M. Barral.

« Il y avait avant 93, dans la petite ville de Maubeuge, un couvent de moines Oratoriens. Le jardin qui entourait ce couvent a été connu de temps immémorial pour la fécondité de son sol. En 1851 on transforma le jardin légumier en un parc anglais et les travaux que nécessita cette transformation firent découvrir deux drainages complets et réguliers faits au moyen de tuyaux et s'étendant sur toute la surface du jardin à une profondeur de $1^m,20$. La longueur de ces tuyaux est de 275 millimètres et leur largeur prise extérieurement de 80.

« Ils sont en grès et ont été faits à la main sur le tour du potier. Quelle est la date de ce drainage? On ne la connaît pas exactement. Dans tous les cas, dit M. Hamoir, elle ne peut être postérieure à celle de 1620. Des enterrements datant de cette époque et qui n'ont pu être faits qu'après l'établissement des drains en sont une preuve suffisante.

« Pour ceux qui douteraient, je dirai que ce travail est dû aux moines, parce que, informations prises, on sait qu'il n'a pas été fait depuis 93. Or, à cette époque, l'art du drainage n'était pas plus avancé qu'en 1620 et les moines n'étaient pas meilleurs horticulteurs qu'alors. Il n'y aurait donc rien de merveilleux à ce que cette date fût réelle. »

Nous avons cité ici cette page curieuse de l'histoire du drainage, parce que la date présumée de ces travaux coïncide avec celle de l'apparition du *Théâtre d'agriculture* d'Olivier de Serres, livre qui parut avant celui de Walter Blight, le prétendu inventeur du drainage chez les Anglais.

Le passage de cet auteur anglais sur lequel on s'appuie pour lui attribuer la première idée du drainage, est le suivant :

« Quant à la tranchée, écrit Walter Blight, tu dois la faire assez profonde pour qu'elle aille au fond de l'eau froide qui suinte et qui croupit. Un yard ou quatre pieds de profondeur si tu veux drainer à ta satisfaction. Et de nouveau, arrivé au fond où repose la source suintante, tu dois aller plus profond d'un fer de bêche, quelque profond que tu sois déjà, si tu veux drainer ta terre à souhait..... Mais pour les tranchées ordinaires que l'on fait souvent à un pied ou deux, je dis que c'est une grande folie et du travail perdu, que je désire éviter au lecteur (1). »

Mais ces préceptes étaient déjà contenus dans l'ouvrage d'Olivier de Serres. Ils demeurèrent, d'ailleurs, enfouis dans les livres, et ne reçurent aucune application.

Aucun travail de desséchement de ce genre n'existait en Angleterre, lorsque, à la fin du dernier siècle, Elkington, fermier du Warwickshire, inaugura par une véritable découverte, l'ère de l'avénement du drainage dans l'industrieuse et active Angleterre.

Elkington imagina un procédé d'assainissement qui prit son nom et qui consiste dans l'emploi simultané des fossés couverts et des puits.

(1) 3e édition, 1652.

Il y a trois manières de dessécher les terres par la méthode d'Elkington.

1° On perd les eaux dans des couches perméables inférieures, à l'aide d'un puits rempli de pierres sèches, comme le représente la figure 411.

Fig. 411. — Perte des eaux de drainage à l'aide d'un puits rempli de pierres sèches.

2° On perd les eaux à l'aide d'un trou de sonde, qui va jusqu'au terrain absorbant comme le représente la figure 412.

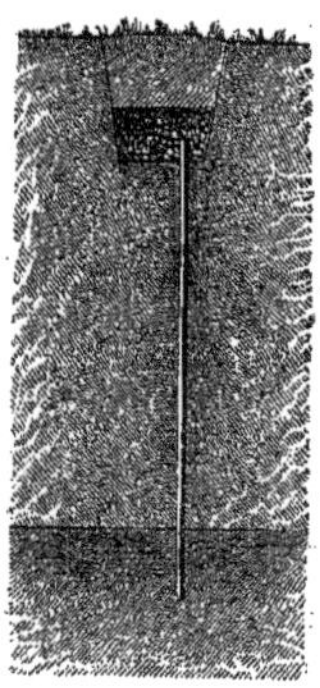

Fig. 412. — Perte des eaux de drainage par un trou de sonde.

3° Ou bien on laisse les eaux remonter à la façon des eaux artésiennes et on les conduit dans des tuyaux de décharge ; mais ce dernier moyen n'était qu'une suggestion de la théorie et ne fut pas mis en pratique.

Elkington, doué d'une grande sagacité et de certaines connaissances en géologie, réussissait dans toutes ses entreprises d'amélioration du sol, et arrivait souvent, avec peu de frais, à des résultats surprenants. Le parlement d'Angleterre lui accorda, à titre d'encouragement, une somme de 1,000 livres (25,000 fr.). Ce fut le premier pas du gouvernement anglais dans cette voie de libéralité sage et hardie dont il devait donner plus tard tant de gages à l'agriculture nationale.

Cependant la méthode d'Elkington était loin d'être parfaite : elle ne convenait bien qu'à des terrains criblés de sources. Elle exigeait, pour être exécutée, autant d'habileté que d'expérience.

La pratique des dessèchements agricoles ne se serait probablement répandue que très-lentement en Angleterre, sans l'heureuse intervention de Smith, mécanicien d'une filature de coton située à Deanston, en Écosse. Smith, frappé de l'infertilité d'un terrain voisin de son usine, en attribua la cause à une trop grande humidité. Il imagina, pour l'assainir, de creuser des fossés, qu'il recouvrit ensuite de pierres. Il mettait ainsi en usage, sans les connaître, les procédés des anciens cultivateurs français.

L'expérience tentée par Smith fut couronnée d'un plein succès, et ce succès fit grand bruit dans le voisinage. Des cultivateurs vinrent lui demander des conseils, et des propriétaires l'appelèrent auprès d'eux, pour diriger le dessèchement de leurs champs. Smith fut ainsi amené à abandonner la filature. Apôtre de la réforme agricole, il parcourut successivement l'Écosse et l'Angleterre, assainissant et améliorant les terres sur son passage.

La méthode de Smith était déjà connue et pratiquée depuis longtemps, quand l'auteur en donna une description détaillée, dans un petit livre qui ne parut qu'en 1833. Cette méthode consistait à ouvrir des rigoles assez rapprochées de 0m,60 à 0m,75 de profondeur, destinées à recevoir les eaux de pluie, ou les eaux de source venant des couches inférieures. Les fossés étaient recouverts de pierres, pour tamiser l'eau et supporter le poids de la terre qui les contenait.

Smith imprima assurément au drainage

un véritable progrès; mais le développement et l'importance de cet art ont été dus, en grande partie, à la substitution que l'on fit à la pierraille, de deux tuiles, dont l'une est plate et l'autre creuse. Une tuile plate pour semelle et une tuile creuse surmontant celle-ci, furent alors le *nec plus ultra* de l'art des desséchements.

Les premières tuiles pour le drainage furent faites à la main, mais on ne pouvait en rester là. En 1852, Irving inventa une machine qui moulait à la fois les tuiles creuses et les tuiles plates, pour en former un ensemble.

Le dernier et suprême perfectionnement apporté à l'art du drainage, fut la substitution des tuyaux cylindriques aux tuiles, et la confection mécanique de ces tuyaux.

En 1843, divers spécimens de tuyaux et les premières machines propres à les fabriquer, parurent, en Angleterre, à l'exposition agricole de Derby.

Pendant que l'industrie privée et le génie agricole perfectionnaient l'art du drainage, et créaient les instruments qui devaient le vulgariser en le rendant plus pratique, quel était le rôle du gouvernement anglais? Il favorisait par tous les moyens en son pouvoir l'essor des agriculteurs. Il changeait l'hésitation du peuple en enthousiasme, et par sa puissante initiative, semait partout la confiance. Nous emprunterons les renseignements qui vont suivre à l'excellent ouvrage de M. Barral, *Drainage des terres arables*, véritable *compendium* de cet art (1).

Dès que Smith, de Deanston, eut élevé le drainage au rang de méthode, le gouvernement, par une loi votée en 1840, se mit à la disposition des propriétaires d'Angleterre et d'Irlande. Ceux-ci devaient payer d'avance les premiers frais des travaux préparatoires, tels que la levée des plans, et s'engager à rembourser le gouvernement au moyen d'annuités disposées de manière à amortir la dette dans l'espace de 12 à 18 ans au plus.

(1) 2e édition, 1856-1860, 4 volumes in-18.

En 1842, le parlement d'Angleterre soumettait à une même législation les travaux d'assainissement, l'amélioration de la navigation et l'emploi des eaux comme force motrice, et les plaçait sous la surveillance de cinq commissaires, trois pour l'Irlande et deux pour l'Angleterre.

Ces mesures énergiques eurent les meilleurs résultats, et firent faire de grands progrès au drainage. Cependant le gouvernement ne tarda pas à s'engager davantage encore dans la même voie. En 1846, l'Irlande se trouvait menacée d'une famine, et en Angleterre même, la récolte des céréales était extrêmement incertaine. C'est dans ces conditions que sir Robert Peel obtint des deux chambres la célèbre réforme agricole, conçue en vue des intérêts populaires, qui donna un libre accès aux grains étrangers, en les soumettant cependant à un certain droit. En même temps, et pour relever la confiance des propriétaires et des fermiers, on aplanit pour eux le chemin des améliorations agricoles, en mettant à leur disposition, par un prêt d'argent, les sommes nécessaires à l'exécution des travaux de drainage. A cet effet, un crédit de 75 millions leur fut ouvert. Ce crédit se décomposait ainsi : 9 millions pour l'Angleterre, 41 millions pour l'Écosse, 25 millions pour l'Irlande. Tout propriétaire ou fermier put, sur sa simple demande, obtenir du gouvernement, à titre de prêt, les sommes nécessaires pour exécuter les opérations du drainage. L'État se réservait seulement de surveiller l'exécution des travaux, d'en estimer la qualité, et de n'accorder de crédit qu'aux opérations qui devaient donner au sol une amélioration durable.

Grâce à ces mesures, libérales autant qu'intelligentes, les fonds votés en 1846 étaient épuisés en 1849. Les demandes s'étaient élevées à plus de 100 millions de francs. Les agriculteurs déclaraient unanimement, que le drainage était un excellent moyen d'améliorer les terres; qu'une terre drainée produisait sans engrais, plus qu'une terre fumée et non drainée. Plusieurs fermiers annonçaient qu'ils aimaient mieux payer 5 à 6 pour 100 de plus sur leur fermage, et avoir à travailler des terres drainées. D'autres prétendaient même qu'ils ne voudraient pas prendre à ferme gratis une terre non drainée.

L'État fit ses dernières avances en 1850, et rentra peu à peu dans les sommes qu'il avait prêtées.

Aujourd'hui le drainage est un fait accompli en Angleterre, et dans certains districts il existe dans presque toutes les terres. Depuis 1842, époque où l'amélioration du sol commença de s'opérer avec méthode, la Grande-Bretagne a drainé, savoir : en Irlande (tant sur les terres de l'État que sur celles des particuliers) 80,000 hectares ; en Angleterre, en Écosse et dans le pays de Galles, 552,000 ; en sorte que dans le Royaume-Uni tout entier, il existe une somme totale de 632,000 hectares drainés.

Pendant que ce grand travail, qui fait tant d'honneur à l'Angleterre, se produisait, de l'autre côté du détroit, que faisait la France ? Elle prêtait l'oreille, non sans quelque méfiance, à tous les bruits du dehors. Peu disposée aux innovations en agriculture, elle s'en tenait à la routine. C'est un Anglais, M. Thackeray, qui, le premier, fit connaître en France, les avantages que l'Angleterre retirait du drainage. M. Thackeray publia, sur ce sujet, plusieurs brochures, et écrivit de nombreux articles dans les journaux d'agriculture. En 1846, il fit venir de Londres, à ses frais, six mille tuyaux de drainage et deux ouvriers, pour faire des expériences dans le domaine de Forges, près Montereau.

Ces expériences furent couronnées de succès. Peu de temps après, M. Thackeray importait une machine pour fabriquer des tuyaux et le modèle d'un four pour les cuire économiquement. A l'exposition des produits de l'industrie nationale de 1846, M. Thackeray obtint du Jury des récompenses, une médaille d'argent.

Cependant la France agricole conservait toujours son immobilité et son indifférence. Un petit nombre d'agriculteurs distingués avaient

Fig. 413. — Olivier de Serres.

entrepris quelques travaux de drainage ; mais ils ne l'avaient fait qu'avec hésitation et sur de petites étendues de terrain. Les demandes de tuyaux n'étaient pas suffisantes pour encourager la fabrication des potiers et des tuiliers, qui hésitaient à créer des machines et un outillage pour des produits dont le succès ne leur était pas garanti.

Les progrès du drainage auraient sans doute été fort lents parmi nous, sans l'intervention, libérale et éclairée, du Gouvernement. Encouragé par les résultats heureux de la grande entreprise qui venait de se faire en Angleterre, le gouvernement français résolut d'entrer dans la même voie. A partir de l'année 1849, il mit à la disposition des comices agricoles et des départements quelques sommes pour l'achat des machines à fabriquer les tuyaux, et des instruments de drainage. Des instructions sur le drainage furent publiées aux frais de l'État, ou des départements. Des ingénieurs ou des savants, parmi lesquels se distingua surtout M. Hervé Mangon, ingénieur des ponts et chaussées, furent envoyés à l'étranger, pour étudier les procédés du drainage.

En 1854 parut la loi qui procurait aux propriétaires, pour l'assèchement du sol, des facilités analogues à celles dont ils jouissaient pour l'irrigation. Jusque-là en effet, d'après un article du Code Napoléon, les *fonds inférieurs* du sol n'étaient assujettis, envers ceux qui sont plus élevés, qu'à recevoir les eaux qui en découlent naturellement sans que la main de l'homme y ait contribué.

Le rapporteur de la loi présentée au Corps législatif, le 1er avril 1854, sur le libre écoulement des eaux provenant du drainage, s'exprimait ainsi :

« Les études géologiques démontrent que les terrains qui retiennent l'eau, soit dans leur couche arable, soit dans leur sous-sol, s'élèvent à la quantité de près de dix millions d'hectares, le quart environ des terres livrées à la culture.

« Supposez un moment que ces dix millions d'hectares aient été, par l'assèchement et la bonne culture, amenés à leur maximum de production, que le quart seulement ait été semé en céréales, et vous aurez une augmentation que, dans les années humides, on ne peut évacuer à moins de vingt-cinq millions d'hectolitres de grains. »

« L'assainissement des terres au moyen du drainage, disait à ce sujet M. Magne, dans une de ses circulaires aux préfets, est appelé, dans la pensée du gouvernement, à rendre les plus grands services à l'agriculture et à augmenter notablement la production du sol. Je compte sur votre concours pour en favoriser la propagation par tous les moyens possibles. Accroître la fertilité de nos campagnes, mettre la production en rapport avec la population, c'est mettre le pays à l'abri de la disette. »

La même année, M. Rouher, ministre de l'agriculture, adressait un mémoire à l'Empereur, dans lequel on lisait :

« La fabrication économique et surtout bien entendue des instruments de drainage, est l'un des produits qui doivent appeler l'attention la plus sérieuse du gouvernement. C'est la condition nécessaire des progrès de cette opération. Déjà des sommes assez importantes ont été distribuées dans divers départements pour l'acquisition de machines destinées à leur fabrication. Il importe que ce bienfait soit généralisé, et que chaque département participe à une mesure qui en répandant les bonnes méthodes fournira aux populations à la fois un encouragement et un modèle à suivre. »

M. Rouher terminait en demandant l'autorisation de disposer d'une somme de 100,000 francs, prélevée sur l'ensemble des fonds affectés au ministère de l'agriculture, du commerce et des travaux publics, pour encourager dans les départements la fabrication économique des tuyaux de drainage et développer la pratique de ce procédé. Ce rapport fut approuvé par l'Empereur. En même temps des ordres étaient donnés pour que les ingénieurs des ponts et chaussées, chargés du service hydraulique, ou pour que des agents spéciaux, fussent mis gratuitement à la disposition des agriculteurs qui voudraient exécuter des travaux de drainage. En outre, les droits d'importation des machines étrangères, les tarifs des chemins de fer pour le transport des tuyaux, furent considérablement réduits.

La loi du 15 juin 1854, votée à la suite du rapport cité plus haut, porte :

« Art. 1er. Tout propriétaire qui veut assainir son fonds par le drainage, ou un autre mode d'assèchement, peut, moyennant une juste et préalable indemnité, en conduire les eaux, souterrainement ou à ciel ouvert, à travers les propriétés qui séparent ce fonds d'un cours d'eau, ou de toute autre voie d'écoulement. »

Enfin en 1856, parut une loi qui était comme le couronnement de tous ces efforts, et qui ne contribua pas peu à hâter la propagande de la réforme agricole. En vertu de cette loi, une somme de 100 millions était affectée à des prêts destinés à faciliter les opérations de drainage. Les prêts effectués en vertu de cette loi, devaient être remboursés en vingt cinq ans, par annuités, comprenant l'amortissement du capital, et l'intérêt calculé à 4 pour 100.

Une autre loi, du 28 mai 1858, substitua pour ces avances, le *Crédit foncier de France* à l'État, et autorisa cette compagnie à faire pour les travaux de drainage, jusqu'à concurrence de cent millions, des prêts, remboursables par annuités.

Enfin, un décret du 23 septembre 1858 régla la forme et le mode d'instruction des demandes, les conditions des prêts, et créa pour leur admission, une commission spéciale, sous le titre de *Commission supérieure du drainage*.

Sous cette haute impulsion, des entrepreneurs se présentèrent et quelques sociétés se formèrent pour l'exécution des travaux de drainage.

Cependant, il faut le dire, sur les 100 millions pour lesquels le Crédit foncier était autorisé à émettre des *obligations de drainage*, des prêts s'élevant à quelques centaines de mille francs seulement, ont été réalisés. Le but que s'était proposé le Gouvernement n'a donc pu être atteint. L'élan populaire qui avait accueilli, en Angleterre, les offres du Gouvernement, a fait chez nous complétement défaut.

Il est vrai que beaucoup d'entreprises particulières ont été exécutées avec les ressources des propriétaires eux-mêmes, et que souvent une amélioration très-sensible a pu être constatée ; mais quelquefois aussi, cette amélioration ne s'est pas soutenue, de sorte que des travaux importants n'ont pas été suffisamment compensés par l'augmentation des récoltes. En un mot, les immenses résultats qu'on espérait obtenir, en France, de l'emploi général du drainage, sont restés bien au-dessous de ce qu'on en attendait. Ce qui n'empêche pas que le drainage ne soit une pratique agricole de la plus haute importance, et digne de figurer au nombre des inventions les plus remarquables de notre siècle.

La vulgarisation du drainage en France, n'est pas due tout entière à l'initiative gouvernementale. Il serait injuste de passer ici sous silence les noms de quelques intelligents agronomes, qui, les premiers, ont proclamé les bienfaits, encore discutés, de cette méthode. Citons entre tous, MM. Duchâtel et de Bryas.

Le 14 août 1855, pendant l'Exposition universelle et au milieu des expériences agricoles qui avaient lieu à Trappes, M. de Bryas donnait à qui voulait l'entendre ce victorieux argument:

« J'ai drainé en entier une propriété près de Bordeaux qui valait 700,000 francs et dont voici les plans. Je l'afferme aujourd'hui sur le pied de 1,100,000 francs, et mes fermiers sont enchantés de leur marché. »

Aujourd'hui, les opérations du drainage sont devenues presque usuelles. Cependant on ne peut s'empêcher de reconnaître que cette opération, nécessaire en Angleterre, ne saurait avoir d'importants résultats en France dont le sol pèche plutôt par un état habituel de sécheresse, que par un excès d'humidité.

Les autres nations entrèrent peu à peu dans la pratique de l'assainissement des terres ; mais nous devons citer à part, et en seconde ligne après l'Angleterre, le royaume de Belgique. L'importation du drainage dans ce pays date de 1835. M. Vitart l'appliqua le premier. Mais c'est seulement en 1850, qu'il prit son complet essor. Grâce à l'habile et vigoureuse intervention du Gouvernement, en quelques années le développement de la méthode nouvelle fut extraordinaire. Ses progrès sont résumés dans le tableau suivant.

ANNÉES.	NOMBRE de fabriques de tuyaux EN EXERCICE.	NOMBRE DES AGRICULTEURS qui ont appliqué LE DRAINAGE.	NOMBRE d'hectares de terrains DRAINÉS.
1850	9	35	150
1851	20	205	566
1852	33	599	888
1853	56	1198	1645
1854	76	2114	3168
1855	88	3448	5631
1856	106	4021	7244
		11620	19292

Nous ne terminerons pas cette rapide esquisse de l'histoire du draînage, sans bien préciser ce qui constitue la nouveauté, l'originalité de cette opération agricole. Le drainage moderne n'est pas une pratique ancienne. Le drainage des anciens n'était que le germe du système de nos jours, car jusqu'à l'année 1850, il fut à peine soupçonné par les agriculteurs. Le système actuel comprend l'assainissement complet, méthodique, admirablement simplifié, des terrains argileux, des terres froides et crues, dans lesquelles les eaux pluviales s'accumulent lors de la mauvaise saison, et qui y sont retenues par un sol ou par un sous-sol imperméable. Les saignées souterraines pratiquées par les anciens, et celles qui ont été décrites par Olivier de Serres ou Walter Blight, étaient seulement destinées à l'assèchement des terrains marécageux, à l'écoulement des eaux de fond, ou provenant de sources voisines. Ainsi, indépendamment des perfectionnements sans nombre apportés aux moyens d'exécution, les saignées souterraines appliquées à l'assainissement général et complet des terrains argileux, des terres froides et crues, constituent le côté réellement neuf et original du drainage moderne.

Mais le lecteur se demande peut-être, pourquoi cette excellente méthode, déjà entrevue dans l'antiquité, n'avait pas été appliquée et généralisée plus tôt? C'est qu'il y eut toujours plus de poëtes pour chanter les épis de la moisson que de savants pour enseigner à les faire germer. C'est que dans les temps qui ont précédé le nôtre, l'intelligence humaine, usant ses meilleures forces sur les champs de bataille, ou dans les ruineux préparatifs de la guerre, négligeait nécessairement les arts fructueux de la paix. C'est que le colon romain, le serf du Moyen âge, le vilain de la féodalité, le paysan des siècles derniers, exploités, ruinés, écrasés par les charges d'impôts excessifs, arrachant avec peine à la mamelle avare de la terre, quelques gouttes d'un lait, que lui disputaient toutes les tyrannies, n'avaient eu, jusqu'à notre époque, ni la pensée, ni le temps, ni l'argent nécessaires pour se livrer à des expériences agricoles. Ne pouvant songer qu'à leur propre conservation, toujours précaire, toujours menacée, les agriculteurs du Moyen âge, de la Renaissance et des siècles suivants, ne pouvaient s'inquiéter du progrès des arts, ni s'appliquer à la science difficile de l'exploitation du sol. Toujours opprimés, ils ne pouvaient être novateurs. L'agriculture a dû suivre les progrès de la civilisation. Ce n'est donc que dans notre siècle qu'elle a pu entrer dans la voie des améliorations utiles, et le drainage figure parmi l'une des plus précieuses conquêtes qu'il lui ait été donné d'accomplir depuis son affranchissement.

CHAPITRE II

QU'EST-CE QUE LE DRAINAGE ? — SES EFFETS GÉNÉRAUX ET SECONDAIRES. — SIGNES EXTÉRIEURS DU BESOIN DU DRAINAGE.

Pour bien comprendre le sens du mot *drainage*, reprenons cette ingénieuse comparaison du pot à fleurs, énoncée dans nos premières pages. Le petit sol artificiel que ce vase renferme, se compose de mottes de terre, lesquelles ne sont jamais en contact parfait, à cause de la grande variété de forme et de grosseur de ces particules. Il existe donc entre ces mottes des vides, qui communiquent plus ou moins directement ensemble, et constituent comme un système de petits canaux. Mais ces mottes de terre elles-mêmes ne sont pas d'une densité absolue; elles sont criblées de trous, poreuses, et ressemblent à autant de petites éponges. Quand la terre est parfaitement sèche, les canaux qui existent entre les particules de terre et les pores dont nous venons de parler, sont remplis d'air. Qu'arrivera-t-il si nous bouchons le trou du pot à fleurs, et si nous arrosons le sol abondamment? L'eau pénétrera immédiatement dans le réseau des canaux extérieurs, puis enfin dans les pores des mottes de terre, à la manière de l'eau qui monte, de proche en proche, d'une des extrémités d'un morceau de sucre à l'autre extrémité. Toute la terre sera ainsi saturée d'eau, et il n'y aura plus d'air. La plante se trouvera alors dans de mauvaises conditions. Si la nature ne l'a pas destinée à se plaire dans ce marécage en miniature, elle dépérira bientôt; ses racines se pourriront, ses feuilles et ses fleurs se flétriront, et elle mourra. Pauvre Picciola!

Rétablissons maintenant l'ouverture du pot à fleurs. L'eau, circulant dans l'intérieur des canaux dont nous avons parlé plus haut, et s'écoulant au dehors, abandonne, en passant, les principes réparateurs qu'elle apporte, et se trouve remplacée elle-même, par de l'air. Les pores constitutifs des particules, retiennent, au contraire, l'eau qu'ils ont absorbée, en sorte que le sol est frais, sans être noyé.

Ainsi le trou percé au fond du pot à fleurs permet le renouvellement de l'eau et le renouvellement de l'air, éléments dont dépend la vie de la plante. Eh bien! le drainage des terres arables n'a pas d'autre but. C'est ce petit trou du pot à fleurs que l'on réalise dans les champs! Prenons un exemple. Les terres froides, c'est-à-dire celles qui, sans être imperméables par elles-mêmes, reposent sur un sous-sol imperméable, sont placées dans les mêmes conditions défavorables que notre pot à fleurs, quand son ouverture du fond se trouve bouchée. Il s'agit donc, pour mettre ces terres dans des conditions normales, pour établir cette circulation nécessaire de l'air et de l'eau, pour conserver cette terre fraîche et non pas humide, de déboucher le trou de ce vaste pot à fleurs, en un mot, de drainer cette terre. Les travaux de drainage consistent à ouvrir dans la terre des tranchées étroites, au fond desquelles on dispose des tuyaux de poterie, placés bout à bout, et débouchant à l'air libre, au point le plus bas de chaque système de rigoles. L'eau qui imprègne le sol arrive en s'infiltrant jusqu'aux tuyaux de conduite; elle s'y introduit à travers les joints qui unissent leurs extrémités, et s'écoule en suivant la pente du terrain.

Le rapide écoulement des eaux de pluie à travers le sol, l'abaissement du plan des eaux stagnantes à une profondeur suffisante pour ne plus nuire au développement des racines; tels sont les effets généraux, les résultats directs et immédiats d'un drainage bien fait. De ces deux effets généraux résultant des effets secondaires très-importants, que nous allons passer en revue.

Démontrons d'abord que *le drainage réchauffe le sol.*

Quand un sous-sol imperméable contient, à une faible profondeur, une nappe d'eau stagnante, en sorte que la chaleur solaire, arrêtée par cette barrière liquide, ne puisse lui transmettre son action qu'à une profondeur insignifiante, il y a très-près de la surface du sol, une couche qui est insensible aux variations de la température extérieure, et dont la chaleur est bien inférieure à la température moyenne des mois les plus chauds de l'année. Le drainage, en supprimant la nappe d'eau stagnante, fait descendre plus bas cette couche du sol insensible aux variations atmosphériques, de sorte qu'elle n'a plus aucune influence fâcheuse sur le développement des racines. D'autre part, les eaux de pluie ont, pendant une grande partie de l'année, une température supérieure à celle des couches un peu profondes du sol. Ces eaux, relativement chaudes, sont comme pompées, de haut en bas, par le drainage, et viennent ainsi augmenter la chaleur du sol. Enfin, en abaissant, par le même procédé, la nappe d'eau stagnante à une profondeur convenable, on diminue considérablement l'évaporation qui se fait toujours à la surface de la terre, et l'on réchauffe d'autant le sol; car, pour passer à l'état de vapeur, l'eau liquide absorbe, comme nous l'apprend la physique, une quantité énorme de chaleur.

Pour qu'on ne nous accuse pas de nous complaire dans des considérations scientifiques, nous invoquerons des faits, des expériences directes. Un agriculteur anglais, M. Parkes, a fait, en 1854, des observations thermométriques très-suivies, dans un marais tourbeux, drainé seulement en partie. La température du sol naturel, non drainé, s'élevait à 8°,3 à une profondeur de $0^m,18$; à une même profondeur, dans la partie drainée, le thermomètre marquait 18°,8. Or, sur 35 observations, M. Parkes a trouvé, pour la même profondeur, une augmentation moyenne de 5°,5 dans la température du terrain drainé, par rapport à celle du même terrain non drainé.

Le corollaire naturel des faits que nous venons d'exposer, c'est la précocité des récoltes dans les terres drainées. Il y a quelquefois, sous ce rapport, une avance de 15 jours à un mois; et l'on a obtenu de très-curieux résultats dans les cultures jardinières. En Angleterre la maturité des fruits de certains arbres, des cerisiers par exemple, a pu avoir lieu un mois plus tôt que de coutume.

Le drainage modifie et ameublit le sol; c'est ce que nous établirons sans peine. Considérons ce qui se passe dans les terres fortes, ou argileuses. Elles ne laissent pas assez facilement pénétrer l'eau de la surface, et la retiennent trop fortement lorsqu'elles en sont imprégnées. Elles pèchent donc alternativement, suivant la saison, par un excès de sécheresse ou par un excès d'humidité. Sous l'influence des vents et du soleil, elles deviennent tellement dures que la végétation en souffre; par l'action des pluies continues, elles sont tellement humides, que les plantes noyées et soumises au refroidissement qui résulte de l'évaporation, sont de plus déchaussées et détruites par des gelées et des dégels successifs. Ajoutons que la culture de ces terres est difficile, pénible, longue et coûteuse, à cause de l'état du sol, qui tantôt est si dur et si compacte, que les instruments de labour ne peuvent l'entamer, et qui tantôt, au contraire, est si détrempé, si pâteux, que les attelages s'y embourbent et éprouvent une grande résistance. Un bon drainage, en donnant aux sols argileux une porosité relative, qui semble au premier abord incompatible avec la nature de ces terrains, les rend faciles à travailler, et prévient les désordres dont nous venons de tracer le tableau.

Un autre avantage de drainage c'est qu'il *augmente la fertilité du sol.* Qu'une terre soit trop mouillée, les principes solubles des engrais, disséminés, noyés dans une trop grande masse d'eau, n'agissent plus sur la végétation qu'à des doses qu'on pourrait appeler homéopathiques, et ils sont quelquefois même entraînés bien loin des racines. D'un autre côté, on sait que l'air, la chaleur et une petite quantité d'humidité, sont les agents nécessaires à une bonne végétation. Or, ces conditions font complétement défaut dans un terrain trop humide. C'est par le drainage que ce sol noyé retrouvera la quantité d'humidité, d'air et de chaleur, nécessaire pour utiliser les engrais confiés à la terre. De plus, l'eau de pluie chargée d'ammoniaque ou d'azotates solubles, ne s'arrête plus à la surface du sol, où les sels ammoniacaux s'évaporeraient promptement: elle pénètre jusqu'à la racine des plantes, et met à leur portée les principes fertilisants des engrais.

Qui nous assure pourtant que, grâce à cette facilité d'infiltration, l'eau n'entraîne pas avec elle, et sans profit pour le sol, ces précieux éléments de fécondité? Ce doute n'est pas possible. M. Boussingault, ayant analysé l'eau provenant de l'écoulement des drains, y trouva l'ammoniaque en quantité beaucoup moindre que n'en contenaient les eaux de pluie. Les plantes avaient donc absorbé à leur profit, cette ammoniaque.

En résumé, les effets et les avantages du drainage sont les suivants:

1° Le drainage abaisse le niveau des eaux stagnantes à une profondeur suffisante pour qu'elles ne puissent plus nuire au développement des racines des récoltes.

2° Il facilite le passage, à travers la couche arable et active, des eaux pluviales et des éléments de fertilité que ces eaux peuvent apporter sur le sol qui les reçoit.

3° Il facilite à l'air le moyen de pénétrer dans le sol jusqu'à la portée des racines, et jusqu'au contact des engrais dont il active la décomposition au profit des récoltes.

4° Il contribue à l'ameublissement des terres fortes.

5° Il augmente la chaleur du sol, en diminuant l'évaporation superficielle de l'eau, et, par suite, en atténuant le refroidissement que cette évaporation produit toujours.

6° Il augmente la fertilité du sol, par suite d'une introduction plus facile, d'un transport plus régulier, d'une transformation plus avantageuse des gaz et des substances propres à contribuer au développement des plantes cultivées.

A quels caractères peut-on reconnaître qu'une terre a besoin d'être drainée ? — On distingue aisément, grâce à l'aspect du sol et à la nature de la végétation qui le recouvre, si un champ a besoin d'être drainé.

« Partout où, quelques heures après une pluie, dit M. Barral, on aperçoit de l'eau qui séjourne dans les sillons ; partout où la terre est forte, grasse, où elle s'attache aux souliers, où le pied, soit des hommes, soit des chevaux, laisse après son passage des cavités dans lesquelles l'eau demeure comme dans de petites citernes ; partout où le bétail ne peut pénétrer après un temps pluvieux sans enfoncer dans une sorte de boue ; partout où le soleil forme sur la terre une croûte dure, légèrement fendillée, resserrant comme dans un étau les racines des plantes ; partout où l'on voit les dépressions du terrain notablement plus humides que le reste des pièces, trois ou quatre jours après les pluies ; partout où un bâton enfoncé dans le sol à une profondeur de $0^m,40$ à $0^m,50$, forme un trou qui ressemble à une sorte de puits, au fond duquel l'eau stagnante s'aperçoit ; partout où la tradition a consacré comme avantageux l'usage de la culture en billon, on peut affirmer que le drainage produira de bons effets (1). »

Les plantes qui croissent sur le sol arable, nous offrent d'autre part des indices très-caractéristiques de la nécessité du drainage. Celles qui habitent les terrains humides, y règnent presque complétement, et bannissent toute récolte fructueuse. On ne saurait les faire disparaître ; comme elles s'y trouvent bien, elles y demeurent et multiplient. On ne s'en rend maître que par le drainage, qui les prive de cette humidité permanente, sans laquelle elles ne sauraient vivre. Voici les noms de quelques-unes de ces plantes, que presque tout le monde connaît de vue et de nom : le Jonc commun, le Plantain lancéolé, le Colchique d'automne, la Prêle ou queue de cheval, la Renoncule, la Laîche, l'*Orchis latifolia* ou Pentecôte à larges feuilles, l'Iris des marais, la Renouée, le Scirpe, le Souchet, la Scrophulaire aquatique, le Narcisse, etc.

Un examen attentif du sous-sol permet, d'ailleurs, de reconnaître exactement sa nature, et de prononcer sur la nécessité du drainage. Cet examen se fait au moyen de tranchées, que l'on pratique dans le sol, et de trous d'essai.

Si l'on veut étudier la constitution du sol, sans cependant multiplier outre mesure les tranchées et les trous d'essai, on se sert d'une petite sonde à main, de la sonde dite de Palissy, que représente la figure 414.

On manœuvre cette sonde à peu près comme une tarière. On l'enfonce de $0^m,40$ environ ; on la retire, pour examiner la nature du sol, puis on l'enfonce encore de $0^m,40$, et l'on continue ainsi jusqu'à la profondeur de $1^m,80$ qu'elle atteint facilement. Avant de commencer chaque sondage, on tasse fortement le sol à la place où l'on doit opérer, pour que la terre se maintienne à l'entrée du trou.

(1) *Drainage des terres arables*, t. Ier.

Pour bien juger de la nature des échantillons que la sonde rapporte, et qui sont

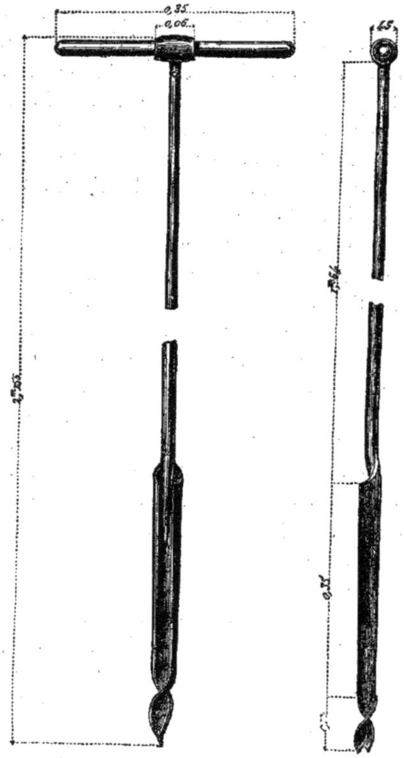

Fig. 414. — Sonde de Palissy.

toujours un peu altérés, il est bon de faire une première opération tout auprès d'une tranchée, afin d'obtenir des termes précis de comparaison.

CHAPITRE III

EXÉCUTION PRATIQUE DU DRAINAGE. — PROFONDEUR, ÉCARTEMENT, DIRECTION DES DRAINS. — EXEMPLES DE DRAINAGE.

Après ces considérations générales, nous passons à la description des opérations pratiques du drainage. Beaucoup de questions différentes se rattachent à cette pratique; nous serons obligés de les examiner chacune avec attention.

Profondeur à laquelle il faut placer les tuyaux de drainage. — Nous commencerons par rechercher à quelle profondeur les drains doivent être placés, pour produire les meilleurs effets possibles. Cette question est une des plus importantes de toutes celles qu'il s'agit de résoudre dans le problème du drainage. Les sociétés anglaises d'agriculture ont longtemps retenti des vives discussions qui s'élevèrent entre les partisans du drainage profond et leurs adversaires. En effet, deux systèmes se trouvaient en présence : l'un, représenté par M. Smith, de Deanston, consistait à placer les drains à une profondeur de 0m,75 au plus ; l'autre, qui avait pour défenseur M. Parkes, déclarait que les drains devaient s'enfoncer au moins à 1m,21 dans le sous-sol. Hors des drains profonds d'une part, hors des drains superficiels d'autre part, il n'y avait point de salut ! L'expérience fit bientôt voir que le salut n'était ni dans l'une ni dans l'autre des deux écoles exclusivement. En effet, la profondeur des drains varie en raison de la nature du sol et de la pente du terrain. L'étude attentive des tranchées d'essai, qu'on a dû pratiquer sur le sol à drainer, détermine définitivement la profondeur qu'il convient d'adopter. Cette profondeur pourra varier suivant des cas particuliers. Selon M. Leclerc, elle oscillera entre 1m,21 et 1m,46 dans les terrains sablonneux de diverses espèces ; de 1m,26 à 1m,56 dans les terrains argileux plus ou moins consistants ; dans les terrains tourbeux et spongieux elle atteindra 1m,71 (1). Au reste, dans le drainage des tourbières peu profondes, il importe de pousser les canaux jusqu'au terrain solide, car la tourbe est une mauvaise fondation pour les tuyaux de drainage. De plus, il faudra toujours placer les drains plus profondément qu'on ne veut les établir

(1) *Traité de drainage, ou Essai théorique et pratique sur l'assainissement des terres humides*. Paris, 1856, in-18.

définitivement, à cause du tassement que ces terrains subissent en se desséchant, et qui peut atteindre 1/5 ou 1/6 de leur épaisseur primitive. Quand on opère dans un sol poreux, avec sous-sol saturé d'eau, parce qu'il repose sur une couche imperméable, il faut, autant que possible, donner assez de profondeur à la tranchée pour que les tuyaux reposent sur cette couche imperméable; car dans ces espèces de sols l'action d'un drain s'étend d'autant plus loin que sa profondeur est plus considérable. Les drains seront donc plus espacés. Si, dans les sols argileux, à une profondeur qui varie de 1^m,50 à 1^m,80, on rencontre, ce qui arrive assez souvent, une couche aquifère, composée de matériaux très-poreux, cette couche sera un excellent auxiliaire pour le drainage. On pousse en effet jusqu'à son niveau un moindre nombre de drains qu'il ne serait nécessaire de le faire en général, et on y décharge les eaux de toute la surface.

Il nous reste à montrer que la profondeur minimum à laquelle on peut placer des tuyaux de drainage, est de 0^m,70 à 0^m,80. En effet, les labours profonds atteignent 0^m,25 à 0^m,30: la partie supérieure du conduit de drainage doit se trouver à 0^m,08 ou à 0^m,10 au-dessous de la profondeur moyenne atteinte par les instruments de culture, pour n'être pas endommagée par ces instruments. Si l'on ajoute maintenant l'épaisseur de la couche préservatrice qui doit exister au-dessus des tuyaux de drainage, on verra qu'en tenant compte des dépressions de certains points du sol, le chiffre que nous avons donné est bien une moyenne minimum de la plus petite profondeur à donner aux drains.

L'expérience, du reste, a démontré qu'une diminution, même peu importante, dans la profondeur des drains, peut avoir de très-regrettables résultats, et il vaut mieux à coup sûr drainer un peu plus profondément que ne l'ont indiqué des calculs plus ou moins rigoureux, pour ne pas s'exposer à recommencer des travaux faits trop superficiellement.

Écartement des drains. — Relativement à l'écartement des drains, les mêmes divergences d'opinions s'élevèrent entre M. Smith et M. Parkes. Les chiffres adoptés par M. Smith sont en général trop faibles, et ceux de M. Parkes souvent trop forts. En général, la distance entre les drains est comprise entre 5 et 20 mètres. Cette distance, comme la profondeur, est, d'ailleurs, très-variable.

Il y a sans doute une relation entre la profondeur et l'écartement des drains; mais le problème est si compliqué, que, dans l'état actuel de la science, on n'a pu formuler mathématiquement cette relation. M. Barral a établi une formule, mais elle présente une inconnue difficile à déterminer par l'expérience. Cette inconnue, c'est la *faculté rétentive* du terrain pour les eaux. Si cette force rétentive était égale à zéro, l'eau descendrait de la hauteur de 4^m,9 pendant la première seconde de sa chute; si elle était absolue, tous les drains du monde n'empêcheraient pas l'eau de séjourner à la surface du sol. Quoi qu'il en soit, cette distance dépend surtout de la nature du sous-sol. Un sol compacte et rétentif oppose une grande résistance au mouvement de l'eau qui filtre dans son intérieur; un sol poreux ou plus léger, laisse un plus libre cours à l'eau, que les drains enlèvent facilement. Dans les terrains de cette dernière sorte, les drains seront écartés et en même temps profonds: dans les terrains compactes, les drains devront être plus rapprochés; en sorte que, en général, pour obtenir un asséchement uniforme dans des sols de nature différente, il faut rapprocher de plus en plus les drains à mesure que le terrain devient de plus en plus compacte.

Du reste, on peut évaluer directement l'espacement qui convient le mieux à chaque espèce de terrain. On établit à une certaine distance, deux drains, dont la profondeur soit égale à celle qu'on a cru devoir adopter pour le drainage définitif. On creuse un trou au milieu de la distance qui sépare les deux drains, puis un autre trou à côté d'un d'entre eux. Après une saison pluvieuse, on examine le niveau de l'eau dans les deux trous ; s'il est à peu près le même, on en conclura que les lignes de drains ne sont pas trop écartées, et l'on adoptera le même espacement dans toutes les parties du champ où le sous-sol a la même nature.

Voici un autre moyen propre à fixer expérimentalement l'écartement des drains dans un terrain donné. On creuse, à droite et à gauche d'une tranchée d'essai, une série de trous de $0^m,50$ de côté, et de même profondeur que la tranchée T (*fig.* 415). Ces trous sont placés à une distance de 10 à 12 mètres, afin qu'ils ne puissent pas agir les uns sur les autres. Ils sont du reste disposés en échiquier, de manière que leur distance à cette tranchée soit de 2, 4, 6, 8, 10, 12, 14 mètres. On recouvre ces trous de branchages et de paillassons, pour éviter l'évaporation. Si le sol n'est pas assez imprégné d'eau pour que celle-ci emplisse naturellement les trous, on attend les pluies, et on se livre alors aux observations, qui durent plusieurs jours de suite, et qu'on répète à deux ou trois époques de l'année. On note plusieurs fois le niveau de l'eau dans les trous, et on reconnaît bientôt qu'il s'abaisse d'autant plus vite et d'autant plus dans chaque trou, que ce trou est plus rapproché de la tranchée. On remarque que l'eau est plus élevée au-dessus du fond de cette tranchée, T, dans le point B que dans le point A, dans le point C que dans le point B, dans le point D qu'en C, et ainsi de suite, jusqu'à une distance où, l'action de la tranchée ne se faisant plus sentir, le niveau de l'eau reste le même dans deux trous voisins. Lorsque le niveau de l'eau semble stationnaire, ou bien lorsqu'il varie sensiblement de la même façon dans tous les trous, d'une observation à l'autre, le double de la distance à la tranchée du dernier trou où l'effet de la tranchée s'est fait sentir, donnera l'écartement des drains.

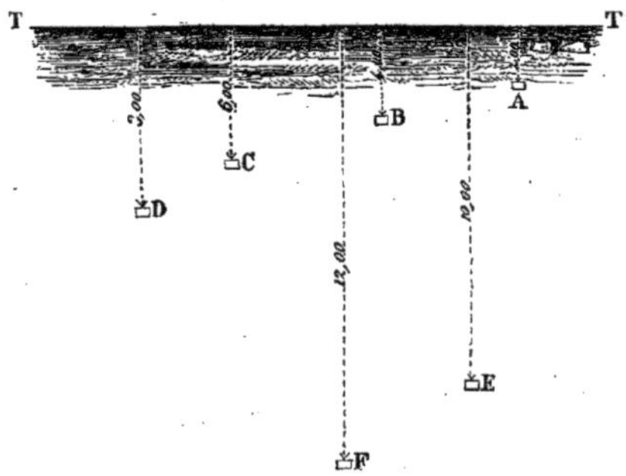

Fig. 415. — Détermination de l'écartement des tranchées.

Il est encore une autre manière de contrôler l'espacement des saignées sur un champ à drainer, et de recevoir un avertissement utile, quand on aura à drainer un terrain du même genre. Si vers le milieu de l'intervalle de deux saignées successives, la végétation paraît chétive et languissante, c'est une preuve que l'espacement est trop considérable.

Direction des drains. — Occupons-nous maintenant de la direction à donner aux drains. Un réseau de drainage se compose de tuyaux de divers calibres, dont les uns ont pour mission de dessécher le sol, et les autres de recevoir les eaux qui découlent des précédents. Les premiers se nomment *tuyaux de desséchement*, ou *petits drains* ; les seconds se nomment *drains principaux*, ou *collecteurs*. Les *collecteurs du premier ordre* sont ceux qui reçoivent directement les eaux des petits drains ; les *collecteurs du deuxième ordre* reçoivent les eaux des collecteurs de premier ordre ; ceux de troisième ordre reçoivent les eaux des drains de deuxième ordre, et ainsi de suite.

La force qui détermine l'écoulement de l'eau à travers les canaux capillaires du sol sur lequel doit agir un drain, étant la pesanteur, le tracé des lignes de drain devra, autant que possible, favoriser l'action de la pesanteur. Tous les drains de desséchement devront être dirigés suivant les lignes de plus grande pente de la surface du sol, ou s'en écarter le moins possible, car cette ligne est celle que suivent les eaux en coulant sur la surface du sol. Le canal placé au fond d'une tranchée dirigée suivant la ligne de plus grande pente, est symétriquement placé par rapport à la surface ; et dans un terrain homogène, son action se fait sentir à égale distance à droite et à gauche. Au contraire, si le drain s'écarte de la ligne de plus grande pente, toute son action se porte du côté où le terrain s'élève, et cette action se réduit souvent à zéro du côté où le terrain descend. D'autres raisons, qu'il est superflu de rapporter ici, confirment encore le principe de la direction des petits drains suivant la ligne de plus grande pente du terrain. On ne devra s'écarter de cette règle générale que dans les terrains plats, et dans ceux dont la surface n'est que faiblement irrégulière. Il faut négliger les petites irrégularités de la surface du sol, et ne s'attacher qu'à celles qui affectent une certaine étendue de terrain, en sorte qu'en somme il convient de placer les petits drains suivant des lignes droites rapprochées le plus qu'il est possible de la direction générale et moyenne des lignes de plus grande pente.

Les drains collecteurs qui recueillent et conduisent à un réceptacle convenable, les eaux des petits drains, ou *drains de desséchement*, doivent occuper toutes les parties du terrain vers lesquelles les eaux sont dirigées par ces petits drains. On les place donc dans les parties basses. L'angle suivant lequel les drains collecteurs et les drains de desséchement se rencontrent doit être aigu ; et de plus il faut faire en sorte qu'au point de jonction le courant de l'eau dans les premiers soit dirigé dans le même sens que dans les seconds.

Outre les drains du dernier ordre, tracés par groupes de lignes parallèles suivant la plus grande pente générale du terrain, il existe quelquefois, dans les pièces de terre, de petits drains dont la fonction est d'arrêter les eaux provenant d'infiltrations supérieures : on les nomme *drains de ceinture*. En effet, ils suivent, en général, le périmètre des parties drainées : ils communiquent, tous les 40 ou 50 mètres, avec un drain ordinaire.

L'extrémité des drains principaux est garnie, au point où ils débouchent dans les ruisseaux, ou canaux de décharge, d'un petit grillage en fer, qui empêche les rats, les grenouilles, les taupes, etc., de s'introduire dans les drains, et d'y causer des obstructions, après leur mort.

On défend quelquefois aussi l'entrée du drain par une petite construction faite avec des pierres ou des briques, contre l'indiscrète curiosité ou la malveillance des enfants et des passants.

La grille en fer qui garnit le débouché extérieur des drains et la petite maçonnerie qui la supporte, forment ce qu'on appelle *une bouche*.

Enfin, on établit, de distance en distance, aux points d'intersection des drains principaux des divers ordres, des *regards*, qui permettent d'observer facilement la manière dont l'écoulement se fait.

Nous emprunterons aux *Instructions pratiques sur le drainage*, rédigées par M. Hervé-Mangon, et publiées par ordre du Ministre de l'agriculture et du commerce, la description du mode d'établissement des *regards* et *bouches* des tuyaux de drainage.

Les regards, dit M. Hervé-Mangon, se construisent de deux manières.

La première consiste à prendre deux ou trois gros tuyaux (*fig.* 416 et 417), à les poser verticalement sur une pierre plate ou sur une large tuile, et à les recouvrir de la même manière. Un petit enrochement, maçonné au besoin, est placé à la base de ces regards. Les tuyaux qui y aboutissent, en plus ou moins grand nombre, sont solidement posés et quelquefois entourés de maçonnerie, sur une petite longueur, pour éviter tout déplacement de ces tuyaux.

Le tuyau de décharge, B (*fig.* 416), est placé à quelques centimètres en contre-bas du des-

Fig. 416. — Coupe d'un regard.

sous des tuyaux d'arrivée, A. Ceux-ci doivent faire un peu saillie sur la paroi intérieure du

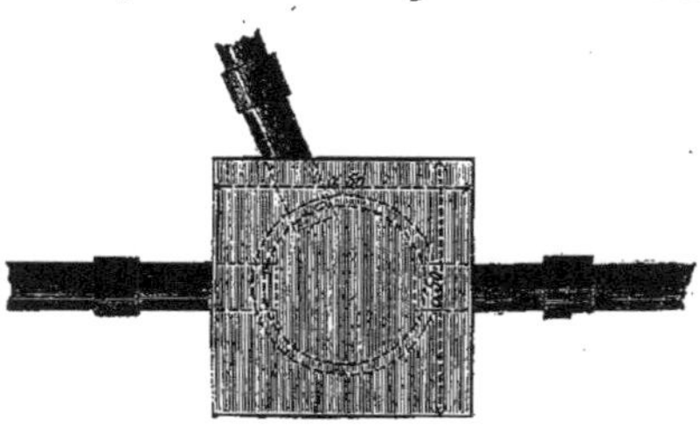

Fig. 417. — Plan d'un regard.

regard, pour que l'eau qu'ils amènent tombe dans ce regard et puisse produire un son, que l'on entend du dehors à travers les terres, et qui est l'indice de la marche régulière du drainage.

Quand on veut établir des regards plus importants, on les construit en pierres sèches ou maçonnées. On leur donne $0^{m},60$ environ de largeur dans œuvre. Ordinairement, on les élève jusqu'au niveau du sol et on les ferme avec une planche ou une dalle. Leur forme ne diffère de celle que représente la figure 417 que par cette particularité qu'ils arrivent au niveau du sol, de manière que l'on puisse déplacer facilement la pierre plate qui les recouvre.

On peut laisser les regards ouverts, et alors on les entoure d'une petite balustrade avec parois treillagées en fil de fer. Mais le plus souvent on les ferme avec une planche qu'on puisse facilement lever, pour constater si tous les tuyaux d'arrivée donnent de l'eau.

Les bouches des drains, c'est-à-dire les points où ils arrivent aux canaux de décharge, doivent être construites en briques ou en pierres, et préservées par une grille en fonte ou en fer.

Selon que le drain débouche dans le talus ou à l'origine d'un fossé, on peut adopter la

Fig. 418. — Élévation d'une bouche dans un talus.

disposition indiquée par les figures 418 et 419,

Fig. 419. — Coupe par l'axe d'une bouche dans un talus.

ou bien par les figures 420 et 421. La construction de ces dernières bouches n'exige que quelques briques. Cette légère dépense est largement couverte par la sécurité qui résulte de l'établissement de ces petits ouvrages pour la conservation des débouchés et le maintien du profil des fossés de décharge.

Fig. 420. — Élévation d'une bouche à l'origine d'un fossé.

Fig. 421. — Coupe d'une bouche à l'origine d'un fossé.

Le tuyau de drainage, ajoute M. Mangon, doit être enveloppé, sur une certaine longueur, en arrivant à la bouche, dans un petit massif en maçonnerie hydraulique, ou dans un bon corroi de terre glaise, pour éviter toute infiltration. Quand on ne craint pas une petite augmentation de dépense, on remplace 1 mètre environ de tuyau en terre, près de la bouche, par un tuyau de fonte ou de tôle bitumée.

La grille en fonte ou en fer qui ferme la bouche des drains, doit être assez serrée pour s'opposer à l'introduction des plus petits animaux, et des corps étrangers que la malveillance pourrait tenter d'introduire dans le tuyau.

La meilleure manière de fixer cette grille consiste à la maintenir, comme l'indiquent les figures 420 et 421, par deux boulons traversant la maçonnerie et maintenus par des clavettes, dont les têtes se trouvent sous les gazons ou le perré du talus, de manière qu'il soit facile de les enlever, si la grille a besoin de nettoyage.

Exemples de drainage. — Afin de mieux faire comprendre les indications générales, et par cela même assez vagues, que nous venons de donner, nous offrirons au lecteur quelques exemple de drainages qui ont été effectués dans des circonstances diverses. Dans la figure 422, on voit le plan d'un champ de

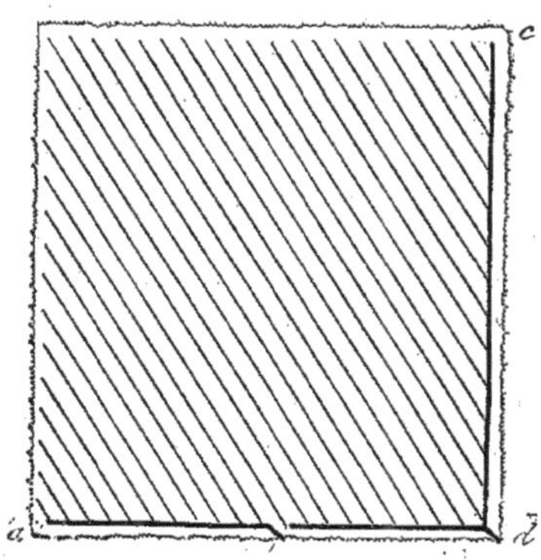

Fig. 422. — Exemple d'un champ drainé.

4 hectares environ, et d'une faible inclinaison. Les petits drains ont été dirigés suivant cette pente, et sont espacés à peu près de 9 mètres les uns des autres. Ces petits drains débouchent dans trois drains collecteurs *ab*, *cd*, qui communiquent, en *b* et en *d*, avec le canal de décharge débouchant à l'extérieur.

Dans la figure 423, on voit que le champ présente deux inclinaisons différentes, et que

les petits drains ont été disposés suivant ces deux inclinaisons. Les drains collecteurs ou maîtres-drains *ab*, *bc*, recueillent les eaux

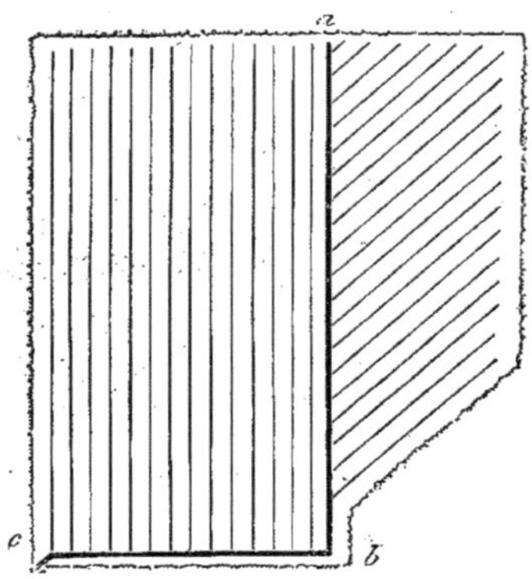

Fig. 423. — Autre champ drainé.

que les petits drains leur abandonnent, et ils communiquent, en *c*, avec le canal de décharge. Ce maître-drain, *abc*, est établi, dans la partie *ab* de sa longueur, sur le pli du terrain formé par l'intersection des deux directions générales de la surface du sol.

Si un champ présentait une trop grande longueur dans la direction de sa pente générale, il ne serait pas convenable d'y établir des lignes de drains d'une seule portée. Dans ce cas, on recoupe le champ par des drains collecteurs,*c*,*f*(*fig.* 424), qui versent les eaux qu'ils reçoivent d'en haut dans des collecteurs particuliers, lesquels amènent les eaux des parties inférieures du champ et les bouches des collecteurs dans le canal principal de décharge.

Dans cette figure, comme dans les précédentes, les gros traits indiquent la position des *maîtres-drains*, et les lignes plus fines les files des tuyaux de premier ordre. Dans la figure 424 le déversement des eaux des maîtres-drains dans le canal de décharge, est établi en *a* et en *b*.

Les exemples de champs drainés que nous venons de citer ont été donnés par M. Hervé-Mangon dans ses *Instructions pratiques sur le drainage*. Nous reproduirons encore quel-

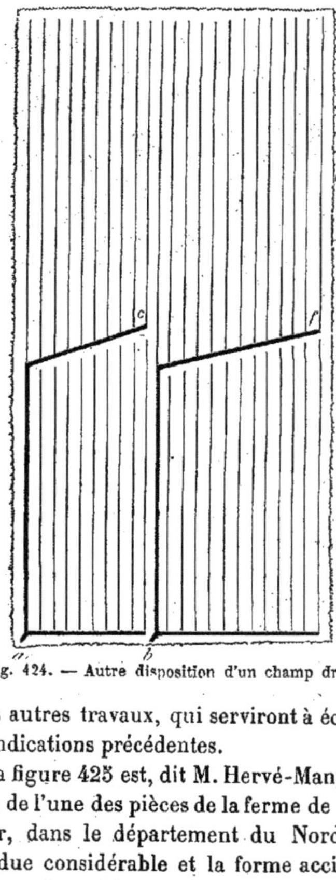

Fig. 424. — Autre disposition d'un champ drainé.

ques autres travaux, qui serviront à éclaircir les indications précédentes.

La figure 425 est, dit M. Hervé-Mangon, le plan de l'une des pièces de la ferme de Crèvecœur, dans le département du Nord. Son étendue considérable et la forme accidentée de sa surface, bien indiquée par les courbes de niveau tracées sur la figure, expliquent la disposition un peu compliquée du réseau d'assainissement de ce terrain. Les croissants placés à l'extrémité des drains, indiquent la position des bouches. Les regards placés à l'intersection des drains collecteurs, sont figurés par un petit rond. Enfin, les chiffres inscrits auprès des courbes de niveau, expriment leur hauteur au-dessus du plan général de nivellement de toute la ferme. Ces courbes de niveau ont été levées de mètre en mètre; mais, pour simplifier la figure, on en a supprimé près de la moitié dans le croquis ci-dessus.

La figure 426 offre un autre exemple de drainage, emprunté à la même ferme que le

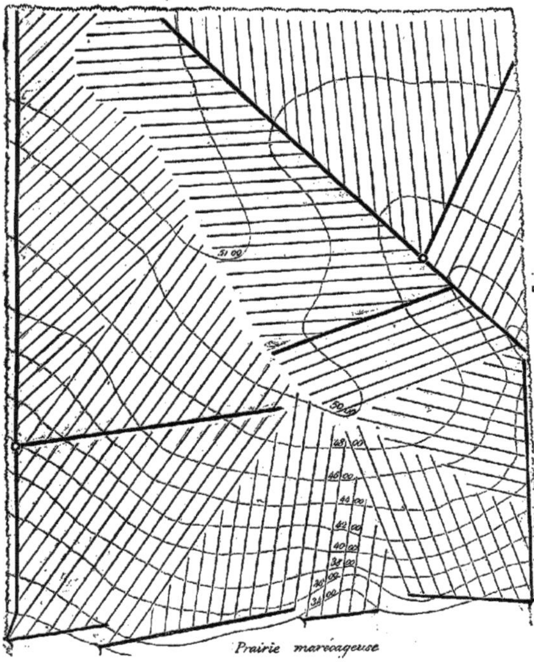

Fig. 425. — Plan d'une pièce drainée dépendant de la ferme de Crèvecœur.

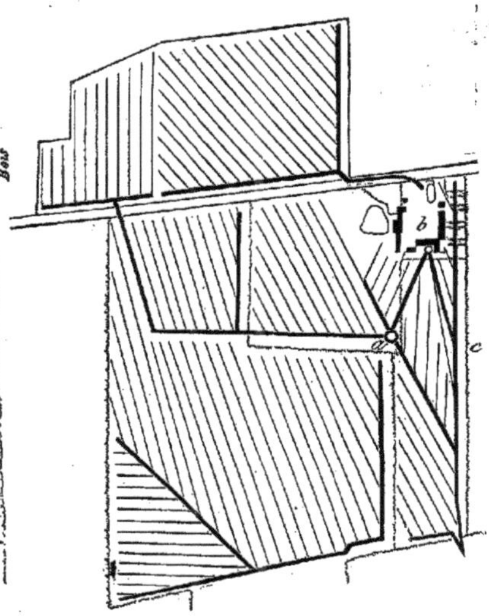

Fig. 426. — Drainage d'une partie de la ferme de Crèvecœur.

précédent. L'eau de drainage d'une partie du terrain situé au-dessus du chemin alimente l'abreuvoir de la cour de la ferme; le puits *b* de la ferme est également alimenté par l'eau de drainage conduite par le tuyau *ab;* l'eau en excès sort par le tuyau *bc*, qui sert de trop-plein. Un regard placé en *a* permettrait, au besoin, d'empêcher les eaux de se rendre dans le puits *b* et les dirigerait en ligne droite vers le drain général d'écoulement.

Les dispositions générales du drainage de l'ancien étang de Chevrier (département du Cher) sont représentées par la figure 426, également empruntée aux *Instructions pratiques sur le drainage* de M. Hervé-Mangon.

Les eaux recueillies par les lignes de drains sont amenées dans le canal principal de décharge, qui traverse cette pièce sur une longueur de 1,200 mètres environ. Les points marqués de croix (+) indiquent l'emplacement de *drainages verticaux.*

Une partie des eaux de source étaient incrustantes et ont nécessité la construction de regards d'une forme particulière.

Les lignes ponctuées (....) sont des drains de défense contre les racines des peupliers qui bordent l'ancienne digue de l'étang.

Ce terrain, de 60 hectares environ, est presque horizontal; la pente d'une partie des drains n'excède pas $0^{m},002$ par mètre, et n'a pu être obtenue qu'en augmentant leur profondeur de l'origine à l'extrémité.

Enfin la figure 428 donne une idée du projet général de drainage du camp de Satory,

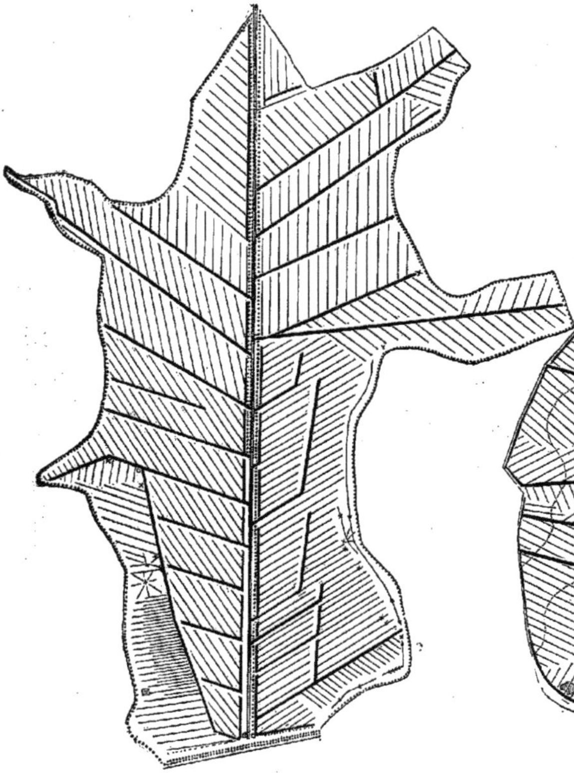

Fig. 427. — Plan de drainage de l'étang de Chevrier.

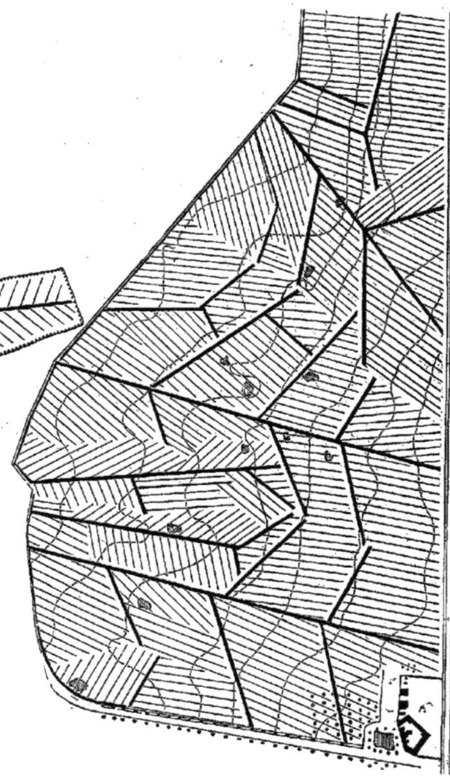

Fig. 428. — Plan de drainage du camp de Satory.

près de Versailles, dressé par M. Hervé-Mangon. Cette surface est d'une superficie de 157 hectares environ, dont 10 hectares ont été déjà drainés avec succès.

Les eaux sont reçues dans l'aqueduc de Trappes, qui longe le côté droit de la figure.

CHAPITRE IV

MOYENS DIVERS DE CONSTRUIRE LES CONDUITS DES DRAINS.

Nous avons déjà dit qu'il fallait, en général, donner la préférence aux tuyaux en poterie pour l'exécution des travaux de drainage. Cependant, comme les agriculteurs remplacent quelquefois, et dans des circonstances tout à fait spéciales, les tuyaux en poterie par les divers procédés qui ont été antérieurement employés, nous devons décrire tous ces procédés, afin de montrer leurs avantages et leurs inconvénients sous le rapport de la durée, de la facilité et de l'économie de leur construction, de leur disposition plus ou moins heureuse pour favoriser l'absorption et l'écoulement de l'eau.

Drainage dit en coulée de taupe. — Le drainage en *coulée de taupe* a été pratiqué autrefois en Angleterre, dans les districts où se trouvent beaucoup de prairies permanentes à sous-sol argileux. Le drain ainsi exécuté est bien le plus simple de tous. Il n'y entre ni tuyaux, ni pierres, ni fascines : c'est une trace souterraine, analogue à la galerie des taupes, et que laisse, en passant dans le sol, un instrument désigné, en raison de son mode d'action, sous le nom de *charrue-taupe*. La partie essentielle de cet instrument est toujours un coutre de charrue extrêmement fort, terminé, à sa partie inférieure, par un cône de fer ou de fonte. Ce cône pénètre dans le sol, et si ce sol est très-compacte, il laisse derrière lui un vide que la terre ne remplit pas.

Ce n'est que dans l'argile qu'on arrive ainsi à un bon résultat. On manœuvre la charrue-taupe au moyen d'un cabestan à manége, conduit par des chevaux, et fixé à l'extrémité de la ligne de drain à ouvrir. Mais un tel mode de drainage est très-imparfait et toujours très-superficiel. Comme l'outillage est très-cher, et se détériore promptement, le prix de revient des travaux serait considérable.

Drains en gazon. — Il est une autre manière très-simple de construire des drains : on se sert de simples morceaux de gazon, enlevés de la surface du sol. Pour exécuter ce genre de saignée, on enlève d'abord une forte motte de gazon ; puis, on extrait une deuxième tranche de terre, avec une bêche un peu plus étroite ; enfin, on enlève une troisième et dernière tranche, avec une bêche très-étroite : on a ménagé ainsi deux épaulements. Cela fait, on enfonce la motte de gazon, enlevée de la superficie, jusqu'à ce qu'elle s'appuie sur les épaulements, en sorte qu'il y ait en dessous un vide qui servira de conduit. On achève de remplir avec la terre qui a été extraite.

Ce genre de travail a été employé pour l'assainissement des tourbières, en Angleterre, et pour le drainage des terres fortes. Mais, pour les terrains ordinaires, il n'est que temporaire. Au reste, il ne revient pas à beaucoup meilleur marché que le drainage avec des tuyaux de poterie.

Dans le drainage des terrains tourbeux et marécageux, on a réussi à employer des tuyaux exécutés avec la tourbe elle-même, à l'aide d'un louchet, d'une forme particulière. On découpe avec cet instrument, des prismes de tourbe, percés d'une ouverture demi-cylindrique. En ajustant ces prismes d'une manière convenable, on obtient un véritable tuyau. Un ouvrier habile produit 2,000 à 3,000 de ces prismes de tourbe par jour. Avant d'être employés ils sont séchés au soleil et prennent alors une grande résistance. Mais ce système n'est applicable que très-exceptionnellement.

Drains en fascines. — On a employé en Angleterre, en France, et surtout en Allemagne, une méthode très-imparfaite, et qui avait déjà été mise en usage dans l'antiquité. Elle consiste à mettre au fond des saignées, des fagots de petit bois, de la paille, ou des perches de bois d'aune, fortement serrées les unes contre les autres.

La forme des drains de fascines varie avec les localités. Quelquefois leur section transversale est un trapèze, sur le fond duquel les fascines sont simplement posées, ou bien supportées, de distance en distance, par des croisillons en bois. D'autres fois, on ménage au fond de la tranchée, un double épaulement, sur lequel on place la fascine, qui sert seulement alors à recouvrir la petite rigole pratiquée au-dessous d'elle. Quelle que soit la disposition adoptée, on place au-dessus des fascines des gazons ou branchages légers, et les premières couches de terre sont fortement tassées au-dessus.

Au reste, on ne doit recourir aux fascines que dans des cas extrêmes, c'est-à-dire quand d'autres matériaux sont rares et coûteux. En effet, les matières végétales se décomposent assez rapidement dans les terrains humides, et la terre les remplace bientôt. Ces drains s'obstruent vite, et, en général, ne laissent à l'eau qu'un passage lent et difficile.

Drains en pierres. — Dans les localités où les terrains sont très-pierreux, et où il est difficile, sinon impossible, de faire mieux, on garnit le fond des tranchées avec des pierres. Ces drains sont de deux sortes : les uns, que l'on nomme *drains à pierres perdues*, sont formés de pierres cassées, jetées pêle-mêle au fond de la tranchée. Ils ont été fortement recommandés par Smith, de Deanston, et très-employés en Angleterre : les autres sont construits avec des pierres plates, disposées de façon à former de véritables canaux. Dans les drains à pierres perdues, on met au fond des saignées, sur une hauteur de $0^m,30$ à $0^m,40$, des cailloux très-propres ou des galets carrés, de manière que les plus gros puissent passer à travers les mailles d'un crible ayant $0^m,076$ d'ouverture : c'est entre leurs interstices que l'eau s'introduit et peut couler. On les recouvre d'une couche de gazon, de mousse, de paille ou de pierres cassées très-fin pour empêcher la terre de descendre entre les pierrailles.

Les figures 429, 430, 431 représentent, en

Fig. 429, 430, 431. — Coupe de canaux souterrains en pierres sèches

coupe, quelques-unes des formes que l'on donne au canal de drainage construit avec de petites pierres superposées à quelques-unes plus grosses.

Les drains ainsi préparés sont coûteux, à cause du temps nécessaire pour charger, nettoyer, briser les pierres, et à cause du grand diamètre qu'il faut donner aux tranchées. Ils opposent au mouvement de l'eau une grande résistance et sont très-sujets à s'obstruer.

Les drains avec conduits en pierres plates, sont plus durables que ceux dont nous venons de parler ; mais il faut mettre un grand soin à les construire, et ils sont très-coûteux. Les pierres plates se disposent au fond des tranchées comme on le voit dans la figure 432.

Fig. 432. — Coupe d'un canal en pierres sèches.

On les recouvre, en général, d'une petite couche de pierrailles, pour boucher le mieux possible les ouvertures par lesquelles la terre pourrait pénétrer dans le conduit. La figure

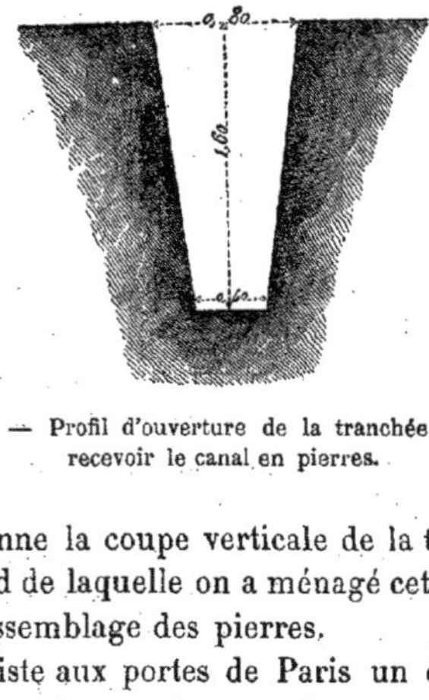

Fig. 433. — Profil d'ouverture de la tranchée destinée à recevoir le canal en pierres.

433 donne la coupe verticale de la tranchée au fond de laquelle on a ménagé cette rigole par l'assemblage des pierres.

Il existe aux portes de Paris un drainage établi en pierres plates, qui remonte probablement à plus de trois siècles, et qui fonctionne encore très-bien de nos jours. Un vaste réseau de drains ainsi construits s'étend sous le sol des prés Saint-Gervais, de Romainville et de Ménilmontant. Ce drainage absorbe les eaux d'un bassin qui se développe sur un diamètre de plus de 2,500 mètres, et qui comprend les marnes de la formation gypseuse parisienne. On attribue l'exécution de ce réseau de desséchement aux religieux qui possédaient les terres de ce bassin avant Louis XIV.

Avec des briques ordinaires disposées au fond des tranchées, comme l'indiquent les figures précédentes, on a construit des conduits dont la durée peut dépasser un siècle. Ils conviennent mieux pour l'écoulement des eaux, et sont plus durables que ceux en pierres plates, mais ils sont coûteux et lents à construire.

Les drains construits avec des pierres ont rendu d'immenses services. Avant la généralisation du drainage, c'est ainsi que l'on établissait les canaux de desséchement, et nous avons vu dans le midi de la France pratiquer plusieurs fois des rigoles souterraines d'écoulement par ce procédé, que tout propriétaire peut mettre en œuvre. Aujourd'hui même, malgré le bas prix des tuyaux, le drainage s'exécute encore assez souvent avec des canaux formés de pierres. Il est donc de toute nécessité d'entrer à cet égard dans quelques explications.

Les meilleurs matériaux pour construire ces drains, sont évidemment des cailloux, ou des galets assez forts. A leur défaut, on emploiera des pierres bien débarrassées de terre et cassées de manière que les plus grosses puissent passer dans un anneau de $0^m,007$ de diamètre. De plus gros matériaux arrêteraient l'écoulement de l'eau. Les petits matériaux remplissent, d'ailleurs, plus également l'espace, soutiennent mieux les parois de la tranchée, et s'opposent plus efficacement aux ravages des taupes et des rats d'eau.

On ne doit pas casser les pierres sur le bord des drains, mais dans des chantiers spéciaux. De là on apporte les pierres au moyen de camions à bras.

Les camions qui servent au transport des pierres, doivent être garnis d'une planche à rebord disposée, comme l'indique la figure 434, pour arrêter les pierres qui pourraient se répandre sur le sol, quand on les extrait avec une pelle de l'intérieur de la voiture.

Fig. 434. — Partie postérieure d'une voiture à transporter les pierres pour le remplissage des drains.

Pour remplir les tranchées, on ne doit pas se borner à jeter pêle-mêle les pierres; on leur fait subir un triage et un dernier nettoyage, au moyen d'un crible d'une forme particulière.

Fig. 435.—Crible pour le remplissage des drains en pierre.

Ce crible (*fig.* 435) est supporté par quatre montants verticaux de $1^m,50$ de hauteur environ, fixés aux deux côtés d'une brouette ordinaire. On peut changer l'inclinaison du crible au moyen des vis qui le fixent aux montants. Le crible repose sur le fond d'une auge en planches dont l'extrémité se prolonge de manière à arriver un peu au delà du bord de la tranchée à remplir. La planche verticale *a*, fixée aux côtés prolongés du crible, a pour but de forcer les pierres qui roulent sur le plan incliné de l'appareil, à tomber verticalement au fond de la tranchée, sans aller choquer et dégrader sa face latérale. Cette planche doit venir s'appliquer contre le bord de la tranchée opposé à celui où se trouve la brouette.

Au-dessous du crible, dont on vient de parler, existe un second crible plus fin, débouchant dans la brouette. Il retient les petites pierres qui ont traversé le premier crible; il les jette dans la brouette et laisse passer la terre et la poussière mêlées aux pierres. Ces impuretés tombent sur le sol.

La longueur des cribles est de 0m,80 environ ; l'écartement des fils du crible supérieur varie de 0m,04 à 0m,05, et celui des fils du crible inférieur de 0m,010 à 0m,015.

« L'emploi de l'instrument précédent, dit M. Hervé-Mangon dans ses *Instructions pratiques sur le drainage*, est extrêmement simple ; les pierres, prises à la pelle dans les camions dont on a déjà parlé, sont versées (et non jetées) sur la partie supérieure de l'appareil, que l'on garnit de tôle pour éviter sa trop prompte usure par le choc réitéré de la pelle en fer. Les pierres les plus grosses tombent au fond du drain, et les plus petites dans la brouette. Quand les pierres sont arrivées dans la tranchée à la hauteur voulue, on déplace un peu la brouette et on continue le remplissage. On régularise alors, sur une petite longueur, avec un râteau, la surface de l'empierrement, et on jette dessus les plus petites pierres recueillies dans la brouette. On continue ainsi sur une certaine longueur. On pilonne l'empierrement avec une espèce de dame en bois, pour le tasser et rendre la surface aussi compacte que possible, et, enfin, on remplit le drain avec la terre qui en avait été extraite. »

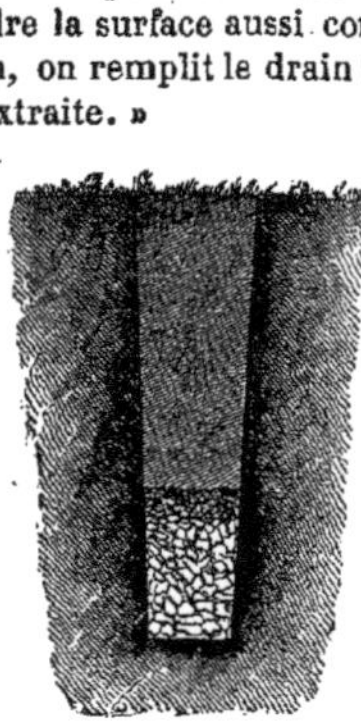

Fig. 436. — Drain garni de pierres.

La figure 436 représente la coupe en travers d'un drain de 1m,25 de profondeur, exécuté comme on vient de l'expliquer et qui dispense d'exécuter au fond de la tranchée un véritable canal. L'eau trouve son chemin à travers les interstices des grosses pierres qui reposent au fond de la tranchée, elle s'introduit par la couche de pierrailles qui les y surmonte.

Les drains en pierres sont, en général, plus coûteux que les drains formés de tuyaux en poterie. Ils exigent plus de main-d'œuvre et des précautions plus minutieuses pour leur exécution. Ils doivent durer moins longtemps. Enfin, ils causent à la terre beaucoup plus de dommages, pendant leur exécution, en raison des transports considérables qu'ils exigent et des plus grandes dimensions qu'il faut donner aux tranchées. Ce système primitif ne peut donc être adopté avec avantage que dans un terrain qui aurait besoin d'être débarrassé des pierres qu'il renferme. On évite des frais de transport quelquefois considérables et des pertes de terrain, en jetant dans les drains les produits de l'épierrement d'une terre. Ces avantages peuvent compenser ce que la méthode, en elle-même, a de défectueux.

Conduits en tuiles. — Nous avons dit plus haut, que l'emploi des tuiles creuses posées au fond des tranchées, sur une sole plate, fut un véritable perfectionnement sur la plupart des méthodes employées précédemment. Cette disposition parut même alors constituer le *nec plus ultrà* du drainage. Cependant les tuyaux cylindriques ont été un progrès bien plus décisif, car ils ont remplacé avec grand avantage les tuiles courbes et les soles plates, pièces séparées et plus fragiles que des tuyaux.

Quoi qu'il en soit, l'emploi des tuiles courbes et des soles plates permit de réduire d'à peu près 1/7 le prix total du drainage comparé au système par empierrement, surtout à partir du moment où ces tuiles furent fabriquées à l'aide de machines.

Comme on pourrait avoir l'occasion d'employer les tuiles creuses dans quelques circonstances spéciales, par exemple dans des localités où les tuiles seraient un objet de fabrication courante, ou dans le cas où l'on voudrait épuiser d'anciens approvisionnements de tuiles, nous dirons en peu de mots comment on applique au drainage des matériaux de cette nature.

Les tranchées destinées à recevoir des conduits en tuiles courbes, ont une profondeur qui varie de 0m,90 à 1m,50. Leur largeur dans le fond, doit être suffisante pour que la tuile plate y entre librement, et y prenne bien son assiette, comme le représente la figure 437.

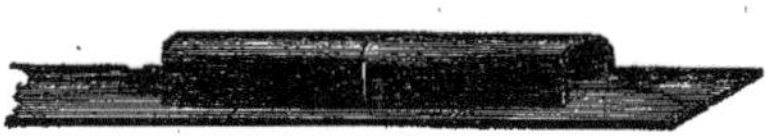

Fig. 437. — Tuiles courbes recouvrant une sole plate.

Chaque sole devra porter deux tuiles entières et être soigneusement mise en contact avec la terre et avec ses voisines. On les recouvre ordinairement avec de la paille ou du gazon, et on tasse par-dessus les premières couches de terre. On procède comme de coutume au remplissage de la tranchée.

La coupe de ce tuyau présente la forme représentée par la figure 438.

Fig. 438. — Coupe d'un canal formé de tuiles courbes et de soles plates.

On raccorde deux lignes de drains au moyen de tuiles échancrées, en les disposant comme le représente la figure 439. Les drains de grande dimension sont formés par la réunion de deux tuiles courbes séparées par une sole plate, comme le représente la figure 440, ou même de trois, comme le représente la figure 441.

Conduits formés de tuyaux en terre cuite. — Nous arrivons enfin aux tuyaux cylindriques en terre cuite qui sont aujourd'hui ou qui doivent être exclusivement employés. Ce sont les plus durables, les plus économiques et les meilleurs sous tous les rapports. Leur longueur varie de 0m,30 à 0m,40; leur diamètre intérieur de 0m,25 à 0m,20 suivant le volume d'eau dont ils doivent assurer l'écoulement; leur épaisseur est de 0m,01. La figure 442 représente un de ces tuyaux de poterie.

Fig. 439. — Raccordement de deux fils de drains.

Fig. 440. — Canal de grande dimension formé de deux tuiles courbes.

Fig. 441. — Autre canal formé de trois tuiles.

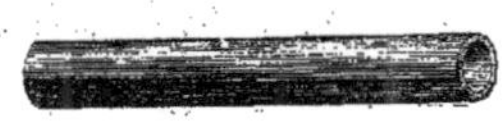

Fig. 442. — Tuyau de drainage.

Les tuyaux sont simplement placés bout à bout, dans le fond des drains. Cependant on a imaginé divers moyens de les rendre solidaires. Un des plus simples consiste à les relier par des manchons ou colliers, de $0^m,75$ de longueur, dans lesquels sont emboîtées les extrémités des tuyaux successifs (*fig.* 443).

Fig. 443. — Tuyau avec collier.

Suivant M. Leclerc, ces manchons sont très-utiles dans tous les sols, pour les tuyaux d'un petit diamètre ; ils donnent de la solidité aux conduits, ils les empêchent de se déranger. Dans les terrains légers, ils ne permettent pas aux matières terreuses de pénétrer dans les tuyaux. Toutefois, dans les terrains compactes, fermes et résistants, les tuyaux de $0^m,06$ à $0^m,08$ d'ouverture, qui servent à faire les drains collecteurs, peuvent, à la rigueur, être employés sans manchon.

Le raccordement de deux lignes de drain s'effectue grâce à une ouverture circulaire pratiquée dans le plus gros tuyau, et dans laquelle on engage le plus petit (*fig.* 444).

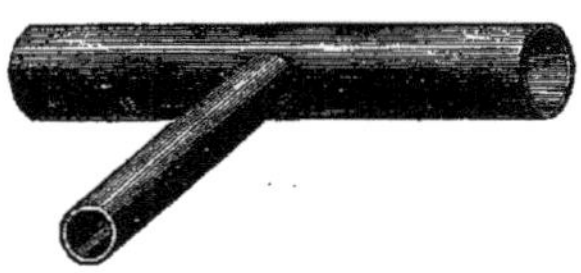

Fig. 444. — Raccordement de deux tuyaux de drains.

Il arrive quelquefois que l'on a à raccorder deux lignes de drains de même diamètre. On fait alors ce raccordement au moyen d'un

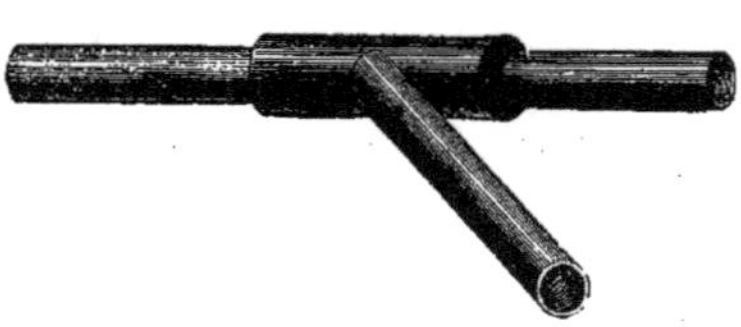

Fig. 445. — Raccordement de deux lignes de drains de même diamètre.

tuyau d'un diamètre plus fort, comme le montre la figure 445.

Pour éviter l'emploi des colliers et pour donner une sorte de solidarité aux tuyaux, on a proposé de terminer leurs extrémités par des lignes courbes, rentrant les unes dans les autres. Mais cette prétendue simplification n'est qu'une complication qui exige beaucoup d'attention de la part des ouvriers lors de la pose des tuyaux. L'emploi des manchons est bien préférable.

On a pris récemment en Belgique et en France des brevets d'invention pour une machine fabriquant directement à l'une des extrémités des tuyaux cylindriques, un renflement, destiné à remplir les fonctions de collier. Ces tuyaux présentent certains avantages économiques et pour le fabricant et pour le cultivateur.

On a proposé aussi de se servir de colliers criblés de trous pour rendre plus facile l'introduction de l'eau dans les tuyaux. Mais il a été démontré expérimentalement que l'eau trouvait toujours assez d'issue entre les points imparfaits des tuyaux.

On a proposé diverses formes de tuyaux autres que celle du cylindre ; mais les avantages de la forme cylindrique sont de toute évidence. Elle permet d'obtenir la plus grande section d'écoulement avec une quantité de matière déterminée. La section du tuyau peut être ainsi réduite à son minimum, car c'est la forme qui oppose au mouvement le moins de résistance, et dans laquelle la vitesse est le plus considérable. C'est encore la forme qui résiste le mieux aux chocs et aux pressions extérieures, en sorte que l'épaisseur des parois peut être réduite à son minimum.

En résumé, les tuyaux de poterie à section circulaire, sont de tous, les moins coûteux, les plus légers, les plus faciles à transporter, ceux qui occupent le moins de place au fond des tranchées, ceux qui s'obstruent le plus difficilement. Si donc les tuyaux sont de bonne qualité et si les travaux ont été exécutés avec soin, un drainage fait d'après ce système doit être d'une durée presque sans limites.

CHAPITRE V

PENTE, DIMENSION ET LONGUEUR DES DRAINS.

Pente des drains. — La pente des drains doit être telle qu'elle puisse vaincre les résistances qui s'opposent au mouvement de l'eau, et permettre à cette eau de couler avec une rapidité convenable. Plus le liquide éprouvera de frottements, et par conséquent, sera ralenti dans les drains, plus la pente devra être prononcée. Ainsi, la pente devra être plus grande dans les drains empierrés, où l'eau décrit de nombreux circuits à travers les pierrailles, que dans les tuyaux et les conduits en briques. Pour les conduits en tuyaux, par exemple, la pente minimum sera de $0^m,002$ par mètre, et la pente moyenne de $0^m,003$; tandis que pour les conduits empierrés, la pente minimum sera de $0^m,005$ par mètre.

Les drains de desséchement étant dirigés suivant la déclivité du terrain, on obtient aisément une pente supérieure à la limite que nous avons donnée. Quand le sol est assez incliné, le fond des drains suit ses inclinaisons; mais, quand il n'est que peu accidenté, on conserve au fond des saignées, une inclinaison régulière sans la modeler sur les insignifiantes ondulations du sol. Il en résulte que les drains ont plus de profondeur dans les points de surélévation et un peu moins dans les dépressions.

Si le terrain est horizontal, ou moins incliné que la limite nécessaire à la pente des drains, ou même s'il présente une pente inverse de celle que doivent avoir les drains pour que l'écoulement puisse s'effectuer, on donne aux tranchées une profondeur variable allant en décroissant de leur extrémité d'aval à leur partie supérieure. La pente des drains collecteurs doit, de même, être aussi forte que possible, et sa limite minimum est égale à $0^m,002$ par mètre. Cependant, on doit éviter une pente tellement considérable que la vitesse de l'eau pourrait détériorer le conduit. Aussi, quand des pentes exagérées se présentent, faut-il les éluder. On partage alors chaque conduit en une série de lignes à faible déclivité, raccordées par des chutes d'eau à l'intérieur du tuyau.

Dimensions des drains. — La dimension du conduit des drains devrait être déterminée d'après la longueur de la pente et l'écartement des tranchées : en effet, cette dimension dépend de la quantité d'eau que le conduit doit débiter, et de la vitesse d'écoulement. Mais on ne procède pas ainsi dans la pratique. On se sert de tuyaux d'un diamètre uniforme dans toutes les circonstances, et l'on règle la longueur des drains d'après leur écartement, d'après leur pente, et d'après le diamètre des tuyaux.

Au point de vue de l'économie, il y a avantage à réduire le plus possible la dimension des tuyaux, sans dépasser pourtant une certaine limite; car il ne faudrait pas croire, comme on l'a dit, que les tuyaux de drainage soient toujours trop larges. De trop petits tuyaux pourraient s'engorger, et l'on a vu des drains coulant à gueule bée, ce qui indiquait qu'ils ne pouvaient débiter assez vite l'eau qui les pénétrait. Des tuyaux de $0^m,025$ de diamètre semblent parfaitement convenir dans le cas où les drains n'ont à écouler que les eaux pluviales qui tombent sur la surface du sol. Des tuyaux de cette dimension et présentant une pente de $0^m,083$ par mètre, peuvent, selon M. Leclerc, débiter en 24 heures, 301,384 litres d'eau, c'est-à-dire autant qu'il en tomberait dans le même temps, sur une surface de 81 mètres de longueur et de 15 mètres de largeur. En admettant que la pluie fût telle qu'elle puisse fournir en 24 heures une hauteur d'eau de $0^m,025$, les drains du dernier ordre, ou les plus petits, dit M. Barral, ne doivent pas avoir moins de $0^m,030$ à $0^m,035$.

Quant au diamètre du conduit des drains collecteurs, il dépend de l'étendue de terrain occupée par les drains de desséchement, de la pente de ces drains et de leur propre inclinaison. Les drains collecteurs reçoivent d'autant plus d'eau dans un temps donné, et, par conséquent, doivent être d'autant plus larges, que la pente des drains de dessèchement est plus considérable. Leur diamètre doit, de même, être en rapport avec le nombre des drains d'un ordre inférieur auxquels ils serviront de décharge.

Quand on aura à se décider pour le choix du diamètre des tuyaux collecteurs, il ne faudra pas oublier que dans les tuyaux à section circulaire, la surface d'écoulement augmente comme le carré du diamètre; qu'ainsi, la section intérieure d'un tuyau de $0^m,05$ vaut quatre fois la section d'un tuyau de $0^m,025$ d'ouverture, et que celle d'un tuyau de $0^m,08$ vaut plus de dix fois cette même section de $0^m,025$. Suivant M. Leclerc, quand on ne doit enlever au sol que les eaux de pluie qui tombent à sa surface, un tuyau de $0^m,05$ de diamètre est suffisant pour recevoir les drains qui se ramifient sur une superficie d'environ 1 hectare et demi, et un tuyau de $0^m,08$ pour ceux de 4 hectares.

Longueur des drains. — Un drain d'un diamètre donné ne peut avoir une longueur indéfinie, car il arriverait un moment où la quantité d'eau à écouler du terrain, au moment des pluies, par exemple, serait trop considérable et pour la section et pour la pente du tuyau : c'est donc en réglant convenablement la longueur des drains qu'on leur fait recevoir un volume d'eau sensiblement égal à celui qu'ils peuvent débiter.

On a pu déterminer par le calcul, dans presque tous les cas, la longueur que peuvent atteindre les conduits faits avec des tuyaux de $0^m,025$ de diamètre, la distance et la pente des drains étant connues. Dans l'hypothèse défavorable où l'espacement des drains atteint 16 mètres et où la pente n'est que de $0^m,002$, des tuyaux de $0^m,025$ peuvent encore servir pour des drains de 57 mètres de longueur. Dans les cas ordinaires, où l'écartement est de 10 à 11 mètres et la pente de $0^m,005$, la longueur des tranchées peut atteindre et même dépasser 140 mètres.

Les tuyaux de $0^m,035$ de diamètre peuvent avoir, toutes choses égales d'ailleurs, une longueur double de celle des tuyaux de $0^m,025$. Quand la disposition du terrain est telle que les petits drains y ont une longueur supérieure à la limite que les tuyaux de $0^m,025$ peuvent atteindre, au point où la longueur limite se termine, on porte le diamètre des conduits à $0^m,035$; ou bien, ce qui vaut peut-être mieux, on interrompt les petits drains par un collecteur placé vers le milieu de leur longueur.

Quant aux drains collecteurs, une longueur de 200 à 250 mètres semble être le maximum.

CHAPITRE VI

SAISONS ET SOLS CONVENABLES POUR L'EXÉCUTION DES TRAVAUX. — RECONNAISSANCE DU TERRAIN. — PIQUETAGE DES TRAVAUX. — OUVERTURE DES TRANCHÉES. — POSE DES TUYAUX. — REMPLISSAGE DES TRANCHÉES. — CHARRUES DE DRAINAGE. — CHARRUE A VAPEUR DE FOWLER. — OBSTRUCTIONS QUI PEUVENT SE PRODUIRE DANS LE CONDUIT DES DRAINS.

C'est dans l'intervalle qui s'écoule entre l'enlèvement d'une récolte et l'ensemencement de la suivante, que les travaux de drainage peuvent s'exécuter sur le sol, libre en ce moment. D'un autre côté, on peut se procurer à peu de frais de la main-d'œuvre en hiver. Ces deux époques sont donc principalement choisies pour les travaux d'assainissement des terres arables.

Cependant la nature du terrain est bien à considérer aussi pour déterminer le moment le plus convenable aux travaux d'assainissement. Les sols marécageux, pleins de sources, demandent une saison sèche ; les terres argileuses, une saison humide, parce qu'alors les tranchées se creusent très-aisément. Pour le drainage des prés et des terres qui viennent d'être mises en céréales, l'automne est une époque très-favorable. A la fin de mars et au commencement d'avril, on peut drainer avantageusement les terrains dans lesquels les éboulements sont à craindre. Si l'on opère sur des terres enherbées, il faudra mener rapidement les travaux, de peur de compromettre le pâturage et la récolte des foins. Dans un assolement, les sols en pâture, en vieux trèfle, en luzerne à défricher, se prêtent facilement au drainage, à cause de la consistance des terres. En résumé, il faut profiter du moment le plus favorable pour occasionner le moins de dépense et pour rendre le plus vite possible à la culture, les champs assainis.

Reconnaissance du terrain. — L'étude du terrain, qui doit précéder toute autre opération, est délicate et importante. Le succès du drainage en dépend.

Le draineur parcourra la terre à assainir, en s'informant de la nature, de la dureté du sol, des difficultés du travail de la terre, soit après les pluies, soit après les sécheresses. Il tiendra compte de la végétation du sol et des indications qui lui seront fournies sur son humidité habituelle. Il remarquera si des sources jaillissent en quelque point; s'il est des places où la végétation soit en retard; si le sol est inégal, ondulé, creusé de vallées, etc.

Ces observations préliminaires seront complétées par l'ouverture d'une tranchée, au moins. On creuse également des trous, en différents endroits qu'on a jugés les plus propres à éclairer utilement l'agriculteur. Ces trous doivent avoir 3 mètres à 3 mètres 50 de côté, et environ 2 mètres de profondeur. Pour ne pas trop augmenter leur nombre, on fait, en outre, pour connaître si la composition géologique du sol est constante, des trous de sonde avec la sonde à main que nous avons représentée dans un des chapitres précédents (page 592). On l'enfonce de 0m,40 environ et on la retire, pour examiner la nature du sol; on l'enfonce de nouveau de 0m,40, et on continue jusqu'à une profondeur de 0m,80 que l'instrument peut aisément atteindre.

On creuse la tranchée d'essai suivant la plus grande pente apparente du terrain. Si

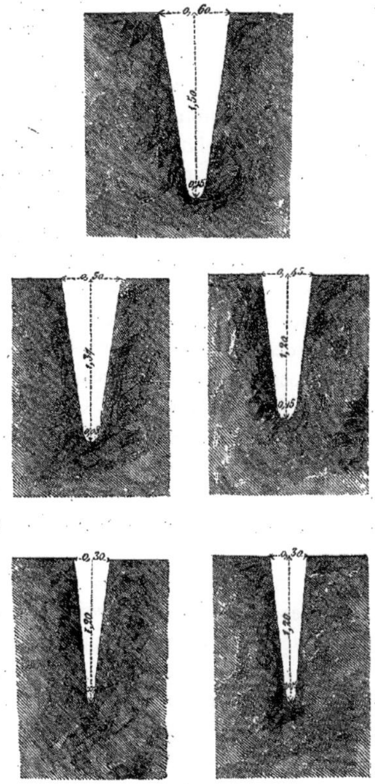

Fig. 446, 447, 448, 449, 450. — Formes et dimensions de diverses tranchées de drainage.

d'après les observations recueillies par ces divers sondages, on est fondé à conclure à l'uniformité du sol dans la totalité de la pièce qu'il s'agit de drainer, on pourra donner aux drains une profondeur uniforme. Si, au contraire, la constitution du sol est variable, la profondeur des drains devra varier également.

Il faudra souvent attendre plusieurs jours pour que l'eau puisse se frayer un chemin jusqu'à la tranchée d'essai, et pour qu'on puisse être fixé sur la nature plus ou moins perméable du sol, et sur les parties du champ qui fournissent de l'eau en plus grande quantité. C'est en procédant ainsi qu'on se rendra compte des accidents de terrain, des difficultés qui pourront se présenter dans l'exécution des travaux, enfin de la profondeur et de l'écartement que devront avoir les drains, pour qu'ils produisent le plus grand effet possible, avec la moindre dépense relative. Dans toutes ces recherches pratiques, il faudra songer toujours qu'il importe d'enlever au sol la plus grande quantité d'eau que l'on pourra, et ne point laisser subsister, même à une grande distance de sa surface, des nappes d'eau provenant des terres élevées.

Quand la reconnaissance du sol est ainsi achevée, on procède, ou l'on fait procéder par un homme spécial, au lever du plan, et au nivellement de la terre à drainer. On arrive ainsi à bien connaître les hauteurs respectives, par rapport à l'horizon, des différents points du terrain : cette détermination des points culminants et des points les plus bas est très-essentielle.

Passons au mode d'exécution des travaux.

Piquetage des travaux sur le terrain. — Le plan du drainage a fait connaître la position à donner à tous les drains de la pièce de terre, et la situation de ces drains par rapport au contour du champ, ou à divers points de repère, comme des clôtures, des fossés, des arbres, etc. Le contre-maître retrouve ainsi facilement l'emplacement des drains tracés sur le plan, en s'aidant de la chaîne d'arpenteur.

On indique provisoirement les lignes de drains sur le terrain, par des jalons portant des morceaux de papier diversement colorés. Nous disons provisoirement, parce que ces jalons peuvent être dérangés par accident. On les remplace bientôt par de forts piquets en bois, qu'on enfonce à coups de maillet, de manière que leurs têtes soient toutes à la même hauteur au-dessus du fond des tranchées. Cette hauteur doit être égale à la profondeur de la tranchée, augmentée de $0^m,10$ ou $0^m,20$. On les numérote, de peur de confusion, et la distance qui les sépare l'un de l'autre ne doit pas dépasser 50 mètres.

Ouverture des tranchées. — L'opération à laquelle on procède après le piquetage des travaux, c'est l'ouverture des tranchées. Pour atteindre la plus grande économie possible il faut donner aux tranchées de très-petites dimensions. Elles doivent être très-étroites du bas, pour rendre la pose des tuyaux plus facile, plus régulière et plus solide, et pas plus larges en haut qu'il n'est strictement nécessaire. La largeur de la tranchée au sommet et l'inclinaison des talus, doivent être telles que l'ouvrier puisse descendre et se tenir à une distance de $0^m,80$ du fond et atteindre à la profondeur adoptée avec des outils appropriés.

Les figures 446, 447, 448, 449, 450 représentent les profils de différentes tranchées de drainage avec les dimensions relatives de leur section. Ces dimensions ont été prises sur différents travaux exécutés.

Les travaux de déblai doivent être faits de manière que les eaux que l'on peut rencontrer, ou celles qui tombent du ciel pendant le travail, ne puissent gêner et interrompre les ouvriers. Pour cela, on creuse d'abord dans les parties les plus basses du champ. On commence à l'embouchure du collecteur, pour chaque système de drains, et on avance vers les parties supérieures. Puis on creuse, en allant de bas en haut, tous les petits drains qui s'y rattachent. C'est ainsi que l'on ménage aux eaux un écoulement facile et non nuisible pendant les travaux.

Les instruments employés pour creuser les tranchées, ont une forme simple, mais spéciale, et qui varie, de même que le travail, selon la nature et la manière d'être du terrain. Nous allons passer successivement en revue les divers cas qui peuvent se présenter dans le creusement des tranchées, en supposant que les conduits de ces tranchées doivent être des tuyaux.

Soit d'abord un terrain qu'on puisse aisément travailler à la bêche, sans ameublement préalable, et assez consistant pour que les talus des tranchées se soutiennent bien. Avant de procéder au creusement de chaque tranchée, un ouvrier tend, suivant la direction de celle-ci, un cordeau de 25 à 30 mètres de longueur, puis, au moyen d'une lourde bêche (*fig.* 451), il fait une profonde incision dans la

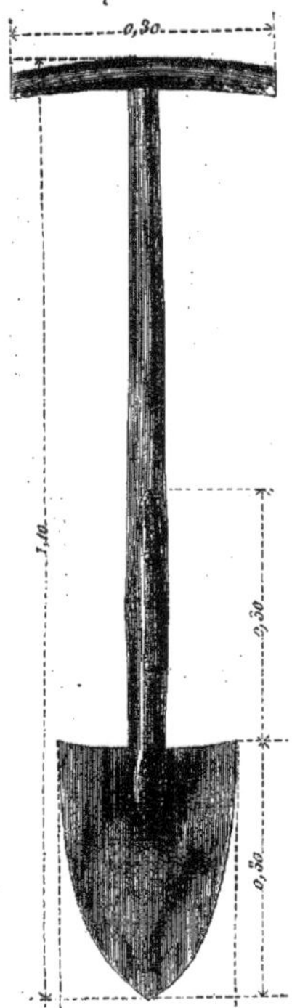

Fig. 451. — Bêche à couper le gazon.
(Échelle de 0m,10.)

terre. Quand le sol est garni d'un gazon épais ou couvert de racines de genêt, de bruyère, de jonc, on remplace avantageusement la bêche par une espèce de hache, analogue à celle dont on fait usage dans les Vosges pour l'ouverture des rigoles d'irrigation. On peut employer aussi le *louchet*, ou la fourche à plusieurs dents, pour entamer la première couche gazonnée.

Le chef-ouvrier reporte ensuite le cordeau parallèlement à lui-même d'une quantité égale à la largeur qu'il veut donner au fossé, et fait une incision semblable à la première. C'est alors que les terrassiers commencent la fouille.

Les instruments dont les terrassiers font usage pour creuser les tranchées, varient selon la nature et la difficulté du terrain.

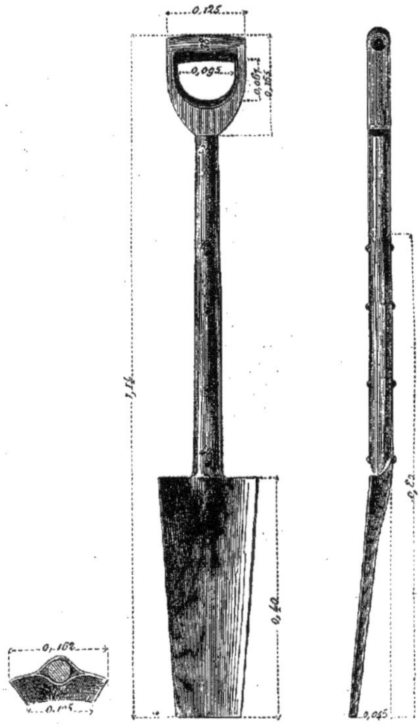

Coupe. Vue de face. Vue de côté.
Fig. 452, 453, 454. — Bêche de drainage à poignée.
(Échelle de 0m,10.)

Nous commencerons par le cas le plus ordinaire, c'est-à-dire celui d'une terre compacte, se laissant entamer par la bêche.

Un ouvrier travaillant à reculons, et armé de la bêche qu'il tient des deux mains, par la poignée supérieure, enlève une tranche de terre d'environ $0^m,40$. La bêche dont on fait usage dans ce cas, est représentée ici (*fig.* 452,

453, 454). Cet outil est, comme on le voit, terminé par une poignée. Cependant on fait plus souvent usage d'un manche à béquille comme le représentent les figures 455, 456, 457.

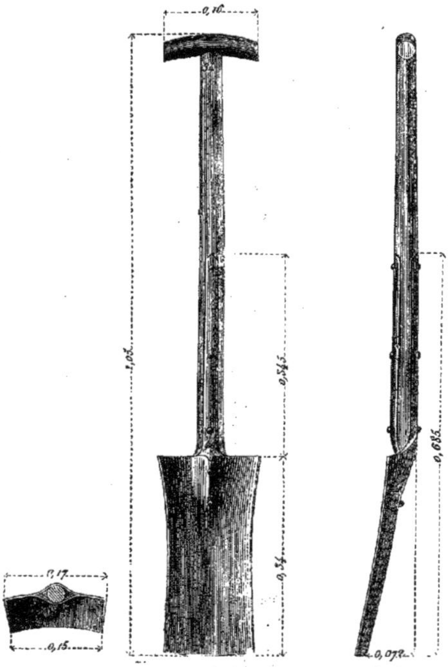

Coupe. Vue de face. Vue de côté.

Fig. 455, 456, 457. — Bêche de drainage à béquille.

(Échelle de 0^m,10.)

Un second ouvrier suit le premier et enlève la terre ameublie avec la bêche creuse que représentent les figures 458, 459, ou, avec de plus grandes dimensions, les figures 460 et 461.

Un troisième ouvrier armé d'une bêche plus étroite fait une seconde levée de 0^m,30 de profondeur et le second ouvrier nettoie le fond de la tranchée, avec sa pelle, et arrange proprement les talus qui ont une légère inclinaison.

Un quatrième ouvrier extrait la troisième levée de terre dont la profondeur est, en général, de 0^m,23 à 0^m,33 à l'aide d'une bêche encore plus étroite.

La terre qui reste au fond du fossé et que la

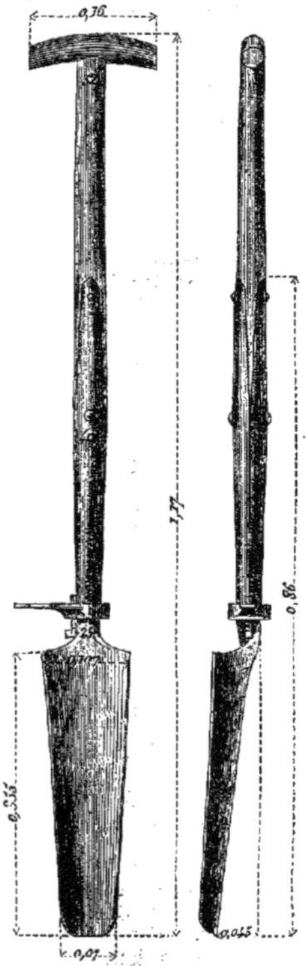

Vue de face. Vue de côté.

Fig. 458, 459. — Autre bêche de drainage.

(Échelle de 0^m,10.)

bêche n'a pas enlevée, est extraite par l'ouvrier même qui bêche la terre, après qu'il a reculé de 2 à 3 mètres. Il se sert pour cela d'une drague plate à long manche, qu'il manie sans bouger de place. Cette drague a une largeur d'environ 0^m,18 qui est la largeur même du fossé à cette profondeur. Les figures 462, 463 et 464 représentent cet instrument de nettoyage. On achève la tranchée à l'aide d'une des écopes représentées par les figures 465, 466 ou 467, 468. Le fer des écopes ne doit avoir qu'une largeur à peu près égale à celle des tuyaux que l'on doit poser. Cette écope est à long manche, et se manie du bord de la tranchée.

Le dernier terrassier donne au fond une forme cylindrique, à l'aide de l'une des curettes que représentent les figures 469, 470, 471, 472, 473, 474 et 475, 476, 477.

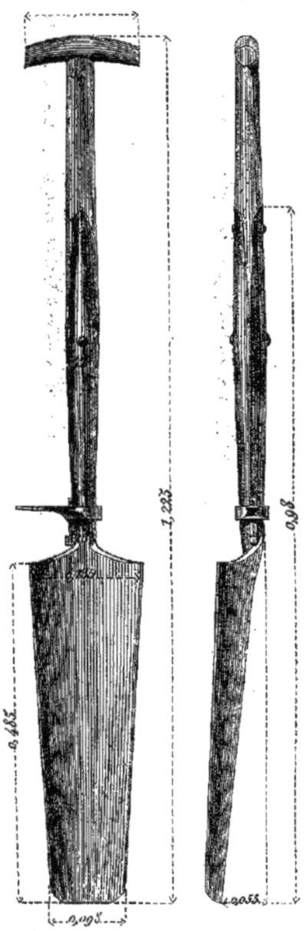

Vue de face. Vue de côté.

Fig. 460, 461. — Autre grande bêche.

(Échelle de 0m,10.)

Les bêches, écopes et curettes dont les ouvriers se servent pour l'exécution des tranchées de drainage, varient dans leurs dimensions selon la profondeur des tranchées à creuser, mais leurs formes sont toujours à peu près les mêmes. Nous avons figuré les instruments employés dans les terrains ordinaires; bien entendu que les dimensions changent selon la nature du terrain et la largeur de la tranchée, etc.

Nous venons d'indiquer rapidement le mode de creusement de la tranchée opéré par une brigade de cinq ouvriers. M. Hervé Mangon dans ses *Instructions pratiques sur le drainage*, pense que la brigade de trois ouvriers est préférable; et c'est, en effet, le groupe le

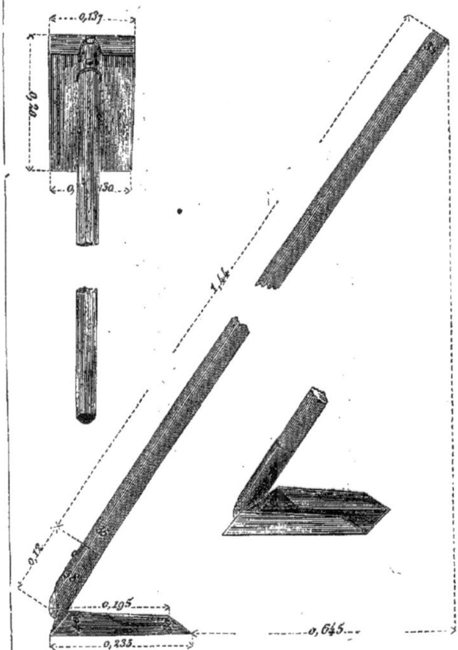

Fig. 462, 463, 464. — Drague plate pour curage.

plus généralement employé. M. Mangon ajoute pourtant que la division par groupes soit de trois, soit de cinq hommes, n'est pas indispensable. Des ouvriers habiles préfèrent souvent être seuls : d'autres font le creusement de la tranchée à deux seulement. Ajoutons encore que les ouvriers habiles n'ont pas besoin d'outils très-variés.

Les ouvriers draineurs attachent quelquefois sous leurs souliers, avec une ficelle contournant le pied, une semelle de fer, avec laquelle ils appuient sur le bord de la bêche, pour l'enfoncer en terre. Au lieu d'une semelle entière, on fait usage plus souvent d'une

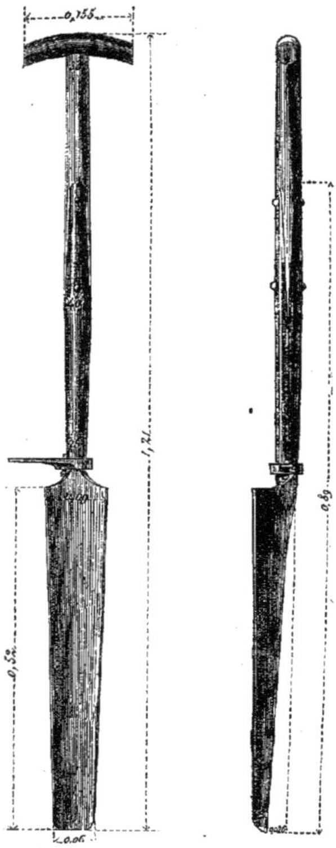

Vue de face. Vue de côté.

Fig. 465, 466. — Écope de drainage.

(Échelle de 0m,10.)

demi-portion de semelle, que représentent les figures 478, 479, 480 et qui ne pèse que 225 grammes.

Nous venons de considérer dans ce qui précède, les sols compactes, mais se laissant facilement entamer par la bêche. Quand le terrain est trop dur pour se laisser entamer par la bêche ordinaire, soit dans toute la profondeur de la tranchée, soit dans une partie seulement, il faut faire usage d'une bêche étroite que nous représentons (*fig.* 481, 482, page 617). Cette bêche désagrége bien le sol, mais elle n'enlève pas des portions bien définies de terre, de sorte que le curage à la drague devient plus important.

Quand les terrains sont très-durs, pleins de

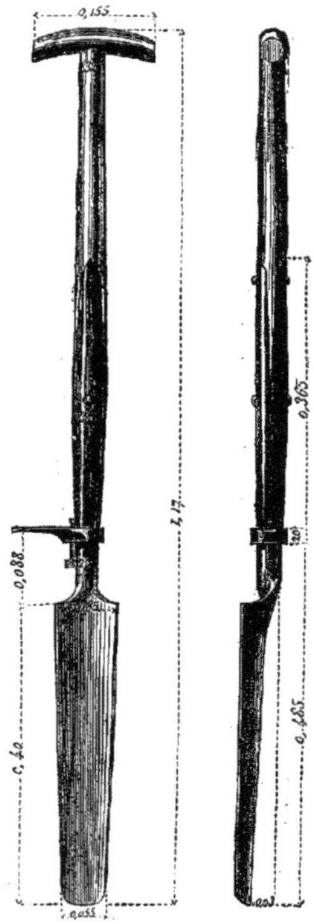

Vue de face. Vue de côté.

Fig. 467, 468. — Autre écope de drainage

(Échelle de 0m,10.)

cailloux, il faut substituer à la bêche la pioche, le pic, ou l'une des formes de pics armés de pédale que nous représentons dans les figures 483, 484 (page 617) ou dans la figure 485 (page 617).

Dans ce cas, il faut que chaque piocheur soit suivi d'autres ouvriers armés d'une pelle, qui enlèvent les débris, à mesure qu'ils sont détachés par le premier instrument.

Quand le terrain est consistant et pierreux, le travail devient difficile, irrégulier, et ne peut plus être exécuté avec les outils dont nous avons parlé jusqu'ici. La largeur des tranchées doit alors être augmentée, pour que les ouvriers puissent travailler à leur aise. Quelquefois même il faut élargir encore plus que

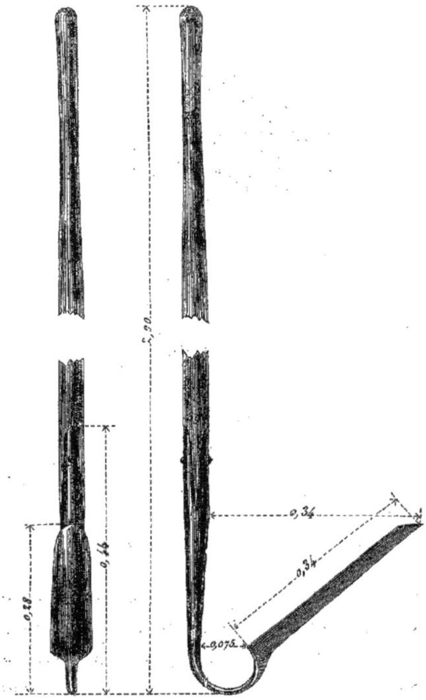

Vue de face. Vue de côté.

Fig. 469, 470, 471. — Curette de drainage.

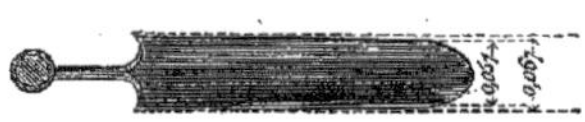

Plan.

(Échelle de $0^m,10$.)

cette dernière circonstance ne le demande. Ce cas se présente quand on rencontre des pierres volumineuses, qu'on est obligé de déchausser, pour les enlever. Il peut même arriver que les blocs soient trop volumineux pour qu'ils puissent être enlevés ainsi ; alors, il faut les tourner, en déviant la tranchée.

Des obstacles de cette nature se présentent souvent dans les terrains à pierres meulières. On est alors obligé d'ameublir préalablement la terre, à l'aide de la pioche ou du pic. Un fouilleur enlève avec la pelle la terre ameublie, et trace les talus. Quand on est arrivé au fond de la tranchée, fond auquel on donne une largeur aussi faible que possible, on pro-

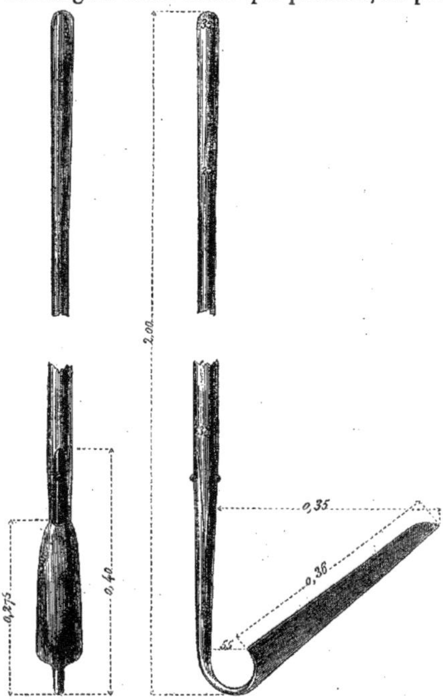

Vue de face. Vue de côté.

Fig. 472, 473, 474. — Autre curette de drainage.

Plan.

(Échelle de $0^m,10$.)

cède au nivellement comme nous l'avons indiqué plus haut.

Une autre classe de terrains légers ou ébouleux, se compose de sols qui ne sauraient se maintenir avec l'inclinaison du talus des tranchées. Alors, on étançonne les parois latérales, à l'aide de planches soutenues par des traverses (*fig.* 486, page 618). Ce boisage augmente beaucoup la dépense et ne laisse pas que de présenter de grandes difficultés. Dans ce cas, il faut avoir recours à des constructeurs de profession et à de bons ouvriers, de peur d'accroître fortement la dépense en employant des hommes inexpérimentés, et même de

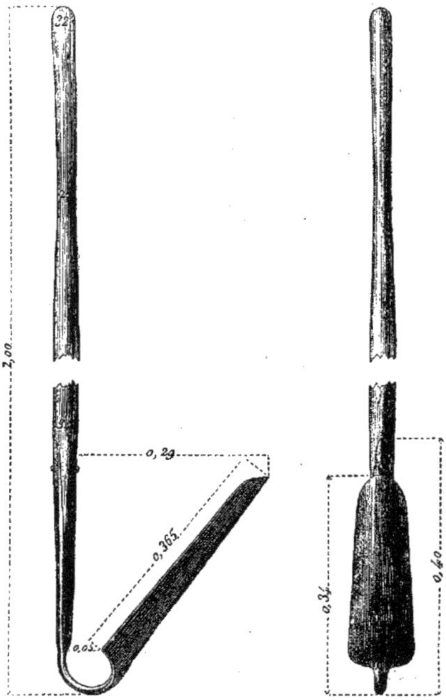

Vue de côté. Vue de face.

Fig. 475, 476, 477. — Autre drague.

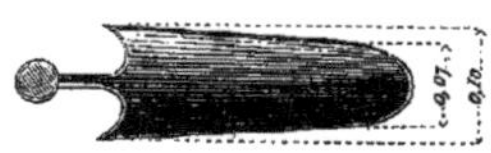

Plan.

(Echelle de 0^m,10.)

compromettre la vie des travailleurs par quelque faute, si légère qu'elle paraisse.

Nous n'insisterons point sur les terrains tourbeux qui se laissent fouiller à la bêche.

La longueur, qu'on peut déblayer avant de construire les conduits, dépend de la nature du terrain, de la quantité des eaux et de l'état de l'atmosphère. Si le sol est peu consistant et si les eaux abondent, on opère sur une faible longueur, on place les conduits et on retourne la terre. Mais si le sol le permet, il faut approfondir les drains sur la plus grande longueur possible avant de procéder à l'établissement des conduits.

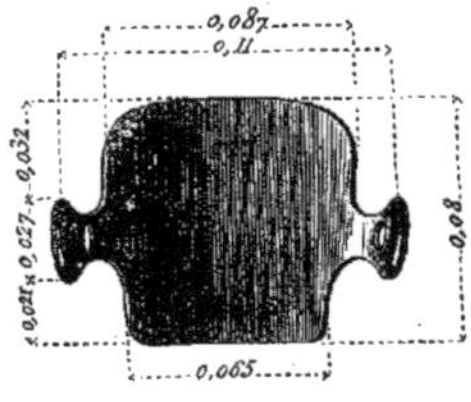

Plan.

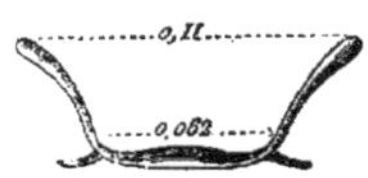

Vue debout.

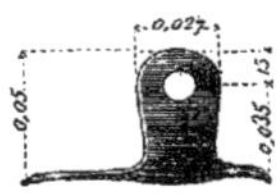

Vue de côté.

Fig. 478, 479, 480. — Semelle en fer.

Il y a avantage à faire faire le creusement des tranchées à la tâche, mais il faut bien surveiller les ouvriers. Cinq hommes habiles ayant chacun sa besogne propre, peuvent faire, selon M. Leclerc, de 130 à 140 mètres de rigoles de 1^m,20 de profondeur en 12 heures de travail dans un terrain de moyenne consistance, et sans pierres.

Vérification des travaux. — Dès que la tranchée est achevée, l'inspecteur des travaux doit la vérifier sous deux points de vue : sous celui de ses dimensions et sous celui de la pente.

Pour vérifier les dimensions de la tranchée, on y introduit un gabarit. C'est un instrument formé de règles parallèles d'inégale longueur, AB,CD, fixées horizontalement sur une règle verticale, de manière à représenter la forme voulue de la tranchée (*fig.* 487, page 618). On doit avoir autant de gabarits que l'on a de types de section pour les différentes tranchées.

Mais le point le plus important et aussi le plus difficile, c'est de donner aux tranchées une pente régulière, uniforme, indépendante des irrégularités de la surface du sol. Pour obtenir le nivellement du fond des tranchées, nous indiquerons la méthode décrite par M. Mangon, et qui réussit parfaitement.

Nous avons dit que les têtes des piquets qui servent au tracé des drains, sont toutes à la même hauteur au-dessus du fond des tran-

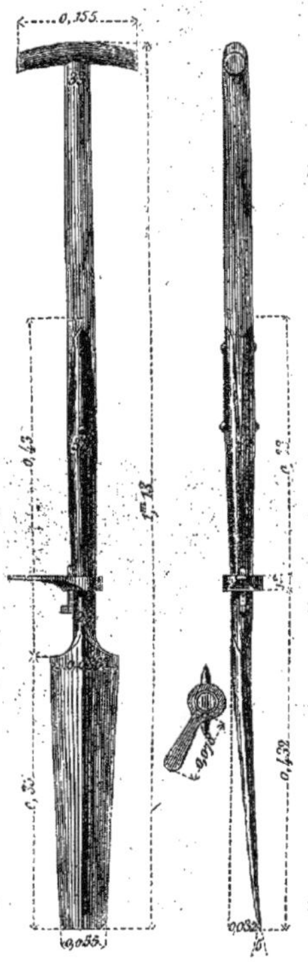

Vue de face. Vue de côté.

Fig. 481, 482. — Bêche pour les terrains graveleux.

(Échelle de 0m,10.)

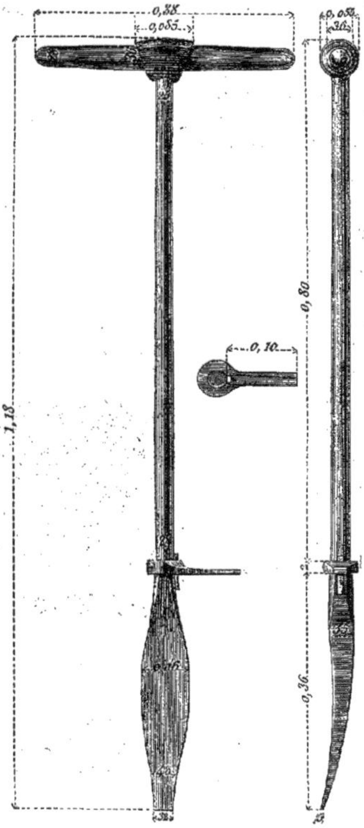

Fig. 483, 484. — Vue de face et de profil du pic à pédale français.

(Échelle de 0m,10.)

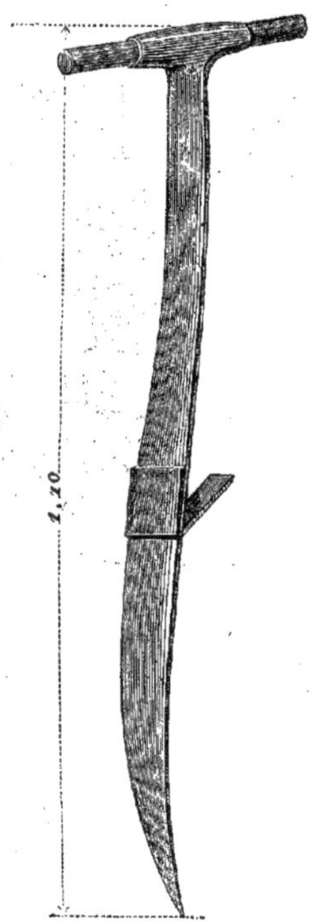

Fig. 485. — Pic à pédale anglais.

(Échelle de 0m,10.)

chées, et que ces piquets sont espacés de 50 mètres au plus les uns des autres. Il est donc très-facile, au moyen de trois mirettes de paveur, d'enfoncer au milieu de l'intervalle qui sépare deux piquets consécutifs, un petit piquet provisoire, dont le sommet soit précisément sur la ligne droite qui passe par les têtes de ces deux piquets. Si l'on tend un cordeau entre les têtes de ces trois piquets, ce cordeau sera évidemment parallèle à une hauteur connue au-dessus du fond de la tranchée à ouvrir.

Il suffira alors, pour fixer en chaque point la profondeur du fond de cette tranchée, d'appuyer sur le cordeau *a* (*fig.* 488) la petite branche d'une croix en bois léger, dont la grande *cd* aurait la longueur qui doit exister entre le fond de la tranchée et le cordeau lui-même.

L'emploi de la croix de bois, et la position du cordeau à une certaine distance du bord de la tranchée, où peuvent quelquefois se trouver des dépôts de déblai, rendent assez peu commode cette manière de procéder, que l'on simplifie, comme l'indique M. Hervé Mangon.

« On enfonce horizontalement, dit M. Mangon, dans la paroi légèrement inclinée de la tranchée (*fig.* 489), au droit des gros piquets *a*, *a* primitivement

Fig. 486. — Tranchée étrésillonnée.

placés et qui sont tous à la même hauteur au-dessus du fond des tranchées et à $0^m,40$, par exemple, au-dessous de leur tête de petits piquets provisoires *b*, *b*.

Fig. 487. — Le gabarit.

Si la distance des piquets *a*, *a* excède 20 à 25 mètres, on place un troisième piquet provisoire *b'* entre les piquets *b*, *b* et sur la même ligne, et enfin on tend un cordeau sur ces trois piquets *b*, *b'*, *b* à quelques centimètres en avant de la face du terrain. Ce cordeau est parallèle à la ligne qui joint les têtes de piquets *a*, *a*, et par conséquent il est lui-même parallèle au fond de la tranchée. Dès lors il suffit de tenir à la

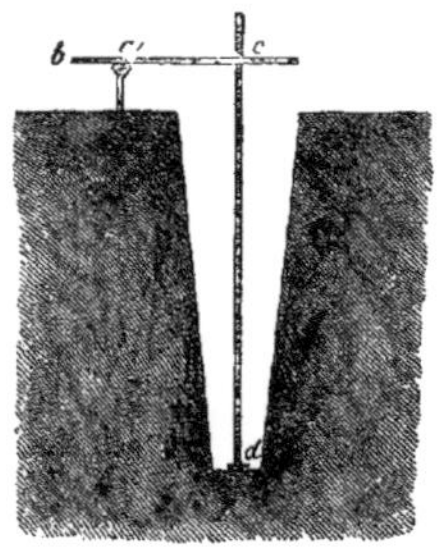

Fig. 488. — Règlement des pentes au moyen de la croix de bois.

main une petite baguette, d'une longueur égale à la distance qui doit exister entre cette ligne *bb'b* et le

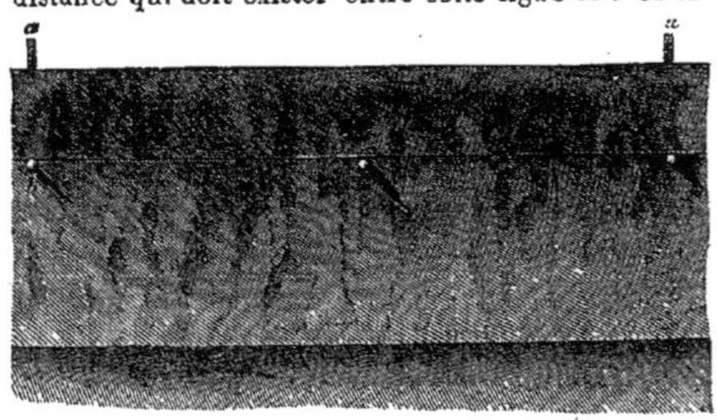

Fig. 489. — Règlement des pentes.

fond de la tranchée pour reconnaître les points qu'il faut approfondir ou ceux qu'il faut remblayer, si, par maladresse, on a trop creusé quelques parties de la fouille (1). »

Pose des tuyaux. — Les tuyaux doivent être droits, d'une section bien circulaire, et sans rugosité sur leurs bords intérieurs. Deux tuyaux frappés l'un contre l'autre, dont l'un est suspendu légèrement entre le pouce et l'index, doivent rendre un son clair et argentin. Si leur cuisson est parfaite, ils ne doivent point se déliter après quelques jours d'immersion dans l'eau. On devra rejeter ceux qui absorberaient au delà de 15 pour 100 d'eau, après vingt-quatre heures environ d'imbibition.

(1) *Instructions pratiques sur le drainage*, page 130.

On s'assurera de la résistance des tuyaux par la méthode qui sert à éprouver le degré de *gélivelé* des pierres à bâtir.

Les constructeurs appellent *pierres gélives*, celles qui se brisent en éclats, plus ou moins considérables, sous l'influence de la gelée. Ce phénomène physique s'explique comme il suit. L'eau qui a pénétré dans les pores d'une pierre, augmente de volume en se congelant; elle tend à briser ses enveloppes. Le bloc de pierre qui a été ainsi pénétré d'eau, doit donc éclater lorsqu'il survient une gelée. Un procédé ingénieux a été imaginé, au commencement de notre siècle, par le minéralogiste Brard, pour reconnaître d'avance si une pierre à bâtir est ou non *gélive*. Ce procédé consiste à exposer des échantillons des pierres que l'on veut essayer, à l'action d'une dissolution saturée de sulfate de soude. On retire les échantillons, et on les abandonne à eux-mêmes pendant vingt-quatre heures. Au bout de ce temps, ils sont couverts d'une efflorescence blanche. On les lave dans la dissolution de sulfate de soude, et on répète cette dernière opération toutes les fois que les efflorescences sont abondantes. Le sulfate de soude, en cristallisant au sein de la masse poreuse de la pierre, augmente de volume, et produit le même effet que l'eau qui augmente de volume quand elle se congèle. Si donc on trouve au fond des vases dans lesquels on a fait le lavage, des fragments de pierre, et si les échantillons soumis à l'épreuve ont perdu leurs angles et arrondi leurs arêtes, c'est que la pierre est *gélive*. En pesant les débris recueillis, et comparant le poids obtenu au poids primitif de l'échantillon d'essai, on connaîtra sensiblement le degré de *gélivelé* de la pierre.

Si l'on opère de la même façon sur les tuyaux de drainage, on peut se former une idée de leur qualité, et s'assurer à l'avance de leur conservation au sein de la terre.

La marche que l'on suit dans la pose des tuyaux, varie selon la consistance, le degré d'humidité et l'état du terrain. Si le sol est sec au moment où on travaille, ou bien s'il est assez consistant, quoique humide, pour ne se point mettre en boue, on construit d'abord les drains collecteurs, ainsi que les raccordements des petits drains qui débouchent dans ces collecteurs, puis on procède à la pose des tuyaux.

Quand le terrain est détrempé par l'eau, il existe au fond des drains une couche de boue, dans laquelle les conduits pourraient s'enfoncer, et par conséquent s'obstruer. Il faut donc enlever la boue avant de placer les tuyaux; ce qui se fait avec des curettes comme celles que représentent les figures précédentes.

Il est même utile de faire aux tuyaux un lit de paille, pour qu'ils ne s'enfoncent point dans le sol détrempé qui constitue le fond des rigoles, même après l'enlèvement de la boue.

On pose, en premier lieu, le conduit des petits drains, en commençant par les parties les plus élevées du champ, et l'on termine par le drain collecteur.

Quand le terrain est mouvant, et que les tranchées ne sauraient rester longtemps ouvertes, il faut envelopper les tuyaux de conduite dans d'autres tuyaux un peu plus larges, en ayant soin d'alterner les joints. On peut toujours obtenir un fond solide dans le sable mouvant, en y enfonçant des pierrailles ou des branchages.

Aussitôt que la tranchée a été préparée, comme il vient d'être dit, sur une faible longueur, on y jette un peu de terre très-forte ou d'argile, et après avoir tassé légèrement cette terre, on place les tuyaux par-dessus. Ces tuyaux sont aussitôt recouverts de terre fortement tassée, et l'on comble immédiatement la tranchée. Dans les terrains mouvants ce travail est délicat et doit être fait avec grand soin.

Mais comment se fait la pose des tuyaux? Les tuyaux de grande dimension se placent à la main, parce que les tranchées qui doivent les recevoir, sont assez larges pour qu'un ouvrier puisse travailler au fond. On les fait joindre aussi exactement que possible les uns aux autres, et on les cale de chaque côté, de peur qu'ils ne se dérangent quand on rejettera la terre au-dessus d'eux. Quant aux tuyaux d'un faible diamètre, qui doivent oc-

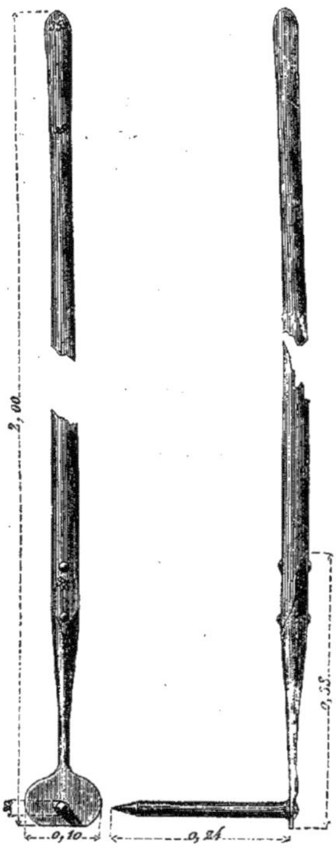

Fig. 490, 491. — Broche à poser les tuyaux sans collier, vue de face et de profil.

cuper le fond des tranchées étroites, ils sont placés par un ouvrier, qui se tient debout un pied sur chaque bord de la tranchée, et qui manie un instrument, nommé *broche* ou *crochet*.

Quand on place des tuyaux simples, c'est-à-dire sans colliers, on peut employer la *broche*. (Les figures 490, 491 représentent cette *broche*.) Mais quand on se sert de colliers ou manchons, on emploie l'instrument représenté par les figures 492, 493. L'ouvrier le tient par le manche en bois et introduit la tige *a* dans le tuyau : il enlève ainsi le tuyau et le dépose à sa place. L'extrémité du tuyau touche l'épaulement *b*. La longueur *bd* de l'épaulement est égale à la moitié de celle du collier; le diamètre de cet épaulement dépasse le diamètre intérieur du tuyau et est moindre que

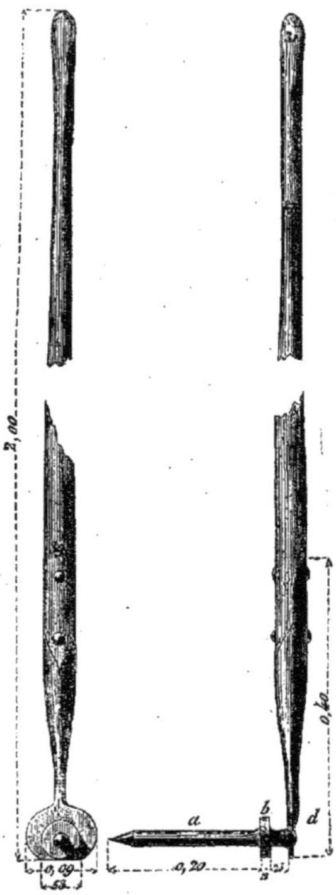

Fig. 492, 493. — Broche à poser les tuyaux à collier.

celui du collier; il en résulte que le tuyau et le collier sont dans la position relative qu'ils doivent occuper. On introduit donc facilement le bout du tuyau dans la partie libre du manchon, précédemment placé au fond de la tranchée.

Quel que soit le posoir dont se serve l'ouvrier, celui-ci en imprimant à la broche qui porte le tuyau une série de petites secousses, communique à ce tuyau un mouvement rotatoire, qui permet de trouver la position la plus convenable pour que le tuyau soit bien établi dans le fond de la tranchée, et en contact aussi exact que possible avec le tuyau précédent.

Moins les rigoles sont profondes, plus les tuyaux et les colliers sont bien exécutés, plus aussi le travail se fait rapidement. Un ouvrier habile peut placer environ quatre cents tuyaux à l'heure, dans une rigole de 1^m,20 de profondeur. Quand on n'emploie pas de colliers, il faut mettre beaucoup de temps et de soins pour bien ajuster les tuyaux et de plus les caler avec de la terre ou de petites pierres pour les empêcher de se déranger. Dans ce cas et dans les mêmes conditions, on ne saurait, avec beaucoup de fatigue, poser plus de 120 à 130 tuyaux par heure.

Avant de laisser procéder au comblement de la tranchée, le surveillant des travaux doit vérifier la pose des tuyaux avec une grande précision, c'est-à-dire s'assurer si tous les tuyaux sont bien ajustés, s'ils forment une ligne droite continue à pente régulière.

Cette vérification peut se faire à l'aide d'un grand niveau de maçon. Cet instrument

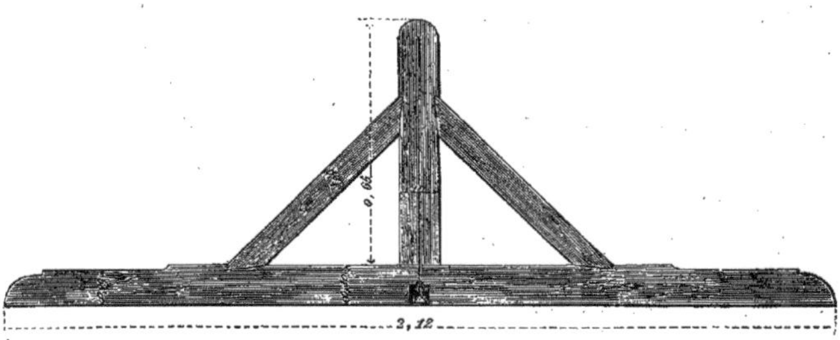

Fig. 494. — Niveau de fil à plomb.

(*fig.* 494) porte une division parcourue par la pointe du fil à plomb, et qui exprime les pentes que doit avoir la tranchée. On pose le niveau sur la ligne dont on veut vérifier la pente, et l'on s'assure que le fil s'écarte de la verticale d'une quantité correspondante à la pente adoptée.

Cependant ce moyen de vérification de la pente des tranchées n'a pas une précision suffisante. Pour obtenir une vérification complète, on se sert de trois mirettes analogues à celle des paveurs, mais ayant environ 1^m,80 à 2 mètres de hauteur.

On place deux de ces mirettes (*fig.* 495) au droit de deux piquets de repère *a*, *a*, en s'assurant que leur pied est à la profondeur voulue au-dessous de la tête de ce piquet; puis, se plaçant en arrière de la mirette *b*, et bornoyant la ligne de foi de la seconde, *d*, on fait placer la troisième, *c*, en différents points de la tranchée, et l'on s'assure que, dans ces diverses positions, la ligne divisée *bd* affleure toujours exactement le dessus de la mirette intermédiaire *c*.

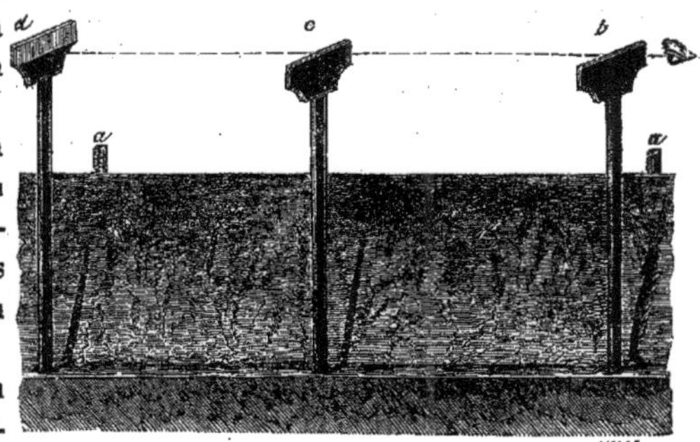

Fig. 495. — Vérification des pentes des tranchées.

Pour placer le pied des deux mirettes extrêmes *b* et *d* à la profondeur voulue au-dessous des têtes des piquets de repère, on pose sur le piquet, en le plaçant perpendiculairement à la tranchée, le grand niveau de maçon représenté plus haut (*fig.* 494), et l'on s'assure que le dessous de sa règle rencontre le pied de la mirette contre lequel on l'appuie, le fil étant au repère, précisément contre une marque faite à l'avance à une distance du pied égale à la hauteur adoptée pour la position des piquets au-dessus du fond des tranchées. Cette pointe doit toujours s'arrêter au même point dans toutes les positions de l'instrument sur une même ligne de tuyaux. Dans les endroits douteux on fera descendre un ouvrier.

Avant de parler du remplissage des tranchées, disons un mot du raccordement des lignes de drains. Pour raccorder une ligne de petits drains avec une ligne de drains principaux, on pratique dans le plus grand tuyau une ouverture circulaire. On y fait entrer le tuyau du petit drain, sous un angle de 45 à 60 degrés, de façon que le petit tuyau soit plus élevé.

Lorsqu'il faut raccorder entre elles deux lignes de tuyaux de même diamètre, on dispose au point de rencontre un tuyau d'un diamètre supérieur. Nous avons déjà représenté ce mode de raccordement. Il suffit de se rapporter à ces deux figures pour comprendre le mode d'ajustement dont il s'agit. Si l'on n'a pas de tuyaux percés latéralement par avance, il est facile de les entailler avec un marteau tranchant.

Remplissage des tranchées. — Les files de drains ne doivent jamais rester découvertes, de crainte d'accident produit par une ondée ou par la malveillance. Il faut donc, aussitôt après la vérification de la pose des tuyaux, procéder au remplissage de la tranchée. On place immédiatement sur les drains la terre la plus argileuse extraite de la saignée ; on jette avec précaution cette terre sur les tuyaux, après l'avoir soigneusement émiettée. La couche ainsi formée peut atteindre $0^m,25$ et on doit la battre avec un petit pilon en bois, ou la piétiner avec soin. Quand la première couche d'argile a été bien placée, on fait tomber par-dessus, avec une pelle, ou avec une houe à deux ou trois dents, une nouvelle quantité de terre qu'on dame de même soigneusement.

Les figures 496, 497 représentent la houe

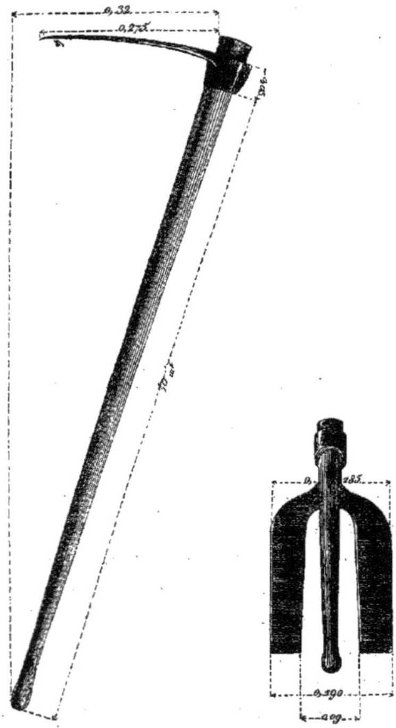

Vue de côté. Vue de face.

Fig. 496, 497. — Houe pour remplir les tranchées.

employée par les ouvriers draineurs pour le remplissage des tranchées.

Si le temps est beau, on peut alors suspendre le remplissage pour laisser l'air agir sur les parois des tranchées. Cette action est très-utile dans les terrains argileux. En effet le sol se dessèche et se fendille, sous l'action du soleil ; et ces fentes préparent des voies par lesquelles l'eau arrivera vers les drains. On achève de remplir la tranchée par couches de terre de $0^m,20$ à $0^m,30$ d'épaisseur, qu'on tasse comme précédemment. Enfin on jette en dernier lieu la terre végétale qu'on a dû mettre de côté à cet effet, lors de l'ouverture de la tranchée.

Charrues de drainage. — De nos jours, où la force mécanique se substitue peu à peu à l'emploi de la force vivante, il était impossible qu'on ne songeât pas à faire jouer un rôle aux machines dans l'exécution du drainage. Ouvrir la tranchée, placer les tuyaux et combler la tranchée aussitôt, tel fut le problème compliqué que l'art du mécanicien s'est proposé de résoudre. Ce problème, disons-le, n'a pas été complétement résolu ; mais il a été poursuivi avec tant de persévérance et de tels efforts d'invention, que nous ne saurions résister au désir de donner une idée des appareils mécaniques qui ont été proposés ou essayés dans ce but.

MM. Fowler et Fry avaient envoyé à la première Exposition universelle de Londres, en 1851, une machine destinée à creuser mécaniquement les tranchées et à poser les tuyaux. Cette machine se composait de deux pièces distinctes, une charrue et un cabestan, dont la corde était mue par un manége. La charrue était formée de deux armatures en fer, reliées par des traverses et des boulons, ayant un certain écartement au coutre et à l'arrière, mais se rejoignant à l'avant, et emmanchant une poulie destinée à recevoir la chaîne du cabestan.

Le soc de la charrue pénétrait dans le sous-sol, et creusait le passage à la tranchée. Voici comment on opérait. On plaçait le cabestan à 130 mètres environ de la charrue, et on l'amarrait fortement. La corde qui reliait le cabestan à la charrue, était en chanvre recouvert de fil de laiton. On ouvrait ainsi une tranchée, dont la profondeur était en raison de l'enfoncement voulu du drain, et dont la longueur était égale à cette profondeur. On engageait le soc de la charrue au fond, en attachant ce soc à une corde, revêtue de tuyaux, qui s'y trouvaient enfilés comme des perles sur un ruban. Ces dispositions prises, à un moment donné, on mettait les chevaux en mouvement. La charrue s'avançait, et le soc pénétrait dans le sous-sol, traînant après lui les tuyaux, juxtaposés et enfilés dans la corde, au nombre de 30 ou de 40. Quand ces 30 ou 40 tuyaux étaient établis, on s'arrêtait, pour ajouter une nouvelle chaîne de 40 tuyaux, et ainsi de suite jusqu'au moment où la charrue venait toucher au cabestan. Alors on ouvrait une seconde tranchée semblable à la première. Là on s'arrêtait. A l'aide des engrenages on dégageait le soc et l'on retirait les cordes. Pendant toute la pose, le chef-ouvrier, comme un pilote près de son gouvernail, dirigeait l'engrenage, et maintenait le niveau et les pentes voulues, en donnant l'impulsion au soc dans les points où le terrain présentait quelque ondulation.

Cette première application de la mécanique à l'exécution des travaux de drainage, frappa beaucoup les hommes de l'art. Un agronome, qui avait vu fonctionner cet appareil, M. de Montreuil, écrivait à ce propos, en 1851 :

« N'est-il pas féerique de suivre cette charrue silencieuse dans le travail souterrain qu'elle opère, de comprendre par l'esprit la précision mathématique de son exécution? Nous étions dans une prairie, environnés de troupeaux ; eh bien ! quand nous avions passé sur un point que les herbes foulées accusaient à peine, ces troupeaux paissaient paisiblement jusque sur les lèvres refermées de la plaie que nous avions faite ; rien n'avait disparu dans ce pâturage. Six hommes, deux chevaux et une demi-heure, montre en main, avaient suffi pour descendre à $1^m,03$ sous terre 300 tuyaux, qui sans la puissance mécanique, eussent demandé une semaine de travail et bouleversé le sol (1). »

Cependant cet appareil mécanique laissait beaucoup à désirer. Les tuyaux étaient, sans doute, placés en ligne droite et bien

(1) *Journal d'agriculture pratique*, 1851, et Barral, *Drainage des terres arables*, t. II, p. 347.

juxtaposés, mais la pente n'était jamais régulière. A partir de 1854, M. Fowler présenta aux divers concours de drainage qui eurent lieu en Angleterre, des appareils supérieurs au précédent. Dans un concours agricole tenu à Paris, en 1856, le jury international fut chargé d'examiner le travail d'une *charrue de drainage à vapeur* de M. Fowler. L'expérience se fit à Trianon le 6 juin. L'appareil se composait de deux parties : la charrue proprement dite, et le moteur, qui était une locomobile puissante. Ces deux parties étaient réunies par un câble. Le câble en s'enroulant sur un tambour, entraînait la charrue, qui laissait seulement une trace « analogue, dit M. Barral, à la fente produite par un couteau dans un pain de beurre (1). » Tous les 40 ou 50 mètres on creusait un trou dans le sol, pour attacher les uns aux autres les chapelets de tuyaux. La traction que la machine à vapeur exerçait sur le grand câble, fut évaluée à 8,000 kilogrammes.

Cependant l'expérience de Trianon n'était pas décisive, et son succès fut loin d'être complet. La charrue ne put franchir un banc rocheux, qui la renversa. Le poids énorme de l'appareil et son prix considérable étaient aussi de graves défauts. Le jury décerna, néanmoins, une médaille d'or à M. Fowler. Il voulut en cela récompenser le génie inventif appliqué à l'art agricole, mais non couronner la solution d'un problème qu'on cherchera peut-être vainement à résoudre.

En effet, il est bien difficile de concevoir une machine exécutant à elle seule toutes les opérations du drainage : l'inégalité des niveaux du sol opposera toujours les plus grands obstacles à la pose régulière et efficace des tuyaux.

Il est, toutefois, une partie des opérations qui peut aisément s'exécuter sans le concours de la main de l'homme : nous voulons parler de l'ouverture des tranchées et de leur remplissage. Le premier creusement des tranchées peut se faire, en effet, non sans quelque avantage, au moyen de la *charrue rigoleuse* de l'École d'agriculture de Grignon. Cette charrue est en bois. La coutelière est armée de deux coutres, dont l'un, celui de droite, se place dans les trous une fois pratiqués, de manière à faire varier la largeur de la rigole. Un régulateur sert à régler la profondeur du sillon souterrain. On obtient par une seule allée, une profondeur de $0^m,25$ à $0^m,30$, et en faisant passer la charrue deux ou trois fois dans le même sillon, on augmente la profondeur.

Si l'on faisait succéder au travail de cette charrue, ou d'une autre de même espèce, le travail d'une charrue fouilleuse du sous-sol, par exemple celle de John Read, on pourrait pousser le défoncement de la tranchée jusqu'à $0^m,50$ ou $0^m,60$. Au reste, on possède en France plusieurs *charrues fouilleuses* très-convenables pour exécuter le travail dont nous parlons. Telle est celle de M. Gustave Hamoir qui est toute en fer.

Jusqu'ici la charrue n'a fait que remplacer la bêche pour l'exécution de la tranchée, car on fait les déblais à la pelle. M. Paul, dans le comté de Norfolk, ne s'est pas contenté d'imaginer une machine pour ameublir le sol, il lui a fait aussi effectuer le déblai. Une roue armée de dents est destinée à piocher la terre. Cette roue est mise en mouvement par une chaîne s'enroulant sur un cabestan, mû par un manége à chevaux. Une chaîne-levier permet d'élever et d'abaisser la roue fouilleuse. En même temps que la roue avance, entraînée par la chaîne, elle fouille le sol, le soulève, et jette la terre sur un des côtés de la tranchée. On peut, avec cet instrument, pratiquer une tranchée de $0^m,91$ à $1^m,52$ de profondeur et de $0^m,40$ de largeur, sur une longueur d'environ $1^m,22$ par minute.

Nous nous bornons à signaler ces divers appareils mécaniques sans nous y arrêter da-

(1) Voir la description de ce remarquable système dans l'ouvrage de M. Barral, *Drainage des terres arables*, t. II, pages 359 et suivantes.

Fig. 498. — Ouvriers posant des tuyaux de drainage.

vantage, car ils sont restés tout à fait en dehors de l'usage pratique.

Obstructions des drains. — Quel que soit le mode de construction des conduits des eaux de drainage, ces conduits peuvent s'obstruer. Il vaut mieux, évidemment, prévenir les obstructions que d'avoir à les détruire. Aussi, indiquerons-nous les causes de ces obstructions et les moyens de s'en garantir.

Les drains faits avec des pierres ou des fascines, peuvent s'obstruer par des dépôts de sables ou de matières terreuses. Dans ce cas, il faut empêcher les eaux pluviales de descendre trop rapidement vers les conduits. Au reste, les drains en pierre doivent être complétement bannis des terrains sablonneux. On doit, dans ces sortes de terrains, employer des tuyaux de poterie, garnis de colliers, et quand le travail a été consciencieusement établi, on ne peut craindre aucun engorgement. Dans les terres fermes, l'eau ne s'introduit que lentement par les joints des tuyaux, et les graviers ne peuvent ainsi être entraînés dans les conduits. Si des matières terreuses y pénétraient exceptionnellement, la rapidité du courant qui traverse les petits drains, suffirait pour dissiper ces obstacles.

Des obstructions d'une autre nature, et vraiment redoutables, sont causées par des dépôts de substances minérales dans l'intérieur des conduits. Là où le sol est calcaire ou crayeux, les eaux tiennent en dissolution du carbonate de chaux. Ce sel n'étant dissous qu'à l'aide d'un excès d'acide carbonique, et cet acide carbonique se dégage dès que les eaux arrivent à l'air libre, c'est-à-dire dans les conduits de drainage, et il en résulte que le carbonate de chaux se dépose à l'intérieur des tuyaux, et forme des incrustations solides, qui finissent par les engorger complétement. Les mêmes effets se produisent avec des eaux séléniteuses ou ferrugineuses.

Des engorgements de cette nature sont surtout à redouter dans les drains faits de pierrailles, dans lesquels l'eau, très-divisée, se trouve en contact avec l'air par des surfaces multipliées, et s'écoule lentement. Cet inconvénient est moins à craindre dans des tuyaux de poterie, d'un faible diamètre, qui sont presque constamment remplis d'eau, et dans lesquels le courant est assez rapide pour entraîner les matières étrangères que les eau ont pu déposer.

Il faut également se tenir en garde contre les obstructions que pourraient produire les racines de certaines plantes, qui vont chercher l'humidité jusque dans les conduits des drains. Quand un filet radiculaire s'introduit dans ces tuyaux, il produit bientôt une masse fibreuse. Cette masse de radicules s'étale, se ramifie à l'intérieur du conduit, et peut opposer un obstacle sérieux au passage de l'eau. Le Tussilage, la Prêle, la Renouée amphibie, le Saule, le Frêne, le Peuplier, le Marronnier, sont les plantes le plus à redouter sous ce rapport. Il faut donc éloigner autant que possible, les tranchées de drainage des haies, des plantations ou des arbres. Si l'on se croit obligé de les rapprocher de plus de 7 à 10 mètres des plantations ou des arbres, on devra garantir les conduits au moyen de tuyaux plus grands, qui les enveloppent, ou même imprégner de goudron la terre qui environne les tuyaux.

Un dernier mode d'obstruction est celui que peuvent produire de petits animaux des champs, qui s'introduisent, par l'entrée des drains, dans les conduits, et venant à y mourir, peuvent faire obstacle au courant de l'eau. Nous avons dit plus haut que les grillages en fer, dont on garnit l'embouchure des drains, ont pour but de prévenir cette cause d'engorgement.

Utilisation des eaux de drainage. — Dans beaucoup de pays les eaux qui s'écoulent des rigoles de drainage, sont distribuées. Elles sont généralement très-bonnes pour les usages domestiques, et peuvent toujours être consacrées aux usages industriels.

En Angleterre, les eaux de drainage alimentent les fontaines et les abreuvoirs nécessaires au service de fermes importantes, et même de villages entiers. Ce fait n'a rien qui doive nous surprendre, car les sources naturelles ne sont autre chose, comme les eaux de drainage, que le produit de l'infiltration de l'eau pluviale à travers des couches intérieures de la terre.

La force et les bonnes qualités de la végétation naturelle qui croît autour des bords des canaux de décharge des eaux de drainage, est l'indice que les eaux qui s'écoulent de ces tuyaux sont de bonne qualité, et qu'elles peuvent être employées avantageusement pour l'irrigation.

Cette combinaison du drainage et de l'irrigation, quand celle-ci s'effectue avec des eaux enrichies à l'aide d'engrais liquides ou facilement solubles, constitue certainement l'un des plus hauts degrés de perfection où puisse atteindre l'art agricole.

Nous terminerons cette partie de notre sujet, en parlant des dépenses que peuvent occasionner les opérations du drainage, et en essayant d'évaluer les bénéfices que l'agriculteur peut en espérer.

Frais d'établissement du drainage. — C'est généralement à l'hectare qu'on évalue les frais d'établissement d'un drainage complet. Cependant cette évaluation n'est guère possible, car la dépense qu'occasionne le prix du drainage d'un hectare d'un terrain, varie d'une localité à l'autre, et même pour des champs voisins. En effet, la profondeur des saignées, leur espacement, la manière d'être du terrain, le mode de construction des conduits, la valeur des matériaux de ces conduits, le prix de leur transport, l'habileté des ouvriers, etc., sont autant de circonstances qui influent sur les frais d'établissement du drainage. C'est seulement quand on a bien étudié le terrain et dressé le plan des travaux, qu'on peut avoir quelque idée de la dépense, en prenant pour base des calculs les données que des opérations exécutées antérieurement et dans des circonstances analogues, ont pu fournir. Il est donc très-important d'avoir sur les dépenses qu'exige le drainage, un certain nombre d'indications fournies par des travaux effectués dans des circonstances diverses. M. Leclerc a recueilli, à cet égard, des renseignements précieux, et c'est à son ouvrage que nous emprunterons les résultats généraux qui vont suivre (1).

M. Leclerc fait observer avec raison qu'il faut commencer par connaître la longueur des drains à creuser sur 1 hectare de terrain. Ce premier élément permet de calculer le nombre des tuyaux qu'il faudra employer, et d'évaluer la dépense de main-d'œuvre nécessitée par le creusement des tranchées. Cette longueur, qui peut varier avec la forme des contours des champs et les irrégularités de leur surface, dépend principalement de la distance qu'on peut laisser entre les saignées. Pour calculer la longueur des drains nécessaire au drainage d'une certaine étendue de terrain, il faut faire de nombreuses observations sur des travaux de drainage exécutés dans des circonstances variées, et prendre ensuite la moyenne des résultats obtenus. C'est en procédant ainsi que M. Leclerc a formé un tableau donnant la longueur des drains à creuser sur un hectare pour divers espacements. De ce premier tableau, il a déduit le suivant, qui donne la longueur moyenne des drains par hectare pour divers espacements.

(1) *Traité de drainage, ou Essai théorique et pratique de l'assainissement des terres*, in-18. Paris. 1856.

ESPACEMENT DES DRAINS.	LONGUEUR DES TRAINS PAR HECTARE		TOTAUX
	PETITS DRAINS.	DRAINS collecteurs.	
10m	847	171	1,018
11m	808	171	979
12m	726	171	897
13m	684	171	855

Quand la longueur des drains est connue, la quantité de tuyaux nécessaire pour assainir 1 hectare de terrain est facile à calculer. En supposant aux tuyaux une longueur de $0^m,30$ on en trouve la quantité en divisant par 3 le nombre qui représente la longueur des drains et en multipliant le quotient par 10. Il faut tenir compte du déchet, qu'on peut estimer en moyenne à 5 p. 100. M. Leclerc a fixé comme il suit, le nombre des tuyaux nécessaires au drainage de l'hectare de terrain pour divers espacements.

ESPACEMENT DES DRAINS.	NOMBRE DES TUYAUX PAR HECTARE POUR DRAINS		TOTAUX.
	DE DESSÉCHEMENT.	COLLECTEURS.	
10m	2,964	587	3,551
11m	2,827	587	3,414
12m	2,541	587	3,128
13m	2,394	587	2,981

D'après le même auteur, la moyenne générale du prix des tuyaux nécessaires pour un hectare, s'élève à 93 francs. Les tuyaux qui garnissent un mètre courant de drains, coûteraient, en moyenne, 8 centimes et demi. Quant aux frais de transport des tuyaux, on comprend qu'ils doivent varier avec la distance à parcourir et la nature des voies de communication. A mesure que les fabriques de tuyaux se multiplient, ces frais tendent à diminuer. M. Leclerc évalue, en moyenne, à 16 fr. les frais de transport des tuyaux nécessaires au drainage d'un hectare.

Il reste un dernier élément à considérer : c'est la dépense de main-d'œuvre. Elle comprend le creusement des rigoles, la pose des tuyaux, le remplissage des tranchées, l'apprêt des manchons, le transport des tuyaux le long des rigoles. Elle dépend, comme nous l'avons dit plus haut, de la profondeur des tranchées, de leur espacement, de la nature du sol, du taux des salaires et de l'habileté des ouvriers. Le prix de la main-d'œuvre est donc très-variable. M. Leclerc l'évalue en moyenne à 97 fr. par hectare. Si l'on ajoute aux dépenses dont nous venons de parler des frais divers, peu importants, et qui s'élèvent, en moyenne, à 4 francs, les frais de l'établissement du drainage par hectare s'élèveront ainsi, en moyenne, à 200 francs.

Résultats du drainage. — Si nous voulions donner une évaluation qui soit plutôt au-dessous qu'au-dessus de la vérité, nous dirions que les sommes employées en travaux, rapportent 10 p. 100 net. Cependant il existe plusieurs exemples de travaux qui ont rapporté 25 p. 100 et plus du capital engagé. M. Neilson a estimé que, dans les argiles fortes, le drainage augmente la production en céréales de 9 hectolitres par hectare. Des fermes ont doublé de valeur, sous l'influence de ce même procédé d'assainissement.

Les faits que nous venons de citer et qui appartiennent à la chronique agricole en Angleterre, sont parfaitement authentiques ; ils résultent d'enquêtes sérieuses, et nous pourrions aisément les multiplier. En Belgique et en France de semblables avantages ont pu être signalés, et ils ne sauraient laisser de doutes sur les bénéfices certains des travaux de drainage. Mais ces travaux doivent être exécutés dans de bonnes conditions, et ne pas être appliqués sans discernement à tous les terrains et dans toutes les circonstances. L'agriculteur doit peser avec prudence, et en connaissance de cause, les considérations qui devront le décider à recourir aux travaux de drainage ; car, selon l'expression de M. Hervé Mangon, « il ne suffit pas qu'il y ait amélioration abstraite, il faut encore que l'amélioration soit lucrative, » c'est-à-dire qu'elle puisse dépasser les intérêts des sommes employées aux travaux.

CHAPITRE VII

DRAINAGE DES SOURCES.

Dans tout ce qui précède, nous n'avons considéré que les opérations qui ont pour but d'assainir les terres imprégnées des eaux pluviales. C'est là le cas le plus ordinaire, la condition habituelle. Mais dans quelques circonstances, les terrains sont inondés par de véritables sources ; ou bien les eaux de sources viennent s'ajouter, en quantités surabondantes, aux eaux du fonds, et constituent alors une masse considérable de liquide, qui noie le sol. Le desséchement d'un terrain, ainsi occupé par de véritables sources, est une opération délicate, et qui sort des procédés ordinaires du drainage des terres arables. Cependant, comme ce cas peut se présenter, nous devons dire quelques mots des moyens qu'il faut alors mettre en œuvre.

La méthode générale pour opérer le drainage des terres occupées par des sources, revient à fournir aux eaux de cette espèce un écoulement régulier, qui les empêche de sourdre en différents points du sol, et à les évacuer, soit par des puits, soit en les amenant dans la région occupée par un réseau de drainage.

Les communications à établir entre les drains et les parties poreuses d'un terrain pénétré par les eaux de source, s'exécutent par l'une des méthodes suivantes.

Quand la profondeur de la couche perméable au-dessous du sol à assainir, n'excède pas 2 mètres, on doit pousser les drains jusqu'à cette profondeur, que ces drains soient composés de tuyaux en poterie ou simplement de pierres.

Mais si la couche perméable se trouve, au-dessous du sol, à une profondeur telle qu'il serait impossible de l'atteindre sans une dépense trop considérable, on doit ouvrir, de distance en distance, et à côté du drain lui-même, creusé à la profondeur habituelle, des puits ou des trous de sondage, que l'on pousse jusqu'à la rencontre de la couche aquifère.

Ces puits sont rectangulaires ou cylindriques, et d'une largeur seulement suffisante pour qu'un ouvrier puisse y travailler sans trop de gêne. On les remplit de pierres cassées jusqu'à quelques décimètres au-dessus du tuyau de terre qui sert de conduit.

La forme et la disposition du puits rempli de pierres, qui est destiné à faire écouler les eaux dans les terrains occupés par des sources, se trouvent représentées exactement dans l'une des figures de la présente Notice. Le lecteur est donc prié de se reporter à la figure 411 (page 583).

Lorsque la profondeur du puits doit excéder 4 à 5 mètres, on le remplace par un simple forage placé à côté du drain même.

Le canal de sondage à exécuter dans ce cas se trouve représenté par la figure 412 (page 583), à laquelle le lecteur doit également se reporter.

Les trous de sondage s'exécutent ordinairement avec une petite sonde de 0^m,05 à 0^m,08 de diamètre.

Pour le drainage des terrains bourbeux et criblés de sources, M. Mangon emploie un procédé autre que les précédents, et qu'il désigne sous le nom de *drainage vertical*. L'économie que procure ce procédé, son succès dans des terrains complétement détrempés, où tout autre travail serait impossible, le rendent précieux. M. Mangon décrit ainsi le desséchement, au moyen du *drainage vertical*, des terres occupées par les sources.

« On ouvre, comme de coutume, une tranchée de drainage, et on la prolonge à travers les parties les plus bourbeuses du terrain. Si cela est nécessaire, on ouvre quelques autres tranchées partant du centre du terrain bourbeux, et prolongées en pattes d'oie jusqu'à une certaine distance de leur origine, comme l'indique la figure 499. On prépare ensuite des tuyaux ordinaires, et on les entre librement et à joints croisés (*fig.* 500 et 501) dans des tuyaux du

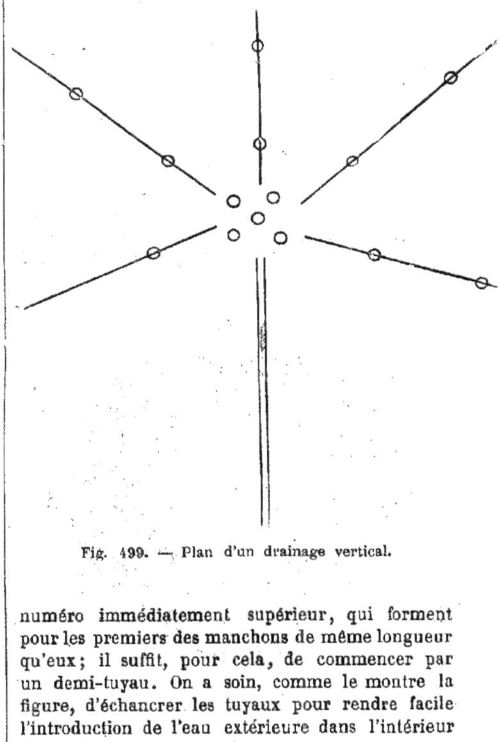

Fig. 499. — Plan d'un drainage vertical.

numéro immédiatement supérieur, qui forment pour les premiers des manchons de même longueur qu'eux; il suffit, pour cela, de commencer par un demi-tuyau. On a soin, comme le montre la figure, d'échancrer les tuyaux pour rendre facile l'introduction de l'eau extérieure dans l'intérieur de ces tuyaux.

On fait passer dans la file de tuyaux ainsi préparés une tige de fer rond de 0^m,015 à 0^m,025 de diamètre; ou bien, suivant les cas, une tige de bois, d'un diamètre inférieur de 0^m,005 à 0^m,006 à celui des tuyaux.

On enfonce l'extrémité inférieure de cette tige de bois ou de fer dans un cône en bois dur (*fig.* 502) ferré à la pointe si le terrain est résistant. Cette espèce de sabot a 0^m,01 de diamètre de plus environ que celui du tuyau extérieur. Il n'est que très-légèrement réuni à la tige cylindrique, pour que l'on puisse séparer ces deux pièces l'une de l'autre sans éprouver une forte résistance, en le tirant en sens opposé.

Les choses ainsi disposées, on enfonce verticalement, au fond des tranchées ouvertes à l'avance, les tuyaux précédés du sabot. Si le terrain est très-bourbeux, comme celui de certains prés à bouillons, la

Fig. 500. — Coupe d'un drainage.

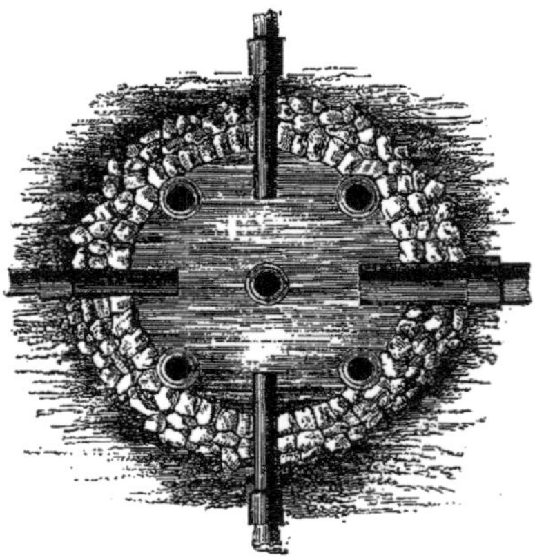

Fig. 501.— Plan d'un drainage vertical au niveau des tuyaux d'écoulement.

colonne s'enfonce, pour ainsi dire, par l'action seule de son poids. Si le terrain est plus résistant, on la fait descendre en frappant sur le sommet de la tige de bois ou de fer dont on a parlé. Dans le cas où le terrain serait plus dur encore, et où l'on ne pourrait faire descendre la colonne de tuyaux par ce moyen, on préparerait leur emplacement avec un petit pieu en bois dur saboté en fer à la pointe, et fretté à sa tête comme un pilotis, que l'on enfoncerait à la masse ou avec un petit mouton, et que l'on arra-

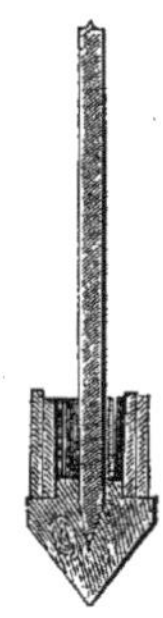

Fig. 502. — Enfonçage des drains verticaux.

cherait ensuite. Enfin, on aurait recours à la sonde dans les terrains où l'on rencontrerait de grosses pierres isolées ou des couches minces trop dures pour céder à l'action du pieu ferré.

Lorsque la colonne de tuyaux est mise en place, quelle que soit la méthode employée, on soulève la tige qui traverse les tuyaux ; elle se sépare du sabot, qui reste sous la colonne de tubes, et peut être ramenée à l'extérieur, pour servir à d'autres opérations.

La tête des tuyaux ainsi placée est entourée de quelques pierres formant enrochement, et s'introduit dans le tuyau horizontal du drain, percé à cet effet d'une ouverture circulaire, comme pour un raccordement ordinaire.

Quand l'abondance des eaux oblige à placer plusieurs tuyaux verticaux les uns à côté des autres, on peut les recouvrir, comme l'indique la figure 18, par une espèce de voûte en pierres sèches formant l'origine du drain de décharge.

La disposition des tranchées, en plan, varie nécessairement avec la disposition des lieux; mais il est bien rare que quelques tuyaux groupés au centre même du terrain bourbeux ne suffisent pas à son assainissement. Des tuyaux verticaux placés dans un drain à 8 ou 10 mètres les uns des autres enlèvent déjà un énorme volume d'eau.

Quand on a placé des tuyaux verticaux dans un terrain, il convient, avant de recouvrir le drain de décharge, d'attendre que le régime des eaux soit bien établi, afin de proportionner le diamètre ou le mode de construction du drain au volume d'eau à débiter.

La longueur des colonnes de tuyaux dépend nécessairement de la nature du sol où l'on opère. On les enfonce autant que le permet la résistance du terrain; souvent on atteint des profondeurs de 4, 5 et 7 mètres et plus, qui, ajoutées à la profondeur de la tranchée, placent l'extrémité inférieure du tuyau à 8 ou 9 mètres au-dessous du sol. Chacun de ces tuyaux fonctionne, sur toute sa longueur, comme un drain ordinaire. On opère donc ainsi un drainage vertical d'une très-puissante action sur les eaux remontantes, ou sur les eaux descendantes, si l'on atteint uue couche absorbante; ce qui, du reste, arrive assez rarement (1). »

CHAPITRE VIII

FABRICATION DES TUYAUX DE DRAINAGE. — PRÉPARATION DES TERRES. — MACHINES A FABRIQUER LES TUYAUX. — MACHINE ÉCONOMIQUE. — SÉCHAGE ET CUISSON DES TUYAUX.

Nous avons déjà insisté sur ce point, que, parmi tous les matériaux à employer pour garnir les saignées souterraines destinées au drainage, les plus économiques, les plus durables, sont les tuyaux en poterie, à section circulaire. Nous devons donc entrer dans quelques détails sur la fabrication de ces tuyaux.

Développer cette fabrication dans une contrée, c'est y populariser le drainage. L'Angleterre, la Belgique et la France, se sont particulièrement fait remarquer dans cette voie.

La fabrication des tuyaux comprend quatre opérations distinctes, que nous allons passer rapidement en revue. Ce sont: la préparation des terres, le moulage, le séchage et la cuisson.

Préparation des terres. — Les tuyaux de drainage doivent être résistants, pour subir les transports sans se briser, pour être maniés sans trop de précautions, pour ne pas s'altérer sous la longue action des eaux souterraines. Des argiles, plus ou moins sableuses, des marnes argileuses, mais non pas calcaires et des terres plastiques, sont employées à la confection des tuyaux de drainage. C'est en mélangeant ces matières entre elles, ou avec d'autres substances, qu'on obtient une bonne pâte.

Cette pâte doit être plastique, c'est-à-dire se laisser façonner sous la pression intelligente des doigts de l'ouvrier, et supporter sans se gercer ni se déformer sensiblement, les efforts et les résistances inertes des machines. Mais cette plasticité ne doit pas être poussée trop loin; car les pâtes douées d'une ductilité excessive, sèchent difficilement et inégalement, se déforment et souvent se fendent au feu. Pour arriver à une pâte convenable, on corrige les terres l'une par l'autre. Si, par exemple, on a sous la main de la marne argileuse, c'est-à-dire une terre trop forte, on la *dégraisse* avec du sable, ou avec des pâtes déjà cuites et pulvérisées (ciment) ou avec des scories de forge, quelquefois même avec des cendres de houille. Si, au contraire, la terre manque de liant, si elle n'est pas assez plastique, on y mêle de la terre glaise.

Il peut arriver pourtant qu'on rencontre une terre assez bonne pour n'exiger aucun mélange, et servir immédiatement à la fabrication des tuyaux. Indiquons, en conséquence, les propriétés dont cette terre doit jouir. 1° Elle doit être ductile, ferme et adhérente, c'est-

(1) *Instructions pratiques sur le drainage*, in-18, 2e édit., p. 82, 85.

à-dire se laisser bien modeler, conserver les formes qu'elle aura reçues, ne pas se gercer dans son passage à travers les filières des machines. 2° Elle ne doit contenir aucune parcelle de craie pure, ou de pyrite de fer, qui, sous l'influence de la cuisson, pourrait faire éclater les tuyaux. 3° Elle doit se sécher facilement et également sans se fendre ni se déformer.

L'extraction des terres, doit se faire longtemps à l'avance, par exemple en automne, si on veut les employer au mois de mars de l'année suivante. On les expose, pendant tout l'hiver, à l'action des gelées et de l'air. Il est très-peu de terres argileuses qui ne se bonifient par ce moyen.

Quand la terre dont on dispose est pure et qu'elle a subi l'influence de l'air et des gelées, on se contente de la *corroyer* avant de la mettre en œuvre. Pour cela on la divise en fragments, et on la fait tremper pendant un ou deux jours dans une fosse plus ou moins profonde; puis on la porte dans l'appareil nommé *malaxeur*, ou *tonneau mélangeur*, dans lequel le corroyage doit s'effectuer.

Cet appareil (*fig.* 503) se compose d'une caisse prismatique, AB, munie, à son centre, d'un arbre vertical, CD, autour duquel sont étagées des lames de fer, F,F, assemblées perpendiculairement à l'arbre. Quand l'arbre est mis en mouvement par un manége, par une chute d'eau, ou par une machine à vapeur, la terre comprimée descend, et sort par une ouverture pratiquée à la partie inférieure du tonneau.

Un couteau horizontal, G, situé au bas de cet arbre, sert à racler le fond de la caisse, et à empêcher la terre d'y séjourner. A l'extrémité supérieure de l'arbre CD, dont on n'a pu représenter qu'une partie sur la figure, s'adapte un levier auquel on attelle les chevaux si c'est à la force des chevaux qu'on a recours comme moteur.

Avec cet appareil les matières qui doivent concourir à la composition de la pâte argileuse sont parfaitement mélangées, divisées et comprimées. Avec deux chevaux, on peut

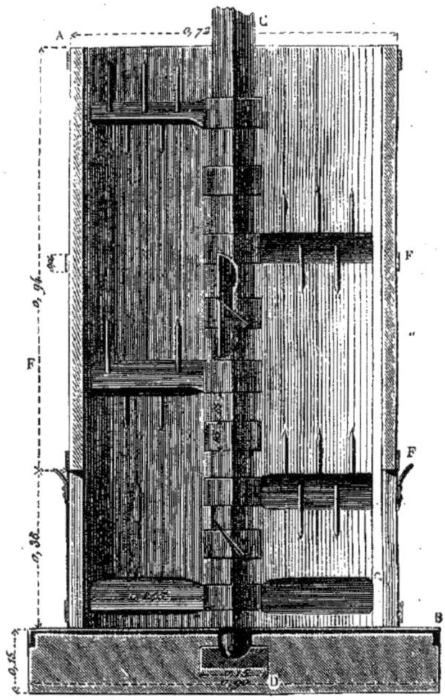

Fig. 503. — Coupe d'un tonneau mélangeur.

préparer chaque jour la matière nécessaire à la fabrication de 20,000 petits tuyaux environ.

Quand on n'a pas de *tonneau mélangeur*, on peut faire *marcher*, c'est-à-dire piétiner le mélange des terres, par les ouvriers, comme on le fait encore dans quelques tuileries.

Les terres destinées à la fabrication des tuyaux, ne doivent renfermer aucun gravier de plus de $0^m,001$ à $0^m,002$ de diamètre. Avant de procéder au corroyage des terres dans l'appareil qui vient d'être décrit, on est donc souvent obligé de les épurer. Pour les sables et les terres franches assez maigres, et même quelquefois pour certaines argiles qui s'émiettent par la gelée et qu'on écrase ensuite facilement, il suffit de les faire passer à travers une claie de fer très-serrée.

On se débarrasse économiquement des graviers que peut contenir la terre, en les brisant à l'aide d'un appareil usité en Angleterre, mais peu employé en France. Il se compose de deux cylindres en fonte horizontaux tournant en sens contraire et surmontés d'une trémie dans laquelle est placée la terre légèrement humide qui doit passer entre les deux cylindres. Les graviers sont brisés entre ces cylindres, la terre en sort en feuillets minces

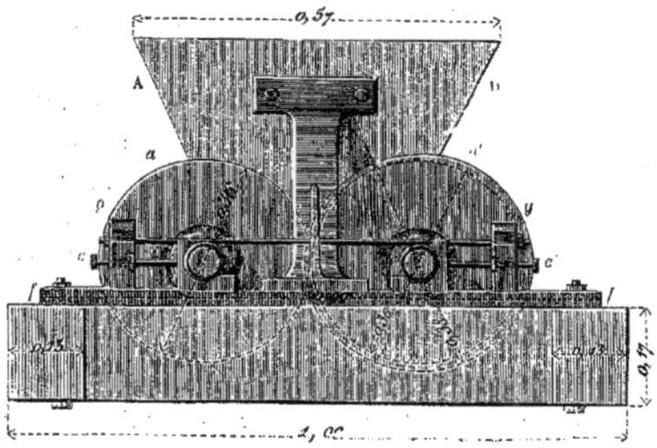

Fig. 504. — Élévation latérale d'un broyeur à cylindres.

et forme une masse assez homogène qui, corroyée et condensée dans le malaxeur, est propre à être mise en œuvre.

Les figures 504, 505 représentent le *broyeur de graviers* ou *moulin d'argile*. Les cylindres en fonte *a*, *a'* (*fig.* 504) ont 0^{m},90 de lon-

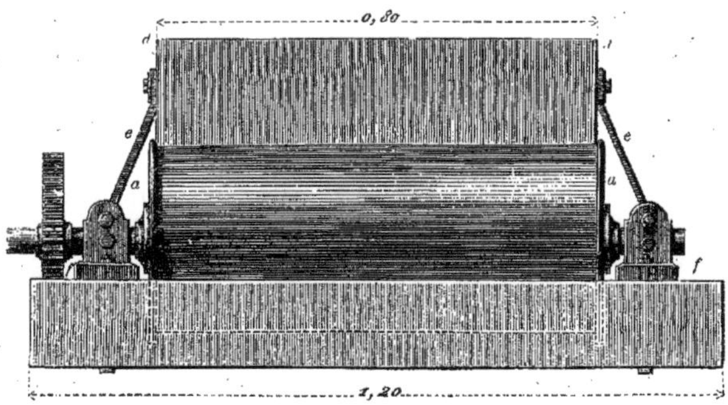

Fig. 505. — Vue de face d'un broyeur à cylindres.

gueur environ et 0^{m},36 de diamètre ; leurs axes en fer tournent dans des coussinets à l'aide de vis, *c*,*c'*. Le cylindre, *a*, porte, à ses extrémités, deux rebords saillants, qui s'opposent au déplacement longitudinal de l'autre cylindre. AD est la trémie en bois, dans laquelle on met l'argile. Elle est maintenue au-dessus des cylindres par les tiges *e*,*e* (*fig.* 505), fixées au bâti en fonte *f* par des boulons. Ce bâti est consolidé par un tirant en fer *gg* (*fig.* 504), et repose sur un cadre rectangulaire en charpente. La surface des cylindres est débarrassée de la terre qu'ils entraînent dans leur mouvement par deux forts couteaux en fer, placés à leur partie inférieure.

Les arbres des cylindres portent à l'extrémité opposée à celle représentée par la figure 504 des roues dentées de même diamètre, engrenant l'une avec l'autre; de sorte que le mouvement imprimé au premier cylindre se transmet au second, et qu'ils tournent ainsi en sens contraire avec des vitesses égales.

L'axe de l'un des cylindres est ordinairement réuni à l'arbre moteur du manége par un genou à la cardan; le manége ayant $7^m,05$ de diamètre, cet arbre moteur fait environ deux tours quand le cheval en fait un.

On place ordinairement les cylindres à $1^m,80$ ou 2 mètres au-dessus du sol, pour faciliter le service de l'enlèvement des terres.

Le produit journalier du moulin dépend de l'écartement des cylindres et de la nature de la terre. Dans les circonstances ordinaires, un moulin à un cheval fournit, par jour, l'argile nécessaire à la fabrication de 18,000 à 20,000 petits tuyaux. Nous devons dire cependant que ce *moulin à argile* est peu répandu.

Souvent on effectue la séparation des graviers dans le tonneau mélangeur lui-même (*fig.* 503), en plaçant à son fond une grille qui retient ces graviers, au moment où le mélange des terres va en sortir. Dans d'autres machines, on place ces argiles au-dessus du *tonneau mélangeur*, de sorte que la terre est déjà débarrassée des graviers avant de s'introduire dans cet appareil.

Passons aux machines mêmes qui servent à fabriquer les tuyaux.

Exercer sur la pâte, une compression, qui la force à passer à travers une ouverture percée dans une plaque, de manière à figurer le tuyau à obtenir, en d'autres termes à travers un moule métallique, tel est le principe de toutes les machines à fabriquer les tuyaux de drainage.

On peut diviser ces machines en deux catégories : les machines à action intermittente et les machines à action continue. Dans tous ces appareils, la terre est poussée à travers les moules, par deux cylindres lamineurs, qui la compriment.

Le principe commun des *machines intermittentes* les plus usitées, est de faire avancer, à l'aide d'une crémaillère, mue par un engrenage, un piston dans l'intérieur d'une boîte, dont la face opposée au piston porte le moule. Aussi les nomme-t-on généralement *machines à piston.*

Nous décrirons, à titre d'exemple, une machine recommandée par M. Hervé Mangon dans ses *Instructions pratiques sur le drainage*, et qui peut être considérée comme le type de ce genre d'appareils. On peut l'employer avantageusement quand on ne veut faire annuellement qu'une petite quantité de tuyaux, et un grand propriétaire pourra s'en servir quand il voudra fabriquer lui-même les tuyaux nécessaires au drainage de ses terres. Elle se compose (*fig.* 506 et 507) d'une caisse en fonte, *aa*, d'une capacité d'environ 34 litres, dans laquelle se meut horizontalement un piston, *c*, dont la tige est une crémaillère de fer. Cette tige se meut à l'aide de la manivelle M qui met en action un système de roues dentées et de pignons propres à multiplier l'effort du moteur. La caisse est fermée par un couvercle *b* qui glisse dans des rainures longitudinales.

La paroi antérieure de la caisse est fermée par une plaque de fonte, percée d'un nombre variable de trous, semblables au contour extérieur des pièces que l'on veut mouler, et portant chacun, en son centre, un noyau en fonte, dont la forme est appropriée au contour intérieur de ces mêmes pièces. Cette plaque de fonte constitue le *moule*, ou *filière*. La figure 509 montre, à une plus grande échelle, la face d'une filière à quatre trous propre à faire des tuyaux à section circulaire.

Revenons à la machine elle-même. On voit en avant de la caisse *aa* (*fig.* 506) une table horizontale AB, composée de plusieurs toiles sans fin, portées sur de petits rouleaux de bois très-mobiles. En sortant de la filière, les

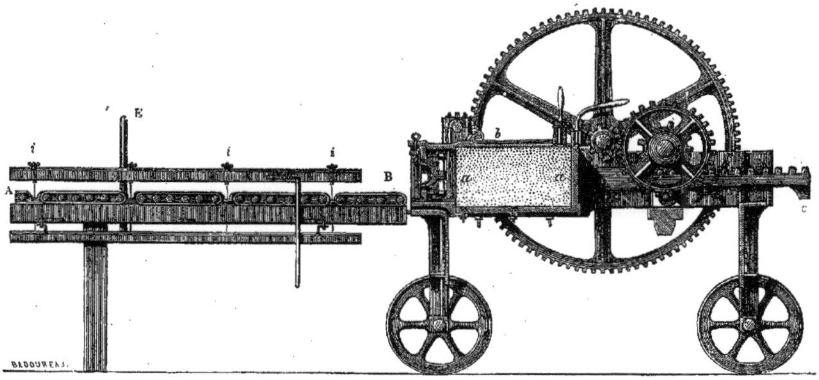

Fig. 506. — Coupe en long d'une machine à fabriquer les tuyaux de drainage.

tuyaux viennent se placer d'eux mêmes sur cette table. Par-dessus la toile mobile sont des

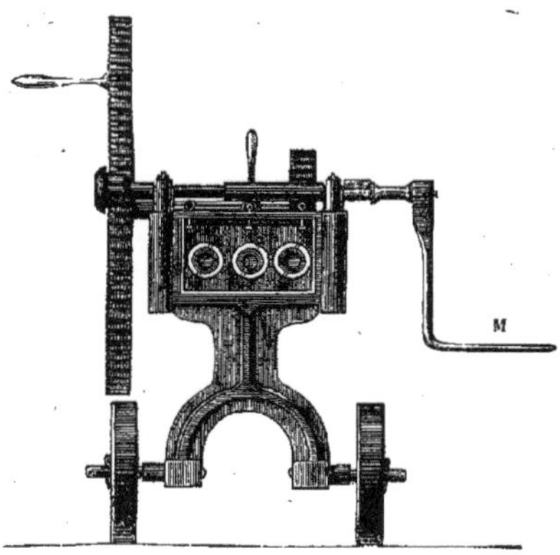

Fig. 507. — Vue de face d'une machine à fabriquer les tuyaux de drainage.

archets *i, i, i,* garnis chacun d'un fil de laiton propre à couper les tuyaux à la longueur voulue. Ils sont fixés sur une barre de bois longitudinale et pouvant s'abaisser lorsqu'on tire de haut en bas la tringle de bois E.

Pour manœuvrer cette machine, il faut deux hommes et trois enfants. Un homme projette avec force, la terre préparée, dans la caisse, préalablement ouverte, de manière à la tasser, et à expulser l'air autant que possible. Puis, il ferme la boîte, et met le piston en mouvement, à l'aide de la manivelle qui fait marcher la grande roue. La terre ainsi comprimée s'échappe par les ouvertures de la lunette. Les tuyaux tombent sur les toiles sans fin de la table AB, auxquelles ils communiquent le mouvement par leur simple poids, et s'avancent jusqu'au bout de la table sans

Coupe de l'axe d'un trou. Vue extérieure.

Fig. 508, 509. — Filière à quatre trous.

se déformer. Là, on abaisse les archets propres à les couper, et on les relève aussitôt. Le mouvement du piston recommence jusqu'à ce qu'il soit arrivé au bout de sa course.

L'appareil à moulage est porté sur deux roues glissant sur un rail, afin de faciliter son mouvement de déplacement, quand il s'agit de le rapprocher ou de l'éloigner de la table qui porte les rouleaux.

Toutes les pièces moulées sont successivement enlevées par des enfants qui les soulèvent, en introduisant à l'intérieur de ces tuyaux, des baguettes de bois, au nombre de trois ou quatre, portées sur un même manche, et qui forment une sorte de râtelier (*fig.* 510 et 511).

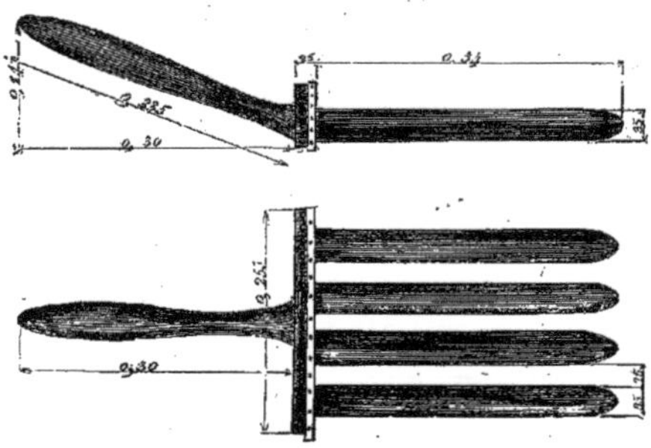

Fig. 510, 511. — Élévation et plan d'un râtelier pour l'enlèvement des tuyaux frais.

Les tuyaux sont déposés, en cet état, sur des rayons, qu'on transporte au séchoir dès qu'ils sont remplis.

Pour nettoyer la machine que nous venons de décrire, on se sert d'une curette que représentent les figures 512 et 513.

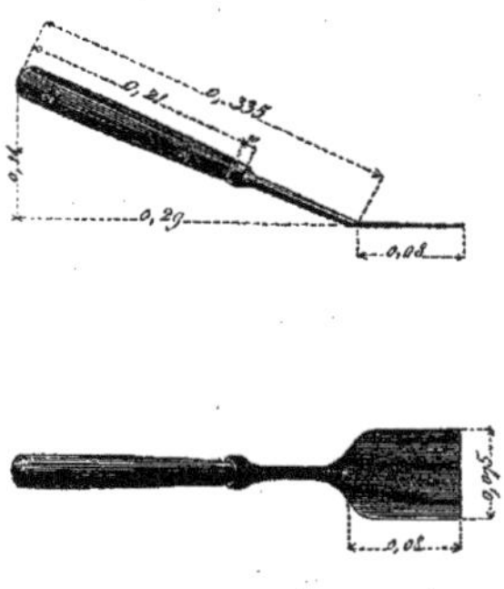

Fig. 512, 513. — Curette vue de côté et en élévation.

Avant de décrire le séchoir et de parler de la cuisson des tuyaux, il est nécessaire de dire quelques mots de la fabrication, par la même machine, des *colliers* de raccordement.

Pour préparer les colliers, on commence par mouler des tuyaux à peu près de la longueur ordinaire et d'un diamètre convenable. On les laisse sécher en partie et on les roule sur une planche de bois qui est garnie de deux lames d'acier faisant saillie (*fig.* 514)

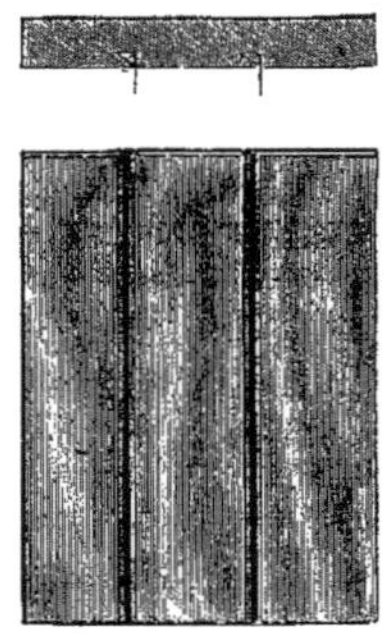

Fig. 514. — Planche à couper les colliers.

et qui sont espacées entre elles de la longueur que l'on veut donner au collier. Le tuyau se trouve ainsi divisé en tronçons, qui n'ont entre eux qu'une assez faible adhérence. On les sèche et on les cuit comme les autres. Après le défournement, il suffit d'un coup sec, donné au point de séparation, pour détacher les tronçons du tuyau et obtenir les colliers.

Les ouvertures circulaires que doivent présenter les tuyaux destinés à former les raccordements, sont exécutées à la main, sur les tuyaux à moitié desséchés, par des enfants munis d'un patron et d'un petit couteau avec lequel ils découpent la terre argileuse.

La machine que nous venons de décrire, confectionne à la fois quatre tuyaux de $0^m,025$ de diamètre, et peut donner 9,000 tuyaux en dix-huit heures de travail. Mais avec cet appareil, on perd tout le temps nécessaire pour reculer le couvercle, remplir la caisse, la refermer et enlever les bavures. Pour supprimer, ou au moins pour réduire ce temps d'arrêt, on a imaginé de construire une machine du même système, mais munie de deux caisses et de deux pistons. Quand un des pistons est parvenu au bout de sa course, les ouvriers font tourner la manivelle en sens inverse : le premier piston rétrograde, et l'autre agit sur la terre contenue dans la seconde caisse. Pendant ce temps, l'ouvrier qui doit alimenter la machine recule le couvercle de la caisse vide, et à mesure que le piston rétrograde, jette de la terre dans la caisse, qui se trouve pleine quand ce même piston est revenu à son point de départ, et que le piston qui a travaillé est arrivé au bout de sa course. On referme le coffre, et le travail recommence. Avec cette machine, on peut fabriquer 12,086 tuyaux par jour.

Si la terre qu'on emploie n'a pas besoin d'être épurée, le moulage de 1,000 tuyaux reviendra à 70 centimes ; si la terre est impure et qu'on procède à l'épuration avec les deux caisses à la fois, la main-d'œuvre reviendra à 1f,20 pour 1,000 tuyaux ; si on fait des tuyaux d'un côté et qu'on épure la terre de l'autre, la main-d'œuvre sera de 1f,14 pour le même nombre de tuyaux.

La machine que nous venons de décrire est excellente, quand on ne veut faire annuellement qu'une faible quantité de tuyaux. Mais quand on veut en fabriquer un nombre considérable, il est bon d'employer la *machine de Clayton*, dont la construction est ingénieuse, la marche régulière, le travail excellent et économique. Elle est disposée de manière à produire l'épuration des terres, en même temps qu'à fabriquer les tuyaux.

Cette machine se compose de deux cylindres en fonte, qui reçoivent la terre et servent alternativement au travail. Ils sont ouverts par les deux bouts et reliés à un arbre vertical, autour duquel ils peuvent tourner. De plus une pédale sur laquelle s'appuie cet arbre, permet de les soulever séparément.

La tige du piston qui presse la terre est reliée en haut, à une pièce de fer, munie de branches verticales qui se terminent inférieurement en crémaillères, sur lesquelles agissent des pignons auxquels le mouvement de la manivelle est transmis par un système de roues dentées. La face antérieure de la caisse en fonte reçoit le moule, et la table recouverte de toiles sans fin portées par des rouleaux en bois sert à supporter les tuyaux que les archets coupent à la longueur voulue.

Voici comment fonctionne cet appareil. Tandis qu'un ouvrier fait descendre le piston dans le cylindre, pour comprimer la pâte, un autre ouvrier remplit le cylindre avec de l'argile qu'il tasse fortement. Quand le piston est arrivé au bas de sa course, on découvre une petite ouverture, pour permettre à l'air de rentrer dans le cylindre; puis quatre tours de manivelle suffisent pour ramener le piston au haut de sa course. Cela fait, l'ouvrier qui se tient à l'arrière, agissant successivement sur les pédales, amène le premier cylindre sur une table, dans une position analogue à celle qu'occupait le second cylindre, et poussant ce dernier cylindre au-dessus de la plaque d'assise, le laisse descendre et l'y assujettit à la place du premier. Pendant qu'on fait de nouveau descendre le piston, l'ouvrier remplit le cylindre qu'il substituera tout à l'heure, de la même manière, au cylindre précédent quand celui-ci sera vide. Des aides manœuvrent l'appareil à couper les tuyaux, les enlèvent et les transportent au séchoir. Le travail marche presque sans interruption.

Avec cet appareil on peut faire 14,280 tuyaux en dix heures de travail.

Cette machine jouit d'un autre avantage précieux pour l'épuration des terres et la fabrication des tuyaux d'un diamètre assez considérable, c'est qu'on peut la faire travailler verticalement.

Un ouvrier se tient assis près de la machine, pour recevoir les tuyaux. Au moment où les tuyaux commencent à sortir, il y introduit un mandrin, et le laisse descendre jusqu'à ce que la poignée repose sur la plaque, et quand ils touchent au rebord de cet appareil, on les coupe avec un fil de laiton. Les tuyaux de $0^m,06$ et $0^m,08$ de diamètre seuls sont fabriqués verticalement.

Les *machines à action continue* ne peuvent

se répandre autant que celles dont nous venons de parler, parce qu'elles ne pourraient pas travailler avec toute espèce de terre. Cette classe de machines comprend trois types principaux, dont nous donnerons successivement des exemples.

La *machine d'Ainslie* est la première qui ait été importée en France. Elle se compose de deux cylindres en fonte, placés horizontalement l'un au-dessus de l'autre, auxquels on peut imprimer, à l'aide d'un système convenable d'engrenages, un mouvement de rotation en sens contraire.

L'argile déposée sur une toile sans fin légèrement inclinée, est entraînée par le laminoir, et conduite dans une boîte carrée, qui porte la filière. Cette boîte est bientôt remplie. A mesure qu'une nouvelle quantité de terre y arrive, une égale quantité en sort, et se moule en tuyaux en passant par la filière. Comme dans les machines précédemment décrites ces tuyaux glissent sur une toile sans fin, soutenue par des rouleaux en bois très-mobiles ; on les coupe à la longueur voulue et on les porte au séchoir.

Dans le deuxième type de ces machines l'argile est poussée à travers le moule par un malaxeur qui triture en même temps la terre. Un modèle de ce genre nous est offert par la *machine de Franklin*, qui peut être considérée comme offrant une réalisation assez heureuse des principes dont MM. Murruy et Etheridge avaient tenté l'application. Elle a été introduite d'Angleterre en France, par M. Mergez.

On jette la terre dans la partie supérieure du cylindre, où elle est d'abord broyée par des couteaux. Un piston la force ensuite à descendre, et à passer, sous forme de tuyaux, par la seule issue qui lui soit ouverte, c'est-à-dire par les filières. Glissant sur les rouleaux de la table sans fin, les tuyaux sont coupés à la longueur voulue, par des fils de fer tendus sur des arcs. Le système est mis en mouvement par des chevaux attelés aux extrémités des brancards. Il paraît qu'on peut faire avec cette machine 10,000 à 12,000 tuyaux par jour. Elle coûte de 800 à 1,000 fr.

Le troisième type dans lequel des vis sans fin exercent sur la terre la pression nécessaire pour lui faire prendre la forme désirée est représentée par la machine remarquable, mais compliquée, que MM. Randell et Saunders avaient envoyée à l'Exposition universelle de Londres, en 1851. Nous ne ferons qu'en donner ici un rapide aperçu.

La terre est mise dans une trémie qui surmonte la caisse de la machine. Elle descend dans cette caisse, sur les parois de laquelle deux filets de vis courant l'un à droite et l'autre à gauche, s'adaptent exactement. Charriée en avant par l'action combinée de ces vis, la terre passe enfin au travers du moule, sur une toile sans fin tendue sur des rouleaux, qui tournent sous la pression même de l'argile. Les tuyaux sont coupés spontanément, c'est-à-dire sans l'intervention de la main, par un appareil très-compliqué.

Cette machine convient surtout dans les circonstances qui permettent d'employer la vapeur comme force motrice, et dans une grande fabrique. Quand elle fonctionne avec une force de deux chevaux, elle produit 1,800 tuyaux de $0^{m},05$ de diamètre par heure. Elle coûte près de 1,000 francs en Angleterre. Elle a été importée en Belgique et en France.

Comme toutes ces machines ne sont qu'à l'usage des fabricants, il serait inutile d'en donner les figures détaillées.

Nous terminerons cette rapide excursion dans le domaine des machines à étirer les tuyaux, par la description du plus simple et du plus économique de ces appareils. Il a été inventé par M. Kielmann, directeur de l'École agricole de Kassenfelde, dans la province de Brandebourg (Prusse). Cette machine fut arrêtée longtemps par la douane française, qui demandait des droits exorbitants. C'est M. Barral qui, averti officieusement et après avoir payé tout ce qu'on lui demandait, put la retirer et la faire connaître. Nous emprunterons à ce savant agronome la description de la machine dite *à 40 francs* qu'il a légèrement modifiée.

« Qu'on imagine, dit M. Barral, une simple caisse en bois divisée en deux compartiments. Dans le compartiment d'arrière s'élève un montant vertical traversé par deux barres boulonnées à une extrémité et serrées à l'autre extrémité par des écrous. La caisse est ainsi fixée sur le bâti qui doit la supporter. Nous plaçons simplement ce bâti par terre et nous attachons par une corde le montant d'arrière à un arbre, à un pieu, à un pilier. Le compartiment d'avant est le réservoir à glaise, présentant sur la face antérieure un orifice dans lequel on assujettit la filière voulue avec un simple boulon, à un piston de bois dont la tige est articulée avec un levier dont l'extrémité tourne autour d'un axe fixé en haut du montant d'arrière et doit exercer la pression nécessaire. Lorsque la caisse est pleine d'argile, on enfonce le piston en appuyant à l'autre extrémité du levier, et les tuyaux sortent moulés sur une table garnie de rouleaux. On relève le piston, on le fait sortir de la boîte, on tasse de nouveau l'argile, on replace le piston à l'orifice de la boîte, on appuie de nouveau sur le levier, et ainsi de suite. Lorsque la file de tuyaux est arrivée au bout de la table, on abat un châssis qui tient tendus des fils de laiton, et on la coupe en bouts de la longueur usuelle (1). »

Cette machine, dont une expérience de quelque durée pourra seule établir l'utilité, est peut-être destinée à former le véritable outil du petit draineur.

Séchage des tuyaux. — Le séchage des tuyaux, se fait généralement sous des hangars couverts. On dispose les tuyaux à plat, les uns à côté des autres, sur des étagères, s'ils ne sont pas d'un trop grand diamètre. Mais s'ils atteignent par exemple le diamètre de 8 centimètres, il vaut mieux les sécher debout, de crainte des déformations.

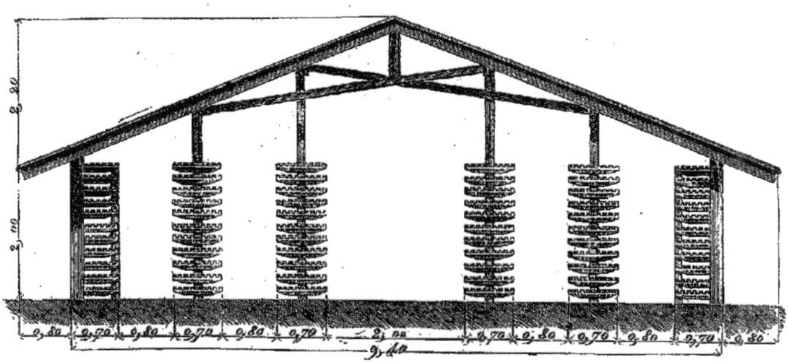

Fig. 515. — Coupe en travers d'un séchoir à tuyaux.

Les figures 515 et 516 représentent un séchoir établi d'après le système de M. Mangon. La charpente se compose de planches réunies par des voliges recouvertes de papier goudronné. Un hangar ainsi construit ne revient pas à plus de 4 à 5 francs le mètre carré, et dure une douzaine d'années.

Les étagères sont disposées sous ce hangar, de manière à laisser entre elles un passage suffisant pour le transport des tuyaux. Au milieu se trouve ménagée une large travée, dans laquelle on fabrique les tuyaux. On fait avancer la machine au fur et à mesure du remplissage des étagères, pour que le transport des tuyaux fraîchement moulés, soit le moindre possible.

Les étagères qui sont placées sous ce hangar pour recevoir les tuyaux sont représentées à part (*fig.* 517, 518). Les pièces verticales qui supportent les traverses horizontales sont enfoncées dans le sol de manière à donner au système une stabilité suffisante. On les

(1) *Drainage des terres arables*, t. I, p. 309.

Fig. 516. — Élévation latérale d'une portion de séchoir à tuyaux.

place à une distance de 1^m,50 à 3 mètres les unes des autres.

Les séchoirs doivent être protégés du côté du vent par des nattes de paille ou des toiles,

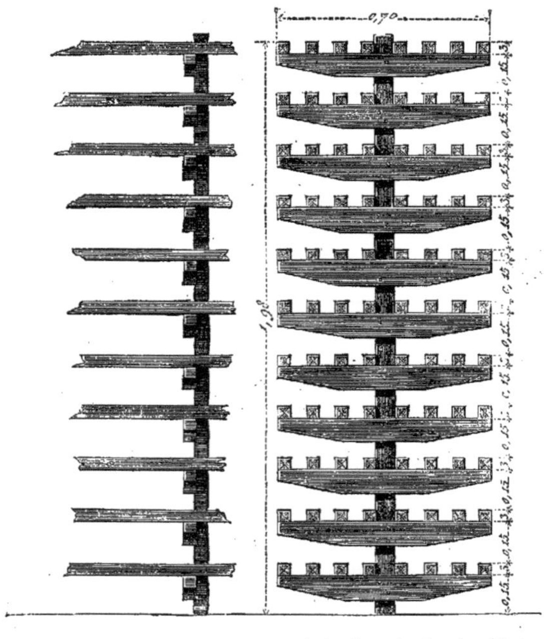

Fig. 517, 518. — Vue de face et vue latérale d'une étagère de séchoir.

que l'on déplace suivant le besoin et l'état d'avancement de la dessiccation.

Pendant le séchage, on doit retourner de temps en temps les tuyaux, en les changeant de place.

Pour une fabrication peu importante ou momentanée, on peut sécher très-économiquement en employant de simples claies en bois blanc.

On met deux rangées de petits tuyaux à

plat sur les claies, et on place celles-ci les unes au-dessus des autres. On recouvre chaque pile de claies avec une petite toiture en planches. M. Leclerc nous dit qu'en Belgique, en employant ce procédé, on peut, avec une somme inférieure à 250 francs, établir des claies et des toitures en nombre suffisant pour recevoir et abriter 10,000 tuyaux du plus petit calibre.

La durée du temps nécessaire au séchage varie avec l'état de l'atmosphère. Tantôt il faut attendre cinq jours pour cuire les tuyaux, tantôt on peut les cuire le lendemain même du moulage.

Il est une opération très-importante à exécuter pendant le séchage des tuyaux : c'est le *roulage*, que l'on fait à une certaine époque de la dessiccation. Les tuyaux doivent, en effet, être roulés, pour les rendre plus denses, en polir l'intérieur, et leur rendre la forme circulaire, qu'une cause quelconque a pu leur faire perdre plus ou moins. Cette opération régularise la forme des tuyaux, en faisant disparaître les déformations qui se sont produites pendant le séchage.

On roule les tuyaux quand ils ne sont pas encore assez secs pour se crevasser sous l'action du rouleau, ni encore assez humides pour se déformer de nouveau. Ce moment délicat à saisir exige beaucoup de tact et d'habitude de la part de l'ouvrier chargé de cette partie du travail.

Voici, d'ailleurs, comment on y procède. Quand les tuyaux paraissent arrivés au degré de dessiccation voulu, on les roule, un à un, sur une pierre plate. Pour n'avoir pas à transporter une masse aussi embarrassante, on fait voyager la pierre en la plaçant sur une brouette, que l'on transporte successivement dans les diverses parties du séchoir. La

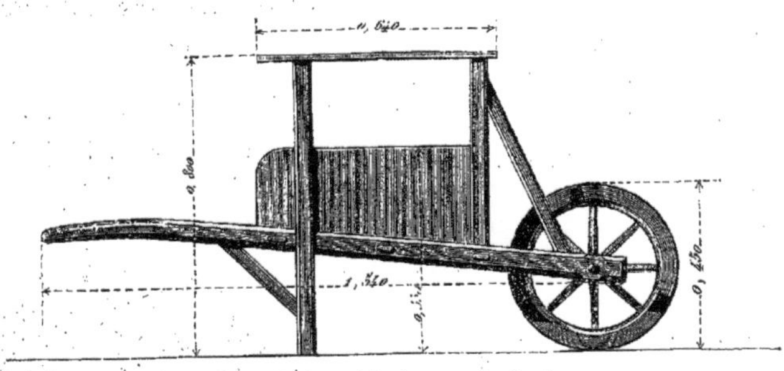

Fig. 519. — Table mobile pour rouler les tuyaux.

figure 519 montre comment la pierre plate est posée sur la brouette.

Quant aux petits tuyaux, on se contente de les rouler entre la pierre dont on vient de parler et une planche rectangulaire, à peu près de même dimension, garnie de deux poignées sur sa face supérieure.

On procède autrement pour les tuyaux d'un plus gros calibre. On fait entrer librement un cylindre en bois (*fig.* 520), et on les roule sur la pierre plate, en saisissant avec les deux mains les extrémités du cylindre en bois qui dépassent le tuyau de terre.

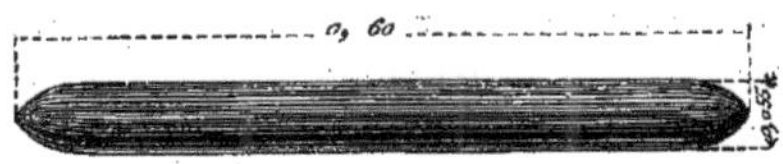

Fig. 520. — Cylindre pour le roulage des gros tuyaux.

Cette opération du roulage est indispensable, nous le répétons, pour obtenir des tuyaux de forme très-régulière.

Cuisson des tuyaux. — Nous arrivons enfin au terme de la fabrication des tuyaux, c'est-à-dire à leur cuisson. On sait que la cuisson d'une poterie détermine la combinaison chimique des diverses substances qui sont seulement mélangées dans la pâte. Sous l'influence de la chaleur, il se forme des combinaisons nouvelles, sur lesquelles les agents atmosphériques et l'eau n'ont plus d'action. Les éléments essentiels des poteries sont l'acide silicique et l'alumine ; secondairement, et en petite proportion, l'oxyde de fer, la magnésie, la potasse, la soude et l'oxyde de manganèse. L'acide silicique et l'alumine se combinent, sous l'influence de la chaleur, et le silicate d'alumine, dur, infusible, ne se désagrégeant pas au sein des liquides, constitue nos poteries ordinaires. La même chose se passe dans la cuisson des tuyaux.

Le degré de la cuisson exerce une grande influence sur la qualité des tuyaux de drainage. Quand ils ne sont pas assez cuits, ils restent tendres, terreux, sans sonorité, se délitent, s'effritent et se désagrégent par l'action de l'eau. Si, au contraire, le feu a été trop longtemps soutenu, la pâte se calcine, se vitrifie, et peut même entrer en fusion. La chaleur la plus convenable pour la cuisson des tuyaux, varie du rouge sombre à un rouge très-vif. Nous avons déjà dit que, quand ils sont bien cuits, les tuyaux doivent rendre un son clair, si on les frappe l'un contre l'autre.

Les fours ordinaires des tuiliers pourraient servir à la cuisson des tuyaux de drainage ; mais elle se fait généralement dans des fours en maçonnerie. On cuit les tuyaux au bois, à la tourbe, ou au charbon de terre. On règle la capacité des fours d'après le nombre des tuyaux que l'on veut y mettre, en comptant qu'il entre environ 1,200 tuyaux de $0^{m},025$ de diamètre par mètre cube. Il est des fours à briques en usage chez les tuiliers et les briquetiers, qui sont excellents pour la cuisson des tuyaux. Tel est le four de Saint-Meuge (Vosges), décrit par M. Brongniart dans son *Traité des arts céramiques*. Les tuyaux sont placés verticalement sur des voûtes faites en briques qui forment berceau au-dessus des foyers et laissent des interstices pour la circulation de la flamme. Une voûte qui recouvre le four supporte au milieu la cheminée.

Les fabricants de tuyaux de drainage emploient généralement des fours à coupole.

Les figures 521 et 522 données par M. Mangon dans ses *Instructions pratiques* représentent le four dont il s'agit. On ne voit pas sur ces figures les carneaux construits dans le prolongement des alandiers, ni le parquet en briques placé au-dessus des carneaux qui composent les conduits de la flamme,

Fig. 521. — Coupe en travers du four à coupole.

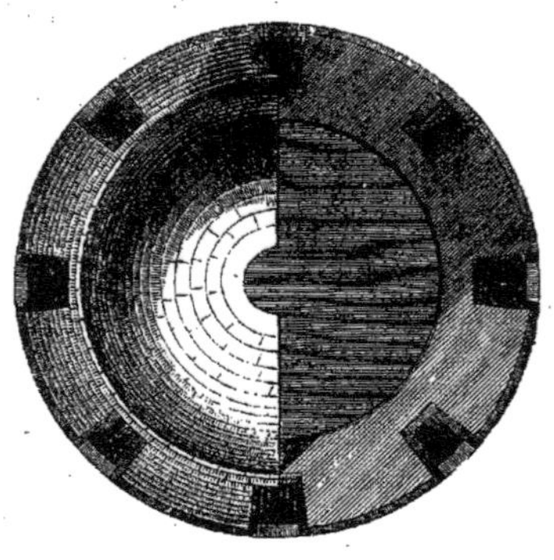

Fig. 522. — Plan et coupe horizontale d'un four à coupole.

parquet sur lequel on place ces tuyaux. Ces détails ne diffèrent pas des parties analogues des fours à tuiles ordinaires, dont tous les ouvriers briquetiers connaissent parfaitement la disposition.

Ce fourneau est en briques communes, garni intérieurement d'argile réfractaire. Quelques fourneaux sont même entièrement en terre et construits d'une manière analogue aux ouvrages en pisé.

On place le combustible sur les grilles des *alandiers* disposés à la circonférence du four. Des conduits pratiqués dans le prolongement des alandiers, conduisent les gaz résultant de la combustion, sous un parquet de briques sèches disposées en échiquier. C'est sur ce parquet qu'on place les tuyaux verticalement les uns au-dessus des autres.

On peut cuire à la fois, dit M. Mangon, dans un four de cette espèce, 30 à 35,000 tuyaux de $0^m,045$ de diamètre extérieur, disposés verticalement les uns au-dessus des autres. La cuisson dure trente-trois à trente-quatre heures, et consomme 3 à 4 tonnes environ de houille de qualité moyenne.

On défourne vingt-quatre ou trente-six heures après l'extinction du feu, en démolissant la cloison légère établie, après l'enfournement, dans la porte ménagée dans la paroi du four.

Deux fours semblables au précédent suffisent pour cuire le produit de la fabrication d'un bon tonneau broyeur et de deux machines analogues à celle qui est représentée par les figures 506 et 507.

En supprimant les grilles et en modifiant légèrement la forme des alandiers, on peut employer dans le four précédent du bois ou des fagots, au lieu de houille.

M. Barbier avait envoyé à l'Exposition universelle de 1855, le modèle d'une fabrique de tuyaux pouvant livrer chaque jour 10,000 tuyaux.

Le système de cuisson des tuyaux de M. Barbier, dit M. Barral, est fondé sur l'emploi d'un foyer mobile qui porte successivement la chaleur dans toutes les parties de la masse à cuire et sur l'action continue des gaz qui traversent les produits sur une grande longueur, et dont la température décroît à mesure qu'ils s'éloignent du foyer. Ces gaz cuisent ainsi les tuyaux en même temps qu'ils essament et préparent les autres progressivement. Il se prête à une grande variété de plans, selon les exigences de l'emplacement de la matière à cuire et du combustible disponible. Il a pour type, quel que soit le plan qu'on adopte, deux canaux horizontaux et parallèles dont l'un forme le four, l'autre une cheminée. Il consiste en une série continue de laboratoires à petite section, disposés à la suite les uns des autres, selon une directrice horizontale, ayant chacun une embouchure destinée à recevoir la tuyère du foyer, et communiquant d'une part entre eux, et d'autre part avec une cheminée horizontale qui leur est adossée et qui communique à son tour avec une ou plusieurs cheminées verticales. Il est surmonté d'un séchoir qui utilise toute la chaleur rayonnée par les parois. L'axe général de tirage est horizontal. Le foyer construit à volonté pour le bois, la tourbe ou la houille vient se présenter successivement devant chaque laboratoire, y séjourne le temps nécessaire pour cuire les produits qu'il contient et fait ainsi d'une manière continue le tour de l'appareil. Il est monté sur un double système de railways superposés : le système supérieur permet de l'engrener et de le désengrener; le système inférieur lui fait accomplir sa rotation autour du four (1). »

Réduire à ses dernières limites la dépense du combustible, graduer avec précision l'échauffement et le refroidissement des produits; cuire uniformément les tuyaux, en les soumettant presque isolément à l'action des gaz; opérer le moulage et le séchage en tout temps et en toute saison; obtenir par une action continue une production considérable et économique : tel est le problème que semble avoir résolu M. Barbier avec l'appareil ci-dessus décrit. Un four construit à Troyes, dans ce système, mais d'une manière provisoire, cuit 5,000 tuyaux de drainage par vingt-quatre heures et a coûté 350 francs.

Nous indiquerons enfin le mode de construction d'un four économique, dit *four de campagne* qui peut contenir 30,000 tuyaux de petit calibre, qui ne coûte à établir qu'environ

(1) *Drainage des terres arables*, t. 1, p. 403.

150 francs, et peut servir pendant plusieurs campagnes, si l'on a soin de le garnir de fagots ou de litière, pour le protéger contre les pluies et les gelées de l'hiver.

Pour construire un de ces fours, on fait autour de l'emplacement qu'il doit occuper, une tranchée de 1^m,20 de largeur et autant de profondeur. La terre déblayée sert à construire les parois du four dont le dessus demeure ouvert. Il y a quatre foyers qui débouchent dans la tranchée et dont la construction nécessite environ douze cents briques ordinaires. Dans le cas où l'on veut cuire à la houille, il faut garnir les alandiers de grilles de fer.

Fig. 523. — Coupe et élévation du four de campagne en terre.

Les figures 523 et 524, en coupe et en élévation, représentent ce four de campagne.

Ce four est circulaire, il a 3^m,30 de diamètre et 2^m,15 de hauteur environ. La terre qui forme les murs, peut être prise dans une tranchée de 1^m,20 ouverte au pied du fourneau, et dans laquelle débouchent les alandiers, au nombre de trois quand on consomme du bois, et de quatre, si l'on employait de la houille. Il entre environ 1,200 briques dans la construction de ces parties du fourneau.

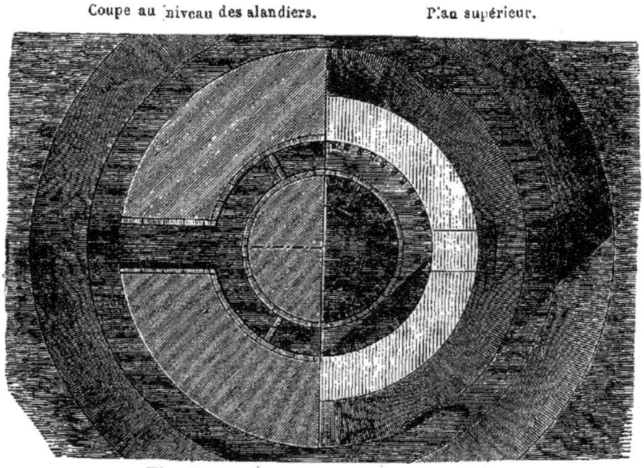

Fig. 524. — Four de campagne en terre.

Le four précédent donne une cuisson moins égale que le four à coupole. Les tuyaux placés à la partie supérieure doivent toujours être passés au feu une seconde fois.

M. Mangon fait encore connaître les détails d'un petit four qu'il recommande comme très-commode et très-économique.

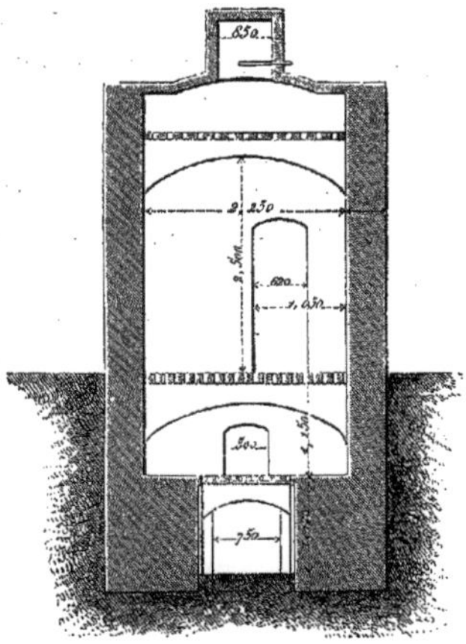

Fig. 525. — Coupe d'un four à tuyaux.

Les figures 525, 526, 527 donnent les détails de construction de ce petit four. Ces

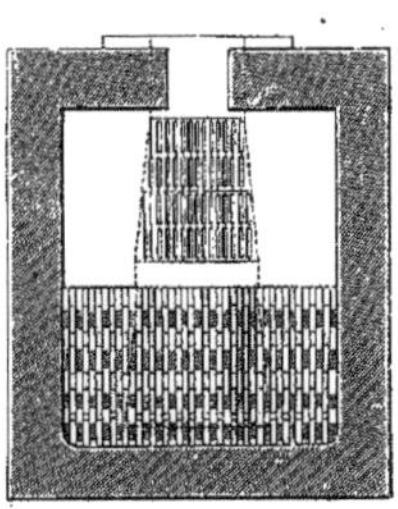

Fig. 527. — Plan suivant les lignes *ab*, *cd*, de la figure 526.

figures n'exigent aucune explication particulière.

Ordinairement, on réunit deux, ou mieux quatre fours semblables, autour d'une même cheminée.

Dans ce dernier cas, il y en a toujours deux en feu pendant que l'on charge, que l'on décharge ou que l'on répare les deux autres. Un seul chauffeur à la fois suffit pour les diriger.

Chacun de ces fours peut contenir 8 à 12,000 tuyaux. La consommation en com-

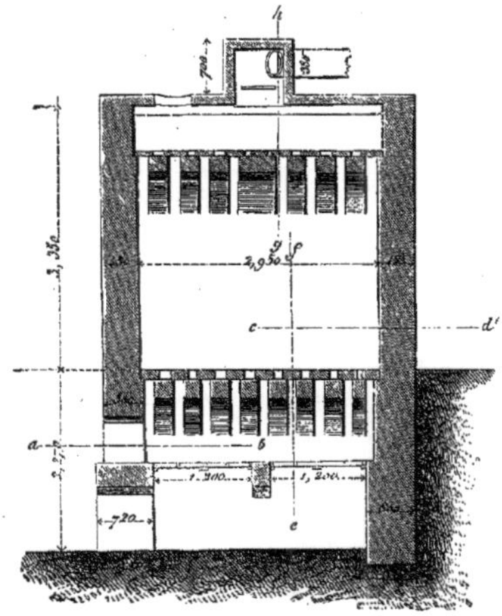

Fig. 526. — Coupe longitudinale d'un four à tuyaux.

bustible, par mètre de tuyaux cuits, n'est que peu supérieure à celle des fours à coupole. Mais ceux-ci sont plus faciles à conduire et donnent, à soins égaux, une cuisson plus régulière.

CHAPITRE IX

CONCLUSION.

Nous venons d'exposer aussi complétement que nous l'avons pu les procédés d'exécution de la méthode moderne d'assainissement des terres. Le moment est venu de porter un jugement motivé sur cette intéressante invention de notre siècle.

Le drainage avait peut-être été trop vanté à l'époque de son introduction en France, c'est-à-dire vers 1856. Les espérances conçues à cette époque, ne se sont pas, tant s'en faut, réalisées. Les sommes offertes par le gouvernement pour les travaux d'assainissement, sont restées à peu près sans emploi, faute de demandes. Mais les propriétaires ont mis cette méthode à exécution à leurs frais, sur d'assez grandes étendues de terrain, et l'expérience générale qui a été faite dans notre pays, est venue fixer les opinions à cet égard.

Il en a été du drainage, comme de beaucoup d'innovations, que l'on a voulu à tort généraliser avant d'en avoir bien apprécié les effets dans tous les pays. Le drainage est une admirable méthode pour assainir les terres humides, dont le sous-sol, trop compacte, retient les eaux et les laisse séjourner trop longtemps dans la couche de terre arable. Mais en ce qui concerne notre pays, un fait domine toute la question. C'est qu'une grande partie du sol de la France, loin d'avoir besoin d'être drainée, ou assainie, n'a pas l'humidité suffisante, se dessèche en peu de jours, et demanderait des pluies fréquentes, qui lui manquent trop souvent, surtout dans nos régions méridionales, où des sécheresses de plusieurs mois consécutifs sont un fait très-ordinaire.

Hors le cas particulier où la terre végétale repose immédiatement sur un fond d'argile, le sous-sol de nos terres arables constitue presque partout un drainage naturel excellent. La craie, les sables siliceux, les roches calcaires, plus ou moins divisées et fendillées, qui forment la plus grande partie du sous-sol de la France, sont d'excellents conducteurs des eaux pluviales, et se laissent pénétrer sans difficulté par ces eaux.

Le propriétaire français, surtout dans nos départements du Midi, devra donc agir avec prudence, et ne pas céder à un entraînement irréfléchi. Il évitera de faire des frais inutiles sur des terres naturellement saines, ou même trop promptes à se dessécher. Sans doute le drainage, comme on l'a dit, ne peut jamais nuire ; si les terres ne renferment pas d'humidité surabondante, il arrivera tout simplement qu'aucun écoulement n'aura lieu par les tuyaux des drains ; mais une dépense de 200 francs par hectare, ne doit pas être faite légèrement, et sans qu'il soit démontré qu'elle est vraiment nécessaire à l'amélioration des fonds.

FIN DU DRAINAGE.

LA PISCICULTURE

Si quelques personnes pouvaient mettre en doute les transformations prodigieuses que l'application des découvertes scientifiques réserve à l'avenir des sociétés, il suffirait, pour rectifier leur opinion sur ce point, de mettre sous leurs yeux les résultats de l'industrie nouvelle, désignée sous le nom, étrange et bien justifié, de *Pisciculture*. Provoquer la naissance, le développement et l'entretien de myriades de poissons alimentaires, repeupler les eaux de nos rivières et de nos fleuves, jeter dans ces cours d'eau, dans les lacs salés et jusque dans les mers, une semence animale, comme le laboureur répand le grain sur la terre féconde, et de nos propres mains distribuer la vie, comme le Prométhée antique; créer ainsi une branche nouvelle du revenu public, mais surtout offrir à l'alimentation des ressources jusqu'à ce moment imprévues, en apportant sur nos marchés un aliment substantiel et sain, qui, exploité avec le temps sur une échelle convenable, pourra venir efficacement en aide à la subsistance des classes laborieuses : tel est le but de cette admirable industrie.

Lorsqu'en 1848 un de nos plus savants naturalistes, M. de Quatrefages, dans une lettre adressée à l'Académie des sciences de Paris, vint rappeler que la science possédait depuis longtemps les moyens de provoquer l'éclosion artificielle des poissons dans le sein des eaux, cette assertion ne trouva qu'incrédulité. Aujourd'hui, grâce à la persévérance de nos savants et au concours de l'État, la pisciculture, tant fluviatile que maritime, constitue une industrie en pleine exploitation, et ses résultats ont de quoi étonner ceux-là mêmes qui, au début, avaient le mieux auguré de ses succès.

Nous disons que l'art de faire naître et de multiplier à volonté les poissons de rivière, était connu depuis de longues années. En effet, les Chinois avaient fait usage de moyens artificiels permettant d'atteindre ce résultat. Par le prodigieux degré de perfection apporté à leurs viviers, les Romains s'étaient presque approchés de cet art. En Italie, la multiplication artificielle des poissons de l'Adriatique était réalisée depuis des siècles dans la lagune de Comacchio, près de Venise, et celle des huîtres se pratiquait dans le lac Fusaro, aux environs de Naples, depuis un temps assez reculé. Bien plus, la pisciculture avait été mise en pratique, au quinzième siècle, par un moine nommé dom Pinchon. Des procédés tout semblables à ceux de dom Pinchon furent minutieusement décrits, au dix-huitième siècle, par un naturaliste allemand, nommé Jacobi. Cette méthode avait été consignée par lui dans divers recueils académiques.

Cependant, en dépit de tant de travaux, la fécondation artificielle des poissons était demeurée jusqu'à nos jours inconnue, ou du moins singulièrement délaissée du monde savant. Aussi la surprise fut-elle grande lorsqu'on apprit, en 1848, que dans une des vallées les plus reculées des Vosges, deux simples pêcheurs avaient découvert, après de longues années d'expériences et de patients efforts, un procédé certain et facile pour multiplier à volonté, au milieu des eaux, quelques espèces de poissons de rivière.

La connaissance de ce fait produisit en France une vive impression, et nos savants, piqués au jeu, s'empressèrent d'aborder l'étude approfondie de la fécondation artificielle. M. Coste, qui occupait au Collége de France la place de professeur d'embryogénie, était, pour ainsi dire, naturellement désigné pour ce genre d'études. Ce naturaliste éminent se montra à la hauteur de ce que l'on attendait de ses talents et de son activité. Il se dévoua, avec un zèle sans bornes, au perfectionnement de la méthode nouvelle. On peut dire que M. Coste créa presque tout dans cet art à peine dans son enfance, et que c'est aux efforts du professeur du Collége de France que la société moderne a dû l'une des plus brillantes conquêtes de la science et de l'art sur la nature obéissante.

Ce tableau sommaire ne contient que les traits épars de l'origine, de la découverte et des perfectionnements de la pisciculture. Nous allons traiter, avec quelques détails, cette intéressante question, en examinant d'abord l'état de la pisciculture chez les Chinois, chez les Romains et dans les temps modernes ; en passant ensuite en revue les progrès faits au siècle dernier, et surtout dans notre siècle, par la pisciculture. Dans une série d'autres chapitres, nous ferons connaître les procédés qui sont aujourd'hui employés, pour appliquer, avec le plus d'avantages possible, la méthode de fécondation artificielle à la multiplication des poissons ou des mollusques, tant dans les eaux douces que dans l'eau de la mer.

CHAPITRE PREMIER

LA PISCICULTURE CHEZ LES CHINOIS. — LES ROMAINS N'ONT PAS CONNU LA PISCICULTURE, MAIS ILS ONT PORTÉ A UN DEGRÉ EXTRAORDINAIRE DE PERFECTION LES MÉTHODES POUR L'ÉLEVAGE DES POISSONS DANS LES VIVIERS.

Les premiers essais de fécondation artificielle, ou pour mieux dire les *frayères artificielles*, sont dus aux Chinois. Bien que l'on manque de données positives sur l'époque à laquelle les Chinois commencèrent ces pratiques, il est présumable qu'elles remontent à une très-haute antiquité.

Voici comment on opère en Chine, d'après les missionnaires qui ont les premiers décrit les usages et les mœurs des habitants de ce mystérieux empire. A l'époque de la remonte, une multitude innombrable de saumons, de truites et d'esturgeons, affluent dans la rivière du *Kiang-si* et dans les autres fleuves, et même jusque dans les fossés communiquant avec ces cours d'eau qu'on creuse au milieu des champs de riz. Alors les mandarins font placer dans les rivières et les fleuves, des perches, des planches, des claies, qui sont autant de *frayères artificielles*, sur lesquelles les poissons déposent leurs œufs. On récolte ces œufs, et on les livre au commerce ; ou bien on les transporte dans les eaux qu'on veut empoissonner.

Le P. Jean-Baptiste Duhalde, jésuite, a, le premier, donné quelques détails sur la manière dont se fait ce commerce chez les Chinois. Nous allons citer le passage du récit dans lequel ce véridique auteur rend compte des moyens employés dans le Céleste Empire, pour se procurer, à peu de frais et en abondance, une denrée qui entre pour une très-large part dans l'alimentation du peuple.

« Dans le grand fleuve *Yang-tse-Kiang*, dit le P. Duhalde, non loin de la ville *Kieou-King-fou*, de la province de Kiang-si, en certains temps de l'année, il s'assemble un nombre prodigieux de barques pour y acheter des semences de poisson. Vers le mois de mai, les gens du pays barrent le fleuve en différents endroits avec des nattes et des claies dans une étendue d'environ neuf ou dix lieues et

Fig. 528. — L'affranchi Pollion faisant jeter un esclave aux murènes de ses viviers.

laissent seulement autant d'espace qu'il faut pour le passage des barques; la semence du poisson s'arrête à ces claies; ils savent la distinguer à l'œil où d'autres personnes n'aperçoivent rien dans l'eau; ils puisent de cette eau mêlée de semence et en remplissent plusieurs vases pour la vendre, ce qui fait que dans ce temps-là, quantité de marchands viennent avec des barques pour l'acheter et la transporter dans diverses provinces, en ayant soin de l'agiter de temps en temps. Ils se relèvent les uns les autres pour cette opération. Cette eau se vend par mesures à tous ceux qui ont des viviers et des étangs domestiques. Au bout de quelques jours on aperçoit dans l'eau des semences semblables à de petits tas d'œufs de poisson, sans qu'on puisse encore démêler quelle est leur espèce; ce n'est qu'avec le temps qu'on la distingue. Le gain va souvent au centuple de la dépense, car le peuple se nourrit en grande partie de poissons. »

La pisciculture, telle que les Chinois l'ont pratiquée, consistait donc seulement dans la récolte des œufs sur des corps étrangers, c'est-à-dire dans les frayères artificielles, et dans le transport de ces œufs. Mais ces peuples ne connurent pas la fécondation artificielle proprement dite, qui est une découverte relativement moderne.

En fut-il de même chez les Romains ?

Les Romains avaient pour le poisson, une prédilection toute particulière. A Rome, le luxe des festins consistait en poissons; et ce luxe entraînait les dépenses les plus exorbitantes. Un certain Asturius Celer paya 8,000 sesterces un seul Muge. Calliodore vendit un de ses esclaves 13,000 écus, et de ce prix acheta un Barbeau du poids de quatre livres, afin de bien souper une fois en sa vie. Martial lui lança, à cette occasion, cette apostrophe indignée : « Misérable, ce n'est pas un poisson, c'est un homme, oui, c'est un homme que tu dévores. »

L'ichthyophagie était poussée à ce point de raffinement chez les Romains, qu'un convive, de peur de surprise, voulait voir vivant le poisson qu'il allait manger, quelques instants après, au festin qui lui était offert. Il se présentait donc chez son amphitryon, une heure avant le dîner, afin d'assister à la mort du Rouget (*Mullus barbatus*). On amenait le poisson, au moyen de petites rigoles pleines d'eau, jusque dans la salle du repas, et chacun voulait délecter ses yeux des ravissants changements de couleur que le Rouget présente au moment de son agonie, c'est-à-dire quand on le retire de l'eau.

On lit dans Sénèque :

« Le palais de nos gourmands est devenu si délicat, qu'ils ne peuvent goûter d'un poisson s'ils ne l'ont vu nager et palpiter au milieu du festin. On disait naguère : « Rien de plus beau qu'un Rouget de rocher ! » on dit aujourd'hui : « Rien de plus beau qu'un Rouget expirant. » Nul des convives n'assiste au chevet d'un ami mourant; la dernière heure d'un frère, d'un proche, est solitaire; mais on court, on s'empresse autour d'un Rouget expirant. »

L'Esturgeon, le Labrax, le Scare, la Murène, le Turbot, l'Alose, l'Anguille, la Dorade, firent successivement les délices des gourmets romains; leur goût culinaire était, d'ailleurs, fort exigeant. Un esturgeon pris dans le Tibre était tenu en souverain mépris ; il fallait le rapporter des affluents de la mer Noire. Un Labrax n'était estimé qu'autant qu'il avait été pêché dans les eaux du Tibre : les Turbots devaient venir d'Ancône, les Scares de la mer Carpathienne, les Dorades de Corinthe, les Lamproies du fond des mers de la Sicile. Quant au cuisinier qui préparait le poisson, il devait être un grand artiste. Selon Pline, il était évalué au prix d'un triomphe. Les sauces auxquelles on accommodait le poisson étaient fort chères : c'était l'*Alec*, que l'on préparait en faisant dissoudre lentement l'anchois dans la saumure jusqu'à le réduire en une masse boueuse à moitié putréfiée ; c'était le *Garum*, mot par lequel on désignait une saumure tirée exclusivement du maquereau d'Espagne (1). On préparait ces diverses sauces dans des vases d'argent, richement ciselés, ou dans des poissonnières d'or, incrustées de pierres précieuses.

Mais c'est surtout dans l'établissement et l'entretien de leurs viviers que les riches romains étalèrent un luxe effréné, et se livrèrent à des prodigalités inouïes. Licinius Muréna, Quintus Hortensius, Lucius Philippus, construisirent d'immenses bassins, où ils placèrent les espèces les plus recherchées. Lucullus, qui possédait à Tusculum, une délicieuse villa, avait fait creuser de larges tranchées, et de véritables canaux, qui conduisaient dans ses viviers l'eau de la mer. Des ruisseaux d'eau douce débouchant dans ces canaux, y entretenaient une eau pure et courante. Il arrivait dès lors que certaines espèces de poissons de mer, qui remontent les fleuves et les rivières à l'époque du frai, entraient dans ces canaux et y déposaient leur frai, provisions culinaires d'une richesse immense.

Ce n'est pas tout, au moment où les poissons captifs voulaient retourner à la mer, des vannes placées à l'entrée des canaux leur

(1) D'après Rondelet, naturaliste de la Renaissance, le *garum* était préparé, non avec le Maquereau, mais avec le Piccarel (*Sparus smaris*) que l'on range aujourd'hui dans la famille des Paroïdes.

fermaient le passage, et les poissons demeuraient captifs dans les viviers du riche patricien de Rome.

Ce même Lucullus, nouveau Xerxès (selon l'expression de Pompée, que Pline nous a conservée), fit pratiquer une tranchée dans toute l'épaisseur d'une montagne, aux environs de Pouzzoles, pour introduire l'eau de la mer dans ses viviers. Il retenait ainsi les poissons qui s'introduisaient dans cette anse artificielle, au moment du frai, et il s'assurait par conséquent toute la génération de ces phalanges captives.

Varron nous apprend que les patriciens romains divisaient leurs piscines en divers compartiments, où étaient parquées des espèces différentes de poissons. Ces espèces étaient apportées de distances quelquefois extraordinaires, de la Sicile, de la Grèce, de l'Espagne, et même de la Bretagne. Optatus Elipertius, commandant de la flotte de Claude, apporta de la mer Carpathienne une grande quantité de Scares, poissons jusqu'alors inconnus à Rome. Il les répandit le long des côtes de la Campanie, et pendant cinq ans, pour laisser à ces nouveaux et précieux habitants de la Méditerranée, le temps de multiplier, il fit surveiller les filets des pêcheurs, afin que les Scares qui s'y prendraient fussent rendus à la mer.

La nourriture des poissons qui peuplaient ces bassins, entraînait des frais immenses. D'après Varron, Hirrius dépensait un revenu de 12 millions de sesterces pour l'entretien de ses viviers.

Aux temps dégénérés de l'Empire, on vit faire de véritables folies à l'occasion des Murènes. On consacrait des sommes énormes à l'entretien des viviers qui renfermaient ces espèces d'Anguilles. Elles s'étaient tellement multipliées dans les piscines, que César, à l'occasion d'un de ses triomphes, distribua six mille Murènes à ses amis.

Licinius Crassus était célèbre à Rome, par la richesse de ses viviers de Murènes. Elles obéissaient, dit-on, à sa voix, et quand il les appelait, elles s'élançaient vers lui, pour recevoir de sa main leur nourriture. Ce même Licinius Crassus et Quintus Hortensius, autre riche patricien de Rome, pleuraient la perte de leurs Murènes, lorsqu'elles mouraient dans leurs viviers.

Personne n'ignore que, poussant jusqu'à la plus indigne cruauté le désir de satisfaire la passion d'une gourmandise raffinée, Vadius Pollion, riche affranchi romain, l'un des favoris d'Auguste, faisait jeter des esclaves dans son vivier, pour les faire servir à la nourriture des Murènes, d'après ce préjugé que les Murènes nourries de chair humaine étaient un mets divin.

Un jour, comme Pollion recevait à dîner l'empereur Auguste, un pauvre esclave qui le servait eut le malheur de briser un vase précieux. Aussitôt Pollion ordonna qu'on le jetât aux Murènes. Mais l'empereur donna la liberté à l'esclave; et pour manifester à Pollion l'indignation qu'il ressentait de sa conduite, il fit briser tous les vases précieux que le riche affranchi avait réunis dans sa maison.

Les folies qu'entraînait la passion des viviers chez les patriciens de Rome, ruinèrent des familles entières et appauvrirent les côtes de la Méditerranée, au point que Juvénal se plaignait qu'on ne donnât plus aux poissons de la mer Tyrrhénienne le temps de grandir.

Les soins extraordinaires que les riches et inutiles voluptueux de ce temps apportaient à la conservation et à la multiplication des poissons dans leurs viviers, ont-ils contribué en quelque chose à la découverte de la pisciculture? On l'a cru pendant quelque temps. Sur l'autorité d'un savant archéologue, M. Dureau de la Malle, on a dit que la fécondation artificielle était en usage chez les Romains, et que même ils avaient obtenu des métis de poissons. Mais quand on a relu avec attention le texte de Varron et de Columelle, on s'est assuré que rien n'indique que les Romains aient eu connaissance du procédé de la fécondation artificielle. Voici ce que dit Columelle dans son ouvrage :

« Les descendants de Romulus et de Numa, tout rustiques qu'ils étaient, avaient fort à cœur de se procurer dans leur métairie une sorte d'abondance, en tout genre, pareille à celle qui règne parmi les habitants de la ville ; aussi ne se contentaient-ils pas de peupler de poisson les viviers qu'ils avaient construits à cet effet, mais ils portaient la prévoyance jusqu'à remplir les lacs formés par la nature elle-même de la semence de poisson de mer qu'ils y jetaient. C'est ainsi que le lac Vélinus et le Sabatinus, aussi bien que le Vulsinensis et le Ciminus, ont fini par donner en abondance non-seulement des loups marins et des dorades, mais encore de toutes les autres espèces de poissons qui ont pu s'accoutumer à l'eau douce (1). »

Ainsi les Romains ont repeuplé des viviers et même des lacs, en y transportant de la semence de poisson, sans doute au moyen de frayères artificielles, comme le faisaient depuis longtemps les Chinois. Ils ont introduit la Dorade dans des étangs particuliers, et l'ont nourrie avec des coquillages placés dans ces étangs. Mais il y a loin de là aux procédés de fécondation artificielle inaugurés au dix-huitième siècle et si merveilleusement perfectionnés de nos jours.

(1) *De re rustica*, lib. VIII, cap. XVI.

CHAPITRE II

L'INDUSTRIE DU LAC FUSARO POUR LA MULTIPLICATION ARTIFICIELLE DES HUITRES.

Non loin de Naples, entre le rivage de Pouzzoles et les ruines de l'antique cité de Cumes, on voit encore les restes d'un ancien lac, le lac Lucrin, l'*Averne* des poëtes, lieu terrible et solitaire que la superstition des anciens avait rendu sacré. Les patriciens romains, attirés par la pureté du ciel, l'azur de la mer, et peut-être par la présence des sources d'eaux minérales chaudes, sulfureuses, alumineuses et nitreuses, élevèrent des villas splendides autour du golfe de Baies, et vinrent y promener leurs ennuis et leur mollesse. Sergius Orata, homme élégant et riche spéculateur, organisa dans le lac Lucrin des parcs d'huîtres, qui mirent à la mode, en Italie, ce mets délicat. Il fit venir des huîtres de Brindes et les conserva dans les eaux salées du lac Lucrin. Il sut persuader à tout le monde que les huîtres contractaient, par leur séjour dans les eaux de ce lac, une saveur qui les rendait meilleures que celles que l'on allait recueillir en d'autres contrées.

Les Romains prirent goût aux huîtres du lac Lucrin, et le parc de Sergius Orata acquit, en peu de temps, une grande renommée.

On a découvert des monuments historiques qui prouvent que cette pratique remonte bien au delà du siècle d'Auguste, c'est-à-dire, comme Pline l'avance, jusqu'au temps de l'orateur Crassus, avant la guerre des Marses (150 ans avant J.-C.) « Du temps de l'orateur Crassus, avant la guerre des Marses, dit Pline, Sergius Orata trouva à Baïes, l'art d'entretenir les huîtres vivantes » (1).

Ces monuments sont deux vases funéraires en verre, qui ont été découverts, l'un dans la Pouille, l'autre dans les environs de Rome. Comme on le voit d'après le dessin qui accompagne ces lignes (*fig.* 529), et qui a été publié par M. Coste dans son beau *Voyage d'exploration sur le littoral de la France et de l'Italie*, leur forme est celle d'une bouteille antique, à ventre large, à goulot allongé. Sur la paroi extérieure se voient des dessins en perspective, dans lesquels, malgré leur représentation grossière, on reconnaît des viviers attenants à des édifices, et communiquant avec la mer par des arcades. On lit sur le vase trouvé dans la province de la Pouille les mots *Stagnum Palatium* (nom de la villa que possédait Néron sur les bords du lac Lucrin) et *Ostrearia*. Celui qui a été trouvé à Rome, porte les mots sui-

(1) *Ostrearum vivarium primus omnium Sergius Orata invenit in Bajano, ætate L. Crassi oratoris, ante Marsicum bellum* (*Hist. nat.* lib. IX, cap. LIV.)

vants, écrits au-dessus des objets dessinés : *Stagnum Neronis*, *Ostrearia*, *Stagnum*, *Silva*, *Baiæ*. Ce qui signifie que la perspective figurée a été tirée des édifices et des

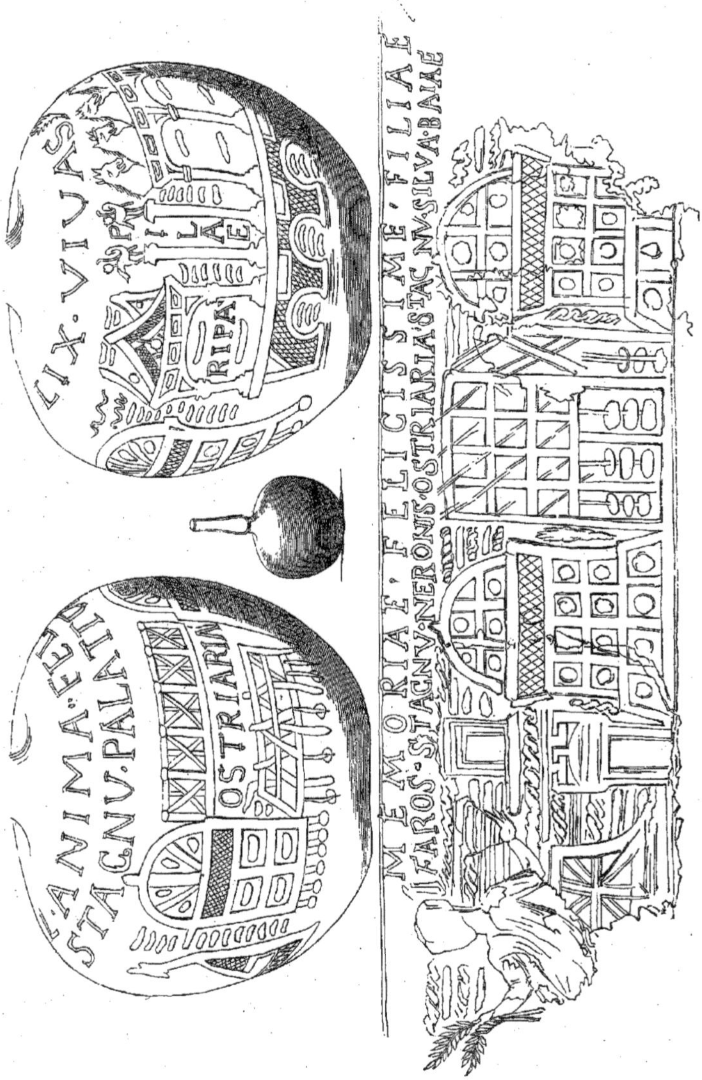

Fig. 529. — Vases antiques découverts dans la province de la Pouille et dans les environs de Rome.

lieux de la plage de Pouzzoles et de Baies.

Quoi qu'il en soit, l'industrie de Sergius Orata, dans le lac Lucrin, fut pour lui la source d'immenses bénéfices. Ce n'était pas, en effet, pour son plaisir, mais pour le gain, que Sergius se livrait à cette entreprise industrielle. « *Nec gulæ causâ, sed avaritiæ*, » ajoute Pline dans le passage de son *Histoire naturelle* que nous avons cité plus haut. Le degré de perfection auquel sa manufacture d'huîtres était arrivée, était tellement célèbre en Italie, que les contemporains de Sergius disaient de lui, que si on l'empêchait d'élever des huîtres dans le lac Lucrin, *il saurait bien en faire pousser sur les toits !*

Le lac Lucrin n'existe plus. Le 29 septembre 1538, un tremblement de terre, phénomène fréquent dans ces lieux volcaniques, voisins des *Champs phlégréens* et de la *solfatare* de Pouzzoles, supprima la plus grande partie du lac. La plaine située entre le lac d'Averne et le *Monte Barbaro*, s'éleva peu à peu, et un volcan surgit, qui combla la plus grande partie du lac Lucrin, et mit à sa place le *Monte Nuovo*.

De ce lac, si célèbre au temps des Romains, il ne reste aujourd'hui qu'un petit étang, qui est séparé de la mer par un exhaussement du rivage.

« Ce n'est maintenant, écrivait au siècle dernier le président de Brosses, qu'un mauvais margouillis bourbeux. Ces huîtres précieuses du grand-père de Catilina, qui adoucissent à nos yeux l'horreur des forfaits de son petit-fils, sont métamorphosées en malheureuses anguilles qui sautent dans la vase. Une vilaine montagne de cendres, de charbon et de pierres ponces, qui, en 1538, s'avisa de sortir de terre, tout en une nuit, comme un champignon, a réduit ce pauvre lac dans le triste état que je vous raconte (1). »

Mais l'industrie que Sergius Orata avait fondée, n'a pas péri avec le lac Lucrin. Elle a été transportée à peu de distance de cet emplacement.

Non loin du cap Misène, se trouve un étang salé, d'environ deux mètres de profondeur. C'est aujourd'hui le lac *Fusaro*, c'était l'*Achéron* de Virgile. C'est là que fut transportée l'industrie de la multiplication des huîtres, qui, avant la catastrophe géologique de 1538, s'était exercée dans le lac Lucrin, d'après la méthode de Sergius Orata.

Le lac Fusaro avait, dans l'antiquité, un fort mauvais renom. Virgile en a fait l'Achéron mythologique, bien que le paysage n'ait rien de la tristesse et de la désolation que comporte le séjour des morts. C'est un étang salé, ombragé d'une ceinture d'arbres magnifiques. Il a une lieue de circonférence, et une profondeur d'un à deux mètres, dans sa plus grande étendue. Son fond boueux est noirâtre, comme toutes les terres de cette région volcanique.

Comment les habitants des rives de ce lac l'ont-ils transformé en une fabrique d'huîtres ? C'est ce qu'il faut expliquer.

Les causes qui empêchent la facile reproduction des huîtres, sont les conditions défavorables que le *naissain* rencontre dans le sein libre de la mer, à savoir : les courants qui entraînent au loin le jeune alevin ; — l'absence de corps solides auxquels il puisse s'accrocher, pour y trouver un refuge ; — les animaux destructeurs qui en font leur proie. Les habitants des rives du lac Fusaro ont annulé toutes ces influences contraires, en emmagasinant dans ce lac, voisin de la mer, des huîtres prêtes à jeter leur frai, en retenant ces jeunes générations captives dans ce vaste bassin, et les préservant enfin des causes diverses de destruction qu'elles trouveraient dans la mer.

Sur le fond du lac et dans tout son pourtour, les riverains du Fusaro ont construit çà et là, avec des pierres jetées en tas, des rochers artificiels, assez élevés pour être à l'abri des dépôts de vase et de limon. Sur ces rochers, ils déposent des huîtres recueillies dans le golfe de Tarente.

Chaque rocher est environné d'une ceinture de pieux assez rapprochés, et s'élevant un peu au-dessus de la surface de l'eau (*fig.* 530). D'autres pieux sont distribués par

(1) *Lettres familières écrites d'Italie en* 1739 *et en* 1740, par le président Ch. de Brosses.

longues files et sont reliés entre eux par une corde. A cette corde sont suspendus des fagots de menu bois (*fig.* 531).

A l'époque du frai, les huîtres déposées

Fig. 530. — Banc artificiel entouré de ses pieux.

sur les rochers artificiels, et qui ont vécu comme en pleine mer, laissent échapper des

Fig. 531. — Pieux placés en ligne droite et reliés par une corde.

myriades de germes. Les facines et les fagots suspendus aux pieux arrêtent, au passage, cette poussière propagatrice, en lui présentant des surfaces sur lesquelles elles peut s'attacher, de même qu'un essaim d'abeilles s'attache aux arbustes qu'il rencontre dans son vol.

Sur ces supports, les jeunes huîtres se développent dans d'excellentes conditions de repos, de température et de lumière. Lorsque la saison de la pêche est arrivée, les propriétaires des bancs artificiels retirent du lac les pieux et les fagots qui entourent les bancs. Ils en détachent les huîtres dont la taille paraît suffisante pour les besoins du marché; puis ils remettent en place les pieux, avec les huîtres jugées trop petites pour être conservées. Celles qu'on a respectées continuent leur développement, et les vides occasionnés par la récolte sont bientôt occupés par de nouveaux sujets.

On renferme dans des paniers d'osier le produit de la pêche, et on le dépose, en attendant la vente, dans une réserve, ou parc. Ce parc est établi au bord du lac même, et construit avec des pilotis, qui supportent un plancher à claire-voie, armé de crochets. A ces crochets sont suspendus les paniers remplis d'huîtres encore vivantes. Ce sont ces huîtres que l'on sert aux touristes venus en excursion à cette manufacture de chair vivante.

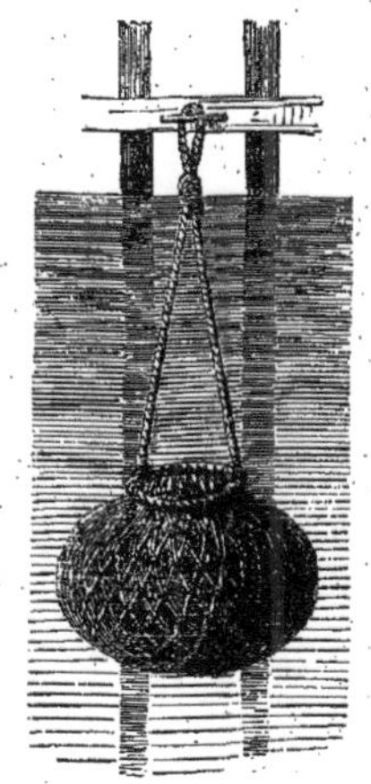

Fig. 532. — Panier propre à la conservation des huîtres destinées à la vente.

La figure 534 représente la réserve ou parc de dépôt, établi en pleine eau, précédé d'un hangar destiné à recevoir les instruments d'exploitation. L'enceinte de perches du côté droit a été en partie supprimée pour montrer la disposition du plancher et les paniers d'huîtres qui y sont suspendus.

Les paniers dans lesquels sont conservées

les huîtres vivantes, et qui sont suspendus à ces pilastres, sont représentés ici (*fig.* 532).

La figure 533 représente, d'après le *Voyage d'exploration* de M. Coste, la vue générale du lac Fusaro.

L'industrie de la multiplication artificielle des huîtres, qui fut établie, pendant le seizième siècle, au lac Fusaro, est encore en vigueur aujourd'hui. Il n'est pas de touriste faisant le voyage de Naples qui n'aille visiter

Fig. 533. — Vue générale du lac Fusaro.

Fig. 534. — Réserve ou parc de dépôt pour les huîtres établi en pleine eau, dans le lac Fusaro.

le lac Fusaro, voisin des ruines de Cumes et du lac de Baïes. C'est une des plus intéressantes stations de l'admirable journée que le voyageur consacre à voir les environs de Pouzzoles, à deux lieues de Naples. Au mois de février 1865, nous avons parcouru ces rivages célèbres. Nous nous sommes assis aux bords de ce lac historique, et nous avons goûté aux curieux produits de cette manufacture d'êtres vivants, dont l'origine remonte à l'époque romaine.

CHAPITRE III

LA PISCICULTURE RÉALISÉE AU MOYEN AGE ET JUSQU'A NOS JOURS DANS LA LAGUNE DE COMACCHIO.

L'usage des viviers pour élever le poisson destiné à la table, passa des Romains aux différents peuples qu'ils soumirent à leur puissance. Avec l'Empire, la culture des eaux cessa, et ne se releva plus qu'au Moyen-Age. Mais elle acquit alors une importance sérieuse. On considérait le poisson comme plus nécessaire que le gibier, parce qu'il y avait cent quatre-vingt-dix jours d'abstinence de viande par année. La règle des couvents autorisait l'usage du poisson et interdisait celui de la viande. Les ordres monastiques durent donc s'occuper plus spécialement de la création des étangs.

« Les croisades, dit Vallot dans son *Ichthyologie*, ayant dépeuplé les campagnes, enlevé les bras à l'agriculture, les riches propriétaires ou les barons virent une partie de leurs champs incultes ; pour se dédommager, à l'imitation des moines, ils établirent des étangs, en grande partie par la puissance féodale. Ce genre d'exploitation ayant réussi, par suite de la consommation abondante de poissons, éveilla la cupidité ou l'industrie, et les étangs se multiplièrent. La livre de poisson en valait alors 8 à 10 de blé, 15 à 20 d'avoine, et 2 à 3 de viande (1). »

Une culture des étangs ou des lagunes, qui remonte à la fin du Moyen-Age, et qui existe encore de nos jours, a longtemps excité l'étonnement des naturalistes. Nous voulons parler de l'industrie qui s'exerce à Comacchio.

(1) *Ichthyologie française*. Dijon, 1837, page 95.

La lagune de Comacchio, qui s'étend près de la mer Adriatique, a été transformée, depuis un temps fort reculé, en une véritable fabrique de substance alimentaire, par de pauvres pêcheurs, qui faisaient de la pisciculture sans le savoir. Nous allons essayer de donner une idée de cette industrie, et de montrer comment, grâce à leur expérience séculaire, les pêcheurs et les habitants de Comacchio sont parvenus à transformer ce rivage en un véritable et inépuisable appareil d'exploitation de matières alimentaires.

La lagune de Comacchio est située sur les bords de l'Adriatique, entre l'embouchure du Pô et le territoire de Ravenne, à 44 kilomètres de Ferrare. Elle a 140 milles de circonférence, et se partage en quarante bassins, entourés de digues, qui communiquent plus ou moins directement, avec les eaux de la mer.

Les pêcheurs de Comacchio conçurent sans doute l'idée de leur industrie en découvrant l'habitude propre à certaines espèces de poissons, de remonter les cours d'eau, peu de temps après leur naissance, puis de regagner la mer quand ils sont adultes. Au mois de février, au mois d'avril, d'innombrables légions d'anguilles et autres poissons, cheminent contre les courants qui descendent de la lagune, et quittent spontanément les eaux des rivières limitrophes pour entrer dans ces bassins. Pour laisser passer la *montée*, les pêcheurs de Comacchio ouvrent les écluses qui ferment ordinairement les communications de la lagune avec deux branches du Pô, le Reno et le Volano, et laissent tous les passages libres jusqu'à la fin d'avril. Pour s'assurer si la montée est abondante ou médiocre, les pêcheurs font descendre des fascines au fond des cours d'eau, et, les remontant de temps en temps, ils jugent par le nombre de jeunes poissons qui y demeurent attachés, de la richesse des bataillons qui viennent envahir ces parages.

Au bout de deux ou trois mois, ce phénomène extraordinaire de la *montée* a cessé. Alors les pêcheurs abaissent les écluses, et la lagune est convertie en un bassin parfaitement clos. Là vivent alors et grandissent tous les poissons retenus prisonniers : les Soles, qui, couchées sur la vase, font la chasse aux vers et aux insectes ; — les Muges, qui poursuivent activement les animaux plus faibles qu'eux, mais qui se nourrissent surtout de plantes marines ou des matières organiques qui les couvrent; — les Anguilles, qui creusent sous la vase de petits canaux à deux ouvertures, dont l'une laisse passer la tête et l'autre la queue de l'animal ; — enfin les Acquadelles, poissons nains, qui forment dans la lagune des bancs immenses, auxquels les Anguilles font une guerre acharnée.

Tous ces divers poissons se trouvent si bien dans l'enclos de la lagune, qu'ils ne semblent pas s'apercevoir de leur captivité, et ne cherchent réellement à sortir de leur prison qu'à l'âge adulte.

Alors le même instinct qui les avait poussés à se réfugier dans ces bassins, les suscite à les abandonner. C'est dans les mois d'octobre, novembre et décembre, à la faveur des nuits les plus sombres, que les émigrations commencent. C'est alors aussi que le moment des pêches est venu. Et comme on va le voir, ce sont des pêches miraculeuses, comme celle de l'Écriture. Après avoir semé, ces laboureurs des eaux vont récolter.

L'ouverture de la pêche dans la lagune est un grand événement pour la ville de Comacchio. Les pêcheurs adressent des prières à saint Gratien, le patron de la colonie ; un prêtre bénit les champs d'exploitation. On ouvre les écluses, pour que les eaux de l'Adriatique puissent pénétrer librement jusque dans les bassins. Comme le niveau des eaux a baissé dans la lagune pendant les chaleurs de l'été, et que, par conséquent, leur degré de salure s'est élevé, les poissons, surpris et charmés par ces courants d'eau fraîche et nouvelle, se mettent aussitôt à remonter ces courants, qui les guident vers l'Adriatique. Mais toutes les issues des bassins sont garnies d'un appareil de pêche aussi simple qu'ingénieux, établi à l'aide de claies en roseau, soutenues de distance en distance par des piquets, que l'on nomme le *labyrinthe* et qui ressemble assez à la *madrague* qui sert, en Provence, à la pêche du Thon. Les poissons s'engagent successivement, sans jamais pouvoir retourner en arrière, dans une série de chambres ou compartiments. Ils s'accumulent quelquefois dans ces chambres en si grand nombre, que, souvent, ils forment une masse qui s'élève au-dessus de l'eau.

La figure 536, empruntée au *Voyage d'exploration sur le littoral de la France et de l'Italie* par M. Coste donne la vue d'un de ces labyrinthes. Le canal *Pallotta*, représenté sur cette figure, par la lettre *a*, est un des canaux d'eau fraîche qui arrivent de l'Adriatique, et qui provoquent, pour ainsi dire, les poissons à remonter vers la mer. Les poissons qui sont en liberté dans la lagune *e*, s'engagent dans le canal d'eau fraîche *a*, et arrivent devant la tranchée *b*, qui communique avec la lagune par le même canal. En ce point *b*, est un angle aigu, formé par la réunion de claies flexibles, plantées en forme de palissade au fond du lac. Elles sont mises en contact, mais ne sont pas adhérentes l'une à l'autre. Le poisson peut, par un léger effort, les écarter, et passer dans leur intervalle. Mais dès qu'il a franchi cet angle aigu, les deux claies se referment, à la manière d'une nasse d'osier, et l'empêchent de revenir dans le canal, et par conséquent dans la lagune.

Une fois entrés dans le *labyrinthe*, les poissons ne peuvent plus en sortir : ils trouvent successivement devant eux, en parcourant les méandres du labyrinthe, quatre ou cinq *chambres*, qui se terminent en forme de cœur (*g*, *l*, *l*, *l*) et qui sont composées de palissades flexibles. Dans leurs efforts ils écartent les pointes de l'angle aigu qui provient de la réunion des parois de ces chambres. Un léger effort leur suffit pour s'introduire dans la chambre ; mais quand ils en ont franchi l'enceinte, ils y demeurent prisonniers, et le pêcheur n'a plus qu'à s'en emparer. Comme les poissons varient de taille, de force et d'espèce, ils se parquent pour ainsi dire d'eux-mêmes, dans les différentes chambres, par suite de la difficulté qu'ils éprouvent à entr'ouvrir telle ou telle chambre, de sorte qu'on ne trouve qu'une seule espèce de poisson dans chaque chambre. L'anguille glisse à travers toutes les cloisons, et ne se trouve arrêtée que dans le dernier compartiment.

Pour recueillir cette abondante moisson, les pêcheurs de Comacchio attendent que les chambres soient bien remplies. Alors ils enlèvent les poissons au moyen d'une bourse emmanchée, qui sert à les transborder dans les *borgazzi*.

On appelle *borgazzo* (*fig.* 535) de grandes

Fig. 535. — Borgazzo.

corbeilles d'osier, à mailles serrées, en forme de globe, un peu comprimées dans le sens de la hauteur, s'ouvrant par une bouche circulaire à petit diamètre, à laquelle s'adapte un couvercle qu'on assure par un cadenas. On introduit dans cette ouverture un entonnoir ou petit sac (*saccone*) en forte toile, de quatre pieds de long, par lequel on verse les poissons ; puis on ferme les couvercles, et toutes les corbeilles pleines, attachées à un câble soutenu par des poteaux, sont maintenues immergées, afin que le poisson puisse s'y conserver vivant jusqu'au moment de la

Fig. 536. — Vue d'un bassin de la lagune de Comacchio et d'un labyrinthe pour la pêche.

vente, ou jusqu'à celui de sa translation dans les ateliers de salaison de Comacchio.

Le produit de la pêche est transporté, sur des barques, dans la ville de Comacchio, où il est vendu à des marchands, qui en remplissent des viviers, et en font le commerce dans toute l'Italie. Mais la plus grande partie est desséchée ou salée sur place, pour être exportée, plus tard, en Europe.

M. Coste a décrit avec beaucoup de détails, dans son *Voyage d'exploration sur le littoral de la France et de l'Italie*, les procédés de conservation et de dessiccation qui sont mis en usage dans la manufacture de Comacchio. Nous en donnerons un résumé succinct.

Les anguilles, un des produits principaux de la pêche, sont rôties à la broche. Pour cela, un ouvrier nommé *tagliatore* (tailleur) coupe, avec une petite hache, la tête et la queue de l'anguille, et des femmes, réunissant tous ces tronçons, les embrochent sur de petites tiges de fil de fer, comme le représente la figure 537.

Les broches ainsi chargées passent aux mains d'autres femmes, qui les posent sur des crochets plantés en travers d'une cheminée, bien garnie d'un feu de branches sèches. On place parallèlement devant la cheminée, sept à huit de ces broches.

« L'art de gouverner les broches, dit M. Coste, est la plus importante de toutes les opérations de la manufacture ; il rend efficaces toutes les manipulations subséquentes, on les fait échouer, suivant qu'il est habilement ou maladroitement exercé. Il consiste à descendre successivement, et en temps opportun, chacune des broches d'un échelon à l'autre, depuis le premier jusqu'au dernier.

« La femme qui est chargée de cette difficile manœuvre doit donc, sans jamais perdre de vue les rangs supérieurs, veiller sur la broche la plus inférieure, exposée aux plus fortes atteintes du feu, et la tourner plus fréquemment que les autres. Il y a un degré de rissolé et de cuisson qu'il faut obtenir, et qu'il ne faut pas dépasser. Ce degré est celui qu'on donne aux poissons quand on les apprête pour un repas.

Fig. 537. — Broche garnie d'anguilles.

« A mesure que le rang inférieur arrive au degré de cuisson qui convient au but qu'on se propose, on retire la broche qui le porte, les rangs supérieurs descendent alors tous d'un cran, et l'on continue ce manége, en ayant soin de remplir les vides, tant que la lagune fournit des éléments à la manufacture. »

La graisse qui s'écoule des anguilles mises à la broche, est recueillie pour servir à frire d'autres poissons, comme il va être dit.

Les Muges, les Dorades, les Soles, les petites Anguilles, ne pouvant être mises à la broche, sont frites dans une poêle, avec un mélange de graisse d'anguille et d'huile d'olive. Des femmes roulent les poissons dans de la farine, avant de les jeter dans l'immense poêle à frire.

Les Anguilles retirées des broches et les poissons sortant des poêles, sont mis à égoutter et à refroidir dans des corbeilles à claire-voie, puis on les arrange méthodiquement dans des barils de formes diverses.

Ces barils, nommés *zangoli*, sont de deux sortes : les uns ont la forme d'un tonneau ordinaire (*fig.* 538); les autres, beaucoup

Fig. 538. — Grand zangolo.

plus petits, ont la forme représentée par la figure 539.

Après avoir enlevé les couvercles des barils, on dispose avec régularité les poissons dans ces vases, comme on le fait pour l'embarillage des harengs ; puis on les arrose d'un mélange de sel et de vinaigre très-fort. Quand le baril est bien plein, on ferme, avec

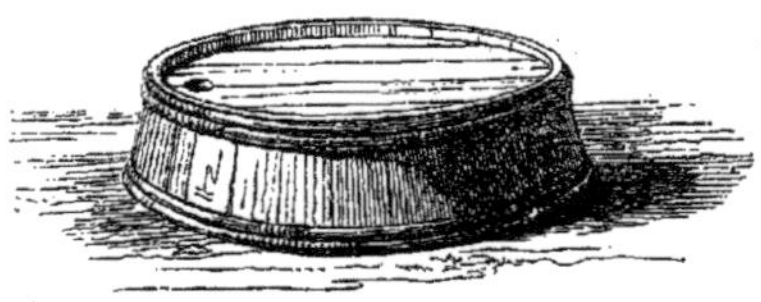

Fig. 539. — Petit zangolo.

un bouchon, le trou laissé au couvercle, et l'on obstrue avec des lanières de roseau, toutes les fissures, de manière à s'opposer à l'évaporation du liquide conservateur, et à empêcher l'introduction de l'air.

On conserve également les poissons pêchés dans la lagune en les exposant à la fumée et à l'air chaud d'une cheminée, après les avoir imprégnés d'une saumure conservatrice, nommée *salamoja*. Les procédés de salaison et d'enfumage ne diffèrent pas, d'ailleurs, de ceux qui servent à la préparation d'autres poissons par la même méthode.

La figure 540 représente, d'après le *Voyage d'exploration de M. Coste*, une salle de la manufacture de Comacchio dans laquelle on prépare les Anguilles et les autres poissons pour la conservation. On voit de gauche à droite, sur le premier plan, des ouvrières dégarnissant les broches, arrangeant les Anguilles rôties dans des *zangoli*, et des ouvriers occupés au barillage et à la salaison de ces mêmes Anguilles après leur rôtissage. On voit au deuxième plan, les cheminées garnies de broches. A droite sont les femmes qui roulent le poisson dans la farine, pour le faire frire. Dans le fond, en dehors de la manufacture, le *tagliatore*, qui coupe les têtes et les queues des Anguilles.

L'industrie de la pêche dans la lagune de Comacchio, remonte à une époque qu'il serait difficile d'assigner exactement. Les premiers documents qui la concernent, remontent au XVIe siècle.

Quelques chiffres donneront une idée exacte de l'importance des pêches à Comacchio. Le produit de ces pêches fut, en 1781, de 785,666 kilogrammes d'Anguilles ; en 1782, de 894,960 kilogrammes ; en 1783, de 633,664 kilogrammes d'Anguilles ; en 1784, de 710,938 kilogrammes d'Anguilles ; en 1785, de 544,800 kilogrammes d'Anguilles. De 1794 à 1813, la lagune a produit chaque année, en moyenne, 967,560 kilogrammes d'Anguilles. De 1813 à 1825, elle a fourni de 725,670 à 806,300 kilogrammes. A partir de 1833 et malgré trois accidents successifs qui ont fait périr plus de 4,837,800 kilogrammes de poisson, la production a atteint le chiffre de 483,780 kilogrammes. Cependant nous ferons remarquer ici que le produit réel est toujours supérieur au produit officiel. En effet, la surveillance n'étant pas suffisante, on dérobe tous les ans une quantité de poisson égale peut-être à celle que l'on récolte.

CHAPITRE IV

LES BOITES DE DOM PINCHON, EN 1420. — LE SUÉDOIS LUND INVENTE EN 1701 LES FRAYÈRES ARTIFICIELLES — LE NATURALISTE JACOBI DÉCRIT, EN 1763, LE PROCÉDÉ COMPLET POUR LA FÉCONDATION ARTIFICIELLE DES POISSONS.

Nous avons dit qu'au Moyen-Age, la culture des eaux, pour la conservation et la multiplication des poissons, avait pris une importance toute particulière. Dans un manuscrit daté de 1420, on trouve la description d'un procédé très-remarquable, et qui fait de l'homme qui l'imagina et l'appliqua, le véritable inventeur des fécondations artificielles. Un moine de l'abbaye de Reome, près Montbard, aujourd'hui Moutiers-Saint-Jean (Côte-d'Or), eut l'idée de féconder artificiellement des œufs de truite, en faisant écouler tour à tour par la pression, les pro-

(1) *Voyage d'exploration sur le littoral de la France et de l'Italie*. 2e édition, in-4°. Paris, 1861, p. 70.

duits femelle et mâle de cette espèce, dans de l'eau, qu'il agitait ensuite avec son doigt. Il plaçait les œufs ainsi fécondés, dans une caisse de bois, fermée aux deux extrémités par un grillage d'osier, et au fond de laquelle il avait déposé une légère couche de sable. Il plaçait ensuite la boîte dans une eau faiblement courante, et il attendait l'éclosion.

Ces curieux détails ont été publiés par un petit-neveu de notre célèbre Buffon, M. le baron de Montgaudry (1). Malheureusement les essais de dom Pinchon, n'ayant jamais été rendus publics, n'ont pu exercer aucune influence sur les progrès de la pisciculture, et n'offrent dès lors qu'un intérêt purement historique.

Il faut en dire autant d'un naturaliste suédois, C. F. Lund, de Linkœping, qui, en 1761, employa avec succès dans le lac de Koxen, le procédé des frayères artificielles, à peu près tel que l'employaient les Chinois. Nous trouvons ce procédé décrit en ces termes dans un ouvrage récent :

« Lund ayant observé que pendant la saison des amours, les poissons recherchaient les eaux à température plus élevée et moins profondes des rivages, et que les œufs de la Perche et des Gardons se rendant dans les bires pour frayer prospéraient mieux lorsqu'ils restaient collés aux branches de genévrier des cloisons que lorsqu'ils tombaient à terre, trouva, à la suite d'essais, que la multiplication des poissons pouvait se faire de la manière suivante : il fit construire une caisse spacieuse, mais peu profonde, en planches, dont les côtés, munis de poignées, étaient percés de trous. Il la plongea dans l'eau, à un endroit rapproché du rivage, où l'on se livrait à la pêche, mais dont le repos était peu troublé et où l'eau, réchauffée par les rayons du soleil, contribuait à l'éclosion. Le fond et les côtés de cette caisse étaient garnis de branches de genévrier, on y plaçait des poissons des deux sexes dont les œufs et la laitance étaient presque entièrement développés. Après deux, trois jours de séjour dans ces caisses, on s'assurait si les œufs étaient pondus et on s'emparait des poissons pour les utiliser d'une autre manière. On rabattait ensuite les côtés de la caisse et on étendait les branches couvertes d'œufs, de façon que ces derniers ne fussent pas trop rapprochés les uns des autres. Les œufs éclosaient presque tous (1). »

(1) *Bulletin de la Société d'acclimatation* 1854, t. I, p. 80.

Ainsi la découverte des procédés de fécondation artificielle devrait être rapportée au moine Dom Pinchon, au XVe siècle, et celui des frayères artificielles au naturaliste suédois Lund, au XVIIIe siècle.

Mais aucune de ces découvertes n'était sortie du domaine individuel de ces observateurs, et l'on ne peut, en bonne justice, décerner le titre de véritable inventeur de cet art qu'à celui qui, le premier, le décrivit dans un mémoire scientifique.

Le premier auteur qui ait donné une véritable description scientifique de la méthode des fécondations artificielles, de l'éclosion des jeunes poissons et de leur élevage, est un naturaliste allemand, nommé Jacobi.

Vers le milieu du XVIIIe siècle, le comte de Golstein, grand chancelier des *duchés de Bergues et de Juliers pour Son Altesse Palatine*, remit à l'un des ancêtres de Fourcroy, un mémoire, écrit en allemand, sur la fécondation artificielle des œufs de poisson. La traduction française de ce mémoire fut publiée en 1773, dans le *Traité général des pêches* de Duhamel du Monceau. D'un autre côté, en 1764, l'Académie de Berlin avait publié, dans le recueil de ses *Mémoires*, un travail ayant pour titre : *Exposition abrégée d'une fécondation artificielle des Truites et des Saumons, appuyée sur des expériences certaines faites par un habile naturaliste.* Or, ce travail n'était que l'extrait d'un mémoire allemand dû au naturaliste Jacobi, et il reproduisait, dans les mêmes termes, les procédés décrits dans le mémoire du comte de Golstein. Le *Journal de Hanovre* avait du reste publié, dès l'année 1763, le texte original du travail de Jacobi, et en 1758 ce naturaliste avait adressé à Buffon des notes manuscrites sur le même sujet. Le travail que

(1) *Traité de pisciculture pratique et des procédés de multiplication et d'incubation naturelle et artificielle des poissons d'eau douce*, par Koltz, in-18, Paris. 3e édition, 1866, p. 15-16.

le comte de Golstein avait envoyé à l'un des ancêtres de Fourcroy, n'était donc qu'une copie de celui de Jacobi.

Nous sommes entré dans ces détails parce que Duhamel du Monceau, en rapportant, dans son ouvrage, le mémoire de Jacobi, ne

Fig. 540. — Manufacture pour la préparation et la salaison des poissons de la lagune de Comacchio.

nomme pas Jacobi, et que dès lors beaucoup de naturalistes ont attribué, à tort, au comte de Golstein la découverte des fécondations artificielles.

Mais comment Jacobi avait-il été conduit à cette découverte remarquable ? L'observation avait appris depuis des siècles, que chez les poissons la fécondation s'opère hors du corps de ces animaux, à l'aide d'un produit liquide, la laitance, dont le mâle vient arroser les œufs, déposés par la femelle sur le fond des cours d'eau. Jacobi imita artificiellement ce qui se passe dans la nature, et cette tentative fut couronnée d'un plein succès. Il constata, par une suite d'expériences ingénieuses, qui furent prolongées pendant un grand nombre d'années, que si l'on déverse sur les œufs de poissons, retirés du corps d'une femelle, la laitance du mâle, cette opération suffit pour provoquer, comme dans les conditions naturelles, le développement du germe.

La seule condition que Jacobi reconnut indispensable pour obtenir, après cette fécondation artificielle, l'éclosion des œufs et la naissance du jeune poisson, consistait à placer les œufs fécondés dans une eau limpide et pure, se renouvelant constamment, c'est-à-dire, dans le cours d'un petit ruisseau dérivé d'une bonne source.

Pour opérer une fécondation artificielle, Jacobi opérait donc comme il suit : il saisissait une femelle dont les œufs étaient parvenus à maturité et faisait tomber ces œufs dans un récipient plein d'eau en exerçant une légère pression sur ses flancs, comme le montre la figure 541. Cette pression, sans nuire aucunement à l'animal, suffisait pour expulser les œufs des cavités intérieures qui les contiennent. Il prenait ensuite un mâle, et par le même procédé, il faisait écouler au dehors sa laitance, qui se mêlait à l'eau et fécondait ainsi les œufs qui s'y trouvaient déposés. Ensuite il plaçait les œufs fécondés dans une petite caisse percée de quelques ouvertures fermées par des grilles de laiton, de manière à y laisser circuler facilement un courant d'eau.

« On choisira, dit Jacobi, quelque lieu commode près d'un ruisseau, ou mieux encore près d'un étang nourri par de bonnes sources, d'où l'on puisse par une fente ou petit canal de dérivation, faire circuler un filet d'eau d'environ un pouce d'épaisseur, à travers la caisse, par les grilles, après l'avoir placée

Fig. 541. — Opération de la ponte artificielle.

dans la situation nécessaire à cet effet. Enfin on couvrira le fond de la caisse d'un pouce de sable épais ou de gravier, recouvert d'un lit de cailloux jointifs de la grosseur d'une noisette ou d'un gland. On répandra les œufs ainsi fécondés dans une des caisses ci-dessus, et l'on y fera couler l'eau du ruisseau ayant attention qu'elle n'y coule pas avec assez de rapidité pour emporter les œufs avec elle. »

La figure 542 représente la *Boîte à éclosion de Jacobi*.

Ainsi préservés de toutes les causes extérieures qui auraient pu leur porter atteinte, les œufs artificiellement fécondés arrivaient, sans accident, à la dernière période de leur développement. Au terme de cette incubation factice, les jeunes poissons naissaient aussi bien conformés que ceux qui éclosent dans les conditions ordinaires. Jacobi les conservait cinq semaines environ après leur naissance, et les distribuait alors dans son vivier.

Quand on a lu les descriptions si nettes et si précises de cette expérience remarquable, on comprend aisément que Jacobi puisse ajouter que « sa méthode appliquée à toutes les espèces, doit procurer un grand profit. » Toutes les parties de son travail sont traitées, dit M. Coste, avec tant de précision et tant de bon sens pratique, que toutes les questions fondamentales s'y trouvent résolues. Cette découverte scientifique ne tarda pas à recevoir

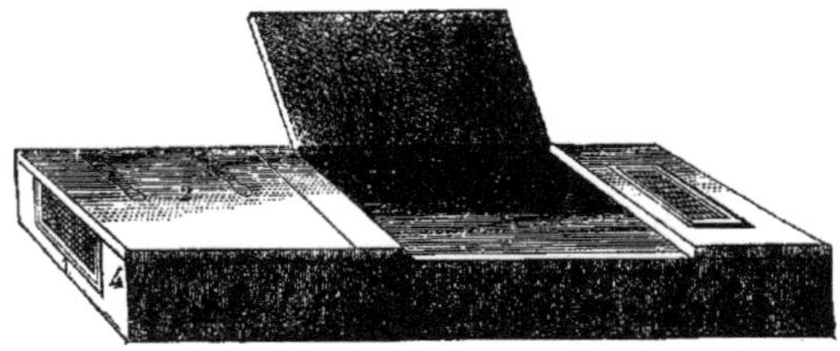

Fig. 542. — Boîte à éclosion de Jacobi.

son application dans l'industrie. Des essais tentés dans le Hanovre près de Nostelem donnèrent de si beaux résultats, que les poissons obtenus par ce procédé devinrent l'objet d'un grand commerce.

D'après l'auteur d'un *Traité de pisciculture* que nous avons déjà cité, Jacobi aurait établi en Allemagne, une véritable fabrique de poissons, une *piscifacture*.

« Jacobi, dit M. Koltz, établit une piscifacture d'abord à Hambourg, ensuite à Hohenhausen et après à Nostelem; cette dernière donna des résultats assez importants pour que les poissons obtenus par ce procédé y soient devenus l'objet d'un grand commerce, et que l'Angleterre, voulant récompenser un pareil service, accordât une pension à celui qui avait pris cette heureuse initiative (1). »

Cependant Jacobi ne trouva point d'imitateurs, et il faut arriver jusqu'à nos jours pour trouver quelques tentatives d'application de sa méthode. M. Koltz rapporte ainsi les essais de ce genre, faits en Allemagne.

« Ce n'est qu'en 1815 que le pasteur Armack de Lippendorf, près de Roda, introduisit la pisciculture dans la principauté de Waldeck, où elle fut propagée par le garde général Scell de Waldeck et le maître forestier Beuchel de Meuzébach. Plus tard, c'est-à-dire en 1824, le grand maître forestier de Kaas, reprenant les procédés de multiplication dont l'application a été faite jusqu'au commencement de ce siècle dans la principauté de Lippe, établit des frayères artificielles à Buckeburg et entruita avec l'aide du garde forestier Franke, de Heinbergen, les eaux de l'État de Schaumbourg-Lippe. En 1827, le garde général Mærtens créa un établissement analogue à Schieder et repeupla les cours d'eau de la principauté de Lippe. Il est à remarquer que les journaux d'alors s'occupèrent chaque fois de ces créations, et que c'est d'après leurs indications que l'on introduisit en 1830 la pisciculture à Lautergrunde et à Hassigsthal près Mœnchœden (Saxe-Cobourg), où elle fut placée sous la direction du conseiller des finances de Westhæuser.

« En 1834, l'Italien Mauro Rusconi, si bien connu des naturalistes par ses travaux sur l'embryologie des salamandres, ayant remarqué par hasard que certains poissons habitant une petite rivière du lac de Como se débarrassaient de leur frai en se frottant le ventre contre le sable du fond, employa la multiplication artificielle dans un but scientifique et multiplia avec succès le Brochet, la Tanche, l'Able et la Perche. Agassiz et Vogt font remonter à la même époque les travaux embryologiques qu'ils entreprirent pour la multiplication de la Palée, petit Salmone propre au lac de Neufchâtel, et qui donnèrent naissance à l'ouvrage classique de ces auteurs. Depuis lors Vogt propagea sa méthode dans le canton de Neufchâtel, où elle est encore en usage, grâce à un règlement de l'autorité.

« L'année 1837 vit naître à Detmold un nouvel établissement ichthyogénique, lequel fut confié au veneur de la cour, Schnitger, et qui produit encore aujourd'hui de beaux résultats, grâce aux soins intelligents du grand maître forestier Wagener (1). »

En 1837, quand le Saumon commença à diminuer d'une manière sensible dans les eaux de la Grande-Bretagne, M. John Shaw

(1) Koltz, *Traité de pisciculture pratique*, p. 18.

(1) Koltz, *Traité de pisciculture pratique*, p. 18.

reconnut, par des expériences heureuses, la possibilité de reproduire ce poisson par la fécondation artificielle selon la méthode de Jacobi. En 1841, sous l'inspiration de M. Drummond, M. Boccius, ingénieur civil de Hammersmith, réussit à repeupler, dans le voisinage d'Uxbridge, les cours d'eau appartenant à M. Drummond. Il y éleva, en un certain nombre d'années, 120,000 Truites. Pendant les années suivantes, M. Boccius mit les mêmes procédés en pratique dans les domaines du duc de Devonshire à Chatsworth, chez M. Gurnie à Carsalton et chez M. Stibberts à Chatford.

Tel est le bilan exact des tentatives qui avaient été faites en Europe, pour mettre en pratique les procédés de fécondation artificielle découverts au XVIIIe siècle, par le naturaliste allemand Jacobi.

Il est certain, pourtant, que tous les faits qui viennent d'être rappelés étaient ignorés ou oubliés des naturalistes, lorsque, en 1848, on apprit que deux pêcheurs qui habitaient une vallée des Vosges, et qui exerçaient leur industrie dans la rivière de la Bresse, avaient réalisé la découverte de la fécondation artificielle des poissons. Voici à quelle occasion le public et les savants furent saisis de cette question.

M. de Quatrefages avait été conduit, par des recherches purement scientifiques, à s'occuper de la multiplication des poissons, et il présenta à l'Académie des Sciences, en 1848, un travail sur ce sujet. Persuadé que les fécondations artificielles pourraient faire disparaître les diverses causes qui nuisent au développement des œufs, M. de Quatrefages conseillait d'employer la *caisse à éclosion* de Jacobi, pour obtenir l'éclosion des poissons qui habitent les eaux vives. Il montrait, en même temps, la possibilité de rendre annuel le produit triennal et irrégulier des étangs, en les divisant en divers compartiments, dans le plus petit desquels on ferait éclore les œufs et on élèverait le fretin. Chaque année, on chasserait le poisson d'un compartiment dans l'autre, et l'on pourrait pêcher tous les ans dans le dernier bassin.

« Quand on sait, écrivait M. de Quatrefages, dans son mémoire, combien est remarquable la fécondité des poissons, on se demande comment le nombre des poissons n'est pas plus considérable. Ce fait s'explique surtout, peut-être par l'appréciation des circonstances qui s'opposent au développement de ces myriades de germes. On sait que, chez la plupart des poissons, il n'y a pas d'accouplement. A l'époque du frai, les mâles et les femelles recherchent, il est vrai, également les localités propres au développement des œufs; mais ces derniers sont pondus et la liqueur fécondante émise, sans qu'aucun rapprochement des sexes assure le contact de ces deux éléments. La fécondation est tout accidentelle; et, par suite, un nombre immense d'œufs périssent sans avoir été fécondés. En outre, le frai des femelles est très-souvent dévoré au moment même de la ponte, soit par quelques individus voraces, soit par les parents eux-mêmes. Enfin, ce frai pondu près des rivages, dans nos rivières et nos étangs, périt bien des fois quand les eaux, venant à baisser, le laissent à sec.

« Les fécondations artificielles feraient disparaître toutes ces causes de destruction des œufs, et l'emploi de cette méthode n'offre aucune difficulté. Il suffit de placer dans un vase quelconque les laitances mûres d'un certain nombre de femelles, avec une quantité d'eau suffisante pour qu'en agitant le liquide, les œufs puissent flotter librement; puis, de délayer dans ce vase la laitance d'un mâle. Au bout de quelques instants, si les œufs sont bien à terme et la liqueur fécondante suffisamment élaborée, la fécondation sera accomplie : tous les œufs sont fécondés. Or on reconnaît que les poissons mis en expérience remplissent ces conditions, lorsqu'en pressant légèrement l'abdomen d'avant en arrière, on fait sortir facilement le produit des organes reproducteurs. Les œufs, une fois fécondés, devront être placés dans un lieu propre à leur développement, et ici se présentent des exigences qui varient avec l'espèce sur laquelle on opère. Les œufs de poissons d'étang ou de vivier ne demanderont pas de grandes précautions, il suffira de les déposer dans un endroit ayant un fond d'herbes aquatiques, et où l'eau soit tranquille et peu profonde. On devra, d'ailleurs, les protéger d'une manière quelconque, par des treillis, par exemple, contre les attaques de leurs ennemis. Les œufs des poissons d'eau vive sont un peu plus difficiles à élever. Voici, toutefois, un procédé bien simple, qui a été mis en usage avec succès dès le milieu du siècle dernier, par un Allemand, le comte de Golstein, pour faire éclore des Saumons. On fait construire une caisse à couvercle mobile, de 4 mètres de long sur 30 à 35 cent. de large; on ménage aux deux extrémités une ouverture ayant 16 à 17 cent. en carré, et fermée par un grillage serré. On garnit le fond de cette caisse de sable et de gravier bien propre, puis on place cet appareil sur le bord d'un ruisseau d'eau vive, de manière à ce qu'un filet d'eau de 1 pouce de hauteur environ le parcoure assez lentement. On a ainsi une sorte de ruisseau artificiel, à l'abri de toute invasion venant du dehors. On étale alors sur le gravier des œufs de saumon fécondés; on referme la caisse, et de temps à autre on a soin de nettoyer les œufs en agitant légèrement l'eau avec les barbes d'une plume, pour chasser le moindre dépôt limoneux, qui, en s'attachant à leur surface, compromettrait le succès de l'opération. Au bout de trente à quarante jours, selon la température, les petits Saumons sortent de l'œuf; ils vivent quelque temps dans la caisse, et la quittent plus tard pour gagner le ruisseau voisin, lequel doit aboutir à un vivier ou à un étang. Si celui-ci est disposé convenablement, les petits Saumons s'y arrêtent et y prennent leur développement ultérieur. Le comte de Golstein assure avoir obtenu, dans une seule expérience, 430 Saumoneaux, qui lui ont servi à empoissonner plusieurs viviers. On comprend que le même procédé pourrait s'appliquer à l'élève de tous les poissons d'eau vive.

« Si je ne me trompe, il y a dans ce qui précède les indications nécessaires pour donner naissance à une industrie toute nouvelle, au moins en France. Les petits Saumons vivent très-bien dans les eaux douces jusqu'à l'âge de deux ou trois ans; à cette époque, ils ont atteint une taille de 35 à 40 cent., et sont fort estimés à cause de la délicatesse de leur chair...

« En effet, pour que les fécondations réussissent, il n'est pas nécessaire que les poissons employés soient vivants. M. Golstein a fécondé les œufs d'une truite morte depuis quatre jours, et cela avec un plein succès. Il est probable que la liqueur fécondante conserve également ses propriétés longtemps après la mort des mâles. C'est là, du moins, un fait que j'ai bien des fois vérifié sur des invertébrés. De plus, les petits poissons, après leur éclosion, se nourrissent pendant un temps assez long aux dépens de la substance vitelline renfermée dans leurs intestins. Les Saumons, en particulier, paraissent n'avoir besoin d'aliments venant du dehors, qu'au bout d'un mois ou six semaines. On voit qu'aux autres avantages présentés par le procédé dont nous parlons, il faut joindre celui de faciliter la dissémination des espèces...

« L'emploi des fécondations artificielles, appliqué et perfectionné par l'expérience, donnerait certainement un jour une impulsion toute nouvelle à l'industrie des étangs, et rendrait annuel un produit nécessairement irrégulier et tout au plus triennal. On sait, en effet, que trois ans de repos au moins sont nécessaires pour qu'un étang pêché puisse se repeupler. C'est là un inconvénient grave; pour y remédier, il faudrait partager l'étang en trois ou quatre compartiments d'une égale grandeur, communiquant entre eux au moyen d'écluses. Le plus petit de ces parcs serait disposé pour faire éclore les œufs et élever le fretin; chaque année on chasserait les poissons d'un compartiment dans l'autre, jusque dans le dernier, qui pourrait être ainsi pêché à fond tous les ans, et immédiatement rempoissonné par les individus renfermés dans l'avant-dernier parc. Des réserves placées sur les côtés permettraient, d'ailleurs, de conserver les poissons qu'on voudrait laisser vieillir (1) ».

Les conclusions de M. de Quatrefages avaient été justifiées et confirmées d'avance. En effet, une réclamation de priorité élevée par M. le docteur Haxo, à propos du mémoire de M. de Quatrefages, fit connaître les résultats obtenus depuis 1843 par deux pêcheurs de la Bresse, et excita un vif étonnement parmi tous les naturalistes. Nous avons donc à parler maintenant des efforts et des remarquables résultats obtenus par ces deux modestes observateurs.

CHAPITRE V

ÉTUDES ET TRAVAUX DE DEUX PÊCHEURS DE LA VALLÉE DES VOSGES, REMY ET GÉHIN.

Joseph Remy était un pauvre pêcheur de la rivière de la Bresse. Il vivait dans l'arrondissement de Remiremont, dans la partie la plus élevée du canton de Saussure. La Truite, jadis commune dans les ruisseaux de ces montagnes, tendait de plus en plus à disparaître, et Joseph Remy était menacé d'abandonner un état qui semblait ne plus offrir pour lui de ressources suffisantes. Cependant il se roidit contre les difficultés. Il voulut connaître les causes de la disparition des Truites, et tâcher de remédier au mal. Pour y réussir, il se mit, pour ainsi dire, en contact intime avec la nature, et, à force de l'interroger, elle finit par lui répondre. Il savait que, vers la mi-novembre, la

(1) *Comptes rendus de l'Académie des sciences de Paris*, 1848, 2e semestre, p. 413-416.

Fig. 543. — Remy et Géhin au bord de la Bresse.

Truite remonte les cours d'eau, et va déposer des œufs dans un endroit tranquille.

Il épia ces animaux aquatiques avec une patience, une ténacité, une justesse d'observation admirables. Il se couchait dans les hautes herbes qui bordent les ruisseaux, et là, le jour ou la nuit, pendant le clair de lune, malgré le froid, immobile, des heures entières, il observait.

Il vit alors qu'arrivée dans le lieu qu'elle a choisi pour y pondre, la Truite frotte doucement son ventre sur le gravier du lit du cours d'eau, et que, déplaçant de petites pierres avec sa queue, elle y forme comme une digue, qu'elle oppose à la rapidité du courant, et dans les interstices de laquelle elle dépose ses œufs.

Notre patient observateur vit le mâle de la Truite venir, bientôt après, répandre sa laitance sur les œufs. Enfin il remarqua que la femelle, après la fécondation, s'efforce de recouvrir sa ponte avec du sable, de peur sans doute que les oiseaux aquatiques ne les ravissent, ou que les eaux ne les entraînent.

Remy put cependant s'assurer que, malgré ces merveilleuses précautions, le salut de la couvée était souvent compromis : des courants entraînaient les œufs, ou bien les eaux, en se retirant, les laissaient à sec, d'autres fois ils étaient gelés.

La première pensée de Remy fut de préserver les œufs de toutes ces causes de destruction. Il les enleva et les plaça dans des boîtes de bois, criblées de trous, qu'il déposait dans le bassin d'une source ou dans le courant d'un ruisseau (1). Mais la malveillance vint entraver ces premiers essais qu'il ne put suivre avec l'attention nécessaire. D'ailleurs, il arrive souvent que le mâle ne féconde pas immédiatement les œufs déposés par la femelle de la Truite. Remy était donc exposé à placer dans ses boîtes des œufs qui n'étaient pas fécondés, et qui, par conséquent, ne pouvaient éclore. Grande difficulté à surmonter! Remy ne se découragea pas. Le problème était posé, il voulait le résoudre. Il se remit donc à son poste, il observa de nouveau, et un éclair d'intelligence vint bientôt lui montrer la voie. Il pensa que les frottements continuels du ventre de la Truite contre le sable du ruisseau, n'étaient pas seulement destinés à préparer comme une sorte de nid à ses œufs, mais encore à faciliter leur sortie.

Une expérience directe lui démontra bientôt que ses prévisions étaient fondées. Par des frottements doux et multipliés sur le ventre de l'animal, notre ingénieux expérimentateur provoqua artificiellement la sortie des œufs. Ayant remarqué que le mâle, pour répandre sa laitance, imite les mouvements de la femelle, il provoqua de même artificiellement l'évacuation de cette laitance, et comme il opérait sur un liquide contenant des œufs, il vit ces œufs perdre de leur transparence. Il considéra cette opacité comme le signe de leur fécondation. Dès lors, pour que l'éclosion s'ensuivît, il ne s'agissait plus que de mettre les œufs dans leurs conditions naturelles d'éclosion, et Remy y arriva sans peine.

C'est ainsi que, sans études antérieures, sans guide et ne prenant conseil que de la nature, ce simple pêcheur refaisait laborieusement les expériences de Jacobi, dont il n'avait jamais eu connaissance, et trouvait la solution de l'important problème qu'il s'était posé.

Après tant d'efforts et de fatigues, Remy avait besoin, pour achever son œuvre, pour la perfectionner, pour la répandre, peut-être aussi pour avoir un soutien et un conseil dans des moments de doute ou de découragement, de s'assurer la coopération d'un aide intelligent. Il confia son secret à Géhin, son ami, et fit de lui un véritable et habile pêcheur, qui l'aida à apporter diverses améliorations successives dans les procédés qu'il venait de découvrir.

Les premières tentatives de Remy paraissent remonter à 1840 ; et c'est en 1842 qu'il fut bien assuré du succès de sa méthode. Il parla alors dans le pays, des curieux résultats qu'il venait d'obtenir. Mais les uns ne l'écoutèrent pas, les autres n'attachèrent qu'un intérêt de simple curiosité à ses expériences.

En 1843, Remy adressa au préfet des Vosges, la lettre suivante.

Joseph Remy, pêcheur à la Bresse, à Monsieur le Préfet des Vosges, à Épinal.

Monsieur le Préfet,

J'ai l'honneur de vous exposer que, par suite des nombreuses expériences que j'ai faites, je suis parvenu, à force de soins et de peines, à faire éclore une immense quantité d'œufs de Truites, dont les jeunes, vigoureux et bien portants, sont propres à repeupler les rivières.

Je crois devoir mettre sous vos yeux le résultat des moyens que j'ai employés pour arriver à ces heureux résultats....... A l'époque du frai, au commencement de novembre, au moment où les œufs se détachent dans le ventre de la Truite, j'ai, en passant le pouce et en pressant légèrement sur le ventre de la femelle, sans qu'il en résulte aucun mal pour elle, fait sortir les œufs que j'ai placés d'abord dans un vase où se trouvait de l'eau ; après j'ai pris le mâle, et, en opérant comme pour la femelle, j'ai fait couler le lait sur les œufs, jusqu'à ce que l'eau soit blanchie.

Aussitôt cette opération faite et les œufs devenus clairs, je les ai déposés dans des boîtes en fer-blanc percées de mille trous et entre des grains de gros sable dont les fonds se trouvent bien garnis. J'ai placé une de ces boîtes dans une fontaine d'eau pure et d'autres dans l'eau de la rivière de la Bresse, dans un endroit assez tranquille quoique courant un peu. Vers le milieu de février les œufs de la boîte placée dans la source commençaient déjà à éclore, tandis que ceux déposés dans la rivière n'ont com-

(1) *Fécondation artificielle et éclosion des œufs de poissons*, par le docteur Haxo, d'Épinal, in-8. Épinal, 1853, p. 17.

mencé que le vingt mars..... En sortant, les petits, dont la queue se dégage la première, sont blancs, allongés, maigres, la tête grosse..... ils remuent aussitôt et semblent par leurs élans nager de suite avec plaisir ; tous les jours on les voit changer de couleur et prendre celle des grands poissons ; le corps s'arrondit et se remplit. Je possède encore une quantité de ces petits êtres, pour pouvoir en produire au besoin.

Une découverte de ce genre, surtout dans un moment où les rivières se trouvent presque dépourvues de poissons, par suite de la sécheresse qui s'est fait sentir l'année dernière, est digne, je crois, de l'intérêt du gouvernement.....

Signé : Remy.

La lettre qu'on vient de lire demeura sans réponse. Le préfet se borna à la transmettre à la *Société d'émulation des Vosges.*

Les deux pêcheurs de la Bresse ignoraient qu'il existe à Paris, une Académie savante, dont l'autorité est immense en Europe; si bien qu'une communication adressée à cette assemblée, se répand de là dans le monde entier, avec la rapidité de l'éclair. Ils ne songèrent donc pas à aller frapper aux portes de l'Académie des sciences. Ils s'adressèrent seulement à la *Société d'émulation des Vosges*, à laquelle le Préfet du département avait renvoyé leur communication.

La *Société d'émulation des Vosges* est « une de ces honnêtes filles qui n'ont jamais fait parler d'elles, » selon le mot de Voltaire. Ayant pris connaissance du procédé des deux pêcheurs, elle décerna, en 1843, à Remy et Géhin une médaille de bronze et une indemnité de 100 francs. Cela fait, la *Société d'émulation des Vosges* crut avoir suffisamment mérité de la science et de la patrie.

Tout semblait donc annoncer que la découverte de Remy et Géhin demeurerait longtemps enfouie dans les respectables archives de la Société savante d'Épinal. Heureusement pour une invention dont les résultats intéressaient, à tant de titres, le public tout entier, la question vint se poser, peu de temps après, devant l'Académie des sciences de Paris, à l'occasion du mémoire de M. de Quatrefages, présenté à l'Institut, comme nous l'avons dit, au mois de septembre 1848.

Aussitôt un médecin d'Épinal, M. le docteur Haxo, qui s'était dévoué à la propagation des idées de Remy, adressa à l'Académie des sciences une lettre, dans laquelle il faisait connaître la méthode et les succès des deux pêcheurs vosgiens. Nous avons déjà dit quel fut l'étonnement de l'Académie et du public. Les noms de Remy et de Géhin, répétés par tous les échos de la presse française, eurent bientôt une célébrité européenne.

La lettre du docteur Haxo fut renvoyée, par le président de l'Académie, à l'examen d'une commission, composée de MM. Duméril, Milne-Edwards et Valenciennes.

M. Milne-Edwards, prenant sa tâche au sérieux, partit pour les Vosges. Il se mit en rapport avec Remy, et à son retour, il présenta à l'Académie des sciences, un rapport, dont nous extrairons quelques passages.

«... La question que les pêcheurs se sont posée, disait M. Milne-Edwards, me semble pleinement résolue. Et, pour rendre au pays un service considérable, il ne leur manque que les moyens nécessaires pour étendre leurs opérations... Pour établir d'une manière régulière ce genre d'industrie, il faudrait au moins avoir trois étangs et en faire la pêche alternativement trois ans après leur empoissonnement respectif, puis verser de nouveaux produits dans le vivier ainsi épuisé. Malheureusement MM. Remy et Géhin n'ont pas à leur disposition les fonds nécessaires pour compléter de la sorte l'exploitation de leurs procédés. Ils ont obtenu la concession d'un petit étang qu'ils ont approprié à cet usage, et ils en ont acheté un autre au prix de 800 francs. Mais aujourd'hui leurs ressources pécuniaires sont épuisées et si, grâce à votre bienveillante protection, monsieur le Ministre, ils n'obtiennent pas quelques secours du gouvernement, je crains bien qu'ils ne se trouvent dans l'impossibilité de donner suite à des essais dont les débuts sont des plus satisfaisants.

« Les travaux de MM. Géhin et Remy me semblent d'autant plus dignes d'encouragement que le succès ne peut donner que peu ou point de profit à ces deux hommes dévoués et actifs, mais contribuera à accroître les ressources alimentaires dont les populations riveraines ont la disposition..... Pour le Saumon et pour la Truite et pour beaucoup d'autres poissons, le procédé de multiplication mis en pratique par MM. Remy et Géhin, me semble être le moyen le plus sûr et le plus facile pour l'empoissonnement des rivières... et ces deux pêcheurs paraissent avoir été les premiers à le mettre en pratique chez nous..... »

Le savant doyen de la Faculté des sciences de Paris terminait en demandant que l'on entreprît une grande expérience d'empoissonnement des eaux de la France, et il proposait au Ministre de charger de ce travail les deux pêcheurs de la Bresse, comme la récompense la plus digne, la meilleure, la plus nationale, que le gouvernement pût accorder à leur zèle et à leur habileté.

Dans un rapport fait en 1848, à la *Société philomathique*, M. de Quatrefages rendit une entière justice aux deux modestes observateurs. Nous reproduirons quelques passages de ce travail, qui compléteront l'histoire des découvertes successives de Remy et Géhin, et achèveront de donner une idée nette de l'ensemble de leurs procédés.

« Remy et Géhin, dit M. de Jahelger, avaient, à élever les jeunes poissons éclos entre leurs mains et à se créer des réserves, des espèces de pépinières où ils pourraient emmagasiner leurs produits pour les écouler au besoin. Ici commençait tout un ordre nouveau de difficultés. Si MM. Géhin et Remy avaient opéré sur des espèces herbivores, sur des Carpes, par exemple, la tâche aurait été bien simplifiée ; les carpillons auraient trouvé dans la vase et sur les bords d'un étang ou d'un ruisseau une nourriture toute préparée. Mais nos pêcheurs élevaient des Truites, et à ces poissons carnassiers il fallait une nourriture appropriée à la fois à leur âge et à leurs instincts. Ce problème assez difficile fut également résolu à la suite d'expériences fondées sur l'observation. MM. Géhin et Remy avaient vu les petites Truites se nourrir, au moment de leur naissance, de la substance mucilagineuse qui entoure les œufs. Ils songèrent d'abord à leur faire une nourriture analogue et leur donnèrent du frai de grenouilles, ce qui réussit fort bien.

« Quand les truitons devenus plus forts demandèrent une nourriture plus substantielle, leurs éleveurs eurent d'abord recours à la viande hachée... mais plus tard ils recoururent à un procédé bien plus ingénieux et qui mérite réellement l'épithète de scientifique. Pour nourrir leurs petites Truites, ils semèrent à côté d'elles d'autres espèces de poissons, plus petites et herbivores ; celles-ci s'élèvent et s'entretiennent elles-mêmes aux dépens des végétaux aquatiques. A leur tour, elles servent d'aliment aux Truites qui se nourrissent de chair. Dans la rivière de MM. Géhin et Remy tout se passe donc maintenant comme dans la nature entière. Ces pêcheurs sont arrivés à appliquer à leur industrie une des lois les plus générales sur lesquelles reposent les harmonies naturelles de la création animée. »

M. de Quatrefages demandait, comme M. Milne-Edwards, que le gouvernement chargeât Remy et Géhin de vulgariser, de populariser leurs procédés.

Le pêcheur Remy a donc le premier, en France, pratiqué sur une vaste échelle la fécondation artificielle et l'éclosion des œufs de truites, par un procédé renouvelé de celui de Jacobi. Il nous reste à dire quelles furent les récompenses accordées par le gouvernement à celui qui avait su créer ainsi, à peu de frais, une source inépuisable de substance alimentaire vivante.

Ces récompenses furent assez médiocres. Le Ministère de l'agriculture alloua 2,000 francs, comme encouragement ou indemnité à partager annuellement entre les deux pêcheurs. On donna à Remy un bureau de tabac dans un village de 1,200 âmes ; en sorte qu'il fut obligé de quitter les rives de la Bresse, et d'y faire deux ou trois voyages par an, pour surveiller ses pêcheries. Remy était alors vieux et infirme. Géhin fut mieux traité. Des allocations annuelles lui furent accordées, et il fut, en outre, chargé de missions pratiques, convenablement rémunérées par l'État.

CHAPITRE VI

PROGRÈS DE LA PISCICULTURE APRÈS 1848. — M. COSTE PREND EN MAIN LA DIRECTION DES TRAVAUX DE PISCICULTURE. — ORIGINE DES TRAVAUX DE M. COSTE SUR L'EMBRYOGÉNIE ET LA PISCICULTURE. — LE CHIRURGIEN DELPECH ; SA VIE ET SA MORT.

La publicité immense qui fut donnée, en France, par la presse scientifique et politique, aux succès obtenus par les pêcheurs de la vallée des Vosges, imprima un élan considérable à l'art nouveau (ou qui paraissait tel) de la pisciculture. MM. Millet, Valenciennes, Berthot et Detzem, Paul Gervais, de Philippi, etc., se firent remarquer par leur empressement à étudier scientifiquement cette méthode.

Mais c'est à M. Coste, professeur d'embryogénie au Collége de France, que revient le mérite d'avoir poussé la pisciculture dans la voie pratique, et d'avoir réalisé, avec une prodigieuse rapidité et une perfection extraordinaire, tout le matériel d'exploitation de la méthode issue des découvertes de la science et de l'observation modernes.

Pendant que la commission nommée par l'Académie des sciences laissait languir, selon les us et coutumes des commissions officielles, l'étude qui lui était soumise, M. Coste entrait en maître dans cette question, et se l'appropriait pour ainsi dire. M. Coste n'est pas assurément l'inventeur de la pisciculture ; mais il s'est montré le défenseur, le champion, le zélé promoteur, de cet art merveilleux. Il l'a répandu, il l'a vulgarisé. Après avoir réussi à attirer sur cette industrie si nouvelle l'appui du Gouvernement, M. Coste fit appel à la curiosité de tous, à la philanthropie des hommes de bien, aux intérêts privés des propriétaires, aux réflexions des économistes. M. Coste a établi la piscine modèle du Collége de France ; il a obtenu la création par l'Etat du gigantesque établissement de Huningue ; il a jeté des milliards de poissons dans nos fleuves, nos rivières, nos pièces d'eau, nos étangs. « Propager cette découverte féconde, en perfectionner les procédés, en étendre les applications, transformer en règles certaines les pratiques qui ne sont pas encore fixées, y introduire toutes les modifications que l'expérience désigne, distribuer dans toutes les contrées où l'on voudra et faire des essais sérieux des œufs fécondés, » tel est le programme que M. Coste se posa dès le début de ses travaux, en 1849, et qu'il a parfaitement rempli.

Nous avons dit, dans les premières pages de cette Notice, que, par sa position de pro-

Fig. 544. — Coste.

fesseur d'embryogénie au Collége de France, M. Coste était naturellement désigné pour se mettre à la tête de la grande entreprise de l'application pratique de la pisciculture en France. Mais peut-être sera-t-on curieux d'apprendre comment M. Coste fut amené à s'adonner à l'étude de l'embryogénie, c'est-à-dire à la science qui traite de l'évolution des animaux dans l'œuf dès la fécondation du germe. Nous allons donc entrer dans quelques détails sur les premiers travaux de ce naturaliste, fidèle en cela à notre habitude de faire connaître à nos lecteurs les particularités de l'existence des hommes qui ont attaché leur nom, avec gloire, à l'histoire des découvertes scientifiques dont nous traçons le tableau.

Né aux environs de Montpellier, à Castries, M. Coste était, en 1828, étudiant en médecine, chef de clinique chirurgicale à l'hôtel-Dieu Saint-Éloi, et élève particulier du professeur Delpech. Il est sans doute peu de nos lecteurs qui aient entendu prononcer le nom de ce chirurgien : il faut donc leur dire ce qu'était Delpech.

Pour les élèves de l'école de Montpellier, Delpech est resté, en quelque sorte, le dieu de la chirurgie. Je ne crois pas que son éloquence entraînante, le feu de ses discours, la clarté de ses démonstrations cliniques et son génie chirurgical, aient jamais été égalés. Flourens disait, en 1847, à la Chambre des pairs :

« M. Delpech a été, à mon avis, le seul rival de Dupuytren. Ce sont les deux foyers de lumière de notre siècle. J'ai suivi ses leçons, j'ai été témoin du concours admirable où il a remporté la palme sur tous ses concurrents. Il avait, comme Dupuytren, le privilége d'une éloquence naturelle, admirable. On aurait suivi leurs leçons uniquement par l'attrait d'une parole éloquente, indépendamment de ce qu'ils étaient, chacun en son genre, les deux hommes les plus originaux qu'eût vus la chirurgie française au XIXe siècle (1). »

Né à Toulouse, élève de l'école de Paris, Delpech avait débuté, comme chirurgien, à l'Hôtel-Dieu de Paris, à côté de Dupuytren. Mais ce dernier, effrayé du voisinage de ce jeune homme de génie, vit avec bonheur son rival aller conquérir, à Montpellier, en 1812, dans un concours demeuré célèbre, la place de professeur de clinique chirurgicale.

On croyait avoir imposé l'exil à Delpech, c'était un piédestal qu'on lui avait préparé. Pendant vingt ans, dans l'hôtel-Dieu Saint-Éloi, le chirurgien de Montpellier, par ses leçons et sa pratique, mit en échec la renommée de Dupuytren. Il tenait, dans le midi de la France, le sceptre de la chirurgie. Ses travaux, ses innovations dans la pathologie externe, et surtout son admirable éloquence, ont laissé dans l'école de Montpellier des souvenirs impérissables.

(1) *Moniteur universel* du 2 juin 1847, n. 11, p. 1660.

En 1830, Delpech, toujours préoccupé du perfectionnement de son art, eut l'idée de chercher dans l'embryogénie la cause des altérations pathologiques des tissus. Il se demandait si, en étudiant dans l'œuf le germe des organes, au moment de leur formation, on ne parviendrait pas à saisir la cause première de ces modifications anormales des tissus vivants, auxquels la chirurgie a mission de remédier.

Pour le seconder dans les longues expériences qu'il voulait entreprendre sur le développement du germe dans l'œuf des oiseaux, et sur la formation progressive des organes, Delpech s'adressa à M. Coste, son élève.

Il nous sera permis de parler, en connaissance de cause, de tout ce qui va suivre, car nous y avons été, en quelque sorte, mêlé, non en acteur, mais en spectateur, en spectateur de dix à onze ans.

Mon père avait fait bâtir, à Montpellier, au fond d'un vaste jardin, dans la rue de la Maréchaussée, une maison composée d'un rez-de-chaussée et d'un étage, laquelle, pour le dire en passant, est tombée récemment sous le marteau des démolisseurs, pour le passage de la rue Maguelonne, près du chemin de fer de Cette. Cette maison était louée, d'ordinaire, aux étrangers ou aux officiers du génie en garnison à Montpellier (1).

Au moment dont nous parlons, une partie du rez-de-chaussée était louée à M. Coste. Ce rez-de-chaussée, vaste et composé de plusieurs petites pièces, convenait parfaitement aux expériences d'incubation artificielle que Delpech voulait entreprendre. C'est là, en effet, que Delpech fit établir les *couveuses artificielles*, le petit laboratoire pour la préparation et l'observation des pièces au microscope, etc.

Le premier étage était occupé par deux offi-

(1) Le corps du génie ne compte que trois régiments, dont les garnisons, ainsi que l'École régimentaire, sont à Metz, à Arras et à Montpellier.

ciers du corps royal du génie. L'un de ces officiers était le capitaine Bonnet, qui prit, plus tard, une grande part aux fortifications de Paris, et qui est mort directeur des fortifications de cette place.

Je vous dirai tout à l'heure le nom du second officier; quant à moi, je l'appelais *mon lieutenant*.

Mon lieutenant était un jeune homme de vingt-quatre ans, petit, brun, agile, toujours en mouvement, et qui avait besoin de dépenser sans cesse la prodigieuse activité de son organisation. Il m'avait pris en affection, et se faisait un plaisir de me familiariser avec les exercices militaires, avec la gymnastique, le maniement du fusil, de l'épée, etc. Il m'avait inspiré pour la carrière des armes une véritable passion, que devait malheureusement contrarier bientôt le vœu de ma famille.

On s'occupait beaucoup, à cette époque, sous l'inspiration du chimiste d'Arcet, de la question de la valeur nutritive de la gélatine. On s'imaginait que cette substance pourrait fournir une précieuse ressource pour l'alimentation des masses. *Mon lieutenant*, qui avait besoin d'employer à quelque chose la constante activité de son esprit, avait obtenu d'entreprendre des expériences sur la véritable valeur de ce produit alimentaire, avec des hommes de sa compagnie. Mais, comme on le sait, tous les essais de ce genre devaient être négatifs; le résultat des expériences entreprises à la citadelle de Montpellier, n'eut donc rien de satisfaisant pour le jeune officier du génie.

Cependant Alger venait d'être pris, et tout annonçait qu'un champ tout nouveau allait s'ouvrir aux opérations et aux conquêtes de notre armée. Un matin, *mon lieutenant* me prit dans ses bras, et me dit, en m'embrassant : « Adieu, cher enfant, je pars pour Alger. Quand tu seras devenu un brave officier de troupe, tu me retrouveras en Afrique. »

A la nouvelle de la prise d'Alger, il avait donné sa démission de lieutenant dans l'arme du génie, pour partir, avec le même grade, dans le corps des zouaves, que l'on commençait d'organiser.

Mon lieutenant s'appelait de Lamoricière. Je ne l'ai jamais revu, et c'est par les bruits publics que j'ai appris les exploits militaires du jeune chef de bataillon de zouaves, vainqueur et héros de Constantine, du brillant général dont on a admiré la valeur sur tous les champs de bataille de l'Afrique, du Ministre de la guerre de la République en 1848, du général en chef de l'armée du pape, en un mot, du grand homme d'épée que la France a malheureusement perdu en 1865.

Mais revenons à Delpech et à Coste. Leurs travaux sur le développement de l'oiseau dans l'œuf, avaient pris un grand développement. Des découvertes pleines d'intérêt, des observations de la plus haute importance, étaient sorties de ces études. Chaque matin, le jardin de la rue de la Maréchaussée se remplissait de montagnes de coquilles d'œuf, ce qui nous frappait d'une continuelle surprise, le capitaine Bonnet et moi. Nous ne pouvions comprendre à quoi pouvait servir cette continuelle hécatombe d'œufs, plus ou moins couvés, et de poulets en herbe!

Le travail étant terminé, Delpech chargea M. Coste d'aller présenter à l'Académie des sciences de Paris le mémoire contenant le résultat de leurs expériences sur le *développement du poulet dans l'œuf*.

Quand M. Coste lut devant l'Académie des sciences, ce mémoire, accompagné de planches et de dessins, représentant toutes les particularités de l'évolution du jeune dans l'œuf de l'oiseau, tous les naturalistes de l'Académie, et bientôt ceux de toute l'Europe, furent saisis d'une véritable admiration. Les deux expérimentateurs de Montpellier venaient de créer l'embryogénie, science qui sommeillait depuis les travaux de Harvey, au XVIIe siècle; car on n'aurait pu citer avec honneur, depuis cette époque, que quelques études des physiologistes allemands. Aussi l'Académie des sciences décerna-t-elle, en 1832, le *grand prix de physiologie expérimentale*, au travail embryogénique de MM. Delpech et Coste.

Fig. 545. — Delpech.

De tous les naturalistes de Paris, Cuvier fut le plus vivement frappé des résultats contenus dans le travail des expérimentateurs de Montpellier. Il venait d'achever ses grands travaux de paléontologie; il venait d'exercer son génie sur les générations éteintes, et de reconstituer, à l'admiration de l'Europe entière, les animaux propres aux mondes disparus. Il entrevoyait dans l'embryogénie un champ tout nouveau, une autre carrière, digne de toutes les forces de son grand esprit. Il se flattait de découvrir peut-être, en observant *ex ovo*, la formation et le développement des animaux, le mystère de leur origine. Plein de cette idée, Cuvier fit transporter dans son laboratoire du Jardin des Plantes, la *couveuse artificielle* de M. Coste, et il se mit a répéter avec patience, toutes les observations successives décrites dans le mémoire de M. Coste. Ce dernier se tenait, du matin au soir, dans le laboratoire de Cuvier, pour mettre sous les yeux du grand naturaliste la marche et la série du développement du germe dans l'œuf de l'oiseau.

C'est au milieu de ces recherches que la mort vint frapper Cuvier. Il se trouve un jour, dans son laboratoire, saisi d'un mal subit, inconnu. Des médecins sont appelés en toute hâte, et M. Coste saigne lui-même l'illustre malade. Mais tous les soins sont inutiles, et le grand homme expire, quelques jours après, dans les bras de ses élèves désolés.

Était-ce le *choléra-morbus* qui venait de faire une grande victime? On l'a cru, mais le fait n'est point établi.

Le choléra-morbus faisait, en effet, en ce moment même, sa première apparition en Europe. Parti des rivages empoisonnés du Gange, il avait cheminé le long de l'Asie septentrionale, et nous arrivait par le nord de l'Europe, c'est-à-dire par l'Irlande et l'Écosse.

Delpech apprit, à Montpellier, l'invasion du choléra en Écosse. A cette nouvelle, il prit une résolution qui était bien dans sa nature ardente, passionnée pour l'art auquel il avait voué sa vie. Sans demander au Gouvernement de mission particulière, il part en chaise de poste pour se rendre en Écosse et en Angleterre. Il va étudier, au milieu de son foyer, l'épidémie nouvelle et meurtrière, devant laquelle chacun fuit avec épouvante. Il veut étudier la question de la contagion ou de la non-contagion du choléra, problème d'une importance capitale pour tous les pays menacés de l'épidémie asiatique.

Delpech traversa rapidement Paris. Il prit avec lui son élève et son ami, M. Coste, et s'embarqua pour les Iles Britanniques. Il parcourut l'Irlande, l'Écosse et l'Angleterre en proie aux ravages du choléra, visitant les hôpitaux, recueillant les avis et les observations médicales de tous ceux qui avaient soigné des cholériques. Son voyage fut une suite d'ovations, et son entrée à Édimbourg, notamment, un véritable triomphe. On ne se lassait pas d'admirer, de glorifier le dévouement et le courage de l'illustre médecin français.

Delpech revint d'Angleterre avec la conviction bien arrêtée du caractère contagieux du choléra-morbus. Comme le fléau avait déjà envahi la France et menaçait Paris, il se hâta de faire part de ses impressions aux membres de l'administration publique, qui s'étaient réunis à la préfecture de police, sous la présidence de Dupuytren, pour aviser aux mesures à prendre en cette circonstance. Delpech développa, avec sa chaleur et son éloquence ordinaires, son opinion sur la nature contagieuse du choléra, et il demanda l'adoption immédiate de moyens d'isolement énergiques, pour tous les lieux menacés de l'épidémie. Mais l'opinion de la transmissibilité par contact déplaisait alors ; elle fut combattue avec aigreur; elle lui fut reprochée presque comme une faute. C'est alors que Dupuytren, levant brusquement la séance, pour couper court aux explications de Delpech, répéta fort mal à propos le mot de Cicéron au sujet de Catilina : « Il n'est plus temps de délibérer ; l'ennemi est à nos portes ! »

Et contre cet ennemi terrible, contre la mort qui frappait de sa faux aux portes de la capitale, il ne fut pris aucune espèce de précautions. On sait ce qui arriva, et le nombre de victimes que fit à Paris, dans cette première invasion, le fléau indien. On eût beaucoup amoindri ces malheurs, on se fût efficacement opposé aux progrès de l'épidémie, si l'on eût adopté les mesures de prudence qu'avait recommandées Delpech, après avoir fait toucher du doigt le caractère manifestement contagieux, c'est-à-dire transmissible, par contact, médiat ou immédiat, du choléra asiatique.

Ce voyage en Angleterre, qui avait excité dans ce pays tant de témoignages d'admiration et de sympathie en sa faveur, ne fut donc, pour Delpech, en France, qu'une source d'amertumes. Le Gouvernement ne daigna

Fig. 546. — Cuvier.

reconnaître son dévouement par aucun acte de gratitude publique ; il revint à Montpellier, avec la seule conscience du devoir inutilement accompli.

M. Coste devait rentrer dans sa ville natale avec son maître, pour y reprendre la suite de leurs recherches sur l'embryogénie. Il en fut empêché par l'événement funeste qui vint clore tragiquement la vie de Delpech, et qu'il nous reste à raconter.

Delpech entretenait, à grands frais, à Montpellier, un vaste établissement orthopédique, situé sur la route de Cette, aux portes de la ville. C'est là qu'il recueillait sur le traitement des difformités congénitales, l'immense tribut d'observations, dont il a consigné le résultat dans ses ouvrages.

Peu de jours après son retour d'Angleterre, dans l'après-midi du 29 octobre 1832, il se rendait, comme à l'ordinaire, accompagné d'un domestique, dans son cabriolet, à son établissement orthopédique, lorsqu'il aperçoit, aux dernières maisons de la ville, près du couvent des Sœurs noires, un jeune homme, qui, de sa fenêtre, lui fait signe de s'arrêter, comme ayant à lui parler. Delpech reconnaît un de ses malades de la ville, et il retient un moment son cheval.

Le jeune homme descend, en effet; mais il est armé d'un fusil à deux coups. Il se place devant la porte, ajuste Delpech et fait feu. Le malheureux chirurgien, le cœur traversé d'une balle, tombe la face en avant, dans la voiture. Le cheval effrayé part, et passe rapidement devant le meurtrier. Celui-ci, craignant de n'avoir pas atteint sa victime, tire un second coup de fusil, *au jugé*, dans la capote du cabriolet qui vient de le dépasser.

Ce deuxième coup tue roide le domestique de Delpech, qui venait de relever son maître du fond de la voiture, et qui le soutenait dans ses bras.

Le cheval s'arrêta de lui-même, devant la porte de l'établissement orthopédique, avec les deux cadavres dans le cabriolet.

Après ce double meurtre, l'assassin remonte dans sa chambre, recharge les deux coups de son fusil, et se fait sauter le crâne.

Quel était ce misérable et quelle cause avait pu le porter à un si exécrable forfait? Il était Grec d'origine, et s'appelait Demptos. Personne n'a pu connaître l'horrible secret qui causa la mort de ces trois hommes. On sut seulement que Demptos recherchait en mariage une jeune personne, dont la main venait de lui être refusée. Comme Delpech lui avait donné des soins, on a dit que Delpech, consulté sur la convenance de l'union projetée, aurait pu émettre à ce sujet une opinion défavorable. Mais l'illustre chirurgien était trop pénétré de l'importance du secret médical, pour avoir commis quelque indiscrétion de ce genre. Peut-être seulement Demptos conçut-il ce soupçon, et cela put suffire à armer son bras. Il était, en effet, irascible et violent à l'extrême. Peu d'années auparavant, et pour la cause la plus futile, il avait déjà attenté à la vie d'un notaire de Bordeaux, et subi, pour ce crime, quatre années d'emprisonnement au fort du Hâ. Peut-être aussi Demptos n'était-il qu'un aliéné.

Tout ce que l'on peut dire, c'est que la veille même du crime, Demptos, assis au théâtre, dans une loge, entre M. et Mme Delpech, tenait un de leurs enfants sur ses genoux, et semblait causer affectueusement avec l'homme qu'il devait frapper le lendemain.

Rien ne peut dépeindre les sentiments de désespoir et d'horreur de la population de Montpellier, à la nouvelle de cet événement funeste. Accouru sur le lieu de ce spectacle tragique, je n'oublierai jamais la stupeur générale qui glaçait tous les cœurs, lorsque vint à passer lentement, à travers la foule muette et indignée, la voiture de Delpech, toute souillée de sang, et montrant encore la trace visible des deux balles du meurtrier.

On comprend maintenant pourquoi monsieur Coste ne retourna pas à Montpellier. Il s'était lié, à Paris, avec tous les naturalistes en renom, particulièrement avec son compatriote Flourens. Il prit donc le parti de demeurer dans la capitale, pour y continuer ses recherches d'embryogénie. Les travaux qu'il ne cessa de poursuivre dans la même direction, pendant plusieurs années, finirent par le placer au premier rang dans cette partie de la science, et en 1840, grâce à l'appui de M. Guizot, on créa pour lui, avec l'approbation de tous les savants, une chaire d'embryogénie au Collége de France. Bientôt l'Institut lui ouvrit ses portes.

La pisciculture étant venue à faire beaucoup de bruit dans le monde, en 1848, à la suite des travaux des deux pêcheurs de la Bresse, M. Coste se jeta avec ardeur dans l'étude de cette méthode. Déjà, d'ailleurs, il avait commencé des expériences sur la domestication des poissons. A cet ordre de travaux appartiennent son mémoire sur *l'élève des Anguilles*, et ses charmantes *observations sur les Epinoches*, poissons de rivière qui, au sein des eaux, nichent comme les oiseaux dans les arbres. Depuis dix ans, professeur d'embryogénie comparée, M. Coste, pour répondre aux nécessités de son enseignement, et montrer à son auditoire le phénomène du développement des êtres, avait souvent recours au procédé de la fécondation artificielle. La question que soulevait la découverte des deux pêcheurs des Vosges, rentrait donc parfaitement dans le cadre de ses études.

M. Coste entreprit, en 1849, l'étude de la pisciculture sur une grande échelle. Il fit construire dans son laboratoire du Collége de France, un vaste appareil pour suivre le développement des œufs de poissons fécondés artificiellement. Il entreprit de perfectionner le procédé de la multiplication artificielle, de transformer en règles certaines des pratiques encore douteuses, enfin de propager et de répandre dans le public la connaissance d'une découverte si importante pour l'avenir des sociétés.

Deux ingénieurs du département du Haut-Rhin, MM. Berthot et Detzem, avaient établi à Huningue, dans le département du Haut-Rhin, aux frontières de la Suisse, de vastes piscines, pour mettre en pratique les méthodes de Remy et Géhin. Ils employaient la *boîte à éclosion de Jacobi*. Créé en 1851, le petit établissement de Huningue, de MM. Berthot et Detzem, avait déjà pu féconder 3 millions 302,000 œufs d'espèces diverses, qui avaient donné 1,683,200 poissons vivants.

Justement frappé de ce fait, le Ministre de l'agriculture et du commerce confia à M. Coste, la mission d'examiner dans tous ses détails l'établissement de Huningue, et de lui faire connaître les résultats obtenus depuis le commencement de son exploitation.

A la suite de sa visite à l'établissement du Haut-Rhin, M. Coste rendit compte au Ministre des résultats encourageants obtenus par MM. Berthot et Detzem. Il montra, en même temps, tout le parti que l'on pouvait tirer de la situation de Huningue, pour y créer aux frais de l'État et dans un grand intérêt public, un vaste établissement central, où l'on ferait artificiellement éclore une masse considérable d'espèces diverses de poissons, d'où on les dirigerait ensuite, soit à l'état d'œufs fécondés, soit à l'état d'alevin, pour repeupler toutes les rivières et tous les fleuves de la France. Pour réaliser ce vaste projet, M. Coste demandait seulement à l'État une somme de 22,000 fr. et 8,000 fr. pour les frais d'exploitation annuelle.

Un crédit de 30,000 francs ayant été accordé, les travaux de terrassement et de canalisation commencèrent à Huningue, au mois de septembre 1852. Nous décrirons avec soin cet établissement modèle, dans un des chapitres suivants.

CHAPITRE VII

PROGRÈS DE LA PISCICULTURE APRÈS L'ANNÉE 1852. — DÉCOUVERTE DE LA PISCICULTURE MARITIME. — L'OSTRÉICULTURE. — LE LABORATOIRE VIVANT DE CONCARNEAU.

Parmi les personnes qui se sont consacrées, avec dévouement et avec succès, aux progrès de la pisciculture, nous ne devons pas oublier M. Millet, inspecteur des eaux et forêts. On doit à M. Millet quelques observations curieuses et quelques perfectionnements apportés à cet art curieux, qu'il a pu cultiver au quatrième étage d'une maison de la rue de Castiglione.

Jusqu'à cet observateur, on opérait les fécondations artificielles d'un seul coup, c'est-à-dire en pressant sur les côtés du ventre de la femelle. Mais en opérant ainsi, on n'obtenait qu'une très-faible portion d'œufs susceptibles d'être fécondés ; car la masse considérable d'œufs que renferme le poisson, n'atteint pas, en même temps, un degré de maturité égal et convenable ; et de plus cette pratique ne s'effectuait qu'avec une certaine violence, peu conforme aux lois de la nature, et sans doute nuisible à la santé de l'animal. M. Millet eut soin de ne récolter les œufs que par portions et par intervalles, c'est-à-dire à mesure qu'ils mûrissent, et de les faire tomber dans l'eau simultanément avec la laitance du mâle, que l'on se procure avec les mêmes précautions.

M. Millet a encore imaginé quelques appareils pour les frayères artificielles, des appareils d'incubation, plus ou moins nouveaux, plus ou moins ingénieux, et des boîtes convenablement disposées pour le transport à de grandes distances des œufs fécondés.

M. Millet n'a pas seulement fait de la pisciculture sur le marbre de sa cheminée. Il a mis beaucoup de zèle à la propager dans les départements de l'Eure, de l'Aisne et de l'Oise. Il s'est livré d'autre part à des observations patientes, qui l'ont conduit à quelques heureuses applications. Il a remarqué que la mortalité des œufs atteint toujours son maximum à l'époque où l'embryon commence à se former : il a donc conseillé de n'en effectuer le transport que lorsque les yeux sont déjà visibles, ou immédiatement après la fécondation. Il a vu encore que les taches blanches et les algues attaquaient plus rarement les œufs de truite et de saumon à une basse température qu'à une température qui dépasse 10 degrés. Il a expliqué l'émigration des poissons des eaux de la mer dans les eaux douces en constatant que l'eau salée est nuisible au développement de leurs œufs. Enfin il a reconnu que cette même eau salée, chose curieuse, faisait disparaître ces taches blanches, qui, s'agrandissant, auraient compromis la vie des jeunes poissons.

Mais le pas le plus considérable que la pisciculture ait fait après l'année 1852, l'extension prodigieuse et inattendue de cet art, sont dus à M. Coste.

C'est, en effet, aux travaux, à la patience, aux instances de ce savant, que l'on doit l'application de méthodes de fécondation artificielle aux animaux qui habitent les mers, tant poissons que mollusques et crustacés. M. Coste est parvenu à transformer les plages maritimes en manufactures abondantes de produits alimentaires. Nous ferons connaître, avec les détails nécessaires, les procédés et les appareils qui servent aujourd'hui à obtenir artificiellement, sur une grande échelle, la multiplication des huîtres, et celle des moules, et qui font espérer le même résultat pour divers crustacés.

L'établissement pratique de la pisciculture maritime a dû beaucoup aux études et aux recherches que M. Coste a pu faire dans le curieux *laboratoire vivant* qu'il a fait établir dans une anse retirée de la vieille Bretagne, près de la ville de Concarneau. Les *viviers-laboratoires* de M. Coste, à Concarneau, méritent donc ici une mention spéciale.

Concarneau est une petite ville du département du Finistère, cachée au pied d'une anse tranquille, poissonneuse, entourée de riantes collines, qui descendent jusqu'au rivage. Ses habitants ne sont que de pauvres pêcheurs.

La richesse en poisson de la baie de Concarneau, la bienveillante simplicité de la population de ses rivages, conviaient, en quelque sorte, le naturaliste à établir le domicile de ses études sur cette côte tranquille. C'est là que M. Coste, en 1858, allait poursuivre ses recherches scientifiques et ses études pratiques. En même temps qu'il préparait les remarquables travaux qui ont enrichi l'embryogénie comparée de découvertes nouvelles, il appelait l'attention du Gouvernement sur le sort des gens de mer, et il faisait introduire dans l'économie et l'administration des pêches marines d'utiles modifications.

Mais ce n'était pas assez ; il fallait populariser la science abstraite de l'embryogénie, la rendre féconde en résultats utiles en éten-

Fig. 547. — Le laboratoire vivant de Concarneau.

dant les applications de la pisciculture à la *culture de la mer*, comme on l'avait appliquée à la *culture des fleuves, des rivières et des lacs.* C'est alors que vint à M. Coste l'idée de transformer en laboratoire ce petit coin de la plage de Concarneau, pour soumettre à des épreuves pratiques tous les problèmes de l'aquiculture, et les livrer, dégagés de leurs inconnues, aux applications de l'industrie.

Ces viviers-laboratoires sont aujourd'hui construits. De même que le Gouvernement, sur la proposition de M. Coste, avait créé à Huningue un établissement modèle de pisciculture pour les eaux des fleuves et des rivières, de même il favorisait l'organisation du vivier de Concarneau, destiné à étudier les mœurs des êtres marins.

La figure 547 représente le *laboratoire vivant de Concarneau.* Nous allons donner quelques détails sur l'utilité, le but de cet établissement, ainsi que sur son ordonnance pratique.

Les viviers de Concarneau sont situés sur l'emplacement de rochers énormes de granit, dont deux surtout, réunis à angle aigu, supportent tous les efforts de la mer. Ils couvrent une surface de plus de 1,000 mètres carrés, subdivisée en six bassins, que l'eau visite deux fois par jour, à la marée haute. Au reflux de la mer, l'eau se retire, en passant par des orifices grillés, qu'on peut ouvrir et fermer à volonté. Cette ménagerie aquatique représente donc, suivant l'heureuse expression de M. Coste, un Océan en miniature, puisque toutes les conditions de la pleine mer y sont réunies, sauf l'étendue illimitée de l'Océan.

Les poissons, les mollusques et les crustacés peuvent être soumis, dans ce laboratoire naturel, soit à l'influence des eaux tranquilles, soit à celle des courants. Sur le point le plus éloigné de la mer, s'élève un vaste bâtiment, dont le rez-de-chaussée est pourvu de tous les instruments de dissection et d'observation. D'immenses *aquariums* d'eau douce et d'eau salée, renouvelées sans cesse par une pompe, qu'un moulin à vent met en mouvement, abritent les poissons mis en expérience. Des volets fermés sur les glaces des aquariums, et munis de petits judas, permettent d'observer les animaux captifs quand ils se livrent aux actes les plus secrets et les plus importants de la nature.

Au premier étage sont les logements pour les volontaires de la science qui veulent venir à Concarneau étudier la faune sous-marine.

On a ménagé dans les six bassins toutes les conditions de la nature : fonds de sable, herbiers, vase, rochers, abris de toute sorte, enfin tout ce qui peut réjouir le cœur d'un animal aquatique. Trois de ces bassins sont destinés aux poissons et trois aux crustacés. On y a mis successivement tous les poissons que l'on pêche sur les côtes de Bretagne, et tous y ont très-bien vécu.

On y voit le Turbot, à la gueule de serpent, s'ébattre à côté de la Sole et de la Plie, qui se distinguent par la paresse de leurs mouvements, et la Raie filer entre deux eaux, en battant l'eau de ses nageoires. Le poisson de Saint-Pierre y nage doucement, sa nageoire dorsale lui tenant lieu d'hélice. La Vieille se couche sur le dos, ce qui permet aux crustacés parasites de s'appliquer sur elle ; des troupeaux de Muges broutent les algues ; le Rouget se sert de ses deux barbillons comme de deux doigts pour palper sa nourriture ; le Congre se cache sous les pierres en guettant sa proie ; la Sardine bleuâtre parcourt en tous sens les bassins et échappe à la voracité de ses ennemis par la rapidité de sa course saccadée, qui rappelle le vol de l'hirondelle.

Tous ces animaux, farouches par instinct, s'habituent, avec une facilité surprenante, à la présence de l'homme ; ils se familiarisent au point de venir manger dans sa main. Les petits Muges sont si voraces et si hardis à la fois, qu'ils sortent en entier hors de l'eau, pour saisir la nourriture qu'on leur offre. Le pilote Guillou, gardien de ces viviers, dont il a fait une sorte de basse-cour aquatique, a même élevé deux Congres à passer entre ses mains quand il les appelle.

Rien n'est amusant comme le spectacle de ces bassins, à l'heure où les poissons prennent leur repas. C'est à qui luttera de vitesse et de ruse, pour obtenir sa pitance. Cependant, chacun arrive à satisfaire son appétit, ce qui contribue à entretenir la bonne intelligence entre petits et grands.

La nourriture qu'on leur jette, est un poisson de peu de valeur, le Saint-Char, qui ne se vend pas sur les marchés, et qu'on prend toujours en grande quantité dans les filets à sardines, où il s'égare sans y être convié. On coupe en morceaux ce poisson de rebut, qui sert à la nourriture de ses congénères aquatiques. Du reste, les poissons de mer ne sont pas difficiles pour leur alimentation ; toute espèce de mollusques leur convient. Les Vieilles avalent, par exemple, très-volontiers les Moules entières, animal et coquille ; leur solide estomac se charge de séparer l'ivraie du bon grain.

Le succès manifeste de ces tentatives d'éducation, permet d'espérer qu'on arrivera à constater dans ces viviers, des reproductions, si l'on a, à l'époque du frai, le soin d'isoler les couples. Du reste, on y a déjà observé la ponte d'une Plie et d'une grande Raie, et les mollusques et les crustacés se reproduisent dans les bassins, comme en pleine liberté. Les jeunes poissons qu'on y a introduits, s'y développent avec rapidité.

Des Turbots, qui mesuraient alors 20 centimètres, ont atteint, au bout d'un an, une taille de 40 à 50 centimètres. Un Grondin, long de 5 centimètres, a quadruplé de taille, en trois ans. Au mois d'août 1863, M. Gerbe, le patient et dévoué collaborateur de M. Coste, a fait disposer, dans des viviers flottants, 500 à 600 Soles et Turbots de 3, 4 et 5 centimètres, qui ont crû en taille d'une façon fort remarquable.

La taille réglementaire pour la vente des poissons, est beaucoup moins élevée en France qu'en Angleterre. Le Turbot, pour être vendu en Angleterre, doit mesurer 42 centimètres, tandis qu'il suffisait chez nous, avant 1862, de 20 centimètres; et le décret du 10 mai 1862 a réduit cette taille à 10 centimètres. Il suit de là que la destruction du poisson sur nos côtes, fait des progrès formidables, et qu'il est temps de songer à l'arrêter. Le moyen d'y parvenir, serait d'élever les poissons trop jeunes dans des *bateaux-viviers*, tels que les *cutters* que le Gouvernement a concédés récemment aux pêcheurs de l'île de Ré.

Les bassins des crustacés n'offrent pas moins d'intérêt que ceux des poissons. Ils renferment, entre autres, 1,000 à 1,500 langoustes et homards, de tout âge, qu'on nourrit avec du poisson sans valeur, ou même avec les têtes de sardines, qui forment le déchet de la fabrication des conserves.

Ces Crustacés fuient le soleil, et vont s'amonceler sous les pierres. Les Langoustes aiment aussi à grimper sur les treillages qui sont disposés dans les viviers. Elles sont très-friandes des Étoiles de mer, qu'elles dépècent et emportent pour les dévorer à loisir. Leurs mandibules sont organisées de telle façon qu'elles peuvent croquer les écailles d'huîtres pour arriver jusqu'à l'animal.

MM. Coste et Gerbe ont fait des observations fort intéressantes sur l'accouplement des Homards et des Langoustes, et ils ont utilisé les données acquises pour arriver à l'éclosion des œufs de crustacés. C'est ainsi que M. Gerbe a démontré, que les Phyllosomes de la mer des Indes ne sont que des larves de Langoustes. Mais les êtres naissants qui deviennent, plus tard, des Langoustes, se dérobent à l'observation, en allant se cacher au large; on n'a encore pu suivre le développement complet que chez les Homards, qui ont été suivis jusqu'à la vingtième mue, c'est-à-dire pendant quatre ans.

Le succès obtenu dans les viviers de Concarneau promet de grands avantages à l'industrie, qui pourra ainsi entrer en possession de véritables greniers d'abondance. Déjà, on expédie des Langoustes de Concarneau aux marchés français, et d'autres réservoirs tendent à s'établir sur nos côtes. Nous ne citerons que celui de M. de Crésoles, à l'île Tudy, lequel mesure 70 hectares et contient en ce moment plus de 75,000 Langoustes.

L'institution du vivier-laboratoire, transformé par M. Coste, en une sorte de basse-cour aquatique, est devenue le signal d'une série de créations industrielles, qui seront à la fois des fabriques de substances alimentaires, des instruments d'exploitation et de repeuplement de la mer. N'est-ce pas là un des plus beaux triomphes de la science sur la nature vivante, et une gloire pour notre pays d'avoir eu l'initiative de cette entreprise ?

En terminant cet historique, nous ne pouvons nous empêcher de rappeler combien ont été confirmées aujourd'hui ces paroles prophétiques de Lacépède : « Les eaux, écrivait cet illustre naturaliste, n'offriront plus de tristes solitudes, mais paraîtrons animées par des myriades de poissons propres à nourrir l'homme et les animaux qui lui sont utiles, et à fertiliser les champs ingrats, en donnant à l'agriculture un engrais abondant. »

Fig. 548. — Pêcheurs de la côte de Concarneau.

CHAPITRE VIII

QUELQUES MOTS SUR LE MODE DE REPRODUCTION ET LE DÉVELOPPEMENT DES POISSONS.

Avant d'aborder la partie pratique de cette étude, c'est-à-dire l'exposé des procédés en usage pour la pisciculture, nous devons donner une idée du mode de fécondation et de reproduction des poissons, ainsi que de leur développement.

Toute fécondation est le résultat de l'action exercée sur un œuf, par de petits corps mobiles, dont la liqueur séminale est chargée, et qu'on a nommés *spermatozoïdes*. Pour un grand nombre d'animaux inférieurs, les parents n'ont point d'autre rôle, dans le travail de la procréation, que de former et de rejeter au dehors ces deux éléments générateurs. L'œuf est rejeté au dehors avant d'être fécondé ; c'est sous l'influence des circonstances extérieures, sur lesquelles les parents n'exercent qu'une action assez indirecte, que le spermatozoïde arrive au contact de l'œuf, auquel il doit donner la vie future. Ainsi, chez les poissons, qui, pour la plupart, sont ovipares, la femelle pond des œufs, et le mâle vient féconder ces œufs, plus ou moins longtemps après leur émission, en répandant sa laitance dans l'eau courante qui les baigne. On voit que ce mode de fécondation est quelque peu soumis au hasard, car la rencontre de l'œuf avec le spermatozoïde dépend de circonstances accidentelles.

Ces espèces inférieures d'animaux, chez lesquelles la multiplication n'est pas assurée par l'union intime des individus procréateurs, se seraient éteintes, si la nature n'avait su contre-balancer les causes multiples de destruction des germes de vie, par une prodigieuse augmentation de leur nombre. Quelques exemples vont donner une idée de la fabuleuse vertu prolifique des poissons. Une Perche de moyenne taille renferme 28,320 œufs, — un Hareng 36,960, — un Brochet 272,160, — une Bauche 546,680, — un Carrelet 1,357,400, — un Esturgeon 7,635,200. M. Valenciennes a calculé qu'il existe 9 millions d'œufs dans un Turbot de 50 centimètres de long, et qu'un *Muge à grosses lèvres* en pond jusqu'à 13 millions!

Il est bien évident que la totalité des œufs d'un poisson n'est jamais fécondée, et qu'il s'en perd toujours une portion considérable. Les œufs fécondés sont, eux-mêmes, soumis encore à d'innombrables causes de mort. Ils peuvent être laissés à sec, — se gâter sous l'influence des matières limoneuses que soulèvent les crues des rivières, — être rongés par les algues ou byssus, — être dévorés par de nombreux ennemis, les oiseaux aquatiques, les insectes, les crustacés, enfin par les poissons.

Mais puisque la fécondation, chez les poissons, se fait par le simple contact des œufs avec la laitance du mâle, il est évident que l'on peut établir artificiellement et sûrement ce contact, en plaçant les œufs dans de l'eau chargée de laitance. La fécondation s'en opérera aussitôt.

Comment se manifeste l'action fécondante du spermatozoïde sur l'œuf des poissons?

Un œuf de saumon, par exemple, est formé d'une enveloppe membraneuse, contenant dans son intérieur, un liquide visqueux, qui tient en suspension des granules et quelques globules huileux. Quelques instants après la fécondation, le contenu de l'œuf se trouble, puis reprend sa transparence : les granules se séparent des globules huileux, et forment une petite tache qui sera l'embryon et autour de laquelle se groupent les globules oléagineux. La figure 549 représente un œuf de saumon, quatre jours après la fécondation. On a représenté, au-dessous, ce même œuf, grossi quatre fois. Le germe est la partie noire entourée de globules grisâtres.

Bientôt se dessine une ligne, qui représente à peu près un cercle. Cette ligne, qui

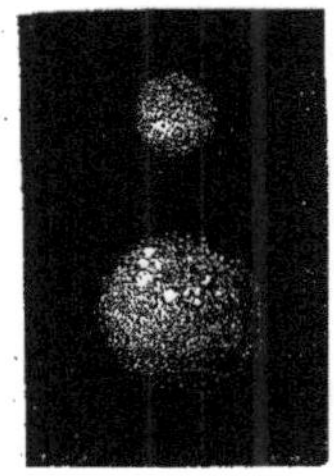

Fig. 549. — Œuf de Saumon quatre jours après la fécondation.

est blanche lorsqu'on regarde l'œuf sur un fond sombre, ou opaque quand on le mire par transparence, est l'origine du fœtus, et représente la colonne vertébrale. Elle grandit peu à peu : l'une de ses extrémités s'allonge, pour former la queue, l'autre se dilate et présente bientôt deux points brunâtres, puis noirâtres : ce sont les yeux. Cette extrémité constitue donc la tête, dont les yeux forment à peu près les deux tiers de la masse. La figure 550 représente l'œuf du saumon à ce degré d'incubation naturelle.

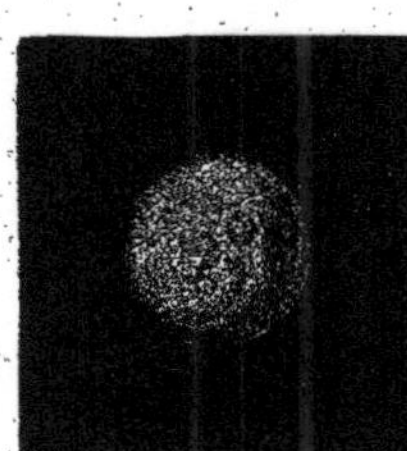

Fig. 550. — Œuf de Saumon à une époque plus avancée de son développement.

Assistons maintenant au développement de l'embryon et à l'individualisation complète du nouvel être, dont le spermatozoïde a provoqué la genèse.

Les formes s'accusent de jour en jour davantage. Au travers des membranes de l'œuf, on voit le jeune poisson se retourner sur lui-même, et agiter surtout sa queue. Au moment de l'éclosion prochaine, ses mouvements sont très-vifs, et contribuent sans doute à faciliter la déchirure des membranes qui l'environnent.

On aperçoit bientôt une petite ouverture, dans laquelle le poisson engage sa tête, sa queue, ou sa vésicule ombilicale, suivant la partie de son corps qui se trouve en rapport avec l'ouverture. Mais il n'est complétement libre qu'au bout de quelques heures, lorsque, par des mouvements vifs et réitérés, il est parvenu à agrandir suffisamment l'ouverture des membranes de l'œuf. Ces membranes, qui le contenaient et le protégeaient, mais qui n'ont servi à former aucun de ses organes, sont bientôt entraînées par les courants, ou tombent au fond de l'eau.

Dès que les petits sont éclos, on remarque que chacun porte au-dessous du ventre, un renflement en forme de poire, ovale ou sphérique, selon les espèces, qui forme comme un magasin de matière nutritive pour le nouveau-né. C'est la vésicule ombilicale. A mesure que l'animal s'accroît, cette vési-

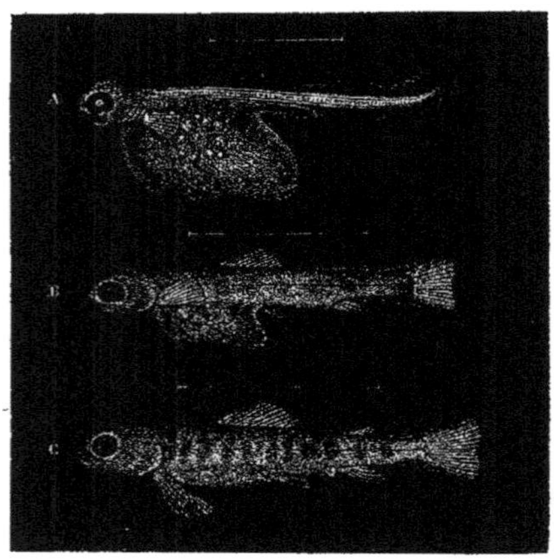

Fig. 551. — A, truite à la naissance. — B, même sujet à l'âge d'un mois. — C, même sujet après la résorption de la vésicule ombilicale.

cule va en diminuant de volume, et c'est quand elle est complétement résorbée que le jeune cherche à manger. On peut suivre, avec la légende qui accompagne la figure 551, le développement successif d'une Truite.

La vésicule ombilicale se résorbe de plus en plus, et finit par disparaître en entier,

Fig. 552. — Alevin de Saumon.

comme le montre la figure 551. La figure 552 représente un Saumon à l'âge de quatre mois et ne présentant plus aucune trace de cet organe embryonnaire.

CHAPITRE IX

PROCÉDÉS PRATIQUES DE LA PISCICULTURE. — LES FRAYÈRES ARTIFICIELLES.

On désigne sous le nom de *frai*, le produit de la ponte des femelles. Le lieu quelconque où se fait cette ponte, se nomme *frayère*. Enfin on entend par *fraie*, la saison dans laquelle la femelle dépose ses œufs.

On a établi une distinction très-naturelle, entre les espèces de poissons qui donnent des œufs *libres*, comme les Saumons, les Truites, les Ombres, les Féras, etc., et celles dont les *œufs sont collants*, c'est-à-dire qui s'attachent, après la ponte, contre les objets environnants, comme les Carpes et les Gardons. Il est clair que si, à l'époque des pontes, on pouvait ramasser tous les corps auxquels les Carpes, les Perches et les Gardons suspendent leurs œufs, et que l'on plaçât ces corps dans des appareils propres à favoriser l'éclosion des œufs, on multiplierait très-facilement ces espèces. Mais ce moyen présente de grandes difficultés, et en général, la récolte ne serait pas suffisante. Le mieux est d'empêcher les poissons de disperser leurs œufs. Dans ce but on supprime en partie les corps auxquels ils ont coutume de les fixer, et on n'en laisse subsister que là où l'on veut concentrer et recueillir cette récolte séminale. Supposons, par exemple, que ces corps récepteurs soient des herbes aquatiques : on les fera faucher, et on ne conservera que des touffes isolées. Ces touffes constitueront des frayères naturelles, chargées d'œufs, que l'on transportera ensuite dans des appareils à éclosion.

Si dans les bassins où l'on veut multiplier les espèces que l'on y conserve, il n'existe pas de corps propres à constituer, pour les poissons, des frayères naturelles, il faut les remplacer par des frayères artificielles. On place ces frayères artificielles ordinairement sur les bords de la rivière en pente douce, dans les lieux exposés au soleil, et sous une mince couche d'eau, un mois et demi ou deux mois avant l'époque présumée de la fraie.

Les frayères artificielles se composent d'un cadre de lattes ou de perches auxquelles on attache des touffes de racines ou de plantes, ou de petites fascines (*fig.* 553).

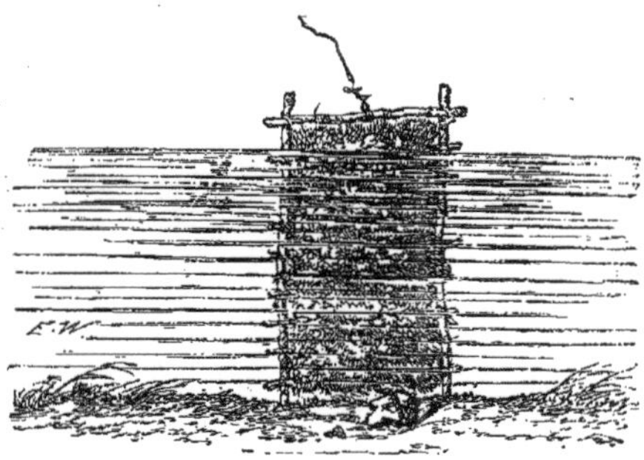

Fig. 553. — Frayère artificielle.

Des touffes d'herbes ou de racines, des balais de bruyère ou de menus bois, formant par leur réunion de petits massifs, et placés sur des perches, ou bien une vieille corbeille pleine de ces mêmes broussailles, forment d'excellentes frayères artificielles

Fig. 554. — Caisse dans laquelle sont groupées des plantes aquatiques formant frayère.

(*fig.* 554). On en fabrique aussi d'excellentes à l'aide de vieux cercles que l'on remplit de broussailles.

Quelle que soit leur forme, on établit ces fascines soit horizontalement au bord de la rivière, comme le représente la figure 555, soit obliquement, comme le représente la figure 556.

Quand on s'aperçoit que les herbes ou les fascines sont chargées d'œufs, on les retire et on les place dans des appareils à éclosion.

Quant aux espèces comme les Truites, les Saumons dont les œufs ne sont pas *collants*, mais sont toujours libres, et qui tombent sur le sable des rivières, on pourra aussi essayer de leur fournir les moyens de se reproduire naturellement. Là où les eaux limpides coulent sur un lit peu profond, on peut placer de distance en distance, des lits de petits cailloux où les femelles pourront frayer de préférence. Cependant les récoltes ainsi obtenues sont bien rarement assez faciles et assez abondantes. Les œufs, puis les jeunes, abandonnés à eux-mêmes, sont soumis à tant

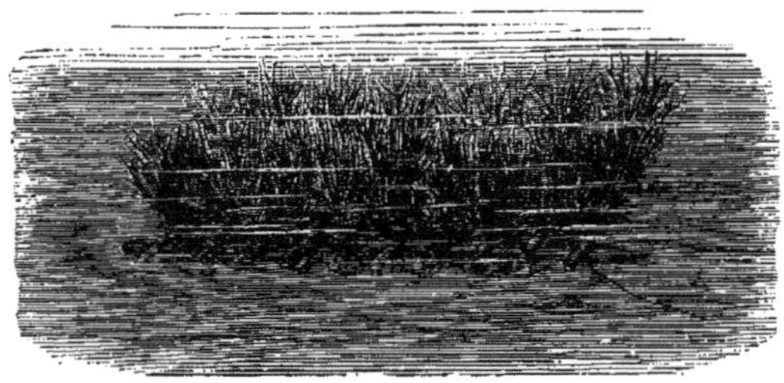

Fig. 555. — Frayère artificielle en place, dans une position horizontale.

de causes de destruction, que le produit en est encore bien appauvri. C'est donc surtout à ces dernières espèces, c'est-à-dire à celles dont les œufs ne sont pas collants, qu'on

Fig. 556 — Frayère artificielle mise en place et disposée obliquement.

appliquera avec le plus de succès les procédés de fécondation, d'incubation et d'alevinage artificiels.

CHAPITRE X

FÉCONDATION ARTIFICIELLE DES ŒUFS DE POISSONS.

Si l'on pouvait se procurer aisément et en assez grande abondance sur les frayères ou dans leur voisinage, les poissons au moment où ils vont y déposer les éléments reproducteurs, on serait sûr d'avoir avec ces individus, des œufs et de la laitance complétement mûrs. Mais cette pêche serait difficile ; il est donc préférable de parquer les poissons quelque temps à l'avance, dans des viviers, ou bien dans des barques criblées qu'on a nommées *boutiques à poissons*, et de les y nourrir en attendant l'époque des

Fig. 557. — Bateaux-viviers.

pontes. La figure 557 représente deux bateaux-viviers fabriqués en Italie. L'un des deux est enveloppé d'une corde, qui est destinée à relier ensemble plusieurs bateaux, dans les voyages par mer.

Les femelles qui sont prêtes à pondre ont le ventre distendu, l'ouverture anale rouge et proéminente. Les mâles sont aptes à la fécondation quand on remarque chez eux cet éréthisme de l'anus, qui pourtant est moins prononcé que chez les femelles, et lorsque, en pressant légèrement sur le ventre de l'animal, ou même en le suspendant par les ouïes, on observe un écoulement sensible de semence. Tels sont les signes extérieurs qui indiquent qu'on peut sûrement procéder à la fécondation artificielle.

Pour cela on se procure un vase de verre, de faïence, de bois ou de fer-blanc, à fond plat, à ouverture évasée, afin que les œufs puissent s'y répandre sur une certaine surface sans s'accumuler en une masse difficile à pénétrer. On nettoie bien le vase et on y verse une ou deux pintes d'une eau claire, qu'on a puisée dans le lieu habité par les poissons sur lesquels on va expérimenter. Cependant on peut aussi employer sans inconvénient une autre eau, pourvu qu'elle ait la même composition chimique et la même température. On prend alors une femelle, et on la tient de la main gauche, par la tête et le thorax, dans une position verticale, ou mieux un peu courbée, l'anus placé au-dessus du vase destiné à recevoir la ponte, et on passe légèrement les doigts de la main droite sur le ventre de l'animal, de la bouche à l'anus, comme nous l'avons déjà représenté dans les premières pages de cette Notice (*fig.* 541). Les œufs mollement pressés coulent ainsi naturellement, et l'on n'obtient que ceux qui sont bien mûrs. Cette manière d'opérer est celle adoptée par Remy.

M. Millet croit devoir maintenir la femelle dans la main au moyen d'un linge, pour l'empêcher de glisser; mais il semble qu'un peu d'habitude rende cette complication inutile.

Si les œufs offrent la moindre résistance à la douce pression exercée par les doigts, il ne faudrait pas presser plus fort, car alors c'est qu'ils sont encore renfermés dans le tissu de l'organe qui les a produits, et que l'opération est prématurée. Il faut alors remettre la femelle dans le vivier, et attendre que les œufs soient arrivés à maturité complète.

Quand le poisson est de trop grande taille pour qu'un seul homme puisse opérer comme nous venons de le dire, on a recours à un, et même à deux aides, pour tenir le poisson, tandis que l'opérateur, appliquant les doigts sur le ventre de l'animal et les faisant glisser de haut en bas, provoque une facile expulsion des œufs qui gonflent le ventre de l'animal. C'est ce que représente la figure 558.

Remarquons en passant que, si la facile expulsion des œufs indique qu'ils sont mûrs, elle ne démontre pas leur aptitude à la fé-

Fig. 558. — Opération de la ponte artificielle.

condation. En effet, il arrive quelquefois que, des femelles ne pouvant se délivrer, les œufs mûrs demeurent trop longtemps dans la cavité abdominale, et s'y altèrent. On reconnaît l'altération des œufs à la couleur blanchâtre qu'ils prennent au contact de l'eau, et à la présence d'une matière puriforme qui les accompagne et trouble l'eau.

Il arrive souvent que tous les œufs que doit pondre une femelle dans la saison, mûrissent et se détachent simultanément, étant ainsi simultanément propres à la fécondation. Cependant, chez les Saumons, les Truites, etc., les femelles mettent plusieurs jours à frayer, en sorte que, quand on procède à la fécondation artificielle, après avoir recueilli tous les œufs qui sortent sans effort à la première manœuvre, il faut remettre le poisson dans le vivier, pour achever de le délivrer quelques jours après.

Dès que cette opération de l'expulsion des œufs a été accomplie, ou même pendant qu'elle s'accomplit, si cela est possible, il faut prendre un mâle, et par les mêmes moyens et avec les mêmes précautions, faire tomber la laitance dans le vase qui contient les œufs. La saturation est suffisante quand l'eau est légèrement troublée, ou a pris les apparences d'un lait très-coupé d'eau. On agite le mélange, soit avec le doigt, soit avec les barbes d'un pinceau, et on laisse reposer deux ou trois minutes. Puis on verse les œufs, avec l'eau qui les renferme, dans les *ruisseaux à éclosion*, si l'incubation doit se faire sur place. Si, au contraire, on doit porter ces œufs plus loin, on remplace l'eau qui a servi à la fécondation, par une eau nouvelle, de même nature, et on opère comme nous l'indiquerons plus loin, quand nous parlerons des moyens de transport.

Nous mentionnons, dans la manière d'opérer une légère modification, qu'on doit à M. Millet. Cet opérateur place dans le récipient où il va opérer la fécondation artificielle, une passoire, ou un tamis de crin, qu'il agite en sens divers, après que les œufs et la laitance y sont tombés. On imite davantage la nature, en faisant passer ainsi sur les œufs, des courants chargés de molécules fécondantes.

Il n'est pas inutile de faire remarquer que la laitance d'un seul mâle peut suffire à féconder les œufs d'un très-grand nombre de femelles, pourvu qu'on ait soin d'enfermer et de nourrir ce mâle dans un vivier au moment où la laitance est en pleine maturité. De plus, on peut, avec la laitance d'une espèce, féconder les œufs d'une autre espèce, et obtenir par le croisement, de curieux métis. Des œufs de Truite fécondés avec la laitance de Saumon, et expédiés des bords du Rhin, sont éclos dans le laboratoire de M. Coste. On a de même obtenu des produits en fécondant des œufs de Saumon avec de la laitance de Truite.

Tout ce que nous venons de dire jusqu'ici se rapporte aux espèces dont les œufs sont libres. Avec les espèces dont les œufs sont *collants*, c'est-à-dire attachés par une matière visqueuse, comme chez le Gardon, la Carpe, le Goujon, etc., voici comment il faut opérer.

Dans un vase d'une capacité convenable, on met une quantité d'eau suffisante ; puis on y introduit des bouquets de plantes aquatiques, ou de petites fascines de bois. Les opérateurs sont ordinairement au nombre de trois. L'un délivre la femelle de ses œufs, l'autre exprime en même temps la laitance, le troisième favorise le mélange et l'imprégnation, en remuant doucement dans l'eau les bouquets sur lesquels se déposent et s'attachent les œufs. On rassemble ensuite ces bouquets, qui portent des grappes d'œufs, dans un baquet, avant de les distribuer dans les bassins ou dans les appareils à éclosion. Ceci fait, on renouvelle l'eau du récipient, on y introduit de nouveaux bouquets d'herbes ou de fascines, et on opère comme nous l'avons indiqué tout à l'heure.

Quand la récolte semble suffisante, on installe les bouquets chargés d'œufs dans des conditions diverses qui conviennent au développement des diverses espèces. Ainsi, on placera le produit des Carpes ou des Tanches dans une eau calme; celui des Vandoises dans une eau médiocrement courante, celui des Barbeaux et des Brèmes dans une eau rapide et peu profonde, etc.

La température de l'eau dans laquelle on opère, est une des conditions essentielles qui assurent le succès de l'opération. Pour les poissons d'hiver, comme la Truite, la température la plus favorable est de 4 à 8° ; pour ceux du premier printemps, comme le Brochet, la température de l'eau doit être de 8 à 10° ; pour ceux de second printemps, comme la Perche, de 14 à 16° ; enfin, pour les poissons d'été, comme la Carpe, le Barbeau, la Tanche, de 20 à 25°. Au reste, on se mettra aisément dans les conditions essentielles que nous venons de passer en revue, en opérant avec l'eau même d'où sort le poisson.

CHAPITRE XI

APPAREILS A ÉCLOSION.

Remy et Géhin avaient adopté, après de longues expériences, un appareil d'incubation consistant en une boîte en zinc, de forme ronde, ressemblant assez à une bassinoire, et qui a de 0m,20 à 0m,25 de diamètre sur 0m,10 de profondeur. Le couvercle de cette boîte, dont la hauteur est de 0m,04, est mobile à l'aide d'une charnière, et se fixe au moyen d'un arrêt. Les parois de cette boîte sont criblées de 2,000 trous de 0m,001 environ d'ouverture, ce qui permet à l'eau d'y circuler librement. Le fond de la boîte, légèrement bombé, est garni d'un lit de gravier assez épais sur lequel on verse le produit de la ponte. La boîte étant bien fermée, on la dépose dans un courant d'eau limpide, de manière que l'immersion soit complète, à une profondeur de 0m,04 à 0m,05 d'eau au plus.

M. Millet s'est servi d'un appareil à éclosion qui varie selon les circonstances. Si le développement de l'œuf doit avoir lieu hors de l'eau dans laquelle vivent les poissons, M. Millet prend un vase quelconque, au fond duquel il entasse du sable et du charbon, de manière à constituer un filtre, propre à purifier l'eau. Cette eau tombe du filtre sur des règles disposées en gradins. Les œufs fécondés, immergés à une profondeur qui varie selon les espèces, sont suspendus dans le liquide, sur des châssis ou tamis de crin, de soie, de toile métallique ou d'osier. M. Millet a fini par donner la préférence aux toiles métalliques galvanisées, qui sont solides, durables, se laissent facilement nettoyer à l'aide d'une brosse, et ne sont que rarement envahies par les algues. C'est à l'aide de ce procédé que M. Millet a fait éclore, au quatrième étage de la rue de Castiglione, des œufs de Truite, de Saumon, d'Ombre-chevalier.

Pour opérer dans l'eau même d'une rivière, d'un lac ou d'un étang, M. Millet a recommandé l'emploi de tamis doubles, en toile métallique, que des flotteurs maintiennent à une hauteur convenable, et qui s'élèvent ou s'abaissent avec le niveau de l'eau.

Pour les espèces qui frayent en eau dormante, il garnit le double tamis d'herbes aquatiques, ou même place plus simplement leurs œufs dans de grands baquets avec des plantes qui empêchent l'eau de se corrompre.

M. Coste a exposé dans ses *Instructions pratiques sur la pisciculture*, des moyens simples, applicables aussi bien à l'industrie qu'aux expériences de laboratoire, et qui sont devenus les appareils classiques de l'incubation artificielle. Nous allons successivement les passer en revue.

L'*appareil à éclosion* du Collége de France est constitué par un assemblage de ruisseaux factices et mobiles, dont on peut augmenter ou diminuer le nombre à volonté. Les rigoles artificielles qui le composent, sont des auges en poterie émaillée, matière qui sera toujours préférée au bois, en raison de son bas prix et de sa légèreté. Ces auges ont $0^m,50$ de longueur sur $0^m,15$ de largeur et $0^m,10$ de profondeur. Elles portent sur le côté, à $0^m,06$ ou $0^m,07$ d'une de leurs extrémités, une gouttière de décharge : un trou situé au niveau du fond, sur la face de l'extrémité opposée, permet de les vider complétement; à l'intérieur, vers le milieu de leur profondeur et de chaque côté, elles portent deux petits supports saillants, *a*, *a* (*fig.* 559).

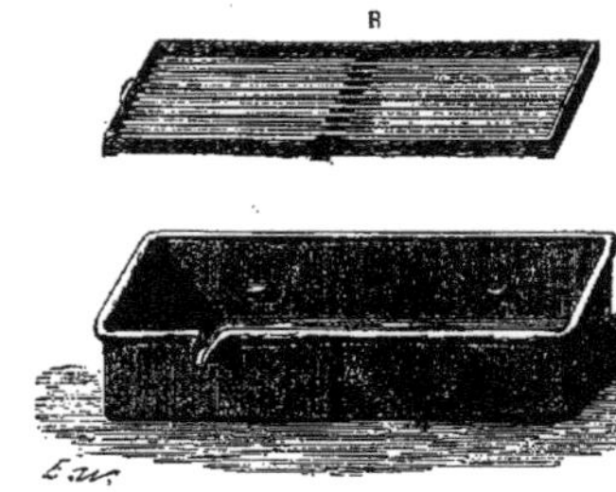

Fig. 559. — Une des auges de l'appareil à éclosion de M. Coste.

On place les œufs fécondés que l'on veut faire éclore, sur des claies (B) formées par des baguettes de verre placées parallèlement à une distance de $0^m,002$ à $0^m,003$ les unes des autres, et fixées à un cadre de bois.

On place ces claies sur les petits supports internes des auges, en sorte qu'elles sont situées à $0^m,02$ ou $0,^m03$ au-dessous du niveau de l'eau.

On peut grouper de diverses façons les auges pourvues de leurs claies. La figure 560 les montre étagées à côté les unes des autres, sur un double rang de gradins. L'auge médiane et supérieure est munie, à l'extrémité opposée à celle par où l'eau arrive, de deux gouttières, l'une à droite et l'autre à gauche. L'eau, en tombant du robinet, produit un courant à l'extrémité opposée, et comme les échancrures latérales lui donnent une double issue, il se brise en deux courants, qui vont alimenter les deux rigoles situées au-dessous. De nouveaux courants, dirigés en sens inverse du premier, se forment dans ces deux rigoles, et se précipitent enfin dans les canaux immédiatement inférieurs. Le même phénomène se reproduisant de haut en bas pour chaque rigole, il en résulte que l'eau, circulant, serpentant, s'aérant de chute en chute, à mesure qu'elle parcourt les divers

Fig. 560. — Appareil à éclosion du Collége de France.

compartiments de l'appareil, transforme ces compartiments en autant de petits ruisseaux artificiels et se déverse enfin dans une grande cuvette de bois d'où elle s'échappe par un tube de décharge.

On peut faire reposer tout cet appareil sur une cuvette de métal, mais cet accessoire est presque toujours supprimé : on se contente de poser l'appareil sur une table.

Dans son établissement de pisciculture de Beauvais, M. Caron a disposé les auges par séries parallèles, comme on le voit dans la figure 561.

Les échafaudages sont réunis par des traverses de bois et espacés pour que le surveillant puisse passer dans leurs intervalles.

Fig. 561. — Appareil à éclosion de M. Caron, de Beauvais.

M. Coste a proposé un appareil beau coup plus simple que ceux que nous venons de décrire et qui se compose (*fig.* 562) d'une caisse de bois longue et étroite doublée

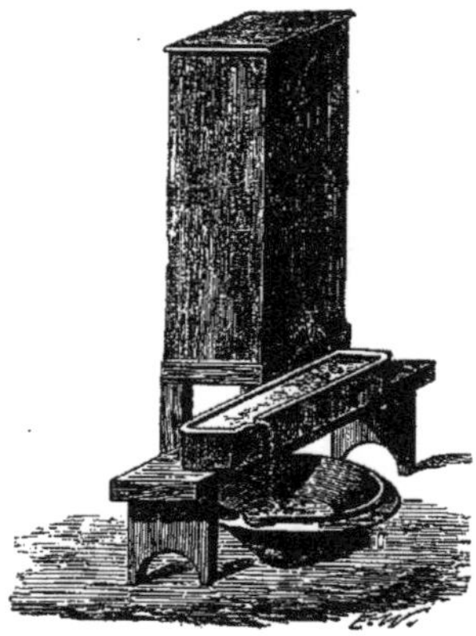

Fig. 562. — Appareil simple à éclosion.

de zinc ou de plomb, d'une simple poissonnière de cuisine, enfin d'une terrine. L'inspection seule de la figure fait comprendre cette disposition. Si l'eau doit être épurée, on transformera facilement le fond de la fontaine en un filtre, en le garnissant de charbon pilé et de sable. Dans la figure 559 la rigole supérieure peut aussi être changée en un filtre par le même moyen.

Pour l'incubation des œufs dans les cours d'eau, M. Coste s'est servi de la boîte à éclosion de Jacobi, qu'il a perfectionnée. Cette boîte, que représente la figure 563, est allongée et a 1 mètre environ de longueur sur $0^{m},50$ de largeur et de profondeur. Elle est en bois plein dans le fond et sur les côtés. A chaque extrémité s'ouvrent deux petites portes, garnies d'un grillage. A sa face supérieure est un couvercle, divisé transversalement en deux pièces mobiles, qui sont munies d'un grillage de toile métallique. A l'extérieur, des tasseaux supportent des claies, qui complètent l'appareil et sont analogues à celles

Fig. 563. — Caisse à éclosion pour les cours d'eau.

que nous avons décrites plus haut, c'est-à-dire formées de baguettes de verre enchâssées dans un cadre de bois. On peut superposer plusieurs rangs de claies les unes au-dessus des autres. Il est donc facile, sans toucher à ces claies ni aux œufs, d'ouvrir les portes latérales et le couvercle pour veiller à ce qui se passe dans l'intérieur et pour nettoyer les grillages dans le cas où des sédiments en obstrueraient les mailles.

On a soin de placer un lit de gravier au fond de la boîte, afin que les jeunes qui y descendent après leur éclosion, y trouvent des conditions favorables à leur développement ultérieur. Ces boîtes peuvent être accrochées à des cadres flottants, ou fixés à des piquets enfoncés dans le fond de la rivière, de manière à présenter au courant une de leurs extrémités, si ce courant est modéré, et un de leurs angles, s'il est trop rapide.

Pour les œufs qui s'attachent aux plantes aquatiques ou aux corps étrangers, M. Coste propose encore de les placer dans de petites cages en osier (*fig.* 564), qu'on enchâsse dans des cadres flottants. Ces cadres flottants sont maintenus, suivant les espèces d'œufs de poisson mises en incubation, soit à la surface, à l'aide de bouées de liége, soit au fond, en les fixant par un corps lourd.

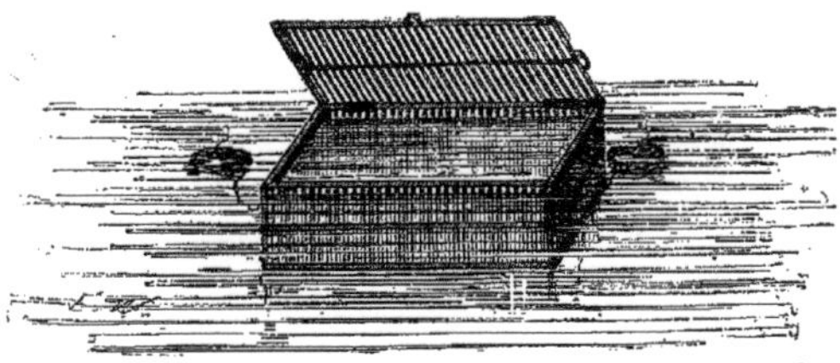

Fig. 564. — Cage d'osier contenant des œufs fécondés, flottant à la surface de l'eau.

CHAPITRE XII

INCUBATION ET DÉVELOPPEMENT DES ŒUFS.

Nous avons dit que quelques heures, et pour beaucoup d'espèces, quelques instants suffisent pour qu'un changement notable se manifeste dans les œufs, ce qui est l'indice de leur fécondation. Nous avons montré les phases sommaires du développement des œufs. Nous ferons pourtant remarquer ici que la formation de cette tache, qu'on a appelée le *germe*, n'est pas un signe certain de leur fécondité ; car elle apparaît aussi bien sur les œufs stériles. Dans le principe, il y a toujours quelque incertitude, mais elle se dissipe bientôt. En effet, les œufs non fécondés blanchissent, deviennent de plus en plus opaques, ou bien gardent leur transparence, mais ne subissent aucun de ces changements intérieurs que nous avons décrits plus haut.

Le terme de l'évolution varie selon les espèces. Dans les conditions ordinaires, l'éclosion se fait tantôt au bout d'une semaine ou deux, tantôt vers le vingt-cinquième ou le trentième jour, tantôt seulement au bout de deux à trois mois.

La température et le degré de la lumière, ont une influence considérable sur le temps de l'incubation. On peut à volonté, en faisant varier l'intensité de la lumière, hâter ou retarder l'évolution des œufs, et même la suspendre complétement et détruire le germe. Il est donc nécessaire de connaître le degré de chaleur et de lumière le plus favorable à l'éclosion des diverses espèces, si l'on veut obtenir des résultats avantageux.

Le Brochet, qui fraie en mars, dans les eaux tranquilles, exige, pour la bonne incubation de ses œufs, une température de 6 à 8 degrés. La Perche, qui fraie depuis mars jusqu'à mai, demande une température plus élevée, 10 à 12 degrés. Les œufs de Carpe ne viendront à bien que dans une eau dormante de 16 à 20 degrés. Enfin ceux de la Tanche, qui fraie en juillet, ne se développent régulièrement que dans un milieu dont la température soit comprise entre 18 et 25 degrés,

Tandis que pour les poissons dont nous

venons de parler, l'incubation des œufs ne se fait régulièrement que sous l'influence d'une certaine chaleur et d'une vive lumière, l'évolution ne se fera bien pour les poissons d'hiver, qu'à une température plus basse et à une lumière pâle et diffuse. Il faut donc placer les œufs des espèces de la famille des Salmonidées dans une eau peu exposée aux rayons du soleil, et dont la température ne dépasse pas 6 à 8 degrés. L'évolution dure il est vrai trois mois environ ; mais elle marche très-régulièrement, et la vigueur des jeunes poissons est remarquable.

Il faut avoir grand soin, pendant l'incubation, de soustraire les œufs à des variations brusques de température, car elles sont toujours nuisibles, et quelquefois elles tuent l'embryon. Il faut aussi visiter les œufs souvent et avec le plus grand soin ; veiller à ce qu'ils ne soient point entassés ; enlever avec une pince ceux qui présentent des traces d'altération et sur lesquels une moisissure commence à se développer. Si l'on ne se hâtait pas de supprimer l'œuf malade, les autres seraient promptement altérés par le voisinage de ce galeux. Des êtres parasites (*byssus*) d'apparence cotonneuse, apparaîtraient sur l'œuf et l'envelopperaient de toutes parts. On verrait alors tous les œufs se recouvrir de *byssus* et présenter l'aspect que nous figurons ici (*fig.* 565) sur un œuf de Truite.

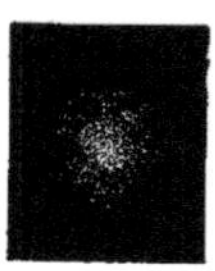

Fig. 565. — Œuf de Truite envahi par la moisissure.

Le pisciculteur se sert, pour enlever un œuf altéré, de la pince que nous représentons ici (*fig.* 566).

Les œufs en incubation sont, au bout de quelque temps, recouverts par les sédiments des eaux. De là, la nécessité de les débarrasser, à l'aide d'un pinceau, de ces dépôts qui se sont faits à leur surface. Un pinceau

Fig. 566. — Pince pour enlever les œufs.

de blaireau, tel que celui que représente la figure 567, sert à ce nettoyage.

Fig. 567. — Pinceau pour nettoyer les œufs.

Quand les matières déposées par les eaux sont trop abondantes, le mieux est, pour les soustraire à ces influences nuisibles, de changer les œufs de place.

On peut faire passer avec précaution les œufs d'une augette dans une autre bien nettoyée, en inclinant la première avec précaution. Mais il vaut mieux se servir, pour les saisir, d'une petite pelle criblée de trous

Fig. 568. — Pelle percée de trous pour enlever les œufs.

(*fig.* 568), ou d'une pipette présentant la forme représentée par les figures 569 ou 570. On

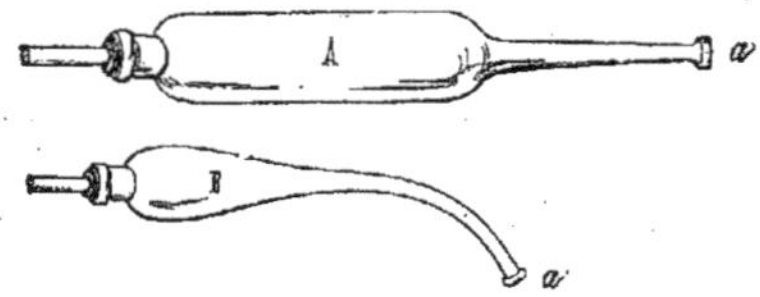

Fig. 569, 570. — Pipette droite et pipette courbée.

aspire, avec la bouche, par l'extrémité *a*, l'eau qui contient les œufs à déplacer, et on les dépose ensuite où l'on veut, en rendant l'air à l'intérieur A, B de la pipette.

La pipette courbe (*fig.* 570) est la plus commode pour opérer ce transbordement. On saisit avec la main droite la pipette par l'extrémité pourvue d'un rebord, et l'on bouche avec le pouce l'ouverture qui la termine. On plonge alors dans l'eau contenant les œufs l'autre extrémité de la pipette, et quand elle est au milieu de l'eau, on retire le pouce. Aussitôt l'air contenu dans la pipette n'offrant plus de résistance à l'eau, celle-ci s'introduit par l'extrémité plongée dans le liquide, entraînant avec elle des œufs en suspension. Quand le niveau est rétabli dans la pipette et dans le bassin, et qu'il ne peut entrer un plus grand nombre d'œufs dans l'appareil, on le retire en remettant le pouce sur l'ouverture, et l'on verse son contenu sur la nouvelle claie que l'on veut regarnir, et que l'on a préalablement bien nettoyée.

Cette petite manœuvre est représentée par la figure 571.

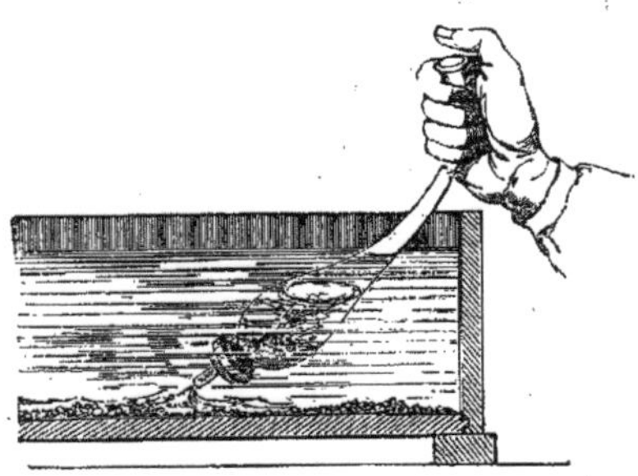

Fig. 571. — Manœuvre de la pipette courbe pour enlever les œufs et les changer de place.

Tous ces transbordements sont sans danger, quand les embryons sont déjà visibles dans l'œuf; mais ils ont, dit M. Coste, des inconvénients, quand on les exécute au moment de l'incubation. Le mouvement et l'agitation peuvent alors leur être nuisibles. Durant cette première période, il faut les laisser dans l'immobilité, et ne leur faire subir d'autres déplacements que ceux que l'on ne peut éviter en enlevant, avec une pince, les œufs morts, que l'on reconnaît aisément à leur couleur d'un blanc opaque.

On le voit, pendant la période d'incubation, il faut entourer les œufs de ces soins attentifs, dévoués et patients, que donnent l'amour des phénomènes naturels, le désir de réussir, ou la volonté de bien faire ce qu'on a une fois entrepris. Que les personnes qui s'adonnent aux essais de pisciculture, sachent donc bien qu'à cette phase des opérations, un moment de distraction suffit pour compromettre le succès de toute l'entreprise.

En terminant ce chapitre, nous mettrons sous les yeux du lecteur les dessins exacts de l'œuf de la Truite et du Lavaret (*fig.* 572 et 573).

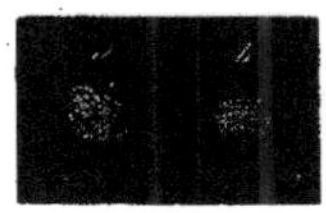

Fig. 572. — Œufs de la Truite.

La figure 572 représente en *a* un œuf de la Truite des lacs, et en *b* un œuf de la Truite ordinaire, de grandeur naturelle.

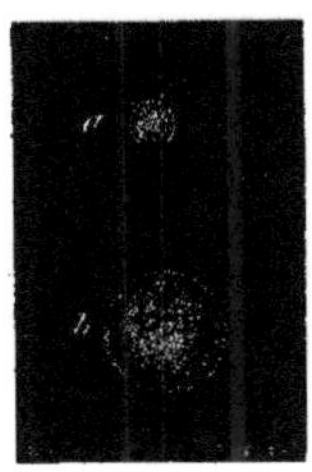

Fig. 573. — Œuf de Lavaret.

La figure 573 représente en *a* un œuf de Lavaret de grandeur naturelle, et en *b* le même œuf grossi.

CHAPITRE XIII

SOINS A DONNER A L ALEVIN. — ALIMENTATION DES JEUNES POISSONS.

Aussitôt après leur éclosion, la Perche, le Brochet, le Féra, se dispersent avec vivacité, dans le milieu qui les environne. Ils recherchent la lumière, et semblent animés d'une humeur vagabonde, qui les soustrait de bonne heure aux soins des éleveurs. Les Saumons et les Truites, au contraire, portant une énorme vésicule ombilicale, qui les empêche de se remuer facilement, ne s'écartent guère du lieu où ils sont nés, et se couchent à l'ombre, à l'abri d'une pierre, ou dans quelque anfractuosité. Ils sont, par cela même, incapables d'échapper à la voracité de leurs ennemis, et l'on doit chercher à les garantir des dangers auxquels les exposent leur premier âge et leur inactivité. Il importe donc, avant de les abandonner à eux-mêmes en pleine eau, de les élever provisoirement dans des bassins d'*alevinage*.

Les *aleviniers*, quelles qu'en soient la forme et les dimensions, doivent être établis à proximité des eaux que l'on veut peupler de poissons ; et même, si on le peut, ils doivent communiquer avec ces eaux par des barrages ou des écluses. L'eau de ces bassins doit être limpide et courante, et sa température ne doit pas dépasser 14°, même au temps des plus grandes chaleurs. La propreté des piscines est une condition très-importante. Il ne faut pas permettre aux conferves et aux mousses de s'y développer, et il faut empêcher que des sédiments ne s'y déposent. Ce fond sera couvert d'un lit de gravier, et présentera, çà et là, de petits tas de cailloux roulés. On y établira des abris en terre cuite, semblables à ceux que

Fig. 574 et 575. — Abris pour les jeunes poissons.

représentent les figures 574 et 575. On pourra remplacer ces abris par des vases qu'on aura soin d'ébrécher en divers endroits. Les petits poissons aiment beaucoup à se réunir dans

Fig. 576. — Piscine du Collége de France pour élever les jeunes poissons (perspective).

ces sortes de grottes artificielles en miniature.

La piscine que M. Coste a fait établir au Collége de France, pour l'élevage des jeunes poissons, se compose de compartiments communiquant ensemble par des grillages. La décharge des eaux, au lieu d'être située, comme à l'ordinaire, à la partie la plus déclive, est située au contraire à la surface de l'eau dont elle reçoit le trop-plein par sa partie supérieure évasée en entonnoir.

La figure 576 représente la piscine du Collége de France, vue en perspective; la figure 577, la même à vol d'oiseau.

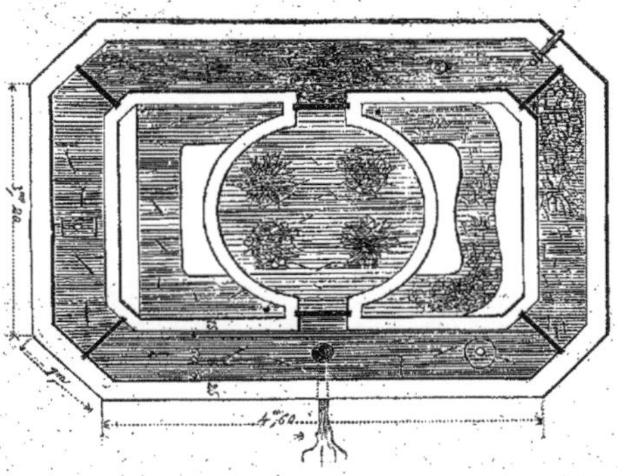

Fig. 577. — Piscine du Collége de France.

La nappe d'eau qui s'écoule, grâce à cette disposition, est mince et moins rapide que si la décharge était au fond du bassin, et il n'est guère possible qu'un poisson, quelque jeune qu'il soit, puisse être entraîné au dehors par l'eau sortant du bassin. Cependant, par excès de précaution, on couvre d'une toile métallique le sommet du tube d'évacuation du trop-plein de l'eau. Pour faciliter le mélange de l'eau et l'établissement des courants, on fait arriver l'eau par le bas, de sorte qu'elle est obligée de remonter pour sortir par le tuyau de décharge.

Nous donnons à part, dans la figure 578, la vue d'un compartiment du bassin du Collége de France.

A quel genre d'alimentation convient-il de soumettre les poissons nouvellement éclos?

Quand les jeunes poissons viennent d'éclore, ils gardent une diète rigoureuse, dont le terme est annoncé, chez toutes les espèces, par la disparition de la vésicule ombilicale. Tant que cette vésicule conserve encore des éléments nutritifs, les jeunes poissons ne veulent pas manger. La Truite et l'Ombre-chevalier ne commencent à manger que vers la fin de la quatrième semaine après leur éclosion, le Saumon ordinaire que six semaines après. Le vorace Brochet conserve plus de vingt jours sa vésicule ombilicale, et garde une diète absolue.

Fig. 578. — Compartiment d'un bassin.

Quel genre de nourriture convient-il de donner aux Saumons et aux Truites, afin de les faire passer à l'état d'alevins? Remy et Géhin avaient imaginé pour les Truites, un procédé d'alimentation vraiment ingénieux, vraiment scientifique. Ils avaient semé près des Truites, des œufs d'autres espèces de poissons, plus petites et herbivores, qui s'entretenaient elles-mêmes aux dépens des végétaux aquatiques, et servaient d'aliment aux Truites carnassières.

M. Coste a nourri d'abord ses jeunes de Saumon, de Truite, d'Ombre-chevalier, avec de la chair musculaire crue, hachée et pilée jusqu'à ce qu'elle fût réduite presque à l'état de bouillie. Mais la préparation de cet aliment exige un temps considérable. L'un des aides de M. Coste, M. Chanteran, eut l'idée de remplacer la chair crue par de la chair cuite bien broyée et râpée. Cette alimentation est très-convenable pour les huit ou dix premiers jours seulement; mais il faut ensuite revenir à la chair crue et hachée.

Une proie vivante que les jeunes de Truite et de Saumon aiment beaucoup, est un crustacé microscopique qu'on trouve en abondance, surtout au printemps, dans les eaux stagnantes, et que l'on connaît sous le nom de *cyclops*.

A mesure que les poissons grandissent, les moyens d'alimentation deviennent plus faciles. Des têtards de grenouille, des fretins de poisson blanc et de véron, des mollusques aquatiques, font les délices des Salmonidés âgés d'un an. Des débris de cuisine, et de toute espèce de viande provenant d'animaux domestiques, sont très-recherchés par ceux qui ont atteint un âge plus avancé.

Il n'est pas toujours facile de distinguer les espèces parmi les jeunes poissons qui remplissent une piscine. Nous mettrons donc sous les yeux de nos lecteurs quelques dessins représentant les formes des espèces le plus habituellement élevées dans les bassins.

Les jeunes Truites sont reconnaissables à leur grosse vésicule ombilicale, qu'elles conservent jusqu'à l'âge d'un mois passé. Nous avons déjà représenté (*fig.* 548) le jeune des Truites à la naissance, et figure 549 l'alevin du Saumon; le lecteur est donc prié de se reporter à cette figure. Nous représentons ici (*fig.* 579) l'alevin de la Truite quatre mois après sa naissance.

Nous représentons dans la figure 580, le Saumon à ses différents états de développement, depuis l'œuf jusqu'à deux mois après sa naissance.

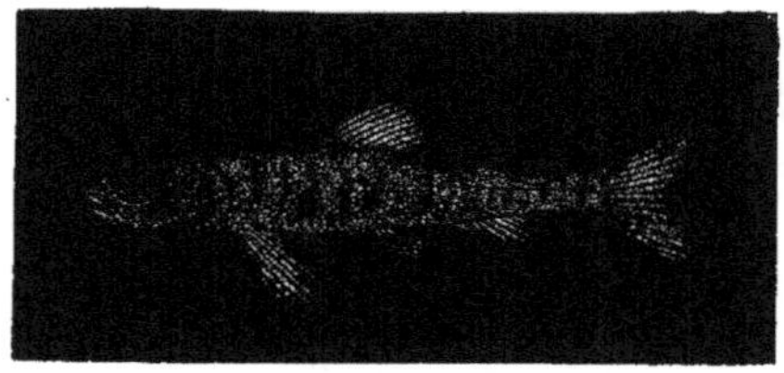

Fig. 579.— Alevin de la Truite commune, quatre mois après la naissance.

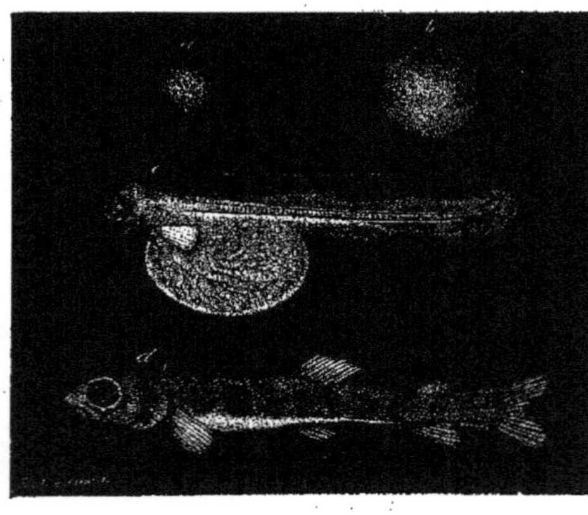

Fig. 580. — Saumon à ses divers états de développement (*).

(*) *a*, œuf de Saumon de grandeur naturelle. — *b*, même œuf grossi. — *c*, embryon de Heuch à la naissance, grandi deux fois et demie. — *d*, alevin de Heuch, deux mois après la naissance.

La figure 581 représente l'alevin d'Ombre-chevalier, quatre mois après la naissance.

Fig. 581. — Alevin d'Ombre-chevalier.

Grâce aux études faites par M. Coste, dans

la piscine du Collége de France, l'alevinage en grand dans un espace restreint, et l'approvisionnement des viviers domestiques, sont devenus des pratiques faciles. Il en est de même de l'acclimatation des poissons dans des eaux où ils n'ont jamais vécu : les expériences de M. Regnault, de l'Académie des sciences, à Sèvres; de M. le commandant Desmé dans son domaine de Puygeraut près Saumur; de M. de Montagu, au château d'Osmond; de M. le duc de Noailles à Maintenon, etc., etc., ont démontré le fait de l'acclimatation des alevins transportés de la piscine du Collége de France, dans les viviers de ces praticiens.

« Ce qui est irrévocablement acquis aujourd'hui, dit M. Coste, c'est que des poissons que l'on avait cru jusqu'alors ne pouvoir vivre et prospérer que dans des eaux vives et courantes se reproduisent, même dans des bassins clos, où l'eau est simplement renouvelée, et y acquièrent, en aussi peu de temps qu'en pleine liberté, et sans perdre de leurs qualités estimées, une taille qui les rend parfaitement *comestibles* et *marchands.* »

CHAPITRE XIV

TRANSPORT DES ŒUFS ET DE L'ALEVIN.

Remy, pour transporter les œufs, les déposait, enveloppés entre deux linges mouillés, dans une boîte plate, percée de trous, en ayant soin de remplir les interstices avec de la

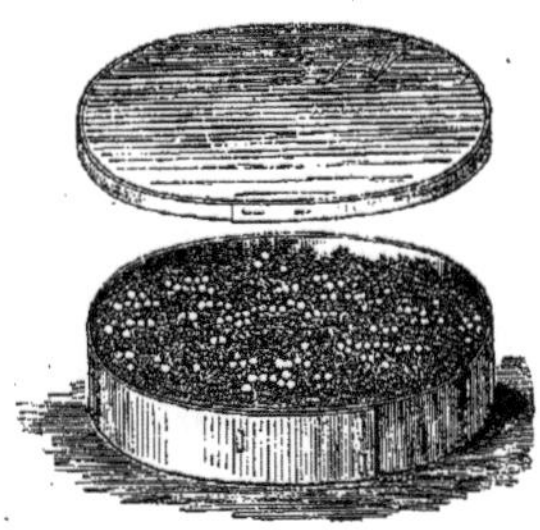

Fig. 582. — Boîte de Remy pour le transport des œufs.

mousse ou des plantes aquatiques, comme le représente la figure 582. Cette boîte est d'un très-bon usage. Quand elle est arrivée à sa destination, on ôte doucement la mousse, et, déployant le linge, on fait glisser les œufs dans l'appareil à éclosion.

Pour le transport des œufs libres et à enveloppe résistante, qui doivent n'arriver à destination qu'après un voyage de huit, dix jours et au delà, M. Coste a proposé le moyen suivant. On prend une boîte formée de feuilles minces de bois blanc, et, après l'avoir laissée macérer quelque temps dans l'eau, on y dépose une première couche de sable bien lavé et bien mouillé, sur laquelle on place bon nombre d'œufs, en les espaçant un peu. On couvre ces œufs d'une seconde couche de sable sur laquelle on place une nouvelle couche d'œufs, et on continue ainsi jusqu'à ce que la boîte soit remplie, en opérant de manière à ce que la pression du couvercle sur le contenu ne soit pas trop grande et à ce qu'il n'y ait pas de balancement. C'est ainsi qu'on peut transporter, sans danger, les œufs de la plupart des espèces de la famille des Saumons. Pour le transport des œufs libres à plus courte distance et même pour ceux qui doivent supporter un voyage d'environ six jours, on remplacera avantageusement le sable humide par des végétaux aquatiques mous et élastiques, comme les mousses, par exemple. On fait donc des lits alternatifs d'œufs et de mousse de manière qu'une dernière couche d'œufs soit recouverte par une dernière couche de mousse ; l'humidité de ces plantes suffira à conserver les œufs vivants.

Si, à l'époque du transport, la température était si basse qu'on eût à redouter la gelée, il faudrait enfermer la boîte qui contient les œufs, dans une seconde boîte plus spacieuse. On remplirait l'espace entre les deux boîtes avec des matières capables de s'opposer à l'action trop directe du froid, par exemple, avec du son, de la sciure de bois, de la paille, etc.

Si cependant, malgré ces soins et par une brusque variation atmosphérique, les œufs arrivaient gelés, il faudrait placer la boîte dans une eau dont la température ne dépasserait pas 1 ou 2° au-dessus de zéro afin que les œufs puissent dégeler peu à peu et sans danger pour leur vie.

La figure 583 donne la coupe de la double boîte de M. Coste.

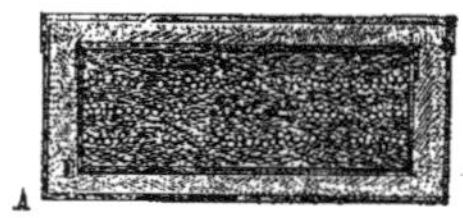

Fig. 583. — Coupe d'une double boîte, dans laquelle les œufs sont disposés par couches. A, paroi de la boîte extérieure; E, paroi de la boîte intérieure.

Quant aux œufs agglutinés et adhérents, le peu de résistance de leur membrane d'enveloppe ne permet de les transporter à sec qu'à de très-petites distances. Il faut placer les œufs agglutinés des Perches, dans un grand bocal aux trois quarts rempli d'eau, et dans lequel on met quelques végétaux aquatiques. Quant aux œufs adhérents, il faudra distribuer en petits tas, les corps sur lesquels ils sont fixés, entourer chacun de ces tas d'un linge mouillé, et les disposer à côté les uns des autres sur une couche de végétaux humides, dont on les enveloppe, et on met le tout dans une bourriche.

Quelle est l'époque la plus convenable pour le transport des œufs? M. Coste conseille de les expédier au moment où l'embryon est déjà assez avancé pour que les yeux commencent à apparaître comme deux points noirâtres à travers la membrane de la coque. C'est ce que nous avons déjà représenté sur la figure 547.

D'après ce précepte, l'établissement de Huningue n'expédie jamais que des œufs embryonnés. En 1856, il distribua soit en France, soit à l'étranger, plus d'un million d'embryons vivants, qui parvinrent aux plus lointaines destinations avec une mortalité insignifiante.

Il est plus difficile de transporter à de grandes distances, l'alevin, c'est-à-dire le très-jeune poisson. Cependant, on peut le faire voyager dans des bocaux de verre de la capacité de deux à trois litres (*fig.* 584), à la condition de renouveler l'eau toutes les deux ou trois heures, ou de l'aérer, en y soufflant avec une pipette.

Fig. 584. -- Bocal pour le transport de l'alevin.

Ces bocaux se transportent facilement en les plaçant dans un panier à compartiments tel que le représente la figure 585.

Fig. 585. — Panier à compartiments.

Quand la taille de l'alevin est de $0^{m},056$, les bocaux seraient insuffisants. Il faut alors se servir de tonnelets, bien débarrassés, par une longue macération dans l'eau, de toute substance nuisible. Pendant le trajet, il faut renouveler l'eau, ou l'aérer en y faisant fonctionner une pompe qui plonge dans le vase et y rejette l'eau, après l'avoir aspirée. Des poissons d'assez grande taille peuvent être transportés fort loin par ce moyen.

L'Anguille est un poisson énigmatique, dont on n'a jamais pu recueillir les œufs ni l'alevin. Par conséquent, on ne peut songer à la soumettre à la fécondation artificielle. Seulement, on recueille l'alevin, à l'époque du printemps, près de l'embouchure des fleuves, que l'Anguille remonte, en quittant la mer, pour arriver dans les eaux douces. C'est cet alevin que l'on fait croître pour le récolter à l'état adulte. On appelle *montée* cet alevin d'Anguille qu'il est facile de se procurer aussi abondamment qu'on le désire.

Pour transporter la *montée d'Anguille*, on ne se sert ni de bocaux ni de tonnelets. On la transporte à sec, dans des paniers à mailles serrées, dont on recouvre le fond avec un vieux linge ou avec du papier assez fort, ensuite on remplit ce panier de paille, posée lâchement, imbibée d'eau, à laquelle on associe quelques plantes aquatiques (*fig* 586). Des paniers ainsi organisés peuvent recevoir deux, et même trois livres de montée, c'est-à-dire de 4 à 5,000 Anguilles, et arriver aux plus lointaines destinations avec des pertes relativement insignifiantes.

Fig. 586. — Panier organisé pour le transport de la montée d'Anguille.

CHAPITRE XV

L'ÉTABLISSEMENT DE PISCICULTURE DE HUNINGUE.

Pour compléter les renseignements qui précèdent sur les procédés pratiques de la pisciculture, et, en même temps, pour faire connaître une des plus curieuses créations de l'industrie contemporaine, nous allons donner la description de l'établissement de Huningue, qui fut d'abord le théâtre d'une des plus grandes expériences dont les sciences naturelles aient jamais donné l'exemple, et qui est aujourd'hui une institution éminemment généreuse de la part de la France, car le but de cette usine vivante, c'est de fabriquer des œufs de poissons fécondés, et de les distribuer gratuitement à tous ceux qui en font la demande, pour l'ensemencement de leurs cours d'eau, bassins, viviers, etc., comme aussi de les répandre dans les rivières et les fleuves.

L'établissement de pisciculture, dit de Huningue, bien qu'il soit situé à Blotzheim, à 5 kilomètres de Huningue (près de l'écluse n° 4 du canal du Rhône au Rhin), s'élève au pied d'un coteau, d'où s'échappe une source d'eau vive et transparente, et qui se divise, au sortir du lac, en plusieurs ruisseaux secondaires. Voici comment on a tiré parti de ces eaux, pour y établir un vaste appareil d'éclosion artificielle.

Toutes les sources qui s'échappent du pied de la colline, sont encaissées dans un canal commun, de 1,200 mètres de long, qui conduit leurs eaux sous une sorte de hangar immense, construit à peu près sur le modèle de la gare d'un chemin de fer. Une élégante charpente y soutient, à une assez grande hauteur, un vitrage, qui sert à recouvrir et à abriter l'appareil à éclosion. Ce hangar est accompagné de trois pavillons : ceux des deux extrémités sont consacrés au laboratoire et au logement du garde, celui du milieu aux collections.

Les eaux du canal s'introduisent sous le hangar, par un tunnel de briques, dont l'ouverture extérieure est garnie d'une vanne, qui sert à régler le courant. A leur entrée, elles s'y divisent en sept ruisseaux parallèles, ayant seulement 1 mètre de large sur 40 mètres de long, qui traversent le hangar sur toute sa longueur, et viennent aboutir à des bassins particuliers qui doivent recevoir les poissons nouvellement éclos. Ces petits ruisseaux artificiels sont séparés les uns des autres, dans toute leur étendue, par des chemins profonds, où circulent librement les gardiens attachés au service de l'établissement. Les petits ruisseaux se trouvant ainsi à hauteur d'appui on peut constamment surveiller ce qui se passe dans les divers courants.

C'est dans l'intérieur de ces ruisseaux, où l'on entretient un courant d'eau continuel, condition indispensable à la conservation et au développement des germes, que l'on dépose les œufs préalablement soumis, dans le laboratoire, à l'opération de la fécondation artificielle. C'est là qu'ils doivent passer le temps de leur incubation. Ils sont déposés sur des claies, ou corbeilles plates en osier, que l'on maintient à une hauteur peu éloignée du niveau de l'eau, de manière à ce qu'elles restent toujours sous les yeux du gardien chargé de les surveiller. La position superficielle qu'on leur donne, rend l'observation et la surveillance extrêmement faciles. Si le courant chasse les œufs de manière à les entasser, le gardien les remet en place, et modère le courant. Si des sédiments nuisibles, des détritus apportés par les eaux, viennent à les recouvrir, il les enlève avec un pinceau. Enfin si le canevas végétal sur lequel ils reposent, est sali par un séjour trop prolongé dans l'eau, le gardien en opère le transbordement dans une claie de rechange, ainsi que nous l'avons décrit dans le chapitre précédent. La figure 387, que *l'Année illustrée* a publiée dans son numéro du 17 septembre 1868, et que nous empruntons à ce recueil, représente une vue intérieure et les ruisseaux artificiels qui servent à l'incubation des œufs dans l'établissement de Huningue.

Dans ces conditions artificielles les œufs se développent beaucoup plus sûrement que dans les conditions réalisées par la nature, car ici l'art intervient avec efficacité, pour écarter toutes les causes, si nombreuses, d'altération ou de destruction qu'ils rencontrent dans les milieux naturels.

Dès que le poisson est éclos, on le dirige dans le bassin où aboutit le ruisseau dans lequel il a pris naissance. C'est ici que les petites claies ou corbeilles d'osier qui servent de moyen de support aux œufs fécondés, vont rendre un nouveau service. On les enchâsse dans un cadre léger qui flotte à la surface de l'eau, et le courant les entraîne dans le bassin où le jeune poisson doit être parqué dès le premier moment de sa naissance.

Dans ce premier bassin, les jeunes poissons commencent à grandir ; mais leur nombre s'accroissant tous les jours, par suite des naissances qui se multiplient sous le hangar, ils ne pourraient plus tenir dans cet espace. On leur donne donc accès dans des bassins plus étendus, c'est-à-dire dans des viviers en plein air, établis dans les jardins qui entourent l'établissement. Là, une nourriture convenable leur permet de se transformer promptement en alevin.

Fig. 587. — Établissement de pisciculture de Huningue (vue intérieure).

Les beaux et nombreux viviers de l'établissement de Huningue sont situés sur les bords, à droite et à gauche, du canal du Rhône au Rhin ; ils occupent une étendue de terrain de plus de 100 mètres de long sur 15 de large. Placés bout à bout, ils sont alimentés par d'abondantes prises d'eau.

On se demande peut-être comment on peut faire cette récolte, c'est-à-dire comment on peut rassembler, sans trop de frais ni d'embarras de manutention, les jeunes poissons convertis en alevins, et assez développés pour pouvoir être transportés de l'établissement où ils ont pris naissance, dans les fleuves ou rivières qu'ils sont destinés à peupler. Ce résultat s'obtient à l'aide d'un artifice fort simple, et qui était mis en usage dans les piscines des Romains, car on en retrouve les traces parfaitement conservées et reconnaissables, sur les bords des piscines que Lucullus et Pollion firent creuser au flanc du Pausilippe, près de Naples.

Dans l'épaisseur de la rive de chaque vivier, on a ménagé des espèces de retraites, garnies chacune d'un grand coffre de bois, qu'on peut retirer à volonté. Ce coffre est percé, à sa paroi antérieure, d'une large ouverture, et ressemble assez à la niche de nos chiens de basse-cour. Seulement une vantelle, ou porte de bois mobile, dont la tige s'élève hors de l'eau, peut, en s'abaissant, fermer cette ouverture, et par conséquent, faire prisonniers les poissons qui se sont réfugiés dans ces dangereux abris. L'expérience montre que les poissons mis en liberté dans un vivier, vont se réunir dans les anfractuosités qui existent dans la paroi interne de ses bords. Si, par aventure, quelques-uns se tiennent à l'écart, il suffit de battre l'eau pour qu'ils viennent aussitôt s'y cacher. D'après cela, quand on veut faire la récolte de l'alevin, pour le transporter dans les eaux nouvelles auxquelles on le destine, il suffit d'agiter les eaux du milieu du vivier, et de fermer, peu d'instants après, la porte mobile des coffres de bois ; le poisson demeure ainsi prisonnier dans ces coffres.

Les coffres retirés de leurs niches sont ensuite ajustés plusieurs ensemble, de manière à former une sorte de bateau, et remorqués jusqu'au canal, où se préparent les convois qui doivent porter les produits de l'établissement dans toutes les eaux de la France.

Le canal du Rhône au Rhin, qui coule entre les deux longues lignes de piscines que nous venons de décrire, est, en effet, le véhicule naturel qui peut conduire les provisions de jeunes poissons ou les œufs fécondés dans toutes nos rivières ou nos fleuves, à l'aide des communications qui sont établies entre leurs eaux.

Telles sont les remarquables dispositions qui font de l'établissement de Huningue l'une des créations les plus originales et les plus intéressantes que l'on ait vues depuis longtemps en Europe. La figure 588, empruntée comme la précédente à l'*Année illustrée*, représente l'ensemble extérieur de cet établissement.

« Des délégués de toutes les provinces, de toutes les parties de l'Europe, attirés, dit M. Coste dans son *Voyage d'exploration sur le littoral de la France et de l'Italie*, par le bruit et la nouveauté d'une pareille entreprise, vinrent en foule visiter les lieux où elle allait s'accomplir, et y recevoir des mains généreuses de l'État l'initiation aux pratiques d'une industrie qui promettait au monde une source féconde d'alimentation.....

« A l'aide de l'envoi des appareils et des œufs fécondés, l'établissement de Huningue a pu étendre son heureuse influence à tous nos départements à la fois, et faire assister les populations de nos provinces au curieux spectacle de l'éclosion des espèces les plus estimées, prises sur les bords du Rhin, des lacs de la Suisse, du Danube, etc., etc., et donner la preuve matérielle qu'il n'y avait pas de contrée, si éloignée qu'elle fût, dont l'industrie ne pût désormais importer les produits.

« Nous avons distribué, en 1855, pour atteindre le but que nous nous proposions, plusieurs millions d'œufs fécondés, soit de Saumon, soit de Truite commune, soit d'Ombre-chevalier, soit de Féra, soit de grandes Truites des lacs, parmi lesquels un assez bon nombre ont été expédiés aux établissements fondés à l'imitation de celui de Huningue, en Angleterre, en Allemagne, en Suisse, afin que la grande expérience qui touche au problème de l'alimentation des peuples eût un caractère européen. » — Grâce à cette puissante impulsion, l'industrie nouvelle prit un essor rapide en Allemagne, en Hollande, en Belgique, en Angleterre, en Écosse, en Irlande, en Suisse. — N'oublions pas de noter que l'établissement de Huningue, par son intelligente et large libéralité, a provoqué partout en France des essais aussi bien entendus que féconds. Nous citerons parmi les nombreux expérimentateurs, MM. Regnault de l'Institut, à Sèvres; M. Desmé, dans son domaine de Puygirault, près Saumur; M. de Polignac, au château du Mesnil; M. le marquis de Vibraye, au château de Cheverny; M. le docteur Lamy, dans le parc de Maintenon; M. Pouchet, professeur, à Rouen; M. Caron, dans le département de l'Oise, etc. »

M. Jules Cloquet a publié, dans le *Bulletin de la Société impériale d'acclimatation*, une note, à laquelle nous emprunterons quelques détails relatifs à l'établissement de Huningue.

« L'établissement de pisciculture de Huningue, dit M. Cloquet, ce vaste laboratoire, d'abord destiné à l'étude et au perfectionnement des méthodes de fécondation artificielle, a été incorporé dans l'administration des ponts et chaussées, et, en passant aux mains de cette puissante administration, il a pris un tel essor qu'il est déjà un instrument en quelque sorte universel de propagation de la nouvelle industrie, et qu'il fait en ce moment des approvisionnements pour commencer sur une grande échelle le repeuplement des fleuves.

« D'après les documents officiels, cet établissement, pendant la campagne de 1856 à 1857, a livré des produits à 191 destinataires répartis dans 59 départements, à 30 établissements ou sociétés françaises, ou étrangères, de pisciculture ou d'agriculture et à 9 États. A la fin de la campagne de 1857 à 1858, il aura expédié à 490 destinataires répartis sur 66 départements, l'Algérie comprise, à 32 sociétés ou établissements de pisciculture et à 10 États..... Depuis que l'administration des ponts et chaussées a pris possession de l'établissement de pisciculture de Huningue, elle a pu, sans créer un seul nouveau fonctionnaire, et toujours sur la proposition de M. Coste, entreprendre, au moyen de ses nombreux agents, le transport du frai d'Anguille, de l'embouchure de nos fleuves dans les eaux de la France. L'année dernière, d'après un rapport de l'un des ingénieurs chargés de ce soin, 1,500,000 jeunes Anguilles ont été déposées dans les eaux de la Sologne, où l'on commence déjà à constater l'heureux résultat de cette grande expérience, qui sera continuée en 1858.

« L'administration des ponts et chaussées, encouragée par la reconnaissance des populations, a déjà donné l'ordre à ses ingénieurs de faire les préparatifs nécessaires pour qu'à partir de ce mois, la montée d'Anguilles soit récoltée à l'embouchure de tous nos fleuves à la fois. En conséquence, la récolte du Rhône sera introduite dans l'étang de Berre et dans les marécages de la Camargue; celle de la Loire, dans les eaux de la Sologne, du Berry, de la Vendée; celles de la Seine et de l'Orne, dans les eaux de la Normandie; celle de la Somme, dans les tourbières de la Picardie; celles de l'Hérault et de l'Aude, dans les étangs de Thau, de Leucate, de Mauguio; celle de la Gironde, dans les nombreux étangs situés près de l'embouchure de ce fleuve. »

La description que nous venons de faire de l'établissement de Huningue serait incomplète si nous ne faisions connaître les modifications qui ont été apportées plus récemment à l'usine du Haut-Rhin.

Depuis l'année 1856, l'établissement de Huningue est passé sous la direction de l'administration des ponts et chaussées, et dès lors elle a reçu une vive impulsion. Nous ne saurions mieux faire, pour fournir ici des renseignements authentiques, que de citer quelques passages du remarquable rapport qui a été publié, en 1862, par l'ingénieur en chef des travaux du Rhin, sous ce titre : *Notice historique sur l'établissement de pisciculture de Huningue, appartenant au gouvernement français et placé dans les attributions de l'administration des ponts et chaussées* (1).

Voyons d'abord l'état actuel de l'aménagement général de l'établissement.

« Sur un enclos de 40 hectares environ, dit l'ingénieur en chef des travaux, existent des sources qui, depuis les derniers travaux d'aménagement, ont un débit moyen de 20 litres par seconde, à une température constante de 10° centigrades. Ces sources, grevées d'une servitude pour les usages domestiques d'une partie de la commune, sont disposées de manière que cette servitude puisse s'exercer sans nuire à l'emploi des eaux dans la pisciculture. Une conduite souterraine en maçonnerie dirige les eaux les plus hautes vers les bâtiments, sans changement sensible de température, l'hiver comme l'été, tandis que celles qui surgissent à un niveau trop bas, sont

(1) In-4. Strasbourg, 1862.

employées dans de petits bassins et rigoles pour les essais d'élevage à l'extérieur.

« Une dérivation, munie en tête d'un double vannage, dans le premier bief de la branche de Huningue du canal du Rhône au Rhin, prend les eaux du fleuve et les amène aux bâtiments à un niveau de 1 mètre environ supérieur à celui des sources, ce qui permet de les utiliser soit directement dans des appareils ou des bassins, soit comme force motrice. Le volume ainsi puisé dans le Rhin peut varier de 50 à 300 litres par seconde, et rentre dans le canal au sortir de l'enclos de la pisciculture. Ces eaux offrent l'inconvénient d'être très-fréquemment troubles et de se congeler aisément dans les rigoles découvertes. En attendant qu'une conduite souterraine et des moyens de filtrage soient autorisés, on les fait passer à travers des bassins pour qu'elles y déposent une partie des matières en suspension. Elles sont en outre déversées dans quelques rigoles et locaux affectés aux essais d'élevage extérieur.

« Les eaux du ruisseau de l'Augraben, qui traverse diagonalement tous les terrains, et dont on avait cru pouvoir tirer un parti avantageux dans l'origine, ne sont que d'un très-médiocre secours. Presque à sec en été, torrentiel et trouble à la suite des pluies, ce ruisseau n'a pu servir, jusqu'à présent, qu'à alimenter quelques bassins de faible capacité, pour l'alevinage extérieur.

« Les parties basses du sol qui formait autrefois l'un des bras du Rhin sont occupées par des eaux stagnantes, à niveau variable, que l'on a dû chercher à évacuer le plus possible, par mesure de salubrité, au moyen de curages. Elles servent provisoirement de retraite aux grenouilles employées pour nourrir les alevins.

« Les bâtiments comprennent, savoir : Un grand édifice principal, commencé en 1853, terminé en 1856, puis restauré en 1859 ; sa longueur est de 48 mètres et sa largeur est de 11 mètres ; deux hangars, construits en 1858 et 1859, symétriquement posés d'équerre sur le précédent, à ses extrémités, ayant chacun 60 mètres de longueur et 9 mètres de largeur ; en avant de ces hangars, deux maisons de garde, élevées en 1859 à l'entrée principale et formant le quatrième côté du carré au centre duquel est une cour avec quelques plantations et deux petits bassins ; derrière le bâtiment principal un hangar ajouté en 1858 et servant de magasin.

« Au milieu du bâtiment principal se trouve un pavillon, contenant au rez-de-chaussée : par-devant, le laboratoire destiné aux opérations qui réclament des soins particuliers ou qui sont entreprises pour des expériences ; derrière, d'un côté le bureau des employés avec les archives et les collections, de l'autre, une salle d'outils et de matériel, l'escalier entre ces deux pièces avec issue vers la cour postérieure. Au premier étage est situé le logement du régisseur. De part et d'autre du pavillon central, le bâtiment, sous forme de hangar largement éclairé, est surmonté, aux deux extrémités, d'un petit étage où logent le régisseur adjoint et l'explorateur. Dans le hangar, dont les ailes communiquent entre elles, au-dessous du pavillon du milieu, sont les appareils d'incubation. Les eaux de source entrent par un bout, parcourent trois rigoles maçonnées, en contre-bas du sol, et surmontées d'autres rigoles à hauteur d'appui. Les eaux du Rhin suivent l'une des faces longitudinales, à leur niveau naturel dans une rigole maçonnée, tandis que la face opposée est bordée d'auges en maçonnerie avec cascades. Des réservoirs contenant à une certaine hauteur les eaux de source permettent de les distribuer dans les rigoles supérieures. Tous les appareils d'incubation de ce bâtiment ont conservé le type primitif de rigoles à courant continu, mais dans lesquelles les œufs sont déposés sur des claies de baguettes de verre.

« Le bâtiment à droite, en retour sur l'édifice principal, est un grand appareil d'incubation. Les eaux de source y coulent dans trois rigoles maçonnées, en contre-bas du sol, et susceptibles de recevoir des claies. Ces rigoles sont surmontées, dans tout leur développement, d'appareils à cascades avec auges en poterie et claies semblables à ceux du Collége de France. Des réservoirs supérieurs contiennent les eaux de source distribuées par des tuyaux et des robinets dans toutes les auges.

« A l'extrémité amont de ce bâtiment, sont posées deux petites turbines, mises en mouvement par les eaux du Rhin, et faisant marcher deux pompes qui montent les eaux de source dans les réservoirs.

« Les eaux du Rhin, conduites à leur niveau naturel dans une rigole maçonnée, longent l'une des faces intérieures du bâtiment de droite pour se rendre dans l'édifice principal et dans le bâtiment de gauche. Elles peuvent, à volonté, être dirigées sur les appareils d'éclosion, au cas où les eaux de source viendraient à manquer.

« Le bâtiment symétrique du précédent sur la gauche a été construit pour recevoir simultanément des appareils d'incubation et des bassins maçonnés, pour les essais d'élevage par la stabulation dans de petits espaces, ainsi que pour les essais d'acclimatation des espèces étrangères exigeant des soins tout particuliers. On a placé à l'extrémité amont deux turbines avec pompes, servant tout à la fois à remplacer momentanément les turbines de droite, en cas de dérangement du mécanisme pendant la période des incubations, et à fournir une alimentation spéciale pour les bassins d'élevage.

« Les deux maisons de garde placées des deux côtés de l'entrée principale, ayant des dimensions analogues à celles des éclusiers des canaux, contiennent les logements de ces deux agents préposés à la surveillance de détail dans l'établissement, aidant aux récoltes et aux distributions au dehors.

« Le petit bâtiment économique, en arrière du

Fig. 588. — Vue extérieure de l'établissement de pisciculture de Huningue.

bâtiment principal, renferme les approvisionnements relatifs au chauffage des ateliers et du bureau, et les ustensiles et matériaux de réparation et d'entretien.

« Divers petits bassins alimentés par les eaux de source et dans lesquels on peut au besoin amener les eaux du Rhin et du ruisseau de l'Augraben, sont organisés à l'extérieur des bâtiments pour les essais d'élevage. D'autres bassins plus spacieux, où l'on avait proposé d'entretenir des poissons adultes, ne sont ni étanches, ni susceptibles d'être utilisés convenablement. Leur achèvement et leur alimentation forment l'une des dépenses ajournées.

« Les terrains disponibles, et généralement de mauvaise qualité, permettront un jour de développer les opérations de toute espèce, si l'on en reconnaît la nécessité. »

Passons au mode d'exploitation. Le but qui fut assigné dès l'origine à l'établissement, c'est la récolte et la fécondation d'œufs, qui seraient ensuite dirigés dans les fleuves et les rivières, soit à l'état d'œufs fécondés, soit à l'état d'alevin. On a dû partager dès le début les travaux en deux campagnes, l'une embrassant l'automne et l'hiver, l'autre le printemps et l'été, selon l'époque du frai des poissons à élever. L'une de ces campagnes comprend la multiplication de la Truite commune et saumonée, de la grande Truite des lacs, du Saumon franc ou du Rhin, de l'Ombre-chevalier ; la seconde campagne comprend, à titre provisoire, l'Ombre commun et le Saumon Heuch ou du Danube. A chacune de ces campagnes se rattachent des récoltes dites *exceptionnelles*, parce qu'elles n'exigent pas les mêmes manipulations : c'est, pour la campagne d'hiver, la récolte et la distribution des œufs de Féra, et pour la campagne du printemps, la distribution d'alevins et l'introduction de certains poissons vivants, dont il n'a pas encore été possible d'opérer la fécondation artificielle, mais qu'il importe d'étudier dans des bassins naturels.

Après une expérience de dix années, les moyens d'action constamment perfectionnés et développés, pour satisfaire à des besoins sans cesse croissants, ont atteint un degré de précision qui ne paraît pas susceptible de varier désormais beaucoup, du moins quant à la campagne normale.

Dans la *Notice historique* à laquelle nous empruntons ces renseignements, M. l'ingénieur en chef des travaux du Rhin donne l'exposé qui va suivre du mode général d'exécution des travaux dans chaque campagne.

« Avant l'ouverture de chaque campagne, M. Coste adresse à l'administration supérieure des propositions sur les opérations à entreprendre pour l'approvisionnement et la distribution des œufs fécondés et pour la continuation des repeuplements. Il recommande les études à poursuivre plus particulièrement. M. l'ingénieur en chef est appelé à exprimer son avis dans un rapport où il indique ce qui peut être fait avec le personnel et le matériel disponibles; il demande les moyens d'exécution basés sur les projets de budget et sur les opérations comparatives des campagnes précédentes analogues, dont il retrace les résultats. Une décision ministérielle intervient et statue sur l'ordre de marche à adopter, sur les mesures à régulariser.

« Des instructions sont transmises à M. l'ingénieur ordinaire, qui prépare l'itinéraire de l'explorateur sur les lieux d'approvisionnement, les marchés des fournisseurs, dans les conditions jugées nécessaires pour assurer l'abondance et la bonne qualité des produits, les ordres de service aux pisciculteurs chargés de coopérer aux fécondations, les moyens de transport les plus rapides, les conférences avec la douane pour l'aplanissement des formalités sur la zone frontière, enfin les dispositions à l'intérieur de l'établissement.

« L'achat des œufs se fait à l'étranger, en Suisse et en Allemagne. C'est là que l'on trouve les espèces voulues, ainsi que des pêcheries suffisamment productives et assez bien organisées pour que les fécondations puissent s'y faire avantageusement. On a cherché toutefois, pour la Truite de rivière, à s'approvisionner concurremment dans le département français des Vosges, mais on n'y a réussi que dans de très-faibles proportions.

« Il est superflu de rappeler que l'établissement de Huningue, n'ayant pas été mis en position de se livrer à l'élevage en grand, fournit seulement les œufs fécondés des sujets conservés pour des essais.

« L'explorateur, après une tournée générale préliminaire, où il visite les fournisseurs et leurs installations, qu'il fait améliorer au besoin, annonce les contrats conclus, les combinaisons arrangées pour se procurer les poissons vivants, extraire et féconder les œufs en temps opportun, en centralisant la récolte sur les points principaux, faciles à surveiller et se prêtant à de promptes expéditions.

« L'un des gardes et plusieurs pisciculteurs, formant autant de chefs de station, sont envoyés sur les points convenus pour diriger les fécondations et en tenir attachement. Ils sont porteurs d'instructions particulières de l'ingénieur ordinaire, ainsi que d'un carnet imprimé, précédé des instructions générales approuvées. Ce carnet, divisé en feuillets et composé par analogie avec celui tenu sur tous les ateliers des ponts et chaussées, énumère, pour chaque fécondation, les circonstances remarquables, reçoit l'inscription des lieux de provenance, des quantités d'œufs obtenues, de l'état des poissons adultes ayant donné les œufs et la laitance, des jours et heures de production, d'emballage et de départ pour l'établissement. Ces chefs de station envoient des feuilles hebdomadaires, résumant les opérations et les frais.

« Les lieux de production sont fréquemment visités par l'explorateur durant la période des fécondations, et M. l'ingénieur ordinaire est autorisé à faire des voyages pour les vérifications jugées nécessaires.

« A son arrivée à l'établissement, chaque boîte est contrôlée pour la quantité et la qualité. Le comptage est fait au moyen de petites mesures de capacité, étalonnées selon les espèces et les grosseurs des œufs. Les œufs détériorés sont comptés à part. Un registre d'arrivée reçoit les inscriptions dans deux parties distinctes, la première par ordre chronologique, la seconde divisée en autant de comptes ouverts qu'il y a de fécondations et d'arrivages séparés. Les œufs sont aussitôt répandus dans les appareils pour toutes les espèces des deux campagnes, sauf les œufs de Féra, réexpédiés immédiatement pour être ensemencés sans incubation. Les comptes ouverts relatent les appareils par leur numéro d'ordre et sont tenus constamment à jour pour y noter quotidiennement les triages des œufs morts, les progrès de l'incubation, l'époque de l'embryonnement, et saisir le moment opportun pour l'emballage et l'expédition.

« Si l'on songe qu'au plus fort des opérations il y a des millions d'œufs présents de plusieurs espèces, répandus sur des milliers de claies, réclamant une surveillance incessante, des écritures très-minutieuses ; si l'on réfléchit aux soins à donner à la distribution des eaux, aux précautions à prendre contre la trop vive lumière et les variations de température, aux emballages et expéditions très-différents d'un jour à l'autre, en espèces, quantités et directions, l'on se formera une idée du travail assidu imposé au régisseur, à son adjoint et à un petit nombre d'ouvriers auxiliaires.

« Quand les œufs commencent à arriver et qu'on peut se rendre approximativement compte de la récolte probable, M. l'ingénieur en chef, au bureau duquel est tenu un registre chronologique d'inscription des demandes présentées pour obtenir des œufs fécondés de l'établissement de Huningue, dresse, par ordre d'importance, basé sur les succès antérieurs, sur les conditions favorables d'installation et sur le but déclaré des opérations, des listes successives de propositions concernant la distribution des œufs. Ces listes sont soumises à la sanction ministérielle pour être servies dans la proportion des approvisionnements.

« L'Administration n'a recours à aucun des moyens usités pour accroître la clientèle des industriels. Elle ne fait pas d'annonces, et elle ne contracte pas d'engagement préalable, se réservant d'examiner les titres des demandeurs classés par M. l'ingénieur en chef. Les quantités sollicitées ont été toujours en augmentant, et toujours elles ont dépassé considérablement les quantités disponibles, malgré l'accroissement continuel des récoltes. Aussi, pour mieux apprécier les garanties offertes du bon emploi des produits généreusement accordés, l'Administration exige-t-elle que les destinataires rendent un compte détaillé de leurs opérations, avant de participer à des distributions subséquentes.

« Les précautions convenables sont prises au départ des boîtes renfermant les œufs, pour les garantir contre les intempéries et pour les faire parvenir par les voies les plus rapides. Les accidents de route, les retards provenant des bureaux de correspondance des chemins de fer, les abus résultant de l'exagération des prix de port, sont évités dans la suite lorsqu'ils sont signalés. Il appartient d'ailleurs aux destinataires d'exercer eux-mêmes les poursuites d'usage en pareil cas; mais de nouvelles dispositions seront prochainement appliquées, pour rendre le contrôle de l'établissement aussi efficace que possible à cet égard.

« Les destinataires sont au reste avertis du départ des œufs, généralement un jour à l'avance, par une lettre d'avis dont un feuillet doit être détaché et renvoyé à M. l'ingénieur en chef, avec des annotations relatives au mode et à la durée du transport, à la température de l'air lors de la réception, à l'emballage, au nombre d'œufs arrivés, soit sains, soit altérés. Ils sont guidés par des instructions imprimées, composées par M. Coste, sur les soins à donner aux œufs fécondés et aux jeunes poissons nouvellement éclos, et des formules leur sont transmises pour y enregistrer les observations faites pendant le complément d'incubation et l'éclosion, jusqu'au moment où les jeunes poissons, débarrassés de la vésicule ombilicale, peuvent être lancés dans les eaux courantes ou placés dans les locaux préparés pour l'élevage. A cette époque les destinataires envoient le relevé de leurs opérations, en consignant à la fin l'emploi des alevins. L'année suivante, ils sont invités à répondre à des questions sur les résultats de leur élevage dans les espaces clos et sur la présence et l'acclimatation des poissons lâchés dans les cours d'eau.

« Les opérations s'enchaînent, comme on voit, avec la régularité nécessaire pour obtenir le meilleur effet utile, et pour porter en même temps la lumière dans les faits accomplis. »

On a exprimé le regret qu'au lieu de se borner à préparer des œufs fécondés et de l'alevin, l'établissement de Huningue n'entreprenne pas l'*éducation* des jeunes alevins, de manière à les amener dans nos rivières, à l'état de poisson presque adulte. Mais il faudrait posséder des espaces immenses et des bassins ou des cours d'eau très-nombreux, pour se livrer à de pareilles opérations. Il n'est que trop vrai que, dans l'état actuel, une bonne partie des œufs fécondés et de l'alevin, périt entre les mains des propriétaires qui les ont reçus, et il serait à désirer que l'État donnât aux piscines de Huningue une extension suffisante pour que l'on pût y conserver des poissons jusqu'à l'état adulte. Ce *desideratum* sera comblé un jour, on ne saurait le mettre en doute. En attendant, on ne peut que rendre hommage à l'intelligence et au zèle de l'ingénieur en chef des travaux du Rhin, qui, placé à la tête de l'établissement, est arrivé, en peu d'années, sous la direction de M. Coste, à des résultats vraiment admirables.

L'auteur de la *Notice historique* que nous venons de citer, condense en quelques lignes, sous forme de résumé, les résultats obtenus jusqu'à l'année 1862, dans l'établissement de Huningue.

« La fondation de l'établissement a été décidée en 1852 pour coopérer au repeuplement des eaux publiques et privées de la France, par la distribution d'œufs fécondés et d'alevins des espèces estimées.

« A l'idée primitive esquissée dans des conditions trop simples et trop restreintes, succéda, en 1854, un projet répondant aux besoins alors prévus, mais qui, à peine exécuté dans les parties essentielles, a exigé à son tour, à dater de 1858, un agrandissement et des améliorations largement couvertes par le produit utile des quatre seules années subséquentes.

« Les opérations d'approvisionnement, de manipulation et de distribution gratuite des œufs fécondés, à titre d'encouragement, ont pris une grande extension et se sont beaucoup perfectionnées dans les dernières années.

« Pour les espèces de poissons traitées jusqu'à ce jour, l'on a réparti le travail en deux campagnes qui se succèdent sans interruption, l'une d'hiver, dite normale, dont la pratique a constaté le succès et traitée sur une grande échelle, l'autre de printemps, dite d'essais, offrant d'assez grandes difficultés et restreinte à de faibles proportions.

« La distribution des œufs fécondés est le but principal actuel, la distribution des alevins n'est commencée que depuis deux ans comme expérience.

« L'Administration a appelé le concours des particuliers pour l'emploi de ses produits, dont elle n'a disposé directement elle-même qu'à de rares exceptions

« Les efforts privés ont parfaitement secondé le Gouvernement ; les produits ont été répartis dans presque tous les départements français et dans beaucoup de pays étrangers.

« Les résultats relatifs au transport et à l'éclosion des œufs, ainsi qu'à l'alevinage, sont très-satisfaisants. Ils peuvent être évalués approximativement à un tiers de poissons vivants, relativement à la quantité d'œufs récoltés.

« L'emploi des poissons a eu lieu de manière à poursuivre simultanément l'élevage dans des espaces clos, et le peuplement des cours d'eau, lacs, étangs et réservoirs de grandes dimensions.

« Au bout de quelques années seulement on a déjà reconnu l'efficacité des moyens pratiqués. La croissance des poissons dans les bassins fermés, leur acclimatation dans les eaux courantes se trouvent affirmées par de nombreux témoignages.

« Indépendamment des particuliers qui opèrent isolément, des établissements locaux se sont formés avec l'assistance et le patronage de quelques départements, de quelques villes, et de plusieurs sociétés de pisciculture, d'acclimatation ou de sciences ; le nombre de ces établissements a rapidement augmenté.

« L'établissement de Huningue a exercé une influence marquée non-seulement en France, mais à l'étranger, en propageant le goût de la pisciculture, en faisant étudier la question économique du peuplement de toutes les eaux, en appelant l'attention sur les perfectionnements devenus indispensables dans la législation de la pêche et dans la réglementation des cours d'eau.

« L'œuvre commencée est en bonne voie ; elle a simplement besoin d'être affermie et développée. »

CHAPITRE XVI

L'OSTRÉICULTURE OU LA REPRODUCTION ARTIFICIELLE DES HUITRES. — PREMIÈRE PROPOSITION DE M. COSTE EN 1855. — PREMIERS ESSAIS DES HUITRIÈRES ARTIFICIELLES DANS LA BAIE DE SAINT-BRIEUC EN 1858. — L'OSTRÉICULTURE A L'ILE DE RÉ, A ARCACHON ET AUTRES LIEUX.

Nous n'apprendrons rien à personne en disant que les gisements huîtriers ont subi, depuis quelque temps, une dépopulation effrayante. Partout les bancs d'huîtres sont arrivés à un état de dépérissement qui menace de tarir la source de ce produit, dont l'exploitation fait vivre des milliers d'individus, et qui tient dans l'alimentation publique une place importante. L'élévation constante du prix des huîtres sur nos marchés, est la preuve suffisante de ce rapide épuisement des bancs producteurs. Les huîtres, qui, jusqu'à ces derniers temps, ne dépassaient pas, dans nos restaurants, le prix de 60 centimes la douzaine, se vendent aujourd'hui presque partout 1 fr. 20 centimes, et même 1 fr. 50 centimes, et ce renchérissement ne semble pas près de s'arrêter. En même temps que leur prix augmente dans cette proportion exorbitante, le volume des huîtres servies sur nos tables, va en diminuant. Et ce n'est pas pour flatter le goût du consommateur, que le marchand ne livre guère plus que de petites huîtres; cela tient à ce que, les bancs s'épuisant de plus en plus, on est obligé d'arracher ces mollusques à leurs parcs, à une époque encore peu avancée de leur développement. Autrefois on choisissait dans ces bassins, les coquilles adultes, en laissant aux autres le temps de grossir et de se développer ; aujourd'hui, on recueille tout, au détriment de l'intérêt du vendeur et de celui du consommateur.

La rapide dépopulation des bancs d'huîtres tient au mode vicieux employé pour la pêche de ces mollusques. La *drague* qui sert à la pêche des huîtres, est un mode barbare, qui dévaste horriblement les bancs naturels. On ne se préoccupe que de perfectionner, de rendre plus meurtriers, pour ainsi dire, les instruments qui servent à arracher les huîtres des couches superficielles de leur gisement. On attaque avec la même et terrible puissance de destruction, ce qui est ancien et ce qui est nouveau ; car les couches superficielles que la drague vient labourer, sont précisément celles où croissent les jeunes.

Ce mode d'exploitation est si dangereux, que les gisements d'huîtres sont fatalement condamnés à la destruction. En arrachant à la fois les huîtres adultes et les jeunes, on anéantit la production future des bancs naturels.

En 1855, M. Coste attira pour la première fois sur cette question l'attention du Gouvernement. Il proposait d'employer, pour la multiplication des huîtres, les procédés suivis avec tant de succès dans le lac Fusaro, que nous avons décrits dans les premières pages de cette Notice.

« On pourrait, disait M. Coste, faire construire des charpentes alourdies par des pierres enchâssées à leur base, formées de pièces nombreuses, hérissées de pieux solidement attachés, armées de crampons, etc. A l'époque du frai, on descendrait ces appareils au fond de la mer pour les poser soit sur des gisements d'huîtres, soit autour d'eux. Ils y seraient laissés jusqu'à ce que la semence reproductrice en eût recouvert les diverses pièces, et des câbles indiqués à la surface par une bouée, permettraient de les retirer quand on le jugerait convenable. C'est ainsi que M. Coste propose de reconstituer les bancs ruinés, de relever ceux qui s'éteignent, d'en créer de nouveaux partout où les fonds seront propices, de manière à transformer le littoral de la France en une longue chaîne d'huîtrières. Des expériences faites dans l'Océan même, ont démontré la possibilité de recueillir la progéniture des huîtres. Des branchages posés sur les bancs de la Bretagne par MM. Mallet, sur les bancs de Marennes, par M. Ackermann, en ont été retirés au bout de quelques mois garnis de semences. »

Quant au mode d'exploitation des huîtrières, M. Coste proposait de les diviser par zones, de manière à ne revenir sur chacune d'elles que tous les deux ou trois ans, laissant reposer les unes pendant qu'on récolterait les autres.

En 1858, M. Coste renouvela cette proposition. Il demandait qu'on entreprît, aux frais de l'État, par les soins de l'administration de la marine, et au moyen de ses vaisseaux, l'ensemencement du littoral de la France, de manière à repeupler les bancs d'huîtres ruinés, à étendre ceux qui prospéraient, et à en créer de nouveaux partout où la nature des fonds le permettrait. Ces champs seraient ensuite soumis, ajoutait le célèbre académicien, au régime salutaire des coupes réglées, par lequel on laisse reposer les uns, pendant que les autres sont exploités.

Les vœux de M. Coste furent entendus. En 1858, la baie de Saint-Brieuc fut le théâtre d'un premier essai de reproduction artificielle des huîtres. L'entreprise fut faite aux frais de l'État, au moyen de ses navires, et confiée à la garde de ses équipages.

La rade de Saint-Brieuc présente de bonnes conditions pour favoriser la multiplication et le développement du mollusque que l'on se proposait d'y acclimater. Sur un espace qui n'est pas moindre de douze mille hectares, elle offre un fond solide, propre, composé de sable coquillier ou madréporeux, légèrement enduit de marne ou de vase. A chaque marée, le flot y apporte, avec une vitesse d'une lieue à l'heure, une eau, sans cesse renouvelée qui, en se brisant sur les nombreux rochers de ces parages, s'imprègne d'une grande quantité d'air, et reçoit ainsi des propriétés vivifiantes, éminemment utiles au développement et à l'entretien des jeunes bivalves. Ce courant, qui traverse parfois avec violence le golfe de Saint-Brieuc, apparaissait, il est vrai, comme une cause d'insuccès. On craignait que le mouvement continuel des eaux n'eût pour effet de dissiper et d'entraîner au loin dans la mer, la précieuse semence qu'il s'agissait, au contraire, de recueillir et de faire fructifier. Nous verrons plus loin, que ces craintes n'étaient que trop fondées. Mais racontons d'abord comment fut exécutée cette expérience intéressante, qui fut le premier essai de l'ostréiculture sur le littoral français.

Dans les mois de mars et d'avril 1858, c'est-à-dire à l'époque où l'huître est prête à rejeter son innombrable génération, on alla recueillir, à Cancale, à Tréguier et dans la mer commune, trois millions d'huîtres. Cette provision fut distribuée sur un certain nombre de bateaux. Remorqués par un *aviso* à vapeur de l'État, ces bateaux furent conduits au golfe de Saint-Brieuc, et distribués sur dix gisements longitudinaux. Ces gisements se trouvaient tracés d'avance, sur une carte marine, indiquant les lignes à féconder; des drapeaux flottants sur des bouées, étaient destinés à diriger, selon leur sens, la marche du navire. Voici comment on s'y prit pour déposer les huîtres mères sur les fonds reproducteurs.

Pendant que le navire remorqueur suivait les lignes que l'on avait préalablement tracées sur la mer, au moyen de bouées et de drapeaux, comme les sillons que le laboureur trace avec sa charrue, les matelots montant les barques chargées de coquillages, jetaient à l'eau des mannes remplies d'huîtres, qui, tombant dans le sillage, allaient se déposer sur le fond. En parcourant successivement ces lignes, on couvrit ainsi le fond de la mer de lits d'huîtres, au moment de la ponte. Ces lits, convenablement espacés entre eux, composaient dix gisements, ou champs reproducteurs, embrassant en totalité une superficie de mille hectares.

Pour comprendre maintenant comment les produits de la ponte de ces huîtres ont pu être recueillis et fixés, il est indispensable que nous entrions dans quelques explications relatives au mode de reproduction de ces mollusques. Cet exposé est d'autant plus nécessaire que, jusqu'à ces dernières années, on a entièrement ignoré le mode de développement des jeunes huîtres, prises au moment où elles s'échappent de l'individu reproducteur. Ces notions étaient encore un mystère, il y a peu de temps, pour les naturalistes, et c'est la connaissance de ces particularités d'organisation qui a fait concevoir l'espérance de diriger la génération des huîtres et d'en recueillir les produits.

L'huître est hermaphrodite : les deux organes mâle et femelle sont réunis sur le même individu, qui se féconde ainsi lui-même. Vers les mois d'avril ou de mai, la fécondation spontanée s'étant opérée chez ce mollusque, les embryons se trouvent réunis dans une enveloppe particulière, située vers le bord extérieur de la coquille. Ils s'y trouvent en masses innombrables, car une seule huître porte jusqu'à deux millions d'embryons. Parvenus à leur état complet, ces jeunes individus sont rejetés par l'huître mère, qui abandonne au courant des eaux son innombrable progéniture. Cet espoir de la patrie s'échappe sous la forme d'un nuage blanchâtre, qui vient troubler un moment la transparence du liquide.

Ce que nous venons de rappeler était connu depuis bien longtemps; mais ce qui n'avait pas été observé jusqu'à ces dernières années, ce sont les particularités d'organisation de l'huître, dans les premiers jours qui suivent son expulsion de la coquille maternelle. On sait maintenant que les produits de la ponte des huîtres, ne sont pas des œufs fécondés, comme on l'avait toujours admis, mais bien des individus complets, déjà pourvus de leurs coquilles et de leurs principaux organes. Pendant les premiers jours qui suivent leur expulsion, ils sont même porteurs d'un organe qui leur est spécial et qui n'existe pas chez l'huître adulte : c'est un véritable organe de locomotion. Si l'on regarde au microscope ce que l'on a improprement nommé la *semence d'huîtres*, et qui n'est nullement, comme on l'avait pensé, une agglomération d'œufs, mais une réunion de jeunes individus complets, il est facile de reconnaître, sur un certain nombre d'entre eux, une sorte de bourrelet faisant saillie sur la coquille et qui se trouve appliqué contre l'un de ses bords. Ce bourrelet est de nature musculaire. On ne sait pas encore exactement pendant combien de jours après sa naissance l'individu reste pourvu de cet organe; mais ce qui est certain, c'est que c'est un véritable instrument de locomotion, qui permet au jeune mollusque, pendant les premiers jours qui suivent sa naissance, d'exécuter des mouvements propres, de se diriger, en un mot, de jouir pendant quelque temps, de la faculté de locomotion qui est refusée à l'huître adulte.

Nous représentons sur la figure 589 les différents degrés du développement de l'huître. On voit que l'appareil de natation propre à l'huître jeune, disparaît quand l'huître, plus âgée, s'est fixée sur un point solide pour y passer sa vie.

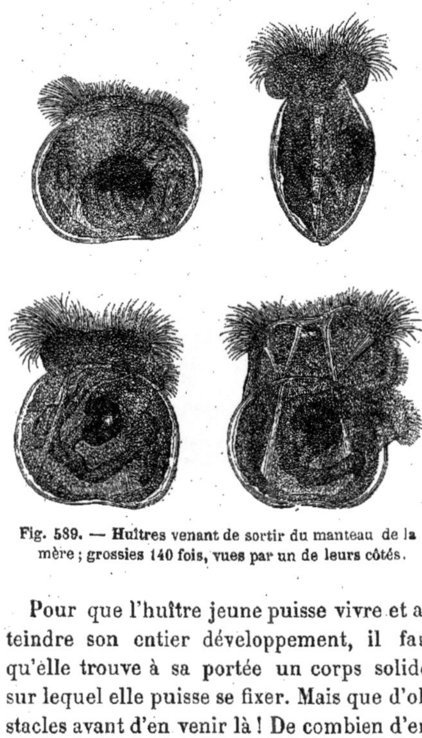

Fig. 589. — **Huîtres venant de sortir du manteau de la mère ; grossies 140 fois, vues par un de leurs côtés.**

Pour que l'huître jeune puisse vivre et atteindre son entier développement, il faut qu'elle trouve à sa portée un corps solide, sur lequel elle puisse se fixer. Mais que d'obstacles avant d'en venir là ! De combien d'ennemis le jeune mollusque n'a-t-il pas à triompher ! De quelles embûches, de quels périls n'a-t-il pas à se tirer ! Pour vivre, pour se maintenir au sein des eaux de la mer jusqu'au bienheureux moment où le jeune bivalve aura pu se fixer sur un abri solide, il faut qu'il soit préservé des courants violents qui pourraient l'entraîner au large, — des vases qui pourraient l'étouffer; — il faut qu'il échappe à la voracité de la population marine, tels que crustacés, vers, polypes; — il faut qu'il ne soit pas violemment arraché de son lieu de repos, par les engins terribles et multipliés du pêcheur avide. On comprend maintenant pourquoi la nature a

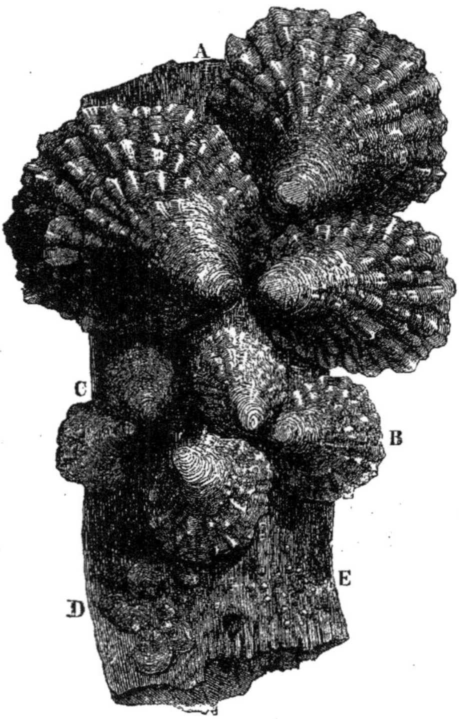

Fig. 590. — Groupe d'huîtres fixées à un morceau de bois.

accumulé dans une seule huître une telle masse d'œufs, une telle abondance de générations nouvelles! C'est par un vrai miracle que le *naissain* de l'huître peut se préserver des mille et un obstacles, des mille et un ennemis qui l'attendent; et si chaque huître, malgré ses deux millions d'œufs, reproduit sa pareille, il faut encore s'en étonner!

Quand le jeune mollusque est parvenu à éviter toutes les causes diverses de destruction que nous venons d'énumérer, il s'accroît rapidement. Il avait à peine un cinquième de millimètre au moment de l'éclosion; au bout de six mois, il a atteint 8 à 10 millimètres de longueur. Une année après sa naissance, son diamètre est de 4 à 5 centimètres. Enfin, dans le courant de la troisième année, l'huître est devenue *marchande*, comme on dit, c'est-à-dire susceptible d'être envoyée dans les parcs de conservation et d'engraissement.

On voit, sur la figure 590, un groupe d'huîtres de divers âges fixées à un morceau de bois. En A sont des huîtres de 12 à 14 mois, — en B des huîtres de 5 à 6 mois, — en C des huîtres de 3 à 4 mois, — en D des huîtres de 1 à 2 mois, — en E des huîtres de 15 à 20 jours.

Il est maintenant facile de comprendre pourquoi, dans les conditions ordinaires, la reproduction et la multiplication des huîtres présente tant de difficultés, pourquoi cette multiplication ne s'opère que dans certaines conditions fortuitement réalisées par quelques circonstances locales. Ces myriades de jeunes individus jetés à l'eau par leur tendre mère, sont emportés par les courants marins, et ne peuvent se développer et devenir adultes que s'ils rencontrent sur leur passage, certains corps étrangers, des abris, des rochers solides, etc., sur lesquels ils puissent se fixer, s'implanter, pour y vivre et s'y développer plus tard hors de l'atteinte des causes de destruction qu'ils rencontreraient s'ils étaient librement abandonnés aux courants de la mer.

Ces corps étrangers, solides et résistants, qui offrent aux jeunes générations d'huîtres une retraite sûre, un abri contre les causes extérieures de destruction, se rencontrent naturellement dans ce que l'on nomme les *bancs d'huîtres*. Là, en effet, le *naissain*, au lieu d'être disséminé au loin par le courant des eaux, tombe sur l'amas considérable de coquilles adultes, qui constitue le banc d'huîtres; il s'y accroche, il s'y fixe, et ayant une fois trouvé son point d'appui sur cette agglomération de corps étrangers, il peut continuer à vivre et parvenir à l'état adulte.

Ces conditions favorables, réalisées par la nature dans les bancs d'huîtres, ont été quelquefois imitées par l'art. On a vu dans le second chapitre de cette Notice, que les habitants des rives du lac Fusaro obtiennent d'abondantes récoltes en disposant autour de la circonférence d'un banc d'huîtres naturel, des pieux et des fascines immergés sous les eaux et s'élevant de quelques pieds au-dessus du niveau du lac. Quand le *naissain* des huîtres vient à s'échapper, le courant, ou peut-être le mouvement propre des jeunes individus, les dirige contre ces pieux et ces branchages. Ils s'attachent à ces corps étrangers, ils y vivent et y prospèrent. Quand les huîtres ainsi artificiellement sauvées des causes de destruction qui les menaçaient, sont parvenues à l'état adulte, on retire de l'eau les pieux et les fascines submergés, et c'est ainsi que les ingénieux riverains du lac Fusaro se procurent annuellement d'abondantes récoltes de ce produit comestible.

Le lecteur devine sans peine, d'après les détails qui précèdent, en quoi devait consister la grande expérience de Saint-Brieuc, à laquelle nous revenons maintenant. M. Coste se proposait de reproduire sur une plus grande échelle l'ingénieuse opération du lac Fusaro. Après avoir déposé au fond du golfe les trois millions d'huîtres au moment de la ponte, il restait à disposer dans le voisinage de leurs gisements, des amas de corps étrangers, sur lesquels les jeunes bivalves sortant de la coquille maternelle, pussent s'arrêter, se fixer, pour s'y développer et grandir.

Les corps étrangers dont on a fait usage à Saint-Brieuc pour retenir les jeunes générations d'huîtres, sont de deux sortes. A l'aide du même équipage qui avait servi à distribuer les huîtres mères au fond du golfe, on a jeté par-dessus ce lit, une certaine quantité d'écailles vides d'huîtres et d'autres coquillages, objets sans valeur, ramassés sur les bords de l'Océan. Cette couche de corps étrangers offrait déjà une certaine prise au *naissain*. On avait donc, par ce premier moyen, reproduit les dispositions des bancs d'huîtres naturels.

Par un second moyen, on a imité les pratiques en usage au lac Fusaro. Par-dessus le lit d'écailles vides qui offraient un premier abri à la jeune génération, on a disposé une masse de branchages ou de fascines. Seulement, à cause de leur légèreté spécifique, il fallait, par quelque artifice, maintenir ces branchages flottants au-dessus du gisement huîtrier. Ces branchages, de 4 à 5 mètres de long, étaient attachés par le milieu de leur longueur à une grosse pierre. Des hommes, revêtus de l'appareil du plongeur en usage dans nos ports, c'est-à-dire revêtus du *scaphandre*, descendent tout cet attirail au fond de l'eau, de manière à le maintenir, par le poids de la pierre servant de lest, à 30 ou 40 centimètres au-dessus du fond producteur.

Nous n'avons pas besoin de dire que l on a dressé des cartes spéciales qui, au moyen de signes particuliers de reconnaissance, permettront d'aller relever, l'une après l'autre, les fascines submergées, et d'en extraire la récolte avec autant de facilité que peut le faire un horticulteur recueillant les fruits de ses espaliers.

Il fallait organiser un système de surveillance, pour assurer l'intégrité et le bon état de ces aménagements divers. Deux bâtiments de l'État, *le Pluvier* et *l'Éveil*, stationnés au point opposé du golfe Saint-Brieuc, l'un à Pontrieux, l'autre à Daoùet, croisèrent tous les jours, sur les bancs artificiels, pendant qu'un petit côtre, construit pour cette affectation spéciale, parcourait sans cesse le golfe, pour compléter la surveillance, et concourir, par un travail assidu, aux nécessités quotidiennes de l'exploitation.

Telles sont les dispositions qui furent prises par M. Coste, de concert avec les officiers du service maritime local, pour préparer la fertilisation de la baie de Saint-Brieuc.

Fig. 591. — Fascine des huîtrières de Saint-Brieuc.

Au bout de huit mois, le moment était venu d'en constater les résultats : c'est ce qui fut fait au mois de décembre 1858.

Déjà, à cette époque, les promesses de la science se traduisaient en saisissantes réalités. Les huîtres mères, les écailles dont le fond du golfe avait été pavé, en un mot, tout

Fig. 592. — Rameau d'une fascine, grandeur réelle.

ce que ramena la drague, était chargé de *naissain* d'huîtres. Les grèves elles-mêmes en étaient inondées. Les fascines portaient,

Fig. 593. — Coquilles chargées de jeunes huîtres recueillies dans la baie de Saint-Brieuc.

dans leurs branchages et sur leurs moindres brindilles, des bouquets de petites huîtres en grande profusion. On en trouvait jusqu'à 20,000 sur une seule fascine, du diamètre de 3 à 5 centimètres. Deux de ces fascines exposées à Binic et à Pontrieux excitèrent, pendant plusieurs jours, l'étonnement et l'admiration des pêcheurs du littoral.

La figure 591 représente une fascine des huîtrières de Saint-Brieuc relevée le 25 octobre 1858 et chargée de jeunes huîtres.

La figure 592 représente, de grandeur naturelle, un rameau tiré de l'une de ces fascines.

Enfin la figure 593 fait voir des valves de coquilles qui ont servi de corps récepteurs de *naissain* couvertes de jeunes huîtres.

Ces résultats devaient conduire à généraliser l'ostréiculture, et à multiplier les stations d'expérience ou d'exploitation. Dans la rade de Toulon, dans l'île de Ré, dans la baie d'Arcachon, dans l'étang de Thau, avoisinant le port de Cette et le littoral de la Méditerranée, le même système fut établi, par l'Administration de la marine, avec les soins de M. Coste. Les effets obtenus furent généralement heureux, et le moment approche où nos populations pourront jouir des bienfaits d'une idée qui a trouvé sa source unique dans la science pure. Grand et beau résultat, bien digne de faire comprendre à tous la valeur et l'utilité des études scientifiques, de ces travaux que certains esprits considèrent comme de stériles abstractions jusqu'au jour où leur application pratique vient arracher aux détracteurs un cri de reconnaissance et d'admiration !

Voici les opérations de repeuplement que l'Administration de la marine a exécutées ou dirigées jusqu'à ce jour sur le littoral de la France.

Dans l'île de Ré, de la pointe de Rivedoux à la pointe de Loine, sur une longueur de trois à quatre lieues, une stérile vasière a été convertie en un vaste champ de production. Là où auparavant l'huître ne pouvait se développer, les agents de l'administration en comptent, à l'heure qu'il est, en moyenne, 600 par mètre carré ; ce qui donnerait pour une superficie de 630,000 mètres en exploitation, un total de 378 millions de sujets, la plupart ayant déjà une taille marchande et représentant une valeur de 6 à 8 millions de francs.

Ce travail, commencé seulement depuis l'année 1863, se poursuit dans tout le reste du pourtour de l'île. Il est l'œuvre des efforts combinés de plusieurs milliers d'hommes, venus de l'intérieur pour prendre possession de ce nouveau domaine. Quinze cents parcs y sont dès à présent en pleine activité, et deux mille autres en voie de construction. Les détenteurs de ces établissements, constitués en association, ont nommé des délégués pour les représenter auprès de l'Administration, et des gardes-jurés pour surveiller la récolte commune. Ils se réunissent en assemblée générale, pour délibérer sur les moyens de perfectionner leur industrie. En sorte que, dans cette association, à côté de l'intérêt individuel, se trouve représenté l'intérêt de la communauté.

Dans la baie d'Arcachon, l'industrie huîtrière se développe avec les mêmes proportions qu'à l'île de Ré. Le bassin tout entier se transforme en un champ producteur. Ici, cent douze capitalistes, associés à cent douze marins, exploitent 400 hectares de terrains émergeant à la marée basse ; et l'État, pour donner l'exemple, a organisé deux sortes de fermes modèles destinées à l'expérimentation de toutes les méthodes propres à fixer la semence et à rendre la récolte facile. L'application de ces méthodes a déjà amené une telle reproduction, que ce bassin est sur le point de devenir un des centres les plus actifs des approvisionnements de nos marchés. Les qualités de forme et de goût que le coquillage acquiert dans la baie d'Arcachon permettent de le livrer directement à la consommation, sans lui faire subir préalablement les traitements auxquels on soumet dans les *parcs de perfectionnement* les huîtres provenant de la pêche ordinaire. Les dépenses que ces manipulations exigent partout ailleurs étant supprimées, il en résultera une économie qui tournera à la fois au bénéfice du producteur et du consommateur.

Quant aux huîtrières artificielles cultivées dans la rade de Toulon, leurs résultats ont été très-satisfaisants au début, mais des causes diverses ont nui plus tard à leur développement.

Il est donc hors de doute que la méthode empruntée à l'histoire naturelle pour provoquer au sein de la mer la multiplication des huîtres, a franchi de la plus heureuse manière la période de tâtonnements et d'essais. Cette période n'a pas été longue d'ailleurs, si l'on considère l'extrême originalité de cette méthode, qui ne comptait aucun précédent. Il ne reste plus maintenant qu'à généraliser ses applications. Le procédé étant reconnu bon, il n'y a plus qu'à le mettre en pratique dans un grand nombre de lieux maritimes, pour faire profiter nos populations de ses avantages.

Sur le sujet qui vient de nous occuper, M. Jules Cloquet a fait, en 1861, à la *Société d'acclimatation* un rapport intéressant que nous mettrons sous les yeux de nos lecteurs, pour compléter les renseignements qui précèdent.

« C'est dans la baie de Saint-Brieuc, dit M. J. Cloquet, qu'ont été tentés les premiers essais d'agriculture maritime. En 1857, à la suite d'un rapport de M. Coste à l'Empereur, cette baie devint le théâtre d'un aménagement spécial ayant pour but de créer des centres de production là où il n'y en avait jamais eu.

« Une sorte de semis d'huîtres mères, autour et au-dessus desquelles furent déposés comme collecteurs des nourrissons qu'elles allaient émettre, des fascines, des valves de divers mollusques, des tuiles, des fragments de poterie, y fut opéré à de grandes profondeurs, sur des fonds tourmentés par la violence des courants. Malgré ces conditions défavorables en apparence et qui avaient fait prédire un échec, les résultats ont dépassé les prévisions les plus hardies de la science.

« Le conseil général des Côtes-du-Nord, dans un rapport où il vote des remerciements à M. Coste, en rend témoignage à la suite d'une exploration à laquelle le préfet lui-même assistait.

« Dans cette exploration, qui avait aussi pour témoins l'ingénieur en chef du département et d'autres notabilités dans l'ordre civil et militaire, la plus ancienne et la plus récente des huîtrières créées ont été examinées. La production, sur ces deux points, a montré jusqu'à l'évidence que l'entreprise ne laissait rien à désirer : la drague, promenée quelques minutes seulement sur les bancs de Saint-Marc, amenait chaque fois plus de 2,000 huîtres comestibles, et 3 fascines, prises au hasard, parmi les 300 qui ont été mouillées en juin 1859 sur la zone du n° 10, en contenaient chacune près de 20,000 du diamètre de 3 à 5 centimètres, comme l'ont constaté et vérifié les équipages du *Chamois*, du *Pluvier*, de l'*Éveil*, sous le contrôle sévère des commandants de ces navires.

« Deux de ces fascines, exposées à Binic et à Portrieux, ont été pendant plusieurs jours l'objet de l'étonnement général des populations du littoral.

« Les échantillons que M. Coste a mis sous les yeux de l'Académie des sciences, et qu'il a bien voulu mettre à ma disposition pour être présentés à la *Société d'acclimatation*, permettent de comprendre quelle est l'étendue des richesses que les procédés artificiels doivent créer sur les fonds en culture.

« L'expérience désormais célèbre de la baie de Saint-Brieuc n'a pas seulement ému nos populations maritimes, elle a aussi éveillé l'attention des étrangers. Des savants distingués, parmi lesquels on pourrait citer M. Van Beneden, professeur à l'Université de Louvain, et M. Eschrickt, professeur à l'Université de Copenhague, ont reçu de leurs gouvernements respectifs la mission de venir étudier le procédé d'ostréiculture mis en usage dans nos mers, pour en faire l'application aux côtes de la Belgique et du Danemark.

« Après avoir montré par l'ensemencement de la baie de Saint-Brieuc, que l'industrie pouvait étendre son action jusqu'aux profondeurs de la mer dans les régions qui jamais ne se découvrent, M. Coste a fait voir qu'elle était également en mesure d'attirer et de fixer la récolte sur les terrains émergents où, à marée basse, on donne des soins au coquillage, comme dans nos jardins aux fruits de nos espaliers.

« Cette idée, qu'il avait exprimée dès 1855, dans son *Voyage d'exploration*, a été mise en œuvre sur plusieurs points du littoral de l'Océan. Elle y a créé de telles richesses, que la condition sociale des populations appelées par cette culture à une prospérité inconnue jusqu'alors, en a été modifiée.

« Le bassin d'Arcachon, naguère complétement dépeuplé d'huîtres, est aujourd'hui transformé en un vaste champ de production qui s'accroît chaque jour et devient un des centres les plus actifs des approvisionnements de nos marchés. Déjà cent douze capitalistes, associés à cent douze marins, y exploitent une surface de 400 hectares de terrains émergents, et l'État, pour donner l'exemple, y a organisé deux fermes modèles destinées à expérimenter tous les appareils propres à fixer la semence et à rendre la récolte facile.

« Des toits collecteurs formés par des tuiles adossées ou imbriquées, des planchers mobiles, les uns servant de couvert à des fascines, les autres ayant une de leurs faces enduite d'une couche de mastic hérissé de bucardes, y sont alignés sur des chemins d'exploitation, comme les maisons d'une ville sur une rue.

« En dehors des appareils, de vastes surfaces de terrain ont été recouvertes de coquilles d'huîtres et de cardium, afin de recevoir le naissain errant. Toits, planches, fascines, tuiles, coquilles, pierres, tout s'est tellement chargé d'huîtres, que, sur une seule tuile, on a compté mille sujets. Je mets sous les yeux de la Société un échantillon de chacun de ces collecteurs. Elle y verra les promesses de la science transformées en réalités incontestables.

« Le bassin d'Arcachon n'est pas seulement un centre de production, où l'huître se multiplie avec profusion, il est en même temps un lieu de perfectionnement où le coquillage acquiert des qualités de forme et de goût qui permettent de le porter sur le marché sans autre préparation.

« Toutes les manipulations qu'on est obligé de lui faire subir ailleurs pour lui donner ces qualités se trouvent donc ici supprimées; il en résulte une économie, qui contribuera bientôt à en faire baisser le prix.

« Dans l'île de Ré, sur une longueur de près de quatre lieues, de la pointe de Rivedoux à la pointe de Loine, plusieurs milliers d'hommes venus de l'intérieur des terres ont pris possession d'une immense et stérile vasière et l'ont transformée, depuis deux ans seulement, en un riche domaine.

« Quinze cents parcs y sont dès à présent en pleine activité, et deux mille autres sont en voie de construction, en sorte que ces établissements formeront bientôt une ceinture à l'île.

« Ici, les conditions n'étant plus les mêmes qu'à Arcachon et à Saint-Brieuc, l'industrie a dû avoir recours à des procédés différents. Elle avait à écouler la vasière, qui rendait impossible la culture de l'huître, et à former des appareils qui fussent à l'abri des animaux destructeurs du bois.

« Ce double but a été atteint par les empierrements dont elle a couvert la plage, à l'exemple de ce qui se fait dans les parcs de Lolen et de la Rochelle.

« Les fragments de roches qu'elle a employés à cet usage, faisant obstacle au flot qui se retire, le divisent en rapides courants, qui, comme autant de petits bassins de chasse, entraînent la fange au large.

« Mais, en même temps qu'ils purgent le sol, ces fragments irrégulièrement dressés les uns à côté des autres, et se servant mutuellement d'appui, forment dans leur ensemble une foule de cavernes anfractueuses dont les voûtes se couvrent d'huîtres dans d'incroyables proportions. Les agents de l'administration de la marine ont pu en compter, en moyenne, 600 par mètre carré, la plupart ayant déjà une taille marchande. Or, la surface en exploitation étant aujourd'hui de 630,000 mètres, il en résulte que le nombre des sujets fixés sur cette plage, jadis inculte et dépeuplée, est déjà de 378 millions, ce qui représente une valeur de 6 à 8 millions de francs.

« Il est rare qu'un bien se manifeste dans l'ordre naturel sans avoir une heureuse conséquence dans l'ordre moral. Aussi, pour exploiter avec plus de fruit ces richesses produites, les détenteurs de parcs de l'île de Ré se sont organisés en plusieurs communautés qui nomment des délégués pour les représenter auprès de l'Administration de la marine, et des gardes-jurés pour surveiller la récolte commune.

« Ils votent un impôt pour subvenir à toutes les dépenses, et se réunissent en assemblée générale pour délibérer sur les intérêts de leur industrie. Ces modestes ouvriers, guidés par une idée abstraite de la science, sont donc parvenus à relever leur propre condition.

« L'Océan n'a pas été seul le théâtre d'essais de repeuplement par la création d'huîtrières artificielles. Déjà l'année dernière près de cinq cent mille huîtres, prises par M. Coste sur les côtes d'Angleterre et embarquées sur le *Chamois*, ont été immergées, soit sur l'étang de Thau, soit dans la rade de Toulon.

« L'opération faite, un peu plus tard, avec des sujets fatigués par la traversée et le transport, ne pouvait pas donner de bien grands résultats. Cependant ce qui a été obtenu à Toulon fait concevoir pour l'avenir les plus grandes espérances.

« Là, comme dans l'Océan, il sera possible de créer des centres de production et d'y recueillir les fruits à l'aide d'appareils collecteurs. Un fragment de clayonnage pris sur l'huîtrière artificielle de la rade de Toulon, près du village de la Seyne, établie depuis huit mois à peine, est, comme peut le voir la Société, aussi riche en jeunes sujets, que les collecteurs retirés de la baie de Saint-Brieuc, d'Arcachon, de l'île de Ré. »

Ces nouvelles créations excitèrent à l'étranger le plus vif intérêt. Des savants distingués, M. Van Beneden, de Louvain, et M. Eschrickt, de Copenhague, furent envoyés en France, par leurs gouvernements respectifs, pour étudier le procédé d'ostréiculture mis en œuvre chez nous, et pour en faire l'application aux côtes de la Belgique et du Danemark. On espérait parvenir ainsi à exploiter, non-seulement les profondeurs de la mer dans les régions qui ne se découvrent jamais, mais encore les terrains qui sont émergents à la marée basse, et sur lesquels on peut donner des soins au coquillage, comme on en donne dans nos jardins aux fruits des espaliers. La nouvelle industrie, en se développant rapidement, promettait de faire des centres de production active d'une foule de lieux autrefois déserts ou mal habités.

Un an auparavant, c'est-à-dire en 1862, M. Coste, entretenant l'Académie des sciences de la transformation des terrains émergents en champs producteurs de coquillages, faisait remarquer l'importance et la grandeur de cette création du génie scientifique et industriel de notre temps. Le savant académicien disait, par un de ces rapprochements familiers à son heureuse imagination, que la culture des champs sous-marins où l'on élève les coquillages, doit être un jour plus simple, plus économique et plus lucrative que celle de la terre elle-même, car elle sera établie sur des vasières improductives, sur des rivages stériles.

« Cette industrie, disait M. Coste, appelle au bénéfice de la propriété un grand nombre de cultivateurs d'une nouvelle espèce... Plusieurs milliers d'habitants de l'île de Ré, dirigés dans leurs travaux par M. Tayeau, commissaire de la marine, par M. le docteur Kemmerer, sont occupés depuis quatre ans à purger leur plage boueuse des sédiments qui la vouaient à la stérilité, et à mesure qu'ils couvrent leurs fonds nettoyés d'appareils collecteurs, la semence amenée du large par les courants, mêlée à celle des sujets reproducteurs importés ou nés sur place, se dépose sur ces appareils avec une telle profusion que l'administration locale y compte en moyenne, au minimum, 72 millions d'huitres, d'un à quatre ans, presque toutes marchandes. Ces huîtres, au prix de 25 ou 30 francs le mille, représentent une valeur de 2 millions de francs environ : résultat colossal quand on pense qu'il a été obtenu sur un espace aussi restreint. Il serait trois ou quatre fois plus considérable encore, si, à l'origine de l'industrie, les parqueurs avaient connu le moyen de dégrapper le jeune coquillage. A défaut de ce perfectionnement, le plus grand nombre de sujets a été étouffé par la compression de ceux qui ont pris un développement prépondérant. D'après le recensement qu'en avait fait l'administration locale au début de l'opération, il y avait 300 millions de jeunes sujets là où il n'en reste plus aujourd'hui que 72 ou 80 millions parvenus à l'état adulte. Ces immenses pertes seront évitées à l'avenir par les perfectionnements des appareils producteurs. »

CHAPITRE XVII

PROCÉDÉS ET APPAREILS DE L'OSTRÉICULTURE.

Puisque la disposition des appareils importe tant à la bonne réussite de l'opération, on nous excusera de ne pas terminer ce sujet sans donner quelques indications pratiques sur la manière la plus convenable de disposer les engins de cette nouvelle et curieuse exploitation manufacturière qui s'accomplit au sein des eaux.

Les appareils propres à recueillir le naissain des huîtres et à le fixer sur des systèmes collecteurs et protecteurs sont de deux sortes : les uns fixes, les autres mobiles.

Lorsque les fonds sur lesquels on opère, sont déjà ensemencés, soit naturellement, soit artificiellement, on emploie, pour la multiplication des huîtres qui garnissent ces fonds, des appareils collecteurs fixes : ce sont les *pavés* et les tuiles. Les premiers sont de simples blocs de pierre, dont on pave en quelque sorte les parcs, de manière à produire une surface très-inégale, hérissée d'anfractuosités. La première année, on laisse tout en place ; mais à l'époque nouvelle du frai, on retourne les pavés, de manière que les huîtres placées à leur face inférieure se trouvent au contraire exposées à la lumière. La face supérieure du pavé, devenue dès lors inférieure, se recouvrira bientôt de la nouvelle génération. Pendant la troisième année, on détache les huîtres, qui sont dès lors propres à achever leur développement dans les bassins d'élevage.

Ce procédé, peu dispendieux là où la pierre est abondante, présente pourtant un certain inconvénient. C'est que les huîtres ne peuvent, sans amener de grandes pertes, être détachées des pavés, contre lesquels elles s'incrustent solidement, en y contractant le plus souvent des formes défectueuses.

Dans les contrées où les pierres sont rares, comme aussi afin d'éviter la déformation de la coquille, on fait usage, pour recueillir le naissain des huîtres, de tuiles semblables à celles qui servent à couvrir nos toits : de là le nom de *toits collecteurs*, donné à cet appareil par M. Coste. Sur le fond où gisent les précieux mollusques, on construit des lignes de piquets, sur lesquelles on cloue des traverses. On place sur cette espèce d'échafaudage des tuiles concaves, diversement inclinées les unes sur les autres. C'est à leur face concave que les jeunes huîtres s'attachent. On les enlève facilement à l'époque voulue, pour les transporter dans les parcs d'élevage.

M. Coste, dans son *Voyage d'exploration*, donne les renseignements suivants sur les différentes manières de disposer les *toits collecteurs*.

« C'est sur des chevalets, formés par des traverses clouées à des piquets qui saillent de 15 à 20 centimètres du sol, que repose le toit collecteur.

« On augmente ou on restreint le nombre et l'étendue de ces chevalets, selon la surface du terrain à couvrir.

« Les tuiles, qui sont l'élément principal du toit, se prêtent à diverses combinaisons qui permettent d'en varier la forme et la disposition.

« Ces tuiles peuvent être rangées en files parallèles et contiguës, et former une toiture simple et complète (*fig.* 594).

« Dans tous les parcs où l'action des flots se fera trop vivement sentir, on devra consolider chaque rangée de tuiles, soit à l'aide d'un fil de fer galvanisé, soit avec des pierres posées de distance en distance.

Fig. 594. — Toit collecteur simple.

Elles peuvent former double toiture (*fig.* 595), l'une à claire-voie, l'autre à séries continues, placées côte à côte, surmontant et croisant la première.

« Elles peuvent être engagées entre des chevalets de soutien (*fig.* 596), par files se recouvrant sans se toucher, et formant avec le sol sur lequel elles reposent un angle de 30 à 35 degrés.

« On peut enfin, comme dans la figure 597, les disposer sous forme de tentes ouvertes aux deux extrémités et plus ou moins allongées.

« Dans cette dernière combinaison, les tuiles, touchant au sol, se prêtant mutuellement un appui solide par leur petite extrémité, et étant, en outre, consolidées dans cette position par des pierres posées, soit entre deux rangées adossées, soit sur la face libre des rangées extrêmes, l'emploi du bois est complétement supprimé : l'appareil est par conséquent ici à l'abri des dégradations des animaux destructeurs. Le *détroquage* sur ces collecteurs se fait plus facilement et avec moins de pertes que sur les pierres. »

Avec ces appareils on peut ensemencer les

Fig. 595. — Toit collecteur double.

côtes absolument privées d'huîtres, les bassins et les parcs artificiels. Avec ces mêmes

Fig. 596. — Toit collecteur à files obliques et se recouvrant.

appareils, sur des fonds vierges, on place des millions de jeunes huîtres âgées de quelques mois, dans les conditions de fond, de profondeur, de chaleur et de lumière convenables, et sous l'action d'une surveillance facile et continue.

Les pavés et les tuiles ont le désavantage de ne pouvoir servir qu'une fois et pour une seule récolte. Ils sont brisés quand les huîtres qui les garnissent par milliers ont atteint la taille marchande. De là l'utilité du rucher collecteur et du *plancher collecteur*, appareils plus compliqués.

Le *rucher collecteur*, sous des dimensions restreintes, offre au naissain des points d'attache extrêmement multipliés. Il se compose (*fig.* 598) d'un coffre enveloppant, en bois léger, de forme rectangulaire, long de 2 mètres sur 1 mètre de largeur et de hauteur.

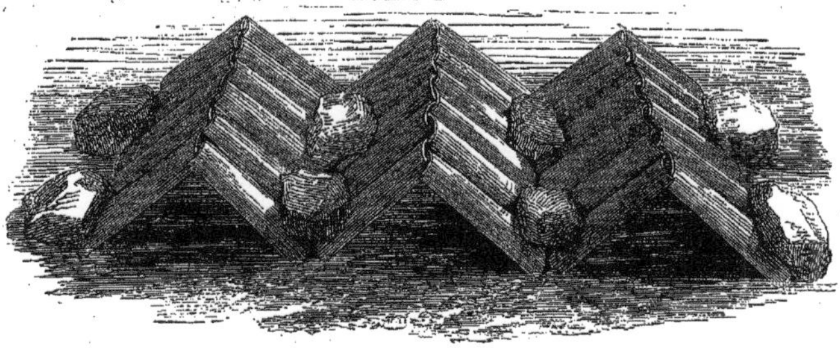

Fig. 597. — Toit collecteur à files opposées.

Il est dépourvu de fond, mais muni d'un couvercle. Ses parois sont criblées de trous pour laisser à l'eau une libre circulation. A ce coffre sont adaptés des cadres en bois (*fig.* 599), dont le vide central est occupé par un filet de corde, ou un treillage en laiton.

Lorsque le rucher collecteur doit fonctionner, on le pose en le faisant porter sur quelques pierres plates, préalablement couvert de coquilles d'huîtres, de valves de moules, bucardes, vénus, etc. On dissémine sur le fond de la mer ainsi circonscrit, une soixantaine d'huîtres mères; puis on place sur les supports deux châssis du premier plan préalablement garnis d'une couche de coquilles au-dessus de laquelle sont parsemées d'autres huîtres mères. Le premier plan de chasse étant ainsi formé, on établit le second de la même façon, ensuite le troisième, dont on supprime seulement les huîtres mères. Enfin on met en place le couvercle que l'on assujettit par une traverse AC (*fig.* 598).

L'appareil ainsi disposé est abandonné à lui-même. Les huîtres de tous les étages ne tardent pas à frayer. Ce frai emprisonné se dépose particulièrement sur les écailles et les coquilles dont les cadres sont garnis, et s'y

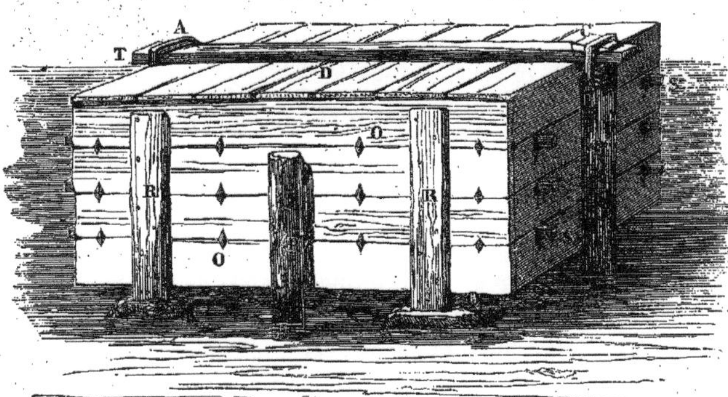

Fig. 598. — Rucher collecteur, en place.

développe peu à peu dans de bonnes conditions.

Cinq ou six mois après les pontes, les jeunes huîtres peuvent être déplacées sans danger. On démonte l'appareil pièce à pièce, en procédant de haut en bas, et on dépose avec précaution le dépôt venant de chaque châssis, sur le sol d'un parc ou d'une rivière.

On peut même transporter les châssis au loin, en les plaçant, comme nous l'avons dit, dans des caisses flottantes percées de trous, ou, si le voyage doit se faire par terre, en les emballant dans des caisses convenablement garnies d'herbes mouillées.

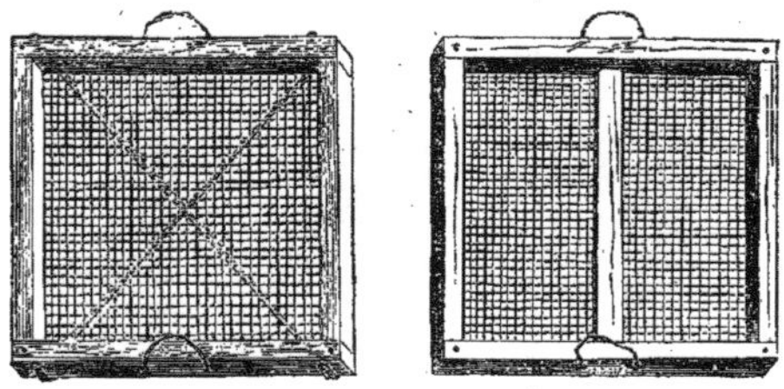

Fig. 599. — Châssis mobiles du rucher collecteur.

La figure 600 montre le rucher collecteur en place. Une des parois a été enlevée pour montrer la disposition intérieure des châssis.

Le *plancher collecteur* est formé de plusieurs rangées parallèles de pieux rapprochés deux à deux. Ces pieux portent des traverses d'une seule pièce, dont l'ensemble constitue des cadres carrés, contigus, sur lesquels on établit un plancher, au moyen de planches de sapin, portant, par leurs extrémités, sur les traverses inférieures. Ces planches sont hérissées de copeaux soulevés au ciseau, chargées de valves de coquillages, qu'on a engluées à leur surface à l'aide d'une couche de goudron, et munies de menus branchages de châtaignier, de chêne ou de vigne : le tout pour offrir au naissain un plus grand nombre de points d'attache.

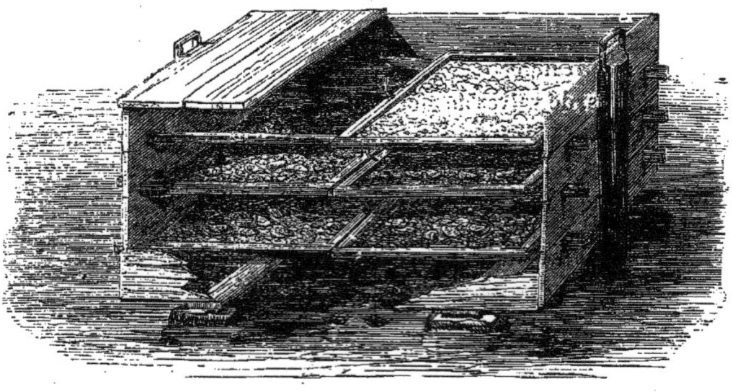

Fig. 600. — Rucher collecteur, dont l'une des parois est enlevée pour laisser voir les châssis.

L'organisation de ce plancher est assez simple, car une seule personne peut le manœuvrer, c'est-à-dire le monter et le démonter, soit pour retourner les planches qui le forment, soit pour les transporter ailleurs. Il a l'avantage de mettre les huîtres à l'abri des vases qui les étouffent à la naissance, et de la plupart des animaux qui leur font la guerre.

Le transport des germes recueillis sur les planches de cet appareil se fait aisément par mer, en suspendant ces planches dans un cadre flottant, qu'on remorque sans peine à toute distance. Pour le transport par terre, on place les mêmes planches dans des caisses

Fig. 601. — Plancher collecteur à compartiments multiples.

pleines d'eau de mer, ou bien on les enveloppe d'herbes marines bien mouillées.

Quand on veut embrasser de plus grands espaces, on fait usage d'un plancher plus vaste, que M. Coste nomme *plancher collecteur à compartiments multiples.*

La figure 601 représente le *plancher collecteur à compartiments multiples.*

« Le plancher collecteur à compartiments multiples, dit M. Coste, consiste en plusieurs séries de doubles pieux (A), qu'un intervalle de 12 à 15 centimètres seulement sépare; disposées en échiquier, à la distance de 2 mètres environ les unes des autres, et coupées par des passages d'exploitation (E) larges de 60 à 70 centimètres. — Deux trous se correspondant, le premier à 50 centimètres du sol, le second à 25 ou 30 centimètres au-dessus du premier, percent de part en part les pieux accouplés. — Une clavette (I), en bois ou en fer, introduite dans le trou inférieur, convertit ces pieux en une sorte de chevalet, et sert de point d'appui à des traverses d'une seule pièce (B), longues de 2^{m},20 au moins, et d'un diamètre de 10 à 12 centimètres. Ces traverses doivent être solides, car c'est sur elles que porte le plancher, consistant en planches (D) posées à plat, par leurs extrémités, sur les traverses inférieures, et rangées côte à côte de manière à laisser entre elles le moins d'intervalle possible. — D'autres traverses (C), de même longueur que celles-ci, mises au-dessus des planches, et retenues elles-mêmes par des clavettes (J), passées dans le trou supérieur des pieux, assujettissent le tout. S'il arrivait qu'il y eût un peu trop de jeu entre les clavettes supérieures et les traverses qu'elles doivent maintenir, un coin (Q) placé entre ces deux pièces obvierait à cet inconvénient. Des coins en bois (Q') servent aussi à assujettir les planches qui auraient trop de mobilité. — Lorsqu'on veut désarticuler les planches, soit pour les transporter sur d'autres chevalets, soit pour les retourner et soumettre à l'insolation les jeunes huîtres qui s'y sont fixées, et y ont déjà assez grandi pour résister à l'action nuisible des vases, soit pour constater l'état de la récolte ou examiner les fonds sous-jacents, il suffit de retirer la clavette supérieure (J) et d'enlever les traverses (C) qui maintiennent le plancher. Les planches les plus propres à former le plancher sont les planches brutes en bois de pin ou de sapin, de 2^{m},10 à 2^{m},15 de long, sur 20 à 25 centimètres de large, dont on hérisse l'une des faces, à l'aide d'un ciseau ou d'une herminette, de minces copeaux adhérents. Ces copeaux, qui ont une saillie de 2 à 3 centimètres, multiplient les surfaces et rendent très-facile la cueillette des huîtres qui y adhèrent. On peut les remplacer par une couche de valves de bucardes, de vénus, de moules, ou de cailloux du volume d'une noix, que l'on fait adhérer aux planches à l'aide d'un mastic de brai sec et de goudron. Enfin, pour fournir au naissain un plus grand nombre de points d'attache, on garnit aussi cette face de menus branchages de châtaignier, de chêne, de sarments de vigne, etc., que l'on fixe par des trous pratiqués aux planches (D, D').

« Dans les parcs, les viviers, etc., établis sur des roches ou des branches dures, par conséquent sur un fond que les pieux ne peuvent pénétrer, ceux-ci seront remplacés par des bornes en pierre de taille (G), de 70 centimètres environ de haut, sur 25 centimètres de côté, percées de part en part, assez largement pour recevoir non-seulement les traverses (B, C), mais encore un coin (H) destiné à les assujettir, et maçonnées à la base ou maintenues à l'aide de crampons en fer. »

CHAPITRE XVIII

ÉTAT ACTUEL DE L'OSTRÉICULTURE.

Nous venons de faire connaître l'établissement, sur un grand nombre de points du littoral français, de vastes champs destinés à la reproduction et à la multiplication artificielle des huîtres. Il sera intéressant de dire maintenant le résultat de ces tentatives. Un rapport de MM. Millet et Hennequin, sur les appareils de pêche et d'ostréiculture à l'Exposition universelle de 1867, et qui fait partie d'un volume publié en 1868, par les soins de la *Société d'acclimatation de Paris* (1), nous renseigne sur la situation présente de l'ostréiculture, sur ses progrès et sur ses échecs, enfin sur les espérances qu'elle peut donner pour l'avenir.

La baie de Saint-Brieuc a été l'un des principaux théâtres des essais entrepris sous la direction de M. Coste. On a, comme nous l'avons dit, répandu sur les fonds de la baie de Saint-Brieuc, quelques millions d'huîtres adultes, que l'on a environnées de fascines, de rochers et de planchers collecteurs destinés à recueillir leur laitance. Malheureusement, les résultats ont été peu favorables dans la baie de Saint-Brieuc. On était arrivé à recueillir du naissain sur les fascines; mais ces collecteurs n'ont pu résister à l'action trop énergique de la mer et des courants. Les jeunes huîtres ont fini par être emportées avec les fascines elles-mêmes,

(1) *De la production végétale et animale.* Études faites à l'Exposition universelle de 1867, in-8, Paris, 1868.

Fig. 602. — Pêcheuses de moules.

avant d'être parvenues à maturité. Les bancs d'huîtres qui existaient autrefois dans ces parages, et que l'on avait cru pouvoir repeupler, ne se sont pas reconstitués, et la baie de Saint-Brieuc est aujourd'hui à peu près dépourvue d'huîtres.

Des essais du même genre ont été faits sur différentes plages de la Méditerranée ; mais ils n'ont pas été tous heureux. Les huîtres adultes, semées dans différents bassins à enceintes fermées, sur plusieurs côtes de la Méditerranée, telles que Villefranche, Saint-Tropez, Toulon, l'anse de Portmion, près de Cassis, les golfes de Marseille et de Fos, le port de Bouc, l'étang de Thau, n'ont pas prospéré. Dans la rade de Toulon, la reproduction des huîtres, qui avait commencé par fournir de brillants résultats, n'a pas tardé à décroître, sans cause connue. Dans le vaste étang de Thau, qui s'ouvre près de la plage de Cette, et forme, à l'intérieur des terres, un bassin naturel, qui semble favorable entre tous à la multiplication artificielle de ces coquillages, la reproduction des huîtres n'a jamais pu être obtenue régulièrement (1). Seulement, il est bien établi que les huîtres, déposées et conservées dans ce vaste parc, s'y accroissent et s'y engraissent avec rapidité.

A côté des échecs de l'ostréiculture, plaçons ses victoires bien constatées. Les établissements créés par les soins de l'État, et sous la direction de M. Coste, dans le bassin d'Arcachon, ont produit d'admirables résultats qui en font espérer de plus considérables encore.

(1) L'insuccès de cette expérience dans l'étang de Thau a tenu simplement, selon nous, au défaut de surveillance. M. Paul Gervais, alors professeur à la Faculté des sciences de Montpellier, qui fut chargé de présider à l'ensemencement de l'étang de Thau, a vainement réclamé, pendant plusieurs années, l'adjonction de quelques gardiens pour surveiller les bancs d'huîtres, que la rapine ou la malveillance détruisait au fur et à mesure de leur développement. Une ou deux barques montées par quelques préposés, et en croisière sur l'étang, auraient suffi pour empêcher ce regrettable résultat.

Le bassin d'Arcachon, qui appartient au littoral de la Gironde, est une sorte de petite mer intérieure, d'environ 100 kilomètres de circonférence, communiquant avec l'Océan par un faible passage qu'il n'est pas difficile d'intercepter. Sa disposition le prépare admirablement à devenir un immense centre de production huîtrière. M. le docteur Léon Soubeiran, dans un *Rapport sur l'ostréiculture à Arcachon*, appelait ce bassin l'*Eldorado des huîtres*.

Des pêches très-abondantes d'huîtres se pratiquaient autrefois dans ce bassin ; mais là, comme ailleurs, une exploitation abusive avait fini par tarir cette mine précieuse. En 1860, des travaux furent entrepris, sous la direction de M. Coste, pour transformer le bassin d'Arcachon en un vaste centre de production de ces mollusques. Trois grands parcs : ceux de *Grand-Cès* et de *Crastorbe*, de la contenance de 22 hectares, et celui de *Lahillon*, d'environ 4 hectares, furent créés sur des fonds émergents, qui avaient déjà contenu des huîtres. Après le nettoyage des fonds vaseux, des huîtres mères furent jetées sur l'espace affecté à ces parcs ; puis on y plaça, pour recueillir le naissain, différents appareils collecteurs, tels que fascines, coquilles d'huîtres, planches, tuiles, etc.

Voici maintenant les résultats obtenus jusqu'ici.

Les parcs de *Grand-Cès* et de *Crastorbe* ont livré en quatre ans (de 1862 à 1866), environ huit millions d'huîtres. Au 1er janvier 1867, la quantité d'huîtres qui se trouvaient sur les trois parcs, était évaluée, au minimum, à 34 millions, dont 15 millions pour celui du *Grand-Cès*, 10 pour *Crastorbe*, et 9 pour *Lahillon*. Dans ce dernier chiffre, on ne comprenait pas 500,000 huîtres mères jetées sur ce parc, et qui, dans un an, devaient fournir d'abondants produits.

Enfin, on a donné, en avril et en mai 1867, aux pêcheurs du bassin d'Arcachon, 900,000 huîtres, extraites du parc impérial de *Lahillon*, pour leur permettre de fonder des parcs particuliers, à la seule condition qu'ils feraient sur ces parcs, en vue d'amener la reproduction des huîtres, des travaux semblables à ceux qui ont été effectués dans le même but sur les parcs impériaux.

Quant à la pêche libre à la drague et à la main, dans les points où n'existent pas les parcs impériaux, elle a produit, dans la campagne de 1864-1865, environ 2 millions 1/2 d'huîtres, qui ont été vendues 56,600 francs. La récolte de 1865-1866, n'a donné que 2 millions d'huîtres d'une valeur de 48,000 fr. Enfin, dans la campagne de 1866-1867, on a récolté plus de 3 millions d'huîtres valant 47,000 francs.

Nous ne reproduirons pas les chiffres rapportés par MM. Hennequin et Millet, concernant le rendement des différentes concessions de terrains faites à des particuliers et appropriés à la culture des huîtres. Nous dirons seulement qu'il résulte, d'une manière générale, des documents cités par MM. Hennequin et Millet, que l'industrie de l'ostréiculture est aujourd'hui définitivement fondée dans le bassin d'Arcachon, et qu'elle est en voie de prospérer, si le concours de l'État, en matériel, en hommes et en argent, est continué aussi longtemps qu'il sera nécessaire.

Cette situation brillante n'est pas la même partout. Sur bien des points, les espérances conçues d'abord ne se sont point réalisées. Ainsi, à l'île de Ré, où l'ostréiculture avait d'abord donné des résultats très-satisfaisants, on n'a vendu, en 1866-1867, que pour 24,000 fr. environ d'huîtres. Beaucoup de ces parcs sont tellement envahis par la vase que l'on ne peut plus les utiliser pour les opérations en vue desquelles on les avait aménagés.

On doit faire des vœux pour que la nouvelle industrie de l'ostréiculture entre dans une ère de succès, car, il ne faut pas se le dissimuler, les bancs d'huîtres naturels se dépeuplent avec une effrayante rapidité. Les bancs de Granville et de Cancale, autrefois si productifs, qui ont si longtemps défrayé les marchés de Paris et du nord de la France, n'ont donné en 1866, suivant MM. Hennequin et Millet, que 3 à 4 millions d'huîtres, tandis qu'ils en avaient fourni en 1851 plus de 130 millions. Aussi, tandis qu'en 1851 les huîtres se vendaient dans ces parages au prix de 7 à 8 francs le mille, on les vendait en 1866 au prix de 30 francs le mille (1).

Cette décroissance des produits date de 1852, et elle n'a fait qu'empirer chaque année. Il règne, d'ailleurs, une grande incertitude sur les véritables causes de ce dépérissement. On l'attribue à une mauvaise exploitation des bancs naturels, qui détruirait les mollusques avant l'état adulte, ainsi qu'au mode vicieux de pêche qui consiste à draguer le fond de la mer et à emporter ainsi pêle-mêle, avec les huîtres comestibles, les individus jeunes et les bons reproducteurs. Cependant, ces causes ne suffiraient pas à expliquer l'immense appauvrissement des bancs d'huîtres de Cancale et de Granville ; il faut croire que d'autres causes, venant de la nature même, concourent à produire ce triste résultat.

En 1865, une enquête sur l'industrie huîtrière a été faite en Angleterre. Elle a prouvé que la récolte des huîtres a diminué tout aussi considérablement, depuis quelques années, chez nos voisins que dans nos parages. D'après cette enquête, la diminution n'aurait pas été amenée par des exploitations abusives ou par de vicieux procédés de pêche ; on l'attribue au manque de *naissain*, qui semble avoir été détruit durant ces années, peu de temps après sa production. D'après la même enquête, une rareté pareille de naissain aurait eu lieu à des époques antérieures, et il est à craindre, dès lors, qu'elle ne se renouvelle plus tard.

La commission d'enquête a émis l'avis que le meilleur moyen de combattre les effets des disettes périodiques du frai de l'huître est de faciliter les entreprises des individus ou compagnies qui désirent acquérir des fonds maritimes favorablement situés pour la culture de ce mollusque. La commission n'entend pas d'ailleurs par la *culture de l'huître* la reproduction artificielle telle qu'elle a été entreprise sur nos plages par les méthodes recommandées par M. Coste, mais l'enlèvement du *brood* (jeune huître du diamètre de 30 à 40 millimètres), et son dépôt sur des lieux, où il serait conservé à l'aide de soins convenables, comme ressources pour les mauvaises années de pêche. Cette opération est pratiquée par les pêcheurs anglais de temps immémorial, et elle donnerait d'excellents résultats, si elle se généralisait.

(1) *De la production animale et végétale*, page 80.

CHAPITRE XIX

LA MYTICULTURE, OU CULTURE ARTIFICIELLE DES MOULES.

Les huîtres ne sont pas les seuls mollusques marins que les nouvelles méthodes puissent multiplier à volonté. Comme exemple intéressant à divers titres de la multiplication artificielle d'autres mollusques, nous citerons les Moules.

Les consommateurs qui voient paraître sur leur table, des Moules aussi remarquables par leur taille que par leur bon goût, pensent peut-être qu'elles viennent de la mer et des bancs naturels. Il n'en est rien, et l'on peut s'en convaincre sans peine. Il n'est aucun de nos lecteurs qui, parcourant les plages de l'Océan ou de la Méditerranée, n'ait vu des Moules accrochées aux bords des rochers qui affleurent l'eau, ou qui n'ait vu des pêcheuses du littoral occupées à ramasser sur ces rochers les mêmes mollusques (*fig.* 602). Or, il est facile de s'assurer que, par leurs dimensions, ces Moules sont bien inférieures à celles qui sont servies sur nos tables, et qu'elles ont un goût vaseux, que ne présentent jamais les moules achetées dans les marchés des grandes villes.

C'est que l'art intervient ici avec le plus grand bonheur, et que les qualités comestibles qui font rechercher la Moule, sont un résultat de l'industrie humaine. Cette industrie est, d'ailleurs, trop curieuse; elle se rattache trop directement à la pisciculture, pour que nous n'entrions pas dans quelques détails à ce sujet.

Pour faire comprendre les pratiques de la *myticulture*, ou culture artificielle et multiplication des Moules, nous serons obligé de remonter dans l'histoire, jusqu'au Moyen âge.

L'anse de l'*Aiguillon*, située à quelques kilomètres de la plage de la Rochelle, n'est qu'une immense et stérile vasière. La population du littoral n'avait encore trouvé aucun moyen pour en tirer parti, lorsqu'en 1326, un événement imprévu vint lui fournir abondance et richesse.

Un jour, une barque, chassée des côtes d'Irlande, et montée par trois hommes, vint se briser contre la côte. Les pêcheurs du littoral, qui vinrent au secours des naufragés, ne réussirent qu'à grand'peine à sauver le patron de l'équipage. Cet homme se nommait Walton. Comme on le verra, il paya largement sa dette à ses sauveurs et à leurs fils.

Exilé sur cette plage solitaire de l'Aunis, Walton vécut d'abord en faisant la chasse aux oiseaux marins.

Les oiseaux de mer et de rivage fréquentaient en grande abondance les parages de cet immense marais. Walton pensa que la chasse de ces oiseaux deviendrait l'objet d'un commerce lucratif si on pouvait les prendre en quantités notables.

Il savait que pendant la nuit les oiseaux marins volent avec vitesse, en rasant la surface de l'eau. Sur cette donnée, il fabriqua un filet particulier, déjà sans doute en usage dans son pays d'Irlande, et qu'il nommait *filet de nuit*, ou *filet d'allaoret*, de deux vieux mots, l'un celte et l'autre irlandais (*allaow*, nuit, *ret*, filet).

Ce *filet de nuit* se composait d'une immense toile, longue de 300 à 400 mètres, haute de 3 mètres, tendue horizontalement comme un rideau, sur de grands piquets enfoncés dans la vase. Pendant l'obscurité de la nuit, les oiseaux, en voulant raser la surface de l'eau, donnaient contre ce filet, et restaient engagés dans ses mailles.

Mais la baie, ou plutôt l'anse de l'Aiguillon, n'est qu'un vaste lac de boue, dont le fond se dérobe incessamment sous les pieds. Les barques ordinaires ne peuvent y voguer qu'avec difficulté. Après avoir imaginé le filet destiné à prendre les oiseaux, il fallait donc imaginer une embarcation particulière qui permît de se diriger rapidement et sans danger sur cet océan de boue.

Walton construisit une pirogue de la plus ingénieuse simplicité, avec laquelle il fit son propre domaine de la vasière de l'Aiguillon. Cette pirogue, encore en usage de nos jours, est connue à la Rochelle sous le nom d'*açon*. C'est une caisse en bois, longue de 3 mètres, large et profonde d'un demi-mètre, et dont l'extrémité antérieure se recourbe en forme de proue. L'homme qui l'emploie se place à l'arrière, appuie son genou gauche sur le fond, se penche en avant, saisit les deux bords avec ses mains, et laisse en dehors, afin de pouvoir s'en servir en guise de rame, sa jambe droite, chaussée d'une longue botte. En plongeant cette jambe libre dans la vase, pour prendre un point d'appui, la retirant, puis la plongeant de nouveau, il communique chaque fois à la frêle embarcation une impulsion vigoureuse, qui la fait glisser à la surface de l'eau du marais, et la transporte assez rapidement d'un point à un autre (*fig.* 603).

En exerçant dans le marais de l'Aiguillon son métier de chasseur, Walton ne tarda pas à constater un fait, qui lui apparut comme un trait de lumière, comme une subite révélation.

Les Moules abondent dans les parages de l'Aiguillon, comme sur tous les autres

Fig. 603. — Açon, ou pirogue de marais.

points de l'Océan. Or Walton remarqua que la progéniture des Moules venait s'attacher à la partie submergée des piquets qui soutenaient son filet. Il se convainquit aisément que les Moules ainsi suspendues à une certaine hauteur au-dessus de la vase, devenaient plus grosses et plus agréables au goût que celles qui étaient ensevelies sous l'eau vaseuse.

L'exilé irlandais vit dans cette première observation, les éléments d'une sorte de culture de Moules, qui pouvait devenir un jour l'objet d'une grande exploitation. Il résolut de consacrer tous ses efforts à la création de cette industrie.

« Les pratiques qu'il institua, dit M. Coste, furent si heureusement appropriées aux besoins permanents de la nouvelle industrie, qu'après bientôt huit siècles elles servent encore de règle aux populations dont elles sont devenues le riche patrimoine. Il semble qu'en s'appliquant à cette entreprise, non-seulement il avait la conscience du service qu'il rendait à ses contemporains, mais le désir que leurs descendants en conservassent le souvenir, car il donna aux appareils qu'il inventa la forme d'un W, lettre initiale de son nom, comme s'il eût voulu que son chiffre fût inscrit sur tous les points de cette vasière, fertilisée par son génie, en attendant sans doute que la reconnaissance publique élevât un monument à la mémoire du fondateur (1).

(1) *Voyage d'exploration sur le littoral de la France et de l'Italie*, 2e édition, in-4o, p. 134.

Walton dessina donc, au niveau des basses marées, un double V, dont les sommets étaient tournés vers la mer, et dont les côtés, prolongés d'environ 200 mètres vers le rivage, s'écartaient de manière à former un angle d'environ 45 degrés. Le long de chacun des côtés de cet angle, il planta, à la distance d'environ 1 mètre les uns des autres, des pieux de 1 mètre de hauteur, qu'il enfonça à moitié dans la vase, et dont il remplit les intervalles avec des branchages.

Cet appareil reçut le nom de *bouchot*, nom fait, par contraction, de *bout-choat*, expression dérivée d'un mélange de celte et d'irlandais, et signifiant *clôture en bois* (*bout*, clôture, et *choat*, bois).

A l'aide de cet appareil, Walton fit de magnifiques récoltes. Cependant il n'abandonna point pour cela les pieux isolés, dépourvus de fascines, qui, toujours submergés, arrêtent au moment du frai le naissain que le reflux entraîne, et sont destinés uniquement à servir de collecteurs de semences.

C'est avec l'*açon*, cette ingénieuse et simple pirogue qu'il avait inventée tout d'abord, que Walton put construire et surveiller son *bouchot*, et fournir, dès le printemps suivant, des Moules si bonnes et si belles, qu'elles obtinrent immédiatement la préférence sur tous les marchés.

Les avantages de la nouvelle industrie créée par les soins de l'exilé irlandais, frappèrent si bien ses voisins du rivage, qu'ils ne tardèrent pas à imiter son exemple. En peu de temps, toute la vasière fut couverte de *bouchots*.

Aujourd'hui ces pieux, avec leurs branchages, forment dans la baie de l'Aiguillon, une véritable forêt. Environ 230,000 pieux y soutiennent 125,000 fascines, qui, selon l'expression de M. Coste, « plient tous les ans sous une récolte qu'une escadre de vaisseaux de ligne ne pourrait suffire à renfermer. »

Dans la baie de l'Aiguillon, les palissades des *bouchots* ont environ 200 à 250 mètres de longueur, sur 2 mètres de haut. Ces bouchots, qui sont au nombre de 500, s'étendent sur une longueur de 8 kilomètres.

Les pieux isolés ne se découvrent qu'aux grandes marées des syzygies. Nous avons déjà dit que ce sont là les points d'appui spéciaux sur lesquels s'accumule la semence nouvelle. Aux mois de février et de mars, cette semence égale à peine le volume d'une graine de lin. Au mois de mai, elle a la grosseur d'une lentille ; en juillet, celle d'un haricot : c'est le moment de la transplantation.

Au mois de juillet, les hommes du rivage qui se consacrent à cette culture de la mer, les *boucholeurs*, comme on les nomme, poussent leurs petites embarcations vers le point de la vasière où sont plantés ces pieux collecteurs. Ils détachent, à l'aide d'un crochet, les plaques de Moules agglomérées, et recueillent ces plaques dans des paniers. Ils dirigent ensuite leur embarcation vers les *bouchots*.

Ces *bouchots*, c'est-à-dire ces pieux revêtus de fascines (*fig.* 604), sont souvent de hauteurs différentes : ils forment pour ainsi dire plusieurs étages, selon l'âge et le développement de la Moule. Chacun de ces étages reçoit le mollusque en train de croître et de se développer.

Dans le premier degré, pour ainsi dire, les Moules qui, dans leur premier âge, redoutent beaucoup l'exposition à l'air, demeurent

Fig. 604. — Pieux isolés, dits bouchots.

constamment couvertes par l'eau, sauf aux époques de grandes marées. C'est dans cette première région que l'on porte les Moules à l'état de *naissain*, ou développées. On enferme dans des sacs en vieux filet des grappes de Moules liées ensemble par leurs byssus, et l'on suspend ces grappes dans les interstices des clayonnages. Le filet des sacs se pourrit et se détruit bientôt, et chaque colonie continue à croître rapidement et sans arrêt. Les Moules finissent bientôt par se toucher, «et ces immenses palissades, dit M. Coste, se couvrent de grappes noires de moules développées entre les mailles de leur tissu. »

On peut dès lors éclaircir les rangs trop serrés, pour faire place à des générations plus jeunes. On détache donc les moules qui, grâce à leur développement, ne redoutent plus autant le contact fréquent de l'air, et on les transporte dans les bouchots plus élevés, qui restent à découvert pendant toutes les marées. C'est avec un crochet de fer que nous représentons ici (*fig.* 605) qu'on détache ces Moules ; on les renferme pour les transporter dans une petite corbeille de la forme que représente la figure 606.

Les Moules séjournent dans le deuxième bouchot jusqu'à ce qu'elles aient atteint la taille marchande, ce qui arrive ordinairement après dix ou onze mois de culture.

Mais avant de les livrer à la consommation, et afin de créer des places sur les palissades intermédiaires, on leur fait subir un troisième et dernier transbordement. On ne craint plus alors de les abandonner plusieurs heures par jour au contact de l'air. Elles passent donc au quatrième et dernier étage des bouchots d'*amont* (*fig.* 607). On a ainsi les Moules sous la main, pour les besoins de la consommation ou de l'expédition.

Fig. 605. — Crochet pour détacher les Moules.

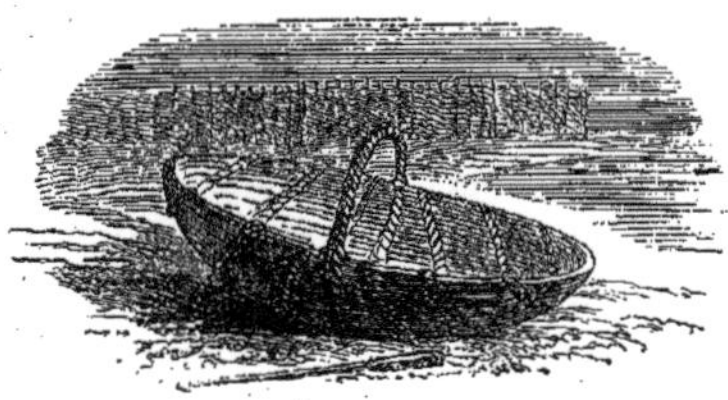

Fig. 606. — Panier pour la récolte des Moules.

Fig. 607. — Pieux d'amont.

Grâce au système que nous venons d'indiquer, la reproduction, l'élevage, la récolte et la vente des Moules se font simultanément et sans interruption. C'est néanmoins depuis le mois de juillet jusqu'à celui de janvier, que ce commerce est le plus actif, et que la chair des Moules est le plus estimée. Depuis la fin de février jusqu'à la fin d'avril, les Moules sont *laiteuses*, c'est-à-dire dans l'époque d'incubation. Elles sont alors maigres et coriaces. Il faut remarquer, d'ailleurs, que celles qui habitent les rangs supérieurs des clayonnages sont d'un meilleur goût que celles des rangs intermédiaires ; et que celles-ci sont plus estimées encore que celles des rangs inférieurs, qui sont souillées de vase. Ces dernières sont cependant encore préférables aux Moules sauvages que l'on recueille en mer.

M. Coste, dans l'ouvrage qui nous a fourni les renseignements qui précèdent, donne quelques détails sur la vente et le commerce des Moules, ainsi obtenues par la culture artificielle, dans la baie de l'Aiguillon.

« Il s'agit de fournir de Moules les villages environnants, dit M. Coste, ou d'en approvisionner les villes les moins éloignées. Les *boucholeurs* amènent au rivage leurs *acons* remplis de moules. Là, leurs femmes s'emparent de la marchandise, la transportent d'abord dans les grottes creusées au bas de la falaise, où l'on a coutume de remiser les instruments de travail et les matériaux de construction. Elles l'arrangent, après l'avoir préalablement nettoyée, dans des mannequins et des paniers, chargent ces paniers et ces mannequins sur des chevaux ou sur des charrettes ; et puis, quelque temps qu'il fasse, elles partent la nuit, dirigeant le convoi vers le lieu de sa destination, et y arrivent toujours d'assez bonne heure pour l'ouverture du marché. Elles vont ainsi à la Rochelle, à Rochefort, Surgères, Saint-Jean-d'Angély, Angoulême, Niort, Poitiers, Tours, Angers, Saumur, etc. Cent quarante chevaux environ, et quatre-vingt-dix charrettes, faisant ensemble, dans ces diverses villes, plus de trente-trois mille voyages, sont employés annuellement à ce service.

« S'il s'agit au contraire d'une exportation à de plus grandes distances ou sur une plus grande échelle, quarante ou cinquante barques venues de

Bordeaux, des îles de Ré et d'Oléron, des Sables-d'Olonne, et faisant ensemble sept cent cinquante voyages par an, distribuent la récolte dans des contrées où les chevaux n'apportent point les approvisionnements.

« Un bouchot bien peuplé fournit ordinairement, suivant la longueur de ses ailes, de 400 à 500 charges de Moules, c'est-à-dire une charge par mètre. La charge est de 150 kilogrammes et se vend 5 francs. Un seul bouchot porte donc une récolte d'un poids de 60 à 75,000 kilogrammes, et d'une valeur pécuniaire de 2,000 à 2,500 francs; d'où il suit que la récolte de tous les bouchots réunis s'élève au poids de 30 à 37 millions de kilogrammes, qui, sur le marché, donnent un revenu brut d'un million à douze cent mille francs. Ce chiffre et l'abondante récolte dont il est le produit peuvent donner une idée des ressources alimentaires et des bénéfices considérables qu'il y aurait à tirer d'une pareille industrie, si, au lieu de la restreindre à une portion de l'Aiguillon, on l'étendait à toute la vasière, et si, de cette contrée où elle a pris naissance, on l'importait sur tous les rivages et dans les lacs salés où elle serait susceptible d'être pratiquée avec succès. En attendant, le bien-être qu'elle répand dans les trois communes dont elle est devenue le patrimoine restera comme un exemple à imiter; car, grâce à la précieuse invention de Walton, la richesse y a succédé à la misère, et depuis que cette industrie y a pris un certain développement, il n'y a plus d'homme valide qui soit pauvre (1). »

Voilà donc par quels simples procédés Walton a doté le pays où il fut jeté par la tempête, d'une industrie précieuse, source de bien-être, de richesse et de civilisation pour les habitants du littoral.

« Cette population, écrivait, il y a déjà longtemps, M. d'Orbigny père, offre l'aspect de ces grands établissements des frères Moraves de l'Amérique du Nord et de l'Allemagne. Partout le travail, les bonnes mœurs, la gaieté, le bonheur. On n'y voit que d'heureux ménages. L'hospitalité y est considérée comme un devoir religieux; la probité fait le fond de l'éducation ; enfin le voyageur, étonné, croit rêver un monde meilleur. »

Nous donnons (*fig.* 608) le plan de l'anse de l'Aiguillon, avec l'indication des points où sont placés les *bouchots* et de l'espace exact qu'ils occupent.

(1) *Voyage d'exploration sur le littoral de la France*, p. 146-147.

L'anse de l'Aiguillon n'est pas le seul terrain vaseux sur lequel on puisse élever des Moules. On peut établir cette industrie sur tous les fonds qui sont impropres à la culture des huîtres, soit en raison de leur nature, soit par leur tendance à l'évasement.

M. Coste a indiqué, dans son *Voyage d'exploration*, un appareil ingénieux et simple, qui peut servir à la fois d'appareil collecteur et d'appareil d'élevage. C'est un radeau flottant (*fig.* 609) composé d'un double rang de petites poutres en bois, auxquelles on fixe par des crochets des planches disposées les unes horizontalement, les autres verticalement. Les planches horizontales, immergées seulement de 15 à 20 centimètres, recouvrent les semis de jeunes Moules de la grosseur de celles que nous avons déjà figurées. Plus tard, on place ces planches verticalement pour que les Moules puissent prendre plus de nourriture.

On immerge ces appareils pendant l'hiver, au moment du frai, à proximité des lieux où abondent les Moules sauvages. En quelques semaines, ils sont couverts de très-jeunes Moules. Alors on les remorque dans des anses ou des parcs, dans lesquels s'achève leur élevage, d'après le système des bouchots de la baie de l'Aiguillon.

De simples fascines ou des claies pourraient remplacer l'appareil en planches décrit par M. Coste. On ne saurait songer à remplacer le bois par des treillages métalliques, dont la conservation serait, il est vrai, infiniment plus longue, car le métal a ce grave inconvénient, que le frai s'y attache difficilement.

Le gardien de l'arsenal de Venise a réussi à faire dans la lagune, un élevage de moules qui a parfaitement réussi.

Dans les eaux du canal de Lamotte, et dans celles du Port-de-Bouc, près de Marseille, la même entreprise a donné d'excellents résul-

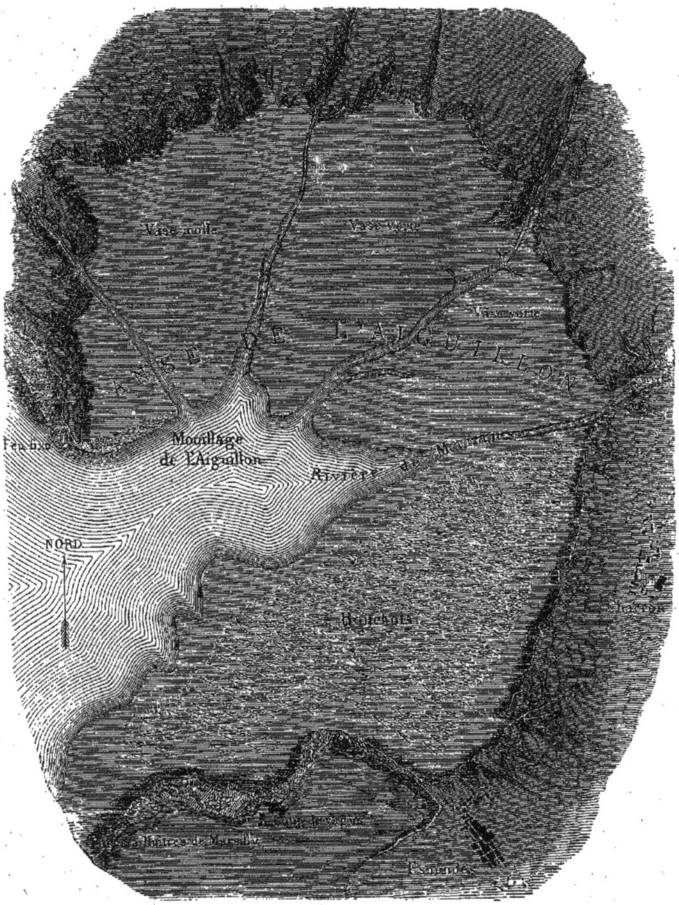

Fig. 608. — Plan de l'anse de l'Aiguillon près de la Rochelle.

tats. Les *bouchots* occupent une partie du canal de Lamotte, qui met l'étang de Berre en communication avec la Méditerranée.

Disons seulement que les bouchots du Port-de-Bouc sont mobiles, tandis que ceux de l'anse de l'Aiguillon sont fixes, ainsi qu'on l'a vu. Cette disposition était nécessaire pour suppléer, par la mobilité des claies, à la marée qui n'existe pas dans la Méditerranée. On attache les claies, chargées de Moules, à des pieux munis d'une gorge, et on les fait monter et descendre à l'aide d'une poulie et d'une corde. Quand on a retiré de l'eau les claies, on les suspend à des traverses qui relient tous les pieux entre eux. Le *boucholeur* cueille, regarnit, lave, etc., en un mot, fait le travail nécessaire ; ensuite, à l'aide de la poulie et de la corde, il fait redescendre la claie sous l'eau.

Chaque claie contient environ 10,000

Fig. 609. — Appareil flottant pour la culture artificielle des Moules.

Moules prêtes à être vendues, et pèse de 300 à 400 kilogrammes. On garnit une première fois le bouchot avec du naissain recueilli sur le littoral ou dans l'étang de Berre, et on laisse ensuite la reproduction s'opérer d'elle-même, pour couvrir complétement de naissain toutes les claies.

Tandis que l'Huître est un produit alimentaire de luxe, et qu'il faut à ce mollusque trois ou quatre ans, pour être en état de paraître sur les marchés, la Moule est un aliment à très-bas prix, qui est recherché de la population pauvre. Une année suffit au développement de ce bivalve. La Moule présente donc un véritable intérêt comme produit commercial et alimentaire.

CHAPITRE XX

CONCLUSION. — AVENIR DE LA PISCICULTURE. — LES PÊCHES ET LEURS DÉFAUTS. — LES ÉCHELLES A SAUMONS.

En considérant l'invention de la pisciculture au point où elle est aujourd'hui parvenue, on ne saurait se montrer trop fier, pour l'honneur des sciences, des faits remarquables qui se sont accomplis. Toute une branche nouvelle d'industrie a été constituée, une source inattendue de richesse publique s'est ouverte à l'activité humaine. On peut dire, en effet, qu'il n'existe aucune autre branche de l'industrie qui puisse présenter, outre les avantages qu'elle assure au consommateur, de pareils avantages au producteur. Les différents cours d'eau, les bassins, les lacs, les étangs, les mares même, dont on poursuit à grands frais le dessèchement, pour les transformer en terres arables, pourront, à l'avenir, devenir des piscines aussi productives que les terrains où croissent les plus abondants pâturages. Il suffira, pour arriver à ce résultat, d'y introduire autant de jeunes poissons que pourront en nourrir ces réservoirs, après s'être préalablement assuré qu'un court espace de temps suffit au développement et à l'entretien de ces animaux. Le rude et continuel labeur qu'exigent, pour porter leurs fruits, les produits de la terre, deviendra ici inutile ; c'est la nature seule qui préparera, avec les ressources dont elle a doté l'organisation animale, les riches récoltes, qu'il suffira de rassembler. Les produits de cette merveilleuse industrie, mettant à la disposition de chacun un aliment éminemment réparateur et salubre, auront pour résultat d'augmenter, dans une proportion sensible, pour les classes laborieuses, les moyens d'alimentation, c'est-à-dire les sources véritables de la force et de la santé.

Une dernière considération terminera le sujet que nous venons de traiter.

On s'est trop habitué à renfermer la question de la pisciculture dans le simple fait de l'éclosion artificielle du poisson. La question est infiniment plus complexe. Pour assurer le repeuplement de nos cours d'eau, il faut encore résoudre toute une série de problèmes, qui sont à la fois du ressort de l'histoire naturelle appliquée et de l'administration. Ce n'est que par la solution de toutes ces difficultés partielles, que l'on arrivera à créer et à multiplier au sein de nos fleuves et rivières, ce précieux moyen d'alimentation publique, qui tend à en disparaître de jour en jour. C'est cette pensée que M. Baude a développée dans un article publié le 15 janvier 1861 dans la *Revue des Deux-Mondes*.

Sortant de la donnée étroite qui a trop prévalu ici en ce qui concerne le repeuplement de nos cours d'eau, l'auteur aborde les questions diverses et multiples, les entreprises nouvelles dans lesquelles il faut entrer pour faire profiter la société des nouvelles découvertes de la science.

« La pisciculture, dit M. Baude, est l'art de multiplier les poissons comme l'agriculture est l'art de multiplier les fruits de la terre; elle doit donc comprendre de même l'ensemencement, l'éclosion et le développement des germes jusqu'à la maturité; la pêche est la récolte. Voir toute la pisciculture dans le frai et l'éclosion des œufs de poisson, ce serait tenir l'éducation du cheval pour achevée dans la saillie et le part de la jument. Le pêcheur Remy n'est point tombé dans cette erreur : il prétendait repeupler des cours d'eau épuisés, rien de plus, et il l'a fait, son imagination n'a point égaré son bon sens. Imitons-le, et prenons les ateliers d'éclosion pour ce qu'ils sont, c'est-à-dire pour d'excellents instruments de translation des espèces en des eaux auxquelles elles sont étrangères. L'atelier de Huningue suffit jusqu'à présent à cette destination : il distribue avec une générosité intelligente les meilleures espèces pour l'ensemencement, et les procédés de fécondation qu'il emploie ont, entre autres mérites, celui de se prêter à des applications faciles, ce qui assure à l'atelier de Huningue des succursales dans toutes les localités où elles seront nécessaires La translation opérée, le succès du premier ensemencement garanti, on cessera de recourir au frai artificiel : le frai naturel devra être préféré ; mais le frai est peu de chose, si l'on ne pourvoit à la nourriture du poisson ; puis, la nourriture assurée, il reste à créer une police qui protége le poisson contre les nombreuses causes de destruction dont l'environnent la malice et la maladresse des hommes. »

Toutes ces questions ont encore été à peine abordées; aucun renseignement préalable n'avait garanti les expérimentateurs contre des déceptions qui n'ont pas manqué de se produire, et qui ont pu jeter quelquefois un jour défavorable sur une industrie appelée pourtant au plus sérieux avenir.

M. Baude établit en ces termes l'ensemble des expériences et des études que comporte et qu'exige la pisciculture, prise à ce point de vue élevé.

« Considérée dans ses rapports les plus étendus, la pisciculture a pour but de convertir en substances appropriées aux besoins de l'homme des matières dont les unes seraient complétement perdues pour lui, et dont les autres acquièrent dans cette transformation un sensible accroissement de valeur. On voit quel vaste champ d'études et d'expériences elle ouvre à l'histoire naturelle et à l'économie publique et privée. Nous avons à rechercher quels sont les besoins et les conditions de développement des bonnes espèces de poissons ; quels végétaux, quels insectes, quels poissons subalternes, sont les meilleurs à propager pour les alimenter ; quelles sont, après l'accroissement de la pâture disponible, les espèces voraces sans profit à écarter du partage, ou même à condamner. Ce cadre comprend toute la botanique et toute la zoologie des eaux. En prenant pour point de départ les travaux des naturalistes qui ont écrit et classé les espèces, il s'agit aujourd'hui de pénétrer les aptitudes, les besoins, les instincts, les mœurs de chacune d'entre elles, et les recherches, qui s'enfermaient jusqu'ici dans le cabinet ou le laboratoire du savant, doivent se transporter au grand air, sur les fleuves, les lacs, les étangs. Le livre de la nature est ouvert devant les ignorants comme devant les doctes ; tout le monde peut y vérifier les faits anciennement connus, y faire des découvertes. Et quand la masse des observations recueillies sera suffisante, il se trouvera des esprits élevés qui, comprenant ce que les autres n'ont fait qu'entrevoir, dégageront la vérité de l'erreur, mettront au jour les liens inaperçus des phénomènes qui paraissent isolés, établiront les rapports des effets avec les causes, et feront, en un mot, ressortir de ce qui n'est encore que confusion et obscurité un acteur de lui-même, atteignant par des procédés infaillibles des résultats déterminés avec intelligence. »

C'est à l'étude de ces différentes questions que s'applique M. Baude. Il passe en revue les mœurs et les habitudes des poissons susceptibles de servir à l'alimentation publique ; il les partage en *poissons sédentaires* et en *poissons voyageurs*. L'Anguille, l'Alose, le Hareng, le Saumon, etc., sont étudiés au point de vue des conditions qui peuvent assurer la conservation de ces espèces dans nos eaux.

M. Baude insiste sur les modifications à apporter à la police de la pêche, dans la vue de faciliter la conservation et la multiplication du poisson dans nos eaux courantes. La législation et l'administration ont une grande influence sur le développement de la production ichthyologique ; comme le remarque l'auteur, elles peuvent faire naître, dans des circonstances naturelles identiques, l'abondance ou la stérilité. M. Baude propose donc diverses modifications à la police actuelle de la pêche.

Nous ne pouvons suivre l'auteur dans l'exposé des diverses considérations de ce genre, mais nous ne saurions omettre les importantes observations qu'il présente à propos des barrages qu'on a créés en travers de la plupart de nos cours d'eau, et qui constituent un obstacle permanent à la conservation du poisson dans nos eaux courantes.

M. Baude assure qu'en France, la pêche a été principalement ruinée par les travaux hydrauliques établis en travers des cours d'eau. Les barrages créés pour les prises d'eau des moulins, des usines, des canaux de dérivation, sont infranchissables pour beaucoup d'espèces de poissons, et ils le sont souvent pour la Truite et le Saumon, malgré les hauteurs auxquelles ces poissons peuvent s'élancer. Les eaux coupées par des barrages perdent leurs poissons en amont de ces obstacles, parce qu'elles ne sont plus ravitaillées par l'arrivée de nouveaux individus ; elles les perdent en aval, par suite de l'éloignement instinctif du poisson pour les parages où il est privé de la faculté de circuler, mais surtout par l'extinction successive du frai. Supprimer les barrages, priver les usines et l'industrie des forces motrices que leur procurent les chutes d'eau ainsi ménagées, est un moyen auquel on ne saurait songer. Mais M. Baude demande que, pour concilier deux intérêts également respectables, on adapte aux barrages, suivant leur forme et leur hauteur, des couloirs ou des bassins gradués qui facilitent aux poissons le passage entre deux plans d'un niveau différent.

C'est précisément ce qui a été fait en Écosse, depuis un grand nombre d'années, pour remettre les Saumons en possession des cours d'eau qu'ils avaient abandonnés. « De l'exécution de cette mesure, dit M. Baude, datera le repeuplement des eaux désertes. »

Les *échelles à Saumons* dont parle ici M. Baude, sont encore peu connues. Aussi croyons nous devoir terminer cette Notice en donnant quelques explications sur cette intéressante découverte de l'histoire naturelle appliquée au perfectionnement de l'industrie.

Tout le monde sait que les Saumons, à l'époque du frai, remontent les cours d'eau, pour aller chercher des conditions et des lieux plus favorables à leur reproduction. Mais, en remontant les cours d'eau, ils rencontrent souvent des obstacles, naturels ou artificiels. Les obstacles naturels sont les cascades et les chutes, qu'on trouve fréquemment dans les pays de montagnes. Les obstacles artificiels sont les barrages ou écluses, que nécessitent les besoins de l'industrie, de la navigation et de l'agriculture. Ces obstacles ne permettent pas au poisson de circuler librement, et surtout d'aller frayer dans les endroits convenables. Il en résulte que la reproduction des poissons migrateurs devient insuffisante, et que, par suite, le dépeuplement des eaux s'opère avec rapidité.

C'est pour concilier le service régulier des usines et de la navigation avec celui de la reproduction naturelle du poisson, dans les rivières, qu'on a eu l'idée, en Écosse, d'établir de petits appareils appelés *échelles à Saumons,* qui permettent au poisson de franchir les barrages naturels ou artificiels. En 1863, M. Cousme, ingénieur en chef des ponts et chaussées, dans un *Rapport sur la pisciculture et la pêche fluviale en Angleterre*, a décrit les divers systèmes d'*échelles à Saumons* établis en Angleterre, en Écosse et en Irlande.

Fig. 610. — Double escalier à chutes *serpentantes*.

La *Société d'acclimatation de Paris*, sur la proposition de M. Millet, avait émis, dans le même ordre d'idée, des vœux qui n'ont pas été inutiles, car la loi du 31 mai 1866, relative à la pêche, dit « qu'il pourra être établi dans « les barrages des fleuves, rivières, canaux et « cours d'eau, un passage appelé *échelle*, des- « tiné à assurer la libre circulation du pois- « son. »

Les *échelles à Saumons*, en usage en Angleterre, figuraient à l'Exposition universelle de 1867. Ce sont des plans inclinés, sur lesquels tombe une mince nappe d'eau. Chaque plan incliné est muni de cloisons transversales, interrompues à une de leurs extrémités, de manière à laisser son ouverture alternant avec la cloison qui précède et celle de la cloison qui suit. Grâce à cette disposition, le courant est forcé de décrire un lacet ; le plan incliné forme une sorte d'escalier, ou d'échelle, qui met en communication les deux cours d'eau. L'expérience a prouvé que le poisson s'introduit sans hésiter dans ces passages, et qu'il les franchit aisément.

Les *échelles à Saumons* se construisent suivant deux systèmes, le système à *escalier* et le système à *échelle*. Nous trouvons dans l'ouvrage de M. Coste, *Voyage sur le littoral de la France et de l'Italie*, la description de ces deux systèmes.

« Ce système dit *à escalier* (*fig.* 610) consiste en une série de réservoirs carrés en bois, posés les uns au-dessus des autres, à la hauteur de deux pieds, comme autant de grandes caisses. Ces bassins, dont le dernier communique de plein pied avec le haut de la chute, pendant que le premier se trouve au niveau de la partie inférieure du fleuve, sont construits et superposés de telle sorte que l'eau se précipitant dans le réservoir le plus élevé rencontre à angle droit la paroi qui lui fait face, et est forcée de s'écouler par une large ouverture latérale. Elle tombe ainsi dans le second bassin, puis dans le troisième, et successivement dans tous les autres par de vastes échancrures qui alternent et produisent dans leur ensemble une série de cascades serpentantes. Ce procédé permet aux Saumons et aux Truites, quelle que soit la hauteur du barrage, de passer de l'aval à l'amont du fleuve, en sautant d'auge en auge sans trop d'effort et de fatigue.

« Les bassins formant escalier peuvent aussi être rangés sur deux files parallèles, adossées l'une à l'autre par un de leurs côtés. Cette forme n'est qu'une modification de la précédente : l'eau, en passant des compartiments de droite dans ceux de gauche, et, alternativement, de ceux-ci dans ceux-là, y serpente également ; mais les points de repos sont plus multipliés, et les chutes moins élevées, ce qui rend l'ascension du poisson plus facile. Ce double escalier a, en outre, l'avantage de pouvoir s'adapter à des localités où il serait impossible de donner à l'escalier simple un développement suffisant en longueur.

« Les échancrures par lesquelles l'eau s'écoule d'un bassin dans un autre, au lieu d'être sur l'un des côtés des cloisons transversales et d'alterner, peuvent occuper le milieu de ces cloisons, de manière à produire non plus des cascades serpentantes, mais une série de chutes qui se succèdent en ligne droite, depuis le haut jusqu'au bas de l'escalier.

« L'autre système, dit *à échelle* (*fig.* 611), est plus simple encore et présente plusieurs variétés. Voici la description du moins dispendieux de ces appareils.

« Dans le sens du courant et sur un plan incliné de vingt pieds pour un, on construit, au moyen d'un terrassement et de deux fortes cloisons, une sorte de longue stalle, large d'environ vingt pieds et qui rejoint par une pente douce les deux parties de la rivière. Puis de dix en dix pieds on établit graduellement, entre ces deux parois, une série de cloisons transversales formant autant de bassins d'une profondeur convenable. Le milieu de ces cloisons, légèrement échancré, est recouvert par l'eau qui se précipite, tandis que leurs extrémités, s'élevant au-dessus, opposent au courant une suite d'obstacles suffisants pour permettre au Saumon d'opérer son ascension successive de bassin en bassin. »

Inventés en 1834, en Écosse, par un propriétaire d'usine, M. Smith, les *escaliers à Saumons* furent établis dans plusieurs rivières de ce pays, mais c'est surtout en Irlande que ce système a été employé avec le plus de succès. On peut citer particulièrement la pêcherie de Galway, dans laquelle une échelle permet aux poissons de la baie de ce nom, d'arriver dans le lac Corrib, en surmontant un barrage de $1^m,35$ de hauteur; une autre échelle lui permet ensuite de passer du lac Corrib dans celui de Mark, dont le niveau est à 12 mètres au-dessus du premier. La pêcherie de Ballysadare a deux échelles : l'une franchit une cascade de 9 mètres; l'autre, une cascade de $4^m,50$. Elles conduisent le Saumon de la baie de Ballysadare dans la rivière formée par la réunion de l'Arrow et de l'Owenmore; une troisième échelle franchit une cascade de $5^m,50$.

La figure 611 montre la forme de *l'escalier à Saumons*, dite en *échelle*. Nous donnons plus loin (*fig.* 612) l'élévation et la coupe verticale de ce même appareil.

En Amérique, les *échelles à Saumons*, importées d'Écosse, en 1856, ont donné les meilleurs résultats.

En France, on a établi des échelles à poissons sur le Blavet, sur le Tarn, au barrage de Mausac, sur la Dordogne, enfin, plus récemment, sur la rivière de la Vienne, à Châtellerault.

M. Millet a donné en 1868, dans le *Bulletin de la Société d'acclimatation*, la description de l'échelle à Saumons qui a été établie dans cette dernière rivière, à l'intérieur du barrage qui se trouve près de la manufacture d'armes, à Châtellerault. C'est, comme presque toutes les contructions de ce genre, un ouvrage en maçonnerie à gradins, com-

Fig. 611. — Échelle à Saumons à chutes en ligne droite.

posé de compartiments ou échelons successifs avec ouvertures contrariées.

Avant l'établissement de cette échelle au milieu du barrage, les poissons voyageurs qui, chaque année, remontent de la mer dans la Loire, et de là dans la Vienne, pour frayer

Fig. 612. — Coupe et élévation de l'échelle à Saumons à chutes en ligne droite.

vers les sources et dans les affluents de cette rivière, se trouvaient brusquement arrêtés par le barrage de la manufacture d'armes. C'était un spectacle curieux que celui des efforts faits par les Saumons pour sauter dans le bief supérieur. On les voyait s'élever, d'un coup, à 1 mètre, $1^{m},50$, et quelquefois davantage au-dessus de l'eau, puis retomber, à demi brisés, autant par la dépense de force musculaire, que par la hauteur de leur chute. Ce n'était qu'au moment d'une crue que le poisson pouvait franchir la crête du barrage. Aussi, depuis la construction de ce barrage, c'est-à-dire depuis plus de quarante ans, le Saumon, très-abondant dans la Vienne en aval de Châtellerault, avait-il complétement disparu en amont.

A peine avait-on achevé la construction de l'échelle à Saumons dans le barrage de Châtellerault, qu'on put en reconnaître toute l'utilité. On vit, en effet, les Saumons, à la première remonte, franchir aisément les gradins de l'appareil. On en prit de très-grande taille, dans un filet que l'on avait placé, à titre d'expérience, en amont du barrage. En même temps, on constata la présence du Saumon en divers points du cours supérieur de la rivière.

Une fois frayé, le passage de l'échelle a été fréquenté par un nombre toujours croissant de poissons voyageurs: Saumons, Aloses, Lamproies ; en sorte que le repeuplement de la Vienne, dans toute sa partie en amont de Châtellerault, semble désormais assuré.

En résumé, les travaux exécutés en Angleterre, en Écosse, en Irlande et récemment en France, pour faciliter les migrations du Saumon, en dépit des barrages établis pour les besoins de la navigation ou des usines, ont pleinement atteint leur but, et il est à désirer que l'application de ces appareils soit faite à l'avenir dans tous les cours d'eau qui présentent des obstacles à la libre circulation des poissons migrateurs.

FIN DE LA PISCICULTURE.

TABLE DES MATIÈRES

LA PHOTOGRAPHIE

LE STÉRÉOSCOPE

LES POUDRES DE GUERRE

L'ARTILLERIE ANCIENNE ET MODERNE

LES ARMES A FEU PORTATIVES

CHAPITRE III

CHAPITRE IV

CHAPITRE V

CHAPITRE VI

LES BATIMENTS CUIRASSÉS

CHAPITRE PREMIER

CHAPITRE II

CHAPITRE III

CHAPITRE IV

CHAPITRE V

CHAPITRE VI

CHAPITRE VII

CHAPITRE VIII

CHAPITRE IX

CHAPITRE X

LE DRAINAGE

LA PISCICULTURE

FIN DE LA TABLE DU TROISIÈME VOLUME.

Corbeil. Imprimerie Crété.

www.ingramcontent.com/pod-product-compliance
Ingram Content Group UK Ltd.
Pitfield, Milton Keynes, MK11 3LW, UK
UKHW031829260826
14628UKWH00001B/294

9 782012 577558